Schulte
Logistik

Logistik

Wege zur Optimierung der Supply Chain

von

Dr. Christof Schulte

4., überarbeitete und erweiterte Auflage

Verlag Franz Vahlen München

ISBN 3 8006 3093 1

© 2005 Verlag Franz Vahlen GmbH, Wilhelmstraße 9, 80801 München
Satz und Druck: Druckerei C. H. Beck
(Adresse wie Verlag)
Bindung: Conzella Verlagsbuchbinderei
gedruckt auf säurefreiem, alterungsbeständigem Papier
(hergestellt aus chlorfrei gebleichtem Zellstoff)

Vorwort zur vierten Auflage

Seit dem Erscheinen der vorigen Auflage haben die Weiterentwicklung neuer Informations- und Kommunikationstechniken, die voranschreitende Internationalisierung der Unternehmen, das Aufkommen neuer Geschäftsmodelle infolge des Internet-Booms, gesetzliche Änderungen sowie der nach wie vor hohe Kostendruck zu neuen Herausforderungen für die Logistik geführt, ihr aber auch neue Optionen eröffnet.

In der vorliegenden vierten Auflage wurde eine Reihe von Themen neu aufgenommen. Erstmals enthalten ist ein Kapitel über Supply Chain Management, das als Weiterentwicklung des Logistikkonzeptes angesehen wird. Es werden ferner Konzepte des E-Commerce sowie die sich hieraus für die Logistik ergebenden Konsequenzen dargestellt. Völlig neu ist auch der Abschnitt über E-Procurement, in dem die verschiedenen E-Procurement-Ansätze und Potenziale diskutiert werden. Industrieparks als eine weitere Ausprägung des Just-In-Time-Konzeptes sind insbesondere in der Automobilbranche inzwischen mehrfach umgesetzt. Die zunehmende Bedeutung des Logistik-Dienstleistungsmarktes hat ihren Niederschlag in einer Überarbeitung und Erweiterung dieses Abschnittes gefunden. Das Kapitel zum Logistik-Controlling wurde um das Instrument der Balanced Scorecard und eine Darstellung der Ziele, Inhalte und Prozesse des Risikomanagements erweitert.

Neben der Aufnahme neuer Themen und Fallstudien wurde die vorangegangene Auflage aktualisiert. Außerdem wurde an manchen Stellen eine bessere didaktische Aufbereitung vorgenommen, um die Verständlichkeit weiter zu verbessern.

Bei Herrn Dieter Sobotka vom Verlag Vahlen möchte ich mich für die stets angenehme und gute Zusammenarbeit bedanken.

Kamp-Lintfort, im September 2004   Christof Schulte

Vorwort zur dritten Auflage

Die erfreulich gute Resonanz, die die zweite Auflage erfahren hat, ermöglicht die vorliegende dritte Auflage. Diese wurde gegenüber der zweiten Auflage wesentlich erweitert und aktualisiert.

Neu aufgenommen wurde das Kapitel zu den Informations- und Kommunikationssystemen in der Logistik. Daneben enthält die vorliegende dritte Auflage eine Darstellung der Umschlagprinzipien und -Systeme, aktuelle Ansätze zur Gestaltung der Distributionslogistik (Quick Response, Continuous Replenishment, Efficient Consumer Response, Cross Docking), Ausführungen zur Entgeltdifferenzierung und Arbeitszeitgestaltung in logistischen Bereichen sowie Erweiterungen des Kapitels zum Logistik-Controlling (Prozesskostenrechnung, Benchmarking und Target Costing)

Das Buch zeigt in einer umfassenden, systematischen Darstellung den aktuellen Stand der Logistik auf. Die Ausführungen basieren auf einer Vielzahl von Logistikprojekten sowie wissenschaftlichen Analysen. In dreizehn Kapiteln werden behandelt: Grundlagen der Logistik, Logistikstrategie, Informations- und Kommunikationssysteme, Transport- und Umschlagsysteme, Lager- und Kommissioniersysteme, Beschaffungslogistik, Produktionslogistik, Distributionslogistik, Entsorgungslogistik, Aufbauorganisation der Logistik, personelle Aspekte der Logistik, Logistik-Controlling sowie Erfolgsfaktoren der Logistik.

Im Kapitel 1 werden Begriffe, Ziele und Grundlagen der Logistik im Überblick dargestellt.

Das zweite Kapitel ist den strategischen Aspekten der Logistik gewidmet. Zunächst werden die Interdependenzen zwischen der Logistik und der Unternehmensstrategie herausgearbeitet. Aufbauend hierauf werden Ansatzpunkte zur Formulierung von Logistikstrategien vorgestellt, um schließlich einen integrierten Ablauf zur Formulierung von Logistikstrategien vorzuschlagen.

Die Bedeutung von Informations- und Kommunikationssystemen zur erfolgreichen Realisierung logistischer Ziele hat in den letzten Jahren ständig zugenommen. Jeder, der sich mit logistischen Fragen und Problemlösungen beschäftigt, muss deshalb über DV-Grundkenntnisse einerseits und Kenntnisse über die Einsatzmöglichkeiten von Informations- und Kommunikationssystemen andererseits verfügen. Hierzu soll das dritte Kapitel beitragen. Nach einer kurzen Vorstellung von Grundlagenwissen, sind die Schwerpunkte die Datenerfassungstechniken, Konzepte zur Datenübertragung und ein Überblick über Anwendungssysteme. Beispiele zu konkreten DV-Lösungen in der Praxis finden sich darüber hinaus in den nachfolgenden Kapiteln.

Zur Überwindung räumlicher Distanzen sind regelmäßig der Transport und Umschlag von Material und Waren erforderlich. Die bei der Gestaltung außer- und innerbetrieblicher Transport- und Umschlagsysteme bestehenden Gestaltungsalternativen werden in Kapitel 4 analysiert und bewertet.

Lager- und Kommissioniersysteme sind Gegenstand des 5. Kapitels.

Kapitel 6 beschäftigt sich mit der Beschaffungslogistik. Hierbei stehen die Gestaltung der Beschaffungsstruktur (global sourcing, single sourcing und modular sourcing), Konzepte der Materialbereitstellung sowie der Material- und Informationsfluss im Wareneingang im Mittelpunkt der Ausführungen.

Zu den wesentlichsten Fragestellungen der Produktionslogistik, die in Kapitel 7 behandelt werden, gehören die Schaffung der materialflussgerechten Fabrikstruktur sowie die Planung und Steuerung der Produktion. Neben den Funktionen der Produktionsplanung und -Steuerung werden Systeme zu deren Realisierung untersucht sowie auf die Rolle von PPS-Systemen im Rahmen von CIM-Konzepten eingegangen. Eine historische Betrachtung der Entwicklung der PPS-Systeme in den vergangenen vier Jahrzehnten sowie ein Ausblick zur weiteren Entwicklung von PPS-Systemen verdeutlichen die Zusammenhänge zwischen DV-technischer Entwicklung einerseits und PPS-Methodenentwicklung andererseits. Schließlich werden im siebten Kapitel die wesentlichen Prinzipien der internen Materialbereitstellung behandelt.

Die Distributionslogistik stellt das Bindeglied zwischen der Produktion und der Absatzseite des Unternehmens dar. Die wichtigsten in Kapitel 8 diskutierten Problemstellungen des Distributionslogistik betreffen neben den oben genannten Themen die Standortwahl der Distributionsläger, die Lagerhaltung, die Auftragsabwicklung, die Verpackung, den Warenausgang und die Ladungssicherung sowie die Ersatzteillogistik.

Die in den letzten Jahren immer bedeutsamer werdende Entsorgungslogistik ist Gegenstand des neunten Kapitels. Nach der Diskussion der Rahmenbedingungen, Zielgrößen und des entsorgungsstrategischen Handlungsspielraumes werden die Aufgaben der innerbetrieblichen und der externen Entsorgungslogistik ausführlich erörtert.

Betrachtet man die Organisationsform vieler Unternehmen bezüglich der Wahrnehmung logistischer Aufgaben, so lässt sich in vielen Fällen feststellen, dass diese auf viele Organisationseinheiten verstreut sind. Konsequenz einer derartigen organisatorischen Aufsplitterung ist, dass die den einzelnen Ressorts übertragenen logistischen Aufgaben lediglich als Nebentätigkeit angesehen werden, denen man geringe Beachtung schenkt, und sich die Koordination der logistischen Entscheidungen schwieriger gestaltet. Es wird deshalb in Kapitel 10 eine Darstellung und Bewertung der Gestaltungsalternativen der Aufbauorganisation der Logistik vorgenommen und anhand konkreter Beispiele vertieft.

Logistikkonzeptionen lassen sich auf Dauer nur dann erfolgreich umsetzen, wenn logistisches Denken, Wissen und Handeln in hohem Maße bei allen Mitarbeitern vorhanden sind. Es sind deshalb eine logistikgerechte Berufsausbildung sowie eine bedarfsgerechte, firmenspezifische Logistik-Weiterbildung sicherzustellen (Kapitel 11). Die von den Kunden geforderten kurzen Lieferzeiten bei gleichzeitig immer schwieriger werdenden Absatzprognosen führen zu steigenden Flexibilitätsanforderungen an die Logistik. Um diese mit vertretbaren Kosten zu erfüllen, stellt sich in den meisten Unternehmen die Notwendigkeit Arbeits- und Betriebszeiten zu flexibilisieren. Hierzu werden entsprechende Modelle vorgestellt.

Die hohe Komplexität von Logistiksystemen und die gewachsenen Leistungsanforderungen an diese verstärken die Notwendigkeit nach gezielter Planung, Steuerung,

Kontrolle und Koordination der Teilbereiche der Logistik. Diese Aufgaben werden vom Logistik-Controlling wahrgenommen, welches eine permanente Wirtschaftlichkeitskontrolle durch Soll-Ist-Vergleiche von Kosten und Leistungen sowie die Beschaffung, Verdichtung und Bereitstellung entscheidungsbezogener Informationen zum Ziel hat. Hierzu wird im 12. Kapitel der Aufbau einer umfassenden Logistikkosten- und -leistungsrechnung sowie eines Logistik-Kennzahlen-Systems vorgeschlagen. Ebenso wird die Anwendung wesentlicher Controlling-Instrumente, wie Wertzuwachskurve und Benchmarking diskutiert.

Zusammenfassend werden in Kapitel 13 die zentralen Erfolgsfaktoren der Logistik dargestellt, nämlich die Verknüpfung der Logistik mit der Unternehmensstrategie, ganzheitliche Organisation, umfassende Nutzung von Informationen und Informationssystemen, Betonung der Humanressourcen, Bildung strategischer Allianzen, Fokussierung auf finanzielle Ergebnisse, Festlegung optimaler Serviceniveaus, Aufmerksamkeit für Details, Zusammenfassung von Logistikmengen und aktives Controlling.

Kamp-Lintfort, im April 1999   Christof Schulte

Vorwort zur ersten Auflage (Auszug)

Logistik hat sich in der zweiten Hälfte der 80er Jahre zunehmend zu einem Schlagwort und schillernden Begriff entwickelt. Die Bedeutung der Logistik für die Sicherung des Unternehmenserfolges wird in Zukunft aus zweierlei Gründen weiter steigen. Zum einen eröffnet die Logistik bei immer härter umkämpften Märkten neue Möglichkeiten, Wettbewerbsvorteile durch die innovative Gestaltung des Material- und Informationsflusses zu erzielen. Zum anderen zwingt der starke Kostendruck zur Effizienzsteigerung. Je nach Branche beläuft sich der Anteil der Logistikkosten an den Gesamtkosten auf 10–25%, so dass hiervon die Ergebnissituation eines Unternehmens wesentlich beeinflusst wird.

Das Werk wendet sich gleichermaßen an Führungskräfte in Unternehmen sowie an Wissenschaftler und Studierende, die sich mit logistischen Problemstellungen beschäftigen und Wege zur Optimierung des Material- und Informationsflusses suchen. Bei der Präsentation der einzelnen Themenkreise wurde neben der verbalen Darstellung auf eine Vielzahl von Beispielen und Abbildungen zurückgegriffen, die einerseits die Aufgabe haben, zu einem besseren Verständnis des Fachgebiets beizutragen und andererseits auch die Anwendung im Unternehmen aufzeigen sollen.

Mein besonderer Dank gilt meiner Frau Katja, die mit ihrer Diplomarbeit nicht nur die Vorlage für große Teile des Kapitels zur Distributionslogistik geliefert hat, sondern mich auch immer wieder zur Fertigstellung des Werkes motiviert hat. Danken möchte ich ferner den Führungskräften in der Industrie für mancherlei Anregungen. Herr Dipl.-Kfm. Georg Hettmann hat in bewährter Weise den Text geschrieben. Hierfür möchte ich mich ganz herzlich bedanken. Ebenso gebührt mein herzlicher Dank Frau Dipl.-Kfm. Britta Dycke und Herrn Ing. Gerd-Wilhelm Pekel für die kritische Durchsicht des Manuskriptes. Herrn Dipl.-Vwt. Dieter Sobotka vom Verlag Franz Vahlen danke ich für die gute Zusammenarbeit.

Ich widme dieses Buch meiner Mutter und meiner Frau in Dankbarkeit.

München, im November 1990   Christof Schulte

Inhaltsübersicht

Inhaltsverzeichnis

Abbildungsverzeichnis

Abkürzungsverzeichnis

FTP	File Transfer Protocol
FTS	Fahrerloses Transportsystem
GB	Gigabyte
GPS	Globales Positionierungssystem
GSM	Global System for Mobile Communication
GVZ	Güterverteilzentrum
HBR	Harvard Business Review
Hrsg.	Herausgeber
http	Hyper Text Transfer Protocol
HWB	Handwörterbuch der Betriebswirtschaft
HWO	Handwörterbuch der Organisation
HWProd	Handwörterbuch der Produktionswirtschaft
IA	Industrie-Anzeiger
IDN	Integrated Digital Network
IDV	Individuelle Datenverarbeitung
IdW	Institut der deutschen Wirtschaft
IE	Industrial Engineering
Incoterms	International Commercial Terms
io	Industrielle Organisation
IP	Internet Protocol
ISDN	Integrated Services Digital Network
ISO	International Organisation für Standardisation
IT	Informationstechnik
JIT	Just-in-Time
JPD & MM	Journal of Physical Distribution & Materials Management
KB	Kilobyte
KonTraG	Gesetz zur Kontrolle und Transparenz im Unternehmensbereich
KRP	Kostenrechnungspraxis
KVP	Kontinuierlicher Verbesserungsprozeß
LAN	Local Area Network
LED	Light Emitting Device
MA	Mitarbeiter
MAK	Mitarbeiterkapazität
MB	Megabyte
MIPS	Million Instructions Per Second
MO	Magneto Optical
MODACOM	Mobile Data Communication
Nr.	Nummer
OCR	Optical Character Recognition
OEM	Original Equipment Manufacturer
o. J.	ohne Jahr
OLAP	Online Analytical Processing
o. O.	ohne Ort
OPT	Optimized Production Technology
OR	Operations Research
PC	Personal Computer
PDA	Persönlicher Digitaler Assistent

POS	Point of Sale
PPS	Produktionsplanung und -steuerung
QR	Quick-Response
RAM	Random Access Memory
RFID	Radio Frequenz Identifikation
RKW	Rationalisierungskuratorium der Deutschen Wirtschaft e. V.
ROM	Read Only Memory
S.	Seite
SCM	Supply Chain Management
SCOR	Supply Chain Operations Reference
SMTP	Simple Mail Transfer Protocol
Sp.	Spalte
SQL	Structured Query Language
TCO	Total Cost of Ownership
TCP	Transmission Control Protocol
u. a.	und andere
VCI	Verband der Chemischen Industrie
VDA	Verband der Automobilindustrie e. V.
VDI	Verein Deutscher Ingenieure e. V.
VDI-Z	Zeitschrift des Vereins Deutscher Ingenieure
vgl.	vergleiche
VPN	Virtual Private Network
WAN	Wide Area Network
WiSt	Wirtschaftswissenschaftliches Studium
WORM	Write Once Read Many
wt	Werkstattechnik (Zeitschrift für industrielle Fertigung)
WVZ	Warenverteilzentrum
WWW	World Wide Web
XML	Extensible Markup Language
z. B.	zum Beispiel
ZfB	Zeitschrift für Betriebswirtschaft
ZfbF	Zeitschrift für betriebswirtschaftliche Forschung
ZfhF	Zeitschrift für handelswissenschaftliche Forschung
ZfL	Zeitschrift für Logistik
zfo	Zeitschrift Führung und Organisation
ZVEI	Zentralverband der Elektrotechnischen Industrie
ZwF	Zeitschrift für wirtschaftliche Fertigung

1 Grundlagen

1.1 Begriff der Logistik

Ursprünglich verwendet und geprägt wurde der Begriff „Logistik" im Militärwesen bei Fragen der Nachschubgestaltung und der Truppenbewegung (vgl. *Krulis-Randa* 1977, S. 1). Mitte der sechziger Jahre wurde der Begriff in den USA für zivile Bereiche übernommen. Die Wirtschaftsentwicklung des letzten Jahrhunderts, die durch ein starkes Wachstum der Unternehmen und ein Expandieren auf unterschiedliche Märkte gekennzeichnet war, ließ den Zwang zur koordinierten und überwachten Bewegung aller Material- und Güterströme erwachsen. Dadurch fanden logistische Überlegungen Eingang in die Unternehmen, die inzwischen auf die gesamte Grundfunktionskette vom Einkauf über die Produktion bis zum Vertrieb ausgeweitet wurden.

Logistik hat sich in der zweiten Hälfte der achtziger Jahre zunehmend zu einem Schlagwort und schillernden Begriff entwickelt. Bei verschiedenen Autoren und Verbänden ist nur selten ein übereinstimmender Begriffshintergrund festzustellen. Darüber hinaus stehen heute die Begriffe Beschaffung, Einkauf, Materialwirtschaft und Logistik nebeneinander. In der Praxis werden mit diesen Bezeichnungen sowohl Funktionen im Sinn von betrieblichen Aufgaben als auch Organisationseinheiten (z.B. Abteilungen) im Organigramm belegt (vgl. *Fieten* 1984, S. 7).

Logistik wird in dieser Arbeit verstanden als **marktorientierte, integrierte Planung, Gestaltung, Abwicklung und Kontrolle des gesamten Material- und dazugehörigen Informationsflusses zwischen einem Unternehmen und seinen Lieferanten, innerhalb eines Unternehmens sowie zwischen einem Unternehmen und seinen Kunden.**

Im Hinblick auf ein eindeutiges Begriffsverständnis erscheint es notwendig, die vorgenannten Begriffe gegenüberzustellen und voneinander abzugrenzen. Als Abgrenzungskriterien dienen zum einen die den Begriffen zugeordneten Funktionen und zum anderen die durch sie betrachteten Objekte. Als **Objekte der Logistik** sollen alle **Materialien und Waren,** d.h. Fertigungsmaterialien, Hilfs- und Betriebsstoffe, Zuliefer- und Ersatzteile, Handelswaren, Halb- und Fertigerzeugnisse sowie Reststoffe angesehen werden. Hiermit erfolgt eine klare Abgrenzung zu anderen zu beschaffenden und bereitzustellenden Faktoren wie Anlagen, Personal und Kapital.

Betrachtet man die **Funktionen,** die grundsätzlich dem Versorgungsbereich eines Unternehmens zuzuordnen sind, so lassen sich anführen: Einkauf, Lagerhaltung, Transport, Produktionsplanung und -steuerung sowie Auftragsabwicklung (vgl. Abb. 1-1). Daneben tritt die immer stärker an Bedeutung gewinnende Entsorgungsfunktion. **Einkauf bzw. Beschaffung i.e.S.** beschäftigt sich mit der Bearbeitung der Beschaffungsmärkte und den rechtlichen Aspekten der Versorgung (vgl. hierzu Abschnitt 6.1).

Beschaffung i. w. S. bezieht sich nicht nur auf Materialien, sondern auch auf die Beschaffung und Bereitstellung von Anlagen, Kapital, Personal und Informationen.

Kommt als weiterer Aufgabenbereich zum Einkauf die Materialbereitstellung mit den Teilfunktionen Lagerhaltung und Transport hinzu, verbessern sich die Voraussetzungen für die Abstimmung der einzelnen materialwirtschaftlichen Aktivitäten. Dieser Aufgabenumfang wird heute als **klassische Materialwirtschaft** bezeichnet. Sie „umfasst alle Vorgänge der Bewirtschaftung von Erzeugnis- und Betriebsstoffen, unabhängig davon, für welche betrieblichen Teilbereiche diese vollzogen werden" (*Grochla* 1973, S. 15). Die zentrale Aufgabe der Materialwirtschaft stellt somit die Bereitstellung von Materialien zur Sicherstellung der Leistungsbereitschaft dar. Ihre Zuständigkeit bezieht sich damit lediglich auf einen Teil der gesamten logistischen Versorgungskette, nämlich auf die Bereitstellung der Einsatzstoffe für die verschiedenen Einsatzorte der Erzeugung. Diese Beschränkung führt auf Grund vielfältiger Interdependenzen zwischen den Transformations- und Transferprozessen entlang den Wertschöpfungsketten zwangsläufig zu suboptimalen Problemlösungen. Konsequenzen dieser Fragmentierung und ungenügenden Abstimmung sind unter anderem Über- und Fehlbestände, Warte-, Stillstands- und Fehlzeiten (vgl. *Ihde* 1987, S. 706). Anzustreben ist daher die Einbeziehung der Interaktionsbeziehungen des Betriebes zu seinen Lieferanten sowie die Versorgung des Marktes (vgl. *Schneider* 1980, Sp. 1281 f.). Diese Überlegungen finden Berücksichtigung im Konzept der **Integrierten Materialwirtschaft,** das dadurch gekennzeichnet ist, dass es all jene Aufgaben der Materialwirtschaft umfasst, die die Höhe der Bestände bzw. den Materialfluss determinieren. Dies sind neben Einkauf, Lagerhaltung und Transport die Funktionen Produktionsplanung und -steuerung sowie Auftragsabwicklung. Gegenstand der integrierten Materialwirtschaft ist die „technische und ökonomische Problematik des Materialflusses vom

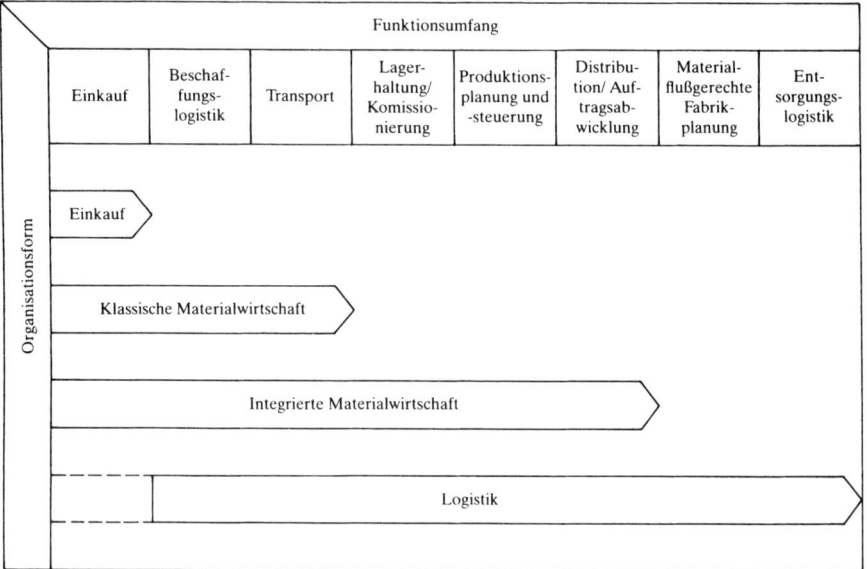

Abb. 1-1: Gegenüberstellung verschiedener Begriffe für den Ver- und Entsorgungsbereich der Unternehmung

Lieferanten in die Unternehmung, durch die Fertigung mit allen Zwischenstufen bis zur Fertigstellung und bis zur Bereitstellung an die Warenausgangsläger" (*Grochla* 1980, S. 198 f.). Hierin spiegelt sich eine Annäherung an die Konzeption der Logistik wider. Entscheidend ist aber nicht die inhaltliche Ähnlichkeit des Funktionsumfangs, sondern die jeweils zugrundeliegende **Planungsphilosophie**.

1.2 Charakteristika der Logistikkonzeption

Grundlegend für die **Logistikkonzeption** bzw. das **Logistikdenken** sind drei miteinander in Beziehung stehende Arten des Denkens (vgl. *Pfohl* 1991, S. 1031): Das System-, das Fluss- und das Querschnittsfunktionsdenken.

Das **Systemdenken** geht davon aus, dass Elemente eines Logistiksystems nicht isoliert, d. h. ohne Auswirkungen auf andere Elemente, verändert werden können und dass nur durch ihren Verbund Synergieeffekte zu erzielen sind. Die funktionalen Beziehungen zwischen einzelnen Aufgabenbereichen der Logistik sind deshalb bei jeder Entscheidung zu beachten. Angestrebt wird grundsätzlich nicht die Optimierung von Teilbereichen, sondern stets die des Gesamtsystems (ganzheitliche Betrachtung).

Beispielsweise werden Transportentscheidungen nur unter Einbeziehung der Interdependenzen zwischen dem logistischen Subsystem Transport und allen anderen logistischen Subsystemen (unter anderem Auftragsabwicklungssystem, Lagerstruktur, Bestandsmanagement, Verpackung, Entsorgung) getroffen. Dem Systemdenken kommt insofern hohe Bedeutung zu, als zwischen den einzelnen logistischen Teilsystemen eine Vielzahl von Konflikten (trade-off-Beziehungen) besteht.

Das Systemdenken findet seinen konkreten Niederschlag in dem Gesamtkostendenken (input von Logistiksystemen) als kostenspezifischer und dem Logistikleistungsdenken (output von Logistiksystemen) als leistungsspezifischer Ausprägung. So kann es auf Grund des System- bzw. Gesamtkostendenkens wirtschaftlich sinnvoll sein, höhere Transportkosten in Kauf zu nehmen, wenn dadurch die Lagerkosten in noch stärkerem Maße reduziert werden.

Das **Flussdenken** beinhaltet die durchgängige Betrachtung des Güter- und Informationsflusses in der gesamten Logistikkette zwischen Lieferant und Kunde (vgl. Abb. 1-2). Ziel ist ein möglichst nicht unterbrochener Güterfluss zwischen Anfang und Ende der Logistikkette, wobei deren Abschnitte informatorisch miteinander verknüpft werden. Das Flussprinzip verknüpft die Kunden- mit der Prozessorientierung. Das Flussprinzip findet seinen konkreten Niederschlag in einer Abfolge von Lieferanten-Kunden-Beziehungen. Bestände werden als unerwünschte Unterbrechung des Materialflusses angesehen, die zur Verlängerung von Durchlaufzeiten führen. Demgegenüber hat das in der Vergangenheit dominierende Ziel möglichst hoher Kapazitätsauslastung einzelner Stufen der Logistikkette zum Aufbau von Beständen geführt, der mit einem Losgrößen- und Autonomiedenken einherging.

In vom Flussdenken geprägten modernen Logistikkonzepten werden Bestände wertanalytisch auf ihre Funktion hin durchleuchtet, wobei vielfach als Funktion von Beständen das Verschleiern von Problemen zutage tritt (z. B. unzuverlässige Lieferanten,

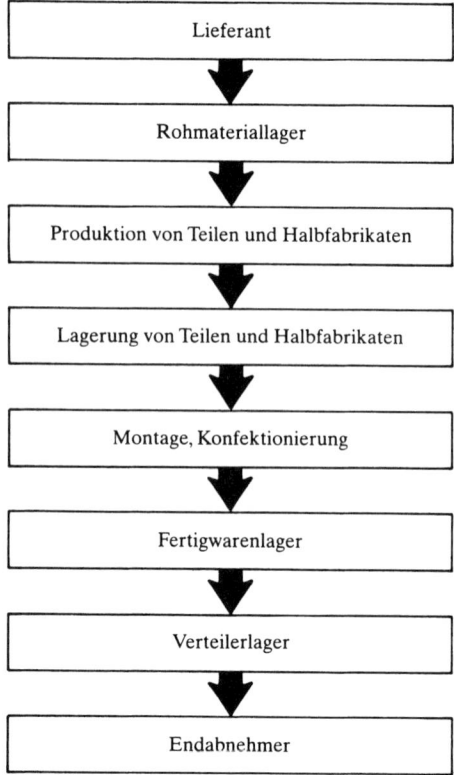

Abb. 1-2: Logistische Kette

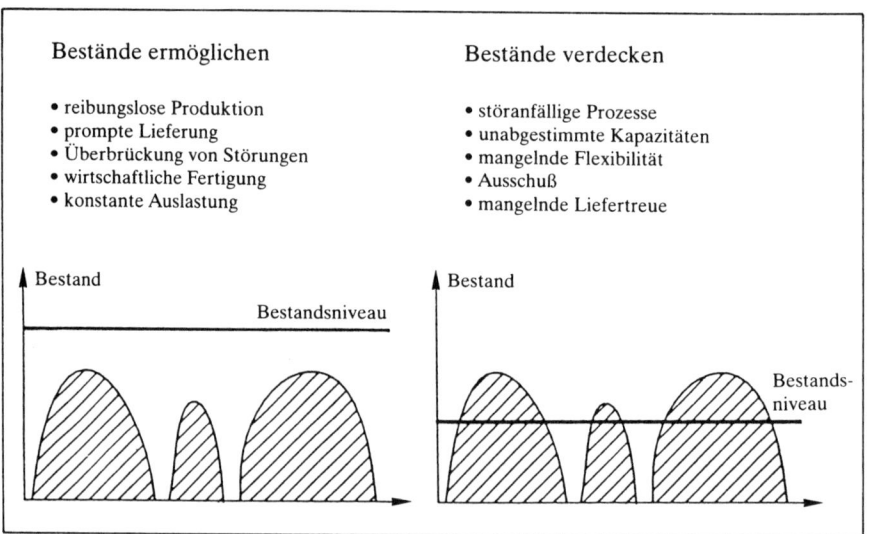

Abb. 1-3: Bestandsfunktionen

nicht abgestimmte Kapazitäten) (vgl. Abb. 1-3). Bestände sollten nur noch dort geplant werden, wo es für die gesamte Logistikkette am kostengünstigsten ist.

Flüsse sind umso rationeller, je

– weniger „Medienbrüche" entlang des Flusses erfolgen
– gleichmäßiger und rascher der Fluss ist
– früher und robuster Fehlervermeidung einsetzt
– kräftiger die Alarmsignale bei dennoch auftretenden Fehlern und Überlastungserscheinungen sind
– höher der Überlappungsgrad aufeinanderfolgender Prozesse ist bzw. je präziser die Übergabeprozesse an Schnittstellen abgestimmt sind.

Beim **Querschnittsfunktionsdenken** geht es darum, dass trotz miteinander konkurrierender Ziele der Entwicklungs-, Absatz-, Beschaffungs- und Produktionsbereiche optimale bereichsübergreifende Logistikentscheidungen zur Erfüllung von Umsatz- und Kostenzielen getroffen werden (interfunktionale und interorganisatorische Perspektive). Dementsprechend durchdringt die Logistik alle Abschnitte der Wertschöpfungskette. Dies kann nur durch eine klare organisatorische Gestaltung der Schnittstellenaufgaben zwischen der Logistik einerseits und den übrigen Funktionen andererseits gelingen. Von den Mitarbeitern und Führungskräften müssen die gegenseitigen Abhängigkeiten akzeptiert werden.

In einer 2002 erstellten Studie „Trends und Strategien in der Logistik" des Bereichs Logistik der Technischen Universität Berlin in Zusammenarbeit mit der Bundesvereinigung Logistik wurde die Zugehörigkeit betrieblicher Funktionen zur Logistik untersucht (vgl. Abb. 1-4) (vgl. *Baumgarten/Thoms* 2002, S. 9 f.).

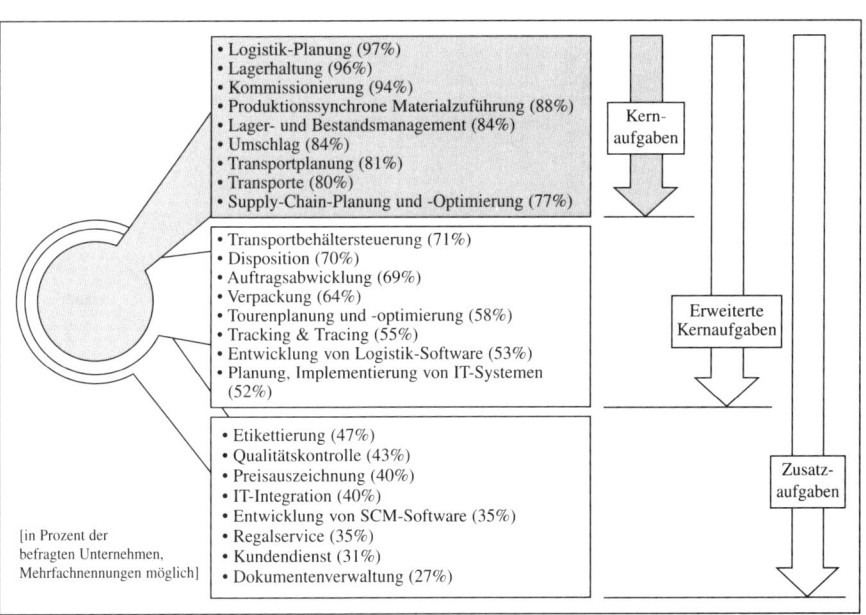

Abb. 1-4: Zugehörigkeit betrieblicher Funktionen zur Logistik
(vgl. Baumgarten/Thoms 2002, S. 9 f.)

1.3 Ziele der Logistik

Ziel jeder logistischen Aktivität ist die **Optimierung des Logistikerfolgs** mit ihren Komponenten Logistikleistung und -kosten (vgl. Abb. 1-5). Definitorischer Bestandteil der Logistik ist ihre Ausrichtung auf Markterfordernisse. Aus diesem Grunde stellen logistische Leistungen stets Marketinginstrumente dar und sind als solche zu beurteilen.

1.3.1 Logistikleistung

Elemente der Logistikleistung sind im Wesentlichen (vgl. *Pfohl* 1972, S. 177 ff.; *LaLonde/Zinszer* 1976, S. 148):

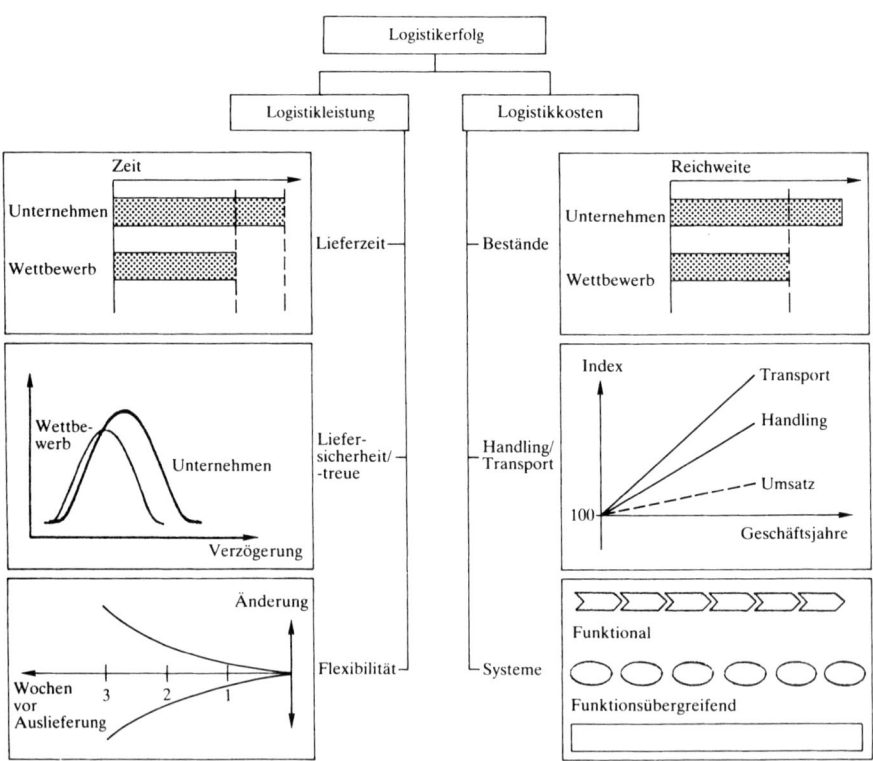

Abb. 1-5: Komponenten des Logistikerfolgs (Perraudin 1987, S. 511)

- Lieferzeit,
- Lieferzuverlässigkeit,
- Lieferflexibilität,
- Lieferqualität und
- Informationsfähigkeit.

Die **Lieferzeit** stellt die Zeit dar, die zwischen der Erteilung des Auftrags durch den Kunden (Bestelleingang) bis zum Zeitpunkt der Verfügbarkeit der Ware beim Kunden (bzw. Auslieferung oder Abnahme) liegt (vgl. *Pfohl* 1985, S. 26). Kürzere Lieferzeiten ermöglichen beim Kunden niedrigere Lagerbestände und eine kurzfristigere Disposition. Sind die bestellten Waren vorrätig, so setzt sich die Lieferzeit aus der Auftragsbearbeitungszeit, der Zeit für Kommissionierung, Verpackung, Verladung und Transport zusammen. Müssen die bestellten Waren erst noch produziert werden, ist zu diesen Zeiten die Produktionsdurchlaufzeit hinzuzurechnen.

Mit der **Lieferzuverlässigkeit** (Liefertreue, Termintreue) wird die Wahrscheinlichkeit erfasst, mit der die Lieferzeit eingehalten wird. Nicht exakt eingehaltene Liefertermine können beim Kunden Störungen im Betriebsablauf und damit hohe Kosten verursachen. Einflussfaktoren der Lieferzuverlässigkeit sind die Zuverlässigkeit des Arbeitsablaufs und die Lieferbereitschaft (vgl. *Pfohl* 1985, S. 26ff.). Zunächst hängt die Einhaltung der zugesagten Lieferzeit davon ab, inwieweit alle sie bestimmenden Teilzeiten eingehalten werden. So ist es beispielsweise bei der Auftragsbearbeitung möglich, dass vorliegende Aufträge unbearbeitet bleiben. Beim Transport kann es vorkommen, dass die vom Spediteur zugesagten Transportzeiten nicht eingehalten werden. Durch den zweiten Einflussfaktor der Lieferzuverlässigkeit, die Lieferbereitschaft, wird angegeben, inwieweit die gewünschten Produkte vom Lager ausgeliefert werden können. Die Messung der Lieferbereitschaft erfolgt üblicherweise durch Prozentangaben, wobei allerdings eine Vielzahl von Formeln zugrundegelegt werden kann. So kann es zweckmäßig sein, in der Definition lediglich auf die Häufigkeit des Auftretens von Fehlmengen abzustellen, den Umfang der Fehlmenge aber nicht zu berücksichtigen. Ist hingegen relevant, welcher Anteil der nachgefragten Menge nicht vom Lager befriedigt werden kann, ist es zweckmäßig, die Höhe der auftretenden Fehlmengen als Basis der Definition heranzuziehen. Für die Auswahl der geeigneten Definition ist letztlich entscheidend, dass Fehlmengen in ihrer tatsächlichen Wirkung auf den Absatz erfasst werden.

Die **Lieferflexibilität** bezeichnet die Fähigkeit des Auslieferungssystems, auf besondere Kundenwünsche einzugehen (vgl. *Pfohl* 1977, S. 241). Hierunter fallen erstens die **Modalitäten der Auftragserteilung** wie Abnahmemengen, Zeitpunkt der Auftragserteilung, Art der Auftragsübermittlung sowie zweitens die **Liefermodalitäten** wie Art der Verpackung, Transportvarianten, Möglichkeit der Lieferung auf Abruf.

Die **Lieferqualität** beschreibt die Liefergenauigkeit nach Art und Menge sowie den Zustand der Lieferung. Für den Fall, dass das bestellte Produkt nicht ausgeliefert werden kann, sollte nur nach vorheriger Zustimmung des Kunden ersatzweise ein anderes Produkt geliefert werden, da ansonsten die Verärgerung des Kunden zu dessen vollständigem Verlust führen kann. Darüber hinaus können Kosten für die Abwicklung der Kundenbeschwerde und die Rücksendung der Ware anfallen. Auch die exakte Einhaltung der bestellten Menge ist von eminenter Wichtigkeit. Wird die bestellte

Menge überschritten und berechnet, steigen beim Kunden die Lagerkosten, wird die bestellte Menge unterschritten, können beim Kunden Fehlmengen auftreten. Damit die Lieferung den Kunden in einem ordnungsgemäßen Zustand erreicht, ist sie mit einer geeigneten Verpackung zu versehen. Beschädigungen der Güter haben Kundenreklamationen und/oder zusätzliche Kosten auf Grund von Retouren bzw. Preisabschläge zur Folge.

Die **Informationsfähigkeit** beschreibt die Möglichkeit, Kundenanfragen vor und nach der Auftragserteilung schnell und genau beantworten zu können. Informationswünsche der Kunden können sich beispielsweise beziehen auf Liefermöglichkeiten, den Stand eines Auftrages und die Behandlung von Beschwerden bei mangelnder Auslieferung.

Insgesamt verdeutlichen die dargestellten Elemente der Logistikleistung dessen hohe Marketingbedeutung. Neben der marktbezogenen Definition der einzelnen Elemente der Logistikleistung sind diese **analog für die interne logistische Kette** des Unternehmens zu definieren und zu kontrollieren, da nur so die Erbringung der vom Markt geforderten Logistikleistungen sicherzustellen ist. Daneben hat jedes der genannten Ziele Kostenwirkungen.

1.3.2 Logistikkosten

Die zweite Komponente des Logistikerfolges bilden die Logistikkosten, die grob in **fünf Kostenblöcke** eingeteilt werden können (vgl. *Roell* 1985, S. 33ff.):

– die Steuerungs- und Systemkosten,
– die Bestandskosten,
– die Lagerkosten,
– die Transportkosten und
– die Handlingskosten.

Unter den **Systemkosten** werden die Kosten der Gestaltung, Planung und Kontrolle des Materialflusses subsumiert. Die **Steuerungskosten** umfassen die Kosten der Teilfunktionen Produktionsprogrammplanung, Disposition, Auftragsabwicklung, Fertigungssteuerung usw. Die **Bestandskosten** entstehen durch das Vorhalten von Beständen und beinhalten u. a. die Kapitalkosten zur Finanzierung der Bestände, Versicherungen, Abwertungen und Verluste. Die **Lagerkosten** setzen sich aus einem fixen Teil für das Bereithalten von Lagerkapazitäten und einem quasi variablen Teil für die durchzuführenden Ein- und Auslagerungsvorgänge zusammen. Zu den **Transportkosten** gehören die Kosten des internen und externen Werksverkehrs. Auch sie weisen einen Bereitschaftskostenanteil (z. B. für Gabelstapler) und volumenabhängigen Anteil (z. B. Energieverbrauch der Fördereinrichtungen) auf. Darüber hinaus sind versteckte Transportkosten in dem Anteil der Einkaufskosten enthalten, der vom Lieferanten für den von ihm durchgeführten Transport zum Abnehmer kalkuliert wird. Unter den **Handlingskosten** sind alle Kosten des Verpackens, des Handlings und des Kommissionierens zu verstehen. Auch hier können Bereitschaftskosten (z. B. für Konservierungsanlagen) und volumenabhängige Handlingskosten (z. B. für Verpackungsmaterial, Konservierungsstoffe, Etiketten) unterschieden werden.

Den Anteil der Logistikkosten an den Gesamtkosten verdeutlicht Abb. 1-6. Bei diesen – nicht immer unproblematischen – empirischen Erhebungen ergaben sich Prozentsätze von durchschnittlich **weit über 10%**. Die hierin zum Ausdruck kommende hohe Bedeutung der Logistik für die Ergebnissituation eines Unternehmens wird durch die in vielen Unternehmen zu beobachtende steigende Tendenz der Logistikkosten unterstrichen.

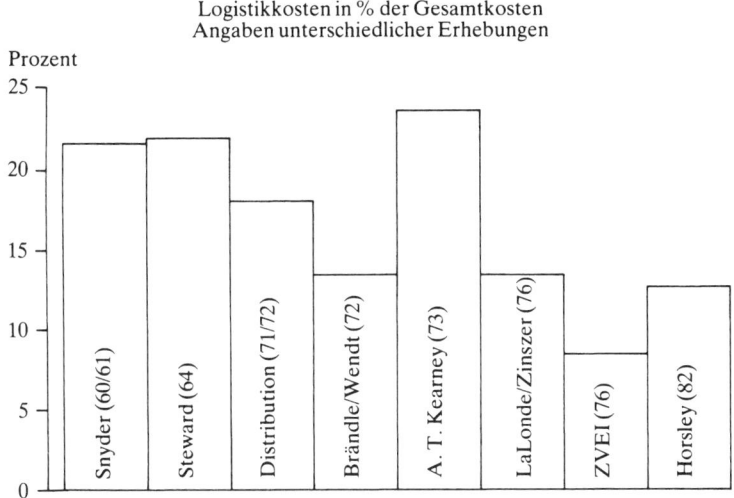

Abb. 1-6: *Anteil der Logistikkosten an den Gesamtkosten (Weber 1990, S. 13)*

1.3.3 Optimierung des Logistikerfolgs

Zur Optimierung des Logistikerfolgs bieten sich zwei grundsätzliche Wege an (vgl. *Roell* 1985, S. 30):

– Verfolgung eines **optimalen Logistikleistungsgrades** (vgl. Abb. 1-7, linker Teil) oder
– Verfolgung eines **geforderten Logistikleistungsgrades bei Minimierung der** hierzu erforderlichen **Logistikkosten** (vgl. Abb. 1-7, rechter Teil).

Der erste Weg setzt die **quantitative Bewertbarkeit alternativer Logistikleistungsniveaus** voraus. Hierfür ist die Offenlegung der Kaufentscheidungsprozesse und damit eine Erhebung bei allen potentiellen Kunden erforderlich. Dies ist jedoch einerseits mit einem sehr hohen Aufwand verbunden, andererseits wird die Bereitschaft der Kunden, an einer solchen Erhebung mitzuarbeiten, gering sein, da sie ihre Kaufentscheidungskriterien vielfach nicht offenlegen möchten. Hinzu kommen Probleme bei der Formulierung von Entscheidungsprozessen, die die Validität der Ergebnisse negativ beeinflussen könnten (vgl. *Nieschlag* u. a. 1980, S. 500f.).

Neben der quantitativen Bewertung der Logistikleistung ist in der Praxis auch die Erfassung der Logistikkosten in der Regel mit großen Schwierigkeiten behaftet (vgl. hierzu Abschnitt 13.2). Zudem müssten Struktur und Höhe der Logistikkosten für verschiedenste Logistikleistungsniveaus vorliegen.

Aufgrund der dargestellten Datenbeschaffungsprobleme wird bei der Optimierung des Logistikerfolges in der Praxis der zweite Weg verfolgt. Aufgabe der Logistik ist es dann, einen von Unternehmensleitung, Vertrieb und Logistik erarbeiteten und vorgegebenen Logistikleistungsgrad sicherzustellen und gleichzeitig die Logistikkosten zu minimieren.

Der in Abb. 1-7 rechts skizzierte Ansatz bezieht sich auf die Stelle im Materialfluss, an der das Produkt an den Kunden geliefert wird. Dieselben Anforderungen haben jedoch auch für alle weiteren Ablieferungsstellen Gültigkeit, wie zum Beispiel (vgl. *Roell* 1985, S. 32):

– die Ablieferung von Produkten, Komponenten oder Teilen an den Versand,
– die Ablieferung von zu testenden Einheiten an die Qualitätskontrolle,
– die Ablieferung von Teilen und Komponenten an die Montage sowie
– die Ablieferung von Ausgangsmaterialien an die Teilefertigung.

Um eine wirkungsvolle Steuerung des Logistikgesamterfolges zu gewährleisten, ist es erforderlich, **für jeden** angegebenen **Ablieferungspunkt** von Materialien und Teilen einen **Logistikleistungsgrad** zu **definieren.** Hierbei entspricht die Aufzählungsreihenfolge der wirkungsvollsten Optimierungsreihenfolge, da sie von den Stellen, an denen die Produkte hohe Wertschöpfung aufweisen, zu jenen mit niedrigerer Wertschöpfung verläuft.

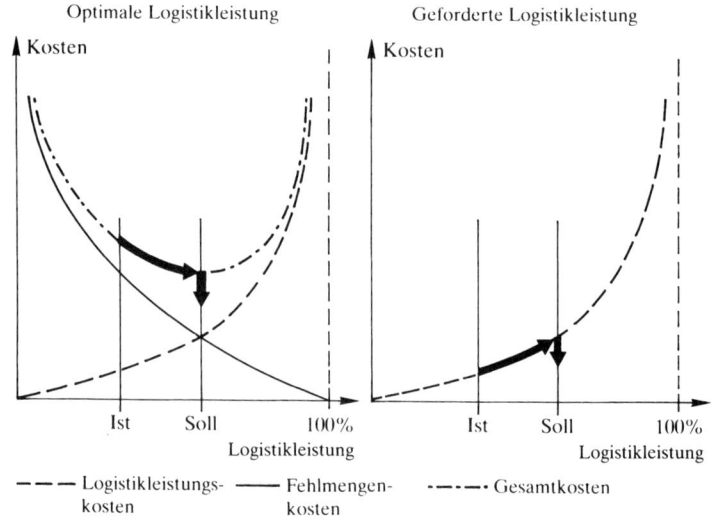

Abb. 1-7: Wege zur Optimierung des Logistikerfolgs (Roell 1985, S. 30)

Zusammenfassend verlangt die Formulierung von Logistikerfolgszielen Aussagen zu folgenden Fragestellungen (vgl. *Pfohl* 1977, S. 240):

– Definition und Umfang der Logistikleistung,
– Definition der Verkaufssituationen, in denen die Logistikleistung zum kaufentscheidenden Parameter werden kann,
– Identifikation der Wirkungsweisen unterschiedlicher Logistikleistungsniveaus,
– Ermittlung der Kosten je Logistikleistungsniveau,

– Bestimmung der relativen Bedeutung der Logistikleistung im Vergleich zu anderen absatzpolitischen Instrumenten,
– Vorgabe der Logistikleistung an die übrigen Stufen des Wertschöpfungsprozesses.

1.3.4 Zielkonflikte

Der bezogen auf das Gesamtunternehmen optimalen Lösung logistischer Probleme steht heute vielfach noch die **Zersplitterung logistischer Aktivitäten** auf mehrere Bereiche entgegen. Funktionen der Planung und Kontrolle des logistischen Systems bleiben dabei oft sogar völlig unberücksichtigt. Die Verstreuung logistischer Aktivitäten führt zu einer **isolierten Optimierung von Abteilungs- bzw. Bereichszielen.**

So strebt die **Entwicklung** bisweilen an, bei den Produkten immer den neuesten technischen Stand zu realisieren. Im Fertigungsbereich führt dies zu häufigen technischen Änderungen und einer großen Typen- und Teilevielfalt. Aus Bestandsüberlegungen heraus sind demgegenüber eine geringe Anzahl von Änderungen und eine weitestmögliche Standardisierung von Typen und Teilen vorteilhaft.

Der **Absatzbereich** hat das Ziel, möglichst viel zu verkaufen und strebt daher hohe Fertigwarenbestände an, um allen Kundenwünschen sofort nachkommen zu können. Hiermit ist aber ein Anstieg der Kapitalbindungs- und Lagerkosten verbunden, was den Zielsetzungen des Finanzwesens und Controlling widerspricht. Aus der Sicht des Absatzbereichs haben viele dezentrale Läger den Vorteil, nah am Kunden zu sein. Dies geht aber mit höheren Bereitschaftskosten einher. Schließlich strebt der Absatzbereich eine schnelle Auftragsabwicklung und Auslieferung an, während die Verwaltung auf eine kostengünstige Auftragsabwicklung und Auslieferung Wert legt.

Wesentliche Optimierungskriterien der **Produktion** stellen niedrige Fertigungsstückkosten und eine hohe Kapazitätsauslastung dar. Sie präferiert deshalb hohe Losgrößen, denen aber der Wunsch des Absatzbereichs nach kleinen Losgrößen gegenübersteht. Um die Komplexität der Fertigung zu reduzieren, bevorzugt die Produktion ein schmales Sortiment mit weitgehend homogenen Artikeln. Demgegenüber fordert der Marketingbereich häufig ein umfangreiches Sortiment, um unterschiedliche Zielgruppen differenziert mit einem auf deren Wünsche zugeschnittenen Absatzprogramm ansprechen zu können.

Abb. 1-8 verdeutlicht exemplarisch, welche potentiellen Zielkonflikte sich zwischen den einzelnen Unternehmensbereichen und dem Logistikziel „niedrige Bestände" ergeben können. Die Notwendigkeit des Aufbaus von Fertigwarenbeständen ist umstritten: Während sich als positive Argumente die hohe Lieferbereitschaft – besonders bei einem breiten Produktprogramm – und die Realisierung niedriger Stückkosten in der Fertigung durch große Lose anführen lassen, ergeben sich Nachteile durch die Kapitalbindung in den Beständen, den Bedarf an Flächen- und Personalkapazitäten sowie den vermehrten Schwund und Verderb von Waren. Beobachtungen bestätigen die Aussage, dass trotz höherer Bestandshaltung häufig nicht das auf Lager ist, was der Kunde wünscht (vgl. *Armstrong* 1986, S. 89). Außerdem bedingt die geringere Umschlagshäufigkeit der Artikel eine Minderung ihrer Rentabilität. Wesentliche Voraussetzung für eine Lösung dieser Konflikte im Sinne der Gesamtunternehmenszielset-

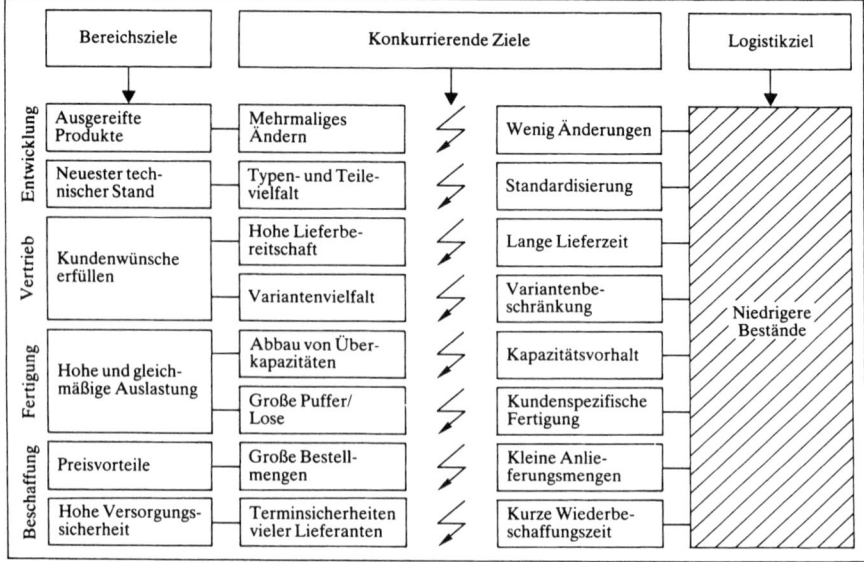

Abb. 1-8: Logistikrelevante Zielkonflikte (Eidenmüller 1984, S. 112)

zung ist, dass die zugrundeliegenden Entscheidungen bereichsübergreifend getroffen werden. Hierbei gilt es, jeweils die Auswirkungen auf alle Funktionen zu berücksichtigen (vgl. *Felsner* 1983, S. 36).

1.4 Logistik und Supply Chain Management

Nach der Bestimmung des Begriffs der Logistik soll nunmehr der seit ein paar Jahren immer häufiger genannte Begriff des Supply Chain Management definiert und abgegrenzt werden. Die Supply Chain (Versorgungskette) weist eine enge Beziehung zur Logistikkette auf. Teilweise werden die Begriffe Supply Chain Management und Logistik als Synonyme verwendet, teilweise wird der Begriff Supply Chain Management weiter gefasst als die Definition von Logistik. Abb. 1-9 enthält zunächst beispielhaft die Darstellung einer Supply Chain. Im Unterschied zu der in Abb. 1-2 dargestellten Logistikkette eines Endproduktherstellers wird deutlich, dass in der gesamten Supply Chain neben den direkten Lieferanten und direkten Kunden auch die Lieferanten der Lieferanten und alle Handels- bzw. Kundenstufen betrachtet werden.
Einigkeit besteht in der Literatur darüber, dass die Logistik für das Verständnis des Supply Chain Management einen Erklärungsbeitrag liefert. Unbestritten ist auch, dass das Supply Chain Management auf der der Logistikkonzeption zugrundeliegenden Fluss- und Prozessorientierung basiert. Weitere Gemeinsamkeiten liegen in der integrierten Betrachtung von Objektflüssen von der Quelle bis zur Senke (vgl. *Bechtel/Jayaram* 1997, S. 16; *Boutellier/Kobler* 1996; *Pfohl* 2000, S. 7). Nach der hier vertretenen Auffassung, ist der Supply Chain Management Ansatz identisch mit der schon

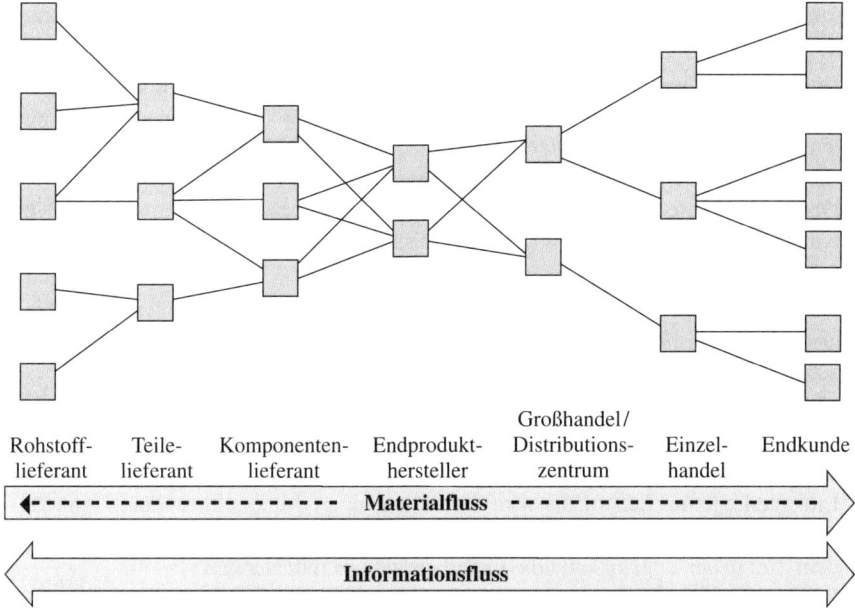

Rohstoff- Teile- Komponenten- Endprodukt- Großhandel/ Einzel- Endkunde
lieferant lieferant lieferant hersteller Distributions- handel
zentrum

Abb. 1-9: Beispielhafte Darstellung einer Supply Chain (Busch/Dangelmaier 2002, S. 5)

seit langem bekannten integrativen Sicht der Logistik. Durch die Weiterentwicklung von Informations- und Planungswerkzeugen sowie der Kommunikationstechnologie ist lediglich die Umsetzung erleichtert worden (vgl. *Zäpfel* 2000, S. 8).

Einige Autoren sehen einen wesentlichen Unterschied zwischen dem Logistikmanagement und dem Supply Chain Management in der stärkeren Betonung des Integrationsgedankens durch das Supply Chain Management (vgl. *Cooper/Lambert/Pagh* 1997, S. 1). So würden bei der „klassischen" Logistikkette die einzelnen Teilnehmer aus ihrer isolierten Sicht nach einzelwirtschaftlichen Entscheidungskalkülen entscheiden. Demgegenüber würde der Supply Chain eine ganzheitliche Betrachtung der Logistikkette zugrunde liegen, d.h. es findet eine Zusammenarbeit aller Unternehmen der unternehmensübergreifenden Wertschöpfungskette statt. Konsequenterweise wird dann auch nicht mehr von Schnittstellen mit entsprechenden Abstimmungsproblemen und Ineffizienzen gesprochen, sondern von Grenzstellen. Supply Chain Management zielt hiernach auf Verknüpfungen zwischen den Netzwerkpartnern ab, weshalb auch von Verknüpfungsmanagement gesprochen wird (vgl. *Otto/Kotzab* 2001, S. 171). „Die konsequente Anwendung von Supply Chain Management bedeutet, dass die unternehmungsübergreifende Wertschöpfungskette keine Bruchkanten zwischen den Elementen aufweist, sondern wie aus einem ‚Guss' gestaltet ist. Alle Beteiligten denken und handeln wie ein Unternehmen, solange sie dem Netzwerk angehören". (*Scheer/Borowsky* 1999, S. 7) Dieser Abgrenzung kann jedoch insofern nicht gefolgt werden, als auch die Logistik in Gestalt des Systemdenkens einen Integrationsanspruch innerhalb des betrachteten Logistiksystems reklamiert (vgl. *Stölzle* 1999, S. 162).

Die enge Verknüpfung des Supply Chain Management zu anderen, bereits bekannten Konzepten kommt in der von *Seuring* und *Schneidewind* (2000, S. 229f.) vorgeschlagenen Zweiteilung zum Ausdruck, die zwei Definitionsgruppen unterscheiden:

– Definitionen, die auf eine Erweiterung der Logistikfunktion der Unternehmung hin zu einer Integration der Material- und Informationsflüsse mit Kunden und Lieferanten abstellen (vgl. *Christopher* 1992, S. 13; *Kuglin* 1998, S. 3; *Metz* 1997 S. 239). Ziele sind hierbei die Minimierung der Gesamtdurchlaufzeit und der Bestände.

– Definitionen, die sämtliche Beziehungen zu und insbesondere Kooperationen mit Kunden und Lieferanten entlang der gesamten Wertschöpfungskette betrachten (vgl. *Cooper/Ellram* 1993, S. 16).

Basierend auf einer Analyse der vorliegenden Konzeptionen des Supply Chain Management, haben *Bechtel* und *Jayaram* (1997, S. 17) fünf Denkschulen mit jeweils unterschiedlichen Akzentuierungen herausgearbeitet (vgl. Abb. 1–10):

– (Functional) Chain Awareness School: Grundlage bildet die Existenz einer Kette einzelner Teilbereiche zwischen einem Liefer- und einem Empfangspunkt. Es wird die Bedeutung eines durchgängigen Materialflusses hervorgehoben.

– Linkage/Logistics School: Es wird der durchgängige Materialfluss durch eine vollständige Harmonisierung der Aktivitäten, die sequentiell folgen, angestrebt, mit dem Ziel in der Logistikkette die Lagerbestände zu reduzieren.

– Information School: Sie setzt den Fokus auf den bidirektionalen Informationsfluss, wobei neben der Informationsweitergabe auch die Rückkoppelung der wahrgenommenen Supply-Chain-Leistung durch die Abnehmer hervorgehoben wird.

– Integration/Process School: Grundlage bildet die Integration der Geschäftsprozesse mit deren Hilfe die sequentielle Reihenfolge überwunden wird. Im Vordergrund steht eine Orientierung am Nutzen des Endverbrauchers.

– Future School: Im Zentrum stehen partnerschaftliches Beziehungsmanagement und strategische Allianzen. Es wird vorgeschlagen, den Begriff Supply Chain Management durch „seamless demand pipeline" zu ersetzen.

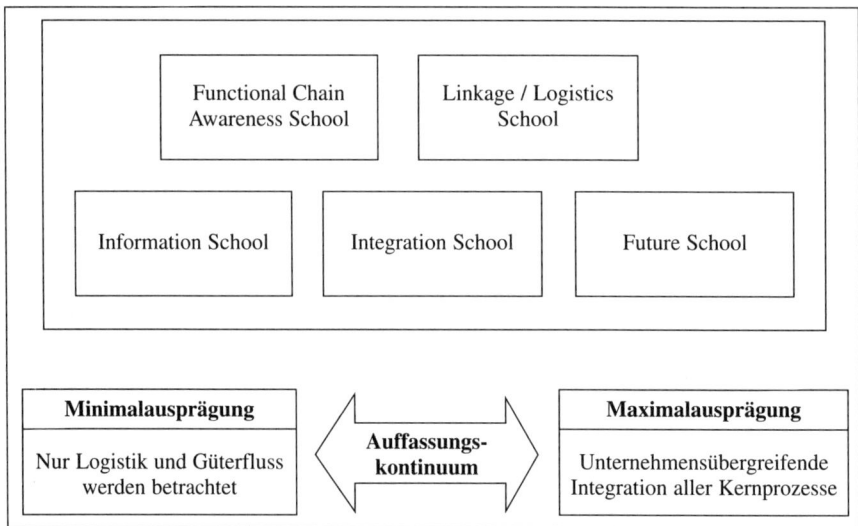

Abb. 1-10: Definitionsansätze für SCM (vgl. Deepen 2003, S. 2)

Eine wesentliche Ursache für die unterschiedlichen Auffassungen hinsichtlich des Supply Chain Management wird darin gesehen, dass es in der unternehmerischen Praxis entstanden ist und nicht in der betriebswirtschaftlichen Theorie entwickelt wurde. Trotz der in der Literatur vorhandenen Vielfalt lassen sich **Kernelemente** herausarbeiten, die in vielen Definitionen (wenn auch in unterschiedlichen Kombinationen) enthalten sind. Zu diesen gehören (vgl. *Corsten/Gössinger* 2001, S. 97):

- Der Endkundenbedarf ist Ausgangspunkt der Steuerung und zwar auf der Grundlage von Daten der Verkaufsstellen (Point-of-Sale-Daten).
- Supply Chain Management zielt auf die optimale, unternehmensübergreifende Gestaltung der Gesamtprozesse.
- Es findet eine kooperative Zusammenarbeit der Beteiligten statt.
- Als wesentliche Voraussetzung zur Realisierung des Supply Chain Management wird die informationstechnische Verknüpfung der Teilnehmer gesehen, um so einen durchgängigen Informationsfluss sicherzustellen.

Unter Supply Chain Management wird im folgenden „die flussorientierte Gestaltung und Koordination der relevanten Teile der Wertschöpfungskette von mindestens zwei rechtlich selbstständigen Unternehmen" (*Weber* u. a. 2003, S. 10) verstanden.

Die mit Supply Chain Management verfolgten **Ziele** umfassen im wesentlichen:

- Kostenvorteile,
- Zeitvorteile und
- Qualitätsvorteile.

Kostenvorteile lassen sich durch die Reduzierung der Bestände erreichen. Die Transparenz über die Nachfrage der Endkunden trägt zur Reduzierung des Bullwhip-Effektes (Peitschenschlageffektes) bei. Dieser beschreibt das stufenweise Aufschaukeln der Aufträge über die einzelnen Stufen einer Supply Chain (vgl. Abb. 1-11). Wesentliche Ursachen des Bullwhip-Effektes sind in Abb. 1-12 dargestellt.

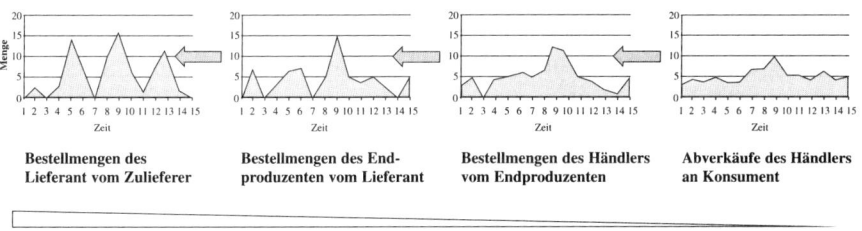

Abb. 1-11: Peitschenschlageffekt – Aufschaukeln der Bedarfsverläufe entlang der logistischen Kette (Steinacker/Kühner 2001, S. 44)

Infolge der besseren Abstimmung von Angebot und Bedarf auf Basis der transparenteren Endkundennachfrage können Sicherheitsbestände und gebundenes Kapital verringert sowie die Transaktionskosten reduziert werden. Transportkosten können durch Wege- und Auslastungsoptimierungen der Transportfahrzeuge reduziert werden.

Ausgangspunkt der Supply Chain ist eine konsequente Kundenorientierung. Da das Konzept durch eine durchgängige Ausrichtung an den Bedürfnissen des Endverbrau-

Ursache	Prognosegestützte Produktionspläne	Ansammlung von Bestellungen	Preisaktionen im Einzelhandel	Produkt- zuteilungen
Beschreibung	· Absatzmuster früherer Perioden werden an veränderte Rahmen- bedingungen ange- passt · Bestellungen nachge- lagerter Kettenglieder dienen als Basis für die Prognose vorgela- gerter Kettenglieder · Eine Bedarfsspitze setzt sich somit durch die gesamte Kette fort und wird durch die Anpassung von Si- cherheitsbeständen noch verstärkt	· Selbst bei konstantem Bedarf tendieren Un- ternehmen dazu, in diskreten Zeitinter- vallen zu bestellen (bestellfixe Kosten, Transportkosten- degression, etc.) · Erfolgsabhängige Vergtungsinstrumente sind meist auf be- stimmte Termine (z. B. Quartalsende) bezogen	· Bei Preisaktionen kaufen Verbraucher oft in einem kurzen Zeitintervall große Mengen ein · Nach Wegfall der Preisaktion üben sie Zurückhaltung, war- ten evtl. auf die nächste Preisaktion · Für Zulieferer bedeu- tet dies eine kurzfris- tig erhebliche Steige- rung der Nachfrage	· Bei größerer als er- warteter Endnach- frage nach einem Produkt sind die Her- steller mitunter zu Rationierungen ge- zwungen · Kunden reagieren hierauf nach Bekannt werden mit Umge- hungsmechanismen (z. B. übertriebene Bestellmengen, Phantombestellungen) · Dies spiegelt dem Produzenten eine größere als tatsächlich vorhandene Nach- frage vor · Bei nachlassender Endnachfrage kommt es zu Stornierungen
Lösung/ Abhilfe	· Informationsweiter- gabe · Kommunikations- techniken (z. B. EDI, ECR)	· Gleichmäßigere Be- stellverteilung · Sendungskonsoli- dierung · Kommunikation	· Information über Preisaktionen	· Einsatz intelligenter Zutelungsmechanis- men (z. B. auf Basis früherer Bestellungen) · Informationsaustausch

Abb. 1-12: Ursachen des Peitschenschlag-Effektes

chers gekennzeichnet ist, wird in der Literatur auch vorgeschlagen, von „demand chain" oder von „chain of Customers" zu sprechen (vgl. *Buscher* 1999, S. 450; *Ihde* 1999, S. 119; *Vahrenkamp* 1999, S. 309). Die begriffliche Differenzierung in eine Supply Chain (Interaktionen mit Lieferanten) und Demand Chain (Interaktionen mit Kunden) hat sich nicht durchgesetzt, so dass die Supply Chain in der Regel als Ober- begriff verwendet wird. Informationen über den Verbrauch stellen ein wesentliches Steuerungselement in der Supply Chain dar (vgl. *Corsten/Gössinger* 2001, S. 85).

In vorliegender Arbeit wird Supply Chain Management als eine weiterentwickelte Form der Logistik verstanden.

1.5 Entwicklungsstufen der Logistik

Im Verlauf der letzten Jahrzehnte hat sich die Unternehmenslogistik ständig weiter- entwickelt. Je nach Betrachtungsschwerpunkt lassen sich hierbei verschiedene Ent- wicklungsstufen beobachten. Nachfolgend werden drei verschiedene Einteilungen vorgestellt, die sich orientieren an

– den Umsetzungsschwerpunkten in der Praxis,
– der Verankerung der Logistik in den Unternehmen sowie
– dem Niveau des logistischen Wissens.

Betrachtet man die **in der Praxis im Vordergrund stehenden Themen** entlang der Logistikkette bzw. Supply Chain, so hat sich die Entwicklung in verschiedenen Etappen und auf verschiedenen Ebenen vollzogen. Bis zu Beginn der 80er Jahre betrachteten die Unternehmen primär einzelne Glieder in der Logistikkette. Im Vordergrund stand die Optimierung von Einzelfunktionen, wie z. B. der Produktion oder Distribution. Erst mit der Einführung des Just-in-time- (JIT-)Konzeptes in der Automobilbranche wurde eine unternehmensübergreifende Optimierung der Materiallogistik zwischen Lieferant und Produzent realisiert (vgl. Abb. 1-13). Bei den in den 90er Jahren umgesetzten Efficient Consumer Response (ECR-)Konzepten stand die unternehmensübergreifende Koordination zwischen der Produktion und Distribution im Zentrum des Interesses.

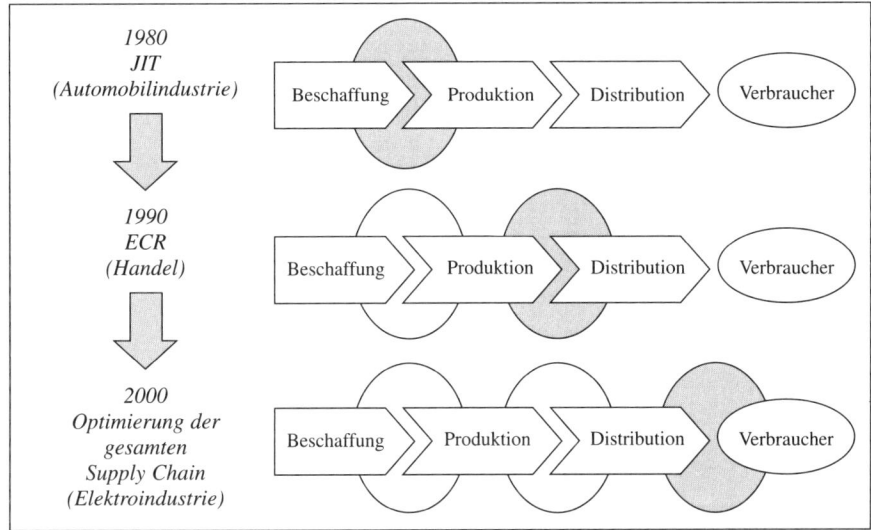

Abb. 1-13: Logistik- bzw. Supply Chain-Entwicklung in der Praxis (Pfohl 2000, S. 13)

Betrachtet man die **Verankerung der Logistik in den Unternehmen,** so lassen sich seit den 1970er Jahren folgende fünf Entwicklungsphasen feststellen (vgl. *Baumgarten* 2003, S. 26 ff.) (vgl. Abb. 1-14): Gegenstand der sog. klassischen Logistik waren hauptsächlich material- und warenflussbezogene Aufgaben und Funktionen. Diese umfassten Transportieren, Umschlagen, Lagern, sowie Verpacken und Kommissionieren. Diese Themen wurden in den 1960er und 1970er Jahren erstmals unter dem Begriff der Logistik diskutiert. Bestehende, **abgegrenzte Ansätze** wurden weiterentwickelt und **optimiert.** Ein Einfluss der Logistik auf den Erfolg am Markt wird kaum gesehen.

In der nächsten Entwicklungsphase erweitert sich die Betrachtungsweise der Logistik von einer funktionsorientierten zu einer flussorientierten Betrachtungsweise. Als zentrales Ziel der Logistik wird die Gestaltung und Optimierung von Prozessen verfolgt. Hierbei wird die Optimierung der logistischen Leistung durch die integrierte Betrachtung der früher unabhängig voneinander geplanten und gesteuerten Beschaffungs-,

Produktions- und Vertriebsfunktion herbeigeführt. Mit Hilfe der Prozessorientierung sollen die effektivitäts- und effizienzmindernden funktionalen Schnittstellen zwischen Beschaffung, Produktion und Vertrieb besser aufeinander abgestimmt werden. Der Logistik wird die Aufgabe der unternehmensweiten Koordination zugewiesen. Aufgrund dieser Sichtweise wird die Logistik insbesondere in den 1980er Jahren als **Querschnittsfunktion** bezeichnet.

In der Phase der **funktionalen Integration** werden die Bereiche Entwicklung und Entsorgung in die Planung und Koordination von Güter- und Informationsströmen einbezogen. Diese ganzheitliche Betrachtungsweise ermöglicht eine bereichsübergreifende Optimierung über die gesamte Prozesskette. Durch die Möglichkeiten der Informationstechniken lassen sich Informationsdefizite zwischen und innerhalb von Prozessen abbauen. Von der Logistik wird nunmehr eine Stärkung der Wettbewerbsposition erwartet, zumal die Marktanforderungen an Schnelligkeit und Flexibilität zunehmen.

In den letzten Jahren hat die Logistik zunehmend die Aufgabe übernommen, Unternehmen zu **Wertschöpfungsketten** zu integrieren. Zukünftig wird sich die Logistik verstärkt der Gestaltung und dem Management von globalen Unternehmensnetzwerken widmen.

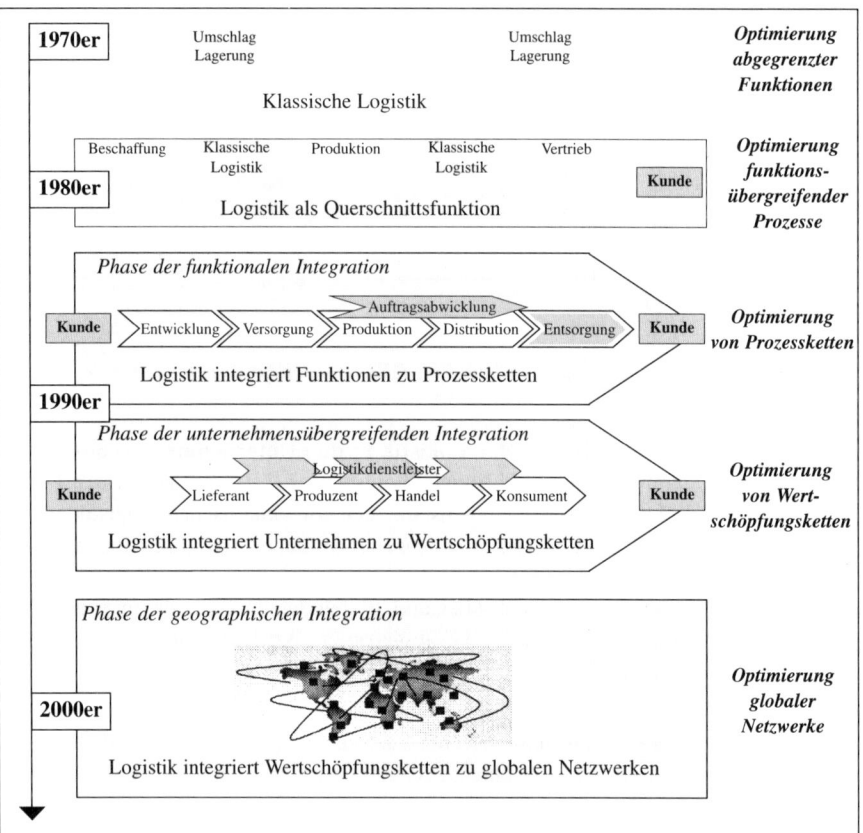

Abb. 1-14: Entwicklungsphasen der Logistik (Baumgarten/Walter 2001, S. 2)

Weber (2003, S. 9) stellt die Entwicklung der Logistik in einem mehrstufigen Modell dar, das vier verschiedene, aufeinander aufbauende Entwicklungsstufen unterscheidet (vgl. Abb. 1-15). Supply Chain Management wird hierbei als (vorerst) letzte Phase der Entwicklung der Logistik eingeordnet.

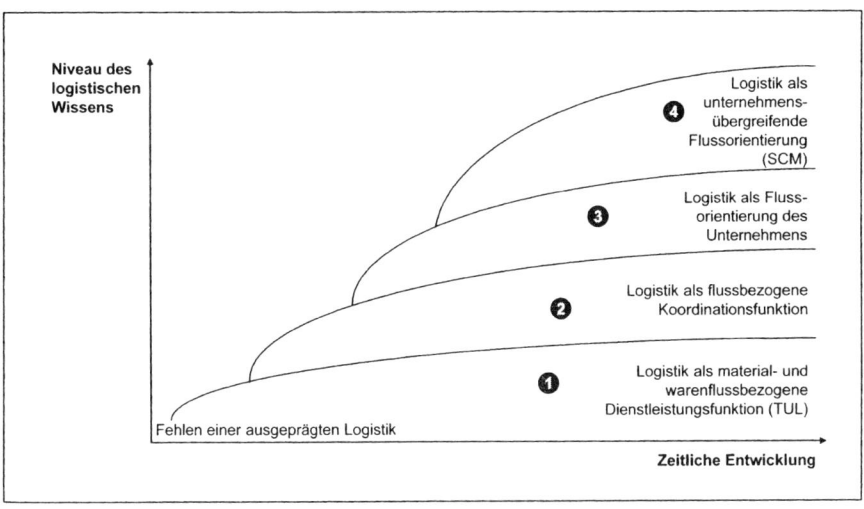

Abb. 1-15: Entwicklungsstufen der Logistik (Weber 2003, S. 9)

1.6 Branchen- und unternehmensspezifische Einflussfaktoren auf die Logistik

Bei der Planung logistischer Konzepte und ihrer Implementierung gilt es, Rahmenbedingungen zu berücksichtigen, die den Handlungs- und Entscheidungsspielraum beeinflussen bzw. beschränken. Sie liegen im Wesentlichen in drei Bereichen:

– Anforderungen des Marktes,
– Produktprogramm und
– Art der Fertigung.

Bei der Betrachtung des Marktes sind für das Unternehmen zwei Interessengruppen zu berücksichtigen: Wettbewerber und Kunden. Die **Konkurrenzsituation** muss hinsichtlich ihrer Intensität und der Einflüsse der Marktführer (vgl. *Bowersox* u. a. 1986, S. 36) sowie der Logistikstrategien der Konkurrenten untersucht werden.

Von der **Abnehmerseite** her sind die räumliche Verteilung, die Ausdehnung der Kundengruppen und regional unterschiedliche Käuferschichten oder Kaufgewohnheiten bedeutsam. So können für ein Unternehmen wichtige Großkunden die Unterhaltung mehrerer Absatzwege erforderlich machen (vgl. *Magee* 1967, S. 41). Daneben spielen Bedarfsstrukturen der Kunden wie Bedarfsdringlichkeit, Verbrauchsdauer oder Substitutionsmöglichkeiten eine Rolle (vgl. *Ihde* 1978, S. 20) für die Konzeption der Distributionswege und Lagerstandorte sowie die Höhe der Bestände. Letztlich muss auch den Marktcharakteristika wie Marktgröße, Sättigungsgrad, Wachstumsrate, Gewinnspanne und möglichen Störfaktoren Bedeutung zugemessen werden.

Zu den Bestimmungsfaktoren aus dem Produktprogramm gehören alle Merkmale bezüglich der **Beschaffenheit und Art der Produkte,** d.h. Kriterien wie Größe, Gewicht, Empfindlichkeit oder Verderblichkeit der Güter, die Einfluss haben auf die Art ihrer Lagerung, Verpackung und ihres Transportes und damit auf logistische Aufgaben (vgl. *Traumann* 1976, S. 37). Ebenso von Bedeutung sind **Sortimentsbreite** und **Variantenvielfalt** der Produkte, ihr Wert, Umschlagshäufigkeit sowie ihr wert- und mengenmäßiger Verkaufsanteil (vgl. *Kunz* 1976, S. 50). Als Einflussfaktor ist außerdem der **Produktlebenszyklus** zu nennen, da je nach Zyklenphase unterschiedliche Marktanforderungen und -verhaltensweisen auszumachen sind. Damit hängen einige weitere Produkteigenschaften zusammen, wie Substituierbarkeit durch andere Artikel, die Abhängigkeit des Kunden von bestimmten Produkten sowie eine mögliche Saisonbedingtheit der Waren. Diese bedingten Schwankungen im Nachfrageverhalten implizieren damit notwendige Lieferserviceanforderungen und andere logistische Maßnahmen, um den Absatzschwankungen bzw. Verkaufszahleneinbußen entgegenzuwirken.

Der Schwerpunkt logistischer Aktivitäten hängt wesentlich von der **Fertigungs- und Kapitalintensität** ab, die je nach Branche unterschiedlich sind. Hohe eigene Wertschöpfung und/oder komplexe Produkte oder Prozesse implizieren eine hohe Fertigungsintensität. Hauptaufgabe der Logistik ist in diesem Fall häufig die Produktion, wie Beispiele der Schuh- und Textilindustrie, des Schiff- und Werkzeugmaschinenbaus sowie der Raumfahrtindustrie zeigen. Bei niedriger Fertigungs- und hoher Kapitalintensität tritt häufig die Beschaffungslogistik in den Vordergrund, wie zum Beispiel in der Chemie- und Stahlindustrie. In den Branchen Nahrungs- und Genussmittelindustrie sowie Kosmetik sind häufig sowohl die Fertigungs- als auch die Kapitalintensität gering. Der Schwerpunkt liegt hier oft in der Distributionslogistik (vgl. Abb. 1-16).

Neben den Indikatoren Fertigungs- und Kapitalintensität richtet sich der logistische Schwerpunkt darüber hinaus auch nach unternehmensspezifischen Einflüssen, die aus der Komplexität des Beschaffungs- und Distributionsmarktes und der **Anzahl der Fertigungsstufen** resultieren (vgl. *Perraudin* 1987, S. 504).

Von Wichtigkeit für die Logistik ist ebenfalls der Umstand, ob für einen **anonymen Markt oder kunden- bzw. auftragsbezogen** gefertigt wird. Hierdurch ergeben sich unter anderem entscheidende Unterschiede für die Auftragsabwicklung und die Lagerhaltung der Güter. Ähnlich bedeutsam ist die Frage, ob eine aufwändige Einzelfertigung vorliegt oder eine einfache Massenfertigung (vgl. *Pfohl* 1985, S. 70). Kriterien wie Produktionskapazitäten, Mindestlosgrößen und Flexibilitätsgrad der Fertigung werden vor allem durch Liefer-, Umrüst- und Wartezeiten bestimmt. Die Fertigungstiefe hat Einfluss auf die Anpassungsfähigkeit bei Nachfrageverschiebungen und auf die Wahrnehmungsmöglichkeiten von Rationalisierungspotentialen, die moderne Logistiktechnologien dem Unternehmen eröffnen (vgl. *Bowersox* u.a. 1986, S. 36).

Einflussfaktoren aus dem Bereich der Fertigung beziehen sich auf die Art der Produktion und ihre räumliche Anordnung: Die Lage der Produktionsstätten kann – je nach

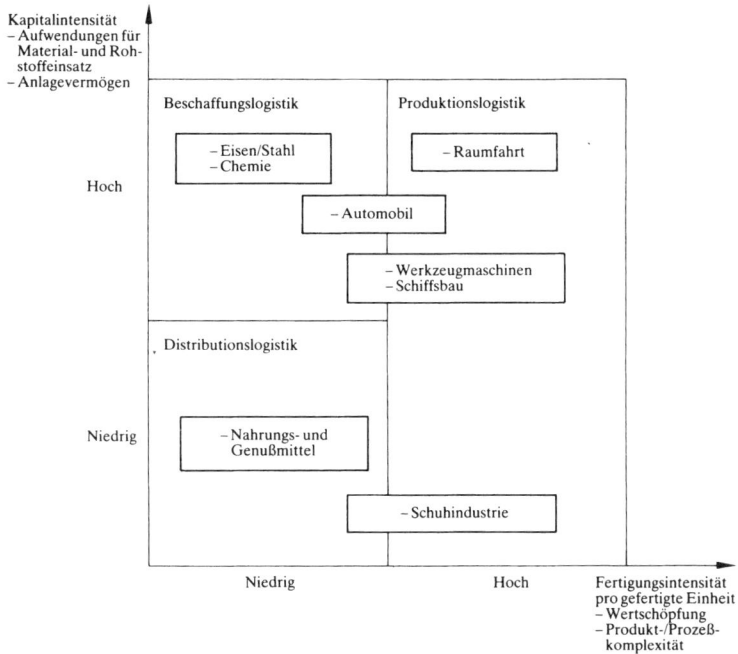

Abb. 1-16: Logistikschwerpunkte in Abhängigkeit von der Branche (Perraudin 1987, S. 517)

Verkehrsanbindungsmöglichkeiten und damit verbundenen Transportkosten – von unterschiedlich großer Bedeutung für logistische Fragen der Lagerstandortbestimmung und des Transportes sein (vgl. *Ihde* 1978, S. 14 ff.). Ein Zusammenhang zwischen Transport und Fertigung liegt auch darin, dass durch eine Ausweitung der Transportmöglichkeiten und -entfernungen größere Märkte bedient werden können und damit das Absatzvolumen gesteigert werden kann, was wiederum die Möglichkeit einer kostengünstigeren Produktion durch größere Lose mit sich bringen kann (vgl. *Heskett* u. a. 1973, S. 50). Die Komponenten einer „sekundären Standortgunst" (*Ihde* 1978, S. 14), die vor allem aus räumlichen Verbundeffekten in Form von hohen Fertigungsstückzahlen mit degressivem Kostenverlauf und räumlicher Nähe von Zuliefer- oder Abnehmerunternehmen sowie niedrigen Transportkosten bestehen, gewinnen zunehmend an Einfluss vor den primären Standortfaktoren wie Rohstoffvorkommen oder topographischen Determinanten.

1.7 Aufbau des Buches

Neben dem Grundlagenkapitel, in dem Begriff, Ziele und Einflussfaktoren der Logistik im Überblick dargestellt wurden, gliedert sich vorliegende Arbeit in dreizehn weitere Kapitel (vgl. Abb. 1-17).

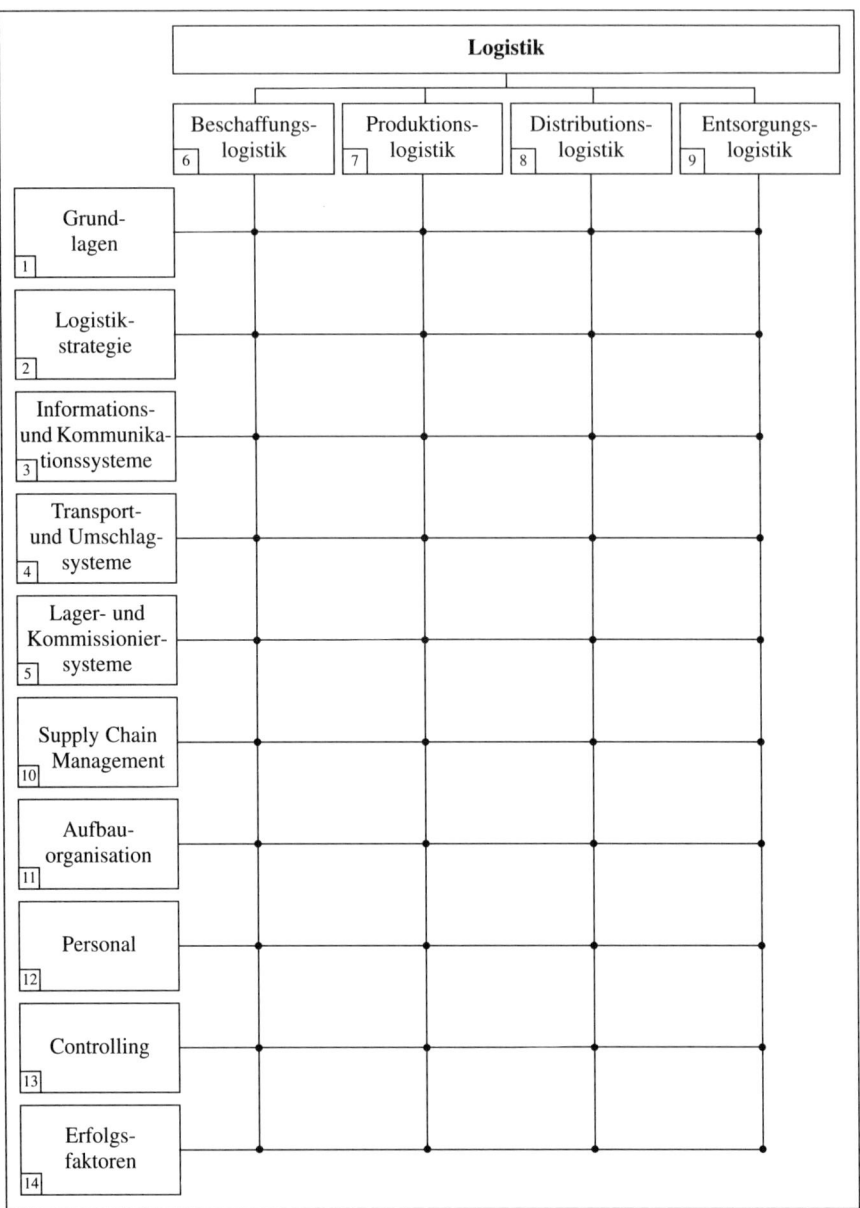

Abb. 1-17: Aufbau des Buches

Bei der Strukturierung eines Buches zur Logistik sieht man sich regelmäßig mit zwei Problemen konfrontiert: Zum einen ist nicht nur die Logistik eine Querschnittsfunktion im Unternehmen, sondern **innerhalb der Logistik** selbst existieren **Querschnittsbereiche,** wie Strategie, Informations- und Kommunikationssysteme, Lagerung, Transport, Personal und Controlling. Diese Funktionen werden deshalb in eigenständigen Kapiteln behandelt (vgl. linker Teil von Abb. 1-17), um Wiederholungen zu vermeiden.

Zum zweiten ist zu entscheiden, in welcher Form die **untrennbare Verknüpfung von Informations- und Materialfluss** berücksichtigt wird. Wenngleich sich die Gliederung primär am Materialfluss, also dem physischen Teil der Logistikkette (Beschaffung – Produktion – Distribution – Entsorgung) orientiert (vgl. Kopfzeile von Abb. 1-17), so werden gleichwohl die parallel- oder vorgelagerten Informationsflüsse immer mitberücksichtigt. Eine Ausnahme bildet lediglich der gesamte Komplex der Produktionsplanung und -steuerung. Dieser Bereich umfasst nach herrschender Praxis beispielsweise auch Bedarfsermittlungsfunktionen, die der Beschaffungslogistik hätten zugeordnet werden können. Hierauf wurde aber bewusst verzichtet, um eine gesamthafte Darstellung der Produktionsplanung und -steuerung zu ermöglichen. Es wird damit im sechsten Kapitel implizit vorausgesetzt, dass der Materialbedarf bekannt sei.

2 Logistikstrategie

2.1 Einbindung der Logistik in die Unternehmensstrategie

2.1.1 Ebenen der Strategieentwicklung

Die Strategieentwicklung tangiert ein Unternehmen auf allen Ebenen: auf der Unternehmens-, der Geschäftsfeld- und der Funktionsebene (vgl. Abb. 2-1).

Auf **Unternehmens-** bzw. **Konzernebene** steht die Frage nach dem optimalen Geschäftsportfolio im Vordergrund. Die wertorientierte Weiterentwicklung von Unternehmen setzt voraus, dass wenig zukunftsträchtige Randgeschäfte aufgegeben und zum Kerngeschäft verwandte Neugeschäfte aufgebaut werden (vgl. *Timmermann* 1988, S. 99) (vgl. Abb. 2-2). Die verschiedenen Geschäftsfelder eines Unternehmens- bzw. Konzernportfolios müssen in einem ausgewogenen Verhältnis zueinander stehen. Voraussetzung für das strategische Gleichgewicht eines Unternehmens ist, dass

- es Geschäfte gibt, die heute den Ertrag bzw. cash-flow erzeugen, mit dem neue Geschäfte für die Sicherung des Ertrags von morgen finanziert werden können
- eine hinreichend große Anzahl von Einzelgeschäften zur Festigung oder Stärkung ihrer jeweiligen Wettbewerbsposition wächst
- zu jeder Zeit die Finanzierbarkeit aller Geschäfte gesichert ist

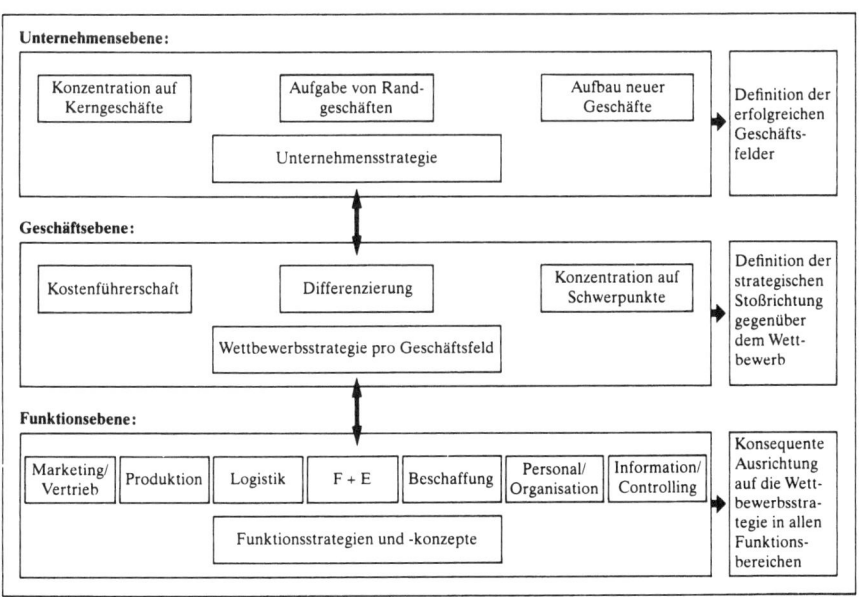

Abb. 2-1: Ebenen der Strategieentwicklung

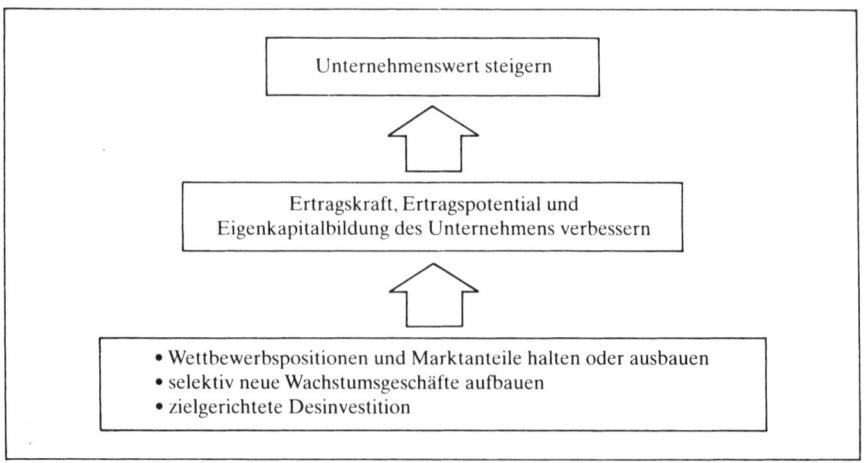

Abb. 2-2: Steigerung des Unternehmenswertes

– mit dem Aufbau neuer Geschäfte nicht Risiken eingegangen werden, die den Bestand des Unternehmens als Ganzes gefährden.

Auf der Ebene der **Geschäftsfelder** (bzw. zusätzlich der Geschäftsbereiche für den Fall, dass mehrere Geschäftsfelder zu einem Geschäftsbereich zusammengefasst sind) ist die Wettbewerbsstrategie (d. h. ein integriertes Bündel von Maßnahmen zur Erreichung eines nachhaltigen Wettbewerbsvorteils) der einzelnen Geschäfte zu gestalten. Ein Geschäftsfeld ist die kleinste sinnvolle Einheit, für die eine einheitliche Geschäftspolitik formuliert werden kann und mit der sich Wettbewerbsvorteile erzielen und absichern lassen. Ein strategisches Geschäftsfeld ist definiert als Produkt/Marktkombination, die hinsichtlich der relevanten Erfolgsfaktoren homogen und gegenüber anderen Geschäftsfeldern unabhängig ist, sodass sie aus strategischer Sicht isoliert betrachtet und gesteuert werden kann.

Die Definition von Geschäftsfeldern ist zum einen wesentliche Voraussetzung für die Strukturpolitik der Unternehmens- bzw. Konzernleitung. Zum anderen müssen strategische Konzepte und damit auch die Logistikstrategie auf spezifische Markterfordernisse zugeschnitten sein. Ansatzpunkt für die Entwicklung einer Logistikstrategie ist in der Regel die Geschäftsfeldstrategie.

Die **Funktionsstrategien** müssen sicherstellen, dass die definierte Wettbewerbsstrategie umgesetzt werden kann. Hierzu ist festzulegen, in welcher Weise die einzelnen Funktionen des Geschäftsfeldes zur Erreichung und Absicherung des Wettbewerbsvorteils beitragen sollen.

2.1.2 Strategie und Wettbewerbsvorteil

Strategien zielen darauf ab, Wettbewerbsvorteile zu erreichen bzw. zu erhalten und damit die Überlebensfähigkeit eines Unternehmens im Markt dauerhaft zu sichern.

Objekte der strategischen Planung auf Geschäftsfeldebene stellen das eigene Unternehmen, die Kunden und die Wettbewerber dar, wie sie im strategischen Dreieck (vgl.

Ohmae 1982) ihren Niederschlag gefunden haben (vgl. Abb. 2-3). Nur wenn ein Unternehmen alle drei Eckpunkte sowie die zwischen ihnen bestehenden Beziehungen gleich gut kennt und beherrscht, wird es am Markt erfolgreich bestehen können.

Ein **strategischer Wettbewerbsvorteil** stellt eine im Vergleich zu den Konkurrenten überlegene Leistung dar, die folgende Kriterien erfüllen muss (vgl. *Simon* 1988, S. 4):

1. Sie muss einen für den Kunden **bedeutsamen** Leistungsparameter betreffen
2. Der Kunde muss den Vorteil tatsächlich **wahrnehmen**
3. Der Vorteil muss eine **dauerhafte** Überlegenheit ermöglichen, d.h. der Vorteil darf von der Konkurrenz nicht schnell eingeholt werden können.

Nur wenn gleichzeitig die drei Kriterien „bedeutsam", „wahrgenommen" und „dauerhaft" erfüllt werden, liegt ein strategischer Wettbewerbsvorteil vor. So ist beispielsweise eine kürzere Lieferzeit kein strategischer Vorteil, wenn dieses Leistungsmerkmal für den Kunden keine oder nur eine nachrangige Bedeutung aufweist. Wenn das Unternehmen selbst seine Leistung bei einem Parameter als besser einstuft, der Kunde dies aber nicht wahrnimmt, so liegt ebenfalls kein Wettbewerbsvorteil vor. Eine Preissenkung, der keine günstigere Kostenposition zugrunde liegt, ermöglicht lediglich eine temporäre und keine dauerhafte Überlegenheit, da die Mitbewerber schnell reagieren können. Wettbewerbsvorteile aus Logistikstrategien können in der Regel nachhaltig verteidigt werden, da sie nicht über partielle Anpassungen des Geschäftssystems nachzuahmen sind.

Beim Aufbau und der Verteidigung von strategischen Vorteilen sind folgende **Prinzipien** zu beachten (vgl. *Simon* 1988, S. 17):

1. Kenntnis der Gegner
   Das Wissen um die Stärken und Schwächen der Mitbewerber ist genauso wichtig wie Kundenkenntnis.

2. Chancenprinzip
   Jeder Wettbewerbsparameter bietet die Chance zur Schaffung eines Wettbewerbsvorteils.

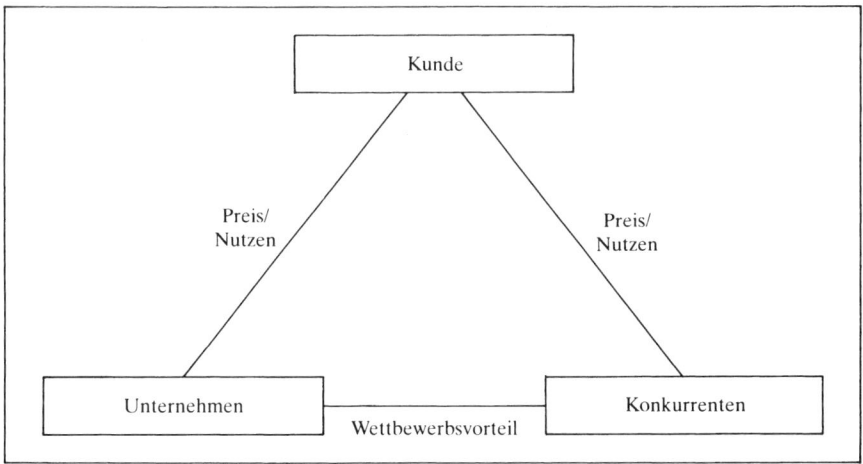

Abb. 2-3: Strategisches Dreieck

3. Konzentrationsprinzip
   Überlegene Leistungen vor den Mitbewerbern verlangen die Konzentration aller Ressourcen auf wenige Vorteile. Häufig ist es besser, lediglich wenige Vorteile herauszuarbeiten, diese dann aber intern im Unternehmen und extern am Markt mit ganzer Kraft umzusetzen. Die Gefahr des Verzettelns besteht, wenn man zu viele Vorteile gleichzeitig verfolgen möchte.

4. Konsistenzprinzip
   Strategische Wettbewerbsvorteile sollten insbesondere bei den für die Kunden besonders bedeutsamen Kaufentscheidungsfaktoren aufgebaut werden.

5. Wahrnehmungsprinzip
   Wettbewerbsvorteile sind nur dann von Bedeutung, wenn sie von Kunden wahrgenommen werden.

6. Angriffsprinzipien
   Das Vorhandensein eines Wettbewerbsvorteils ist beim Angriff am wichtigsten, da die bisherigen Anbieter im Markt bereits bekannt sind. Wegen des hiermit oftmals einhergehenden Goodwill-Potenzials startet der Angreifer mit einem Nachteil. Durch wesentlich bessere Leistungen bzw. Preis-Leistungs-Verhältnisse muss der Angreifer versuchen, die Wettbewerbsvorteile der etablierten Konkurrenten möglichst zu neutralisieren. Idealerweise erfolgt der Angriff dort, wo die bisherigen Anbieter strukturell nicht zurückschlagen können.

7. Verteidigungsprinzip
   In dynamischen Märkten können etablierte Anbieter ihre Position nur dann erfolgreich verteidigen, wenn sie entweder schneller lernen als die Wettbewerber oder im Zeitablauf den Vorteilsparameter ändern.

Die Dauerhaftigkeit von wettbewerbsrelevanten unternehmerischen Positionen ist umso ausgeprägter, je schwerer das zugrunde liegende Know-how vom Wettbewerb imitiert werden kann. Anfang der siebziger Jahre betrug beispielsweise die Entwicklungszeit für ein neues Automobil vom ersten Entwurf bis zum Serienanlauf bei den meisten Herstellern sechs bis acht Jahre. Damit ging ein relativ guter **Imitationsschutz** einher. Durch neue Planungs- und Produktionsmethoden (simultaneous engineering, computergestützte Konstruktion, flexible Automatisierung in der Fertigung etc.) ist die Entwicklungszeit zwischenzeitlich auf ungefähr drei Jahre (und weniger) gesunken. Diese – auch in vielen anderen Branchen – zu beobachtende Verkürzung der Entwicklungszeiten hat zur Folge, dass die Wettbewerber technische Produkteigenschaften relativ schnell imitieren können. Dies gilt leicht abgeschwächt auch für Fertigungsverfahren, insbesondere dann, wenn die zugrundeliegenden Maschinen von Werkzeugmaschinenherstellern am Markt angeboten werden.

Einen wesentlich besseren zeitlichen Schutz vor Imitation liefern realisierte Logistikkonzepte und „gelebte" Werthaltungen (vgl. Abb. 2-4) (vgl. *Wohlgemuth* 1987, S. 88). Der Aufbau eines maßgeschneiderten und effektiven Logistiksystems für ein Geschäftsfeld erfordert bis zur breit abgestützten Verankerung mindestens drei bis fünf Jahre. Noch länger kann es dauern, bis eine Führungsphilosophie, wie beispielsweise die Flussorientierung, richtig Fuß gefasst hat. Nur durch kontinuierliche und systematische Anstrengungen über viele Jahre können in der Regel Werthaltungen im gesamten Unternehmen, die mit der Strategie übereinstimmen, realisiert werden. Durch den

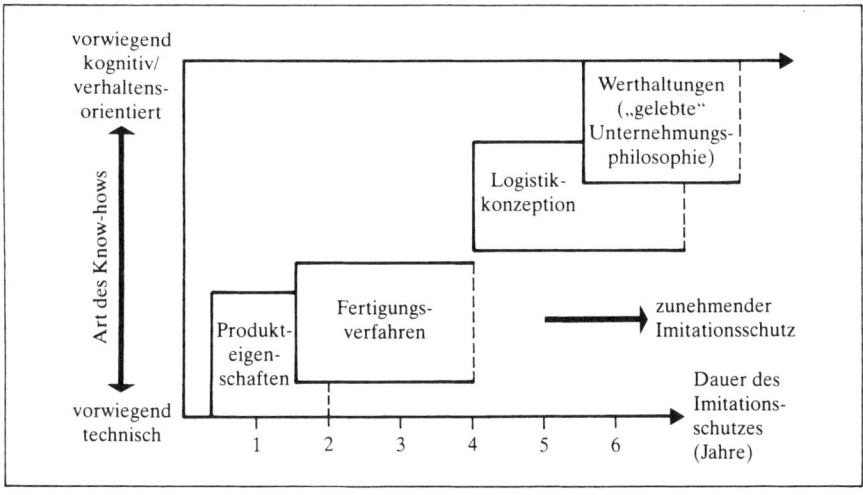

Abb. 2-4: Entwicklung von schwer imitierbarem Know-how

systematischen Aufbau von schwer imitierbarem Know-how lässt sich in der Regel die Marktposition erheblich absichern.

2.1.3 Strategische Potenziale der Logistik

Entsprechend den in Abschnitt 1.3 dargestellten Zielen weist die Logistik Nutzenpotenziale in zwei Richtungen auf:

– Logistik als **Kostensenkungspotenzial**
Aufgrund des hohen Anteils der Logistikkosten an den Gesamtkosten (je nach Branche zw. 10% und 25%) können durch die Festlegung der Logistikstrategie und -struktur bedeutsame Kostenvariablen beeinflusst werden. Kostensenkungspotenziale können zum Beispiel in einer Straffung der Lagerstandorte, einer Automatisierung der Materialflusstechnik, in einer Automatisierung der Informationsverarbeitung und Steuerungssysteme oder der Einführung neuer Arbeitszeitmodelle zur Anpassung der Personalkapazitäten an den effektiven Kapazitätsbedarf liegen.
– Logistik als **Kundennutzensteigerungspotenzial**
Die – in der Vergangenheit vielfach vorgenommene – Reduzierung des Nutzenpotenzials der Logistik auf Rationalisierung im Sinne von Kosteneinsparung, wird den sich durch die Logistik eröffnenden Chancen nicht gerecht. Infolge der gestiegenen Marktdynamik und des erhöhten Wettbewerbsdrucks wird die Logistik zunehmend als Instrument zur Steigerung des Kundennutzens eingesetzt, indem bspw. die Lieferflexibilität erhöht wird, Liefersicherheit und -genauigkeit gesteigert werden oder die logistischen Transaktionskosten der Kunden gesenkt werden. Hier wird durch die logistische Leistung ein für den Abnehmer bedeutsamer Zusatznutzen bei sich immer stärker annähernden Grundnutzen (Funktionalität, Qualität) der Produkte verschiedener Anbieter geschaffen.

Ziel der Logistik ist damit nicht ausschließlich die Minimierung aller durch sie beeinflussbaren Kosten (Gesamtkostendenken), sondern unter Einbezug der Erlösseite die Maximierung der Differenz der von der Logistik beeinflussbaren Erlöse und Kosten (vgl. *Becker/Rosemann* 1993, S. 10). Abb. 2-5 fasst die beschriebene Entwicklung zusammen.

Zwei Beispiele mögen den Einsatz der Logistik als Wettbewerbsinstrument verdeutlichen. Der Baumaschinenhersteller Caterpillar garantiert seinen Kunden einen extrem hohen Servicegrad für Ersatzteile, nämlich die weltweite Lieferung von Ersatzteilen binnen 48 Stunden. Der Kunde erhält das Teil kostenlos, wenn dieses Versprechen nicht eingehalten werden kann (vgl. *Peters* 1984, S. 205 sowie ausführlich Abschnitt 8.8.3). Die Möbelhausgruppe IKEA hat die traditionelle Auslieferung von Möbeln in die Wohnung des Kunden umgekehrt. Die Übernahme der Transport- und Montagefunktion durch den Kunden ist für diesen ein unübliches Einkaufserlebnis und ermöglicht gleichzeitig Kostenvorteile beim Anbieter, da dieser personalintensive Funktionen nicht selbst wahrnehmen muss.

Der mögliche Gesamtnutzen ist im Zusammenspiel zwischen Kostensenkung und Schaffung von Kundennutzen zu sehen. Entsprechend dem Logistikgedanken reicht es zur Erschließung aller Erfolgspotenziale der Logistik nicht aus, Lösungsansätze lediglich innerhalb der eigenen Unternehmensgrenzen zu entwickeln. Vielmehr kann der maximale Nutzen dann erreicht werden, wenn unternehmensübergreifende Konzepte entwickelt und umgesetzt werden. Hierzu gehören die Einbeziehung von Dritten (z.B. Spediteuren) in die Logistikkette, der Aufbau langfristiger Kooperationen oder die Standardisierung entlang der logistischen Kette zwischen Hersteller und Abnehmer.

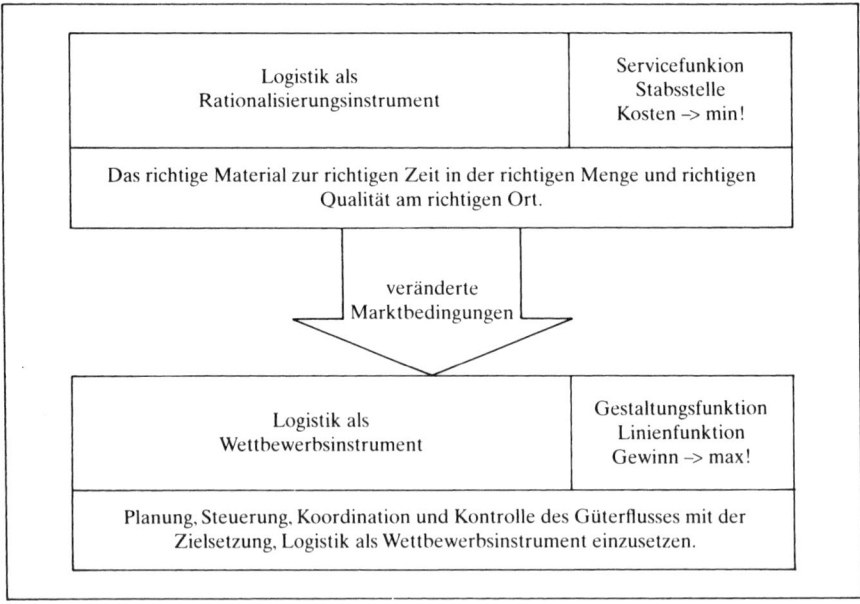

Abb. 2-5: Wandel im Stellenwert der Logistik (Becker/Rosemann 1993, S. 10)

2.1.4 Stufen der Berücksichtigung der Logistik in der Strategie

Bei erfolgreichen Unternehmen spielt die Logistik bei der Formulierung und Durchsetzung der Unternehmens- bzw. Geschäftsfeldstrategie eine große Rolle. Sie verfolgen eine aktive Gestaltung der Logistik als Variable der Unternehmensstrategie und als Quelle von Wettbewerbsvorteilen. Die Entwicklungsstufen der strategischen Bedeutung der Logistik lassen sich anhand eines Vier-Stufen-Modells verdeutlichen (vgl. Abb. 2-6) (in Anlehnung an *Wheelwright/Hayes* 1985):

Stufe 1: Logistik als ausführende Funktion („intern neutral")

Bei der untersten Stufe wird die Logistik als eine Funktion gesehen, die den Erfolg im Markt nicht oder nur unwesentlich beeinflussen kann. Die unternehmensinterne Haltung gegenüber der Logistik ist neutral. Teilweise wird sie als Bereich angesehen, der für hohe Kapitalbindung bei den Beständen und Terminüberschreitungen verantwortlich ist. Diese negativen Effekte gilt es zu minimieren.

Stufe 2: Logistik im Gleichstand mit den Wettbewerbern („extern neutral")

Unternehmen, die sich auf der zweiten Stufe befinden, versuchen in ihrer Logistik den gleichen Stand wie die Mitbewerber zu erreichen. Sie lassen sich von den gleichen Beratern ihre Konzepte entwickeln, versuchen, identische Lieferzeiten wie ihre Kon-

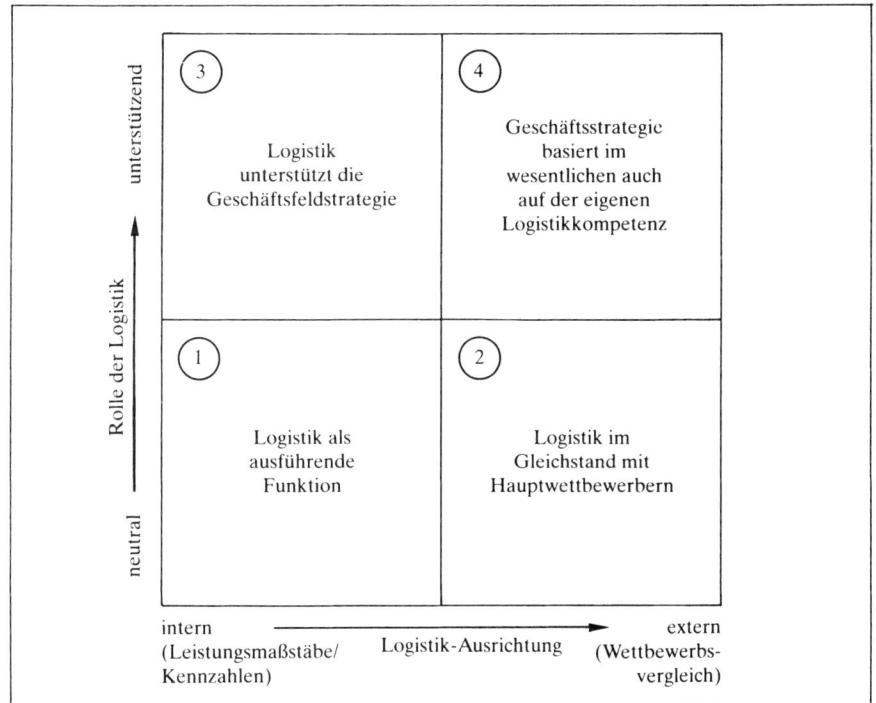

Abb. 2-6: Vier-Stufen-Modell der Logistik

kurrenten zu realisieren und benutzen die gleichen IT-Systeme. Es herrscht bezüglich
der Logistik Wettbewerbsneutralität.

Stufe 3: Logistik unterstützt die Unternehmens- bzw. Geschäftsstrategie („intern unterstützend")

In Unternehmen, die sich im dritten Stadium befinden, wird von der Logistik eine
Unterstützung und Stärkung der Wettbewerbsposition erwartet. Die Logistik leistet einen substantiellen Beitrag zur Konzeption und Realisierung der Unternehmensstrategie. Zum einen überprüft die Logistik ihre Gestaltungs- und Investitionsentscheidungen auf die Konsistenz mit der Wettbewerbsstrategie, zum anderen strebt die Logistik
nach Konsistenz im eigenen Bereich.

Stufe 4: Unternehmens- bzw. Geschäftsstrategie basiert im Wesentlichen auf den eigenen Stärken (Kompetenz) der Logistik („extern unterstützend")

Im fortgeschrittenen Stadium des Vier-Stufen-Modells beruht die Wettbewerbsstrategie stark auf der Logistikkompetenz. Bei der Formulierung der Unternehmens- bzw.
Geschäftsstrategie tritt die Logistik gleichberechtigt neben die anderen Funktionen, so
dass das Potenzial der Logistik voll ausgeschöpft werden kann.

Während also in den Stufen 1 und 2 die Logistik wenig zur Erreichung wesentlicher
Wettbewerbsvorteile beiträgt, wird sie in den Stufen 3 und 4 in die strategische Gesamtkonzeption des Unternehmens eingebunden.

Vielfach geht mit der jeweiligen Stufe auch eine mehr oder weniger breite Logistik-
auffassung einher. Unternehmen, die sich in Stufe 1 befinden, beschäftigen sich oft
mit einer internen Optimierung logistischer Einzelaufgaben, wie der Lagertechnolo-
gie, der Losgrößenoptimierung oder dem Versandsystem. Bei Unternehmen der Stufe
2 und 3 umfasst die Logistiksichtweise neben den funktionalen auch die funktions-
übergreifenden Aspekte wie Material- und Informationsfluss unter Einbindung der
Kunden und Lieferanten. Unternehmen der Stufe 3 und 4 greifen darüber hinausgehende unternehmensstrategische Themen mit Logistikrelevanz auf (vgl. Abb. 2-7).

2.2 Ansatzpunkte zur Formulierung von Logistikstrategien

Nachdem in den vorangegangenen Abschnitten die strategische Bedeutung der Logistik und ihre Einbindung in die Unternehmensstrategie herausgearbeitet wurden, sollen
nunmehr die methodischen Ansätze diskutiert werden, die für die Formulierung von
Logistikstrategien herangezogen werden können. Im Einzelnen sind dies Vision und
Leitbild, das Produktlebenszykluskonzept, Porters' Grundstrategien, die Wertkette
und Portfolio-Modelle.

2.2.1 Vision und Leitbild

Das Führungssystem eines Unternehmens umfasst nach Bleicher (1991, S. 51) die drei
Dimensionen normatives, strategisches und operatives Management. Während das

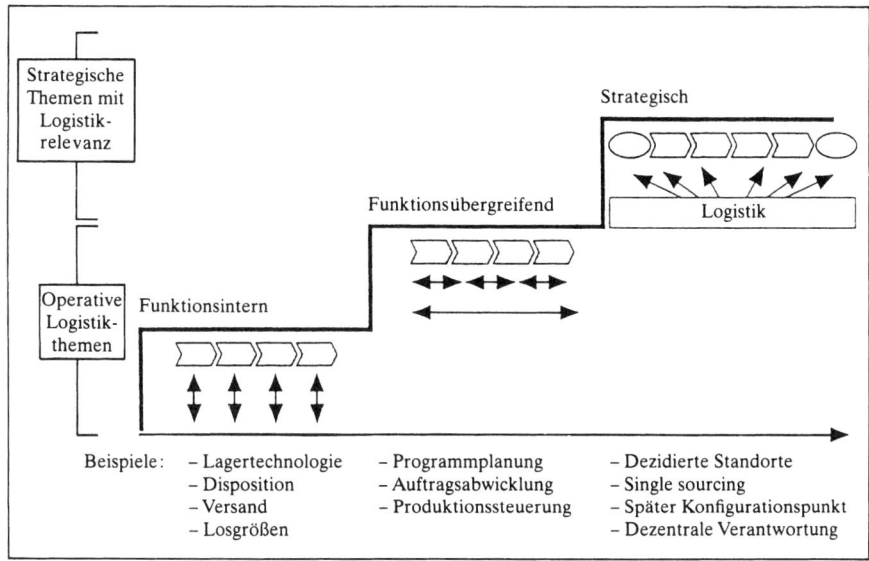

Abb. 2-7: Funktionsinterne, funktionsübergreifende und strategische Sicht der Logistik
(Kempis 1993, S. 965)

normative und strategische Management auf die Rahmengestaltung ausgerichtet sind, greift das operative Management lenkend in die Unternehmensentwicklung ein (Vollzugsdimension).

Normatives Management ist darauf ausgerichtet, die Lebens- und Entwicklungsfähigkeit eines Unternehmens sicherzustellen. Zentrale Inhalte des normativen Managements sind die Vision und die Unternehmenspolitik, wobei letztere durch die Unternehmensverfassung und die Unternehmenskultur getragen wird (vgl. *Bleicher* 1991, S. 53).

Die **Vision** als generelle Leitidee ist der Ursprung unternehmerischer Tätigkeit (vgl. *Hinterhuber* 1989, S. 25).

Auch wenn bislang der unwiderlegbare Beweis, dass Unternehmen mit Vision erfolgreicher sind, nicht erbracht worden ist, so zeigen zahlreiche Beispiele, dass Spitzenunternehmen üblicherweise über Visionen verfügen, während sie bei weniger erfolgreichen Wettbewerbern oft fehlen. Bei vielen erfolgreichen Unternehmen hat eine überzeugende Vision zur Bündelung des Ideenpotenzials und zur Freisetzung zielgerichteter Energien geführt. Unter einer Vision soll „die Vorstellung von der zukünftigen Rolle eines Unternehmens in Bezug auf Unternehmenszweck, -ziel und -selbstverständnis verstanden werden" (*Henzler* 1988, S. 21). Damit Visionen in Unternehmen Bestand haben, müssen sie folgende Bedingungen erfüllen (vgl. ebenda, S. 21):

– Visionen müssen in überschaubaren Zeiträumen erreichbar sein. Sie dürfen keine Illusion oder Utopie sein.
– Visionen müssen die persönliche Überzeugung der Unternehmensführung widerspiegeln.

– Durch eine Vision soll ein bestehender Zustand nachhaltig geändert werden. Sie soll aufzeigen, wohin die Entwicklung eines Unternehmens gehen soll.
– Mit Visionen muss eine klare Vorstellung verbunden sein, worauf es den Kunden ankommt. Visionen zeigen Wettbewerbsvorteile auf und bestimmen die Position, die das Unternehmen in Zukunft im Wettbewerbsumfeld einnehmen will.

Während Unternehmenskultur und unternehmerisches Selbstverständnis überwiegend gegenwartsbezogen sind, ist die Vision im Unterschied dazu primär zukunftsgerichtet.

Visionen stellen einen übergeordneten Bezugsrahmen dar und sind dem Prozess der strategischen Planung vorgelagert. Sie sind deshalb auch die Grundlage für die Entwicklung der Logistikstrategie. Ziel der Logistik muss es zumindest sein, die Umsetzung der Vision des Unternehmens zu unterstützen (vgl. Stufe 3 in Abschnitt 2.1.3). Daneben können aber auch Visionen im Logistikbereich entstehen, die dann zur Vision für das Gesamtunternehmen werden (vgl. Stufe 4 in Abschnitt 2.1.3).

Zusammenfassend ist die Vision ein konkretes Zukunftsbild, nahe genug, dass man die Realisierbarkeit noch sehen kann, aber schon fern genug, um die Begeisterung der Organisation für eine neue Wirklichkeit zu erreichen (vgl. *The Boston Consulting Group* 1988). Für die Entwicklung von Logistikvisionen wird ein Vorgehen in sieben Schritten empfohlen (vgl. Abb. 2-8).

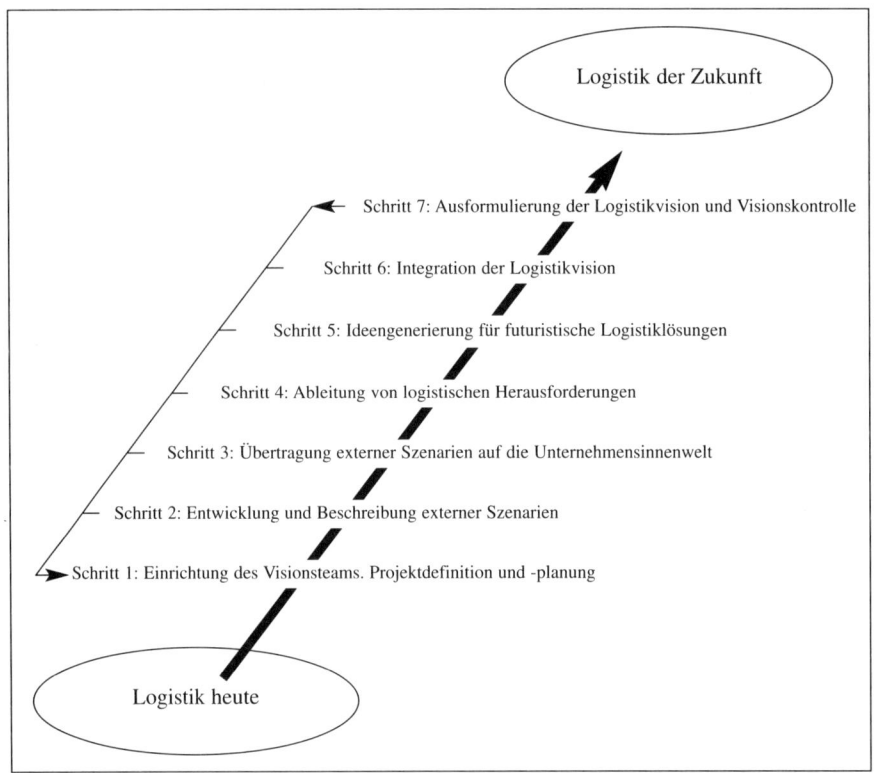

Abb. 2-8: Sieben Schritte zur Logistikvision (Göpfert 1998, S. 181)

Leitbilder dienen dazu, die Unternehmenspolitik und die Vision zu kommunizieren. Das Unternehmensleitbild enthält die grundsätzlichsten und damit allgemeingültigsten, gleichzeitig aber auch abstraktesten Vorstellungen über angestrebte Ziele und Verhaltensweisen der Unternehmung (vgl. *Brauchlin* 1984, S. 313).

Die schriftliche Fixierung des Leitbildes weist Vor- und Nachteile auf (vgl. *Bleicher* 1991, S. 179f.). Zu den Vorteilen der schriftlichen Fixierung gehören:

– Sie zwingt zu präziserem Denken.
– Sie aktiviert das Problembewusstsein.
– Durch das Niederlegen von Normen wird eine höhere Verbindlichkeit und Beständigkeit erreicht.
– Sie erleichtert die Kommunikation.

Nachteile der schriftlichen Fixierung sind:

– Es besteht eine inhärente Tendenz zur Formalisierung.
– Es entsteht ein Flexibilitätsverlust bei abweichenden Entwicklungen.
– Formulierungsprobleme nehmen mehr Zeit in Anspruch als die Inhalte.
– Es kann zur Offenlegung von Firmengeheimnissen kommen.

Der Ansatz, ein Unternehmensleitbild zu entwickeln und zu formulieren, kann auf die Logistik übertragen werden (vgl. zum Folgenden *Kummer* 1992, S. 51). Die Logistik als Querschnittsfunktion weist zahlreiche Schnittstellen zu anderen Bereichen im Unternehmen auf, die mit entsprechenden Zielkonflikten einhergehen (vgl. Abschnitt 1.3.4). Durch ein Logistikleitbild können Mitarbeitern anderer Funktionsbereiche die Ziele und das Handeln des Logistikbereiches verdeutlicht werden. Die Transparenz von Logistikentscheidungen steigt, wodurch auch deren Akzeptanz erhöht werden kann. Im Logistikbereich selbst fördert ein von den Mitarbeitern akzeptiertes Leitbild die Zielausrichtung ihrer Handlungen. Eine gemeinsame Formulierung des Leitbildes durch die Mitarbeiter kann eine hohe Motivation bewirken. Außerdem wird das (in den Köpfen, aber nicht schriftlich vorhandene) Logistik-Know-how der Mitarbeiter gesammelt.

Das von *Weber* (1990) entwickelte Beispiel eines Logistikleitbildes weist als Elemente die kurzgefasste Grundposition (Mission) des Logistikbereiches, die Logistikziele, das Rollenverständnis der Logistikmitarbeiter und die Grundposition zur Logistikorganisation auf (vgl. Abb. 2-9).

2.2.2 Das Produktlebenszykluskonzept

Dem Konzept des Produktlebenszyklus liegen als wesentliche Grundannahmen zugrunde, dass die meisten Produkte nur eine begrenzte Lebensdauer am Markt haben und über die Lebensdauer einen typischen Umsatzverlauf aufweisen. Üblicherweise wird der Lebenszyklus in die vier folgenden Phasen unterteilt (vgl. Abb. 2-10):

– Einführungsphase
– Wachstumsphase
– Reifephase und
– Sättigungsphase.

Mission

Wir übernehmen die *Verantwortung* dafür, daß unser Unternehmen durch die Bereichs-
und Unternehmensgrenzen überschreitende, ganzheitliche Steuerung des Material- und
Warenflusses
– flexibel auf Marktänderungen reagieren kann,
– die Effizienz des Betriebsablaufes deutlich steigern kann und
– einen Vorsprung auf dem Gebiet der Logistik erreichen und halten kann.
Wir verstehen uns als *Servicefunktion mit aktiven Gestaltungsaufgaben.*
Wir sehen nicht uns als Organisationseinheit, sondern den *logistischen Steuerungsansatz*
im Mittelpunkt der Logistik-Realisierung.

Wege dorthin

Wir sehen unser wichtigstes Ziel darin, die materialflußbezogenen *Ablaufprozesse* von
den Lieferanten bis zu den Kunden besser aufeinander *abzustimmen.*
Es muß uns gelingen, den einzelnen *Kundenauftrag* auf allen mit ihm verbundenen
Prozeßstufen *in den Mittelpunkt der Betrachtung* zu stellen.
Um am Markt bestehen zu können, muß unsere *Liefertreue und Lieferschnelligkeit* deut-
lich erhöht werden und höher sein als die der Konkurrenz.

Wie sind die Wege zu gehen

Wir wissen, daß eine ablaufbezogene ganzheitliche Koordination in gegebene Kompe-
tenzen eingreift und damit a priori *Konfliktpotentiale* in sich birgt.
Wir verstehen unsere Aufgabe als eine Form von Schnittstellenmanagement. Dieses
erfordert von uns neben fachlicher Kompetenz Einfühlungsvermögen, Überzeugungsfä-
higkeit, Moderationskönnen und Teamgeist.
Unsere Führungskräfte müssen sich als *Generalisten* verstehen, die zusammen mit den
Bereichsspezialisten ein Gesamtoptimum für das Unternehmen erreichen.
Unsere operativen Mitarbeiter müssen sich als *qualifizierte Fachkräfte* verstehen. Ihre
Aufgabe ist ebenso anspruchsvoll und bedeutsam wie die Aufgabe ihrer Kollegen in
anderen Bereichen.

Welche Konsequenzen sind zu ziehen

Wir wissen, daß die Realisierung des Logistik-Gedankens ohne eine entsprechende Verankerung der Logistik in der *Aufbauorganisation* nicht zu verwirklichen ist. Wir wissen,
daß unsere Organisation im Zeitablauf *ständig verändert* werden muß. Je mehr Logistik-
Know-how durch unsere Arbeit in den einzelnen Unternehmensbereichen geschaffen
wird, desto weniger Logistik-Funktionen müssen wir selbst wahrnehmen.

Abb. 2-9: Logistikleitbild (Weber 1990, S. 42)

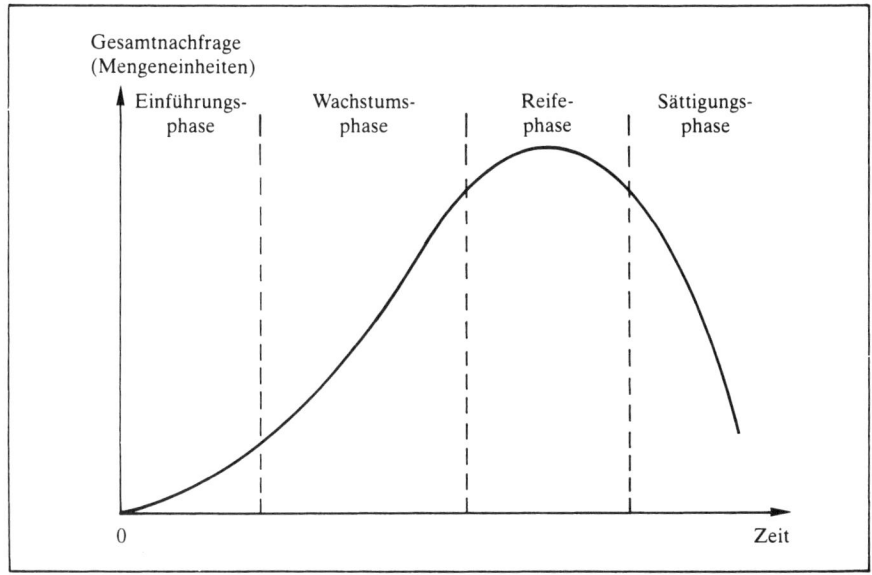

Abb. 2-10: Produktlebenszyklus

Je nach Phase des Lebenszyklus hat die Logistik unterschiedliche Aufgaben zu erfüllen (vgl. *Shapiro/Heskett* 1985, S. 58f.). In der **Einführungsphase** eines Produktes muss die Akzeptanz des Produktes durch die Kunden erkämpft werden, so dass vor allem die Produktverfügbarkeit sichergestellt werden muss. Da in dieser Phase häufig noch Produktänderungen erfolgen sowie die Nachfragehöhe und -struktur sehr unsicher sind, werden sehr hohe Anforderungen an die Flexibilität der Logistik gestellt. In der **Wachstums-** und **Reifephase** hängen die dominierenden Ziele der Logistik von der gewählten Wettbewerbsstrategie ab. Die konkrete Ausprägung der Logistikkette richtet sich danach, ob beispielsweise eine Kostenführerschafts- oder Differenzierungsstrategie verfolgt wird (siehe Abschnitt 2.2.3). Die **Sättigungsphase** ist durch einen Umsatzrückgang gekennzeichnet. Um weiterhin die gewünschte Profitabilität sicherzustellen, muss diesem Rückgang durch entsprechende Kosteneinsparungen entgegengetreten werden. Demzufolge werden in dieser Phase des Lebenszyklus Möglichkeiten zur Reduktion der Logistikkosten gesucht werden. Nur noch den Hauptkunden kann ein hohes Serviceniveau angeboten werden.

Wenngleich die prinzipielle Existenz von Lebenszyklen unstrittig ist, weist dieser monokausale Ansatz eine Reihe von **Anwendungsgrenzen** auf (vgl. *Coenenberg/Baum* 1987, S. 56f.). Die Zeit stellt die einzige unabhängige Variable dar, um den Umsatz als abhängigen Faktor zu erklären. Die Gültigkeit eines derartigen Ursache-Wirkungs-Zusammenhanges setzt aber konstante Rahmenbedingungen und ein phasenbezogenes Konsumverhalten voraus. Demgegenüber treten aber in der Realität konjunkturelle und strukturelle Einflüsse auf. Zudem entsteht ein bestimmter zeitlicher Umsatzverlauf nicht zwangsläufig, sondern ist das Ergebnis des Verhaltens der Marktteilnehmer. Durch Maßnahmen können die Lebenskurven verlängert werden. Schließlich gestaltet sich die Operationalisierung schwierig, da es vielfach an einer exakten Produktdefinition mangelt (neues Produkt versus Produktvariation) und keine eindeutigen Kriterien zur Phasenabgrenzung vorliegen.

Trotz der genannten Einschränkungen kann das Lebenszykluskonzept im Rahmen der (Logistik-)Strategieentwicklung als komplexitätsreduzierender Bezugsrahmen genutzt werden. Da mit jeder Phase im Lebenszyklus charakteristische Merkmale einhergehen, können zumindest Grundverhaltensweisen abgeleitet und überprüft werden.

2.2.3 Porters' Grundstrategien

Wettbewerbsvorteile kann man erzielen, indem man die Kostenführerschaft anstrebt oder dadurch, dass man sich durch die Einzigartigkeit des Leistungsangebotes von der Konkurrenz abhebt. Als Wettbewerbsfelder kommen der Gesamtmarkt oder Teilmärkte (spezielle Marktsegmente) in Betracht (vgl. *Porter* 1983, S. 62) (vgl. Abb. 2-11).

Die **Kostenführerschaftsstrategie** zielt darauf ab, das eigene Preisniveau unter dem der wichtigsten Wettbewerber zu halten. Über die Nutzung von Lernkurven-, Kostendegressions- und Rationalisierungseffekten wird versucht, Wettbewerbsvorteile zu realisieren. Als Voraussetzungen für diese Strategie gelten hoher Marktanteil, expansive Marktentwicklung, hohe Lieferantentreue und niedrige Kapitalbindung. Einen gravierenden Nachteil stellt die mangelnde Flexibilität dieser strategischen Grundkonzeption dar.

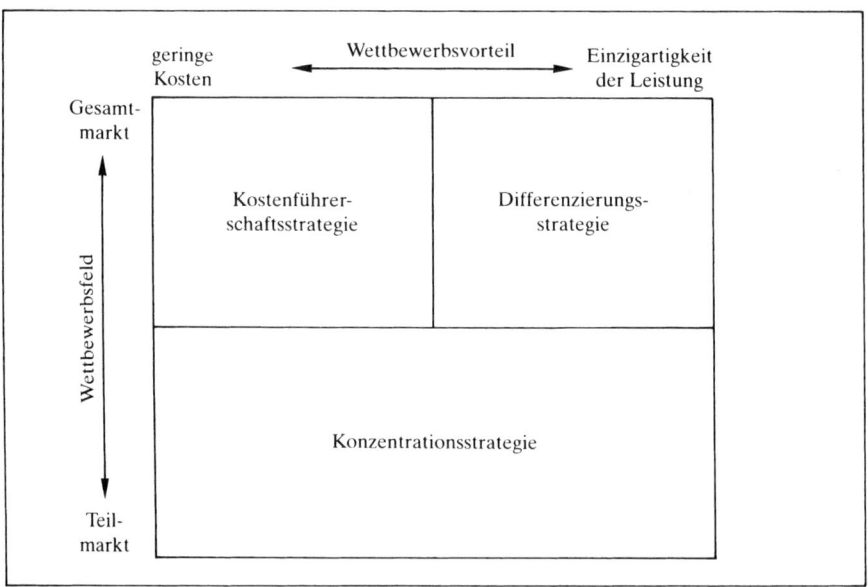

Abb. 2-11: Strategische Grundoptionen

Bei der **Differenzierungsstrategie** wird versucht, der Wettbewerbsintensität durch spezifische Merkmale, wie hohe Produktqualität und Serviceleistungen, zu entgehen und sich auf diese Weise bewusst von den Konkurrenten abzuheben.

Bei der **Konzentrationsstrategie** sollen Wettbewerbsvorteile in Marktnischen über gezielte Optionen für spezifische Abnehmergruppen genutzt werden. Innerhalb der kleinen Marktsegmente kann in Abhängigkeit von den jeweiligen Umwelt- und Unternehmensbedingungen eine der beiden erstgenannten strategischen Grundkonzeptionen verfolgt werden.

In Abhängigkeit von der gewählten Grundstrategie ergeben sich unterschiedliche Anforderungen an die Logistikstrategie. Betreibt man eine Kostenführerschaftsstrategie, dann muss eine Logistikstrategie diese Wettbewerbsstrategie von der Beschaffung bis hin zum Kunden unterstützen. Abb. 2-12 stellt für die beiden Grundstrategien „Kostenführerschaft" und „Differenzierung über einen 24-Stunden Lieferservice" exemplarisch die unterschiedlichen Ausprägungen der Logistikstrategie gegenüber.

Wettbewerbs-strategie / Logistikstrategie	Differenzierung über Kundenservice	Kostenführerschaft
Ziele des Logistiksystems	– schnelle Auslieferung – erwartungsgemäße Auslieferung – hohe Verfügbarkeit – kundenbezogene Anpassungsfähigkeit	– minimale Kosten bei einem definierten, „akzeptablen" Serviceniveau

Beschaffungslogistik	– zuverlässige Lieferanten in bezug auf
	   * Verfügbarkeit der Beschaffungsgüter
	   * Aufgeschlossenheit ggü. Abnehmerproblemen
		– geringe Lieferantenzahl
		 – Just-In-Time-Anlieferung

Bestandspolitik	– Regionale Bestandsbevorratung, um hohe Marktpräsenz durch eine schnelle Anlieferung zu gewährleisten	– Möglichst niedrige Bestände bei akzeptablem Serviceniveau
Transportpolitik	– Mix verschiedener Transportmittel – Aufbau eines Transportsystems für Notfälle	– Konsolidierung von Warenströmen zur Verringerung von Transportkosten – Einsatz kostengünstiger Transportmittel
Lagersystem	– häufig mehrstufig: Produktions-, Zentral- und Regionallager	– Zentralläger – Automatisierung von Lager- und Umschlagprozessen

Abb. 2-12: Logistikstrategie in Abhängigkeit von der Grundstrategie

2.2.4 Wertkette

2.2.4.1 Unternehmensbezogene Wertkette

Die Ermittlung von Quellen für Wettbewerbsvorteile gestaltet sich schwierig, solange man ein Geschäftsfeld als Ganzes betrachtet. So kann bspw. das Differenzierungsmerkmal „kurze Lieferzeit" auf die Struktur des Distributionssystems oder auf eine durchlaufzeitminimierende Fertigungsorganisation zurückzuführen sein. Mit Hilfe des analytischen Instruments der Wertkette lässt sich ein Geschäftsfeld in die strategisch relevanten Aktivitäten gliedern (vgl. Abb. 2-13). Hierdurch lassen sich auch Aufgabenumfang und Einflussmöglichkeiten der Logistik abgrenzen.

Das Konzept der Wertkette ist insbesondere deshalb von Bedeutung, weil Wettbewerbsvorteile größtenteils aus dem Wert entstehen, den ein Unternehmen für seine Abnehmer schafft, sofern dieser die Kosten der Wertschöpfung für das Unternehmen übersteigt (vgl. *Porter* 1986, S. 21). Bei Entwurf und Gestaltung einer Wertkette steht die Frage im Mittelpunkt, wie die einzelnen Aktivitäten Wert schaffen und was deren Kosten determiniert. Jedes Unternehmen verfügt in der Regel über eine spezifische Wertkette. Bei Anordnung und Kombination der Aktivitäten gibt es einen großen Spielraum.

2.2.4.2 Unternehmensübergreifende Wertketten

Wertketten sollten nicht isoliert betrachtet werden, sondern stets im Kontext mit vor-, nach- und parallelgelagerten Wertketten, um alle relevanten Interdependenzen und Vernetzungen zu erfassen. In die Analyse sind deshalb neben der Wertkette der betrachteten Unternehmenseinheit auch die Lieferantenwertketten, die Wertketten der

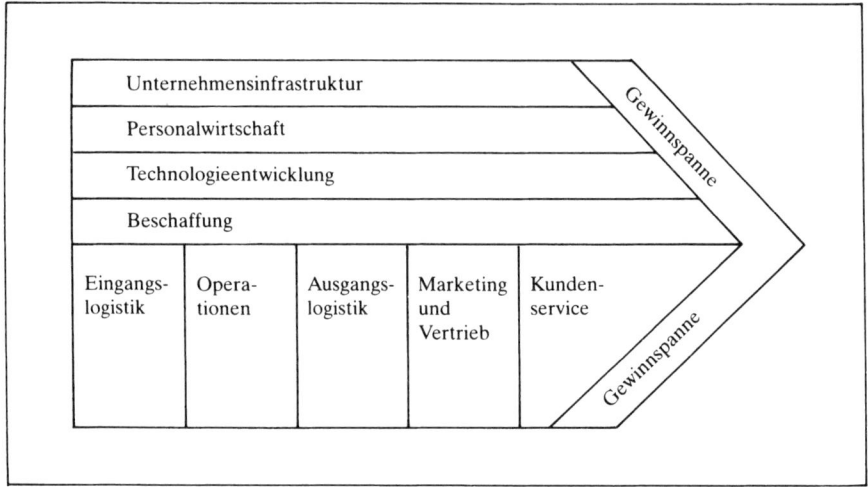

Abb. 2-13: Unternehmensbezogene Wertkette (vgl. Porter 1986, S. 62)

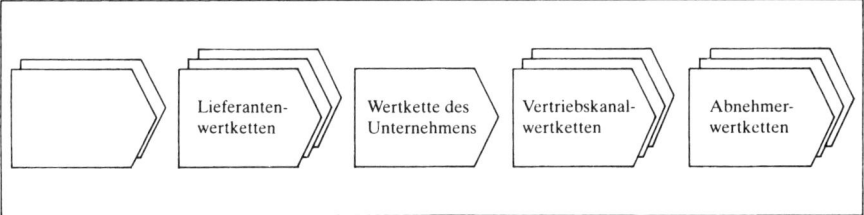

Abb. 2-14: Unternehmensübergreifende Wertketten (Porter 1986, S. 60)

Vertriebskanäle, die Wertketten der Abnehmer sowie die Wertketten anderer Unternehmenseinheiten einzubeziehen (vgl. Abb. 2-14).

Durch Kenntnis der Beziehungen der Wertketten untereinander ist es möglich, Kostensenkungs- oder Nutzensteigerungspotenziale entlang der gesamten Logistikkette zu erschließen. Relevante Fragen hierbei sind bspw.: Welche Logistikaktivitäten ohne Potenzial zur eigenen Kostensenkung oder Differenzierung können nach außen verlagert werden? Welche dem eigenen Leistungserstellungsprozess zurzeit vor- und/oder nachgelagerten Wertschöpfungsstufen können kostengünstiger oder unter Schaffung eines Differenzierungsvorteils selbst realisiert werden (z. B. durch Integration oder engere Koordination)? Wo können durch Zusammenfassung von parallel durchgeführten Aktivitäten (z. B. in verschiedenen Unternehmensbereichen) Synergieeffekte realisiert werden?

Enge wechselseitige Beziehungen bestehen zwischen dem Beschaffungsbereich und der Eingangslogistik eines Unternehmens einerseits sowie dem Auftragserfassungssystem eines Lieferanten andererseits. Häufige Lieferantenlieferungen verringern den Lagerhaltungsbedarf eines Unternehmens und geeignete Verpackungen der Lieferantenprodukte reduzieren die innerbetrieblichen Handlingskosten. Parallel gelagerte Wertketten liegen vor, wenn in einem stark dezentral organisierten Konzern jeder Geschäftsbereich über sein eigenes Transportsystem verfügt. Durch Integration von Aktivitäten nachgelagerter Wertketten kann ein Unternehmen einzigartig werden. Nachfolgendes Beispiel verdeutlicht, wie ein Unternehmen durch den Anschluss seiner Kunden an sein Rechnersystem deren bisherige Aktivitäten teilweise überflüssig machte und sich hierüber differenzierte.

McKesson Corp., ein amerikanischer Pharmagroßhändler, weist folgende Wertschöpfungskette auf:

Pharmahersteller → *McKesson* → Drogerien, Apotheken → Kunde → Versicherung.

Große Drogerieketten drangen in die Märkte der von *McKesson* belieferten unabhängigen Läden ein. Da letztere nicht über die erforderlichen finanziellen Mittel verfügten, um konkurrenzfähig zu bleiben, suchte *McKesson* nach Wegen, seine Kunden zu unterstützen. Im ersten Schritt bot *McKesson* den belieferten **Apotheken** und **Drogerien** ein IT-gestütztes, einfaches **Auftragserfassungssystem** an. Bald darauf erkannte man, dass das System auch dahingehend ausgebaut werden konnte, den Kunden bei der Preisfestsetzung, optimalen Gestaltung der Ladenfläche, Kostenrechnung sowie der Erteilung von Warnungen über potentielle Risiken bei der kombinierten Einnahme von Medikamenten zu unterstützen. Die unabhängigen Drogerien konnten so flexibel und kundenfreundlich agieren.

McKesson vermutete, dass die aktuellen Verkaufsinformationen von großem Nutzen für die Produktmanager der Konsumgüter- und Arzneimittelhersteller seien. Das Unternehmen ging deshalb dazu über, diese Informationen an die eigenen **Lieferanten** zu verkaufen. Diesen dienen die Daten dazu, just-in-time Auslieferungen an *McKesson* vorzunehmen. Bei den Zulieferern können die Produktionspläne nun genauer auf den Bedarf von *McKesson* ausgelegt und die Warenbestände reduziert werden.

McKesson nutzte den Einsatz der Informationstechnologien auch dazu, Erstattungsansprüche für Rezepte abzuwickeln. Dies stärkt die Bindungen zu den **Versicherungsgesellschaften,** den Kunden und den Apotheken, indem Zahlungen und administrative Arbeiten wesentlich schneller und einfacher abgewickelt werden können.

McKesson stand Anfang der 70er Jahre vor der Entscheidung, den Arzneimittelgroßhandel ganz aufzugeben oder ungefähr 125 Mio. US-$ in den Einsatz der Informationstechnologie zu investieren. Seit Einführung des Systems im Jahre 1976 stieg der Umsatz von 900 Mio. US-$ auf über 5 Mrd. US-$ in 1987. Während früher 20 000 Kunden mit einem durchschnittlichen monatlichen Auftragsvolumen von 4000 US-$ beliefert wurden, waren es 1987 15 000 Kunden mit einem durchschnittlichen Monatsumsatz von 13 500 US-$. Die Anzahl der Warenverteilzentren konnte von 130 auf 54 gesenkt werden. Aufgrund der IT-Unterstützung in der Auftragsabwicklung wurden 500 Stellen abgebaut.

2.2.4.3 Beurteilung

Zusammenfassend lässt sich festhalten, dass sich die Wertkettenanalyse als unterstützendes Instrument zur Entwicklung von Logistikstrategien eignet, da sie
- die Suche und Sicherung von Wettbewerbsvorteilen unterstützt
- die kohärente Ausrichtung der Logistikaktivitäten auf die Wettbewerbsstrategien gewährleistet
- ermöglicht, die Komplexität und Verkettung von Aktivitäten zu erfassen und transparent zu machen
- unternehmensübergreifende Aspekte berücksichtigt (vgl. *Kummer* 1992, S. 62).

2.2.5 Portfolio-Methoden

2.2.5.1 Marktanteils-Marktwachstums-Portfolio

Als Hilfsmittel zur Identifikation der Marktanforderungen an die Logistikkonzeption lässt sich die im Rahmen der strategischen Planung verbreitete **Portfolio-Methode** heranziehen. Bei dieser werden sämtliche Produkte bzw. Produktgruppen eines Unternehmens anhand quantitativer und/oder qualitativer Merkmale in einer zweidimensionalen Matrix positioniert. Die Portfolio-Position liefert Hinweise auf die Ergebnis- bzw. Cash-Flow-Situation der betrachteten Produkte bzw. Produktgruppen. Hieraus werden dann mit Hilfe strategischer Grundregeln sogenannte Normstrategien abgeleitet.

Aus der Vielzahl der mittlerweile vorhandenen Portfolio-Ansätze soll im Folgenden am Beispiel der **Marktanteils-Marktwachstums-Matrix** verdeutlicht werden, welche Konsequenzen sich aus der Einordnung eines Produktes in dieser Matrix für die Logistik ergeben. Bestimmungsgrößen für die Positionierung sind der relative Marktanteil und das Marktwachstum. Der relative Marktanteil ergibt sich aus der Division des eigenen Marktanteils (in Prozent) durch den Marktanteil des größten Wettbewerbers. Die relative Betrachtung dient dazu, Konkurrenzvorteile oder -nachteile sichtbar zu machen. Mit dem (realen) Marktwachstum als zweiten Bestimmungsfaktor werden zum einen die zukünftigen Absatzchancen eines Produktes und zum anderen dessen Stellung im Produktlebenszyklus erfasst. Zur Einordnung der Produkte in die Marktanteils-Marktwachstums-Matrix wird diese in vier Felder unterteilt, indem die beiden Dimensionen in jeweils hoch und niedrig unterteilt werden. Entsprechend ihrer Portfolio-Position werden die Produkte als Stars (Sterne), Fragezeichen-Produkte, Cash-Cows (Melkkühe) und Dogs (arme Hunde) bezeichnet.

Die einzelnen Produkttypen weisen als Merkmale auf:

- Star: hoher relativer Marktanteil bei hohem Marktwachstum,
- Fragezeichen: niedriger relativer Marktanteil bei hohem Marktwachstum,
- Cash-Cow: hoher relativer Marktanteil bei niedrigem Marktwachstum,
- Dog: niedriger relativer Marktanteil bei niedrigem Marktwachstum.

Die den einzelnen Positionen zugeordneten Normstrategien sind Abb. 2-15 zu entnehmen, ebenso die sich daraus ergebenden Konsequenzen für die Logistik. Beispielhaft werden nur der Star-Quadrant und der Cash-Cow-Quadrant herausgegriffen (vgl. *Klimke* 1983, S. 217 f.).

Bei **Star-Produkten** wird in der Regel angestrebt, den relativen Marktanteil zu halten bzw. auszubauen und die Produktionskapazität dem Mengenwachstum anzupassen. Letzteres führt vielfach dazu, dass das Materialflusssystem von Kleinserien- auf Großserienfertigung umgestellt werden muss. Es gilt, die Planung und Steuerung des Material- und Informationsflusses der neuen Fertigungsstruktur anzupassen. Der Servicegrad muss zu jedem Zeitpunkt mindestens so gut sein wie der der Konkurrenz. Um eine hohe Produktpräsenz zu erreichen, ist die Distributionsstruktur auszubauen. Die mit dem Mengenwachstum einhergehende Steigerung des Einkaufsvolumens muss mit einer Intensivierung und Optimierung der Beschaffungsaktivitäten einhergehen.

Bei rückläufigem Marktwachstum „wandert" das Produkt in den **Cash-Cow-Quadranten.** Hier gilt es, den relativen Marktanteil zu halten und alle Kostensenkungspotenziale auszuschöpfen. Hat ein Unternehmen in der Wachstumsphase des Produktes nicht konsequent in die logistische Infrastruktur investiert, kann die Erreichung der genannten Ziele nunmehr problematisch werden. Die Kostenentwicklung ist permanent zu überwachen und zu verbessern.

2.2.5.2 Logistik-Portfolio

Das klassische Produkt-Markt-Portfolio wurde in den achtziger Jahren auf den Bereich der Technologieplanung übertragen. Das von *Pfeiffer* (1982) erstmals vorgestellte Technologie-Portfolio substituiert Marktattraktivität durch Technologieattraktivität und Wettbewerbsvorteile durch Technologiekompetenz. Gegenstand der Übertragung war primär die methodische Vorgehensweise und nicht die der marktbezogenen Portfolio-Analyse zugrundeliegenden empirischen Erkenntnisse. Mit dem Logistik-Port-

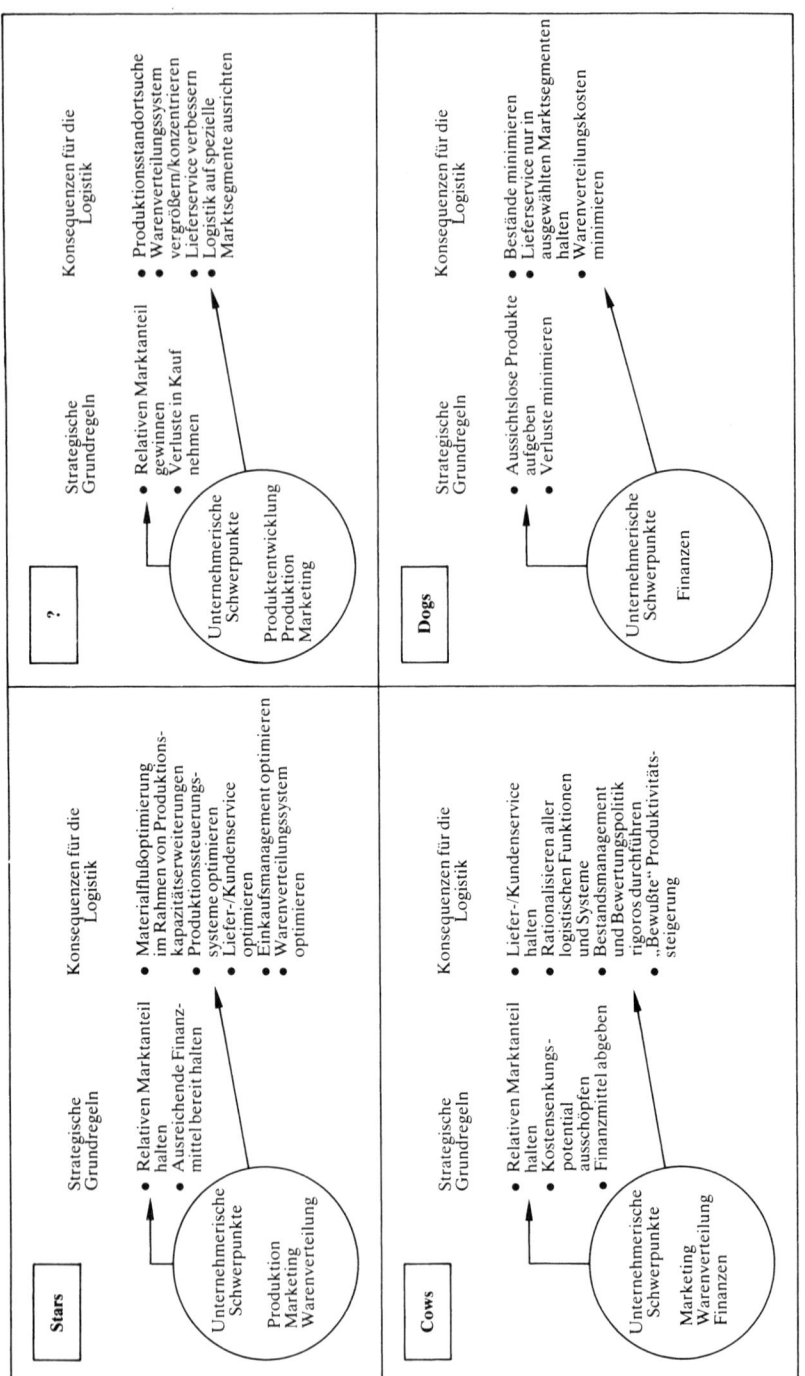

Abb. 2-15: Marktanteils-Marktwachstums-Portfolio
(Klimke 1983, S. 218)

folio erweitern *Weber* und *Kummer* (1994, S. 134 ff.) die Anwendung der Strukturierungstechnik der Portfolio-Analyse um ein weiteres Gebiet. Zur Bestimmung der strategischen Bedeutung der Logistik werden folgende drei Schritte vorgeschlagen:

- Bestimmung der Logistikattraktivität
- Ermittlung der Logistikkompetenz
- Darstellung von Normstrategien im Logistik-Portfolio.

2.2.5.2.1 Logistikattraktivität

Die Logistikattraktivität gibt an, wie hoch das Erfolgspotenzial einer optimierten Logistik für ein Unternehmen ist. Die Logistik weist dann eine hohe Attraktivität auf, wenn ein Unternehmen durch seine Logistikaktivitäten Wettbewerbsvorteile erzielen kann. Die Logistikattraktivität wird zum einen durch Kostensenkungsmöglichkeiten (Attraktivität der Logistikkosten) und zum anderen durch Leistungssteigerungsmöglichkeiten (Attraktität der Differenzierung durch Logistik) determiniert (vgl. *Weber/ Kummer* 1994, S. 134).

Die Attraktivität der Logistikkosten umfasst

- die Untersuchung der Höhe der Logistikkosten (absolute Höhe und Grad der Beeinflussbarkeit)
- die Analyse der Bedeutung von Kosteneinsparungen.

Während in einzelnen Branchen eine geringfügige Kostenreduzierung einen bedeutsamen strategischen Erfolgsfaktor darstellt (wie zum Beispiel im transportkostenintensiven Stahlhandel), spielt diese in anderen Branchen infolge anderer wettbewerblicher Differenzierungskriterien nur eine untergeordnete Rolle. Im Beispiel in Abb. 2-16 (linker oberer Teil) wird angenommen, dass die Entwicklung einer Logistikstrategie umso attraktiver ist, je leichter eine Senkung der Logistikkosten möglich ist (z. B. infolge eines überhöhten Personalstandes).

Die sich aus der Zusammenfassung der beiden Aspekte „Beeinflussbarkeit der Logistikkosten" und „Bedeutung der Veränderung der Logistikkosten" ergebende Attraktivität der Logistikkosten ist im oberen linken Teil der Abb. 2-16 dargestellt.

Analog ist die durch eine optimale Logistikgestaltung erzielbare **Leistungssteigerung** zu bestimmen. Zu untersuchende Differenzierungskriterien sind insbesondere eine höhere Liefergenauigkeit, Liefersicherheit, Liefergeschwindigkeit und Lieferflexibilität. Neben der Beeinflussbarkeit der Differenzierungsmerkmale gegenüber Wettbewerbern ist die Bedeutung der Differenzierungskriterien und ihrer Veränderung zu analysieren.

Anhand der Gegenüberstellung der Attraktivität der Differenzierung durch Logistik einerseits und der Attraktivität der Logistikkosten andererseits wird die Logistikattraktivität ermittelt (vgl. unterer Teil der Abb. 2-16). Die Zuordnung zu den Wertklassen hoch, mittel und gering ist als Beispiel und nicht als Normzuordnung zu verstehen.

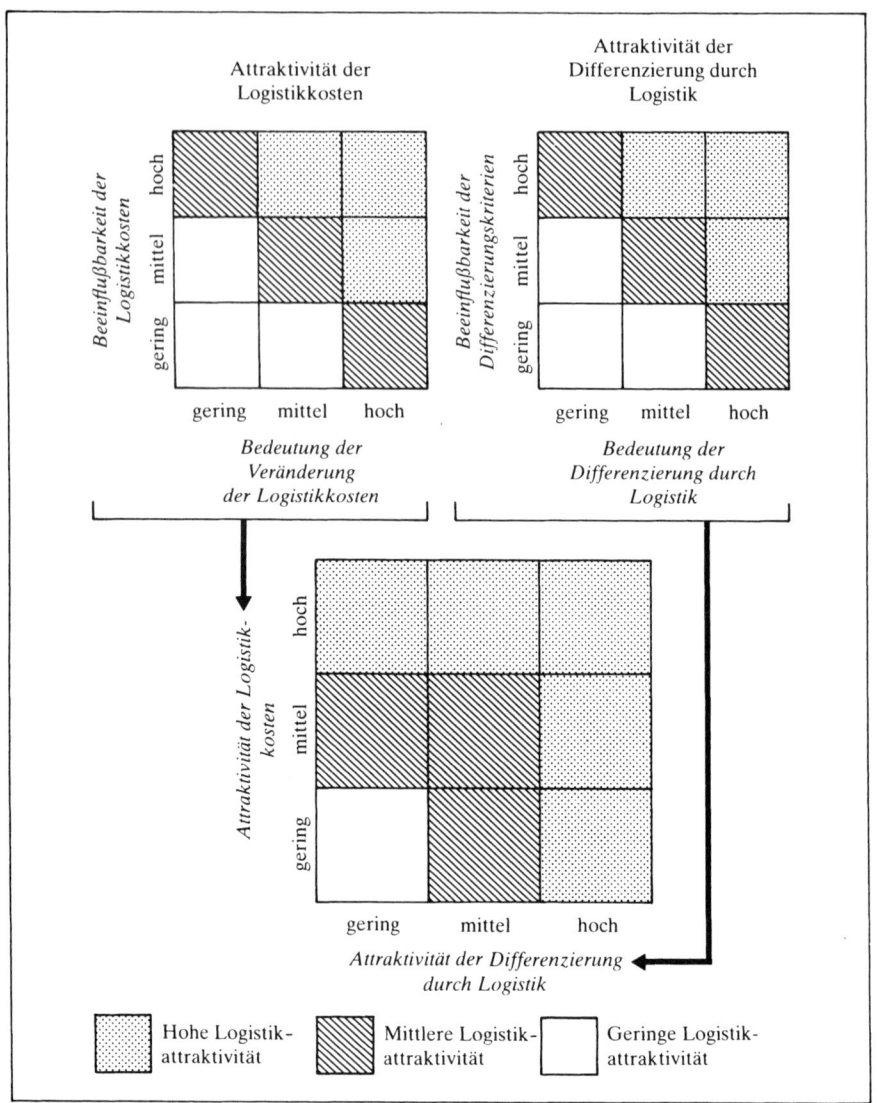

Abb. 2-16: Ermittlung der Logistikattraktivität (Weber/Kummer 1994, S. 135)

2.2.5.2.2 Logistikkompetenz

Im zweiten Schritt ist die Logistikkompetenz zu analysieren, d. h. die Fähigkeit eines Unternehmens, das Logistikkonzept in Planung und Realisierung umzusetzen. Da die Logistikkompetenz die Entwicklungsmöglichkeiten des Unternehmens bestimmt, beeinflusst sie die Logistikstrategien. Darüber hinaus ist sie ein geeignetes Instrument, ein Unternehmen im Wettbewerbsvergleich zu positionieren (vgl. *Kummer* 1992, S. 69). Bestandteil der Kompetenzanalyse sind diverse, nur teilweise objektiv messbare Größen.

Zieht man die **Entwicklungsphase** heran, in der sich das jeweils betrachtete Unternehmen bei der Einführung von Logistikkonzepten bzw. -gedanken befindet, so wird unterstellt, dass mit fortschreitendem Zeitablauf und mit zunehmender Intensität, mit der sich die Mitarbeiter eines Unternehmens mit Logistik befassen, die Logistikkompetenz steigt.

Als weitere Kriterien für die Bestimmung der Logistikkompetenz können herangezogen werden (vgl. *Kummer* 1992, S. 69 f.):

- **Umfang der Informationen,** die im Unternehmen über die Logistik effektiv genutzt werden. Neben extern genutzten Informationsquellen, wie Seminarbesuche, die Mitgliedschaft in Logistikverbänden oder der regelmäßige Bezug von Logistikzeitschriften, ist insbesondere die Verfügbarkeit von Kosten- und Leistungsinformationen zur Logistik eine der wichtigsten Indikatoren für den Durchdringungsgrad der Logistik
- **Anzahl** der im Bereich Logistik durchgeführten **Pilotprojekte.** Da jedes Projekt zu Lerneffekten führt, nimmt in der Regel mit steigender Anzahl der Projekte die Logistikkompetenz zu
- Berücksichtigung der Logistik in der **Aufbauorganisation,** wobei natürlich die reine Umbenennung von Abteilungen wie Materialwirtschaft oder Auftragsabwicklung in Logistik zu keiner Erhöhung der Logistikkompetenz führt, sondern allenfalls eine Veränderungsbereitschaft signalisiert.

Zu der grundsätzlichen Messproblematik kommt als weitere Schwierigkeit der Kompetenzanalyse, dass häufig zwischen verschiedenen **Kompetenzfeldern** unterschieden werden muss. Wie an anderen Stellen auch, erfordert die Portfolio-Analyse hier eine deutliche Reduzierung der Problemkomplexität. Dies führt beispielsweise zur plakativen Klassifikation von Logistiktypen im Sinne von Phasen, die es bei der Realisierung eines integrierten Logistikkonzepts zu durchlaufen gilt (vgl. Abb. 2-17).

2.2.5.2.3 Ableitung von Normstrategien

Die Ausprägungen der nunmehr ermittelten „Logistikattraktivität" und „Logistikkompetenz" werden jeweils auf der Achse eines Portfolios abgetragen. Im Schnittpunkt beider Werte spiegelt sich die IST-Positionierung der Logistik wieder. Liegt eine weitgehend homogene Geschäftsstruktur vor, ist eine einwertige Platzierung ausreichend. Im Fall mehrerer heterogener Geschäftsfelder sind diese jedoch gesondert zu platzieren, wobei (anders als bei Produkt-Markt-Portfolios) kein Ausgewogenheitserfordernis besteht; vielmehr ist für jede einzelne Geschäftseinheit eine möglichst adäquate Platzierung der Logistik anzustreben.

Die in Abb. 2-18 enthaltenen Normstrategien sind Ausfluss logisch deduktiver Überlegungen und nicht das Resultat fundierter empirischer Untersuchungen. Bei hoher Logistikattraktivität und niedriger Logistikkompetenz ist die Wettbewerbsfähigkeit latent bedroht. Zur Beseitigung des Defizits von Logistikkompetenz liegt dringender Handlungsbedarf vor, der beispielsweise in den Zukauf von Logistikdienstleistungen und -Know-how münden kann. Im umgekehrten Fall (niedrige Logistikattraktivität und hohe Logistikkompetenz) kann der Aufbau eines neuen Geschäftsbereiches Logistik oder aber die Verringerung der Logistikaktivitäten eine sinnvolle Strategie sein.

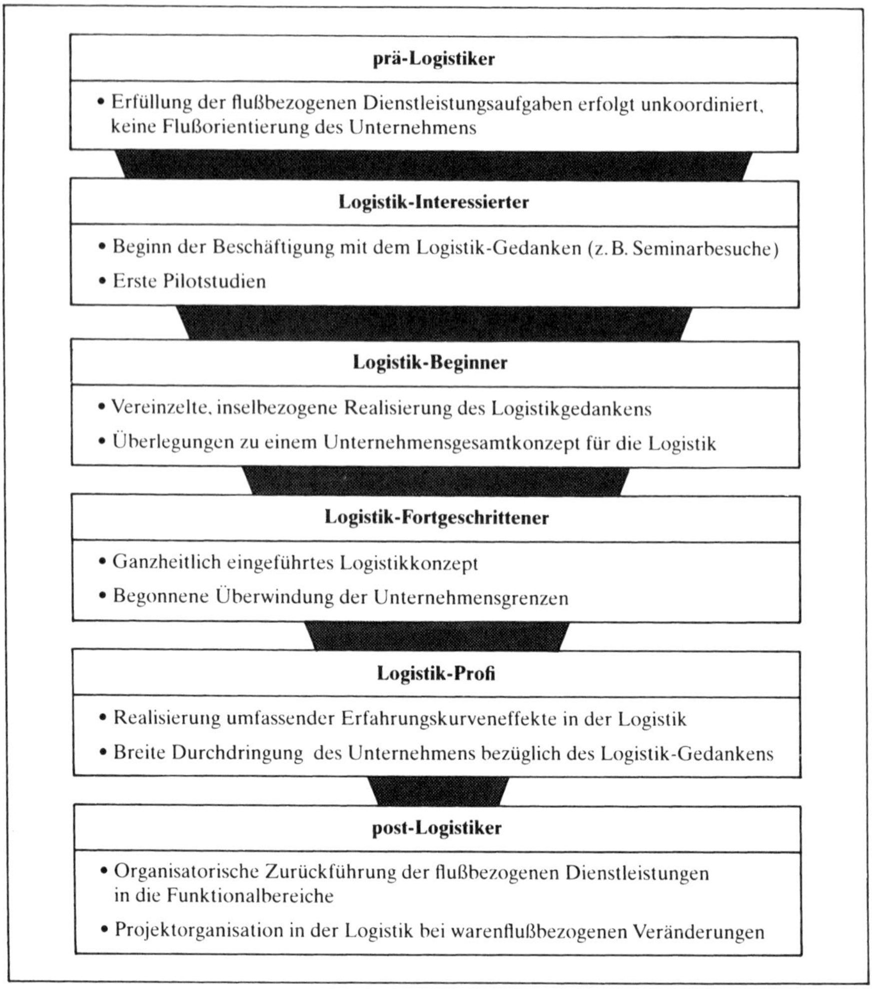

---

prä-Logistiker

- Erfüllung der flußbezogenen Dienstleistungsaufgaben erfolgt unkoordiniert, keine Flußorientierung des Unternehmens

Logistik-Interessierter

- Beginn der Beschäftigung mit dem Logistik-Gedanken (z.B. Seminarbesuche)
- Erste Pilotstudien

Logistik-Beginner

- Vereinzelte, inselbezogene Realisierung des Logistikgedankens
- Überlegungen zu einem Unternehmensgesamtkonzept für die Logistik

Logistik-Fortgeschrittener

- Ganzheitlich eingeführtes Logistikkonzept
- Begonnene Überwindung der Unternehmensgrenzen

Logistik-Profi

- Realisierung umfassender Erfahrungskurveneffekte in der Logistik
- Breite Durchdringung des Unternehmens bezüglich des Logistik-Gedankens

post-Logistiker

- Organisatorische Zurückführung der flußbezogenen Dienstleistungen in die Funktionalbereiche
- Projektorganisation in der Logistik bei warenflußbezogenen Veränderungen

---

Abb. 2-17: Ansatz zur Klassifizierung der Logistikkompetenz (Weber/Kummer 1994, S. 137)

Der in Abb. 2-18 skizzierte Gleichgewichtspfad weist ein ausgewogenes Verhältnis von Kompetenz und Attraktivität bei nur geringer Veränderungsnotwendigkeit auf (vgl. *Weber/Kummer* 1994, S. 137).

2.2.5.2.4 Beurteilung

Dem großen Vorteil der Portfolio-Analyse, nämlich der **Reduzierung komplexer Probleme** auf zwei Dimensionen sind auch Grenzen gesetzt (vgl. *Antoni/Riekhof* 1989, S. 179 ff.). Das Bewertungssystem ist relativ **aufwändig,** da für alle Einflussfaktoren eine Skalierung erforderlich ist und die Bedeutung der Einflussfaktoren untereinander zu gewichten ist. Die **Subjektivität der Bewertung** und die Unstrukturiertheit des Problemfeldes bergen die Gefahr in sich, dass zwischen der formalen Geschlossenheit des Planungsmodells und der Validität der in die Analyse einfließenden Informationen eine gewisse Diskrepanz vorliegen kann.

In der dargestellten Form basiert das Logistik-Portfolio auf einer rein **statischen** Betrachtung. Durch die Ermittlung von Logistik-Portfolios zu unterschiedlichen Zeitpunkten und deren Verkettung ist jedoch eine dynamische Analyse durchaus möglich.

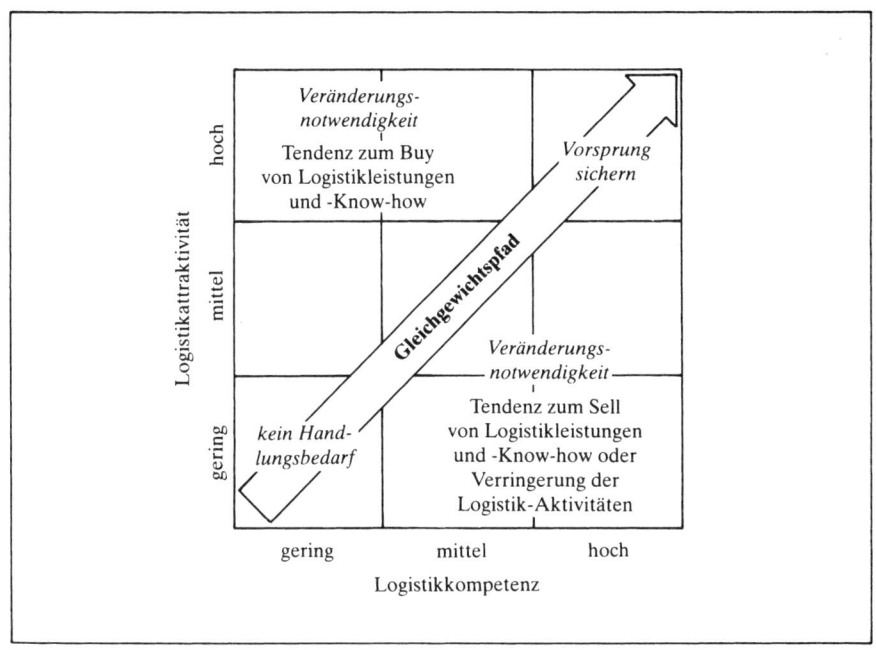

Abb. 2-18: Logistik-Portfolio (Weber/Kummer 1994, S. 138)

Der Gefahr einer zu starken Vereinfachung muss in jedem Fall durch ergänzende Analysen entgegengesteuert werden. Dies kann beispielsweise durch die Kombination von Logistik- und Geschäftsfeld-Portfolio geschehen. Ein weiteres Problem ist schließlich, inwieweit die Attraktivität der Logistikkosten und die Attraktivität der Differenzierung durch Logistik stets einer unabhängigen Bewertung unterzogen werden können.

2.2.6 Erfahrungswissen und strategische Grundsätze

Kritische Erfolgsfaktoren stellen grundlegende Parameter dar, welche den Erfolg von Unternehmen nachhaltig und entscheidend beeinflussen. Erfolgsfaktoren zeigen in Form von „Wenn-Dann-Hypothesen" die Merkmale Erfolg versprechender Strategien auf (vgl. *Coenenberg/Baum* 1987, S. 47). Empfehlungen zu Erfolgsfaktoren basieren auf empirischen Untersuchungen (z. B. Profit Impact of Market Strategy Projekt, PIMS, bei dem auf der Ebene der strategischen Geschäftsfelder die statistisch signifikanten Determinanten für den Return on Investment bzw. cash-flow ermittelt werden), Erfahrungswissen (z. B. ein durch Befragung von Experten erhärteter Faktorenkatalog), oder strategischen Grundsätzen (z. B. Bildung von Kausalketten und Analogien zur allgemeinen Strategielehre).

Das Leistungsangebot der einzelnen Wettbewerber ist heute in vielen Branchen bezüglich Produkt, Preis und Qualität durch eine Pattsituation gekennzeichnet. In diesen Fällen kann dann die Logistik auf der Basis eines bedarfsorientierten Produktangebots zu wettbewerbsfähigen Preisen und in einer gleich bleibend guten Qualität zum zentralen Erfolgsfaktor werden und ein Ausbrechen aus dieser Pattsituation ermöglichen. Hierbei ist die Gesamtheit von Logistikleistung und -kosten in allen Phasen des Geschäftes (von der Anfrage des Kunden und dem Angebot über die Auftragsabwicklung bis hin zum After-Sales-Service) zu betrachten.

Die Ausprägung der relevanten Erfolgsfaktoren muss im Zielsystem des Unternehmens seinen Niederschlag finden.

2.3 Ablauf zur Entwicklung von Logistikstrategien

2.3.1 Überblick

Nachdem in den vorangegangenen Abschnitten zentrale methodische Ansätze zur Formulierung von Logistikstrategien vorgestellt wurden, soll nun der **Prozess** behandelt werden, der bei der Entwicklung einer Logistikstrategie zu durchlaufen ist. Die hierbei zugrundegelegte Planungssituation lässt sich wie folgt charakterisieren: Planungsebene ist ein Geschäftsfeld (also eine spezifische Produkt-Markt-Kombination). Vorgestellt wird die Ableitung einer Logistikstrategie aus der Wettbewerbsstrategie. Aus Darstellungs- und Vereinfachungsgründen wird primär auf einen Top-down-Planungsprozess abgestellt, d. h. die Merkmale der Wettbewerbsstrategie bestimmen die Anforderungen an die Logistikstrategie (in der Praxis kommt den Rückkopplungsprozessen und Interdependenzen zwischen beiden Strategiearten natürlich hohe Bedeutung zu). Bezogen auf das in Abschnitt 2.1.4 vorgestellte Stufenmodell wird von Stufe 3 ausgegangen, d. h. die Logistikstrategie unterstützt die Geschäftsstrategie.

Abbildung 2-19 stellt den gesamten Planungsprozess im Überblick dar.

2.3.2 Wettbewerbsstrategische Anforderungen an die Logistik

Entscheidend für den Erfolg einer Logistikstrategie ist ein ganzheitlicher und geschäftsorientierter Planansatz. Erst auf der Basis eines umfassenden Geschäftsverständnisses können das Logistikleitbild aufgestellt und die geschäftsfeldspezifischen Logistikziele abgeleitet werden (vgl. Abb. 2-20).

Der Strategieentwicklungsprozess auf Geschäftsfeldebene beginnt mit der Bestimmung der strategischen Ausgangsposition. Hierzu gehört eine Analyse von **Markt-**

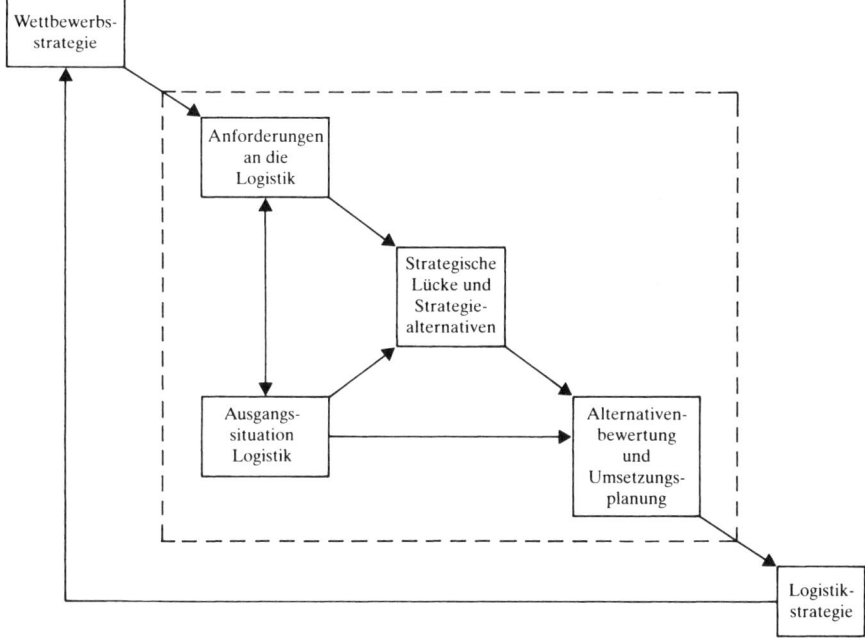

Abb. 2-19: Prozess der Strategieentwicklung

daten (Marktvolumen, -anteil und -wachstum nach Marktsegmenten, Eintritts- und Austrittsbarrieren), eine Bestandsaufnahme der **Wettbewerbssituation** (Umsatz, Marktanteil, Ressourcen, Ergebnissituation, Strategie) sowie Angaben zu den **eigenen Aktivitäten** (vgl. Abb. 2-21). Über die künftige Attraktivität eines Geschäftsfeldes muss eine Untersuchung der vermutlichen Entwicklung des Unternehmensumfeldes Aufschluss geben. Es gilt unter anderem, folgende Fragen zu beantworten: Wie wird sich in Zukunft die Nachfrage nach den angebotenen Produkten bzw. Dienstleistungen entwickeln? Welches sind die relevanten Kundenprobleme? Ist mit einer Bedrohung durch neue Konkurrenten zu rechnen? Sind auf Grund der technologischen Trends Substitutionsprodukte zu erwarten? Mit welchen Änderungen ist bei den bislang eingesetzten Produktionsverfahren sowie den übrigen Stufen der Wertschöpfungskette zu rechnen? Welche Verhandlungsstärke weisen die Abnehmer und Lieferanten auf?

Durch eine detaillierte Analyse der Unternehmenssituation sind die eigenen **Stärken** und **Schwächen** in Relation zu den wichtigsten Wettbewerbern zu erarbeiten. Hierbei sind auch die **kritischen Erfolgsfaktoren** zu identifizieren, also die Leistungsmerkmale, durch die ein nachhaltiger Wettbewerbsvorteil erzielt werden kann. Die Erfahrung zeigt, dass sich der Erfolg einzelner Geschäftsfelder trotz zahlreicher Einflussgrößen durch eine begrenzte (4 bis 7) Anzahl geschäftsfeldspezifischer Einflussfaktoren hinreichend genau erklären lässt.

Auf der Grundlage der durchgeführten Analysen sind für jedes strategische Geschäftsfeld **Ziele** *und* **Strategien** zu erarbeiten. Diese müssen folgende drei Kernfragen beantworten:

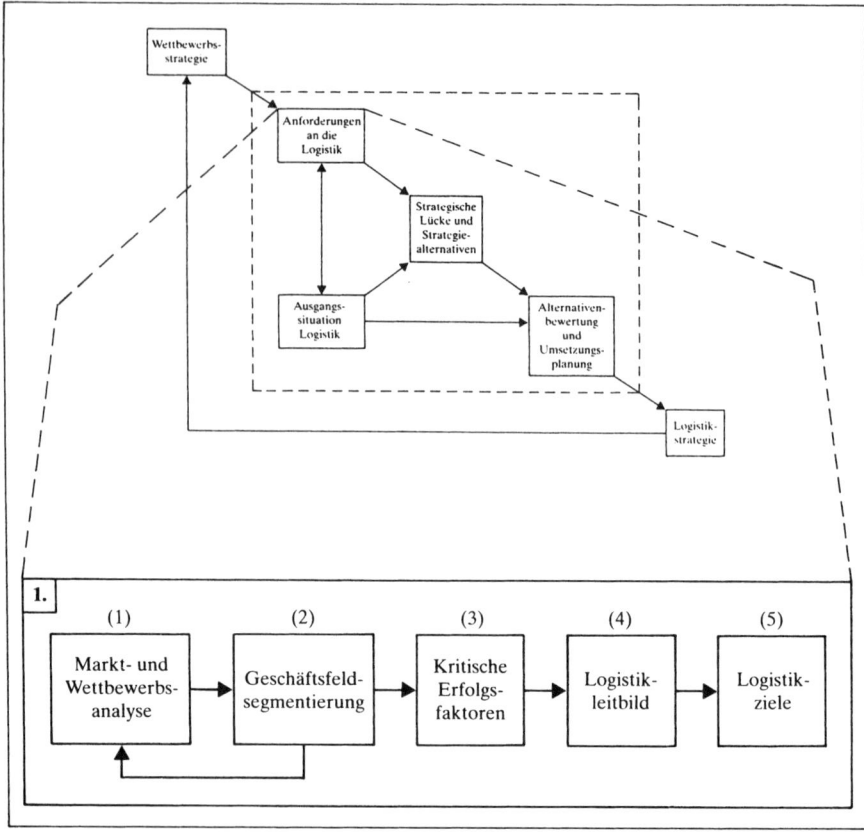

Abb. 2-20: Wettbewerbsstrategische Anforderungen an die Logistik

- Mit welchem Wettbewerbsvorteil soll konkurriert werden? (Schaffung einer überlegenen Kostenposition versus Aufbau eines Zusatznutzens gegenüber den Wettbewerbern)
- Wo soll konkurriert werden? (Gesamtmarkt versus Marktnische)
- Wie soll ein nachhaltiger Wettbewerbsvorteil erreicht werden? (Schaffung eines überlegenen Geschäftssystems durch konsequente Gestaltung und Ausrichtung aller Unternehmensfunktionen im Hinblick auf die verfolgte Strategie)

Die auf Geschäftsfeldebene zu entwickelnde spezifische Wettbewerbsstrategie muss mit einer zieladäquaten Logistikstrategie einhergehen. Die Verschiedenartigkeit von Geschäften muss in der Gestaltung geschäftsspezifischer Logistiksysteme ihren Niederschlag finden. Hiermit ist ein wesentliches **Grundprinzip** der Logistik, nämlich die **Differenzierung** von Logistikketten angesprochen. Die Logistikstrategie muss entsprechend den unterschiedlichen Kundenanforderungen an die Logistikleistung und den eigenen Anforderungen aus den übrigen Funktionalstrategien gestaltet werden.

Die traditionellen Segmentierungskriterien für Geschäftsfelder stellen oftmals keine ausreichende Basis für die Entwicklung von Logistikstrategien dar. Neben der Differenzierung der Logistikstrategie **zwischen** den jeweiligen Geschäftsfeldern kommt deshalb auch der Differenzierung der Logistikstrategie **innerhalb** des einzelnen Ge-

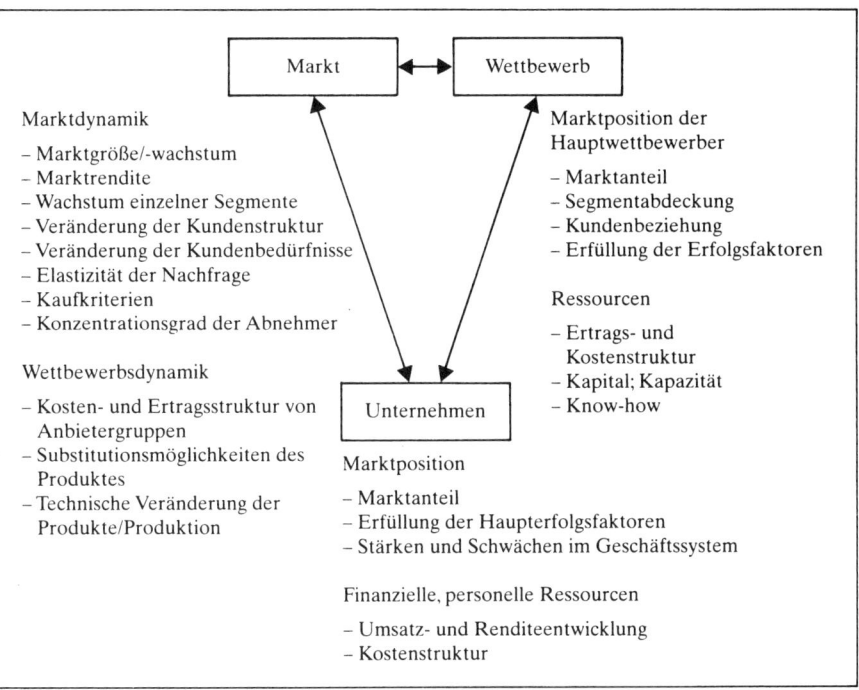

Marktdynamik

- Marktgröße/-wachstum
- Marktrendite
- Wachstum einzelner Segmente
- Veränderung der Kundenstruktur
- Veränderung der Kundenbedürfnisse
- Elastizität der Nachfrage
- Kaufkriterien
- Konzentrationsgrad der Abnehmer

Wettbewerbsdynamik

- Kosten- und Ertragsstruktur von Anbietergruppen
- Substitutionsmöglichkeiten des Produktes
- Technische Veränderung der Produkte/Produktion

Marktposition der Hauptwettbewerber

- Marktanteil
- Segmentabdeckung
- Kundenbeziehung
- Erfüllung der Erfolgsfaktoren

Ressourcen

- Ertrags- und Kostenstruktur
- Kapital; Kapazität
- Know-how

Marktposition

- Marktanteil
- Erfüllung der Haupterfolgsfaktoren
- Stärken und Schwächen im Geschäftssystem

Finanzielle, personelle Ressourcen

- Umsatz- und Renditeentwicklung
- Kostenstruktur

Abb. 2-21: Bestimmung der strategischen Ausgangsposition (Feider/Schoppen 1988, S. 673)

schäftsfeldes hohe Bedeutung zu. Zur Optimierung des Logistikerfolges ist beispielsweise die Strategie der Beschaffungslogistik in Abhängigkeit von unterschiedlichen Beschaffungsanforderungen (z. B. technisch komplexe Teile mit hohem Bedarf versus Standardteile mit niedrigem Bedarf) zu differenzieren. In der Distributionslogistik ist es meist sinnvoll, Abläufe, Strukturen und Systeme entsprechend den verschiedenen Kundensegmenten (z. B. Hauptkunden, Kleinkunden) zu gestalten. Die einzelnen Produkte eines Geschäftsfeldes können sich in unterschiedlichen Lebensphasen befinden. Je nach Phase hat die Logistik unterschiedliche Ziele zu erfüllen.

Als grundlegende Differenzierungskriterien bei der Planung von Logistikstrategien lassen sich das **Pareto-Prinzip** und das **Lebenszyklus-Konzept** heranziehen.

Im Rahmen der Strategieentwicklung sollte die **Zielfindung** und **-definition** mit großer Sorgfalt erfolgen. Eine zu starke Pauschalierung und Vereinfachung in dieser Phase verhindert später eine profunde Bewertung der entwickelten Strategiealternativen. Das Spektrum der möglichen Logistikziele sollte darüber hinaus nach externen und internen Zielen unterschieden werden (vgl. *Eidenmüller* 1989, S. 18f.) (vgl. Abb. 2-22).

Externe Zielgrößen werden vom Kunden honoriert. Hierzu gehören bspw. die nach außen wirksamen Elemente der Logistikleistung wie Lieferzeit und Liefertreue. Mit Hilfe von Sensitivitätsanalysen kann festgestellt werden, wie sich die Änderung einer Zielgröße (z. B. Lieferzeit) auf andere Größen (z. B. Umsatz) auswirkt. Dabei lassen sich sogenannte Schwellenwerte identifizieren, bei deren Unter- oder Überschreitung die Marktwirkungen besonders stark werden. **Interne** Zielgrößen dienen dazu, die

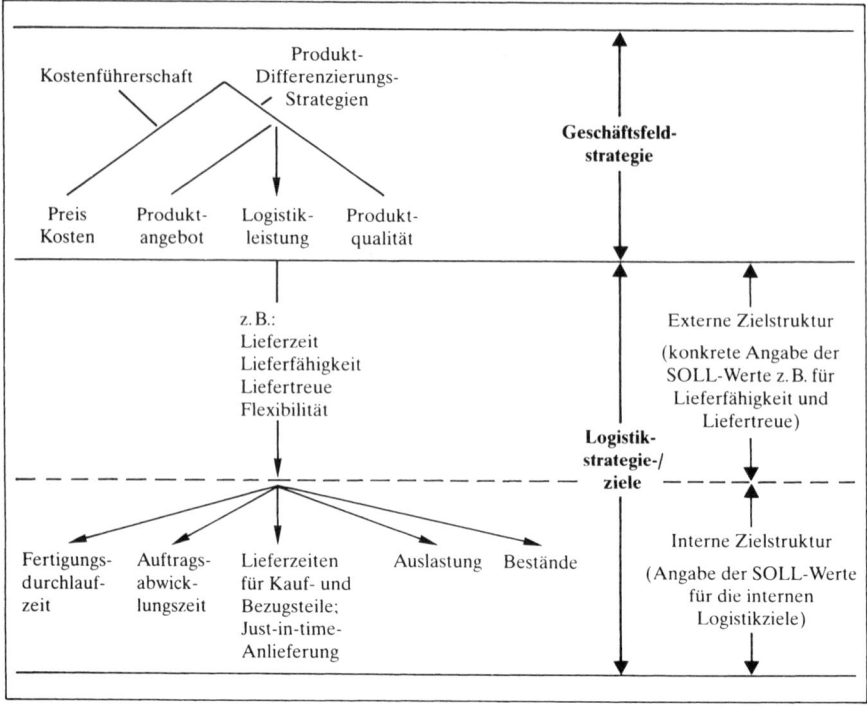

Abb. 2-22: Zielhierarchie

externen Ziele zu realisieren (z.B. über kurze Wiederbeschaffungs- oder Durchlaufzeiten eine einwöchige Lieferzeit sicherstellen).

Bei der Quantifizierung der Ziele muss gleichzeitig eine Priorisierung erfolgen, die die in der Wettbewerbsstrategie definierten kritischen Erfolgsfaktoren widerspiegelt. Oft wird in Unternehmen davon ausgegangen, dass ein leistungsfähiges Logistiksystem gleichzeitig die Ziele schnelle Lieferzeit, geringe Pufferbestände und niedrige Logistikkosten realisieren kann. Ein Logistiksystem kann in der Regel jedoch nur so ausgelegt werden, dass es wenige klar definierte Ziele erfüllt (vgl. *Skinner* 1974, S. 115). Fehlende Konzentration auf ein oder wenige Ziele führt zu Systemen, die kein Ziel realisieren. Dies trifft insbesondere für Ziele zu, die potentiell in konfliktärem Verhältnis zueinander stehen, wie z.B. kurze Lieferzeiten und niedrige Fertigwarenbestände. Teilweise lassen sich Zielkonflikte durch geeignete Maßnahmen der Strukturgestaltung abschwächen oder völlig auflösen.

2.3.3 Logistische Bestandsaufnahme

Die Bestandsaufnahme der logistischen Ausgangssituation in einem Unternehmen setzt sich aus fünf Teilschritten zusammen (Abb. 2-23):

– Definition der Ziele und erforderlichen Aussagen der Bestandsaufnahme, sodass durch eine fokussierte Diagnose strategierelevante Informationen gewonnen werden.

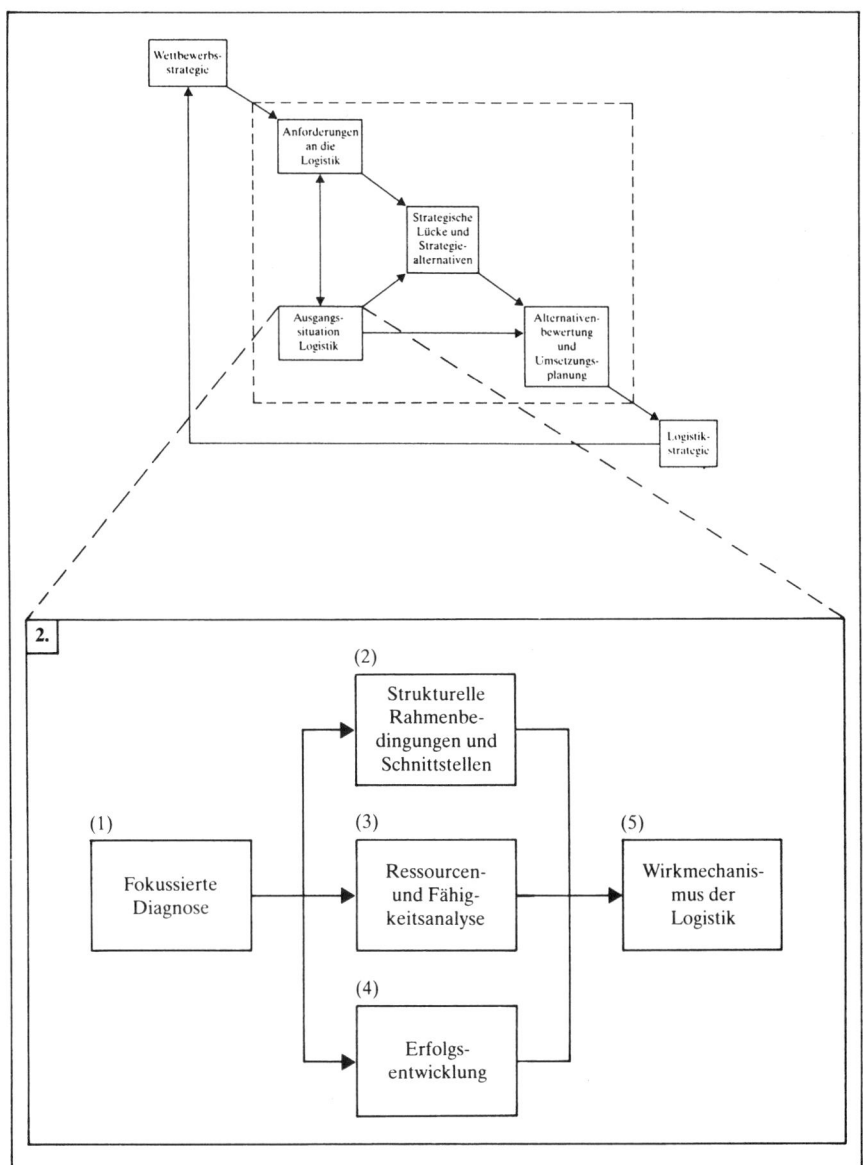

Abb. 2-23: Logistische Bestandsaufnahme

– Analyse der strukturellen Rahmenbedingungen und Schnittstellen: Soweit die Konkretisierung der wettbewerbsstrategischen Anforderungen noch zu wenig detailliert für die Entwicklung der Logistikstrategie ist, sind die strukturellen Rahmenbedingungen noch zu konkretisieren. Besonderes Gewicht ist hierbei stets auf die Schnittstellen zu anderen Funktionsbereichen des Unternehmens zu legen. Die Zielkonflikte zwischen der Logistik einerseits und Entwicklung, Produktion, Absatz etc. andererseits (vgl. Abschnitt 1.3.4) haben verdeutlicht, dass der Schlüssel für strukturelle Veränderungen in der Logistik häufig in vorgelagerten Bereichen liegt (z.B. ein hoher Anteil an Normteilen in der Konstruktion stellt eine günstige Voraussetzung für niedrige Bestände dar).

– Ressourcen- und Fähigkeitsanalyse: Hier geht es darum, alle im Logistikbereich eingesetzten Potentialfaktoren (z.B. Lagerkapazitäten, Fördertechnik) sowie die eingesetzten Methoden und Systeme quantitativ und qualitativ zu erfassen und zu bewerten. Die aktuell vorhandenen Ressourcen und Fähigkeiten sind die grundlegende Basis, um eine Logistikstrategie umzusetzen.

– Analyse der Erfolgsentwicklung der Logistik: Für die vergangenen drei bis fünf Jahre gilt es, die quantitativen Logistikleistungen und -kosten in ihrer absoluten Höhe, in ihrem zeitlichen Verlauf und ihrer Struktur darzustellen. Neben den bereits in Abschnitt 1.3 vorgestellten Kenngrößen sind in der Regel auch zu analysieren: Höhe der Bestände (differenziert nach Roh-, Hilfs- und Betriebsstoffen, Halbfertigfabrikaten und Fertigwaren), Bestandsreichweiten, Wiederbeschaffungszeiten und Durchlaufzeiten (siehe hierzu Kapitel 13).

– Wirkmechanismus der Logistik: Die bisherigen Analyseschritte im Rahmen der Bestandsaufnahme eröffnen ein profundes Verständnis der Wirkzusammenhänge in der Logistik. Es sollten die Einflussgrößen auf die strategische Kosten- und Leistungsposition in der Logistik bekannt sein. Typische Fragestellungen zu den strategischen Stellhebeln auf die Logistikkosten sind bspw. (vgl. Abb. 2-24): Welche Abhängigkeiten gelten zwischen den marktbezogenen Erfolgsfaktoren der Wettbe- werbsstrategie und den Logistikkosten? Welche Rolle spielen Größenvorteile bei der Gestaltung der Logistikinfrastruktur? In welchem Umfang können durch

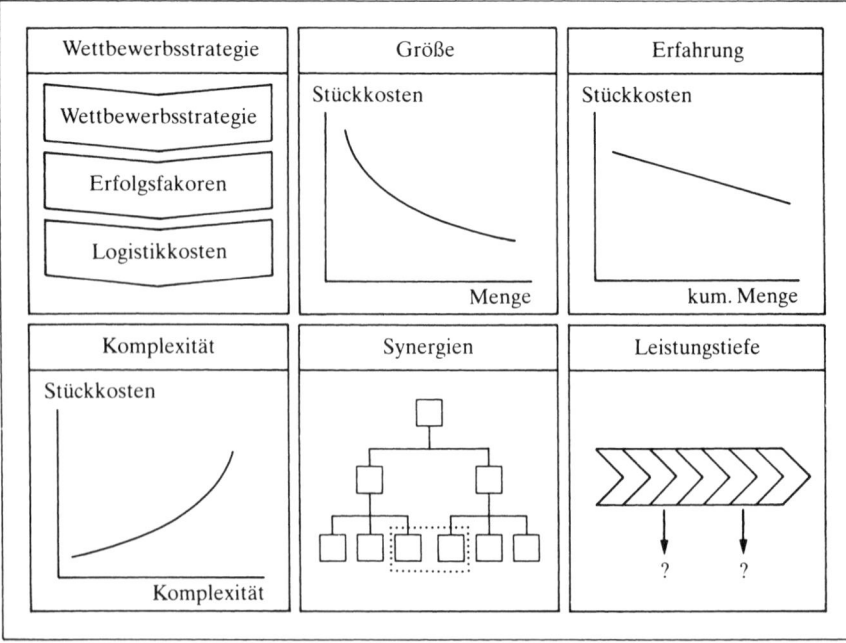

Abb. 2-24: Einflussgrößen auf die strategische Kostenposition

zunehmende Erfahrung in einzelnen Logistikfunktionen Kostensenkungspotentiale realisiert werden? Welcher Zusammenhang gilt zwischen zunehmender Komplexität und den Logistikstückkosten? Welche Logistikfunktionen liefern mögliche Ansatzpunkte für Synergien? Wie ist die vorhandene Leistungstiefe in der Logistik vor dem Hintergrund der am externen Markt angebotenen Leistungen, der Bedeutung für Wettbewerbsvorteile und der Auslastung zu beurteilen?

2.3.4 Strategische Lücke und Entwicklung von Logistikstrategie-Alternativen

Aus der vergleichenden Gegenüberstellung der wettbewerbsstrategischen Anforderungen an die Logistik und den sich hieraus ergebenden Logistikzielen einerseits und der logistischen Ausgangssituation andererseits, ergibt sich in der Regel eine strategische Lücke. Diese gilt es zu schließen.

Hierzu werden – z.B. im Rahmen von workshops – verschiedene Lösungsansätze entwickelt und zu Strategie-Alternativen verdichtet (vgl. Abb. 2-25).

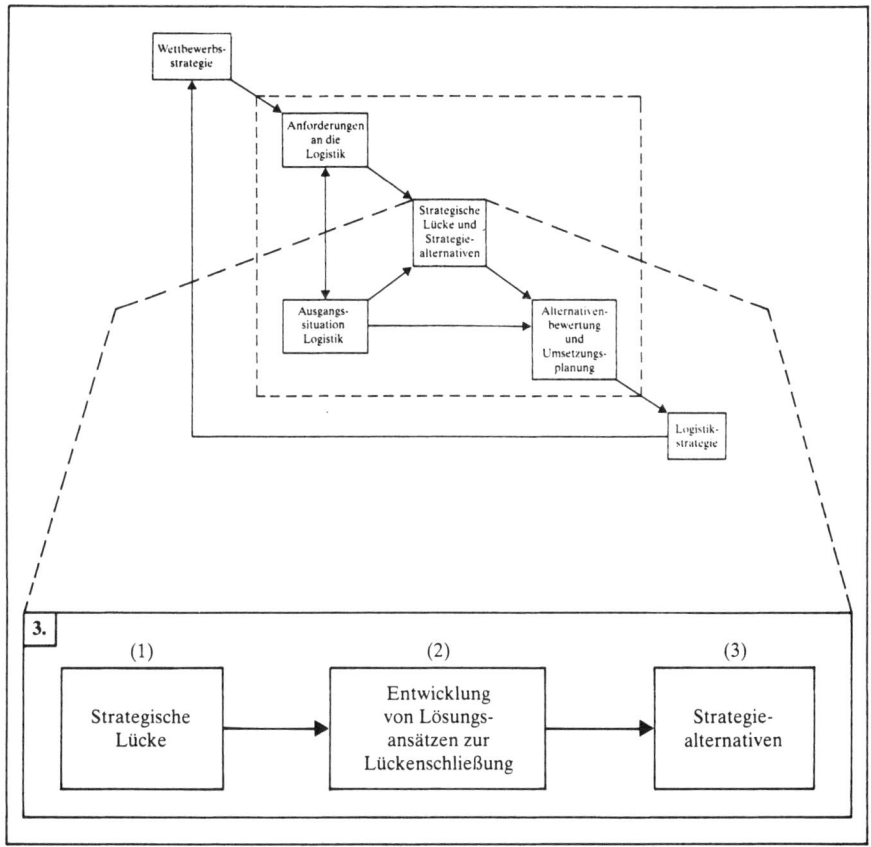

Abb. 2-25: Strategische Lücke und Entwicklung von Strategiealternativen

2.3.5 Strategiefestlegung und Umsetzungsplanung

Nachdem der Handlungsspielraum und die Alternativen definiert sind, gilt es nun, die entwickelten strategischen Alternativen zu bewerten. Zentrale **Beurteilungskriterien** sind hierbei:

– Stimmigkeit der Logistik- zur Wettbewerbsstrategie: Wie hoch ist der Zielbeitrag jeder Strategiealternative zur Geschäftsfeldstrategie?
– Auswirkungen auf andere Unternehmensbereiche
– Realisierbarkeit: Ist die Umsetzung der einzelnen Strategiealternativen vor dem Hintergrund der derzeit verfügbaren Ressourcen und deren Entwicklungspotential realistisch?
– Finanzielle Wirkungen: Wie hoch ist der Investitionsbedarf der jeweiligen Strategiealternative und wie stellen sich die Kosten- und Erlöswirkungen dar?

Diejenige Strategiealternative, die auf Basis dieser Kriterien als die geeignetste erscheint, wird verabschiedet.

Jede Strategie ist nur so gut und erfolgreich wie die systematische und konsequente **Umsetzung.** Wirklich erfolgreiche Unternehmen pflegen neben ihren strategischen und planerischen Kapazitäten auch die Fähigkeiten zur zügigen Implementierung von Ideen und Projekten. In vielen Unternehmen besteht ein Überhang der „Planer" gegenüber den „Realisierern". Die Realisierung vieler Strategien dauert zu lange und verliert dabei ihre ursprüngliche Kernidee.

Zur Sicherstellung einer zügigen und zielorientierten Realisierung der verabschiedeten Logistikstrategie sind daher im Rahmen einer konkreten Umsetzungsplanung folgende Elemente zu berücksichtigen:

– Maßnahmenplan mit personifizierter Verantwortung
  Es bedarf namentlich benannter Verantwortlicher, die auf der Basis eines gemeinsam verabschiedeten Aktivitäten- und Terminplans (Wer, was, bis wann, mit welchem Ergebnis?) die Umsetzung sicherstellen. Die für die Umsetzung einer Strategie verantwortlichen Führungskräfte müssen neben ihrem fachlichen Know-how auch über die soziale Kompetenz verfügen, um andere überzeugen zu können.
– Training
  Strategieprojekte münden in Veränderungen. Diese müssen von den Mitarbeitern verstanden und getragen werden. Training soll Fähigkeiten vermitteln, Fertigkeiten ausbauen und Einstellungen verändern. Um die Umsetzung zu unterstützen und Mitarbeiterpotentiale zu aktivieren, ist ein Kommunikations- und Weiterbildungskonzept zu entwickeln. Als besonders effektiv haben sich Trainings durch Vormachen am konkreten Fall erwiesen (vgl. Abschnitt 12.2).
– Controlling
  Sporadische Aktionen und Einzelmaßnahmen können für die Sicherung nachhaltiger Erfolge keine Antwort sein, weil ihre Wirkungen oft nur eine Verbesserung von kurzer Dauer darstellen. Ein aktives Controlling muss deshalb sicherstellen, dass die geplanten Maßnahmen zielorientiert und permanent wahrgenommen werden. Im strategischen Controlling dominiert die längerfristige Orientierung, um durch die Beobachtung wichtiger Planungsprämissen, die Erreichung von definier-

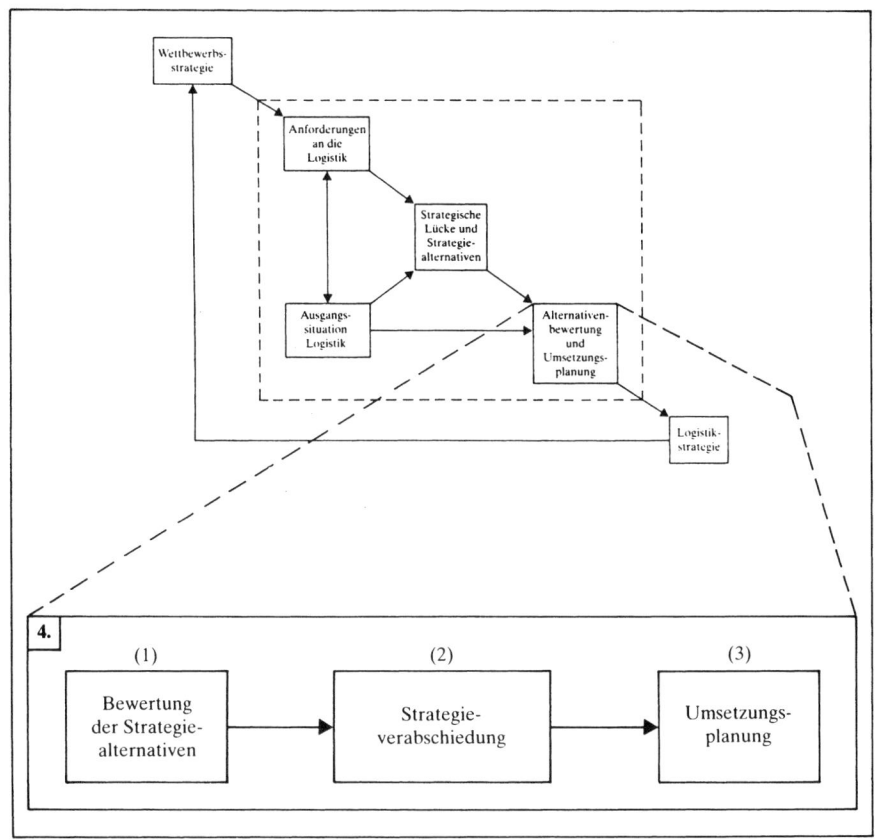

Abb. 2-26: Strategiefestlegung

ten Meilensteinen sowie durch die Analyse relevanter interner und externer Trends Zielerreichungsrisiken frühzeitig zu identifizieren und Gegensteuerung zu ermöglichen.

Abb. 2-26 fasst die letzte Phase der Strategieentwicklung zusammen.

3 Informations- und Kommunikationssysteme in der Logistik

Informations- und Kommunikationstechniken kommt eine Schlüsselrolle zur Erreichung der Logistikziele zu:

- Schnelle und sichere Informationsverarbeitung sowie exakte Informationen gewähren einen Zeitvorsprung im Wettbewerb.
- Der Einsatz von Informations- und Kommunikationstechniken trägt dazu bei, effiziente Geschäftsabläufe sicherzustellen und leistet damit einen Beitrag zur Kostensenkung.
- Mit Hilfe der Informations- und Kommunikationstechniken lassen sich geeignete Informationen für das Logistikmanagement bereitstellen. Hierdurch können die Transparenz erhöht und die Qualität im Logistikbereich verbessert werden.

Die IT-Strategie setzt Rahmenbedingungen auf fünf technischen Ebenen (vgl. *Meitner* 2003, S. 10) (vgl. Abb. 3-1):

- Anwendungen
- Plattformen
- Betrieb
- Netzwerke
- Datenmodelle.

Anwendungen	• Auswahl von **Anwendungen** für Funktionen und Länder-Cluster • Entwurf einer globalen/regionalen **Entwicklungs-** und **Wartungsorganisation**
Plattformen	• Entscheidung über globale/regionale Standards für **Betriebssysteme, Datenbanksysteme, Hardware, Clients** und **Entwicklungstools**
Betrieb	• Entscheidung über globale/regionale **Datenzentren** und **Support/Helpdesk**-Strukturen • Umsetzung globaler/regionaler **Datensicherheitsstandards**
Netzwerke	• Definition globaler/regionaler **Netzwerk-Provider** (WAN) • Entwurf einer **Netzwerk-Zugangs**-Architektur (LAN)
Datenmodelle	• Einigung auf globale/regionale **Standarddatenmodelle** für Material- und Produktionsdaten, Controlling- und Leistungskennzahlen, etc.

Abb. 3-1: Elemente der IT-Strategie (vgl. Meitner 2003, S. 10)

Moderne Informations- und Kommunikationstechniken haben einen massiven Einfluss auf das Geschäftsmodell. Die klassische Grenze zwischen der Geschäfts- und der IT-Welt verschwimmt zunehmend (vgl. Abb. 3-2).

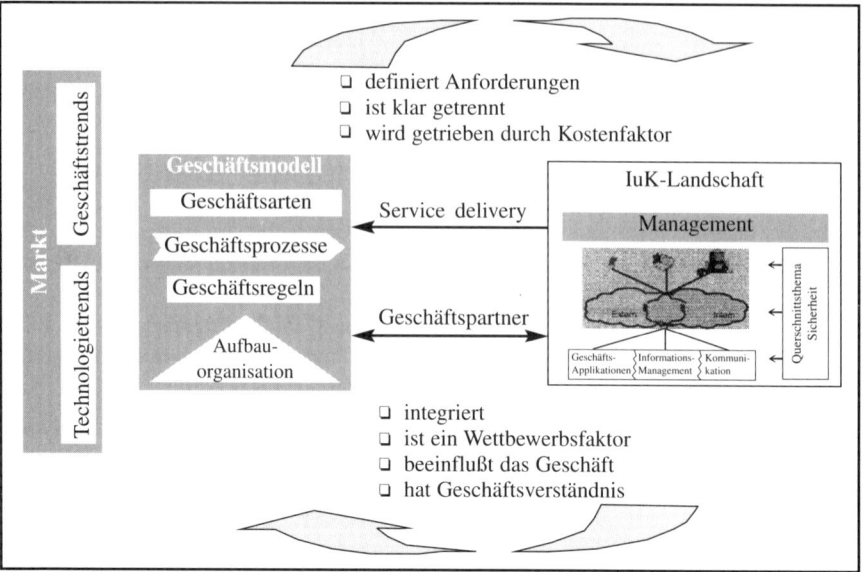

Abb.: 3-2: Geschäftsmodell und IT-Landschaft (vgl. Ramakrishnan 1999, S. 2)

Eine moderne zukunftsorientierte IT-Landschaft unterstützt die Erreichung der Geschäftsziele durchgängige Geschäftsprozesse, flächendeckende Kommunikation, organisatorische Flexibilität und wissensbasierte Vernetzung (vgl. Abb. 3-3).

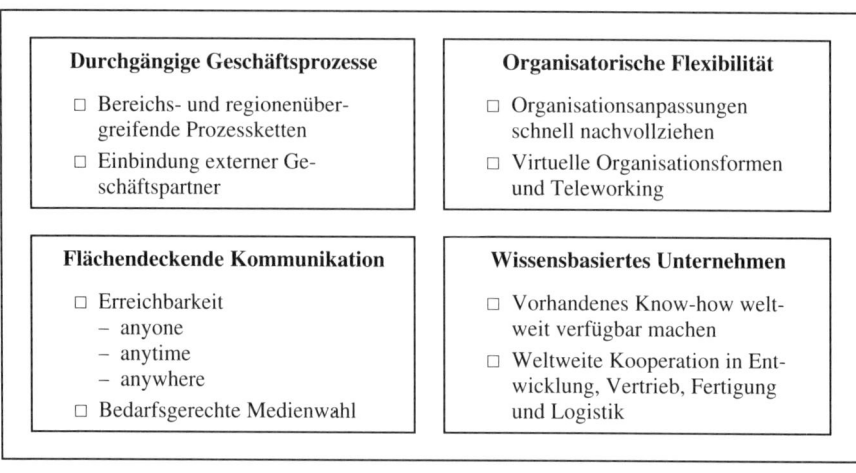

Abb. 3-3: Beitrag der IT zur Erreichung der Geschäftsziele (Ramakrishnan 1999, S. 6)

Die Kernaufgaben des IT-Managements umfassen hierbei die Schaffung und Pflege einer dem jeweiligen Technikstand entsprechenden Infrastruktur, die (vgl. *Picot* 1999, S. 18)

– unternehmerische Strategien in IT umsetzt
– mit internen und externen Partnern eine flexible Zusammenarbeit ermöglicht
– eine flexible Anbindung externer Unternehmen und neuer Geschäfte erlaubt.

Ein gutes Beispiel für die Verzahnung von Geschäfts- und IT-Strategie liefert der amerikanische Einzelhandelskonzern Wal-Mart. Die aggressive Discount-Strategie dieser erfolgreichen Handelskette wäre nicht möglich gewesen ohne eine grundlegende Neugestaltung der Informationssysteme. Die systematische Integration und Automatisierung der Logistikkette vom Lieferanten bis zum Regal (vgl. Abb. 3-4) erlaubte es Wal-Mart, eine überlegene, kundennahe und effiziente Sortimentssteuerung umzusetzen. Die für eine erfolgreiche Discount-Strategie notwendigen niedrigen Gesamtsystemkosten wurden durch fokussierte, am Geschäftsnutzen ausgerichtete IT-Investitionen ermöglicht.

3.1 Begriffliche Grundlagen

Elementarer Bestandteil der Logistik ist der Informationsfluss, d.h. der Austausch von Informationen zwischen innerbetrieblichen Teilsystemen sowie zwischen dem Unternehmen und externen Systemen (z.B. Kunden, Lieferanten). Unter Information soll „zweckgerichtetes Wissen" (*Wittmann* 1959, S. 14) verstanden werden. Dahinter steht die Annahme, dass Informationen die Kenntnisse des Empfängers verändern und dadurch in der Regel eine zielorientierte Handlung auslösen (vgl. *Capurro* 1987, S. 110). Im Einzelnen lässt sich der **Informationsbegriff** folgendermaßen charakterisieren (vgl. *Schneider* 1990, S. 164 f.):

– Er bezieht sich umfassend auf jede Art von Nachricht, die aus Signalen, Zeichen oder Symbolen besteht und der Bedeutung zugeschrieben werden kann.
– Er ist handlungsorientiert, da er den verhaltensbeeinflussenden Charakter betont. Dies gilt auch dann, wenn neue Informationen bisherige Verhaltensweisen lediglich bestätigen.
– Er ist unabhängig vom Typ des Handlungsträgers (Mensch oder Maschine) und von der Art der Handlung.
– Er ist system- und prozessorientiert, da er auf die effektive Verknüpfung betrieblicher Tätigkeiten abzielt.

Informationstechnik umfasst Hardware und Software zur Informationseingabe, -speicherung, -verarbeitung, -übermittlung und -ausgabe. Im Unterschied zur Informationstechnik dienen die Produktions- und Materialflusstechnik der physischen und raum-zeitlichen Transformation von materiellen Gütern. Eine Abgrenzung kann nicht immer eindeutig gezogen werden, da Produktions- und Materialflusstechnik einen immer höheren Anteil informationstechnischer Elemente zur Steuerung und Überwachung enthalten.

Geschäftsinitiativen			IT-Initiativen
Mitarbeiter-/Kundenfokus	**Warenversorgung**	**Einkaufsorganisation**	

1984 • Mitarbeiterzugang zu Informationssystemen • GuV-Verantwortung der Abteilungen • Personalumschichtung von Verwaltungs- in Verkaufsfunktionen • Zusätzliches Personal zur Beschleunigung des Kassiervorgangs • Zusätzliche Kassen • Neue, erweiterte Abteilungen und Dienstleistungen	• Regionaler Fokus und zentrale Waren-verteilung • Regionale Waren-verteilzentren • Lieferfrist eine Woche • Cross-docking • Volle EDI-Unter-stützung • Lieferfrist 72 Stunden • Lieferfrist ein Tag oder Lieferung am selben Tag auf Wunsch	• Lokaler Einkauf • Zentraler Einkauf • Optimierter Einkauf über verschiedene Level • Online-Analyse von Händlern, Bestellungen, Lagerverwaltung • Eliminierung von Zwischenhändlern	• Erstes System für Warenversorgung und Lagerverwaltung • Tragbare Lager-terminals • Satellitenverbindung aller Märkte • Automatisierte Waren-verteilzentren • Unternehmensspezifi-sches EPOS-System (inkl. Kreditkarten, Bearbeitung ange-zahlter Ware usw.) • Hochgeschwindig-keits-Scanner • Volle EDI-Fähigkeit • Einsatz von Parallel-Computern für Verkaufsanalyse und Entscheidungs-unterstützung • Online-Verbindung mit Händlern • Flächendeckende LAN-Implementierung • Globales E-mail-Projekt
1994 +			

Abb. 3-4: Verzahnung von Geschäfts- und IT-Strategie bei Wal-Mart
(vgl. BCG 1996, S. 5)

Ein IT-gestütztes **logistisches Informationssystem** stellt die Gesamtheit der Hard- und Software, Daten, Netzwerke und Personen dar, die der Unterstützung aller logisti-schen Planungs-, Abwicklungs-, Kontroll- und Steuerungsaufgaben dienen.

Einen Überblick über die nachfolgend behandelten Hard- und Softwarekomponenten gibt Abb. 3-5:

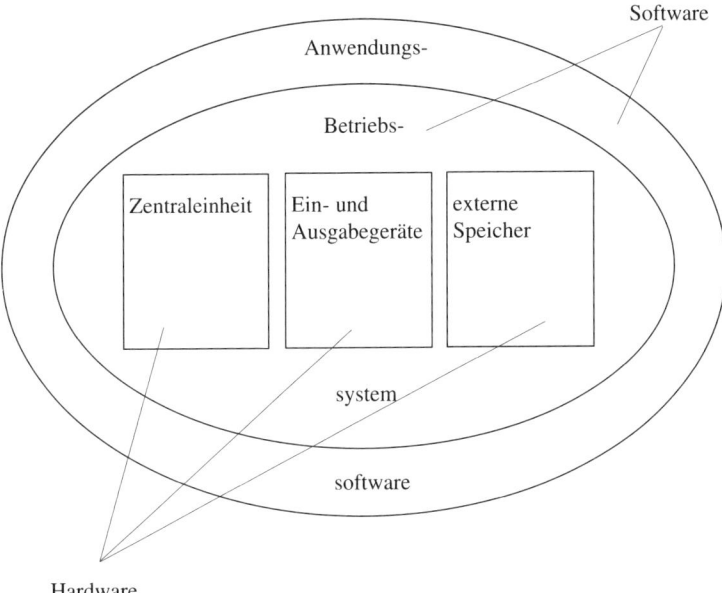

Abb. 3-5: Hardware und Software (Abts/Mülder 2002, S. 29)

3.2 Rechner

Nach DIN 44 300 stellt ein Datenverarbeitungssystem eine Funktionseinheit zur Verarbeitung von Daten dar. Verarbeitung umfasst hierbei die Durchführung mathematischer, umformender, übertragender und speichernder Operationen. Jedes System zur elektronischen Datenverarbeitung weist als Grundfunktionen auf: Eingabe, Verarbeitung einschließlich Speicherung sowie Ausgabe. Jede dieser Funktionen wird von spezifischen Systemkomponenten erfüllt.

3.2.1 Aufbau eines Rechners

Die meisten der heute eingesetzten **Rechner** bestehen aus (vgl. Abb. 3-6):

- einem (oder mehreren) Zentralprozessor(en) (CPU = Central Processing Unit), der die Befehle eines Programmes interpretiert und ausführt,
- einem Hauptspeicher, der zum Verarbeitungszeitpunkt Teile des auszuführenden Programms und die dafür erforderlichen Daten speichert sowie
- der Anschlusssteuerung, die aus verschiedenen Funktionseinheiten zur Kommunikation der Zentraleinheit mit Ein- und Ausgabegeräten, externen Speichern und anderen Rechnersystemen besteht (vgl. hierzu und zum Folgenden *Stahlknecht* 1995, S. 22 ff.).

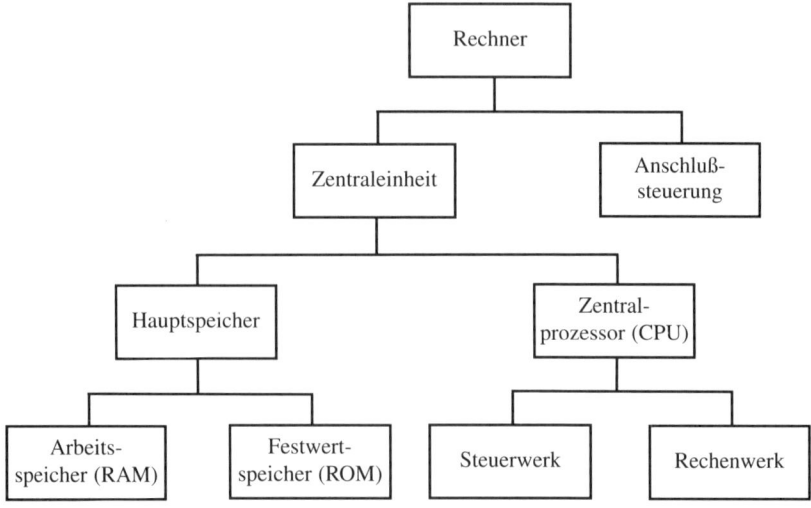

Abb. 3-6: Grundaufbau eines Rechners

Der Grundaufbau eines Rechnersystems geht auf den österreichisch-ungarischen Mathematiker John von Neumann (1903–1957) zurück, der bereits 1945 die bis heute gültigen Funktionsprinzipien eines Rechners dargestellt hat.

Der **Zentralprozessor** besteht aus den beiden Komponenten Steuerwerk und Rechenwerk. Das Steuerwerk (bzw. Leitwerk) stellt nach DIN 44 300, Teil 5, eine Funktionseinheit dar, die

– die Reihenfolge steuert, in der die Befehle eines Programms ausgeführt werden,
– die Befehle entschlüsselt und dabei gegebenenfalls modifiziert und
– die für ihre Ausführung benötigten digitalen Signale abgibt.

Unter einem Programm versteht man hierbei eine Verarbeitungsvorschrift (Algorithmus) aus einer Folge von Befehlen, die im Maschinencode des jeweiligen Rechners formuliert sind. Das Rechenwerk übernimmt die vom Steuerwerk entschlüsselten Befehle und führt sie aus.

Der **Hauptspeicher** (synonym: interner Speicher, Zentralspeicher oder Primärspeicher) besteht aus dem Arbeitsspeicher und dem Festwertspeicher. Der Arbeitsspeicher ist ein Schreib-/Lesespeicher (RAM = Random Access Memory), der die aktuell bearbeiteten Programme aufnimmt und die Instruktionen für die CPU bereithält sowie die während der Verarbeitung benötigten Eingabedaten, Zwischenergebnisse und die Ausgabedaten speichert. Der Festwertspeicher ist ein Nur-Lesespeicher (ROM = Read Only Memory), dessen Inhalt sich nicht verändern lässt. Er wird primär für Mikroprogramme des Steuer- und Rechenwerks sowie für unveränderliche Anwendungsprogramme herangezogen. Die Messung der Hauptspeichergröße erfolgt in der Regel in Kilobyte (KB), in Megabyte (MB) oder in Gigabyte (GB), wobei 1 KB = 1024 Byte, 1 MB = 1024 KB und 1 GB = 1024 MB. Die zum Lesen eines Speicherplatzes (d.h. ein Byte bzw. ein Wort) benötigte Zeit wird als Zugriffszeit bezeichnet.

Technische Bauelemente aller Rechner sind Chips. Je nach Verwendungszweck unterscheidet man Logikchips für den Prozessor und Speicherchips für den Hauptspeicher. Chips sind kleine Siliziumplättchen mit einer Fläche von 50–300 mm². Chips enthalten elektronische Bauelemente (Widerstände, Kondensatoren, Transistoren), die durch ein Leitungsnetz verbunden sind.

Beurteilungskriterien für **Zentraleinheiten** sind:

- Verfügbarer Arbeitsspeicher
- Prozessortyp, Arbeitsgeschwindigkeit, Verarbeitungsbreite
- Sicherheit (z. B. gegen Stromausfall, unbefugte Benutzung)
- Erweiterungsmöglichkeiten (intern und periphere Geräte)
- Geräuschentwicklung
- Interne Genauigkeit für Rechenoperationen
- Kosten.

Bei der **Anschlusssteuerung** unterscheidet man zwischen internen Datenwegen, die den Datentransfer zwischen den Komponenten des Rechners sicherstellen, und externen Datenwegen (auch Ein-/Ausgabesysteme genannt), die den Datentransfer zwischen dem Rechner und den peripheren Geräten durchführen.

Ein **Betriebssystem** umfasst diejenigen Funktionen, die zur Ablaufsteuerung von Programmen, zur Datenverwaltung und Systembedienung sowie zur Ansteuerung der peripheren Geräte benötigt werden. Ein Betriebssystem stellt somit die Brücke zwischen der Hardware eines Informationssystems und der Anwendungssoftware (vgl. Abschnitt 3.8) dar.

Bezüglich der Programmausführung lässt sich je nach Betriebssystem zwischen Ein- und Mehrprogrammbetrieb unterscheiden. Beim Einprogrammbetrieb (**Single Tasking),** der heute nur noch bei Mikrorechnern vorkommt, befindet sich jeweils nur ein Programm im Hauptspeicher und alle Betriebsmittel sind während der gesamten Ausführungszeit diesem Programm zugeteilt. Beim Mehrprogrammbetrieb (**Multi Tasking**) befinden sich mehrere Programme im Hauptspeicher. Diese werden vom Prozessor abwechselnd abgearbeitet, so dass die Programme gleichzeitig zu laufen scheinen.

Vom Mehrbenutzerbetrieb (**Multi Using**) spricht man dann, wenn das Betriebssystem eines zentralen Rechners mit mehreren angeschlossenen Arbeitsplätzen die gleichzeitige Bedienung mehrerer Benutzer unterstützt. Voraussetzung für den Mehrbenutzerbetrieb ist der Mehrprogrammbetrieb. Aufgabe des Betriebssystems ist es hierbei insbesondere, den konkurrierenden Zugriff mehrerer Benutzer auf dieselben Betriebsmittel und Datenbestände zu regeln und unerwünschte Dateizugriffe zwischen den Benutzern zu verhindern. Demgegenüber wird beim Einbenutzerbetrieb (**Single Using**) der Rechner als Einplatzsystem genutzt (vgl. *Abts/Mülder* 2002, S. 46).

Abb. 3-7 enthält in einer Übersicht bekannter Betriebssysteme das Markteintrittsjahr, wichtige Eigenschaften und die zugehörige Rechnerklasse (siehe nachfolgender Abschnitt).

Betriebssystem	Jahr des Markteintritts	Multi Tasking	Multi Using	Rechnerklasse
MS-Dos	1981			PC
Windows 95	1995	×		PC
Windows 98	1998	×		PC
Windows ME	2000	×		PC
Windows NT	1993	×	×[1]	PC, Workstation
Windows 2000	2000	×	×[1]	PC, Workstation
Windows XP	2001	×		PC, Workstation
Mac OS	1984			PC
UNIX[2]	1983	×	×	PC bis Großrechner
Linux	1994	×	×	PC, Workstation
OS/390	1996	×	×	Großrechner
OS/400	1988	×	×	mittlere Systeme
BS2000/OSD	1993	×	×	mittlere Systeme, Großrechner

[1] Gilt für die Server-Version des Betriebssystems
[2] Unix-Varianten: HP-UX, AIX, Solaris

Abb. 3-7: Bekannte Betriebssysteme im Überblick (vgl. Abts/Mülder 2002, S. 47)

3.2.2 Rechnerklassen

In Abhängigkeit von der Leistungsfähigkeit der Zentraleinheit und der Anzahl der Benutzer, die ein System gleichzeitig nutzen, unterscheidet man folgende Rechnerklassen:

– Kleinstrechner
– Mikrorechner
– Mittlere Systeme
– Großrechner
– Superrechner.

Als weitere Gliederungsmerkmale werden die Anzahl der weltweiten Installationen, der Marktpreis sowie der Bedienungs- und Wartungsaufwand herangezogen. Angesichts der rasanten Entwicklung der Hardware ist eine exakte Abgrenzung der einzelnen Rechnerklassen nicht immer möglich. Beispielsweise besitzen heute schon kleinste Rechner die Leistungsfähigkeit von Großrechnern der siebziger Jahre.

Die Klasse der **Kleinstrechner** umfasst alle mobilen Geräte, also Handhelds, Notepads, Palmtops, Organizer und Persönliche Digitale Assistenten (PDA).

Die ersten **Mikrorechner** wurden Ende der siebziger Jahre von Apple und Commodore vorgestellt. Mikrorechner dienen der ausschließlichen Benutzung durch einen Benutzer (als Personal Computer) oder durch wenige Benutzer (als Arbeitsplatzrechner). Darüber hinaus werden sie als „intelligente" Datenstationen von Großrechnern oder mittleren Systemen herangezogen. Neben diesen stationären Arbeitsplätzen ist die Bedeutung tragbarer PC's (Laptops und die noch kleineren Notebooks) stark gewachsen.

Mittlere Systeme (Midrangesysteme) werden eingesetzt

– als Abteilungsrechner, d. h. als „kleine" Zentralrechner auf Abteilungsebene bzw. für mittelständische Unternehmen oder
– als Workstations, d. h. als ein Hochleistungswerkzeug für einen einzelnen Anwender an dessen Arbeitsplatz.

„Kleine" Zentralrechner fungieren häufig als Zentrale eines Sternnetzes auf Abteilungsebene, wobei in großen Unternehmen meist eine Verbindung mit dem(n) unternehmensweiten Zentralcomputer(n) geschaltet wird. An mittlere Systeme sind in der Regel 20–30 Terminals angeschlossen, wobei sich je nach Ausstattung mehrere hundert Bildschirmarbeitsplätze anschließen lassen.

Großrechner verfügen über eine hohe Verarbeitungsgeschwindigkeit im Multiusing-Betrieb. Häufig ist der Großrechner der Mittelpunkt eines Sternnetzes, an den zahlreiche (bisweilen mehrere tausend) Terminals oder PC's angeschlossen sind. Viele Fachabteilungen greifen in Form der Batch- oder Dialogverarbeitung auf die von ihm bereitgehaltenen Daten und Programme zu. Um hohe Leistungsbedarfe der Anwender befriedigen zu können oder um sich gegenüber Systemausfällen abzusichern, werden in größeren Unternehmen vielfach mehrere Hosts in einem Netz verbunden. In der Regel ist der Großrechner in einem klimatisierten Rechenzentrum mit Sicherheitsvorkehrungen untergebracht und wird von speziell ausgebildeten Mitarbeitern bedient (vgl. *Mertens* u. a. 1996, S. 40).

Umfangreiche Betriebssysteme (z.B. MVS von IBM, BS2000 von Siemens oder VMS von DEC) ermöglichen die hohe Leistungsfähigkeit der Hardwarekomponenten. Da hierbei spezielle Hardwareeigenschaften genutzt werden, sind Großrechnersysteme mit unterschiedlichen Betriebssystemen untereinander meist nicht kompatibel (man spricht in diesem Zusammenhang von sog. Rechnerwelten). Die Portierung eines Anwendungsprogramms auf ein anderes System setzt deshalb entsprechende Anpassungen voraus (vgl. *Mertens* u. a. 1996, S. 41).

Die Anschaffungskosten für Großrechnersysteme liegen im Millionenbereich. Die Anzahl der **Neuinstallationen** ist tendenziell seit einigen Jahren **rückläufig.** Dies hat folgende Gründe:

– Die Benutzerfreundlichkeit ist relativ gering, z.B. wird meist keine grafische Benutzeroberfläche angeboten.
– Funktionsübergreifende Standardsoftware-Komponenten für Großrechnersysteme verfügen vielfach über eine geringere Funktionalität als solche für Mittlere Systeme, Workstations und PC's.

Superrechner verfügen über eine spezielle Rechnerarchitektur und erbringen Verarbeitungsleistungen bis zu mehreren tausend MFLOPS (Millions of Floating Point Operations per Second). Ihr Einsatz erfolgt primär für Aufgaben in Forschung und Wissenschaft.

Betrachtet man die Entwicklung der Informations- und Kommunikationstechniken in den letzten fünf Jahrzehnten, so können drei wesentliche Produktivitätssprünge beobachtet werden (vgl. Abb. 3-8): Das Aufkommen der Großrechner (Mainframes) ermöglichte eine Automatisierung des back office. Die Verbreitung der Personal Computer ging mit einem deutlichen Produktivitätsgewinn der Schreibtischtätigkeiten (desktop) einher und eröffnete zahlreiche Tätigkeiten der individuellen Datenverar-

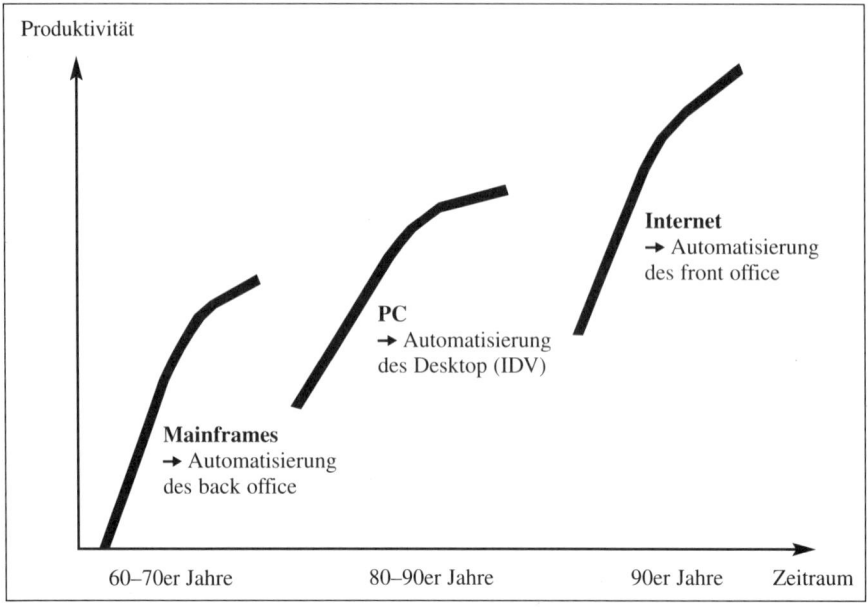

Abb. 3-8: IT und Produktivität (Picot 1999, S. 5)

beitung (IDV). Schließlich führte die Entwicklung und rasante Verbreitung des Internet zu völlig neuen Kommunikationsmöglichkeiten (siehe Abschnitt 3.7).

3.2.3 Rechnerarchitekturen

Je nach eingesetzten Prozessor- und Softwaresystemen lassen sich folgende vier Rechnerarchitekturen unterscheiden:
– Zentralrechner-Konzept
– Ebenen-Konzept
– Client-Server-Konzept
– Terminal-Server-Konzept.

In den letzten zwanzig Jahren vollzog sich ein Wandel von der zentralen, großrechnerorientierten Datenverarbeitung zur dezentralen, verteilten Datenverarbeitung in einem Verbundsystem aus verschiedenen Rechnern. Die Ursachen für diese Entwicklung liegen in folgenden Faktoren: Fortschritte in der Mikroelektronik, Fortschritte in der Kommunikationstechnik, Verfügbarkeit leistungsfähiger Rechnernetze, Weiterentwicklung der Softwaretechnik und Trend zur Dezentralisierung von Organisationen.

3.2.3.1 Das Zentralrechner-Konzept

Beim Zentralrechner-Konzept werden Programme und Datenbestände ausschließlich auf einem zentralen Rechner vorgehalten. Die Daten werden nur zentral verarbeitet. Mit dem Zentralrechner kommunizieren entweder Datensichtstationen, die lediglich in Verbindung mit diesem funktionsfähig sind oder PC's, die unter anderem als Datensichtstation eines Zentralrechners fungieren. Wegen anderer technischer Möglichkeiten ist das Zentralrechner-Konzept als veraltet anzusehen.

3.2.3.2 Das Ebenen-Konzept

Das Ebenen-Konzept ist gekennzeichnet durch einen hierarchisch strukturierten Verbund von Rechnern, die jeweils einer speziellen Ebene (zentrale Ebene, Abteilungsebene und Arbeitsplatzebene) zugeordnet werden. Der oder die Zentralrechner auf der **zentralen Ebene** nehmen im Systemverbund in der Regel folgende Aufgaben wahr: Betrieb von Massendaten-Anwendungen, die zeitkritisch sind, kurze Antwortzeiten und eine hohe Systemverfügbarkeit benötigen; Betrieb großer, zentraler Datenbanken; Sicherung von Datenbeständen; Durchführung der bereichsübergreifenden Integration von Anwendungen.

Auf die Midrangesysteme der **Abteilungsebene** werden Anwendungen verlagert, die nicht die Leistungsfähigkeit eines zentralen Großrechners benötigen, und die entweder offline oder im Verbund mit den zentralen Hintergrundsystemen betrieben werden können (z.B. Bearbeiten des Wareneingangs, Steuerung von Lagersystemen).

Die der Arbeitsplatzebene zugeordneten Hardware-Komponenten umfassen die Benutzeroberfläche der IT-Infrastruktur (PC's, Drucker, Workstations etc.). Neben der Schnittstellenfunktion zu den verschiedenen Informations- und Kommunikationssystemen nehmen sie das gesamte Spektrum der Office-Funktionen (z.B. Text- und Grafikverarbeitung, Tabellenkalkulation) wahr.

3.2.3.3 Das Client-Server-Konzept

Client-Server Konzepte stellen einen **Netzverbund von autonomen Rechnern** (PC's Workstations, Midrange-Systemen und gegebenenfalls Großrechnern) dar, wobei jeder Rechner auf jeden Rechner dieses Verbundes zugreifen kann. Dieser Netzverbund ermöglicht es, Funktionen, die sich sonst auf einem Rechner befinden (z.B. Datenverwaltung, Prozesssteuerung, Systemsoftware) auf verschiedene Computer aufzuteilen. Die Klassifikation eines Verarbeitungssystems als Client oder Server richtet sich nach der Funktion, die von dem an einem Verarbeitungsprozess beteiligten Rechner übernommen wird:

– Rechner, die Anforderungen stellen, werden als **Clients** bezeichnet.
– Rechner, die diese Anforderungen ausführen und die Ergebnisse zurücksenden, sind **Server.**

Grundidee ist, Clients und Server so im Netz auf Rechnersysteme zu verteilen, dass die Ressourcen der beteiligten Systeme optimal genutzt werden.

Client-Rechner (i.d.R. PC's) bilden die Benutzerschnittstelle zu Software-Systemen, während Server vollständig oder teilweise die Funktionen von Software-Systemen ausführen. Typische Server-Funktionen, die mehrere Clients gemeinsam nutzen können, sind (vgl. *Kargl* 1998, S. 30):

– Bereitstellen von Programmen (Applikationsserver)
– Bereitstellen von Daten (Datenbankserver)
– Druckdienste (Druckserver)

– Dokumentenverwaltung (Archivserver)
– Netzsteuerung und -administration (Netz- bzw. Kommunikationsserver)
– Postdienste (eMail-Server)
– Internet-/Intranetdienste (z. B. WWW-Server).

Um die freizügige Kommunikation und Kooperation der Software-Systeme in einem Client-Server-Netzverbund sicherzustellen, ist ein „**Vermittlungsdienst**" erforderlich. Dieser hat die Aufgabe, die Anfragen oder Aufträge von den Clients an die entsprechenden Server zu vermitteln und umgekehrt, von den Servern die Verarbeitungsergebnisse den jeweiligen Clients zuzuleiten.

In der Regel weist ein Client-Server-Verbund Systemkomponenten unterschiedlicher Art und von verschiedenen Herstellern auf. Zweite Voraussetzung für die Kommunikation ist deshalb ein „offener" Systemverbund, d. h. die Schnittstellen für den Zugang zum lokalen Netz und die Modalitäten der Datenübermittlung im Netz müssen standardisiert sein (**„Protokolle"**)

Beim Client-Server-Konzept handelt es sich nicht primär um ein Konzept zur Konfiguration von Hardware-Komponenten im Netzverbund. Vielmehr stellt es ein betriebswirtschaftlich-organisatorisches Konzept dar, um Aufgaben und die zugehörige Software- und IT-Infrastruktur auf unterschiedliche Funktionsträger zu verteilen. Hierdurch lässt sich eine weitestgehende Flexibilität in der Informationsversorgung und der Organisation von Unternehmen erreichen (vgl. *Kargl* 1998, S. 33).

Abb. 3-9 stellt eine Client-Server-Architektur beispielhaft dar.

Abb. 3-9: Beispiel einer Client-Server-Architektur

Moderne Konzepte der verteilten Verarbeitung nutzen einen neuen Typ von Software: die so genannte **Middleware.** Middleware ist eine Softwareschicht, die zwischen dem Betriebssystem und der Anwendungssoftware liegt. Sie dient der Integration von heterogenen Anwendungen in einer Client-Server-Architektur und bietet einheitliche Schnittstellen für den Zugriff einer Anwendung auf unterschiedliche Betriebssysteme, Datenbanksysteme usw. Middleware stellt somit die technische Infrastruktur zur Entwicklung von Client-Server-Anwendungen bereit.

3.2.3.4 Das Terminal-Server-Konzept

Terminal-Server-Konzepte basieren auf sog. **thin clients.** Thin clients sind Endgeräte in einer Server-basierten Netzwerk-Architektur. Thin Clients benötigen weder leistungsstarke Prozessoren noch große Speicherkapazitäten, da die Applikationen auf einem zentralen Server liegen und dort verarbeitet werden. Zu Thin Clients zählen Windows-Based-Terminals (WBT), Net PCs, Netzwerk-Computer (NC) und UNIX-Terminals.

3.3 Daten und ihre Integration

Logistische Entscheidungen basieren auf zweckneutralen Daten (z. B. Kapazitäten, Termine, Mengen) und den daraus gewonnenen zweckgerichteten Informationen (z. B. die verspätete Materialanlieferung eines Lieferanten führt zu Fehlmengen in der Produktion). Daten über unternehmensinterne und -externe Sachverhalte stellen somit den „Rohstoff" für Planungs-, Steuerungs- und Kontrollprozesse in der Logistik dar. Die effektive und effiziente Nutzung großer Datenmengen, wie sie in der Logistik anfallen, erfordert adäquate logische und physische Konzepte zur Datenorganisation und -integration, die im Folgenden vorgestellt werden.

3.3.1 Klassifizierung der Daten

Daten sind nach DIN 44 300, Teil 2, Informationen, die weiterverarbeitet werden. Daten lassen sich nach unterschiedlichen Kriterien klassifizieren, „z. B. nach

- der **Zeichenart** bzw. dem Datentyp: numerische (rechnerisch verarbeitbare Zahlen), alphabetische (Buchstaben des Alphabets) und alphanumerische Daten (Ziffern, Buchstaben und Sonderzeichen)
- der **Erscheinungsform**: sprachliche (z. B. menschliche Lautsprache), bildliche (z. B. Grafiken) und schriftliche Daten (z. B. Texte)
- der **Formatierung**: formatierte (z. B. formgebundene Tabellen) und unformatierte Daten (z. B. formfreie Texte)
- der Stellung im **Verarbeitungsprozess**: Eingabe- und Ausgabedaten
- dem **Verwendungszweck**:
  - selten zu verändernde **Stammdaten** (z. B. Personalstammdaten wie Namen und Adressen),
  - stammdatenverändernde **Änderungsdaten** (z. B. Wechsel der Adresse),
  - **Archivdaten** (Daten, die in der Vergangenheit gesammelt wurden),
  - **Bestandsdaten** (z. B. Lager- oder Kassenbestände),
  - bestandsverändernde **Bewegungsdaten** (z. B. Lagerzu- und -abgänge, Aufträge),
  - **Transferdaten** (Daten, die von einem Programm erzeugt und an ein anderes Programm transferiert werden),
  - **Vormerkdaten** (werden als Offene Posten bezeichnet; Daten, die solange existieren, bis ein genau definiertes Ereignis eintritt)" (*Mertens* u. a. 1996, S. 54 f.).

3.3.2 Datenorganisation

Unter **Datenorganisation** werden alle Verfahren zur

- systematischen, logischen Strukturierung von Daten und Datenbeziehungen (logische Datenorganisation oder logische Datensicht) und

– die physische Speicherung der ermittelten Datenstrukturen auf externen Speichermedien (physische Datenorganisation oder physische Datensicht)

verstanden (vgl. *Stahlknecht* 1995, S. 161). Hierbei sollten die logische und physische
Ebene der Datenorganisation weitgehend unabhängig voneinander sein. Veränderungen der logischen Strukturen dürfen keine Modifikation der Zugriffs- und Speicherungsverfahren notwendig machen und umgekehrt.

Gegenstand der logischen Datenorganisation sind (Daten-)Objekte, die durch ihre Ei-
genschaften (auch: Attribute, Merkmale) beschrieben werden (vgl. *Stahlknecht* 1995,
S. 164). Der Datenorganisation liegt folgende Begriffshierarchie zugrunde (vgl.
Abb. 3-10):

– Datenelement (Datenfeld),
– Datensatz,
– Datei und
– Datenbank.

Die einzelnen Attribute eines Objektes bilden dessen **Datenelemente**. Ein Datenfeld
oder Datenelement setzt sich aus einem oder mehreren Zeichen zusammen und ist die
kleinste adressierbare sowie auswertungsfähige Dateneinheit. Ein Datenelement kann
z. B. eine Materialnummer oder einen Materialpreis beinhalten. Alle inhaltlich zusammenhängenden Datenelemente werden in einem **logischen Datensatz** zusammen-

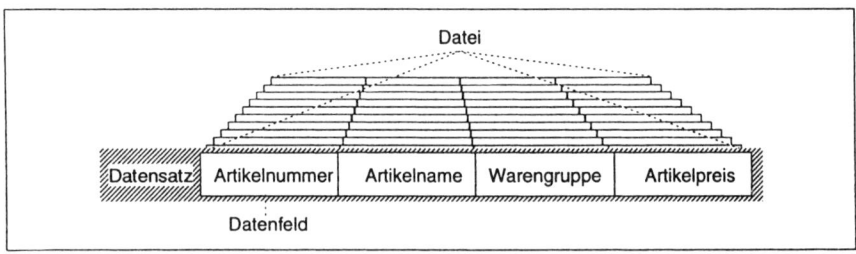

Abb. 3-10: Hierarchie der Datenbegriffe (Mertens u. a. 1996, S. 56)

gefasst. Ein einfacher Datensatz für Material besteht beispielsweise aus Materialnummer, Materialname, Materialgruppe und Materialpreis. Eine **Datei** (file) besteht
aus der Zusammenfassung aller zusammengehörigen, gleichartigen Datensätze (z. B.
Materialdatei). Als **Datenbank** (data base) bezeichnet man eine Sammlung mehrerer
Dateien, zwischen denen logische Abhängigkeiten bestehen und die von einem Datenbankverwaltungssystem verwaltet werden. Zum Beispiel kann eine einfache Datenbank in der Beschaffungslogistik aus Daten für die benötigten Materialien und den
Lieferantendaten bestehen.

3.3.3 Dateiorganisation und Datenbankorganisation

In den Anfängen der Datenverarbeitung waren Anwendungssysteme durch eine enge
Verknüpfung von Programm und physischer Datenorganisation gekennzeichnet. Die
Daten wurden jeweils programmbezogen auf den Datenträgern bereitgestellt. Da viele

Anwendungen dieselben Daten benötigten, entstanden zahlreiche redundante, d.h. sich inhaltlich überschneidende Dateien (vgl. *Scheer* 1990, S. 15).

Bei einer Datenhaltung ohne Datenbanken müssen also Teile der bereits vorhandenen Daten erneut angelegt werden. **Datenredundanz** verursacht aber höhere Speicherkosten und einen höheren Aufwand bei der Dokumentation der Datenstrukturen. Außerdem erschwert sie die Aktualisierung und Sicherung der Daten. Insbesondere in umfangreichen Anwendungssystemen mit vielen redundanten Daten ist die Gefahr groß, dass inkonsistente Datenbestände vorliegen (vgl. *Mertens* u. a. 1996, S. 57).

Diese Probleme führten dazu, **Daten als eigenes Organisationselement** und damit **programmunabhängig** zu behandeln (vgl. *Scheer* 1990, S. 16). Im Unterschied zur oben beschriebenen dateiorientierten Organisation weisen die Daten einer Datenbank übergreifende Geltung auf. Dies wird durch eine konsequente Trennung von logischer Datenstrukturierung und physischer Datenspeicherung erreicht.

Die Unterschiede zwischen der dateiorientierten und der datenbankorientierten Datenorganisation verdeutlicht Abb. 3-11. Bei der dateiorientierten Datenorganisation verfügen die Programme 1 und 2 über eigene, physisch vorhandene Dateien, so dass die Datei B redundant ist. Demgegenüber wird bei der datenbankorientierten Datenorganisation den Programmen die jeweils erforderliche logische Datei bereitgestellt. Verschiedene Anwendungen greifen auf die gleiche Datenbank zu. Physisch sind die Daten redundanzfrei und konsistent in der Datenbank gespeichert. Logische und physische Datei sind hierbei in der Regel nicht identisch.

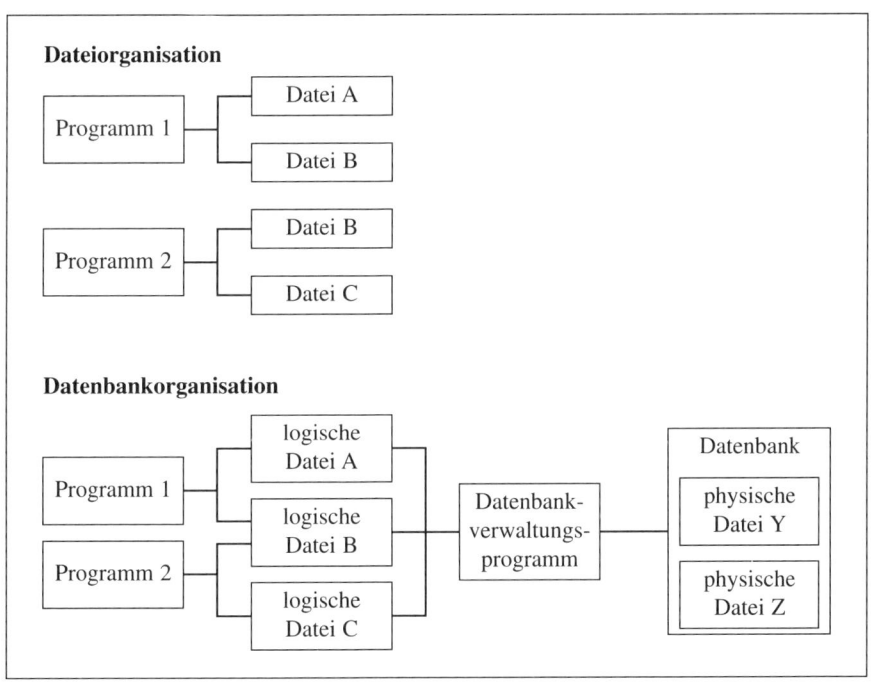

Abb. 3-11: Datei- und datenbankorientierte Datenorganisation (Mertens u. a. 1996, S. 58)

Datenbanksysteme als betriebssystemnahe Softwaresysteme verwalten die Daten eines Unternehmens so, dass der Anwender auf diese Daten zugreifen kann, ohne deren physische Speicherungsform zu kennen. Das Datenbankverwaltungssystem ermöglicht den Anwendern vielfältige dateibezogene Operationen, wie Suchen von einem oder mehreren Datensätzen nach einem bestimmten Suchkriterium, Ändern von Datenfeldwerten, Einfügen neuer Datensätze, Löschen von vorhandenen Datensätzen, Sortieren von Datensätzen, Kopieren von gesamten Dateien oder Teilen davon, Aufteilen von Dateien in mehrere neue Dateien und Zusammenfügen von mehreren Dateien zu einer neuen Datei (vgl. *Mertens* u.a. 1996, S. 57f.). Aufgabe des Datenbankadministrators ist es, die physischen Speicherungsstrukturen im Hinblick auf ihre Zugriffsfreundlichkeit und Speicherplatzverwaltung zu optimieren (vgl. *Scheer* 1990, S. 17).

3.3.4 Komponenten von Datenbanksystemen

Datenbanksysteme bestehen aus einer Datenbank und der zugehörigen Datenbanksoftware, dem Datenbankverwaltungssystem. Das **Datenbankverwaltungssystem** (auch: Datenbankmanagementsystem) stellt u.a. zur Verfügung (vgl. *Mertens* u.a. 1996, S. 60):

– eine Datendefinitions- oder -beschreibungssprache (DDL = Data Definition Language), die der Beschreibung der logischen Datenstrukturen einer Datenbank dient
– eine Datenmanipulationssprache (DML = Data Manipulation Language), die den interaktiven Datenbankbenutzern und Anwendungsprogrammen den Zugriff auf die Datenbank ermöglicht
– eine Speicherbeschreibungssprache (DSDL = Data Storage Description Language), die die physische Datenorganisation innerhalb eines Datenbanksystems übernimmt.

Mit Hilfe sogenannter **Datenbank-Abfragesprachen** lässt sich der Dialog zwischen Benutzer und Datenbanksystem vereinfachen. Abfragesprachen ermöglichen vor allem die unkomplizierte Gewinnung von Informationen aus großen Datenbeständen ohne detaillierte Systemkenntnisse (die bei DML erforderlich sind). Datenbankverwaltungssysteme enthalten nicht zwingend Datenbank-Abfragesprachen. Letztere sind aber häufig mit der DML in einem Konzept integriert. Derzeitiger de-facto-Standard bei Abfragesprachen ist die Structured Query Language (SQL).

3.3.5 Architektur von Datenbanksystemen

Zur Beschreibung der Architektur von Datenbanksystemen wird meist die vom ANSI/ SPARC (American National Standards Institute/Standards Planning and Requirements Committee) vorgeschlagene Drei-Ebenen-Architektur zugrundegelegt. Bezüglich der Formulierung von Daten und deren Beziehungen wird bei dieser Architektur zwischen folgenden Sichtweisen unterschieden (vgl. Abb. 3-12) (vgl. *Mertens* u.a. 1996, S. 61; *Stahlknecht* 1995, S. 218f.):

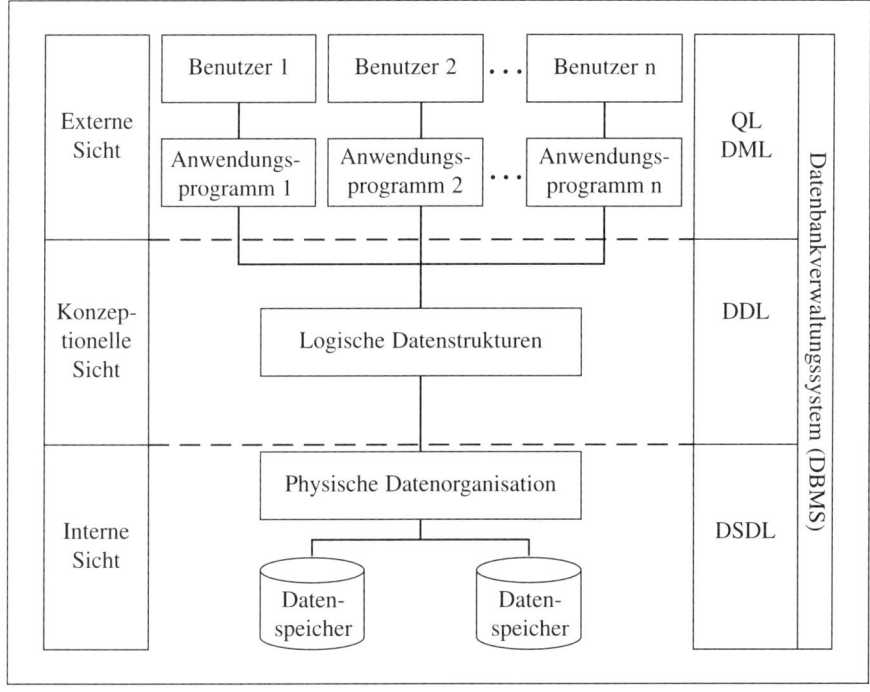

Abb. 3-12: Drei-Ebenen-Architektur von Datenbankverwaltungssystemen
(Stahlknecht 1995, S. 219)

– Die externe Datensicht, die eine Organisation der Daten entsprechend den Anforderungen der verschiedenen Anwender erfordert. Benötigt wird auf dieser Ebene eine
Sprache, die dem Anwender den problemlosen Umgang mit dem Datenbestand ermöglicht.
– Die konzeptionelle Datensicht erfordert eine Sprache, mit der die logischen Datenstrukturen beschrieben werden können. Daten und ihre Zusammenhänge sollten auf
dieser Ebene möglichst situationsunabhängig formuliert werden.
– Die interne Datensicht, die die Beschreibung der Daten im Hinblick auf die Struktur
der physischen Speicherung beinhaltet. Im Rahmen des physischen Modells wird
beschrieben, wie die Daten gespeichert werden und wie auf sie zugegriffen werden
kann. Verwaltungsprogramme übernehmen die physische Datenorganisation.

Zentrale **Anforderungen an Datenbanksysteme** sind (vgl. *Stahlknecht* 1995,
S. 217):

– Datenunabhängigkeit: Die drei Dimensionen der Datenunabhängigkeit umfassen die
– – Unabhängigkeit vom Anwendungsprogramm, d.h. anwendungsneutrale Spei-
cherung der Daten (im Unterschied zur integrierten Verarbeitung mit Dateior-
ganisation),
– – Unabhängigkeit der logischen von der physischen Datenorganisation,
– – Physische Datenunabhängigkeit.
– Redundanzfreiheit: Jedes Datenelement sollte möglichst nur einmal gespeichert
werden.

- Datenintegrität: Vollständigkeit, Korrektheit und Widerspruchsfreiheit der Daten sowie exakte und aktuelle Wiedergabe der Realität, die sie beschreiben. Besondere Anforderungen an die Datenintegrität stellen verteilte Datenbanken, die z. B. dann angelegt werden, wenn an mehreren Standorten produziert oder gelagert wird.
- Benutzerfreundlichkeit: Einfach zu erlernende Benutzersprachen sollen den Benutzern eine einfache Datenhandhabung ermöglichen.
- Mehrfachzugriff: Jeder Berechtigte darf im Mehrbenutzerbetrieb auf die gespeicherten Daten zugreifen, auch gleichzeitig mit anderen.
- Flexibilität: Flexible Verknüpfbarkeit der Daten hinsichtlich beliebiger Attribute aus beliebigen Objekten.
- Leistung (Performance): Die Antwortzeiten für die Datenabfrage und -verarbeitung sowie für Änderungen und Ergänzungen des Datenbestandes müssen kurz sein.
- Datenschutz: Unbefugte Zugriffsmöglichkeiten sind soweit wie möglich zu vermeiden. Hierbei sind unter anderem die grundsätzliche Zugriffsberechtigung eines Teilnehmers, dessen Zugriffsberechtigung für bestimmte Daten und dessen Berechtigung für Abfragen und/oder Änderungen zu prüfen.
- Datensicherheit: Die Datensicherheit umfasst die Sicherung gegen Programmfehler und Hardware-Ausfälle.

3.3.6 Datenstrukturierung

Die Entscheidung für ein Datenbanksystem bindet ein Unternehmen auf längere Zeit. Zum einen gehen die aufgebauten Datenstrukturen in viele Anwendungsprogramme ein, so dass ein Wechsel des Datenbanksystems jeweils mit hohem Änderungsaufwand verbunden ist. Zum zweiten erfordert jedes Datenbanksystem spezielles Knowhow, das aufgebaut werden muss. Die Entscheidung für ein Datenbanksystem kann deshalb nur aus dem Gesamtzusammenhang der Informationsverarbeitungsstrategie eines Unternehmens heraus getroffen werden und nicht nur aus der Sicht einer einzelnen Anwendung.

Bevor Daten in einer Datenbank gespeichert werden können, muss die aufzunehmende Datenstruktur festgelegt werden. Die Bestimmung des logischen Aufbaus der Datenbank erfolgt in drei Schritten (vgl. *Scheer* 1990, S. 19): Zunächst werden die Datenstrukturen auf einer abstrakten Ebene ohne Bezug zu konkreten Datenbanksystemen konstruiert. Dieses sog. logisch-konzeptionelle Datenmodell wird im zweiten Schritt in das Schema eines Datenmodells umgeformt, das sich an den Merkmalen konkreter Datenbanksysteme orientiert. Im dritten Schritt erfolgt die Beschreibung des Datenmodells in der Data Description Language als Schema eines speziellen Datenbanksystems.

Aus der Anwendungssicht des Logistikers ist die Formulierung des logischen Datenmodells am wichtigsten, da hier die fachlichen Anforderungen an die Auskunftsbereitschaft der Datenbank formuliert werden. Bei den beiden nachfolgenden Schritten geht es lediglich um die formale Umgestaltung dieser logischen Datenstrukturen, wobei der fachliche Gehalt unverändert bleibt.

Mit dem logisch-konzeptionellen Datenmodell werden die interessierenden Objekte mit ihren Eigenschaften sowie den zwischen ihnen bestehenden Beziehungen erfasst. Eine verbreitete Methode zur Konstruktionsunterstützung ist das **Entity-Relation-**

ship-Modell (ERM) von Chen (1976). Ein reales, zu beschreibendes Objekt, z.B. das Material M1 wird als **Entity** bezeichnet. Die Gesamtheit aller gleichartigen Entities wird unter dem **Entitytyp** zusammengefasst. Entitytypen sind also die Materialien. Jedes Entity wird durch seine Eigenschaften (Attribute) beschrieben, z.B. Materialien durch die Materialnummer, den Lagerbestand und den Beschaffungspreis. Logische Zuordnungen zwischen Entities werden als **Beziehungen** (Relationen) bezeichnet. Gleichartige Beziehungen werden zu Beziehungstypen zusammengefasst.

In der einfachsten Form werden im Entity-Relationship-Diagramm für Entitytypen Rechtecke, für Beziehungstypen Rauten und für Attribute Ellipsen oder Kreise an den Rechtecken und Rauten benutzt. Abb. 3-13 zeigt exemplarisch ein ER-Diagramm.

Im Rahmen des Entity-Relationship-Modells können folgende Beziehungen zwischen zwei oder mehreren Entitytypen dargestellt werden:

– 1:1-Beziehung: Jedem Element der ersten Menge wird genau ein Element der zweiten Menge zugeordnet und umgekehrt.
– 1:n-Beziehung: Jedem Element der ersten Menge werden n Elemente der zweiten Menge zugeordnet, jedem Element der zweiten Menge aber genau ein Element der ersten Menge.
– n:1-Beziehung: Jedem Element der zweiten Menge werden n Elemente der ersten Menge zugeordnet, jedem Element der ersten Menge aber genau ein Element der zweiten Menge.
– n:m-Beziehung: Einem Element der ersten Menge werden mehrere Elemente der zweiten Menge zugeordnet und umgekehrt.

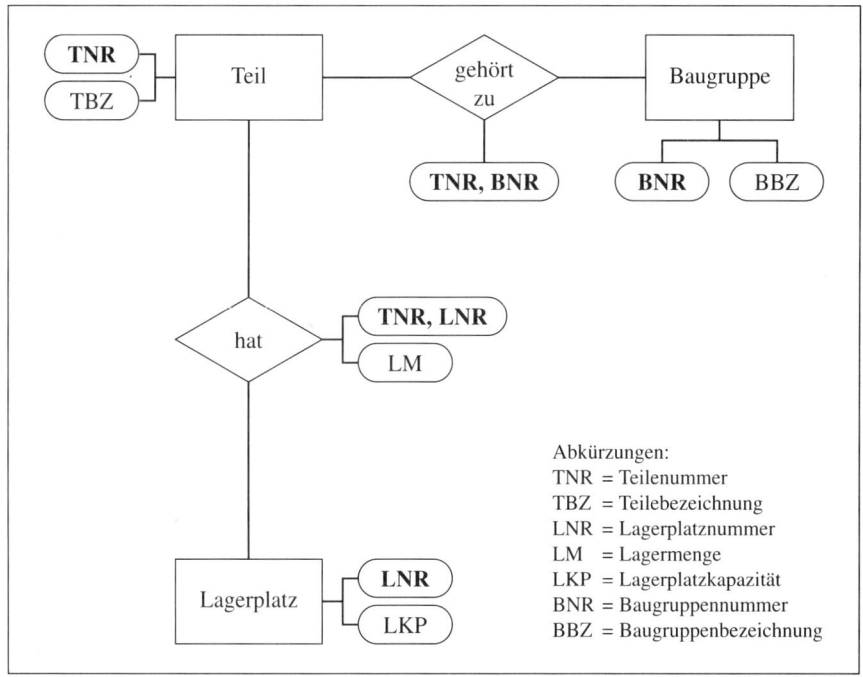

Abb. 3-13: Entity-Relationship-Diagramm (Stahlknecht 1999)

3.3.7 Datenbankmodelle

Nach der Konstruktion der logischen Datenstrukturen (z.B. mit einem Entity-Rela-
tionship-Modell) erfordert die Gestaltung von Datenbanksystemen die Umsetzung von
Objekten und Beziehungen in das formale Schema eines Datenbankmodells. Derzeit
gibt es im Wesentlichen vier Arten von Datenbankmodellen: hierarchische, netzför-
mige, relationale und objektorientierte Datenbankmodelle.

3.3.7.1 Hierarchisches Datenbankmodell

Beim ältesten Modell zur Strukturierung von Daten, dem **hierarchischen Datenbankmodell** werden als Strukturelemente Entitytypen und hierarchische Beziehungstypen herangezogen. Die Datenbeziehungen werden in Form eines hierarchischen
Baumes dargestellt (vgl. Abb. 3-14). Je nach Anzahl der Stufen liegt eine ein- oder
mehrstufige Hierarchie vor. Auf der obersten Hierarchiestufe, der Wurzel des Baumes,
gibt es genau einen Entitytyp. Alle anderen Entitytypen weisen genau einen Vorgänger auf, die Anzahl der Nachfolger ist beliebig.

Jeder Entitytyp weist einen eindeutig definierten Weg (rückwärts) zum obersten Entitytyp auf. Der Zugriffspfad auf die an den Entitytypen gespeicherten Daten ist vorgegeben. Einstiegspunkt für einen Zugriff ist immer die Wurzel.

Die Restriktion des hierarchischen Modells liegt darin, dass sich zwischen über- und
untergeordneten Entitytypen ausschließlich 1:1- oder 1:n-Relationen darstellen lassen.
Hingegen müssen m:n-Beziehungen in m getrennte 1:n-Beziehungen aufgelöst werden, was zu Redundanzen führt. Das hierarchische Datenbankmodell ist Grundlage für
das in vielen Unternehmen noch eingesetzte Datenbankmodell IMS (Information Management System) von IBM. Da aber nicht alle Datenabhängigkeiten der betrieblichen
Realität in einfacher Weise abgebildet werden können, wird das hierarchische Datenbankmodell in neueren Datenbankverwaltungssystemen nicht mehr herangezogen
(vgl. *Stahlknecht* 1995, S. 204).

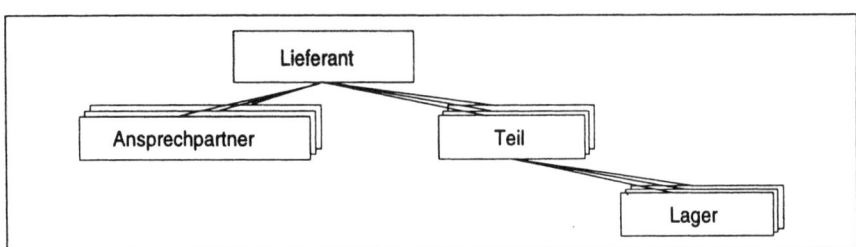

Abb. 3-14: Beispiel zum hierarchischen Datenbankmodell

3.3.7.2 Netzwerk-Datenbankmodell

Das **Netzwerk-Datenbankmodell** (kurz: Netzwerkmodell) stellt als Strukturelemente
Entitytypen, die durch Attribute beschrieben werden, und 1:n-Beziehungen zur Verfü-

gung. Beim Netzwerkmodell kann jeder Entitytyp mehrere Nachfolger aufweisen. Im Unterschied zum hierarchischen Modell kann er aber mehrere Vorgänger haben. Es kann mehrere Entitytypen geben, die keinen Vorgänger besitzen. Somit kann die oberste Stufe mehrere Entitytypen enthalten. Im Netzwerkmodell können alle Relationen zwischen Entitytypen abgebildet werden (vgl. *Stahlknecht* 1995, S. 204) (vgl. Abb. 3-15).

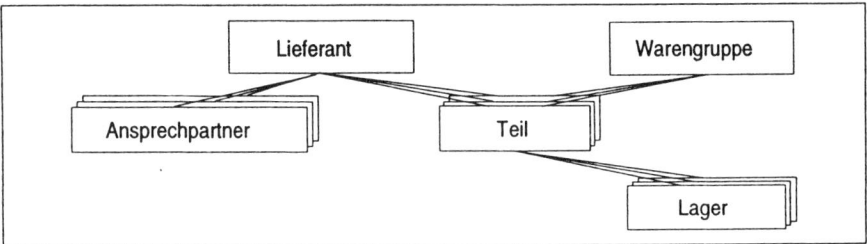

Abb. 3-15: Beispiel zum Netzwerk-Datenbankmodell

Der Startpunkt für Datenbankabfragen ist vorab zu definieren, so dass der Zugriffspfad auf ein bestimmtes Entity nicht mehr eindeutig ist. Da – wie beim hierarchischen Modell – alle Verknüpfungsstrukturen und -möglichkeiten explizit festgelegt sind, sind ad-hoc-Abfragen, die bei der Definition der Datenbankstruktur nicht vorgesehen wurden, unmöglich (vgl. *Mertens* u. a. 1996, S. 65).

Hierarchische und Netzwerkdatenbanken eignen sich primär für Routineanwendungen mit häufigen, unveränderlichen Datenbankabfragen.

3.3.7.3 Relationales Datenbankmodell

Das 1970 von Codd erstmals veröffentlichte relationale Datenbankmodell bzw. Relationenmodell basiert auf genau festgelegten mathematischen Grundlagen und benötigt als einziges Strukturelement zur Erstellung eines Datenbankmodells die Relation. Anstatt grafischer Darstellungen wie bei den beiden oben vorgestellten Datenbankmodellen wird eine tabellarische Darstellungsform verwendet (vgl. Abb. 3-16).

Relation "Artikel"

ARTIKEL_NUMMER	ARTIKEL_NAME	WAREN_GRUPPE	ARTIKEL_PREIS
15003	QE 1300	A	598,00
37111	CDP 100 A	B	898,60
34590	Sound 7	C	193,70
23676	QE 1700	A	715,50
40400	Quattro B	D	5100,00

Abb. 3-16: Beispiel zum relationalen Datenbankmodell (Mertens u. a., 1996 S. 66)

Die in den Produktionsplanungs- und -steuerungssystemen (vgl. Abschnitt 7.2.1.7) benötigten betriebswirtschaftlich-organisatorischen Daten über Rohstoffe bzw. Materialien, Halbfertigfabrikate und Enderzeugnisse (Bestände, Bestellungen, Aufträge etc.) sowie technischen Daten aus der Konstruktion (Stücklisten, Teileverwendungsnachweise etc.), Arbeitsplanung (Arbeitspläne, Bearbeitungszeiten etc.) und Fertigung (Maschinenbelegungen, Anfangs- und Endtermine etc.) werden in der modernen Standardsoftware mit Hilfe des Relationenmodells in einer relationalen Datenbank zusammengefasst. Zweckmäßig ist die Unterstützung durch ein **Data Dictionary,** in dem alle Daten (mit ihren Definitionen und Verwendungen), Formulare, Menüs, Zugriffsrechte etc. dokumentiert werden.

3.3.7.4 Objektorientiertes Datenbankmodell

In den vergangenen Jahren wurden die relationalen Datenbanken zunehmend durch objektorientierte Datenbanken abgelöst. Bei diesen werden die (Geschäfts-)Objekte bzw. Klassen (Auftrag, Material, Erzeugnis usw.) gemeinsam mit den auf sie auszuübenden Methoden (annehmen, bestellen, fertigen usw.) verwaltet (vgl. *Stahlknecht* 1999, S. 176f.). Hiermit wird die Beschränkung relationaler Datenbanken umgangen, in denen nur Eigenschaften von Objekten abgelegt werden können, nicht aber bestimmte Funktionen, die auf ein Objekt angewendet werden sollen. Ferner erfolgt die Abbildung der Beziehung zu einem anderen Objekt nicht in einem eigenen Beziehungstyp, sondern erscheint als Bestandteil des Objektes selbst (vgl. Abb. 3-17).

Ein wesentlicher Vorteil objektorientierter Datenbankmodelle besteht in einer höheren Verarbeitungsgeschwindigkeit bei Datenbankabfragen. Da die Beziehungen direkt in den Objekten gespeichert sind, müssen sie nicht erst durch Verknüpfung von Tabellen aufgelöst werden (wie im relationalen Modell).

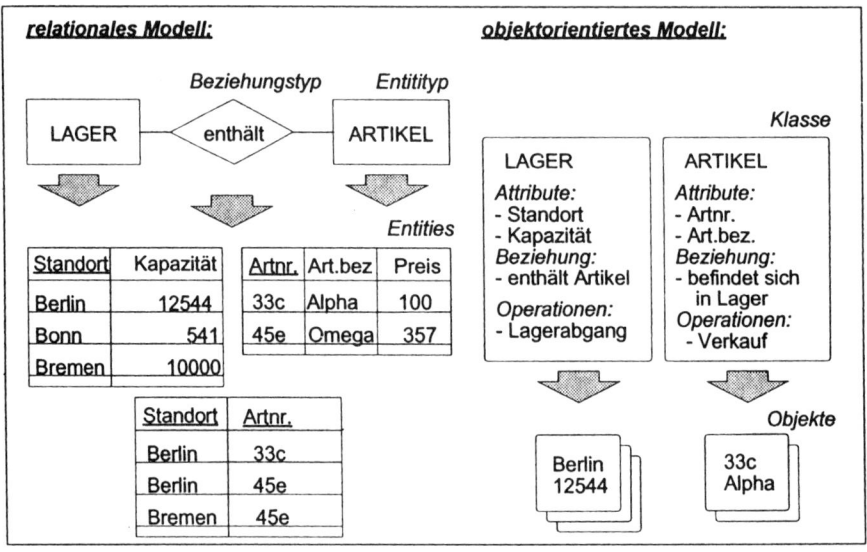

Abb. 3-17: Beziehungen im relationalen und objektorientierten Datenbankmodell (vgl. Mertens u.a. 1996, S. 69)

3.3.8 Data Warehouse

Auslöser für die Entwicklung des Data Warehouse-Konzeptes waren die enormen Datenmengen und deren stetige Zunahme, die Zersplitterung dieser Daten in einer Vielzahl isolierter IV-Systeme mit unterschiedlichen technischen Formaten und die bisweilen nicht übereinstimmende Kennung derselben betriebswirtschaftlichen Sachverhalte (z. B. derselbe Lieferant wird mit mehreren Lieferantennummern geführt). Mit dem Data Warehouse wird ein zentraler Zugang zu den heterogenen, verteilten Informationen angestrebt (vgl. *Mertens* u. a. 1996, S. 72).

In einem Data Warehouse werden die Daten aus den Anwendungssystemen sowie externe Datenbestände zusammengeführt. Die Anwendungssysteme und das Data Warehouse sind in der Regel lose gekoppelt, d. h. die Aktualisierung der Datenbank erfolgt nicht unmittelbar bei Verbuchung eines Geschäftsvorfalls, sondern periodisch (täglich,

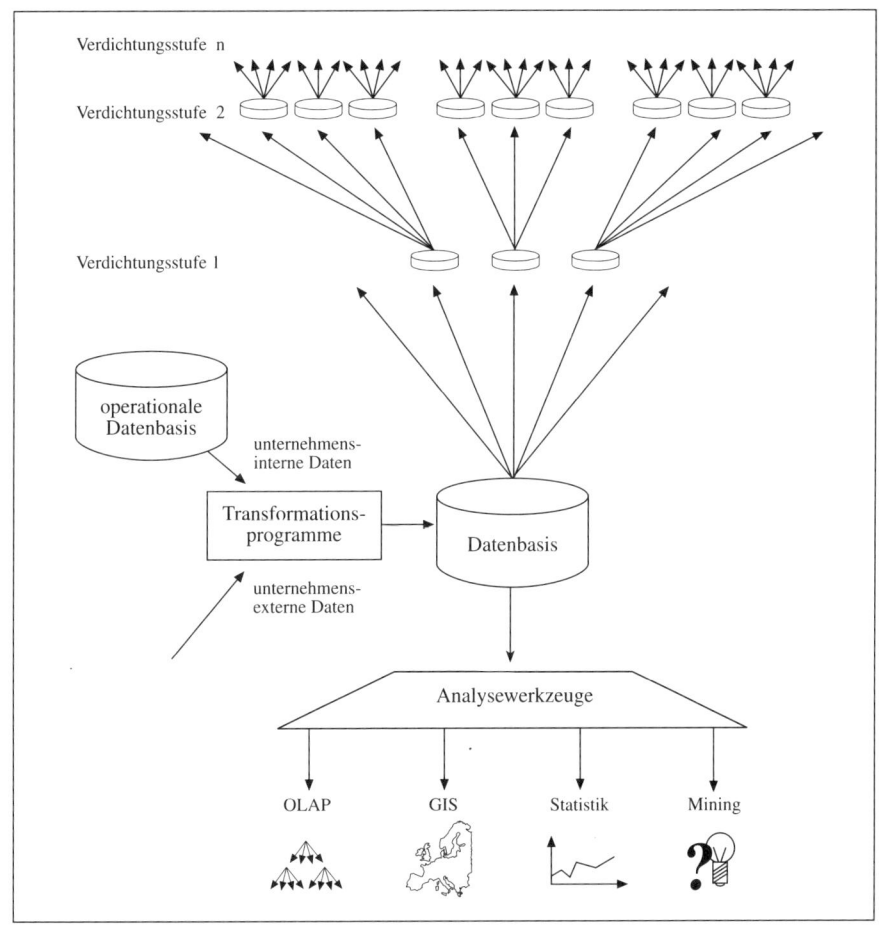

Abb. 3-18: Schematischer Aufbau eines Data Warehouse (Pfohl 1997, S. 35)

wöchentlich oder monatlich). Zur Datengewinnung werden Transformationsprogramme eingesetzt, die die Daten aus den operativen Systemen bzw. deren Datenbasen sammeln und konsolidieren. Abb. 3-18 stellt den Aufbau eines Data Warehouse schematisch dar.

Die eigentliche **Datenbasis** des Data Warehouse enthält die Daten auf unterschiedlichen Aggregationsstufen. Im Idealfall sind die Daten multidimensional organisiert, d. h. dass die Daten in Abhängigkeit von der Unternehmensstruktur (z. B. Geschäftsbereiche), von der Produktstruktur, von der Kundenstruktur, vom zeitlichen Anfall (z. B. Monat), von der betriebswirtschaftlichen Kenngröße (z. B. Bestand) oder von der Ausprägung (z. B. Ist- oder Plan-Wert) abgerufen werden können. Es findet sowohl eine vertikale Integration der Daten über verschiedene Hierarchieebenen als auch eine horizontale Integration der Daten über verschiedene inner- oder außerbetriebliche Funktionen statt.

Zur Sicherstellung möglichst korrekter und **konsistenter Daten** wird angestrebt, fehlerhafte Datensätze bei der Datenübernahme auszufiltern. Außerdem müssen unterschiedliche Datenformate und betriebswirtschaftliche Schlüssel, wie etwa Artikel- und Teilenummern, vereinheitlicht werden. Hierzu sind bereits entsprechende Software-Werkzeuge verfügbar. Diese Programme generieren außerdem sog. Meta-Daten, in denen der Inhalt des Data-Warehouse, die Datenquellen sowie Transformations- und Verdichtungsregeln beschrieben werden.

Ein Data Warehouse verfügt darüber hinaus über **Analysewerkzeuge.** Hierzu zählen insbesondere:

– OLAP-Werkzeuge (OLAP = Online Analytical Processing), die eine Datenanalyse auf der Grundlage multidimensionaler Werkzeuge ermöglichen.
– GIS (Geographische Informationssysteme), die Daten in ihrer geographischen Ausprägung darstellen. Hiermit können beispielsweise Material- und Datenflüsse anschaulich dargestellt werden.
– Mining-Werkzeuge, die darauf ausgerichtet sind, noch unbekannte Zusammenhänge innerhalb der Unternehmensdaten zu identifizieren.
– Statistikprogramme, die statistische Auswertungen der Daten (z. B. Regressionsanalysen) ermöglichen.

3.4 Datenerfassung

3.4.1 Aufgaben und Ziele der Datenerfassung

Kurze Lieferzeiten und hohe Termintreue erfordern eine exakte Disposition und Koordination von Aufträgen sowie Personal- und Betriebsmittelkapazitäten. Diese hohen Anforderungen können nur dann erfüllt werden, wenn Planung und Abwicklung auf korrekten, hinreichend detaillierten und aktuellen Daten aufsetzen können. Die zunehmend von Kunden geforderte jederzeitige Auskunftsbereitschaft über den aktuellen Status der Bestellung setzt eine zeitverzugslose Erfassung von Daten nach jeder

Teilaktivität im Auftragserstellungsprozess voraus. Schließlich ist im Hinblick auf die aktuelle Rechtsprechung zur Produkthaftung die Rückverfolgbarkeit des Produkterstellungsprozesses und der Produktkomponenten erforderlich, die mit einer möglichst sicheren Datenerfassung und -speicherung zu gewährleisten ist.

Neben dem zeitlichen und qualitativen Aspekt ist für die Auswahl der optimalen Datenerfassungsmethode auch deren Wirtschaftlichkeit zu berücksichtigen. So beanspruchen die Zeiten der Datenerfassung im Verhältnis zu denen der Datenverarbeitung bis zu 90 % (vgl. *Hansen* 1986, S. 433). In der Praxis werden vielfach hohe Anteile der Arbeitszeit benötigt, um auf Informationsfehler zu reagieren, sie zu suchen, zu bewerten und die entstandenen Schäden zu beheben.

Unter **Datenerfassung** versteht man „die Entnahme von Daten realer Prozesse nach definierten Anforderungen der ihnen zugeordneten Datenverarbeitungsprozesse; diese Anforderungen spezifizieren im Einzelnen den Entnahmeprozess hinsichtlich des materiellen Inhalts der Daten, der Form der Daten und der Zeit" (*Hansen* 1986, S. 434). Darüber hinaus ist der Ort der Datenerfassung festzulegen.

Datenträger sind die materiellen Träger der Daten. Diese umfassen alle Mittel, die eine Aufzeichnung von Daten ermöglichen. In Abhängigkeit vom physikalischen Prinzip, mit dem die Datenträger gelesen und beschrieben werden können, unterscheidet man mechanische, magnetische, optische und elektronische Codierungen. Ein **Code** ist „eine Vorschrift für die eindeutige Zuordnung (Codierung) der Zeichen eines Zeichenvorrates (Urmenge) zu denjenigen eines anderen Zeichenvorrates (Bildmenge)" (DIN 44 300).

Um eine für die Planung und Steuerung des Materialflusses geeignete Datenbasis sicherzustellen, sind an die logistischen Daten folgende Anforderungen zu stellen:

- Aktualität
- Verfügbarkeit
- Zuverlässigkeit
- Sicherheit
- Genauigkeit.

3.4.2 Systematisierung der Datenerfassungsmethoden

Datenerfassungsmethoden lassen sich nach dem **Grad der Automatisierung**, d. h. dem Grad der Einbindung des Menschen, differenzieren in

- manuelle,
- halbautomatische und
- automatische Datenerfassung (vgl. *Heinz/Nusswald* 1996, S. 17).

Manuelle Datenerfassung liegt vor, wenn ein Mitarbeiter die Datenerfassung eigenständig auslöst und diese auch selbstständig durchführt. Beispiele hierfür sind die Aufschreibung von Hand und die Tastatureingabe am PC. Bei einer **halbautomatischen Datenerfassung** wird die Datenerfassung durch den Mitarbeiter ausgelöst, der gegebenenfalls auch das Datenerfassungsgerät auf den Code ausrichtet. Verbreitetes Beispiel der halbautomatischen Datenerfassung ist der Handscanner. Werden alle Funktionen vom Datenerfassungsgerät und dessen Steuerung übernommen, so spricht man von **automatischer Datenerfassung**. Diese liegt beispielsweise bei Identifikationssystemen mit elektronischen Datenträgern oder bei stationären Barcode-Scannern vor. Abb. 3-19 stellt die Stufen der Automatisierung im Überblick dar.

	Auslösung	Durchführung	Beispiel
manuell	Mitarbeiter	Mitarbeiter	Tastatureingabe, Spracheingabe
halbautomatisch	Mitarbeiter	Datenerfassungsgerät (ggf. Ausrichten des Gerätes durch Mitarbeiter)	Handscanner
automatisch	Datenerfassungsgerät	Datenerfassungsgerät	stationärer Laserscanner

Abb. 3-19: Datenerfassung: Stufen der Automatisierung (Heinz/Nusswald 1996, S. 18)

Die automatisierte Datenerfassung bietet sich insbesondere bei Vorliegen folgender Rahmenbedingungen an (vgl. *Wiesner* 1990, S. 180):

– Der Durchsatz an Gütern, der an einer Station identifiziert werden muss, ist relativ groß.
– Die Datenbereitstellung erfolgt sehr homogen, also immer in der gleichen Form.
– Falls für die Datenerfassung eine bestimmte Position und Richtung des Datenträgers benötigt wird, muss diese stets gegeben sein.
– Für die an der Datenerfassungsstation arbeitenden Mitarbeiter sollten keine unproduktiven Wartezeiten entstehen.
– Es ist eine sehr schnelle Reaktion auf Grund der erfassten Daten erforderlich, wie dies beispielsweise bei der technischen Steuerung von Förderanlagen der Fall ist.

In der zweiten Gliederungsebene lassen sich die Datenerfassungsmethoden nach der **Tragbarkeit** differenzieren, d.h. der Möglichkeit für den Mitarbeiter, während der Durchführung seiner Aufgaben das Datenerfassungsgerät ohne Transportmittel mitzuführen. Datenerfassungsgeräte, die auf Grund ihrer Größe oder ihres Gewichts bei der Arbeitsausführung hinderlich sind, müssen ortsfest oder auf einem Fördermittel installiert werden. Da Mitarbeiter in logistischen Bereichen häufig ihren Einsatzort ändern, kommt der Verwendung tragbarer Geräte wegen ihrer Ortsunabhängigkeit und des damit einhergehenden Flexibilitätsgewinns in diesen Fällen hohe Bedeutung zu. Durch die Möglichkeit zur orts- und zeitnahen Erfassung von Geschäftsvorfällen, kann neben Zeitvorteilen auch eine Senkung der Erfassungsfehlerrate erreicht werden (vgl. *Pfohl* 1997, S. 27).

In der Praxis sind insgesamt neun Datenerfassungsmethoden anzutreffen (vgl. Abb. 3-20), die nachfolgend vorgestellt werden.

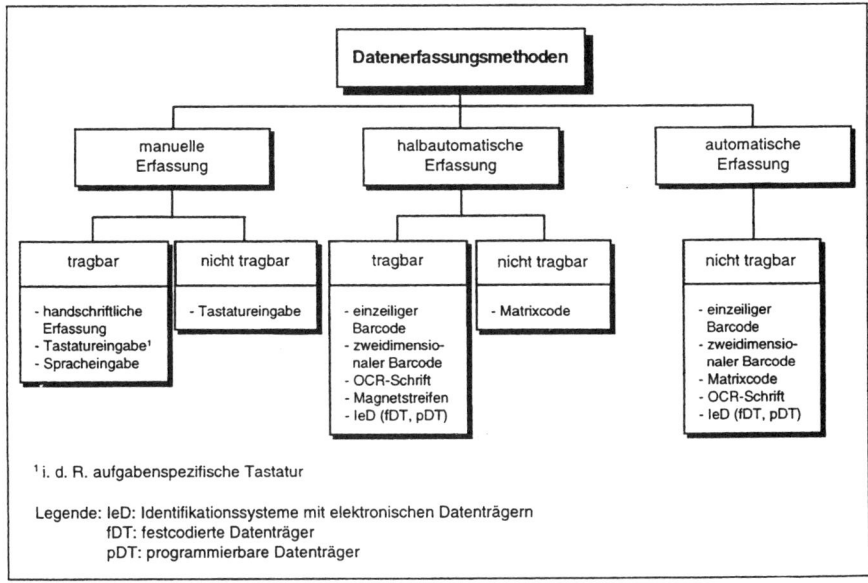

Abb. 3-20: Systematisierung der Datenerfassungsmethoden (Heinz/Nusswald 1996, S. 17)

3.4.3 Die Datenerfassungsmethoden im Einzelnen

3.4.3.1 Handschriftliche Erfassung

Bei der **handschriftlichen Erfassung** als einfachster Methode der Datenaufnahme werden die Informationen von den Mitarbeitern erfasst und mit einem Stift auf Papier oder ähnlichen Schreibmaterialien notiert. Die einzige Anforderung, die die Informationsdarstellung erfüllen muss, ist die Möglichkeit zur eindeutigen Identifizierung durch den Menschen. Die Daten können beispielsweise auch aus dem Erscheinungsbild der Güter (Form, Größe, Farbe), aus deren Zustand (z. B. Beschädigung) oder aus einer Verpackungsbeschriftung gewonnen werden.

Die Vorteile der handschriftlichen Datenerfassung liegen neben den entfallenden Investitionskosten in der hohen Flexibilität. Als Nachteile sind die hohe Fehleranfälligkeit und die mangelnde Möglichkeit zur elektronischen Datenverarbeitung zu nennen.

3.4.3.2 Tastatureingabe

Bei der **Tastatureingabe** werden die Daten von den Mitarbeitern erfasst und anschließend über eine Tastatur eingegeben. Neben allgemeinen Schreibmaschinentastaturen, die bei der Verwendung von PC's oder Terminals eingesetzt werden, werden auch aufgabenspezifische Tastaturen (z. B. bei PDA's) benutzt. Es besteht auch die Möglichkeit, Tastaturen als Ergänzung zu einer anderen Datenerfassungsmethode einzusetzen, z.B. mit einem Barcode-Lesestift. Auch Maus, Digitalisierbrett und Touch-screen (Eingabe erfolgt durch Berühren von Punkten eines Bildschirms) zählen im weitesten Sinne zur Tastatureingabe.

Die Tastatureingabe zeichnet sich durch hohe Flexibilität bezüglich der Datenart und der Informationsdarstellung aus, da die Informationen vom Menschen identifiziert werden. Als Nachteile sind der relativ hohe Zeitbedarf und die Gefahr von Eingabe-fehlern anzusehen. Die hohe Personal- und Kostenintensität dieser Art der Datenerfas-sung und der Trend zur integrierten Gestaltung des Informationsflusses führen dazu, dass die Tastatureingabe immer mehr an Bedeutung verliert.

3.4.3.3 Spracheingabe

Der Rechner analysiert die gesprochenen Laute und vergleicht sie mit hinterlegten Referenzmustern. Bei den **Spracheingabesystemen** unterscheidet man zwischen Sprechererkennung, die in erster Linie der Personenidentifikation bei Zutrittskon-trollen dient und Spracherkennung. Letztere gliedert sich in sprecherabhängige und sprecherunabhängige Systeme. Während bei einem sprecherabhängigen System im-mer nur die Stimme eines Mitarbeiters erkannt wird, liegt der Vorteil der sprecher-unabhängigen Systeme darin, dass beliebige Personen die Datenerfassung durchführen können.

Ein sog. Head-Set, das aus einem Kopfhörer besteht, an dem ein Bügelmikrofon be-festigt ist, dient bei der Spracheingabe üblicherweise als Eingabegerät. Die möglichen Datenträger entsprechen denen bei der handschriftlichen Erfassung bzw. Tastaturein-gabe.

Auch die Spracheingabe zeichnet sich deshalb durch hohe Flexibilität bei der Infor-mationsdarbietung aus. Da die Hände des Mitarbeiters für die Datenerfassung nicht benötigt werden, stehen sie für die Güterhandhabung oder die Betriebsmittelführung zur Verfügung.

3.4.3.4 Einzeiliger Barcode

Der **einzeilige Barcode** ist der in der Logistik am weitesten verbreitete Code, um ei-nen warenbegleitenden Informationsfluss zu realisieren. Barcodes stellen eine Folge von schmalen und breiten Strichen sowie Lücken dar. Diese Folgen werden durch op-tische Lesung als numerische oder alphanumerische Informationen interpretiert. Die gebräuchlichsten Barcode-Typen sind in Abb. 3-21 dargestellt.

Häufig eingesetzt wird der 2/5-Code, ein numerischer Code aus fünf Strichen, und zwar 2 breiten und 3 schmalen. Der bekannteste Barcode ist die 13-stellige, rein nu-merische Europäische Artikelnummer (EAN). Diese wird von den Warenherstellern direkt auf einer Fläche von 10 cm² aufgedruckt.

Als Datenträger sind für den Barcode alle bedruckbaren Oberflächen geeignet, die möglichst eben sein sollten. In der Regel werden als Datenträger Etiketten und Wa-renanhänger verwendet, da diese einfach erstellt werden können und es sich um preiswertes Trägermaterial handelt. Auch Begleitpapiere und Belege (wie z.B. der Lieferschein) können mit Barcodes versehen werden. Sollen die entsprechenden Daten

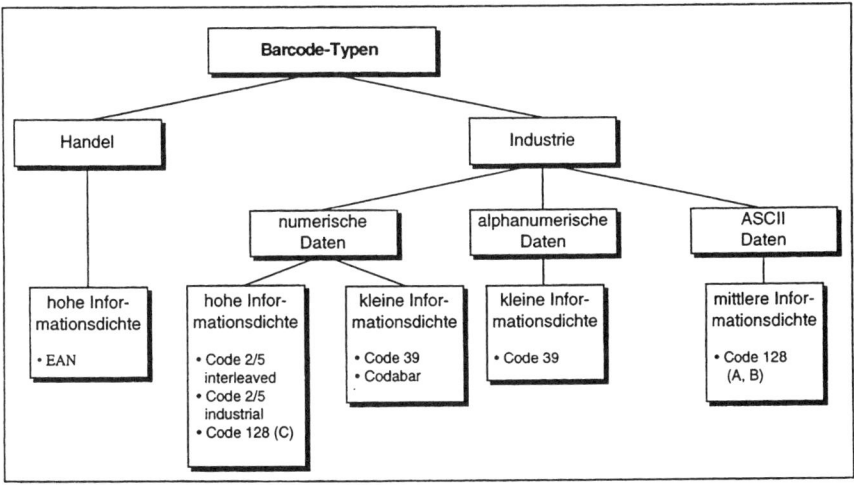

Abb. 3-21: Barcode-Typen (vgl. Lenk 1990, S. 804)

warenbegleitend weitergeleitet werden, ist sicherzustellen, dass die Begleitpapiere in geeigneter Form an den Gütern befestigt sind. Schließlich können Barcodes auch direkt auf die Verpackung gedruckt werden.

Die Datenerfassung mit Hilfe von Barcodes setzt eine bestimmte Aufbereitung des Belegs voraus. Barcode-Systeme sind relativ weit verbreitet. Weitere Vorteile liegen in der einfachen Erstellung der Datenträger sowie in der schnellen und fehlerfreien Datenerfassung. Ein die Unternehmensgrenzen überschreitender Barcode-Einsatz scheitert bisweilen an inkompatiblen Barcode-Systemen sowie an unterschiedlichen Informationsbedürfnissen in der Logistikkette. Nachteile bestehen in der gegebenenfalls schlechten Lesbarkeit bei Verschmutzung oder Beschädigung des Barcodes sowie der geringen codierbaren Datenmenge.

Zur **Erfassung von Barcodes** werden Lesestifte, Laserscanner mit festem Strahl, Laserscanner mit beweglichem Strahl, CCD-Scanner und CCD-Kameras eingesetzt.

Ein **Lesestift** wirft Licht, das durch eine LED (Light Emitting Device) erzeugt wird, über einen geringen Abstand auf einen Barcode. Ein lichtempfindlicher Photosensor nimmt das reflektierte Licht auf. Beim manuellen Überstreichen des Barcodes wird durch Striche und Lücken ein elektronischer Impuls erzeugt, der dann in einer Dekodiereinheit ausgewertet wird (vgl. *Jünemann* 1989, S. 504 f.). Der Aufbau ist in Abb. 3-22 dargestellt.

Laserscanner mit festem Strahl verfügen über eine Ne-He-Röhre (Neon-Helium) oder eine Laserdiode als eigene Lichtquelle. Der Laserstrahl ist relativ zum Gerät fixiert, so dass entweder das Gerät am Barcode entlanggeführt oder der Barcode am Gerät vorbeigeführt werden muss. Beim Registrieren des reflektierten Laserlichtes werden helle und dunkle Zonen des Barcodes unterschieden. Von einem Decodierer werden die Informationen ausgewertet (vgl. *Heinz/Nusswald* 1996, S. 23).

Bei **Laserscannern mit beweglichem Lichtstrahl** ist eine Relativbewegung zwischen Barcode und Laserscanner nicht erforderlich. Das nahezu parallele Licht des Lasers

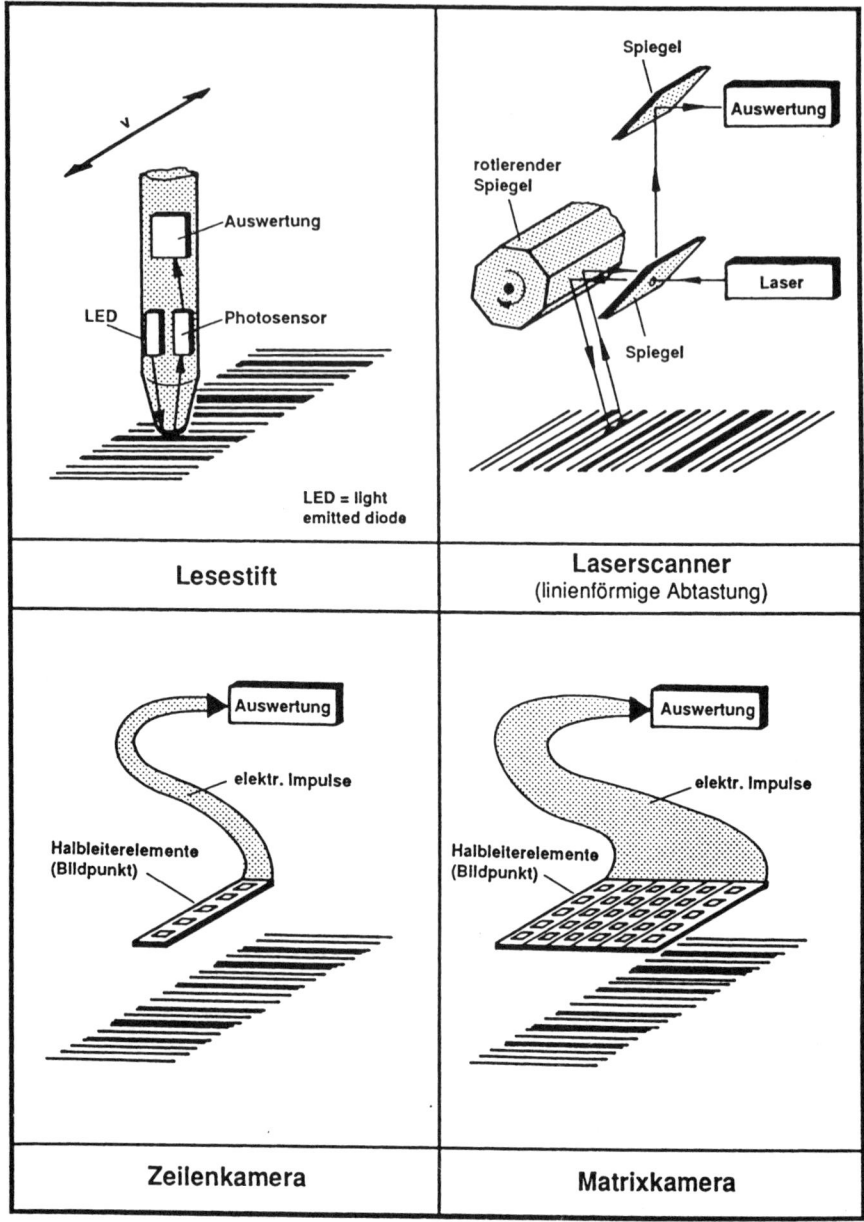

Abb. 3-22: Funktionsweise von Barcodelesegeräten (Jünemann 1989, S. 505)

ermöglicht eine hohe Tiefenschärfe des Bildes, weshalb ein Barcode auch in einem großen Abstandsbereich gemessen werden kann (vgl. *Jünemann* 1989, S. 506). Je nach Bewegung des Laserstrahls unterscheidet man Linienscanner und Flächenscanner. Bei Linienscannern wird der Strahl in eine Richtung abgelenkt und erzeugt ein linienförmiges Scanfeld (vgl. Abb. 3-22). In Abhängigkeit von der Größe des erfassten

Feldes kann der Barcode mehrfach gelesen werden und so ein besseres Leseergebnis erreicht werden. Es sind Abtastraten von 800 Scans/s möglich (vgl. *Naudascher* 1994, S. 61). Der Strahl wird über ein rotierendes Polygonspiegelrad abgelenkt (vgl. Abb. 3-22). Die Breite des zu erfassenden Barcodes wird bestimmt durch den Leseabstand und die maximale Auslenkung des Laserstrahls. Bei einem Fächerscanner wird ein flächenförmiges Scanfeld erzeugt, da der Laserstrahl in zwei Achsen abgelenkt wird. Hierdurch sind größere Toleranzen bei der Positionierung des Barcodes möglich (vgl. *Heinz/Nusswald* 1996, S. 23).

Zeilenkameras, auch CCD-Kameras genannt (CCD = Charge Coupled Device) verfügen über eine Lichtquelle (in der Regel LED) und eine Zeile von CCD-Elementen, d.h. eine linienförmig angeordnete Reihe photoempfindlicher Halbleiterelemente. Von jedem dieser Elemente wird ein bestimmter Bildpunkt eines abzutastenden Barcodes registriert, so dass auf der CCD-Zeile der gesamte Barcode dargestellt wird. Der gesamte Barcode muss in einem Scan erfasst werden, so dass die Breite des zu erfassenden Barcodes durch die Breite der CCD-Zeile limitiert ist (vgl. *Heinz/Nusswald* 1996, S. 23).

Die Funktionsweise von **Matrixkameras** ist analog der einer Zeilenkamera. Von den CCD-Elementen wird ein kompletter Bildausschnitt abgebildet, der mit Hilfe eines Bildverarbeitungssystems analysiert wird.

3.4.3.5 Zweidimensionaler Barcode

Der einzeilige Barcode kann nur eine geringe Datenmenge speichern. Aus diesem Grunde wurde der **zweidimensionale Barcode** entwickelt, der aus mehreren Zeilen besteht. Jede Zeile enthält die Zeilennummer, so dass die einzelnen Zeilen in beliebiger Reihenfolge erfasst und die Daten decodiert werden können. Für das Lesen des zweidimensionalen Barcodes können die gleichen Geräte herangezogen werden wie für den einzeiligen Barcode. Es stehen mehrere zweidimensionale Barcodetypen zur Verfügung (vgl. *Oehlmann* 1994, S. 42): Code 49, Code 16k, Codablock A (auf Basis von Code 39), Codablock F (auf Basis von Code 128) sowie PDF 417. Als Datenträger werden die gleichen Medien verwendet wie beim einzeiligen Barcode.

3.4.3.6 Matrixcode

Beim **Matrixcode** handelt es sich um einen „echten" zweidimensionalen Code, da die Informationen in zwei Dimensionen, horizontal und vertikal, codiert werden. Hierdurch wird eine Steigerung der Datendichte im Vergleich zu den bislang erläuterten Barcodes erreicht. Folgende Matrixcode-Typen stehen zur Verfügung (vgl. *Oehlmann* 1994, S. 42): ID-Matrix-Code, UPS-Maxi-Code, Phillips-Dot-Code, USD-5, Code 1 sowie Soft-Strip. Zur Erfassung der Matrix-Codes sind CCD-Kameras erforderlich (siehe Abschnitt 3.4.3.4).

3.4.3.7 OCR-Schrift

OCR-Schriften (Optical Character Recognition) ermöglichen die Erfassung alphanumerischer Zeichen. Sie können im Unterschied zum Barcode vom Benutzer auch ohne Hilfsmittel gelesen werden. Der Benutzer kann die Zeichen auch in ausreichender maschinenlesbarer Qualität erstellen. Die Schrift OCR-A besteht aus stilisierten Großbuchstaben (Alphabet) und Ziffern (von null bis neun) sowie einigen Sonderzeichen. In der OCR-B-Schrift, die sich an die Normalschrift anlehnt, sind darüber hinaus auch Kleinbuchstaben verfügbar (vgl. Abb. 3-23). Zur Erfassung der OCR-Schrift dienen stationäre Schlitzleser, Belegleser oder OCR-Scanner (Lesepistolen). Belegleser weisen grundsätzlich zwei Hauptkomponenten auf: das Modul zum optischen Lesen der Zeichen und Umwandlung in elektrische Signale sowie den Decoder, der diese Signale in Daten umwandelt.

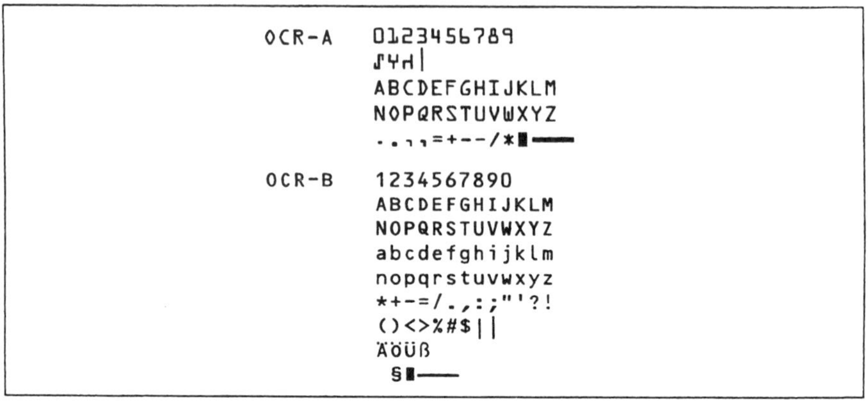

Abb. 3-23: OCR-Schrift der Formen A und B (Heinz/Göttker 1986, S. 34)

3.4.3.8 Magnetstreifen

Bei **Magnetstreifen** erfolgt die Speicherung der Informationen durch die Polarisierung von Dipolen einer dünnen Magnetbeschichtung. Hierzu wird der Schreib-/Lesekopf in geringem Abstand über den Magnetstreifen geführt und legt ein äußeres Magnetfeld an. Datenträger ist der Magnetstreifen selbst, der auf verschiedenen Trägermaterialien befestigt werden kann (z. B. auf Plastikkarten, Lieferscheinen oder Holzpaletten). Da die Daten überschrieben werden können, ist der Magnetstreifen wiederverwendbar. Als Lesegeräte dienen Schlitzleser oder Lesestifte.

3.4.3.9 Identifikation mit elektronischen Datenträgern

Die Identifikation mit elektronischen Datenträgern basiert auf (vgl. *Arnold/Nowack* 1995, S. 718)

– programmierbaren Datenträgern oder
– festcodierten Datenträgern.

Bei beiden Arten von Datenträgern werden die Daten mit Hilfe eines in einen elektronischen Schaltkreis integrierten Chips gespeichert. Wird der Chip von der Schreib-/Lesestation angesprochen, empfängt bzw. sendet dieser die Daten über elektromagnetische Felder. **Programmierbare Datenträger,** auch **elektronische Tags** (tag = Etikett), **mobile Datenspeicher** oder **Transponder** genannt, ermöglichen die Veränderung, Ergänzung oder Löschung bereits gespeicherter Daten.

Sofern sich im Laufe des Materialflussprozesses die objektbezogenen Daten ändern, kann der Einsatz programmierbarer Datenträger sinnvoll sein. Diese sind wiederverwendbar. Elektronische Datenträger werden in der Regel an den Werkstückträgern oder Ladehilfsmitteln angebracht und nicht an Werkstücken, Gütern oder Packstücken. Während des Materialflusses können Daten über die auf den Werkstückträgern oder Ladehilfsmitteln befindlichen Güter gespeichert werden.

Die am Markt erhältlichen Systeme zur Identifikation mit elektronischen Datenträgern umfassen

– Induktive Systeme,
– RF-Technik (Radio-Frequency-Technik),
– Mikrowellen sowie
– Infrarot-Systeme

und arbeiten in unterschiedlichen Frequenzbereichen (vgl. Abb. 3-24).

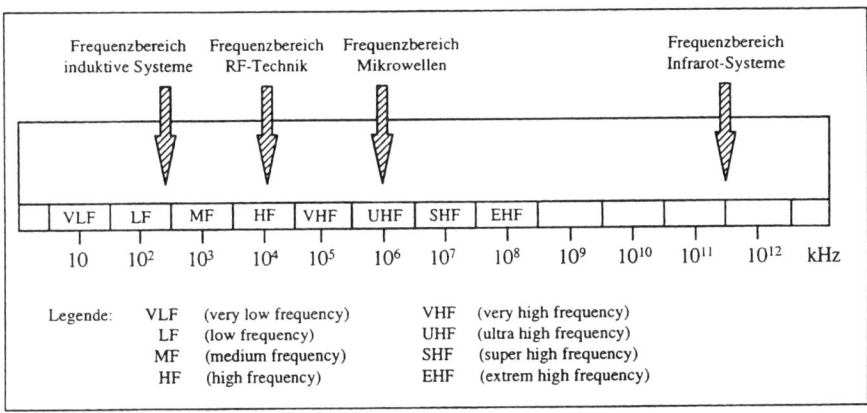

Abb. 3-24: Frequenzbereiche (Heinz/Nusswald 1996, S. 28)

Ein **RFID-System** besteht aus zwei wesentlichen Komponenten: Zum einen dem mobilen Datenträger (Tag), der an das zu identifizierende Objekt angebracht wird und zum zweiten dem Schreib- und Lesegerät zum Auslesen bzw. Modifizieren der Daten (vgl. Abb. 3-25). RFID-Tags bestehen aus einem Chip und einer Antenne.

Wesentlicher Vorteil von programmierbaren Datenträgern ist, dass Material- und Informationsfluss immer miteinander gekoppelt sind. Ein wesentlicher Einsatzbereich ist heute die Automobilindustrie. Hier wird der aus den individuellen Kundenspezifikationen resultierende umfangreiche Datensatz für jedes Fahrzeug in einem elektronischen Datenträger abgelegt und zur Steuerung des Materialflusses und der Produktion jedes einzelnen Fahrzeuges herangezogen. Insbesondere im Handelsbereich ist in den nächsten Jahren mit einem verstärkten Einsatz der RFID-Technik zu rechnen. Handelsunternehmen wollen die Technik nutzen, um Paletten und Kartons über die Lieferkette zu verfolgen. Die wesentlichen Ziele beim Einsatz von RFID sind hierbei eine

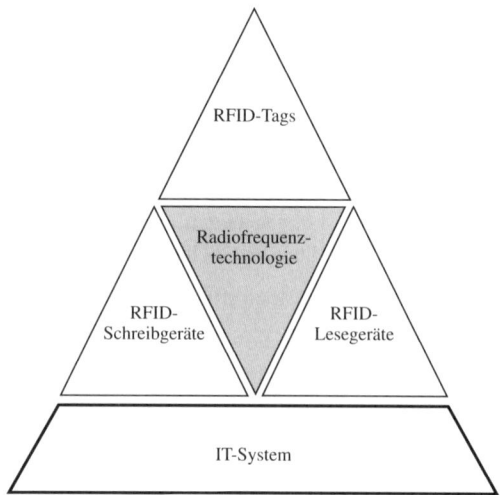

Abb. 3-25: Komponenten des RFID-Systems

deutliche Senkung der Personalkosten in der Logistik, eine verbesserte Fehlerkontrolle sowie die Vermeidung von Fehlbeständen im Lager. Die RFID-Technik könnte in den nächsten Jahren eventuell sogar die maschinenlesbaren Strichcodes auf Warenlieferungen ersetzen. Einen Überblick über die Vor- und Nachteile der RFID-Technik gibt Abb. 3-26.

Vorteile	Nachteile
– Sehr hohe Speicherkapazität der Tags: Es können alle relevanten Informationen gespeichert werden – Geringe Fehlerquote beim Ablesen – Tags sind langlebig und resistent gegen physische Einwirkungen – Viele Objekte können gleichzeitig erfasst werden (Pulkerfassung), beim Einscannen wird Zeit gespart – Es muss keine Sichtverbindung zwischen Tag und Leser bestehen, somit kann Platz im Lager gespart werden – Wiederbeschreibung der Tags möglich – Sekundenschneller Datenaustausch – Hohe Datensicherheit – Lokalisierbarkeit der Objekte	– Bis jetzt existieren noch keine einheitlichen Standards, allerdings sollen diese demnächst geschaffen werden – Die gesundheitlichen Risiken der elektromagnetischen Strahlung sind noch nicht ausreichend untersucht worden – Relativ hohe Etikettpreise; aufgrund der Massenproduktion werden die Preise für Tags voraussichtlich in Zukunft deutlich sinken – Die Funktionalität der Tags kann von Metallgegenständen beeinflusst werden

Abb. 3-26: Beurteilung der RFID-Technik

Tagging ist noch durch relativ hohe Kosten für Hard- und Software gekennzeichnet. Bezüglich Fehlersicherheit und Flexibilität sind elektronische Transponder durch keine der üblichen Identifikationstechniken zu überbieten (vgl. *Pflaum/Heuberger* 1997, S. 178 f.). Die wesentlichen Vor- und Nachteile von Barcoding und Tagging werden in Abb. 3-27 gegenübergestellt.

	Barcoding	**Tagging**
Investitionskosten	Niedrig: Hard- und Softwarekosten auf Grund von Standardgeräten	Hohe Investitionskosten auf Grund des innovativen Charakters
Handling	Einfaches Handling	Vollständig automatisierbarer Identifikationsvorgang; notwendiges Rückholsystem
Fehlersicherheit	Hoch	Sehr hoch
Flexibilität	Gering wegen gedruckter Etiketten	Sehr hoch wegen programmierbarer Etiketten
Kompatibilität/ Standardisierung	Weitgehende Standardisierung	Keine Standardisierung bei induktiven Transpondern

Abb. 3-27: Gegenüberstellung von Barcoding und Tagging
(vgl. Pflaum/Heuberger 1997, S. 179)

3.4.3.10 Zusammenfassung: Datenerfassungsgeräte

Datenerfassungsgeräte lassen sich anhand der Kriterien „Automatisierung" und „Tragbarkeit" systematisieren (vgl. Abb. 3-28). Ferner erfolgt eine Unterteilung nach dem physikalischen Wirkprinzip. Für die als tragbar eingestuften Geräte sind in der Regel auch nicht tragbare Ausführungen verfügbar.

3.4.4 Anforderungen an Datenerfassungsmethoden

Wie die vorstehenden Ausführungen gezeigt haben, gibt es eine Vielzahl von Datenerfassungsmethoden und -geräten, aus denen es die für die jeweilige logistische Aufgabenstellung optimale auszuwählen gilt. Es wird hier ein zweistufiges Vorgehen vorgeschlagen, indem zunächst die Auswahl der geeigneten Datenerfassungsmethode erfolgt und anschließend das Datenerfassungsgerät festgelegt wird (vgl. zum Folgenden *Heinz/Nusswald* 1996, S. 40-47).

Die Erkennbarkeit von Datenträgern und Gütern für den Menschen und für optische Identifikationstechniken wird von den **Lichtverhältnissen** determiniert. Hierbei ist zum einen die Beleuchtungsstärke zur Erkennung der Basisdaten bzw. Codes und zum anderen die Störung der Datenerfassungsgeräte durch Blendung zu beachten. Je nach Sehaufgabe ist für den Menschen eine Beleuchtungsstärke von mindestens 200 lux erforderlich, wobei bei anspruchsvolleren Sehaufgaben auch 500 lux empfehlenswert sein können (vgl. *Baer* 1990, S. 53). Bei den Beleglesern mit eigener Lichtquelle kann der Einfall intensiven Fremdlichts das Signal der Codeabtastung überdecken, so dass

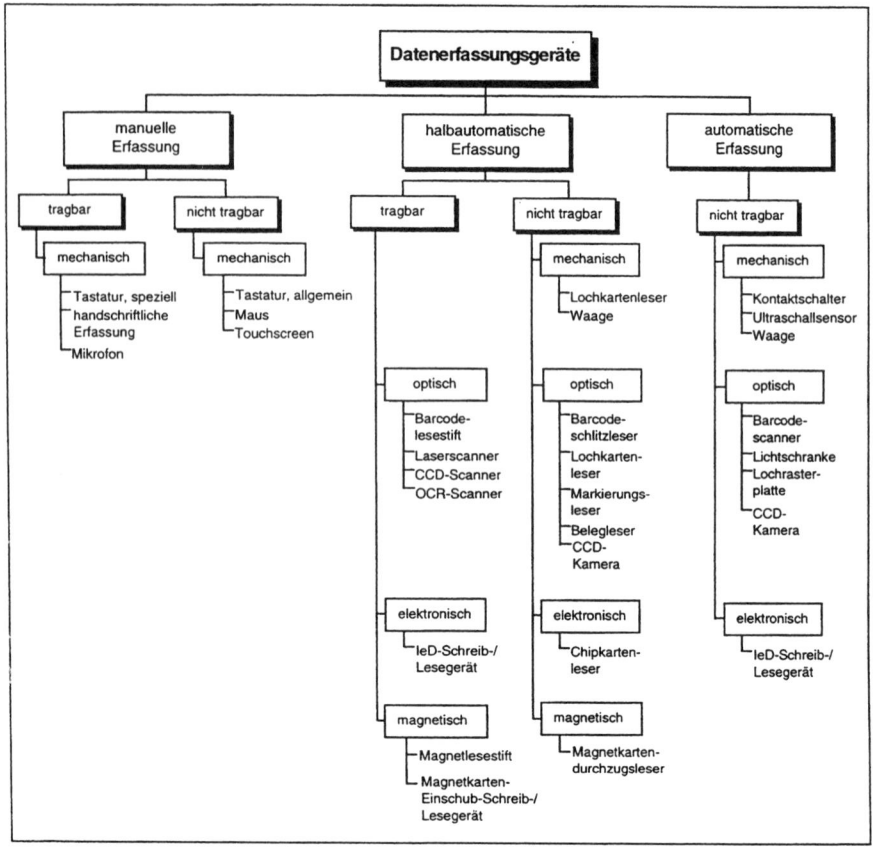

Abb. 3-28: Datenerfassungsgeräte im Überblick (Heinz/Nusswald 1996, S. 30)

dass Störungen bei der Datenerfassung auftreten können. Die Orte der Datenerfassung sind deshalb im Hinblick auf mögliche Blendungen durch helle Lichtquellen (z. B. Sonnenlicht) zu untersuchen. Durch entsprechende Beleuchtungsgestaltung ist letztlich jede Datenerfassungsmethode einsetzbar. Der hierfür unter Umständen hohe Aufwand kann durch die Wahl einer anderen Methode reduziert oder vermieden werden.

Thermische Belastungen umfassen den Einfluss des Temperaturniveaus, das während der Datenerfassung herrscht. Extrem hohe oder niedrige Temperaturen können sowohl für die Schreib-/Lesegeräte als auch für die Datenträger problematisch sein.

Feuchtigkeit ist ein Umgebungseinfluss, der den Einsatz bestimmter Geräte und Datenträger begrenzt. Dies ist insbesondere beim Außeneinsatz der Datenerfassungsmethode zu beachten. Zu analysieren sind ferner die **mechanische Belastung des Datenträgers**, beispielsweise durch Abrieb, Kratzen mit spitzen Gegenständen, Stoß oder Druck sowie dessen **Verschmutzung.**

Ein hoher **Geräuschpegel** am Ort der Datenerfassung kann insbesondere bei Systemen mit akustischer Eingabe der Daten zu Störungen führen. Marktgängige Systeme zur Spracheingabe tolerieren einen Geräuschpegel von bis zu 85 dB A, vorausgesetzt, es treten keine lauten, plötzlichen Zwischengeräusche auf durch die das zu erkennende akustische Muster verfälscht wird.

Bei manchen Datenerfassungsmethoden benötigt der Benutzer beide Hände zur Handhabung des Datenerfassungsgerätes. Außerdem wird die Aufmerksamkeit des Mitarbeiters gefordert, so dass er nicht gleichzeitig andere Aufgaben ausführen kann. Das Kriterium **Störung des Arbeitsablaufes durch die Datenerfassung** erfasst und bewertet die Möglichkeit, die Erfassungsaktivität und die Handhabung der Güter simultan durchzuführen. Dieser Aspekt ist vor dem Hintergrund zahlreicher Beidhandarbeiten in logistischen Bereichen bedeutsam, da die Bedienung eines Datenerfassungsgerätes den Arbeitsablauf unterbricht. Dies ist bei einer automatischen Datenerfassung nicht der Fall, da der Identifikationspunkt technisch in den Materialfluss integriert ist.

Die Datenerfassungsmethoden sind durch eine unterschiedliche **mentale Belastung der Mitarbeiter** gekennzeichnet. So erfordert das Ablesen zahlreicher Daten oder die Eingabe von Informationen eine höhere Konzentration der Mitarbeiter als die Positionierung eines Lesestiftes. Erhöhter Konzentrationsbedarf geht mit einer schnelleren Ermüdung einher, wodurch die Fehlergefahr steigt. Bei einer automatischen Datenerfassung ist dieses Kriterium irrelevant.

Die einzelnen Datenerfassungstechniken verfügen über sehr unterschiedliche Reichweiten, weshalb der **Leseabstand** eine wichtige Anforderung im Rahmen der Methodenauswahl ist. Bei der Gerätewahl ist darüber hinaus die zulässige Toleranz (Tiefenschärfe) zu beachten.

Ein weiteres Anforderungskriterium kann die **Lesbarkeit des Datenträgers** für den Mitarbeiter ohne Hilfsmittel sein. Dies setzt in der Regel voraus, dass der Code in gedruckter oder geschriebener Form vorliegt und aus alphanumerischen Zeichen besteht, wie z.B. bei der OCR-Schrift. Der Datenträger muss insbesondere dann lesbar sein, wenn verschiedene Personen an verschiedenen Orten Daten erfassen bzw. neu erstellen.

Auch einige **technische Bedingungen** beeinflussen die Auswahl der optimalen Datenerfassungsmethode. Die **Fehlerrate** ist definiert als Fehleranzahl bei der Datenerfassung in Relation zur erfassten Datenmenge. Ziel ist eine möglichst niedrige Fehlerrate, da zum einen das Suchen von Fehlern sehr zeitaufwändig ist und zum anderen fehlerhafte Daten große Folgeschäden verursachen können. Bei der Tastatureingabe liegt die Fehlerrate bei durchschnittlich 1:300. Demgegenüber liegt der Wert bei einer Barcodeerfassung bei 1:1000000 oder besser (vgl. *Hansen* 1986).

Je nachdem wie viel Platz für die Unterbringung der codierten Daten zur Verfügung steht ist der **Platzbedarf des Datenträgers** bei gleicher Datenmenge (= Datendichte) entscheidend. So kann beispielsweise der Platz auf einem Warenanhänger oder Etikett sehr begrenzt sein, während für die Kennzeichnung von Ladehilfsmitteln oder Gütern größerer Abmessung vielfach ausreichend Platz vorhanden ist.

Die unerwünschte Wechselwirkung verschiedener elektrischer Geräte infolge der abgestrahlten (Störaussendung) sowie der empfangenen (Störempfindlichkeit) elektromagnetischen Felder wird mit der **Elektromagnetischen Verträglichkeit** (EMV) erfasst. Starke elektromagnetische Störeinflüsse, z.B. auf Grund häufiger Elektro-

Schweißarbeiten oder des Vorhandenseins elektrifizierter Bahnstrecken in unmittelbarer Nähe, können ein k. o.-Kriterium für EMV-empfindliche Erfassungsmethoden (wie z. B. elektronische Datenträger) sein.

Schließlich sind bei der Auswahl der geeigneten Datenerfassungsmethode auch inner- und außerbetriebliche **Organisationskriterien** zu berücksichtigen. Zunächst sollen die innerbetrieblichen Faktoren betrachtet werden.

Der **Zeitaufwand** für die Datenerfassung beeinflusst zum einen die Durchlaufzeit der logistischen Bereiche und zum anderen die benötigte Personalkapazität bzw. Personalkosten. Bei automatischen oder halbautomatischen Methoden erfolgt die Datenerfassung im Rahmen von Zehntelsekunden und damit deutlich schneller als bei der manuellen Datenerfassung. Dem stehen allerdings höhere Einmalaufwendungen (Investitionen) gegenüber.

Die einzelnen Datenerfassungsmethoden eignen sich unterschiedlich gut für verschiedene **Arten von Daten**. Einzelne Wörter oder durchgehende Texte eignen sich gut für die Erfassung durch den Menschen. Dies ist bei alphanumerischen Zeichenketten nicht der Fall. Je umfangreicher die Information ist, desto höher ist die Fehlerwahrscheinlichkeit und der Zeitbedarf bei einer Erfassung durch den Menschen. Während für kurze Ident-Nummern der Barcode geeignet ist, bietet sich für umfangreiche Begleitdaten eher der Matrixcode oder eine Identifikation mit elektronischen Datenträgern an.

Bei der Wahl der Datenträger ist zu berücksichtigen, ob auf diesen während bzw. nach der Datenerfassung eine **Modifikation der Daten** vorzunehmen ist (z. B. Aktualisierung der Information über den Behälterinhalt in der Kommissionierung). Die Vorteile einer automatischen Modifikation der Daten auf dem Datenträger liegen in der niedrigen Fehlerwahrscheinlichkeit und der Unmöglichkeit einer unzulässigen Manipulation von Datenträgern durch die Mitarbeiter. Zwar lassen sich bei nicht modifizierbaren Datenträgern neue Datenträger erstellen. Dies geht jedoch mit einem entsprechenden Zeitaufwand sowie unter Umständen dem Bedarf an zusätzlichen Betriebsmitteln einher.

Ein weiterer Aspekt ist die **Weiterverarbeitung** der Daten: IT-gestützt oder manuell. Werden die Daten per IT weiterverarbeitet, müssen sie ohnehin in eine IT-gerechte Form überführt werden. Eine IT-gestützte Datenerfassung sollte möglichst an der ersten Datenerfassungsstation erfolgen. Durch die Verarbeitung per IT wird eine hohe Datenaktualität und eine große Transparenz der Materialflussbewegungen sichergestellt.

Bei Bedarf kann von Daten, die in IT-Form vorliegen ein Ausdruck (z. B. Lieferpapiere) erstellt werden, so dass eine manuelle Weiterverarbeitung jederzeit möglich ist.

Als außerbetriebliche Anforderung an die Datenerfassungsmethode ist zu klären, ob ein **offenes** (Einwegsystem) oder **geschlossenes** (Kreislaufsystem) **Materialflusssystem** vorliegt. Bei Einwegsystemen erfolgt in der Regel keine Wiederverwendung der Datenträger, so dass zur Vermeidung hoher Kosten nur Low-cost-Datenträger verwendet werden sollten. Ferner ist zu prüfen, inwieweit die Datenerfassungsmethode bei den übrigen Beteiligten in der Logistikkette identifizierbar ist (Kompatibilität).

Die Prüfung der **Markt- bzw. Branchenüblichkeit** der Methode zielt darauf ab, die weitere Verfügbarkeit sowie die Weiterentwicklung der gewählten Methode abzusichern. Es gilt, künftige Entwicklungen und Trends zu analysieren. Durch die Wahl eines branchenüblichen Systems können Geschäftspartner einfacher an die eigene Logistik angebunden werden. Gegebenenfalls sind auch zwingende Anforderungen großer Abnehmer zu beachten. Eng verknüpft mit dem vorgenannten Kriterium sind die **Zukunftsaussichten der Datenerfassungsmethode.** Droht eine Ablösung durch ein anderes System oder ist mit keiner Weiterentwicklung mehr zu rechnen, sollte von einer Anschaffung abgesehen werden, da die Verfügbarkeit von Systemkomponenten für eventuelle künftige Erweiterungen oder Reparaturen sichergestellt sein muss.

Ein bedeutsamer subjektiver Faktor ist die im Unternehmen vorhandene **Unternehmensphilosophie.** In innovativ eingestellten Unternehmen ist die Bereitschaft zur Einführung neuer Technologien tendenziell höher als in konservativ geführten Unternehmen. Dies ist für die Akzeptanz und den Umgang mit der Datenerfassungstechnik – sowohl auf Managementebene als auch bei den operativen Mitarbeitern – regelmäßig ein kritischer Erfolgsfaktor.

Abb. 3-29 enthält eine Checkliste, in der mögliche Anforderungsstufen für die einzelnen Kriterien der Datenerfassungsmethoden aufgeführt sind. Hiermit können konkrete Bewertungen von zur Wahl stehenden Methoden vorgenommen werden. Bei den meisten Kriterien stellt die „Stufe 5" die maximale Anforderungsstufe dar. Vor der Durchführung der Bewertung sind die k.o.-Kriterien und eine Gewichtung der einzelnen Kriterien festzulegen.

3.4.5 Anforderungen an Datenerfassungsgeräte

Zusätzlich zu den bei der Methodenwahl heranzuziehenden Kriterien sollen nunmehr noch die Anforderungen an Datenerfassungsgeräte vorgestellt werden, die es bei der Bewertung der am Markt verfügbaren Geräte zu beachten gilt (vgl. hierzu *Heinz/Nusswald* 1996, S. 47-54).

Eine grobe Vorauswahl der Geräte kann zunächst dadurch getroffen werden, dass die Frage nach der **Tragbarkeit** beantwortet wird. Die Notwendigkeit eines tragbaren Datenerfassungsgerätes hängt wesentlich von den während der Datenerfassung durchzuführenden Arbeitsaufgaben ab (vgl. *Heinz/Nusswald* 1996, S. 47). Bei einer stationären Tätigkeit (z.B. in der Wareneingangskontrolle) können auch die Daten stationär erfasst werden, so dass kein tragbares Datenerfassungsgerät erforderlich ist. Andererseits bieten sich bei Tätigkeiten mit einem großen Aktionsradius (z.B. Ein-/Auslagerung) mobile Formen der Datenerfassung an. Falls zur Abwicklung der Arbeitsaufgabe Fördermittel eingesetzt werden, können auf diesen Datenerfassungsgeräte montiert werden. Andernfalls bietet es sich an, tragbare Datenerfassungsgeräte bereitzustellen.

Einen Überblick über die – neben der Tragbarkeit – relevanten gerätespezifischen Auswahlkriterien gibt Abb. 3-30.

Kriterium	Stufe 1	Stufe 2	Stufe 3	Stufe 4	Stufe 5
Lichtverhältnisse	x ≥ 500 lx	500 lx ≥ x > 200 lx	200 lx > x	Blendungsgefahr	geringe Blendungsgefahr
Thermische Belastungen	x ≤ -20°C	-20°C < x ≤ + 10°C	10°C < x ≤ 50°C	50°C < x ≤ 70°C	70°C < x
Feuchtigkeit	Luftfeuchtigkeit < 95 %	Luftfeuchtigkeit ≥ 95 %	kein Wasser	Spritzwasser	direkte Berieselung mit Wasser (z. B. Regen)
Mechanische Belastung des Datenträgers	es besteht Gefahr von Abrieb bzw. Knicken	es besteht Gefahr von Oberflächenbeschädigungen (z. B. Kratzer)	es besteht normale Belastung (kein Kontakt mit spitzen Gegenständen und kein starker Abrieb zul.)	es besteht extreme Belastung (z. B. starke Reibung evtl. mit Schmutz, spitze Gegenstände, harte Stöße)	
Verschmutzung des Datenträgers	keine Verschmutzung	stellenweise geringe Verschmutzung (z. B. Staub)	geringe Verschmutzung	stellenweise starke Verschmutzung (z. B. Farbe, Schmiere)	starke Verschmutzung
Geräuschpegel	< 85 dB A, keine lauten Zwischengeräusche	< 85 dB A, laute Zwischengeräusche	≥ 85 dB A		
Störung des Arbeitsablaufes durch die Datenerfassung	Arbeitsablauf kann unterbrochen werden, Güter können abgestellt werden	Arbeitsablauf kann unterbrochen werden, Güter können nicht abgestellt werden	Arbeitsablauf kann nicht unterbrochen werden, jedoch ist kurze Verzögerung zulässig (z. B. Stoppen des Fördermittels)	Arbeitsablauf soll von der Datenerfassung nicht beeinflußt werden	
Zeitaufwand für die Datenerfassung	darf sehr hoch sein	darf hoch sein	darf mittel sein	muß gering sein	muß sehr gering sein
Mentale Belastung der Mitarbeiter	sehr hohe Konzentration zur Datenerfassung zulässig	hohe Konzentration zur Datenerfassung zulässig	mittlere Konzentration zur Datenerfassung zulässig	geringe Konzentration zur Datenerfassung zulässig	sehr geringe Konzentration zur Datenerfassung zulässig
Leseabstand	x ≤ 1 mm	1 mm < x ≤ 20 cm	20 cm < x ≤ 2 m	2 m < x ≤ 4 m	4 m < x
Fehlerrate (maximal zulässiger Wert)	≥ 1 : 300	≥ 1 : 10^4	≥ 1 : 10^6	< 1 : 10^6	

Kriterium	Stufe 1	Stufe 2	Stufe 3	Stufe 4	Stufe 5
Platzbedarf des Datenträgers	darf sehr hoch sein	darf hoch sein	darf mittel sein	muß gering sein	muß sehr gering sein
EMV	nur störunempfindliche und keine störaussendenden Anlagen in mittelbarer oder unmittelbarer Umgebung	nur störunempfindliche und keine störaussendenden Anlagen in unmittelbarer Umgebung (z. B. innerhalb der Halle)	störempfindliche (z. B. Meßgeräte) oder wenig störaussendende Anlagen in unmittelbarer Umgebung	störempfindliche oder störaussendende Anlagen (z. B. starke Elektromotoren) in unmittelbarer Umgebung	sehr störempfindliche oder stark störaussendende Anlagen (z. B. E-Schweißen) in unmittelbarer Umgebung
Art der Daten	kurze alphanumerische Zeichenkette (bis 13 Zeichen, z. B. Ident-Nummer)	längere alphanumerische Zeichenkette (z. B. Steuerbefehle)	kurzer Text (z. B. Auftragsdaten)	längerer Text (z. B. Zusatzinformationen)	
Modifikation der Daten	sehr selten Modifikation der Daten erforderlich	selten Modifikation der Daten erforderlich	häufige oder sehr häufige Modifikation der Daten nach dem Lesevorgang erforderlich	häufige oder sehr häufige Modifikation der Daten während des Lesevorganges erforderlich	
Weiterverarbeitung der Daten	manuell, papiergebunden	rechnergestützt			
Lesbarkeit des Datenträgers	Hilfsmittel immer vorhanden	soll auch ohne Hilfsmittel für Benutzer lesbar sein			
System offen / geschlossen	geschlossenes System	offenes oder geschlossenes System			
Markt- bzw. Branchenüblichkeit	kann Pilotanwendung sein	erste Erfahrungen sollen vorliegen	weite Verbreitung soll gegeben sein	soll existierenden Branchenstandard erfüllen	
Zukunftsaussichten der Datenerfassungsmethode	Methode wird nur noch in speziellen Bereichen eingesetzt	Methode wird zukünftig weniger genutzt, kaum neue Installationen	Methode wird nicht weiterentwickelt	Methode wird häufig installiert und weiterentwickelt	
Unternehmensphilosophie	konservativ	eher konservativ	neutral	eher innovativ	innovativ

Abb. 3-29: Stufen der Anforderungen an Datenerfassungsmethoden (Heinz/Nusswald 1996, S. 95)

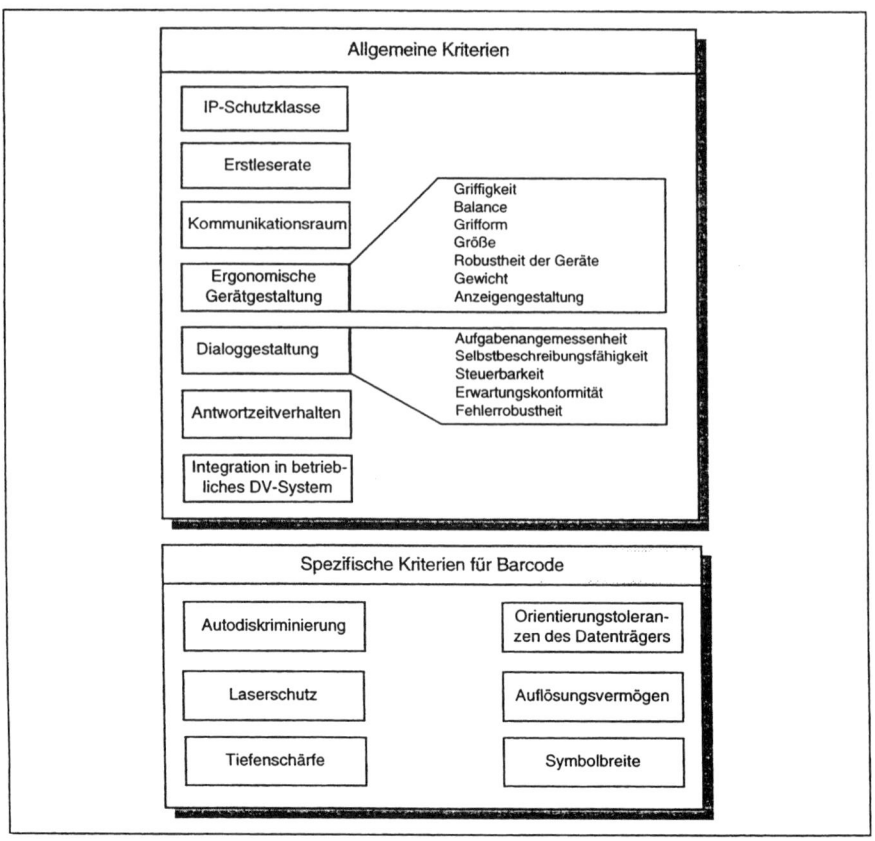

Abb. 3-30: Kriterien zur Auswahl von Datenerfassungsgeräten (Heinz/Nusswald 1996, S. 48)

Die **IP-Schutzklasse** nach DIN 40050 regelt den Schutz vor dem Eindringen von Fremdkörpern (einschließlich Staubablagerungen) und Wasser in das Gerät. Viele der angebotenen Geräte weisen die Schutzklasse IP65 auf, wodurch ein umfassender Schutz bei den üblichen industriellen Anwendungen sichergestellt ist.

Die **Erstleserate** ist definiert als die Anzahl der im ersten Leseversuch erfolgreichen Lesevorgänge. Bei halbautomatischen oder manuellen Datenerfassungssystemen wird der Benutzer bei einem erfolglosen ersten Leseversuch zu einer nochmaligen Datenidentifikation aufgefordert. Bei einer zu geringen Erstleserate steigt zum einen der Zeitaufwand für die Datenerfassung, zum anderen sinkt die Bereitschaft der Mitarbeiter, mit diesem System zu arbeiten. So hat in einzelnen Unternehmen die niedrige Erstleserate von Lesestiften zur Identifikation von Barcodes zur fehlenden Akzeptanz der Mitarbeiter und in der Folge zur Abschaffung dieser Geräte geführt.

Größe, Form und Ausrichtung des **Kommunikationsraumes** sind vor allem beim Einsatz automatischer Datenerfassungssysteme wichtige Auswahlkriterien. Der Datenträger muss mindestens so lange im Kommunikationsraum verweilen, dass die Daten vollständig erfasst werden können. Hierzu müssen die Transportgeschwindigkeit der Güter und der Kommunikationsraum aufeinander abgestimmt sein.

Die **ergonomische Gerätgestaltung** soll eine einfache und fehlerfreie Nutzung des Datenerfassungssystems ermöglichen. Die Kriterien Griffigkeit, Balance, Griffform und Größe stellen auf eine aufgabengerechte Handhabung der Datenerfassungsgeräte ab. Die **Robustheit** der Datenerfassungsgeräte muss in logistischen Bereichen in der Regel sehr groß sein. Als Maß hierfür wird beispielsweise bei Scannern die zulässige Fallhöhe auf Beton angegeben. Ein zu hohes **Gewicht** tragbarer Datenerfassungsgeräte führt zu Ermüdungserscheinungen und verminderter Leistungsfähigkeit der Mitarbeiter. Zu schwere Geräte gehen oft mit einer niedrigen Akzeptanz bei den Mitarbeitern einher. Die **Anzeigengestaltung** sollte ein schnelles, einfaches und fehlerarmes Ablesen gewährleisten. Neben der Bildschirm-/Displaygüte ist die Zeichenhöhe bei den Anzeigen zu beachten.

Mit der **Dialoggestaltung** ist die Mensch-Maschine-Schnittstelle angesprochen. Grundsätze für die Gestaltung von Dialogsystemen sind in der DIN 66234 festgelegt:

- Aufgabenangemessenheit, d.h. die Dialogoberfläche soll an die aufgabenspezifischen Bedarfe des Benutzers angepasst sein, um diesen zu unterstützen und zu entlasten.
- Selbstbeschreibungsfähigkeit, d.h. Dialoge sollten ohne weitere Erläuterungen zu benutzen sein.
- Steuerbarkeit der Dialoge, d.h. der Benutzer kann die Bearbeitungsreihenfolge der Dialogfelder und das Arbeitstempo selbst bestimmen. In bereits ausgefüllten Feldern müssen Korrekturen möglich sein.
- Erwartungskonformität der Benutzeroberfläche, d.h. ähnliche Aufgaben sollten eine einheitliche Gestaltung der Dialoge aufweisen.
- Fehlerrobustheit des Dialogsystems, d.h. Falscheingaben oder Fehlbedienungen sollten vom System abgelehnt werden und dürfen nicht zu undefinierten Systemzuständen führen. Bei Vorliegen eines Eingabefehlers sollte eine Neueingabe möglich sein.

Darüber hinaus hat das **Antwortzeitverhalten** großen Einfluss auf die Eignung eines Datenerfassungssystems in der Praxis. Je höher die Antwortzeit des Datenerfassungssystems ist, desto niedriger ist die Arbeitsproduktivität.

Bei der **Integrationsmöglichkeit** der Datenerfassungsgeräte **in das betriebliche IT-System** geht es um die Prüfung der Hardware-Schnittstellen (Kompatibilität zur vorhandenen Ausrüstung) und die Übernahmemöglichkeit von Daten in die vorhandene Software (standardisierte Datenübertragungs-Protokolle).

Für die in der Praxis am weitesten verbreitete Datenerfassungsmethode, den Barcode, sind in Abb. 3-30 spezifische Anforderungen definiert worden. Diese umfassen:

- Autodiskriminierung, d.h. die Fähigkeit der Lesegeräte, unterschiedliche Barcodetypen eigenständig zu erkennen und zu decodieren.
- Laserschutz für die Mitarbeiter, d.h. Sicherstellung einer unbedenklichen Leuchtdichte des Laserstrahls und Beachtung technischer und organisatorischer Schutzmaßnahmen im Umgang mit Laserlicht.
- Tiefenschärfe, d.h. zulässige Toleranz des Leseabstandes.
- Orientierungstoleranzen der Datenträger bezüglich ihrer räumlichen Ausrichtung.
- Auflösungsvermögen.
- Lesbare Symbolbreite.

3.4.6 Auswahl eines Datenerfassungssystems

Bei der Auswahl eines Datenerfassungssystems sind die in Abb. 3-31 enthaltenen Schritte zu durchlaufen (vgl. zum Folgenden *Heinz/Nusswald* 1996, S. 74 ff.). Ausgangspunkt ist eine Datenerfassungsaufgabe, wobei vorausgesetzt wird, dass die Arbeits- und die Ablauforganisation gegeben sind und die Vorgaben seitens der Daten (Art, Menge und Ort der Erfassung) im Vorfeld festgelegt wurden. Im ersten Schritt kann eine **Vorauswahl** möglicher Datenerfassungsmethoden anhand des Automatisierungsgrades getroffen werden. Die relevanten Entscheidungskriterien wurden in Abschnitt 3.4.2 vorgestellt. Hierbei ist auch auf eine gewisse Einheitlichkeit der Datenerfassungsmethode im gesamten Unternehmen zu achten, da die Verwendung unterschiedlicher Systeme zusätzliche Kosten für Betriebsmittel und Schnittstellenprobleme mit sich bringen kann.

Im zweiten Schritt ist ein **Anforderungsprofil** anhand der konkreten Einsatzbedingungen der einzelnen Datenerfassungsmethoden aufzustellen. Grundlage hierfür sind die in Abschnitt 3.4.4 diskutierten Kriterien, die zusammenfassend in der Checkliste in Abb. 3-29 enthalten sind. Als dritter Schritt folgt der **Abgleich** des Anforderungsprofils mit den Eigenschaften der einzelnen **Datenerfassungsmethoden**. Hierzu ist jede der möglichen Datenerfassungsmethoden anhand der definierten Anforderungsstufen zu bewerten. Als Ergebnis dieses Auswahlschrittes erhält man für den Untersuchungsgegenstand geeignete Datenerfassungsmethoden. Für diese ist nunmehr eine grobe **Wirtschaftlichkeitsanalyse** durchzuführen, die sowohl die einmaligen Investitionskosten als auch die laufenden Betriebskosten zum Gegenstand hat.

Die **Investitionskosten** umfassen im Wesentlichen

- die Anschaffungs- und Installationskosten der Datenerfassungsgeräte
- die Anschaffungs- und Installationskosten der Betriebsmittel zur Erstellung der Datenträger
- die Anschaffungs- und Installationskosten der Datenübertragungsgeräte
- Qualifizierungskosten für die Handhabung der Datenerfassungstechnik: Ausreichende Schulungen und Unterweisungen sind sowohl im Hinblick auf die Sicherstellung einer richtigen Systembedienung als auch zum Abbau eventueller Berührungsängste mit neuen Techniken von hoher Bedeutung für den realisierbaren Nutzen.
- Anlaufkosten bei Schwierigkeiten mit dem neuen System, die stark abhängen von der Qualität der Einführungsplanung und -vorbereitung, der bisherigen Organisationsform und der Art der einzuführenden Datenerfassungsmethode.
- Kosten für externe Berater, die gegebenenfalls bei der Konzeption und Einführung herangezogen werden.

Die laufenden **Betriebskosten** umfassen im Wesentlichen:

- Erforderliche Personalkapazität zur Datenerfassung
- Datenträgermaterial
- Instandhaltung des Datenerfassungssystems
- Fehlerfolgekosten, z.B. durch Fehlleitung von Gütern, falsche Einlagerung, fehlerhafte Bestände, Fehllieferungen.
- Effektivität der Kapazitätsnutzung von Mitarbeitern und Betriebsmitteln auf Grund aktueller Daten.

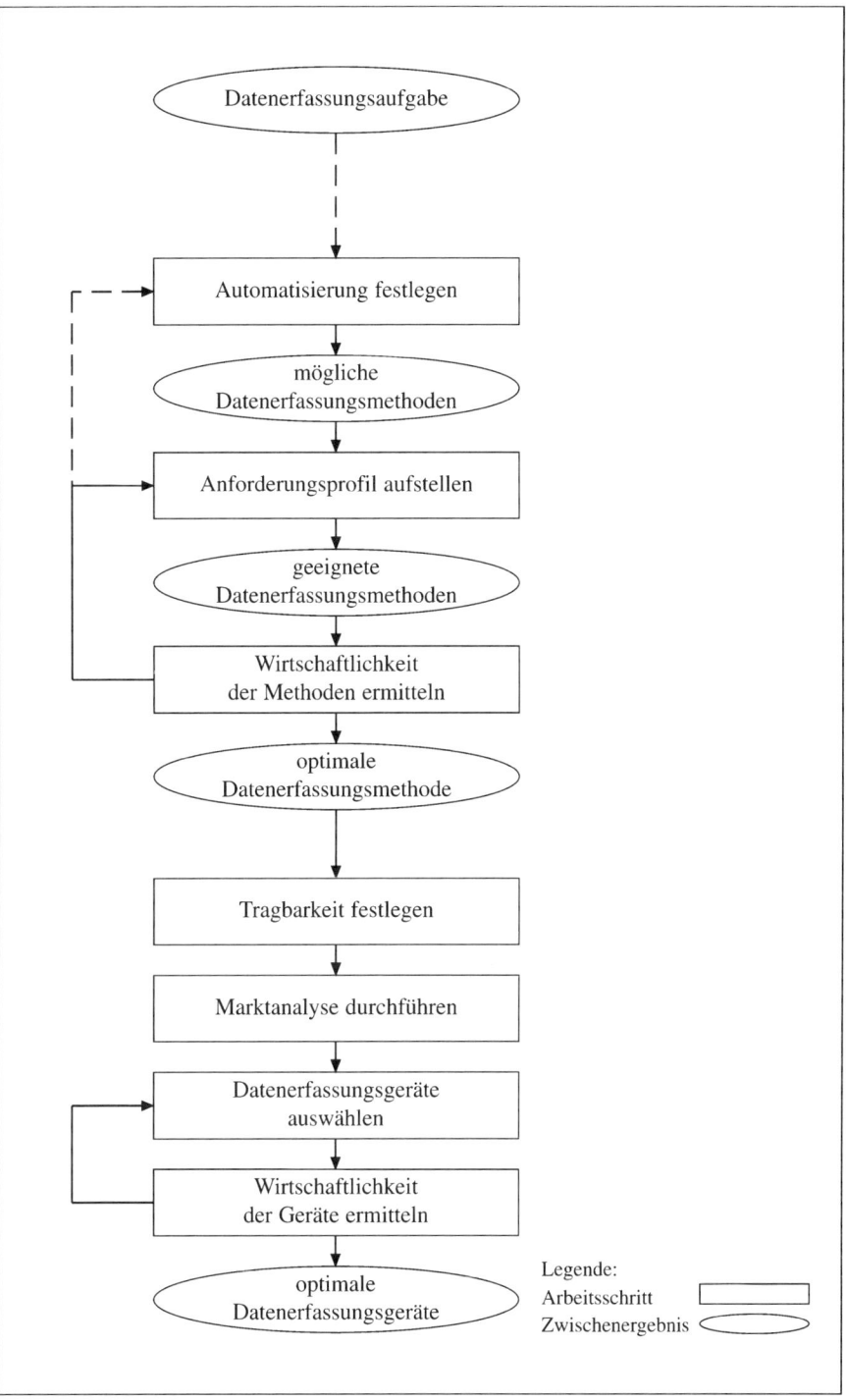

Abb. 3-31: Auswahl eines Datenerfassungssystems (vgl. Heinz/Nusswald 1996, S. 74, 77)

Im Rahmen der **Auswahl der Datenerfassungsgeräte** ist zunächst festzulegen, ob ein tragbares Gerät erforderlich ist. Die Entscheidungskriterien (Mobile Identifikation erforderlich? Benutzung von Fördermitteln?) wurden in Abschnitt 3.4.5 diskutiert. Die Durchführung einer **Marktanalyse** dient der Ermittlung der aktuellen technischen und preislichen Situation bei Datenerfassungsgeräten. Die zu berücksichtigenden Kriterien enthält Abb. 3-30. Die **Wirtschaftlichkeitsbetrachtung** für die Geräteauswahl hat insbesondere die jeweiligen Anschaffungskosten (inkl. Installation) der einzelnen Geräte und den exakten Personalaufwand zur Datenerfassung zu vergleichen. Das für den betrachteten Einsatzfall optimale Datenerfassungsgerät ist das, das den höchsten Erfüllungsgrad bei den Anforderungen und der Wirtschaftlichkeit aufweist.

Nach der Planungs- und Entscheidungsphase schließt sich die Einführung des Datenerfassungssystems an.

3.5 Datenspeicherung

3.5.1 Bedeutung und Überblick

Externe Massenspeicher dienen der langfristigen Aufbewahrung und dem Transport größerer Datenmengen. Hierdurch wird die Verfügbarkeit von Daten zu Dokumentationszwecken, für spätere Weiterverarbeitungen und zur Verarbeitung an anderen als den Ursprungsorten ermöglicht. Beispiele für die **Speicherung großer Datenmengen in der Logistik** sind

– die tägliche Sicherung der im PC auf der Festplatte gespeicherten Dateien,
– die Archivierung von Daten des innerbetrieblichen Transports oder Lagers für spätere Planungen (Simulationen),
– das Vorhalten selten genutzter PC-Programme auf Diskette oder CD-ROM,
– der Transport von Daten der Außenläger, die noch nicht über Datenfernübertragung (DFÜ) verfügen, an die Zentrale (auf Diskette),
– die Übermittlung von Bestell- bzw. Abrufdaten an Lieferanten, die noch nicht über DFÜ verfügen,
– Lager- und Transporthilfsmittelkataloge der Lieferanten, die vielfach bereits auf CD-ROM angeboten werden.

Untersuchungen in den USA haben gezeigt, dass in Großunternehmen einer installierten Rechnerleistung von 1 MIPS ein Bedarf von rund vier Gigabytes für externe Speicherkapazitäten gegenübersteht (vgl. *Keen* 1995, S. 126). Auch wenn das Datenvolumen des einzelnen Geschäftsvorfalls gering ist, so führt die Vielzahl der Transaktionen sehr schnell zu einem hohen gesamten Datenvolumen.

Die wichtigsten externen Speichermedien sind magnetische Speicher in Form von (Magnet-)Platten und Disketten, Magnetbändern und Magnetbanddisketten sowie optische Speicher in Form optischer Speicherplatten. Man bezeichnet diese Speicher – zusammen mit dem dazugehörigen Speichergerät (Laufwerk) – als Massenspeicher. Von entscheidender Bedeutung für die Nutzung ist, ob auf einzelne Datensätze nur in

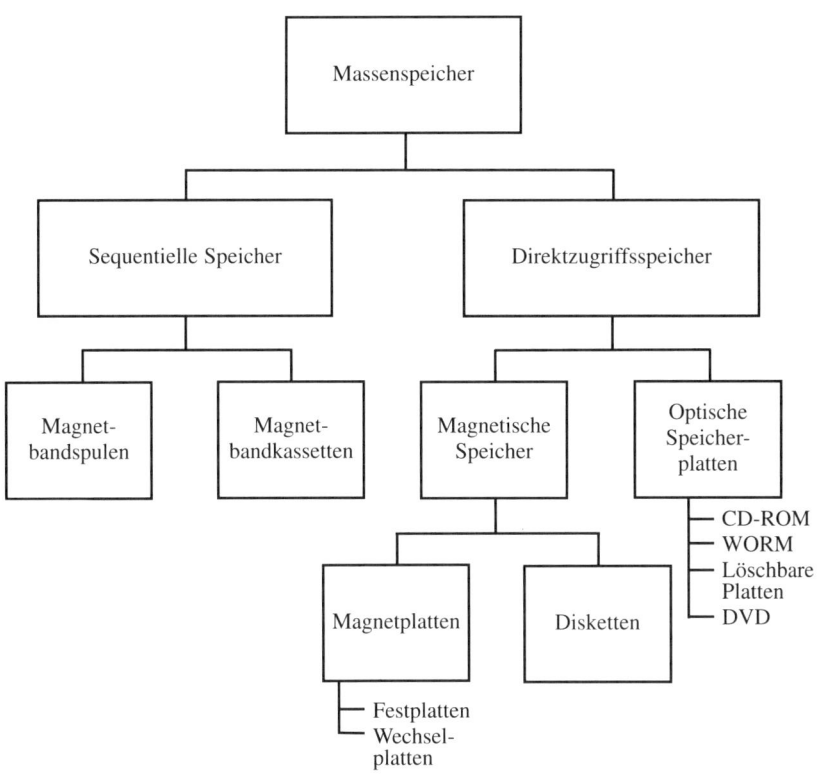

Abb. 3-32: Massenspeicher

der gespeicherten Reihenfolge oder aber auch direkt (wahlfrei) zugegriffen werden kann. Im erstgenannten Fall handelt es sich um sequentielle Speicher, im zweiten Fall um Direktzugriffsspeicher (vgl. Abb. 3-32).

3.5.2 Magnetische Datenspeicher

Magnetbänder bestehen aus Kunststofffolie mit einer einseitig aufgedampften magnetisierbaren Schicht, auf der die Daten gespeichert werden. Für Mikrocomputer gibt es Magnetbandspeicher in Kassettenform (sog. Streamer). Diese verfügen über eine sehr hohe Speicherkapazität von bis zu mehreren Gigabytes. Wesentlicher Nachteil von Magnetband bzw. -kassette ist, dass nur sequentiell auf die gespeicherten Daten zugegriffen werden kann, was zu langen Zugriffszeiten führt. Diese Speichermedien werden deshalb fast ausschließlich zur Datensicherung und -archivierung (beispielsweise für den Fall einer ungewollten Datenvernichtung), aber auch für den Datenträgeraustausch genutzt (vgl. *Mertens* u.a. 1996, S. 13). Bandroboter können bis zu 100 000 Kassetten verwalten und bei Anforderung durch das Programm die gewünschten Daten innerhalb weniger Sekunden zur Verfügung stellen. Magnetbänder sind relativ billig und lange haltbar.

Bei **Magnetplatten** (auch: Festplatte oder Harddisk) handelt es sich um Kunststoff- oder Aluminiumscheiben, auf die beidseitig magnetisierbare Schichten aufgebracht werden. Daten werden durch Magnetisierung in konzentrischen Spuren aufgezeichnet. Eine Spur besteht aus mehreren Sektoren. In einem Magnetplattenspeicher sind in der Regel mehrere Platten übereinander angeordnet (sog. Plattenstapel). Je nachdem, ob die Platten(stapel) im Laufwerk auswechselbar oder fest montiert sind, spricht man von Festplattenspeichern oder Wechselplattenspeichern. Die Platten drehen im Plattenlaufwerk mit konstanter Geschwindigkeit. Zum Lesen und Schreiben der Daten werden Schreib-Lese-Köpfe über den entsprechenden Spuren positioniert, wo sie warten bis der Sektor mit den benötigten Daten vorbeikommt. Wegen der Umdrehungswartezeit spricht man von einem halbdirekten Zugriff. Die Speicherkapazität von Magnetplatten für PC's beträgt heute in der Regel ca. 1 Gigabyte, diejenige in Großrechnersystemen mehrere Gigabytes. Neben der hohen Speicherkapazität gehören zu den Vorteilen von Magnetplatten die Wiederverwendbarkeit (Daten können überschrieben werden), die relativ hohe Datensicherheit und der relativ schnelle Zugriff. Demgegenüber stehen – im Vergleich zu Magnetbändern – relativ hohe Speicherkosten. Magnetplatten kommen unter anderem dort zum Einsatz, wo große Datenbestände im ständigen schnellen Zugriff sein müssen.

Disketten sind dünne, runde Magnetscheiben, die sich in einer Plastikumhüllung befinden. Die früher verbreiteten biegsamen 5,25-Zoll-Disketten (floppy disks) sind durch starre 3,5-Zoll-Disketten abgelöst worden. Lesen und Schreiben funktionieren ähnlich wie bei der Magnetplatte. Allerdings verfügt die Diskette über weniger Speicherkapazität und längere Zugriffszeiten. Dafür ist sie aber wesentlich billiger. Weitere Vorteile von Disketten sind, dass sie sehr leicht ausgetauscht und versandt werden können, wobei aber die Empfindlichkeit gegenüber Umwelteinflüssen relativ hoch ist. Neben dem Programm- und Datenträgeraustausch dienen Disketten der Datensicherung bei Mikrocomputern.

3.5.3 Optische Datenspeicher

Bei den optischen Datenspeichern ist zu unterscheiden zwischen dem Mikrofilm und den optischen Speicherplatten (vgl. *Stahlknecht* 1995, S. 64). Die **Mikroverfilmung** als relativ altes und ausgereiftes Verfahren wird für die Verfilmung von Belegen (bildliche Aufzeichnung) und von DV-Output unter Umgehung der Druckausgabe auf Papier (inhaltliche Aufzeichnung) genutzt. Neben Rollfilmen werden insbesondere Mikrofiches als Filmmaterial verwendet. Die aufgezeichneten Daten entsprechen einer stark verkleinerten Druckausgabe. Mit COM (Computer Output on Microfilm) wird das unmittelbare Umsetzen digitaler Daten in analoge Bildinformationen auf Mikrofilme bezeichnet. Wegen des zunehmenden Einsatzes optischer Speicherplatten sinkt die Bedeutung der Mikroverfilmung stark. Haupteinsatzgebiete der Mikroverfilmung sind die Archivierung großer Dokumentenbestände, auf die relativ selten zugegriffen wird und die regelmäßige Bereitstellung umfangreicher Informationen an einen festen Empfängerkreis (z. B. Ersatzteilliste).

Bei optischen Speichern zeichnet ein Laserstrahl die Daten auf die unterhalb der transparenten Schutzschicht liegende Speicherschicht auf, indem Vertiefungen eingebrannt werden. Diese Strukturen können mit einem Laserstrahl abgetastet und gelesen werden. Es lassen sich folgende **optische Speicherplatten** unterscheiden:

- CD-ROM , die vom Hersteller beschrieben werden und vom Anwender nur gelesen werden können (ROM = Read Only Memory)
- WORM-Discs, das sind Platten, die vom Anwender einmal beschrieben und anschließend mehrfach gelesen werden können (WORM = Write Once Read Many)
- MO-Discs, die wiederbeschreibbar sind, also Platten, die beliebig oft an derselben Stelle lösch- und beschreibbar sind (MO = Magneto Optical).
- DVD-ROM (Digital Versatile Disc) in CD-Größe mit einer Kapazität von 17 GB bei beidseitiger Aufzeichnung in je zwei Speicherschichten.

Verglichen mit Magnetplatten zeichnen sich optische Speicherplatten durch ihre sehr hohe Speicherkapazität, geringe Störanfälligkeit und lange Lebensdauer aus. Als Nachteile sind die ungefähr zehnmal längeren Zugriffszeiten und die bislang fehlende leichte Änderbarkeit der Platteninhalte zu nennen (vgl. *Stahlknecht* 1995, S. 65). Optische Speicherplatten werden für die Bereitstellung und Archivierung sowie die Verteilung umfangreicher, nicht zeitkritischer Datenbestände verwendet, wobei es sich häufig um nichtcodierte Informationen für eine größere Anzahl von Benutzern handelt.

3.6 Datenausgabe

Die Datenausgabe kann

- direkt (in visueller oder akustischer Form) oder
- indirekt (in maschinell lesbarer Form) erfolgen.

Neben dem **Bildschirm** ist das wichtigste Ausgabegerät der **Drucker,** bei dem die Datenausgabe auf Papier oder Folie erfolgt.

Es stehen eine Reihe unterschiedlicher Druckertypen zur Verfügung: Nadeldrucker, Tintenstrahldrucker, Thermodrucker und Laserdrucker. „Wichtige Leistungskriterien für Drucker sind:

- Druckgeschwindigkeit (Anzahl Zeichen pro Sekunde, Anzahl Zeilen bzw. Seiten pro Minute),
- Druckqualität (Farb- und Grafikfähigkeit, Schriftbild, Auflösung gemessen in Anzahl Bildpunkte pro Zoll),
- Zeichenvorrat (Anzahl Zeichensätze, Schriftarten),
- Technik des Papiertransports (Einzelblatteinzug, Endlospapier),
- Ergonomie (Lärmbelästigung, Bedienungsfreundlichkeit),
- Anschlusstechnik (Art der Schnittstellen für die Verbindung zum Rechner oder zu einem Netz),
- Anschaffungs- und Betriebskosten (z. B. Kosten für Verbrauchsmaterial)" (*Abts/ Mülder* 2002, S. 43).

Zur Auswahl des technisch sinnvollsten und wirtschaftlich geeignetsten Verfahrens ist zunächst zu analysieren, wo und an wievielen Stellen die Daten benötigt werden, wieviele Daten zu welchen Zeiten zu übermitteln sind, wie oft und in welchem Umfang sich die Daten verändern und wie aktuell die Daten jeweils vorliegen müssen.

3.7 Datenübertragung

Wesentlicher Bestandteil jeder arbeitsteiligen Wirtschaft ist die Kommunikation, d.h. der Austausch von Informationen zwischen den Organisationsteilnehmern (innerbetriebliche Kommunikation) und den Marktteilnehmern (außerbetriebliche Kommunikation). Zu prüfen ist für jedes logistische Anwendungsgebiet, welche Kommunikationswege hierfür grundsätzlich in Frage kommen und am wirtschaftlichsten sind.

Typische Anwendungsfelder der außerbetrieblichen Kommunikation in der Logistik sind

– die Anbindung von Kunden im Rahmen der Auftragsabwicklung (vgl. Abschnitt 8.4)
– die Anbindung von Lieferanten im Rahmen der Beschaffungslogistik (vgl. Abschnitt 6.4.3)
– die Anbindung von Spediteuren, Frachtführern und Umschlagbetrieben (vgl. Abschnitt 4.3.7).

Typische Anwendungsfelder der innerbetrieblichen Kommunikation in der Logistik sind

– die Zusammenführung heterogener Anwendungen zu integrierten Systemen
– der Datenaustausch zwischen verschiedenen Abteilungen, Standorten etc.

3.7.1 Grundlagen

Unter Datenübertragung versteht man den Datentransport zwischen beliebig weit entfernten Datenstationen und Datenverarbeitungsanlagen. **Datenübertragungssysteme** bestehen aus

– Datenstationen,
– Übertragungswegen sowie
– Übertragungsverfahren.

Um die Datenkommunikation zu erleichtern existieren mittlerweile zahlreiche Kommunikationsstandards bzw. -protokolle.

3.7.1.1 Datenstationen

Jede **Datenstation** besteht nach DIN 44 302 aus der Datenendeinrichtung und der Datenübertragungseinrichtung. Datenendeinrichtungen sind Geräte zum Senden und/oder Empfangen von Daten. Beispiele sind Bildschirme, Drucker, Rechner etc. Sind mindestens zwei Datenendeinrichtungen Rechner, liegt ein Rechnernetz vor. Die Datenendeinrichtung steuert den Verbindungsauf- und -abbau, besorgt die Fehlerkorrektur sowie die Synchronisation mit der entgegengesetzten Datenendeinrichtung. Die Datenübertragungseinrichtung besteht aus dem Signalumsetzer und der Anschalteinheit. Aufgabe der Datenübertragungseinrichtung ist es, die von der Datenendeinrichtung abgegebenen Signale in eine für den Übertragungsweg verständliche Form anzupassen. Beispiele sind Modems.

3.7.1.2 Übertragungswege

Ein **Übertragungsweg** stellt die Verbindung von zwei Datenstationen durch Leitungen dar. Auf diesen Leitungen werden codierte Informationen durch elektrische oder optische Signale oder durch elektromagnetische Wellen übermittelt. Die Datenübertragung kann **kabelgebunden** oder **per Funk** erfolgen. Kupferkabel übertragen elektrische Signale. Sie werden seit jeher im Fernmeldebereich verwendet und stellen das am weitesten verbreitete Netz für die Datenkommunikation dar. Bei Glasfaserkabeln (Lichtwellenleiterkabeln) werden die Daten durch optische Signale (Lichtimpulse) übertragen. Die Verkabelung von Fernstrecken erfolgt inzwischen fast ausschließlich in Glasfasertechnologie und auch in lokalen Netzen werden zunehmend Glasfaserkabel eingesetzt. Diese weisen gegenüber Kupferkabeln eine Reihe von Vorteilen auf: Sie sind nicht durch elektromagnetische Felder zu beeinflussen, abhörsicher, haben kleinere Abmessungen und geringeres Gewicht. Die Übertragungsleistungen sind mit bis zu **600 Mbit/sec** extrem hoch und die Fehlerraten niedrig.

Bei nicht kabelgebundener Datenübertragung im außerbetrieblichen Bereich kann zwischen satellitenbasierten Verbindungen, Richtfunkstrecken und den zellularen Netzen mit Funkfeststationen unterschieden werden. **Satellitenverbindungen** werden derzeit primär im Telefon- und Datenverkehr sowie in der Verteilung von Rundfunk- und Fernsehprogrammen eingesetzt. Die über einem bestimmten Punkt der Erde stationierten Satelliten arbeiten als Transponder, indem sie Daten von einer erdgebundenen Richtantenne empfangen und verstärkt wieder zur Erde zurücksenden. Die Internationale Maritime Satellitenorganisation (INMARSAT) bietet satellitenbasierte Mobilfunkdienste an. Auf diesem Satellitendienst basieren Flottenmanagementsysteme mit GPS (Global Positioning System) (vgl. Abschnitt 4.3.7.3). Mit **Richtfunkstrecken** wird topologisch schwieriges Gelände zwischen festen Teilnehmern überbrückt, bei dem die Verlegung von **Erdkabeln** unwirtschaftlich wäre. Sollen mobile Teilnehmer erreicht werden, benötigt man **zellulare Funknetze,** die das Versorgungsgebiet in eine Vielzahl von Funkzellen aufteilen. Jede Funkzelle wird von einer ortsfesten Funkstation bedient, die ihrerseits über Richtfunkstrecken oder terrestrische Verbindungen miteinander und mit Funkvermittlungsstellen verbunden sind. Letztere stellen die Anbindung an andere Netze und Dienste her.

3.7.1.3 Übertragungsverfahren

Unter **Übertragungsverfahren** versteht man die technischen Verfahren, nach denen die Datenübertragung erfolgt. Es handelt sich dabei um (vgl. Stahlknecht 1995, S. 114 ff.):

- **Zeichenübertragungsverfahren,** wobei man bitserielle (Zeichen werden bitweise nacheinander auf einem Kanal übertragen) und bitparallele (alle Bits eines Zeichens werden gleichzeitig auf mehreren Kanälen übertragen) Übertragungsbreiten unterscheidet.

- **Gleichlaufverfahren** mit den beiden Ausprägungsmöglichkeiten synchron und asynchron. Bei der synchronen Übertragung besteht die Synchronisation zwischen Sender und Empfänger während der Übertragung von geschlossenen Zeichenfolgen (512 Bit oder ein Vielfaches), die durch Steuerzeichen begrenzt sind. Bei der asynchronen Übertragung besteht die Synchronisation jeweils nur für die Übertragung eines Zeichens, das durch ein Start- und Stoppbit begrenzt ist.
- **Signalübertragungsverfahren:** Beim analogen Übertragungsverfahren (z. B. Telefonnetz) werden elektrische Schwingungen übertragen. Mit Hilfe eines Modems können digitale Daten jeweils in analoge Signale moduliert bzw. demoduliert werden. Beim digitalen Übertragungsverfahren werden elektrische Impulse übertragen, in die die zu übertragenden Bits durch Codierung umgewandelt werden.
- **Betriebsverfahren,** das an der Schnittstelle zwischen Datenendeinrichtung und Datenübertragungseinrichtung die Richtung des Datenflusses auf dem Übertragungsweg festlegt. Beim Richtungsbetrieb (simplex) ist die Übertragung nur in eine Richtung möglich, d. h. entweder Senden oder Empfangen. Beim Wechselbetrieb (halbduplex) ist abwechselnd Sende- oder Empfangsbetrieb möglich; dazwischen ist ein Umschalten der Datenendeinrichtung erforderlich. Der Gegenbetrieb (duplex oder vollduplex) erlaubt die gleichzeitige Übertragung in beide Richtungen; Umschaltzeiten entfallen.

Die **Übertragungsgeschwindigkeit** (bzw. Datenrate) zwischen zwei Datenübertragungssystemen wird in Bit pro sec gemessen.

3.7.1.4 Verfahren zum standardisierten Datenaustausch und Kommunikationsprotokolle

Viele Telekommunikationsdienste können nicht nur unstrukturierte Informationen (z. B. Sprache), sondern auch strukturierte Daten übertragen. Dies setzt jedoch voraus, dass sowohl der Versender als auch der Empfänger von Informationen bestimmte Konventionen des **elektronischen Datenaustausches** (EDI = Electronic Data Interchange) einhält. Hierbei fungieren die Anwendungsprogramme als Sender und Empfänger, so dass empfangene Nachrichten automatisch weiterverarbeitet werden können. Kennzeichnend für den elektronischen Datenaustausch ist eine vollständige rechnergestützte Abwicklung und Datenübertragung möglichst ohne manuellen Eingriff. Software zum elektronischen Datenaustausch unterstützt für Logistikanwendungen den übergreifenden Informationsaustausch in der logistischen Kette. So lassen sich beispielsweise zahlreiche in der Logistik anfallende Dokumente, wie Abrufe, Auftragsbestätigungen, Lieferscheine etc. über EDI-Schnittstellen abwickeln.

Um EDI einsetzen zu können, muss eine Standardisierung der zugrundeliegenden Geschäftsvorfälle möglich sein, d. h. mit denselben Geschäftspartnern werden bei gleich bleibenden Inhalten möglichst in immer wiederkehrender Form Geschäftsvorfälle abgewickelt (vgl. *Krallmann* u. a. 1995, S. 90). Entsprechend der unterschiedlichen Anforderungen der einzelnen Branchen, existieren heute für den Bereich der strukturierten Daten eine Vielzahl von branchenabhängigen, nationalen oder internationalen Standards (z. B. ODETTE, VDA, SEDAS) (vgl. Abb. 3-33). Lediglich EDIFACT (EDI for Administration, Commerce and Transport) ist ein internationaler, branchen-, sprach- und funktionsunabhängiger Standard für den Austausch strukturierter Daten.

Standard	Bedeutung/Anwendung
EDIFACT	Electonic Data Interchange for Administration, Commerce and Transport: Standardisierte Nachrichten über Bestellungen, Lieferungen, Rechnungen u. v. m. Branchenübergreifende Anwendung
ODETTE	Organisation for Data Exchange by Tele Transmission in Europe, Anwendung in der Automobilindustrie
SEDAS	Standardisiertes einheitliches Datenaustauschsystem, Anwendung im Groß-/Einzelhandel
VDA	Verband der Deutschen Automobilindustrie, Datenübertragung durch Lieferabruf (VDA 4905/2) und Feinabruf (VDA 4915)
ENX	Webbasierter Datenübertragungsstandard des Verbands der Deutschen Automobilindustrie
SWIFT	Datenübertragungsstandard im Zahlungsverkehr
RosettaNet	XML-basierte Standardisierung von Prozessen in der IT-Industrie (www.rosettanet.org)
CIP4	Cooperation for the Integration of Processes in Prepress, Press and Postpress (CIP4). XML-basierte Standardisierung von Prozessen in der Druck- und Medienindustrie (www.cip3.org)

Abb. 3-33: EDI-Standards im Überblick

Ziel von EDIFACT ist es, Daten aus dem Anwendungssystem eines Unternehmens ohne weitere manuelle Erfassung und Bearbeitung direkt in das Anwendungssystem des Empfängers weiterzugeben. Der EDIFACT-Standard ist besonders für die **rechnergestützte Auftragsabwicklung** geeignet und ist seit ca. 20 Jahren im Einsatz. Ein großer Vorteil ist die systemübergreifende Normierung des Formats für den Datenaustausch bei gleichzeitiger Komprimierung der Daten. Damit können günstige Übertragungsraten in einer Punkt-zu-Punkt-Verbindung erreicht werden. Als Nachteil gilt, dass Anwendungen Daten nur mit Hilfe eines Konverters importieren oder exportieren können und dass Punkt-zu-Punkt-Verbindungen für komplexe Logistiknetzwerke teilweise ungeeignet sind. Durch die maschinenlesbare Codierung ist der EDIFACT-Code nicht selbsterklärend und bedingt bei der Einführung i.d.R. hohe Anschaffungs-, Implementierungs- und Wartungskosten. Dem EDIFACT-Standard entsteht zunehmend Konkurrenz durch einschlägige branchenspezifische Standards, insbesondere durch kostengünstige, webbasierte Verfahren (Web-EDI).

Kommunikationsprotokolle beinhalten die Regeln für den Ablauf eines Kommunikationsvorgangs einschließlich der Festlegung von Art und Format der Übertragungsobjekte. Das verbreitetste Mehrschichtmodell ist das Open-Systems-Interconnection-Referenzmodell (OSI-Referenzmodell) der ISO (International Standardization Organization) das in den 1970er Jahren geschaffen wurde, um eine gemeinsame Basis für die Entwicklung von miteinander kommunizierenden Netzwerken zu schaffen. Grundidee des ISO-Referenzmodells für offene Systeme ist die Unterteilung jedes Kommunikationsvorgangs in sieben voneinander unabhängige Schichten (layers). Auf jeder einzelnen Schicht werden bestimmte Teile des Kommunikationsvorgangs zwischen Sender und Empfänger geregelt. In Abb. 3-34 sind die Funktionen der Schichten und einige wichtige Standards dargestellt.

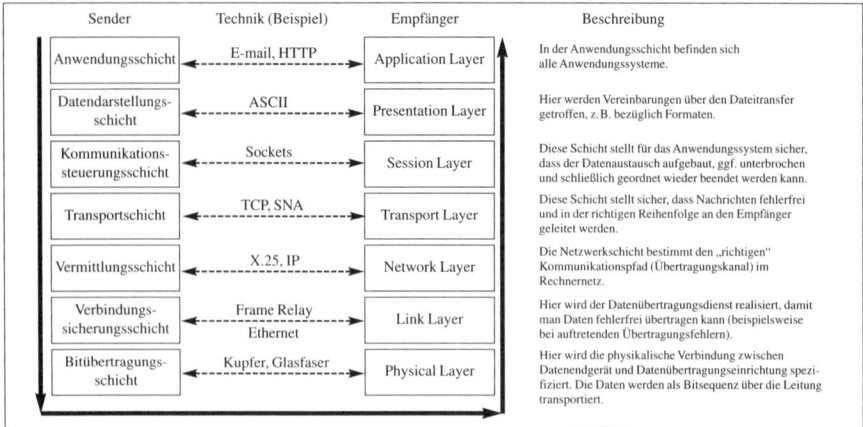

Abb. 3-34: ISO-Referenzmodell für offene Systeme

Als Standard zur Integration unterschiedlicher Übertragungsanforderungen entstand mit dem Aufkommen des Internets das so genannte **TCP/IP-Protokoll** (Transmission Control Protocol/Internet Protocol). Es bezeichnet den Standard für die Datenübertragung im Internet, der allerdings nicht Bestandteil der ISO/OSI-Normen ist. Unabhängig vom jeweiligen Kommunikationsdienst werden Daten nach demselben Schema in Pakete zerteilt, transportiert und adressiert. Die Adressierung erfolgt dynamisch oder als Festadresse über die IP-Adresse des Hostrechners. Internet-Adressen werden vom Internet Network Information Center (InterNIC) vergeben.

Zu den Protokollen, die auf TCP/IP aufsetzen, gehören:

– HTTP   (Hyper Text Transfer Protocol): WWW-Protokoll zur Kommunikation zwischen Servern und Clients
– FTP   (File Transfer Protocoll): Dateitransfer und Konvertierung
– SMTP   (Simple Mail Transfer Protocoll): E-Mail-Dienst.

Extensible Markup Language (XML) bezeichnet den Nachfolger des heutigen HTML-Standards, mit der die Seiten- und Inhaltsdarstellung im Inter-, Intra- und Extranet codiert wird. HTML- bzw. XML-Code wird vom Navigationsprogramm (Browser) genutzt, um Inhalte systemübergreifend zu übertragen. Der Inhalt eines Dokuments wird dabei von seiner logischen Struktur und dem Layout getrennt. Auf Grund der Unabhängigkeit vom Anwendungssystem (Hardware und Betriebssystem) ist damit ein offener Informationsaustausch möglich. XML-basierte Verfahren sind damit Voraussetzung für eine Prozessintegration der Softwareanwendungen.

Als Vorteile von XML sind zu nennen:

– XML trennt strikt den Inhalt von seiner Darstellungsform (im Gegensatz zu HTML)
– XML-Dokumente sind in Bezug auf ihre Struktur „selbst-beschreibend" und lassen sich einfach analysieren
– XML-Dokumente sind für die Benutzung im Internet optimiert
– XML soll auch für Menschen leicht lesbar und angemessen verständlich sein.

Web-EDI-Verfahren nutzen den Standard XML zur Verbesserung der Datenkommunikation zwischen Logistikanwendungen. Im Rahmen des Enterprise Application Integration (EAI) werden weitere Bemühungen unternommen, die Prozessintegration auf Grundlage von Webservices zu erzielen.

3.7.2 Fest- und Funknetze

3.7.2.1 Überblick

Die für die Datenübertragung nutzbaren bzw. eigens dafür eingerichteten Netze lassen sich in Festnetze und Funknetze unterscheiden. Die einzelnen Netze lassen sich anhand folgender Merkmale charakterisieren (vgl. hierzu *Stahlknecht* 1995, S. 126):

- Form der Signalübertragung (analog oder digital)
- Gleichlaufverfahren (asynchron oder synchron)
- Verbindungsart (Wähl- oder Festverbindung)
- Durchschnittliche Bit-Fehlerwahrscheinlichkeit
- Maximale Übertragungsgeschwindigkeit.

Die **Signalübertragung** erfolgt beim Telefonnetz analog, bei allen anderen Festnetzen digital. Bis auf das ältere C-Netz übertragen alle übrigen Funknetze digital.

Das **Gleichlaufverfahren** ist beim Telefonnetz überwiegend asynchron, bei allen anderen Netzen synchron (außer bei niedrigen Übertragungsraten).

Die physikalische Verbindung der Teilnehmerendstelle mit dem zugehörigen Netzknoten der Telekom (= Anschluss) ist für den Teilnehmer fest reserviert. Während die weitere Verbindung zum Zielanschluss bei **Festverbindungen** dauerhaft festgelegt ist, muss sie bei **Wählverbindungen** vor jeder Übertragung neu aufgebaut werden. Datendirektverbindungen sind stets Festverbindungen. Telefonnetz und ISDN stellen Wählverbindungsnetze dar. Allerdings gibt es auch Festverbindungen, die über analoge oder ISDN-fähige Schnittstellen verfügen. Die übrigen Netze arbeiten ausschließlich mit Wählverbindungen.

Die **Bit-Fehlerwahrscheinlichkeit** ist ein Maß für die Leitungsqualität. Sie ist definiert als der Anteil der (durchschnittlich) fehlerhaft gesendeten Bit zur Gesamtzahl der übertragenen Bit. So besagt beispielsweise eine Bit-Fehlerwahrscheinlichkeit von 5×10^{-5}, dass bei 20000 gesendeten Bit im Durchschnitt ein Bit fehlerhaft ist. Je nach Netz liegen die Wahrscheinlichkeiten zwischen 10^{-4} und 10^{-6}.

3.7.2.2 Festnetz

Das **Telefonnetz** als öffentliches Wählnetz kann zur Sprach- und Datenübertragung genutzt werden. Die Datenübertragung kann mit Hilfe von Modems (siehe Abschnitt 3.7.1.1 und 3.7.1.3). Die Übertragungsgeschwindigkeit des Telefonnetzes reicht bis zu 57 000 Bit/s. Die Nutzung des Telefonnetzes zur Datenübertragung bietet sich vor allem dann an, wenn nur gelegentlich (z.B. einmal täglich) geringe Datenmengen transportiert werden müssen. Der Datencode ist beliebig.

Das **Integrated Digital Network (IDN)** umfasst das Telex-, das Datex- und das Direktrufnetz. Das **Telex-Netz**, das 1933 für die Übertragung von Fernschreiben eingerichtet wurde, ist das älteste digitale Netz der Telekom. Das Netz arbeitet im halb-duplex und asynchronen Betrieb. Die Übertragungsrate beträgt 50 Bit/s. Der zur Verfügung stehende Datenvorrat ist eingeschränkt (60 Zeichen). Das Telex-Netz wird nach wie vor in der Textkommunikation eingesetzt. Sein Vorteil liegt in der Kommunikationsmöglichkeit mit über 200 Ländern.

Das bereits 1967 eingeführte **Datex-L-Netz** basiert auf der Leitungsvermittlung für Wählverbindungen zwischen digitalen Anschaltepunkten. Im Unterschied zum Telefonnetz (ebenfalls leitungsvermittelt, aber analoge Anschaltepunkte) weist das Datex-L-Netz eine höhere Leitungsqualität und höhere Übertragungsleistungen auf. Es eignet sich für die Übertragung großer Datenmengen, wobei eine Übertragungsgeschwindigkeit von 9600 bis 64000 Bit/s realisiert werden kann.

Beim 1982 eingeführten **Datex-P-Netz** erfolgt eine Paketvermittlung für Wählverbindungen zwischen digitalen Anschaltepunkten. In der Datenendeinrichtung oder im Netz werden die Nachrichten in Pakete (bestehend aus 128 Bitgruppen zu je 8 Bit) zerlegt. Die Nutzung des Datex-P-Netzes bietet sich für den gelegentlichen, nicht zeitkritischen Dialogverkehr an. Die maximale Übertragungsgeschwindigkeit beträgt 1,92 Mbit/s (vgl. *Stahlknecht* 1995, S. 129).

Die 1974 eingerichteten **Datendirektverbindungen** bestehen aus zwei Datenendeinrichtungen, die in Form einer festen Verbindung („Standleitung") miteinander verbunden werden. Datendirektverbindungen zeichnen sich durch die ständige Verfügbarkeit und geringe Fehlerwahrscheinlichkeit aus. Die maximale Übertragungsgeschwindigkeit beträgt 1,92 Mbit/s.

ISDN (Integrated Services Digital Network) ist ein integriertes weltweites Telefonnetz, das immer stärkere Verbreitung findet. In Deutschland wurde mit der Einführung 1989 begonnen, in Europa ist ISDN nach einheitlichen Standards mittlerweile in 20 Ländern eingeführt. Auf der Basis eines digitalisierten Telefonnetzes und unter Nutzung der Leitungsvermittlung ist die gleichzeitige Übertragung von Sprache, Bildern und Daten verschiedener Endgeräte in hoher Qualität möglich. Die Standardübertragungsgeschwindigkeit beträgt 64 Kbit/s. Zur Nutzung der Leistungsfähigkeit des ISDN sind spezielle Endgeräte erforderlich, beispielsweise digitale Telefone und Datenterminals mit der Übertragungsrate 64 Kbit/s. Zu den Vorteilen von ISDN gehören u.a. (vgl. *Stahlknecht* 1995, S. 131):

– universelle Kommunikation (Übertragung von Sprache, Daten, Bildern, Nutzung von Mehrwertdiensten) über dasselbe Netz
– gleichzeitiger Betrieb mehrerer Kommunikationsarten über denselben Anschluss
– hohe Übertragungsleistung bei hervorragender Leitungsqualität
– Möglichkeit, Bewegtbilder zu übertragen.

Alternativ zu ISDN kann die digitale Übertragung von Daten auf normalen Kupfer-Telefonleitungen mit den Verfahren *xDSL* realisiert werden, wobei *DSL* für *Digital Subscriber Line* und *x* als Platzhalter für verschiedene Varianten dieser Technik steht. Mit *ADSL (Asymmetric Digital Subscriber Line)* können auf kurzen Entfernungen (z.B. vom Hausanschluss bis zum nächsten Vermittlungsknoten) Daten mit bis zu ca. 768000 Bit/s gesendet und mit bis zu 8 Mbit/s empfangen werden. Die hohe Bandbreite erlaubt die gleichzeitige Übertragung von Telefongesprächen und Daten z.B. aus dem Internet.

Im Hinblick auf weltumspannende Netze kommt der Verfügbarkeit hoher Bandbreiten große Bedeutung zu. Aus der gleichzeitigen Bedienung einer Vielzahl von weltweit verteilten Kommunikationsteilnehmern entstehen äußerst hohe Belastungen. Für die Architektur solcher städteverbindenden Netztechniken dient der Straßenverkehr als Vorbild. Über eine dedizierte Hauptverkehrsverbindung (die Datenautobahn), die über ausreichende Kapazitäten verfügt erfolgt die weltweite Verknüpfung wichtiger Knotenpunkte. Der Zugang zu diesem **Information Highway** ist lediglich an bestimmten Stellen möglich (analog den Zu- und Ausfahrten von Autobahnen) (vgl. *Picot* u. a. 1996, S. 140).

Bei der Planung und Realisierung von Weitverkehrsnetzen stehen derzeit drei Verfahren zur Diskussion: Frame Relay, ATM und IP-VPN. Am weitesten verbreitet ist **Frame Relay,** eine paketvermittelnde Technik mit Übertragungsraten bis 2 Mbit/s. Wegen zu geringer Bandbreite ist diese Technik jedoch für die Realisierung eines schnellen Information Highway ungeeignet. Der **Asynchronous Transfer Mode (ATM)** ermöglicht derzeit Bandbreiten von bis zu 155 Mbit/s mit künftig bis zu 2,5 Gbit/s. Dieser Technik, die bei der Implementierung von Breitband-ISDN-Netzen zugrundegelegt wird, liegt das paketvermittelnde Konzept mit einer festen Paketgröße zugrunde.

Waren bis vor einigen Jahren fest geschaltete Frame Relay- oder ATM-Mietleitungen Standard, so gewinnen in jüngster Zeit virtuelle private Netze an Bedeutung. Hierbei werden verschiedene lokale Netze über weite Strecken zu einem sog. **Virtual Private Network** (VPN) miteinander verbunden. Dazu wird eine sichere Verbindung (Tunnel) innerhalb des Internet mittels Verschlüsselung und spezieller Protokolle eingerichtet. VPN's werden auch zur Einbindung von Kunden, Lieferanten und Außendienstmitarbeitern genutzt.

Für Unternehmen mit weit verteilten Standorten kommen IP-VPNs in Frage, insbesondere solche, die auf MPLS basieren. Dabei handelt es sich um ein von der Internet Engineering Task Force (IETF) standardisiertes Verfahren, um den Austausch von IP-Paketen zu vereinfachen.

Abb. 3-35 gibt abschließend einen vergleichenden Überblick über die genannten Techniken.

3.7.2.3 Funknetze

Die Datenübertragung über Funknetze gewinnt ständig an Bedeutung. Um miteinander zu kommunizieren sind Sender und Empfänger nicht mehr an feste Standorte gebunden. Da die Raumüberbrückung und die damit verbundene Mobilität von Gütern und Verkehrsmitteln ein wesentliches Merkmal logistischer Aktivitäten ist, bietet die Mobilkommunikation gerade für die Logistik zahlreiche interessante Perspektiven.

In Deutschland bieten die Telekom und vom Bundesminister für Post und Telekommunikation lizenzierte Betreiber **Mobilfunkdienste** an, wobei die Übertragung analog (C-Netz) oder digital (D- und E-Netz) erfolgt. In der Vereinbarung „Global System for Mobile Communication" (GSM) haben die beteiligten europäischen Länder 1987 die Standards für digitale Funknetze festgelegt. Die Netze, die auf der Basis dieses Standards arbeiten, werden als GSM-Netze (GSM = Group Speciale Mobile) bezeichnet.

WAN-Techniken im Vergleich

Kriterium	Frame Relay (FR)	ATM	IP-VPN	IP-VPN auf MPLS-Basis
Stärke	Mehr als zehn Jahre international bewährte Technik.	Schneller als Frame Relay, überträgt Sprache, Daten und Videos in Echtzeit.	Kostenersparnisse gegenüber Festnetzverbindungen.	Verbindet die Vorteile von IP-VPNs mit den Übertragungsqualitäten von ATM und Frame Relay, flexible Zuteilung von Bandbreiten, Priorisierung, kostensparende Any-to-any-Kommunikation, garantierte Service-Levels.
Schwäche	Im Vergleich zu ATM eher langsam und nur für kleine und mittlere Datenvolumina geeignet	Im Vergleich zu Frame Relay relativ teuer, nicht für alle Betriebssysteme geeignet	Internet-gestützte Datendienste sind trotz hoher Bandbreiten oft überlastet, keine Datenpriorisierung und -bewertung.	Standardisierung in den Gremien noch nicht weit fortgeschritten; beim Wechsel von einem in ein anderes Carrier-Netz können daher Service-Verluste auftreten, die sich allerdings technisch relativ problemlos beheben lassen.
Kosten	Einmalige Bereitstellungspreise und monatliche Beträge für Ports und Permanent Virtual Circuits (PVCs), die sich aus der genutzten Bandbreite und der Entfernung zwischen den Netzpunkten beziehungsweise den Ländern der Netzpunkte ergeben.	Einmalige Bereitstellungspreise und monatliche Beträge für Ports und Switched Virtual Circuits (SVC), die sich aus der genutzten Bandbreite und der Entfernung zwischen den Netzpunkten ergeben.	Bedarfsabhängig oder Flatrate (im internationalen Verkehr liegen die Kosten für IP-Verbindungen etwa 70 Prozent unter denen der FR- oder ATM-Verbindungen, bei Providern ohne eigene Plattform sind allerdings meist weitere Investitionen ir. Sicherheitssysteme, beispielsweise Verschlüsselungsmechanismen, erforderlich.	Einmalige Bereitstellungspreise und monatliche Beträge für Ports, die sich aus der genutzten Bandbreite, Serviceklassen und Entfernung zwischen den Netzpunkten ergeben.
Übertragungs-qualität	Flexible Bandbreiten und fest definierte Serviceklassen sorgen für an die jeweilige Anwendung angepasste Übertragungsqualitäten.	Flexible Bandbreiten und fest definierte Serviceklassen sorgen für an die jeweilige Anwendung angepasste Übertragungsqualitäten.	Best Effort.	Flexible Bandbreiten und Serviceklassen wie Voice, Multimedia, vorrangiger Datenverkehr und Best Effort stehen bereit, damit wird auch VoIP nutzbar.
Geschwindigkeit	≤2 Mbit/s	2 Mbit/s < 155 Mbit/s	≤ 34 Mbit/s	≤ 2,5 Gbit/s
Kundentypus	Übersichtliche Kommunikationsstruktur und vorhersagbare Datenvolumina, beispielsweise von einem Rechenzentrum zu einzelnen Niederlassungen oder Telearbeitsplätzen; hierarchisch strukturierte Unternehmen (Sterntopologie); kleine und mittlere Netze. Geringe Entwicklungsmöglichkeiten für Mehrwertdienste.	Wie Frame Relay.	Wie Frame Relay (IP-VPNs sind allerdings – insbesondere beim Outsourcing – aufgrund deutlich niedrigerer Betriebs- und Personalkosten für kleine und mittelständische Unternehmen wirtschaftlich vertretbarer als ATM und Frame Relay).	Starke Vermaschung von Standorten, die permanent auch miteinander kommunizieren müssen (any-to-any), stark wachsende beziehungsweise sich ändernde Standortzahl, ideale Basis für die Integration weiterer Services (zum Beispiel integrierter Internet-Zugang, VoIP).

Abb. 3-35: Techniken für Weitverkehrsnetze im Vergleich (Quelle: T-Systems)

Daneben gibt es den Standard DCS 1800 (DCS = Digital Cellular System), bei dem auf Grund einer anderen Übertragungstechnik höhere Teilnehmerdichten möglich sind (vgl. *Stahlknecht* 1995, S. 133).

Da terrestrische Funkverbindungen nur eine begrenzte Reichweite haben, ist die zu versorgende Fläche in Zellen aufgeteilt. Jede Zelle ist mit einer Vermittlungsstelle verbunden, die die Verbindung zu einem Festnetz herstellt. GSM wird in den nächsten Jahren durch den neuen Standard *UMTS* (Universal Mobile Telecommunications System) abgelöst werden, UMTS soll dann mit Datenraten von bis zu 2 Mbit/s mobile Multimedia-Anwendungen ermöglichen.

3.7.3 Rechnernetze

3.7.3.1 Lokale Netze

In einem Rechnerverbund erfolgt der Datenaustausch über lokale Netze und über Weitverkehrsnetze (vgl. hierzu *Kargl* 1998, S. 35). Bei lokalen Netzen (Local Area Networks – LAN) handelt es sich um unternehmensinterne Datennetze, die als Stern-, Ring- oder Bus-Netz strukturiert sein können. Durch Zwischenschaltung von Kopplungselementen (Bridges, Router) lassen sich diese Datennetze zu einem Verbundnetz zusammenschließen (vgl. Abb. 3-36). Das LAN, das in einem derartigen Verbund die Hauptlast der Datenübermittlung trägt, heißt Backbone-Netz. Ihm liegt meist ein

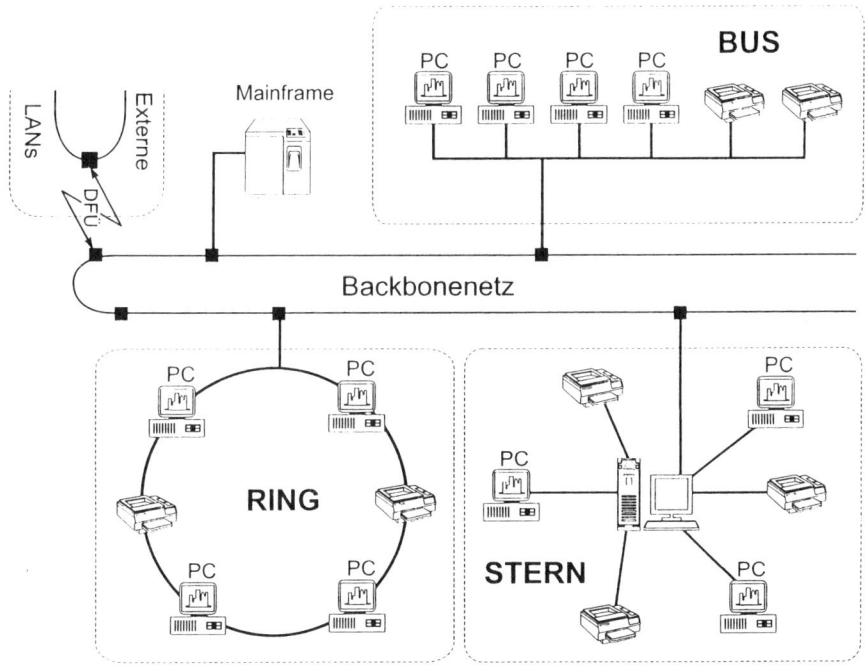

Abb. 3-36: Lokale Netze (Kargl 1998, S. 36)

Hochleistungs-Übertragungsmedium (z. B. Glasfaserkabel) zugrunde. Über Gateways bzw. Gateway-Rechner, die die erforderlichen Konvertierungen vornehmen, wird ein unternehmensinterner LAN-Verbund mit proprietären Großrechnernetzen oder mit unternehmensexternen Datennetzen verbunden. Netzwerke setzen sich zusammen aus der Hardware (Geräteeinheiten, Datenendgeräte, Übertragungsmedien und Anschluss-komponenten) sowie der Software, die mindestens aus einem Netzwerkbetriebssystem besteht (vgl. Abb. 3-37).

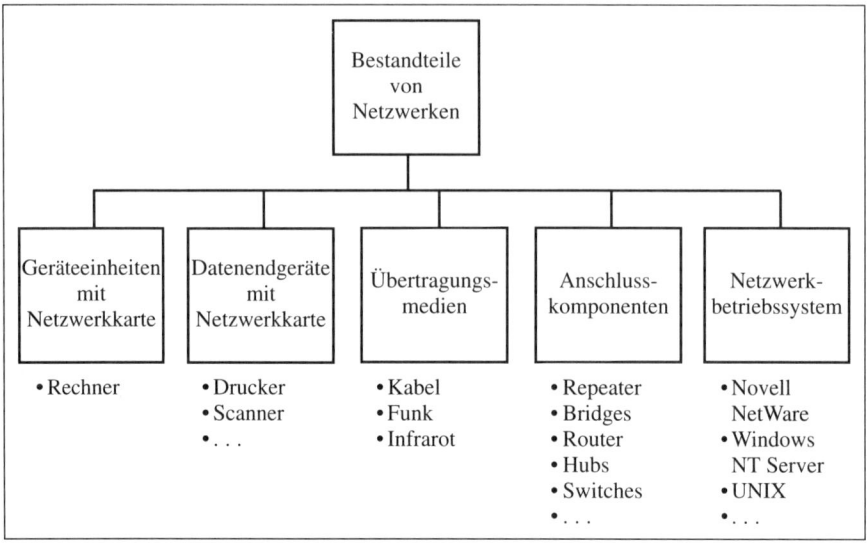

Abb. 3-37: Bestandteile von Netzwerken (vgl. Berndt 2000, S. 2)

3.7.3.2 Weitverkehrsnetze

Lokale Netzwerke sind in ihrer geographischen Ausdehnung auf wenige hundert Meter beschränkt. Als Ausfluss der steigenden Arbeitsteilung steigt jedoch die Notwendigkeit, mehrere lokale Netzwerke zu einem übergeordneten Netzwerk zu verknüpfen. Jede großflächige Datenkommunikationsstruktur wird als Weitverkehrsnetz (engl. WAN = Wide Area Network) bezeichnet. Eine Untergruppe der Weitverkehrsnetze sind die **Corporate Networks**. Hierbei handelt es sich um Netzwerkdienste, die geographisch entfernte unselbstständige Betriebsstätten eines Unternehmens oder die Töchter eines Konzerns miteinander verbinden.

Mögliche **Betriebsformen** zur Gestaltung von **Corporate Networks** sind:

– Netzwerk und Übertragungswerke sind im Eigentum des Unternehmens.
– Es werden Mietleitungen genutzt, wobei das Netzwerk-Management durch das Unternehmen erfolgt.
– Alle Netzdienstleistungen (einschließlich Netzwerkmanagement) werden von einem Dienstleister gemietet.
– Es werden öffentliche Netze oder Dienste genutzt, wodurch die Nutzungskosten variabilisiert werden.

Die Auswahl der im konkreten Anwendungsfall günstigsten Alternative richtet sich nach den geographischen Standorten der Netzwerknutzer, der benötigten Datenübertragungskapazität im Zeitablauf und den Übertragungskosten pro Dateneinheit.

3.7.3.3 Internet, Extranet und Intranet

Das **Internet** ist heute ein weltumspannendes Rechnernetz, das aus einer Vielzahl großer internationaler und nationaler Teilnetze sowie lokaler Netze besteht („Netz der Netze"), die alle das Kommunikationsprotokoll *TCP/IP* verwenden.

Die **historische Entwicklung** des Internet lässt sich kurz mit folgenden Meilensteinen charakterisieren

– 1969 Start ARPANet des US-Verteidigungsministeriums
– 1973 erste internationale Verbindungen (England, Norwegen)
– 1980 Aufteilung in einen militärischen und einen wissenschaftlichen Teil
– 1990 Ablösung durch NSFNET (National Science Foundation)
– 1992 Kommerzielle Internet-Netzwerke (IBM, Sprint, PSI)
– 1994 Rasanter Anstieg regionaler Internet-Provider weltweit
– 1995 WWW (World Wide Web).

Im Internet können folgende **Dienste** genutzt werden (vgl. *Kargl* 1998, S. 37 f.) (vgl. Abb. 3-38):

– **Electronic Mail,** um Nachrichten nach einem vereinfachten Übertragungsprotokoll auszutauschen (Simple Mail Transfer Protocol – smtp).
– **Usenet News**
– **FTP** (File Transfer Protocol – ftp), um Programme und Dateien zwischen Rechnern zu übertragen. Voraussetzung hierfür ist in der Regel eine Authentifizierung durch Benutzerkennung und Passwort.
– **Telnet** (Telnet Protocol), um interaktiv auf entfernte Rechner (z.B. Online Datenbanken) zuzugreifen.
– **WWW** (World Wide Web, Hyper Text Transfer Protocol).

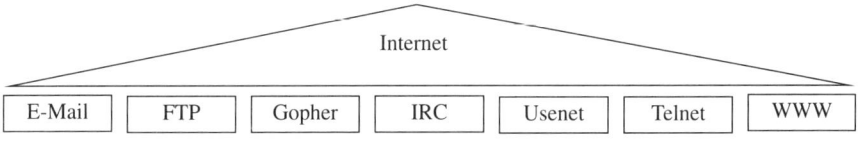

Abb. 3-38: Dienste im Internet

Die **elektronische Post** stellt einen der ältesten und am meisten verbreiteten Internet-Dienste dar. Er ermöglicht das weltweite Versenden von Daten an einen oder mehrere Kommunikationspartner. Aufgrund der Übertragungsdauer im Sekundenbereich ist die elektronische Post ideal für die schnelle Kommunikation zwischen zwei oder mehreren Benutzern geeignet, wobei diese nicht unbedingt gleichzeitig ihren Rechner benutzen müssen. Die auf E-Mail-Servern gespeicherten E-Mails können jederzeit abgeholt, gelesen und beantwortet werden.

Softwaretechnisch bestehen Mail-Anwendungen aus zwei Teilen: Der erste Teil, der für die Zustellung einer Nachricht erforderlich ist, enthält Absender-, Empfänger- und Kopieempfängeradressen sowie gegebenenfalls einen „Betreff". Der zweite Teil einer E-Mail besteht aus der eigentlichen Nachricht bei der es sich sowohl um einen geschriebenen Text als auch um beliebige Grafik-, Video- oder Audiodaten handeln kann.

Für die Verwendung von E-Mails sprechen insbesondere folgende **Vorteile** (vgl. *Beeres* 1997, S. 22):

– Schnelligkeit: Nachrichten lassen sich weltweit innerhalb weniger Minuten versenden und man kann innerhalb weniger Minuten eine Antwort erhalten.
– Niedrige Kosten.
– Bequemlichkeit: Die Nutzung ist tageszeitunabhängig, d.h. Nachrichten können rund um die Uhr versandt und empfangen werden.
  Hohe Verbreitung. Die meisten Unternehmen haben eine E-Mail-Adresse.
– Kein Medienbruch: Die digitalen Informationen können direkt weiterverarbeitet werden. Es ist keine Neuerfassung oder kein Kopieren von Disketten erforderlich.

Die genannten Vorteile haben zwischenzeitlich zu einer Überflutung vieler Empfänger mit E-Mails geführt. Durch die niedrigen Übertragungskosten werden auch viele unnötige und Werbe-E-Mails versandt. Dementsprechend kann die Durchsicht und Beantwortung der E-Mails, abhängig vom individuellen E-Mail-Aufkommen sehr zeitintensiv sein. Darüber hinaus ist auf die Sicherheitsaspekte hinzuweisen (siehe Abschnitt 3.9).

Die rasante Entwicklung der Nutzerzahlen im Internet verdeutlicht Abb. 3-39

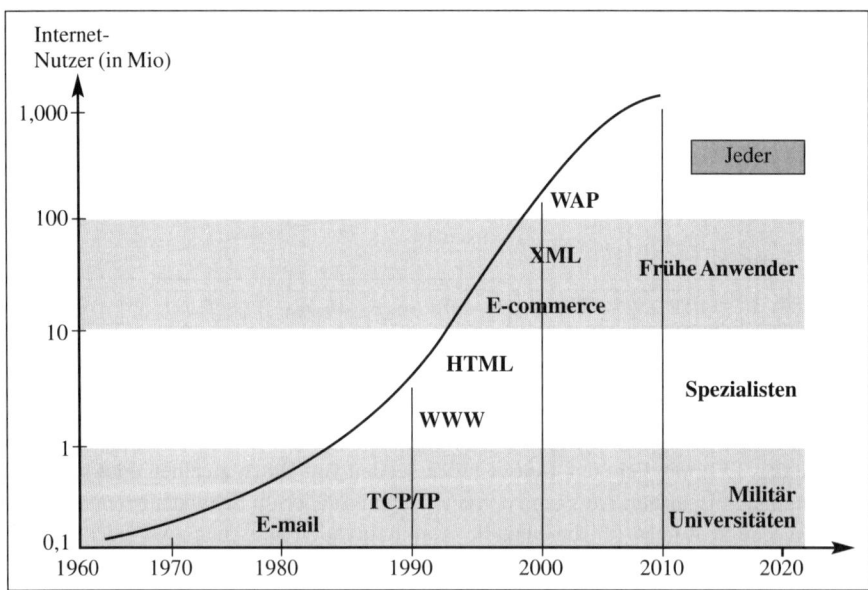

Abb. 3-39: Die Entwicklung des Internet (vgl. Skiera 2003, S. 9)

Das Nutzenpotential des Internet umfasst:

- Verbesserung des Kundenservice, z. B. Information über Auftragsstatus
- Verkürzung von Vorlauf- und Bestellzeiten (Reservierung, Aufträge)
- Ermöglichung einer effizienteren Zusammenarbeit von Arbeitsteams.

Zielte eine öffentliche Internet-Präsenz häufig zunächst auf den privaten Endkunden, so sind in den letzten Jahren zahlreiche Internet-Anwendungen im Geschäftsbereich entstanden. Hier werden unternehmensübergreifende Geschäftsprozesse mit Internet-Technologien realisiert. Anwendungen speziell für geschlossene Benutzergruppen, bei denen sich die Benutzer mit Name und Passwort identifizieren, werden im öffentlichen Internet verwirklicht. Das Internet entwickelt sich vom öffentlichen Informationsmedium zum Transaktionsmedium für Geschäftspartner. Dieser Anwendungsbereich wird auch als **Extranet** bezeichnet.

Als **Intranet** bezeichnet man ein unternehmensinternes Netzwerk, das die Kommunikationsprotokolle des Internet (TCP/IP) und seine Techniken (Webbrowser, Webserver usw.) einsetzt. Im Gegensatz zum Internet ist der Zugang in der Regel auf eine bestimmte Personengruppe (Mitarbeiter des Unternehmens) begrenzt.

Ein Intranet kann mit dem Internet verbunden sein. Das ermöglicht die Einwahl von unterwegs befindlichen Mitarbeitern aus dem Internet in das firmeninterne Netz zur Abwicklung von Geschäftsprozessen.

Abb. 3-40 verdeutlicht zusammenfassend die Anwendungsbereiche von Internet, Extranet und Intranet.

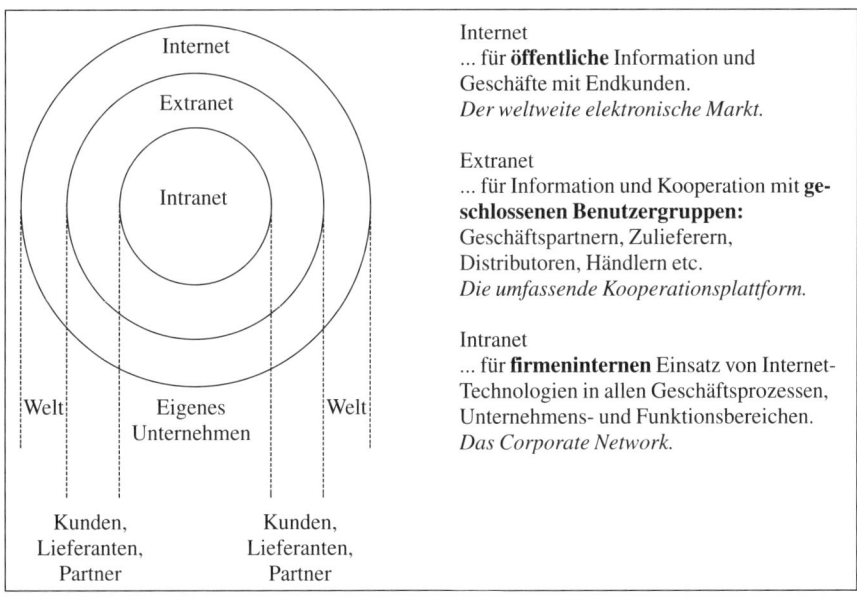

Abb. 3-40: Internet, Extranet und Intranet

3.7.4 Auswahl von Kommunikationssystemen

Angesichts des in den meisten Unternehmen anhaltenden Trends zu einem ständigen Wachstum der Datenmengen und der Schlüsselrolle der Datenkommunikation für eine reibungslose und effiziente Zusammenarbeit in der logistischen Kette weist die Auswahl des wirtschaftlich und funktional richtigen Netzes vielfach strategische Bedeutung auf.

Am Anfang jeder Auswahlentscheidung über das optimale Netz sollte eine intensive **Kommunikationsanalyse** stehen, bei der Datenmengen und -arten, die zeitliche Verteilung und Eilbedürftigkeit der erforderlichen Datenübertragung sowie die geographische Struktur der Sender und Empfänger erhoben werden.

Bei der Netzauswahl sind technische, wirtschaftliche und strategische Kriterien zu erfassen und zu bewerten. Wesentliche **technische** Entscheidungskriterien sind (vgl. *Volpert* 1994):

- Übertragungsgeschwindigkeit als Basis für die Berechnung der Zeitdauer der Übertragung (z. B. dauert die Übertragung einer Datei von 5 Mbyte bei 2400 Bit/s knapp sechs Stunden, bei 64 Kbit/s etwa 13 Minuten und bei 10 Mbit/s nur noch fünf Sekunden).
- Übertragungsgüte (da fehlerhafte Datenpakete erneut übertragen werden müssen, hat die Fehlerrate erheblichen Einfluss auf den Datendurchsatz)
- Besetztsituation (die insbesondere bei sicherheitskritischen Anwendungen inakzeptabel sind)
- Verfügbarkeit, d. h. der zeitliche Umfang, in dem das Netz funktionsfähig ist.
- Verbindungsaufbauzeit (diese haben in Wählnetzen erheblichen Einfluss auf die Antwortzeiten der Nutzer)
- Netzlaufzeiten der Daten
- Versorgungsgrad (Anzahl der potenziell erreichbaren relevanten Partner)
- Datenschutz und -sicherheit
- Interoperabilität (Möglichkeit, auf andere Dienste durchzugreifen, um dessen Nutzer ebenfalls zu erreichen).

Bei der **Wirtschaftlichkeitsanalyse** geht es in der Regel um eine Kostenvergleichsrechnung. Hierbei wird unterstellt, dass eine Nutzenbewertung nicht durchgeführt wird, da zum einen die Frage, ob überhaupt eine Datenübertragung erfolgen soll, irrelevant ist und zum anderen der Nutzen der zur Auswahl stehenden technischen Alternativen relativ ähnlich ist (letztlich bestimmen die Kunden- und Lieferantenanforderungen und die unternehmensinternen Erfordernisse die Untergrenze der Leistungsfähigkeit des Netzes). Folgende Kosten sind zu berücksichtigen:

- Einmalkosten (Anschluss, Schnittstellenanpassung, Schulung von Nutzern und Systembetreuern)
- Laufende Kosten, wobei einerseits nutzungsunabhängige (fixe) Kosten und andererseits von der Zeitdauer der Nutzung bzw. der übertragenen Datenmenge abhängige Kosten zu unterscheiden sind.
- Gegebenenfalls sind auch Kosten zur Weiterverarbeitung der Daten in die Kalkulation einzubeziehen.

Zu den **strategischen** Entscheidungskriterien gehören

- die wirtschaftliche Potenz des Netzanbieters
- die Flexibilität des Netzanbieters im Hinblick auf künftige Veränderungen bei den spezifischen Anforderungen
- der Umfang und die Qualität des Service
- die voraussichtliche technologische Entwicklung in der Netztechnologie
- der bereits im Unternehmen vorhandene oder anzustrebende Netzstandard, d. h. die Beschränkung auf möglichst wenige Netztechniken.

3.8 Anwendungssysteme

Die für die Logistik relevanten Anwendungssysteme umfassen

- Abwicklungssysteme,
- Büroinformationssysteme sowie
- Planungs- und Entscheidungsunterstützungssysteme.

3.8.1 Abwicklungssysteme

3.8.1.1 Funktionale Abwicklungssysteme

Bei funktionalen Abwicklungssystemen handelt es sich um vorstrukturierte EDV-Programme, die der Unterstützung operativer, d. h. administrativer und dispositiver Aufgaben dienen, die aus der Strukturierung nach Funktionen (z. B. Vertrieb, Beschaffung, Fertigung, Rechnungswesen) resultieren. Bei diesen Aufgaben handelt es sich primär um Routineaufgaben, d. h. weitgehend gleichartige, sich häufig wiederholende Geschäftsvorfälle (z. B. Disponieren von Beschaffungsmengen, Zusammenstellen von Versandaufträgen). Zur Darstellung des fachlichen Leistungsprofils derartiger Abwicklungssysteme werden meist Funktionsstrukturen herangezogen.

3.8.1.2 Prozessorientierte Abwicklungssysteme

Die in Form von Prozessen auf Basis einer prozessorientierten Unternehmensorganisation durchzuführenden Aufgaben können durch prozessorientierte Abwicklungssysteme unterstützt werden. Eine allgemeingültige „Normierung" des fachlichen Leistungsprofils prozessorientierter Abwicklungssysteme ist auf Grund der unternehmensspezifischen Ausprägung der Gestaltungsobjekte nicht möglich. Prozessorientierte Abwicklungssysteme müssen deshalb folgende Anforderungen erfüllen (vgl. *Kargl* 1998, S. 65):

- unternehmensindividuelle und problemspezifische Definition der Prozesse entsprechend ihrer Bearbeitungsreihenfolge;
- Verfügbarkeit modular konzipierter Software, die die Anforderungen an Integration innerhalb der Prozesse und prozessübergreifend erfüllen kann.

Während die **Informationssysteme** die zur Bearbeitung der Prozesse benötigten Informationen vorhalten, werden durch die Anwendungsmodule unmittelbar die Prozesse bzw. die einzelnen Prozessschritte unterstützt. Aus der festgelegten Abfolge von Prozessschritten lassen sich zum einen die Zuordnung der Module zu den Prozessen und zum anderen die Nutzung der einzelnen Funktionen der Module ableiten.

3.8.1.3 Vorgangssteuerungssysteme

Vorgangssteuerungssysteme (synonym: **Workflow-Management-Systeme**) unterstützen – ebenso wie prozessorientierte Abwicklungssysteme – Prozesse. Im Rahmen von Vorgangssteuerungssystemen werden die von verschiedenen Stellen durchzuführenden Teilaktivitäten als durchgängiger Vorgang bzw. Geschäftsprozess definiert. Bezugsobjekt bei Vorgangssteuerungssystemen ist jedoch der Vorgang, der aus einer Folge von Bearbeitungsschritten besteht. Letztere werden durch ein Ereignis ausgelöst, in der Regel in verschiedenen Abteilungen durchgeführt und stehen in einem fachlichen und zeitlichen Zusammenhang. Für die einzelnen Bearbeitungsschritte lassen sich Bearbeitungsvorschriften definieren. Abfolge und Art der Bearbeitungsschritte sind im Voraus definierbar, aber flexibel gestaltbar. An ihrer Abarbeitung sind mehrere Mitarbeiter beteiligt.

Unter Workflow-Management-Systemen versteht man Software-Systeme, die die Modellierung, Analyse, Simulation und Steuerung beliebiger Geschäftsprozesse unterstützen und die Einbindung anderer computergestützter Hilfsmittel ermöglichen, die zur Vorgangsbearbeitung benötigt werden. Derartige Hilfsmittel umfassen beispielsweise die bei den Vorgangsschritten eingesetzte Anwendungssoftware oder Dokumentenmanagementsysteme für die Bereitstellung erforderlicher Dokumente.

Workflow-Managementsysteme sind im Unterschied zur klassischen Bürokommunikation **aktiv**. Sie steuern und überwachen den Ablauf von Vorgängen. Auf der Basis vorgegebener Bedingungen entscheidet die Workflow-Managementsoftware selbstständig über den Weg eines Vorgangs, der termingerecht an die zuständigen Stellen weitergeleitet wird. Verzögerungen in der Vorgangskette werden durch automatische Erinnerungen, Wiedervorlagen und Weiterleitungen vermieden. Die Zwischenprodukte vorhergehender Stellen erhält jede nachfolgende Bearbeitungsstation ohne Medienbruch sowie ohne Transport- und Liegezeiten. Dies ermöglicht eine integrierte Bearbeitung von Geschäftsprozessen und eine starke Reduzierung der Durchlaufzeit. Durch die Zusammenfassung von einzelnen Vorgangsschritten eines Geschäftsprozesses zu ganzheitlichen Aufgabenkomplexen lässt sich die vorhandene Arbeitsteilung verringern.

Typische Vorgänge, die sich in der Logistik zur Bearbeitung durch Vorgangssteuerungssysteme eignen, sind bspw.

– Beschaffungsanforderungen
– Bearbeitung von lagerbezogenen Kundenaufträgen
– Bearbeitung von Investitionsanträgen für logistische Betriebsmittel.

Workflow-Managementsysteme bestehen aus folgenden **Subsystemen** (vgl. *Kargl* 1998, S. 77):

– Modellierungssystem, das dem Entwurf, der Beschreibung und der modellhaften Abbildung von Vorgängen (Prozess- und Funktionssicht einer Vorgangsbearbeitung) sowie der Zuordnung der Bearbeitungsschritte zu den Aufgabenträgern bzw. ihren Stellvertretern dient (Organisations- und Stellvertretersicht der Vorgangsbearbeitung).

- Steuerungssystem, das die Laufwegsteuerung (Routing) regelt und die Verwaltung des Arbeitsvorrats an den einzelnen Arbeitsplätzen übernimmt.
- Bearbeitungssystem zur eigentlichen Vorgangsbearbeitung; hierzu gehören die Vorgangseröffnung, die Ausführung der einzelnen Bearbeitungsschritte, die Hinzufügung von Referenzunterlagen, das Anbringen von Bearbeitungsvermerken, die Wiedervorlage etc.
- Überwachungssystem zur Verfolgung des Bearbeitungsstandes von Vorgängen sowie zur Auswertung der im Zusammenhang mit der Vorgangsbearbeitung anfallenden Daten (Vorgangsmonitoring).
- Schnittstellensystem, das den Zugang zu den Komponenten der IT-Infrastruktur regelt, die vom Vorgangssteuerungssystem benötigt werden.

Workflows werden üblicherweise mit einer „Engine" implementiert, einem Steuerprogramm, das die einzelnen Workflow-Vorgänge in einer Datenbank verwaltet, die Anwender informiert und Schnittstellen bedient. Die Engine verfügt über eine Basis von Regeln, nach denen sie entscheidet, wie Workflow-Elemente weitergeleitet werden.

Die Abläufe innerhalb der Workflows werden deklarativ festgelegt. Dazu verfügen viele Systeme über entsprechende Editorprogramme, die zum größten Teil auch eine grafische Darstellung erlauben. Dabei ist es in der Praxis die Ausnahme, dass ein Workflow als einfache lineare Abfolge von Prozess-Schritten definiert ist. Interessant werden Workflows, die bedingte Verzweigungen, Ressourcen-Pools, Schleifen und externe Schnittstellen aufweisen.

Workflows lassen sich mit Hilfe der Grafentheorie oder als sogenannte Petri-Netze aufbauen und modellieren. Dies kann notwendig sein, um z. B. die Vollständgkeit und die Konsistenz eines Workflows automatisch analysieren zu lassen.

Im Umfeld des E-Business sollten Workflows mit einer Browser-Oberfläche bedient werden können. Es sollte ein „Single Sign-On" ausreichen, um alle Funktionen im Workflow nutzen zu können. Workflows können auch eine Art einheitlicher Benutzeroberfläche darstellen, aus der heraus Anwender Teil-Applikationen aufrufen, mit denen sie ihre Aufgaben abarbeiten. Diese Teil-Applikationen sind oft Bürokommunikationsprogramme, es kann sich aber auch um Prozess-Schritte in ERP-Systemen (vgl. Abschnitt 3.10.3) handeln.

Auf jeden Fall sollten Workflows ohne größere Medienbrüche auskommen. Außerdem sollten Anwender aktiv informiert werden („Push"-Ansatz) statt sie zu regelmäßigem Nachfragen („Pull") anzuhalten. Je nachdem, ob Anwender häufig oder eher selten mit dem Workflow arbeiten, sollte durch Parametrierung personalisiert werden können, ob der Anwender per Push oder per Pull am Workflow teilnimmt.

Es sollte revisionssicher nachvollziehbar sein, wie ein Workflow abgelaufen ist, und wer was entschieden hat. Dementsprechend müssen sich bei kritischen Workflows die Anwender hinreichend authentifizieren. Die Belange des Datenschutzes müssen gewahrt bleiben. Dies gilt vor allem für vertrauliche Abläufe.

Man kann Workflows nur dann sinnvoll einsetzen, wenn die zu automatisierenden Geschäftsprozesse klar geregelt sind. Für Arbeitsformen ohne klares Prozessmodell eignen sich Systeme aus dem Bereich E-Collaboration, die eher auf ad-hoc Kommunikation ausgerichtet sind.

Für die Einrichtung eines Workflow-Systems müssen die folgenden Vorarbeiten geleistet werden (vgl. Abb. 3-41):

– Definition bestimmter Vorgangstypen (z.B. Eröffnen einer Bedarfsanforderung). Jeder Vorgang wird mit Hilfe von Vorgangstyp, Vorgangsschritt und Aktivitäten beschrieben. Eine Aktivität ist die kleinste Einheit eines Vorganges. Eine formale Beschreibung des Vorganges mit Terminvorgaben wird angelegt.
– Definition und Beschreibung der Stellenstruktur mit Rechten und Kompetenzen der einzelnen Stellen und Festlegung der Vertreterregelungen.
– Beschreibung der Objekte und Betriebsmittel (Datenbanken, Drucker etc.) mit Attributen, Anwendungen, Methoden.
– Beschreibung der Informationen und Dokumente mit ihrem Fluss sowie der logischen Ablagestruktur. Attribute wir Originator, Erstellungsdatum, Wiedervorlage, Speicherart, beteiligte Sachbearbeiter und Methoden werden den Informationen hinzugefügt.
– Zuordnung von Aktivitäten zu Stellen, Ressourcen, Objekten und Informationen.

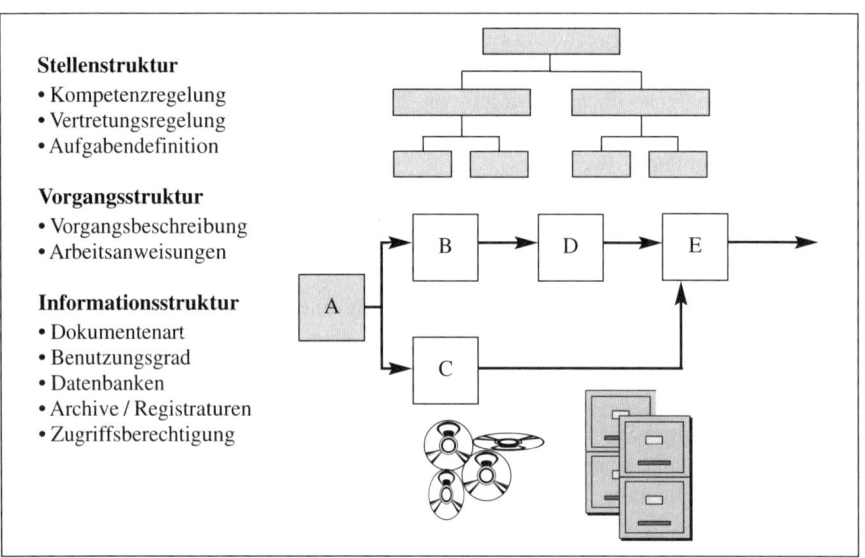

Abb. 3-41: Definition einer Workflow-Anwendung (Fraunhofer IAO 1996)

3.8.1.4 Integrierte versus nicht-integrierte Abwicklungssoftware

Prägendes Merkmal nicht-integrierter Abwicklungssoftware ist die Beschränkung auf die Unterstützung einzelner Aufgaben oder Anwendungsfelder. Ursächlich hierfür sind die traditionellen Organisationsparadigmen der funktionalen Arbeitsteilung und mehrstufiger, hierarchisch gegliederter Führungsstrukturen. Falls sich die Konzipierung von Informations- und Kommunikationssystemen an derartigen Organisationsstrukturen orientiert, resultieren hieraus Anwendungsinseln (vgl. Abb. 3-42). Bei der informationstechnischen Unterstützung von Aufgaben wird der sachliche Gesamtzusammenhang gar nicht oder unzureichend berücksichtigt.

Ein Beispiel aus der Logistik möge dies verdeutlichen: Die Aufgabenbereiche Auftragsbearbeitung, Bedarfsermittlung, Lieferantenabruf, Terminplanung, Produktionssteuerung und Auslieferung sind einerseits das Ergebnis der funktionalen Arbeitsteilung, stehen aber in einem sachlichen Gesamtzusammenhang, da sie über das Ereignis „Kundenauftrag" infolge der dadurch ausgelösten Bearbeitungsschritte zwingend miteinander verknüpft sind.

Bei lediglich partieller, inselhafter IT-Unterstützung dieser Aufgabenkette treten folgende Probleme bzw. Nachteile auf: Medienbrüche im Bearbeitungsprozess (Papier-Anwendungssoftware-Papier-Anwendungssoftware ...), die eine wiederholte fehleranfällige Datenerfassung erfordern und zu höheren Durchlaufzeiten führen; redundante Datenhaltung; ungleicher Informationsstand der Sachbearbeiter; inflexible Bearbeitung.

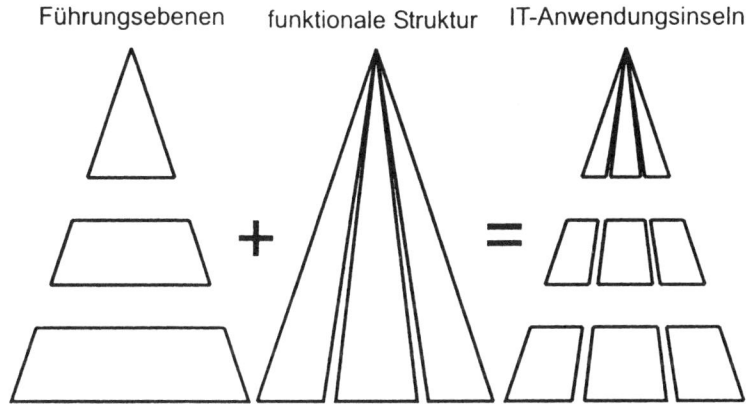

Abb. 3-42: Entstehen von IT-Anwendungsinseln (Kargl 1998)

Das derzeit verfügbare Angebot an Standard-Anwendungssoftware ermöglicht es, nahezu sämtliche Aufgabenbereiche der Logistik-Teilsysteme, d.h. der Beschaffungs-, der Produktions-, der Distributions- und der Entsorgungslogistik abzudecken. Die fachinhaltlichen Anforderungen an die Abwicklungssysteme ergeben sich im Einzelnen aus den Ausführungen der folgenden Kapitel bzw. deren unternehmensspezifischer Ausprägung.

Standard-Software weist gegenüber Individual-Software in der Regel folgende Vorteile auf: niedrigere Investitionen, schnellere Verfügbarkeit, geringere Know-how-Anforderungen an das eigene Personal und ausgereiftere Softwarequalität wegen der breiteren Installationsbasis. Demgegenüber sind als Nachteile von Standard-Software gegenüber Individual-Software zu nennen: Notwendigkeit organisatorischer Anpassungen, Notwendigkeit von individuellen Anpassungen, Abhängigkeit vom Software-Lieferanten, keine bzw. niedrige individuelle Gestaltungsspielräume zum Aufbau von Wettbewerbsvorteilen.

3.8.2 Basissysteme

3.8.2.1 Büroinformationssysteme

Büroinformationssysteme (synonym: Office-Systeme) dienen der Unterstützung dokumentbezogener Tätigkeiten und der Kommunikation im Unternehmen. Hierbei kann es darum gehen, Dokumente (z.B. Notizen, Formulare, Briefe, Berichte, Akten etc.) zu erzeugen, zu gestalten, entgegenzunehmen, zu bearbeiten, weiterzuleiten, abzulegen, wiederaufzufinden, zu versenden, zu registrieren oder zu vernichten.

Büroinformationssysteme verfügen in der Regel über folgende Funktionen zur Durchführung **dokumentbezogener Aktivitäten:**

– Textverarbeitung
– Tabellenkalkulation
– Grafik
– Desktop-Publishing
– lokale Datenhaltung
– Schriftgut-Archivierung.

Um die **Kommunikation** im Unternehmen zu unterstützen kann auf folgende Funktionen von Büroinformationssystemen zurückgegriffen werden:

– Komforttelefon
– PC-Fax
– elektronische Post
– Zugriff zu online-Diensten
– Internet-Zugang
– Computer-Conferencing
– Bildübertragung.

Typische Benutzeroberfläche für Büroinformationssysteme stellt der PC als „elektronischer Schreibtisch" dar, der diese Funktionen unter einer einheitlichen graphischen Software vereint, und der über ein LAN in die IT-Infrastruktur des Unternehmens eingebunden ist.

3.8.2.2 Projekt-Managementsysteme

Projekt-Managementsysteme können für die Bearbeitung von Logistikprojekten herangezogen werden. Dies bietet sich vor allem dann an, wenn es sich um komplexe Einzelprojekte handelt oder gleichzeitig mehrere, sich gegenseitig beeinflussende Projekte durchgeführt werden. Hierbei sollten die Projekte nach einem Konzept der Netzplantechnik strukturiert werden können. Das Funktionsspektrum von Projekt-Managementsystemen umfasst üblicherweise (vgl. *Kargl* 1998, S. 99):

– Strukturierung von Projekten
– Erstellung und Verwaltung von Projektnetzplänen
– Darstellung von Projekten in Form von Netzplänen und Balkendiagrammen
– Mehrprojektplanung
– Termin- und Kostenplanung

– Zeiterfassung und -auswertung
– Kostenerfassung und -auswertung
– Ressourcenzuordnung
– Hochrechnung von Terminen, Kapazitäten und Kosten.

3.8.2.3 Dokumenten-Management-Systeme

Dokumenten-Management-Systeme (DMS) gehen über Bürokommunikation hinaus. Sie unterstützen besonders die zwischen Personengruppen verteilte Handhabung von Unterlagen und deren Archivierung. Teil der Archivierung ist oft auch die Belegerfassung per Scanner.

Der Zugriff auf DMS sollte sowohl im Intranet als auch im Internet möglich sein, um Projektteams, die aus internen und externen Mitarbeitern zusammengesetzt sind, zu unterstützen. Typische Aufgabenbereiche von Dokumenten-Management-Systemen umfassen:

– Einlesen (Scannen von Belegen)
– Elektronische Archivierung
– Elektronische Bearbeitung und Weiterleitung
– Output Management (Drucken).

Schnittstellen bestehen insbesondere zu:

– Bürokommunikationssystemen
– Groupware-Systemen
– Workflow-Management-Systemen.

Den Aufbau eines Dokumenten-Management-Systems zeigt Abb. 3-43.

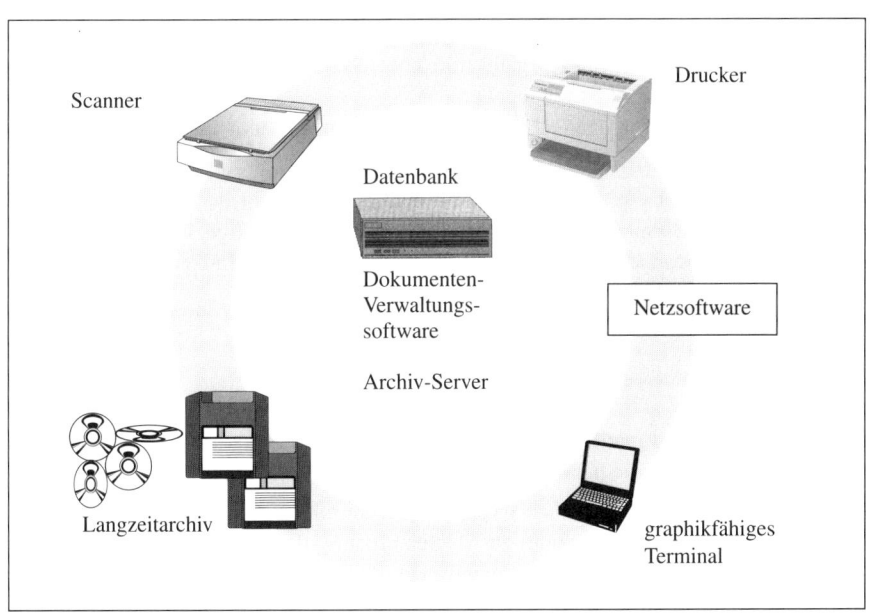

Abb. 3-43: Aufbau eines Dokumenten-Management-Systems (Fraunhofer IAO 1996)

3.8.3 Planungs- und entscheidungsunterstützende Systeme

3.8.3.1 Simulationssysteme

Simulationen und die dazugehörende Software stellen dann geeignete Planungshilfsmittel dar, wenn

- keine mathematisch lösbaren Gesetzmäßigkeiten vorliegen
- der Systeminput und/oder -output nur stochastisch beschrieben werden kann
- das zu untersuchende System sich dynamisch verhält.

Im Rahmen von Simulationen werden existierende oder geplante dynamische Prozesse mit Hilfe eines EDV-Systems nachgebildet, um Erkenntnisse zu gewinnen, die auf die Realität übertragbar sind. Hierzu wird das Simulationsmodell (z.B. die Fordertechnik eines Hochregallagers) mit erwarteten oder tatsächlichen **Systembelastungen** (z.B. Ein- und Auslagerungsaufträgen) beansprucht und die **Systemzustände** (z.B. Auslastung der Fördertechnik, Wartezeit von Aufträgen) werden beobachtet. Aus der Analyse der beobachteten Systemzustände, der gegebenenfalls erforderlichen Variation des Simulationsmodells (z.B. Erhöhung der Anzahl der Förderfahrzeuge oder Erhöhung der Fördergeschwindigkeit) und der erneuten Simulation können optimale Lösungen ermittelt werden.

Grundsätzlich lassen sich vier Simulationsfragestellungen unterscheiden (vgl. *Jünemann* 1989, S. 593):

- Simulation der technischen Funktionalität und der Systemorganisation (System und Systemlast sind vorgegeben)
- Bestimmung der Leistungsgrenzen eines Systems (System ist vorgegeben, Systemlast ist nicht vorgegeben)
- Ermittlung technischer und organisatorischer Systemvarianten (System ist nicht vorgegeben, Systemlast ist vorgegeben)
- Allgemeingültige Aussagen über Systemstrukturen (System und Systemlast sind nicht vorgegeben).

In der Logistik liegt das Haupteinsatzfeld der Simulation in der innerbetrieblichen Struktur- und Prozessplanung. Insbesondere wird die Simulation herangezogen, um technisch-organisatorische Varianten für Förder- und Lagertechniken, ihre Kapazitäten sowie Layout und Streckenführung zu bewerten.

3.8.3.2 Expertensysteme

Expertensysteme sind intelligente Computerprogramme, die das Wissen von Fachleuten und Inferenzverfahren benutzen, um komplexe Probleme zu lösen.

Den Schwerpunkt der logistischen Expertensysteme bilden Anwendungen in der Produktionslogistik, wobei Systeme zur Unterstützung der Produktionsplanung und -steuerung besonders stark vertreten sind (vgl. *Mertens* 1999, S. 128). Ein weiteres Anwendungsfeld ist die Betriebsmittel- und Fabriklayoutplanung. In der Distributionslogistik werden Expertensysteme eingesetzt für die Transportdurchführungsplanung sowie die Transportsteuerung und -kontrolle. Im zahlenmäßig schwächsten Einsatzbereich von logistischen Expertensystemen finden sich solche für die Lieferantenauswahl und -bewertung, die Ermittlung optimaler Sicherheitsbestände und Lagerbestandsprognosen.

Expertensysteme setzen sich aus folgenden Teilsystemen zusammen:

– Wissensbasis, die Fakten und Regeln enthält
– Problemlösungskomponente, die die Fakten und Regeln verknüpft sowie die Abarbeitung steuert
– Wissenserwerbskomponente, um neues Wissen einzugeben oder bestehendes Wissen zu verändern.
– Dialogkomponente zur strukturierten Kommunikation mit dem Benutzer.
– Erklärungskomponente zur Erläuterung und Begründung gewählter Problemlösungen.

Insgesamt ist aber zu konstatieren, dass der Einsatz von Expertensystemen für logistische Fragestellungen in Deutschland relativ wenig verbreitet ist.

3.8.3.3 Führungsinformationssysteme

Führungsinformationssysteme dienen zur Unterstützung von Planungs-, Entscheidungs- und Kontrollaufgaben. Sie setzen auf den Daten auf, die in der Anwendungssoftware zur Verfügung stehen.

Um dem spezifischen Informationsbedarf der Führungskräfte Rechnung zu tragen, muss ein Führungsinformationssystem sowohl ebenenspezifische Informationsverdichtung als auch Informationsdetaillierungen vornehmen können (vgl. Abb. 3-44).

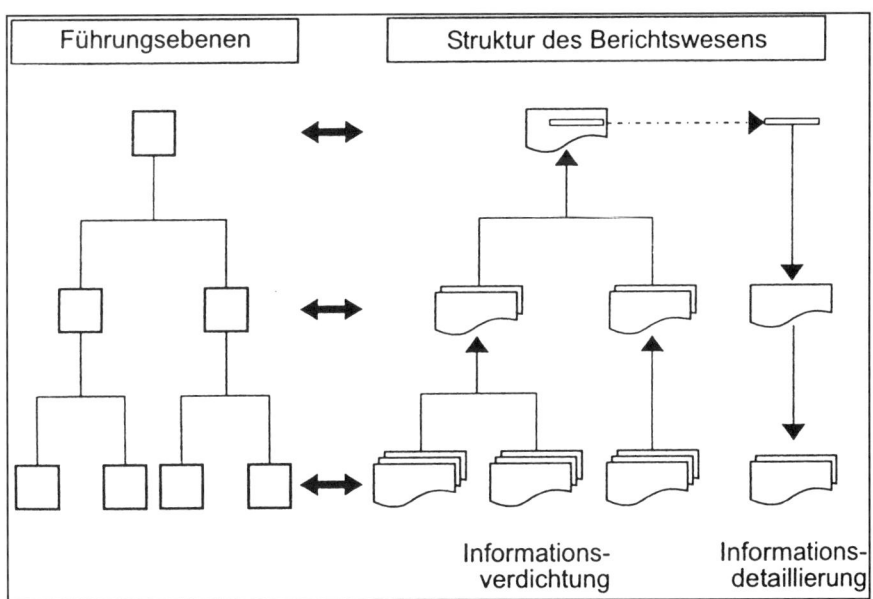

Abb. 3-44: Führungsebenen und Strukturen des Berichtswesens (Kargl 1998, S. 89)

Führungsinformationssysteme unterscheiden sich hinsichtlich der Nutzungsmodalitäten. Benutzerinaktive Führungsinformationssysteme stellen Informationen bereit, die nach Art, Inhalt und Darstellungsform vorbestimmt sind, so dass der Benutzer in der Regel nur die Möglichkeit hat, diese Information am Bildschirm sequentiell „durchzublättern". Im Gegensatz zu diesen veralteten Führungsinformationssystemen ermöglichen benutzeraktive Systeme

- gezielt auf die gewünschten Informationen nach unterschiedlichsten Selektionskriterien zuzugreifen,
- Berechnungen durchzuführen (z. B. Parametervariation, Wirkungsanalyse) sowie
- Ergebnisse in verschiedenen Formen zu präsentieren.

3.9 IT-Sicherheitsmanagement

Größe und Komplexität der IT-Systeme haben in den letzten Jahren ständig zugenommen. Die Menge der bearbeiteten Daten wächst permanent in allen Unternehmen. Durch den Informationsaustausch über das Internet nimmt die Offenheit und damit Verwundbarkeit an den Systemgrenzen zu. Die größten **Gefahren** für die IT-Sicherheit liegen in Virenangriffen, Datenverlust und -diebstahl, Wirtschaftsspionage, Sabotage und Missbrauch. Beispielsweise können Datenverluste infolge fehlender oder unzureichender Datensicherung, eines unzureichenden Berechtigungskonzeptes, des Defekts eingesetzter Betriebsmittel, fehlender Katastrophenvorsorge (z. B. Brand), fehlender datenschutzgerechter Entsorgung von Datenträgern, Viren, Sabotage etc. auftreten.

Folgen von auftretenden Sicherheitsproblemen umfassen:

- Vertrauensverlust bei Kunden und Mitarbeitern
- Verschlechterung der Wettbewerbsposition
- Personen- und Sachschäden
- Verstoß gegen Gesetze, Vorschriften und Verträge
- Unternehmensgefährdung im schlimmsten Fall.

Vor diesem Hintergrund ist ein bewusster Umgang mit den genannten Risiken erforderlich. Es gilt die relevanten Gesetze, Vorschriften und Verträge einzuhalten. Hierbei ist stets die Angemessenheit bzw. Wirtschaftlichkeit der durchzuführenden Sicherheitsmaßnahmen zu beachten.

Die wesentlichen **Sicherheitsanforderungen** umfassen:

- Sicherheitspolitik als Grundlage
- Zugangs- und Zugriffsschutz
- Klimatisierung und Brandschutz
- Datenschutz und -sicherung
- Authentizität, d. h. eindeutige Zuordnung zum Absender bzw. Besitzer von Daten
- Vertraulichkeit, d. h. Schutz von Daten gegen unbefugtes Lesen
- Integrität, d. h. Validität von Daten und Sicherstellung, dass diese während der Übertragung nicht verändert worden sind

– Verfügbarkeit, d.h. Sicherstellung, dass Anwendungen und Daten für den berechtigten Nutzer in einer adäquaten Antwortzeit erreichbar sind
– Verbindlichkeit, d.h. Rechtsgeschäfte über das Internet dürfen nicht abstreitbar sein.

Nachfolgend können lediglich ein paar grundlegende Sicherungsmaßnahmen skizziert werden.

Organisatorische Maßnahmen zur Verhinderung unbefugten Daten- und Systemzugriffs umfassen Diebstahlsicherung durch Zutritts- und Zugangskontrolle. Zugangsmöglichkeiten von außen sind adäquat zu sichern und auf dem aktuellen Stand zu halten.

Die **Authentifizierung** ist der Prozess, einen Anwender oder eine Nachricht auf der Basis des Nutzernamens und eines Passwortes oder einer Dateisignatur zu identifizieren. Möglichkeiten zur Authentifizierung sind

– das Passwort, das der Anwender weiß,
– ein token oder eine Smartcard, die der Anwender besitzt sowie
– der Fingerabdruck, der Teil des Nutzers ist.

Während bei der Authentifizierung die Frage nach dem „Wer?" gestellt wird, geht es bei der **Authorisierung** um die Erlaubnis. Letztere umfasst den Prozess, Anwendern auf Basis ihrer Identität den Zugriff zu Systemen zu geben. Hierbei hängt der Systemzugang von den Rollen ab, die dem Einzelnen zugeordnet wurden. Der Systemadministrator hinterlegt diese Berechtigungen im System. Konkrete Lösungsansätze sind hierbei Directory Services und Single Sign On.

Kryptographische Methoden haben die Aufgabe, Nachrichten unverständlich zu machen, um die Nachricht zu verbergen. Mithilfe von Verschlüsselungstechniken wird die Nachricht des Senders in eine verwandelt, die nur der Empfänger verstehen kann.

Für die Erhöhung der Sicherheit von Netzinfrastrukturen werden **Firewalls** eingesetzt. Firewalls sind spezielle Kommunikationsrechner mit Anschlüssen an mehrere Teilnetze, die diese verbinden und dabei nur genau spezifizierte Verbindungen zulassen. Diese Rechner werden insbesondere als einzige Verbindung zwischen dem Internet und dem LAN (Intranet) geschaltet. Dabei analysieren Firewalls den Datenstrom zwischen Internet und LAN auf verschiedenen Datenebenen und lassen nur als sicher eingeschätzte Daten durch. Eine Firewall soll sowohl das Eindringen von unerwünschten Personen verhindern, als auch sicher stellen, dass nicht alle internen Daten nach außen gelangen können.

Die allgemeinen Ziele von Firewall-Systemen sind folgende: Zugangskontrolle auf Netzwerkebene, Zugangskontrolle auf Benutzerebene, Zugangskontrolle auf Datenebene, Rechteverwaltung, Kontrolle auf der Anwendungsebene, Beweissicherung und Protokollauswertung, Alarmierung und Verbergen der internen Netzstruktur.

Ein Firewall-System wird quasi als Schranke zwischen das zu schützende und das unsichere Netz geschaltet, so dass der ganze Datenverkehr zwischen den beiden Netzen nur über das Firewall-Element möglich ist. Es stellt den „Common Point of Trust" für den Übergang zwischen unterschiedlichen Netzen dar.

Auf der Firewall werden Mechanismen implementiert, die die ganzen Transaktionen sicher und beherrschbar machen sollen. Dazu analysiert das Firewall-System die Kommunikationsdaten, kontrolliert die Kommunikationsbeziehungen und Kommunikationspartner, reglementiert die Kommunikation nach einer Sicherheitspolitik, protokolliert Ergebnisse und alarmiert gegebenenfalls bei bestimmten Verstößen den Sicherheits-Administrator.

Firewalls werden in erster Linie genutzt, um die Anbindung an das Internet in vielerlei Hinsicht sicherer zu machen. Doch auch das Aufteilen in Segmente oder Subnetze ist sinnvoll, insbesondere bei großen Netzwerken.

Es sind zwei grundsätzlich verschiedene Funktionsweisen (Firewall-Sicherheitsregeln) von Firewalls zu unterscheiden:

– Default Deny: Hierbei lässt die Firewall nur vordefinierte Datentypen durch, alles andere wird verworfen. Mit anderen Worten: Alles, was nicht ausdrücklich erlaubt ist, ist verboten.
– Default Permit: Diese Firewall konfiguriert man mit Regeln, die in einem Abblocken der Daten resultieren. Sämtliche Daten, die nicht von den Sicherheitsregeln abgedeckt werden, werden durchgelassen. Mit anderen Worten: Alles, was nicht ausdrücklich verboten ist, ist erlaubt.

Beide Vorgehensweisen weisen sowohl Vorteile als auch Nachteile auf, das heißt, man kann mit beiden Typen sowohl sichere als auch unsichere Firewalls bauen. Am sichersten ist jedoch die Methode des *default deny,* wenn man sich gut überlegt, welche services man freigibt. Bei *default permit* muss man wesentlich mehr Aufwand in die Definition der Abweisungsregeln stecken.

Häufig wird eine Kombination von Firewalls und anderen Netzwerksicherheitskomponenten (z. B. Secure Routers) benutzt, um eine DMZ (Demilitarized Zone) zu ermöglichen. Eine DMZ ist für die Einrichtung einer „Trusted Zone" zwischen dem

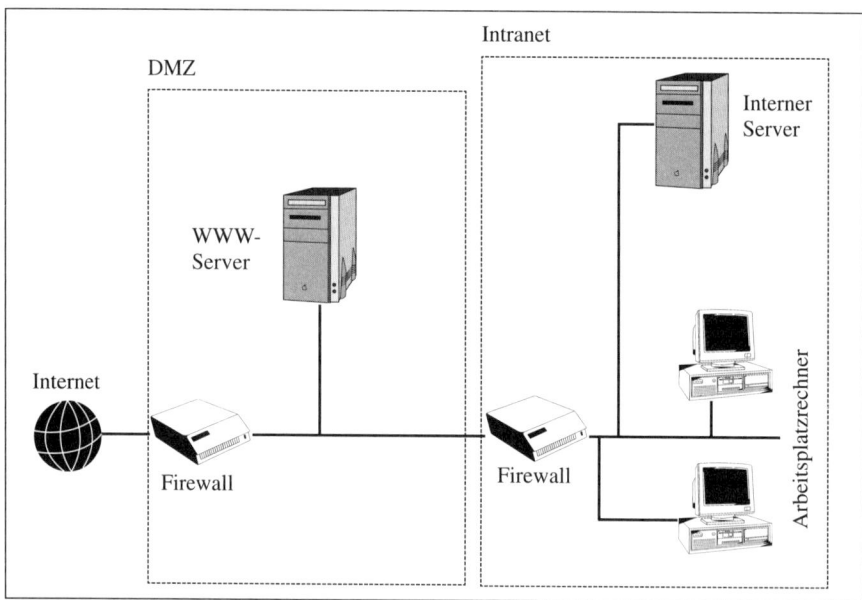

Abb. 3-45: Netzstrukturierung (Teufel/Erat 2001, S. 231)

(unsicheren) Internet und dem (vertraulichen) LAN sinnvoll, um eine höhere Sicherheit zu gewährleisten (vgl. Abb. 3-45).

Diese Konstruktion ist sinnvoll, wenn man neben dem LAN zusätzlich einen Webserver nutzt. Dabei wird sowohl der Webserver als auch das LAN durch die Firewall gesichert. Den Mitarbeitern ist der Zugriff auf den Webserver und das Internet möglich, jedoch können Internetuser über die Firewall nur auf den Webserver zugreifen.

3.10 Electronic Commerce

3.10.1 Definition und Merkmale von Electronic Commerce

Der Begriff **Electronic Commerce** wird in Wissenschaft und Praxis uneinheitlich verwendet. Die Ursache hierfür liegt in der Vielfalt der Einsatzbereiche des Electronic Commerce. Je nach Betrachtungsperspektive reichen die Facetten des Electronic Commerce vom elektronischen Einkaufen (Electronic Shopping bzw. Online Shopping) bis hin zur komplexen Vernetzung von Unternehmen und ihren Partnern. „Aus einer allgemeinen Perspektive versteht man unter Electronic Commerce alle Formen der **elektronischen Geschäftsabwicklung** über öffentliche und private Computer-Netzwerke (z. B. Internet)" (*Hermanns/Sauter* 1999, S. 14).

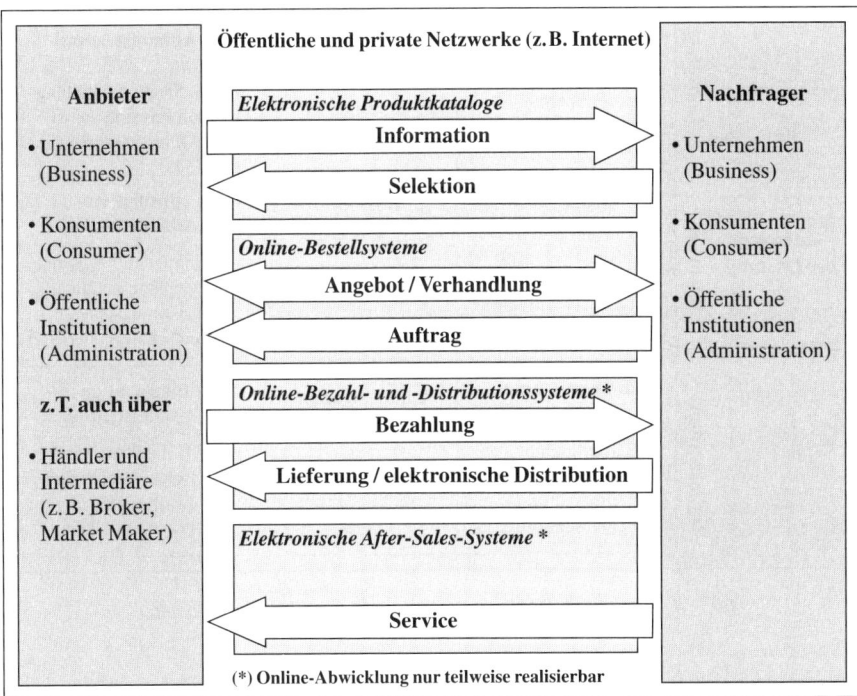

Abb. 3-46: Phasen der digitalen Geschäftsabwicklung beim Electronic Commerce (Hermanns/Sauter 1999, S. 16)

Die Abwicklung von Geschäften über elektronische Medien erfordert die Ausgestaltung zahlreicher Kommunikations- und Entscheidungsprozesse zwischen Transaktionspartnern. Hierbei lassen sich verschiedene Phasen unterscheiden, von der Information des Transaktionspartners über die Abwicklung von Bestell- und Kaufvorgängen, der Bezahlung und Auslieferung von Waren bis zum After-Sales-Service (vgl. Abb. 3-46), wobei im Fall materieller Produkte eine Online-Distribution natürlich nicht möglich ist.

E-Commerce zeichnet sich durch fünf Elemente aus:

– Digitalisierung
– Vernetzung
– Interaktivität
– Unmittelbarkeit
– Standardisierung.

Aufbauend auf diesen Prinzipien entstand E-Commerce in verschiedenen Ausprägungen, wobei nachfolgend die Bereiche B2B (Business-to-Business) und B2C (Business-to-Consumer) im Vordergrund stehen (vgl. Abb. 3-47).

		Nachfrager der Leistung	
	Consumer	**Business**	**Administration**
Consumer	**Consumer-to-Consumer** z.B. Internet-Kleinanzeigenmarkt	**Consumer-to-Business** z.B. Jobbörsen mit Anzeigen von Arbeitsuchenden	**Consumer-to-Administration** z.B. Steuerabwicklung von Privatpersonen (Einkommenssteuer etc.)
Anbieter der Leistung **Business**	**Business-to-Consumer** z.B. Bestellung eines Kunden in einer Internet-Shopping Mall	**Business-to-Business** z.B. Bestellung eines Unternehmens bei einem Zulieferer per EDI	**Business-to-Administration** z.B. Steuerabwicklung von Unternehmen (Umsatzsteuer, Körperschaftssteuer etc.)
Administration	**Administration-to-Consumer** z.B. Abwicklung von Unterstützungsleistungen (Sozialhilfe, Arbeitslosenhilfe etc.)	**Administration -to-Business** z.B. Beschaffungsmaßnahmen öffentlicher Institutionen im Internet	**Administration -to-Administration** z.B. Transaktionen zwischen öffentlichen Institutionen im In- und Ausland

Abb. 3-47: Markt- und Transaktionsbereiche des Electronic Commerce

Die Gegenüberstellung der Merkmale einer stationären Verkaufsfläche und eines Online-Shops verdeutlicht die wesentlichen Unterschiede zwischen beiden Geschäftsansätzen (vgl. Abb. 3-48).

Stationäre Verkaufsfiliale	Online-Shop
Reklamations- und Umtauschhandling via Filiale an Zentrale	Reklamations- und Umtauschhandling via Callcenter und Postversand
Persönliches Einkassieren, Bargeldhandling, Ladendiebstähle	Elektronisches Inkasso, Bonitätsprüfung, evtl. Nachnahme, Debitorenverluste
Persönlicher Verkauf in der Filiale, Continous Replenishement	Personalisierte digitale Verkaufs- und Kundenbindungsmaßnahmen, CRM
Wareneingang Filiale, Verteilung, verkaufs-gerechte Warenpräsentation, Deko	Kosten durch mehrfache oder erfolglose Zustellung, evtl. Pick-Up-Service
Wenige Sammellieferungen an Filialen	Viele Einzelversendungen als Paket an Kunden
Waren in filialgerechte Einheiten komissionieren, auszeichnen	Waren endkundengerecht komissionieren, verpacken, versenden
Mietkosten der Verkaufsfilialen (beinhalten die Passantenfrequenz)	Promotionsmaßnahmen für den E-Shop
Verkaufsfilialen einrichten u. unterhalten, Inventar kalkulatorisch abschreiben	E-Commerce-Informatikinfrastruktur einrichten, unterhalten, kalk. abschreiben
Finanzierung Warenlager Zentrale und Filialen	Finanzierungszeiten Warenlager Zentrale
Unternehmenszentrale mit modernem ERP-System, zentrales Management, eigene Logistikinfrastruktur mit Zentrallager, Stammdatenpflege	

Abb. 3-48: Stationäre Verkaufsfiliale versus Online-Shop (Schubert u. a. 2001, S. 31)

3.10.2 Electronic Commerce und Logistik

Für die Beurteilung der strategischen Implikationen von E-Commerce auf die Logistik sind drei wesentliche Effekte relevant (vgl. Abb. 3-49) (vgl. *Schmitt* 2003, S. 174): Erstens wird der bislang bestehende Reichhaltigkeits-Reichweiten-Kompromiss der Informationsübermittlung durchbrochen. In der Vergangenheit war es möglich entweder wenig reichhaltige Informationen an einen großen Empfängerkreis (z. B. Werbeinformationen) zu distribuieren oder aber reichhaltige interaktive Informationen mit geringer Reichweite (z. B. Außendienstgespräche) zu verteilen. Mithilfe von E-Commerce lassen sich nunmehr reichhaltige Informationen mit hoher Reichweite distribuieren, was insbesondere Auswirkungen auf die Vertriebsaktivitäten hat. Zweitens führt E-Commerce aufgrund einer generellen Verringerung der Transaktionskosten zu einer Bedeutungsverschiebung zwischen den drei grundsätzlichen Transaktionsmechanismen Märkte, Kooperationen und Organisationen. Der hierarchische Austauschmechanismus Organisation verliert gegenüber den beiden anderen an Bedeutung, was dazu führt, dass organisatorische Grenzen neu gestaltet werden. Externer Bezug von bislang unternehmensintern erstellten Leistungen wird wirtschaftlich zunehmend sinnvoll. Zum dritten wirkt sich E-Commerce auf die Ressourcenposition von Unternehmen

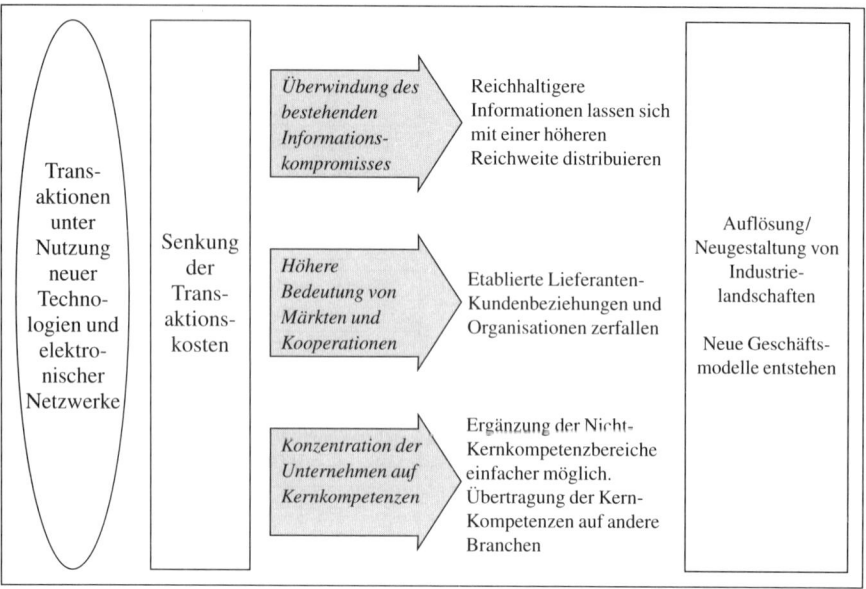

Abb. 3-49: Strategische Auswirkungen des E-Commerce (vgl. Weber u. a. 2002, S. 54)

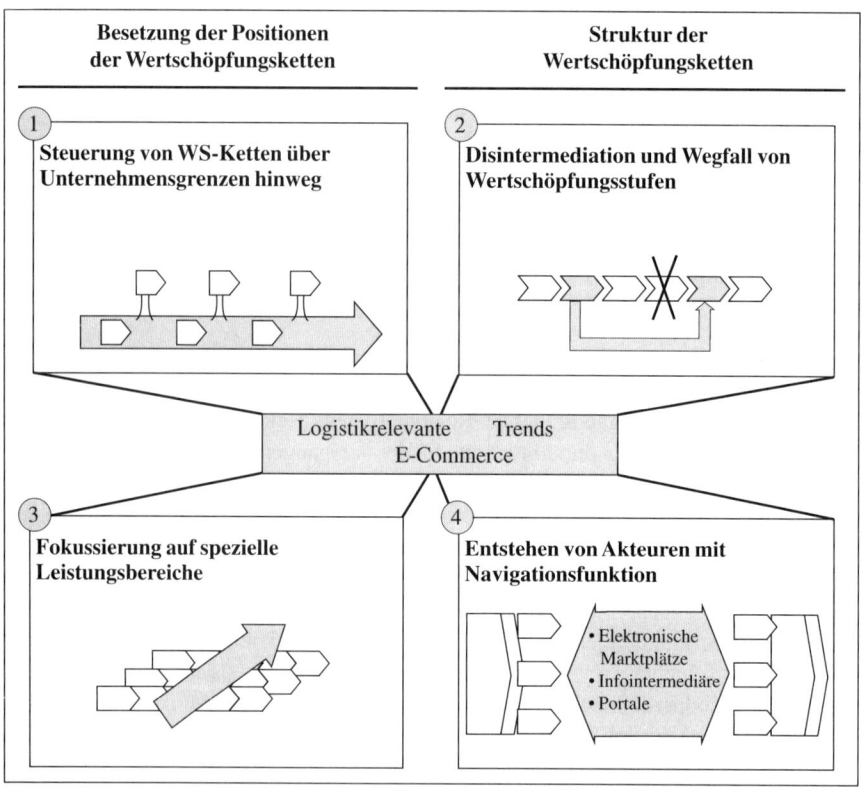

Abb. 3-50: Entwicklungstrends in der Logistik durch E-Commerce
(vgl. Weber 2002, S. 72)

aus. Wettbewerbsrelevante Ressourcen können infolge von E-Commerce leichter transferiert werden. Demzufolge sind bisher stabil erscheinende Geschäftsmodelle neuen Bedrohungen ausgesetzt und es entstehen neue Geschäftsmodelle.

Für die Logistik sind vier generelle Entwicklungsrichtungen relevant, die durch E-Commerce neu entstehen oder beschleunigt werden (vgl. Abb. 3-50) (vgl. hierzu *Schmitt* 2003, S. 180 ff.):

– Steuerung von Wertschöpfungsketten über Unternehmensgrenzen hinweg:
  Mit dem Einsatz der Internettechnologie wird der unternehmensübergreifende, flexible Datenaustausch zu geringen Kosten ermöglicht, so dass die Umsetzung der Flussorientierung erleichtert wird.
– Disintermediation und Wegfall von Wertschöpfungsstufen
– Fokussierung auf spezielle Leistungsbereiche
– Entstehen von Akteuren mit Navigationsfunktion.

Die sich hieraus ergebenden neuen Anforderungen an die Logistik sind in Abb. 3-51 dargestellt.

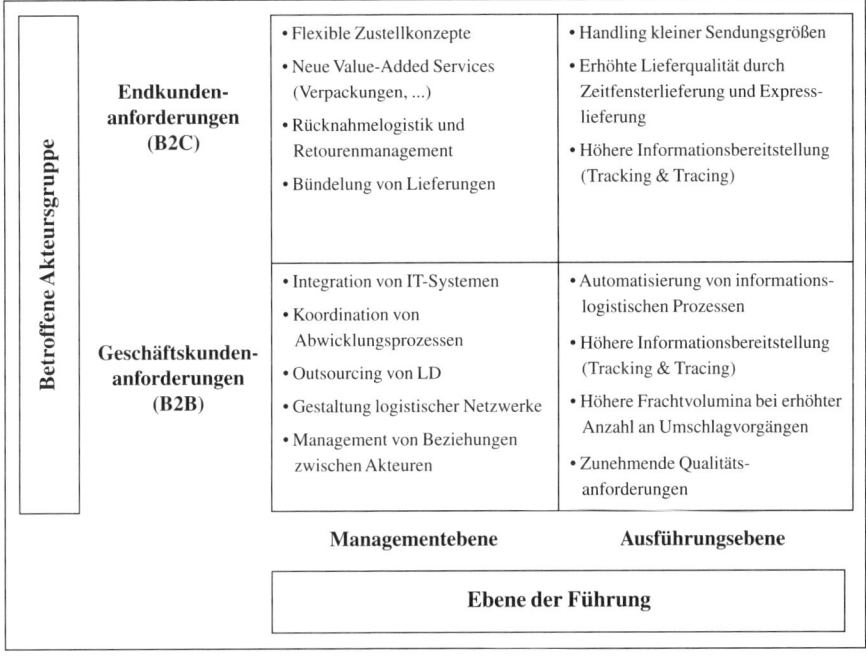

Abb. 3-51: *Veränderte Anforderungen an die Logistik durch E-Commerce*
(vgl. Weber u. a. 2002, S. 115)

So hat beispielsweise das in der Vergangenheit dominierende klassische Handelsmodell relativ zu anderen Geschäftsmodellen, wie dem direkten Herstellerversand, dem Großhandelsversand und dem Einzelhandelsversand, an Bedeutung verloren. Jedes der genannten Geschäftsmodelle geht mit unterschiedlichen Anforderungen an die Logistik einher (vgl. Abb. 3-52).

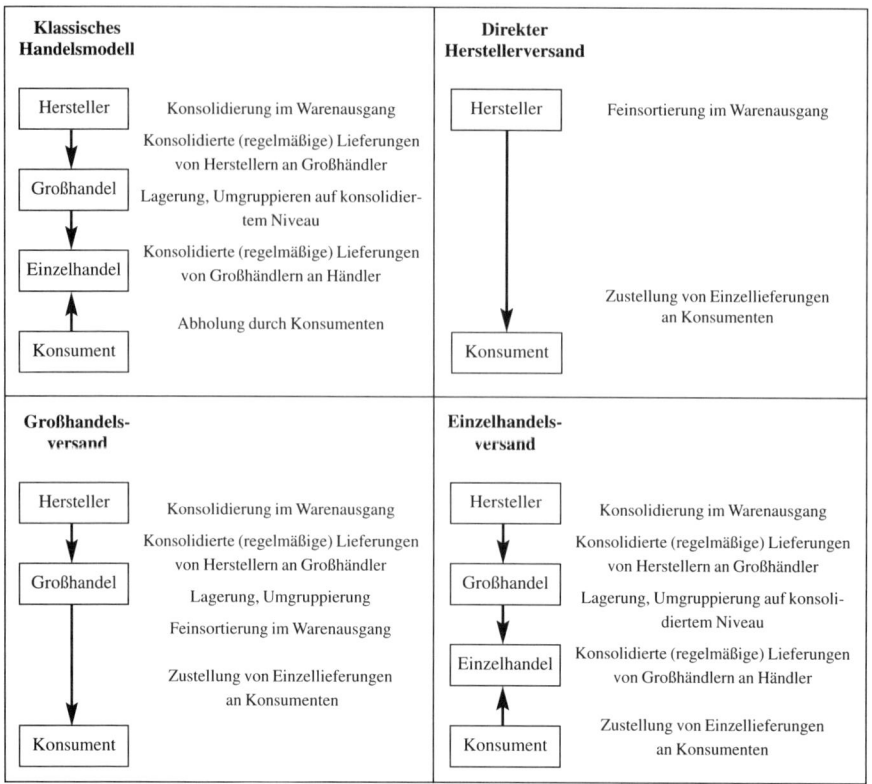

Abb. 3-52: Logistische Anforderungen unterschiedlicher Handelsmodelle (Delfmann 2003)

3.10.3 IT-Gesamtkonzept eines E-Commerce-Systems

Zur IT-gestützten Realisierung von E-Commerce-Konzepten haben sich in den letzten Jahren folgende Teilsysteme in der Praxis durchgesetzt (vgl. Abb. 3-53):

– E-Procurement (vgl. Abschnitt 6.5)
– ERP (Enterprise Resource Planning) (vgl. Abschnitt 10.3.1)
– CRM (Customer Relationship Management)
– Querschnitts- und Bürosysteme, die in allen betrieblichen Bereichen genutzt werden (siehe Abschnitt 3.8.2)

Für die elektronische Abwicklung der Beschaffung existieren verschiedene Konzepte und Techniken, die unter dem Begriff „**E-Procurement**" (Elektronischer Einkauf) zusammengefasst werden.

Als **Enterprise-Resource-Planning-Systeme** (abgekürzt ERP-Systeme) werden integrierte betriebswirtschaftliche Standardanwendungssoftware-Pakete bezeichnet, die nahezu alle Aufgabenbereiche und Prozesse im Unternehmen unterstützen, wie z.B. Beschaffung, Produktion, Vertrieb, Rechnungswesen und Personalwirtschaft. Im Vordergrund steht das Zusammenspiel (Integration) der verschiedenen Aufgaben durch

eine zentrale Datenbank, wodurch Datenredundanzen vermieden und abteilungsübergreifende Geschäftsprozesse unterstützt werden.

ERP-Systeme werden seit Anfang der 90er Jahre in den Unternehmen eingesetzt. Die
technischen Möglichkeiten des Internet sowie die immer wichtiger werdende unternehmensübergreifende Zusammenarbeit haben dazu geführt, dass inzwischen so genannte „E-Business-Systeme" in den Mittelpunkt des Interesses gerückt sind. E-Business ermöglicht die unternehmensübergreifende Geschäftsabwicklung, insbesondere
durch die informationstechnische Anbindung von Kunden und Lieferanten. Bei ERP-
Systemen liegt der Schwerpunkt dagegen auf der innerbetrieblichen Integration; sie
werden weiterhin als sehr wichtige Komponente einer E-Business-Lösung angesehen.

Die Bemühungen, den Kunden in den Mittelpunkt des Unternehmens zu stellen, sämt-
liche Kundendaten in einer Datenbank zu speichern und den Datenaustausch mit den
Kunden verstärkt über das Internet abzuwickeln, führt zu neuen Anwendungen, die als
„Customer-Relationship-Management Systeme" bezeichnet werden.

Customer Relationship Managment beinhaltet die Verwaltung aller Abläufe, Aktivitäten und Daten rund um die Kunden. Dazu gehören neben den Stammdaten (Name,
Adresse, Bankverbindung, Verträge, …) auch Bewegungsdaten, aus denen man Zugriff auf die jeweilige Kundenhistorie hat.

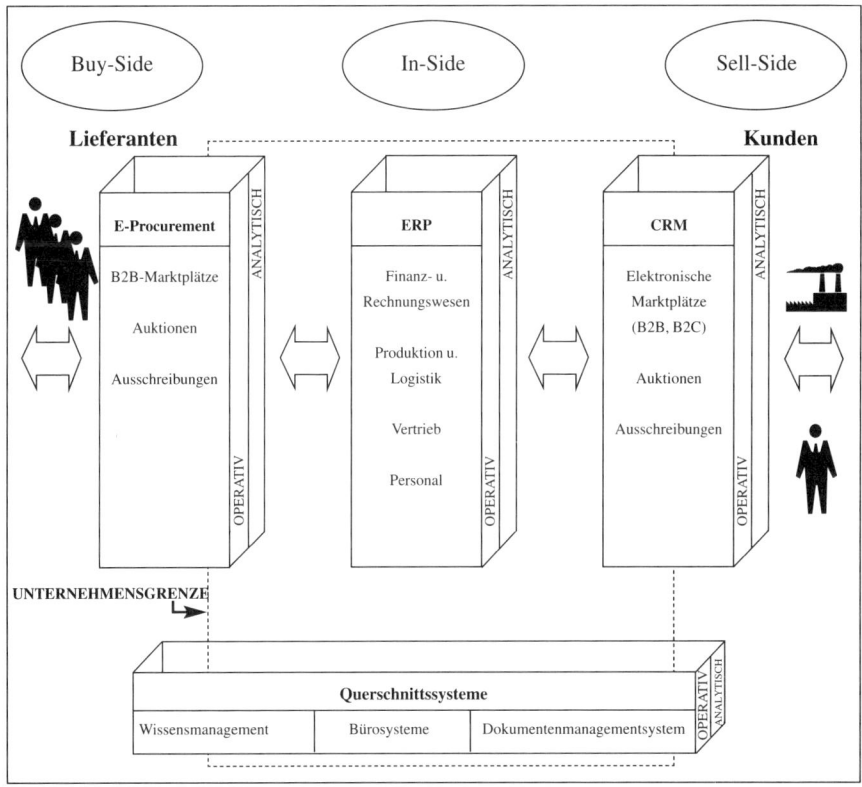

Abb. 3-53: IT-Gesamtkonzept eines E-Commerce-Systems (Abts/Mülder 2002, S. 151)

Allgemein wird CRM als Geschäftsphilosophie oder Konzeption zur Optimierung der Kundenidentifizierung, Kundenbestandssicherung sowie des Kundenwerts definiert, wobei der Prozessgedanke stark betont wird. Im Speziellen umfasst CRM alle Computer-Programme zur Unterstützung der Kundenbeziehungen in den Bereichen Marketing, Vertrieb, Service und Planung.

Mögliche **Aufgabenbereiche** von CRM-Systemen umfassen:

Kundenakquisition
– Marketingplanung und Kampagnenmanagement
– Telemarketing
– Vertriebsprojekte
– Aktivitäten- und Kontaktmanagement
– Kundensegmentierung, Produkt- und Serviceprofile
– Unternehmensübergreifendes Content-Management

Vertriebsprozesse
– Elektronisch gestützter Kauf
– Internetgestützte Preisfindung und Konfiguration
– Telesales
– Vertriebsaußendienst
– Profitabilitätsanalysen
– Integrierter Einkauf und Verkauf

Auftragsabwicklung
– Vollständige Auftragsabwicklung
– Verfügbarkeitsprüfung in Echtzeit
– Vertrags-, Abrechnungs- und Finanzmanagement
– Kontrolle der gesamten Abwicklungsprozesse
– Auftragsverfolgung

Kundenservice
– Interaction Center
– Internet Customer Self Service
– Schadensabwicklung

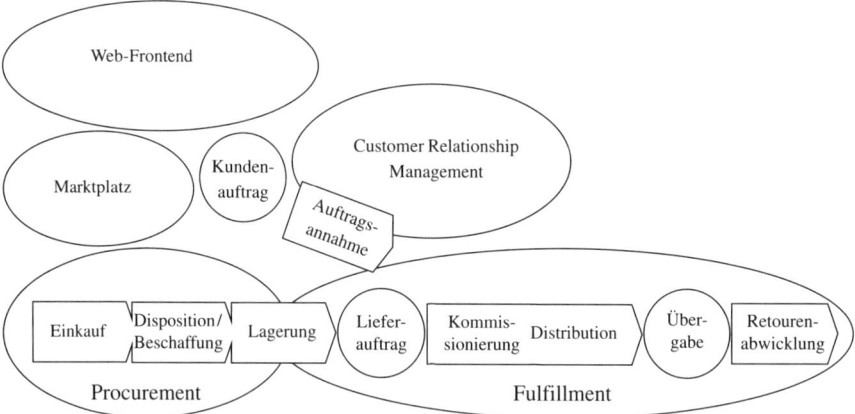

Abb. 3-54: Einordnung und Gegenstand von E-Fulfillment (Baumgarten 2000)

– Servicemanagement
– Technischer Kundendienst
– Einsatzplanung (Dispatching)
– Integration von Marktplatz-Services.

Im Rahmen von E-Commerce-Konzepten hat in den letzten Jahren die Realisierung von sog. E-Fulfillment-Lösungen eine gewisse Bedeutung erlangt. **E-Fulfillment** umfasst die vollständige Auftragsabwicklung von der Internet-gestützten Bestellung über die Lagerung, den Transport, die Auslieferung und die Bezahlung bis zum After-Sales-Service und zur Entsorgung durch einen Logistik-Dienstleister (vgl. Abb. 3-54).

3.10.4 Fallstudie: Dell Computer

Ein sehr gutes Beispiel für die Chancen von Electronic Commerce liefert Dell Computer. Das Unternehmen wurde 1984 von dem Studenten Michael S. Dell als typische Garagenfirma gegründet. Ein einfaches Konzept führte schnell zum Erfolg. Der im Computerdirektvertrieb tätige Konzern realisiert heute einen Umsatz von über 40 Mrd. US-Dollar p. a.

Per Telefon nahm Michael S. Dell Aufträge an. Die Kunden konfigurierten aus verschiedenen Modulen ihren individuellen Computer. Dell baute die Module zusammen und lieferte sie auf dem Postweg direkt an den Kunden. Dieses Grundprinzip der Direktbelieferung ist bis heute gleich geblieben. Die Möglichkeit digitaler Geschäftsabwicklung eröffnet jedoch ganz neue Potentiale. Kunden können heute auf der Homepage von Dell mit Hilfe visualisierter Baugruppen ihren individuellen Computer designen. Durch einen engen Informationsaustausch mit den Lieferanten wird ein schneller Lagerumschlag realisiert, was bei der raschen technologischen Weiterentwicklung und dem hohen Preisdruck in der Computerbranche ein nicht zu unterschätzender Vorteil ist. In der Produktion wurde ein ausgefeiltes Logistik-Konzept umgesetzt. Der postalische Versand erfolgt an jeden Ort der USA binnen 36 Stunden. Mit Hilfe eines digitalen Kunden-Auslieferungs-Standortüberwachungs-Systems kann der Kunde seine Auftragsauslieferung online verfolgen. Abb. 3-55 zeigt das Geschäftsmodell im Überblick.

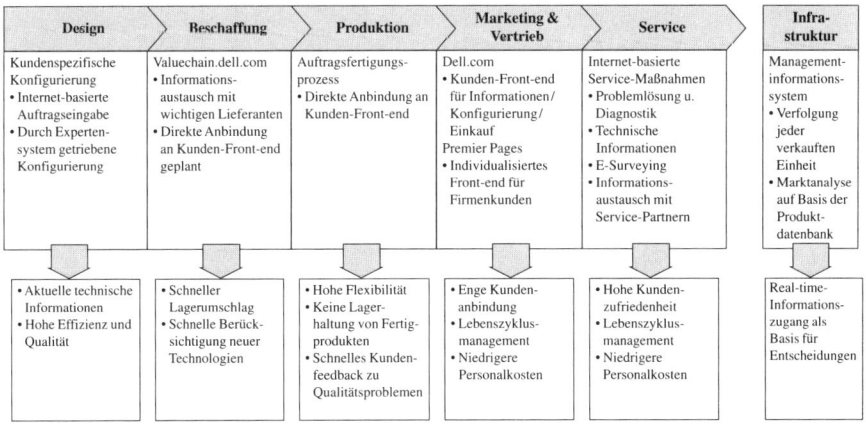

Abb. 3-55: Das Geschäftsmodell von Dell Computer

4 Transport- und Umschlagsysteme

Der Transport von Material und Waren dient der Überwindung räumlicher Distanzen und führt damit zu einer Ortsveränderung des Transportguts. Man unterscheidet

- den **außerbetrieblichen Transport,** der zum einen vom Lieferanten zum Unternehmen und zum zweiten vom Unternehmen zu seinen Kunden erfolgt, sowie
- den **innerbetrieblichen Transport,** der der Beförderung des Materials innerhalb des Betriebes dient (z. B. vom Wareneingang zum Lager, vom Lager zur Fertigung bzw. Montage, zwischen den einzelnen Fertigungskostenstellen, von der Endmontage zum Versand).

Die Begriffe fördern und transportieren werden im folgenden synonym verwendet. „Das dem bergmännischen Sprachgebrauch entstammende Wort ‚fördern' – ursprünglich vornehmlich der senkrechten Bewegung von Lasten im Sinne von heben (anheben) bestimmt – wird heute als ‚befördern' umfassend für die Bewegung von Personen, Sachen und Nachrichten in beliebiger Richtung gebraucht. Es entspricht im Inhalt dem Wort ‚transportieren', welches früher auf die waagrechte und geneigte Bewegung (lateinisch: hinüberbringen) begrenzt war" (*Heiner* 1979, Sp. 618 f.). Personenbeförderung und Nachrichtenübermittlung werden hier nicht weiter berücksichtigt.

Ausgangspunkt der Planung von Transportsystemen müssen die Markterfordernisse sein, aus denen sich die **Fördergüter** ergeben. Auf der Grundlage der Fördergüter (vgl. hierzu Abschnitt 4.2.1) werden sodann **Förderhilfsmittel** festgelegt. Die Fördermittelauswahl erfolgt sinnvollerweise erst dann, wenn das Förderhilfsmittel ausgewählt ist (vgl. *Dangelmaier* 1983, S. 1628). Der Begriff **Fördermittel** umfasst alle technischen Einrichtungen, mit denen Güter unmittelbar oder mittelbar (unter Zuhilfenahme eines Förderhilfsmittels) fortbewegt werden können. Außer für die Planung des Transportsystems sind Förderhilfsmittel auch Ausgangspunkt für die Planung von Lagersystemen und der Bereitstellflächen in der Fertigung (vgl. Abb. 4-1).

Im Rahmen des inner- und außerbetrieblichen Materialflusses findet regelmäßig ein Wechsel zwischen verschiedenen Arbeitsmitteln statt. Die bei den sog. **Umschlagvorgängen** eingesetzten Umschlagprinzipien und -techniken werden ebenfalls in diesem Kapitel vorgestellt.

4.1 Förderhilfsmittel zur Bildung von Ladeeinheiten

Nur in wenigen, speziellen Fällen (z. B. sperrige Teile) ist es sinnvoll, Artikel lose zu transportieren oder zu lagern. In der Regel empfiehlt sich bei der Abwicklung des physischen Materialflusses (z. B. Transportieren, Lagern, Bereitstellen am Arbeits-

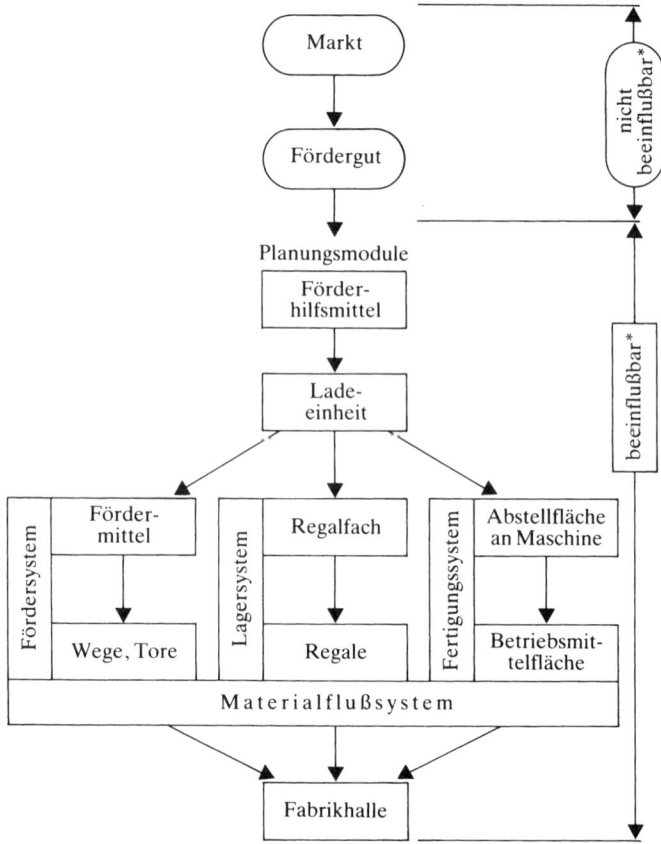

* im Rahmen der Materialfluss- und Fabrikplanung

Abb. 4-1: Förderhilfsmittel als zentrales Element der Planung von Materialflusssystemen (Dangelmaier 1983, S. 1628)

platz) der Einsatz von **Förderhilfsmitteln** (synonym verwandte Begriffe: Transport-, Lade- oder Lagerhilfsmittel). Hierunter werden Hilfsmittel verstanden, die mehrere Artikel zu Gebinden bzw. Ladeeinheiten zusammenfassen. Förderhilfsmittel haben fünf **Funktionen:**

- Aufnahme und Zusammenfassung des Fördergutes (wodurch eine schnellere Abwicklung möglich wird),
- Schutz für das Transportgut vor Beschädigung, Diebstahl etc.,
- Manipulierbarkeit mit Fördermitteln (einfaches Aufnehmen und Absetzen der Förderhilfsmittel),
- Lagerfähigkeit und
- Informationsträger.

Bei den Förderhilfsmitteln unterscheidet man Paletten, Behälter, forminstabile Behältnisse und sonstige Förderhilfsmittel (vgl. Abb. 4-2). Unter letztere fallen beispielsweise

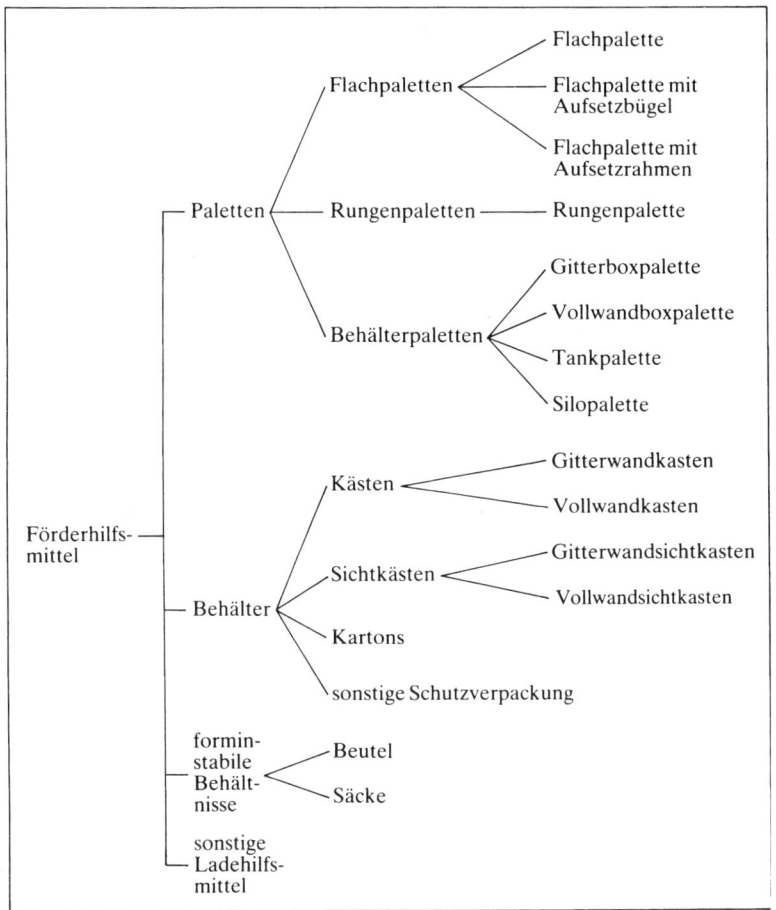

Abb. 4-2: Struktur der Förderhilfsmittel (vgl. Wurch 1982, S. 75)

Rollen und Drahtgebinde (Teile werden zu Ringen zusammengebunden). Beutel werden insbesondere für Kleinteile herangezogen (z. B. zur Vorportionierung). Styropor-Verpackungen, die sowohl dem Schutz vor äußeren Einwirkungen als auch der Zusammenfassung mehrerer Teile dienen, stellen sonstige Schutzverpackungen bei den Behältern dar (vgl. *Wurch* 1982, S. 74). Für Flüssiggüter werden als Förderhilfsmittel primär Container eingesetzt.

Eine andere Möglichkeit zur Strukturierung der Förderhilfsmittel (FHM) stellt die Unterscheidung in

– tragende (z. B. Flachpalette),
– umschließende (z. B. Boxpalette, Kästen),
– abschließende (z. B. Container) und
– Sonder-Förderhilfsmittel

dar. Einen Überblick über wichtige Ladehilfsmittel gibt Abb. 4-3.

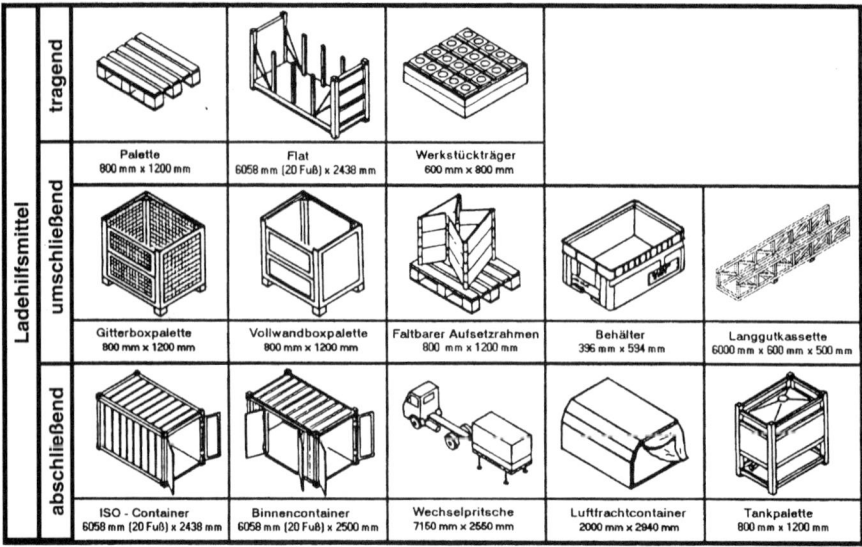

Abb. 4-3: Wichtige Ladehilfsmittel (Ihme 2000)

„Zu den wichtigsten Forderungen, die bei der **FHM-Auswahl** berücksichtigt werden müssen, zählen:

– die Minimierung der Förderhilfsmittelvielfalt,
– das Anstreben der Transportkettenbildung (Transporteinheit → Ladeeinheit → Lagereinheit → Verpackungseinheit → Versandeinheit),
– Erhöhung der Sicherheit durch Verwendung geeigneter FHM und
– Planung geeigneter Ladeeinheiten zur Erhöhung der Umschlagleistung und Vermeidung unnötiger Umladevorgänge.

Besonders durch die mit der Minimierung der FHM-Vielfalt einhergehende Vereinheitlichung des Fördergutes werden Möglichkeiten zur Automatisierung und Mechanisierung geschaffen" (*Wiendahl/Voigts* 1987, S. 102).

Weitere zu berücksichtigende Kriterien können die Forderung nach kleinen Bereitstellungsflächen für Förderhilfsmittel und die Vermeidung von Rücktransporten entladener Förderhilfsmittel sein (vgl. *Dangelmaier* 1983, S. 1629).

4.2 Innerbetriebliche Transportsysteme

4.2.1 Gestaltungsziele und -aufgaben

Die Gestaltung des innerbetrieblichen Transportsystems wird im Wesentlichen von vier **Bestimmungsgrößen** beeinflusst (vgl. hierzu *Heiner* 1979, Sp. 619 f.):

– Fördergut,
– Förderintensität,
– Förderstrecke,
– gesetzliche Bestimmungen.

Das **Fördergut** stellt in der Regel ein Datum dar. Eine Ausnahme bildet beispiels-weise das Formen geschmolzener Stoffe zu für den weiteren Ablauf transportgerech-ten Einheiten. Es lassen sich

– feste (Stück- oder Schüttgüter),
– flüssige und
– gasförmige Güter

unterscheiden.

Zur genauen **Klassifizierung von Stückgütern** sind deren geometrische Merkmale (z. B. Länge, Breite, Höhe) sowie deren physikalische und chemische Eigenschaften zu beschreiben. Zu letzteren gehören (vgl. *Fischer* 1983, S. 342):

– Masse,
– Beanspruchbarkeit (Belastbarkeit der Berührfläche durch äußere Kräfte; Beständig-keit der Berührfläche gegenüber äußeren Einwirkungen, wie z. B. Schwingungen, Stöße, Feuchtigkeit, Sauerstoff),
– Stoffeigenschaften des Gutes (Dichte; ferromagnetisch; elektrostatisch auflad-bar),
– Eigenschaften der Berührfläche (Haftreibung gegenüber Stahl; ölig, fettig, nass, scharfkantig; ab-, wegrollend; klebrig, ätzend) sowie
– Emissionen des Gutes (explosiv, leicht entzündlich; verschmutzend; Temperatur).

Die **Förderintensität** ergibt sich aus dem Bedarf des zu bewegenden Gutes in Men-gen pro Zeiteinheit. Die Förderintensität hängt tendenziell vom Produktionstyp ab: Sie ist bei Einzelfertigung eher niedrig, bei Massenfertigung eher hoch. Die **Förderstrecke** gibt die Entfernung zwischen Start- und Endpunkt eines durchzuführenden Güter-transports einschließlich der zu überwindenden Niveauunterschiede an. Die Berück-sichtigung **gesetzlicher Bestimmungen** kann beispielsweise für feuer- und explosions-gefährdete Betriebe erforderlich sein.

Um einerseits die steigenden Anforderungen an Durchlaufzeitverkürzung, Bestands-minimierung etc. abzudecken und andererseits dem Kostendruck, der bei konventio-nellen Systemen in den Personalkosten zum Ausdruck kommt, zu begegnen, gilt es, Transportsysteme optimal zu planen und einzusetzen. Hierbei sind folgende **Zielgrö-ßen** zu beachten (vgl. Abb. 4–4) (vgl. *Schulze/Weber* 1987, S. 14):

- Optimale Nutzung
  - minimale Transportkosten
  - minimale Leerwege
  - hohe funktionale und zeitliche Auslastung
- Hoher Servicegrad
  - kurze Auftragswartezeiten
  - niedrige Transportzeiten
- Hohe Flexibilität
  - breites Spektrum an Transportgütern
  - leichte Anpassung an betriebliche Umstellungen
- Hohe Transparenz
  - Information über die aktuelle Situation
  - verursachungsgerechte Kostenverrechnung
  - Erzeugung von Kennzahlen,

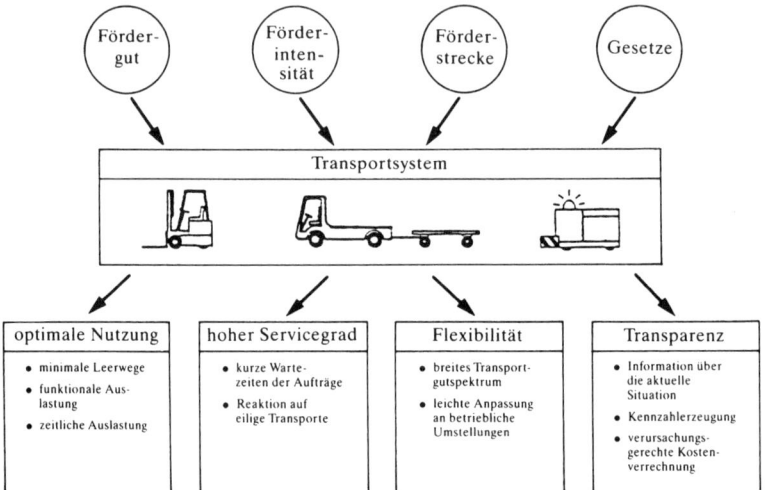

Abb. 4-4: Einflussfaktoren und Zielgrößen eines innerbetrieblichen Transportsystems (vgl. Schulze/Weber 1987, S. 13)

Um diese Ziele zu erreichen, müssen **Planungs-, Steuerungs- und Durchführungs-aufgaben** bewältigt werden (vgl. *Schulze/Weber* 1987, S. 14):

- Planung
  - Langfristige Planung von Transportmitteln und -abläufen
  - Entwicklung von Dispositionsstrategien auf der Basis verdichteter Transportdaten
- Disposition und Steuerung
  - Kurzfristige Transportmitteldisposition anhand aktueller Daten
  - Zuordnung und Übermittlung der Transportaufträge zu einzelnen Förderzeugen
  - Maßnahmen bei Ablaufstörungen
- Durchführung
  - Operative Abwicklung der Transportaufträge
  - Rückmeldung der Ist-Daten an die dispositive Ebene.

Man unterscheidet allgemein Stetig- und Unstetigförderer (vgl. Abb. 4-5).

4.2.2 Stetigförderer

Stetigförderer sind Transportmittel, die über einen festgelegten, gleichbleibenden Förderweg einen kontinuierlichen Materialfluss gewährleisten. In der Regel erfolgt während der Bewegung die Aufnahme und Abgabe des Fördergutes. Die Ladung wird so lange transportiert, bis sie manuell, mechanisch oder automatisch aus dem Förderkreis entnommen wird.

Die **Vorteile** von Stetigförderern liegen in (vgl. *Wiendahl/Voigts* 1987, S. 102 f.)

– der permanenten Transportbereitschaft,
– dem niedrigen Personalbedarf,
– der hohen Automatisierbarkeit sowie
– der möglichen Ausnutzung der Raumhöhe (bei Deckenförderern).

Da keine Leerfahrten anfallen, lässt sich – im Vergleich zu den Unstetigförderern – ein höherer Durchsatz erreichen.

Ein wesentlicher **Nachteil** von Stetigförderern liegt in der ortsgebundenen Installation mit einer entsprechend eingeschränkten Flexibilität. Der Investitionsbedarf ist bei Stetigförderern regelmäßig höher als bei anderen Fördermitteln, wobei andererseits die Betriebskosten häufig deutlich niedriger sind. Ein kritischer Einflussfaktor auf die Wirtschaftlichkeit von Stetigförderern ist daher die erzielbare Auslastung.

Typische Stetigförderer sind in Abb. 4-5 enthalten. Auf Stetigförderer, die zugleich Pufferfunktionen wahrnehmen, wird erneut in Abschnitt 5.1.2.9 eingegangen.

Bei **Kreisförderern** dient ein umlaufender Kettenantrieb als Zugorgan. Mit diesem sind Gehänge fest verbunden. Die Kette zieht mit konstanter Geschwindigkeit die Laufwagen, die in einer Schiene geführt werden (vgl. Abb. 4-6). Weichen sind nicht möglich. Die Vorteile von Kreisförderern liegen in den relativ niedrigen Investitionen und der relativ flexiblen Anpassungsmöglichkeit an die jeweils vorhandenen räumlichen Verhältnisse. Als Nachteile sind die starre Förderung ohne Staumöglichkeit und Verzweigung, die durch die Ketten auftretende Geräuschentwicklung sowie der Zwang zu geschlossenen Kreisläufen zu nennen. Der Einsatz von Kreisförderern erfolgt insbesondere zum Transport großer Mengen, bei einfachen, linienförmigen Materialflüssen und für Transporte durch Zonen mit Explosionsgefahr (vgl. *Koether* 1993, S. 24).

Eine flexible Variante des Kreisförderers ist der **Schleppkreisförderer,** auch **Power-and-Free-Förderer** genannt. Bei diesem Fördersystem sind zwei Schienen übereinander angeordnet. Die in der oberen Schiene kontinuierlich laufende (Power-)Kette zieht über Mitnehmer die in der unteren Schiene laufenden (Free-)Wagen, an denen die Last hängt. Hierbei ist es möglich, die Wagen nach Bedarf von der laufenden Zugkette zu entkoppeln und wieder einzuklinken (vgl. Abb. 4-7). Diese Konstruktion eröffnet zahlreiche Varianten:

– Anhalten der Laufwagen zur Be- und Entladung oder zur Durchführung von Arbeitsoperationen am aufliegenden Gut.
– Sammeln der Laufwagen in Pufferzonen auf Gefällstrecken durch selbsttätiges Ausklinken aus dem Powerstrang: Fährt ein Laufwagen auf einen anderen auf, wird

Art des Fördergutstroms	Förderebene	Beweglichkeit	Antriebsart	Fördermittel
Unstetigforderer	flurgebundene Förderer	gleislos	manuell	Handkarren Hand-Gabelhubwagen Elektro-Gabelhubwagen Elektro-Geh-Gabelstapler
			mechanisiert	Elektrokarren Schlepper mit Anhängewagen Stapler Straßenkrane
			automatisiert	Fahrerlose Transportsysteme Fahrerlose Stapler
		gleisgebunden	mechanisiert	Regalbediengeräte Betriebsbahn Schienenkrane
			automatisiert	Regalbediengeräte Verteilfahrzeuge Elektro-Flurförderbahn
	flurfreie Förderer	gleisgebunden	mechanisiert	Brückenkrane Portalkrane Auslegerkrane
			automatisiert	Elektrohängebahn
	stationäre Förderer	gleisgebunden	mechanisiert	Hebebühnen Aufzüge
Stetigförderer	mechanische Förderer	flurgebunden	ohne Zugorgan	Rollförderer mit Antrieb Schneckenförderer Schwingförderer
			mit Zugorgan	Unterflurschleppkettenförderer Tragkettenförderer Wandertisch Bandförderer Kratzerförderer
		flurfrei	mit Zugorgan	Kreisförderer Power-and-Free-Förderer Schaukelförderer
		stationär	mit Zugorgan	Umlaufförderer (Paternoster) Becherwerke
	Schwerkraftförderer			Rollförderer ohne Antrieb Rutschen
	Strömungsförderer			pneumatische Förderer (Rohrpost) hydraulische Förderer (Pipeline)

Abb. 4-5: Fördermittel für den innerbetrieblichen Transport

Förder-Kette

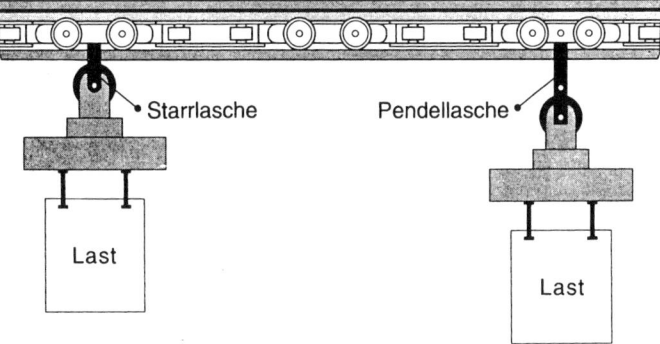

Abb. 4-6: Kreisförderer (Koether 1993, S. 23)

der Wagen aus der Kette ausgeklinkt. Fährt der vorne stehende Wagen weiter, wird der zweite Laufwagen wieder eingeklinkt und fährt weiter.
– Verteilen und Zusammenführen der Laufwagen nach vorgegebenen Zielinformationen (durch Wegklappen der Mitnehmer beim Durchfahren von Weichen).
– Neben den genannten technischen Möglichkeiten ist auch das Überwinden von Höhendifferenzen möglich (Hub- und Senkstationen bzw. Steigungen und Gefälle je nach System bis 85°). Der Haupteinsatzbereich der Power-and-Free-Fördersysteme liegt in der Großserien- und Massenproduktion, wie z.B. in der Automobilindustrie.

Unterflurschleppkettenförderer sind bodengebundene Förderer mit lösbaren und unlösbaren Wagen. Die Schleppkette befindet sich in einem Fußbodenkanal, der bereits in der Bauphase eines Gebäudes vorgesehen werden muss. Nachträgliche Veränderungen der Transportstrecke sind nur noch mit hohem Aufwand möglich.

Rollenbahnen setzen sich aus einer Folge von Rollen oder Walzen zusammen, auf denen das Fördergut, ausschließlich Stückgut, liegt. Die Rollen sind hintereinander angeordnet, frei drehbar und zwischen zwei Stahlprofilen befestigt. Das Fördergut wird transportiert, solange sich die Rollen unter ihm drehen. Der Transport erfolgt durch Schwerkraft oder durch eine angetriebene Rollenbahn. Die wesentlichen Komponenten von Rollenbahnen umfassen die Rollkörper (Achsen, Lagerung, Abdich-

Power-Kette

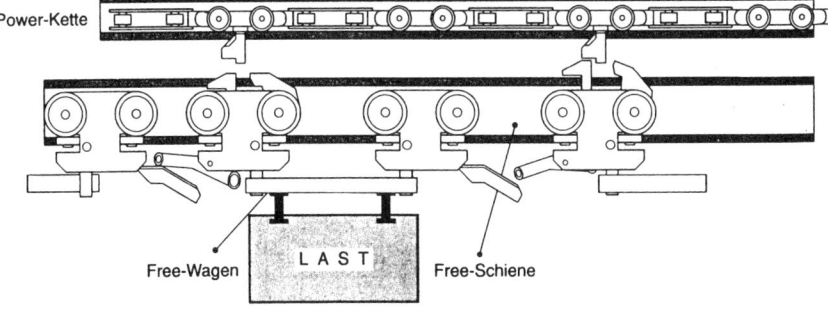

Abb. 4-7: Power-and-Free-Förderer (Koether 1993, S. 24)

tung), die Träger- bzw. Rahmenkonstruktion und die Aufständerung bzw. Aufhängung (vgl. *Jünemann* 1989, S. 206). Neben Geraden gibt es Bögen, Ein- und Ausweichschleusen, Drehtische sowie Hub- und Absenkeinrichtungen. Rollenbahnen sind meist aufgeständert, können aber auch hängend unter der Hallendecke installiert werden.

Als Vorteile von Rollenbahnen lassen sich nennen:

- Möglichkeit zum Transportieren, Stauen, Sortieren und Vereinzeln
- relativ geringer Investitionsaufwand
- niedrige Betriebskosten
- einfache Installation
- exakte Positionierung des Fördergutes möglich.

Nachteile von Rollenbahnsystemen sind

- starre Streckenführung
- ortsgebundene Installation
- bei aufgeständerten Rollenbahnen möglicherweise Behinderung anderer Förderstrecken
- Beschränkung auf rollenbahnfähiges Fördergut mit glattem Boden oder Kufen (vgl. *Koether* 1993, S. 34).

Rollenbahnen werden für den Transport von Stückgütern mit mindestens einer ebenen Fläche oder von genormten Ladehilfsmitteln (Paletten) eingesetzt, insbesondere im angetriebenen Durchlaufregallager (siehe Abschnitt 5.1.2.5), in der Lagervorzone, im gesamten Produktions- und Montagebereich (beispielsweise für eine stetige Stückgutbewegung bei Arbeiten nach dem Fließprinzip) und zum Be- und Entladen von Verkehrsmitteln (LKW, Eisenbahnwagen, Schiffe und Flugzeuge) (vgl. *Jünemann* 1989, S. 207).

Tragkettenförderer sind Stückgutförderer bei denen Ketten gleichzeitig Zug- und Tragmedium sind. Das Fördergut liegt rechts und links jeweils auf einer angetriebenen Kette auf, wobei sich die Ketten auf Führungen abwälzen. Die Einsatzgebiete von Tragkettenförderern sind ähnlich wie bei den Rollenbahnen. Je nach Ausführung eignen sich Tragkettenförderer für die waagrechte bis senkrechte Beförderung von langen oder sperrigen Gütern auf einheitlichen Lademitteln. Sie können bei entsprechender Auslegung Ladeeinheiten mit großem Gewicht transportieren (vgl. *Jünemann* 1989, S. 211).

Auch bei **Gurtförderern** sind Trag- und Transportmedium identisch. Die Gurte werden von Tragrollen geführt oder gleiten auf glatter Unterlage.

Da Gurtbänder geringere Anforderungen an die Form des Fördergutes stellen als Tragkettenförderer, können sie für verschiedene Güter mit geringem bis mittleren Gewicht, auch für Schüttgüter verwendet werden. Haupteinsatzgebiete sind waagrechte oder leicht geneigte und geradlinige Förderaufgaben. Die Einrichtung von Verzweigungen und Staustrecken erfordert bei Gurtförderern einen relativ hohen Aufwand, weshalb diese Fördersysteme – bei Bedarf – eher im Verbund mit Rollenbahnen eingesetzt werden. Neben Gurten als Trag- und Zugmedium werden auch Stahlbänder bei besonderen chemischen oder hygienischen Anforderungen des Fördergutes sowie Drahtgurte für sehr heißes Fördergut und für Kühl-, Wasch- und Entwässerungsaufgaben verwendet (vgl. *Jünemann* 1989, S. 212).

Bei **Rutschen, Wendelrutschen** und **Fallrohren** gleitet das Fördergut durch Schwer-
kraft auf einer Förderbahn (vgl. Abb. 4-8). Rutschen sind als offene oder geschlossene
Rinnen ausgebildet und weisen einen rechteckigen oder abgerundeten Querschnitt auf.
Sie können gerade oder wendelförmig gestaltet werden. Fallrohre stellen geschlossene
Rohre dar. Um Staus oder Zusammenstöße beim Fördervorgang auf Grund unter-
schiedlicher Geschwindigkeiten zu vermeiden, müssen die Gewichte der geförderten
Stückgüter ähnlich sein.

Wendelrutschen dienen oft dem Vertikaltransport bei der Kommissionierung im Lager
oder zwischen zwei Stockwerken (z. B. für Sackgut). Bevorzugtes Fördergut von Rutschen sind Päckchen und Pakete. Fallrohre und geschlossene Rutschen werden wegen
der hohen Fallgeschwindigkeit in der Regel zum Schüttguttransport und nur selten
zum Stückguttransport eingesetzt (vgl. *Jünemann* 1989, S. 210).

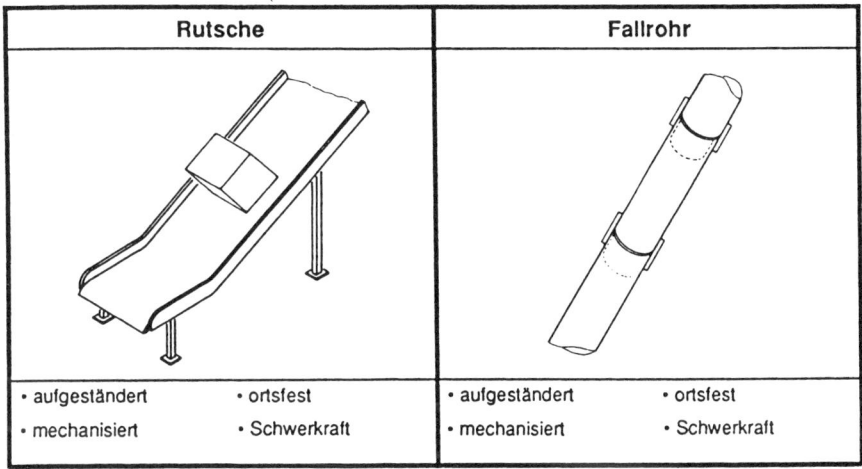

Rutsche	Fallrohr
• aufgeständert • ortsfest	• aufgeständert • ortsfest
• mechanisiert • Schwerkraft	• mechanisiert • Schwerkraft

Abb. 4-8: Rutsche und Fallrohr (Jünemann 1989, S. 203)

4.2.3 Unstetige Fördermittel

Unstetigförderer arbeiten intermittierend bei in der Regel frei wählbarer Bewegungs-
richtung. Ein **Transportspiel** setzt sich unabhängig vom Transportmittel im Allgemeinen aus folgenden **Teilaktivitäten** zusammen:

1. Aufnahme des Fördergutes am Standort (Quelle, Auftragsentstehungsort)
2. Transport des Gutes zum Zielort (Lastfahrt)
3. Abgabe des Gutes am Zielort (Senke, Auftragserfüllungsort)
4. Fahrt zu einem weiteren oder demselben Standort (Leerfahrt).

Die Fördermittelbewegung und -steuerung erfolgt:

– manuell unmittelbar durch den Fördermittelbediener,
– mechanisiert indirekt durch den Fördermittelbediener oder
– automatisiert durch eine übergeordnete Rechnersteuerung.

Mit Ausnahme von Aufzügen und einigen speziellen Hebezeugen handelt es sich bei Unstetigförderern nicht um ortsfeste Fördermittel. Sie können im Rahmen ihres Wirkungsbereiches sehr flexibel eingesetzt werden, da die Förderstrecke von Transport zu Transport variiert werden kann. Systembedingte Einschränkungen der Flexibilität weisen naturgemäß die gleisgebundenen Fördermittel auf.

Der Einsatzschwerpunkt von Unstetigförderern liegt im Individualtransport von Gütern bei kleinen bis mittleren Stückgutmengen. Entsprechend sind Unstetigförderer durch Last-, Leer- und Anschlussfahrten sowie Stillstandszeiten in unterschiedlicher Länge und in unregelmäßigen Abständen gekennzeichnet.

4.2.3.1 Flurgebundene, gleislose Unstetigförderer

Gleislose Flurförderzeuge werden dann verwendet, wenn ein hohes Maß an Flexibilität und die Freihaltung der Verkehrswege von fest installierten Einrichtungen gefordert werden. Vorteilhaft ist außerdem der im Verhältnis zu anderen Fördermitteln niedrigere Investitionsaufwand. Als Grundarten gleisloser Flurförderzeuge sind zu nennen:

– Schlepper
– Wagen
– Stapler.

Als Kriterium für die Unterscheidung dient der **Lastangriff.** „Der Schlepper überträgt nur eine Zugkraft, die Last befindet sich auf einem anderen Flurförderzeug. Beim Wagen erfolgt der Lastangriff innerhalb der Radbasis und beim Stapler außerhalb" (*Wurch* 1982, S. 93) (vgl. Abb. 4-9).

Die am Markt angebotenen Flurförderzeuge weisen durch die Verwendung einer Vielzahl unterschiedlicher Anbau- bzw. Greifvorrichtungen eine große Variationsbreite auf.

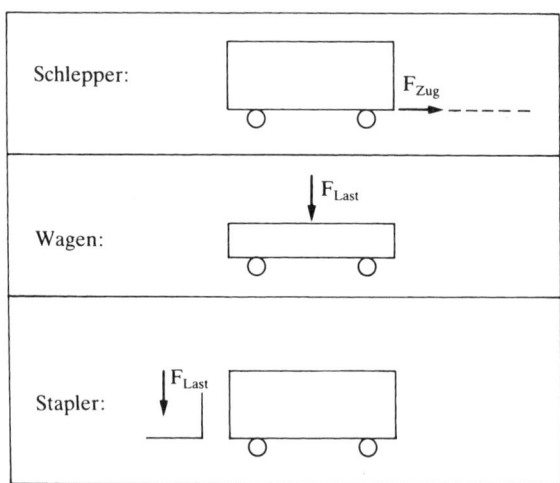

Abb. 4-9: Einteilung der Flurförderzeuge nach dem Lastangriff (Wurch 1982, S. 93)

Zu den nicht angetriebenen, manuell geführten Karren und Wagen gehören die Hand-karren und Hand-Gabelhubwagen für den Paletten- und Behältertransport. Diese lassen sich dann sinnvoll und wirtschaftlich einsetzen, wenn lediglich geringe Massen zu transportieren sind, beengte Platzverhältnisse vorliegen, die Transportwege kurz sind (z. B. zwischen benachbarten Arbeitsplätzen) und die Transportfrequenz niedrig ist. Mechanisierte Fördermittel gelangen dann zum Einsatz, wenn die zu bewegende Masse eine manuelle Fördermittelführung nicht mehr zulässt, eine hohe Transportfrequenz vorliegt und größere Entfernungen zu überwinden sind.

Aufgrund ihrer breiten Einsatzmöglichkeiten stellen **Stapler** die am weitesten verbreiteten Transportsysteme für Stückgüter dar.

Stapler können Lasten aufnehmen, heben, transportieren, senken und abstellen. Die wichtigsten Baugruppen der Gabelstapler sind das Hubgerüst, das Fahrwerk, die Lenkung, die Antriebe und das Lastaufnahmemittel. „Gabelstapler nehmen das Fördergut freitragend, außerhalb ihrer Radbasis, mit frontal an einem Hubgerüst befestigten Gabeln auf und heben es an. Um die Lastaufnahme zu erleichtern, wird das Hubgerüst hierzu um 3° nach vorn geneigt. Im angehobenen Zustand wird das Hubgerüst um 8° bis 10° nach hinten geneigt, um ein Abrutschen des Fördergutes während der Fahrt zu vermeiden" (*Jünemann* 1989, S. 232). Die meisten Stapler verfügen über ein Drei- oder Vierradfahrwerk in Rahmenbauweise und sind aus Leichtbauprofilen, Rohren und Blechen zusammengeschweißt. Der Antrieb erfolgt mit Elektromotoren oder mit Verbrennungsmotoren (Benzin, Diesel, Gas). Auf der dem Hubgerüst zugewandten Vorderseite sind sie mit starren ungelenkten Rädern ausgerüstet. In der Standardausführung weisen Gabelstapler geschmiedete Gabeln auf. Mit zahlreichen alternativen Lastaufnahmemitteln können sie für eine große Zahl unterschiedlicher Einsatzfälle ausgerüstet werden (vgl. Abb. 4-10).

Stapler werden weitgehend manuell bedient und bedürfen daher der Berücksichtigung ergonomischer Gesichtspunkte bei der konstruktiven Gestaltung. Diese Anforderung bezieht sich insbesondere auf die Sitzposition des Fahrers und die Sichtverhältnisse, die möglichst wenig durch die vor dem Fahrer angeordnete Mastkonstruktion beeinträchtigt werden sollte.

Stapler zeichnen sich durch eine extrem hohe Flexibilität aus. Sie unterliegen keinen Einschränkungen durch das Layout oder durch vorgegebene Wege und Strecken. Ihr Einsatz ist auch im Freien möglich. Stapler erfordern keine ortsfesten Installationen. Sie sind beweglich und wendig.

Spreizenstapler nehmen das Fördergut innerhalb ihrer Radbasis zwischen den vorgezogenen Spreizenfüßen (Radarme mit in der Regel 900 mm Innenabstand) auf. Die Breite der Ladeeinheiten bei Bodenaufnahme bzw. -abgabe ist deshalb begrenzt (z. B. für längsstehende Europaletten). Für das Einfahren der Füße zum Aufnehmen oder Abgeben der Last ist eine Einfahrhöhe von etwa 200 mm über Flurebene vorzusehen. Spreizenstapler werden unter anderem in Regallägern mit geringen Arbeitsgangbreiten eingesetzt.

Schubstapler sind ähnlich aufgebaut wie Spreizenstapler und weisen ähnlich kompakte Fahrzeugabmessungen auf. Schubgabelstapler besitzen eine horizontal ausfahrbare Teleskopschubgabel und Schubmaststapler einen längsverfahrbaren Halbmast. Schub-gabelstapler bieten bei ausreichendem Unterfahrraum und vollem Gabelausschub die

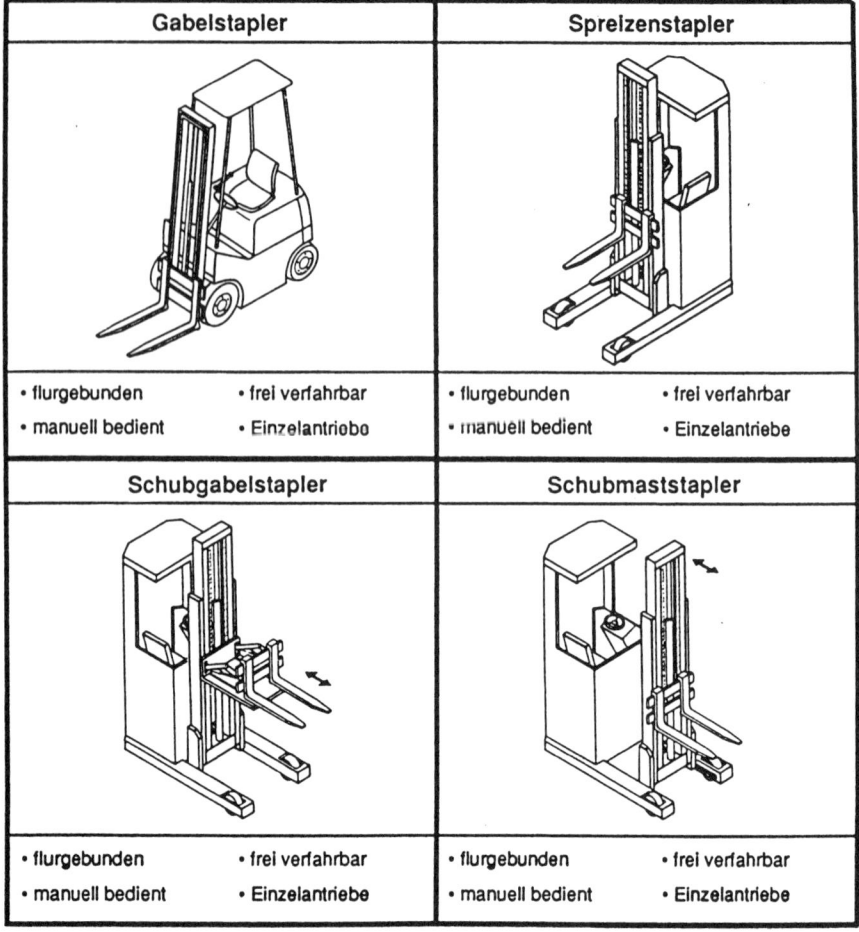

Abb. 4-10: Ausführungsvarianten von Staplern (Jünemann 1989, S. 219f.)

Möglichkeit der Stapelung in zweiter Reihe (z. B. in Blockregallägern und auf LKW-Pritschen). Das Handling beim Be- und Entladen ist auf Grund der relativ geringen Masse der zu bewegenden Schubgabel einfach und präzise.

Schleppzüge bestehen aus einem manuell bedienten Schlepper mit mehreren Anhängern. Sie werden insbesondere für horizontale innerbetriebliche Transporte über längere Strecken mit relativ wenigen Haltestellen eingesetzt. Schlepper verfügen meist über keine eigene Lastplattform und kommen mit dem Fördergut nicht unmittelbar in Berührung. Bei der Be- und Entladung sind Schlepper auf Personal und/oder andere Fördertechniken angewiesen (vgl. *Jünemann* 1989, S. 219f.). Da Stapler das Fördergut aufnehmen und absetzen können, sind sie flexibler, wenn Güter an verschiedene Stationen zu verteilen sind.

Liegt ein Anwendungsfall vor, der Wendigkeit und ein Drehen auf der Stelle erfordert oder müssen besonders schwere Lasten bewegt werden, ersetzt man Teile des Fahrgestells der Flurförderzeuge durch Luftkissen. Unter dem Fahrzeug wird ein leichter Überdruck erzeugt, so dass das Fahrzeug durch Schieben oder durch Steuerdüsen in die gewollte Richtung bewegt werden kann. Luftmenge und Luftdruck werden entweder aus der zentralen Pneumatikversorgung entnommen oder über einen im Fahrzeug vorhandenen Druckluftspeicher aufgebaut. Die Vorteile der **Luftkissenfahrzeuge** liegen im geräuschlosen und fast reibungsfreien Transport. Es ist ein glatter und sauberer Boden erforderlich. Der Transportradius ist durch die Länge des Luftschlauchs oder durch die Kapazität des Drucklufttanks begrenzt (vgl. *Koether* 1993, S. 33). Einsatzfälle sind zum einen der Transport von sehr schweren Lasten, wie beispielsweise Papierrollen, Coils, Großwerkzeuge oder Stahlplatten, zum anderen der Transport in sehr engen, verwinkelten Fahrkursen und an schwer zugänglichen Maschinen.

4.2.3.2 Flurgebundene, spurgeführte Unstetigförderer

In zunehmendem Maße werden **spurgeführte Flurförderer** eingesetzt. Hierbei handelt es sich um **Fahrerlose Transportsysteme (FTS)**.

Fahrerlose Transportsysteme setzen sich im Wesentlichen aus den Fahrzeugen und der Anlage zusammen, wobei sich in physischer und informatorischer Hinsicht fünf Elemente unterscheiden lassen, die aufeinander abzustimmen sind (vgl. zum Folgenden *Müller* 1983, S. 36ff.). Die **physische Ebene** besteht aus dem Fahrzeug, dem Fahrkurs und der Lastübergabe, die **informatorische Ebene** aus der Fahrzeug- und der Anlagensteuerung (vgl. Abb. 4-11).

„Gemeinsames Element der Fahrzeuge und der Anlage ist auf der physischen Ebene die Lastübergabe. Dabei können entweder

– ausschließlich das Fahrzeug oder
– ausschließlich eine fest installierte Lastübergabestation oder
– das Fahrzeug und die Lastübergabestation gemeinsam aktiv sein" (*Müller* 1983, S. 37).

Je nach Automatisierungsgrad erfolgt die Lastauf- und -abgabe vollautomatisch oder manuell. Hierbei kommen entweder Geräte mit aufgebauten Stetigförderelementen, Sonderaufnahmen oder Elektro-Gabelhubwagen zum Einsatz.

Die wesentliche Funktion der **Fahrzeugsteuerung** besteht in der Zielsteuerung, während die **Anlagensteuerung** primär dazu dient, Auffahrunfälle auf der Strecke und Kollisionen bei Einmündungen und Kreuzungen zu vermeiden.

Zur **Erteilung der Fahraufträge** stehen als **Übertragungsverfahren** zur Verfügung:
– induktiv, d.h. über im Boden verlegte Leitdrahtschleifen
– Datenfunk
– Ultraschall
– Infrarot.

Die Auswahl des im jeweiligen Einsatzfall geeignetsten Datenübertragungssystems hängt ab von (vgl. *Brock* 1985, S. 22.9):
– der erforderlichen Reichweite
– der Schrittgeschwindigkeit in der Datenübertragung, die in Baud (Bd) gemessen wird (ein Bd entspricht einem Schritt pro Sekunde)

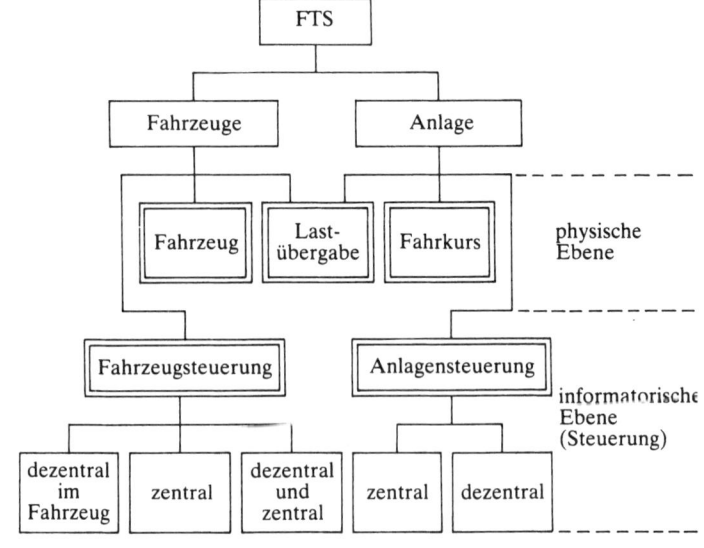

Abb. 4-11: Systemelemente von Fahrerlosen Transportsystemen (Müller 1983, S. 36)

Verfahren	Entfernung m	Übertragungs-rate B_d	Störgrößen	Vorteile
Induktiv				
	0,1–0,3	110–2400	Eisen im Boden elektromagne-tische Felder	ausgereifte Technik
Funk				
	500 innen 10 000 außen	ca. 1200 bis 2400	Dopplereffekt Funklöcher	einfache Montage
Infrarot				
A. gerichtet ständig erreichbar	1–20			keine Genehmigung
B. gerichtet bedingt erreichbar	0,3–3	300 bis 9600	Temperatur-einflüsse direktes Sonnenlicht	geringer Installations-aufwand wird durch Mikroelektro-nik preiswerter
C. flächen-deckend erreichbar	10 m bei 150 qm			

Abb. 4-12: Datenübertragungstechniken für FTS (Brock 1985, S. 22.10)

- der Störsicherheit
- den anfallenden Kosten
- den genormten Schnittstellen
- den einzuhaltenden Genehmigungsvorschriften.

Abb. 4-12 zeigt im Überblick eine Beurteilung der wichtigsten Datenübertragungstechniken für FTS. Die unter dem Infrarotverfahren angegebenen Klassen A–C beziehen sich auf unterschiedliche Aufgabenstellungen. Charakteristische Kriterien sind hierbei die Entfernung zwischen Sender und Empfänger sowie die Richtcharakteristik der Strahlungsfläche. In der Praxis ist als Trend die Loslösung vom Leitdraht zu beobachten.

4.2.3.3 Flur- und gleisgebundene Unstetigförderer

Regalbediengeräte sind Fördermittel zur manuellen oder automatischen Bedienung von Regalfächern einer Lageranlage (Palettenregal-, Hochregal- oder Behälterregallager, siehe Kapitel 5). Sie sind meist bodenverfahrbar und schienengeführt. Außerdem müssen sie an der Regaloberkante oder an der Decke geführt werden. Sie sind häufig in das Gebäude integriert bzw. vor allem im Hochregallager als Einheit zwischen Lagermittel und Gebäude ausgeführt. Regalbediengeräte setzen sich aus vier Hauptbaugruppen zusammen:

- einer oder mehreren Säulen,
- einem Fahrwerk, an dem die Säulen befestigt sind und das mit Laufrädern versehen ist,
- dem in der Regel elektrischen Antrieb (die Stromzuführung erfolgt über Schleppkabel oder über Schleifleitungen) sowie
- einem Hubwagen, der sich entlang einer oder mehrerer Säulen auf und ab bewegt und ein Lastaufnahmemittel (starre Gabeln, Teleskopgabeln, Drehschubgabeln, Greifer, Elektromagnete etc.) trägt (vgl. *Jünemann* 1989, S. 226).

Die Steuerung erfolgt je nach Automatisierungsgrad manuell über Bedienhebel einer mitfahrenden Bedienperson, mittels Tastatur bei älteren Geräten oder vollautomatisiert durch einen Prozessrechner.

In Palettenlägern mit geringer Umschlagleistung, in denen ein Regalbediengerät pro Gasse nicht ausgelastet ist, bietet es sich an, die Beschränkung auf einen Gang aufzugeben. Dies wird mit **kurvengängigen Regalbediengeräten** realisiert, bei denen die Fahrwerke so gelagert sind, dass sie kurvenförmigen Schienenverläufen folgen und Weichen passieren können (vgl. Abb. 4-13).

Auch mit **Umsetzern** lässt sich der Einsatz von Regalbediengeräten in mehreren Gassen realisieren. Der Umsetzer (vgl. Abb. 4-13) nimmt das komplette Gerät auf und verfährt es an der Regalfront entlang vor eine andere Gasse. Die Bedeutung von Umsetzern nimmt allerdings auf Grund der Entwicklung kurvengängiger Regalbediengeräte ab.

Verschiebewagen befinden sich in der Lagervorzone vor der Regalfront von Regallägern. Sie dienen jedoch nicht dem Transport von Fördermitteln, sondern von Fördergut. Die Hauptkomponenten eines Verschiebewagens sind der Rahmen, der die Räder und den Antrieb trägt sowie ein Lastaufnahmemittel (vgl. Abb. 4-13).

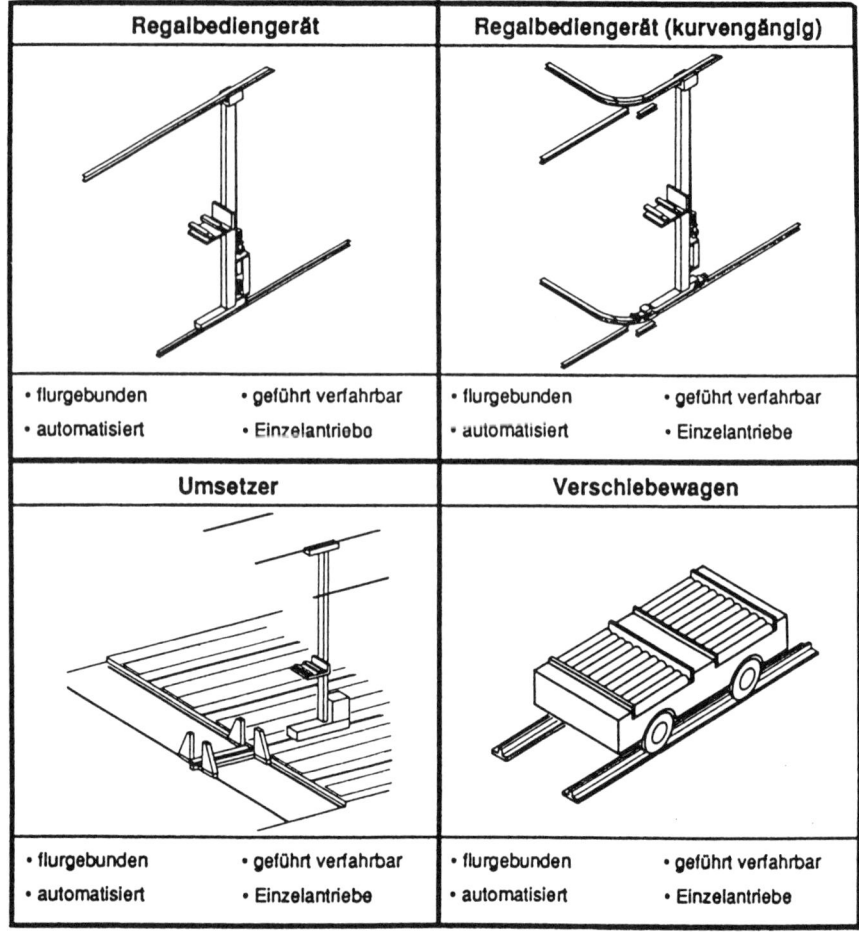

Regalbediengerät		Regalbediengerät (kurvengängig)	
• flurgebunden	• geführt verfahrbar	• flurgebunden	• geführt verfahrbar
• automatisiert	• Einzelantriebe	• automatisiert	• Einzelantriebe
Umsetzer		**Verschiebewagen**	
• flurgebunden	• geführt verfahrbar	• flurgebunden	• geführt verfahrbar
• automatisiert	• Einzelantriebe	• automatisiert	• Einzelantriebe

Abb. 4-13: Regalbediengeräte, Umsetzer und Verschiebewagen (Jünemann 1989, S. 221)

4.2.3.4 Flurfreie, gleisgebundene Unstetigförderer

Die flurfreien, gleisgebundenen Unstetigförderer umfassen Krane und Elektrohänge-
bahnen. Der Transportweg der **Krane** ist der ansonsten kaum benötigte Deckenraum,
so dass sie weitgehend unabhängig von den üblichen Transportwegen operieren. Ein
Kran besteht aus einem Träger, an dem die Krankatze mit dem Hubwerk verfahrbar
ist. Bei einem Säulendrehkran ist der Träger an einer Säule drehbar gelagert, bei einem Portalkran ist er auf längs verfahrbaren Stützen befestigt und bei einem Brücken-
kran verfährt er auf der Kranbahn in der Halle.

Da der Kranhaken jeden Punkt im dreidimensionalen Arbeitsbereich das Krans erreichen kann, ermöglicht der Kran sehr flexible Transporte. Ein weiterer Vorteil von
Kränen ist, dass sie – bei entsprechender Auslegung – den Transport großer Gewichte
erlauben. Ein Kran weist allerdings in der Regel nur eine geringe Umschlagleistung

auf (vgl. *Koether* 1993, S. 20). Der Einsatz von Kranen für innerbetriebliche Transporte erfolgt vor allem

– als Hebezeug für schwere Lasten
– bei niedriger Transportfrequenz
– bei guter Zugänglichkeit von oben für Fördergut sowie Abhol- und Anlieferort.

Kräne werden meistens manuell bedient: Der Kranführer hat die Steuerbirne in der Hand und begleitet den Kran. Gleichzeitig muss der Kranführer die Last kontrollieren. Fährt der Kranführer in einer Kabine mit, hat er einen besseren Überblick und kann deshalb die Last sicherer bewegen. Hierbei können ihm aber keine anderen Aufgaben übertragen werden, so dass sich diese Lösung nur bei einer hohen Kranauslastung anbietet. Zur Aufnahme und Abgabe der Last ist meist ein weiterer Mitarbeiter am Boden erforderlich. Zur Reduzierung der Personalkosten werden folgende Automatisierungsstufen realisiert:

– Rufsteuerung zum Heranholen des Krans ohne Last
– Zielsteuerung (Verfahren zu einer Koordinatenposition in der Halle)
– Portalroboter, die programmierte Bewegungsfolgen automatisch abarbeiten. Es können Positioniertoleranzen von einigen Zehntel Millimetern erreicht werden. Im Vergleich zu anderen Robotern weisen Portalroboter eine bessere Zugänglichkeit zu Arbeitsstationen und Maschinen auf.

4.2.3.5 Stationäre, gleisgebundene Unstetigförderer

Die stationären, gleisgebundenen Unstetigförderer umfassen Hebebühnen und Aufzüge. Als typische Festpunktanlagen dienen Aufzüge in mehrstöckigen Bauten der Vertikalbeförderung von Personen und Lasten. Da sie vielfach besondere Engpassstellen im Materialfluss darstellen, sind sie unter Berücksichtigung ihrer Durchsatzleistung sehr sorgfältig zu planen.

4.2.4 Fördersystemplanung

Zur ersten Grobauswahl der Fördermittelgattung lässt sich das vorhandene **Fertigungsprinzip** heranziehen (vgl. hierzu Abschnitt 7.1). So werden in der Einzelfertigung nur Flurförderer und Hebezeuge eingesetzt, da beim Baustellen- und Werkstattprinzip in der Regel lange Förderstrecken zurückzulegen sind und der Förderbedarf relativ unregelmäßig anfällt (vgl. Abb. 4-14). Mit zunehmender Stückzahl eignen sich in der Serienfertigung vereinzelt bereits Stetigfördersysteme. Bei Massenfertigung tritt der Zwang auf, Förder- und Fertigungsvorgang zeitlich genau aufeinander abzustimmen. Der gesamte Fertigungsfluss läuft zudem in eine Richtung. In diesem Fall haben deshalb Stetigförderer die größte Bedeutung.

Zur weiteren Verringerung der Menge der geeigneten Lösungsvarianten kann die in Abb. 4-15 vorgenommene Verknüpfung zwischen Förderaufgabe und Fördermitteln dienen.

Die auf Grund der Grobauswahl ermittelten grundsätzlich geeigneten Lösungsmöglichkeiten sind im nächsten Planungsschritt zu bewerten und zwar sowohl unter tech-

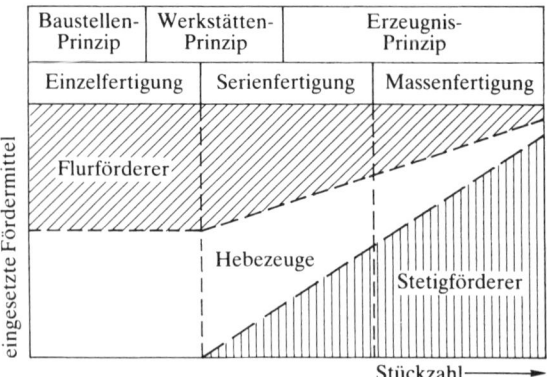

Abb. 4-14: Schematische Zuordnung der Fördermittel zu den Fertigungsarten (Kettner 1968)

nischen als auch unter wirtschaftlichen Gesichtspunkten. **Technische Beurteilungs-kriterien** sind beispielsweise die Art der Förderung (auf dem Boden, unterflur, über-flur), die Fördermenge/Zeiteinheit, Hubhöhe, Maße des Fördermittels, Wendekreis, Gesamtgewicht, Tragfähigkeit des Fördermittels, Überwindung von Steigungen, Ge-schwindigkeit, Stapelmöglichkeit von Behältern, Art des Antriebs (z. B. Hand, Batterie, Netz). Die wichtigsten zu berücksichtigenden **Kosten** sind Abschreibungen (für Hard- und Software), Zinsen, Instandhaltungskosten, Energiekosten sowie Personalkosten.

4.2.5 Rechnergestützte Transportsteuerung

Neben der Auswahl der geeigneten Fördermittel spielt die Transportsteuerung eine wichtige Rolle, um die oben (vgl. Abschnitt 4.2.1) genannten Ziele von innerbetrieb-lichen Transportsystemen zu erreichen. Hierzu ist an der Universität Hannover ein **rechnergestütztes Transportsteuerungs-System (RTS)** entwickelt worden (vgl. *Schulze/ Weber* 1987, S. 14ff.). Dieses System ermöglicht einerseits den optimalen Einsatz von Flurförderzeugen im Betrieb, zum anderen besteht die Möglichkeit einer Integration in eine CAM (Computer Aided Manufacturing)-Konzeption, die wiederum in ein CIM (Computer Integrated Manufacturing)-Konzept eingebettet werden kann (vgl. hierzu Abschnitt 7.2.3). Hierbei sind verschiedene Automatisierungsgrade realisierbar.

Bei dem im folgenden erläuterten Beispiel „ist das Transportsystem in ein gesamtheit-liches Logistikkonzept eingebettet und direkt mit der Produktionssteuerung, der La-gerverwaltung, der Administration etc. verknüpft.

In den Produktionsbereichen entstehende Transportaufträge gelangen auf zwei Arten in den RTS-Rechner:

- Durch direkte Rechnerkopplung werden Transportaufträge aus dem Produktions-steuerungs- bzw. Lagerverwaltungsrechner an den RTS-Rechner übertragen.
- Der Rechner eines Verkettungssystems initiiert ebenfalls Aufträge, wenn an einer Transportschnittstelle Material zur Abholung bereitsteht.
- An Betriebsterminals werden vom Personal in der Produktion Transportaufträge eingegeben und so dem RTS-Rechner mitgeteilt.

		Fördermittel										
		Bandförderanlagen	Kettenförderanlagen	Rollenförderanlagen	Einschienenförderer	Gabelstapler	Traktoren, Elektrokarren	Handwagen	Hebezeug	Brückenkran	beweglicher Kran	Aufzug
bedientes Areal	unbegrenzter Raum					×	×				×	
	begrenzte Strecke	×	×	×	×							
	begrenzter Raum							×		×		
	Punkt								×			×
Installation	Unterflur		×									
	auf dem Boden		×	×		×	×	×			×	
	in Arbeitshöhe	×	×	×								
	im Luftraum	×		×	×				×	×		
Weg	nicht festgelegter Weg					×	×	×			×	
	fixe, transportable Strecke	×	×	×					×			
	fixer Weg	×	×	×	×					×		×
Häufigkeit	gelegentlich							×	×			×
	unterbrochen			×		×	×	×	×	×	×	×
	kontinuierlich	×	×	×	×							
Richtung	horizontal	×	×	×	×	×	×	×		×	×	
	abfallend	×	×	×	×							
	ansteigend	×	×		×							
	vertikal hinunter					×			×	×	×	×
	vertikal hinauf					×			×	×	×	×

Abb. 4-15: Zuordnung von Fördermitteln zur Förderaufgabe (vgl. Lacher 1965)

Im Transportsteuerungsrechner werden diese Aufträge gespeichert und mit aktuellen Daten über

– Fahrzeugzustände
– Fahrzeugstandorte
– Transporthilfsmittelbestände etc.

nach Kriterien wie z. B.

– Anschlussweg
– Wartedauer
– Priorität
– Fahrkurs

den einzelnen Fahrzeugen automatisch zugewiesen.

Dazu ist in der Steuerungssoftware ein entsprechender Dispositionsalgorithmus enthalten, in dem diese Kriterien verarbeitet werden. Optimierungsparameter, wie die Gewichtung der Kriterien, Zeitschranken, Serienlängen etc. können für die automatische Disposition im Rechner ohne Änderung der Software variiert werden. So ist jederzeit eine Anpassung der Steuerungsstrategien an betriebliche Belange möglich.

Die Aufträge werden dann über einen Konzentrator und drahtlose digitale Datenübertragung an die entsprechenden Fahrzeugterminals übermittelt und dem Fahrer auf einem Display angezeigt. Der Flurförderzeugbediener meldet über eine Funktionstaste an seinem Terminal die Erledigung des gerade angezeigten Transportes und erhält sofort einen neuen Auftrag." (*Schulze/Weber* 1987, S. 14f.) (vgl. Abb. 4-16).

„Im RTS-Rechner werden alle Daten über durchgeführte Transporte gespeichert. Außerdem erfolgt eine Verdichtung dieser Auftragsdaten. Es werden Statistiken über

– Transportbeziehungen,
– Fahrzeugauslastung,
– Auftragszahlen etc.

gebildet.

Zur Kostenverrechnung werden nach einem festgelegten Verfahren die tatsächlichen Transportkosten errechnet. Diese Daten werden an den Zentralrechner übermittelt, so dass der entstandene Aufwand den entsprechenden Kostenstellen direkt angelastet werden kann. Die im Rechner angelegten Stammdaten über

– Bahnhöfe,
– Wegstrecken,
– Transportgüter,
– Fahrzeugeigenschaften etc.

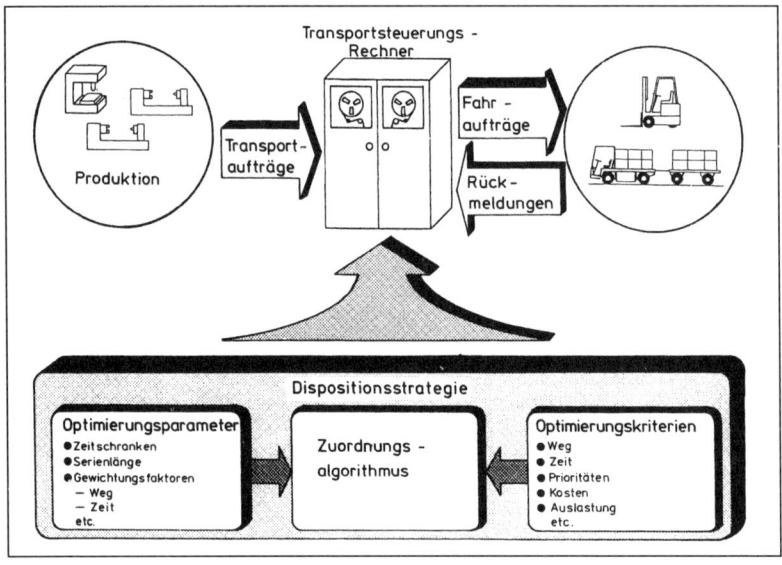

Abb. 4-16: Dispositionsstrategie als zentrales Element einer rechnergestützten Transportsteuerung (Schulze/Weber 1987, S. 15)

können über Servicefunktionen jederzeit ohne Eingriffe in die Software verändert werden, so dass mit einem Höchstmaß an Flexibilität auf neue betriebliche Bedingungen reagiert werden kann" (*Schulze/Weber* 1987, S. 16).

Die unterschiedlichen **Ausbaustufen** des RTS-Systems beziehen sich auf (vgl. *Schulze/ Weber* 1987, S. 16)

- die Leitzentrale
  - Disposition mit konventionellen Hilfsmitteln, die auf der Erfahrung der Mitarbeiter beruht;
  - Rechnerunterstützung in der Leitzentrale zur Entlastung des Disponenten von Routinetätigkeiten (hierbei macht der Rechner Vorschläge für günstige Fahrzeug/ Auftrags-Zuordnungen), die endgültige Entscheidung verbleibt aber beim Mitarbeiter;
  - automatische Disposition wartender Aufträge und Übermittlung an die Fahrzeuge.
- Übermittlung des Auftrags vom Auftraggeber an die Leitzentrale
  - per Telefon und anschließende Eingabe durch den Disponenten in den RTS-Rechner;
  - Direkteingabe an dezentralen Terminals;
  - Generierung von Transportaufträgen im RTS-Rechner durch direkte Rechnerkopplung.
- Übermittlung des Auftrags von der Leitzentrale an das Fahrzeug
  - Sprechfunk; hierfür wird in der Leitzentrale ein Disponent benötigt;
  - direkte Kommunikation des RTS-Rechners mit mobilen Fahrzeugterminals (über einen Konzentrator und drahtlose digitale Datenübertragung).

4.3 Außerbetriebliche Transportsysteme

4.3.1 Elemente des volkswirtschaftlichen Verkehrssystems

Das **Verkehrssystem** einer Volkswirtschaft setzt sich zusammen aus den verfügbaren Verkehrsträgern, der ihnen zugeordneten Verkehrsinfrastruktur und den eingesetzten Verkehrsmitteln (*Eisenkopf* 1999, S. 409). Die Gesamtheit der Unternehmen, die Verkehrsleistungen anbieten und sich hierbei einer bestimmten Verkehrsinfrastruktur bedienen, bezeichnet man als **Verkehrsträger** (vgl. *Klatt* 1997, S. 1215). Die Verkehrsleistungen werden von **Verkehrsmitteln** erbracht, die technische Einrichtungen (insbesondere Fahrzeuge) zur Beförderung von Gütern (der Personen- und Nachrichtentransport wird hier nicht betrachtet) zu Lande, zu Wasser und in der Luft darstellen (vgl. *Voigt* 1973, S. 37). Die Verkehrsmittel dienen der Aufnahme des Transportgutes, müssen gegebenenfalls aber auch Treibstoffe mitführen (vgl. *Klatt* 1997, S. 1195).

Die **Verkehrsinfrastruktur** umfasst die ortsfesten Anlagen der einzelnen Verkehrszweige, insbesondere also die Fahrwege mit ihren Komplementäranlagen (vgl. *Willeke* 1997, S. 1174). Hierzu gehören vor allem das Schienen- und Straßennetz, die Binnenwasserstraßen und die Flughäfen.

4.3.2 Einflussgrößen und Auswahlkriterien außerbetrieblicher Transportsysteme

Der außerbetriebliche Transport gilt als einer der Teile der Logistik, welcher am stärksten von externen Bedingungen beeinflusst wird. Zu den Umwelteinflüssen zählen dabei die vorhandene Infrastruktur, externe Transportmittel mit ihren jeweiligen Tarifen, rechtliche Vorschriften, aber auch anfallende Transportnebenkosten wie Straßenbenutzungs-, Hafen- und Zollgebühren oder Standgelder. Im Rahmen einer logistikorientierten Betrachtung der Transportvorgänge sind nicht nur die reine Ortsveränderung der Güter, sondern auch die Wechselwirkungen mit den vor- und nachgelagerten Aufgabenbereichen und die Qualität der Logistikleistungen (vgl. *Bundesminister für Verkehr* 1981, S. 180) mit einzubeziehen.

Viele Branchen durchlaufen zurzeit einen **Strukturwandel,** der durch folgende Entwicklungen gekennzeichnet ist:

– Verstärkung der weltweiten Arbeitsteilung,
– Verlagerung arbeitsintensiver Produktionsverfahren ins Ausland,
– Reduzierung der Fertigungstiefe, d.h. Ausgliedern von Teilen der Fertigung auf Zulieferer,
– Fertigung in kleinen Losgrößen mit dem Ziel der bestandsarmen Fabrik (keine Kapitalbindung in Beständen).

Hieraus ergeben sich für den Transport **erhöhte Anforderungen** auf Grund

– geringerer Bestellmengen,
– häufigerer Belieferung,
– immer hochwertigerer, hochveredelterer und technisch komplexerer Produkte, die damit meist eine höhere Empfindlichkeit gegenüber Belastungen aufweisen.

Jedes Verkehrsmittel lässt sich anhand folgender Kriterien beurteilen (vgl. *Voigt* 1973, S. 73; *Specht* 1988, S. 114):

- **Kosten**
  – Frachtkosten
  – Transportnebenkosten
  – Handlingskosten
  – sonstige Logistikkosten
  – Kostenauswirkungen außerhalb der Logistik
- **Leistungskriterien**
  – Transportzeit
  – Transportfrequenz
  – technische Eignung der Transportart
  – Vernetzungsfähigkeit
  – Flexibilität
  – Anfangs- und Endpunkte der Transportart
  – Zuverlässigkeit
  – Nebenleistungen.

Für eine Just-In-Time Logistik ist dabei die Flexibilität der Verkehrsmittel und ihre Geschwindigkeit vorrangig: Letztere bemisst sich anhand der Fahrzeuggeschwindigkeit und der Zeitdauer der Abfertigungs- und Umladevorgänge (vgl. *Ihde* 1984, S. 7). Die Bedeutung der Handlingsvorgänge im Verhältnis zur Grundschnelligkeit des Fahrzeugs steigt mit zunehmender Gliederzahl der Transportkette (vgl. *Maresch* 1987, S. 42). Die Ver- und Entladetätigkeiten können dabei als Rüstzeiten angesehen werden, die zu minimieren sind, besonders bei Vorliegen von Engpässen in den Transportwegen. Durch eine Rüstzeitverkürzung werden vorhandene Kapazitäten besser genutzt und die Transportzeit der Waren verkürzt. Diesem Ziel ist man durch moderne Transportmethoden wie dem Einsatz von Containern nähergekommen. Dadurch bietet auch die Anwendung kombinierter Transportmethoden, bei der Güter von mehreren Transportmitteln ohne Wechsel des Transportbehälters befördert werden (vgl. *Seidenfus* 1974, S. 2f.), weitere Einsparungspotentiale.

4.3.3 Systematik der Güterverkehrsmittel

Für die Güterbeförderung stehen mehrere Verkehrsträger zur Verfügung:

– Straßengüterverkehr,
– Schienenverkehr,
– Schiffsverkehr,
– Luftverkehr,
– kombinierter Verkehr,
– Rohrleitungsverkehr.

4.3.3.1 Straßengüterverkehr

Zur Beförderung großer Gütermengen werden im Straßengütertransport **Lastkraftwagen** eingesetzt. Aufgrund des engmaschigen Straßennetzes in Europa ist deren Nutzung von bestimmten Stationen unabhängig. Es kann praktisch jeder Ort im Haus-zu-Haus-Transport angefahren werden, wobei bei kurzen und mittleren Entfernungen die hierzu erforderlichen Transportzeiten relativ niedrig sind. Weitere **Vorteile** des Lastkraftwagens liegen in der hohen Flexibilität bezüglich veränderter Transportaufgaben und der Anpassungsfähigkeit bei den Annahmezeiten. Darüber hinaus kommen beim Lastkraftwagen in der Regel weniger Stillstands- und Wartezeiten zum Tragen als bei anderen Verkehrsmitteln.

Als **Nachteile** des Straßengütertransports sind die Abhängigkeit von der Witterung und von Verkehrsstörungen, das begrenzte Transportvolumen sowie der Ausschluss gewisser Gefahrgüter zu nennen.

Innerhalb der gesetzlich festgelegten maximalen Fahrzeuggesamtgewichte, Fahrzeuglängen, -breiten und -höhen werden im Straßenverkehr die Transportgefäße nach Gesamtgewichtsklassen, Motorstärken und Aufbautenarten (z.B. Plane, Kasten) unterschieden. In den hohen Gewichtsklassen (insbesondere ab 32t Gesamtgewicht) werden vor allem Gliederzüge (Lastzug; Zugfahrzeug mit Anhänger) und Sattelzüge (Sattelzugmaschine mit Auflieger/Trailer) eingesetzt. Durch Wechsel der Auflieger können die kapital- und personalintensiven Sattelzugmaschinen effizient eingesetzt werden. Das Verhältnis zwischen den eingesetzten Zugmaschinen und zugeordneten Aufliegern beträgt durchschnittlich 1 : 2,5 (vgl. *Aberle* 1996, S. 18).

Leistungsfähige Speditionen haben inzwischen in der Bundesrepublik flächendeckende Systeme für die Warenverteilung im 24-Stunden-Takt geschaffen. Das grenzüberschreitende Angebot an Frachtdienstleistungen war in der Vergangenheit geprägt durch

– teilweise stark regulierte Beförderungstarife,
– eingeschränkte Möglichkeiten zum Transport von Rückfracht und damit Auslastungsbeschränkungen durch das Zulassungssystem,
– Zeitverzögerungen und zusätzliche Kosten durch Dokumentationserfordernisse und Grenzformalitäten sowie
– unzureichende Koordination und Kommunikation infolge des begrenzten Wettbewerbs.

Die Liberalisierung, die mit der Integration des Binnenmarktes verbunden ist, hat auf dem Transportmarkt zu folgenden Änderungen geführt:

– **Vereinfachung** des **Marktzugangs,** beispielsweise ist die Kontingentierung im grenzüberschreitenden Verkehr entfallen.
– **Wegfall** des **Kabotageverbots** (Kabotage = innerstaatlicher Transport durch Außerstaatliche), so dass eine Betätigung im Verkehrsmarkt eines Landes, in dem ein Transportunternehmen nicht ansässig ist, erlaubt ist.
– Ersatz der Preisregulierung (Reichskraftwagentarif) durch **stärker leistungsbezogene Tarife.**
– **Vereinfachung** der **Grenzformalitäten.**

Diese Änderungen haben zu einer erheblichen Angebotsausweitung für Transportdienstleistungen, sowohl im grenzüberschreitenden als auch im innerdeutschen Verkehr geführt.

Das hochentwickelte Angebot an Verkehrsdienstleistungen in Westeuropa weist Schwächen auf, die ihre Ursache teilweise in der mangelnden Infrastruktur haben. Kapazitätsengpässe für logistische Dienstleistungen in der Bundesrepublik bestehen z. B. bezüglich der benötigten flächendeckenden Stückgutsysteme. Daneben führt auch deren saisonale Überlastung zu Qualitätsverlusten bei Pünktlichkeit und Zuverlässigkeit.

Ein gravierendes Defizit ist in der Überlastung der Straßen in den Ballungsgebieten zu sehen. Probleme treten zunehmend bei Transitverkehren auf, wie die Probleme in den Alpenländern verdeutlichen. Hierdurch werden insgesamt die Transportdisposition stark erschwert und Just-in-Time-Anlieferungen immer problematischer.

Die unzureichende Standardisierung bei den Informations- und Kommunikationssystemen im europäischen Verkehrswesen stellt eine weitere Schwachstelle dar. Mit der Vernetzung der in einer Reihe von Ländern auf hohem Niveau arbeitenden IT-Systeme der großen Spediteure in einem europäischen Gesamtsystem ist erst in einigen Jahren zu rechnen.

4.3.3.2 Schienenverkehr

Der Schienengütertransport wird in der Bundesrepublik Deutschland primär von der Deutschen Bundesbahn betrieben. Die darüber hinaus bestehenden „Nichtbundeseigenen Bahnen" üben in erster Linie Zubringer- und Verteilerfunktionen für die Deutsche Bundesbahn aus (vgl. *Brauer/Krieger* 1982, S. 44).

Die Vorteile des Schienenverkehrs umfassen u.a. den Transport größerer Einzelladegewichte als beim LKW, die Unabhängigkeit vom jeweiligen Verkehrsaufkommen auf Straßen und die Zulässigkeit des Transports von Gefahrgütern. Andererseits verringern Rangiermanöver und die Bindung an Fahrpläne die Transportgeschwindigkeit, weshalb der Schienenverkehr in der Praxis besonders bei Langstreckentransporten größerer Gütermengen genutzt wird (vgl. *Ihde* 1984, S. 63).

4.3.3.3 Schiffsverkehr

Beim Transport auf Schiffen ist zu unterscheiden in Binnen- und Seeschifffahrt. Die **Binnenschifffahrt** wird schwerpunktmäßig für die Beförderung transportkostenempfindlicher Massengüter eingesetzt, die in der Regel nicht eilbedürftig sind (vgl. *Ihde* 1984, S. 52). Den Vorteilen der hohen Massenleistungsfähigkeit und günstiger Beförderungskosten stehen als Nachteile das eingeschränkte Streckennetz und bei Fehlen einer eigenen Anlegestelle am Bestimmungsort erhöhte Kosten für Handling und Umschlag gegenüber.

Dem **Seegütertransport** kommt hohe Bedeutung beim Im- und Export der Industrie- und Handelsunternehmen zu. Sein Leistungsschwerpunkt liegt im kostengünstigen Knotenpunkttransport von Massengütern über lange Strecken, insbesondere im interkontinentalen Transport von Gütern mit geringer Zeitempfindlichkeit oder mit speziellen Eigenschaften, die andere Transportarten ausschließen. Aufgrund der in der Regel langen Transportzeit und der relativ hohen Transportbeanspruchungen, sind an die seemäßige Verpackung besonders hohe Ansprüche zu stellen (vgl. *Brauer/Krieger* 1982, S. 49).

Die Weltseeschifffahrt besteht aus einer Vielzahl unterschiedlichster Teilmärkte, von denen hier nur die beiden wichtigsten genannt seien. Während es sich bei der **Trampschifffahrt** um einen auf den Transport von Massengütern spezialisierten Gelegenheitsverkehr handelt, werden bei der **Linienschifffahrt** festgelegte Routen planmäßig bedient (vgl. *Ihde* 1984, S. 47). Für letztere sind festgesetzte, für bestimmte Zeiten gültige Frachtraten zu bezahlen. Demgegenüber werden die Frachtverträge bei der Trampschifffahrt in jedem Einzelfall neu ausgehandelt und im Chartervertrag fixiert.

In Zukunft wird die zunehmende Bedeutung der Seeschifffahrt stark durch den wachsenden Containerisierungsgrad der Ladung sowie durch ihre unumgängliche Rolle in der interkontinentalen Transportkette bestimmt werden.

4.3.3.4 Luftverkehr

Der Luftfrachttransport bietet eine sehr hohe Transportgeschwindigkeit und -kapazität sowie eine relativ große Unabhängigkeit vom Luftverkehrsaufkommen und von Witterungseinflüssen. Jedoch sind seine An- und Abflugzeiten genau festgelegt, so dass kurzfristige Terminverschiebungen von Lieferungen zu größeren Verzögerungen der Auslieferung führen können. Außerdem bringt der Luftverkehr ein vergleichsweise hohes Kostenvolumen mit sich.

Das Flugzeug weist von allen Transportmethoden die kürzeste Transportzeit von Station zu Station auf. Dieser Zeitanteil stellt jedoch nur etwa 10 Prozent der Gesamttransportzeit von Haus-zu-Haus dar. Die weiteren 90 Prozent fallen für Vor- und Nachlauf, Umschlag und Zollabfertigung an (vgl. Abb. 4-17). Aus diesem Grunde ermöglicht innerhalb Europas der Straßen- und Schienengütertransport in Einzelfällen eine kürzere Haus-zu-Haus-Transportzeit.

Schwerpunkte des Lufttransports bilden relativ kleine Sendungen sowie zeitkritische oder hochwertige Güter (vgl. *Ihde* 1984, S. 74 f.).

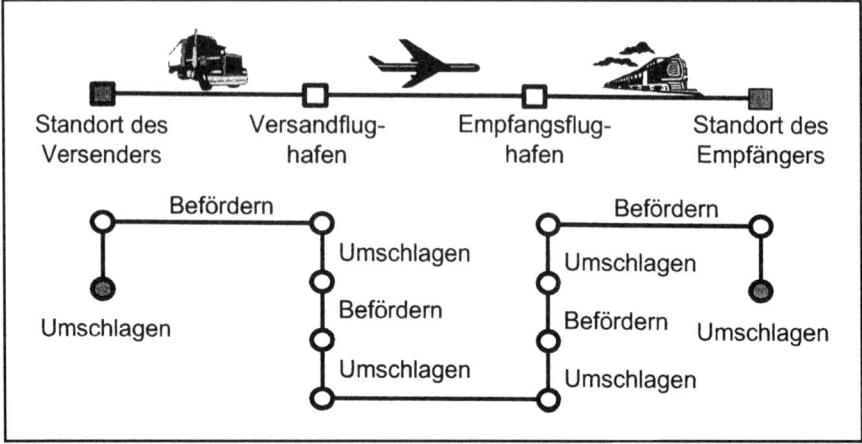

Abb. 4-17: Die Luftfracht-Transportkette
(vgl. Delfmann 2002)

4.3.3.5 Kombinierter Verkehr

Im einfachsten Fall findet die physische Güterbewegung zwischen Versender und Empfänger als Punkt-zu-Punkt-Transport unter Nutzung eines Verkehrsmittels **(eingliedriger Transport)** statt. Es fallen lediglich ein Beladungsvorgang am Versendungsort und ein Entladungsvorgang am Zielort an. Dies ist aber die Ausnahme: Der Gütertransport über große Distanzen erfolgt oft nicht nur mit einem einzigen Verkehrsmittel. In der Regel wird der physische Transport im Rahmen **mehrgliedriger Transportketten** ausgeführt. Mehrgliedrige Transportketten umfassen mindestens einen Umschlagvorgang zwischen den Verkehrsmitteln und zielen darauf ab, die komparativen Kosten- und Leistungsvorteile der einzelnen Verkehrsmittel zu nutzen.

Mehrgliedrige Transportketten werden danach unterschieden, ob gebrochener oder kombinierter Verkehr vorliegt. Im Unterschied zum gebrochenen Verkehr findet beim kombinierten Verkehr der Transport der Güter in festen Ladeeinheiten statt, so dass ein Wechsel zwischen Verkehrsmitteln eines oder mehrerer Verkehrsträger kein Umladen innerhalb der Ladeeinheit erfordert. Ist nur ein Verkehrsträger beteiligt (z.B. mehrere Straßentransportunternehmen), spricht man von intramodalem kombinierten Verkehr. Bei Beteiligung mehrerer Verkehrsträger liegt ein intermodaler, kombinierter Verkehr vor (vgl. Abb. 4-18).

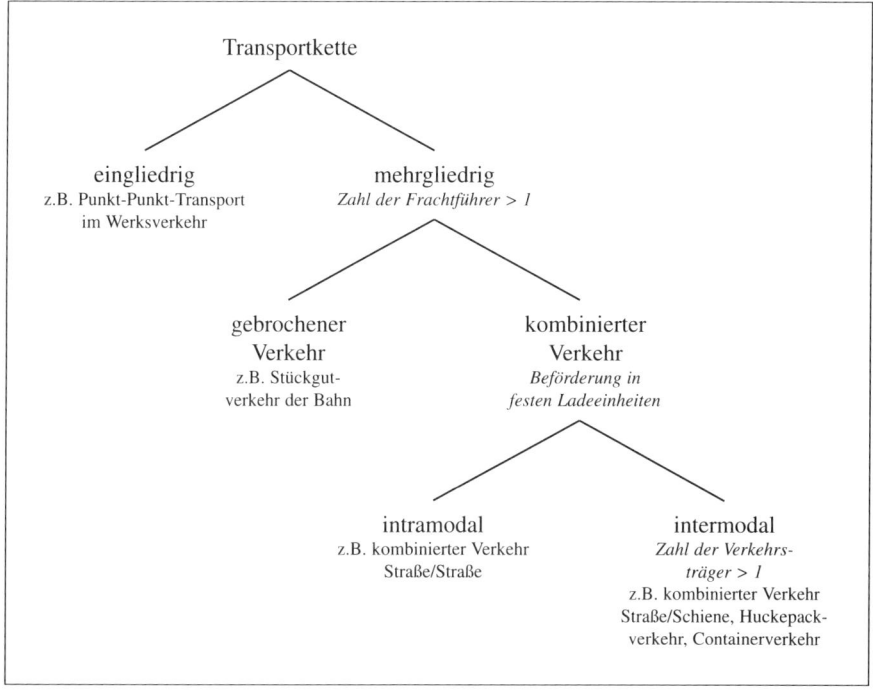

Abb. 4-18: Arten von Transportketten (Alt/Cathomen 1995, S. 86)

Als **Arten des kombinierten Verkehrs** sind zu unterscheiden (vgl. hierzu und zum Folgenden o. V. 1989, S. 6 f.):

- der kombinierte Containerverkehr
- der Huckepackverkehr mit den Ausprägungen
  - Rollende Landstraße
  - Transport von Sattelanhängern
  - Transport von Wechselbehältern
- Ro/Ro (Roll-on/Roll-off)-Verkehr
- Lash-Verkehr.

Grundsätzlich ist der kombinierte Verkehr durch drei Merkmale gekennzeichnet: Ersatz arbeitsintensiver Vorgänge durch Kapitalintensität, Mechanisierung des Übergangs des Transportgutes zwischen den Transportmitteln und Kombination der spezifischen Vorteile des Nahverkehrs mit denen des Fernverkehrs.

Beim **kombinierten Containerverkehr** werden Waren in Containern von mehreren Verkehrsmitteln befördert. Es wird lediglich der Transportbehälter von einem Verkehrsmittel auf ein anderes umgeladen. Hierbei sind fast alle Kombinationen zwischen Schiene, Straße, Schiff- und Luftfahrt möglich.

Beim **Huckepackverkehr** werden Straßen- und Schienentransport miteinander verbunden. Während die Strecken vom Verlader zum Umschlagbahnhof und vom Zielbahnhof zum Empfänger per LKW zurückgelegt werden, erfolgt der Transport zwischen diesen beiden Bahnhöfen auf der Schiene. Dabei haben sich drei Techniken herausgebildet. Bei der **Rollenden Landstraße** werden komplette Lastzüge oder Sattelzüge auf speziellen Waggons der Eisenbahnen (Niederflurwagen) transportiert. Über spezielle Rampen gelangt der LKW auf die Eisenbahnwaggons. In der Regel begleitet der Fahrer seinen LKW in Liegewagen. Um ein günstiges Verhältnis zwischen Nutzlast und Gesamtgewicht zu erzielen, fährt beim **Transport von Sattelanhängern** die Zugmaschine nicht auf der Schiene mit. Die Verladung des Sattelanhängers erfolgt in der Regel mithilfe eines Krans. Eine weitere Ausprägung des Huckepackverkehrs ist schließlich der **Transport von Wechselbehältern**. Bei diesen handelt es sich um unselbstständige Ladeeinheiten, vergleichbar mit einem Container, die mit einem Kran vom LKW auf Eisenbahnwaggons (und umgekehrt) verladen werden.

Beim **Ro/Ro (Roll-on/Roll-off)-Verkehr** werden Landfahrzeuge einen Teil der zurückzulegenden Gesamtstrecke auf Binnen- oder Seeschiffen befördert („Schwimmende Landstraße"). So erfolgt zum Beispiel der Transport von LKW's mit dem Binnenschiff zwischen Häfen am Oberrhein und Rotterdam.

Lash-Verkehre (lighter aboard ship) sind eine Kombination von Binnen- und Seeschifffahrt. Hierbei nehmen Seeschiffe mit Hilfe von Kränen oder nach dem Swim-in/Swim-out-Prinzip in der Binnenschifffahrt verwendete schwimmende Leichter auf.

Die **Vorteile** des kombinierten Verkehrs liegen in der möglichen Nutzung der spezifischen Vorzüge der in der Transportkette beteiligten Verkehrsmittel. Beispielsweise wird die Flexibilität des Lastkraftwagens im Straßenverkehr mit den Stärken des Schienen- oder Binnenschifffahrtstransports zum preisgünstigen Transport großer Mengen über große Distanzen verknüpft. Als **Nachteile** sind hingegen anzuführen, dass die Gesamttransportzeit des kombinierten Ladungsverkehrs vielfach länger ist als bei ausschließlichem Einsatz eines Verkehrsträgers. So entstehen zusätzliche Zeitbedarfe durch die Umschlagvorgänge, Wartezeiten an den Umschlagbahnhöfen oder -häfen sowie die Bindung an Fahrpläne. Mit zunehmender Strecke, die im kombinierten Verkehr zurückgelegt wird, sinkt jedoch die Bedeutung dieser Nachteile.

4.3.3.6 Rohrfernleitungen

Im Unterschied zu den bislang untersuchten Verkehrsträgern bilden bei Leitungsverkehren **Verkehrsweg, Transportgefäß und Transportmittel eine Einheit** (vgl. hierzu und zum Folgenden *Ihde* 1984, S. 76 f.). Zum Transport der Güter werden entweder die Schwerkraft oder stationäre Maschinen genutzt. Rohrleitungen werden insbesondere zur Beförderung von Wasser, Erdöl, Erdölprodukten und Erdgas eingesetzt.

Rohrleitungssysteme sind ausgesprochene **Massentransportmittel,** ihr Einsatz ist also nur sinnvoll bei kontinuierlichem Transportanfall. Die Leistungsfähigkeit resultiert aus dem Rohrquerschnitt und der Fördergeschwindigkeit. Der Leitungsverkehr weist eine Reihe von **Vorteilen** auf:

– hohe Zuverlässigkeit,
– wetter-, diebstahl- und zollbruchsichere Unterbringung des Transportgutes,
– kein Landschaftsverbrauch bei unterirdischer Verlegung,
– geringe Gefahr der Luft- oder Gewässerverunreinigung bei fehlerfreier Konstruktion und sorgfältigem Betrieb,
– außerordentlich niedrige Lärmbelästigung.

Aufgrund der **hohen Fixkostenintensität** des Leitungsverkehrs und seiner **geringen Anpassungsfähigkeit** werden Pipelines fast ausschließlich von den Benutzern selbst gebaut und vorgehalten.

4.3.3.7 Zusammenfassende Beurteilung der Verkehrsmittel

Vor- und Nachteile der einzelnen Verkehrsträger sind in Abb. 4-19 enthalten.

Transportart	Vorteile	Nachteile
Straßengütertransport	• Zeit- und Kostenersparnis im Nah- und Flächenverkehr • U.U. Zeitersparnis im Fernverkehr • Flexible Fahrplan-Gestaltung • Eignung für spezifische Ladegüter • Anpassungsfähigkeit bei Annahmezeiten	• Keine zeitgenauen Fahrpläne • Witterungsabhängigkeit • Abhängigkeit von Verkehrsstörungen • Begrenzte Ladefähigkeit • Ausschluss gewisser Gefahrgüter
Schienenverkehr	• Größere Einzelladegewichte als beim LKW • Exakte Fahrpläne • Weitgehend störungsfrei • Gefahrgüter zulässig	• Privates Schienennetz/ Gleisanschluss oder Einsatz sog. Straßenroller erforderlich • Zusatzkosten bei Anmietung von Spezialwagen
Binnenschifffahrtsgütertransport	• Große Einzelladegewichte • Große Laderäume • Angebot von Spezialschiffen • Günstige Beförderungskosten	• Eingeschränktes Streckennetz • Ohne eigene Anlegestelle erhöhte Kosten durch sog. gebrochenen Verkehr • Abhängigkeit vom Wasserstand sowie von Eisgang und Nebel
Seeschifffahrtsgütertransport	• Große Einzelladegewichte • Große Laderäume • Angebot von Spezialschiffen	• Beschränkung auf Nord- und Ostsee-Hafen • Abhängigkeit von Sturm, Eisgang und Nebel • Im Linienverkehr Abhängigkeit von festen Routen (anders bei Charterung von Schiffen)

Transportart	Vorteile	Nachteile
Luftfrachttransport	• Hohe Transportgeschwin-digkeit • Wegfall seemäßiger Verpackung	• Hohe Transportkosten
Kombinierter Verkehr	• Nutzung der spezifischen Vorzüge der in einer Transportkette beteiligten Verkehrsmittel	• Zeitverbrauch durch die Umschlagvorgänge • Bindung an Fahrpläne • Wartezeiten an den Umschlagbahnhöfen
Rohrleitungstransport	• Bei kontinuierlichem Bezug bzw. Absatz von Gasen, Flüssigkeiten und Feststoffen (als Auf-schwemmungen) allen anderen Beförderungs-mitteln kostenmäßig überlegen • Hohe Zuverlässigkeit • Umweltfreundlichkeit	• Hohe Investitionen, daher nur rentabel bei lang-fristiger Absicherung des Absatzes bzw. des Bezugs

Abb. 4-19: Vor- und Nachteile alternativer Verkehrsarten

Eine Strategie des Lagerabbaus bringt eine stärkere Abhängigkeit von der Leistung der eingesetzten Verkehrsmittel mit sich (vgl. *Bretzke* 1985, S. 269). Deshalb ist die sorgfältige Auswahl geeigneter Dienstleistungsunternehmen bzw. eigener Transport-mittel anhand des angebotenen Leistungsprofils und der Zuverlässigkeit, aber auch die Beschränkung auf eine kleine Zahl von Dienstleistungsunternehmen anzustreben, um dadurch eine bessere Übersichtlichkeit der Transportvorgänge und eine weitgehende Standardisierung der Abläufe zu erwirken.

Abb. 4-20 zeigt die Bedeutung der einzelnen Verkehrsträger anhand der Entwicklung des Güterverkehrsaufkommens in der Bundesrepublik. Ein Tonnenkilometer ist der Transport einer Tonne Güter über die Distanz eines Kilometers. Es wird deutlich, dass der Straßengüterfernverkehr den bedeutendsten Verkehrsträger darstellt. Während der Anteil des Eisenbahnverkehrs für den Gütertransport in den vergangenen 25 Jahren deutlich zurückgegangen ist, haben sich die im Straßengüterfernverkehr zurückgeleg-ten Tonnenkilometer fast verdoppelt.

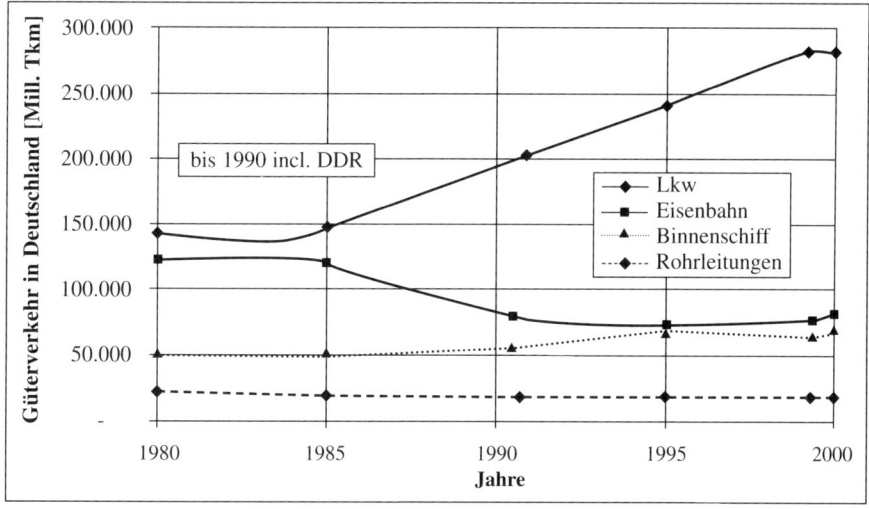

Abb. 4-20: *Entwicklung der Verkehrsleistung im Güterverkehr in Deutschlamd*
(Statistisches Bundesamt)

4.3.4 Speditionen

4.3.4.1 Abgrenzung von Frachtführer und Spedition

Versender, die ihre Güter nicht mit eigenen Verkehrsmitteln befördern, beauftragen ein anderes Unternehmen mit dem Transport. Unternehmen, die gewerbsmäßig die Güterbeförderung durchführen, heißen **Frachtführer.** Nach den Bestimmungen des Handelsgesetzbuches (HGB) in § 407 wird der Frachtführer durch den Frachtvertrag verpflichtet, das Gut zum Bestimmungsort zu befördern und dort an den Empfänger abzuliefern. Bei Frachtführern handelt es sich somit um Transportunternehmen, wie Unternehmen des Güterkraftverkehrs, Eisenbahngesellschaften, Binnenschifffahrtsreedereien und Fluggesellschaften. Der Absender schließt mit dem Frachtführer den Frachtvertrag und übergibt ihm die Sendung zur Beförderung. Der Absender wird verpflichtet, die vereinbarte Fracht zu zahlen. Der Empfänger hat gegen den Frachtführer das Recht auf Auslieferung der Sendung.

Nach § 408 Abs. 1 HGB kann der Frachtführer „die Ausstellung eines Frachtbriefs mit folgenden Angaben verlangen:

1. Ort und Tag der Ausstellung;
2. Name und Anschrift des Absenders;
3. Name und Anschrift des Frachtführers;
4. Stelle und Tag der Übernahme des Gutes sowie die für die Ablieferung vorgesehene Stelle;
5. Name und Anschrift des Empfängers und eine etwaige Meldeadresse;
6. die übliche Bezeichnung der Art des Gutes und die Art der Verpackung, bei gefährlichen Gütern ihre nach den Gefahrgutvorschriften vorgesehene, sonst ihre allgemein anerkannte Bezeichnung;

7. Anzahl, Zeichen und Nummern der Frachtstücke;

8. das Rohgewicht oder die anders angegebene Menge des Gutes;

9. die vereinbarte Fracht und die bis zur Ablieferung anfallenden Kosten sowie einen Vermerk über die Frachtzahlung;

10. den Betrag einer bei der Ablieferung des Gutes einzuziehenden Nachnahme;

11. Weisungen für die Zoll- und sonstige amtliche Behandlung des Gutes;

12. eine Vereinbarung über die Beförderung in offenem, nicht mit Planen gedeckten Fahrzeug oder auf Deck.

In den Frachtbrief können weitere Angaben eingetragen werden, die die Parteien für zweckmäßig halten".

„Der Absender hat das Gut, soweit dessen Natur unter Berücksichtigung der vereinbarten Beförderung eine Verpackung erfordert, so zu verpacken, dass es vor Verlust und Beschädigung geschützt ist, und dass auch dem Frachtführer keine Schäden entstehen. Der Absender hat das Gut ferner, soweit dessen vertragsgemäße Behandlung dies erfordert, zu kennzeichnen" (§ 411 HGB).

„Soweit sich aus den Umständen oder der Verkehrssitte nicht etwas anderes ergibt, hat der Absender das Gut beförderungssicher zu laden, zu stauen und zu befestigen (Verladen) sowie zu entladen. Der Frachtführer hat für die betriebssichere Verladung zu sorgen" (§ 412 Abs. 1 HGB).

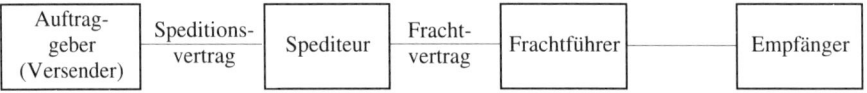

Abb. 4-21: Standardfall des Speditionsgeschäftes

Die optimale Beförderung setzt umfangreiche Kenntnisse und Erfahrungen voraus, da durch die falsche Auswahl von Verkehrsmitteln oder -betrieben, die Unkenntnis von Beförderungsbedingungen, Außenwirtschafts- oder Zollvorschriften unnötige Kosten und Risiken anfallen können (vgl. *Oelfke* u. a. 1996, S. 23). Versender setzen deshalb häufig Experten ein, die den Güterverkehr organisieren und die reibungslose Abwicklung sicherstellen. Diese Experten sind die **Spediteure**. Nach § 453 HGB Abs. 1 wird der Spediteur durch den Speditionsvertrag verpflichtet, die Versendung des Gutes zu besorgen. „Die Pflicht, die Versendung zu besorgen, umfasst die Organisation der Beförderung, insbesondere

1. die Bestimmung des Beförderungsmittels und des Beförderungsweges,

2. die Auswahl ausführender Unternehmer, den Abschluss der für die Versendung erforderlichen Fracht-, Lager- und Speditionsverträge sowie die Erteilung von Informationen und Weisungen an die ausführenden Unternehmer und

3. die Sicherung von Schadenersatzansprüchen des Versenders" (§ 454 Abs. 1 HGB).

Im Standardfall werden damit auf dem Weg zwischen Versender und Empfänger zwei Verträge geschlossen: Der **Speditionsvertrag** zwischen Auftraggeber und Spediteur, der letzteren zur Besorgung und Organisation der Beförderung verpflichtet sowie der **Frachtvertrag** zwischen Spediteur und Frachtführer, der letzteren zur Durchführung der Beförderung verpflichtet (vgl. Abb. 4-21).

4.3.4.2 Versand- und Empfangsspedition

Veranlasst der Spediteur den Gütertransport durch einen Beförderungsbetrieb, wird er als sog. **Versandspediteur** tätig, nimmt er hingegen die Güter von einem Beförderungsbetrieb in Empfang, ist er sog. **Empfangsspediteur** (vgl. Abb. 4-22). „Der Spediteur schließt die erforderlichen Verträge im eigenen Namen oder, sofern er hierzu bevollmächtigt ist, im Namen des Versenders ab" (§ 454 Abs. 3 HGB). Für die Besorgung der Beförderung erhält der Spediteur vom Versender eine Vergütung (vgl. § 453 Abs. 2 HGB).

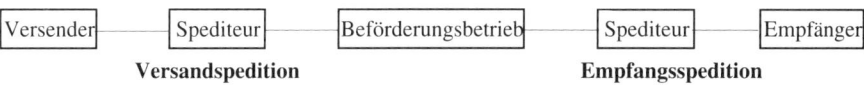

Versandspedition   **Empfangsspedition**

Abb. 4-22: Versand- und Empfangsspedition

4.3.4.3 Frachtbörsen

Das Konzept der Frachtbörsen existiert in Europa schon seit Mitte der 80er Jahre, in Nordamerika sogar schon seit Ende der 70er Jahre. Im Gegensatz zu Speditionen – der klassischen Form der Frachtvermittlung – sind Frachtbörsen selbst keine Beteiligten eines Speditions- oder Frachtvertrages, sondern beschränken sich regelmäßig auf die Anbahnung von derartigen Geschäften zwischen Verladern und Frachtführern (vgl. Abb. 4-23). Verlader sind dabei Hersteller und Handelsunternehmen, i. w. S. auch Speditionen und Logistikdienstleister.

Mit der Verbreitung des Internets wurde eine Welle von Neugründungen bei den Frachtbörsen eingeleitet. Diese neuen Marktplätze im Internet dienen der Vermittlung von Ladungen bzw. von Laderaum. Ziel der virtuellen Frachtbörsen ist es, die Transparenz im Frachtmarkt zu steigern und zugleich eine effizientere Abwicklung in der Frachtvermittlung zu gewährleisten. Auf der Kostenseite verspricht das Konzept Vorteile für alle Beteiligten: Die Verlader senken ihre Frachtkosten, weil sie permanent Zugang zu den günstigsten Frachtführern bekommen. Gleichzeitig sind die Frachtführer in der Lage, ihren Leerfahrtenanteil zu reduzieren und die Frachten zu wählen, die optimal zu ihnen passen.

Auch bei den Transaktionskosten versprechen virtuelle Frachtbörsen Einsparungspotenziale. Die höhere Effizienz bei der Suche, dem Vergleich und der anschließenden Auswahl angebotener Ladungen bzw. Transportkapazitäten hilft, den Zeit- und Kostenaufwand von Verladern und Frachtführern zu senken. Weitere Nutzenpotenziale ergeben sich für die Beteiligten, wenn mithilfe der Frachtbörsen auch die darauf folgenden Teilschritte der Auftragsabwicklung vereinfacht werden. Dazu gehören das Matching von Auftraggeber und -nehmer mit einer entsprechenden Benachrichtigung der Parteien, aber auch die Unterstützung in späteren Phasen, wie z. B. bei der Sendungsverfolgung für den Verlader oder bei der Abrechnung bzw. dem Forderungseinzug für den Frachtführer.

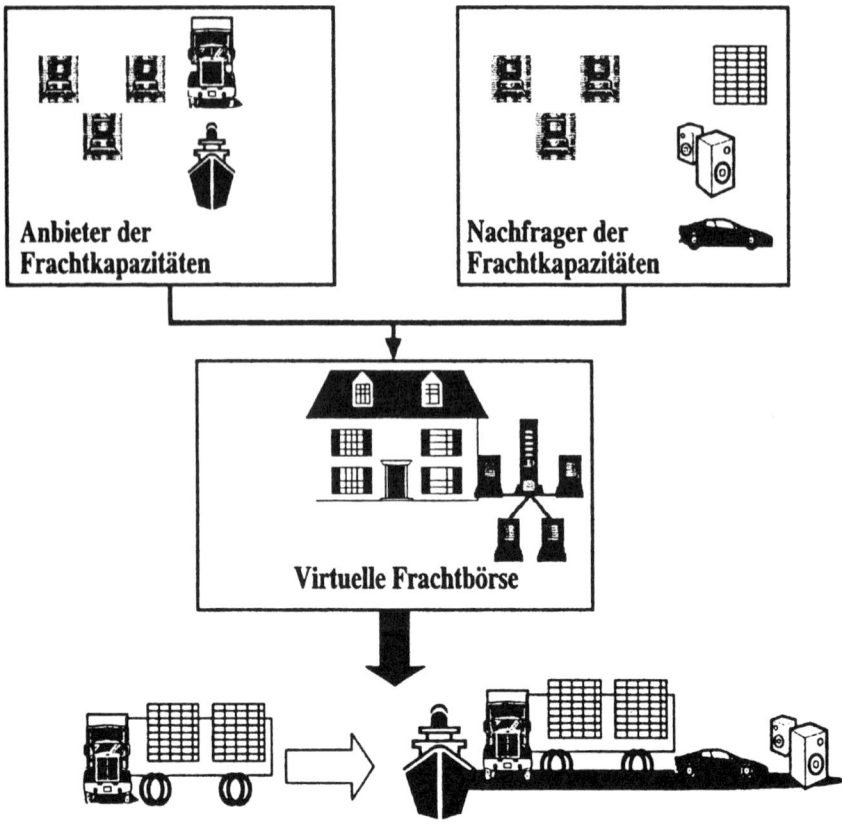

Abb. 4-23: Funktionsweise virtueller Frachtbörsen (Werner 2002, S. 414)

4.3.4.4 Sammelladungsverkehr

Eine wesentliche Rolle im Transportgewerbe spielt der sog. **Sammelladungsverkehr.**
Hierunter versteht man die Bündelung von Sendungen durch einen Spediteur, um sie
anschließend dem Frachtführer zur geschlossenen Beförderung in einer Sammella-
dung zu übergeben (vgl. Bauz 1997, S. 914). Im Standardfall ist der Sammelladungs-
verkehr zweimal gebrochen: Er setzt sich zusammen aus den Teilstrecken Vorlauf,
Hauptlauf und Nachlauf sowie den beiden Umschlagvorgängen beim Versand- und
Empfangsspediteur. Der Transport der Güter vom Liefer- zum Sammelpunkt wird als
Vorlauf bezeichnet. Der **Hauptlauf** ist der Verkehr vom Sammelpunkt zu einem
Auflösepunkt. Von diesem aus werden im **Nachlauf** die Güter an die Empfangspunkte
verteilt (vgl. Wolf 1997, S. 1091) (vgl. Abb. 4-24). Während Vor- und Nachlauf in der
Regel als Flächenverkehr durchgeführt werden, stellt der Hauptlauf typischerweise einen Streckenverkehr dar. Unter **Flächenverkehr** versteht man Verkehrsprozesse, die
nicht nur linearen Charakter haben. Flächenhafte Verkehre verlaufen also nicht nur
zwischen zwei Punkten bzw. einer ganz oder in etwa geradlinigen Punktreihe, sondern bedingen eine Verzweigung der Verkehrswege. Im Gegensatz zum Flächenver-

kehr umfasst der **Streckenverkehr** den Transport ganzer Ladungen zwischen zwei Punkten über größere Entfernungen.

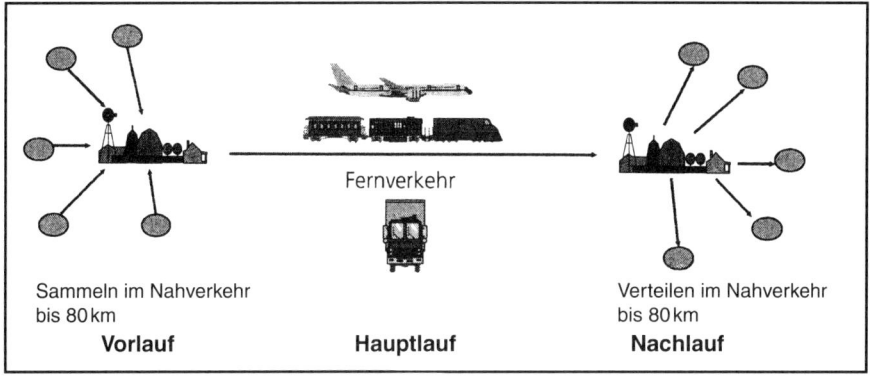

Abb. 4-24: Vor-, Haupt- und Nachlauf

4.3.4.5 Der Einsatz von Gebietsspediteuren zur Senkung der Frachtkosten

Mit **zunehmender Zahl der Lieferanten** und zunehmender **Anzahl zu beschaffender Teile** ergeben sich für Unternehmen regelmäßig Probleme innerhalb verschiedener werksinterner Funktionen, die noch dadurch verstärkt werden können, wenn zum überwiegenden Teil zur Lieferkondition **„frei Werk"** eingekauft wird, so dass die Lieferanten Transport und Anlieferung jeweils nach eigenen Vorstellungen durchführen können. Im Einzelnen kommt es zu folgenden **Problemen** (vgl. *Parbel* 1984, S. 4):

- Steigerung der Anzahl anliefernder Fahrzeuge, die mit
  - Verkehrsstauungen innerhalb und außerhalb des Werksgeländes sowie
  - einem vermehrten Personalbedarf für die Abwicklung der Wareneingänge einhergeht,
- überproportionaler Anstieg der Transportkosten durch einen höheren Anteil von Kleinsendungen am Gesamteingangsvolumen,
- Nicht-Einhaltung von Anlieferterminen, wobei
  - die Organisation des Transports durch den Lieferanten die Recherche nach überfälligen Sendungen erschwert und
  - unübersichtliche Zuständigkeiten auf Grund des Wechsels zwischen verschiedenen Verkehrsträgern auftreten.

Einen Ansatz zur Lösung dieser Probleme liefert die Nutzung des Gebietsspediteur-Systems in der Beschaffungslogistik. Hierbei wird die Beförderung von Lieferungen aus einem abgegrenzten Gebiet (definiert durch regional zusammenliegende Lieferanten) einem einzigen Spediteur übertragen. Der Spediteur sammelt die Einzellieferungen und transportiert sie **in einer Ladung an den Bestimmungsort** (vgl. *Wildemann* 1988 a, S. 153). Das Konzept der Gebietsspedition gibt Abb. 4-25 wieder.

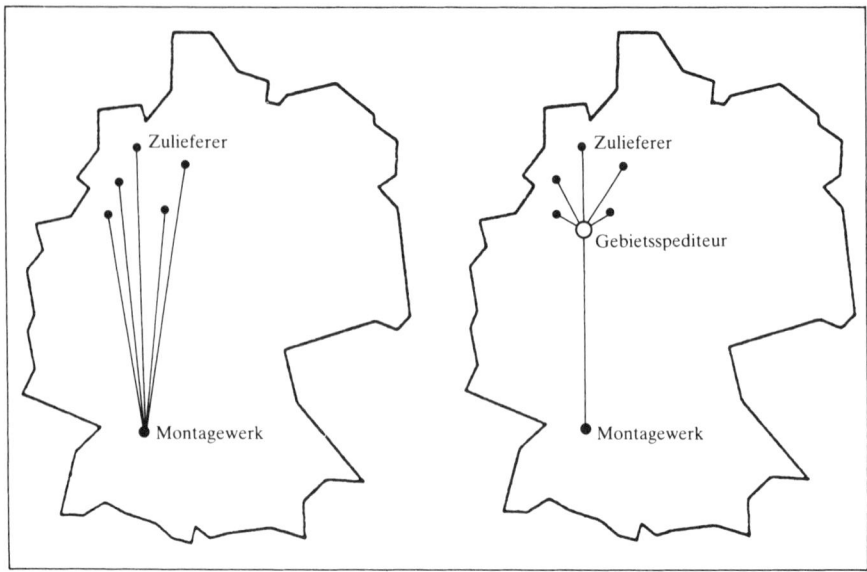

Abb. 4-25: Das Konzept der Gebietsspedition (Werner 1992, S. 74)

Mit der Einführung eines Gebietsspediteur-Systems werden folgende **Ziele** verfolgt:
– „Konzentration möglichst vieler Einzelsendungen auf die eingesetzten Transport-mittel
– dadurch Senkung der Anzahl eingehender Fahrzeuge und Verringerung der Ver-kehrsprobleme innerhalb und außerhalb der Werksbereiche
– Senkung der Transportkosten durch Bildung von sogenannten ‚Werks-Sammella-dungen‘
– Vereinfachung der Terminsteuerung durch Unterhaltung zentraler Dispositionsstel-len innerhalb der Speditionsgebiete
– Vereinheitlichung der Transportdokumente zur Rationalisierung administrativer Vorgänge im Wareneingang
– Konzentration des Rückflusses leerer Behälter und Verpackungsmaterialien zur Senkung der Transitzeiten und Umlaufbestände" (*Parbel* 1984, S. 4).

Welche Vorteile die Frachtkosteneinsparungen des Gebietsspediteur-Systems im Ver-gleich zur Einzelbeförderung ergeben, zeigt das Zahlenbeispiel in Abb. 4-26.

Die Einführung eines Gebietsspediteur-Systems setzt in der Regel voraus, dass der Auftraggeber das Recht hat, alle in das System einbezogenen Beförderungsaufträge zu vergeben. Der Einkauf der Materialien sollte dementsprechend **„ab Werk"** erfol-gen. Nach einer Auswahl der Lieferanten, die in das System integriert werden sollen, ist die **Gebietsaufteilung** zu planen. Folgende Kriterien gilt es zu berücksichtigen (vgl. *Parbel* 1984, S. 8):
– Transportvolumen und -gewichte,
– Lieferantenstandorte,
– Lieferintervalle,
– Art der Ladeeinheiten und Sendungsstruktur,
– Speditionsfirmen im Einzugsbereich.

Zu-lieferer	Liefer-mengen to	Einzel-Beförderung		Sammel-Beförderung		
		Ent-fernung km	Fracht-kosten Euro	Entf. zum Sammelpkt. km	Frachtkosten	
					zum Sammelpunkt Euro	vom Sammelpkt. zum Empfänger Euro
A	5.0	420	775,–	25	114,–	⎫
B	2.0	410	461,–	10	92,–	⎪
C	3.0	400	681,–	–	84,–	⎬ 1.544,–
D	1.0	390	249,–	15	51,–	⎪
E	0.5	400	156,–	15	33,–	⎪
F	1.0	420	253,–	20	51,–	⎪
G	2.0	400	454,–	10	92,–	⎪
H	0.8	380	217,–	15	45,–	⎪
I	0.2	390	76,–	20	17,–	⎭
			3.322,–		579,–	1.544,–
						+ 579,–
			–2.123,–			2.123,–
Differenz			1.199,–			

Abb. 4-26: Frachtkostenvergleich zwischen Einzel- und Sammelbeförderung

Die Auftragsvergabe an einen geeigneten Gebietsspediteur sollte nur nach einer sorg-fältig durchgeführten Ausschreibung erfolgen. Abb. 4-27 verdeutlicht die Vorgehens-weise bei der Umstellung auf das Gebietsspediteur-Konzept.

Die vom Gebietsspediteur zu erbringenden Leistungen entsprechen zum großen Teil denen eines **Sammelgutspediteurs.** Der Speditionsunternehmer muss darüber hinaus in besonderem Maße dazu qualifiziert sein, hohe Anforderungen bezüglich absoluter Termintreue, kurzer Beförderungszeiten und der Abwicklung stark schwankender Transportmengen sowie eines sich häufig ändernden Spektrums von Lieferstellen zu bewältigen. Die innerbetriebliche Organisation des Gebietsspediteurs muss eine reibungslose Zusammenarbeit zwischen Auftragsannahme, Abhol-/Zustelldienst, Um-schlaglager, Fernverkehr usw. sicherstellen. Es sollten deshalb moderne Datenerfas-sungs- und -übermittlungstechniken vorhanden sein. Die Mitarbeiter des Speditionsun-ternehmens sollten die spezifischen Bedürfnisse des Auftraggebers detailliert kennen. Es sollten qualitativ hochwertige Umschlag- und Lagereinrichtungen in ausreichendem Maße vorhanden sein. Vorteilhaft ist ferner das Vorhandensein mehrerer Betriebsstät-ten, insbesondere im Einzugsgebiet sowie in der Nähe der Werke des Auftraggebers. Zur Abwicklung ist ein flexibel einsetzbarer Fuhrpark unerlässlich. Um die erforderli-che Sicherheit bei der Termineinhaltung zu gewährleisten, bietet sich die Zusammenar-beit mit anderen Verladern an, die über ein regelmäßiges Transportaufkommen in glei-che und/oder gegenläufige Verkehrsrichtungen verfügen (vgl. *Parbel* 1984, S. 8). Um den reibungslosen Ablauf des Gebietsspediteur-Systems sicherzustellen, sind die von den Beteiligten einzuhaltenden **Informationsflüsse** und dazugehörenden **Zeitleis-ten festzuschreiben.** Diese Vorgaben sollten ausschließlich durch den auftraggeben-

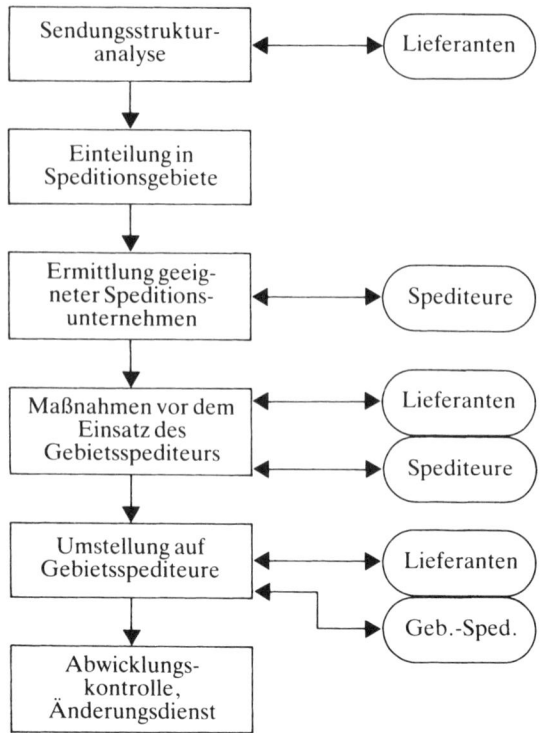

Abb. 4-27: Vorgehensweise bei der Umstellung auf Gebietsspediteure (Tantow 1987, S. 97)

den Warenempfänger erfolgen und die entscheidenden Schnittstellen aus juristischer Sicht eindeutig fixiert werden. „Eine mögliche Vorgehensweise kann sein:

- Erstellung von „Versand-Vorschriften" für die Lieferanten, vorzugsweise als Be-standteil der abgeschlossenen Kaufverträge. Darin sollte definiert werden:
  – Terminierung der Versandbereitschaft in Abhängigkeit vom Anlieferungszeit-punkt lt. Abruf,
  – Terminierung des Abholavises vom Lieferanten an den Gebietsspediteur,
  – Name, Adresse und Kontaktstellen des Gebietsspediteurs,
  – Detaillierung des Informationsinhalts der Abholavise,
  – präzise Fixierung des Kosten- und Gefahrenübergangs beim Abholvorgang.
- Abschluss von Abwicklungsvereinbarungen mit den Gebietsspediteuren mit Details über z. B.
  – Verwendung formabgestimmter Transportdokumente,
  – Standorte und Dienstbereitschaftszeiten von Kontaktstellen und Dispositionsbüros,
  – technische Ausrüstung des Nah- und Fernverkehrsfuhrparks,
  – Einsatz von Spezialfahrzeugen (z.B. Jumbo-Lastzügen) für bestimmte Waren-gruppen,
  – Bereitstellung und Tauschbedingungen für Pool-Paletten,
  – Unterhaltung eines Informations-Systems für im Transit befindliche Sendungen.
- Fixierung der Abrechnungseinzelheiten sowie der Haftungsumfänge" (*Parbel* 1984, S. 9).

Bei sorgfältiger Gestaltung der organisatorischen Voraussetzungen sowie umfassender Information und Schulung aller in der logistischen Kette betroffenen Mitarbeiter erfolgt die Steuerung des Systems anhand einer zeitgerechten Übermittlung der Lieferabrufe an die einzelnen Warenversender. Bei auftretenden Engpass-Situationen müssen gegebenenfalls Sonderroutinen eingesetzt werden. Die Vorteile des Gebietsspediteur-Konzepts gibt Abb. 4-28 wieder.

Gebietsspediteur	Abnehmer	Zulieferer

• stabile Pläne
  – Termin
  – Transportvolumen
• enger Kontakt zwischen Abnehmern und Zulieferern
• Wegoptimierung
• langfristige Zusammenarbeit
• sichere Zahlungseingänge
• verringerte Akquisitionsaufwendungen
• festgelegte Aufgabenbereiche
• Übernahme von zusätzlichen Funktionen
• hohe Kapazitätsauslastung
	• geringe Anzahl von Spediteuren
	• geregelte Rückführung von Leergut
	• geringere Verkehrsprobleme bei Anlieferung
	• vereinfachter Wareneingang
	• automatisierte Datenverarbeitung
	• einfachere Terminsteuerung
	• schnellere Bereitstellung von Sonderlieferungen
	• Verlagerung von Routinefunktionen
	• geringere Transportkosten
	• abgegrenzte Verantwortungsbereiche
	• Verringerung des Logistikaufwandes
		• Verringerung des Logistikaufwandes
		• Nähe zum Spediteur
		• einfachere Kostenkalkulation
		• einfachere Vereinbarung des Bereitstellungszeitpunktes für den Spediteur
		• höhere Terminpünktlichkeit
		• geregelte Rückführung von Leergut
		• Verlagerung des Transportrisikos

Abb. 4-28: Vorteile des Gebietsspediteur-Konzepts (Wildemann 1988 a, S. 155)

4.3.4.6 Eigener Fuhrpark versus Spedition

Die Transportbranche gilt als kapital-, arbeits- und energieintensiv (vgl. *Hoop* 1984, S. 37). Deshalb ist für ein wirtschaftliches Handeln eine hohe Auslastung erforderlich, d. h. die Einrichtung eines Fuhrparks mit einer begrenzten Zahl von Fahrzeugen, die jedoch über eine hohe Ladefähigkeit verfügen und deren Kapazitäten regelmäßig weitgehend ausgelastet werden können, wäre die wirtschaftlichste Lösung (vgl. *Maresch* 1987, S. 42). Die Vorhaltung großer Kapazitäten, die insbesondere für häufige, kleine Lieferungen an die Kunden notwendig ist, birgt hingegen sehr hohe Kapitalbindungs- und Auslieferungskosten in sich. Dieses Argument kann neben der Tatsache, dass auf den Verkehrsmärkten immer bessere, umfassendere logistische Leistungen angeboten werden, als Grund dafür angesehen werden, warum 1987 bereits **85 % der außerbetrieblichen Transportleistungen von Fremdunternehmen** erbracht worden sind (vgl. *Baumgarten/Zibell* 1988, S. 25). Lediglich dann, wenn kontinuierlich eine hohe Auslastung sichergestellt ist sowie dann, wenn das vorhandene Marktangebot nicht den Vorstellungen eines Unternehmens entspricht, bietet sich der Einsatz eines eigenen Fuhrparks an.

Aus organisatonstheoretischer Sicht geht es bei der Frage, ob man einen eigenen Werkverkehr vorhält oder.aber auf Speditionen bzw. Frachtführer zurückgreift um die Gestaltung der Verfügungsrechte auf logistische Ressourcen (vgl. Abb. 4-29).

Alternative 1: Werkverkehr

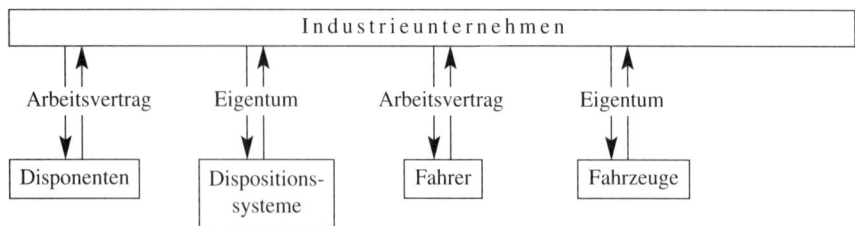

Alternative 2: Beauftragung einer Spedition

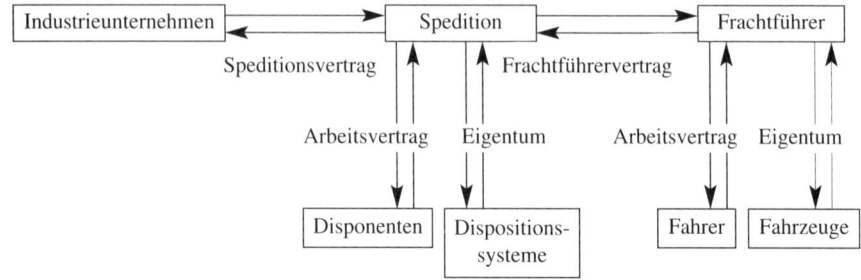

Abb. 4-29: Logistiktiefe als Gestaltung von Verfügungsrechten (Isermann/Lieske 1998, S. 405)

4.3.5 Integration von Dienstleistern

Die Zusammenarbeit von Unternehmen mit Logistik-Dienstleistern hat sich in den letzten Jahren stark intensiviert. Gründe hierfür liegen zum einen in dem Zwang zur permanenten Kostenreduzierung, zum anderen aber auch in Service- und Flexibilitätsverbesserungen sowie der Nutzung von Spezialwissen. Zu den wesentlichen Konzepten bzw. Angeboten, die im Rahmen des außerbetrieblichen Transports eine Rolle spielen gehören die Kurier-, Express- und Paketdienste, die Güterverkehrszentren und die City-Logistik.

4.3.5.1 Der Logistik-Dienstleistungsmarkt im Überblick

Der Logistik-Dienstleistungsmarkt hat in den letzten Jahren ein rasantes Umsatzwachstum aufzuweisen, wobei sich dieses nicht nur auf die klassischen Logistikleistungen, sondern auch auf neue Leistungsfelder erstreckt. Die zunehmende Tiefe und Breite des Dienstleistungsangebotes führen mit zu einem ständigen Anstieg des Outsourcing-Anteils logistischer Aktivitäten. Unterstützt wird dieser Trend durch E-Business-Anwendungen.

Eine Strukturierung des Logistik-Dienstleistungsmarktes kann nach folgenden Kriterien vorgenommen werden (vgl. *Zadek* 2004, S. 16ff.):

– Leistungsspektrum, das sich auf bestimmte Leistungsprozesse (Transport, Lagerhaltung, Kommissionierung etc.), operative, koordinierende und/oder strategische Aufgaben sowie Spezialitäten (z.B. Schwerlastlogistik, KEP-Logistik, Baulogistik, Gefahrgutlogistik) beziehen kann.

- Netzwerk-Integration, d.h. die Kompetenz und Integrationsfähigkeit von Logistik-Dienstleistern in (inter)nationalen Beschaffungs-, Produktions- und Distributionsnetzwerken Aufgaben zu übernehmen. Hierzu gehören beispielsweise Prozess-Know-how und die Fähigkeit Kundenwünsche und -anforderungen zu adaptieren.
- Logistik-Assets, also die Frage, welche Anlagen zur Leistungserfüllung (wie beispielsweise Fuhrpark, Fördermittel, Gebäude) der Logistik-Dienstleister im Eigentum hält. Aus Sicht der Kunden wird das Eigentum an Logistik-Assets unterschiedlich bewertet: Bei hohem Asset-Anteil wird das Auslastungsinteresse der eigenen Ressourcen unterstellt, umgekehrt wird Dienstleistern ohne eigene assets das entsprechende Know-how in der Abwicklung abgesprochen.
- Branchen (Industrie-, Handels- und Dienstleistungslogistik) und Aktionsraum (werksbezogen, regional, national, kontinental und weltweit).

Basierend auf den drei erstgenannten Strukturierungskriterien lassen sich folgende sechs **Segmente von Logistik-Dienstleistern** definieren:

- Einzeldienstleister (Transporteure)
- Spediteure
- Systemdienstleister (3PL)
- Netzwerkintegratoren (4PL)
- Logistik-IT-Dienstleister
- Logistik-Berater.

Von den 42 000 Unternehmen des gewerblichen Güternah- und -fernverkehrs, die in Deutschland registriert sind (vgl. BGL 1999), agieren rund 90% als **Einzeldienstleister** und erbringen die klassischen Transport-, Umschlag- und Lageraufgaben. Sie verfügen meist auch über die zur Leistungserbringung benötigten Logistik-Assets. Die Transporteure als Einzeldienstleister sind schwerpunktmäßig im Vor- und Nachlauf in einer Transportkette tätig. In Abhängigkeit von der Größe des Transportunternehmens werden nationale, europaweite oder internationale Routen als Hauptlauf betrieben. Der Betrieb eines nationalen oder europäischen Logistiknetzwerkes geht mit entsprechenden kritischen Umsatzgrößen einher (vgl. *Zadek* 2004, S. 20).

In Deutschland gibt es ca. 4 000 **Spediteure** mit insgesamt rund 18 000 Niederlassungen (vgl. BSL/FIATA 1999), die als Verbunddienstleister Transporte disponieren. Spediteure führen die Organisation nationaler, europaweiter und globaler Transporte durch, wobei auch Lager- und Umschlagleistungen übernommen werden. Sie verfügen meist über wenige eigene Fahrzeuge, sondern setzen für die Transportleistungen preisgünstige Einzeldienstleister ein. Häufig verfügen Speditionsunternehmen an ihren Standorten über eigene Lager- und Umschlagflächen. Die Kernkompetenzen von Speditionen liegen in der Transportmittelauswahl, der Bündelung von Güterströmen und der Organisation intermodaler Verkehre. Zum Standardleistungsangebot gehören mittlerweile auch die Erstellung von Zoll- und Frachtdokumenten, die Planung von Umschlagprozessen und die elektronische Avisierung der Fracht (vgl. *Zadek* 2004, S, 22).

Mit der Zunahme des logistischen Leistungsspektrums steigt die Anzahl der eingebundenen Dienstleister. Durch das Komplettangebot logistischer Leistungsumfänge und die Übernahme der Koordination dieser Leistungen entstehen **Systemdienstleister,** so genannte Third Party Logistics Provider **(3PL).** Systemdienstleister binden ihrerseits Sub-Dienstleister ein und übernehmen die Verantwortung für die zeit- und

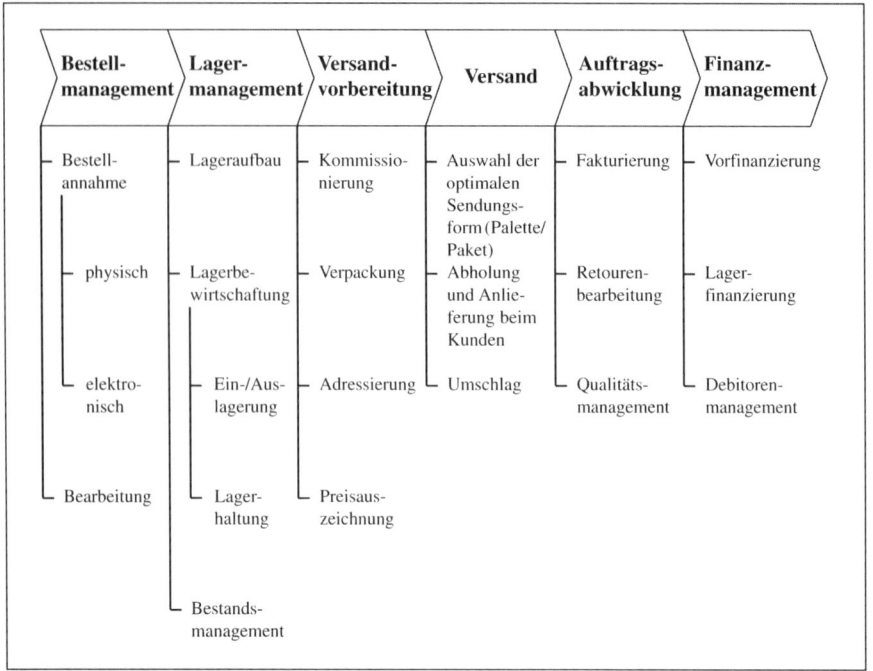

Abb. 4-30: Leistungsspektrum von Systemdienstleistern

qualitätsgenaue Erstellung der Gesamtleistung für ihre Kunden (vgl. *Zadek* 2004, S. 19). Abb. 4-30 zeigt das mögliche Leistungsspektrum von Systemdienstleistern, deren Leistungsfeld auch als **Kontraktlogistik** bezeichnet wird. Logistik-System-dienstleistungen werden in der Regel auf Basis eines mittel- bis langfristigen Rahmen-vertrages erbracht. Die enge Einbindung in die Wertschöpfungskette des Kunden erfordert die Beherrschung mehrerer Teilprozesse des Kunden. Derzeit streben einige weltweit agierende KEP-Dienstleister, die über globale Transportnetze und ausgereifte IT-Systeme verfügen, danach durch das Angebot zusätzlicher Logistikleistungen in das Geschäftsfeld der Kontraktlogistik einzudringen.

Die Entwicklung des Supply Chain Management-Ansatzes hat zu der Frage geführt, wer in den Supply Chains die Steuerungsaufgabe zwischen den beteiligten Partnern übernehmen soll. In Analogie und Erweiterung des Begriffes des 3PL hat sich für Unternehmen, die diese Steuerungsdienstleistungen in der Supply Chain wahrnehmen die Bezeichnung Fourth Party Logistics Provider (**4PL**) oder **Netzwerkintegrator** etabliert. Der Begriff des 4PL wurde 1996 durch die Unternehmensberatung Andersen Consulting (heute: Accenture) kreiert und als Markenzeichen (Trademark) registriert.

Der Fourth Party Logistics Provider bietet seinen Kunden ein ähnlich breites Leis-tungsspektrum an wie der Kontraktlogistiker. Der Unterschied liegt darin, dass der 4PL-Provider über keine eigenen Ressourcen (wie beispielsweise einen Fuhrpark oder Lagerkapazität) verfügt. Der 4PL-Provider führt eine Reihe von Dienstleistungen an-derer Produzenten (Einzeldienstleister bis 3PL-Provider) für den Kunden in einer in-dividuellen Kombination zusammen (vgl. Abb. 4-31). Der 4PL ist ausschließlich pla-

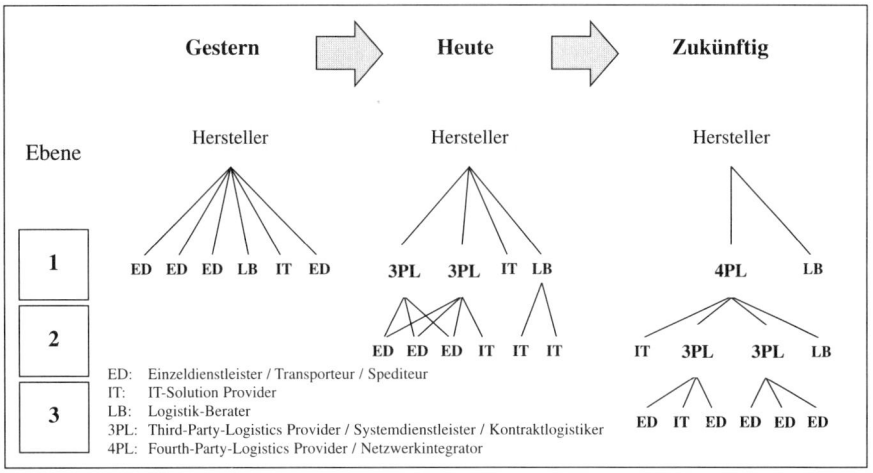

Abb. 4-31: Entwicklung der Logistik-Dienstleisterstruktur (Zadek 2004, S. 20)

nend und koordinierend tätig, wofür er moderne IT-Lösungen nutzt. Auf diese Wiese wird das perfekte Zusammenspiel einer Vielzahl von Sublieferanten angestrebt, so dass eine hohe Servicequalität erreicht wird. Aufgrund des Wettbewerbs, dem die Sublieferanten nach wie vor ausgesetzt sind, wird der 4PL-Provider unter Umständen in die Lage versetzt, die Logistikdienstleistungen kostengünstiger anzubieten. Da der 4PL kein Eigeninteresse hat, eigene Kapazitäten oder Netze auszulasten, kann er den Kunden gegenüber auch glaubwürdiger auftreten.

Betrachtet man das tatsächlich im Markt vorhandene Angebot an 4PL-Dienstleistern, so ist zu konstatieren, dass es sich eher um ein theoretisches Konstrukt als eine in der Realität bedeutsame Angebotsform handelt.

Logistik-IT-Dienstleister finden sich in mehreren Formen:
– Anbieter von Logistik-Software und deren Implementierung
– Betreiber von Software: Beispielsweise werden im Rahmen eines Application Service Providing (ASP) Rechenzentren und Software zur Verfügung gestellt. Pauschale oder transaktionsorientierte Nutzungsgebühren eröffnen hier insbesondere kleinen Unternehmen die Möglichkeit, Investitionen in eigene IT-Systeme nicht vornehmen zu müssen.
– Konnektoren im Logistik-Netzwerk
– Betreiber internetbasierter Marktplätze, in denen ein Datenaustausch und Geschäftsabschluss zwischen Marktpartnern via Internet ermöglicht wird.

Logistikberater unterstützen Industrie- und Handelsunternehmen sowie Logistikdienstleister unter anderem bei der strategischen Planung von Logistiksystemen oder Geschäftsfeldern, der Prozessanalyse und -optimierung, Outsourcing-Analysen und -Ausschreibungen, der IT-Gestaltung sowie dem Management von Logistikprojekten.

Eine andere Segmentierung, der der Versuch zugrunde liegt, einerseits die Transport- und Verkehrsindustrie als Klammer für die Logistik zugrunde zu legen und andererseits den sektorspezifischen Kapitalflüssen von Investoren zu folgen, kommt zu der in Abb. 4-32 enthaltenen Unterscheidung in infrastructure providers, capacity providers,

freight forwarders, third party logistics und integrators. In der Praxis lassen sich jedoch nur wenige Dienstleister identifizieren, die ausschließlich einem Segment zugeordnet werden können (vgl. *Notheis* 2003, S. 510). Die am Kapitalmarkt eingeführten
Unternehmen sind meist in mehreren der genannten Segmente tätig. Der Trend zum
integrierten Angebot logistischer Dienstleistungen aus einer Hand („One-stop-Shop"
bzw. „Total Supply Chain Management") ist seit Jahren ungebrochen.

Segment	Funktion	Teilsegmente	Unternehmen
Infrastructure Providers	Stellen immobile Infra-struktur für logistische Dienstleistungen	Häfen, Flughäfen, Immobiliengesell-schaften	Fraport ProLogis
Capacity Providers	Stellen mobile Infra-struktur für logistische Dienstleistungen	Landtransporteure, Containerschiff-fahrts- und Luft-frachtgesellschaften	Frans Maas Hapag Lloyd Lufthansa Cargo
Freight Forwarders	Handeln mit Kapazitäten mobiler Infra-stukturdienstleister	See-, Luftfracht-, Landspediteure	Kühne & Nagel Panalpina Schenker Danzas
Third Party Logistics (3PL)	Stellen logistische Mehr-wertdienstleistungen im Rahmen langfristiger Kundenkontrakte und Outsourcing-Lösungen		Exel Danzas Solutions Tibbet & Britten Hays Logistics Microlog
Integrators	Stellen weltweit integrier-tes Transportnetz für Ex-pressgutbeförderung		DHL UPS FedEx TNT

Abb. 4-32: Kapitalmarktrelevante Segmente der Logistikbranche (Notheis 2003)

4.3.5.2 Kurier-, Express- und Paketdienste

Mit zunehmenden Leistungsanforderungen an die Logistik bezüglich Liefergeschwindigkeit, Termineinhaltung und Auskunftsfähigkeit über den aktuellen Status der Sendung gewinnen Kurier-, Express- und Paketdienste immer mehr an Bedeutung. Gefördert wird dies zudem durch den Trend zu häufigeren Bestellungen unmittelbar vor
dem Bedarfszeitpunkt (Just-in-time-Auslieferungen) und damit kleineren Sendungen.

Im KEP-Markt (Kurier-, Express- und Paketmarkt) werden drei verschiedene Formen
von Dienstleistungsangeboten unterschieden, die sich bezüglich der Art und des Gewichts der beförderten Güter, der Laufzeit und der Preisstruktur unterscheiden. In der
Praxis überschneidet sich das Angebot der einzelnen Anbieter bisweilen. Gemeinsames
Merkmal aller KEP-Dienste ist der Systemcharakter der Leistungserstellung. Um die
zeitlichen Restriktionen bei der Leistungserstellung zu erfüllen ist eine – verglichen mit
anderen Verkehrsbetrieben – hohe Spezialisierung und Stabilisierung der Leistungser-
stellungsprozesse erforderlich. Für die zu transportierenden Sendungen werden deshalb
Gewichts- und Abmessungsgrenzen vorgegeben (vgl. *Wolf* 1997, S. 427).

Das Leistungsangebot der **Kurierdienste** umfasst im Wesentlichen den Transport von Dokumenten und Kleinsendungen mit niedrigem Durchschnittsgewicht (bis ca. 3 kg) vom Versender zum Empfänger in der kürzest möglichen Zeit mit hoher Zuverlässigkeit (vgl. *Seegers-Krückeberg* 1997, S. 468). Je nach Entfernung werden mehrere Verkehrsträger eingesetzt, insbesondere das Flugzeug. Bei der Sendungserfassung und -verfolgung werden modernste Informations- und Kommunikationstechniken eingesetzt. Zu den wesentlichen Stärken von Kurierdiensten gehören die Schnelligkeit und individueller Service.

Die in Deutschland vertretenen Kurierdienste reichen vom regional tätigen Einzelunternehmen bis zum weltweit operierenden Integrator. Im Einzelnen lassen sich unterscheiden (vgl. *Seegers-Krückeberg* 1997, S. 468):

– **Regionaler Kurierdienst:** Hierbei handelt es sich meist um Stadtkuriere, die als moderne Variante der historischen Boten Sendungen in der Regel unmittelbar vom Absender zum Empfänger befördern. Als Transportmittel kommen in erster Linie das Fahrrad oder der PKW zum Einsatz.
– **Nationaler Kurierdienst:** Hierbei handelt es sich entweder um bundesweit tätige Unternehmen mit eigenen Regionalniederlassungen oder um Zusammenschlüsse regionaler Kurierdienste.
– **Internationaler Kurierdienst:** Der internationale Kurierdienstmarkt wird heute von den in den USA gegründeten **Integrators** DHL, UPS und FedEx sowie dem in Australien gegründeten Unternehmen TNT beherrscht. Ein Integrator ist ein Transportdienstleister, der weltweit über ein eigenes Niederlassungsnetz mit eigenen Flugzeugen und eigenem Fuhrpark verfügt. Werden fremde Transportmittel genutzt, wird die weitestmögliche Kontrolle über deren Einsatz angestrebt. Dieser weltweite Zugriff auf eigene Kapazitäten ermöglicht den Integrators – im Unterschied zu den international kooperierenden nationalen Postverwaltungen – eine permanente Qualitätskontrolle durchzuführen und das Leistungsangebot den sich wandelnden Versenderansprüchen jederzeit anpassen zu können. Die Verkehrsnetze für die Hauptläufe sind als Hub-and-Spoke-Systeme (engl. für Nabe-Speiche-System) ausgebildet. Hierunter versteht man Verkehrsnetze, die aus einem zentralen Umschlagpunkt (Nabe/Hub) sowie sternförmig auf diesen Punkt zulaufenden Strecken (Speiche/Spoke) bestehen. Am Endpunkt einer Speiche werden jeweils Güter aufgenommen, deren Ziel der Endpunkt einer anderen Speiche oder der Hub selbst ist. Ein weiteres Charakteristikum der Integrators ist die lückenlose informatorische Verfolgung der Güter in der angebotenen Haus-Haus-Transportkette durch den Einsatz von Barcodes und die Durchführung von Scanningprozessen an mehreren Schnittstellen der Transportkette (vgl. *Bjelicic* 1997, S. 395).

Bei **Expressdiensten** handelt es sich um Verkehrsbetriebe, die Sendungen grundsätzlich ohne Gewichts- und Maßbeschränkungen schnell (mit einer garantierten Laufzeit) von Haus zu Haus transportieren. Die Beförderung von Expressgütern erfolgt in der Regel auf der Straße (vgl. *Seegers-Krückeberg* 1997, S. 263).

Das Leistungsspektrum der **Paketdienste** umfasst im Wesentlichen die Beförderung und Auslieferung von (volumenmäßig beschränkten) Kleingütern bis 31,5 kg in einem standardisierten System. Sendungen mit höheren Gewichten werden in der Regel von den klassischen Sammelgutspeditionen transportiert. Paketdienste sind primär im nationalen Bereich tätig. Gütertransport und -verteilung eines Paketdienstes werden entweder über ein Hub-and-Spoke-System abgewickelt oder – bei entsprechendem Sendungsvolumen – als Direktverkehre zwischen mehreren Güterverteilzentren durchgeführt (vgl. *Seegers-Krückeberg* 1997, S. 780).

Aufgrund ihrer genormten Logistiksysteme und ihrer flächendeckenden Präsenz sind Paketdienste darauf ausgerichtet, auch große Mengen von Kleingütern preisgünstig in einem 24- bis 48-Stunden-Service abzuwickeln. Hierbei werden die Laufzeiten in der Regel nicht garantiert, sondern nur mit hoher Wahrscheinlichkeit erreicht. Das Angebot an Zusatzleistungen ist begrenzt. Im Unterschied dazu sind Kurier- und Expressdienste durch einen individuellen Service gekennzeichnet, der teilweise bis auf die Anforderungen der einzelnen Versender ausgerichtet wird, beispielsweise bei der Abholung, der Zustellung und der Transportzeit. Fast alle Paketdienste bieten inzwischen eine Regellaufzeit von einem Tag und eine DV-gestützte Sendungserfassung und -verfolgung an. Seit 1997 bieten einige Dienstleister die Verfolgung einzelner Pakete über das Internet an. Der Auftraggeber gibt die Paketnummer ein und erhält dann über das Internet einen Statusbericht.

Abb. 4-33 gibt einen zusammenfassenden Überblick über die einzelnen Segmente des KEP-Marktes, wobei sich die Anbieter nach der Netzgröße und Sendungszahl differenzieren lassen.

4.3.5.3 Güterverkehrszentren

Unter einem Güterverkehrszentrum versteht man ein verkehrsgünstig gelegenes Gewerbegebiet, in dem zielgerichtet Verkehrs-, Logistik- und Dienstleistungsunternehmen zusammengeführt werden (vgl. *Kracke* u. a. 1994, S. 362). Wesentliche Merkmale von Güterverkehrszentren sind ihre

– Multimodalität,
– Multifunktionalität und
– Überregionalität (vgl. *Aberle* 1996, S. 483).

Von dem Begriff des Güterverkehrszentrums ist der Begriff des Güterverteilzentrums abzugrenzen (siehe hierzu Abschnitt 8.7.4).

Das Merkmal der **Multimodalität** besagt, dass sich im Güterverkehrszentrum mehrere, mindestens zwei Verkehrsträger (in der Regel Straßen- und Schienenverkehr) treffen und ergänzen. Das Vorhandensein einer Umschlaganlage für den Kombinierten Verkehr Straße/Schiene (sowie ggf. Binnenschiff) ist damit unverzichtbarer Bestandteil (vgl. *Kracke* u. a. 1994, S. 362). Eine Beteiligung der Bahn mit einem KLV-Terminal (KLV = Kombinierter Wagenladungsverkehr) ist damit essentiell.

Die **Multifunktionalität** von Güterverkehrszentren besagt, dass von den dort angesiedelten Unternehmen eine Vielzahl von transportvor- und -nachgelagerten sowie transportbegleitenden Dienstleistungen erbracht werden können (vgl. *Aberle* 1996, S. 483). Die lokale Zentralisierung von Anbietern logistischer Dienstleistungen eröffnet Möglichkeiten zur Kooperation und Koordination, so dass ein umfassendes, profiliertes Leistungsspektrum angeboten werden kann und die Spezialisierungsvorteile der einzelnen Betriebe für alle genutzt werden können. Je mehr Unternehmen sich im Güterverkehrszentrum etablieren, desto höher ist das Angebot an logistischen Fähigkeiten.

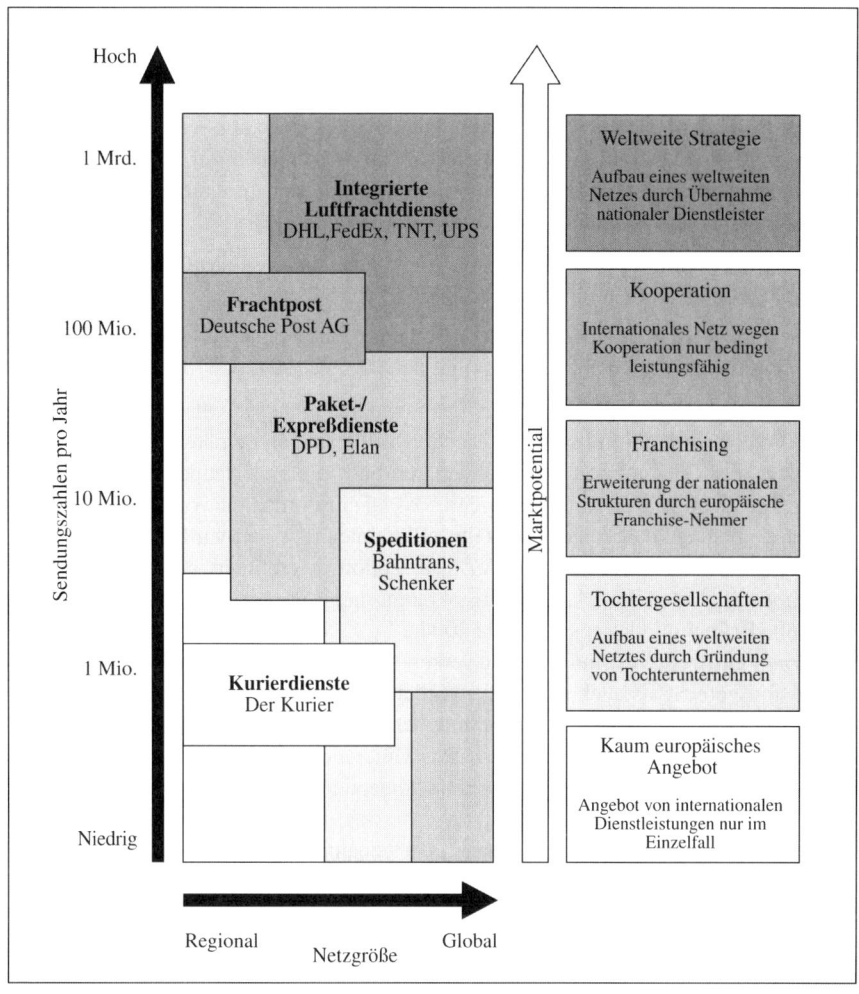

Abb. 4-33: Markt der Kurier-, Express- und Paketdienstleister (Baumgarten 1996, S. 30)

Zu den **Hauptfunktionen** von Güterverkehrszentren gehören

– der Güterfernverkehr mit mehreren Verkehrsträgern,
– der Güternahverkehr (Sammeln und Verteilen der Waren in der Region),
– die Lagerhaltung für alle Güterarten, -formen, -zustände und Zeiträume sowie
– Güterbehandlungsdienste, wie z.B. Verpackung, Kommissionierung und Etikettierung.

Nebenfunktionen eines Güterverkehrszentrums umfassen (vgl. *Eckstein* 1997, S. 353)
– Bereitstellung, Pflege, Wartung und Reparatur der Transportfahrzeuge, Transportbehälter, Umschlag-, Transport- und Fördereinrichtungen
– Bereitstellung der standortspezifischen Infrastruktur, z.B. Gleisanschlüsse, Parkplätze, Leitsysteme, Verkabelung, Ver- und Entsorgungsnetze

– Flächen und Gebäude für interne Dienstleistungen, z. B. Zoll, Post, Kontroll- und Sicherheitsdienste
– Informationssysteme.

Auf der Basis der genannten Fähigkeiten kann ein Güterverkehrszentrum als Gesamtsystem mit einer Vielzahl von Funktionen als Logistikdienstleister auftreten, z. b. als Versandspedition, als Empfangsspedition, als Dienstleister im Kombinierten Verkehr und als Lagerhalter für unterschiedlichste Anforderungen.

Mit der **Überregionalität** wird zum Ausdruck gebracht, dass das Güterverkehrszentrum den Umschlagknoten für Nah- und Fernverkehr bildet.

Um die Funktionsfähigkeit eines Güterverkehrszentrums sicherzustellen sind folgende **Standortanforderungen** abzudecken (vgl. *Kracke* u. a. 1994, S. 370 f.):

– **Lage in der Region:** Von der Lage des Standortes hängt in entscheidendem Maße die Akzeptanz der Nutzer ab. Der Standort sollte sich an den Aufkommensschwerpunkten der GVZ-affinen Güter orientieren und in deren Hauptstromrichtung liegen. Die richtige Standortwahl fördert, dass Transportketten vor der Stadt gebrochen werden und dadurch das Verkehrsaufkommen reduziert wird.
– **Flächenbedarf:** Die jeweilige GVZ-Konzeption determiniert den konkreten Flächenbedarf. Unter Berücksichtigung ökologischer Ausgleichsflächen liegt der Flächenbedarf bei mindestens 60 bis zu 200 ha.
– **Infrastrukturelle Anbindung:** Die verkehrsinfrastrukturelle Anbindung hat sowohl funktionsgerecht als auch umweltverträglich zu erfolgen. Die prognostizierten Verkehrsmengen sollten so schnell wie möglich auf leistungsfähige, großräumige Verkehrswege geführt werden können. Das Güterverkehrszentrum sollte deshalb im Idealfall über einen Autobahnanschluss angebunden sein, zumindest aber direkt über eine Bundesstraße.
– **Verkehrsangebot:** Bei Vorhandensein der genannten Straßenanbindung kann von einem guten bis sehr guten Transportangebot auf der Straße ausgegangen werden. Damit dies auch für den Eisenbahnverkehr gewährleistet ist, sollte sich der Standort an einer Hauptabfuhrstrecke oder an einer der für den Güterverkehr wichtigen Nebenfernstrecken der Bahn befinden. Sofern das Güterverkehrszentrum an eine Hauptwasserstraße mit Container- und/oder Ro-Ro-Umschlageinrichtungen angebunden ist, können auch Transporte über die Binnenschifffahrt durchgeführt werden.

Mit der Realisierung von Güterverkehrszentren werden zahlreiche **Ziele** verfolgt. Zu den Hauptzielen gehören die Verbesserung der Wirtschaftsstruktur der Region, Entlastung des Verkehrs und Reduzierung der Umweltbelastung (vgl. Abb. 4-34). Hierbei sind vier Gruppen von Zielsubjekten, nämlich logistische Anbieter und Dienstleister, die Beschäftigten, Unternehmen der Industrie und des Handels sowie öffentliche Verwaltungen und Bürger zu berücksichtigen.

In der ersten Hälfte der neunziger Jahre gab es eine hohe Zahl von GVZ-Planungen (ungefähr 50), die insbesondere von Kommunen und regionalen Körperschaften vorangetrieben wurden. Man erhoffte sich die Schaffung neuer Arbeitsplätze und einen regionalen Entwicklungsschub durch ein Güterverkehrszentrum. Es ist jedoch zu konstatieren, dass die Realisierung von Güterverkehrszentren in Deutschland nur langsam vorangeht. Bis Mitte 1995 war lediglich das GVZ Bremen-Roland in Betrieb, mehrere sind im Bau. Die höchste Realisierungschance dürften die 35 Standorträume aufweisen, die in den GVZ-Masterplan der Deutschen Bahn AG aufgenommen worden sind und die sich eng an die Standortkonzeption für Umschlagbahnhöfe des Kombinierten Verkehrs anlehnen.

Als **zentrale Probleme** der Einrichtung von Güterverkehrszentren sind zu nennen (vgl. *Aberle* 1996, S. 484):

– Spediteure und Frachtführer werden kaum bereit sein, in geplante Güterverkehrszentren umzuziehen, wenn sie in den vorangegangenen Jahren in größerem Umfang in stationäre Anlagen investiert haben oder ihnen im Falle anstehender Investitionen die Planungs- und Realisierungsunsicherheiten zu hoch erscheinen.
– Kraftwagenspediteure haben sich gegen Güterverkehrszentren teilweise deswegen gewehrt, weil diese zunächst unter dem Aspekt einer Modal split-Veränderung (Verlagerung des Fernverkehrs von der Straße auf die Schiene) diskutiert wurden.

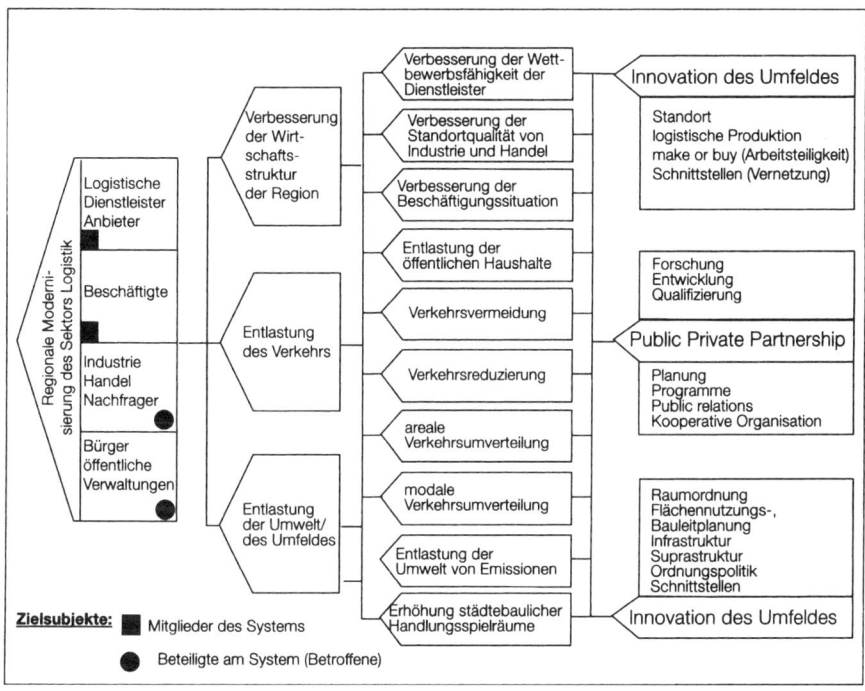

Abb. 4-34: Zielsystem Güterverkehrszentrum (vgl. Eckstein 1997, S. 355)

– Angesichts des hohen Flächenbedarfs ist die Bereitstellung von Grundstücken in der geeigneten Verkehrslage an vielen potentiellen Standorten schwierig und kostspielig.
– Die benötigten Anschlüsse an das überregionale Straßennetz und die Eisenbahnstrecken verursachen hohe Infrastrukturkosten.
– Die Eisenbahn ist nur dann bereit, an potentiellen GVZ-Standorten ein KLV-Terminal zu errichten, wenn dort eine Eigenwirtschaftlichkeit auf Grund des Zugaufkommens gegeben ist. Teilweise wird erwartet, dass Dritte in diese Terminals investieren.

– Die Anwohner verhalten sich teilweise ablehnend gegenüber GVZ-Planungen, da sie eine starke Zunahme der Verkehrsbewegungen und einen entsprechenden Anstieg der Umweltbelastungen befürchten.

– Finanzierungsengpässe bei den Kommunen begrenzen deren Fähigkeit und Bereitschaft, GVZ-Projekte durch Finanzmittel zu bezuschussen.

4.3.5.4 City-Logistik

Die Belieferung innerstädtischer Geschäfte mit Waren erfolgt traditionell durch unabhängig voneinander auftretende Logistikdienstleister wie Speditionen und Expressdienste. Bei der Feinverteilung von Gütern in Städten sind folgende **Problembereiche** zu konstatieren (vgl. *Vahrenkamp* 1998, S. 141 f.):

– Der **Umfang der Lieferverkehre nimmt** infolge der Tendenz zu kleineren Sendungen sowie durch eine zu geringe oder gar keine Lagerhaltung in den einzelnen Geschäften ständig **zu**. Eine Minimierung des Flächenbedarfs und damit der Notwendigkeit einer Just-in-time Versorgung ist wegen der hohen Mieten für den Einzelhandel vielfach existenznotwendig.

– Für den Lieferverkehr besteht im Zuge des enormen Verkehrswachstums und auf Grund der in Städten nur noch begrenzt erweiterbaren Verkehrsflächen eine enorme Flächenkonkurrenz mit dem übrigen Verkehr. Unmittelbare Wirkungen sind häufigere und gravierendere **Staus**, Behinderungen bei den Anlieferungen sowie ein Anstieg der **Lärm- und Abgasemissionen.** Kundenverkehre und Lieferverkehre überschneiden sich, wobei erstere aus der Sicht des Einzelhandels Vorrang haben.

– Daneben treten noch **Ineffizienzen des Lieferverkehrs** selbst auf: Viele Fahrzeuge mit geringem Auslastungsgrad fahren die Geschäfte zu unregelmäßigen Zeiten an. Da circa $\frac{2}{3}$ der Lieferfahrzeuge in der Zeit zwischen 8 und 12 Uhr unterwegs sind (vgl. *Hallier* 1993, S. 12) kommt es bei den Empfängern zu Engpassproblemen an der Rampe. Durch das gegenseitige Blockieren der Fahrzeuge verschiedener Lieferanten können während der Wartezeiten kostenintensive Fahrzeugkapazitäten nicht genutzt werden.

– Durch Maßnahmen zur Verkehrsberuhigung und durch Zeitfenster in den Fußgängerzonen ergeben sich **Lieferbeschränkungen.**

Als Ansatz zur Lösung der beschriebenen Probleme wurde erstmals im Jahre 1990 (in Bremen und Hamburg) das Konzept der Citylogistik realisiert. Unter Citylogistik sind alle Tätigkeiten zu verstehen, die sich auf die bedarfsgerechte, nach Art, Menge, Zeit, Raum und Umweltfaktoren abgestimmte, effiziente Bereitstellung (bzw. Entsorgung) von Gütern in einer Stadt beziehen. Zentrales Charakteristikum der Citylogistik ist die **Bündelung der Auslieferungstouren** und zwar sowohl die Bündelung der Lieferungen von verschiedenen Lieferanten für einen Empfänger als auch die Bündelung der Lieferverkehre für benachbarte Empfänger. Als Modell einer unternehmensübergreifenden Distributions- und Retrodistributionslogistik ist die Citylogistik sowohl auf ökonomische als auch auf ökologische Ziele ausgerichtet (vgl. *Zentes* 1994, S. 357): Ein gegebenes Auslieferungsvolumen soll mit weniger Fahrleistung umweltschonend befördert werden.

In Abb. 4-35 sind beispielhaft zwei Auslieferungstouren T1 und T2 dargestellt, die von verschiedenen Depots D1 und D2 starten. In beiden Touren werden unter anderem drei gleiche Geschäfte angefahren. Die Zusammenfassung der beiden getrennten Touren T1 und T2 zu einer einzigen Tour T führt zu einem doppelten Bündelungseffekt: Neben der Zusammenfassung der Auslieferungstouren wird jedes Geschäft nur noch einmal angefahren.

In Nürnberg startete 1995 ein **I**nnerstädtischer **S**ervice mit **O**ptimierten **L**ogistischen **D**ienstleistungen (Isolde), um die Innenstadt zu entlasten. In der Fußgängerzone verkehren zwei Elektrozugfahrzeuge. Ein Heimlieferservice für die in der Innenstadt gekaufte Ware soll den Service bei der Bevölkerung populär machen. Die Auslieferfahrzeuge nehmen gleichzeitig den Verpackungsabfall der 42 angeschlossenen Händler mit. Die Nürnberger Citylogistik-Lösung ist wegen der zahlreichen angebotenen Dienstleistungen eines der wenigen, das ohne öffentliche Zuschüsse auskommt. Das Projekt erspart der Innenstadt täglich 150 Fahrtkilometer dieselbetriebener LKW's (vgl. *Vollrath* 1998, S. 95–98).

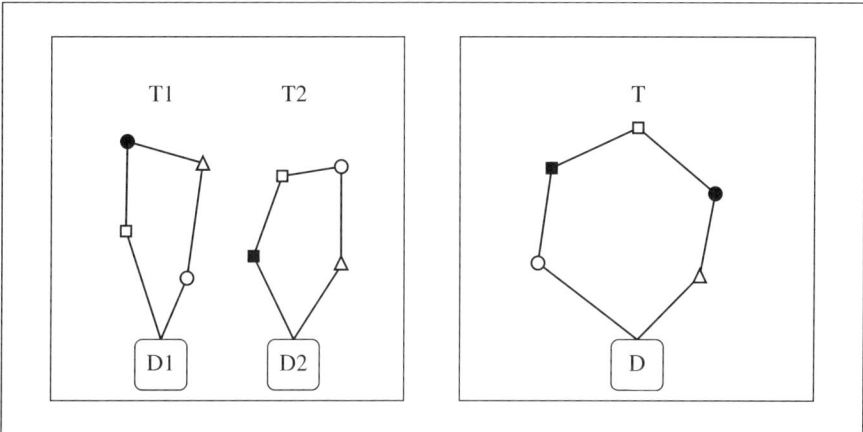

Abb. 4-35: Bündelungseffekt der City-Logistik (Vahrenkamp 1998, S. 141)

Ein Allheilmittel für die Lösung innerstädtischer Verkehrsprobleme kann allerdings in der Citylogistik nicht gesehen werden, da der Güterverkehr nur ungefähr 10% des innenstädtischen Verkehrs ausmacht. Weitere Grenzen der Citylogistik liegen darin, dass bestimmte Güter nicht gleichzeitig in einem Verkehrsmittel transportiert werden können (z. B. Lebensmittel und Chemikalien).

4.3.6 Transportrecht

4.3.6.1 Deutsches Transportrecht

Am 1. Juli 1998 ist das Gesetz zur Neuregelung des Fracht-, Speditions- und Lagerrechts (**Transportrechtsreformgesetz**) in Kraft getreten, das in den Paragraphen 407 bis 475 h des Handelsgesetzbuches zusammengefasst ist. Die bis dahin auf verschiedene Gesetze verstreuten frachtrechtlichen Sonderregelungen in der Kraftverkehrsordnung (KVO), in der Eisenbahn-Verkehrsordnung (EVO), im Binnenschifffahrtsgesetz (BinSchG) und im Luftverkehrsgesetz (LuftVG) wurden aufgehoben. Erstmalig wird der innerdeutsche Gütertransport nunmehr **einheitlich** für die Verkehrsträger auf der Straße, der Schiene, dem Binnengewässer und in der Luft geregelt.

Im Transportrechtsreformgesetz wird die Rolle des Spediteurs als Logistikunternehmer deutlicher als in dem davor geltenden Speditionsrecht hervorgehoben. Hiermit wird der in der Praxis zu beobachtenden Entwicklung zahlreicher Speditionsunternehmen zu Logistikdienstleistern Rechnung getragen. Sie wählen nicht nur Beförderungsmittel, Beförderungsweg und ausführenden Unternehmer aus, sondern übernehmen regelmäßig Zusatzleistungen. Das Leistungsspektrum der Anbieter logistischer Dienstleistungen erstreckt sich vom Bestellmanagement über das Lagermanagement, die Versandvorbereitung, den Versand bis hin zur Auftragsabwicklung und Teilen des Finanzmanagements.

In Abb. 4-36 werden die wesentlichen Eckpunkte des alten und neuen Transportrechts gegenübergestellt.

Ebenfalls zum 1. Juli 1998 ist innerhalb der Europäischen Union die mengenmäßige Beschränkung der Kabotagegenehmigungen auf Grund der sogenannten EG-Kabotageverordnung weggefallen und das nationale Güterkraftverkehrsrecht in Anpassung hieran durch das Gesetz zur Reform des Güterkraftverkehrsrechts geändert worden. Hervorzuheben ist hierbei vor allem der Wegfall der Unterscheidung zwischen Nah- und Fernverkehr sowie der Kontingentierung im Güterfernverkehr.

4.3.6.2 International Commercial Terms

Um den vielen Schwierigkeiten auf dem Gebiete des Privatrechts aus dem Wege zu gehen, die durch das Aufeinandertreffen der verschiedenen nationalen Rechtsordnungen möglich werden, hat die *Internationale Handelskammer (IHK)* in Paris im Jahre 1953 aus der Ermittlung der bis dahin geltenden Handelsbräuche und -usancen die sog. **International Commercial Terms (Incoterms)** geschaffen. Das Hauptziel der Incoterms besteht in der einheitlichen Regelung der wesentlichen Käufer- und Verkäufer-Pflichten für die wichtigsten Typen des Außenhandels. Unter anderem werden in den Incoterms folgende Tatbestände geregelt:

– Verteilung der Transportkosten zwischen Exporteur und Importeur
– Festlegung eines eindeutigen Gefahrenübergangs
– Verantwortung für Aus- und Einfuhrmodalitäten.

Incoterms werden von den jeweiligen nationalen Gerichten anerkannt, haben allerdings keinen Gesetzesstatus. Um zur Anwendung zu kommen, müssen Incoterms also in den jeweiligen Vertrag aufgenommen werden.

Incoterms werden in C-, D-, E- und F-Klauseln unterteilt:

C-Klauseln:
Bei den C-Klauseln trägt der Exporteur den überwiegenden Teil der Transportkosten.

Kriterium \ Gesetzliche Grundlagen	Altes Transportrecht (bis 30. 6. 1998)	Neues Transportrecht (seit 1. 7. 1998)
Differenzierung in Abhängigkeit vom Verkehrsträger	Frachtrechtliche Sonderregelungen in verschiedenen Gesetzen (KVO, GÜKUMB, EVO, BinSchG, LuftVG)	Einheitliches Frachtrecht für Beförderung auf der Straße, der Schiene, mit Binnenschiffen und mit Luftfahrzeugen (§§ 407–475h HGB)
Regelungsumfang	Bis ins Detail gehende Vorschriften	Nur noch wichtigste Rahmenbedingungen
Übereinstimmung mit internationalem Transportrecht	Brüche zwischen nationalem und internationalem Recht	Anpassung an internationale Standards, insb. den Beförderungsvertrag im internat. Straßengüterverkehr (CMR)
Grad der Vertragsfreiheit	Abhängig vom Verkehrsträger: Vollständig zwingendes (Straßengüterfernverkehr), einseitig zwingendes (Eisenbahnverkehr), vollständig dispositives (Binnenschiffverkehr) und dispositives (Spediteur) Recht	Einheitliches Konzept: Es ist grundsätzlich gestattet, von allen transportrechtlichen Regelungen abzuweichen (Ausnahme: Modifizierte Haftungsvorschriften nur durch Individualvereinbarung)
Nah-/Fernverkehr	Unterscheidung zwischen Nah- und Fernverkehr	Keine Unterscheidung zwischen Nah- und Fernverkehr
Bedeutung Frachtbrief	Erforderlich für das Zustandekommen des Beförderungsvertrages im Eisenbahn- und Straßenfrachtrecht	Reines Beweisdokument
Definition der Aufgaben des Spediteurs	Besorgung der Versendung	Rolle des Spediteurs als Logistikunternehmer wird deutlich hervorgehen
Haftung im multimodalen Verkehr	Kann der Schadensort nicht ermittelt werden, sind die verschiedenen, für jedes einzelne Beförderungsmittel geltenden Rechtsvorschriften zu analysieren; das jeweils schärfste Teilstreckenrecht ist anzuwenden.	Grundsatz: Ist der Schadensort nicht bekannt, wird auf den Vertrag das neue allgemeine Frachtrecht angewendet.

Abb. 4-36: Altes und neues Transportrecht im Vergleich

CFR *(cost and freight):* Diese Klausel gehört in den Bereich der See- und Binnenschifffahrt. Sie besagt, dass der Exporteur alle Kosten und Risiken bis zum Erreichen des Bestimmungshafens trägt. Die Kosten der Transportversicherung zahlt der Importeur. Der Gefahrübergang auf den Importeur entsteht bereits bei Überschreiten der Reling im Verladehafen.

CIF *(cost, insurance and freight):* Wie CFR, allerdings trägt hier der Exporteur die Kosten der Transportversicherung.

CPT *(carriage paid to):* Diese Klausel gilt für alle Transportformen und besagt, dass der Exporteur sämtliche Transportkosten der Ware zum Bestimmungsort und die Exportabwicklung trägt. Der Importeur übernimmt dagegen die Kosten der Transportver-sicherung. Der Gefahrenübergang auf den Importeur erfolgt bereits bei der Übergabe der Fracht an den Frachtführer.

CIP *(carriage and insurance paid to):* Wie CPT, allerdings trägt hier der Exporteur die Kosten der Transportversicherung.

D-Klauseln:

Im Gegensatz zu den C-Klauseln übernimmt bei den D-Klauseln der Exporteur so-wohl die Kosten als auch die Gefahren bis zum Bestimmungsort der Ware.

DAF *(delivered at frontier):* Diese Klausel gilt für alle Transportformen und besagt, dass der Exporteur die Transportkosten der Lieferung bis zu einem Bestimmungsort an der Grenze sowie die der Exportabwicklung trägt. Ab der Grenze geht die Gefahr auf den Importeur über, der dann auch bereits die Einfuhrzölle entrichten muss.

DES *(delivered ex ship):* Diese Klausel aus dem Bereich der See- und Binnenschiff-fahrt besagt, dass der Exporteur sämtliche Transportkosten bis zum Bestimmungsha-fen bezahlt. Die Kosten der Transportversicherung trägt ebenfalls der Exporteur. Die Gefahr geht auf den Importeur über, sobald das Schiff seinen Bestimmungshafen er-reicht hat. Er kommt auch für Einfuhrzölle sowie die Entladungs- und Weitertrans-portkosten auf.

DEQ *(delivered ex quay):* Wie DES, allerdings trägt der Exporteur hier auch die Kosten für das Löschen der Ladung und die Einfuhrabfertigung. Der Gefahrenüber-gang auf den Importeur erfolgt am Kai.

DDU *(delivered duty unpaid):* Die für alle Transportformen anwendbare Klausel be-sagt, dass der Exporteur die Transportkosten bis zum Bestimmungsort übernimmt, Einfuhrzölle jedoch vom Importeur entrichtet werden. Die Gefahr geht auf den Im-porteur über, sobald der Frachtführer die Ware übernommen hat.

DDP *(delivered duty paid):* Wie DDU, allerdings trägt der Exporteur hier auch die Kosten für Einfuhrzölle.

E-Klausel:

Bei der E-Klausel (auch Abholklausel) ist der Exporteur von jeglichen Kosten für Transport und Abfertigung der Ware befreit.

EXW *(ex works):* Der Gefahrenübergang auf den Importeur erfolgt direkt ab Werk des Exporteurs. Der Importeur transportiert die Waren komplett auf eigene Kosten.

F-Klauseln:

Mit den F-Klauseln entledigt sich der Exporteur seiner Verantwortung mit Übergabe der Ware an den Frachtführer. Die Kosten des Haupttransportes trägt der Importeur.

FCA *(free carrier):* Für alle Transportarten geltende Klausel die besagt, dass der Übergang von Kosten und Gefahren an einem vom Importeur festgelegten Verladeort der Ware stattfindet. Die Kosten für den Haupttransport trägt der Importeur.

FAS *(free alongside ship):* Bei dieser Klausel aus dem See- und Binnenschifftransport zahlt der Exporteur die Kosten bis zum Kai des Verladehafens und die Exportfreima-chung. Der Gefahrübergang auf den Importeur findet ab Verladung auf das Schiff statt. Die Kosten der Transportversicherung trägt der Importeur.

FOB *(free on board):* Diese Klausel aus der See- und Binnenschifffahrt geht einen Schritt weiter als die vorgenannte FAS: Der Exporteur trägt zusätzlich die Kosten des Verladens, entsprechend findet der Gefahrenübergang auf den Importeur erst mit Überschreiten der Schiffsreling statt.

4.3.7 Informationsinhalte und -verknüpfung in der Transportkette

4.3.7.1 Informationsinhalte in der Transportkette

Aus Sicht des Informationsinhaltes werden in der Transportkette Informationen über Art und Zustand materieller Güter verarbeitet. Hierbei handelt es sich zum einen um Daten, die ohne Veränderung weitergeleitet werden (Stammdaten), wie Sendungsdaten, Versender- und Empfängerdaten, und zum anderen um Daten, die in den einzelnen Stufen in der Kette verändert werden (Bewegungsdaten), wie Stati (Schiff bereits gelöscht, Sendung verzollt etc.) oder Termine. Einen Überblick über wesentliche Informationsinhalte, die zwischen Versender, Versandspediteur, Frachtführer, Empfangsspediteur und Empfänger ausgetauscht werden gibt Abb. 4-37.

4.3.7.2 Entkopplung von Informations- und Güterfluss

Informations- und Güterfluss können gemeinsam oder losgelöst voneinander erfolgen. Die drei prinzipiellen Optionen sind (vgl. *Städtler* 1984, S. 23):

– Dem Güterfluss **vorauseilende** Informationen: Dieser Fall weist das größte Nutzenpotential auf, da mit Hilfe der Informationen bereits vor Eintreffen der Güter entsprechend disponiert werden kann. So kann der Spediteur die vorauseilend übertragenen Auftragsdaten als Steuerungs- und Planungsdaten für Personal, Laderaum etc. nutzen. Der Empfänger kann bei rechtzeitiger Information über den bevorstehenden Wareneingang diesen vorbereiten. Die güter- und informationsflussbezogene Darstellung des LOG-Ablaufs verdeutlicht, wie durch Entkopplung von Informations- und Materialfluss sowie den zeitlichen Informationsvorlauf, zeitliche Handlungsspielräume zur Effizienzsteigerung von Prozessen in der Transportkette aufgebaut werden können (vgl. Abb. 4-38). Im Rahmen des BMFT-Forschungsprojektes „Logistische Optimierung von Gütertransportketten" werden Referenzmodelle für die Datenkommunikation in der Transportkette entwickelt (vgl. *Wolf* 1997, S. 1092).

– Den Güterfluss **begleitende** Informationen: Auch die Informationen, die traditionell das physische Gut begleiten (z. B. Ladeliste, Frachtbrief), können mit Informations- und Kommunikationssystemen so gesteuert werden, dass sie zum Zeitpunkt des Eintreffens des Gutes direkt im Informationssystem verfügbar sind.

– Dem Güterfluss **folgende** Informationen: Zu den nachfolgenden Informationen zählen beispielsweise Rechnungen. Mit DFÜ lässt sich der Informationsfluss auch hier beschleunigen.

In den letzten Jahren haben Systeme zur **Sendungsverfolgung** (Tracking & Tracing) zunehmend Verbreitung gefunden. Hierunter versteht man die DV-technische Abbildung des gesamten Transportprozesses von der Bereitstellung an der Quelle bis zum

von \ an	Versender	VS	FF	ES	Empfänger
Versender		– Daten für Versender, Empfänger, Sendung und Stati – Termine – Nachnahme – Gutschrift			– Angebot – Rechnung – Mahnung
Versandspediteur (VS)	– Termine – Statusdaten – Frachtrechnungen		– Daten für Versender, Empfänger, ES, Sendung und Stati – Termine – Nachnahmen – Gutschrift	– Daten für Versender, Empfänger, FF, Sendung und Stati – Termine – Nachnahmen – Gutschrift	– Termine
Frachtführer (FF)		– Statusdaten – Frachtrechnung		– Termine – Nachnahmen – Statusdaten – Frachtrechnung	– Nachnahmen
Empfangsspediteur (ES)		– Statusdaten – Frachtrechnung	– Statusdaten		– Daten für Versender, Sendung und Stati – Termine – Frachtrechnung
Empfänger	– Anfrage – Lieferabruf – Empfangsbestätigung – Reklamationen – Gutschrift				

Abb. 4-37: Informationsinhalte in der Transportkette (Städtler 1984, S. 27)

Eintreffen am Bedarfspunkt und permanente Meldung des Transportfortschritts durch moderne Kommunikationstechniken.

Wie ein Logistikdienstleister den Austausch und die Bereitstellung stets aktueller Statusinformationen zu jeder einzelnen Sendung gewährleistet, skizziert Abb. 4-39. Wesentliche Systemelemente dieses vernetzten, Barcode-gestützten Sendungs-Auskunfts-Systems sind ein Pen-Computer (ein tragbarer 386er PC mit integriertem Barcode-Scanner, Touch Screen und 10-Megabyte-Datenspeicher), Docking-Stationen für diese Computer und Mobiltelefone in allen Nahverkehrsfahrzeugen.

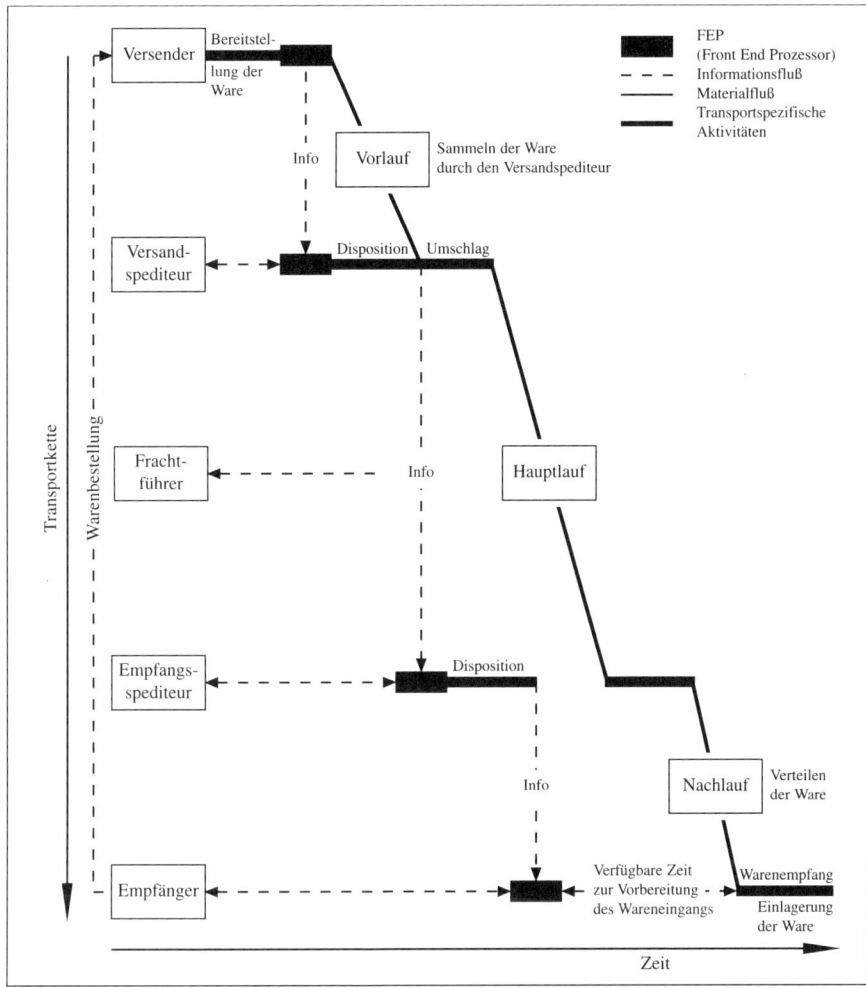

Abb. 4-38: Entkopplung von Informations- und Güterfluss in Transportketten
(Wolf 1997, S. 1093)

Der Ablauf stellt sich im Einzelnen wie folgt dar:

- Bei der Abholung der Sendungen vom Versender werden die Barcode-Etiketten mit den Sendungsinformationen mit dem Pen-Computer gescannt. Statusinformationen werden vom LKW direkt zum DV-System des Spediteurs übertragen und können von dort jederzeit abgerufen werden.
- Sowohl im Abgangs-Umschlaglager als auch im Eingangs-Umschlaglager werden die Sendungsdaten jeweils zweimal erfasst und zwar beim Warenein- und -ausgang.
- Vor der Auslieferung im Nahverkehr werden sämtliche sendungsrelevanten Daten auf den Pen-Key geladen. Bei jedem Zustellstopp ruft der Fahrer die entsprechenden Sendungen mittels Touch-Screen-Technologie über den Pen-Key auf. In Anwesenheit des Warenempfängers scannt der Fahrer anschließend die Packstücklabel und vergibt pro Packstück einen Status. Der Ablieferprozess schließt mit Erfassung

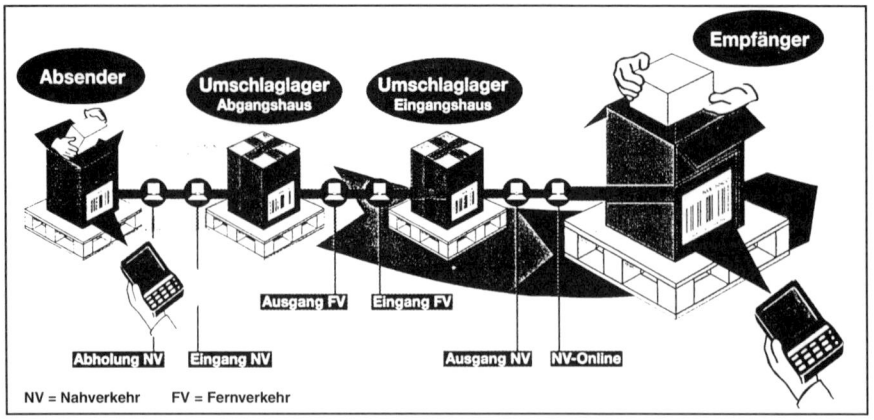

Abb. 4-39: Vernetztes, Barcode-gestütztes Sendungsauskunftssystem (Dachser 1998)

des Empfängers in Klarschrift. Dieser quittiert auf dem Display, das eine komplette Sendungsübersicht gibt, mit seiner elektronischen Unterschrift.

Der Kundennutzen des vernetzten, Barcode-gestützten Sendungsauskunftssystems liegt darin, dass

– der aktuelle Status der Sendung jederzeit abgefragt werden kann,
– der elektronisch lesbare Barcode die Abläufe an der Wareneingangsrampe vereinfacht und beschleunigt und
– bei der Abrechnung Rückfragen und Missverständnisse auf ein Minimum reduziert werden.

Generell lassen sich Tracking & Tracing-Systeme nach den in Abb. 4-40 enthaltenen Kriterien unterscheiden.

4.3.7.3 Kooperationserfordernisse

Um Stillstands- und Wartezeiten der Güter zu vermeiden, sollte der Informationsfluss zwischen Verlader und Abnehmer dem Warenstrom vorauseilen. Zu diesem Zweck ist auch eine genaue Abstimmung von Fahrplänen und -zeiten erforderlich. Dies setzt die Bereitschaft zu einer engen Kooperation zwischen den beteiligten Parteien voraus. Erfahrungen aus der Praxis belegen die stärker gewordene Zusammenarbeit. Das Gleiche gilt für die Zusammenarbeit verschiedener Speditionsunternehmen, die durch die Aufspaltung des Verkehrsmarktes in immer mehr spezialisierte Teilmärkte (vgl. *Stabenau* 1987, S. 123) und den zunehmenden Wettbewerbsdruck des Transportgewerbes besonders für kleine und mittlere Spediteure unerlässlich geworden ist.

Als Beispiel dafür kann die Einführung eines **Luftfrachtsammelverkehrs** innerhalb Europas gelten, bei dem durch Zubringerdienste Waren über Nacht bei den Flughäfen angeliefert und am darauf folgenden Vormittag bereits von den Empfangsspediteuren vom jeweiligen Flugziel bis zu ihren Bestimmungsorten transportiert werden. Die Transportabwicklung zeichnet sich dabei durch eine straffe Organisation und eine computerisierte Überwachung der Sendungen aus; darüber hinaus besteht zwischen

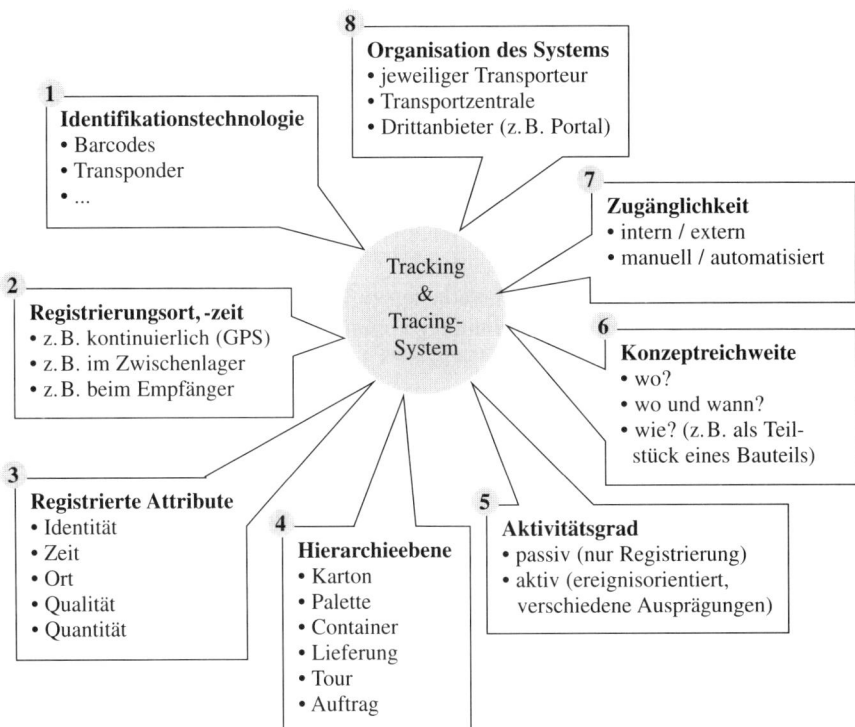

Abb. 4-40: Merkmale von Tracking- & Tracing-Systemen (vgl. Stefannson/Tilanus 2000, S. 252)

den beteiligten Spediteuren eine enge Kooperation durch ihre Zugehörigkeit zur World Air Cargo Organisation, wodurch ein einheitlicher Leistungsstandard und ein umfassendes Verbundsystem der Datenübertragung gegeben sind (vgl. *Wecker* 1982, S. 3).

Das Just-In-Time Konzept beruht auf einer bedarfsorientierten, zeitpunktgenauen Fertigung bzw. Bereitstellung von Waren. Dies gestattet es den Abnehmern, auf eine eigene Bestandshaltung zu verzichten und eine direkte Anlieferung in Produktion oder Verkaufsfilialen einzurichten. Unter derartigen Voraussetzungen ist der Warentransport durch Regelmäßigkeit, hohe Lieferfrequenzen und kleine Gütermengen gekennzeichnet, deren konkretes Ausmaß in den jeweiligen Liefervereinbarungen zwischen Verlader und Kunde spezifiziert wird.

Zwingend erforderlich für eine JIT-Lieferung ist der störungsfreie Ablauf sämtlicher Distributionsvorgänge, da Abweichungen durch Verzögerungen nicht mehr kompensiert werden können (vgl. *Bretzke* 1987, S. 59). Dabei gilt es, potentielle **Schnittstellenprobleme,** die bei Abholung der Waren und ihrer Anlieferung beim Abnehmer auftreten können, auszuschalten und eine Harmonisierung von Auslieferrhythmus und Kommissionierung (vgl. *Stabenau* 1981, S. 10) auf der einen und dem Wareneingang beim Kunden auf der anderen Seite herzustellen. Daneben ist durch Bereitstellung zusätzlicher Transportkapazitäten bei Ausfall eines Fahrzeuges sofortige

Einsatzbereitschaft zu gewährleisten. Auch technische Hilfsmittel leisten wichtige Unterstützung beim Warentransport: So werden bei **Fuhrpark-Management-Systemen** den Kraftwagenfahrern Handterminals mitgegeben, welche auf Knopfdruck Auskunft über die Adressen der Kunden, Fahrtwege und Kundenreihenfolge sowie den zeitlichen Ablaufplan der Tour geben. Darüber hinaus können Reklamationen oder Neubestellungen vor Ort eingegeben und an den Großrechner weitergeleitet werden (vgl. *o. V.* 1988 a, S. 28). Das System bietet somit neben Arbeitserleichterungen für den Fahrer eine Beschleunigung des Informationsflusses und eine höhere Transparenz der Transportabläufe durch den ständigen Kontakt zwischen Kraftwagen und Großrechner.

Um eine hohe Lieferfrequenz aufrechterhalten zu können, müssen sämtliche **Abläufe** möglichst **standardisiert und aufeinander abgestimmt** sein, da fallweise Einzelentscheidungen Verzögerungen und eine stärkere Überwachung bedingen. Eine derartige Systemintegration ist auch für Speditionen von Wichtigkeit: Je stärker sie sowohl die internen Abläufe als auch das Angebotsprofil zum Kunden hin vereinheitlichen, desto höher wird die Zuverlässigkeit ihrer Leistungen. Zeit- und Handlingseinsparungspotenziale lassen sich durch die **Standardisierung** von **Containern und Paletten** der einzelnen Kunden, **einheitliche Formulare** oder auch durch die Beschränkung auf Produkte mit relativ homogenen Transportanforderungen erschließen (vgl. *Bretzke* 1987, S. 62 ff.). Eine solche Verstetigung ist für Speditionen insbesondere deshalb unerlässlich, da sie oft Sammelgutverkehre unterhalten, bei denen kleinere Transportmengen mehrerer Kunden zusammengefasst werden. Die Auslieferung der Waren kann nur dann in kurzen Zeitabständen erfolgen, wenn die oben angeführten Bedingungen erfüllt sind. Dazu gehört auch, dass die Produkte in der Reihenfolge aufgeladen werden, wie es der Belieferung der einzelnen Abnehmer bzw. der Bedarfsdringlichkeit der Waren entspricht. Durch eine solche Vereinheitlichung der Abläufe und der nachgefragten Transportkapazitäten – in Verbindung mit dem Trend zur Beschränkung auf wenige Läger – werden den verladenden Unternehmen meist günstigere Transportkonditionen gewährt (vgl. *Hartwig* 1982, S. 14) und die Abrechnung der erbrachten Leistungen kann vereinfacht werden.

Um die Aufrechterhaltung einer hohen Transportleistung sicherzustellen, ist eine **zentrale Transportsteuerung** sinnvoll. Diese ermöglicht eine bessere Koordination sämtlicher Beförderungsvorgänge im Ein- und Ausgangsverkehr der Verlader und bietet verstärkte Zugriffsmöglichkeiten auf die zentrale Datenbank mit umfassenden Fracht-, Kunden- und Distributionsdaten (vgl. *Schroers* 1987, S. 375 ff.).

4.3.7.4 Fallbeispiel: Unternehmensübergreifende Transportkette

Zwar war die **Seehafenverkehrswirtschaft** auf Grund ihres Know-hows schon immer mit der Abwicklung von Import- und Exportvorgängen betraut, doch hat sich das Anforderungsprofil auf Grund des Trends zu ganzheitlichen Logistiklösungen verändert. Hierbei verfolgt die **Bremer Lagerhaus-Gesellschaft AG** zwei Ansatzpunkte: Zum einen die Integration ihres Dienstleistungsangebotes in die Struktur- und Ablauforganisation der Kunden, zum anderen die Vermarktung eines Logistikeigenprofils (vgl. hierzu und zum folgenden *Pöhl* 1987, S. 243 ff.; *o. V.* 1987, S. 28 ff.; *Schulte* 1989 b).

Wesentliche selbst entwickelte **Logistiksysteme der bremischen Häfen** sind:

- LOTSE (Logistik-Tele-Service)
- DAVIS-System (Datenfernverarbeitungsorientierte Abwicklung von Industrieanlagengeschäften im Seetransport)
- STORE (Stock report)
- CAR (Controlled automobile reporting).

LOTSE verschafft jedem in- und ausländischen Unternehmen die Möglichkeit, mit jedem beliebigen Logistiksystem der bremischen Häfen zu kommunizieren und Daten auszutauschen. LOTSE überwindet Schnittstellenprobleme sowohl zwischen Rechnern verschiedener Hersteller als auch ihren unterschiedlichen Anwendungsprogrammen. Es ist sowohl „Adapter" für die unterschiedliche Hardware der Beteiligten als auch „Dolmetscher" für deren unterschiedliche Software. LOTSE ist ferner in der Lage, die für Datenaustausch und Telekommunikation benötigten Leitungsverbindungen (Standleitungen, Wählleitungen, DATEX-P, etc.) herzustellen. Der Benutzer von LOTSE benötigt deshalb lediglich ein Datenendgerät (Terminal), um Zugriff auf mehrere Systeme und unterschiedliche Rechner zu haben. Durch die Bündelung der Datenströme zwischen der bremischen Seehafenverkehrswirtschaft und deren Kunden werden aufwändige bilaterale Einzelverbindungen überflüssig.

DAVIS wurde insbesondere zur Steuerung der gesamten Transportkette im Rahmen der Abwicklung von Anlagenexporten entwickelt. Letztere stellen durch die Vielzahl beteiligter Unternehmen und die Überschreitung üblicher Größenordnungen besonders hohe Anforderungen an die Koordination. Ziel hierbei ist, eine funktionsfähige Anlage zum vereinbarten Termin und möglichst kostengünstig einem Kunden im Ausland übergeben zu können.

Im Rahmen des DAVIS-Systems werden die Abwicklungsbeteiligten (das federführende, koordinierende Unternehmen, mögliche Konsortialpartner, Unterlieferanten, Speditionsunternehmen, Verpackungsbetriebe, Hafenumschlagsbetriebe) über verschiedenste Kommunikationsmedien mit den Rechnern der Bremer Lagerhaus-Gesellschaft AG verbunden. Inwieweit der Empfangshafen und die Baustelle miteinbezogen werden können, hängt von der dort vorhandenen technischen Infrastruktur ab. DAVIS wird seit Anfang 1979 erfolgreich eingesetzt.

Die einzelnen Aufträge werden spätestens zum Bestellzeitpunkt erfasst, um so eine lückenlose Auftragsverfolgung sicherstellen zu können. Dialogprogramme bieten die Möglichkeit, die Auftragsdaten permanent zu aktualisieren und den aktuellen Fertigungsstand zu überwachen. Mit dieser Datenbank verfügt der Projektkoordinator über ein Dispositionsinstrument, das ihn frühzeitig über Planungsabweichungen informiert und sofortige Reaktionen ermöglicht. Darüber hinaus stellt der umfassende Datenbestand die Grundlage für eine vorausschauende Transportplanung dar. Nach Abschluss der Güterverladung auf dem Seeschiff kann die gesamte Schiffsdokumentation überall dort ausgedruckt werden, wo diese benötigt wird.

STORE wurde konzipiert, um die individuelle EDV-gestützte Lager- und Distributionsabwicklung von Import- und Exportgütern zu unterstützen. Im Fall des Imports melden die ausländischen Lieferanten über Datenfernverarbeitungsverbindungen die zu verschiffenden Güter an das STORE-System in Bremen. Trifft die Ware in Bremen ein, wird der Empfänger hierüber per Datenfernübertragung informiert. Daneben werden Serviceleistungen, wie Qualitätskontrollen und Kommissionierungen, EDV-mäßig abgedeckt. Beispielsweise werden für einen deutschen Automobilhersteller die in Mexiko und Brasilien produzierten Teile, die in Deutschland montiert werden, in Bremen zwischengelagert. STORE deckt die gesamte Kommunikation zwischen dem Ausland und den abnehmenden Werken ab.

Als **Vorteile** im Rahmen der Distributionsabwicklung ergeben sich für die Nutzer des STORE-Systems

- zeitverzugslose Information für alle Distributionspartner und damit Transparenz über die jeweilige Bestandssituation,
- Übertragung komplexer Distributionsaufgaben auf einen erfahrenen Spezialisten im Seehafen,
- umfassende Steuerungs- und Kontrollmöglichkeiten durch die vollständige Integration aller Projektbeteiligten sowie
- Kostenreduzierungen durch den Abbau von Fixkosten für den Aufbau und Betrieb eigener Läger auf Grund der bedarfsorientierten Inanspruchnahme der Handlingskapazitäten im Seehafen.

Seit 1983 befindet sich ein spezielles Logistikpaket für die Durchführung und Unterstützung von PKW-Verschiffungen im Einsatz. **CAR** ermöglicht die Verfolgung folgender Phasen der Transportabwicklung:

- Abgang ab Werk,
- Wareneingang Bremerhaven,
- Verschiffungsdisposition,
- endgültige Verschiffungsmeldung.

Es liegt eine direkte Kopplung der Rechner der Bremer Lagerhaus-Gesellschaft AG mit den Rechnern des beteiligten PKW-Herstellers vor. Sobald Fahrzeuge, die für die Verschiffung vorgesehen sind, das Werk des PKW-Herstellers verlassen, wird dies per Datenfernübertragung dem Rechner der Bremer Lagerhaus-Gesellschaft AG mitgeteilt. Auch alle weiteren Status- und Bestandsveränderungen werden dem Rechner unmittelbar eingegeben und stehen damit allen an der Transportabwicklung Beteiligten zur Verfügung. In der Transportabwicklung des Seehafens führte der Einsatz dieses Systems zu einer erheblichen Verbesserung der gesamten Disposition und Dokumentation. Durch den Einsatz modernster Telekommunikationsmedien werden die Auslandstöchter der PKW-Hersteller zum frühestmöglichen Zeitpunkt über den Status ihrer Aufträge informiert. CAR schließt damit eine in der Vergangenheit bestehende Informationslücke, die bei den PKW-Herstellern vom Ausgang ab Werk bis zur Verschiffungsmeldung bestand. Die **Vorteile** lassen sich wie folgt zusammenfassen:

- Das Herstellerwerk erhält lückenlose Informationen über die gesamte Transportkette.
- Die Informationsversorgung der am Transport der Fahrzeuge beteiligten Unternehmen außerhalb des Herstellerwerkes verbessert sich wesentlich.
- Die ausländischen Verkaufsgesellschaften werden unmittelbar darüber informiert, welche Fahrzeuge in welcher Ausstattung sich an welcher Stelle der Transportkette befinden.
- Papierlose Transport-, Versicherungs- und Zollabwicklung.

Der mit den beschriebenen Logistiksystemen verfolgte gezielte **strategische Einsatz moderner Informationstechnik** hat die Wettbewerbsposition der Bremer Lagerhaus-Gesellschaft AG gegenüber den übrigen großen Hafenumschlagsplätzen Europas erheblich verbessert. So gelang es ihr sogar, mit ihrem einzigartigen Kommunikationskonzept Kunden aus Österreich und der Schweiz zu gewinnen, obwohl für diese der italienische Hafen Genua erheblich näher ist. Auch von dem weltgrößten Warenumschlagsplatz Rotterdam konnten auf Grund eines besseren Services und höherer Zuverlässigkeit neue Kunden gewonnen werden.

4.3.8 Disposition des Güterverkehrs

Die **generelle Zielsetzung der Disposition des Güterverkehrs** ist die „Koordination der einkommenden und ausgehenden Gütermengen zur Ablaufsteuerung und zur Senkung der gesamten werksinternen und werksexternen Verkehrskosten bei Aufrechterhaltung eines hohen Servicegrades sowie kürzestmöglicher Versandtermine und Transportzeiten unter konsequenter Nutzung aller Rationalisierungsmöglichkeiten der gesamten Abwicklungskette" (*Schulten/Blümel* 1984, S. 14).

Als **Dispositionsparameter** sind insbesondere heranzuziehen

- die Wahl des Versandweges,
- die Wahl des Verkehrsträgers,
- die Wahl des spezifischen Verkehrsmittels und
- die Bildung verkehrsmittelgerechter Ladungen.

Hierbei ist eine Vielzahl von **Restriktionen** zu berücksichtigen:

- Gewicht, Volumen, Waren- und Verpackungsart,
- Kundenvorschriften,
- Ländervorschriften,
- Transportsicherheitsaspekte,
- Gefahrgutvorschriften,
- Produkteigenschaften sowie
- Termine (vgl. *Schulten/Blümel* 1984, S. 14).

Für die Einsatzdisposition eigener Lastkraftwagen hat das Entscheidungskriterium Transportkosten durch das Angebot moderner Erfassungssysteme eine neue Dimension erlangt. Waren bisher bestimmte Kostenfaktoren nur näherungsweise zu ermitteln, so bieten beispielsweise **Fuhrpark-Management-Systeme,** die bei Einsatz eines Lastkraftwagens über Sensoren sämtliche Fahrzeug- und Einsatzdaten erfassen und auswerten, ohne dass der Fahrer zusätzliche Arbeiten verrichten muss, neue Möglichkeiten einer exakten Kostenbestimmung. Dies ermöglicht eine wesentliche Verbesserung und Vereinfachung der Kosten- und Leistungsrechnung. Planungs- und Dispositionsmodule nehmen eine Bewertung der einzelnen Transportaufgaben sowie eine optimale Tourenplanung unter Berücksichtigung der jeweiligen Verfügbarkeit der einzelnen Fahrzeuge und sämtlicher Restriktionen vor. Durch ein derartiges System wird eine umfassende und aktuelle Festlegung der Transportabwicklung ohne großen Zeit- und Kostenaufwand möglich.

Planungsfunktionen	• Sammeltouren • Verteiltouren • Eindepot-Tourenplanung (Touren beginnen und enden in einem Depot) • Mehrdepot-Tourenplanung (Start- und Zielort nach Bedarf in unterschiedlichen Depots) • Planung der Besuchsfrequenzen (Zuordnung von Liefertag zu Kunde) • Zuordnung der Kunden zu Depots • Planung von mehrstufigen Sammel- und Verteiltouren (Abwicklung über Zwischenlager) • Wiedereinsatzplanung (Planung mehrerer Touren für einen LKW pro Tag oder pro Woche) • Entscheidung über Eigen- oder Fremdtransport einzelner Touren • Fahrer- bzw. Subunternehmereinsatzplanung • Fahrzeugeinsatzplanung • Wechselbrückeneinsatzplanung • Manuelle Tourenplanung (Vorgabe von Kundenanfahrreihenfolgen)
Planungsverfahren	• Einzeltourenoptimierung (Reihenfolgeplanung in einer Tour) • Gesamtoptimierung (Gleichzeitige Verteilung aller Aufträge auf Touren)
Kunden- bzw. Auftragsrestriktionen	• Berücksichtigung Kundenzeitfenster • Berücksichtigung unterschiedlicher Kundenzeitfenster je Wochentag • Berücksichtigung Auftragszeitfenster • Abbildung von Kundenanfahrrestriktionen (z. B. Rampe) • Abbildung fixer Kundenstandzeiten • Anzahl Depots • Anzahl Kunden • Anzahl Aufträge
Fuhrpark-, Fahrer- und Kapazitäts-restriktionen	• Anzahl Fahrzeuge • Fahrzeuggewicht/Fahrzeugvolumen • Anzahl Paletten pro Fahrzeug • Berücksichtigung von Aufträgen mit unterschiedlichen Kapazitätsrestriktionen • Zuordnung Fahrer/Fahrzeug zu Kunde • Zuordnung Fahrer/Fahrzeug zu Güter- und Auftragsklassen • Zeitrestriktionen (Schicht-, Pausen- und Ruhezeiten)
Oberfläche und Ausgabe	• Softwareoberfläche • Grafische Ausgabe der Touren • Grafische Ausgabe des Straßennetzes • Funktionen auf grafischer Oberfläche
Methode	• Koordinatenmethode • Netzwerkmethode • Kombination Koordinaten-/Netzwerkmethode
Schnittstellen zu	• Auftragsabwicklung (Datenübernahme) • Kostenrechnung/Controlling • Bordcomputer • Mobilkommunikation
Raumbezugssysteme	• Entfernungswerke (z. B. digitale Straßennetze) • Ortsdateien

Abb. 4-41: Funktionen rechnergestützter Tourenplanungssyteme (vgl. o. V. 1994, S. 26 f.)

Für die computergestützte Tourenplanung sind einige Softwarepakete am Markt verfügbar. Der Einsatz der Software zur Tourenplanung weist eine Reihe von positiven Nutzeffekten auf:

– Erhöhung der Wirtschaftlichkeit (Minimierung der Transportkosten bei gegebenen Restriktionen)
– Steigerung der Termintreue gegenüber den Kunden
– Senkung der Fehlerquote
– Reduzierung des Verwaltungsaufwandes
– Entlastung der Mitarbeiter von Routinetätigkeiten
– Hohe Flexibilität bei Änderungen in Kundentouren etc.

Einen Überblick über die Funktionen computergestützter Tourenplanungssysteme gibt Abb. 4-41.

4.4 Umschlagsysteme

4.4.1 Aufgaben der Umschlagsysteme

Der Material- und Warenfluss vom Abbau eines Rohstoffes bis zum Endverbraucher ist durch eine Transportkette gekennzeichnet, die als Glieder außerbetriebliche Verkehrssysteme, innerbetriebliche Transportsysteme, Handhabungssysteme und Lagersysteme umfasst. Zwischen diesen Gliedern sind Umschlagvorgänge erforderlich, die den Übergang des Transportguts von einem Arbeitsmittel auf das nachfolgende bewerkstelligen.

Die DIN 30781 definiert Umschlagen als „Gesamtheit der Förder- und Lagervorgänge beim Übergang der Güter auf ein Transportmittel, beim Abgang der Güter von einem Transportmittel und wenn Güter das Transportmittel wechseln". Die Beschränkung auf Transportmittel erscheint im Rahmen der Logistikprozesse nicht sinnvoll, weshalb folgende Begriffsbestimmung zugrundegelegt werden soll: „Umschlagen ist das Überwechseln von Gütern von einem Arbeitsmittel auf ein anderes Arbeitsmittel, wobei entweder ein Arbeitsmittel aktiv sein muss oder, wenn beide passiv sind, ein drittes aktives Arbeitsmittel eingesetzt werden muss" (*Jünemann* 1989, S. 419). Als Arbeitsmittel werden in diesem Zusammenhang ein Automat, ein Arbeitsmittel und eine Person, oder nur eine Person verstanden.

Der Umschlagvorgang setzt sich zusammen aus der Aufnahme, der örtlichen und zeitlichen Veränderung und der Abgabe der Güter (vgl. *Ziems* 1973). Im Zusammenhang mit dem Begriff Umschlagen werden in der Literatur auch häufig die Begriffe Beladen, Entladen, Umladen und Umlagern verwendet (vgl. *Bahke* 1988, *Teller* 1988).

Zentrales Systemmerkmal von Umschlaganlagen ist das Angrenzen verschiedener Transporttechniken, deren Schnittstellen durch das Umschlaggerät verknüpft werden. Bei Umschlagvorgängen handelt es sich prinzipiell um Sonderformen des Transportierens, Lagerns und Handhabens. Es werden die bei diesen Funktionen bekannten Techniken eingesetzt. Beim Umschlag kommt es in hohem Maße darauf an, dass die dort zusammenlaufenden Materialströme örtlich und zeitlich reibungslos ineinandergreifen (vgl. *Jünemann/Kleinschnittger* 1996, S. 16–84).

4.4.2 Systematik der Umschlagprinzipien

Entsprechend dem Entstehungsort des Umschlags lassen sich Umschlagoperationen
- im innerbetrieblichen Materialfluss,
- an der Schnittstelle zwischen inner- und außerbetrieblichem Materialfluss sowie
- im außerbetrieblichen Materialfluss

unterscheiden.

4.4.2.1 Umschlag im innerbetrieblichen Materialfluss

Der Umschlag im innerbetrieblichen Bereich ist gekennzeichnet durch eine große Anzahl unterschiedlicher Umschlagoperationen und ein sehr vielfältiges Spektrum umzuschlagender Güter. Als Arbeitsmittel für die Umschlagoperationen werden häufig Mitarbeiter, Stapler und Roboter eingesetzt (vgl. *Heinz/Harsch* 1986).

Umschlagoperationen finden beispielsweise statt, wenn Güter durch Roboter auf eine Palette gelegt werden (sog. Palettieren) beziehungsweise von der Palette heruntergenommen (sog. Depalettieren) und auf ein Transportmittel (z.B. Rollenbahn) gelegt werden. Im Bereich der Entsorgung von Maschinen werden beispielsweise Roh- und Fertigteile vom Bereitstellplatz an der Maschine nach zahlreichen Umschlagvorgängen im Hochregallager untergebracht. Im Einzelnen werden folgende Schritte durchlaufen (vgl. *Jünemann* 1989, S. 423):

- Bereitstellplatz (passiv)
- Umschlag
- Innerbetriebliches Transportsystem (aktiv)
- Umschlag
- Abgabeplatz (passiv)
- Umschlag
- Regalbediengerät (aktiv)
- Umschlag
- Hochregallager (passiv).

Der Stapler als aktives Arbeitsmittel kann sehr flexibel eingesetzt werden, um passive Arbeitsmittel (wie z.B. Lager- und Produktionsmittel oder zwei Lagermittel) zu verknüpfen. Jede Lastaufnahme bzw. -abgabe stellt eine Umschlagoperation dar.

4.4.2.2 Umschlag an der Schnittstelle zwischen inner- und außerbetrieblichem *Materialfluss*

Beim Wechsel vom innerbetrieblichen zum außerbetrieblichen Transport werden die Güter in der Regel von Förder- und Lagermitteln auf Straßen- oder Schienenverkehrsmittel umgeschlagen, wobei die Ladezone die Schnittstelle bildet. Der Güterfluss kann in das Unternehmen hinein (Wareneingang) oder aus dem Unternehmen heraus(Warenausgang) erfolgen. Die jeweils anfallenden Aufgaben sind in Abb. 4-42 dargestellt.

Bezüglich der in der Ladezone vorhandenen baulichen Infrastruktur wird unterschieden zwischen

– Be- und Entladen ohne Rampe und
– Be- und Entladen mit Rampe.

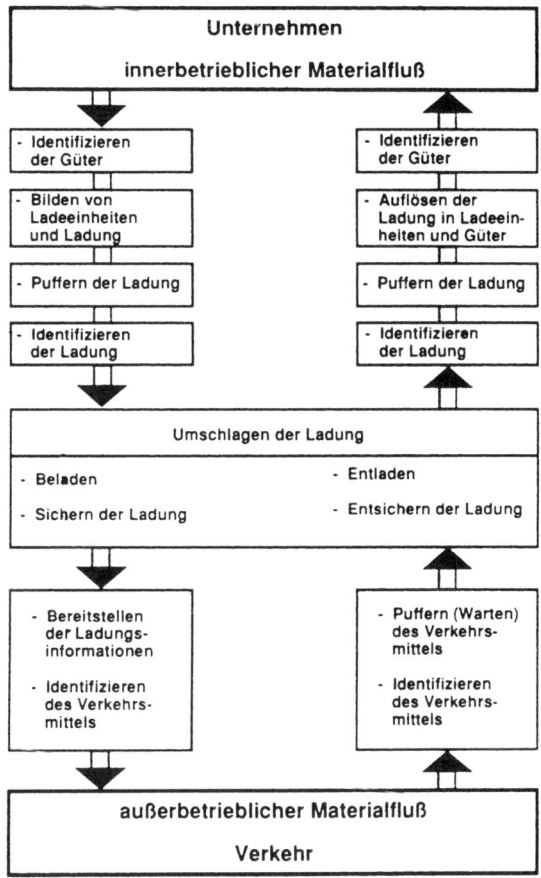

Abb. 4-42: Aufgaben der Ladezone als Schnittstelle zwischen dem inner- und außerbetrieblichen Materialfluss (Jünemann 1989, S. 424)

Ist **keine Rampe** vorhanden, kann die Be- und Entladung der Verkehrsmittel manuell, mit Hilfe einer Hebebühne, mit Kranen, mit Stetigförderern und Staplern erfolgen. Manuelles Be- und Entladen geht durch das erforderliche Heben der Güter mit schwerer körperlicher Arbeit einher. Hebebühnen werden eingesetzt, um Ladeflächen und Gutniveau abzugleichen. Entweder werden die Güter zum Verkehrsmittel angehoben oder der LKW wird auf das Niveau des Gutes abgesenkt. Krane werden insbesondere für die Be- und Entladung sperriger und schwerer Güter (z. B. Langgut, Container) herangezogen. Voraussetzung hierfür ist, dass das Verkehrsmittel oben offen ist. Mit Stetigförderern ist beispielsweise das Beladen vom Boden bis auf die Ladefläche möglich. Das Stauen der Güter erfolgt dann manuell auf der Ladefläche (vgl. *Jünemann* 1989, S. 425).

Rampen erleichtern das Be- und Entladen wesentlich, da sie eine niveaugleiche Übergabe ermöglichen. Darüber hinaus kann die Ladefläche mit den am Umschlag beteiligten Arbeitsmitteln befahren werden.

Als **Rampenformen** werden vor allem die Seitenrampe, die Kopframpe, die Laderampe in Sägezahnform und die Dockrampe eingesetzt (vgl. Abb. 4-43). Bei der Seitenrampe werden die Verkehrsmittel von einer Seite be- und entladen. Bei der Kopframpe ist eine Zugänglichkeit des Verkehrsmittels nur vom Heck möglich. Die Laderampe in Sägezahnform und die Dockrampe erlauben eine Be- und Entladung an einer Seite (bei der Dockrampe sogar an beiden Seiten) und vom Heck, benötigen aber im Vergleich zu den anderen beiden Rampenformen gebäudeseitig mehr Anstellfläche. Die Festlegung der optimalen Rampenform hängt von den Platzverhältnissen, den zeitlichen Randbedingungen für die Be- und Entladung sowie der Nutzbarkeit von Wechselaufbauten, Containern etc. ab.

Zum Schutz der Ladezone vor Witterungseinflüssen werden Tore eingesetzt, deren Gummidichtlippen den Spalt zwischen Gebäude und Verkehrsmittel abdichten. Für hohe Umschlagleistungen im Bereich der LKW-Be- und Entladung stehen mechanisierte und automatisierte Umschlagsysteme zur Verfügung, die mit wenig oder sogar ohne Personal betrieben werden können (vgl. *Wetzel* 1982).

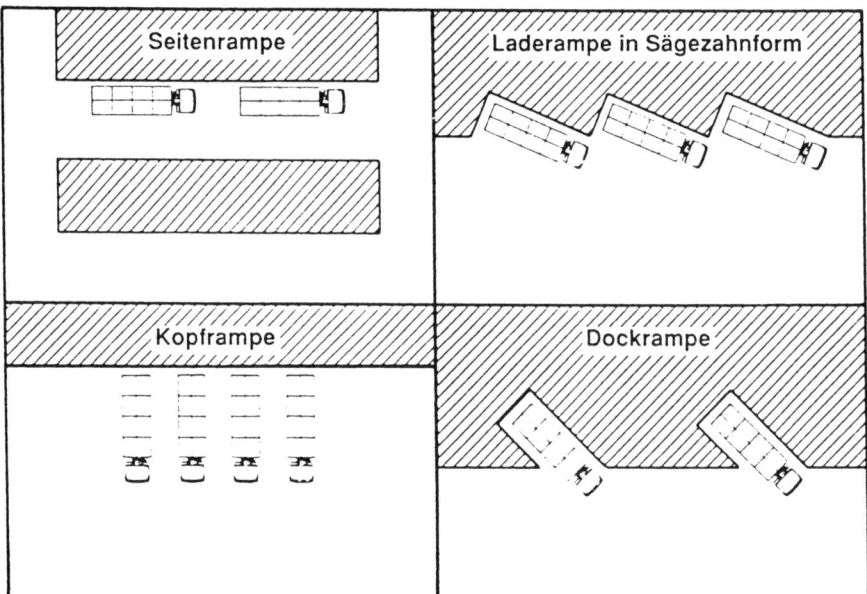

Abb. 4-43: Rampenformen für die LKW-Be- und Entladung (VDI 1974)

4.4.2.3 Umschlag im außerbetrieblichen Materialfluss

Im außerbetrieblichen Materialfluss findet der Umschlag zwischen zwei verschiedenen oder zwei gleichen der folgenden vier Verkehrsmittel statt: Straßen-, Schienen-,

Luft- und Wasserverkehrsmittel. Zur Sicherstellung eines schnellen Umschlags und sicheren Transports werden in zunehmendem Maße **genormte Container und Wechselaufbauten** eingesetzt.

Der Umschlag kann zum einen **direkt** erfolgen, wie beispielsweise bei der Übernahme eines Wechselbehälters mit Stützfüßen auf einen LKW oder dem Umschlag von Packstücken aus einem Eisenbahnwagen heraus auf einen LKW. Zum anderen kann der Umschlag aber auch über ein sog. **Umschlagterminal** erfolgen, wie dies bei der Beteiligung von Wasser- und Luftverkehrsmitteln regelmäßig der Fall ist. Bei Umschlagterminals handelt es sich um räumlich begrenzte Anlagen, die sowohl die Umschlagtechnik als auch ein ergänzendes Dienstleitungsangebot umfassen (vgl. *Jünemann* 1989, S. 433). An den Beispielen eines Flughafen- und Seehafenterminals werden nachfolgend die verschiedenen Umschlagmöglichkeiten beschrieben.

Abb. 4-44 zeigt ein **Lufttransportumschlagterminal.** Die wesentlichen Merkmale der Umschlagaufgabe sind die geforderte Schnelligkeit sowie die verschiedenen Höhenniveaus und verteilten Ladeorte, auf Grund derer ein durchgängiges System mit fest installierten Förder- und Übergabetechniken nicht möglich ist. Bei der Beladung fallen beispielsweise folgende Aktivitäten an (vgl. *Jünemann* 1989, S. 436):
- Anlieferung der Sendungen mit Schienen- oder Straßenverkehrsmitteln zum Umschlagterminal.
- Wareneingangskontrolle, wobei insbesondere das für den Lufttransport bedeutsame Gewicht erfasst wird.
- Zwischenlagerung der Güter, z. B. in Fachbodenregalen (vgl. Abschnitt 5.1.2.2). Bei den im Luftverkehr beförderten Gütern handelt es sich in der Regel um kleinere Packstücke und nicht um Ladeeinheiten auf Paletten.

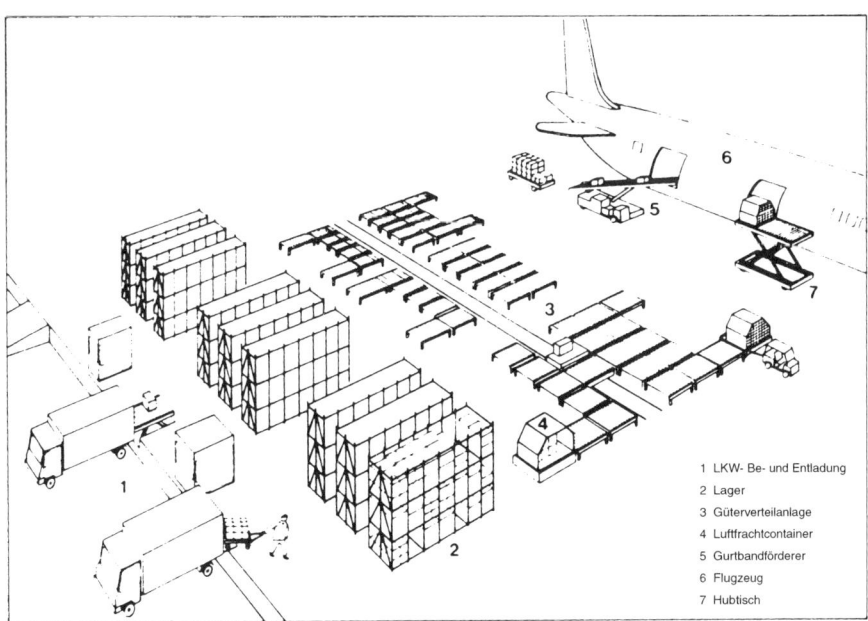

1 LKW- Be- und Entladung
2 Lager
3 Güterverteilanlage
4 Luftfrachtcontainer
5 Gurtbandförderer
6 Flugzeug
7 Hubtisch

Abb. 4-44: Umschlagzentrum Flughafenterminal (Jünemann 1989, S. 437)

– Beladung von Luftfrachtcontainern.
– Zusammenstellung einer kompletten Flugzeugladung, beispielsweise auf Rollen-
  bahnen.
– Beladung der Flugzeuge unter Zuhilfenahme geeigneter Arbeitsmittel, z.B. Trans-
  port der Container zum Flugzeug auf Schleppern mit Wagen und Umschlagen in die
  Flugzeuge mit mobilen Gurtbandförderern und Hubtischen.

Seehafenterminals verknüpfen insbesondere weit auseinanderliegende Wirtschaftsre-
gionen wie Australien, USA und Europa durch einen Streckenverkehr. Der Transport
der Güter zum Seehafenterminal erfolgt mit Straßen- und Schienenverkehrsmitteln,
um anschließend – gegebenenfalls nach einer Zwischenlagerung – dort auf ein Seeschiff umgeschlagen zu werden. In umgekehrter Richtung kommt dem Zwischenlager
nicht die Aufgabe des Sammelns, sondern des Verteilens von Gütern zu. Die Notwendigkeit der räumlichen und zeitlichen Pufferung der Ladeeinheiten ergibt sich wegen
der großen Transportkapazitäten der Schiffe (vgl. *Jünemann* 1989, S. 434 f.). Die zu
bewegenden Container werden insbesondere von oben gegriffen. Eingesetzt werden
am Kai verfahrbare Portalstapler, Portalkrane und Verladebrücken (vgl. Abb. 4-45).
Zur effizienten Verwaltung des Containerbestandes werden Lagerverwaltungssysteme
eingesetzt (vgl. *Jünemann/Kleinschnittger* 1996, S. 16–86).

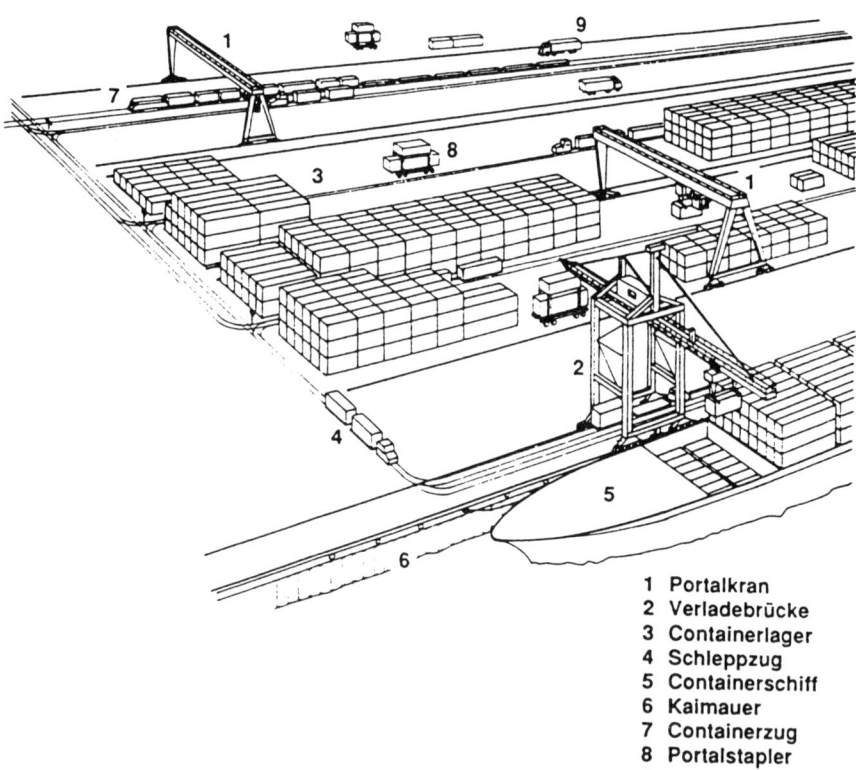

1 Portalkran
2 Verladebrücke
3 Containerlager
4 Schleppzug
5 Containerschiff
6 Kaimauer
7 Containerzug
8 Portalstapler
9 Lastkraftwagen

Abb. 4-45: Umschlagzentrum Seehafenterminal (Seidelmann/Schädel 1981)

4.4.3 Kriterien zur Auswahl geeigneter Umschlagsysteme

4.4.3.1 Ziele bei der Gestaltung von Umschlagsystemen

Mit modernen Umschlaganlagen werden folgende Ziele verfolgt (vgl. *Jünemann/ Kleinschnittger* 1996, S. 16–87):
- **Allgemeine Ziele**
  - Rationelle physische Abwicklung
  - Einfache Puffermöglichkeit
  - Hohe Sicherheit des Umschlagvorgangs
  - Niedriger Rangieraufwand (bei LKW's)
  - Automatisierbarkeit
  - Möglichkeit zum Notbetrieb bei Störungen
- **Kostenziele**
  - Optimierung der benötigten Umschlagfläche
  - Niedrige bauliche Investitionen
  - Vermeidung von Schäden
  - Niedrige Abfertigungs- und Standzeiten
  - Niedrige Personal- und Betriebskosten im Umschlagbereich
- **Durchgängiger Informationsfluss**
  - Hoher Lieferservice und hohe Liefertreue
  - Integration der Umschlagaktivitäten in einen informatorischen Gesamtverbund.

4.4.3.2 Voraussetzungen für effektive Umschlagsysteme

Damit die genannten Ziele realisiert werden können, ist die Realisierung eines effektiven Umschlagsystems mit der Erfüllung einer Reihe von Voraussetzungen verknüpft, die Abb. 4-46 im Überblick enthält. Für alle Verladesysteme ist eine einwandfreie Palettenqualität und eine exakte Ausrichtung der Ladung auf der Ladefläche für das Entladen sicherzustellen (vgl. *Jünemann/Kleinschnittger* 1996, S. 16–88).

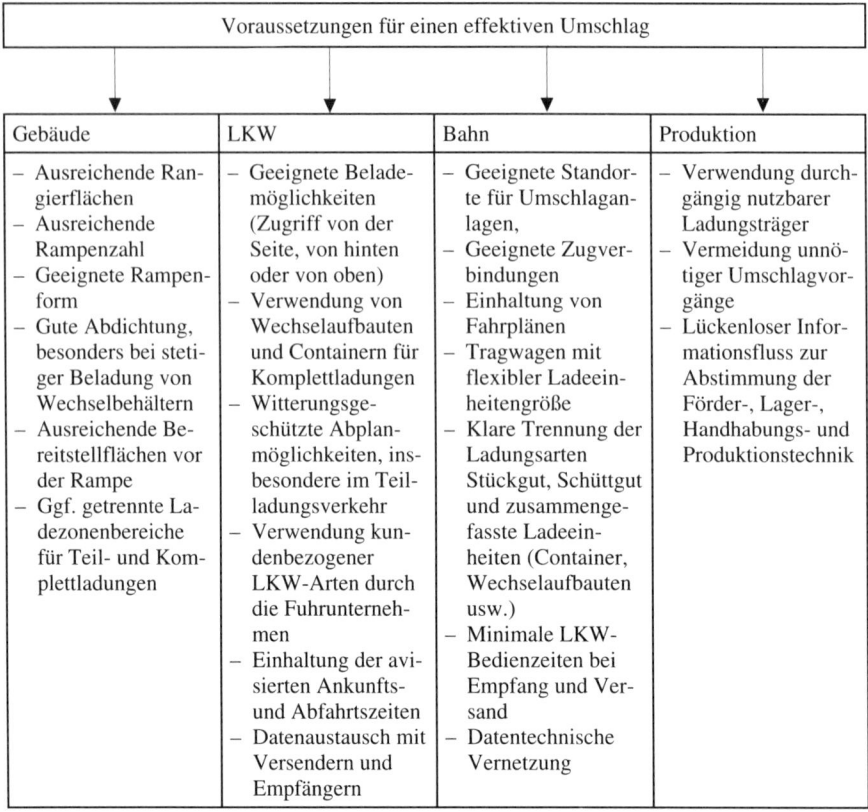

Voraussetzungen für einen effektiven Umschlag			
Gebäude	LKW	Bahn	Produktion
– Ausreichende Rangierflächen – Ausreichende Rampenzahl – Geeignete Rampenform – Gute Abdichtung, besonders bei stetiger Beladung von Wechselbehältern – Ausreichende Bereitstellflächen vor der Rampe – Ggf. getrennte Ladezonenbereiche für Teil- und Komplettladungen	– Geeignete Belademöglichkeiten (Zugriff von der Seite, von hinten oder von oben) – Verwendung von Wechselaufbauten und Containern für Komplettladungen – Witterungsgeschützte Abplanmöglichkeiten, insbesondere im Teilladungsverkehr – Verwendung kundenbezogener LKW-Arten durch die Fuhrunternehmen – Einhaltung der avisierten Ankunfts- und Abfahrtszeiten – Datenaustausch mit Versendern und Empfängern	– Geeignete Standorte für Umschlaganlagen, – Geeignete Zugverbindungen – Einhaltung von Fahrplänen – Tragwagen mit flexibler Ladeeinheitengröße – Klare Trennung der Ladungsarten Stückgut, Schüttgut und zusammengefasste Ladeeinheiten (Container, Wechselaufbauten usw.) – Minimale LKW-Bedienzeiten bei Empfang und Versand – Datentechnische Vernetzung	– Verwendung durchgängig nutzbarer Ladungsträger – Vermeidung unnötiger Umschlagvorgänge – Lückenloser Informationsfluss zur Abstimmung der Förder-, Lager-, Handhabungs- und Produktionstechnik

Abb. 4-46: Voraussetzungen für einen effektiven Umschlag
(vgl. Jünemann/Kleinschnittger 1996, S. 16–88)

5 Lager- und Kommissioniersysteme

Obwohl die Zwischenlagerung von Teilen oder Produkten stets eine Unterbrechung des Materialflusses bedeutet, wird sie sich in keinem Produktionsbetrieb je völlig vermeiden lassen (zu den hierfür maßgeblichen Gründen siehe Abschnitt 5.1.1).

Abb. 5-1 gibt einen schematischen Überblick über Struktur und Materialfluss des Gesamtsystems Lager und Kommissionierung. Hierbei stellen Wareneingang und -ausgang die Systemgrenzen zu den vor- bzw. nachgelagerten Bereichen dar.

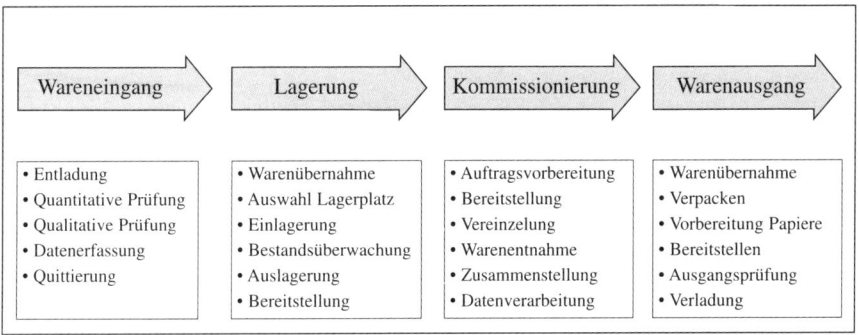

Abb. 5-1: Struktur und Aktivitäten im Gesamtsystem Lager und Kommissionierung

5.1 Lagersysteme

Im Rahmen der Lagerhaltung fallen insbesondere folgende Entscheidungstatbestände an (vgl. *Kupsch* 1979, Sp. 1037 f.):

– Lagerausstattung einschließlich der Lagerverwaltung und -steuerung (vgl. Abschnitte 5.1.2 und 5.1.3)
– Umfang der Lagerzentralisation (vgl. Abschnitt 5.1.4)
– Eigen- oder Fremdlagerhaltung (vgl. Abschnitt 5.1.5)
– Lagerstandort (vgl. Abschnitt 7.1 und Kapitel 8)
– Höhe der Lagerbestände (Abschnitt 7.2).

In diesem Kapitel werden die drei erstgenannten Problembereiche behandelt. Die Frage des Lagerstandortes ist im Rahmen der Layoutplanung bzw. der Planung der Distributionsstruktur zu lösen und wird deshalb dort untersucht. Die Festlegung der Höhe der Lagerbestände erfolgt in der Regel im Rahmen von Produktionsplanungs- und -steuerungssystemen und ist deshalb dem siebten Kapitel zugeordnet.

5.1.1 Lagerfunktionen und -arten

„Die grundlegende **Aufgabe** eines Lagers besteht in der wirtschaftlichen Abstimmung unterschiedlich dimensionierter Güterströme" (*Kupsch* 1979, Sp. 1029). **Lagerhaltungsmotive** können sein (vgl. ebenda):

– **Ausgleichsfunktion** bei voneinander abweichendem Materialzufluss und -bedarf in mengenmäßiger Hinsicht und/oder in Bezug auf die zeitliche Verteilung (z. B. Mindestabnahmemengen oder Kontingentierungen auf der Beschaffungsseite, unterschiedliche Kapazitätsquerschnitte in einzelnen Betriebsbereichen).

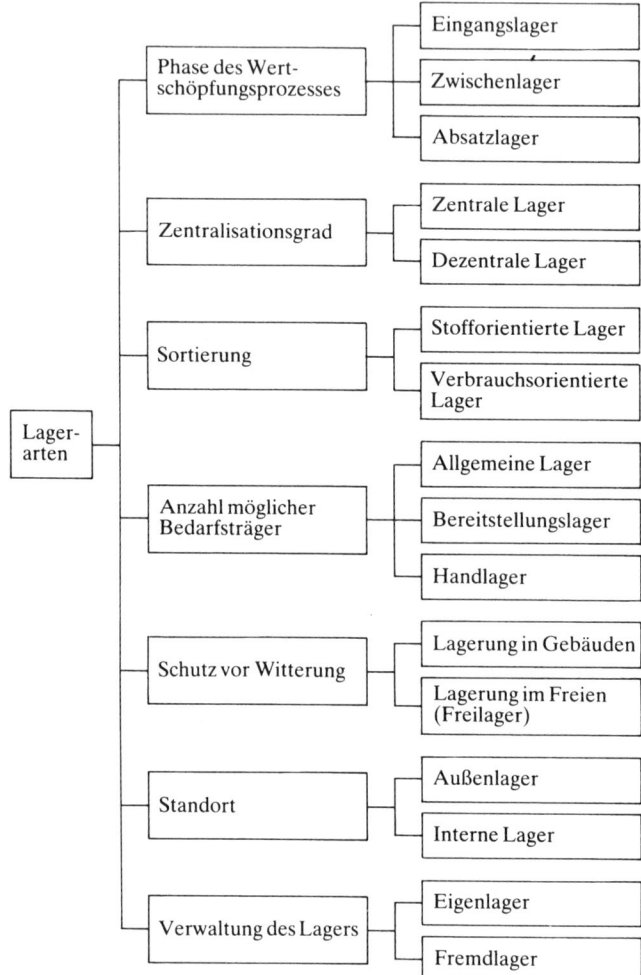

Abb. 5-2: Überblick über die Lagerarten

- **Sicherungsfunktion** auf Grund unvorhersehbarer Risiken im Produktionsablauf sowie Bedarfsschwankungen auf den Absatzmärkten und Lieferverzögerungen auf den Beschaffungsmärkten.
- **Assortierungsfunktion** zur Sortimentsbildung im Handel oder zur betriebsindividuellen Sortenbildung in Industriebetrieben, falls die am Markt verfügbaren Materialien nicht den jeweiligen fertigungstechnischen Anforderungen entsprechen.
- **Spekulationsfunktion** auf Grund vermuteter Preiserhöhungen auf den Beschaffungs- oder Absatzmärkten.
- **Veredelungsfunktion,** um bei gelagerten Gütern eine Qualitätsänderung herbeizuführen (z.B. durch Alterung, Gärung, Reifung, Trocknung). Man spricht von sog. Produktivlägern, da die Lagerung mit zum Fertigungsprozess gehört.

Lager lassen sich nach einer Reihe unterschiedlicher Merkmale klassifizieren (vgl. Abb. 5-2) (vgl. hierzu *Kupsch* 1979, Sp. 1031 ff.).

Nach der **Stellung im Wertschöpfungsprozess** unterscheidet man (vgl. Abb. 5-3)

- **Eingangs-**(Beschaffungs-)**Läger** zur Vorratshaltung der Eingangsmaterialien.
- **Zwischenläger** zur Bevorratung zwischen verschiedenen Stufen des Fertigungsprozesses (z.B. bei unterschiedlichen Kapazitätsquerschnitten).
- **Absatzläger** zum Ausgleich zeitlicher Unterschiede zwischen Produktionsprozessen und Absatzvorgängen.

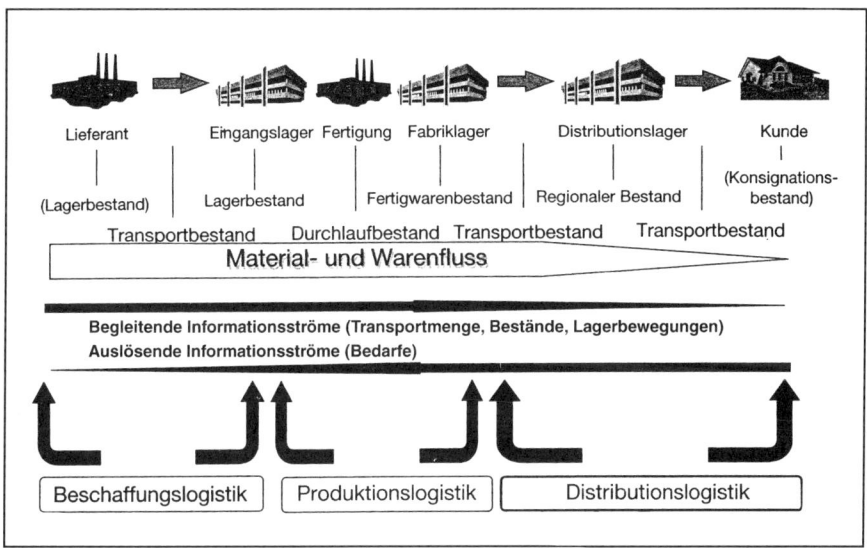

Abb. 5-3: Lager nach ihrer Stellung im Wertschöpfungsprozess
(Milzarek 2001, S. 5)

Entsprechend dem **Zentralisationsgrad** von Lägern gibt es zentrale und dezentrale Lager. Hierauf wird in Abschnitt 5.1.4 näher eingegangen.

Die **Sortierung** von Lägern stellt ein weiteres Unterscheidungsmerkmal dar. Bei stofforientierten Lägern werden nur Bestände einer Güterart oder -gruppe zusammengefasst. Hierdurch wird eine relativ einfache Steuerung und Kontrolle der Bestände möglich. Aufgrund besonderer Eigenschaften und daraus resultierender Anforderungen der Lagergüter an ihre Umgebung (z. B. Temperatur, Luftfeuchtigkeit) entsteht mitunter der Zwang, stofforientierte Läger einzurichten.

Die Unterscheidung in allgemeines Lager, Bereitstellungslager und Handlager basiert auf der **Anzahl möglicher Bedarfsträger.** Während allgemeine Läger grundsätzlich alle Kostenstellen im Unternehmen beliefern, geben Bereitstellungsläger ihre Bestände nur an einen definierten Kreis von Bedarfsträgern ab. Das Handlager enthält lediglich Güterbestände für bestimmte Fertigungsstufen und Arbeitsgänge.

Da die meisten Güter vor **Witterungseinflüssen** geschützt werden müssen, ist die Lagerung im Freien (Freilager) nur relativ selten vorzufinden. Es herrscht vielmehr die Lagerung in Gebäuden vor.

Bei der Klassifikation nach dem **Standort** können interne Läger und Außenläger unterschieden werden. Ist das Lager räumlich innerhalb des Werksgeländes angesiedelt, spricht man von einem internen Lager. Außenläger werden aus Platzmangel gebildet oder dienen dazu, große Distanzen zwischen dem Unternehmen und seinen (ausländischen) Lieferanten oder Abnehmern zu verkürzen. Im erstgenannten Fall stellen sie Hilfsläger dar, deren Bestände der Ergänzung der internen Läger dienen.

Werden Außenläger von anderen Wirtschaftseinheiten (z. B. Spediteur, Lagerhaus, Kunde) **verwaltet,** handelt es sich um Fremdläger. Bei Eigenlägern erfolgt die Bestandshaltung von unternehmenseigenen Instanzen.

Zwei vertragliche Gestaltungsvarianten, die unter dem Aspekt der kurzfristigen Verfügbarkeit von Materialien für den Abnehmer interessant sind, sind das Konsignations- und das Vertragslager. Beim **Konsignationslager** unterhält der Lieferant im Unternehmen des Abnehmers eigene Bestände, die erst zum Zeitpunkt der Entnahmemeldung durch den Abnehmer vom Lieferanten berechnet werden (vgl. Abb. 5-4). Für den Abnehmer weist das Konsignationslager eine Reihe von Vorteilen auf:

– höchste Versorgungssicherheit, da das bereits qualitätsgeprüfte Material zu jedem gewünschten Zeitpunkt in der mit den Lieferanten vereinbarten Menge verfügbar ist
– geringer Abwicklungsaufwand, da vielfach eine monatliche Bezahlung der Rechnung auf Basis der Entnahmebedingungen vereinbart wird
– Verringerung der Kapitalbindungskosten, da die Bezahlung des Materials erst nach der Lagerentnahme erfolgt.

Von einem **Vertragsvorrat** bzw. **Vertragslager** spricht man, wenn der Lieferant im eigenen oder in einem Speditionslager vertraglich vereinbarte Bestände unterhält, die bis zum Zeitpunkt der Lieferung unberechnet bleiben. Hierdurch lassen sich beim Abnehmer dieselben Vorteile wie bei Konsignationslägern realisieren, mit dem Unterschied, dass die kurzfristige Verfügbarkeit um die außerbetriebliche Transportzeit und die Zeit der Eingangsprüfung eingeschränkt ist.

Auch für die Lieferanten gibt es bei Einrichtung eines Konsignations- oder Vertragslagers Vorteile:

– Möglichkeit der kontinuierlichen Produktion, da die Bestellungen wesentlich niedrigeren Bedarfsschwankungen unterliegen
– Vereinfachung der Abwicklung
– Absicherung eines bestimmten Auftragsvolumens, da in der Regel eine Abnahmevereinbarung für mehrere Monate erfolgt
– größere Kundenbindung.

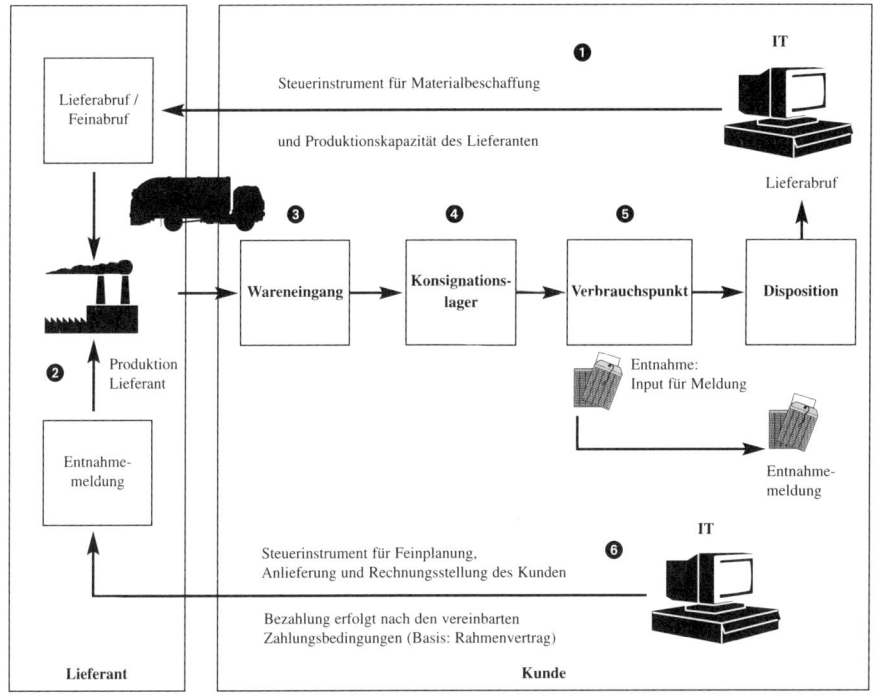

Abb. 5-4: Konsignationsablauf (Werner 2000, S. 108)

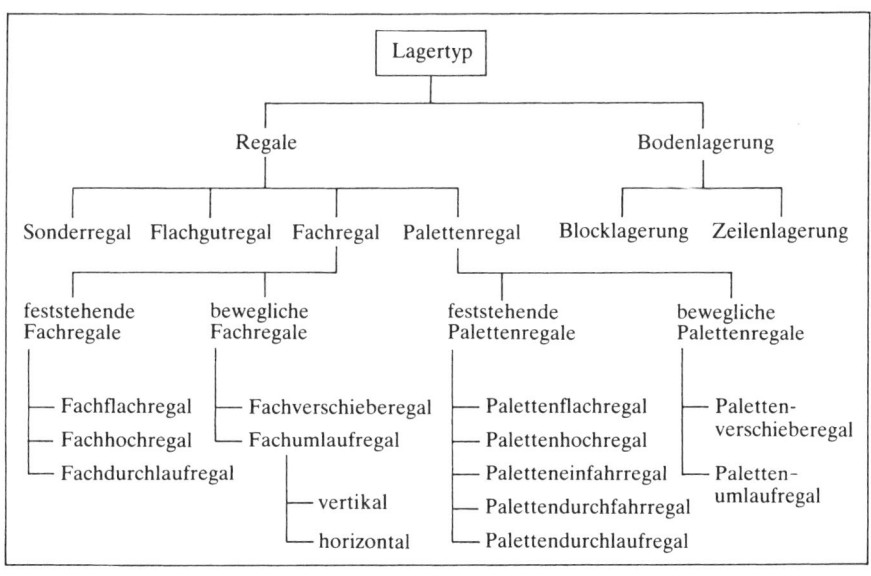

Abb. 5-5: Lagertypenstruktur

Betrachtet man die **technischen Gestaltungsmöglichkeiten** von Lägern, so liegt eine breite Palette von verfügbaren Lagersystemen vor. Die wichtigsten Lagersysteme (vgl. Abb. 5-5) sind Gegenstand der folgenden Abschnitte. Einfachste Form der Lagerung ist die Bodenlagerung, bei der die Lagerungseinheiten auf einer Ebene aufbewahrt werden. Bei Regalsystemen erfolgt die Lagerung in mehreren Ebenen.

5.1.2 Lagertypen für Stückgut

5.1.2.1 Block- und Zeilenlager

Bei der Blocklagerung werden die Lagergüter auf dem Fußboden in großflächigen Blocks aufbewahrt. Werden die Lagergüter auf dem Fußboden in Zeilenform angeordnet, spricht man von Zeilenlagerung. Zu unterscheiden ist ferner zwischen der gestapelten und der ungestapelten Lagerung (vgl. Abb. 5-6).

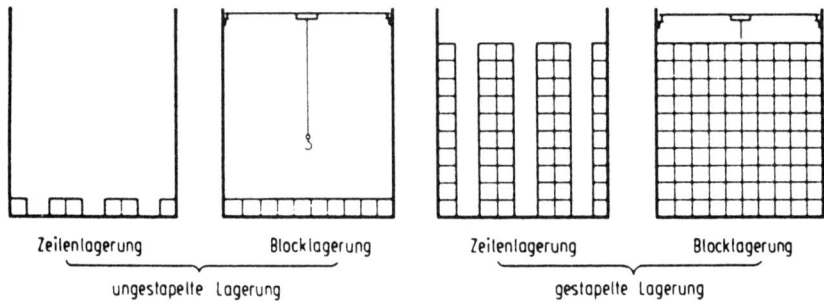

Abb. 5-6: Gestapelte und ungestapelte Bodenlagerung in Blöcken oder Zeilen
(Kettner u. a. 1984, S. 306)

Bei druckunempfindlichen Lagergütern bzw. der Verwendung von entsprechenden Lagerhilfsmitteln (vgl. Abschnitt 4.1) kann eine Stapelung des Lagergutes erfolgen, wodurch eine bessere Raumausnutzung ermöglicht wird. Die maximale Stapelhöhe hängt ab von

– fördertechnischen Gesichtspunkten,
– den verfügbaren Raumhöhen,
– der Belastbarkeit der untersten Lagereinheiten sowie
– der Tragfähigkeit des Bodens.

Die Blocklagerung ist geeignet, wenn ein geringer Sortimentsumfang vorliegt und große Mengen je Artikel gelagert werden, da nur auf die oberen Lagereinheiten in der vordersten Reihe eines Blocks direkt zugegriffen werden kann. Sind hingegen viele verschiedene Teile zu lagern, bietet die Lagerung in Zeilen wegen der besseren Zugänglichkeit Vorteile. Zur Beurteilung von Block- und Zeilenlagerung siehe Abb. 5-7.

Blocklager/Zeilenlager		
Vorteile	Nachteile	Eignung
• Hohe Flexibilität (Anpassungsfähigkeit bei geänderter Artikelstruktur, Ausbaufähigkeit) • Geringe Investitionskosten (Farbmarkierung für die Blockabstellplätze auf dem Fußboden) • Befriedigende Flächen- bzw. Raumnutzung • Geringer Personalbedarf • Kaum störanfällig, wenn Lagergut stapelfähig und Standsicherheit berücksichtigt wird	• Geringe Automatisierungs- bzw. Mechanisierungsmöglichkeit • Geordnete Lagerplatzbelegung erforderlich • Direktentnahme nur im Randbereich des Blocks möglich • Ungünstige Bestandsführung und -kontrolle bei größerer Artikelanzahl • „First-in-first-out" nur bei sortenreinen Blöcken bzw. Zeilen, verbunden mit Umlagerungen möglich	Blocklagerung • Geringe Anzahl unterschiedlicher Artikel • Große Mengen pro Artikel • Mittlere Umschlagsleistung • Stapelfähiges Lagergut (plane Deckflächen, formstabil; ansonsten Lagerhilfsmittel erforderlich) Zeilenlagerung • Mittlere Anzahl unterschiedlicher Artikel • Mittlere Mengen pro Artikel • Hohe Umschlagsleistung • Stapelfähiges Lagergut

Abb. 5-7: Beurteilung von Block- und Zeilenlager (vgl. Kettner u.a. 1984, S. 307)

5.1.2.2 Fach-Regallager

Die Lagerung wird bei Fach-Regallagern auf geschlossenen Fachböden aus Stahlblech oder Holz über mehrere Ebenen vorgenommen. In den Regalständern oder tragenden Seitenwänden befinden sich Lochraster, in die die Bodenträger eingehängt werden. Die Fachböden werden von den Regalständern entweder durch Steckverbindungen aufgenommen oder mit diesen verschraubt. Als Zubehörteile kommen zum Einsatz: Schubladen, ausziehbare Fachböden, Muldeneinsätze, Trennbleche mit und ohne Unterteilung, Haken für hängende Lagerung, Schüttgutleisten, Seiten- und Rückwände aus Stahlblech oder Gitter (vgl. *Vogt* 1986, S. 36).

Die Dimensionen von Fach-Regallagern hängen ab von

– der zu lagernden Menge,
– der Anzahl der verschiedenen Artikel (Sortimentsbreite),
– der Umschlagshäufigkeit sowie
– der Raumverfügbarkeit.

Die Regalhöhe sollte bei manueller Bedienung höchstens 2 m betragen. Die Regaltiefe sollte bei hoher Umschlagsgeschwindigkeit nicht mehr als 0,4 m betragen, ansonsten kann eine Fachtiefe bis zu 0,8 m gewählt werden. Die Breite der Laufwege zwischen den Regalen sollte bei manuellem Betrieb zwischen 0,75 und 0,85 m liegen. Zur Beurteilung des Fach-Regallagers siehe Abb. 5-8.

5.1.2.3 Paletten-Regallager

Paletten-Regallager dienen der Lagerung von palettierten Gütern. Sie enthalten daher meist keine Regalböden, sondern Auflageträger, auf die die Ladeeinheiten abgesetzt werden. In Abhängigkeit von der Konstruktion des Lagergestells können in einem Palettenfach ein oder mehrere Ladeeinheiten gelagert werden. Beim **Einplatzsystem** wird die Ladeeinheit auf zwei Konsolen (meist aus Profilwinkeln) pro Feldebene gelagert. Falls die Konsolen höhenverstellbar sind, ist eine Anpassung an die jeweilige Palettenhöhe möglich. Hierdurch lässt sich eine hohe Raumnutzung je Lagerplatz erreichen. Beim **Mehrplatzsystem** können durch den Einsatz von Längstraversen mehrere Paletten nebeneinander gelagert werden. Werden mit Hilfe von Paneelen zwischen den Auflageträgern geschlossene Flächen gebildet, können Ladeeinheiten mit unterschiedlichen Abmessungen gespeichert werden, die ansonsten zwischen den Auflageträgern durchfallen würden (vgl. *Vogt* 1986, S. 44).

Fach-Regallager		
Vorteile	Nachteile	Eignung
• Direkte Zugriffsmöglichkeit zu jedem Artikel • Eignung für hohe Umschlagsleistungen • Flexibel bei Strukturänderungen, da umrüstbar • kaum störanfällig • gute Ordnungsmöglichkeit und Bestandskontrolle • einfache Lagerorganisation möglich • mittlere Investitionskosten (ausstattungsabhängig)	• Teilweise ungünstige Greifposition für Bedienungspersonal (unten/oben) • Hoher Personalaufwand bei manueller Bedienung (Wegstrecken, Greifleistungen) • Hoher Flächenbedarf und geringe Raumnutzung bei manueller Regalbedienung • Nur eingeschränkt automatisierbar bzw. mechanisierbar • „First-in-first-out" schlecht einzuhalten	• Lagerung unterschiedlichster Güter in beliebigen Mengen • Große Teilesortimente mit jeweils kleineren bis mittleren Mengen, die nicht palettierbar sind (z. B. Ersatzteile, Normteile) • unterschiedliche Lagergutgrößen, insbesondere Kleinteile

Abb. 5-8: Beurteilung des Fach-Regallagers (vgl. Kettner u. a. 1984, S. 308)

Je nach **Höhe** des Paletten-Regallagers lassen sich unterscheiden
– Paletten-Flachregallager (Bauhöhen bis etwa 7 m)
– mittelhohe Paletten-Regallager (Bauhöhen etwa zwischen 7 und 15 m)
– Paletten-Hochregallager (Bauhöhen etwa von 15 bis 45 m).

5.1.2.3.1 Paletten-Flachregallager

Dieser Lagertyp ist sehr vielseitig einsetzbar. Außer der erforderlichen Bodentragfähigkeit sind keine besonderen baulichen Voraussetzungen notwendig. Zur Ein- und Auslagerung werden meist konventionelle Gabelstapler und Handhubwagen sowie im oberen Bereich auch Hochregalstapler, Stapelkräne und Regalförderzeuge eingesetzt. Gabelstapler benötigen eine größere Gangbreite als Regalbediengeräte und führen daher zu einer schlechteren Flächennutzung (vgl. *Kettner* u. a. 1984, S. 310). Flachregallager zeichnen sich insbesondere durch ihre hohe Flexibilität, die gute Ausbaufähigkeit entsprechend der Flächenverfügbarkeit, hohe mögliche Umschlagsleistungen, die direkte Zugriffsmöglichkeit auf alle Lagergüter sowie gute Kommissionier- und Kontrollmöglichkeiten aus (vgl. Abb. 5-9).

5.1.2.3.2 Mittelhohe Paletten-Regallager

Auch bei mittelhohen Paletten-Regallagern liegt der Einsatzschwerpunkt bei der Lagerung großer Mengen je Artikel bei großem Sortiment. Gegenüber Paletten-Flachregal-

Paletten-Flachregallager		
Vorteile	Nachteile	Eignung

• Mittlere Flächen- und Raumnutzung
• Hohe Flexibilität
  – Anpassungsfähigkeit an geänderte Artikelstruktur
  – gute Ausbaufähigkeit
• Automatisierungs- und Mechanisierungsmöglichkeit
• Hohe Umschlagsleistungen möglich
• Direktzugriff auf alle Lagergüter
• Gute Kommissioniermöglichkeiten
• Gute Bestandskontrolle
• Mittleres Investitionsvolumen
	• In Abhängigkeit vom Mechanisierungs- bzw. Automatisierungsgrad personalintensiv
	• Störanfällig bei höherer Automatisierung
	• Je nach Wahl der Fördertechnik sind flächenintensive Lösungen erforderlich
	• Bildung raumnutzungsoptimaler und wirtschaftlicher Ladeeinheiten erforderlich
		• Große Mengen je Artikel bei großem Sortiment
		• Für mittelschweres bis schweres Gut mit stabiler Schwerpunktlage

Abb. 5-9: Beurteilung des Paletten-Flachregallagers (vgl. Kettner u. a. 1984, S. 310)

lagern weisen sie allerdings einen höheren Organisations- und Investitionsaufwand auf. Bei hohen Umschlagsleistungen ist ein mittelhohes Lager wirtschaftlicher als ein Flachregallager. Als Fördermittel sind insbesondere Hochregalstapler mit Positionierhilfen sowie Regalbediengeräte geeignet.

5.1.2.3.3 Paletten-Hochregallager

Die ständige Weiterentwicklung von Regalkonstruktionen führte zu Hochregalen, die gegenwärtig Bauhöhen von bis zu 45 m aufweisen. Es herrschen zwei verschiedene **Bauweisen** vor:

– Einbau-Hochregallager
– Gebäudetragende Silobauweise.

Wesentliches Merkmal des **Einbau-Hochregallagers** ist die bautechnische Trennung zwischen Lagergebäude und Lagereinrichtung. Da in diesem Fall sehr hohe Baukosten für das Lagergebäude anfallen, erweist sich diese Konzeption in der Regel nur dann als wirtschaftlich, wenn bereits Gebäude mit entsprechendem Raumvolumen vorhanden sind. Bei der **gebäudetragenden Silobauweise** (sog. Palettensilo) besteht die Gebäude-Außenhaut meist aus leichten Profilblechen, die unmittelbar auf die äußeren Regalgestelle montiert werden. Das Dach wird durch verlängerte Regalständer getragen. Hierdurch lassen sich erhebliche Baukosteneinsparungen erzielen (vgl. *Kettner* u. a. 1984, S. 311).

Eine wirtschaftliche Nutzung von Hochregallagern lässt sich nur bei einer **chaotischen Lagerung** mit freier Wahl des Lagerplatzes erzielen. Zur Abwicklung der Ein- und Auslagerungsprozesse sowie zur Bestandsführung ist deswegen der Einsatz eines geeigneten Lagerrechners zu empfehlen. Als Fördermittel kommen insbesondere automatisch gesteuerte Regalförderzeuge in Frage. Vor- und Nachteile sowie Einsatzbereiche von Hochregallagern können Abb. 5-10 entnommen werden.

Hochregallager		
Vorteile	Nachteile	Eignung
• Gute Flächen- und Raumausnutzung • Große Anpassungsfähigkeit an geänderte Sortimentsstruktur • Hoher Automatisierungsgrad möglich • Direkte Zugriffsmöglichkeit • Geringer Personalbedarf • Bei geeigneten Fördermitteln gute Kommissioniermöglichkeit • Hohe Umschlagsleistung	• Hoher Organisations- und Investitionsaufwand • Störanfälligkeit in Abhängigkeit von der installierten Lagerhard- und -software • Begrenzte Ausbaufähigkeit • Bindung der Fördermittel im Lagerbereich • Bildung raumnutzungsoptimaler und wirtschaftlicher Ladeeinheiten erforderlich	• Große Mengen je Artikel bei großem Sortiment • Vorwiegend für leichtes bis mittelschweres Gut • Mittlere bis hohe Umschlagsleistung (je nach Fördertechnik)

Abb. 5-10: Beurteilung von Hochregallagern (vgl. Kettner u. a. 1984, S. 312)

Ein wesentliches Planungsmerkmal bei der Errichtung von Hochregallagern stellt die Anordnung der Ein- und Auslagerungspunkte dar. Bei der Mehrheit der bislang errichteten Hochregallager befindet sich das **Zu- und Abfördersystem an einer Stirnseite** des Hochregallagers (vgl. Abb. 5-11). Jede Regalgasse verfügt über einen Ein- und Auslagerungspunkt. An Einlagerungspunkten werden die Ladeeinheiten vom Zufördersystem an das Regalförderzeug übergeben. Am Auslagerungspunkt werden die Ladeeinheiten durch das Abfördersystem vom Regalförderzeug übernommen. Dieser Systemaufbau wird im Folgenden als **„konventionelles" Hochregallager** bezeichnet (vgl. *Knepper* 1983, S. 219).

Das Hochregallager bildet eine abgeschlossene steuerungstechnische Einheit, innerhalb derer die Einlagerung ankommender Ladeeinheiten in den einzelnen Gassen geregelt wird und auf Anforderung hin die benötigten Ladeeinheiten ausgelagert werden. Als Schnittstellen zwischen dem Hochregallagersystem und dem sonstigen Materialflusssystem fungieren der Identifikations (I)-Punkt vor und der Kontroll (K)-Punkt hinter dem Hochregallager. Die für die konventionelle Anordnung typische Reduzierung auf diese beiden Schnittstellen ermöglicht es, das Lagersystem weitgehend unabhängig vom sonstigen Materialflusssystem zu betrachten.

Gegenüber dieser Anordnung des Hochregallagers an der Peripherie des gesamten Materialflusssystems, hat es sich in einigen Betrieben bereits als sinnvoll erwiesen, eine **stärkere Integration des Hochregallagers** in die betrieblichen Abläufe und Materialflüsse vorzunehmen. Dies erfolgt nicht nur über eine informations- und steuerungsmäßige Ablaufverkettung, sondern über die materialflusstechnische Integration des Hochregallagers selbst in die physischen Betriebsabläufe.

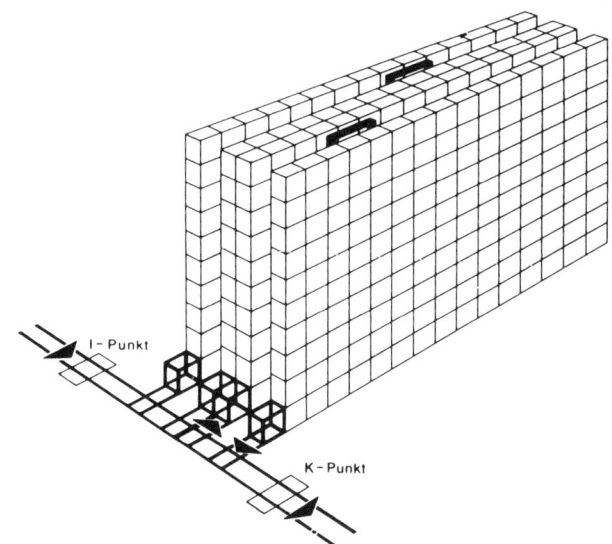

Abb. 5-11: „Konventionelles" Hochregallager mit dem Zu- und Abfördersystem an der Regalstirnseite (Knepper 1983, S. 219)

„Unter einem derartigen ‚integrierten' Hochregallager ist hierbei ein Lagersystem zu verstehen, das über mehrere Ein- und Auslagerpunkte verfügt, die entsprechend den jeweiligen, anlagenspezifischen Anforderungen an der Regalwand angeordnet sind. Die verschiedenen Ein- und Auslagerpunkte können sich hierbei sowohl an den Stirnseiten des Lagers als auch beidseitig längs der Regalgasse und zudem auch auf unterschiedlichen Höhenniveaus befinden." (*Knepper* 1983, S. 220) (vgl. Abb. 5-12).

Im Gegensatz zum ‚konventionellen' Systemaufbau übernimmt das ‚integrierte' Hochregallager nicht nur Lagerfunktionen, sondern darüber hinaus **auch Förder- und Verteilfunktionen.** Hierzu dienen die verschiedenen Ein- und Ausgänge sowie die Regalförderzeuge.

5.1.2.3.4 Paletten-Einfahr- und Durchfahr-Regallager

Hierbei handelt es sich um Sonderbauweisen der Paletten-Regalsysteme, die die Vorteile von Blockstapelung und Regallagerung miteinander verknüpfen. **Einfahrregale** ähneln der Konstruktion des Palettenregals ‚Einplatzsystem'. Allerdings werden mehrere Paletten hintereinander in der Regaltiefe auf zwei durchlaufenden Konsolen gelagert bzw. auf dem Fußboden abgestellt. Die Konsolen werden rechts und links an die Ständerkonstruktionen montiert (vgl. *Vogt* 1986, S. 64).

Da der Arbeitsgang nur von einer Seite befahren werden kann, wird die Einlagerung von hinten nach vorne vorgenommen. Hierzu fährt der Gabelstapler in die ‚Lagerschluchten'. Es ist deshalb darauf zu achten, dass die Baubreite des Gabelstaplers zwischen die Konsolen passt. In der Regel werden höchstens acht Ladeeinheiten hintereinander eingestapelt.

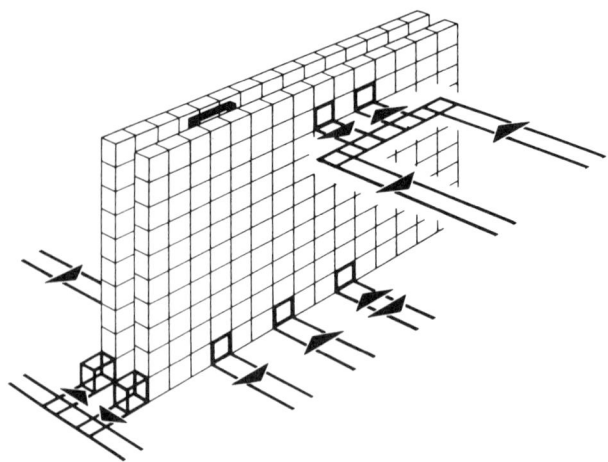

Abb. 5-12: „Integriertes" Hochregallager mit Zu- und Abfördersystemen längs der Regalwand und auf unterschiedlichen Höhenniveaus (Knepper 1983, S. 220)

Einfahrregale werden eingesetzt für größere Gütermengen mit hohen Gewichten bei begrenzter Anzahl unterschiedlicher Artikel und niedriger Umschlagsleistung. Außerdem eignen sie sich für druckempfindliches Lagergut, das nicht im Block gelagert werden kann.

Bei den **Durchfahr-Regalen** besteht die Möglichkeit, die Regalfelder zu durchfahren. So kann das Durchfahr-Regal beispielsweise von der einen Seite mit Ladeeinheiten vom Gabelstapler beschickt werden, während zur gleichen Zeit ein anderer Stapler von der gegenüberliegenden Seite Ladeeinheiten entnimmt. Die Realisierung des First-in-first-out Prinzips ist mit diesem Regalsystem möglich.

Abb. 5-13 enthält eine Beurteilung des Paletten-Einfahr- bzw. Paletten-Durchfahr-Regallagers.

Paletten-Einfahr- bzw. Paletten-Durchfahr-Regallager		
Vorteile	Nachteile	Eignung
• Gegenüber dem Blocklager bessere Nutzung der Raumhöhe, da Staudruck entfällt • Flächennutzung ähnlich Blocklager • Ausbaufähig • Funktionssicher • Niedriges bis mittleres Investitionsvolumen • Durchfahr-Regallager: „First-in-first-out"	• Keine freie Platzzuordnung • Kein direkter Zugriff möglich • Begrenzte Mechanisier- und Automatisierbarkeit • Niedrige Umschlagsleistung • Abmessung der Ladeeinheiten muss einheitlich sein, damit seitliche Auflagekonsolen Ladeeinheiten aufnehmen können • Einfahr-Regallager: „Last-in-first-out"	• Für druckempfindliche Güter, die Blocklagerung nicht zulassen • Relativ niedrige Anzahl unterschiedlicher Artikel • Größere Mengen je Artikel mit längerer Verweildauer (Saisonlager) • Hohe Gewichte

Abb. 5-13: Beurteilung des Paletten-Einfahr- bzw. Paletten-Durchfahr-Regallagers (vgl. Kettner u. a. 1984, S. 314)

5.1.2.4 Sondergestelle

Für Gegenstände und Materialien, die auf Grund ihrer Abmessungen für Fach- und Palettenregale ungeeignet sind, kann auf eine Reihe von Sondergestellen zurückgegriffen werden. Diese wurden insbesondere für **Platten-, Stangen- und Rohrmaterial** entwickelt. Zu nennen sind insbesondere folgende Sondergestelle (vgl. *Kettner* u. a. 1984, S. 316 f.):

– **A-Gestell** (so genannt wegen des A-förmigen Querschnitts): eignet sich für Platten- und Stangenmaterial, das **stehend** gelagert werden kann.
– **Kragarm-Regal,** das aus Ständern mit einseitig beziehungsweise zweiseitig auskragenden Armen besteht. Auf den Kragarmen kann Platten-, Stangen- und Rohrmaterial vereinzelt, gebündelt, gestapelt oder in speziellen Behältern gelagert werden.
– **Tannenbaum-Regal** als Sonderform des Kragarm-Regals: die Kragarme verkürzen sich nach oben hin. Dieser Lagertyp dient der Einlagerung kleiner Mengen je Sorte und bietet eine hohe Transparenz.
– **Waben-Regal,** das überwiegend der Lagerung von Langgut dient. Der grundsätzliche Aufbau ähnelt dem des Paletten-Regals, wobei die Frontseite schachbrettartig aussieht. Kanalartige Fächer bestimmen das Konstruktionsbild. Die Regaltiefe beträgt je nach Anforderung bis über 6 m. Bei den meisten Ausführungsformen werden Aufnahmebehälter (Langgut-Kassetten oder -Paletten) eingesetzt. Bei schweren Materialien sind die Fächer meistens mit Rollenbahnen versehen, um die Handhabung beim Ein- und Auslagern zu erleichtern.

5.1.2.5 Durchlauf-Regallager

Durchlauf-Regallager sind Regale mit separater Ein- und Auslagerung von hintereinanderliegendem Lagergut, das sich durch Schwerkraft oder mit Hilfe von Antriebselementen von der Aufgabe- zur Entnahmestelle bewegt. Die in einer Gestellkonstruktion neben- und übereinander angeordneten Regalkanäle können entsprechend ihrer Länge einebestimmte Anzahl von möglichst gleichartigen Lagereinheiten aufnehmen. Ein- und Auslagerung erfolgen an den jeweils gegenüberliegenden Kanalöffnungen (vgl. Abb. 5-14).

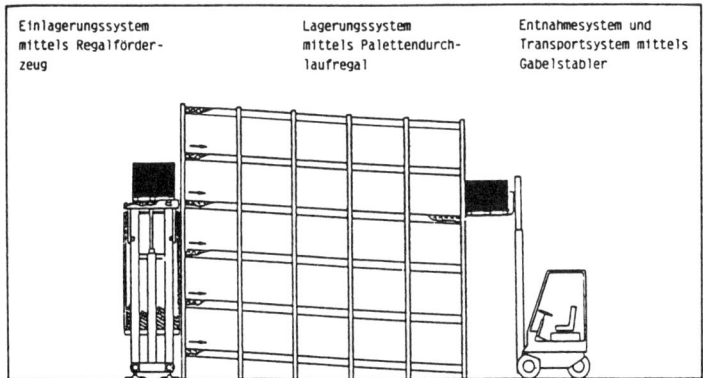

Abb. 5-14: Beispiel für ein teilautomatisiertes Durchlauf-Regallager (Martin 1978)

„Entsprechend den Anforderungen durch Größe, Gewichte und äußere Form der Ladeeinheiten werden bei der Gestaltung der Kanäle oder Durchlaufeinheiten unterschiedliche **Förderprinzipien** realisiert:

- Tragrollen, durchgehend oder geteilt: für schwere Lasten auf Paletten oder in Behältern mit glattem Boden; bei horizontaler Bahnanordnung elektromotorischer Antrieb; zur seitlichen Führung sind Schienen vorteilhaft
- Röllchenbahnen, Röllchenschienen: für leichte bis mittelschwere Lasten in Behältern mit glattem Boden oder Führungsprofil; Röllchen mit oder ohne Spurkranz: Anordnung der Bahnen oder Schienen je nach Gewicht und Behälterboden an den Außenseiten oder verteilt über die Kanalbreite; Röllchenschienen meist nur komplett ausbaubar
- L-Profile: beidseitig des Kanals für leicht rutschende Lasten mit oder ohne Gleitkufen oder für mittelschwere bis schwere Lasten mit Rollvorrichtung an der Behälterunterseite
- Fachboden: für leicht rutschende Lasten oder für mittelschwere Lasten mit Roll- oder Gleitvorrichtung an der Behälterunterseite; seitliche Führungsschienen erforderlich" (*Kettner* u. a. 1984, S. 319).

Soll die Bewegung der Ladeeinheiten mittels Schwerkraft erfolgen, muss die **Neigung** der Durchlaufbahnen zwischen 2° und 8° aufweisen. Sobald einem Kanal eine Ladeeinheit entnommen wird, rollt der angestaute Pulk nach. Um Schäden zu vermeiden, die durch das Aufeinanderprallen nachfolgender Ladeeinheiten eintreten können, sind **Bremssysteme** vorzusehen.

Durchlaufregale eignen sich insbesondere für Artikel mit **hoher Umschlagshäufigkeit**. Das „first-in-first-out"-Prinzip ist gewährleistet. Ein Nachteil des Durchlaufregals liegt in der Bewegung der Lagereinheiten während der Lagerung. Für geschichtete Lagereinheiten ist es deshalb weniger geeignet. Da ebene Durchlaufsysteme

Durchlauf-Regallager		
Vorteile	Nachteile	Eignung
• First-in-first-out • Keine Gassenbildung bei Entnahme durch Gabelstapler erforderlich, da selbständiges Nachrücken der Ladeeinheiten • Hierdurch mittlere bis hohe Flächen- und Raumnutzung • Automatisierung möglich • Anpassung an geändertes Sortiment möglich, wenn Abmessungen der Ladeeinheiten innerhalb der Aufnahmemöglichkeit der Kanäle liegen. • Bestandsüberwachung gut möglich	• Aufwendige Kommissionierung bei Teilentnahmen • Nur artikelreine Bahnen vorteilhaft • Direktzugriff nur im Frontbereich des Regals • Störanfällig (insbesondere Röllchenschienensysteme) • Investitionsbedarf abhängig von fördertechnischer Ausstattung	Paletten-Durchlauf-Regallager • Große Mengen je Artikel bei kleinem Sortiment und mittlerem bis großem Eigengewicht • Stabile Schwerpunktlage • Mittlere bis hohe Umschlagshäufigkeit Behälter-Durchlauf-Regallager • Große Mengen je Artikel bei mittlerem Sortiment und geringem bis mittleren Eigengewicht • Mittlere bis hohe Umschlagshäufigkeit

Abb. 5-15: Beurteilung des Durchlauf-Regallagers (vgl. Kettner u. a. 1984, S. 320)

wegen des erforderlichen Antriebs mit höheren Investitionen verbunden sind als solche mit geneigter Bahn, werden letztere trotz des größeren Bedarfs an Raumhöhe bevorzugt (vgl. Abb. 5-15).

5.1.2.6 Verschiebe-Regallager

Bei Verschieberegalen werden **einzelne Regalarten,** wie das Fachboden- oder Palettenregal, **auf Fahrgestellen montiert.** Diese sind auf im Boden verlegten Lauf- und Führungsschienen zusammen mit den Regalaufbauten verfahrbar (vgl. Abb. 5-16). Die horizontale Bewegung erfolgt bei kleinen Anlagen mit geringer Belastung manuell, bei großen Anlagen mittels elektrischer Antriebe.

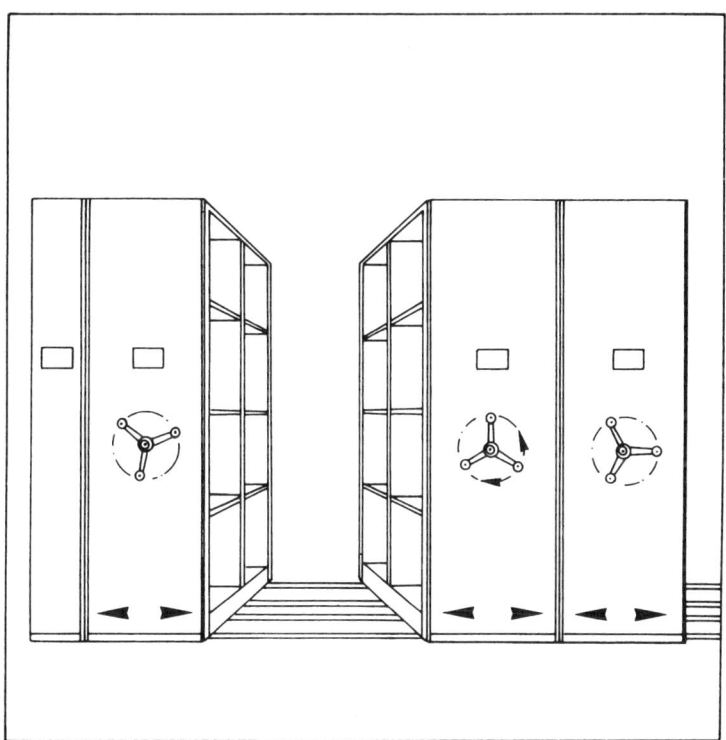

Abb. 5-16: Verschiebe-Regallager (Vogt 1986, S. 72)

Dadurch, dass mehrere Regalzeilen ohne Zwischengang aufeinandergeschoben werden können, ergibt sich eine **hohe Flächennutzung.** Im Vergleich zu feststehenden Regalanlagen lässt sich bei Verschiebe-Regallagern eine ungefähr doppelt so hohe Raum- und Flächennutzung erzielen. Um allzu lange Wartezeiten bei der Entnahme zu vermeiden, sollten allerdings je Regalgang maximal acht Regalblöcke vorgesehen werden (vgl. Abb. 5-17).

Verschiebe-Regallager		
Vorteile	Nachteile	Eignung
• Hohe Flächen- und Raum- nutzung im Vergleich zu Regalen mit Zeilenanord- nung und Gängen • Gute Funktionssicherheit • Chaotische Lagerung möglich • First-in-first-out • Lagergut kann unter Ver- schluss gehalten werden • Mittlere Anpassungsfähig- keit an geänderte Sorti- mentsstrukturen	• Geringe Umschlagsleistung bei hoher Flächennutzung, d. h. wenig Regalgänge • Nicht automatisierbar • Direkter Zugriff nur bei auseinandergefahrenen Regalzeilen möglich • Kommissionieren nur eingeschränkt möglich • Je nach Bauform und Trag- last entsprechende Boden- tragfähigkeit erforderlich (Konzentration von Gewichten) • Beschränkte Ausbaufähig- keit	• Kleine bis mittlere Mengen je Artikel bei mittlerem bis großem Sortiment • Geringe Umschlagshäufig- keit

Abb. 5-17: Beurteilung des Verschiebe-Regallagers (vgl. Kettner u. a. 1984, S. 322)

5.1.2.7 Umlauf-Regallager

Umlauf-Regallager bestehen meist aus zwei über- (Vertikalprinzip) oder nebeneinander (Horizontalprinzip) angeordneten Lagerblöcken, die jeweils aus hintereinander errichteten Einzelregalen bestehen. Die als Fach- oder Paletten-Regale eingerichteten Einzelregale werden wie beim Verschiebe-Regallager auf Schienen geführt.

Um das angeforderte Regal am ortsfesten Zugriffsort zu positionieren, müssen die Regale verfahren und umgesetzt werden. Hierbei sind bei Regalanlagen mit zwei Lagerblöcken alle Regale zu bewegen. Bei Umlauf-Regalanlagen, die nach dem Vertikalprinzip arbeiten, sind an den Stirnseiten Aufzüge zum Umsetzen zu installieren. Ein- und Auslagerung können sowohl beim Vertikal- als auch beim Horizontalprinzip manuell, mit Gabelhubwagen oder mit Gabelstapler erfolgen.

5.1.2.8 Paternoster-Regallager

Eine ähnlich kompakte Lagerung wie beim Verschiebe- oder Umlauf-Regallager wird mit Paternoster-Regallagern angestrebt. Bei diesen werden Lastaufnahmevorrichtungen zwischen zwei parallelen, vertikal, teilweise auch horizontal umlaufenden Ketten montiert. Die Kettenstränge werden mit Hilfe eines Elektromotors angetrieben. Je nach Gewicht und Form des Lagergutes können in einem Paternoster-Regal unterschiedliche Lastaufnahmemittel eingesetzt werden (vgl. *Kettner* u. a. 1984, S. 325).

Häufig anzutreffende Formen sind Schrankpaternoster (vgl. Abb. 5-18) und Etagenpaternoster. **Schrankpaternoster** sind bis auf die Ein- bzw. Ausgabestellen voll verkleidet (Blechwände) und in der Regel mit Fachböden ausgestattet. **Etagenpaternoster** sind insbesondere mit Tragstangen oder Gondeln ausgerüstet und eignen sich primär zur Lagerung von Langgut und Ballenware. Schwerpaternoster nehmen Ge-

Abb. 5-18: Schrankpaternoster für Kleinteile (Brulz 1981)

Paternoster-Regallager		
Vorteile	Nachteile	Eignung
• Hohe Flächen- und Raumnutzung • First-in-first-out • Mechanisier- und automatisierbar • Freie Lagerplatzzuordnung möglich Schrankpaternoster • Zugriffshöhe ergonomisch optimierbar • Schutz des Gutes vor Verschmutzung	• Geringe Flexibilität bei schwankender Umschlagsleistung • Fehlende Ausbaubarkeit • Eingeschränkt automatisierbar • Je nach Bauform mittlere bis hohe Investitionskosten • Kommissionierung erfordert serielle Bearbeitung, dadurch erhöhter Vorbereitungsaufwand (Steuerung)	Schrankpaternoster • Kleine bis mittlere Mengen je Artikel bei eingeschränktem Sortiment und geringem bis mittlerem Eigengewicht • Mittlere Umschlagsleistung Etagenpaternoster • Kleine bis mittlere Mengen je Artikel bei eingeschränktem Sortiment und geringem bis hohem Eigengewicht • Geringe bis mittlere Umschlagsleistung

Abb. 5-19: Beurteilung des Paternoster-Regallagers (vgl. Kettner u. a. 1984, S. 326)

samtlasten von bis zu 50 t auf. Ein- und Auslagerung erfolgen bei schweren Lasten mit Hilfe geeigneter Stapler oder Krananlagen (vgl. Abb. 5-19).

5.1.2.9 Lagerung auf Stetigförderern

Die Lagerung auf Stetigförderanlagen ist ausschließlich für den Bereich der **Zwischenlagerung im Fertigungsprozess** relevant. Bei Stetigförderanlagen handelt es sich originär um Transportsysteme mit kontinuierlichem Materialfluss, die jedoch die Integration von Anlagenteilen zulassen, in denen das Transportgut auf den nächsten Bearbeitungsschritt wartet (vgl. *Kettner* u. a. 1984, S. 326). Es lassen sich **drei Haupt-gruppen** unterscheiden (vgl. *Dolezalek/Warnecke* 1981):

- Stetigförderer mit statischer Lagerungsmöglichkeit: Hier wird vor einzelnen Betriebsstationen eine Zone installiert, in der das Gut bis zu mehreren Stunden verweilt (z. B. Power-and-Free-Anlagen und Schleppkettenförderer).
- Stetigförderer mit quasi-statischer Lagerungsmöglichkeit: Zwischen zwei aufeinander folgenden Bearbeitungsstufen sind Rollen-, Röllchen- oder Rutschenfördersysteme als Pufferlager zum Ausgleich von unterschiedlichen Taktzeiten oder Störungen angeordnet.
- Stetigförderer mit dynamischer Lagerungsmöglichkeit: Die Lagergüter werden permanent auf ringförmigen Förderstrecken bewegt und so während des Umlaufs jeder angeschlossenen Bearbeitungsstation einmal angeboten. Der Stetigförderer wird zur Ein- bzw. Auslagerung in der Regel nicht angehalten. Zu den typischen Vertretern dieses Lagertyps gehören Kreisförderer, Wandertische oder aus mehreren Fördermitteln, wie Rollenbahnen und Förderbahnen, zusammengesetzte Systeme.

5.1.3 Lagersystemplanung

Lagersysteme setzen sich aus zahlreichen Teilsystemen zusammen, deren anforderungsgerechte Dimensionierung einerseits und optimales Zusammenspiel andererseits im Rahmen der Lagersystemplanung zu gestalten sind. Eine fehlerhafte Dimensionierung des Lagersystems führt in der Folge entweder zu unnötig hohen Logistikkosten, oder aber es kann die geforderte Logistikleistung nicht erbracht werden. Häufig auftretende Schwachstellen als Folge einer mangelhaften Lagersystemplanung sind:

- Zu hohe oder zu niedrige Gesamtkapazität des Lagers
- Ungenügende Differenzierung der Lagerbereiche
- Mangelhafte Zuordnung von Gebindearten bzw. Lagerplatzgrößen zu den Artikeln
- Mangelhafte Abstimmung der Regalkapaziäten mit der Leistung von Regalbediengeräten
- Unnötig große Gebindevielfalt auf Grund mangelnder Gebindeoptimierung
- Engpässe bei der Kommissionierung.

Zur Vermeidung dieser negativen Folgen muss die Lagersystemplanung die ganzheitliche Betrachtung der relevanten Planungsbereiche unterstützen (vgl. Abb. 5-20).

5.1.4 Lagerverwaltung und -steuerung

Die immer höheren Anforderungen an kurze Durchlauf- und Lieferzeiten setzen eine ständige Auskunftbereitschaft und schnelle Reaktionsfähigkeit der Lager voraus. Neben dem strukturellen Aspekt, der Lagerausstattung, ist deshalb für eine optimale Gestaltung der **Ablauforganisation** in Lägern Sorge zu tragen. Hierzu dienen entsprechende Lagerverwaltungs- und -steuerungssysteme, die im Wesentlichen zwei Aufgaben zu bewältigen haben (vgl. *Arnold* 1983, S. 684). Zum einen haben sie sicherzustellen, dass Ein- und Auslagerungen termingenau, reibungslos und kostengünstig erfolgen. Zum anderen gilt es, die Einzelbewegungen der Lagerobjekte lückenlos zu erfassen, so dass der mengen- und wertmäßige Bestand kontrolliert werden kann. Im Einzelnen umfassen die **Funktionen** eines Lagerverwaltungs- und -steuerungssystems (vgl. *Kämpf/Kühnle* 1986, S. 45):

– Optimierung der Reihenfolge von Ein- und Auslagerungsaufträgen,
– Zuordnung von Einlagerungsaufträgen zu Leerfächern,
– Zuordnung von Auslagerungsaufträgen zu Ladeeinheiten,
– Veranlassung und Überwachung von Fahranweisungen für die Regalförderzeuge,

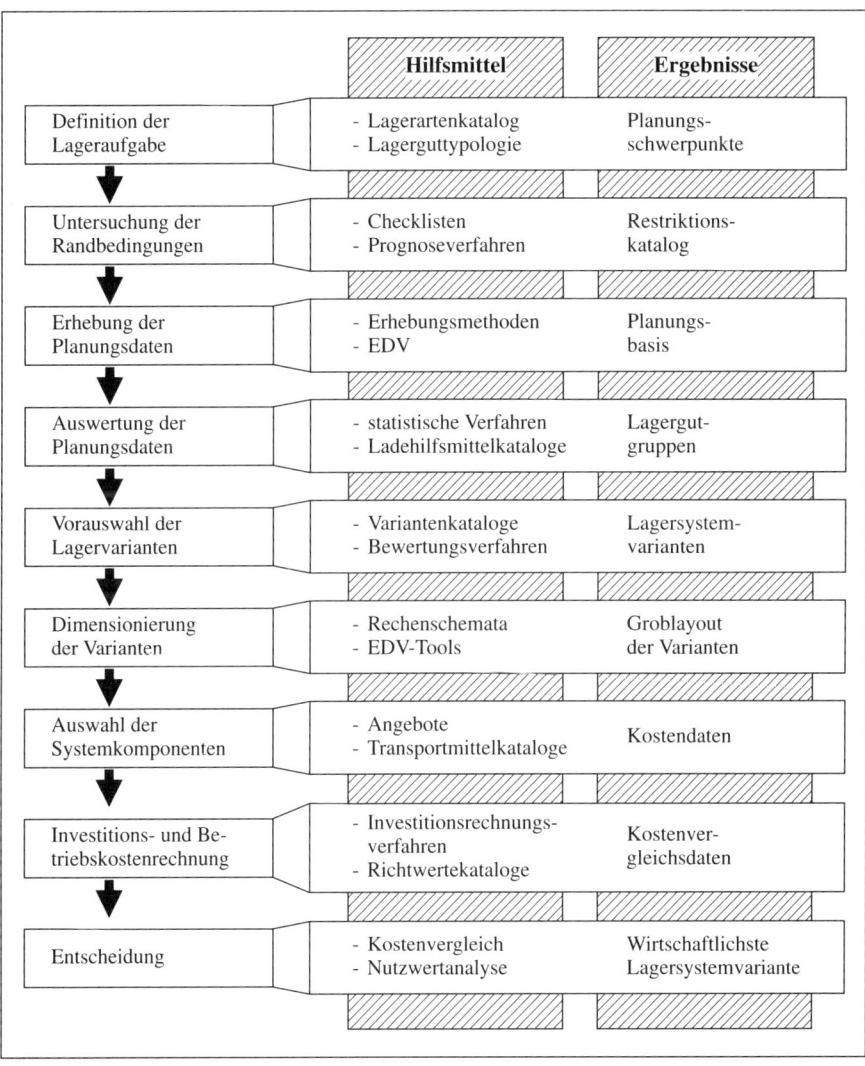

Abb. 5-20: Lagersystemplanung (vgl. Aggteleky 1990; Bauer 1984)

– Reibungslose Identifikation und Kontrolle der Ein- und Auslagerung von Lager-
hilfsmitteln,
– Führung des Lagerabbildes (Leerfächer und belegte Fächer),
– Fortschreibung aller Mengen der ein- und ausgelagerten Artikel.

Bei früheren DV-gestützten Lösungen für die Lagerverwaltung und -steuerung wurden
in der Regel alle voneinander unabhängigen Funktionen auf einem Rechner realisiert.
Dies war mit hohen Kosten, langen Reaktionszeiten sowie einer hohen Störanfälligkeit
verbunden. Die Entwicklungen auf dem Gebiet der Computertechnik ermöglichen
heute jedoch die Verteilung der abzuwickelnden Aufgaben auf mehrere Rechner.
Hierbei ist beispielsweise eine dreistufige **Rechnerhierarchie** mit Host-Rechner, Lagerverwaltungsrechner und Lagerprozessrechner denkbar. „Folgende **Anforderungen**
sollten dabei von dem **Programmkonzept** erfüllt werden:

– Wirtschaftliche Anpassung der Standard-Software für alle Lagertypen vom Handla-
ger bis zum Hochregallager und alle gängigen Groß- und Klein-Computer
– Stufenweise Inbetriebnahme und schrittweiser Aufbau durch einen hierarchisch ge-
gliederten und funktionsbausteinorientierten Hardware- und Software-Verbund
– Optimale Zuordnung von Verwaltungs- und Steuerungsfunktionen zu der jeweiligen
Systemebene entsprechend den Anforderungen der betrieblichen Organisation
– Hohe Anpassungsfähigkeit an veränderte Leistungs- und Funktionsbedingungen im
Langzeitbetrieb
– Hohe Verfügbarkeit beziehungsweise sofortiges Erkennen von Störungen. Beseiti-
gen von Fehlern und leichte Wartung durch hohe Modularität des Programmaufbaus
und Schnellwechselmöglichkeit im Störungsfall
– Uneingeschränkte Datensicherheit, unabhängig von der jeweiligen Hardware-Kon-
figuration durch Speicherung der Sicherungsdaten auf Diskette, Band oder Platte
und Ablage aller Transaktionen seit der jeweils letzten Datensicherung in einer
LOG-Datei
– Schneller Wiederanlauf nach einem Systemausfall durch sofortigen Rückgriff auf
die Datensicherungsdatei und die zugehörige LOG-Datei
– Einfache Organisation des Notbetriebes in Abhängigkeit des anwenderspezifischen
Automatisierungsniveaus, der entweder automatisiert durch einen Zweitrechner
oder durch ein manuelles Verfahren mit entsprechenden Unterlagen (zum Beispiel
sortierte Bestands-, Lagerübersichts-, Auftragslisten) unterstützt wird." (*Pawellek/
Heilmann* 1985, S. 56 f.).

Abb. 5-21 enthält exemplarisch ein hochmodulares Programmkonzept für die Lagerverwaltung und -steuerung. Die stark umrandeten Standard-Bausteine sollten in jedem
Lager realisiert werden. Die ergänzenden Bausteine können – entsprechend den betrieblichen Erfordernissen – hinzu kommen.

5.1.5 Zentralisationsgrad der Läger

Bei der Organisationsform **Zentrallager** werden die Bestände an Roh-, Hilfs- und
Betriebsstoffen an einem Ort innerhalb eines Betriebes konzentriert. Eine räumlich
dezentrale Lagerhaltung an unterschiedlichen Standorten im Betrieb kann nach den
Kriterien der Stoff- und/oder Verbrauchsorientierung strukturiert werden (vgl. *Ham-*

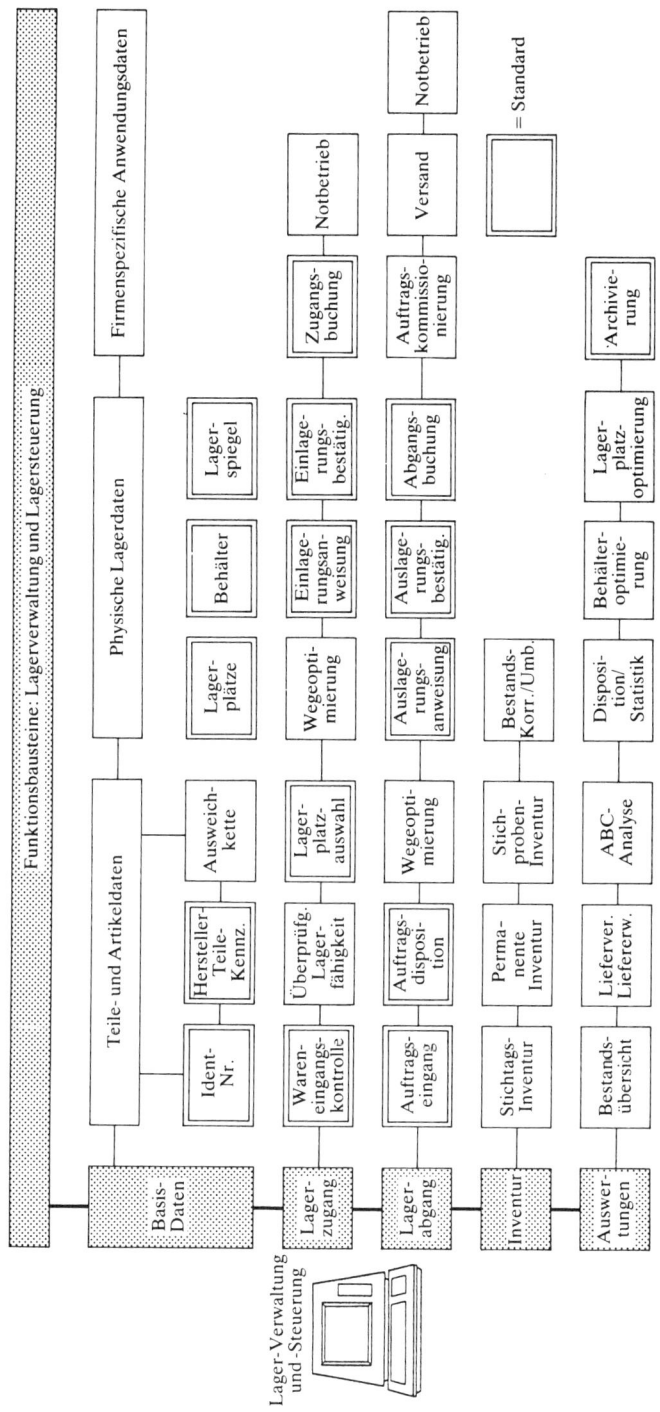

*Abb. 5-21: Hochmodulares Programmkonzept für die Lagerverwaltung und -steuerung
(Pawellek/Heilmann 1985)*

mer 1977, S. 164). Bei stofforientierter Lagerung erfolgt die Trennung der Lagermaterialien nach Materialarten, während bei verbrauchsorientierter Aufteilung eine innerbetriebliche Sortimentsbildung nach den Bedarfsorten im Fertigungsprozess erfolgt. Sofern eine Materialart nur an einem einzigen Lagerstandort bevorratet wird, sind die Begriffe zentrales und dezentral stofforientiertes Lager nicht eindeutig abzugrenzen (vgl. *Grochla* 1969, Sp. 977 f.).

Eine dezentrale Lagervariante bildet zudem ein in den Materialfluss integriertes **Pufferlager** als Spezialform eines Zwischenlagers. Die Installation dieser Lagerart will Störungen im Fertigungsablauf vermeiden (vgl. *Jodl* 1979, Sp. 1722 f.). Pufferlager reduzieren Produktionsengpässe und verhindern Unterbrechungen im Fertigungsprozess (vgl. *Wildemann* 1986, S. 41 ff.).

Die Existenz von spezifischen Organisationsmitteln, beispielsweise speziellen Hebevorrichtungen, oder die Notwendigkeit einer Sonderbehandlung, wie spezifische klimatische Ansprüche des gelagerten Materials, beeinflussen die Auswahl einer Organisationsvariante wesentlich. Sofern spezifisch zu behandelnde Einsatzstoffe ausschließlich in einem definierten Produktionsbereich benötigt werden, bietet sich eine autonome Problemlösung an. Bei Mehrfacheinsatz innerhalb des Betriebes ermöglicht die Bevorratung in einem Zentrallager die größtmögliche Nutzung von Degressionseffekten.

Durch ein **Zentrallager** wird eine rationale Raum- und Flächennutzung erreicht. Die Investition in platzsparende Hochregallager (vgl. *Kern* 1980, S. 222) und hierfür erforderliche Hilfsmittel ist nur bei hoher Auslastung der Lagerkapazität sinnvoll. Dasselbe gilt für die etwaige Durchführung von Automatisierungsmaßnahmen der Handhabung. Der Umfang der Lagerhaltung in einem Zentrallager erfordert in der Regel, dass sich dort die Aufgaben auf mehrere Arbeitskräfte verteilen, während in einem autonom der Fertigung zugeordneten, dezentralen Lager das Lagerwesen von einem oder wenigen Mitarbeitern betreut werden kann. Dies erleichtert die Bestandsführung, da der Ansprechpartner eindeutig feststeht.

Fertigungsnahe oder darüber hinaus disziplinarisch **in den Fertigungsbereich integrierte Läger** (vgl. *Klos* 1985, S. 210) meiden die Nachteile eines Zentrallagers, nämlich lange Transportstrecken zwischen Lager und Verbrauchsort und dadurch bedingt hohe Transportkosten und -zeiten (vgl. *Hammer* 1977, S. 163). Lange Zugriffszeiten und ein mehrfaches Umsetzen der Materialien können durch die räumliche Zuordnung oder Integration von Lägern in den Prozessablauf reduziert werden. Eine disziplinarische Eingliederung des Lagerwesens verringert die Anzahl von Schnittstellen. Zudem steigt die Transparenz bezüglich des tatsächlich verfügbaren Materials bei einer räumlichen Dezentralisation (vgl. *AWF* 1984, S. 95). Die Anforderungen an die Rechnergeschwindigkeit können für jedes Lager separat festgelegt werden.

5.1.6 Eigen- oder Fremdlagerhaltung

Im Rahmen der Lagerhaltung ist zu prüfen, ob das Industrieunternehmen diese selbst übernehmen soll oder sie an Dienstleistungsunternehmen überträgt. Fremdlagerhaltung spielt vor allem in der Beschaffungs- und Distributionslogistik eine zunehmend größere Rolle. Das auf der Beschaffungsseite existierende Speditionslagermodell wird in Abschnitt 6.4.3.4 diskutiert. An dieser Stelle sollen die grundsätzlichen Vor- und Nachteile einer Eigen- bzw. Fremdlagerhaltung einander gegenübergestellt werden.

Entscheidungen über die Fremdvergabe logistischer Leistungen sind in der Regel langfristiger Natur und bedürfen deshalb eines systematischen und fundierten Entscheidungsprozesses (vgl. Abb. 5-22).

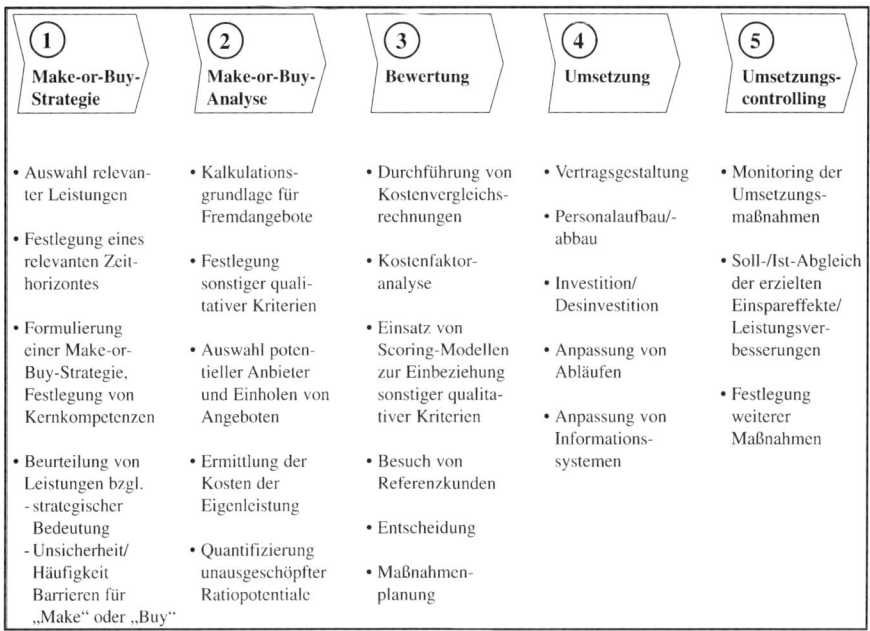

Abb. 5-22: Vorgehensweise bei Fremdvergabe logistischer Dienstleistungen
(Dinges/Büttner 1996, S. 198)

Im ersten Schritt sind die Kernleistungsprozesse zu definieren und Teilprozesse zu identifizieren, die für eine Fremdvergabe grundsätzlich in Frage kommen. In der anschließenden Analysephase sind die relevanten Daten und Parameter zu ermitteln und aufzubereiten, die in der Bewertungsphase einen Wirtschaftlichkeitsvergleich zwischen Eigenerstellung oder Fremdvergabe ermöglichen. Hierbei sind auch qualitative Kriterien in die Analyse und Beurteilung einzubeziehen.

Bedeutsam ist die Vollständigkeit der Kostenbetrachtung, d. h. der Einbezug aller relevanten Faktoren und die Wahl des richtigen zeitlichen Horizontes (vgl. Abb. 5-23). So müssen bei den Fremdleistungen auch die Kosten der Umstellung sowie der Aufwand für die Steuerung des Dienstleisters in die Gesamtkosten eingerechnet werden. Bei den Kosten der Eigenleistung gilt es, neben den fixen und variablen Kosten der Eigenerstellung auch Abschreibungen auf gegebenenfalls zusätzlich erforderliche Investitionen zur Beibehaltung der Eigenleistung sowie die Opportunitätskosten einer Alternativnutzung gebundener Kapazitäten (z. B. Verkauf oder Vermietung von Grundstücken und Gebäuden) einzubeziehen. Die Kosten für die Eigenleistung, die in der Make-or-Buy-Entscheidung zugrundegelegt werden, sollten die Ausschöpfung vorhandener Rationalisierungspotentiale bereits berücksichtigen (vgl. Dinges/Büttner 1996, S. 199). An die Entscheidung für die Fremdvergabe logistischer Dienstleistungen schließt sich die Umsetzungsphase sowie das Umsetzungscontrolling an.

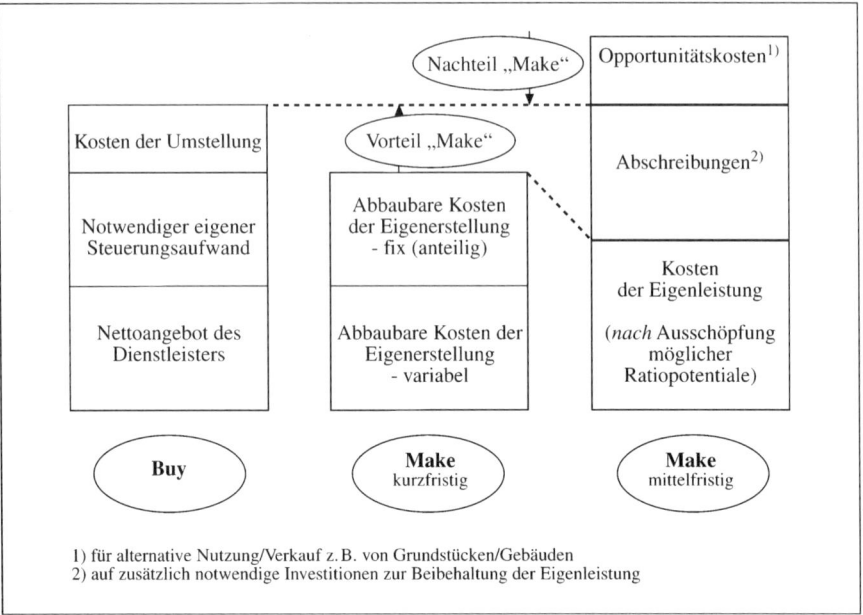

Abb. 5-23: Kostenvergleichsrechnung für Make-or-Buy-Entscheidungen
(Dinges/Büttner 1996, S. 199)

Bei Beantwortung der **make-or-buy-Entscheidung** sind im Einzelnen als **Kriterien** zu berücksichtigen:

– Investitionsbedarf für Gebäude und Anlagen,
– Grad der Abhängigkeit,
– laufende Betriebskosten,
– Personalbedarf und Spezialisten-Know-how sowie
– Belastungsspitzen und Kapazitätsbedarfsschwankungen.

Diese Faktoren sind für das eigene Unternehmen und für sich anbietende Alternativen durch Speditionen oder Logistikunternehmen zu bewerten und einander gegenüberzustellen.

Will ein Unternehmen eine eigene Lagerhaltung betreiben, so entstehen ihm hohe **Investitionskosten** für entsprechende Lagerhallen, Anlagen, Geräte und DV-Einrichtungen. Dieser Fixkostenblock ist umso höher, je größer der angestrebte Automationsgrad des gesamten Systems ist. Dies gilt insbesondere dann, wenn eine weite, ausgereifte EDV-Vernetzung und flexible Anlagen erforderlich sind. Bei der Lagerhaltung durch Dritte können kapitalintensive Anlagen ohne eigenen Mitteleinsatz genutzt werden (vgl. *Eierhoff* 1988, S. 155). Als Nachteil kann sich hingegen erweisen, dass die Fremdlagerhaltung generell den Aufbau eines längerfristigen Kooperationsverhältnisses und damit einer bestimmten **Abhängigkeit** bedeutet, ohne dass direkter Einfluss auf die Investitionsentscheidungen, wie z. B. auf die Erweiterung der bestehenden Kapazitäten oder den Kauf modernerer Anlagen, genommen werden kann.

Auch die **laufenden Betriebskosten** sind ein Kostenblock, der genau berechnet und mit den Lagerkosten der Dienstleistungsunternehmen verglichen werden muss. Während im eigenen Unternehmen jedoch auch Abschreibungen auf ungenutzte Maschinen und Gebäude hierzu zählen, kann der Spediteur nur Entgelt für tatsächlich in Anspruch genommene Leistungen verlangen, d. h. ihm obliegen die Risiken von Auslastungsschwankungen (vgl. *Eierhoff* 1988, S. 155). Er wird diese Risiken natürlich in seine Kostenkalkulation und Preissetzung einbeziehen, kann jedoch flexibler auf Kapazitätsveränderungen reagieren, da er generell auch Leistungen für andere Unternehmen erbringt und dadurch freiwerdende Lagerräume mit anderen Waren füllen kann. In der Praxis ergeben sich hierbei bisweilen Probleme, wenn der Lagerraum durch ein bestimmtes Palettenmaß auf eine bestimmte Ladungshöhe für einen speziellen Kunden zugeschnitten und daher nicht für andere Warenpaletten nutzbar ist (vgl. *o. V.* 1986, S. 38). Dennoch liegt in der Konsolidierung von Leistungen – gemeinsamer Lagerung, Transport oder Auslieferung mehrerer Produkte verschiedener Anbieter – ein Kosteneinsparungspotential (vgl. *Heskett* 1978, S. 70) und die Möglichkeit eines attraktiveren Leistungsangebotes für den Abnehmer, wenn ganze Leistungspakete angeboten werden können (vgl. *Schmied* 1983, S. 83).

In **personeller Hinsicht** herrscht in vielen Industrieunternehmen noch ein Mangel an qualifizierten Logistikfachkräften; außerdem zeigen sich vielfach innerbetriebliche Widerstände gegen eine Umorganisation zur Verbesserung der Logistikabläufe (vgl. *Pfohl* 1983, S. 724). In diesem Punkt erweisen sich Speditionen oder andere Logistikdienstleister als flexibler und personell besser besetzt, da die Wahrnehmung von Logistikaufgaben ihre Haupttätigkeit darstellt und daher einen anderen Stellenwert einnimmt als in Produktionsunternehmen. Ihre Personalkosten sind wegen der Zugehörigkeit zu den Tarifgruppen der Verkehrswirtschaft meist niedriger als die der Industrieunternehmen (vgl. *Kleer* 1987, S. 65). Durch **individuelle Arbeitszeitmodelle** kann zudem der Personaleinsatz in seiner Effizienz noch gesteigert werden. So absolvieren die Lagerarbeiter der Bertelsmann Distribution kein bestimmtes Stundenfixum pro Tag oder Monat, sondern sie werden situativ, je nach Auftragslage und Auslastungsgrad, eingesetzt und führen hierbei ein auf Jahresbasis angelegtes Arbeitszeitkonto über ihre tatsächlich geleisteten Arbeitsstunden (vgl. *Eierhoff* 1988, S. 556). Eine derartige flexible Arbeitszeitregelung setzt die Bereitschaft der Mitarbeiter voraus, bei Versandspitzen lange Arbeitszeiten in Kauf zu nehmen oder teilweise auch andere Tätigkeiten auszuüben. Diese Bereitschaft ist zwar nicht den Distributionsunternehmen vorbehalten, aber bei Mitarbeitern, die anderen Tarifgruppen angehören, oft wesentlich schwerer durchzusetzen. Somit kann der Logistik-Dienstleister Personalbedarfsspitzen oder -überhänge kostengünstiger bewältigen und darüber hinaus stets auf geschultes, eingearbeitetes Personal zurückgreifen.

Bei der Frage der Eigen- oder Fremdlagerhaltung sind deshalb die Regelmäßigkeit von Aufträgen und das Auftreten von Versandspitzen, d. h. **Kapazitätsauslastungsschwankungen** wichtige Einflussfaktoren. In der Lagerabwicklung müssen stets ausreichende Kapazitäten bereitstehen, die jedoch, falls starke Auftragsschwankungen die Regel sind, zu hohen Leerkosten führen können. Bestehen dagegen langfristige Rahmenverträge mit Abnehmern und ist der Absatz weitgehend prognostizierbar, so lässt sich ein hoher Lieferservicegrad ohne hohe Kostenbelastung auch bei Eigenlagerhaltung erzielen.

5.2 Kommissioniersysteme

5.2.1 Funktionen von Kommissioniersystemen

Kommissionieren beinhaltet das **Zusammenstellen bestimmter Teilmengen** (Artikel) **aus einer bereitgestellten Gesamtmenge** (Sortiment) auf Grund von Bedarfsinformationen. Hierbei erfolgt eine Umwandlung von einem lagerspezifischen in einen **verbrauchsspezifischen Zustand.** In der Regel ist dem Kommissionieren eine Lagerfunktion vorgelagert und eine Verbrauchsfunktion (z.B. Produktion, Montage, Versand) nachgelagert (vgl. Abb. 5-24).

Die für die Kommissionierung erforderlichen Einzelvorgänge erfordern vielfach einen **hohen Koordinations- und Steuerungsaufwand.** In der Ablaufgestaltung der Kommissionierung liegt deshalb in der Regel ein **erhebliches Rationalisierungspotenzial,** das sich durch eine materialflussgerechte Zuordnung der Lager- und Kommissionierfunktionen, die Optimierung der eingesetzten Techniken sowie die Integration von Material- und Informationsfluss erschließen lässt.

Folgende **Grundfunktionen** sind im Rahmen des Kommissionierens durchzuführen (vgl. *Schwarting* 1986, S. 9) (vgl. Abb. 5-24):

– Bereitstellung von Bedarfsinformationen (Kommissionieraufträgen),
– Bereitstellung von Artikelgruppen,
– kontrollierte Entnahme von Teilmengen aus der bereitgestellten Gesamtmenge,
– planmäßige Fortbewegung zur Entnahme und Abgabe,
– Abgabe der Teilmengen an nachgelagerte Instanzen und Quittieren des Vollzugs.

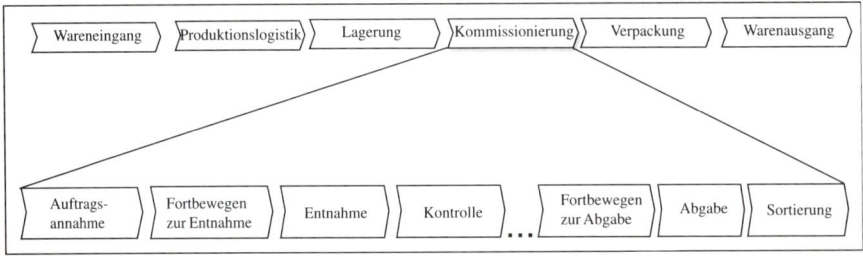

Abb. 5-24: Die Prozesskette der Kommissionierung

Wesentliche bei der Planung von Kommissioniersystemen zu berücksichtigende Strukturdaten sind in Abb. 5-25 dargestellt.

Kommissionier-Strukturdaten				
Sortimentsstruktur	**Artikelstruktur**	**Zugriffsstruktur**	**Auftragsstruktur**	**Versandstruktur**
• Sortimentsbreite (Gruppen, Anzahl, Artikel) • Umschlagshäufigkeit (Gängigkeit) • Saisonartikel • Aktionsware	• physische Kenndaten (Abmessung, Form, Gewicht) • Ladehilfsmittelzuordnung • Bestand • Zu- und Abgänge	Häufigkeitsklassen • täglich • wöchentlich • monatlich • jährlich	• Anzahl der Aufträge • Anzahl Positionen pro Auftrag • Anzahl Entnahmen pro Position • Auftragsvolumen • Auftragsgewicht • Durchlaufzeit	• Versandeinheiten (Lagereinheit, Paletten/Behälter, Versandkarton) • Auslieferungsart (Einzellieferung, Sammellieferung)

Abb. 5-25: Kommissionier-Strukturdaten (Heptner 2003, S. 234)

5.2.2 Elemente von Kommissioniersystemen

Ein Kommissioniersystem besteht im Allgemeinen aus den Elementen (vgl. Abb. 5-26):

– Kommissionierlager,
– Transportmittel,
– Mensch und
– Kommissionierauftrag.

Die Beziehungen der Elemente zueinander stellen die Organisation des Kommissioniersystems dar.

5.2.2.1 Kommissionierlager

Im Kommissionierlager werden die Artikel gelagert, die Gegenstand eines Kommissionierauftrags sein können. Das Kommissionierlager erfüllt die so genannte **Präsenzfunktion.**

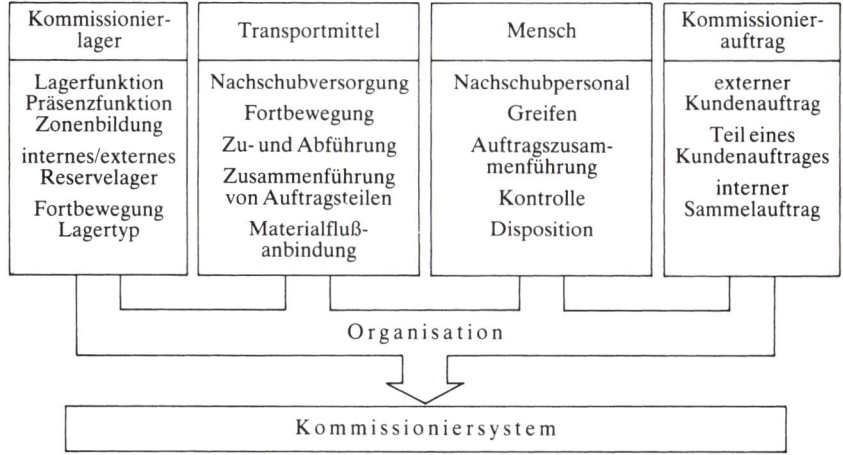

Abb. 5-26: Elemente von Kommissioniersystemen (Schwarting 1986, S. 19)

Eine Differenzierung des Kommissionierlagers kann dahingehend erfolgen, dass **Lagerzonen** eingerichtet werden, die lediglich Teile des gesamten Sortiments enthalten. Die Bildung von Lagerzonen kann sich beispielsweise auf Grund der Eigenschaften der zu lagernden Artikel, der Auftragsstruktur oder der Kundenstruktur anbieten.

Reserve- und Kommissionierlager können prinzipiell räumlich getrennt oder integriert werden (vgl. *Noback/Rudnig* 1984, S. 500 f.). Erfolgt z. B. nach der Anlieferung der zu lagernden Artikel zunächst eine Einlagerung in ein Hochregallager, aus dem anschließend Einzelpaletten abgerufen und im Kommissionierlager gelagert werden, so handelt es sich um eine räumliche Trennung von Kommissionier- und Reservelager. Das Hochregallager übt in diesem Fall lediglich Nachschubfunktionen aus. Eine räumliche Integration ist häufig bei manuell bedienten Palettenregallagern anzutreffen, in deren beiden unteren Ebenen kommissioniert wird, während sich die Nachschubpaletten auf den oberen Ebenen befinden. Falls der Gesamtbestand eines Artikels in ein oder zwei benachbarten Kanälen eines Durchlaufregallagers enthalten ist, wird die Unterscheidung in Kommissionier- und Reservelager hinfällig.

Sind Kommissionier- und Reservelager getrennt, so lassen sich bezüglich der räumlichen Anordnung beider Bereiche das interne und das externe Kommissionierlager unterscheiden. Das **interne Kommissionierlager** stellt zwar eine separate Einheit dar, ist aber physisch mit dem Reservelager verbunden. Demgegenüber ist das **externe Kommissionierlager** physisch vom Reservelager vollkommen getrennt.

Einen weiteren wesentlichen Gestaltungsparameter stellt die **Art der Lagerplatzvergabe** der Artikel dar (vgl. *Pieper* 1982, S. 31). Als Alternativen kommen eine feste, freie oder chaotische Lagerordnung in Betracht. Für den Fall der **festen Lagerordnung** ist der Platz jedes Artikels anhand eines Kriteriums, wie z. B. Artikelnummer oder alphabetische Sortierung, festgelegt. Diese Zuordnung wird bei der **freien Lagerplatzvergabe** aufgegeben. Bei der **chaotischen Lagerordnung** ändert sich der Lagerort eines Artikels ständig in Abhängigkeit von der jeweiligen Situation. Hierdurch kann zwar Platz gespart werden, gleichzeitig wird jedoch ein höherer Grad an EDV-Unterstützung der Kommissionierung erforderlich. Es müssen alle Artikel mit ihren jeweiligen Lagerplätzen abgespeichert sein, da das Kommissionierpersonal ansonsten die aktuellen Lagerplätze nicht kennt.

Als **Lagertypen** finden im Kommissionierlager grundsätzlich Bodenlager, Regallager, Fachbodenlager, Umlaufregallager und Durchlaufregallager Anwendung (vgl. *Pörsch* 1980, S. 131 ff.). Die Auswahl wird insbesondere bestimmt durch den Abgleich zwischen Artikeleigenschaften und den verwendeten Behältern sowie die Gegenüberstellung der Umschlagmengen pro Periode und der geforderten Kommissionierleistung.

5.2.2.2 Transportmittel

Die **Aufgaben von Transportmitteln** im Kommissionierlager umfassen im Einzelnen (vgl. *Schwarting* 1986, S. 21 f.):

– Zuführung der Nachschubversorgung an das Kommissioniersystem. Hierunter fällt der Transport der Waren vom Reservebereich in den Kommissionierbereich und bei integriertem Reservelager die Durchführung der Umlagervorgänge.

– Unterstützung des Menschen bei der Wahrnehmung seiner Aufgaben, z. B. Beförderung des Kommissionierers in Systemen mit statischer Bereitstellung (vgl. Abschnitt 5.2.3) und zweidimensionaler Fortbewegung.
– Zu- und Abtransport der Lager- und Kommissionierbehälter in Systemen mit dynamischer Bereitstellung (vgl. Abschnitt 5.2.3), wobei jeweils unterschiedliche Transportmittel einzusetzen sind.
– Abführung der kommissionierten Auftragsteile bzw. Aufträge.

Im Rahmen der Kommissionierung können prinzipiell alle Fördertechniken zum Einsatz gelangen. Die Entscheidung für ein bestimmtes Fördermittel hängt jeweils von der Einsatzsituation, den zu erfüllenden Aufgaben und den bei der Kommissionierung verwendeten Ladehilfsmitteln ab. Als Trend ist jedoch eine Abkehr von Einzelfahrzeugen zu beobachten. Vielmehr werden Einlagerung und Entnahme innerhalb des Kommissionierbereiches sowie die Weitergabe an nachgelagerte Bereiche in einem fördertechnischen Gesamtzusammenhang betrachtet (vgl. *Scheid* 1980; *Schulze* 1981).

5.2.2.3 Mensch

Zentrale Aufgabe des Kommissionierpersonals ist die **Entnahme** der zu **kommissionierenden Positionen.** Trotz vieler Bestrebungen, diese Tätigkeit zu automatisieren, wird auf absehbare Zeit in den meisten Anwendungsfällen die menschliche Hand zur wirtschaftlichen Abwicklung der Entnahmefunktion unentbehrlich sein. Automatische Kommissioniereinrichtungen stellen nach wie vor sehr hohe Anforderungen an die Homogenität der gelagerten Artikel und sind relativ inflexibel. Außerdem gelingt der Wirtschaftlichkeitsnachweis nur selten.

Es erfolgt aber vielfach eine Unterstützung des Menschen bei der Abwicklung der Kommissionieraufgaben, beispielsweise durch ergonomische Gestaltung des Kommissionierarbeitsplatzes, Systeme der dynamischen Bereitstellung, die zu einer Vermeidung von Wegen führen sowie den Einsatz moderner Systeme der Informationsübertragung und -verarbeitung.

Analysiert man die Tätigkeiten, die vom Menschen in Kommissioniersystemen zu erbringen sind, so können drei hierarchische Ebenen unterschieden werden:

– die Dispositionsebene,
– die Kontroll- und Überwachungsebene und
– die physische Abwicklung (vgl. *Schwarting* 1986, S. 25 ff.).

Auf der Ebene der **Disposition** erfolgt die ablaufbezogene Integration des Kommissioniersystems in die Gesamtunternehmung. Es werden zum einen die Anforderungen der übrigen Bereiche des Unternehmens an das Kommissioniersystem in Handlungsanweisungen umgesetzt und die Ziele für die beiden anderen Ebenen aufgestellt. Dies beinhaltet im Einzelnen:

– die Personaleinsatzplanung und -kontrolle,
– die Abstimmung mit den Erfordernissen der nachgelagerten Bereiche,
– die Festlegung von Auftragsreihenfolgen, um eine gleichmäßige und hohe Auslastung der einzelnen Kommissionierbereiche sicherzustellen.

Auf der Ebene der **Kontroll- und Überwachungstätigkeiten** werden die Aktivitäten der physischen Abwicklung ausgelöst und deren Abschluss erfasst. Hierzu gehören folgende Funktionen:

– Starten der Auftragsbearbeitung,
– Durchführung der Rückmeldung,
– Vollständigkeitsprüfung,
– Bearbeitung von Störungen im Kommissionierablauf, wie z.B. Fehlteile oder falsche Nachschubauslösung,
– Kontrolle des Arbeitsfortschrittes, wobei der Überwachung der Eilauftragsbearbeitung besonderes Gewicht beizumessen ist.

„Die **physische Abwicklung** der Ausführungsebene umfasst im Einzelnen:

– Bestandsüberwachung und Nachschubauslösung,
– Durchführung der Beschickung (Einlagerung der Nachschubmengen in die jeweiligen Fächer),
– Abwicklung der Kommissionierung (Greifen),
– Zusammenführung von Auftragsteilen (ggf. Zerlegung),
– Durchführung von Verpackungsvorgängen und Erstellung von Rückmeldungsbelegen,
– Übergabe an nachgelagerte Betriebsbereiche" (*Schwarting* 1986, S. 27).

5.2.2.4 Kommissionierauftrag

Kundenaufträge bestehen meist aus einer Reihe von zu kommissionierenden Positionen. Unter Kunden werden hierbei sowohl unternehmensexterne als auch -interne subsumiert. Je nach gewählter Kommissioniermethode ergeben sich drei Möglichkeiten der **Umsetzung von Kundenaufträgen in Kommissionieraufträge** (vgl. *Schwarting* 1986, S. 31):

– Das einfachste Vorgehen besteht darin, einen externen **Kundenauftrag um lagerspezifische Daten zu ergänzen** und die Reihenfolge der Artikel entsprechend der Lagerortvergabe umzusortieren. Diese Methode ermöglicht es unter Umständen, den Kommissionierbeleg gleichzeitig als Lieferschein nutzen zu können. Allerdings besteht die Gefahr, dass der Beleg unübersichtlich wird, da er eine Reihe von Informationen enthält, die der Kommissionierer nicht benötigt. Die beschriebene Vorgehensweise setzt ein sequentielles Kommissionieren voraus, d.h. die Positionen des Kommissionierauftrags werden nacheinander abgearbeitet.
– Wird in mehreren Zonen des Kommissionierlagers parallel kommissioniert, setzt dies eine **Splittung des Kundenauftrags** voraus. Es müssen Teilaufträge erzeugt werden, die jeweils nur Auftragspositionen einer spezifischen Zone enthalten. Da die Teilkommissionen abschließend wieder zusammengefügt werden müssen, ergibt sich hierfür ein Mehraufwand. Mögliche Vorteile der parallelen Kommissionierung können in einer höheren Kommissionierleistung und niedrigeren Durchlaufzeiten für die einzelnen Aufträge liegen, so dass sich dieses Vorgehen bei umfangreichen Kommissionieraufträgen anbieten kann.
– Eine dritte Möglichkeit, Kundenaufträge in Kommissionieraufträge umzusetzen, besteht in der Erzeugung **interner Sammelaufträge** durch die Zusammenfassung

von Kundenaufträgen. Bei der Artikelentnahme werden also mehrere Aufträge simultan bearbeitet. Hierbei kann entweder das gesamte Tagesvolumen kommissioniert werden oder es werden Serien in Abhängigkeit vom zeitlichen Eingang der Aufträge gebildet. Aufgrund der artikelweisen Auftragszusammenfassung muss der einzelne Lagerplatz nicht mehrfach angefahren werden. Die relativen Wegezeiten sinken. Die artikelweise Kommissionierung weist insbesondere dann eine hohe Wirtschaftlichkeit auf, wenn täglich sehr viele Aufträge zu bearbeiten sind, die sich jeweils auf wenige Artikel eines großen Gesamtsortiments beziehen. Da die artikelweise Kommissionierung die vorherige Zusammenfassung von Einzelaufträgen voraussetzt, ist eine EDV-Unterstützung hierfür in der Regel unumgänglich.

Abb. 5-27 verdeutlicht noch einmal die alternativen Formen der Kommissionierung und ihre organisatorischen Konsequenzen.

	Kommissionierbeleg	Kommissionier-methode	Organisatorische Konsequenz
Kommissionier-auftrag	Kundenauftrag	Sequentielles Kommissionieren	– – –
	Teil des Kundenauftrags	Paralleles Kommissionieren	Zusammenführung
	Interner Sammelauftrag	Artikelweises Kommissionieren	Vereinzelung und Zusammenführung

Abb. 5-27: Formen unterschiedlicher Kommissionieraufträge (Pieper 1982, S. 35)

5.2.3 Gestaltung von Kommissioniersystemen

Die Kommissionierung kann prinzipiell von Mitarbeitern durchgeführt werden oder unter ausschließlicher Verwendung von Automaten erfolgen (vgl. *Rauch* 1987, S. 389) (vgl. Abb. 5-28). Grundsätzlich werden beim Kommissionieren unter **Einsatz von Menschen** zwei alternative Methoden unterschieden:

- **„Person-zur-Ware"** (statisch)
  Hier bewegt sich der Kommissionierer zur Ware hin (vgl. Abb. 5-29). Von der Gesamtmenge, die im Regal verbleibt, wird eine Teilmenge entnommen. Durch die vorherige Bestimmung der Kommissionierreihenfolge können die Wege des Kommissionierers minimiert werden.
  Neben der eigentlichen Kommissionierung fallen bei den Person-zur-Ware-Systemen noch eine Reihe weiterer Tätigkeiten an, wie
  – Starten des nächsten Kommissionierauftrages,
  – Klärung, von welchem Lagerort das Material entnommen werden muss,
  – Finden des Weges zu diesem Lagerort,
  – Fahrt bzw. Gang zu diesem Lagerort,
  – Identifikation des Lagerfachs, aus dem das Material zu entnehmen ist.
  Typische Person-zur-Ware-Systeme enthält Abb. 5-28.

• **„Ware-zur-Person"** (dynamisch)

Hier werden die Lagereinheiten (aus einem meist automatisierten Lager) zum Kommissionierer transportiert (vgl. Abb. 5-30). Dieser entnimmt die angeforderten Teilmengen. Anschließend werden die angebrochenen Lagereinheiten wieder in das Lager zurückbefördert. Gegenüber der erstgenannten Methode ergeben sich Zeitvorteile auf Grund der kürzeren Kommissionierzeit und des Wegfalls der Fortbewegungszeit des Kommissionierers. Bei seiner Tätigkeit verlässt der Kommissionierer seinen Arbeitsplatz nicht. Typische Ware-zur-Person-Systeme können Abb. 5-28 entnommen werden.

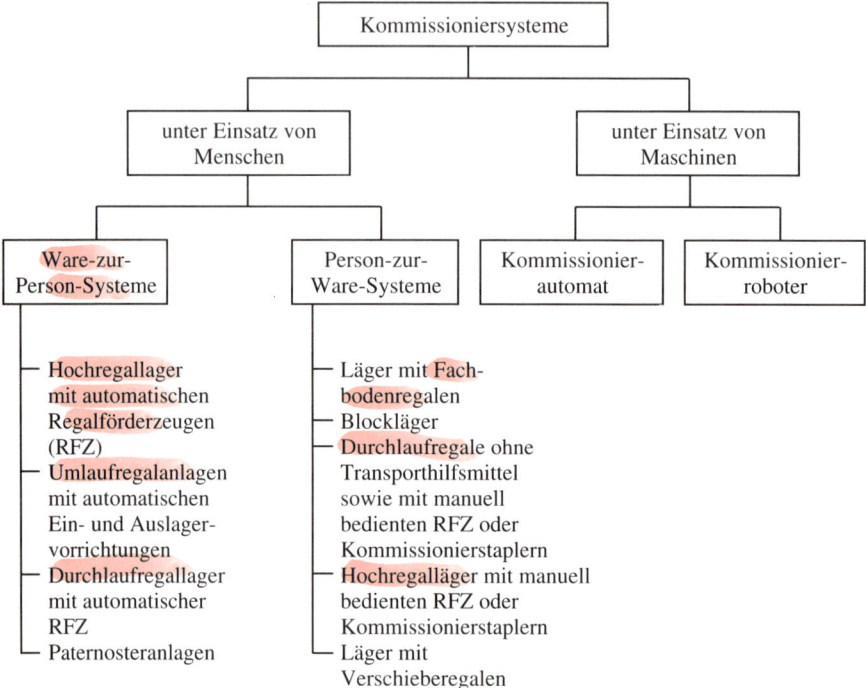

Abb. 5-28: Kommissioniersysteme

Ein Vergleich der Alternativen statische versus dynamische Bereitstellung ist in Abb. 5-31 enthalten. Tendenziell ist festzuhalten, dass die statische Bereitstellung dann vorteilhaft ist, wenn (vgl. *Rupper* 1987, S. 155):

– zur Erledigung eines Auftrages mehrere Lagerfächer anzufahren sind,
– die Zugriffsdichte relativ klein ist, wie z. B. bei relativ großen Lagerartikeln,
– die Lagerartikel von Hand manipuliert werden können,
– die Pick- oder Verweilzeiten am Lagerfach klein sind (wenige Sekunden bis maximal 1–2 Minuten).

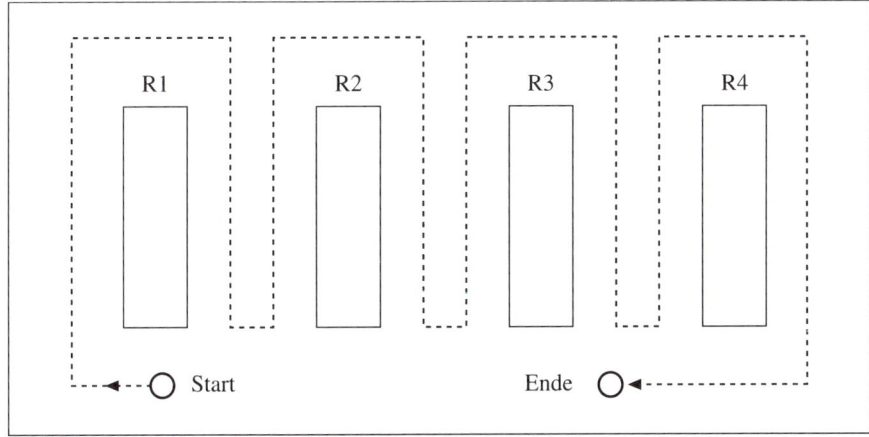

Abb. 5-29: Kommissioniersystem Person-zur-Ware

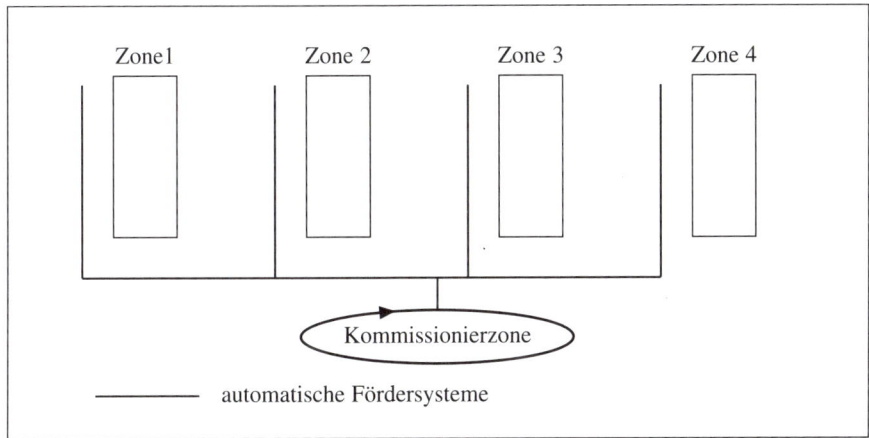

Abb. 5-30: Kommissioniersystem Ware-zur-Person

Kommissionierautomaten weisen eine hohe Kommissionierleistung und sehr niedrige Fehlerraten auf. Sie können jedoch nur für eine äußerst begrenzte Zahl von Fällen eingesetzt werden, da ihre Anwendung eine hohe Einheitlichkeit der Ware bezüglich Geometrie und Art der Verpackung voraussetzt. Das Fallen aus dem Magazin auf die Fördereinrichtung oder in den Versandbehälter ist mit einer hohen Beschädigungsgefahr verbunden.

5.2.4 Ablauforganisation in Kommissioniersystemen

Die generischen Prozesse der Kommissionierung sind Gegenstand der nachfolgenden Betrachtungen.

Bereitstellung	Vorteile	Nachteile	Eignungskriterien
Statisch (Person-zur-Ware)	– alle Artikel direkt im Zugriff – flexibel gegenüber stark schwankenden Anforderungen – kürzere mittlere Auftragsdurchlaufzeiten – Abwicklung von Eilaufträgen möglich – mit geringem Investitionsaufwand realisierbar	– geringere Kommissionierleistung pro Kommissionierer bei Aufträgen mit wenig Zeilen wegen großer Wegzeitanteile – keine optimale Gestaltung des Arbeitsplatzes möglich – Nachschubprobleme größer – erschwerter Abtransport leerer Ladehilfsmittel	– mittlere Entnahmemengen pro Position sind ein kleiner Bruchteil der bereitgestellten Mengen ($\times > 5$) – Entnahmen sind ohne Hilfsmittel möglich – viele Zeilen pro Auftrag ($n > 10$) – kurze Auftragsdurchlaufzeiten gefordert – Abwicklung von Eilaufträgen gefordert – geringer Investitionsaufwand wichtiger als Personaleinsparungen
Dynamisch (Ware-zur-Person)	– hohe Kommissionierleistungen pro Kommissionierer wegen fast ganz entfallender Wegzeiten – optimale Gestaltung der Entnahmeplätze möglich – Einsatz von Entnahmehilfsmitteln (z. B. Kran) sowie Bearbeitungen (Wiegen, Abmessen, Schneiden usw.) möglich – Abtransport leerer Ladehilfsmittel leicht möglich	– jeweils nur wenige Artikel im direkten Zugriff – wenig flexibel gegenüber stark schwankenden Anforderungen – längere mittlere Auftragsdurchlaufzeiten – nur mit hohem Investitionsaufwand für Förderer und Steuerung realisierbar	– mittlere Entnahmemengen pro Position sind ein großer Bruchteil der bereitgestellten Menge ($\times < 3$) – Entnahme nur mit Hilfsmittel möglich – wenige Zeilen pro Auftrag ($n < 10$) – lange Durchlaufzeiten bis zu mehreren Stunden zulässig – keine Eilaufträge – gleichmäßig hohe Auslastung – Personaleinsparungen rechtfertigen hohe Investitionen

Abb. 5-31: Beurteilung statischer und dynamischer Kommissioniersysteme (vgl. Gudehus 1973, S. 137)

5.2.4.1 Bereitstellung der Kommissionieraufträge

Ausgangspunkt für die Kommissionierung ist der sogenannte Identifikationspunkt, an dem die Kundenaufträge in Kommissionieraufträge transformiert werden. Hierbei werden die eingegangenen Bestellungen unter Zugriff auf die unterschiedlichen Lagerdateien um die Informationen ergänzt, die für das Auffinden der Teile im Lager notwendig sind (vgl. *Pieper* 1982, S. 34 f.). Die für das Tagesgeschäft erforderlichen

Informationen in Bezug auf Auslagerung, Beförderung zum Versandplatz und Verpackungsbereitstellung werden auf Etiketten gedruckt oder auf dem Bildschirm angezeigt, wenn die Kommissionierung papierlos gestaltet werden soll. Zusätzliche Serviceleistungen für den Kunden wie eine besondere Etikettierung der Artikel oder eine spezielle Verpackung werden ebenfalls per EDV oder über Unterlieferscheine an die entsprechenden Lagerzonen weitergeleitet (vgl. *Matthiass* 1987, S. 41 f.).

5.2.4.2 Bereitstellung der Artikelgruppen

Die Nachschubversorgung der Artikelgruppen im Lager kann nach unterschiedlichen Prinzipien erfolgen. Es kann eine räumliche Trennung zwischen dem Kommissionier- und einem Reservelager vorgenommen werden, um die Transportwege bei der Kommissionierung durch räumliche Nähe der zu entnehmenden Waren zu verkürzen. Dies bedeutet jedoch zusätzliche Umlagerungen von Produkten zwischen den Lägern. Waren können im Lager entweder **an bestimmten Lagerplätzen** eingelagert werden, oder aber je nach Regalfreiräumen „**chaotisch**", um eine effizientere Nutzung der Kapazitäten zu gewährleisten (vgl. *Pfohl* 1985, S. 126). Durch den verstärkten Rechnereinsatz ist diese Vorgehensweise leichter realisierbar geworden, da im Lager eintreffende Waren mit Hilfe von Lesestationen kontrolliert, identifiziert und bestimmten Lagerplätzen zugewiesen werden können (vgl. *Eising/Jorichs* 1987, S. 67). Diese Informationen werden an den Steuerungsrechner weitergegeben, so dass bei der Warenentnahme sofort die richtigen Regale angefahren werden. Eine sinnvolle Mittellösung stellt die Aufteilung des Lagers in **feste Lagerplatzzonen für A-, B- und C-Artikel** dar, innerhalb derer die jeweiligen Waren chaotisch einzulagern sind. Hierdurch lassen sich die umsatz- und umschlagsstärksten A- bzw. B-Artikel stets nahe des Versandplatzes platzieren und sind deshalb schneller kommissionierbar.

So befinden sich bei der Kosmetikfirma Avon im Versandbereich vier Kommissionierstraßen mit jeweils 16 Stationen, innerhalb derer jeweils 100 Produkte bereitgestellt und von einer Mitarbeiterin für die auf Fließbändern vorbeilaufenden Auftragsbehälter entnommen werden. Nach Abschluss eines jeden Verkaufszeitraumes erfolgt eine Umgestaltung der Artikelanordnung innerhalb der Stationen und der gesamten Kommissionierstraße, da bedingt durch Sonderangebote oder bestimmte Saisonartikel sich die Zugriffshäufigkeit der Produkte ändert (vgl. *Bauer* 1986, S. 150 f.). Die einzelnen Greifvorgänge werden derart gestaltet, dass die umsatzstärksten Produkte am leichtesten erreichbar sind, um so die Kommissionierung zu beschleunigen.

5.2.4.3 Entnahme von Teilmengen

Die Entnahme der Artikel aus den Regalen hängt stark von der Art der Läger und der gelagerten Produkte ab, da je nach Größe, Gewicht und Beschaffenheit der Waren sowie dem Lagertyp sich die Eignung manueller oder technischer Abläufe bemisst. So ist bei Hochregallägern der Einsatz von Regalförderzeugen oder Regalbediengeräten unabdingbar, da ein Lagermitarbeiter weder selbst noch mittels eines Gabelstaplers in der Lage ist, Artikel in den entsprechenden Höhen ein- und auszulagern. Der Einsatz des Menschen im Bereich der Warenentnahme ist dennoch relativ hoch, da das Kommissionieren Präzision erfordert, was ansonsten nur durch hochautomatisierte, kapitalintensive Anlagen erreicht werden kann (vgl. *Petarus* 1986, S. 60).

Den **Greifvorgängen** kommt hierbei große Bedeutung zu, die, wenn sie schnell und mit hoher Flexibilität ablaufen, den Zeitaufwand stark begrenzen können. Durch ein verändertes Denken weg von Produktfamilien hin zu homogenen Teilsortimenten bzw. logistischen Einheiten (vgl. *Delfmann/Waldmann* 1987, S. 80) lassen sich für diese einheitliche Paletten und Regalanlagen konstruieren. Eine homogene Palettierung von Sortimenten stellt eine wichtige Voraussetzung für die Vereinfachung und Automatisierung der Kommissioniervorgänge dar (vgl. *Müller/Koch* 1986, S. 45).

Unterschieden werden muss des Weiteren prinzipiell zwischen einer ein- oder zweistufigen Kommissionierung. Werden am Identifikationspunkt mehrere Aufträge zusammengefasst, die bestellten Artikel gemeinsam entnommen und zum Versandplatz gebracht, wo sie in einem zweiten Schritt nach einzelnen Aufträgen getrennt werden, spricht man von einer **zweistufigen Kommissionierung.** Werden die Waren einer jeden Bestellung einzeln eingesammelt und bereitgestellt, erfolgt die **Kommissionierung einstufig.** Diese Alternative ist zwar flexibler, benötigt jedoch in vielen Fällen hohe technische Aufwendungen, um den Zeitbedarf zu senken. Sie entspricht den Anforderungen des Just-In-Time Gedankens, nämlich wirtschaftlich selbst kleinste Mengeneinheiten zu kommissionieren.

Dies bedeutet nicht, dass eine zweistufige Kommissionierung keine Just-In-Time Versorgung gewährleisten kann: So werden bei der Weidmüller GmbH der gesamte Kundenauftragsbestand über Nacht einer Warenverfügbarkeitsprüfung unterzogen und für

	Hohe Artikelanzahl	Niedrige Artikelanzahl
Hohe Anzahl von Auftragspositionen	• Dynamische Bereitstellung • Ware – zur – Person • Sequentielle Auftragsabarbeitung	• Statische Bereitstellung • Person – zur – Ware • Sequentielle Auftragsabarbeitung • Auftragssplittung
Niedrige Anzahl von Auftragspositionen	• Statische Bereitstellung • Person – zur – Ware • Parallele Auftragsabarbeitung	• Statische Bereitstellung • Person – zur – Ware • Sequentielle Auftragsabarbeitung

Abb. 5-32: Erste Stufe der Systemauswahl bei einstufiger Kommissionierung (vgl. Kummetsteiner 1997, S. 167)

jede Kommissionierzone entsprechende Entnahmepapiere erstellt, so dass die einzelnen Regalfächer nur einmal täglich angefahren werden müssen. Dadurch kann ein 24-Stunden-Service sichergestellt werden, d.h. die Waren verlassen 24 Stunden nach Auftragseingang das Lager (vgl. *Matthiass* 1987, S. 38ff.). Je nachdem, welche Lieferzeitbedingungen zwischen Produktionsunternehmen und Kunden vereinbart worden sind, kann dies ausreichend sein und darüber hinaus noch Kosteneinsparungen innerhalb der Kommissionierung ermöglichen.

Abb. 5-32 enthält eine Auswahlmatrix für die erste Stufe der Systemauswahl bei einstufiger Kommissionierung.

5.2.4.4 Warentransport vom Entnahme- zum Versandplatz

Der Transport entnommener Teilmengen zum Versandplatz erfolgt durch Fördersysteme unterschiedlicher Leistungs- und Automationsstufen. Ziel dabei ist es, die **Transportzeit** zu **minimieren.** Deshalb kommt hierbei der Flussoptimierung der Abläufe besondere Bedeutung zu, da dadurch die Transportwege zum Teil erheblich verkürzt werden können. Die Förderwege innerhalb des Lagers können durch den Steuerungsrechner schnell ermittelt werden: Die entsprechenden Transportanweisungen werden dann den Fahrern von Gabelstaplern oder Förderzeugen per Bordcomputer mitgeteilt oder aber an dezentrale Rechner vollautomatischer Fördersysteme übertragen. Auch bei dem zuvor beschriebenen Kommissionierbeispiel der Firma Avon ist ein Erfolgsfaktor die Anordnung der Einsammelstationen in Flussrichtung, die die Kommissionierung beschleunigt. Just-In-Time Kommissionierung bedeutet ebenfalls die Bereitstellung ausreichender Förder- und Raumkapazitäten, um Engpässe und Stauungen zu vermeiden.

Eine große Weiterentwicklung hat sich im Bereich **vollautomatisierter Fördersysteme** vollzogen. In bestimmten Branchen wie der des Automobilbaus werden diese modernen Techniken bereits eingesetzt, um die Durchsatzleistung zu erhöhen. Ein Anwenderbeispiel im Ersatzteillager der VAG in München zeigt, dass hierbei dreidimensionale Bewegungsabläufe möglich sind, allerdings mit sehr unterschiedlichen Transportleistungen: So verläuft der Transport auf den langen Durchlaufstrecken über Förderbänder oder Rollenbahnen problemlos und mit sehr hoher Geschwindigkeit, während an den Knotenpunkten, wo Behälter auf andere Strecken umgelenkt oder umgesetzt werden, hohe Anforderungen an die Wahl der Behälter und den Umsetzvorgang gestellt werden. Das vollautomatische Fördersystem ist in der Lage, vom Identifikationspunkt losgeschickte Behälter für die Entnahme eines bestimmten Auftrags zum Hochregallager zu befördern, auf Zuführstrecken zu den Entnahmestellen auszuschleusen und nach der Entnahme wieder für den Weitertransport zum Versandbereich aufzunehmen (vgl. *Heiner* 1987, S. 3). Derartige Systeme sind zwar mit einem hohen Investitionsaufwand und einer gewissen Störanfälligkeit verbunden, können jedoch zu erheblichen Personal- und Zeiteinsparungen führen.

Die **zunehmende Automatisierung** der Abläufe impliziert eine stärkere **Monotonie der Arbeit** für die dem Menschen verbleibenden Aufgaben. Untersuchungen zeigen, dass schon im konventionellen Lager die Anforderungen an Erfahrung, Qualifikation und Geschicklichkeit der Mitarbeiter meistens sehr gering sind. Dagegen bestehen oft hohe **einseitige körperliche Belastungen** und schlechte Arbeitsbedingungen (vgl. *Harsch* 1987, S. 49). Dieser Entwicklung kann durch eine Ausweitung der Tätigkeiten hin zu mehr Dispositions- und Kontrollaufgaben entgegengewirkt werden, da zur Bedienung komplexer Rechnersysteme, zur Behebung von Störungen etc. der Einsatz von höherqualifiziertem Personal erforderlich wird (vgl. *Füller/Hix* 1988, S. 28). Die Übertragung von mehr Verantwortung und Entscheidungsbefugnissen bewirkt darüber hinaus auch eine Steigerung der Motivation bei den Mitarbeitern.

5.2.4.5 Abgabe der entnommenen Teilmengen

Die entnommenen Artikel werden **zum Versandplatz gebracht** und dort bereitgestellt. Dabei erfolgt in der Regel eine **abschließende Kontrolle** der Waren entweder manuell anhand der beiliegenden Kontrolllisten und Lieferscheine oder durch einen automatischen Vergleich. Dieser kann durch Überprüfung eingelesener Barcodes oder durch eine Gewichtskontrolle erfolgen, bei welcher der Lagerrechner die Sollgewichte der zu einem Auftrag gehörenden Artikel addiert und mit dem im Versand ermittelten Gewicht vergleicht (vgl. *Matthiass* 1987, S. 43). Ergeben sich Abweichungen, so wird der betreffende Behälter ausgeschleust und überprüft. Durch diese Kontrolle wird der Qualitätsstandard der Auslieferungen in Bezug auf Art und Menge der Waren erhöht.

5.2.4.6 Ablauf bei konventioneller und begloser Kommissionierung

In der Regel werden in der Praxis heute die Kommissionieraufträge mit schriftlichen Belegen zur Verfügung gestellt, die anschließend vom Personal gelesen und Position für Position abgearbeitet werden müssen. Einen Ansatzpunkt zur Rationalisierung bietet hier die **Eliminierung des zeitintensiven Lesevorganges** durch das beleglose Kommissionieren von meist kleinvolumigen Waren. Um die Rationalisierungsvorteile eines beleglosen Kommissioniersystems voll auszuschöpfen, sollte gleichzeitig ein automatisches Fördersystem (z. B. Rollenförderer) eingesetzt werden.

Die typischen Abläufe eines konventionellen und beleglosen Kommissioniersystems sind in Abb. 5-33 gegenübergestellt. Der Ablauf beim beleglosen Kommissionieren stellt sich aus der Sicht des Mitarbeiters in etwa wie folgt dar: „Auf der Ausschleusstrecke an der Kommissionierzone stehen mehrere, noch unbearbeitete Transportbehälter. Auf einer sechsstelligen Digitalanzeige über der Regalzone leuchtet die Nummer des Behälters auf, der als nächster bearbeitet werden soll. Eventuell weist eine zusätzliche Lampe darauf hin, dass es sich um einen Eilauftrag handelt. Gleichzeitig leuchtet eine Ziffer an einem Regalfach auf. Dies ist die erste Position des Auftrages; der Kommissionierer entnimmt die angezeigte Anzahl Artikel und legt sie in den Transportbehälter ab. Da er keinen Beleg in der Hand hält, kann er dabei mit beiden Händen arbeiten.

Ist die Ware entnommen und abgelegt, drückt er kurz die Taste neben der leuchtenden Anzeige und teilt dadurch dem System mit, dass diese Auftragsposition erledigt ist. Sofort erscheint die nächste Anzeige an einem anderen Fach, wobei der Kommissionierer nach bestimmten Kriterien (z. B. von oben nach unten und von links nach rechts) am Regal entlang geführt wird.

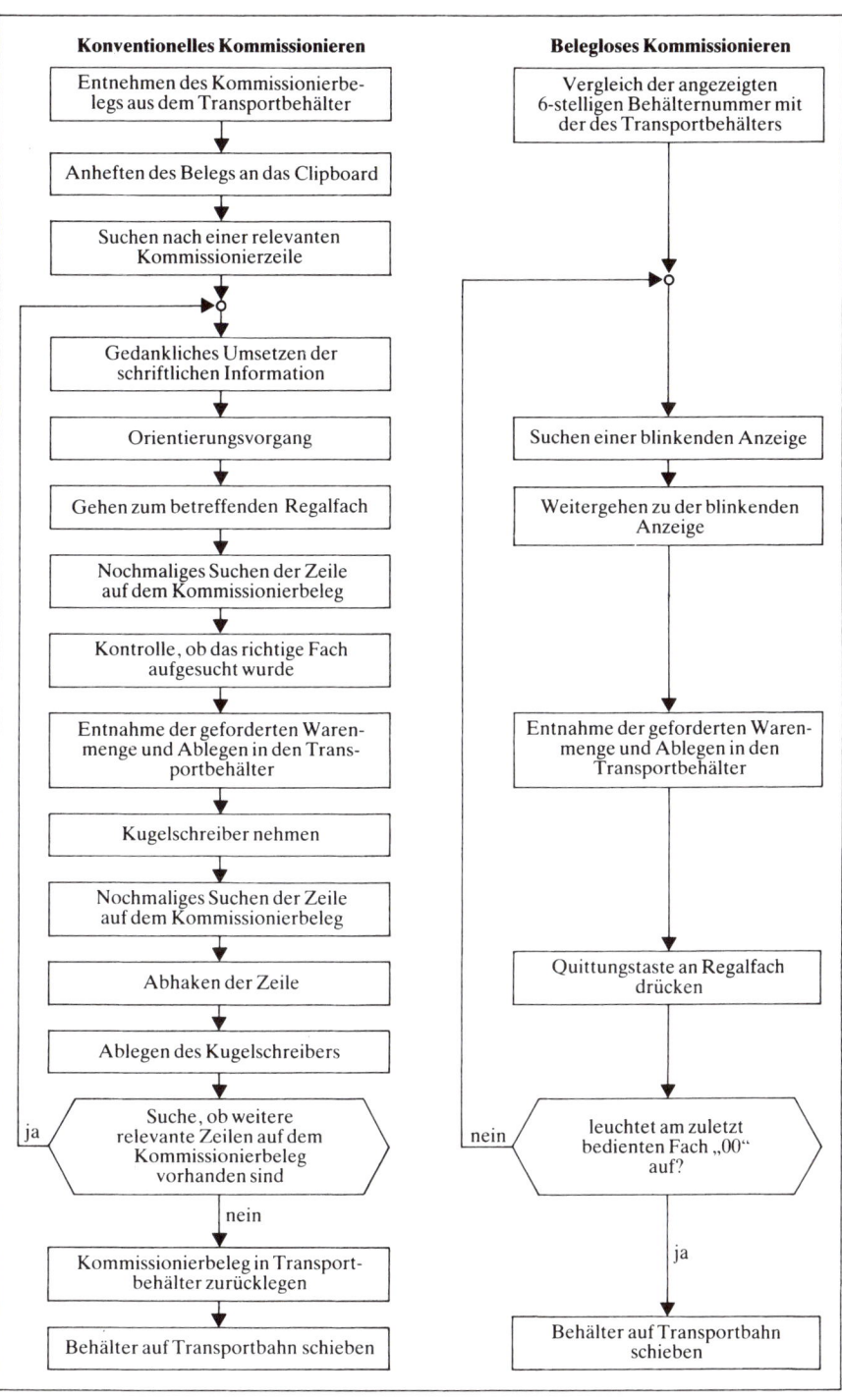

*Abb. 5-33: Arbeitsablauf bei konventioneller und belegloser Kommissionierung
(Sagner 1985, S. 253)*

Wenn nach Betätigung der Quittungstaste auf der zuletzt aktiven Anzeige „00" aufleuchtet, so bedeutet das, dass der Auftrag für diese Kommissionierzone erledigt ist und auf das Fördersystem abgeschoben werden kann, das ihn zur nächsten für ihn relevanten Kommissionierzone bringt, wo er dann erneut ausgeschleust wird.

Vorteile belegloser Kommissioniersysteme	
Quantifizierbar	Nicht/schwer quantifizierbar
• Erhöhung der Kommissionierproduktivität • Senkung der Personalkosten • Reduzierung der Artikelverwechslungen • Reduzierung der Mengenfehler • Senkung des Kontrollaufwandes • Senkung des Bearbeitungsaufwandes für Kundenreklamationen • Senkung der Auftragsdurchlaufzeit • Schnellere Kundenbelieferung • Exaktere Einhaltung der Liefertermine • Senkung des Warenbestandes im Kommissionierbereich • Entfallen des Kostenaufwandes für die Erstellung der Kommissionierpapiere • Optimierung und Senkung der Kommissionierwege • Bessere Raumausnutzung bzw. Flächeneinsparung	• Flexibler Personaleinsatz • Bessere Steuerung des Personaleinsatzes (auf Grund der täglichen Simulation) • Besseres Abfangen von Auftrags- oder Mengenschwankungen • Flexiblere (bzw. chaotische) Anordnung der Kommissionierartikel • Schnellere Reaktion auf Eilaufträge • Humanisierung der Kommissionierarbeit (durch die Vermeidung von Stressfaktoren und die Konzentration auf einige wenige Arbeitsgänge) • Erhöhung des Informationsgrades im Kommissionierbereich (z. B. Stand der Auftragserledigung) • Verbesserte Kostenkontrolle im Kommissionierbereich • Verbesserte Marketing- und Vertriebsmöglichkeiten (z. B. schnellere Durchführung von Sonderaktionen)

Abb. 5-34: Vorteile belegloser Kommissioniersysteme (vgl. Rauch 1987, S. 404)

Nach erneutem Betätigen der Quittungstaste wird dem Kommissionierer auf dem sechsstelligen Display die Nummer des nächsten zu bearbeitenden Transportbehälters angezeigt und der beschriebene Vorgang beginnt aufs neue" (*Sagner* 1985, S. 252).

Es ist offensichtlich, dass im Fall der beleglosen Kommissionierung der Mitarbeiter von vielen zeitraubenden Tätigkeiten entlastet wird, so dass die Kommissionierproduktivität steigt. Darüber hinaus lassen sich eine Reihe weiterer Vorteile realisieren, die Abb. 5-34 im Überblick enthält.

5.2.5 Behältereinsatz und -kennzeichnung

Die Wahl geeigneter Behälter und Verpackungen bei der Kommissionierung gilt als ein wichtiges ergänzendes Element logistischer Überlegungen. Anzustreben ist hierbei eine **Vereinheitlichung** der eingesetzten Behälter bei gleichzeitiger **Optimierung der Behältergröße** für die zu befördernden Artikel.

Behälter werden für das Einsammeln bestellter Waren und deren Transport zum Versandplatz eingesetzt. Durch ihre Standardisierung werden technische Abläufe wie **Greif-, Förder- und Umladevorgänge vereinfacht,** da sämtliche Behälter über die gleichen Abmessungen verfügen und Umrüstzeiten deshalb weitgehend entfallen. Überdies gewährleisten sie eine bessere Stapelbarkeit und benötigen deswegen weniger Stellfläche. In manchen Unternehmen werden die Produkte auch konsequent in den Behältern bereits eingelagert (vgl. *Füller/Hix* 1988, S. 28); dies bedeutet eine weitere Vereinfachung und Beschleunigung der Produkteinlagerungen und -entnahmen sowie identische Abmessungen der Regale und Paletten im Lager. So kann auch bei freier Lagerplatzzuordnung der Waren die Raumnutzung optimiert werden. Wird der Einsatz einheitlicher Behälter auf den Transport zum Kunden und unter Umständen auf dessen Lagerhaltung ausgedehnt, so können weitere Umlade- und Umpackvorgänge vermieden werden.

Die Optimierung der Normbehälter ist dann mit großen Schwierigkeiten behaftet, wenn das Sortiment sehr heterogen ist oder wenn technische Einschränkungen durch bereits bestehende Transport- und Umschlagsysteme vorliegen (vgl. *Gudehus/Kunder* 1977, S. 21). Unternehmen wie der Versandhandel, die stellvertretend für einen Betriebstyp mit extrem weitem Produktprogramm stehen, sind gezwungen, Behälter unterschiedlicher Größe einzusetzen, um Raum- und Transportkapazitäten besser nutzen zu können (vgl. *Wessely* 1979, S. 69). Hierbei ist aber stets anzustreben, die Zahl der Behältergrößen weiterhin gering zu halten.

Bei allen genannten Vorgängen ist eine ausreichende **Kennzeichnung** und Codierung der einzelnen Behälter zu beachten. Jeder Warenträger muss über eine eigene Behälternummer verfügen, die – je nach Kommissionierungssystem – durch das Lagerpersonal oder durch Lesestationen identifizierbar ist. Werden die Behälter über einen Steuerungsrechner im Lager gelenkt, so assoziiert dieser bei Erkennen der Behälternummer automatisch den dazu eingelesenen Auftrag.

6 Beschaffungslogistik

6.1 Aufgaben der Beschaffung

Eine hohe und flexible Reaktionsfähigkeit auf die Anforderungen der Kunden hängt in starkem Maße von der Versorgung mit Einsatzgütern externer Lieferanten ab. Hierfür sind Beschaffungsaufgaben wahrzunehmen. Die Gesamtaufgabe der Beschaffung wird in der Regel zerlegt in (vgl. Abb. 6-1)

– die marktorientierten und vertragsabschließenden Aufgaben (Einkauf) sowie
– die administrativen und physischen Aufgaben des Material- und Warenflusses (vgl. *Fricke* 1983, S. 44).

Im **Einkauf** (der Begriff Beschaffung wird im Folgenden synonym verwendet) erfolgt nach einer eingehenden Beschaffungsmarktforschung die Auswahl von Lieferanten für die benötigten Einsatzmaterialien. Der zweite wesentliche Aufgabenbereich des Einkaufs umfasst die Verhandlungen mit Lieferanten, Vertragsgestaltung und den Ver-

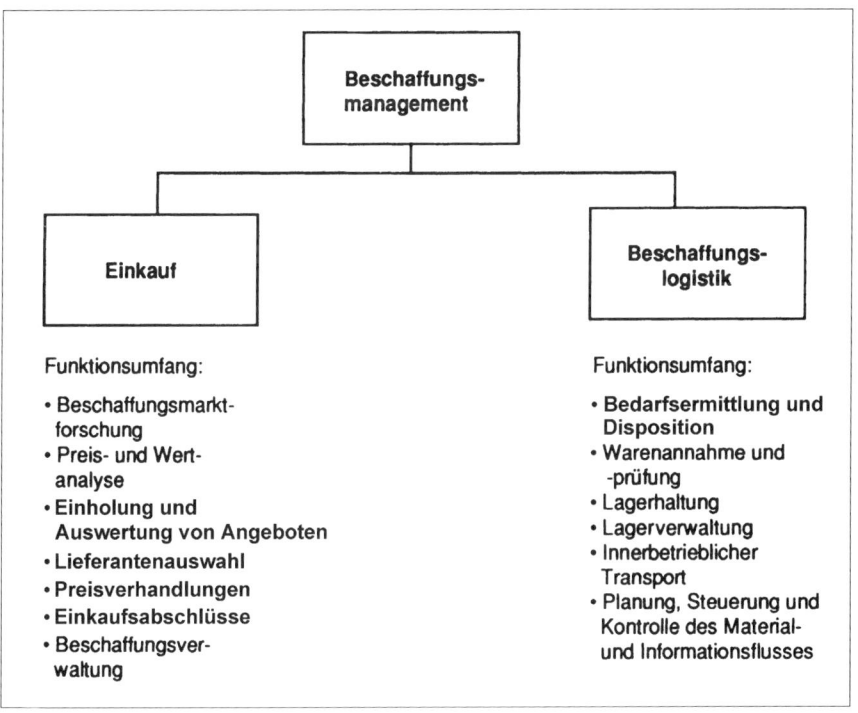

Abb. 6-1: Aufgaben der Beschaffung

tragsabschluss. Dem Einkauf obliegt es, durch permanente Preis- und Wertanalysen (gemeinsam mit anderen Funktionsbereichen des Unternehmens) eine Senkung der Einkaufskosten herbeizuführen. Neben den mehr gestaltenden Aufgaben sind dem Einkauf vielfach stärker verwaltende Aufgaben zugeordnet, zu denen die Abwicklung von Bestellungen, die Erteilung von Abrufen aus Rahmenverträgen (vgl. hierzu Abschnitt 6.4.3.1) und die Durchführung von Routineanfragen gehören. Wegen der Heterogenität gestaltender und verwaltender Aufgaben, aber auch um eine kreative Marktorientierung sicherzustellen, empfiehlt es sich, diese Gliederung auch in der Aufbauorganisation zum Ausdruck zu bringen. Die verwaltenden Funktionen bilden dann entweder eine eigene Einheit im Rahmen des Einkaufs oder werden der Beschaffungslogistik zugeordnet.

Die Aufgaben der **Beschaffungslogistik** können im einzelnen Abb. 6-1 entnommen werden, wobei die Aufgabenverteilung im konkreten Fall von der Größe des Unternehmens, der Unternehmensstruktur, der Bedeutung der Beschaffung für das jeweilige Unternehmen und anderen Faktoren abhängt. Lagerhaltung und -verwaltung als Aufgabe der Beschaffungslogistik beziehen sich in der Regel ausschließlich auf das Eingangslager (zu den weiteren Lagerarten siehe Abschnitt 5.1.1). Ebenso erstreckt sich der innerbetriebliche Transport als Teilaufgabe der Beschaffungslogistik zumeist nur bis zur Materialbereitstellung. Im Rahmen der Disposition werden die benötigten Mengen ermittelt.

Beschaffungskonzepte werden entscheidend durch die jeweilige Wirtschaftssituation beeinflusst, wie dies in Abb. 6-2 veranschaulicht werden soll. Die Güterknappheit in den 50er Jahren erforderte eine „**Versorgung um jeden Preis**". Die Entwicklung der industriellen Infrastruktur in den 60er Jahren führte immer mehr zur Durchführung von **Preisvergleichen.** Die 70er Jahre waren gekennzeichnet durch ein zunehmendes

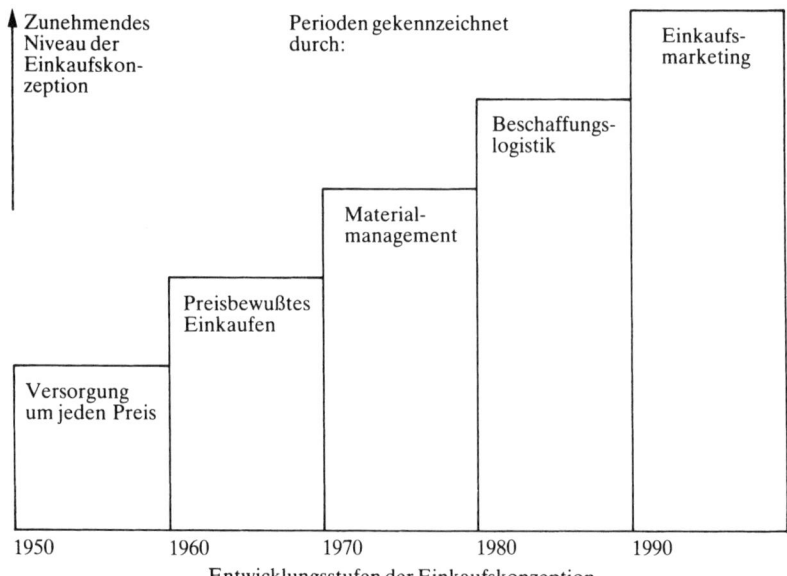

Abb. 6-2: Beschaffungskonzeption und Wirtschaftssituation (vgl. Müller 1987, S. 26)

Bewusstsein dafür, dass der Einkauf einen erheblichen Anteil am Erfolg eines Unternehmens hat und es notwendig ist, diese Funktion **unternehmerisch** zu führen. Im Mittelpunkt der Aktivitäten der 80er Jahre standen die Schaffung **durchgängiger Informations- und Materialflüsse.** Dies führte im Beschaffungsbereich zur Trennung zwischen den Aufgaben des Einkaufs und denen der Logistik. In den 90er Jahren wurden vielfach anspruchsvolle **Marketingkonzeptionen im Einkauf** umgesetzt, die – in Analogie zum Marketing im Absatzbereich – das auf den Beschaffungsmarkt gerichtete Denken und Handeln unterstützen.

6.2 Exkurs: Entwicklung einer Beschaffungsstrategie

6.2.1 Elemente der marktgerichteten Beschaffungspolitik

Elemente der marktgerichteten Beschaffungspolitik sind (vgl. *Hammann/Lohrberg* 1986, S. 40 f.):

– die Beschaffungsziele,
– die systematische unternehmens- und marktbezogene Bereitstellung von Informationen,
– das beschaffungspolitische Instrumentarium (vgl. Abb. 6-3).

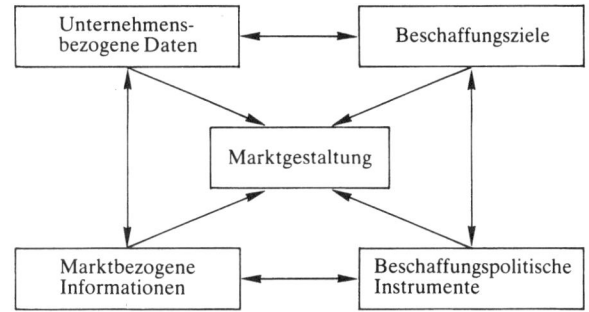

Abb. 6-3: Elemente der marktgerichteten Beschaffungspolitik (Hammann/Lohrberg 1986, S. 40)

6.2.1.1 Beschaffungsziele

Beschaffungsentscheidungen stehen im Spannungsfeld der Ziele (vgl. *Grochla/Schönbohm* 1980, S. 33 ff.)

– Kostenreduzierung,
– Leistungsverbesserung und
– Autonomieerhaltung.

Die Definition von Beschaffungszielen kann erhebliche leistungs- und finanzwirtschaftliche Auswirkungen auf die Gesamtunternehmung haben. Sie müssen deshalb mit den übrigen Zielen der Unternehmung koordiniert werden. Im Rahmen dieser Koordination ist auch eine Anpassung der Unternehmensziele an die Beschaffungsziele denkbar. Strategische Beschaffungsziele sind unmittelbar aus dem System der Gesamtunternehmensziele abgeleitet und auf die Beschaffungsfunktion bezogen. Sie sind gekennzeichnet durch relativ großen Zielumfang und Langfristigkeit (vgl. *Stark* 1973, S. 51). Als strategisches Oberziel der Unternehmung kann man die generelle Sicherung von Erfolgspotentialen betrachten. Aufgabe einer Beschaffungsstrategie ist es, dieses Oberziel beschaffungsseitig zu unterstützen und abzusichern. Als Beschaffungsziel wird in diesem Zusammenhang vor allem das Ziel der Versorgungssicherung genannt, dem Zielsetzungen zugeordnet werden wie Sicherung des Lieferantenpotentials, Verbesserung des Informations- und Steuerungssystems der Beschaffung, Vermeidung der Abhängigkeit von Lieferanten, Qualitätssicherung u. ä. (vgl. *Winand/ Welters* 1982, S. 55 ff.).

6.2.1.2 Informationsbereitstellung

6.2.1.2.1 Beschaffungsmarktforschung

Entscheidungen, die zu einer Beschaffungsstrategie führen, werden ebenso wie beschaffungspolitische und beschaffungsdispositive Entscheidungen auf der Grundlage von Informationen gefällt. Entscheidungen im Bereich der marktgerichteten Beschaffungspolitik benötigen insbesondere Informationen aus dem Beschaffungsmarkt, die auf dem Wege der Beschaffungsmarktforschung erhoben werden. Unter Beschaffungsmarktforschung versteht man dabei „die systematische und methodische Tätigkeit der Informationssuche, -gewinnung und -aufbereitung, die das Unternehmen mit bedarfsbezogenen Informationen über den Beschaffungsmarkt versorgt" (*Lohrberg* 1978, S. 37).

Ziele der **Beschaffungsmarktforschung** können sein

– Verbesserung der Markttransparenz,
– Versorgung der Entscheidungsträger mit Informationen,
– Erschließung neuer Beschaffungsquellen,
– Ermittlung von Substitutionsgütern sowie
– Schaffung einer Basis für optimale Beschaffung (vgl. *Lohrberg* 1978, S. 47 ff.).

Beschaffungsmarktforschung ist ein **mehrstufiger Informationsprozess.** In der ersten Stufe erfolgt die Bestimmung des **Informationsbedarfs.** Daran schließt sich die **Informationssuche** an, in der Informationsquellen bestimmt werden, die die gewünschten Informationen liefern können. In der dritten Stufe werden die Informationen **gewonnen** und im nächsten Schritt **aufbereitet.** Die Informationen können jetzt, beispielsweise in Form eines Prognosewertes, als Entscheidungsgrundlage dienen.

Die Bestimmung des Informationsbedarfs dient u. a. auch der Vermeidung unnötigen Aufwands für die Beschaffung nicht benötigter Informationen. Es stellt sich jedoch die Frage, inwieweit der Informationsbedarf für die nahe und vor allem für die fernere Zukunft in der Gegenwart absehbar ist. Eine Informationssammlung auf Verdacht, also ohne direkten Bedarf, kann durchaus sinnvoll sein, so zum Beispiel auf den Beschaffungsmärkten für elektronische Bauelemente. Ihre Entwicklung unterliegt einem rasanten technischen Wandel. Sammelt die Einkaufsabteilung für solche Fälle ungeplante Informationen, kann der Anstoß zur Verwendung neuer Bauelemente von ihr ausgehen.

Ziel- oder Strategieänderungen

- **Zieländerungen**
  - Zielinhaltsänderung
  - Zielausmaßänderung
  - Zielzeitänderung
- **Strategieänderungen**

Beschaffungsrisiken

- **Marktrisiken**
  - Lieferausfallrisiko
  - Leistungsrisiko
  - Preisrisiko
- **Betriebliche Risiken**
  - Materialwirtschaftsrisiko
  - Produktionsrisiko
  - Absatzrisiko
  - Finanzrisiko
  - F & E-Risiko

Wertmäßige Bedeutung des Beschaffungsobjekts

- **Absoluter Wert**
- **Relativer Wert**

Bedarfskontinuität

- **Kontinuierlicher Bedarf**
- **Unregelmäßiger Bedarf**
- **Erstmaliger Bedarf**
- **Einmaliger Bedarf**

Abb. 6-4: Kriterien zur Auswahl marktforschungsrelevanter Beschaffungsobjekte
(Stangl/Koppelmann 1984, S. 354)

Im Sinne der Wirtschaftlichkeit lässt sich eine kontinuierliche Beschaffungsmarktforschung nicht für alle Produktionsfaktoren rechtfertigen. Es sollte also zunächst eine **Auswahl relevanter Produktionsfaktoren** getroffen werden. Dies ist beispielsweise durch Punktbewertungsverfahren möglich, bei denen Produktionsfaktoren nach operationalen Kriterien mit Punkten bewertet werden und je nach Wert der Summe der Kriteriengewichte der **kontinuierlichen** Beschaffungsmarktforschung zugewiesen werden oder nicht. Zurückgewiesene Produktionsfaktoren werden der **fallweisen** Beschaffungsmarktforschung zugeordnet (vgl. *Blom* 1981, S. 69 f.). Operationale Bewertungskriterien zur Auswahl forschungswürdiger Beschaffungsobjekte zeigt Abb. 6-4.

Wesentliche **Informationsinhalte** der Beschaffungsmarktforschung sind:

- produktbezogene Daten (Produktentwicklung, Substitutionsmöglichkeiten, Produktionsverfahren usw.)
- Lieferantendaten (Marktanteil, Standort, technologische Ausstattung, Flexibilität, Zuverlässigkeit, Kapitalstruktur, Liquidität usw.)
- Angebotsdaten (Angebotsart und -menge, Preise, Lieferzeiten, staatliche Einflüsse, regionale Verteilung der Anbieter)
- gesamtwirtschaftliche Daten und Branchendaten (Wirtschaftswachstum, Beschäftigung, Auftragslage, Konjunktur- und Saisoneinflüsse, Lohnentwicklung)
- Konkurrenten am Beschaffungsmarkt (Nachfragevolumen, Beschaffungsgewohnheiten, wirtschaftliche Situation usw.)
- Beschaffungswege (Entwicklungen im Handel und bei Beschaffungsmittlern usw.)
- rechtliche Rahmenbedingungen (insbesondere bei Bezug aus dem Ausland).

6.2.1.2.2 Lieferantenauswahl und -bewertung

In der Regel beginnt ein Beschaffungsprozess mit dem Entstehen eines Bedarfes im Unternehmen (zur Bedarfsermittlung vgl. Abschnitt 7.2.1.3). Um ihn befriedigen zu können, muss die Beschaffungsfunktion auf dem relevanten Beschaffungsmarkt potenzielle Lieferanten ausfindig machen und aus ihnen diejenigen auswählen, die den Bedarf im Sinne der Unternehmung bestmöglich befriedigen (vgl. *Hammann/ Lohrberg* 1986, S. 22 f.). Eine Entscheidung setzt voraus, dass die Wahl zwischen mehreren Alternativen besteht. Ziel der Beschaffungsmarktforschung ist es in diesem Zusammenhang, alternative Lieferanten zu suchen und zu finden. Das Absuchen des Beschaffungsmarktes sollte erst ein Ende finden, wenn

- entweder keine Beschaffungsquelle mehr ausfindig gemacht werden kann,
- eine weitere Suche keinen zusätzlichen Nutzen verspricht,
- keine Zeit mehr für weitere Suchaktionen vorhanden ist (vgl. *Busch* 1976, S. 40).

Der Erfolg der Beschaffungsaktivität hängt entscheidend von der Informationsbasis ab, die dem Einkäufer zur Verfügung steht. Von besonderer Wichtigkeit sind

- Kenntnisse über den Lieferanten,
- Marktkenntnisse über das Umfeld des Lieferanten,
- Kenntnisse über die Verhandlungsführung des Lieferanten (vgl. *Budde* 1983, S. 238).

Wichtigster Gesichtspunkt bei der **Beurteilung eines Lieferanten** ist seine Leistungsfähigkeit, allerdings nicht nur bezogen auf das Beschaffungsobjekt an sich, sondern auch auf sein gesamtes Marktleistungsangebot bzw. das gesamte Unternehmen.

Generelle Informationen über einen Lieferanten wie Image, Kapitalbasis, finanzielle und technische Leistungsfähigkeit werden durch spezielle Aussagen über die Leistungsfähigkeit bezüglich des Beschaffungsobjekts und des Auftragsvolumens ergänzt. Von besonderer Bedeutung sind Aussagen über die Kostenstruktur des Lieferanten, seine Kooperationsbereitschaft sowie über die Bedeutung, die er einem Abnehmer bei gegebenem Auftragsvolumen zumisst (vgl. *Grochla/Schönbohm* 1980, S. 107 ff.).

Diese allgemeinen Anforderungen müssen zur Ermöglichung einer Lieferantenauswahlentscheidung als relevante Entscheidungskriterien operationalisiert werden. Die Kriterien sind meist nicht voneinander unabhängig, sondern konfliktär und zudem oft gekennzeichnet durch unterschiedliche Ausprägung. Zur Erreichung einer Vergleichbarkeit müssen sie bewertet werden.

Von Bedeutung für die Qualität einer Auswahlentscheidung sind zunächst die Anzahl und Art der gewählten Kriterien. Preis, Lieferzeit und Qualität der Produkte können bei wichtigen Materialien und/oder großen Beschaffungsvolumen nicht die alleinigen Kriterien sein. Informationen über Lieferkonditionen, Terminzuverlässigkeit, Lieferkapazität, Verpackungsart, Verpackungseinheit, geographische Entfernung etc. sollten ebenfalls Berücksichtigung finden (vgl. *Hammann/Lohrberg* 1986, S. 152f.).

		5 Punkte sehr gut	4 Punkte gut	3 Punkte neutral	2 Punkte mäßig	1 Punkt schlecht
Qualität		Spitzenqualität	Übertrifft die Mindestanforderungen	entspricht den Mindestanforderungen	liegt teilweise knapp unter den Mindestanforderungen	entspricht in keiner Weise den Mindestanforderungen
Preis		liegt mehr als 5% unter dem Durchschnittspreis	liegt bis zu 5% unter dem Durchschnittspreis	entspricht dem Durchschnittspreis	liegt bis zu 5% über dem Durchschnittspreis	liegt mehr als 5% über dem Durchschnittspreis
Termin		liegt mehr als 10% unter den durchschnittlichen Lieferterminen	liegt bis zu 10% unter den durchschnittlichen Lieferterminen	entspricht den durchschnittlichen Lieferzeiten	liegt bis zu 10% über den durchschnittlichen Lieferfristen	liegt mehr als 10% über den durchschnittlichen Lieferfristen
Zuverlässigkeit	Qualität	Lieferungen übertreffen die Vertragsvereinbarungen in allen Punkten	Lieferungen übertreffen teilweise die Vertragsvereinbarungen	Lieferungen entsprechen genau den Vertragsvereinbarungen	Lieferungen weisen kleinere Fehler auf	Lieferungen müssen sortiert bzw. zurückgewiesen werden
	Termin	vereinbarte Liefertermine wurden genau eingehalten	Lieferungen treffen ca. eine Woche zu früh ein	Lieferungen treffen ca. 2 Tage zu spät ein bzw. mehr als eine Woche zu früh	Lieferungen treffen ca. eine Woche zu spät ein	Lieferungen treffen trotz Mahnungen mehr als 2 Wochen zu spät ein
	Menge	vereinbarte Liefermengen wurden genau eingehalten	Liefermenge liegt bis zu 5% über Bestellmenge	Liefermenge liegt bis zu 5% unter bzw. mehr als 5% über der Bestellmenge	Liefermenge liegt bis zu 10% unter der Bestellmenge	Liefermenge liegt mehr als 10% unter der Bestellmenge

Abb. 6-5: Lieferantenbewertung (Zäpfel 1973)

In Abb. 6-5 wurde bewusst ein einfach zu handhabendes Bewertungsschema gewählt. Hierbei wird die Zuverlässigkeit der Lieferanten weiter in eine Qualitäts-, Termin- und Mengenzuverlässigkeit unterteilt. Den Kriterien sind definierte Erfüllungsgrade zugeordnet, so dass sich der dazugehörige Punktwert leicht ermitteln lässt. Die **Gesamt-Wertzahl** für einen Lieferanten ergibt sich in zwei Schritten:

– durch die Multiplikation des Punktwertes je Kriterium mit einer individuell festzulegenden Gewichtung des betrachteten Kriteriums sowie
– die anschließende Addition aller Kriterienwerte.

Die zur Lieferantenbewertung und -auswahl eingesetzte Arbeitszeit muss in einer angemessenen Kosten/Nutzen-Relation zur relativen Bedeutung der Beschaffungsentscheidung stehen.

6.2.1.2.3 Fallstudie: Lieferantenmanagement bei Siemens

Das Lieferantenmanagement weist sowohl in großen als auch in mittleren und kleinen Unternehmen häufig eine Reihe von Defiziten auf (vgl. hierzu *Hubmann* 2001, S. 272). Wesentliche Problemfelder in großen Unternehmen sind: Intransparenz über Dimension und Güte von Lieferbeziehungen (über Funktionen und Standorte hinweg), zu geringe Ausschöpfung von Bündelungspotenzialen, Preis- statt Gesamtkostenorientierung und zu geringes technisches Verständnis im Einkauf. Bei mittleren und kleinen Unternehmen sind oft eine geringe Marktmacht am Beschaffungsmarkt, historisch gewachsene Lieferantenbeziehungen sowie eine unzureichende Ausschöpfung von weltweiten Beschaffungsmöglichkeiten zu konstatieren. Die Ziele und Hebel zur Verbesserung dieser unterschiedlichen Ausgangssituationen sind ähnlich. Es gilt Transparenz über die (wichtigen) Lieferbeziehungen sicherzustellen, ein ganzheitliches Verständnis der Verbesserungspotenziale zu entwickeln, Preis- und Kostenorientierung umzusetzen sowie mit guten Lieferanten die gesamte Versorgungskette partnerschaftlich zu optimieren.

Die weltweite Ermittlung von Best Practices für das Thema Lieferantenmanagement führte zu den in Abb. 6-6 dargestellten Ergebnissen. Hierauf aufbauend wurde bei der Firma *Siemens* ein Konzept für das Lieferantenmanagement entwickelt und umgesetzt. Ziel dieses Konzeptes ist ein ganzheitliches Management der Lieferanten, das sich an den Gesamtkosten orientiert. Die vier Elemente des systematischen Lieferantenmanagements umfassen die Lieferantenauswahl, Lieferantenbewertung, Lieferantenentwicklung und Kostensenkung mit Lieferanteneinbindung (vgl. Abb. 6-7).

Elemente	Best Practice	
Lieferanten- *bewertung*	Chrysler, Hewlett Packard, IBM	• Einheitliche Bewertungskriterien • Klar kommunizierte Bewertungen für alle Lieferanten • Transparenz im gesamten Unternehmen über die Einschätzung eines Lieferanten
Lieferanten- *entwicklung*	Honda, Porsche, Hewlett Packard, Chrysler	• Konsequentes und abgestuftes Vorgehen als Ergebnis der Lieferantenbewertung • Professionelle Lieferantenberatung
Lieferanten- *auswahl*	General Motors, Chrysler	• Weltweit einheitlicher Auswahlprozeß mit zentraler Sourcing-Entscheidung über alle Marken (GM, Opel ...) • wöchentliche Telefonkonferenz mit 150 Teilnehmern • Lieferantenauswahl in Technology Clubs
Kostensenkung *mit Lieferanten-* *einbindung*	Chrysler	• Score-Programm: Supplier Cost Reduction Effort • Lieferanten schlagen Kostensenkungsmaßnahmen für Prozesse und Produkte vor

Abb. 6-6: Best Practice beim Lieferantenmanagement (Hubmann 2001, S. 273)

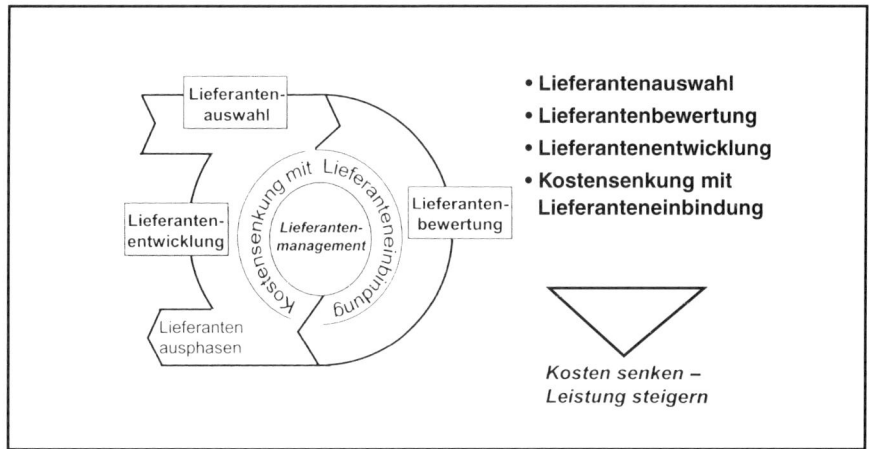

Abb. 6-7: Gesamtsystem des Lieferantenmanagement (vgl. Hubmann 2001, S. 274)

Zunächst werden alle wichtigen **Lieferanten** der einzelnen Geschäftsgebiete (ca. 30–70 Lieferanten pro Einkaufsabteilung) und ungefähr 200 Konzernlieferanten nach einheitlichen Bewertungskategorien und -kriterien **bewertet.** Hierdurch wird eine nachvollziehbare Basis für Entscheidungen zur weiteren Entwicklung von Lieferanten geschaffen. Bewertet werden

– Einkauf mit den vier Elementen Gesamtkosten, Kostensenkungserfolg, Erfüllung der strategischen Anforderungen sowie Kooperation, Service und Unterstützung,
– Qualität mit den vier Elementen Qualitätsleistung, Qualitätssystem, Qualitätsvereinbarungen sowie Kooperation, Service und Unterstützung.
– Logistik mit den vier Elementen Logistikleistung, Logistikstrategie- und -systeme, Umweltaspekte sowie Kooperation, Service und Unterstützung.
– Technologie mit den vier Elementen gegenwärtige technologische Leistungsfähigkeit, Erfüllung der Anforderungen, Übereinstimmung der technologischen Roadmaps sowie Kooperation, Service und Unterstützung.

Aufgrund der im Rahmen der Lieferantenbewertung erreichten Punktzahl (maximal 100 Punkte erreichbar) wird jeder Lieferant in eine der vier gebildeten Lieferantenklassen eingeordnet. Die vier Lieferantenklassen reichen von bevorzugt (preferred) über akzeptiert (accepted) und eingeschränkt (restricted) bis zu ausgemustert (desourced). Die erreichte Lieferantenklasse bestimmt die Richtung der **Lieferantenentwicklung** bezüglich des künftigen Einkaufsvolumens, des Anfrageverhaltens und möglicher strategischer Partnerschaften (vgl. Abb. 6-8). Die Bewertungsergebnisse werden im unternehmensweiten Lieferantenbeurteilungssystem veröffentlicht.

Entsprechend dem Grundsatz „es darf keine Bewertung ohne Konsequenz geben", werden auf Basis der Bewertungsergebnisse für alle Lieferanten individuelle Strategien zur künftigen Lieferantenentwicklung definiert (vgl. Abb. 6-9):

– Vereinbarung von Zielen und Maßnahmen auf Basis der Bewertungsergebnisse.
– Gezielte Verbesserungsprojekte bei oder mit Schlüssellieferanten in Form von Workshops oder Beratung.
– Gezieltes „Ausphasen" von mit „desourced" bewerteten Lieferanten bzw. Volumenreduzierung bei mit „restricted" bewerteten Lieferanten ohne strategische Bedeutung.

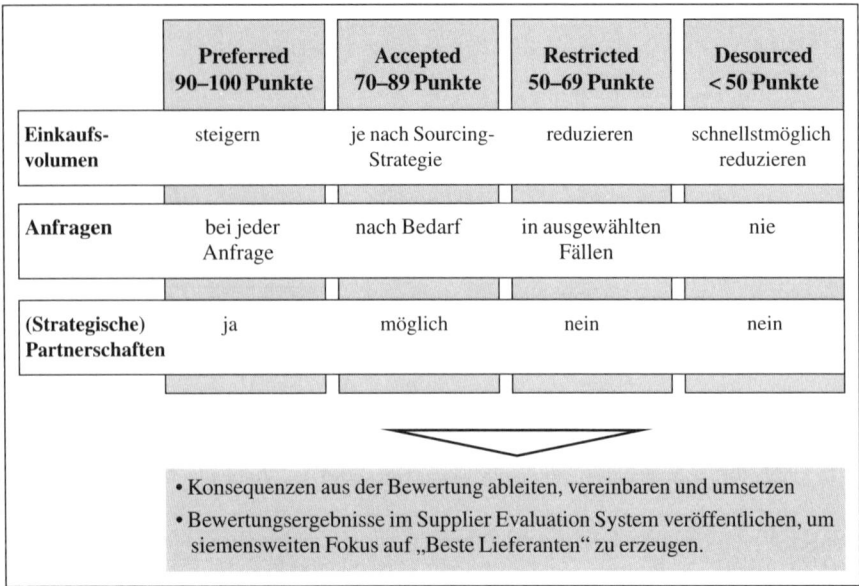

	Preferred 90–100 Punkte	Accepted 70–89 Punkte	Restricted 50–69 Punkte	Desourced < 50 Punkte
Einkaufs- volumen	steigern	je nach Sourcing- Strategie	reduzieren	schnellstmöglich reduzieren
Anfragen	bei jeder Anfrage	nach Bedarf	in ausgewählten Fällen	nie
(Strategische) Partnerschaften	ja	möglich	nein	nein

- Konsequenzen aus der Bewertung ableiten, vereinbaren und umsetzen
- Bewertungsergebnisse im Supplier Evaluation System veröffentlichen, um siemensweiten Fokus auf „Beste Lieferanten" zu erzeugen.

Abb. 6-8: Lieferantenbewertung: Charakteristika von Lieferanten (Hubmann 2001, S. 276)

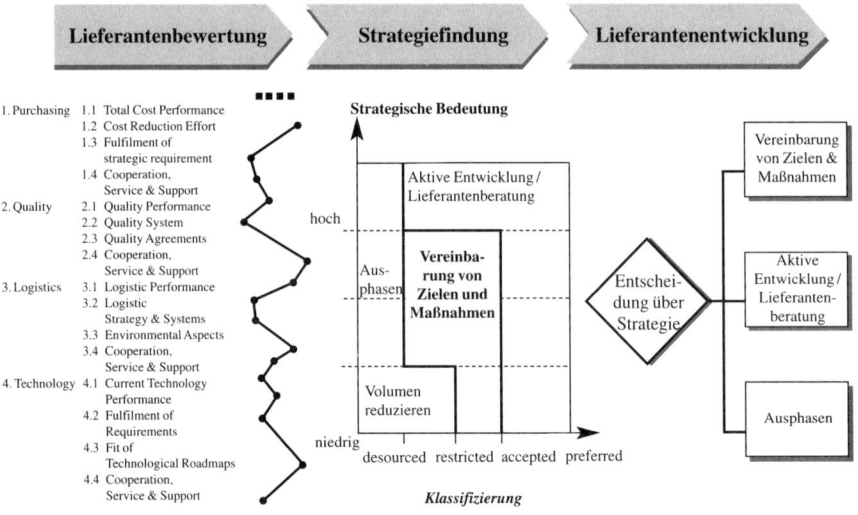

Abb. 6-9: Strategien zur Lieferantenentwicklung (Hubmann 2001, S. 277)

6.2.1.3 Beschaffungspolitisches Instrumentarium

Zur optimalen Erreichung der beschaffungswirtschaftlichen Ziele existieren eine Reihe von Instrumenten, die teilweise ein Spiegelbild der absatzpolitischen Instrumente darstellen. Allerdings verfügt ein Unternehmen im Rahmen der Beschaffung weder dem

Umfang noch der Intensität nach über dieselben Möglichkeiten, auf dem Beschaffungsmarkt Aktivitäten zu entfalten wie auf dem Absatzmarkt.

Das beschaffungspolitische Instrumentarium umfasst im Einzelnen (vgl. *Theisen* 1970):

- **Preis und Mengenpolitik**
  Entscheidungen über die Beschaffungspreise und -konditionen sowie die Beschaffungsmengen der Planperiode
- **Qualitätspolitik**
  Verfügbarmachen der für den Verwendungszweck benötigten Qualität
- **Methodenpolitik**
  Auswahl der Marktpartner hinsichtlich Anzahl, Standort und Struktur (z.B. Stammversus temporäre Lieferanten) sowie Festlegung der Bestellzyklen
- **Nebenleistungspolitik**
  Festlegung von Nebenleistungen (z.B. Kreditgewährung, Hilfe bei der Produktentwicklung), die der Lieferant erbringt
- **Werbepolitik**
  Einsatz von Werbung und Öffentlichkeitsarbeit, um bessere Beschaffungsbedingungen für bestimmte Produktionsfaktoren oder das Gesamtunternehmen herbeizuführen.

6.2.2 Auswahl einer Beschaffungsstrategie

6.2.2.1 Alternative strategische Verhaltensweisen im Bereich der Beschaffung

Abhängig von der Stellung des Unternehmens auf den Beschaffungsmärkten und den Kompetenzen des Beschaffungsbereichs stehen der Einkaufsabteilung verschiedene strategische Verhaltensweisen gegenüber dem Markt bzw. dem innerbetrieblichen Fertigungsbereich offen. Zunächst lassen sich zwei Grundtypen von Verhaltensweisen unterscheiden:

- „– **aktives Verhalten**
  mit dem Ziel der Veränderung und Ausschöpfung des Bedingungsrahmens für beschaffungspolitische Entscheidungen,
- – **passives Verhalten**
  lediglich mit dem Ziel der Ausschöpfung eines gegebenen Bedingungsrahmens für beschaffungspolitische Entscheidungen" (*Hammann/Lohrberg* 1986, S. 101).

Angesichts zunehmender Arbeitsteilung der Wirtschaft und fortschreitender technologischer Entwicklung kann man heute kaum mehr von einem Beschaffungsmarkt sprechen. Vielmehr sieht sich ein Unternehmen **vielen verschiedenen Beschaffungsmärkten** gegenüber (vgl. *Harlander/Platz* 1978, S. 35).

Zur Wahl einer geeigneten Beschaffungsstrategie ist es notwendig, die Stellung des Unternehmens und seinen Handlungsspielraum auf den einzelnen Märkten zu bewerten. Unterschiedliche Handlungsspielräume auf den einzelnen Märkten erfordern dann unter Umständen unterschiedliche beschaffungsstrategische Verhaltensweisen.

6.2.2.2 Die Einkaufsportfolio-Analyse als Ansatz zur Auswahl relevanter Strategien auf den Beschaffungsmärkten

Ein Ansatz zur Auswahl einer unternehmensspezifischen Beschaffungsstrategie ist die Einkaufsportfolio-Analyse, die einen Vergleich der Marktmacht des Unternehmens als Käufer einerseits mit der Marktmacht eines Anbieters andererseits ermöglicht. Die Analyse vollzieht sich in vier Phasen (vgl. *Kraljic* 1985, S. 9ff.):

Phase 1: Klassifizierung der Beschaffungsartikel

In einem ersten Schritt sind die einzukaufenden Teile und Materialien anhand ihrer Bedeutung für das Ergebnis und ihres Beschaffungsrisikos zu klassifizieren. Der **Ergebniseinfluss** bestimmter Beschaffungsgüter wird anhand der Kriterien eingekaufte

Beschaffungs- schwerpunkt	Hauptaufgaben	Erforderliche Informationen	Entscheidungsebene
Strategische Artikel	Präzise Bedarfsprognose, genaue Marktforschung, Schaffung langfristiger Beziehungen zu Lieferanten, Entscheidungen über Eigenfertigung oder Zukauf, Staffelverträge, Risikoanalyse, Notfallplanung, Logistik-, Bestands- und Lieferantenkontrolle	Sehr detaillierte Marktdaten, Informationen über langfristige Angebots- und Bedarfsentwicklungen, gute Kenntnis des Wettbewerbs, Industrie-Kostenkurven	Oberste Ebene (z. B. Vice-President Einkauf)
Engpassartikel	Mengensicherung (wenn notwendig gegen Aufpreis), Lieferantenkontrolle, Bestandssicherheit, Ausweichpläne	Prognosen über die mittelfristige Entwicklung von Angebot und Nachfrage, sehr gute Marktdaten, Bestandskosten, Erhaltungspläne	Höhere Ebene (z. B. Bereichsleiter)
Hebelprodukte	Ausnutzen der vollen Einkaufsmacht, Lieferantenauswahl, Produktsubstitution, gezielte Preis- und Verhandlungsstrategien, Mischung aus Vertragseinkäufen und Einkäufen auf den Spotmärkten, Auftragsmengenoptimierung	Gute Marktdaten, kurz- bis mittelfristige Bedarfsplanung, exakte Lieferantendaten, Prognose von Preisentwicklungen und Frachtraten	Mittlere Ebene (z. B. Chefeinkäufer)
Unkritische Artikel	Produktstandardisierung, Überwachung und Optimierung der Auftragsmengen, effiziente Bearbeitung, Bestandsoptimierung	Gute Marktübersicht, kurzfristige Bedarfsprognosen, optimale Bestandshöhe für wirtschaftliche Auftragsgrößen	Untere Ebene (z. B. Einkäufer)

Abb. 6-10: Klassifizierung der Beschaffungsartikel (Kraljic 1985, S. 9)

Menge, prozentualer Anteil an den gesamten Einkaufskosten sowie der Bedeutung für die Produktqualität und das Unternehmenswachstum gemessen. Das **Beschaffungsrisiko** kann durch die Verfügbarkeit des Artikels, die Lieferantenanzahl, die Zahl der Nachfrager, die Eigenfertigungsmöglichkeiten, die Lagerungsrisiken und die Substitutionsmöglichkeiten ausgedrückt werden. Aufgrund dieser Klassifizierung lassen sich **vier Artikelklassen** herleiten (vgl. Abb. 6-10):

– Strategische Artikel mit großem Ergebniseinfluss und hohem Beschaffungsrisiko,
– Engpassartikel mit niedrigem Ergebniseinfluss, aber hohem Beschaffungsrisiko,
– Hebelartikel mit großem Ergebniseinfluss und niedrigem Beschaffungsrisiko,
– unkritische Artikel mit niedrigem Ergebniseinfluss und geringem Beschaffungsrisiko.

In Abhängigkeit von der Artikelklasse sind unterschiedliche Vorgehensweisen beim Einkauf erforderlich. So werden beispielsweise für **strategische Artikel** sehr detaillierte Informationen über die langfristige Angebots- und Bedarfsentwicklung benötigt, die es unter Umständen mit Simulations- und Optimierungsmodellen sowie Risikoanalysen aufzubereiten gilt. Demgegenüber sind für **unkritische Artikel** in der Regel kurzfristige Bedarfsprognosen, generelle Entscheidungsrichtlinien und Modelle zur Bestandsoptimierung ausreichend.

Um die Aktualität dieser Klassifizierung zu gewährleisten sind die ihr zugrundeliegenden Informationen regelmäßig zu prüfen und gegebenenfalls auf den neuesten Stand zu bringen.

	Lieferantenmacht	Nachfragemacht
1	Marktgröße im Verhältnis zur Lieferantenkapazität	Einkaufsmenge im Verhältnis zur Kapazität der wichtigsten Produktionseinheiten
2	Marktwachstum im Verhältnis zur Kapazitätsausweitung	Nachfragewachstum im Verhältnis zur Kapazitätsausweitung
3	Kapazitätsauslastung oder Engpassrisiken	Kapazitätsauslastung der wichtigsten Produktionseinheiten
4	Wettbewerbssituation	Marktanteil im Vergleich zu den wichtigsten Wettbewerbern
5	ROI und/oder ROC	Ergebnisbeitrag der wichtigsten Fertigprodukte
6	Kosten- und Preisstruktur	Kosten- und Preisstruktur
7	Gewinnschwelle	Kosten bei Lieferausfall
8	Besonderheit des Produkts und technologische Stabilität	Möglichkeiten zur Eigenfertigung bzw. Integrationstiefe
9	Eintrittsbarrieren (wegen des erforderlichen Kapitals oder Know-hows)	Eintrittskosten für neue Bezugsquellen im Verhältnis zu den Kosten einer Eigenfertigung
10	Logistische Situation	Logistik

Abb. 6-11: Beurteilung von Lieferanten- und Nachfragemacht (Kraljic 1985, S. 10)

Phase 2: Analyse des Beschaffungsmarktes

Im Rahmen der Marktanalyse wird die Verhandlungsmacht der Lieferanten mit der eigenen Machtposition verglichen (vgl. Abb. 6-11). Bei der regelmäßigen Überprüfung des Beschaffungsmarktes ist die Verfügbarkeit von Materialien in qualitativer und quantitativer Hinsicht sowie die relative Stärke der augenblicklichen Lieferanten zu beurteilen. Auf der Basis der Analyse des eigenen Bedarfs und der Beschaffungswege kann ein Unternehmen beurteilen, ob die angestrebten Lieferkonditionen auch realisiert werden können.

Phase 3: Strategische Positionierung

Alle in der ersten Phase als „strategisch" klassifizierte Materialien werden nunmehr in die Einkaufsportfolio-Matrix eingeordnet (vgl. Abb. 6-12). Diese liefert die Basis, um Bereiche mit Chancen oder potentiellen Risiken zu identifizieren, Lieferrisiken abzuschätzen und über die grundlegenden strategischen Vorgehensweisen für diese Artikel zu entscheiden. In der Einkaufsportfolio-Matrix werden die Stärken des eigenen Unternehmens den Stärken der Lieferanten gegenübergestellt, so dass sich die Möglichkeit bietet, Gegenstrategien zu entwickeln.

Die Einkaufsportfolio-Matrix lässt sich in drei Risikobereiche aufteilen. Jeder Kategorie lässt sich eine strategische Grundrichtung zuordnen. Die **drei Strategiealternativen** lauten:

– **Aktives Auftreten auf dem Markt** („Abschöpfen") bei Artikeln, bei denen das nachfragende Unternehmen über eine starke Marktstellung verfügt, während gleichzeitig die Stärke des Lieferanten als mittel oder niedrig einzuschätzen ist.

  Aufgrund des geringen Lieferrisikos kann das Unternehmen hier seine Chance nutzen, durch Preisdruck und günstige Vertragsbedingungen einen positiven Ergebnisbeitrag auszuhandeln. Ein rücksichtsloses Ausnutzen dieses Vorteils kann allerdings zur Gefährdung der langfristigen Beziehungen zu dem Lieferanten führen und Gegenreaktionen auslösen wie sie im Abschnitt 6.4.5 beschrieben sind.

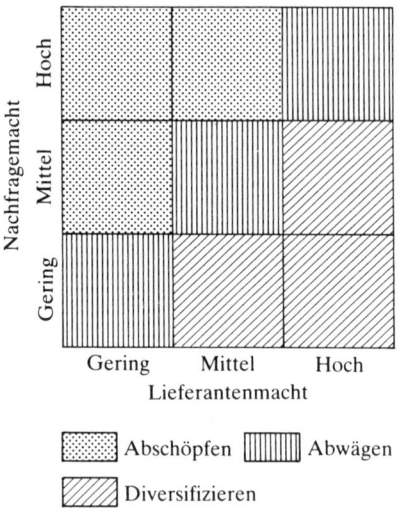

Abb. 6-12: Die Einkaufsportfolio-Matrix (Kraljic 1985, S. 11)

– **Alternativen suchen** („Diversifikation") bei den Beschaffungsmaterialien oder Lieferanten ist dann erforderlich, wenn das nachfragende Unternehmen lediglich eine untergeordnete Rolle auf dem Beschaffungsmarkt spielt, die Lieferanten aber über eine hohe Macht verfügen. Konkret kann dies bedeuten, dass die Marktforschungsaufwendungen erhöht werden müssen oder sogar eine Rückwärtsintegration in Erwägung zu ziehen ist.
– **Strategie der Mitte** („Abwägen") bietet sich bei Beschaffungsgütern ohne größere sichtbare Risiken und ohne größeren Nutzen an. Andererseits birgt eine übertrieben aggressive Vorgehensweise die Gefahr von Vergeltungsmaßnahmen.

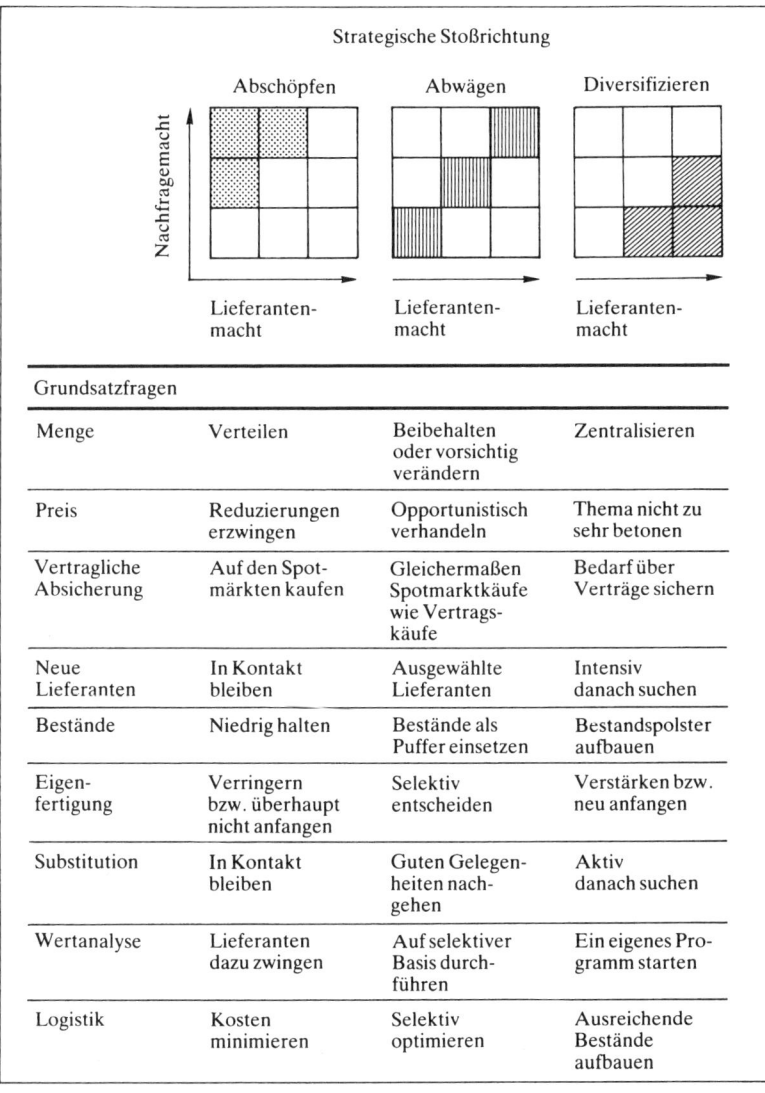

Abb. 6-13: Strategische Konsequenzen der Positionierung im Einkaufsportfolio (Kraljic 1985, S. 12)

Üblicherweise ist die Stellung eines Unternehmens bei den einzelnen Artikeln und Lieferanten unterschiedlich. Sie muss sich dementsprechend in differenzierten Beschaffungsstrategien niederschlagen.

Phase 4: Aktionspläne

Jede dieser Strategien hat andere Konsequenzen für die beschaffungspolitischen Instrumente, wie Mengen, Preise, Lieferantenwahl etc. Im vierten Schritt werden deshalb den drei Vorgehensweisen bestimmte Handlungsempfehlungen bezüglich der Einzelelemente einer Beschaffungsstrategie zugeordnet (vgl. Abb. 6-13).

6.2.2.3 Fallstudie: Beschaffungsstrategie für strategisch relevante Rohstoffe

Eine weitere mögliche Vorgehensweise soll das Beispiel der Beschaffungsstrategie für Gießereirohstoffe der Firma Thyssen Industrie AG verdeutlichen (vgl. *Wunderlich/ Kroesen* 1985, S. 30 ff.).

Grundlage der Formulierung einer Beschaffungsstrategie ist die differenzierte Analyse der aktuellen Versorgungslage. Hierzu sind die sensiblen und damit strategisch relevanten Einsatzstoffe zu ermitteln, die Versorgungsrisiken zu identifizieren, die Quellen der Bedarfsdeckung zu analysieren sowie der langfristige Bedarf zu prognostizieren. Letzterer wird insbesondere vom geplanten Produktionsprogramm sowie den eingesetzten Fertigungstechnologien beeinflusst.

Im betrachteten Fall zeigte die Analyse Anfang der achtziger Jahre kritische Beschaffungsmarktsituationen für die Gießereieinsatzstoffe Kobalt, Nickel, Molybdän usw. Die Gründe hierfür lagen in der begrenzten Verfügbarkeit, instabilen politischen Verhältnissen in den Erzeugerländern, wirtschaftlichen Risiken auf Grund preispolitischer Maßnahmen der Erzeugerländer, logistischen Risiken, verursacht durch begrenzte Umschlagkapazitäten oder unvermeidliche Transporte durch Spannungsgebiete.

Um diesen Risiken zu begegnen boten sich zur Versorgungssicherung zwei alternative Vorgehensweisen an:

– die bessere Nutzung **vorhandener** Bedarfsdeckungsquellen durch die Bildung von Vorräten, den Abschluss langfristiger Verträge, den Erwerb von Beteiligungen und Lieferantenentwicklung (vgl. linker Teil von Abb. 6-14);
– die Erschließung **neuer** Bedarfsdeckungsquellen durch den Übergang auf Substitute, den Aufbau neuer Märkte, die Wiedergewinnung von Einsatzstoffen usw. (vgl. rechter Teil der Abb. 6-14).

Die eingehende Bewertung dieser möglichen Versorgungsquellen führte für die genannten Einsatzstoffe zur Festlegung folgender versorgungsstrategischer Programme:

– **Abschluss langfristiger Verträge**
Der größte Teil des Bedarfs wird über langfristige Verträge direkt vom Hersteller bezogen. Diese Vorgehensweise zielt darauf ab, die Versorgung auch in Zeiten einer Angebotsknappheit sicherzustellen, wobei hiermit bewusst auf die Nutzung niedriger Preise in Zeiten eines ausreichenden Angebots oder Überangebots verzichtet wird.

– Bildung strategischer Vorräte

Zur Versorgungssicherung werden vorübergehend höhere Legierungsvorräte gehalten als bei normalen Marktverhältnissen. Auf der Grundlage der mittelfristigen Verbrauchsprognosen werden diese Bestände jedoch laufend auf die Marktverhältnisse abgestimmt.

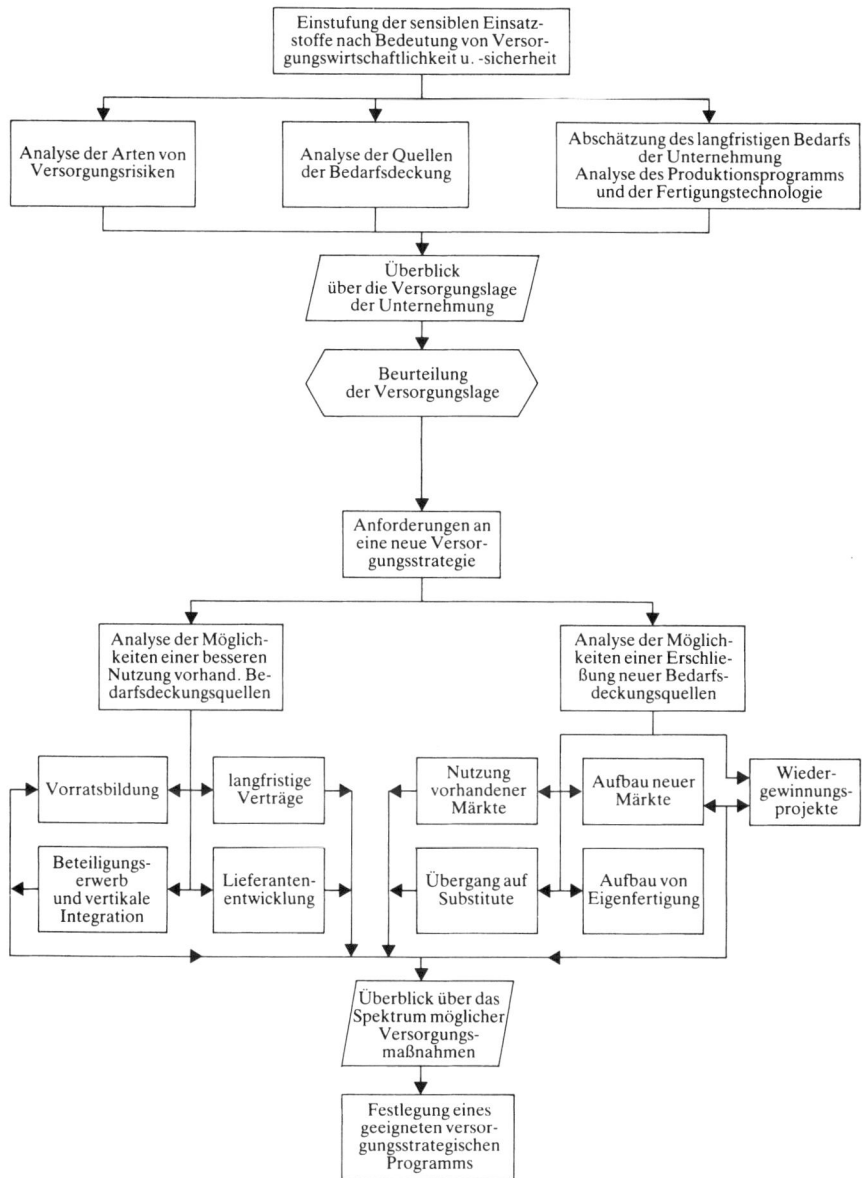

Abb. 6-14: *Entwicklung einer Beschaffungsstrategie für strategisch relevante Rohstoffe (Wunderlich/Kroesen 1985, S. 31 f.)*

– **Nutzung vorhandener Märkte**

Die Thyssen Industrie AG ist einer von mehreren Legierungsverbrauchern in der Thyssen Gruppe. Die Zusammenfassung der Bedarfe führt zu einer wesentlichen Verbesserung der Marktposition und damit zu günstigeren Vertragskonditionen bei besserer Versorgung.

– **Wiedergewinnung von Einsatzstoffen**

Es wird angestrebt, den Recycling-Anteil in den Gießereien bis an die Grenze des technisch vertretbaren zu erhöhen.

6.3 Gestaltung der Beschaffungsstruktur

Neben der Beschaffungsstrategie beeinflusst auch die Beschaffungsstruktur die Gestaltungsmöglichkeiten der Beschaffungslogistik (wobei umgekehrt letztgenannte auch die Beschaffungsstruktur beeinflusst). Da die Lieferantenbeziehungen am Beginn des Materialflusses stehen, hängt die Leistungsfähigkeit der gesamten Logistik wesentlich von der Lieferanten- bzw. Beschaffungsstruktur ab. Unter dem Druck, die Kapitalbindungskosten und Wiederbeschaffungszeiten zu reduzieren, werden auf die Beschaffungsstruktur in den kommenden Jahren verstärkt folgende Herausforderungen zukommen:

– Die zunehmende Wettbewerbsintensität zwingt Unternehmen immer mehr zur Nutzung weltweiter Kostenunterschiede.

– Die Frage nach der optimalen Anzahl verschiedener Lieferanten für dasselbe Teil muss vor dem Hintergrund hoher Transaktionskosten regelmäßig neu gestellt und beantwortet werden.

– Angesichts zunehmender Variantenvielfalt und unternehmensinterner Komplexität kommt der Entscheidung über die richtige Wertschöpfungstiefe essentielle Bedeutung zu.

Als Konzepte, mit denen diesen Herausforderungen wirkungsvoll begegnet werden kann, werden im Folgenden global sourcing, single-/multiple sourcing und modular sourcing behandelt. Single und modular sourcing zielen auf eine Reduzierung der Beschaffungskomplexität ab. Einen Überblick über die Sourcing-Konzepte gibt Abb. 6-15.

Lieferant	Sole	Single	Dual	Multiple
Beschaffungsobjekt	Unit	Modular		System
Beschaffungssubjekt	Individual		Collective	
Beschaffungsareal	Local		Global	

Abb. 6-15: Systematisierung der Sourcing-Konzepte

6.3.1 Global Sourcing

Das Beschaffungsareal ist der „geographische Raum, in dem die Beschaffungsaktivitäten ausgeführt werden" (*Arnold* 1996, Sp. 1866) und stellt somit den geographischen Aktionsradius dar.

Global Sourcing als internationale Beschaffungsarealstrategie steht der nationalen Ausprägung, dem Local Sourcing, gegenüber.

Als Strategie des Versorgungsmanagements umfasst Global Sourcing die internationale Marktbearbeitung im Sinne einer systematischen Ausdehnung der Beschaffungspolitik auf internationale Beschaffungsquellen unter strategischer Ausrichtung.

6.3.1.1 Chancen und Risiken des Global Sourcing

Global Sourcing bietet eine Vielzahl von **Chancen,** die in Kostensenkungs-, Umsatzsteigerungs- und Risikosenkungspotentialen bestehen. Primäres Ziel vieler Unternehmen, die verstärkt auf die weltweite Beschaffung von Einsatzgütern übergehen, ist die Ausnutzung globaler **Kostenunterschiede,** z. B. in Folge niedrigerer Arbeitskosten, längerer Maschinenlaufzeiten, niedrigerer Steuerbelastung etc. Durch geringere Materialkosten lässt sich der Kostendruck auf das eigene Unternehmen vermindern und die Wettbewerbskraft entsprechend stärken. In den Kostenvergleich sind neben dem reinen Anschaffungspreis auch die Beschaffungsnebenkosten (Verpackung, Transport, Lager, Zoll etc.) einzubeziehen. Die Vernachlässigung einzelner Kostenelemente kann hier sehr schnell zu Fehlentscheidungen führen. Es muss deshalb eine systematische Beurteilung mit Hilfe der Total Cost of Ownership- bzw. Total Supplier Cost-Betrachtung erfolgen (vgl. Abschnitt 6.3.1.3). Die Nettoersparnis zwischen Inlands- und Auslandsbezug sollte mindestens eine vorab zu definierende kritische Größenordnung betragen (z. B. 5% bei Beschaffungsvolumina bis 10 Mio Euro).

Zu Beginn einer neuen Geschäftsverbindung mit Lieferanten klaffen Inlands- und Auslandspreis oft weit auseinander. Im Laufe der technischen und kaufmännischen Überprüfung werden die Unterschiede dann bis zur letzten Phase der Vertragsverhandlung oft deutlich geringer.

Ein weiterer Vorteil des aktiv betriebenen Global Sourcing liegt in der Erlangung größerer **Transparenz** über die weltweit angebotenen Leistungen. In diesem Zusammenhang hat die Harmonisierung des EG-Binnenmarktes zu einer höheren Markttransparenz in Europa und damit zwangsläufig zu einer Intensivierung der europaweiten Arbeitsteilung geführt. Diese höhere Transparenz eröffnet auch den Zugang zu neuen Produkt- und Prozesstechnologien. Global Sourcing auf der Basis einer entsprechend ausgebauten Beschaffungsmarktforschung führt dann zu einer international orientierten Technologieforschung (vgl. *Kummer/Lingnau* 1992).

Je nach den landesspezifischen Bestimmungen kann der verstärkte Bezug von Waren aus einem Land zur Erfüllung von local-content-Bestimmungen beitragen und damit dem Vertrieb **mehr Umsatz** eröffnen. Aufgrund der Devisenknappheit von Entwicklungsländern ist die Erschließung dieser Länder oft nur über Kompensationsgeschäfte

möglich. Die Handelsströme zwischen zwei Ländern können so eher aneinander angeglichen werden.

Durch Global Sourcing lässt sich die Wettbewerbsintensität im Zuliefermarkt in bestimmten Grenzen erhöhen. Letztlich kann auch die Reduzierung der Abhängigkeit
von inländischen Zulieferern und die **Sicherung** von **Lieferkapazitäten** in Zeiten der
Angebotsverknappung eine Chance des verstärkten Auslandsbezugs sein.

Zu den **Risiken** des Global Sourcing gehören zum einen die Wechselkurs-Schwan-
kungen, denen durch einen Abschluss auf Euro-Basis, Nachverhandlungsklauseln oder
Kurssicherungsgeschäfte begegnet werden kann. Bei einem Abschluss auf Euro-Basis
tragen letztlich die nicht im Euro-Raum angesiedelten Lieferanten das Währungs-
risiko, das sie aber in der Regel in ihrem Angebotspreis mitkalkulieren. Kurssicherungsgeschäfte über Banken führen zu entsprechenden Kosten, die in den Kostenvergleich alternativer Bezugsquellen einzubeziehen sind.

Qualitätsrisiken können insbesondere dann auftreten, wenn Zulieferant und Abnehmer
über ein unterschiedliches Qualitätsverständnis verfügen. Durch weitere Transportwege verlängern sich unter Umständen die Beschaffungszeiten und steigt das Transport-
risiko. Durch entsprechende Logistikkonzepte ist hier eine hohe Versorgungssicherheit zu gewährleisten.

Abb. 6-16 fasst die Chancen und Risiken des Global Sourcing im Überblick zusammen.

Global Sourcing	
Chancen	Risiken
– Senkung der Einkaufskosten – Höhere Markttransparenz – Aktive Kompensationsstrategie – Erfüllung von local content Anforderungen – Technologiezufuhr – Sicherung von Lieferkapazitäten	– Transportrisiken – Wechselkursschwankungen – Unterschiedliches Qualitätsverständnis – Know-how-Abfluß – Kommunikationsbarrieren

Abb. 6-16: Chancen und Risiken des Global Sourcing

6.3.1.2 Formen des Global Sourcing

Als **Formen** des Global Sourcing haben sich herausgebildet (vgl. *Monczka/Giunipero*
1984):

– Beschaffung von Einsatzgütern im Inland, die im Ausland gefertigte Komponenten
  enthalten (quasi nationale Beschaffung). Der Trend zu Systemlieferanten wird die
  Realisierung von Global Sourcing-Konzepten beschleunigen, da diese von sich aus
  am Weltmarkt aktiv werden müssen, um die Zielkosten zu erreichen
– Beschaffung im Ausland über Beschaffungsmittler, die Qualität, Preis und Lieferzuverlässigkeit garantieren (indirekte internationale Beschaffung)
– Direkte Beschaffung bei ausländischen Lieferanten durch kurzfristige Kaufverträge
  (kurzfristige direkte internationale Beschaffung)

– Direkte Beschaffung bei ausländischen Lieferanten auf der Basis langfristiger Vertragsbeziehungen (langfristige direkte internationale Beschaffung)
– Errichtung von unternehmenseigenen Beschaffungsinstitutionen im Ausland (multinationale Beschaffung)
– Koordination der Beschaffungsaktivitäten in- und ausländischer Einheiten und Tochtergesellschaften. Material und Komponenten werden weltweit beschafft (weltweit koordinierte Beschaffung).

Mit zunehmender internationaler Erfahrung durchläuft ein Unternehmen die genannten Beschaffungsformen als Phasen. Hierbei können einzelne Phasen übersprungen werden oder auch parallel zueinander verlaufen. Welche konkreten **Maßnahmen** sind nun von einem Produzenten zu ergreifen, der die Attraktivität des Global Sourcing für sein Unternehmen erschließen möchte?

– Durchführung von Beschaffungsmarktstudien, bspw. auch unter Zuhilfenahme bereits vorhandener Auslandsniederlassungen
– Anfrageaktionen bei potentiellen Lieferanten, wobei man in der Regel mit einfachen Teilen und nicht mit den Teilen höchster Komplexität startet
– Überprüfung der Qualitätsstandards
– Lieferantenbewertung
– Technische Freigabe
– Entwicklung der logistischen Versorgungsstrategie und des Anlieferkonzeptes
– Schutzvereinbarungen bzgl. eventuell zur Verfügung gestellten Know-hows
– Unterstützung des neuen Lieferanten bei der Personalentwicklung
– Sprachschulung
– Bereitstellung der technischen Unterlagen in der Landessprache.

Zu den **Voraussetzungen,** die für ein erfolgreiches Global Sourcing erfüllt sein müssen, gehört zunächst die Handels- und Rechtssicherheit sowie die politische Stabilität im Land des (potentiellen) Zulieferanten. Seitens der Beschaffungsmitarbeiter sind ausgeprägtes Know-how, breit angelegte Managementerfahrungen sowie die Bereitschaft und Fähigkeit zur internationalen Zusammenarbeit erforderlich. Benötigt wird ferner eine spezifische logistische und datentechnische Infrastruktur, um über Landesgrenzen und Rechtssysteme hinweg die logistische Kette und die damit einhergehende höhere Komplexität zu beherrschen.

Zur Entwicklung eines unternehmensspezifischen strategischen Konzepts des Global Sourcing gilt es zunächst, die Ziele der Internationalisierung des Einkaufs festzulegen. Darauf aufbauend sind das Warengruppen- bzw. Produktportfolio, die geeigneten Beschaffungsmärkte sowie die Lieferanten als die zentralen Gestaltungsparameter des Global Sourcing zu ermitteln (vgl. Zollenkop 200X, S. 588) (vgl. Abb. 6–17).

6.3.1.3 Total Cost of Ownership-Konzept

Global Sourcing-Entscheidungen gehen mit einem nicht unerheblichen Kosten- und Unternehmensrisiko einher. Um den komplexen Entscheidungsprozess transparent und kalkulierbar durchführen zu können, sind sowohl mikro- als auch makroökonomische Bewertungen erforderlich. Auf der mikroökonomischen Ebene werden alle quantitativen und qualitativen Faktoren des Lieferanten bewertet. Auf der makroökonomischen

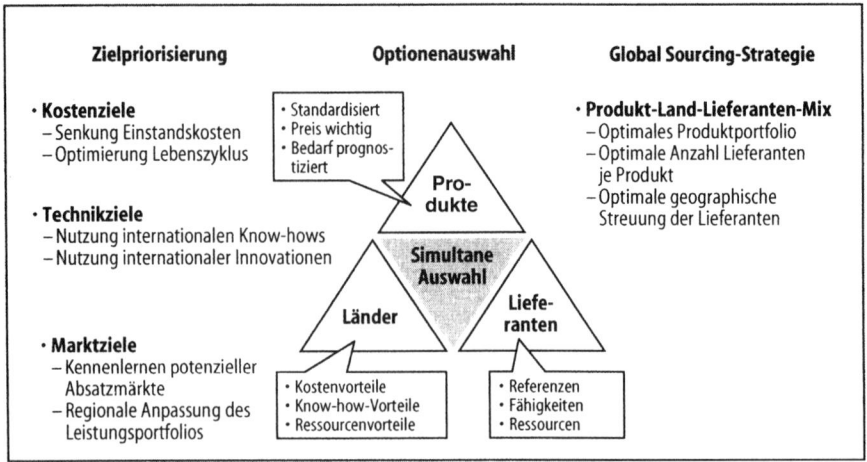

Abb. 6-17: Ablaufschema zur Festlegung der Global Sourcing-Strategie
(Zollenkop 200, S 590)

Entscheidungsebene wird das erweiterte Beschaffungsumfeld (Länderrisiko und Marktbedingungen) beurteilt.

Mit Hilfe einer Vollkostenanalyse nach dem **Total Cost of Ownership-Konzept** werden neben den **direkten** Kostenfaktoren, wie

– Abgabepreis des Lieferanten (FOB-Preis)
– Kosten für Verpackung und Fracht
– Zoll
– Zahlungsbedingungen

auch die **indirekten** Kostenfaktoren berücksichtigt:

– Werkzeugkosten
– Testkosten
– Qualitätskosten
– Mehrkosten durch Lieferterminabweichungen
– Entsorgung/Recyclingkosten
– Lieferantenunterstützung
– Serienanlaufkosten
– Kapitalbindungskosten.

Abb. 6-18 verdeutlicht die Grundzüge der Total Cost of Ownership-Rechnung am Beispiel von drei Bezugsquellenalternativen für ein Musterteil. In dem Beispiel steht der aufgrund des reinen Abgabepreises ursprünglich günstigste Anbieter nach der Total Cost of Ownership-Betrachtung nur mehr an zweiter Stelle. Diese ist um die übrigen Bewertungsfelder (siehe oben) zu ergänzen.

TOCO – Vollkostenanalyse	Produkt: Musterteil		
	Teilenummer: 12345xyz		
Lieferant			
Land	Korea	Europa	Europa
Währung	US$	US$	US$
FOB Preis	**200,00**	**220,00**	**250,00**
Volumen	100 000	100 000	100 000
Transportkosten			
Luftfracht	50,00		
See/Land	12,00	6,00	6,00
% Luftfrachtanteil	10,00		
Summe Transport	15,80	6,00	6,00
Zollsatz in %	4,90	0,00	0,00
Versicherung in %	0,50	0,10	0,10
Summe Zoll/Vers.	11,57	0,22	0,25
Zwischensumme	**227,37**	**226,22**	**256,25**
Lieferzeit in Tagen	90	60	90
Transportzeit in Tagen	60	5	5
Kapital-/Lagerkosten	16,67	7,94	13,19
Skonto in %	0,00	0,00	0,00
Reduzierung/Stück	0,00	0,00	0,00
Zwischensumme	**16,67**	**7,94**	**13,19**
WKZ/Entw./Serienanlaufkosten	50 000,00	100 000,0	100 000,0
Lieferantenbesuche/Jahr	2	2	2
Anzahl der Personen	2	2	2
Kosten pro Besuch	5 000,00	1 000,00	1 000,00
Qualität in DPPM	4 000	2 000	2 000
Qualitätskosten	4,00	2,00	2,00
Lieferverzug in Tagen	5	1	1
Kosten Liefertreue	0,62	0,12	0,14
Umwelt/Recycling			
Kosten/Stück	0,00	0,00	0,00
Garantiekosten	0,00	0,00	0,00
Zwischensumme	**5,32**	**3,16**	**3,18**
Gesamtkosten TOCO	**249,36**	**237,32**	**272,62**
Differenz zum Besten	12,04	0,00	35,30

Abb. 6-18: Total Cost of Ownership-Vollkostenrechnung (Krokowski 1993, S. 14)

6.3.2 Single- oder Multiple-Sourcing

Die Frage nach der Anzahl der Lieferanten, von denen eine bestimmte Materialart bezogen wird, stellt sich regelmäßig im Rahmen von just-in-time-anbindungen einzelner Lieferanten, im Vorfeld von Entwicklungspartnerschaften mit Lieferanten oder auch zur Realisierung von Einkaufskostenvorteilen durch Konzentration des Gesamtbedarfs auf einen oder wenige Lieferanten. Die Anzahl der Lieferanten bestimmt wesentlich die Anforderungen und Gestaltungsmöglichkeiten der Beschaffungslogistik.

Entscheidet sich ein Unternehmen für Single-Sourcing (Versorgung aus einer Beschaffungsquelle), so wird das benötigte Material ausschließlich von einem Lieferanten bezogen, obwohl zugleich auch einige Argumente für einen zweiten oder mehrere Lieferanten sprechen können. Werden zwei oder mehr Lieferanten für einen Beschaffungsbedarf ausgewählt, auch wenn es gute Gründe für die Wahl nur eines Lieferanten gibt, spricht man von Multiple-Sourcing (Mehr-Quellen-Versorgung).

Zentrale **Vorteile** des Beschaffungskonzeptes „Single-Sourcing" liegen in

– der Möglichkeit zur Kostenreduzierung durch Konzentration der Mengen auf einen Lieferanten, der durch größere Bestellmengen seine Kapazitäten besser auslasten und aus einer Standardisierung Kostendegressionseffekte erzielen kann
– der einfacheren Beherrschbarkeit der Materialströme; hierdurch werden eine hohe Standardisierung bei der Gestaltung der Beschaffungslogistik und eine geringere Kapitalbindung bei den Beständen möglich
– einer Senkung der Transaktionskosten
– der Sicherstellung gleichmäßig hoher Qualitätsstandards
– einer Reduzierung der Transportkosten durch Konzentration der Mengenströme
– Erhöhung der Transparenz des Beschaffungsprozesses.

Bei den Risiken, die man bei der Beschränkung auf einen Zulieferer eingeht, sind zu nennen Produktionsstörungen und -unterbrechungen, die Streikanfälligkeit dieses Systems, die (vorübergehende) Beschränkung des Wettbewerbs, das Nichterfassen technologischer Innovationen sowie der Aufbau hoher Austrittsbarrieren durch Wechselkosten (vgl. *Kummer/Lingnau* 1992, S. 422).

Die nachfolgend vorgestellte Entscheidungsmethodik (Abb. 6-19) kann in den Fällen zum Einsatz gelangen, in denen es eine echte Entscheidungsalternative zwischen Single- und Multiple-Sourcing gibt. Dies ist bspw. nicht der Fall bei einer Monopolstellung des Anbieters, einmalig auftretendem Bedarf und sehr niedrigen Beschaffungsvolumina.

1. Schritt: Geschäftsfeld- und Produktziele

Mit der Festlegung bzw. Analyse der Geschäftsfeld- und Produktziele wird die erforderliche Grundlage geschaffen, um produkt- und daraus abgeleitete materialbezogene Einkaufsziele definieren und bewerten zu können. Die in dieser Phase ebenfalls durchzuführende Umsatz- und Produktionsprogrammplanung sowie die daraus abgeleitete Beschaffungsprogrammplanung determiniert das Mengengerüst, auf dessen Basis nunmehr die entscheidungsrelevanten Materialien selektiert werden können.

2. Schritt: Identifikation entscheidungsrelevanter Teile

Nicht für alle Materialien muss der Entscheidungsprozess „Single- oder Multiple-Sourcing" durchlaufen werden. Normteile, die weder Know-how- noch qualitätskritisch sind und für die es viele Alternativlieferanten gibt, können bspw. auch an den kostengünstigsten Lieferanten vergeben werden. Teile, von denen keine hohen Mengen benötigt werden, die aber teure, teilespezifische Werkzeuge voraussetzen, können aus Kostengründen vielfach nicht an zwei oder mehr Lieferanten vergeben werden. Auch bei Materialien, die ein Lieferant als Monopolist anbietet oder für die ein einmaliger Bedarf auftritt, entfällt die Alternative Multiple-Sourcing.

3. Schritt: Festlegung der produkt- und materialbezogenen Einkaufsziele

In diesem Schritt geht es darum, die Messlatte bzw. das Bewertungsraster für die Entscheidung Single- oder Multiple Sourcing zu definieren, und zwar unabhängig von den potentiellen Lieferanten. Neben den generellen Einkaufszielen des Unternehmens kommen hier die aus der Wettbewerbsstrategie (siehe 1. Phase des Entscheidungsprozesses) abgeleiteten produkt- und materialspezifischen Ziele zum Tragen. Mögliche Einkaufsziele gibt Abb. 6-19 wieder.

Durch die Vergabe von Punkten (z.B. Gewichtungsfaktoren von 0 = keine bis 7 = höchste Bedeutung) pro Ziel werden die Einkaufsziele bzgl. ihrer Bedeutung in der jeweiligen Produkt-Material-Situation in ein Verhältnis zueinander gesetzt.

4. Schritt: Lieferantenbewertung

Im Zuge des Entscheidungsprozesses sind die potentiell einzubeziehenden Lieferanten zu bewerten. Je relevantem Merkmal und pro Lieferant werden entsprechend der Einstufung Punkte vergeben und die Gesamtpunktzahl je Lieferant ermittelt. Der eventuelle Alleinlieferant, der als Bezugspunkt für das weitere Vorgehen herangezogen wird, ist derjenige mit der höchsten Punktsumme.

5. Schritt: Entscheidung Single- oder Multiple-Sourcing

Auf der Basis der bisherigen Zwischenergebnisse, nämlich der gewichteten Einkaufsziele und der Ermittlung des potenziellen Alleinlieferanten, kann nunmehr der letzte Bewertungsschritt durchgeführt werden. Für jedes Einkaufsziel (siehe 3. Schritt) ist zu entscheiden, ob die betrachtete Material-Lieferanten-Situation für Single-Sourcing oder für Multiple-Sourcing spricht oder ob eine Gleichwertigkeit beider Alternativen besteht, so dass eine eindeutige Zuordnung nicht vorgenommen werden kann.

Die im dritten Schritt festgelegten Gewichtungspunkte sind nun einer der drei Alternativen zuzuordnen. Für den Fall, dass die Realisierung des jeweiligen Einkaufsziels durch den potentiellen Allein-Lieferanten sichergestellt ist, werden die Punkte dem Single-Sourcing gutgeschrieben. Wird ein Ziel hingegen dann am besten erreicht, wenn die Beschaffung von mehreren Lieferanten erfolgt, werden die entsprechenden Punkte dem Multiple-Sourcing zugeordnet. Ist keine eindeutige Entscheidung möglich, werden der Alternative „unentschieden" die Punkte zugeordnet. Auf diese Weise wird für jedes Einkaufsziel isoliert eine fundierte Bewertung vorgenommen.

Summiert man nun jeweils die Punkte, die jeder der drei Alternativen zugeordnet wurden, so erhält man als Ergebnis ein Punkteverhältnis, das zum Ausdruck bringt, wie viele Punkte für (oder gegen) die Alternative Single-Sourcing in Relation zur Alternative Multiple-Sourcing sprechen. Hierbei sei unterstellt, dass keine oder nur wenige Bewertungspunkte für die Gleichwertigkeit beider Alternativen sprechen.

Phase	1. Geschäftsfeld- und Produktziele	2. Identifikation entscheidungsrelevanter Teile	3. Produkt- und materialbezogene Einkaufsziele	4. Lieferantenbewertung	5. Entscheidung Single- oder Multiple-Sourcing	6. Umsetzung mit Controlling
Ziel	Analyse der kurz- und langfristigen Entscheidungsbasis	Auswahl der in die Analyse einzubeziehenden Teile	Systematische Einbeziehung aller entscheidungsrelevanten Kriterien (lieferantenunabhängig)	Ermittlung des potentiellen Alleinlieferanten	Quantitativ fundierte Entscheidung für Single- oder Multiple-Sourcing	Zielorientierte Umsetzung und Realisierung der getroffenen Entscheidung
Vorgehensweise	* Wettbewerbsstrategie – Kosten – Qualität, – Innovation – Zeit * Umsatzplanung * Produktionsprogrammplanung * Beschaffungsprogrammplanung	Echte Entscheidungsalternative bei – mehreren verfügbaren Alternativlieferanten – regelmäßig auftretendem Bedarf – mittlerem/hohem Bedarfsvolumen	* Auflistung der Einkaufsziele * Gewichtung der Ziele in der jeweiligen Produktsituation	* Auflistung der infragekommenden Lieferanten * Vergabe von Punkten je Lieferant und Beurteilungskriterium * Punktsumme je Lieferant * Lieferant mit der höchsten Punktsumme ist der potentielle Alleinlieferant	Entscheidung je Einkaufsziel, ob die spezifische Material-Lieferanten-Situation für – Single-Sourcing oder – Multiple-Sourcing spricht, oder ob – Keine eindeutige Lösung möglich ist	* Abschluß von Rahmenverträgen * Permanente Lieferantenbewertung * Beschaffungscontrolling – Plan-/Ist-Kosten – Soll-/Ist-Liefertreue – Soll-/Ist-Qualität

Abb. 6-19: Single- oder Multiple-Sourcing

6. Schritt: Umsetzung

Entsprechend der getroffenen Entscheidung sind nunmehr die Detailverhandlungen mit dem (den) Lieferanten zu führen und die geplanten (Rahmen-)Verträge abzuschließen. Das Beschaffungscontrolling muss die zielorientierte Umsetzung gewährleisten und gleichzeitig auf Basis einer permanenten Lieferantenbewertung die gemachten Erfahrungen verarbeiten. Hierzu gehört ebenfalls die grundsätzliche Entscheidung für einen Lieferanten, welche in regelmäßigen Abständen auf ihre noch bestehende Gültigkeit zu prüfen ist.

Single-Sourcing erhöht das Ausfallrisiko. Diesem ist deshalb durch infrastrukturelle Maßnahmen im Materialfluss und Datenverbund zwischen Lieferant und Abnehmer, die zügige und sichere Lieferungen gewährleisten, entgegenzusteuern. Die hohe Kooperationsnotwendigkeit zwischen zwei Unternehmen setzt Vertrauen und Offenheit auf beiden Seiten ebenso voraus wie die Fähigkeit und Bereitschaft, unterschiedliche Unternehmenskulturen miteinander in Einklang zu bringen.

6.3.3 Modular Sourcing

Für den Aufbau beschaffungslogistischer Konzepte ist vielfach auch nach Umsetzung des Single-Sourcing die Anzahl der Lieferanten noch zu hoch. Eine weitere Reduzierung der Lieferantenanzahl kann deshalb nur durch eine grundlegende Änderung der unternehmensübergreifenden Arbeitsteilung entlang der gesamten Wertschöpfungskette erreicht werden, wie es das Modular Sourcing vorsieht.

Bei der Beschaffung von Modulen stellen die Zulieferer montage- und damit lohnintensive Baugruppen her, die bisher vom Abnehmer selbst zusammengefügt wurden. Unterteilt man die traditionellen Zulieferketten in folgende Typen von Lieferanten

– Rohmaterial- und Einsatzstofflieferant
– Teilelieferant
– Lieferant für Komponenten und Aggregate
– Modul- oder Systemlieferant,

so wurde der Abnehmer in der Vergangenheit durch (fast) alle Typen von Lieferanten versorgt. Hierdurch entstand bei ihm hoher Koordinations- sowie Montageaufwand, der sich mit zunehmender Teilevielfalt noch erhöhte.

In Abhängigkeit von den Vorleistungsverflechtungen sind ein- und mehrstufige Zulieferketten zu unterscheiden. Die Stufigkeit einer Zulieferkette resultiert aus der Anzahl der von einem Produkt zu durchlaufenden Produktions- und Veredelungsschritte. Die gleichen Rohstoffe, Vorprodukte und Teile können sowohl direkt beim Endhersteller als auch als Vorleistungen bei Teile- und Komponentenlieferanten Eingang finden. Die jeweiligen Rohstoffe, Vorprodukte und Teile weisen deshalb spezifische Zulieferketten auf. Die Zulieferkette reduziert sich für die in das Modular Sourcing einbezogenen Teile eines Moduls auf einen Lieferanten (vgl. Abb. 6-20).

Modular Sourcing beinhaltet nicht nur den Fremdbezug von Einsatzgütern, sondern auch von Montage- und Komplettierleistungen. Zusätzlich werden Beschaffungsaufgaben von der Disposition über den Einkauf und Wareneingang bis zur Qualitätssicherung vom Produzenten auf den Lieferanten verlagert.

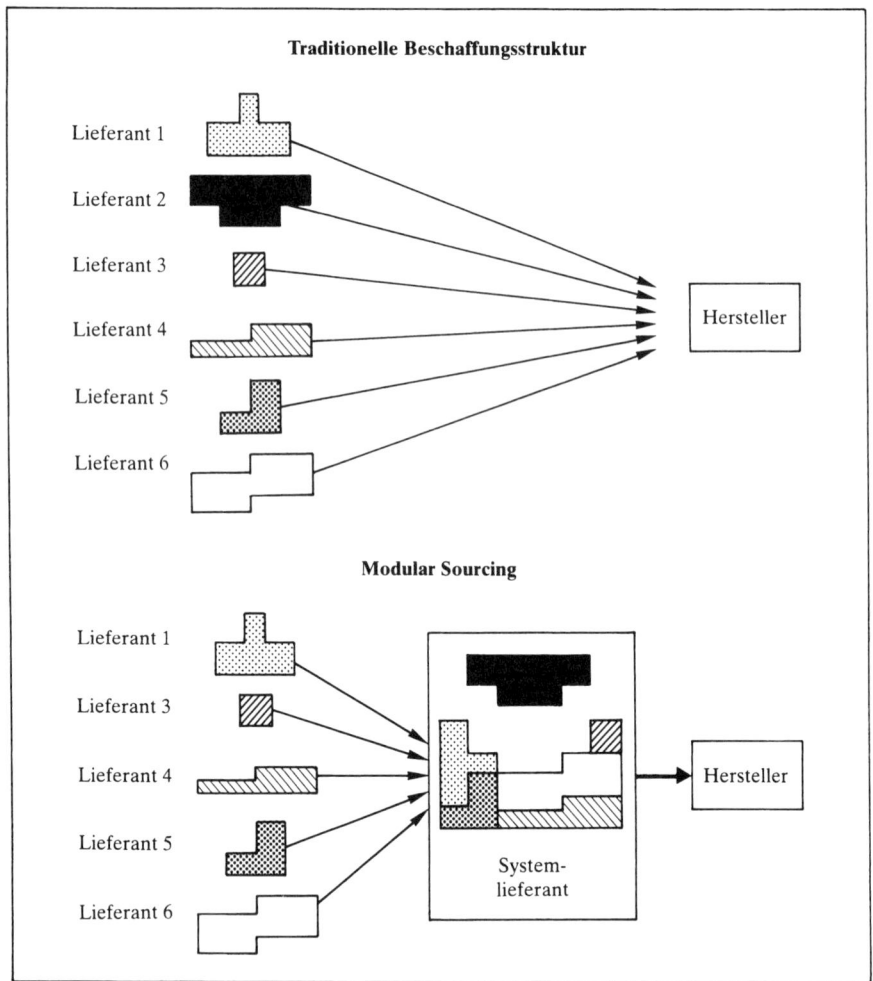

Abb. 6-20: Traditionelle Beschaffung und Modular Sourcing (von Eicke/Femerling 1991)

Das Modular Sourcing erfährt inzwischen in einer Reihe von Branchen zunehmende Verbreitung, z. B. in der Automobilindustrie (komplette Armaturenbretter, Sitzgarnituren, Bremssysteme, Schiebedächer), in der Computerindustrie (Festplatten- und Diskettenlaufwerke), in der Bauwirtschaft (komplette Nasszellen) und in der Milchwirtschaft (fertigzubereitete Fruchteinlagen für Joghurts). Beispielsweise bilden sich in der Automobilindustrie Zulieferpyramiden, wie in Abb. 6-21 dargestellt, heraus. Das konkrete Beispiel einer Zulieferkette gibt Abb. 6-22 wieder.

6.3.4 Beschaffungssubjekt

Im Rahmen des Subjektkonzeptes geht es um die Festlegung der Struktur der beschaffenden Organisation. Man unterscheidet zwischen individuellen Beschaffungsaktivi-

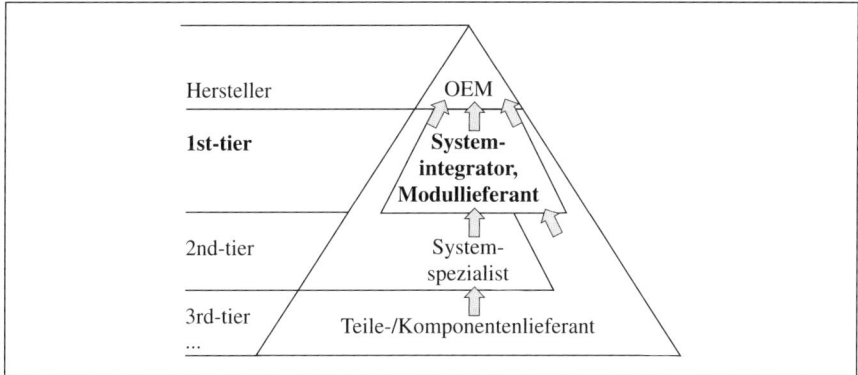

Abb. 6-21: Zulieferpyramide

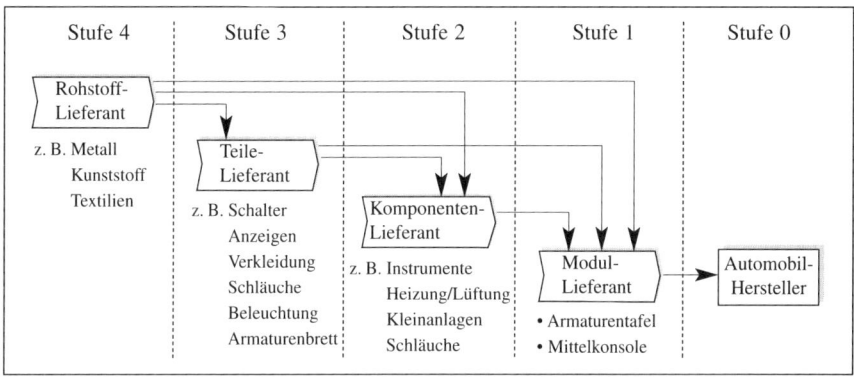

Abb. 6-22: Beispiel: Modullieferant in der Automobilindustrie

täten (Individual Sourcing) und gemeinsamen Beschaffungsaktivitäten mit anderen Unternehmen (Collective Sourcing in Form von Einkaufskooperationen). Gerade für kleine und mittlere Unternehmen bietet sich die Bündelung ihrer jeweiligen Nachfragemengen im Rahmen einer Einkaufskooperation an, um günstige Einstandspreise zu realisieren.

6.4 Konzepte der externen Materialbereitstellung

Originäre Aufgabe der Materialbereitstellung ist es, das für die Gütererzeugung benötigte Material in der erforderlichen Menge und Qualität rechtzeitig am Ort des Bedarfs zur Verfügung zu stellen. Zentrale Anforderungen an die Materialbereitstellung sind damit eine hohe Lieferzuverlässigkeit, schnelle Verfügbarkeit, hohe Lieferflexibilität und anforderungsgerechte Lieferbeschaffenheit. Gleichzeitig sind unter ökonomischen Gesichtspunkten die mit der Materialbereitstellung verbundenen Kosten zu minimieren. Die Kosten umfassen im Wesentlichen: Steuerungs- und Systemkosten für die Gestaltung, Planung und Kontrolle der Materialbereitstellung, Bestandskosten für das Vorhalten der Bestände, Lagerkosten für das Vorhalten von Lagerkapazitäten und die (variablen) Ein- und Auslagerungsvorgänge, Transportkosten sowie Handlingskosten.

Die Bereitstellung des in der Produktion benötigten Materials kann grundsätzlich **mit oder ohne** vorgelagerte **Vorratshaltung** im produzierenden Unternehmen erfolgen. Bei der Einzelbeschaffung im Bedarfsfall und der produktionssynchronen Beschaffung findet ein (weitgehender) Ausschluss der Vorratshaltung statt, während dies bei der Vorratsbeschaffung nicht der Fall ist.

6.4.1 Einzelbeschaffung im Bedarfsfall

Bei der **Einzelbeschaffung im Bedarfsfall** werden benötigte Materialien erst dann beschafft, wenn ein spezifischer, mit einem bestimmten Auftrag verbundener Bedarf vorliegt. Hierdurch werden lagerabhängige Kapitalbindungs- sowie Zins- und Lagerhaltungskosten vermieden. In der Regel wird das eingehende Material unmittelbar nach der Wareneingangskontrolle zu den Verbrauchsorten transportiert.

Andererseits führt die Anwendung dieses Prinzips zu einer Einengung des Aktionszeitraumes im Einkauf. Der Zwang, zu ungünstigen Konditionen einzukaufen, könnte die Folge sein. Einzelbeschaffung im Bedarfsfall wird begünstigt durch einen Einkäufermarkt, mindestens jedoch durch kurze Lieferzeiten und eine uneingeschränkte Termintreue des Lieferanten. Dieses Materialbereitstellungsprinzip gelangt insbesondere dann zur Anwendung, wenn die Leistungserstellung in Einzelfertigung erfolgt.

6.4.2 Vorratsbeschaffung

Die Vorratsbeschaffung zielt auf weitgehende Unabhängigkeit der Beschaffung von der Produktion ab. Es werden Vorräte bewusst gehalten, um den Produktionsprozess zu sichern, sich von Lieferanten und/oder Lieferverhältnissen (z.B. Witterungsbedingungen für den Transport, politische Situation in den Ländern der Rohstofflieferanten) unabhängig zu machen sowie Preisschwankungen am Beschaffungsmarkt auszuweichen (zu den Lagerhaltungsmotiven vgl. Abschnitt 5.1.1).

Während sich als positive Argumente für die Vorratsbeschaffung die hohe Materialverfügbarkeit und die Realisierung niedriger Fertigungskosten durch große Lose anführen lassen, ergeben sich Nachteile durch die Kapitalbindung in den Beständen, den Bedarf an Flächen- und Personalkapazitäten sowie den vermehrten Schwund von Materialien. In der Praxis zeigt sich, dass trotz höherer Bestandshaltung häufig nicht das auf Lager ist, was gerade benötigt wird. Außerdem bedingt die geringere Umschlagshäufigkeit der Materialien eine Minderung der Rentabilität.

6.4.3 Produktionssynchrone Beschaffung

Ein Nachteil der Beschaffung auf Vorrat besteht in der hohen Kapitalbindung durch Lagerbestände, ein Nachteil der Einzelbeschaffung in den Planungsschwierigkeiten und der daraus resultierenden Gefahr von Mehrkosten durch zu spätes Eintreffen des benötigten Materials.

Das Prinzip der **produktionssynchronen Beschaffung** versucht, diese Nachteile aus-zuschließen. Mit dem oder den Lieferanten wird eine Liefervereinbarung über einen längeren Zeitraum getroffen, die diesen verpflichtet, die benötigten Materialien je-weils zu den vom Produktionsprozess benötigten Terminen anzuliefern. Die Anliefe-rung wird also durch den Bedarf der Produktion bestimmt. Lagerhaltung findet nur in Form von Übergangslagerung statt.

Ausgangspunkt für die Entwicklung des **Just-In-Time Konzepts** war die Überlegung, den veränderten Anforderungen der Absatzmärkte wie wachsendem Konkurrenzdruck, steigender Variantenzahl der Produkte bei gleichzeitig kürzer werdenden Produktle-benszyklen und einem schwer vorhersehbaren Bestellverhalten der Abnehmer durch eine Umgestaltung der logistischen Kette zu begegnen. Ziel der Just-In-Time Strategie ist es, durch Vereinfachung und Rationalisierung des unternehmensinternen und -ex-ternen Informations- und Materialflusses möglichst nachfragegenau zu produzieren und entsprechend das benötigte Material produktionssynchron zu beschaffen (vgl. *Wildemann* 1988a, S. 11). Der angestrebte Idealzustand hierbei ist die bestandslose Fertigung. Erfolgt die Anlieferung von Teilen, Modulen und Systemen in der Produk-tionsreihenfolge des Kunden, so spricht man von **Just-In-Sequence Belieferung.**

Just-In-Time umfasst aber wesentlich mehr als die reine Bestandsminimierung. Das Konzept schließt die Methoden der Qualitätssicherung sowie der Fabrik- und Materi-alflussplanung ebenso mit ein wie die Auswahl der Transportmittel, Standortentschei-dungen und die Beziehungen zu den Lieferanten.

Die vier Grundkonzepte, die sich im Bereich der produktionssynchronen Beschaffung herauskristallisiert haben, sind:

- Direktabruf,
- Lieferantenansiedlung in Werksnähe des Abnehmers,
- Industrieparks und
- gemeinsame Bestandssteuerung.

Der konventionelle Materialbereitstellungsprozess sieht die Stufen Fertigung/Prüfung beim Lieferanten, Zwischenlagerung beim Lieferanten, Eingangsprüfung beim Ab-nehmer, Lagerung beim Abnehmer und Materialverbrauch beim Abnehmer in der Fertigung vor. Demgegenüber wird bei der produktionssynchronen Beschaffung auf mehrere oder im Idealfall alle nicht unmittelbar zur Werterhöhung beitragenden Akti-vitäten verzichtet (vgl. Abb. 6-23).

6.4.3.1 Direktabruf

Beim Direktabruf erfolgt die konkrete Materialanforderung vom Lieferanten dann, wenn beim Abnehmer echte Kunden- und daraus abgeleitete Fertigungs- bzw. Monta-

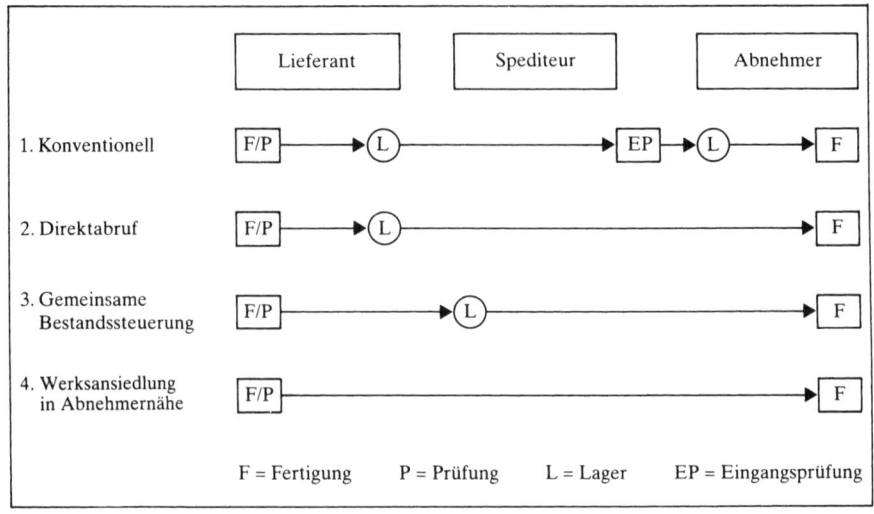

Abb. 6-23: Konzepte der produktionssynchronen Beschaffung

geaufträge vorliegen. Diesem Direkt- bzw. Lieferabruf sind in der Regel zwei Planungsebenen vorgeschaltet (vgl. Abb. 6-24). Die drei Ebenen weisen insbesondere Unterschiede bezüglich des Planungshorizonts und der Bestimmtheit der Daten auf (vgl. *Wildemann* 1988 c):

– **Rahmenvereinbarung**
   Die Rahmenvereinbarung, die meist eine Laufzeit von zwölf Monaten aufweist, beinhaltet eine Kapazitäts- und Bedarfsvorausschau nach Artikelgruppen auf Quartalsbasis. Auch die Qualitätsanforderungen werden fixiert. Zur Aktualisierung der Daten erfolgt jeweils nach drei Monaten eine Überarbeitung (rollierende Planung).

– **Rahmenaufträge**
   Die Erteilung von Rahmenaufträgen an den Lieferanten erfolgt in der Regel für einen Zeitraum von drei Monaten bei monatlicher Aktualisierung. Durch den Rahmenauftrag erfolgt beim Lieferanten die Freigabe für die Beschaffung der von ihm benötigten Materialien sowie – soweit erforderlich – für die Durchführung der Vorfertigung.

– **Direktabruf**
   Gegenstand der letzten Ebene ist schließlich der Direktabruf auf der Basis der im Rahmenauftrag vorgeplanten Mengen. Nunmehr erfolgen verbindliche Angaben bezüglich der Menge je Variante, Anlieferungstermin und -ort.

Zur Reduzierung der für die Informationsübertragung benötigten Zeiten empfiehlt sich der Einsatz moderner Kommunikationstechniken (vgl. Abschnitt 3.7).

6.4.3.2 Lieferantenansiedlung in Werksnähe des Abnehmers

Am Beispiel der Planung, Implementierung und Wirkungsweise für die **montagesynchrone Anlieferung von Fahrzeugsitzen** durch *Keiper-Recaro* an *Daimler Benz* soll im Folgenden das Modell der Lieferantenansiedlung in Werksnähe des Abnehmers verdeutlicht werden (vgl. *Ulsamer* 1986, S. 23).

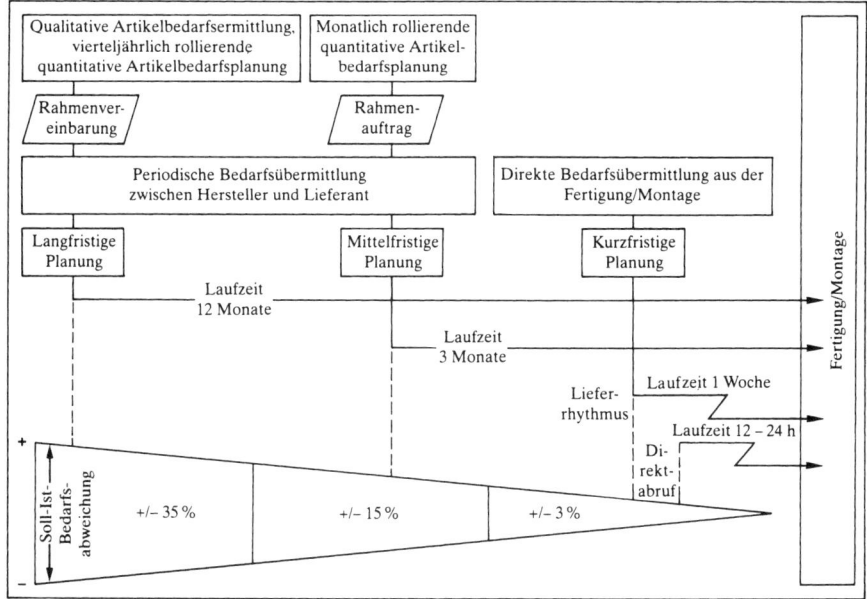

Abb. 6-24: Direktabruf

Ende der Siebzigerjahre fällte der Automobilhersteller *Daimler Benz* die Entscheidung eine dritte Fahrzeugbaureihe einzuführen, für deren Montage der Ausbau des Werkes Bremen geplant wurde. Keiper-Recaro verfügte als Hersteller mechanischer und elektronischer Sitzkomponenten sowie von Spezialsitzen über langjährige Lieferverbindungen zur Automobilindustrie. Zur langfristigen Absicherung des Unternehmenswachstums bot *Keiper-Recaro* 1979 den Automobilherstellern die technische und technologische Entwicklung sowie die Serienlieferung kompletter Sitzgarnituren an. *Daimler Benz* erreichte dieses Angebot in der Planungsphase des neuen Werkes. Eine detaillierte Prüfung ergab, dass das Angebot den Anforderungen von *Daimler Benz* entsprach. Unter den **Voraussetzungen,** dass

– bei der Belieferung eine uneingeschränkte Zuverlässigkeit sichergestellt ist,
– im Hinblick auf die große Variantenvielfalt und den hohen Raumbedarf einer kompletten Sitzgarnitur eine umfangreiche Lagerhaltung vermieden wird und
– *Keiper-Recaro* langfristig wettbewerbsfähige Preise sicherstellt

entschied sich der Vorstand von *Daimler Benz* für den Bezug kompletter Sitzgarnituren von Keiper.

Die genannten Maßgaben ließen sich aus der Sicht von *Keiper-Recaro* nur erfüllen, wenn

– zusätzliche Kapazitäten aufgebaut werden,
– die Wirtschaftlichkeit nicht durch eine umfangreiche Lagerhaltung belastet wird und
– nicht hohe Transportkosten eine langfristige wettbewerbsfähige Preisstellung erschweren.

Unter diesen Prämissen wurde gemeinsam die Grundsatzentscheidung gefällt, dass *Keiper-Recaro* in der Nähe des *Daimler Benz* Werkes in Bremen eine **neue Fertigungsstätte** für komplette Sitzgarnituren errichtet. Die Bevorratung fertiger Sitze ist weder im Liefer- noch im Empfängerwerk erforderlich.

Zunächst galt es einen geeigneten Standort für die neue Sitzfertigungsstätte zu suchen, der in **acht Kilometer Entfernung** zum *Daimler Benz* Werk gefunden wurde. Bei der **Analyse des Materialflusses** erkannte man, dass eine montagesynchrone Anlieferung nur dann sinnvoll ist, wenn Prozesse der Warenannahme, Qualitäts- und Mengenprüfung, Lagerung und Bandbelieferung zu keiner Verschiebung oder Verzögerung der auftragsbezogenen Lieferreihenfolge führen. Aus diesem Grund erfolgte die Konzeption einer **einheitlichen Transport- und Fördertechnik.** Ferner wurden **neue Prüfroutinen** erarbeitet.

Um einen **durchgängigen Informationsfluss** sicherzustellen, wurden Lieferscheinerfassung und -prüfung sowie Rechnungs- und Zahlungsabwicklung dem logistischen System angepasst. Daimler Benz erstellt mindestens einmal monatlich einen Lieferabruf, der auch die Bedarfszahlen für die neun folgenden Monate beinhaltet. Der Bedarf wird hierbei zwar nach Sonderausstattungen, nicht jedoch nach Farben aufgeschlüsselt. Diese Information dient *Keiper-Recaro* zur Bedarfsermittlung an Rohmaterialien und Einzelteilen und zur Erstellung eigener Lieferabrufe.

Eine tagesbezogene Rechnung erfolgt neun Arbeitstage vor dem geplanten Fertigungstermin, wobei nunmehr auch eine Bedarfsauslösung in die Ausstattungsfarben erfolgt. Diese Daten werden unmittelbar an Keiper-Recaro übermittelt. Dort findet eine Überprüfung der definitiven Materialverfügbarkeit statt.

„Der neue und entscheidende Schritt, der in den Informationsfluss zum Lieferanten integriert wurde, ist der sogenannte ‚**Inneneinbauimpuls'.** Nach Fertigstellung im Rohbau und erfolgter Lackierung gehen die zum Inneneinbau freigegebenen Karosserien in einen Puffer, aus dem sie von einem Prozessrechner in der geplanten Montagereihenfolge abgerufen werden. Am Ausgang dieses Puffers ist ein Roboter installiert, der eine Kamera so positioniert, dass diese die Fahrzeugidentifikation lesen und in den Prozessrechner einspeisen kann.

Der Prozessrechner gibt auf Grund der Identifikation den kompletten Fahrzeugdatensatz aus, in dem Fahrzeugtyp, Baumuster sowie die benötigten Ausstattungen codiert sind. Dieser Datensatz wird an alle relevanten Vormontagestellen im Daimler Benz-Werk überspielt und gleichzeitig on-line an *Keiper-Recaro* gegeben. Diesen Prozess, der sich in Sekundenschnelle vollzieht, versteht man als Inneneinbauimpuls.

Die Impulse der einzelnen Fahrzeuge werden im *Keiper-Recaro*-Werk über Drucker ausgegeben und stellen die Fertigungs- und Lieferanweisung dar. Der Ausgabedrucker steht dabei am Beginn der innerbetrieblichen Förderstrecke. Ein Hängeförderer wird entlang Wareneingang und Lager in Bewegung gesetzt, die vorgesehenen Komponenten werden kommissioniert. Der Förderer geht über die Näherei – dort werden die Bezüge zugesteuert – in die Montage. Hier werden die Gestelle bereits in der später benötigten Reihenfolge gepolstert, bezogen und komplettiert, bevor sie zur Funktions- und Qualitätsprüfung gelangen.

Im Warenausgang bei *Keiper-Recaro* werden die fertigen Sitze auf spezielle Gestelle gebracht und in der bei *Daimler-Benz* vorgesehenen Einbaureihenfolge in einen Sattelauflieger verladen.

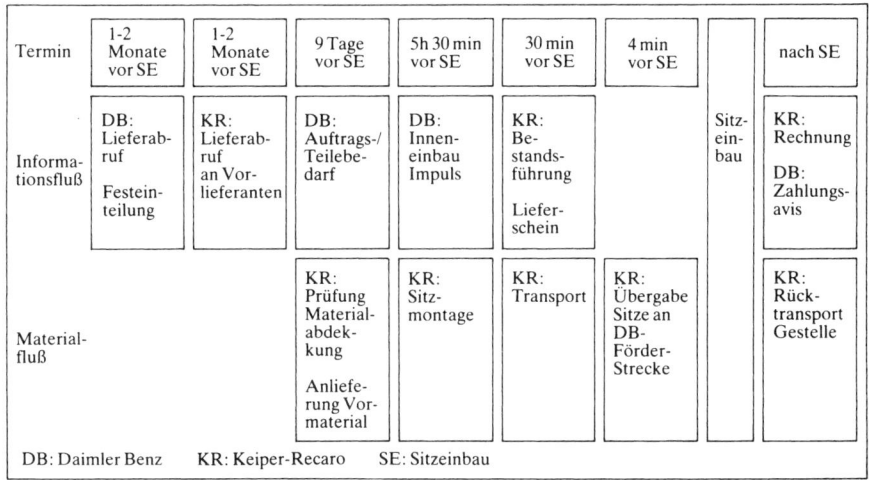

Termin	1-2 Monate vor SE	1-2 Monate vor SE	9 Tage vor SE	5h 30 min vor SE	30 min vor SE	4 min vor SE		nach SE
Informationsfluß	DB: Lieferabruf Festeinteilung	KR: Lieferabruf an Vorlieferanten	DB: Auftrags-/ Teilebedarf	DB: Inneneinbau Impuls	KR: Bestandsführung Lieferschein		Sitzeinbau	KR: Rechnung DB: Zahlungsavis
Materialfluß			KR: Prüfung Materialabdekkung Anlieferung Vormaterial	KR: Sitzmontage	KR: Transport	KR: Übergabe Sitze an DB-FörderStrecke		KR: Rücktransport Gestelle

DB: Daimler Benz   KR: Keiper-Recaro   SE: Sitzeinbau

Abb. 6-25: Informations- und Materialfluss zwischen Daimler Benz und Keiper-Recaro (Ulsamer 1986, S. 23)

Der LKW bringt die Ladung auf einer genau festgelegten Fahrtstrecke *zu Daimler Benz* und fährt direkt ein spezielles Entladedock an. Dort löst der Fahrer die automatische Übergabe an die Förderstrecke aus. Im Gegenzug werden leere Gestelle verladen und zu *Keiper-Recaro* transportiert.

Von diesem Entladedock aus werden die Sitzgarnituren ohne weiteren Eingriff an den Montageplatz geführt. Dort erfolgt eine erste Kontrolle der Lieferung. Im Rahmen der Schlussabnahme des Fahrzeugs erfolgt eine weitere ausführliche Qualitätskontrolle" (*Ulsamer* 1986, S. 23).

Abb. 6-25 gibt den zeitlichen Ablauf des gesamten logistischen Prozesses wieder, wobei die genannten Termine – insbesondere die Vorlaufzeit von 5,5 Stunden und die Anliefergenauigkeit von wenigen Minuten – heute teilweise unterboten werden.

Um das Risiko von Störungen zu minimieren und einen konstanten Materialfluss sicherzustellen, wurden folgende Sicherungsmaßnahmen konzipiert:

– Bereithaltung von Ersatzanlagen bei einem Hardware-Ausfall und Möglichkeit zur Informationsübertragung per Telekopierer anstelle der on-line-Übertragung.
– Vorhaltung von Transportkapazitäten für einen eventuellen LKW-Ausfall und Möglichkeit, Ausfälle des innerbetrieblichen Transportsystems manuell aufzufangen.
– Möglichkeit zur Bereitstellung von Ersatz bei eventuellen Beschädigungen oder Qualitätsmängeln des Lieferumfanges.

Die **Wirkungen** dieser Lieferantenansiedlung in der Nähe des Abnehmers waren

• bei **Daimler Benz**
    – Wesentliche Vereinfachung der Materialdisposition
    – Niedrigere Investitionen durch Wegfall von Warenannahme-, Zähl-, Lager- und Transportprozessen
    – Völliger Abbau der Lagerhaltungskosten
    – Steigerung der Flexibilität
    – Reduzierung des Verwaltungsaufwandes.

- bei **Keiper-Recaro**
  - Vereinfachung der Fertigungssteuerung auf einer sicheren Informationsbasis
  - Wegfall der Versandsteuerung und der Abstimmungsprozesse bezüglich Anlie-ferterminen und -mengen mit dem Empfängerwerk
  - Knappe Bevorratung bei Rohmaterial und Teilen (durchschnittliche Reichweite 1,5 Arbeitstage)
  - Keine Lagerhaltung an fertigen Sitzgarnituren
  - Reduzierung des Verwaltungsaufwandes.

6.4.3.3 Industrieparks

Der globale Wettbewerbsdruck in der Automobilindustrie hat bei den Herstellern in den letzten Jahren zur Besetzung vieler Marktnischen, zu Modelloffensiven mit im-mer kürzer werdenden Entwicklungszeiten und zu einer stark gestiegenen Varianten-vielfalt geführt. Unerwünschter Nebeneffekt ist eine deutliche Komplexitätserhöhung und ein damit einhergehender Kostenanstieg. Zur Begegnung dieser Herausforderun-gen werden Prozessabläufe benötigt, die höchste Flexibilität und Reaktionsfähigkeit gewährleisten, einfach, aber stabil sind sowie zur Gesamtkosten- und Zeitminimierung beitragen. Diesen Anforderungen genügt das Logistikkonzept von Industrieparks, ver-bunden mit der lagerlosen Direktanlieferung (Just-In-Time) bzw. Just-In-Sequence-Anlieferung. Insbesondere bei Fertigungsstandorten mit hoher Modellvielfalt lässt sich die Produktionsreihenfolge oft erst spät fixieren.

Industrieparks stellen heute ein festes Element im Produktions- und Logistikkon-zept von Automobilherstellern dar. Schwerpunkt bei der Realisierung von Indu-strieparks (auch Zulieferparks, Supply Parks oder Business Malls genannt), ist die konzentrierte Ansiedlung von Lieferanten der ersten Stufe (also den Tier 1 bzw. Modul- und Systemlieferanten), mit der Zielsetzung, den Endbelieferungsprozess zu optimieren.

Zu den mit Industrieparks verfolgten **Direktzielen** gehören insbesondere (vgl. *Rinza* 1999, S. 1):

- die Senkung der Transportkosten zwischen Lieferanten und Produktionsstätte (Werk)
- die Erhöhung der Prozesssicherheit — ↲ ſ + ↺
- die Reduzierung der Sicherheitsbestände
- die einfache Möglichkeit zur Verringerung der Fertigungstiefe
- die Beteiligung der Lieferanten am Marktrisiko des Produktes.

Darüber hinaus werden als Nebenziele genannt die Vereinfachung und Kostensenkung der Kommunikation, die Reduzierung von Transportbeschädigungen und der mögliche Einsatz vereinfachter Verpackungen und Ladungsträger.

Zur Beurteilung der Gesamtwirtschaftlichkeit von Industrieparks sind jedoch die Ef-fekte in der gesamten Logistikkette zu berücksichtigen. Es kann beispielsweise dann zu erhöhten Transportkosten zwischen den Sublieferanten der angesiedelten Tier 1-Lieferanten kommen, wenn die zurückzulegenden Distanzen zwischen beiden steigen und der Zerlegungsgrad der im Industriepark angesiedelten Teilegruppen keine er-höhten Packungsdichten zulässt.

Eine vollständige Ansiedlung aller Lieferanten in Werksnähe ist weder umsetzbar noch sinnvoll. Es sind deshalb diejenigen Lieferanten und Produktgruppen zu identifizieren, durch die die oben genannten Potenziale erschlossen werden können. Hierbei sind folgende Parameter relevant (vgl. *Rinza* 1999):

– Tägliches Anliefervolumen: Wie hoch ist der Volumenstrom der angelieferten Ladungsträger einer Produktgruppe über einen Tag?
– Anzahl der auftretenden Varianten: Wie groß ist die Gesamtzahl aller Farb- und Technikvarianten einer Produktgruppe?
– Verfügbare Steuerzeiten: Wie groß ist das Zeitfenster zwischen endgültiger Festlegung der Produktionsreihenfolge (Aussendung des Impulses) und Bedarfszeitpunkt am Band?
– Täglicher Anliefergeldstrom: Wie hoch ist der kumulierte Geldwert der angelieferten Teile einer Produktgruppe über einen Tag?

Aus Sicht der Logistik sind insbesondere die drei erstgenannten Kriterien von Relevanz. Aufgrund der bereits stark reduzierten Bestandswerte in der Automobilindustrie weist der Geldstrom nur noch bei wenigen, leicht identifizierbaren Komponenten einen signifikanten Einfluss auf. Mit Hilfe eines Portfolios, das die drei übrigen Parameter berücksichtigt, lässt sich die Auswahl vereinfachen (vgl. Abb. 6-26). Für die montagebandnahe Lieferantenansiedlung eignen sich Teileumfänge (i.d.R. Fahrzeugmodule und -systeme), die charakterisiert sind durch hohes Teilevolumen, hohe Variantenzahlen, kurze Steuerzeiten, hohe Teilewerte und hohe Komplexität mit aufwändigen Vormontagen.

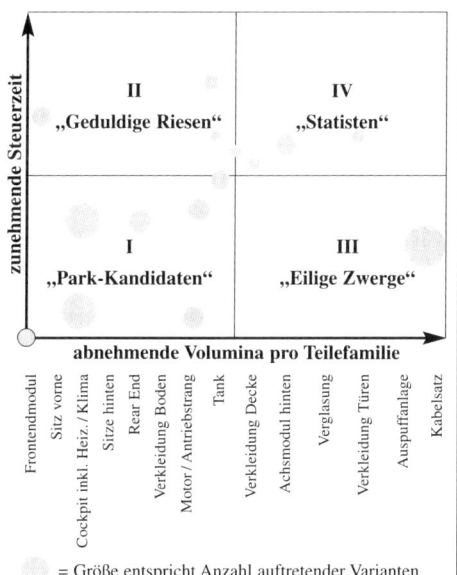

Trägt man die zu erwartenden Steuerzeiten über den zugehörigen Anliefervolumina auf, so lassen sich vier Sektoren eines Portfolios definieren, für die eigenständige Anlieferkonzepte definiert werden können:

Sektor I: „Park-Kandidaten"
Hohe Volumina in Kombination mit kurzen Steuerzeiten sowie teilweise hohem Variantenreichtum (Empfehlung: Industriepark)

Sektor II: „Geduldige Riesen"
Hohe Volumina mit geringerer zeitkritischer Anlieferfrequenz (Empfehlung: Industriepark oder Jumbo / Intermodal Transporte)

Sektor III: „Eilige Zwerge"
Kleinere Volumina bei hohem Zeitdruck, teilweise mit hoher Variantenanzahl (Empfehlung: Industriepark mit konsolidierten Transporten)

Sektor IV: „Statisten"
Geringere Anliefervolumina mit relativ langen Steuerzeiten (Empfehlung: Milk-Run oder Konsolidierungs- / Beschaffungszentrum)

Abb. 6-26: Industriepark-Portfolio: Identifikation geeigneter Module (Miebach Logistik, zit. nach Rinza 1999)

Nach der Identifikation geeigneter Module und Systeme als erster Schritt im Planungsprozess für einen Industriepark sind im zweiten Schritt die Lieferanten auf ihre Eignung bezüglich einer produktionsnahen Ansiedlung zu analysieren. Dies sollte bereits im Rahmen der Lieferantenauswahl beim Einkauf erfolgen. Zentraler Inhalt der Infrastrukturplanung ist der Bedarf an Flächen und Gebäuden für Produktion und Logistik, Verwaltung, Sozialeinrichtungen, Park- und Rangierflächen sowie Reserven für künftige Expansionen. Nennenswerte **Synergieeffekte** lassen sich bei den erforderlichen **Dienstleistungen** erschließen, deren Erbringung der Automobilhersteller, die Lieferanten oder externe Dienstleister übernehmen können. Beispiele hierfür reichen von Logistikaktivitäten (Lagern, Be- und Entladen, Transport an das Montageband, Leergutrückführung) über die Instandhaltung und Gebäudereinigung bis zu Verwaltungsprozessen. Bei neueren Industrieparkformen ist ein Trend zu höherer Ansiedlungsdichte zu erkennen, wo beispielsweise in einem einzelnen Gebäude 5–15 Lieferanten in abgetrennten Hallenbereichen ihre Vormontagen durchführen. Auf diese Weise lassen sich Anlieferverkehre konsolidieren und wirtschaftlich automatisieren oder die Informationsanbindung (innerhalb des Industrieparks und zum Hersteller) vereinfachen.

Um eine effiziente und reibungsarme Zusammenarbeit zwischen den verschiedenen, in einem Industriepark angesiedelten Unternehmen sicherzustellen, kommt der Wahl des geeigneten **Betreiberkonzeptes** eine wichtige Rolle zu. Hierbei stehen grundsätzlich folgende vier Modelle zur Verfügung (vgl. *Rinza* 1999):

- Betreibermodell „Automobilhersteller": Der Industriepark wird vom Automobilhersteller finanziert und betrieben.
- Betreibermodell „Lieferanten": Die Lieferanten errichten und betreiben die Installationen des Industrieparks in Eigenregie oder unter Gründung eines Konsortiums, wobei meist ein gemeinsamer Logistik-Dienstleister verpflichtet wird.
- Betreibermodell „Logistikdienstleister": Bei diesem Konzept wird der Industriepark von einem Logistik- (oder auch Finanz-)dienstleister finanziert und betrieben. Die Installationen und Dienstleistungen werden sowohl dem Hersteller als auch den Lieferanten gegen Entgelt zur Verfügung gestellt.
- Betreibermodell „Betreibergesellschaft": Hier erfolgt die Gründung einer Betreibergesellschaft, an der der Automobilhersteller, örtliche Gemeinden und Subventionsgeber oder externe Kapitalgeber Eigentumsanteile halten. Die Betreibergesellschaft errichtet und betreibt das Gebäude, indem sie Dienstleister einbindet.

Aus Sicht eines Automobilherstellers weisen die einzelnen Modelle verschiedene Vor- und Nachteile auf, die es bei der konkreten Planung und **Auswahl des Betreiberkonzeptes** zu bewerten gilt. Die Betreibermodelle unterscheiden sich hinsichtlich

- Flexibilität: Inwieweit ist eine Nutzungsänderung der Installationen möglich? Wie hoch ist der Einfluss auf die Nutzung der Installationen? Wie groß ist die Abhängigkeit vom Lieferanten?
- Transparenz: Besteht eine durchgängige Transparenz der Daten und Prozesse? Wie schnell lassen sich Prozessoptimierungen umsetzen?
- Aufwand: Wie hoch ist der Steuerungs- und Verwaltungsaufwand? Wie hoch ist der Managementaufwand?

– Konfliktpotenzial: Wie hoch ist die unmittelbare Einflussnahme auf die Lieferanten und das hierdurch vorhanden Konfliktpotenzial? Gibt es einen unabhängigen Dritten, der eine Mittlerfunktion zwischen den unterschiedlichen Interessen wahrnehmen kann?

Nach der Konzeptplanung mit den Elementen Layoutplanung, Materialflussanbindung, Prozessplanung und Betreiberkonzept, sind als nächste Phasen im **Planungsprozess** für einen Industriepark die Wirtschaftlichkeitsrechnung und Finanzierung, die Detailplanung und Ausschreibungs-/Vergabeverfahren sowie abschließend die Implementierung und die Inbetriebnahme zu durchlaufen. Abb. 6-27 zeigt den Planungsprozess im Überblick.

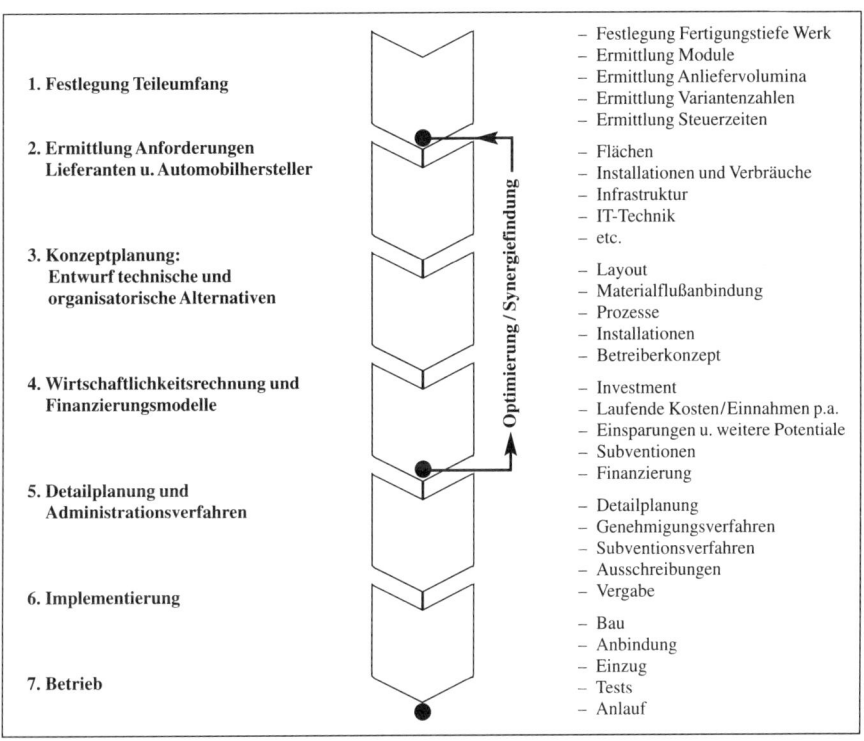

Abb. 6-27: Planungsprozess Industriepark (Miebach Logistik, zit. nach Rinza 1999)

Abb. 6-28 enthält die Darstellung einiger existierender Industrieparks in Deutschland, Portugal und Spanien. Mittlerweile gibt es auch Tier 1-Lieferanten, die eigene Industrieparks für Tier-2-Lieferanten geschaffen haben, um die räumliche Nähe zu ihren Sublieferanten herbeizuführen. Eine Weiterentwicklung des Industriepark-Ansatzes stellt die unmittelbare Integration ausgewählter Modullieferanten in die Montagelinie des Automobilherstellers dar. Mitarbeiter des Lieferanten übernehmen hierbei in Eigenverantwortung an bestimmten Bandabschnitten die Endmontage bestimmter Module und Systeme. Bei der sog. Modularen Fabrik ist die Integration der Lieferanten so weit fortgeschritten, dass Lieferanten und Automobilhersteller unter einem Dach produzieren.

Industrie-park	Modell-reihe (Pro-duktions-zahl p. a.)	Anzahl Liefe-ranten	Anzahl Arbeits-plätze	Flächen-bedarf	Entfer-nung zum Hersteller	Material-fluss-konzept	Besitz-ver-hältnisse	Be-treiber-modell
AutoEuropa De Palmela, P	Ford Galaxy VW Sharan Seat Alhambra (ca. 140 000 E)	9+2	ca. 1000	Gebäude: 220 000 m² (Separate Hallen)	ca. 500 m	Traktor-Trailer	Gelände: Auto-Europa Gebäude: Lieferanten	Auto-mobil-hersteller
Seat**) Martorell, E	Arosa, Ibiza, Cordoba, Toledo u. a. (ca. 150 000 E)	9	ca. 350	Gebäude: 33 000 m² (Separate Hallen)	ca. 2200 m	LKW-Trailer	Gelände: Dienstleister Gebäude: Dienstleister	Dienst-leister
Ford Valencia, E	Ka, Fiesta, Focus (ca. 400 000 E)	28	ca. 2300	Gebäude: 321 000 m² (Separate Hallen)	ca. 200 m	Fördertechnik Schleppzüge	Gelände: Gemeinde Gebäude: Lieferanten	Liefe-ranten
Ford Saarlouis, D	(derzeit) Focus (ca. 350 000 E)	9	ca. 750	Gebäude: 50 000 m² (Hallen-komplex)	ca. 1100 m	Fördertechnik (EHB)	Gelände: Betr. Ges. Gebäude: Betr. Ges.	Betreiber-Gesellsch. SBB
DaimlerChrysler Rastatt, D	A-Klasse (ca. 140 000 E)	7	ca. 450	Gebäude: 25 000 m² (Halle)	ca. 80 m	Fördertechnik (EHB)	Gelände: DaimlerChrysler Gebäude: DaimlerChrysler	Auto-mobil-hersteller
Audi Neckarsulm, D	A6, A8 (ca. 165 000 E)	15	ca. 600	Gebäude: 15 300 m² (Halle)	ca. 800 m	LKW-Trailer	Gelände: Betr. Ges. Gebäude: Betr. Ges.	Betreiber-Gesellsch. GIF

*) mit herstellereigenen Zulieferern   **) keine Produktionsbetriebe

Abb. 6-28: Merkmale ausgewählter Industriepark-Beispiele (Miebach Logistik, zit. nach Rinza 1999)

6.4.3.4 Gemeinsame Bestandssteuerung

Das Modell der unmittelbaren produktionssynchronen bzw. montagesynchronen Beschaffung stößt an Grenzen bei

- großer räumlicher Entfernung des Lieferanten vom Abnehmer,
- ausgeprägter Typen- und Teilevielfalt und/oder
- Fertigungsstrukturen des Lieferanten, die für eine Just-In-Time-Belieferung ungeeignet sind.

In diesen Fällen kommen Speditionslagermodelle zur Anwendung, die eine **unternehmensübergreifende Optimierung des Materialflusses** unter Kostengesichtspunkten und eine **Reduzierung der Vielfalt der Informationsschnittstellen** zum Ziel haben (vgl. *Feierabend* 1985, S. 239 ff.). Auch beim Speditionslagermodell werden zwischen Abnehmer und Lieferant Rahmenverträge abgeschlossen, die die üblichen Informationen beinhalten (vgl. Abb. 6-29). Die Anlieferungen durch die Lieferanten erfolgen jedoch ausnahmslos in das Speditionslager und zwar auf der Basis der Abrufe durch den Abnehmer, die dieser direkt an den Lieferanten erteilt.

Die unmittelbar für die Fertigung und Montage benötigten Teile werden vom Abnehmer per Datenfernübertragung aus dem Speditionslager abgerufen. Aufgabe des Spediteurs ist es, die angeforderten Teile zu kommissionieren und just-in-time anzuliefern.

Zur **Fakturierung** der vom Abnehmer aus dem Speditionslager entnommenen Teile werden Sammelrechnungen erstellt. Hierbei ist in der Regel durch eine entsprechende

Vereinbarung festgelegt, dass der durchschnittliche Zahlungseingang beim Lieferanten mindestens genauso gut ist wie bisher. Teile mit Abnahmeverpflichtung können in das Eigentum des Abnehmers ohne Entnahme aus dem Speditionslager übergehen.

Der **Spediteur** erfüllt bei diesem Modell die Funktionen Warenannahme, Abwicklung der Importformalitäten, Lagerhaltung und Lagerbestandsführung, Kommissionierung und Anlieferung nach Abruf sowie Auskunftserteilung.

Bei der Entwicklung und Einführung des Modells kamen in einem Anwendungsfall folgende **Grundsätze** zur Anwendung (vgl. *Feierabend* 1985):

– Das Modell sollte auf einem kooperativen Ansatz basieren und deshalb gemeinsam von Abnehmer, Lieferant und Spediteur entwickelt werden.
– Die Teilnahme sollte freiwillig sein.

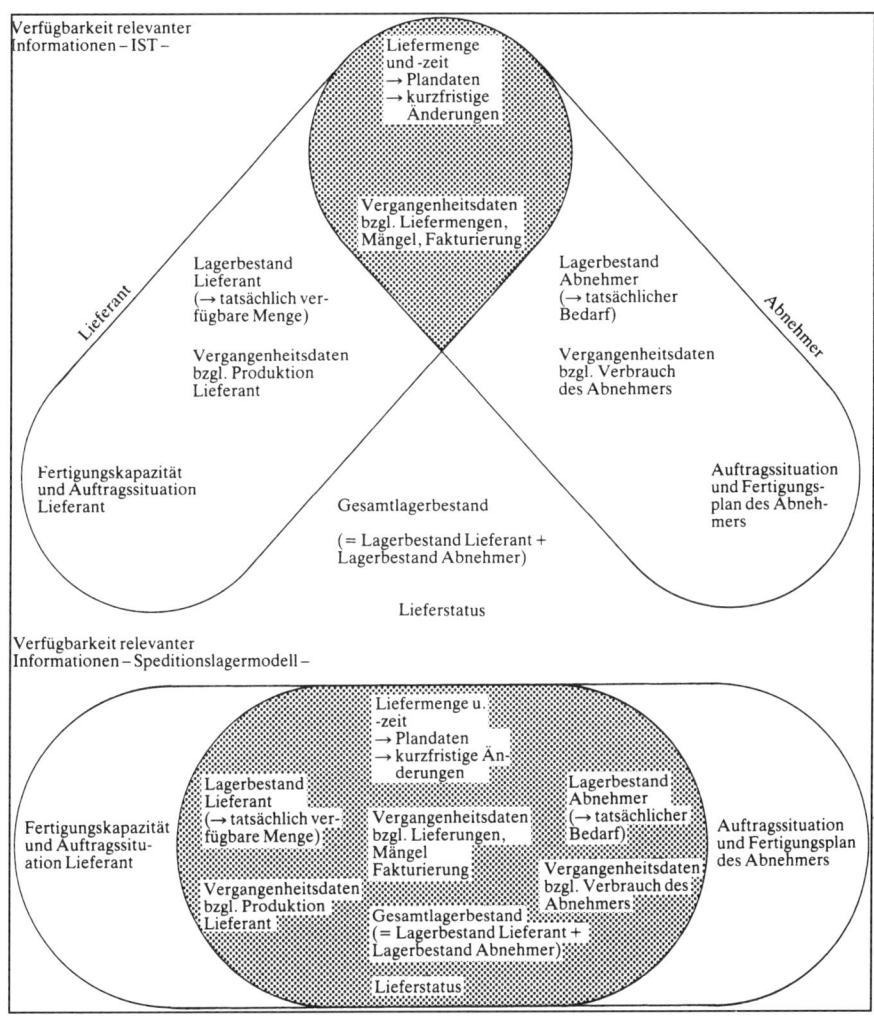

Abb. 6-29: Verfügbarkeit relevanter Informationen vor und nach Einführung des Speditionslagermodells (Feierabend 1985, S. 248 und 252)

- Um situationsadäquate Lösungen herbeizuführen müssen Bestandshöhe und techni-
sche Abwicklung lieferantenindividuell und teilespezifisch entwickelt werden.
- Der Spediteur als neutraler Dritter muss über das Vertrauen beider Seiten verfügen.
- Der Spediteur ist zur Lagerbestandsführung verpflichtet und muss sowohl für Zulieferant als auch Abnehmer jederzeit auskunftsfähig und -bereit sein.
- Die Abwicklungskosten für das Speditionslager werden vom Abnehmer getragen.
Falls der Lieferant die vorab vereinbarte Anzahl an Palettenplätzen im Lager über-
schreitet, trägt er die Mietkosten hierfür.
- Zulieferant und Abnehmer suchen gemeinsam nach der Anwendbarkeit vereinfachter Prüfmodalitäten wie Vor-Ort-Prüfung beim Lieferanten, Stichprobenprü-
fung und Überlassung von Prüfprotokollen.

Mit der Einführung des Speditionslagermodells tritt eine wesentliche **Änderung in
den Informationsbeziehungen** zwischen Lieferant und Kunde auf (vgl. Abb. 6–29).
Traditionell verfügen beide Partner über Informationen des anderen jeweils nur im
unbedingt notwendigen Umfang.

6.4.3.5 Rechtliche Aspekte der produktionssynchronen Beschaffung

Gegenstand eines Vertrages zur produktionssynchronen Beschaffung ist die kontinuierliche zeit- und mengengenaue Anlieferung in die Produktion sowie die Sicherstellung der Qualität durch den Lieferanten. Im Rahmen eines solchen Vertrages sind die
folgenden Punkte zu regeln (vgl. hierzu *Spohrer* 1988, S. 37 f.):

- **Materialspezifikation und Qualitätssicherung**
Das zu liefernde Material ist präzise zu beschreiben. Auch sollte eine von beiden
Seiten bestätigte Zeichnung Bestandteil des Vertrages sein. Es ist festzulegen, welche Prüfungen zur Qualitätssicherung der Lieferant durchzuführen hat. Wegen der
unmittelbaren Anlieferung in die Produktion (Wegfall der qualitativen Warenein-
gangsprüfung beim Kunden) wird bei Mängeln vielfach nicht nur kostenlose Er-
satzlieferung verlangt, sondern darüber hinaus auch Kostenerstattung für Auswirkungen auf die Produktionsanlagen des Abnehmers.
- **Einbeziehung von Vorlieferanten oder Vormaterial**
Aus Qualitätsgründen wird dem Lieferanten vielfach das zu verwendende Vormaterial oder der heranzuziehende Vorlieferant vorgegeben. Die Gründe hierfür können
auch in Konzernzugehörigkeit oder Gegengeschäftsinteressen liegen. Hierbei ist jedoch zu beachten, dass der Lieferant seine Kenntnisse über die relevanten Beschaffungsmärkte einbringen kann.
- **Formen und Werkzeuge**
Kosten und Eigentumsverhältnisse bei Formen und Werkzeugen sind eindeutig
festzulegen. Falls bei einer bestimmten Form ein Gebrauchsmusterschutz besteht,
muss dieser, um Missbrauch zu vermeiden, auf jeden Fall im Eigentum des Abnehmers bleiben. Zu definieren ist auch, wer die Pflege- und Instandhaltungskosten
für Formen und Werkzeuge trägt. Die geplante Nutzungsdauer wird üblicherweise
in Abhängigkeit von der Ausbringungsmenge definiert.
- **Bevorratungs- und Lieferplan**
Die in Abschnitt 6.4.3.1 beschriebene Planungssystematik über mehrere Ebenen ist
bezüglich der Informationsinhalte und -zeitpunkte genau zu vereinbaren. In diesem

Zusammenhang sind auch Informationspflichten bezüglich geplanter Instandhaltungsmaßnahmen, die mit Produktionsstillständen bei einem der Vertragspartner einhergehen, anzusprechen. Der Lieferant muss über technische Störungen informieren, die Auswirkungen auf die Anlieferung haben könnten.

– **Vertragsdauer/Kündigungsfristen**

In der Praxis werden Verträge zur produktionssynchronen Anlieferung, die sich auf spezielles Material oder Teile beziehen, regelmäßig für drei Jahre oder länger abgeschlossen, wobei in der Regel für beide Seiten die Kündigungsfristen sechs Monate betragen. Bei grober Verletzung vertraglicher Pflichten muss sofortige Kündigung aus wichtigem Grund vereinbart sein.

– **Preise**

Die vereinbarten Preise werden in der Regel für 1 Jahr fixiert und können erst danach neu ausgehandelt werden. Ist die Kalkulation transparent, kann die Anwendung einer Preisgleitklausel vereinbart werden, sollte jedoch in typischen Einkäufermärkten vermieden werden, da dort der sich am Markt ergebende Preis bei größeren Abnahmemengen vielfach günstiger liegt als nach offengelegter Kalkulation.

– **Vertragsstrafen**

Treten auf Grund von Qualitätsmängeln beim Abnehmer Produktionsunterbrechungen auf, sollten hierfür vorher ausgehandelte mengen- und arbeitszeitbedingte Kostensätze verrechnet werden. Lieferzeitverzögerungen sind mit Pönalen zu belegen.

– **Schaffung informationstechnischer Voraussetzungen**

Um die schnelle Übermittlung von Daten sicherzustellen, muss im Vertrag auch festgelegt werden, über welche technischen Einrichtungen Zulieferer und Abnehmer verfügen müssen.

– **Geheimhaltung**

Handelt es sich bei der Geheimhaltung schon bei normalen Liefervereinbarungen um eine übliche Vertragsposition, so erlangt sie bei JIT-Verträgen eine noch höhere Bedeutung. Um einen direkten Know-how-Abfluss zu den Wettbewerbern des Auftraggebers zu verhindern, sollte der Abschluss von Verträgen mit dessen Konkurrenten von seiner Zustimmung abhängig gemacht oder generell ausgeschlossen werden.

– **Allgemeine Einkaufsbedingungen**

Für Situationen, die der Vertrag nicht explizit regelt, empfiehlt es sich, die Allgemeinen Einkaufsbedingungen beizufügen.

6.4.3.6 Beurteilung der produktionssynchronen Beschaffung

Die wesentlichen Vor- und Nachteile einer produktionssynchronen Beschaffung stellt Abb. 6–30 im Überblick dar.

Standen in den ersten Jahren der Einführung des Just-In-Time-Konzeptes vor allem die betriebswirtschaftlichen Vorteile (Bestandssenkung, Flächenfreisetzung und Handlingskostenreduzierung) im Vordergrund, meldeten sich später zunehmend Kritiker der Just-In-Time Beschaffung zu Wort, die auf die negativen ökologischen Folgewirkungen verweisen (vgl. *Hahn* 1990, S. 88 ff.). Insbesondere werden als Nachteile des Just-In-Time Konzeptes angeführt:

– Die bedarfssynchrone Belieferung führe zu kleineren Transportlosen, die in hohen Frequenzen abgewickelt würden, so dass es zu einer verstärkten Verkehrswegenutzung komme (Bestände würden als rollende Lager auf die Straße verlagert).
– Es entstünden mehr Leerfahrten.
– Es finde eine Verschiebung der Transporte auf die Straße statt.

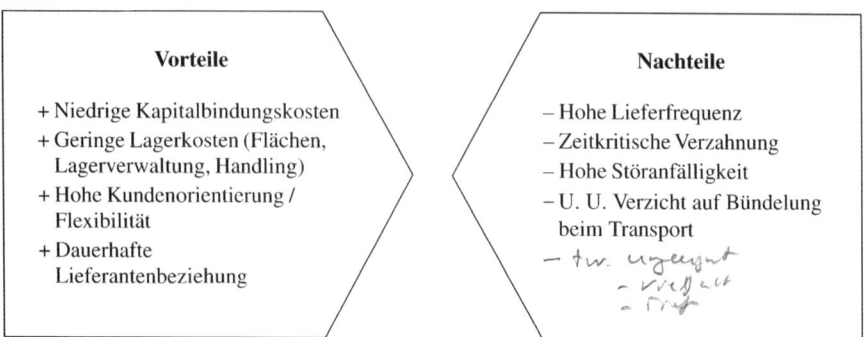

Vorteile	Nachteile
+ Niedrige Kapitalbindungskosten + Geringe Lagerkosten (Flächen, Lagerverwaltung, Handling) + Hohe Kundenorientierung / Flexibilität + Dauerhafte Lieferantenbeziehung	– Hohe Lieferfrequenz – Zeitkritische Verzahnung – Hohe Störanfälligkeit – U. U. Verzicht auf Bündelung beim Transport

Abb. 6-30: Vor- und Nachteile der produktionssynchronen Beschaffung

Anhand eines extrem gewählten Beispiels soll zunächst erläutert werden, dass die Einführung der JIT-Anlieferung generell zu einem **Anstieg des LKW-Straßenverkehrs** führen kann (vgl. *Jeger* 1993, S. 36 f.): Stellte traditionell der Lieferant die benötigten Güter einmal pro Woche mithilfe eines Lastkraftwagens (25 Tonnen Nutzlast) bereit, so treten bei täglicher Anlieferung fünf Transporte mit jeweils fünf Tonnen zu befördernder Ware auf. Da der bislang benutzte LKW nur noch zu 20% ausgelastet wäre, würde vermutlich ein Übergang auf kleinere Fahrzeuge erfolgen. Die sich aus der erhöhten Transportfrequenz ergebenden ökologischen Belastungen sind vielfältig: Auftreten zusätzlichen Lärms, Mehrverbrauch an Energie (35 l Kraftstoff pro 100 km des LKW's mit 25 t Nutzlast versus fünfmal 20 l Kraftstoff bei einem LKW mit 5 t Nutzlast), Anstieg der Schadstoffemissionen, verstärkte Inanspruchnahme der Straßeninfrastruktur, wodurch die Staugefahr und damit der Bedarf an Entlastungsstraßen steigt.

Bezogen auf die vorgestellten Modelle der produktionssynchronen Beschaffung ist festzuhalten, dass bei der Belieferung über ein externes Speditionslager nur auf der kurzzyklischen Strecke vom Lager zum Abnehmer mit einer Frequenzerhöhung zu rechnen ist. Auf der (langen) Strecke vom Lieferanten zum Speditionslager werden hingegen Komplettladungen beibehalten. Gleiches gilt bei der Belieferung über einen Gebietsspediteur. Bei Lieferantenansiedlung in Werksnähe wird die Transportentfernung deutlich reduziert. Grundsätzlich führt eine konsequente Just-In-Time Versorgung zu einer Reduzierung der Verkehrsströme, da nur die Güter transportiert werden, die auch tatsächlich benötigt werden (vgl. *Ihde* 1990, S. 113). Der Umfang der auf unsicheren Bedarfsprognosen gestützten Vorratsproduktion geht zurück. Hierdurch lassen sich Überversorgung, Falschlieferungen und Rücksendungen vermeiden. Durch die weitgehende Verlagerung der Qualitätskontrolle auf die Lieferanten werden weniger unbrauchbare Teile produziert.

Leerfahrten können insbesondere bei einer kurzzyklischen, taktgenauen Band-zu-Band Belieferung entstehen. Der äußerst eng gesteckte Zeitrahmen zwischen Lieferabruf und geforderter Bereitstellung im Werk des Abnehmers führt dazu, dass die Priorität eher auf einer hohen Ladegeschwindigkeit als auf einer optimalen Ladequote liegt. Im beschriebenen Beispiel müssen die für den Transport verwendeten Gestelle ein schnelles Einhängen der Sitze gewährleisten. Hierdurch geht unter Umständen ebenso Laderaum verloren wie durch den Einbau vollautomatischer Beladungsvorrichtungen. Auch wenn ein völlig verlustfreies Stapeln dieser Teile kaum möglich sein wird, ist davon auszugehen, dass bei der Verfolgung des Ziels, eine maximal beförderbare Stückzahl zu transportieren, die Ladequote höher wäre (vgl. *Jeger* 1993, S. 37). Entfällt der zeitliche Druck und kann deshalb die Transportfrequenz eher an die Transportkapazität angepasst werden, ist auf den Hauptstrecken kaum mit Leerfahrten zu rechnen. Lediglich im vorgelagerten Sammelverkehr und im nachgelagerten Verteilerverkehr können Leerfahrten bisweilen nicht ganz vermieden werden.

Der LKW-Verkehr schneidet in Bezug auf den Energieverbrauch je erbrachter Einheit Transportleistung und die spezifische Schadstoffemission schlechter ab als die Bahn oder die Binnenschifffahrt. Die seit Jahren zu beobachtende **Verschiebung der Güterverkehrsaufteilung** zuungunsten der Bahn hat eine Reihe von Ursachen (vgl. *Jeger* 1993, S. 38):

– Der Anteil der traditionellen Massengüter (z. B. Eisen oder Kohle), für deren Transport sich Bahn und Binnenschifffahrt besonders gut eignen, sinkt. Demgegenüber steigt der Anteil hochwertiger Güter am Güterverkehrsaufkommen.
– Höherwertige Beförderungsgüter erfordern eine intensive Flächenbedienung, die insbesondere durch den LKW möglich ist.

Insgesamt ist festzuhalten, dass zwar die produktionssynchrone Beschaffung die Nachfrage nach dem Verkehrsträger LKW begünstigt, daneben aber andere Ursachen die Strukturverschiebung weitaus stärker beeinflussen. Dies gilt umso mehr, als sich – bei entsprechenden Voraussetzungen – die tägliche Anlieferung auch mit der Bahn realisieren lässt.

6.4.4 Kriterien für eine optimale Differenzierung der Bereitstellungspolitik

Die kostengünstigste Gesamtlösung für die Materialbereitstellung lässt sich nur über eine **differenzierte Betrachtung** der Charakteristika der einzelnen Teile und einer hierauf abstellenden Versorgungssteuerung sicherstellen. Als Kriterien sind hierfür insbesondere heranzuziehen (vgl. *Grün* 1990, S. 539):

– Relative Wertigkeit einer Materialart (ABC-Analyse),
– Verbrauchsstruktur (XYZ-Analyse),
– Fertigungstyp,
– erforderlicher Servicegrad,
– Lagerfähigkeit des Materials,
– verfügbare Lagerkapazität,
– Position auf dem Beschaffungsmarkt,
– Autonomieansprüche sowie
– erfolgs- und finanzwirtschaftliche Restriktionen.

Verbreitete Verfahren zur Teileklassifikation stellen die ABC- und die XYZ-Analyse dar. Beide Verfahren teilen die Vielzahl der in einem Unternehmen benötigten Materialien in drei Klassen ein. Der **ABC-Analyse** liegt ein eindeutig zu klassifizierendes Wertkriterium zugrunde, wie z. B. Bestandswert, Bedarfswert, Reichweite oder Bedarfsmenge pro Zeitperiode. Es wird ein Mengen-Wert-Verhältnis ermittelt, das die relative Bedeutung einer Materialart widerspiegelt.

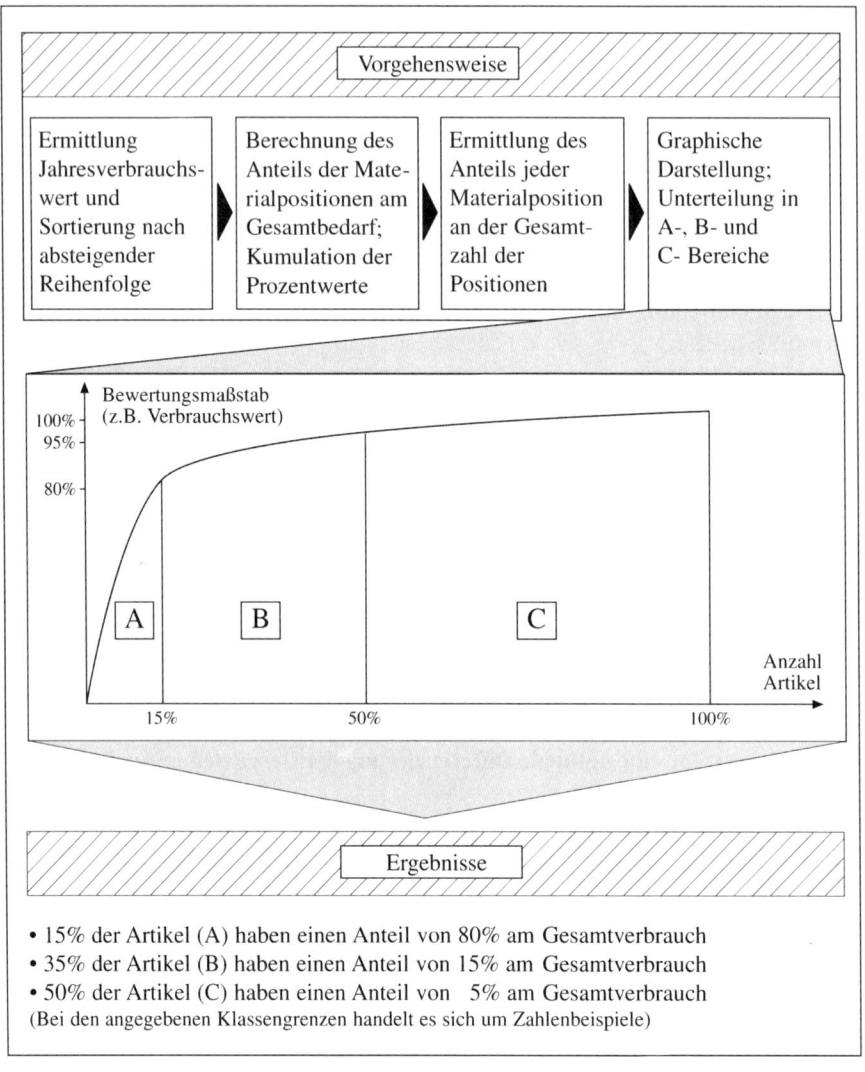

Abb. 6-31: ABC-Analyse

Die ABC-Analyse läuft bei der Einteilung der Materialien nach dem Jahresverbrauchswert in folgenden Schritten ab:

– Ermittlung des Jahresverbrauchswertes für jede Materialposition (durch Multiplikation des mengenmäßigen Jahresbedarfs mit dem Einstands- oder Verrechnungspreis) und Sortierung nach absteigender Reihenfolge
– Berechnung des prozentualen Anteils der einzelnen Materialpositionen am Gesamtbedarf und Kumulation der Prozentwerte entsprechend der ermittelten Reihenfolge
– Ermittlung des prozentualen Mengenanteils jeder Materialposition an der Gesamtzahl der Positionen
– Definition der Klassengrenzen, indem bei zwei bestimmten Prozentanteilen am Gesamtbedarfswert eine Grenze gezogen wird.

Die graphische Darstellung erfolgt mit Hilfe einer Konzentrationskurve, der sog. *Lorenz*-Kurve (vgl. Abb. 6-31).

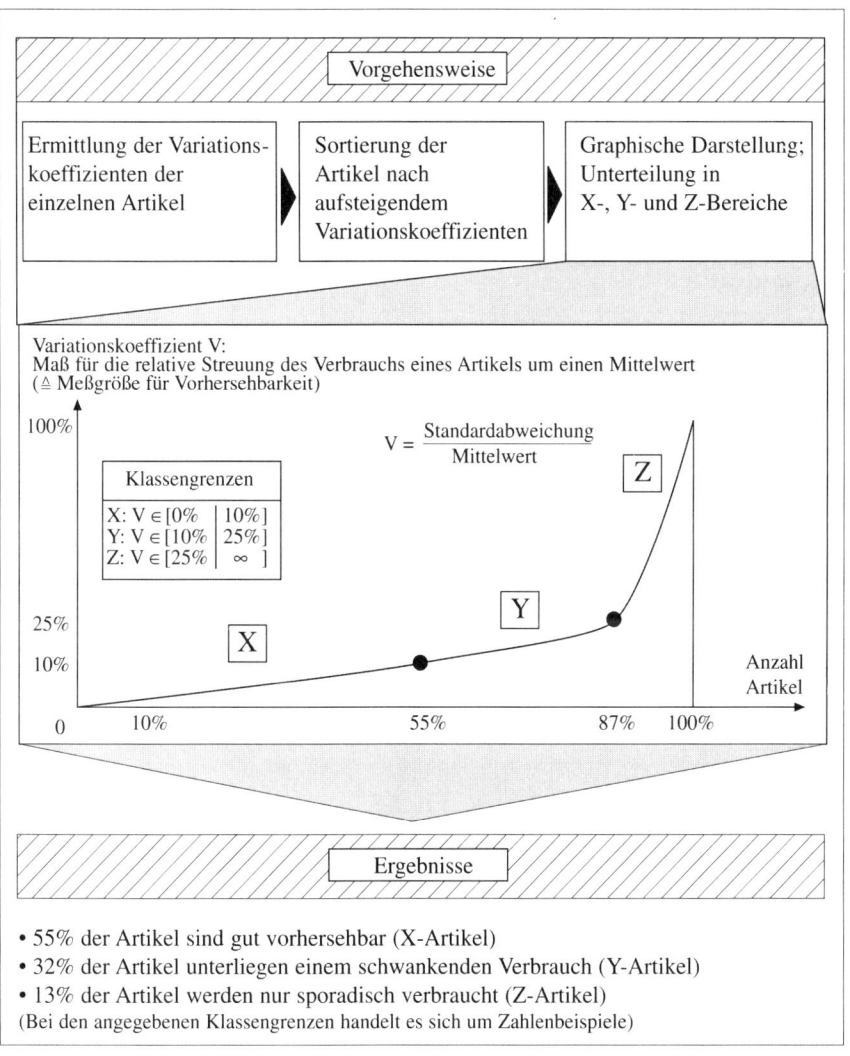

Abb. 6-32: XYZ-Analyse

Die Erfahrung zeigt, dass auf einen geringen Teil der Positionen ein hoher Anteil am gesamten Beschaffungsvolumen entfällt. Bei diesen lässt deshalb eine produktionssynchrone Beschaffung mit einer sorgfältigen Festlegung von Abrufmengen und einer Kontrolle des Materialvorlaufs die größten Rationalisierungseffekte erwarten.

Um die geeignetste Bereitstellungsform zu identifizieren, wird in Ergänzung zur ABC-Analyse häufig auch noch eine **XYZ-Analyse** durchgeführt, bei der die Materialien nach ihrer Verbrauchsstruktur gewichtet werden (vgl. Abb. 6-32). Die Klassifizierungssymbole bedeuten im Einzelnen:

X = Konstanter Verbrauch bei nur gelegentlichen Schwankungen; hohe Vorhersagegenauigkeit.

Y = Verbrauch mit stärkeren Schwankungen; mittlere Vorhersagegenauigkeit.

Z = Völlig unregelmäßiger Verbrauch; niedrige Vorhersagegenauigkeit.

Besonders geeignet für eine produktionssynchrone Beschaffung sind Materialien bzw. Werkstücke mit den Merkmalskombinationen AX, BX sowie AY.

Bei der **LMN-Analyse** wird zwischen groß- (L-Teile), mittel- (M-Teile) und kleinvolumigen Artikeln (N-Teile) unterschieden, die entsprechend einzeln, in kleinen bzw. in großen Verpackungseinheiten ein- und auszulagern sind (vgl. *Panichi* 1996, S. 17). Großvolumige, sperrige Komponenten gehen naturgemäß mit hohen Lagerkapazitäts- und Verwaltungskosten einher. Es liegt auf der Hand, dass in erster Linie ALX-Materialien für eine produktionssynchrone Beschaffung in Frage kommen (vgl. Abb. 6–31).

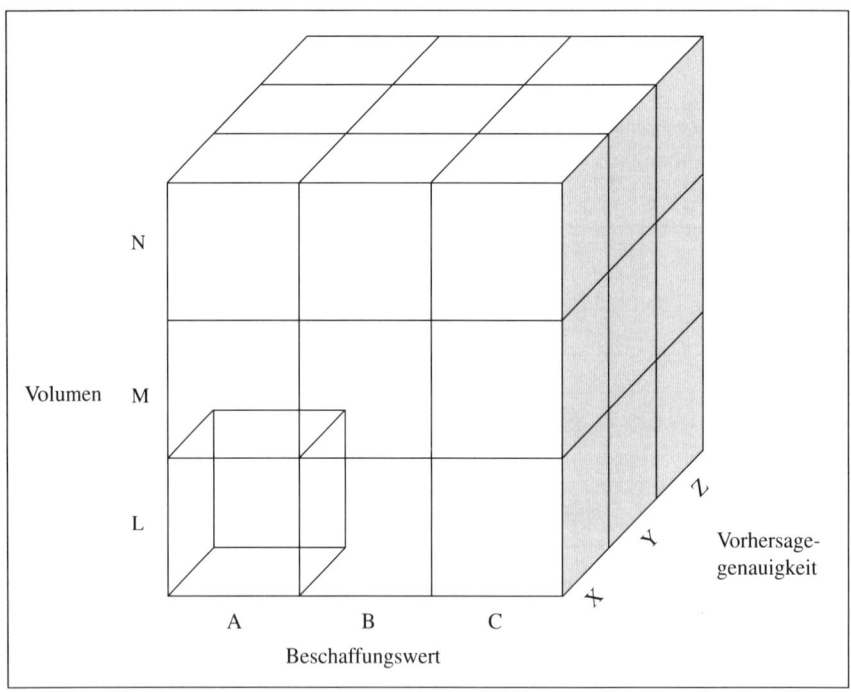

Abb. 6-33: Analyseraster der Teilestruktur (Panichi 1996, S. 18)

In engem Zusammenhang mit der Verbrauchsstruktur steht der **Fertigungstyp,** der sich durch die Anzahl der Wiederholvorgänge charakterisieren lässt. Es lassen sich Massen-, Sorten-, Serien- und Einzelfertigung unterscheiden. Betriebe mit Massenfertigung und, in abgeschwächter Weise, auch solche mit Sorten- und Serienfertigung tendieren bei hochwertigen Materialien zu produktionssynchroner Anlieferung. Werden im Rahmen der Einzelfertigung bestimmte Materialien nur für einen einzelnen Auftrag benötigt, so ergibt sich zwangsläufig die Anwendung der Einzelbeschaffung im Bedarfsfall.

Die Forderung nach einem hohen **Servicegrad** schlägt sich regelmäßig auch in einer entsprechenden Dimensionierung des Lagers nieder, es sei denn, es gelingt, über eine enge Lieferantenanbindung die Vorratshaltung in der gesamten Wertschöpfungskette zu reduzieren.

Die **Lagerfähigkeit** des Materials hängt insbesondere ab von dessen Verderblichkeit, aber auch von der Sperrigkeit. Eine weitere wichtige Determinante für die Wahl des Materialbereitstellungsprinzips ist die verfügbare **Lagerkapazität,** einschließlich der vorhandenen Lagerausstattung.

Auf die Wahl des Bereitstellungsprinzips wirkt die **Situation des Beschaffungsmarktes** unmittelbar ein. Einzelbeschaffung im Bedarfsfall und produktionssynchrone Beschaffung sind zweckmäßig bei einer für den Abnehmer günstigen Beschaffungsmarktsituation. Diese ist dann gegeben, wenn das Unternehmen als Großabnehmer eine starke Nachfragemacht aufweist oder ein ausreichendes und kostengünstiges Angebot mit kurzen Lieferzeiten vorliegt. Ungünstige Beschaffungsverhältnisse, die sich in niedrigen Angebotsmengen, steigenden oder stark schwankenden Preisen, langen bzw. unsicheren Lieferzeiten oder Transportproblemen ausdrücken, verstärken das Vorsichtsmotiv und damit den Absicherungswunsch durch Vorräte.

Die **Autonomieansprüche** drücken den Grad der Unabhängigkeit von den Lieferanten aus, den man realisieren möchte. Die einzelnen Bereitstellungsprinzipien tragen den Autonomieansprüchen von Abnehmer und Lieferant in unterschiedlichem Maße Rechnung. Hohe Autonomieansprüche sprechen isoliert betrachtet für eine Vorratspolitik, da sie zu einer gewissen Unabhängigkeit gegenüber den Lieferanten führt. Bei der Einzelbeschaffung im Bedarfsfall fehlt das Lager als Puffer, so dass die Autonomie des Abnehmers eingeschränkt ist. Die produktionssynchrone Beschaffung setzt voraus, dass sowohl Abnehmer als auch Lieferant einbindungsbereit und -fähig sind. Beide Seiten müssen die gegenseitige Abhängigkeit akzeptieren und teilweise auf ihre Autonomie verzichten.

Zwar gilt grundsätzlich das Postulat einer möglichst wirtschaftlichen Materialbereitstellung, jedoch stellen sich in bestimmten Unternehmenssituationen, wie Liquiditätsengpässen oder Ergebnisrückgängen, zusätzliche **erfolgs-** und **finanzwirtschaftliche Restriktionen,** die es bei der Materialbereitstellungspolitik zu beachten gilt.

Abb. 6-34 verdeutlicht am Beispiel eines Automobilherstellers, dass sich auf Grund der Analyse der Wertigkeit sowie des Verbrauchs und Volumens des vorhandenen Teilespektrums nur 1% der Teilepositionen für eine stundengenaue Anlieferung und 10% der Teile für eine tagesgenaue Anlieferung eignen. Die verbleibenden 89% der Teilepositionen werden wochenweise oder sporadisch beim Lieferanten abgerufen.

6.4.5 Langfristige Aspekte der Lieferanten-Abnehmer-Beziehung

Lange Zeit galten die **Mehrquellenversorgung,** die **Förderung eines starken Wettbewerbs zwischen den Lieferanten** und der Abschluss **kurzfristiger Verträge** als Eckpfeiler der Einkaufspolitik vieler Unternehmen. Erst durch das Just-In-Time-Konzept wurden diese Strategien in Frage gestellt.

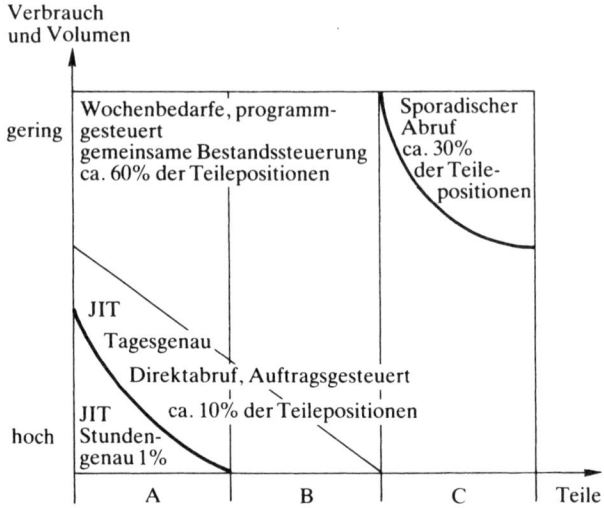

Abb. 6-34: Beschaffungsart in Abhängigkeit von den Teilecharakteristika (Zeilinger 1987, S. 24)

Zahlreiche Praxisbeispiele beweisen, dass sich durch Ein- oder Zweiquellenversorgung, durch langfristige Verträge und die Schaffung partnerschaftlicher Beziehungen mit den Lieferanten die Bestandsniveaus senken, die Qualität erhöhen, die Wiederbeschaffungszeiten reduzieren und die gesamten Materialkosten senken lassen (vgl. *Hahn* u.a. 1983, S. 2ff.; *Schonberger/Gilbert* 1983, S. 54ff.). Zweck der folgenden Ausführungen ist es deshalb, Vor- und Nachteile einer auf starken Wettbewerb der Lieferanten abzielenden Einkaufspolitik zu beleuchten (vgl. *Hahn* u.a. 1986, S. 2ff.).

Eines der Hauptanliegen von Einkäufern bei der Materialbeschaffung ist traditionell der **Preis des Produktes.** Dieser wird typischerweise von den Herstellkosten des Lieferanten, dem Verhältnis zwischen Angebot und Nachfrage und der Wettbewerbsintensität zwischen den Lieferanten beeinflusst. Während die beiden letztgenannten einen starken Einfluss auf das kurzfristige Preisniveau ausüben, beeinflusst die Kostenstruktur des Lieferanten insbesondere das langfristige Preisniveau.

Bei einem Angebotsüberhang verstärken die Lieferanten in einem ersten Schritt im Allgemeinen ihre Marktanstrengungen. Bei steigender Wettbewerbsintensität werden die Lieferanten kurzfristig Preise akzeptieren, die unter ihrem gewünschten Niveau oder unter ihren durchschnittlichen Produktionskosten liegen. Viele Einkaufsstrategien zielen **bislang** darauf ab, durch die **Erhöhung der Wettbewerbsintensität zwischen den Lieferanten** niedrigere Preise zu realisieren.

Langfristig können Lieferanten jedoch nur überleben, wenn sie neben ihren durchschnittlichen Produktionskosten auch einen gewissen Gewinn realisieren können. Aus diesem Grund entscheiden, unabhängig von der kurzfristigen Einkaufspolitik der Abnehmer, letztlich die langfristigen Kostenstrukturen (vgl. Abb. 6-35) der Lieferanten über den Marktpreis der Produkte.

Unter Wettbewerbsbedingungen muss ein Lieferant, um seine Gewinnspanne realisieren zu können, die langfristigen Produktionskosten durch Innovationen und Effizienz-

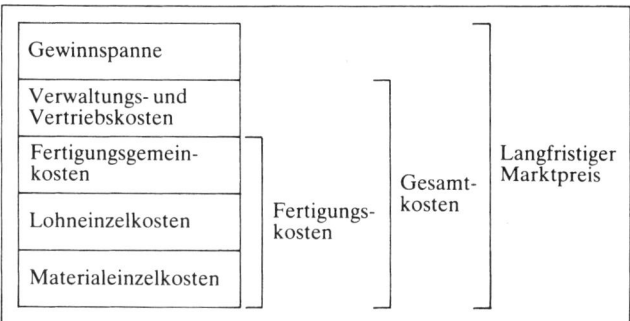

Abb. 6-35: Kosten-/Preis-Struktur eines Lieferanten (vgl. Hahn u. a. 1986, S. 4)

steigerungen senken. Da die Messung kurzfristiger Effekte einer Einkaufspolitik einfacher ist als die der langfristigen, konzentrierte man sich in der Vergangenheit vielfach auf die kurzfristigen Vorteile.

Demgegenüber ist jedoch zu betonen, dass derartige Einkaufsstrategien langfristig eher darauf hinauslaufen, die Produktionskosten zu erhöhen anstatt die Produktivität. Diese möglichen negativen Effekte einer kurzfristigen wettbewerbsintensivierenden Einkaufspolitik auf die langfristige Kostenstruktur des Lieferanten verdeutlicht Abb. 6-36.

Mehrquellenversorgung, kurzfristige Verträge und Preiswettbewerb zwischen den Lieferanten zielen primär darauf ab, die Materialversorgung in der Zukunft zu sichern und wechselnde Marktbedingungen voll zu nutzen. Die Anwendung dieser Strategie führt jedoch zwangsläufig zu kleinen Auftragslosgrößen bei den einzelnen Lieferanten und zu Unsicherheit bei den Lieferanten, ob der Kunde nicht zu einem Wettbewerber abwandert.

Zwar mag dieser Ansatz dazu dienen, dass die einzelnen Lieferanten ihre Anstrengungen intensivieren, Innovationen hervorzubringen und wettbewerbsfähiger zu werden, andererseits hat jedoch der einzelne Lieferant seine Entscheidungen unter **hoher Unsicherheit** zu treffen. Dies führt häufig dazu, dass Lieferanten Entscheidungen treffen müssen, die ihre langfristigen Herstellkosten erhöhen, was wiederum zu einem Preisanstieg ihrer Produkte führen kann.

Kurzfristige Verträge mit niedrigen Mengen bedeuten auch, dass der einzelne Lieferant mit vielen Kunden zusammenarbeiten muss, die unabhängig voneinander ihre

Bedarfsmengen und -zeitpunkte weitergeben. In der Folge sehen sich die Lieferanten vielfach **schwankenden Nachfrage- und Produktionsmengen** ausgesetzt. Als mögliche Antworten hierauf kann der Lieferant entweder sein Kapazitätsniveau anpassen oder Bestände vorhalten. Eine Änderung des Kapazitätsniveaus erfordert entweder den Einsatz von Überstunden oder die Anmeldung von Kurzarbeit bzw. Durchführung von Entlassungen. In jedem Fall steigen hierbei die direkten und indirekten Lohnkosten und es leiden die Motivation der Mitarbeiter, die Arbeitsproduktivität sowie die Produktqualität. Werden Bestandserhöhungen zum Ausgleich von Kapazitätsschwankungen durchgeführt, so steigen die Kapitalbindungskosten.

Beschaffungsstrategie zur Förderung des Wettbewerbs	Entscheidungssituation des Lieferanten	Erzwungenes Entscheidungsverhalten des Lieferanten	Auswirkungen auf die Kostenstruktur des Lieferanten
Mehrquellenversorgung	Unsicherheit über künftige Nachfrage	Kurzfristiger Planungshorizont	Überstunden/Kurzarbeit (LK) Einstellungs-/Entlassungskosten (LK)
Kurzfristige Verträge	Gefahr des Wechsels der Bezugsquelle	Schwankende Produktionspläne	Unterbrechung der Lernkurve (LK) Hoher Ausschuß (MK)
			Hohe Lagerbestände (FK)
Konsequente Preisverhandlungen	Niedriges Volumen für die einzelnen Lieferanten	Hohe Rüstzeiten aufgrund geringer Losgrößen	Geringe Arbeitsproduktivität (LK)
			Anlaufausschuß (LK)
			Fixkostenverteilung (FK)
Voll ausgereifte Produktspezifikationen	Erfüllung der vorgegebenen Spezifikation	Geringer Anreiz und Verpflichtung Geringe Investitionen und F + E – Aufwendungen	Negative Auswirkungen auf die langfristige Kostensenkung
Suche nach alternativen Beschaffungsquellen	Erzwungenes Schwergewicht auf den Preis	Qualitätsabstriche	Nacharbeit (MK) (LK)
			Häufige Maschinenanpassungen (FK)
			Ersatzansprüche (VK)
Schaffung einer hohen Wettbewerbsintensität	Betonung von Marketingaktivitäten	Mehr Verkaufs- und Verwaltungsarbeit	Höhere Vertriebs- und Verwaltungskosten

(MK) = Materialeinzelkosten (LK) = Lohneinzelkosten (FK) = Fertigungsgemeinkosten
(VK) = Verwaltungs- und Vertriebskosten

Abb. 6-36: Beschaffungsstrategie und Kostenstruktur des Lieferanten (vgl. Hahn u. a. 1986, S. 5)

Darüberhinaus führen niedrige Bestellmengen von einer Vielzahl unterschiedlicher Kunden zur Notwendigkeit, **häufiger umzurüsten.** Da Rüstkosten von der Auftragsmenge unabhängig sind, wird dies zu einem Anstieg der durchschnittlichen Stückkosten führen. Häufigeres Rüsten verursacht in der Regel außerdem mehr Qualitätsprobleme und längere Durchlaufzeiten.

6.5 E-Procurement

Electronic Procurement bezeichnet als Ober- bzw. Sammelbegriff den Einsatz moderner Informations- und Kommunikationstechniken in der Beschaffung. Dabei hat insbesondere die Entwicklung und Verbreitung der Internet-Technologie den umfassenden Einsatz in den letzten Jahren unterstützt und beschleunigt. Weitere Treiber für die Einführung von E-procurement-Lösungen in zahlreichen Unternehmen waren darüber hinaus die branchenübergreifende Etablierung von Standards für den Datenaustausch sowie das Aufkommen neuer Dienstleistungsangebote in Form von virtuellen Marktplätzen als Informations-, Kommunikations- und Transaktionsbroker.

Die Konzepte des E-Procurement wirken in unterschiedlichen Phasen des Beschaffungsprozesses (vgl. Abb. 6-37). Die Eignung und das Erfolgspotenzial von E-Procurement-Anwendungen hängt neben den zu unterstützenden Phasen auch von der Komplexität der jeweiligen Materialgruppen und ihrer Bedarfsstrukturen ab.

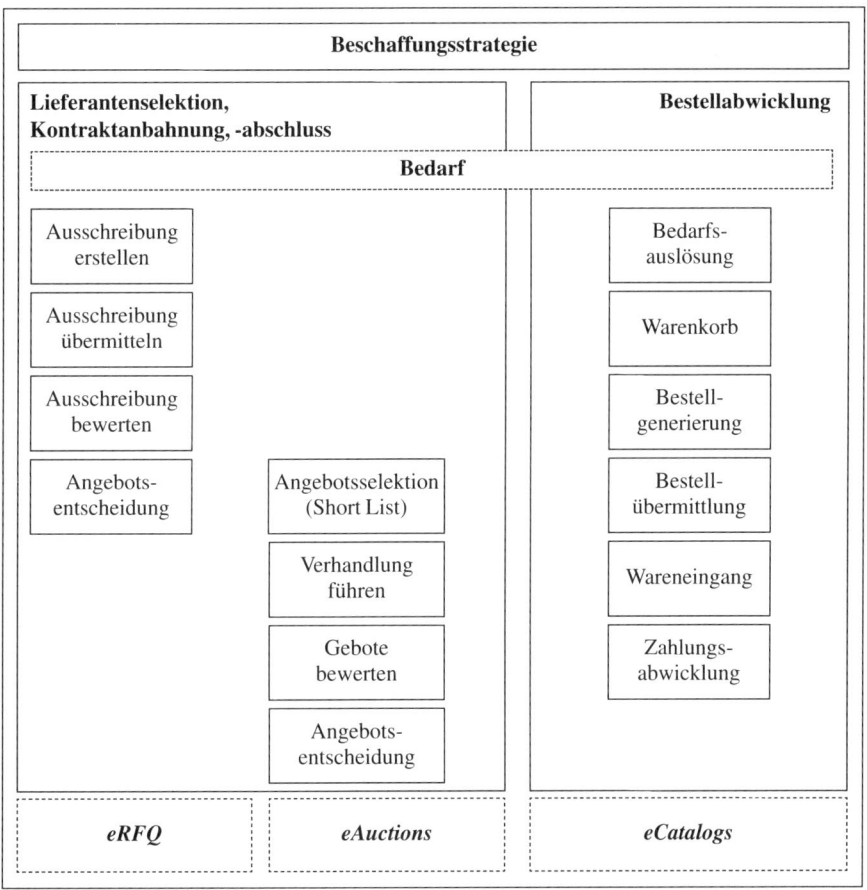

Abb. 6-37: Die Konzepte des E-Procurement (Stieglitz 2003, S. 264)

Nachfolgend wird zwischen

– E-Procurement-Plattformen und
– E-Procurement-Funktionen bzw. -Instrumenten

unterschieden. Während es sich bei den **E-Procurement-Instrumenten** um programmtechnische Anwendungen handelt, die den Anwender (z. B. Einkäufer) bei seinen Aufgaben (z. B. Ausschreibung, Bestellung) unterstützen, stellen **Plattformen** die virtuellen Orte dar, in die die einzelnen Instrumente eingebunden werden können (vgl. Abb. 6-38). E-Procurement erweitert die Gestaltungsmöglichkeiten der Beschaffung. Es trägt zur Beschleunigung und Systematisierung der Beschaffungsprozesse bei und eröffnet neue Möglichkeiten zur Senkung der Einstandspreise für ausgewählte Güter.

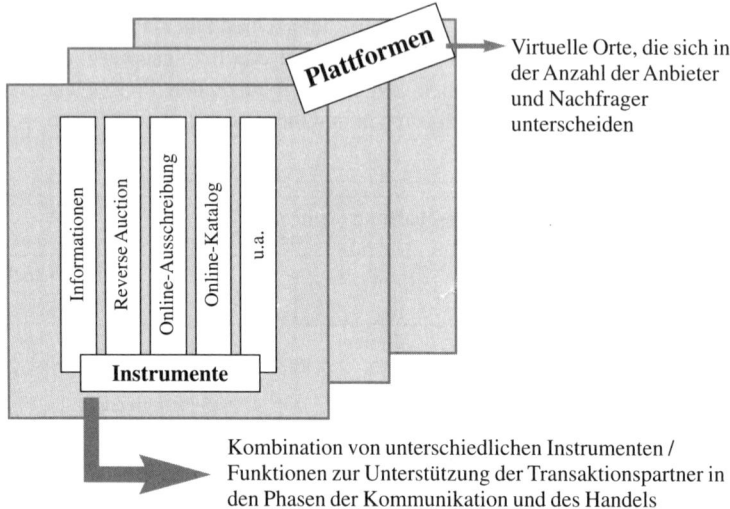

Abb. 6-38 : Systematisierung von E-Procurement-Plattformen und -Instrumenten (Paeßens/Stibbe 2000, S. 6)

6.5.1 E-Procurement-Plattformen

Als E-Procurement-Plattformen sind im Einsatz

– Portale (Anbieter- bzw. Nachfrager-Website)
– elektronische Marktplätze und
– EDI-Lösungen.

Die genannten Plattformen weisen deutliche Unterschiede bezüglich der Anzahl der beteiligten Partner, der Erweiterbarkeit, der zugrundeliegenden IT-Standards und der Kosten für den Aufbau und Betrieb auf.

6.5.1.1 Portale

Die ursprüngliche Bedeutung von Portalen stellte auf das **Portal** als Einstiegspunkt zu einer Vielzahl von Informationen ab. In ihrer einfachsten Ausprägung dienen Portale der Darstellung themenspezifischer Einstiegsinformationen. Wenngleich die Informationskomponente nach wie vor der Kern des Portalgedankens ist, ermöglichen zahlreiche Portale heute auch die Durchführung von Transaktionen (vgl. *Wannenwetsch* 2002, S. 78).

Eine **Anbieter-Website** stellt ein virtuelles Geschäft eines Herstellers oder Lieferanten im Internet dar. Dabei stehen bei diesem Modell einem Lieferanten mehrere Kunden gegenüber. Über eine Anbieter-Website kann der Lieferant seinen (potenziellen) Kunden Informationen über seine Produkte anbieten, Hilfestellung zu speziellen Themen geben, seine Produkte online verkaufen, etc. Hierbei stehen einem Anbieter mehrere Nachfrager gegenüber.

Betrachtet man eine **Anbieter-Website** aus der Sicht eines Einkäufers, so ist sofort ein wesentlicher Nachteil sichtlich: Der Einkäufer muss, um sich einen umfassenden Überblick über das gesamte Marktangebot zu verschaffen, alle Webseiten potenzieller Lieferanten besuchen und Preise aufwändig vergleichen. Weiterhin wird ein Einkäufer primär die Seiten von Lieferanten besuchen, die ihm bereits bekannt sind.

Weiterhin befinden sich auf diesen Webseiten keine Funktionalitäten zur Preisfindung, da die einzelnen Anbieter auf ihren Seiten allein vertreten sind. Durch fehlende zusätzliche Anbieter auf dieser Plattform und die dadurch nicht möglichen direkten Preisvergleiche entsteht kein Wettbewerb und der Anbieter sieht sich nicht zu Preisnachlässen verpflichtet. Durch den alleinigen Betrieb der Seite von einem Geschäftspartner ist die Wahrscheinlichkeit auch größer, dass pro Anbieter-Website unterschiedliche Standards für die Darstellung und die Abwicklung der Transaktionen vorhanden sind. Aufgrund des hohen Aufwandes bei unterschiedlichen Standards der Lieferanten, können nicht alle Anbieter in die Systeme des einkaufenden Unternehmens eingebunden werden. Im Vergleich zu einem Marktplatz bietet die Nutzung von Anbieter-Websites durch den Einkauf aus diesen Gründen weniger Funktionalitäten und Ansatzpunkte für Aufwandsreduzierungen.

Die **Nachfrager-Website** stellt das Gegenstück zu einer Anbieter-Website dar: Hier stehen mehrere Anbieter einem Nachfrager gegenüber. Bei einer Nachfrager-Website veröffentlicht ein Unternehmen seinen derzeitigen Bedarf an Gütern im Internet. Lieferanten können sich über die genauen Details der nachgefragten Güter informieren, Lieferkonditionen abfragen und Gebote einreichen. Auf einer Nachfrager-Website können auch Funktionen zur Preisfindung (z. B. Online-Ausschreibungen und Reverse Auctions) integriert werden. Bereiche mit sensiblen Informationen werden nur registrierten Lieferanten zugänglich gemacht. Für potenzielle neue Lieferanten werden allgemeine Informationen über die benötigten Warengruppen, verwendeten Systeme, Qualitätsstandards, etc. angeboten.

Ein Beispiel für eine solche Nachfrager-Website ist das SupplyNet von Volkswagen (vgl. Abschnitt 6.5.5).

6.5.1.2 Elektronische Marktplätze

Marktplätze haben die Aufgabe Angebot und Nachfrage zusammenzuführen. In Analogie zu traditionellen Märkten stellen elektronische Marktplätze virtuelle Orte dar. Der Informationsaustausch und gegebenenfalls der Abschluss eines Geschäfts zwischen

Anbietern und Nachfragern findet über das Internet statt. Grundsätzlich besteht permanent die Möglichkeit Waren und Dienstleistungen zu kaufen und zu verkaufen. Bei ihren Transaktionen werden die Beteiligten durch die auf einem Marktplatz implementierten Funktionen wie Online-Kataloge, Auktionen etc. (siehe Abschnitt 6.5.2) unterstützt.

Das wesentliche Charakteristikum eines elektronischen Marktplatzes ist, dass mehrere Anbieter auf mehrere Nachfrager treffen. Mit zunehmender Anzahl der Teilnehmer und steigendem Handelsvolumen auf einem Marktplatz steigt tendenziell die Attraktivität eines Marktplatzes.

6.5.1.3 EDI-Lösungen

Electronic Data Interchange (EDI) als direkte Eins-zu-Eins-Verbindung über ISDN oder VAN (Value Added Network) zwischen zwei Geschäftspartnern eignet sich insbesondere für Geschäftspartner, zwischen denen umfangreiche Transaktionen stattfinden. Wegen der Vorlaufkosten für die Anbindung der IT-Systeme ist diese Plattform vor allem für langfristige Geschäftsbeziehungen sinnvoll.

6.5.2 E-Procurement-Instrumente

Bei E-Procurement-Instrumenten handelt es sich um elektronische Werkzeuge, mit denen einzelne oder mehrere Aktivitäten des Einkäufers unterstützt werden. Im Wesentlichen gehören hierzu:

- Online-Konsortien
- Online-Ausschreibungen
- Online-Auktionen
- Katalog- und Bestellsysteme.

6.5.2.1 Online-Konsortien

Online-Konsortien dienen der Bündelung von Bedarfen mehrerer Unternehmen für gleichartige, standardisierte Waren (CoSourcing). Die Aufgabe der Software besteht darin, die Bedarfe über Unternehmensgrenzen hinweg zu bündeln und so die fehlende Marktmacht kleinerer Nachfrager gegenüber den Lieferanten auszugleichen.

Die Produkte müssen weitestgehend standardisiert sein, da viele Varianten von den Lieferanten in der Regel nicht als gebündeltes Volumen akzeptiert werden. Geeignete Artikel sind demzufolge beispielsweise Büromöbel, Reiseleistungen, chemische Rohstoffe oder Verpackungsmaterial. Online-Konsortien werden häufig in Kombination mit Echtzeit-Ausschreibungen gebildet.

6.5.2.2 Online-Ausschreibungen

Über die Funktion *„Online-Ausschreibung"* veröffentlichen Unternehmen ihren Bedarf im Internet. Der Fokus von Online-Ausschreibungen liegt bei der vereinfachten

Verbreitung der Ausschreibung und der Versendung der notwendigen Ausschreibungsunterlagen. Traditionell wurden bei Ausschreibungen die notwendigen Zeichnungen, Spezifikationen, Anlieferpläne etc. aufwändig vervielfältigt und per Post verschickt. Im Rahmen von Online-Ausschreibungen können diese Informationen direkt digital an die ausgewählten Lieferanten über das Internet gesendet oder zum Download bereitgestellt werden. Den Lieferanten wird auch die Möglichkeit gegeben, ihr Angebot elektronisch abzugeben. Dies erlaubt einen einfacheren Vergleich der eingegangenen Angebote durch das ausschreibende Unternehmen.

Mit IT-gestützten Bewertungssystemen lassen sich die eingegangenen Angebote bezüglich der Angebotspreise analysieren. Insbesondere für den Fall, dass zahlreiche Varianten ausgeschrieben werden, lassen sich hierdurch die Zeitbedarfe für die Angebotsbewertung reduzieren.

Die eigentliche Preisverhandlung wird bei diesem Werkzeug in der Regel nicht über das Internet abgewickelt. Dies ist ein wesentlicher Unterschied zu der Reverse Auction-Funktion.

6.5.2.3 Online-Auktionen

Üblicherweise werden Auktionen als so genannte „Seller oder Forward Auctions" durchgeführt. Hierbei werden Waren oder Dienstleistungen von Lieferanten oder Händlern zum Verkauf angeboten und von Nachfragern ersteigert. Es existiert jedoch noch eine andere Variante, bei der der Einkäufer die Auktion initiiert. Bei diesen „Buyer oder Reverse Auctions" sind die Rollen umgekehrt und der Lieferant muss den Auftrag zur Bedarfsdeckung eines Unternehmens ersteigern. Wird im Folgenden von Auktionen gesprochen, so sind damit immer Reverse Auctions gemeint. Man kann zwischen offenen und geschlossenen Auktionen unterscheiden. Bei offenen Auktionen sind die Kaufgesuche öffentlich einzusehen. Geschlossene Auktionen sind nur einem registrierten oder vorher zugelassenen Bieterkreis zugänglich.

Vor Beginn einer Auktion sind Vorverhandlungen zu führen. Da sich die eigentliche Auktion ausschließlich auf den Preis bezieht, müssen Parameter, die hier nicht mehr zur Disposition stehen, im Vorfeld verhandelt werden. Solche Parameter sind beispielsweise Menge, Qualität und Lieferbedingungen der zu liefernden Produkte oder der Dienstleistung. Je komplexer ein Produkt oder eine zu verhandelnde Dienstleistung ist, desto umfangreicher müssen die Vorverhandlungen ausgestaltet werden, um mit den beteiligten Unternehmen ein gemeinsames inhaltliches Verständnis zu schaffen.

Der Ablauf einer Auktion ist von der Plattform und von der Komplexität des zu versteigernden Bedarfs abhängig. Handelt es sich beispielsweise um die Versteigerung eines einfachen Bedarfs, so sind von dem Einkäufer zu Beginn grundlegende Angaben über die Auktionsbedingungen, das Produkt sowie die Zahlungs- und Lieferbedingungen zu tätigen, um die Auktion zu initiieren. Die Auktionsbedingungen umfassen bspw. die Auktionsdauer, den Startpreis, die Bietschritte sowie mögliche Verlängerungsoptionen der Auktion. Handelt es sich um eine offene Auktion, können alle auf der Plattform registrierten Lieferanten ihre Angebote abgeben. Auf Wunsch des Auktionators können auch nur ausgewählte Lieferanten zugelassen oder die Identität des Einkäufers anonymisiert werden. Die Lieferanten erfahren von der Auktion durch den Besuch des Marktplatzes oder einer Benachrichtigung per E-mail.

Bei der Auktion von komplexen Gütern kann aufgrund der bereits erläuterten umfangreichen Vorverhandlungen nur ein ausgewählter Bieterkreis zugelassen werden. Die Auktionsbedingungen werden hier bereits in den Vorverhandlungen mitgeteilt.

Die Auktion wird online durchgeführt. Zur Teilnahme an der Auktion müssen sich die beteiligten Lieferanten auf der Plattform einloggen und erhalten eine abgesicherte Auktionsoberfläche auf der sie ihre Angebote abgeben können. Sie sehen dabei nur ihr Angebot und das anonymisierte günstigste Angebot, während der Nachfrager die Angebote aller Lieferanten verfolgen kann. Für die Durchführung der Auktion steht eine begrenzte Zeitspanne (meist mehrere Stunden) zur Verfügung. Sollte ein Bieter kurz vor Schluss noch ein günstigeres Angebot abgeben, verlängert sich der Zeitraum nach den vorher festgelegten Verlängerungsoptionen, bis in der letzten Phase der Auktion kein neues Angebot mehr abgegeben wird. Dadurch wird den übrigen Bietern die Möglichkeit zur Abgabe eines günstigeren Angebots gegeben.

Einen zusammenfassenden Überblick über die Grundtypen elektronischer Beschaffungsauktionen gibt Abb. 6-39.

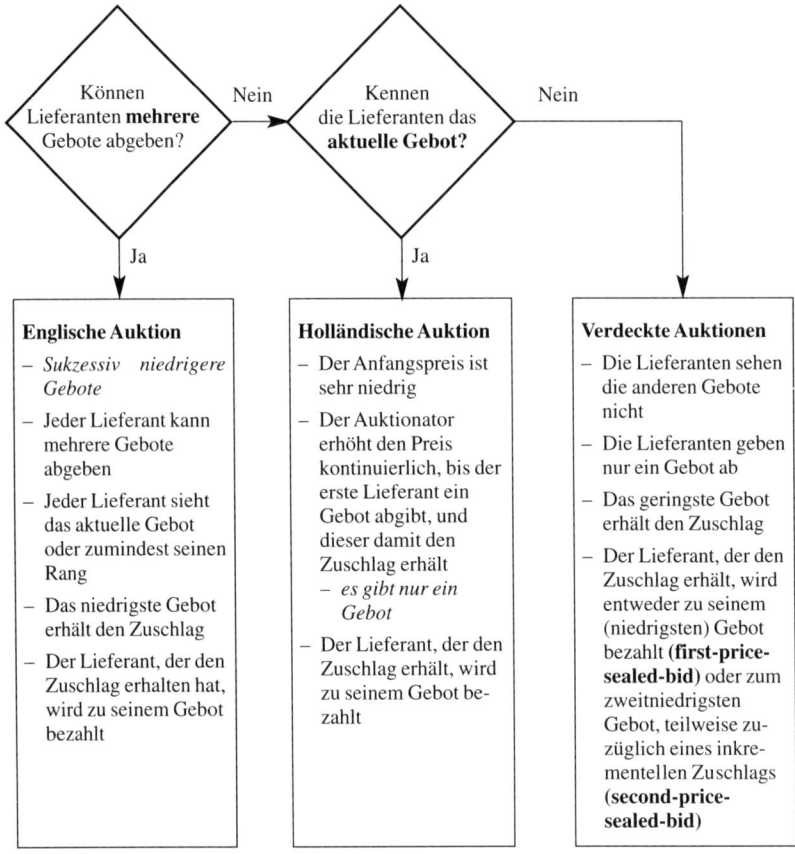

*Abb. 6-39: Grundtypen elektronischer Beschaffungsauktionen
(Kaufmann 2003, S. 202)*

6.5.2.4 Elektronische Katalog- und Bestellsysteme

Katalog- und Bestellsysteme sind auf den Bestellprozess fokussiert. Es handelt sich um internetbasierte Softwarewerkzeuge, mit denen direkt auf Produkte verschiedener Lieferanten zugegriffen werden kann. Die im Katalog enthaltenen Artikel sind sortiert und klassifiziert. Die Software unterstützt den Anwender bei der Suche und Auswahl der benötigten Produkte bzw. Dienstleistungen und leitet die Bestelldaten an den Lieferanten weiter.

Handelt es sich nicht um einmalige oder sporadische Bedarfe, die eine Einzelbeschaffung erfordern, sondern liegt ein kontinuierlicher Bedarf eines bestimmten Spektrums von Gütern, Warengruppen oder Dienstleistungen vor, ist die effiziente Bestellabwicklung bedeutsam. Dies gilt insbesondere dann, wenn der spezifische Produkt- bzw. Leistungspreis eher niedrig ist. Derartige Bedarfsstrukturen liegen typischerweise bei sog. Verbrauchsmaterialien oder C-Artikeln vor, können aber auch bei komplexeren und höherwertigen Materialien in der Instandhaltung und Ersatzteilversorgung oder bei Serviceleistungen auftreten. Bereits in den traditionellen („offline") Beschaffungsorganisationen werden zunehmend Rahmenvertragsvereinbarungen in den ERP-Systemen hinterlegt, so dass die Bestellgenerierung an die anfordernde Einheit delegiert wird. Diese kann dann im IT-System ihren Materialbedarf selbst spezifizieren und auf der Basis hinterlegter Kontrakte abrufen. Mit Hilfe elektronischer Kataloge lässt sich diese Dezentralisierung der Beschaffung noch weiter rationalisieren.

Ein **elektronischer Katalog** ist ein elektronisches Produktverzeichnis eines Lieferanten, in dem für das beschaffende Unternehmen spezifische, vorverhandelte Sortimente und damit festgelegte Artikel-, Preis- und Lieferkonditionen und -informationen enthalten sind. Die Vorverhandlung und Bestimmung des Kataloginhalts ist Aufgabe der Einkaufsabteilung. Die eigentliche Bestellung (bzw. der Abruf) wird dezentral durch den jeweiligen Bedarfsträger vorgenommen. Dieser sucht den bzw. die benötigten Artikel aus, wobei er von Suchfunktionalitäten des Katalogsystems unterstützt wird. Der so zusammengestellte Warenkorb wird dann elektronisch in eine Bestellung transformiert und an den Lieferanten übermittelt (vgl. *Stieglitz* 2003, S. 266).

Insgesamt lassen sich drei verschiedene Formen der Katalogbereitstellung unterscheiden, die für das kaufende Unternehmen jeweils unterschiedliche Vor- und Nachteile aufweisen (vgl. Abb. 6-40). Bei den Lieferanten Web-Shops (Sell Side Solutions) kann es sich entweder um Kataloge und Online-Shops für jedermann im öffentlichen Internet handeln oder um Kataloge für berechtigte Nutzer im Extranet. Bei unternehmenseigenen elektronischen Katalogen (Buy Side Solutions) handelt es sich um in-house-Produktkataloge, die die Grundlage für Bestellprozesse über das Intranet sind. Als dritte Form der Katalogbereitstellung dienen die in Abschnitt 6.5.1.2 vorgestellten Marktplätze.

Elektronische Katalogsysteme wurden zunächst für den Einkauf von Büromaterial entwickelt. Sie eignen sich aus wirtschaftlicher Sicht insbesondere für den Einkauf von Materialien, die im Vergleich zum eigenen Wert einen hohen Anteil an Prozesskosten verursachen. Mit elektronischen Katalogen lässt sich der Beschaffungsprozess erheblich vereinfachen, da die dezentrale, systemgestützte und damit automatisierte Beschaffung eine Vielzahl von Einzel- und Routinebeschaffungen von Verbrauchs-

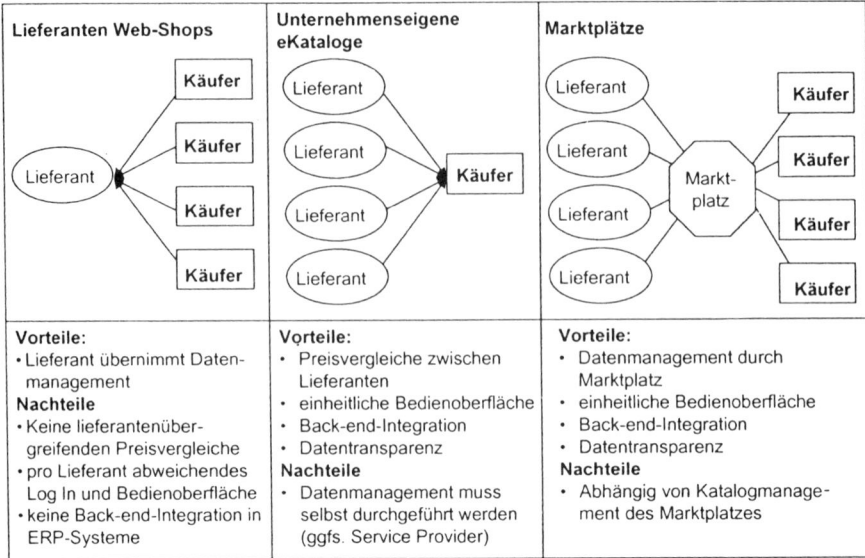

Abb. 6-40: Formen der Katalogbereitstellung und ihre Beurteilung für kaufende Unternehmen
(Stieglitz 2003, S. 267)

materialien und Standarddienstleistungen substituiert. In der Beschaffungseinheit fallen viele Anfrage- und Bestellschreibungstätigkeiten für Kleinbestellungen mit vernachlässigbarem Wertschöpfungsbeitrag weg. In der Einkaufseinheit steht – ceteris paribus – in der Folge mehr Kapazität für strategische Aufgaben, wie Beschaffungsmarktanalysen und Lieferantenselektion und -entwicklung zur Verfügung (vgl. Stieglitz 2003, S. 266).

Die Einführung elektronischer Kataloge geht oft mit einer Überprüfung des Artikel- und Leistungsspektrums sowie des Lieferantenportfolio einher. Grund hierfür ist, dass die Wirtschaftlichkeit des Katalogaufbaus bzw. des Katalogbetriebes stark vom Erreichen bestimmter Mindesttransaktionszahlen und -umsätze abhängt, deren Höhe mit dem gewähltem Betreiberszenario variiert (vgl. Roth 2002, S. 27f.). Um die wirtschaftlich sinnvollen Bündelungseffekte zu erreichen bietet sich in vielen Fällen eine Bereinigung der Lieferantenbasis an. Dies gilt umso mehr, weil sich durch die Festschreibung des Sortiments über Kataloge die Standardisierungsbemühungen im Unternehmen forcieren lassen, und damit sowohl direkt als auch indirekt Möglichkeiten zur Volumenbündelung geschaffen werden, die sich ihrerseits positiv auf die erzielbaren Einstandspreise auswirken kann (vgl. Deloitte Consulting 2002, S. 33). Insbesondere in organisatorisch und/oder geographisch verteilten Unterhmensstrukturen mit dezentralen Bedarfsträgern eröffnen sich durch den Einsatz elektronischer Katalogsysteme neue Möglichkeiten, zentrale Kontrakte und Standards durchzusetzen.

Das Ausmaß der Prozessverschlankung und damit der Prozesskostensenkung entlang der Beschaffungskette hängt in dem einzelnen Unternehmen stark davon ab, inwieweit die Katalogbeschaffung in die ERP-Systeme integriert ist. Sofern eine sog. Backend-Integration vorliegt, lässt sich in der Regel der gesamte Beschaffungsprozess bis hin zur Empfangsbestätigung der Ware, Rechnungsprüfung und Zahlungsabwicklung automatisieren und ohne Systembrüche abwickeln (vgl. Abb. 6-41). Dies erfordert auch ein (aufwändiges) Stammdatenmanagement auf Material- und Lieferantenebene (vgl. *Stieglitz* 2003, S. 268)

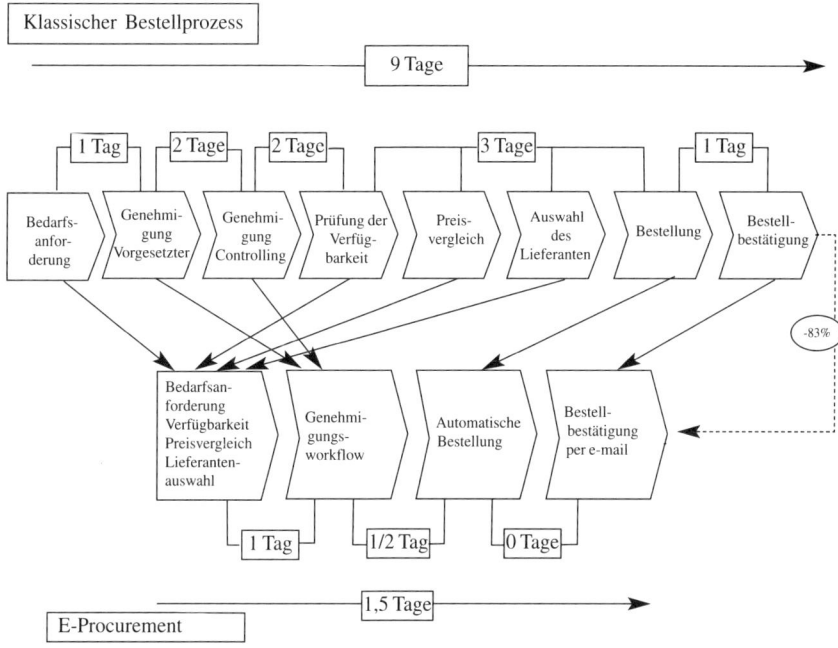

Abb. 6-41: Optimierung des Bestellprozesses (vgl. Wirtz/Eckert 2001, S. 155)

Die Entscheidung und Umsetzung der Einführung elektronischer Katalog- und Bestellsysteme bedarf der Klärung folgender Fragestellungen:

- Wirtschaftlichkeit (Kosten-Nutzen-Relation)
- Erforderliche Funktionalitäten
- Technischer Betrieb
- Organisation.

Vor der Entscheidung für eine bestimmte E-Procurement Lösung sind die mit ihr verbundenen Erwartungen und Ziele zu definieren. Der angestrebte Soll-Zustand sollte quantifizierbar sein. Die Kernziele bei der Einführung elektronischer Katalog- und Bestellsysteme lauten: Senkung der Kosten des Beschaffungsprozesses und Reduzierung der Einstandspreise. Durch eine Gegenüberstellung des Ist-Beschaffungsprozesses mit dem geplanten Soll-Prozess lassen sich die Einsparungspotenziale bei den **Beschaffungsprozesskosten** ermitteln. Grundlagen der Berechnung sind insbesondere eine exakte Prozessanalyse, die Ermittlung der anfallenden Transaktionszahlen, die benötigten Prozesszeiten und die Kosten. Die Prozessanalyse in Abb. 6–41 und die Ermittlung der Kosten-Nutzen-Relation in Abb. 6–42 verdeutlichen das Vorgehen. Die bisherigen Erfahrungen in der Praxis zeigen, dass die Anzahl der Transaktionen neben der Höhe der Einführungskosten entscheidend für die Wirtschaftlichkeit ist.

Kosten-Nutzen-Relation		
Nutzen		
Reduzierung der Beschaffungskosten		
• Anzahl der jährlichen Transaktionen		
• durchschnittliche Kosten für Ist-Prozess	×	
• Prozesskosten bisherige Beschaffung	= (1)	
• Anzahl der jährlichen Transaktionen		
• durchschnittliche Kosten für SOLL-Prozess	×	
• Prozesskosten neue Beschaffungslösung	= (2)	
• Rechnerische Einsparung (1) – (2)		
• davon abholbar in MAK	(3)	
Reduzierung der Einstandspreise		
• Geschätzte Einsparungen in % vom Beschaffungsvolumen		
• Beschaffungsvolumen, das über E-Procurement abgewickelt werden soll	×	
• Einsparung Einstandspreise	= (4)	
Kosten		
Systemkosten	(5) = (6) + (7)	
• Abschreibung (jährlich) für Anschaffungsaufwendungen	(6)	
• Betriebskosten (jährlich)	(7)	
Kosten für Services	(8) = (9) + (10) + (11) + (12)	
• Change-Management	(9)	
• Systemintegration (Abschreibung p. a. und Wartung/Pflege p. a.)	(10)	
• Contentmanagement	(11)	
• Support-Services	(11)	
Total Cost of Ownership	(13) = (5) + (8)	
Kosten-Nutzen-Relation		
Total Cost of Ownership p. a.	(13)	
Abholbare Reduzierung der Beschaffungsprozesskosten p. a. (3)	(3)	
Einsparung Einstandspreise (4)	(4)	
Kosten-Nutzen-Relation	(14) = (13) – (3) – (4)	
Investitionsrisiko		
Beurteilung der Kapitalkraft des Anbieters (sehr gut bis sehr schlecht)		1 2 3 4 5 6
Stellung am Markt (Umsatz, Marktdurchdringung)		1 2 3 4 5 6
Referenzkunden (Branchenkenntnis)		1 2 3 4 5 6

Abb. 6-42: Kosten-Nutzen-Ermittlung einer E-Procurement-Lösung
(Weil/Bhatti 2002, S. 29)

Abb. 6-42 enthält eine Checkliste zur Ermittlung der **Kosten-Nutzen-Relation** bei der Einführung der elektronischen Katalogbeschaffung sowie zur Darstellung des Investitionsrisikos bei der Auswahl des Systemanbieters.

Der erforderliche **Funktionsumfang** zur Automatisierung der einzelnen Prozessschritte bei der elektronischen Katalogbeschaffung umfasst im Wesentlichen folgende Punkte:

„– In einem persönlichen elektronischen Schreibtisch werden alle erforderlichen Funktionen benutzerfreundlich zur Verfügung gestellt. Die Stammdaten (Lieferadressen, Budgetzuordnungen, Zuordnung von Freigabeberechtigten für den Genehmigungsprozess etc.) sind hinterlegt und können administriert werden. Alle Informationen zu durchgeführten Transaktionen (Bestellungen, Reklamationen, Rechnungen etc.) sind dort ebenfalls abgelegt.

– Jeder einzelne Mitarbeiter muss ein eigens für ihn erstelltes Profil besitzen: Welche Mitarbeitergruppe darf welche Artikel von welchen Lieferanten sehen und bis zu welchem Limit und auf welches Verbuchungskonto bestellen?

– Vorgefertigte und definierte Kataloge der verschiedenen Anbieter stehen gemäß der dem Profil entsprechenden Sicht (Einschränkung auf bestimmte Anbieter bzw. bestimmte Warengruppen aus dem Angebot) zur Verfügung.

– Eine schnelle benutzerfreundliche (...) Suche mit integrierter Warenkorb-Funktionalität ist für eine effiziente Artikelauswahl unabdingbar.

– Alle Bestelloptionen sollten auf einen Blick sofort erreichbar sein. Die Abbildung des Berechtigungswesens (Workflow System) z.B. beim Überschreiten der Bestellgrenze muss mit integriert werden.

– Das Order-Tracking (der aktuelle Status des Bestellvorgangs) muss für jede Prozessstufe möglich sein.

– Abschließend sollte eine elektronische Rechnungsstellung, -prüfung und -verbuchung erfolgen." (*Weil/Bhatti* 2002, S. 19 f.).

Um einen erfolgreichen **technischen Betrieb** sicherzustellen sind folgende Themen zu klären (vgl. *Weil/Bhatti* 2002, S. 20 f.):

– Zugriffskontrolle: Durch Firewalls und Prüfungsmechanismen ist die erforderliche Sicherheit in der Beschaffungsabwicklung zu gewährleisten.

– Verfügbarkeit: Eine hohe Verfügbarkeit der E-Procurement-Lösung im laufenden Betrieb ist Voraussetzung für den permanenten und professionellen Einsatz bei den potenziellen Nutzern. Dies ist durch eine entsprechende Rechnerarchitektur und Ausfallkonzepte sicherzustellen.

– Performance

– Benutzer-Authentifizierung: Die Berechtigung zur Systemnutzung ist durch elektronische Identifikation bei der Anmeldung in das System zu prüfen. Übliche Methoden sind Benutzername und Kennwort sowie Zertifikate und/oder elektronische Signatur.

– Verschlüsselung: Bei der Informationsübertragung im Internet zum bzw. vom Lieferanten ist es wichtig, dass die Datenherkunft nicht nachvollziehbar ist. Übliche Verschlüsselungsverfahren sind die SSL-Verschlüsselung (SSL = Secure Socket Layer) oder ein Virtual Private Network (VPN).

– Skalierbarkeit: Das gewählte System muss auch auf wachsende Anforderungen (z.B. Benutzer, Lieferanten oder Warengruppen nehmen zu) ausgerichtet werden können.

Neue Techniken wie elektronische Bestellsysteme führen nur dann zum gewünschten Erfolg, wenn sie im Unternehmen angenommen und genutzt werden. **Organisatorische Maßnahmen** vor und während der Einführung sind deshalb mindestens ebenso bedeutsam wie die richtige Technologie. Die zentralen Ansatzpunkte liegen in

- der systematischen Vorgehensweise bei der Reorganisation
- der Systemintegration, d. h. der Möglichkeit, medienbruchfrei alle relevanten Daten für den Beschaffungsprozess zur Verfügung zu stellen sowie Prozessergebnisse in die bestehenden IT-Anwendungen zu übernehmen. Der Bedarf an Systemintegration erstreckt sich im Wesentlichen auf Stammdaten, Transaktionsdaten sowie Content-Daten.
- dem Contentmanagement, worunter man im Rahmen der elektronischen Katalogbeschaffung den Aufbau und die Verwaltung von elektronischen Katalogen versteht. Im Einzelnen geht es um die Durchführung folgender Aktivitäten (vgl. *Weil/Bhatti* 2002, S. 25):
  - – Überführung der Produkt- und Dienstleistungsdaten in ein elektronisches Format
  - – Festlegung gemeinsamer Begriffe für den Zugriff über die Suchmaschine (z. B. Monitor oder Bildschirm als Produktbezeichnung)
  - – Klassifikation der Produkte und Dienstleistungen (Warengruppenbildung nach eCl@ss, UN/SPSC oder eigenen Kriterien)
  - – Rationelle Gestaltung der Produktinformationen, wobei einerseits genügend Informationen für die Produktauswahlentscheidung zur Verfügung stehen müssen, andererseits aber ein zu viel an Informationen und lange Datenübertragungszeiten zu vermeiden sind,
  - – nutzerabhängige Aufbereitung der Informationen (Bereitstellung eigener Produktbezeichnungen und/oder Artikelnummern)
  - – Unterstützung einer auf Merkmalen basierenden Suche (z. B. Farben von Produktvarianten, Leistungsstärke von Leuchtmitteln)
  - – Einspielen und offizielle Freigabe von Katalogen
  - – Automatisierung von Katalog-Updates.

  Entsprechend den oben vorgestellten Bereitstellungsszenarien kann das Contentmanagement vom Lieferanten, von der eigenen Einkaufsorganisation oder von einem Intermediär (dem Marktplatzbetreiber) durchgeführt werden.
- permanenter Anwenderunterstützung.

Abb. 6-43 fasst abschließend in einer Checkliste die funktionalen, technischen und Service-Anforderungen an Lösungen zur elektronischen Katalogbeschaffung zusammen.

6.5.3 Elektronische Standards für E-Procurement

Mit dem Aufkommen der standardisierten Datendefinitionssprache sollte der Austausch von Produkt-, Bestell- und Rechnungsdaten stark vereinheitlicht und vereinfacht werden. Zwischenzeitlich gibt es jedoch zahlreiche Dialekte des einst einheitlichen Standards XML. Zahlreiche Softwarehersteller, Konsortien und Branchenverbände haben im Laufe der Zeit eigene Definitionen entwickelt. Das Fehlen verbind-

Erfüllung funktionaler Anforderungen		
	Ja	Nein
elektronischer Schreibtisch		
Suchfunktion		
• allgemeine Stichwortsuche		
• Suche in Kategorien		
Warenkorb		
Bestelloptionen		
Berechtigungswesen		
Mitarbeiterprofil		
Order-Tracking		
Rechnungsverbuchung		

Erfüllung technischer Betriebsanforderungen						
Zugriffskontrolle (sehr gut bis sehr schlecht)	1	2	3	4	5	6
Verfügbarkeit	1	2	3	4	5	6
Performance	1	2	3	4	5	6
Benutzer-Authentifizierung	1	2	3	4	5	6
Verschlüsselung	1	2	3	4	5	6
Skalierbarkeit	1	2	3	4	5	6

Erfüllung von Service-Anforderungen						
Change-Management (sehr gut bis sehr schlecht)	1	2	3	4	5	6
Systemintegration	1	2	3	4	5	6
Contentmanagement	1	2	3	4	5	6
Support-Services	1	2	3	4	5	6

Abb. 6-43: Anforderungen an die elektronische Katalogbeschaffung (Weil/Bhatti 2002, S. 30)

licher elektronischer Standards hemmt die Verbreitung von E-Procurement-Anwendungen. Zur Begegnung dieses Wildwuchses wird seit mehreren Jahren auf drei Ebenen an Standardisierungsregelungen gearbeitet (vgl. Abb. 6-44):

– Klassifizierung von Produkten und Dienstleistungen
– Elektronischer Austausch von Produktdaten
– Elektronischer Austausch von Bewegungsdaten, d.h. Bestellungen und Rechnungen.

Die **Produkt- und Dienstleistungsklassifikation** zielt auf eine erhöhte Datenvergleichbarkeit und Transparenz. Immer mehr Unternehmen erkennen, dass ihre firmenspezifische Gruppierung von Artikeln nach eigenen Klassen und Warengruppen für die Kommunikation mit Marktpartnern nicht geeignet ist. Als wichtige, allgemein anerkannte Klassifizierungsstandards haben sich eCl@ss und UN/SPSC herausgebildet (vgl. Abb. 6-43).

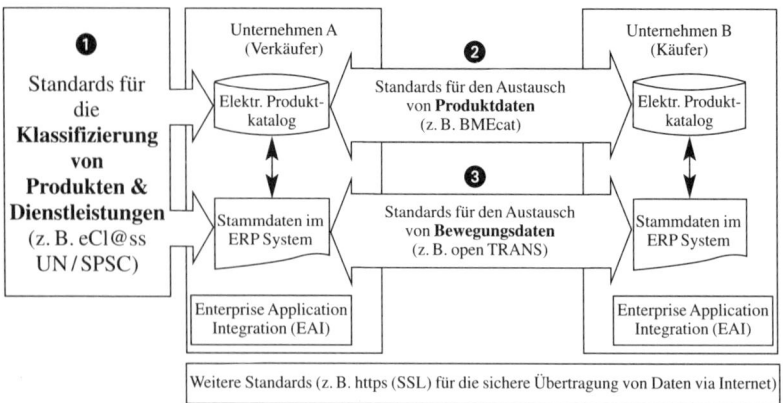

Abb. 6-44: Standardisierungansätze für E-Procurement-Anwendungen (Eyholzer 2003, S. 20)

Standard / Merkmal	eCl@ss	UN/SPSC (United Nations Standard Product and Services Classification Code)
Internet	www.eclass.de	www.unspsc.org
Träger	• entwickelt vom Institut der deutschen Wirtschaft und zahlreichen namhaften Unternehmen	• entwickelt von den Vereinten Nationen; basiert auf Klassifikationen des Unternehmens Dun & Bradstreet
Hierarchie	• vierstufige, hierarchische Klassifizierungsstruktur (Sachgebiete, Hauptgruppen, Gruppen, Untergruppen) mit jeweils zwei Stellen pro Hierarchiestufe	• fünfstufige Hierarchie (Segment – Family – class – Commodity – Function) mit jeweils zwei Stellen pro Hierarchiestufe
Merkmale/ Synonyme	• den Untergruppen können diverse Merkmale und Merkmalsausprägungen (Werte) zugeordnet werden • jeder Hierarchieebene können Schlagworte zugeordnet werden	• keine Merkmale vorgegeben, rein hierarchische Struktur
Vorteile	• namhafte Unternehmen an Entwicklung beteiligt • bereits in mehreren Sprachen verfügbar • branchenübergreifend • höchste Verbreitung im europäischen Raum	• branchenübergreifend • international weit verbreitet und akzeptiert • individuelle Erweiterungen möglich
Nachteile	• in einigen Untergruppen sind Merkmale und Werte noch ungenügend ausgeprägt	• keine standardisierten Merkmalszuordnungen, rein hierarchische Klassifizierung • aktive Mitentwicklung durch Firmen ist ungenügend • schwache deutsche Übersetzung

Abb. 6-45: Klassifizierungsstandards im Vergleich (vgl. Eyholzer 2003, S. 21)

Grundlage für die Transaktionsabwicklung im Internet ist der elektronische **Austausch von Produktdaten,** d. h. von Katalogstrukturen, Artikelbeschreibungen und multimedialen Zusatzdaten. Im deutschsprachigen Raum scheint sich als Standard das XML-basierte Format BMEcat durchzusetzen. Dieses wurde vom Bundesverband Materialwirtschaft, Einkauf und Logistik e. V. (BME) sowie namhaften Unternehmen entwickelt.

BMEcat definiert Datenstrukturen und Austauschformate mit Hilfe von XML, strukturiert Produktdaten in mehrere Bereiche, ermöglicht die Klassifizierung nach den oben genannten Standards UN/SPSC und eCl@ss sowie die Übertragung von Preisen für verschiedene Gültigkeitszeiträume.

Der **Transaktionsstandard** openTRANS ist als Ergänzung zu BMEcat zu verstehen; er ermöglicht den automatisierten Austausch von Geschäftsinformationen über das Internet durch die Vorgabe von Geschäftsdokumenten wie Angebot, Auftrag, Auftragsänderung, Auftragsbestätigung, Lieferavis und Rechnung. openTRANS ist offen, herstellerunabhängig und frei verfügbar (vgl. *Eyholzer* 2003, S. 21).

6.5.4 Erfolgspotenziale von E-Procurement

Wie die Darstellung der Plattformen und Instrumente des E-Procurement verdeutlicht hat, verfolgen die einzelnen Konzepte aufgrund ihrer Ausgestaltung unterschiedliche Zielrichtungen, wobei der Schwerpunkt mehr auf der **Konditionenoptimierung** (z. B. durch Bedarfsbündelung und Verschärfung der Wettbewerbssituation unter den Anbietern) oder stärker auf der **Prozessoptimierung** (z. B. durch Wegfall von Schnittstellen und Prozessautomatisierung) liegen kann (vgl. Abb. 6-46). Beim Aufbau von E-Procurement-Systemen können die unterschiedlichen Anwendungssysteme systematisch miteinander verbunden werden. Die Erfolgspotenziale von E-Procurement werden abschließend in Abb. 6-47 zusammengefasst.

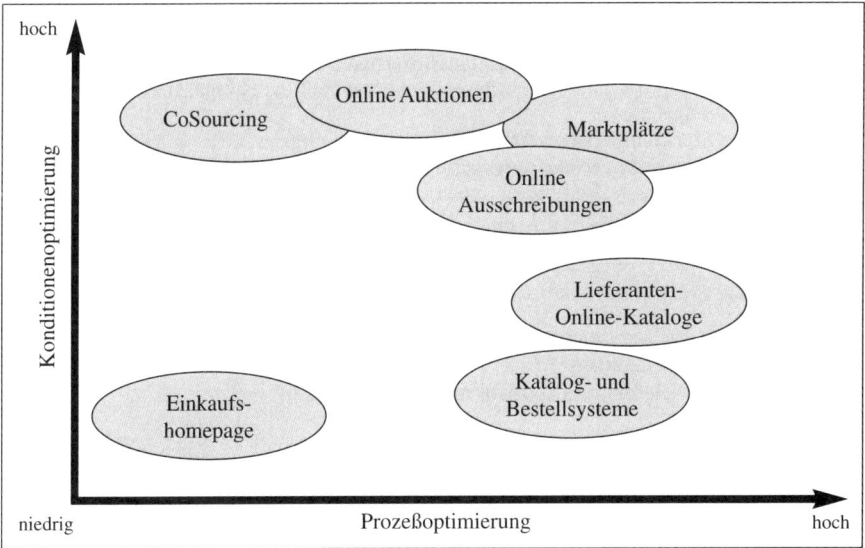

Abb. 6-46: Konditionen- und Prozessoptimierung durch E-Procurement (Wierdemann 2001, S. 205)

Zeiteinsparung	Kosteneinsparung	Erhöhung der Beschaffungsqualität

• Beschleunigte Bestellabwicklung/Verminderung von Durchlauf- und Lieferzeiten
• Abwicklung zeitaufwändiger Formalitäten mit Behörden in ‚Echtzeit‘ (z. B. Zoll)
• Effizienzsteigerung in der Kommunikation durch asynchrone Verfahren
• Schnellere Reaktion auf veränderte Markt- und Kundenanforderungen
 	
• Steigerung der Reaktions- und Aktionspotenziale durch verbesserte **Flexibilität**
	• Senkung der Papier- und Portokosten (z. B. Bestellung online)
	• Senkung der Personalkosten (z. B. durch weniger manuelle Eingaben)
	• Senkung der Lagerkosten (durch z. B. EDI gestützte Just-in-Time Beschaffung)
	• Senkung der Zahlungsabwicklungskosten
	• Senkung der Logistikkosten für
	  – Informationsbeschaffung, -weitergabe & -multiplikation
	  – Beschaffung von Informationsleistungen (z. B. Touristik, Video, Software, Veröffentlichungen oder Beratung)
		• Abruf von Leistungen 24 h × 7 Tage die Woche (keine Ausfälle durch z. B. Zeitzonen, Feiertage, Urlaub)
		• Verbesserte Termingenauigkeit
		• Verringerung von Erfassungsfehlern (Vermeidung von Medienbrüchen)
		• Wissensbereitstellung/ -verwaltung
		• Verbesserte Informationserfassung, -Qualität, -Auswertung und neue Simulationsmöglichkeiten
		  → höhere Markttransparenz und bessere Entscheidungsunterstützung
		• Verbessertes Beschaffungsmarketing (z. B. elektronische Ausschreibungen, verbesserte Marktanalysen) mit hoher Aktualität

Strategische Erfolgspotenziale
• **Unterstützung von Outsourcingentscheidungen** durch verbesserte Informationsqualität. • **Bessere Lieferantenanbindung** durch den elektronisch unterstützten Support (globaler) Supply Chains. • **Verbesserte individuellere Serviceleistungen** und value added Services (z. B. im Pre- und Post Sales Bereich: FAQ, Diskussionsforen, Dokumentationen/Einführungen, CBT) • Effiziente Gewährleistung von **Global Sourcing**-Aktivitäten • **Erhöhung** der **Planungs-** und **Dispositionssicherheit** für die logistische Prozessabwicklung durch Entkopplung des Informationsflusses vom Materialfluss bei gleichzeitig verbesserter Integration der Lieferanten • **Aufbau** von **Markteintrittsbarrieren** durch innovative Organisations- und IT-Netzwerke • **Nachhaltige Imagesteigerung** durch erfolgreichen Einsatz zukunftsweisender Systeme, Transfereffekt auf eigene Leistungen (Integriertes Corporate Identity-Konzept) • Bildung einer Infrastruktur auf dem Weg zu **Extended Enterprise-Konzepten,** wie Virtuelle Unternehmen und Netzwerkorganisationen

Abb. 6-47: Erfolgspotenziale von E-Procurement (vgl. Nenninger/ Gerst 1999, S. 287)

6.5.5 Fallstudie: Lieferantenplattform bei Volkswagen

Der Volkswagen-Konzern arbeitet mit seinen Lieferanten bereits seit dem Jahr 1999 über das Internet zusammen. Die im Frühsommer 2000 unter dem Namen **„VW Group Supply.com"** gestartete Internetplattform (vgl. Abb. 6–48) enthält als wesentliche Beschaffungs- und Logistikanwendungen, die für alle Marken und Regionen des Konzerns eingeführt sind:

- **Online-Lieferantendatenbank:** Teilnehmer der Lieferantenplattform werden aufgefordert, die für Volkswagen wichtigen Informationen in die Lieferantendatenbank einzugeben und aktuell zu halten. In ihr werden die Daten des Lieferanten aus allen Bereichen, von der Beschaffung über die Logistik und Produktion, Qualität, technischer Entwicklung bis hin zu Finanzen zusammengefasst (vgl. Abb. 6–49).
- **Online-Anfragen:** Anfragen an Lieferanten bzw. Aufforderungen, ein Angebot abzugeben werden per E-Mail übermittelt. Die Unterlagen sind seitens des Lieferanten im Internet abrufbar. Neben Online-Anfragen werden auch die meisten sonstigen Dokumente via Datenleitung ausgetauscht. Die Einkäufer von Volkswagen erhalten sämtliche Angebote von allen Lieferanten automatisch im gleichen Format, so dass die Angebote nicht nochmals erfasst werden müssen.
- **Online-Verhandlungen:** Mit vorab qualifizierten Teilnehmern, die die technischen und kaufmännischen Voraussetzungen erfüllen, werden Einkaufsverhandlungen (Online-Auktionen) geführt. VW informiert die Teilnehmer einer Online-Verhandlung über den Termin und die genauen Regeln.
- **Online-Kataloge:** Mit elektronischen Produktkatalogen wird der gesamte Beschaffungsprozess von der Bedarfsmeldung bis hin zur Zahlung per Gutschrift über Datenleitungen abgewickelt.
- **Kapazitätsmanagement:** Wenn sich der Marktbedarf ändert, hat das erheblichen Einfluss auf das Produktionsprogramm von VW. Möglicherweise harmoniert dieses nicht mehr mit den Kapazitäten des Lieferanten und es kommt zu Engpässen oder

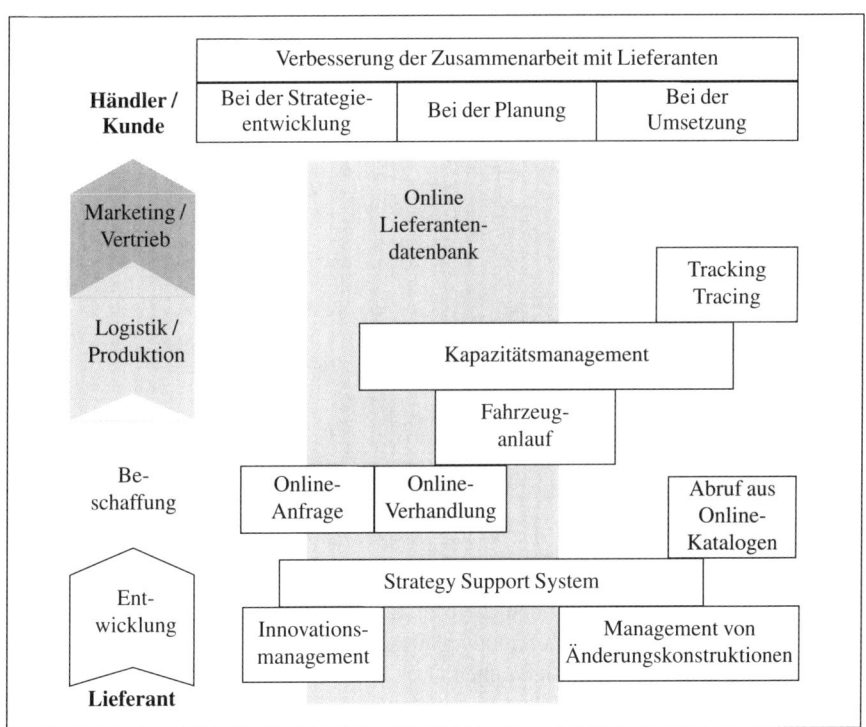

Abb. 6-48: Lieferantenplattform von Volkswagen (http://www.vwgroupsupply.com)

Überkapazitäten. Je früher solche Tendenzen erkannt werden, desto eher können gemeinsam Gegenmaßnahmen entwickelt werden. Um solche Entwicklungen frühzeitig zu erkennen, steuert VW die Kapazitäten elektronisch mit der Anwendung „eCAP" (Electronic Capacity Management). Damit kann der Lieferant die ständig aktualisierten Produktionspläne von VW und die sich hieraus für ihn ergebenden Bedarfe zeitnah verfolgen. Der Lieferant setzt seine geplanten minimalen und maximalen Kapazitäten dagegen. Bei Abweichungen weist das System auf den Handlungsbedarf hin.

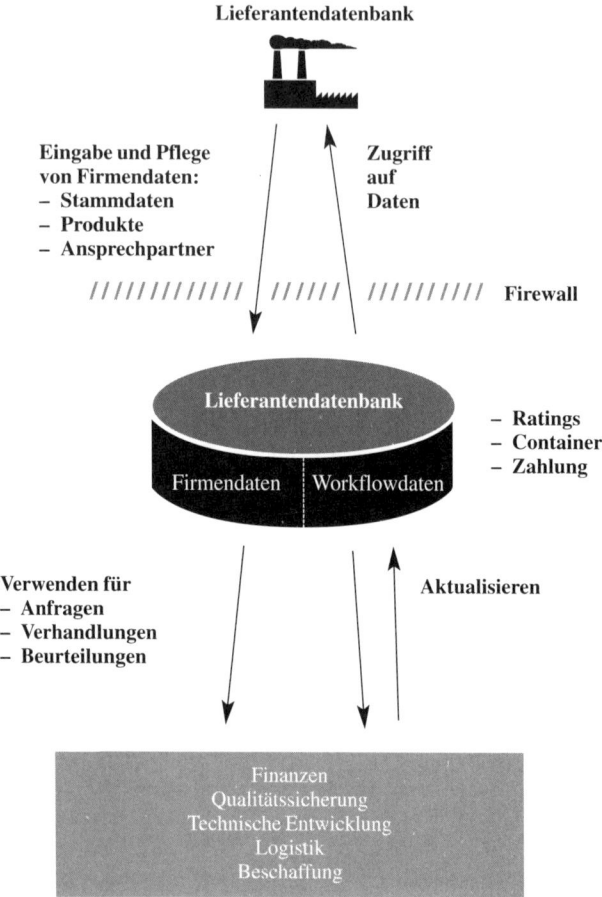

Abb. 6-49: Lieferantendatenbank bei Volkswagen (http://www.vwgroupsupply.com)

Mit der Lieferantenplattform sollen die Lieferanten stärker in die Geschäftsprozesse integriert werden. Über die Lieferantenplattform verlaufen die Transaktionen zwischen Volkswagen und den Lieferanten. Der Volkswagen Konzern wickelt inzwischen nahezu sein gesamtes Beschaffungsvolumen von über 50 Mrd. € über das Internet ab. Sämtliche auf der Plattform angebotenen Anwendungen für die Zusammenarbeit können die Lieferanten kostenlos nutzen. Als technische Basis ist ein

Internet-Zugang auf der Seite des Lieferanten für die Teilnahme an der Lieferantenplattform ausreichend.

Die wesentlichen Vorteile der unternehmensindividuellen Lieferantenplattform des Volkswagen Konzerns liegen in der Reduktion administrativer Aufgaben, der Beschleunigung von Prozessen, der besseren Planbarkeit und der hohen Transparenz in der Zusammenarbeit mit seinen Lieferanten.

Das bisherige Transaktionvolumen der Anwendungen auf der VW-Lieferantenplattform stellt sich wie folgt dar (Stand Ende 2003) (vgl. http://www.vwgroupsupply. com):

Online-Verhandlungen
> 26 000 Lieferanten haben an Online-Verhandlungen teilgenommen (inkl. mehrfach teilnehmender Lieferanten)
> 4200 Online-Verhandlungen durchgeführt
> 45 Milliarden Euro Volumenumsatz (über Laufzeit) verhandelt

Kapazitätsmanagement (eCap)
> 200 Lieferanten integriert, davon sind 60 bereits in das neue Release eCAP/3 migriert
> 4000 kritische Teile identifiziert

Online Katalog
> 770 Lieferanten weltweit angebunden
> 1,2 Mio. Artikel weltweit im Katalog
> 12 100 interne Nutzer
> 375 000 Transaktionen
> 115 Mio. € Bestellvolumen

Online-Anfragen (ESL)
> 5500 integrierte Lieferanten
> 880 000 Anfragen abgewickelt.

6.6 Wareneingang

6.6.1 Material- und Informationsfluss im Wareneingang

Zum Aufgabenbereich der Beschaffungslogistik gehören als wesentliche Elemente die Abwicklung der Anlieferung und des Wareneingangs. Hierbei sind im Einzelnen folgende **Teilaktivitäten** durchzuführen (vgl. *ZVEI* 1982, S. 82) (vgl. auch Abb. 6-50):

– Annahme der Material- und Warenlieferungen.
– Überprüfung der Übereinstimmung von Bestellung und Lieferung hinsichtlich Richtigkeit der Ware, Menge und des vereinbarten Liefertermins. Die Kontrolle wird in der Regel in der Warenannahme durch Vergleich der Bestell- und Lieferdaten durchgeführt.

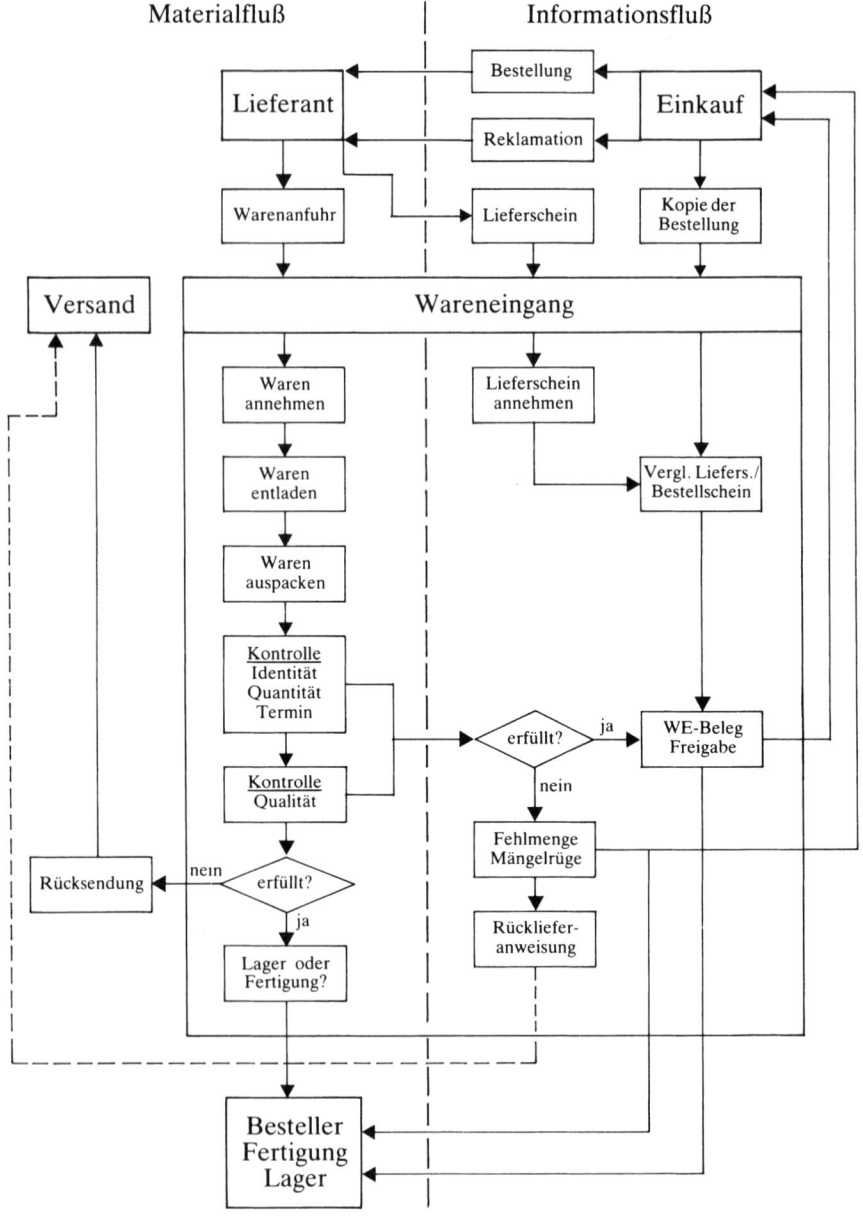

Abb. 6-50: Material- und Informationsfluss im Wareneingang (ZVEI 1982, S. 81)

– Danach erfolgt die Freigabe zur Entladung der Ware an einer bestimmten Entlade-
stelle. Während des Entladens ist die Sendung auf Fehlmengen und Beschädigungen zu überprüfen. Werden Mängel festgestellt, sind diese auf den Lieferpapieren
festzuhalten, um gegebenenfalls Schadensersatzansprüche geltend zu machen. Falls
erforderlich sind Zollformalitäten zu veranlassen.

– Es schließt sich das exakte Zählen, Messen oder Wiegen der gelieferten Mengen an. Insbesondere bei schwer kontrollierbaren Sendungen ist auf fehlerfreie Mengenkontrolle zu achten, da ansonsten spätere Bestandsdifferenzen die Folge sein können. Dies tritt vor allem dann auf, wenn die auf den Lieferpapieren angegebenen Mengen schematisch abgehakt werden. Diese Fehlerquelle lässt sich ausschließen, wenn die Warenannahme nicht die Lieferpapiere, sondern ausschließlich eine Blanko-Zählliste erhält, in die die tatsächlich eingegangenen Stückzahlen aufzunehmen sind.

– Nach erfolgtem Abgleich der Wareneingangsliste mit den Lieferunterlagen ist die Sendung zur Vereinnahmung frei und wird der bestandsführenden Stelle (Lagerkartei oder EDV) aufgegeben. Hiermit ist der eigentliche Wareneingang beendet. Das Material ist zu kennzeichnen und zum Weitertransport zum Lager oder Bedarfsträger bereitzustellen. Sofern Qualitätskontrollen oder Portionierungsvorgänge in betriebseigene Einheiten erforderlich sind, werden diese direkt im Anschluss an die Annahme oder in einem Pufferlager durchgeführt.

Im Wareneingang werden in der Regel folgende **Abläufe DV-gestützt** abgewickelt:

- Erfassung eingehender Lieferungen mit Bildschirmgeräten in der Dialogverarbeitung
- Abgleich mit Bestellbeständen, dadurch sofortiges Erkennen von nicht bestellter Ware oder Überlieferungen
- Erstellung der Wareneingangssätze mit Terminaldrucker, wobei die benötigten Steuerungsinformationen angezeigt werden. Hierzu können beispielsweise gehören
  - Unterscheidung Groß- oder Kleinteil,
  - Kennzeichnung von Fehlteilen, die beschleunigt abzuwickeln sind,
  - Hinweise für Stoffprüfvorschriften,
  - Angabe des Prüfintervalls und der Prüfmenge,
  - Abbuchung vom Bestellbestand,
  - Verbuchung der Eingangsmenge als Zugang,
  - Anzeigen der Wareneingänge für Disposition, Beschaffung und Steuerung,
  - Anzeigen der Wareneingänge für Rechnungsprüfer.

6.6.2 Gestaltung des Wareneingangs

Um im Wareneingangsbereich kurze Material- und Informationsdurchlaufzeiten sowie niedrige Gesamtkosten sicherzustellen, sind eine Vielzahl von Merkmalen zu berücksichtigen, über die Abb. 6-51 einen Überblick gibt.

Die erforderlichen Umschlag- und Transporteinrichtungen werden insbesondere durch **Zustand, Form und Gewicht** der **eingehenden Materialien** beeinflusst. Die zeitliche Verteilung der Sendungen bestimmt die benötigte Personal- und Transportkapazität.

Größe und Gestaltung der **Gebäude, Lagerflächen, Abwicklungsflächen und Büroräume** werden vom Aufgabenumfang und der Art der Materialien beeinflusst. Der Flächenbedarf ergibt sich primär aus der Anzahl der ankommenden Fahrzeuge, der Standzeit der Waren und Transportmittel. **Technische Einrichtungen** werden für die Zwischenlagerung und Bereitstellung, die Materialbewegungen, die Kontroll- und Prüfvorgänge sowie das Auspacken benötigt. Mit Hilfe **organisatorischer Regelun-**

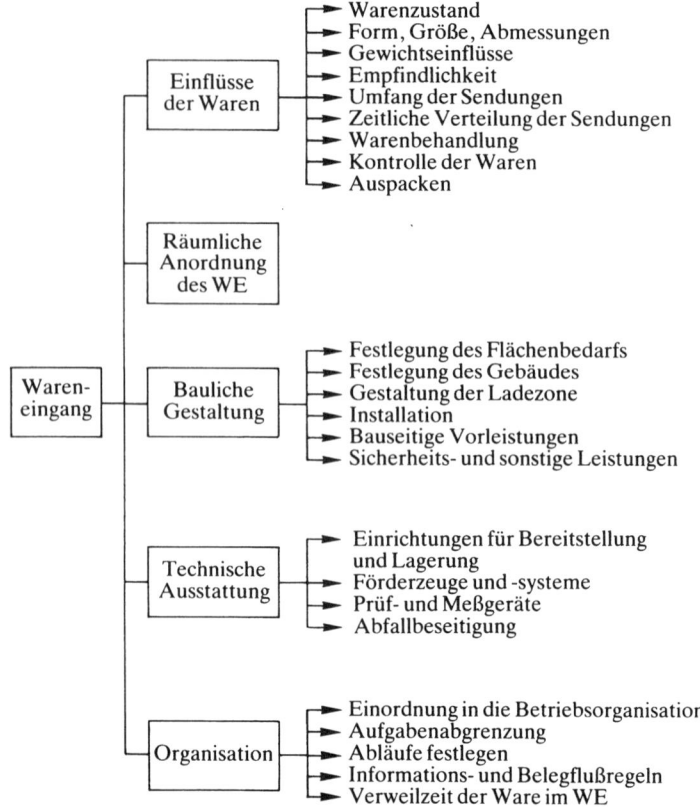

Abb. 6-51: Merkmale zur Gestaltung des Wareneingangs (vgl. ZVEI 1982, S. 84)

gen sind Aufgabenumfang und -abgrenzung festzulegen, die Abläufe zu regeln und der Informations- und Belegfluss zu bestimmen (vgl. *Fricke* 1983, S. 23).

Für den **Standort des Wareneingangs** existieren als generelle Varianten die Zentralisation an einer einheitlichen Stelle, möglichst in der Nähe der Werkseinfahrt, und die Dezentralisation am Einsatz- oder Lagerort (vgl. *Schulte* 1989 a).

Dabei müssen die Aufgabengebiete im Wareneingang – Warenannahme, Mengen- und Qualitätskontrolle – nicht zwingend zusammengefasst sein. Eine Kombination der Teilgebiete Materialannahme und quantitative Erfassung scheint, da weder hohe Spezialkenntnisse noch spezifische Prüfverfahren erforderlich sind, sinnvoll, um die Transportstrecke innerhalb des Werkes nicht zu verlängern und den Materialfluss infolge extensiver räumlicher Untergliederung nicht zusätzlich zu unterbrechen (vgl. *Hammer* 1977, S. 169 f.). Deswegen wird auch meist die Qualitätskontrolle räumlich zugeordnet.

Dominierende Einflussfaktoren für die organisatorische Eingliederung der Qualitätsprüfung stellen das benötigte Prüfinstrumentarium und die Mitarbeiterqualifikation dar. Um eine hohe Kapazitätsauslastung von Prüfmitteln zu gewährleisten, wird dieser Teilbereich häufig in Zentralstellen durchgeführt.

Verkürzte Anlieferungszeiten – abhängig von den Flächenverhältnissen eines Werkes – sprechen für die dezentrale Eingliederung des Wareneingangs in die Fertigung. Der direkte Zugriff auf Material vom Einsatzort her und reduzierte interne Transportzeiten verbessern die Verfügbarkeit der Beschaffungsgüter. Voraussetzung hierfür ist ein enger Kontakt zum Einkauf, um Mängelrügen bei quantitativen und/oder qualitativen Abweichungen von Lieferungen sowie die Kontrolle der Liefertermine zu sichern.

Eine zentrale Organisationsform wirkt sich dagegen auf die oben genannten Aspekte nachteilig aus. Dagegen erleichtert sie die Abwicklung der Anlieferung. Der Fremdverkehr auf dem Werksgelände ist begrenzt und leichter zu kontrollieren (vgl. *Hammer* 1977, S. 167 f.).

Die Erfüllung der **Wareneingangsfunktionen** erfolgt in den Unternehmen bislang weitgehend **zentral.** Hierfür sind folgende Gründe verantwortlich:

– Anlieferungen erfolgen in der Regel per LKW oder per Bahn. Hierfür sind entsprechende innerbetriebliche Transportwege, Anlieferungsstellen und Fahrzeuge (z.B. Gabelstapler) erforderlich, die aus Platz- und Auslastungserwägungen heraus nicht mehrfach (z.B. für mehrere Anlieferungsorte) vorgehalten werden können.
– Die Qualitätskontrolle der Materialien erfordert häufig Spezialkenntnisse der Aufgabenträger und aufwändige Messeinrichtungen, wenn beispielsweise Laborprüfungen vorgenommen werden müssen. Auch hier sprechen Auslastungsgesichtspunkte in den Betrieben tendenziell für eine Zentralisierung.
– Die Kontrollfunktion von Materialannahme und -prüfung wird durch die organisatorische Verselbstständigung stärker hervorgehoben.

Eine **Dezentralisierung der Materialannahme** lässt sich bei produktionssynchroner Beschaffung erreichen. Wesentliche Voraussetzung für eine Dezentralisierung der Anlieferungen ist der weitgehende Abbau zwischengeschalteter Kontroll- und Prüfstellen. Dies bedingt, dass die Zulieferunternehmen vereinbarte Mengen und Termine tages- und stückzahlgenau einhalten und festgelegte Qualitätsstandards erfüllen. Die Mengenkontrolle lässt sich auf Sichtprüfung reduzieren, wenn standardisierte Warenträger mit jeweils gleichem Inhalt eingesetzt werden (vgl. *Wildemann* 1985, S. 188). Das Auspacken, Zählen und Wiedereinpacken entfällt. Die damit verbundene Beschädigungsgefahr wird vermieden. Die Qualitätskontrolle kann durch entsprechende vertragliche Regelungen völlig auf den Lieferanten übertragen werden. Als Instrumente hierzu werden Qualitätssicherungsabkommen, die Überlassung von Prüfzertifikaten durch den Lieferanten und ergänzend eine Systemprüfung beim Zulieferer eingesetzt. Bei einer Verlagerung der Qualitätskontrolle auf den Lieferanten sind Prüfparameter, Prüfmethoden und -geräte sowie die Ablehnungsbereiche festzulegen. Bei ausreichend positiver Erfahrung können die Lieferungen mit Prüfzertifikat erfolgen. Das Prüfzertifikat ist ein Bericht, der die durchgeführten Prüfungen und deren Ergebnisse enthält.

Zusammenfassend sind für die Direktbelieferung in die Fertigung alle Teile geeignet,

– bei denen keine Wareneingangskontrolle durchgeführt werden muss oder
– bei denen der Prüfaufwand so gering ist, dass die Wareneingangskontrolle problemlos von den Mitarbeitern der Fertigung durchgeführt werden kann oder
– bei denen nur Stichproben geprüft werden müssen, die bei Anlieferung des Materials gezogen und zur Beurteilung an eine zentrale Instanz geschickt werden und

– von denen die Fertigung so viele benötigt, dass die Kostensenkungspotentiale durch Direktbelieferung nicht durch Erhöhung der Transportkosten und Lagerbestandserhöhungen kompensiert werden.

Kostensenkungspotentiale ergeben sich bei dieser Vorgehensweise durch Vereinfachung des Materialflusses und die Reduzierung der Ein- und Auslagerungsvorgänge (Lagerspiele). Die durch die Inanspruchnahme des Wareneingangs entstehenden Koordinationskosten entfallen völlig.

6.6.3 Fallstudien zur Planung und Steuerung des Wareneingangs

6.6.3.1 Behälterkreislauf

Ein Spezialproblem im Rahmen des Wareneingangs stellt die Behandlung von Transportbehältern (sogenanntem Leergut) dar. Zur Lösung dieses Problems hat ein Maschinenbauunternehmen ein **gemeinsames Behältersystem mit seinen Lieferanten und Spediteuren** aufgebaut, bei dem alle Beteiligten die gleichen Normbehälter besitzen und beim Empfang bzw. beim Versenden von Waren jeweils volle und leere Behälter gegeneinander austauschen. Dadurch werden nicht nur der Rücktransport der

Behälterpool

Teilnehmer

- Abnehmer
- Spediteur
- Lieferant

Funktionsprinzip

- Lieferant avisiert Spediteur Anzahl und Größe der abzuholenden Behälter
- Bei Abholung tauscht der Spediteur die Behälter aus eigenem Bestand beim Lieferanten 1:1 aus.
- Anlieferung beim Abnehmer durch Spediteur. Austausch der Behälter 1:1

Regeln

- Alle Teilnehmer sind Eigentümer von Behältern
- Mengen und Größe der Behälter errechnen sich nach voraussichtlichem Teilebedarf
- Austausch im Verhältnis 1:1, ohne Buchungsaufwand
- Lieferanten kaufen ihren Behälterbedarf beim Abnehmer
- Rückkauf durch den Abnehmer innerhalb von 3 Jahren nach Start, bei Bedarfsverringerung oder Ausscheiden des Lieferanten.

Abb. 6-52: Behälterkreislauf: Teilnehmer, Funktionsprinzip, Regeln

Leerbehälter integriert und Transportkapazitäten bei den Spediteuren besser genutzt, sondern der Abnehmer kann Datenträger oder Belege für weitere Aufträge beilegen, die bei Eintreffen der Behälter beim Lieferanten wiederum bearbeitet werden (vgl. Abb. 6-52 und 6-53).

Die Realisierung eines derartigen Behälterkreislaufes ist an eine Reihe zwingender (und unterstützender) **Voraussetzungen** geknüpft. Hierzu gehören insbesondere:

- Konzentration auf einen oder wenige Lieferanten, um den Behälterpool funktionsfähig zu halten,
- Berücksichtigung geographischer Aspekte bei der Lieferantenauswahl,
- Erstellung eines Routenplans in Zusammenarbeit mit dem Spediteur,
- bindende Festlegung von Anlieferungsspezifikationen für jedes Teil bezüglich
  - Kastengröße,
  - Inhalt,
  - Palette,
  - Kennzeichnungspflicht für Mischpaletten,
  - Reibungsloser Informationsfluss über abzuholende/auszutauschende Behälter und Palettenmengen,
  - Reinigung der gebrauchten Behälter von Schmutz, Öl und Staub (Waschanlage).

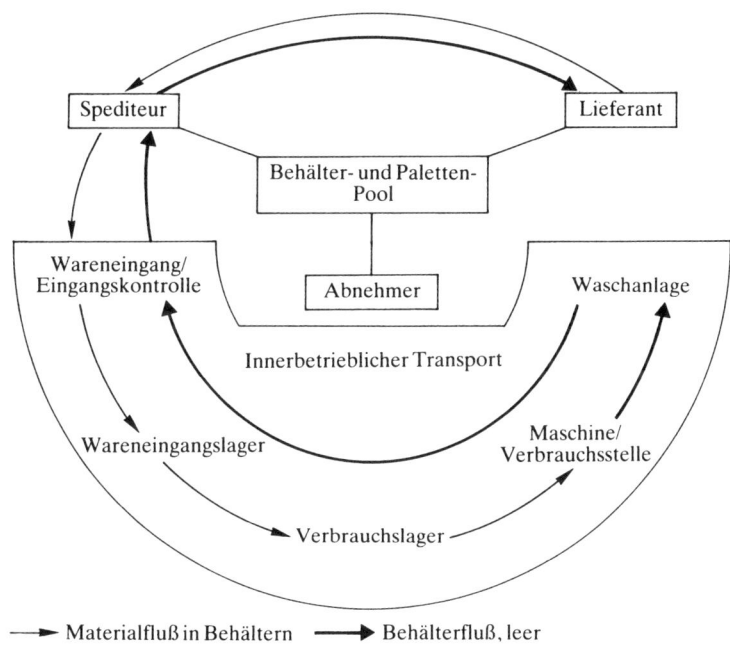

Abb. 6-53: Behälterkreislauf: Material- und Behälterfluss

6.6.3.2 Glättung der Warenanlieferungen

Um einen reibungslosen Ablauf im Wareneingang mit möglichst niedrigen Durchlaufzeiten sicherzustellen, sind die im Wareneingang bereitgestellten Kapazitäten mit den

Anlieferungsmengen abzugleichen. Im Idealfall weist das Anlieferungsvolumen im Zeitablauf nur geringe Schwankungen um eine konstante Grundlast auf, so dass Leer- oder Überkapazitäten weitgehend vermieden werden können.

Letztlich bestimmt die kundenbezogene Nachfrage und der daraus abgeleitete Materialbedarf das Anlieferungsvolumen und damit den kurzfristigen Kapazitätsbedarf im Wareneingang. Daneben kann aber durch lieferantenbezogene Maßnahmen auf den Verlauf der Warenanlieferungen Einfluss genommen werden.

Das Werk eines Großserien-Herstellers von Gebrauchsgütern wies bei täglich in etwa konstantem Produktionsausstoß den in Abb. 6-54 dargestellten Waggoneingang auf. Die Anzahl der an Montagen im Wareneingang eingehenden Waggons war regelmäßig mehr als doppelt so hoch wie an den übrigen Werktagen. Dies führte zu Beschwerden des Entladepersonals über unregelmäßige Warenzugänge und die damit verbundene Mehrarbeit an Spitzentagen. Darüber hinaus kam es zu Engpässen auf den Warteflächen und kaum planbaren Einlagerungsterminen.

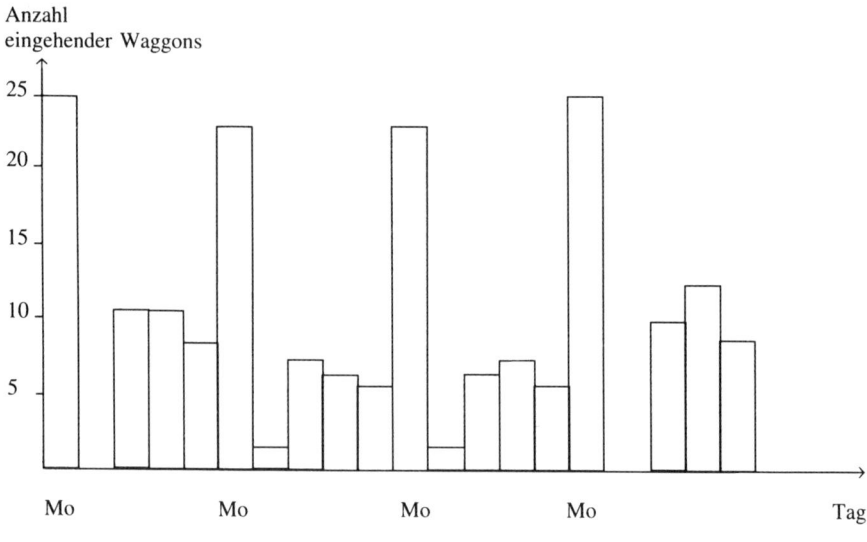

Abb. 6-54: Waggoneingang

Eine vertiefende Analyse zeigte, dass es typische „Montagslieferanten" gab, bei denen also der Anteil der Montagslieferungen an den Gesamtlieferungen sehr hoch war. Der überaus hohe Wareneingang am Montag mit Waggons hatte folgende Gründe:

- dem Lieferanten wurde kein exakter Wareneingangstermin angegeben (sondern lediglich die Lieferwoche)
- der Versand einer Wochenproduktion vieler Lieferanten fand meist am Freitag oder Samstag statt, die Ankunft beim Abnehmer erfolgte dann am Montag der Folgewoche
- bei einer durchschnittlichen Transportdauer von zwei Tagen entsteht – auf Grund fehlender Entlademöglichkeiten am Wochenende – folgender Waggoneingangsrhythmus:

Versandtag	**Tag der Ankunft**
Montag	Mittwoch
Dienstag	Donnerstag
Mittwoch	Freitag
Donnerstag	Montag
Freitag	Montag

Am Dienstag erfolgte keine oder nur eine sehr geringe Waggonanlieferung.

Zur Glättung der Warenanlieferung wurde für alle Lieferanten ein Anlieferungsfahrplan unter Vorgabe von exakten Lieferterminen erstellt. Hierbei wurden Montagslieferanten auf andere Wochentage umdisponiert. Mithilfe eines Entladeplans ließ sich eine weitere Glättung der Auslastung im Wareneingang herbeiführen, da hierbei auch die Handlingsintensität von Anlieferungen berücksichtigt wurde.

7 Produktionslogistik

Zu den wesentlichen Funktionen der Produktionslogistik gehören neben den bereits als Logistik-Querschnittsfunktionen behandelten Transport- und Lageraufgaben

- die Schaffung einer **materialflussgerechten Fabrikstruktur** (Fabrikplanung),
- die **Planung und Steuerung der Produktion** sowie
- die **interne Materialbereitstellung** in Produktion und Montage.

Während es sich bei der Fabrikplanung um eine mittel- bis langfristig wirksame Grundsatzentscheidung handelt, die in die strategische Planung des Unternehmens einzubinden ist, liegt der Produktionsplanung und -steuerung tendenziell ein mittel- bis kurzfristiger Zeithorizont zugrunde. Sofern es sich allerdings um die Auswahl und Festlegung des im Unternehmen eingesetzten Systems der Produktionsplanung und -steuerung handelt, ist auch dies eine Strukturentscheidung mit längerfristigem Planungshorizont.

7.1 Materialflussgerechte Fabrikplanung

7.1.1 Ziele der Fabrikplanung

Generelle Aufgabe der Fabrikplanung ist die Schaffung eines technisch einwandfreien wirtschaftlichen Ablaufes der Produktionsprozesse bei gleichzeitiger Gewährleistung guter Arbeitsbedingungen. Sie kann sowohl die komplette **Neuplanung** von Produktionsstätten als auch die **Umstellungs- oder Erweiterungsplanung** bereits existierender Betriebe zum Gegenstand haben. Hierbei sind verschiedene Ebenen der Fabrikplanung zu unterscheiden (vgl. Abb. 7-1).

Aus der generellen Aufgabenstellung der Fabrikplanung lassen sich vier allgemeingültige **Hauptziele** ableiten (vgl. *Kettner/Schmidt* 1979, Sp. 530):

- optimaler Produktions- bzw. Materialfluss
- menschengerechte Arbeitsbedingungen
- gute Flächen- und Raumausnutzung
- hohe Flexibilität von Bauten, Anlagen und Einrichtungen.

Da hierbei eine Vielzahl von Kostenkomponenten zu berücksichtigen sind, ist das zu lösende Optimierungsproblem in der Regel sehr komplex und umfangreich. Viele Lösungsalgorithmen berücksichtigen daher letztlich nur eine Kostengröße, wie zum Beispiel die Transportkosten. Erschwerend kommt hinzu, dass neben den quantifizierbaren, also kostenmäßig erfassbaren Zielen, auch nicht- oder nur schwer-quantifizierbare Gestaltungsziele verfolgt werden. Zu den **quantifizierbaren Zielen** zählen die Minimierung der Transportkosten, Zwischenlagerungskosten, Raumkosten sowie Standortwechselkosten.

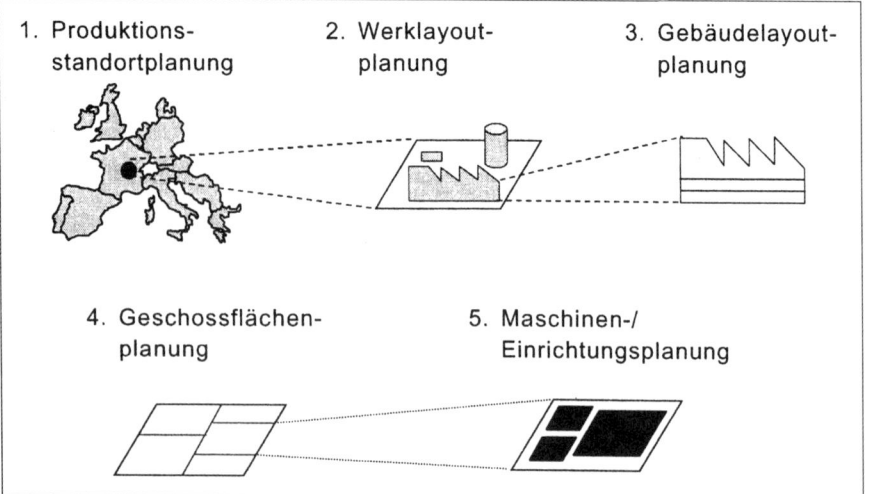

1. Produktions-   2. Werklayout-   3. Gebäudelayout-
   standortplanung   planung   planung

4. Geschossflächen-   5. Maschinen-/
   planung   Einrichtungsplanung

Abb: 7-1: Ebenen der Fabrikplanung

Eine völlige Vermeidung von **Transportkosten** kann durch die benachbarte Aufstellung von Betriebsmitteln herbeigeführt werden, die eine direkte Weitergabe von Werkstücken erlaubt. Lässt sich eine räumlich konzentrierte Aufstellung der Betriebsmittel nicht realisieren, sollten deren Standorte zumindest so gewählt werden, dass auf Strecken mit hoher Transportintensität der Einsatz effizienter Transporteinrichtungen möglich ist.

Bei den Zwischenlagern lassen sich geplante und ungeplante Lager unterscheiden. Geplante Zwischenlager im Fertigungsprozess dienen der Verstetigung der Arbeitsabläufe. Ungeplante Zwischenlager haben ihre Ursache in steuerungsbedingten Mängeln oder Störungen. Durch eine erzeugnisorientierte Trennung der Kapazitäten – unter dem Gesichtspunkt einer Komplettbearbeitung von Teilen und Baugruppen – lässt sich im Layout sowohl eine Reduzierung der ablauf- als auch der steuerungsbedingten **Zwischenlagerungskosten** herbeiführen. Einerseits kann durch die damit verbundene räumliche Nähe der Maschinen auf eine Zwischenlagerung verzichtet werden und andererseits wird durch die Verstetigung des Fertigungsprozesses eine höhere Dispositionssicherheit in der Fertigungssteuerung erzielt. Man spricht hierbei von einem produktorientierten Layout (vgl. *Wiendahl* 1985, S. 133).

Die Berechnung der **Raumkosten** ist bei Neu- und Erweiterungsplanungen notwendig. Sie setzen sich aus kalkulatorischen Kosten (Abschreibungen und Zinsen auf ein Gebäude) und den Gebäudebetriebskosten zusammen, unter die die Lohn- und Materialkosten sowie die Steuern und die Versicherungsbeiträge fallen (vgl. *Reichmann* 1979, Sp. 1063). Die Raumkosten erhält man durch Addition der einzelnen Kostenarten. Zusätzliche Raumkosten können auf Grund einer bewusst schlechteren Raumnutzung aus Rücksicht auf andere Ziele entstehen. Hierzu gehören insbesondere die Schaffung von Reserveflächen, die zur Gewährleistung der Anpassungsflexiblität an soziale, wirtschaftliche und technische Entwicklungen im Layout eingeplant werden (vgl. *Kettner/Schmidt* 1979, Sp. 330). Bei der Verfolgung des Ziels der Minimierung der Raumkosten ist somit abzuwägen zwischen den Kosten mangelnder Flexibilität und den anfallenden Raumkosten (vgl. *Nestler* 1969, S. 75).

Die Höhe der **Standortwechselkosten** ist abhängig von der Anzahl der Betriebsmittel, die im Falle einer Umgestaltung des Layouts von einer Umstellung betroffen sind. Ziel der Layoutplanung muss es daher sein, absehbare und erwartete Veränderungen in der Raumstruktur der Betriebsmittel vorwegzunehmen.

Die **nicht- oder nur schwer-quantifizierbaren Gestaltungsziele** der Fabrikplanung finden ihren Niederschlag in **Prinzipien** (vgl. *Bremer* 1979, S. 94):

– Möglichst gute Übersichtlichkeit:
  Die Anordnung der Standorte sollte so erfolgen, dass mögliche Störungen im Betriebsgeschehen sofort sichtbar sind.
– Geringe Störanfälligkeit:
  Das Layout soll so gestaltet werden, dass Störungen (Feuer, Explosion) den Gesamtbetrieb möglichst wenig beeinträchtigen.
– Hohe Elastizität:
  Die Betriebsmittel sind so anzuordnen, dass ihr Standort mit möglichst geringem Aufwand an veränderte Fertigungsbedingungen angepasst werden kann.
– Geradliniger Materialfluss:
  Durch die Gestaltung eines kreuzungs- und rückflussfreien Materialflusses lassen sich eine größere Übersichtlichkeit und kürzere Durchlaufzeiten herbeiführen.
– Humane Arbeitsplätze:
  Die Layoutplanung hat Arbeitssicherheits- und Arbeitsinhaltsbelange zu beachten.

In der Regel werden mehrere Ziele gleichzeitig verfolgt, die sich in ihren Wirkungen auf das Ergebnis entweder **komplementär** oder **konkurrierend** verhalten können. So besteht beispielsweise zwischen den Forderungen nach Transportkostenminimierung und möglichst geringer Störanfälligkeit ein Zielkonflikt, da Abteilungen aus Sicherheitsgründen bisweilen möglichst weit getrennt voneinander angeordnet werden müssen, wie z.B. bei der Sprengstoffproduktion.

7.1.2 Einflussfaktoren auf die Fabrikplanung

Wesentliche **Einflussfaktoren** auf die Fabrikplanung stellen Produkt, Betriebsmittel, Arbeitskräfte, gesetzliche Bestimmungen sowie gegebenenfalls vorhandene Gebäude und Grundstücke dar (vgl. *Eidt* u.a. 1977, S. 327).

Die von **Produkten** auf einen Standortraum ausgehenden Anforderungen resultieren aus deren Größe, Gewicht, konstruktiver Gestaltung sowie ihrer Zusammensetzung im Produktionsprogramm (vgl. *Schmidt* 1965, S. 41 ff.). Größe und Gewicht determinieren den für Bearbeitung, Transport und Lagerung notwendigen Flächenbedarf und beeinflussen die Transport- und Lagergestaltung (vgl. *Loos* 1976, S. 11). Der konstruktive Aufbau des Produkts legt die Fertigungsverfahren und diese wiederum die technologisch bedingte Arbeitsgangfolge fest. Letztere bildet für die Fabrikplanung ein Ordnungsschema, das bei der Anordnung der Betriebsmittel in eine räumliche Struktur übertragen werden sollte. Außerdem werden durch die Anzahl der Arbeitsschritte und der zu fertigenden Werkstücke die Intensität und der Verlauf der richtungsorientierten

Kontakte bestimmt (vgl. *Niedereichholz* 1979, S. 17). Hierbei handelt es sich um den Fertigungsfluss, der sich aus dem Materialfluss, dem Energiefluss, dem Personalfluss sowie dem Informationsfluss zusammensetzt (vgl. *Kettner* 1965, S. 209). Die Bedeutung der einzelnen Flüsse für die Gestaltung des Layouts hängt von den durch die Produkte festgelegten Fertigungsverfahren ab. Bei einer transportintensiven Fertigung hat eine materialflussorientierte Aufstellung der Betriebsmittel Priorität, während sich bei energieintensiven Fertigungsverfahren die Anordnung nach der Energiequelle richten sollte (vgl. *Sauter* 1977, S. 25).

Wie die Produkte beeinflussen auch die **Betriebsmittel** durch ihre Größe, ihr Gewicht und ihre technologische Auslegung ein Layout. Größe und Gewicht stellen Anforderungen an den Standortraum hinsichtlich der Fläche zur Gewährleistung einer störungsfreien Leistungserstellung sowie an die Standortbeschaffenheit, die Ansprüchen bezüglich Bodentragfähigkeit, Niveauverhältnissen oder Raumhöhen genügen muss. Betriebsmittel sind ferner auf eine gute Ver- und Entsorgung mit Werkstücken, Hilfs- und Betriebsstoffen angewiesen, so dass mögliche Standorte mit den entsprechenden Infrastruktureinrichtungen auszustatten und für transportintensive Betriebsmittel nur transportgünstige Standorte in Betracht zu ziehen sind. Es wird unterschieden zwischen zentralisierenden Kontakten, die aus technisch-ökonomischen Überlegungen zu einer Zusammenlegung von Maschinen führen können, z.B. wegen vergleichbarer Emissionen (Lärm, Abluft) und den dezentralisierenden Kontakten, die die Nachbarschaft einer Maschine zu anderen Betriebsmitteln verbieten, z.B. wegen mechanischer Schwingungen (vgl. *Baur* 1972, S. 56ff.).

Die **Arbeitnehmer** stellen Ansprüche an eine humane Gestaltung und Anordnung der Arbeitsplätze. Unter „human" wird hier ein Arbeitsplatz verstanden, der die Arbeitszufriedenheit und das Wohlbefinden des Mitarbeiters fördert. Ersteres lässt sich erreichen, wenn das Tätigkeitsprofil dem Mitarbeiter einen ausreichend großen Tätigkeits-, Entscheidungs- und Kontrollspielraum ermöglicht. Die Layoutplanung kann dieser Forderung Rechnung tragen, indem sie durch eine räumliche Konzentration geeigneter Betriebsmittel eine Ausweitung der Aufgabeninhalte unterstützt. Durch den daraus resultierenden engeren Kontakt der Arbeitskräfte untereinander wird die Übertragung dispositiver Aufgaben und der eigenverantwortliche Arbeitsplatzwechsel erleichtert. Das Wohlbefinden wird beeinflusst von der Farbgebung, Beleuchtung, Klimatisierung, Lüftung, Lärmdämmung sowie von der richtigen maßlichen Gestaltung des Arbeitsplatzes.

Bei Neu- und Erweiterungsplanungen stellt das **Betriebsgrundstück** eine Standortgegebenheit dar, während bei Umstellungsplanungen durch die bestehenden Gebäude Beschränkungen entstehen. Das Betriebsgelände beeinflusst die Gestaltung und Anordnung von Gebäuden durch die Topographie und die Tragfähigkeit des Baugrundes sowie durch bestehende Hindernisse, wie z.B. bauliche Anlagen oder Kanäle.

Von **Gebäuden** gehen Einschränkungen der Gestaltungsfreiheit durch deren Struktur aus, die im Grundriss, der Raumhöhe, der Bodentragfähigkeit, den Stützenabständen, der Beleuchtung, dem Raumklima und der Geschossanzahl ihren Niederschlag findet. So ist eine ideale Standortanordnung von Betriebsmitteln dem Grundriss anzupassen, wenn dessen äußere Form nicht mit der des Gebäudes übereinstimmt. Weitere Einflüsse entstehen, wenn Maschinen und Anlagen nicht an ihren idealen Standorten aufgestellt werden können, weil mangelnde Raumhöhe oder Bodentragfähigkeit es nicht erlauben. Dabei ist zu beachten, dass Krananlagen die Raumhöhe zusätzlich verringern. Einen Einfluss auf die Betriebsmittelverteilung üben ferner die Stützen aus, da sie sowohl die optimale Gestaltung und Anordnung von Arbeitsplätzen als auch den Transport beeinträchtigen können. Für Arbeitsplätze, die auf Tageslicht angewiesen sind, wie z.B. in der feinmechanischen Industrie, sind Standorte in der Nähe von Fenstern vorzusehen. Bei der Anordnung von Betriebsmitteln mit besonderen klimatechnischen Anforderungen sollte dagegen darauf geachtet werden, dass diese nicht an die Gebäudesüdseite gelegt werden, da die Sonneneinstrahlung erheblich mehr Aufwendungen für die klimatechnische Ausrüstung erforderlich machen würde. In Geschossbauten ist man vielfach gezwungen, schwere Maschinen und solche, die Schwingungen erzeugen, aus baustatischen Gründen im Erdgeschoss zu platzieren.

Bei der Gestaltung eines Layouts sind weiterhin **gesetzliche Bestimmungen** zu beachten. Diese umfassen zum einen Regelungen zur Bebauung der Betriebsgrundstücke und der Gestaltung des Betriebsgebäudes und zum anderen dienen sie dem Schutz von Leben und Gesundheit der Mitarbeiter und der Umwelt des Unternehmens.

7.1.3 Ablauf der Fabrikplanung

Abb. 7-2 gibt zunächst einen Überblick über den generellen Ablauf der im Folgenden näher behandelten Fabrikplanung. Hierbei werden die Betriebsanalyse und die Bedarfsplanung unter die Datenermittlung subsumiert. Zu beachten ist, dass in der Regel nicht alle im Folgenden genannten Aufgaben der Fabrikplanung in den Zuständigkeitsbereich der Logistik fallen. Eine Aufgabenabgrenzung zu anderen Instanzen im Unternehmen (wie z.B. Arbeitsvorbereitung, technische Planung) kann nur im Einzelfall erfolgen. Um eine durchgängige Darstellung des Planungsablaufs zu ermöglichen, wird auf diese Fragen der Arbeitsteilung nicht weiter eingegangen.

7.1.3.1 Datenermittlung

Aufgabe der Datenermittlungsphase ist, die für die Fabrikplanung benötigten betrieblichen Daten zu erfassen.

7.1.3.1.1 Grundsätzliche Vorgehensweise

Vor Beginn einer jeden Untersuchung sollte geklärt werden, **welche Daten** zur Lösung einer Aufgabe erfasst, und **welche Genauigkeitsanforderungen** an die erhobenen Daten gestellt werden müssen. Um den Untersuchungsaufwand auf ein wirtschaftlich vertretbares Maß zu reduzieren, kann in Abstimmung mit der Aufgabenstellung eine Einschränkung auf

- bestimmte Untersuchungsbereiche,
- repräsentative Produkte und
- einen begrenzten Untersuchungszeitraum

vorgenommen werden (vgl. *Martin* 1979, S. 15). Hierbei kann folgende Vorgehensweise zugrundegelegt werden (vgl. *Aggteleky* 1981, S. 31 ff.):

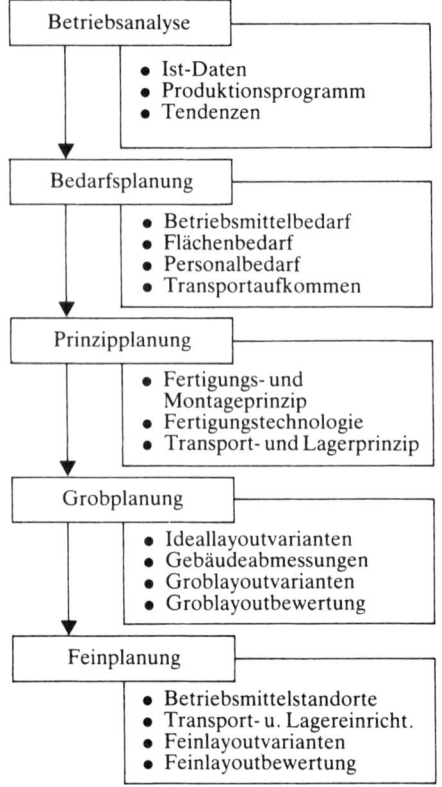

Abb. 7-2: Genereller Planungsablauf der Fabrikplanung (Wiendahl/Enghardt 1986, S. 741)

– Lässt sich ein Untersuchungsbereich auf Grund der Zielsetzung nicht eingrenzen, sollte sich die Analyse auf die kostenintensiven Bereiche beschränken, weil dort bei Verbesserungen das größte Kosteneinsparungspotential liegt.

– Repräsentative Produkte sollen diejenigen Kriterien in sich vereinen, die für die Zielsetzung der Untersuchung ein besonderes Gewicht besitzen. Für Fragen der Layoutplanung sind dies insbesondere Mengen, Umsatz, Kosten und Gewinn. Zur Auswahl werden insbesondere ABC-Analysen herangezogen.

Nach Eingrenzung des Untersuchungsumfangs lassen sich die Daten durch

– eine Auswertung betrieblicher Unterlagen oder
– eine Erhebung durch Befragen und Beobachten

ermitteln. Da eine Erhebung regelmäßig höhere Kosten verursacht, sollte die **Auswertung** von schriftlichen bzw. gespeicherten Daten Ausgangspunkt jeder Untersuchung sein (vgl. *Sauter* 1977, S. 24). Vor einer Auswertung muss allerdings geprüft werden, ob der Inhalt dieser Daten noch mit den bestehenden Verhältnissen des Unternehmens übereinstimmt.

Lassen sich nicht alle Daten aus Unterlagen entnehmen, so müssen sie durch **Erhebungen** ergänzt werden. Hierzu eignet sich bei vorgangsunabhängigen Daten am besten ein anhand eines Fragebogens durchgeführtes Interview („standardisiertes In-

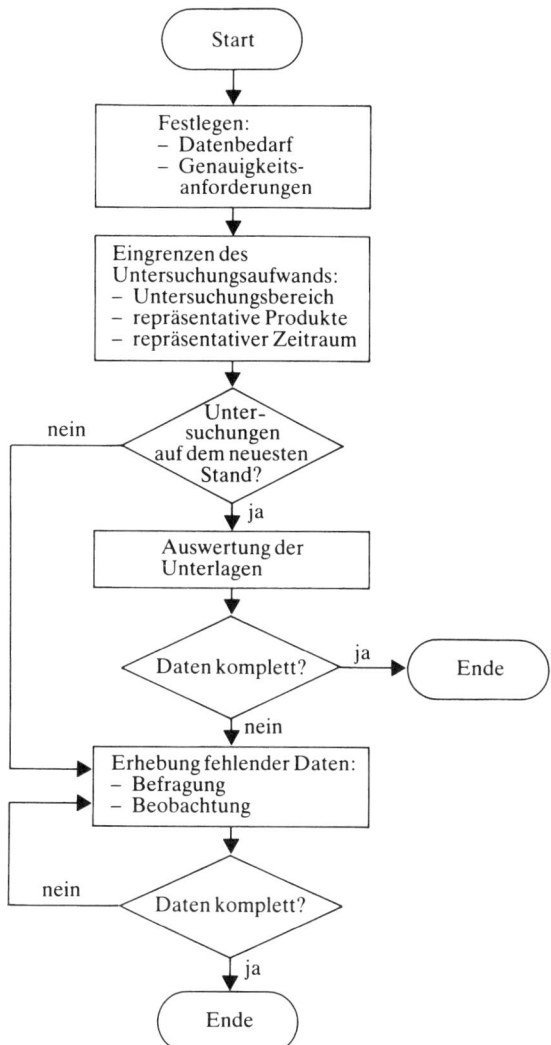

Abb. 7-3: Ablauf der Datenermittlung (Grabe 1988, S. 34)

terview"), das eine gezielte Erfassung der fehlenden Daten mit geringem zeitlichen Aufwand erlaubt.

Vorgangsabhängige Daten dagegen, wie z.B. der durchschnittliche Füllgrad von Transporthilfsmitteln, werden am günstigsten durch die Multimomentmethode, die Zeitanteile von bestimmten Vorgängen durch stichprobenweises Beobachten in zufällig gewählten zeitlichen Abständen liefert, erfasst, da sie sich ebenfalls durch ihren geringen zeitlichen Aufwand auszeichnet (vgl. *Martin* 1979, S. 17). Abb. 7-3 fasst das prinzipielle Untersuchungsvorgehen in einem Ablaufdiagramm zusammen.

7.1.3.1.2 Produktionsprogramm

Im Rahmen der Planung des Produktionsprogramms werden die **Arten und Mengen der innerhalb des Planungszeitraums zu fertigenden Erzeugnisse** festgelegt. Das Produktionsprogramm enthält somit eine qualitative (Art), eine quantitative (Menge) und eine zeitliche (Erstellungszeitpunkt) Komponente (vgl. *Zäpfel* 1982, S. 46). Das hierbei auftretende Planungsproblem wird wesentlich dadurch beeinflusst, ob es sich um

– eine rein kundenauftragsbezogene Programmbildung,
– eine rein erwartungsbezogene Programmbildung oder
– einen Mischtyp zwischen erwartungs- und kundenauftragsbezogener Programmbildung handelt.

Im Fall der **rein kundenauftragsbezogenen Programmbildung** entspricht das Produktionsprogramm den eingehenden Aufträgen. Insbesondere bei der Deckung eines völlig individualisierten Bedarfs gestaltet sich die Programmplanung sehr schwierig. Bei der **rein erwartungsbezogenen Programmbildung** werden Prognosen über die voraussichtliche Nachfrageentwicklung herangezogen, wobei insbesondere die Einführung neuer Produkte, die Veränderung oder der Ersatz vorhandener Produkte, die Bereinigung bzw. Reduzierung des Programmes sowie der geplante Einsatz von Marketing-Maßnahmen mit ins Kalkül zu ziehen sind.

Zur Ermittlung des der Fabrikplanung zugrundezulegenden Produktionsprogramms interessiert vor allem, ob aktuelle oder absehbare Entwicklungen in den für den Betrieb relevanten Märkten **Veränderungen** im Produktionsprogramm bewirken. Hiervon können die Stückzahl, die Losgrößenstruktur, die saisonalen Schwankungen innerhalb der Auftragsstruktur und der Qualitätsstandard bestehender Produkte betroffen sein sowie die Zusammensetzung des Produktionsprogramms infolge einer Programmbereinigung (vgl. *Aggteleky* 1981, S. 243).

Von den Ausprägungen dieser Merkmale hängen weitgehend der quantitative und der qualitative Kapazitätsbedarf ab, die ihrerseits den Betriebsmittelbedarf nach Art und Anzahl bestimmen. Entscheidendes Merkmal der Programmplanung als Basis der Fabrikplanung ist, dass der Produktionsapparat eine mitzubestimmende Variable darstellt.

7.1.3.1.3 Betriebsmittelbedarf

Aufgabe der Bedarfsplanung der Betriebsmittel ist die **Ermittlung der erforderlichen Betriebsmittel nach Art** (Leistungsvermögen), **Anzahl, Zeitpunkt und Dauer sowie gegebenenfalls Einsatzort.** Diese Daten stellen die Grundlage zur Bestimmung der Raumform von Funktionsbereichen und Gebäuden sowie zur Anordnung der Betriebsmittel dar.

Basis für die Ermittlung des quantitativen und qualitativen Betriebsmittelbedarfs sind sogenannte Bearbeitungs- und Maschinenprofile (vgl. *Wiendahl* 1973). Zur Ermittlung des Kapazitätsbedarfs wird zunächst eine Analyse und Klassifizierung des zu fertigenden Teilespektrums vorgenommen, z.B. nach Werkstückform, Abmessung, Gewicht,

Werkstoff. Die sich hierbei ergebenden Häufigkeitsverteilungen ergeben das **Teile-profil,** aus dem die benötigten Bearbeitungsverfahren abgeleitet werden können. Das **Bearbeitungsprofil** erhält man, indem man die den Arbeitsplänen entnommenen produktbezogenen Maschinenbelegungszeiten den Bearbeitungstechnologien zuordnet.

Der **quantitative Kapazitätsbedarf** einer Betriebsmittelgruppe wird bestimmt durch die geplante Belegungszeit für die auf ihr zu fertigenden Aufträge. Die Belegungszeit setzt sich zusammen aus der Ausführungszeit, unter der man das Produkt aus der Stückzahl eines Auftrags und der Vorgabezeit einer Belegung bei der Mengeneinheit 1 versteht, und der Rüstzeit (Vorgabezeit für den Rüstvorgang). Durch eine Summierung der erforderlichen Belegungszeiten aller Aufträge erhält man die Kapazitätsanforderungen an die Betriebsmittelgruppe in einer Periode (vgl. *Frey* 1975, S. 286).

Hieraus ergibt sich somit der auf eine definierte Periode bezogene Stundenbedarf je Bearbeitungsverfahren. Durch den Vergleich des Bearbeitungsprofils mit dem **Maschinenprofil,** das das Leistungsvermögen der vorhandenen Fertigungseinrichtungen abbildet, zeigt sich, ob eine Bedarfsüberdeckung, -unterdeckung oder ein dem Bedarf entsprechender Betriebsmittelbestand vorliegt (vgl. Abb. 7-4).

Prinzipiell können folgende **Bedarfsarten** auftreten:

– Ersatz vorhandener durch identische Betriebsmittel
– Ersatz vorhandener durch technologisch neue Betriebsmittel
– Ergänzung vorhandener durch identische Betriebsmittel
– Ergänzung vorhandener durch technologisch neue Betriebsmittel.

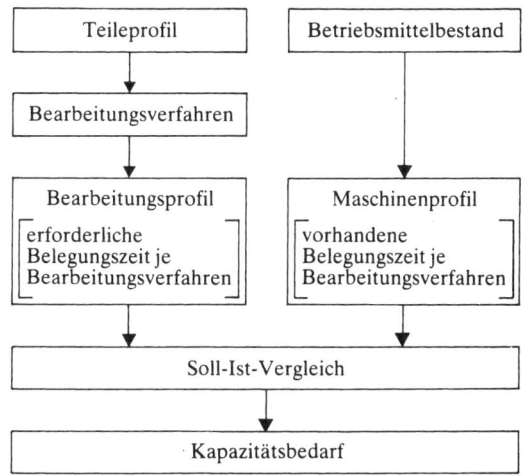

Abb. 7-4: Ermittlung des Kapazitätsbedarfs (Kettner u. a. 1984, S. 54)

Ferner ist der ersatzlose Abbau vorhandener Betriebsmittel möglich. Außer bei der ersten Bedarfsart führen alle übrigen zu einer Veränderung im Layout. Veränderungen der Losgrößenstruktur beeinflussen zum einen über die Anzahl notwendiger Rüstvorgänge den Rüstzeitanteil an der Belegungszeit, sofern diese nicht durch ein Zusammenfassen oder ein Splitten von Betriebsaufträgen kompensiert werden können. Zum anderen kann ein qualitativer Kapazitätsbedarf entstehen, wenn die Betriebsauftrags-losgrößen auf Stückzahlen absinken, die den wirtschaftlichen Betrieb einer Maschine oder Anlage nicht mehr ermöglichen. Entwickeln oder verändern sich saisonale Schwankungen innerhalb der Auftragsstruktur, so kann ein Auf- oder Abbau eines Kapazitätsüberhangs sinnvoll sein. Höhere Qualitätsansprüche lassen sich dagegen entweder durch längere Ausführungszeiten auf bereits vorhandenen Betriebsmitteln ausgleichen oder verursachen bei fehlenden qualitativen Kapazitäten einen zusätzli-chen Bedarf. Neue Produkte werden als Ersatz für alte oder als Ergänzung zu den be-reits vorhandenen in ein Produktionsprogramm genommen. Ist ihre Fertigung auf be-stehenden Kapazitäten möglich, so üben sie den gleichen Einfluss auf die Kapazitäten aus wie die alten Produkte. Lassen sich die Produkte nicht auf den bestehenden Kapa-zitäten herstellen, ist wiederum eine Neuanschaffung von Betriebsmitteln vorzuneh-men. Veränderungen des **qualitativen Kapazitätsbedarfs** resultieren aus Verschie-bungen in der Programmstruktur sowie den fertigungstechnischen Ansprüchen einzel-ner Produkte (z. B. Qualitätsanforderungen).

Anforderungen an den Einsatzort kommen in den **raumqualitativen Anforderungen der Betriebsmittel** zum Ausdruck. Für die Layoutplanung sind dabei folgende Daten von Bedeutung:

– das Gewicht zur Bestimmung der erforderlichen Bodentragfähigkeit,
– die Höhe als Hinweis für die notwendige Raumhöhe und die mögliche Schachttiefe eines Betriebsmittels,
– die Erzeugung und Verträglichkeit mechanischer Schwingungen, die die Funktions-genauigkeit der Betriebsmittel beeinflussen können (vgl. *Rockstroh* 1982, S. 176),
– der Ausstoß von Gasen, Dämpfen, Staub sowie die eigenen Ansprüche bezüglich der Luftqualität und Temperatur, da vom Raumklima ebenfalls die Funktionsfähig-keit abhängt,
– die Ansprüche an die Standortversorgung mit Elektrizität, Gas, Wasser, Druckluft sowie die Entsorgung von Spänen, Abfällen, Kühlwasser o.ä. (vgl. *Kettner* u.a. 1984, S. 79).

Außerdem sind die organisationsbedingten Anforderungen zu ermitteln, wie z.B. die notwendige räumliche Nähe zu anderen Betriebsmitteln, Mehrmaschinenbedienung, Ablaufgruppen o.ä. (vgl. *Sauter* 1977, S. 60).

Zur Dokumentation für die Layouterstellung können die Betriebsmittelflächen sowie die qualitativen und organisatorischen Standortanforderungen je Funktionsbereich ta-bellarisch in einem sogenannten Raumprogramm (vgl. *Aggteleky* 1981, S. 564) fest-gehalten werden.

7.1.3.1.4 Personalbedarf

Für die Fabrikplanung muss der Personalbedarf bezüglich Anzahl, Qualifikation, Ein-satzzeitpunkt und -dauer für die Produktion, die Verwaltung und das Lager vorliegen.

Als quantitative Methoden zur Personalbedarfsplanung werden die Trendextrapolation und die Kennzahlenmethode herangezogen. Bei der **Trendextrapolation** erfolgt auf der Basis der bisherigen und künftigen Entwicklungstrends der zugrundeliegenden Einflussgrößen eine Fortschreibung des Personalbedarfs. Hierbei wird unterstellt, dass die Einflussfaktoren, die in der Vergangenheit wirksam waren, auch zukünftig den Personalbedarf determinieren. Dies setzt jedoch voraus, dass keine starken strukturellen Veränderungen auftreten (vgl. *Schulte* 1989 d, S. 11).

Die **Kennzahlenmethode** wird zur Prognose des Personalbedarfs dann herangezogen, wenn dieser von der anfallenden Arbeitsmenge abhängt. In diesen Fällen kann folgende Grundformel angewendet werden:

$$PB = \frac{\Sigma \, AM_i \times ZB_i}{TAZ}$$

wobei

PB	= Personalbedarf
AM_i	= Arbeitsmenge für die Arbeitseinheit i
ZB_i	= Zeitbedarf für die Arbeitseinheit i
TAZ	= Tarifliche Arbeitszeit.

Der qualitative Personalbedarf resultiert aus dem Vergleich der Anforderungen der zu besetzenden Arbeitsplätze mit der Qualifikation der Mitarbeiter.

Arbeitskräfte benötigen humane Arbeitsplätze und Sozialräume. Mindestanforderungen an die Gestaltung und Anordnung von Arbeitsplätzen und Sozialräumen sind in der Arbeitsstättenverordnung und den Arbeitsstättenrichtlinien des Bundes festgelegt. Die Bemessung der Sozialräume ist von der Anzahl der Mitarbeiter abhängig. Gleiches gilt für die Standortwahl, die, sofern sie nicht durch Vorschriften eingeschränkt ist, durch die Kosten des Personenverkehrs zu diesen Einrichtungen bestimmt wird (vgl. *Apple* 1977, S. 102). Daher sollten bei Änderungen der Betriebsmittelzusammensetzung die Auswirkungen auf die Personalstruktur untersucht werden, indem der aus der Personalstatistik ersichtliche Personalbestand je Untersuchungsbereich dem zukünftigen Personalbedarf gegenübergestellt wird.

7.1.3.1.5 Flächenbedarf

Betriebsmittel- und Personalbedarf ermöglichen eine erste überschlägige Berechnung des Flächenbedarfs und liefern damit eine wesentliche Ausgangsgröße für eventuell erforderliche Grundstücks- und Standortüberlegungen. Der **Gesamtflächenbedarf** setzt sich zusammen aus

- den für die Aufstellung der Betriebsmittel benötigten Flächen einschließlich der Zusatz-, Hilfs- und Bereitstellungsflächen,
- den Lagerflächen,
- den Transport- und Verkehrsflächen sowie
- den produktionsbedingten Verwaltungs- und Sozialflächen.

Der **Flächenbedarf** der bestehenden **Betriebsmittel** lässt sich aus vorhandenen Layoutplänen oder der Betriebsmittelkartei entnehmen. Der Flächenbedarf neuer Betriebsmittel lässt sich aus Konstruktionszeichnungen und Herstellerprospekten entnehmen (vgl. *Eversheim/Witte* 1977, S. 510). Die Grundflächen von Maschinen und Anlagen sind anschließend aus Sicherheitsgründen um Flächen für Extremstellungen einzelner Maschinenelemente sowie um eine Bedienungsfläche an der Bedienerseite und einen Wartungsstreifen an den übrigen Seiten zu ergänzen.

Außerdem müssen noch die **Lagerflächen** und die mit den Betriebsmitteln in Zusammenhang stehenden Teilflächen erfasst werden, worunter die Bereitstellungsflächen für Material und Werkzeuge und die Flächen für Späne und Abfälle fallen (vgl. *Gamma* 1985, S. 13).

Die Bestimmung der **Transport- und Verkehrsflächendaten** vor der Erstellung des Layouts gestaltet sich äußerst schwierig, da die Wegeführung erst mit der konkreten Anordnung der Betriebsmittel entwickelt wird (vgl. *Dangelmaier* 1986, S. 26). Bei der Bemaßung von Gebäuden und Funktionsbereichen behilft man sich daher mit **Flächenkennzahlen** (vgl. *Kaufmann* 1978, S. 7). Betriebsuntersuchungen haben gezeigt, dass ein Aufschlag von 40% auf den Betriebsmittelflächenanteil eines Standortraums zu realistischen Verkehrsflächenanteilen führt (vgl. *Podolsky* 1977, S. 219).

Für die Gestaltung der Verkehrswege existieren eine Reihe von Restriktionen, die bei der Layoutgestaltung zu beachten sind. So werden beispielsweise die Wegbreiten durch die DIN 18225 verbindlich festgelegt. Bei einer Änderung der Programmstruktur sollte vor einer Dimensionierung der Verkehrsflächen untersucht werden, ob durch die Modifikation des Produktionsprogramms Transportaufgaben entstehen, für die die Breite der bestehenden Verkehrswege nicht ausreichend ist (vgl. *Dienhart/ Eggenstein* 1984, S. 29). Dazu ist zunächst festzuhalten, ob sich die neuen Transportgüter mit den bestehenden Transporthilfs- bzw. Transportmitteln befördern lassen (vgl. *Dangelmaier* 1983, S. 516). Ist dies nicht der Fall, müssen die geeigneten Transporthilfs- und Transportmittel beschafft und ihre Abmessungen anschließend aus den Konstruktionszeichnungen oder Herstellerprospekten entnommen werden. Ferner sollte man ihr Gewicht im vollbeladenen Zustand ermitteln, da sich zusätzliche Anforderungen an die Tragfähigkeit der Böden ergeben können (vgl. *Budde* 1987, S. 516).

7.1.3.1.6 Transportaufkommen

Die Ausgangsbasis für die Ermittlung der Transportintensitäten bildet das **Produktionsprogramm,** von dessen Breite die Notwendigkeit einer Bestimmung von **Repräsentanten** abhängt, da bei einer großen Anzahl unterschiedlicher Produkte eine manuelle Bestimmung der Fertigungsabläufe unwirtschaftlich ist. Zur Bestimmung der repräsentativen Produkte bedient man sich im Allgemeinen der

- ABC-Analyse und der
- PQ-(Produkt-Quantum-)Analyse.

Bei letztgenannter kann die Produktmenge als Analysekriterium um beliebige Kriterien, wie z.B. Umsatz, Herstellungskosten, Fertigungsstunden, ergänzt werden.

Zur Bestimmung des Mengengerüsts wird anschließend für die aus den Fertigungsstücklisten ersichtliche Teilestruktur der Produkte anhand der Arbeitspläne die **Arbeitsgangfolge** für alle Einzelteile verfolgt, die geplante oder erwartete **Fertigungsmenge** eines repräsentativen Zeitraums für diese Einzelteile aus dem Produktionsprogramm errechnet und den einzelnen **Arbeitsschritten zugeordnet** (vgl. *Kettner* u.a. 1984, S. 100 f.). Dabei ist darauf zu achten, dass die Arbeitspläne bereits die neuen Betriebsmittel berücksichtigen, da man sonst einen Teil der Materialflüsse nicht erfasst.

Von \ Nach	Rohstofflager	Fertigung	Montage	Fertigwarenlager	Abfälle, Verschnitt	Versand	Schrott	Summe
Wareneingang	100							100
Rohstofflager	▨	72	20	10		.		102
Fertigung		▨	52	16	8			76
Montage		4	▨	65	3			72
Fertigwarenlager				▨		91		91
Abfälle, Verschnitt		2			▨		9	11
Summe	102	76	72	91	11	91	9	

Abb. 7-5: Von-Nach-Diagramm (in Tonnen)

Die gewonnenen Mengenbeziehungen können in einer Tabelle mit Matrixform, dem **Von-Nach-Diagramm** (vgl. Abb. 7-5), zusammengefasst werden, in der entlang der waagerechten und senkrechten Achsen die Anfangs- und Endpunkte verzeichnet sind (vgl. *Aggteleky* 1981, S. 545). Trägt man in ihr die Hinflüsse oberhalb und die Rückflüsse unterhalb der Diagonalen ein, spricht man von einem richtungsorientierten Von-Nach-Diagramm, während man durch Addition der Hin- und Rückflüsse ein nichtrichtungsorientiertes Von-Nach-Diagramm erhält (vgl. *Schmigalla* 1968, S. 18).

Durch eine Aggregation der partiellen Materialströme können die Transportbeziehungen des Untersuchungsbereichs **graphisch** dargestellt werden. Der Vorteil dabei ist, dass das Verhältnis der einzelnen Flüsse zueinander deutlich wird, und dass die wichtigsten Materialströme des Untersuchungsbereichs sichtbar werden (vgl. *VDI-Richtlinie* 3300, S. 3). Zur Darstellung kann man ein **Sankey-Diagramm** heranziehen, indem zunächst die Betriebsmittel in ihrer räumlichen Lage zueinander aufgezeichnet und danach die Materialflüsse entsprechend ihrer Intensität durch unterschiedlich starke Verbindungslinien eingetragen werden (vgl. *Nestler* 1974, S. 154). Abb. 7-6 zeigt ein Sankey-Diagramm, in dem die Materialströme mengenmaßstäblich in Tonnen je Monat dargestellt sind.

Das manuelle Vorgehen ist zur Ableitung des Mengengerüsts nicht notwendig, wenn bei EDV-erfassten Stücklisten, Arbeitsplänen und Auftragsdaten die Datenbankorganisation eine Auswertung in der oben beschriebenen Form zulässt (vgl. *Dangelmaier* 1982, S. 25).

Das so gewonnene **Mengengerüst muss** anschließend **in Transporteinheiten umgerechnet werden**, da Mengen-, Gewichts- oder Volumenangaben keinen Rückschluss auf den damit verbundenen Transportaufwand zulassen. Dazu muss das Fassungsvermögen der zum Transport verwendeten Transporthilfsmittel durch Messen oder Zählen ermittelt und unter Berücksichtigung des durchschnittlichen Füllgrads sowie der Anzahl der je Transportvorgang geförderten Transporthilfsmittel auf das Mengengerüst umgelegt werden.

Lassen sich keine Repräsentanten ableiten, weil ein festgelegtes Produktionsprogramm fehlt, wie z. B. bei einer auftragsorientierten Einzelfertigung, können die

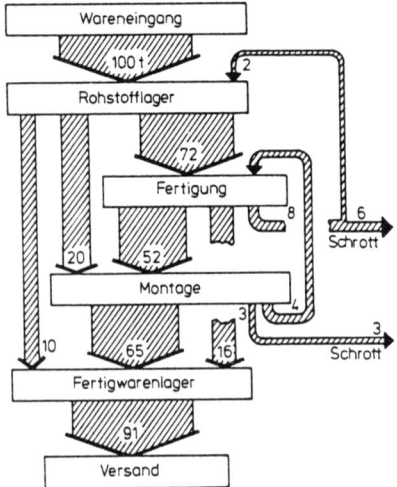

Abb. 7-6: Materialflussschema (Sankey-Diagramm)

Transportvorgänge auch mittels **Selbstaufschreibung** durch das Transportpersonal in einem Zeitraum von zehn Arbeitstagen in hinreichender Genauigkeit bestimmt werden (vgl. *Koschnitzky* 1974, S. 112).

Die Transportintensitäten lassen sich ebenfalls in einem Von-Nach-Diagramm, auch Transport- oder **Transportintensitätenmatrix** genannt, darstellen.

7.1.3.2 Prinzipplanung

Gegenstand der Prinzipplanung sind die Festlegung

– des Fertigungs- und Montageprinzips,
– der Fertigungstechnologie sowie
– des Transport- und Lagerprinzips (siehe hierzu Kapitel 4 und 5).

7.1.3.2.1 Fertigungs- und Montageprinzipien

Die Festlegung des Fertigungs- und Montageprinzips hat entscheidenden Einfluss auf die Material-Durchlaufzeiten sowie den Koordinationsaufwand für die Sicherstellung eines optimalen Produktionsablaufs. Bei der Anordnung von Fertigungs- und Montagearbeitsplätzen lassen sich drei Hauptgruppen unterscheiden (vgl. Abb. 7-7):

– Verrichtungsprinzip,
– Gruppenprinzip,
– Objekt- oder Flussprinzip.

Beim **Verrichtungsprinzip** fasst man Betriebsmittel, die gleichartige Verrichtungen durchführen, in Organisationseinheiten, sogenannten Werkstätten, zusammen (z.B. Bohrerei, Dreherei, Fräserei). Das **Objekt- bzw. Flussprinzip** ist gekennzeichnet durch die Anordnung der Betriebsmittel entsprechend der Folge des Arbeitsablaufs. In Abhängigkeit von der zeitlichen Koordination der Produktionsstellen können die Rei-

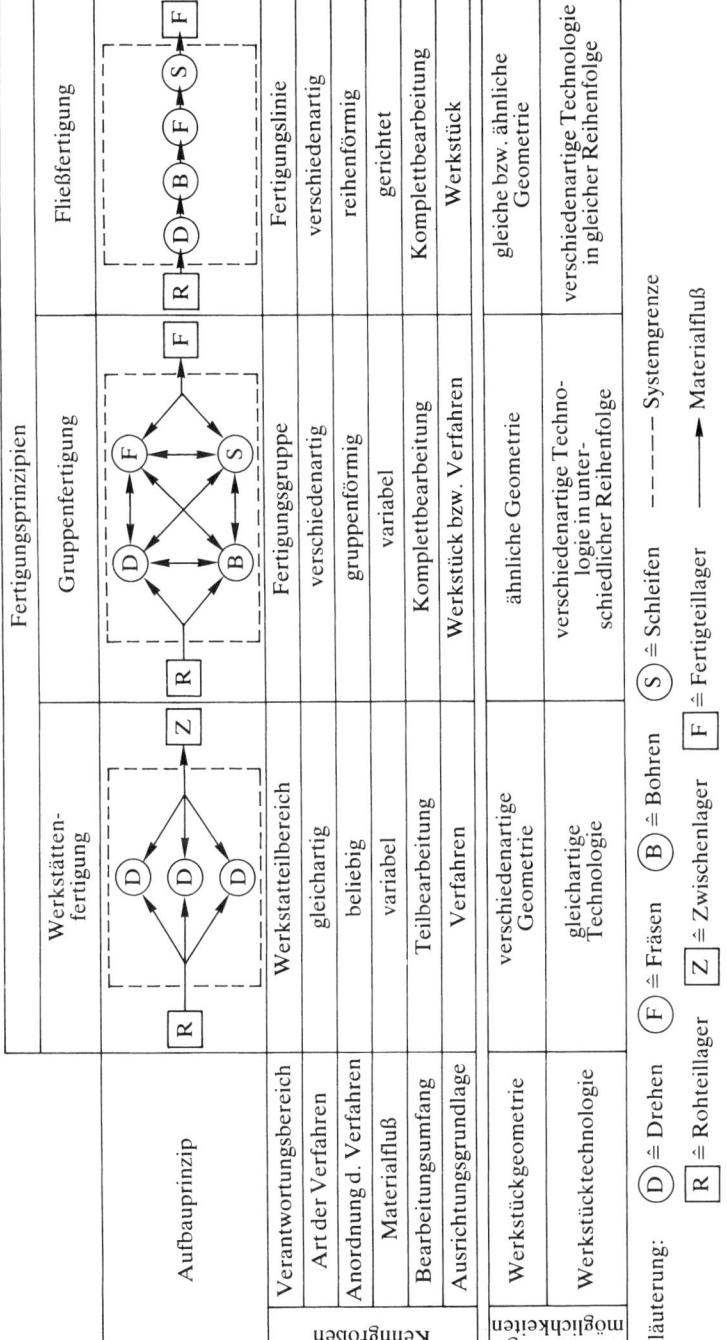

Abb. 7-7: Merkmale verschiedener Fertigungsprinzipien
(Ehmer u. a. 1989, Sp. 489 f.)

henfertigung (zeitlich ungebundener, gerichteter Materialfluss), die Fließband- bzw. Transferstraßenfertigung (zeitlich gebundener, gerichteter Materialfluss) sowie flexible Transferlinien (taktweiser Materialfluss in sequentieller Maschinenfolge bei gleichzeitiger Möglichkeit zum schnellen Umrüsten innerhalb eines begrenzten Werkstückspektrums) unterschieden werden (vgl. *Zäpfel* 1989, S. 158ff.).

Neben diesen beiden Extremformen der organisatorischen Gestaltung des Fertigungsablaufs gewinnt – insbesondere für die Teilefertigung – das **Gruppenprinzip** immer mehr an Bedeutung. Mit diesem versucht man die jeweiligen Vorteile von Werkstatt- und Fließprinzip zu verknüpfen, nämlich die Flexibilität zur Erfüllung verschiedener Fertigungsaufgaben und die Erzielung einer möglichst fließenden Materialbewegung. Ausprägungsformen des Gruppenprinzips sind

– Fertigungszellen,
– Fertigungsinseln,
– Flexible Fertigungssysteme (FFS) und
– Fertigungssegmente.

Unter **Fertigungszellen** werden automatisierte, technologisch autonome Produktionsmittel verstanden, die sich für eine Verkettung zu höhergeordneten Produktionssystemen eignen (vgl. *Spur* 1983, S. 176ff.).

Während Fertigungszellen definitionsgemäß auf einen hohen Automatisierungsgrad abstellen, dominiert bei dem Konzept der **Fertigungsinsel** die organisatorische Komponente. Merkmale einer Fertigungsinsel sind:

– Bildung von Fertigungsfamilien durch die Zusammenfassung von Werkstücken, die mit gleichen Betriebsmitteln bearbeitet werden können (vgl. *AWF* 1984, S. 3)
– räumliche und organisatorische Zusammenfassung der zur möglichst kompletten Bearbeitung dieser Fertigungsfamilien notwendigen Maschinen (vgl. *Mönig* 1985, S. 83)
– Übertragung aller planerischen und organisatorischen Aufgaben, die den Fertigungsablauf des der Insel zugeordneten Fertigungsspektrums betreffen, auf die Gruppe (vgl. *KfK* 1983, S. 10).

„Ein **flexibles Fertigungssystem** enthält mehrere automatische Arbeitsstationen, die durch ein automatisches Werkstücktransportsystem so verknüpft sind, dass ein gleichzeitiges Bearbeiten unterschiedlicher Werkstücke im Gesamtsystem möglich ist. Die unterschiedlichen Werkstücke können das System auf verschiedenen Wegen über verschiedene Arbeitsstationen durchlaufen" (*Vettin* 1979, S. 15). Vorteile eines FFS bestehen vor allem darin, dass auch kleinere Losgrößen durch den hohen Automatisierungsgrad (automatische Werkzeugeinstellung und -wechsel, automatischer Transport etc.) ähnlich kostengünstig wie bei einer Großserienfertigung hergestellt werden können. Nachteilig wirken sich allerdings die hohen Investitionskosten, die eine hohe Auslastung erfordern (vgl. *Eversheim* u. a. 1983, S. 848), der Steuerungsaufwand sowie eine überdurchschnittliche Störanfälligkeit, die durch die automatische Verkettung zu Folgestörungen führen kann, aus.

„Unter **Fertigungssegmenten** werden produktorientierte Organisationseinheiten der Produktion zusammengefasst, die mehrere Stufen der logistischen Kette eines Produktes umfassen und mit denen eine spezifische Wettbewerbsstrategie verfolgt wird. Darüber hinaus zeichnen sich Fertigungssegmente auch durch die Integration planender und indirekter Funktionen aus und sind in der Regel als Cost-Center organisiert.

Fertigungssegmente sind damit durch fünf Merkmale gekennzeichnet (vgl. Abb. 7-8):

– Markt- und Zielausrichtung;
– Produktorientierung;
– Mehrere Stufen der logistischen Kette eines Produktes;
– Übertragung indirekter Funktionen;
– Kostenverantwortung" (*Wildemann* 1988 b, S. 54).

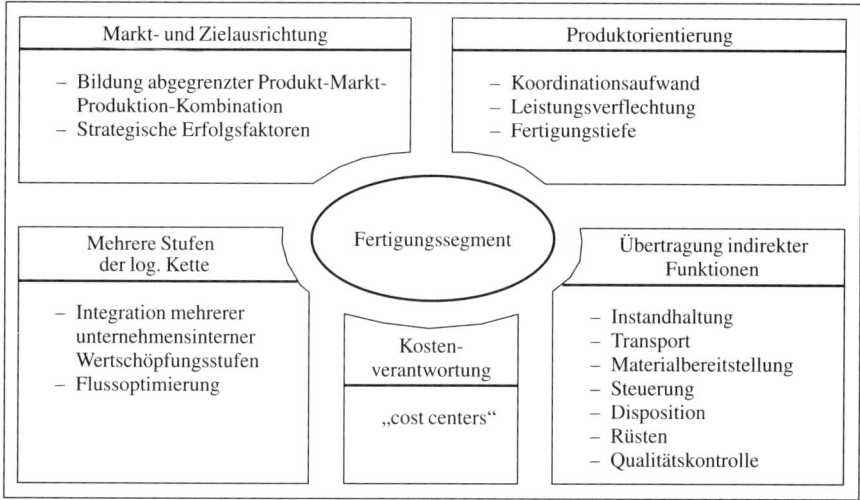

Abb. 7-8: Merkmale von Fertigungssegmenten

Die Flussoptimierung als wesentliches Gestaltungsprinzip der Fertigungssegmentierung stellt bei hinreichender Kapazitätsauslastung die kostengünstigste Form der Fertigungsorganisation dar. Durch die Reduzierung der Übergangszeiten werden die Durchlaufzeiten minimiert. Dies führt zur Senkung der Bestände und zu geringeren Aufwendungen für die Koordination der Abläufe.

Für ein flussoptimiertes Layout bietet sich insbesondere die **U-Form** an (vgl. *Schonberger* 1983, S. 70). Sie hat die folgenden **Vorteile:**

– Vereinfachung von Material- und Werkzeughandhabung sowie Verkürzung von Transportwegen,
– Personaleinsatzflexibilität durch Mehrmaschinenbedienung,
– Teamwork, d.h. gemeinsame Problemlösung und Qualitätsverbesserung, durch räumliche Nähe und Kommunikationsmöglichkeiten der Mitarbeiter,
– Unmittelbare Nacharbeit und folglich sofortige Korrektur von Qualitätsmängeln am Ort ihrer Entstehung,
– Durchlässigkeit der Bereiche, denn im Gegensatz zu einer lang gestreckten Maschinenreihe, die jeden Durchgang relativ schwer macht, ist die U-Form übersichtlicher und kompakter.

Die sich permanent ändernden Marktanforderungen führen bei wechselndem Produktionsprogramm zu Problemen der Kapazitätsabstimmung. Diese lassen sich dann leichter lösen, wenn **Anlagen** entsprechend dem aktuellen Auftragsmix **variabel aufgestellt**

werden können (vgl. *Wildemann* 1988 b, S. 231). Neben diesem Aspekt der kurzfristigen Flexibilität, also der Anpassungsfähigkeit an vorübergehende Veränderungen im Produktmix, ist mit der Forderung nach langfristiger Flexibilität der dauerhafte Wandel der Produktionsstruktur in qualitativer und in quantitativer Hinsicht angesprochen.

Starre Layoutformen der Betriebsmittel können in diesem Zusammenhang zu folgenden nachteiligen Konstellationen führen: Bei Zunahme der Produktionsmengen kann das zur Verfügung stehende Areal nicht ausreichen (vgl. *Aggteleky* 1982, S. 606). Außerdem ist hierbei anzuführen, dass die Integration zusätzlicher Betriebsmittel funktionell kaum möglich ist. Die zu vermeidende Folge ist meist die Durchbrechung des kontinuierlichen Materialflusses mit allen damit verbundenen Negativkonsequenzen auf das Leistungsergebnis. Dies bedeutet, dass starre Layoutformen hemmenden Einfluss auf Erweiterungs-, Rationalisierungs- und Automatisierungsbestrebungen haben können, was gleichzeitig Diversifikations- und Innovationsaktivitäten negativ beeinflusst. Es ist deshalb bereits in der Beschaffungsphase auf die **mobilitätsrelevanten Gestaltungskriterien von Betriebsmitteln** zu achten.

Gegenwärtig zeichnet sich folgender Trend ab: Die Betriebsmittel werden nicht ortsgebunden montiert, vielmehr wird die Aufstellung auf standardisierten Fundamenten bevorzugt. Die Autarkie der Betriebsmittel steht im Vordergrund, d. h. die Maschinen und Anlagen werden so weit wie möglich mit einem eigenen Steuerungs-, Hydraulik- und Entsorgungssystem ausgestattet. Auch die Kompaktbauweise von Anlagen wirkt in diesem Zusammenhang mobilitätssteigernd (vgl. *Aggteleky* 1982, S. 608).

Zur Lösung des Zielkonfliktes zwischen der erforderlichen betrieblichen Standardisierung und den Kundenforderungen nach Produktindividualisierung sind für die **Montage** zwei Lösungsansätze von Bedeutung (vgl. *Warnecke* 1983, S. 40). Ein Lösungsansatz besteht darin, ein sogenanntes **variantenneutrales Rumpfprodukt** aufzubauen, das dann – möglichst spät im Fertigungsablauf – entsprechend der Kundenspezifikation komplettiert wird. Die Montage ist dann in weiten Bereichen variantenunabhängig.

Einen weiteren Lösungsansatz stellt die **Teilung der Montage in Rennerlinien und kleine parallele Arbeitssysteme** dar. Voraussetzung hierfür ist insbesondere, dass ein Teil des Montageprogramms in relativ hohen Stückzahlen mit einer niedrigen Schwankungsbreite nachgefragt wird. Für die Rennerlinie ergibt sich dann eine stetige Materialdisposition. Die Notwendigkeit von Taktänderungen und des Umrüstens ist relativ gering. Weitere Vorteile sind die hohe Auslastung der technischen Einrichtungen, die gute Überschaubarkeit des Fertigungsflusses sowie die Möglichkeit der Mechanisierung bzw. Automatisierung bei Vorrichtungen und Betriebsmitteln sowie bei den Verkettungseinrichtungen. Nachteilig können sich demgegenüber – je nach Gestaltung der Rennerlinie – die einseitige Belastung der Mitarbeiter, die geringe Flexibilität und das ungünstige Verhältnis von Haupt- und Nebenzeit auswirken (vgl. *Warnecke* 1983, S. 41).

7.1.3.2.2 Auswahl der Fertigungstechnologien unter logistischen Gesichtspunkten

Die Planung der Fertigungstechnologie gehört nicht zum unmittelbaren Aufgabenbereich der Logistik. Sie nimmt allerdings eine Beurteilung der vorgeschlagenen Fertigungstechnologien unter logistischen Kriterien vor und schlägt gegebenenfalls den

Einsatz anderer Fertigungsverfahren vor, um eine Optimierung logistischer Zielgrößen herbeizuführen. Dies soll am Beispiel **stufenarmer Fertigungsprozesse** verdeutlicht werden.

Ein wesentliches Hemmnis für den Übergang auf eine objektorientierte Organisationsform in der Teilefertigung stellt vielfach die hohe Anzahl der bei der Erstellung eines Produktes zu durchlaufenden Fertigungsstufen dar. Hinzukommt, dass die Mitarbeiter bei einem vielstufigen Fertigungsprozess häufig den Bezug zum Endprodukt völlig verlieren und sich deshalb mit ihrer Arbeitsaufgabe kaum identifizieren.

Einen wesentlichen Beitrag zur Erreichung der Ziele Minimierung des Koordinationsaufwands und kurze Durchlaufzeiten in der Fertigung kann der Übergang zu stufenarmen Fertigungsprozessen leisten. Um hierbei minimale Gesamtaufwendungen zu erzielen, sind bei der Planung der Fertigungsprozesse eines Produktes in ganzheitlicher Betrachtung alle Teilprozesse einzubeziehen, also beispielsweise Rohteilherstellung, Teilefertigung und Montage. Wesentliche Voraussetzungen für die Prozessstufenreduzierung können durch die Einbeziehung konstruktiver Änderungen an den Teilen geschaffen werden. Als grundsätzliche Vorgehensweisen zur Schaffung stufenarmer Fertigungsprozesse stehen zur Verfügung (vgl. *Lichtenberg* u. a. 1985, S. 53):

– Die Integration technologischer Arbeitsoperationen, bei der Arbeitsgänge bzw. Arbeitsvorgangsstufen mit dem Ziel zusammengefasst werden, sie weitgehend gleichzeitig auszuführen, ohne das Betriebsmittel zu ändern.
– Die Eliminierung von Prozessstufen, die den ersatzlosen Verzicht auf die Ausführung bestimmter Arbeitsoperationen zum Gegenstand hat.
– Die Substitution technologischer Arbeitsoperationen, die eine Änderung des angewandten Fertigungsverfahrens beinhaltet, um hierdurch eine Prozessstufenreduzierung herbeizuführen (vgl. Abb. 7-9).

In der Rohteilfertigung sind die wesentlichen Maßnahmen zur Gestaltung stufenarmer Fertigungsprozesse die geometrische Annäherung des Rohteils an das Fertigteil sowie die Einsparung von Prozessstufen. Eine stufenarme Teilefertigung kann herbeigeführt werden durch die Einsparung von Prozessstufen der mechanischen Bearbeitung, der Behandlung sowie vor- und nachbereitender Prozessstufen. Tendenziell ist die Verminderung der Zahl der Fertigungsprozessstufen wirkungsvoller als die Reduzierung der Zahl der Arbeitsvorgangsstufen.

Durch die Zusammenfassung mehrerer Produktionsstufen in einem einzigen Prozess wird insbesondere eine Entlastung von einem heterogenen Maschinenpark herbeigeführt. Die Konzentration des technischen Know-hows auf weniger Herstellvorgänge bedeutet eine deutliche Erhöhung des Vorbereitungsgrades (vgl. *Ellinger* 1963, S. 481 ff.). Die Verringerung der Anlagenvielfalt führt nicht nur zu einem Abbau der zeitlich-technischen Komplexität des Fertigungsprozesses, sondern auch zu einer Senkung des Gesamtaufwandes für Fabrikplanung, Konstruktion, Montage, Wartung, Arbeitsvorbereitung und Qualitätskontrolle (vgl. *Wuttke* 1985, S. 209).

Abb. 7-10 verdeutlicht den **Einfluss alternativer Fertigungsverfahren auf die Herstellkosten** anhand eines Zahlenbeispiels (vgl. *Eidenmüller* 1986b, S. 625). Das Verfahren, das unter logistischen Gesichtspunkten die günstigsten Voraussetzungen aufweist, hat nicht die niedrigsten Herstellkosten, falls diese nach dem üblichen Schema der Zuschlagskalkulation ermittelt werden. Hierbei bleiben dann aber unberücksichtigt

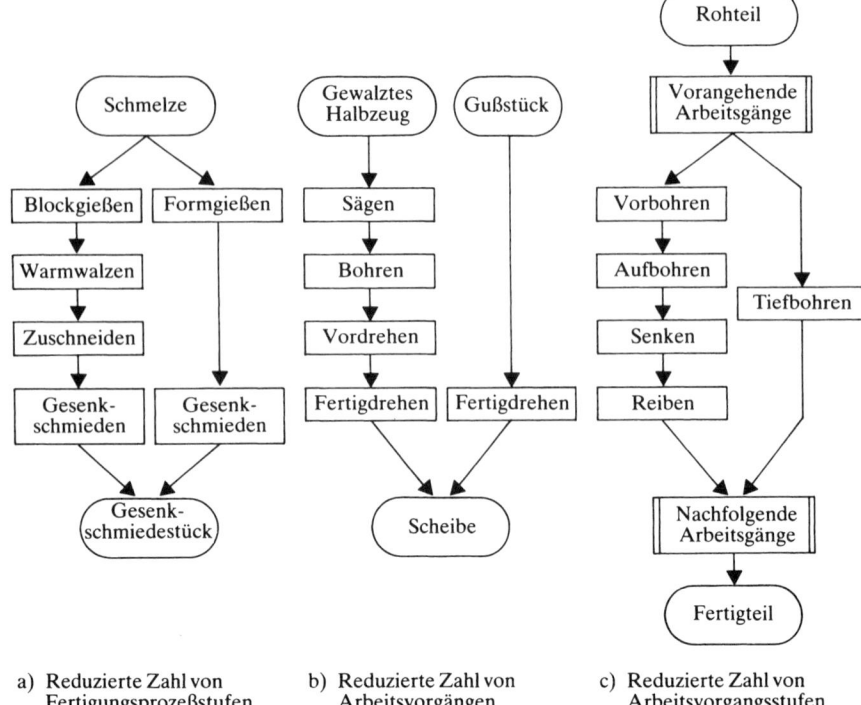

a) Reduzierte Zahl von   b) Reduzierte Zahl von   c) Reduzierte Zahl von
   Fertigungsprozeßstufen   Arbeitsvorgängen   Arbeitsvorgangsstufen

*Abb. 7-9: Exemplarische Gegenüberstellung konventioneller und stufenarmer
Fertigungsprozesse (Lichtenberg u. a. 1985, S. 53)*

- die Senkung von Gemeinkosten durch Verminderung der Anzahl der Teilepositionen, die – in Abhängigkeit von der Produktstruktur – zwischen 500 und 2000 Euro pro Jahr und Position betragen können,
- die Vereinfachung von Handling und Transport,
- die Reduzierung der Durchlaufzeit und die damit einhergehende Verbesserung der Lieferfähigkeit sowie
- die mögliche Produktivitätssteigerung.

7.1.3.3 Grobplanung

Bei einem komplexen Entscheidungsprozess wie der Layoutplanung sollte zur Sicherstellung eines wirtschaftlichen Planungsablaufs eine **stufenweise Verarbeitung** der gewonnenen Daten erfolgen (vgl. *Frey* 1975, S. 5). Zunächst sollte ein optimales Layout entworfen werden, das frei von Restriktionen die erfassten Anforderungen idealisiert erfüllt. Ein allein auf den funktionellen Erfordernissen des Produktionsprozesses basierendes Ideallayout bietet die Möglichkeit, die Unzulänglichkeiten einer realen Lösung zu erkennen und einen Entwurf kritisch zu beurteilen (vgl. *Schmidt* 1977, S. 82). Dieser Schritt wird als **Ideallayoutplanung** bezeichnet. Danach lässt sich die optimale Konzeption zu einem ausführungsreifen Layout weiterentwickeln, indem die Zuordnung der Betriebsmittel an die realen Gegebenheiten angepasst wird (vgl. *Sauter* 1977, S. 7). Entsprechend wird hierbei von einer **Reallayoutplanung** gesprochen.

Ein **materialflussgerechtes Layout** sollte folgenden Anforderungen genügen (vgl. *Adamowsky* 1973, Sp. 973):

- Die **Einheitlichkeit der Fließrichtung** muss weitestgehend gewährleistet sein.
- Die **Gesamttransportentfernung** in einem Layout muss **minimiert** sein.
- Die Betriebsmittel müssen so angeordnet sein, dass man durch Umstellungen das Layout möglichst **flexibel** sowohl an kurzfristige Variationen der Programme und Abläufe, als auch an die Erfordernisse des langfristigen Wachstums anpassen kann.

Als **Vorteile** einer **einheitlichen Fließrichtung** sind zu nennen: Die Möglichkeit der Verstetigung des Transports durch Einsatz fester Transportmittel, die Nutzung der Schwerkraft zum Transport, die Einführung einer rationelleren Transportorganisation, die Reduzierung des Leerfahrtenanteils durch geringere Rückflüsse und schließlich die Vereinfachung der Fertigungssteuerung (vgl. *Hanke* 1975, S. 190ff.). Aufgrund der sich dahinter verbergenden Kostenreduzierungspotentiale treten die beiden anderen Forderungen bei Kollision mit dem Fließprinzip zurück (vgl. *Adamowsky* 1973, Sp. 973).

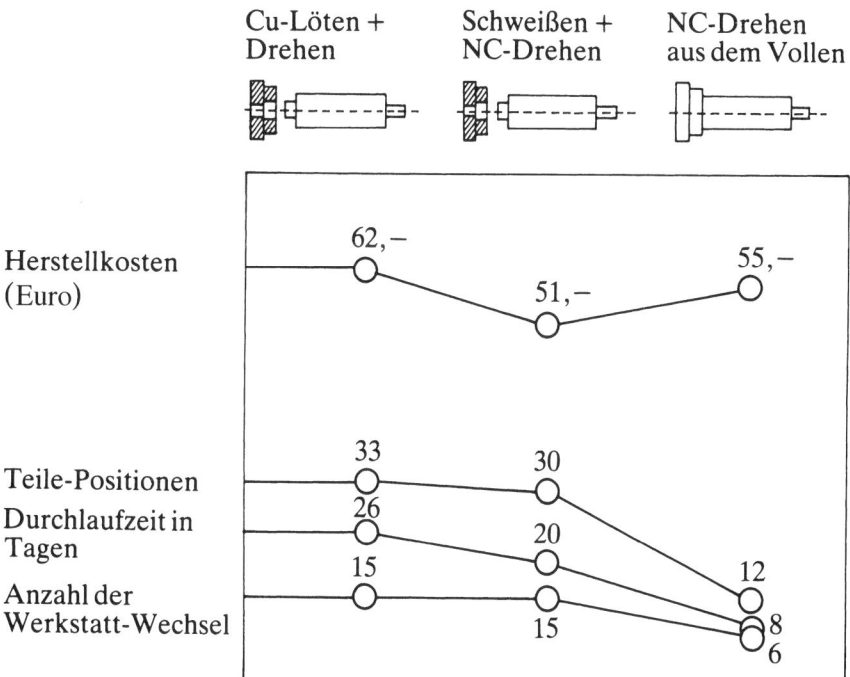

Abb. 7-10: Zusammenhang zwischen Fertigungstechnologien und Kenngrößen der Logistik (Eidenmüller 1986b, S. 625)

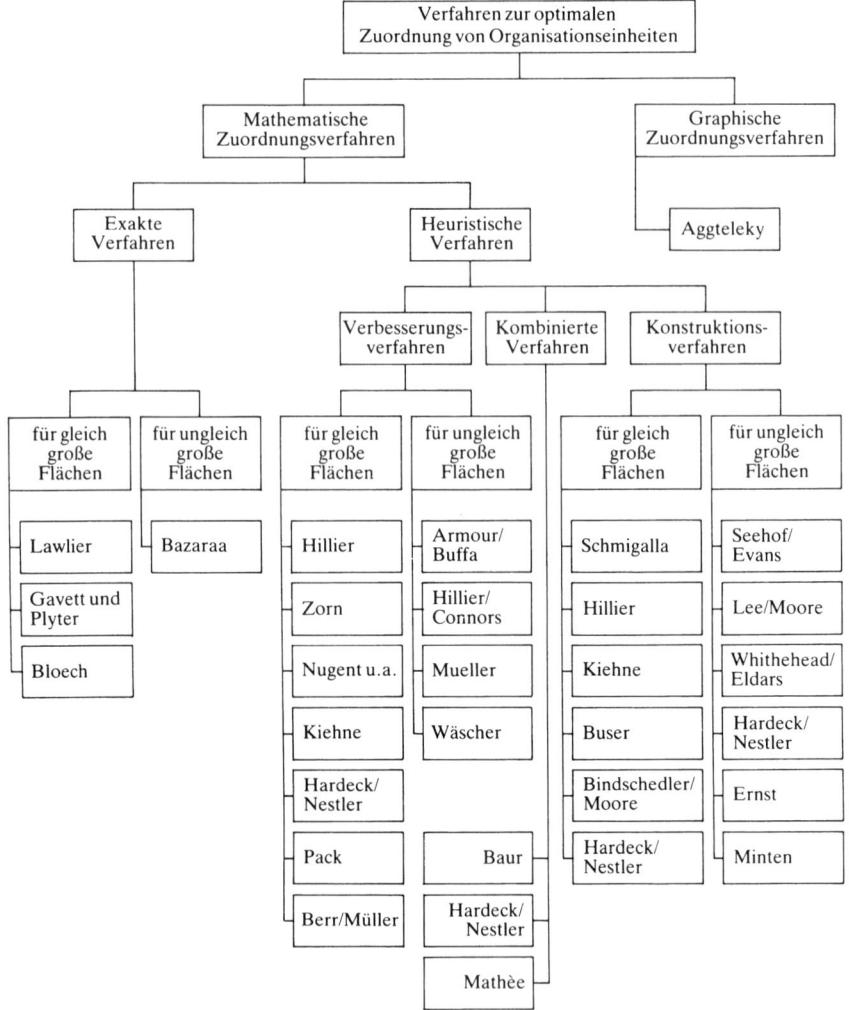

Abb. 7-11: Verfahren zur Ideal-Layoutplanung (Zäpfel 1989, S. 180)

Der Forderung nach einer **Transportentfernungsminimierung** liegt der Gedanke zugrunde, dass, neben der entfernungsbezogenen Transportkostenminimierung, durch eine räumliche Konzentration der Betriebsmittel Zwischenlagerungen und Transportvorgänge eingespart werden können.

Den Verfahren zur Ideallayoutplanung liegt der Ansatz zugrunde, **durch eine Minimierung der Transportleistung eine materialflussgerechte Anordnung der Betriebseinheiten zu erzielen** (vgl. *Mende* 1984, S. 322). Dies wird in folgender **Zielfunktion** ausgedrückt (*Baur* 1971, S. 24):

$$Z = \sum_{i=1}^{n} \sum_{j=1}^{n} (c_{ij} \cdot d_{ij}) \rightarrow \min$$

wobei c_{ij} die Anzahl der Transporte zwischen den Betriebsmitteln i und j in einer Zeiteinheit ist und d_{ij} die Wegstrecke zwischen i-tem und j-tem Betriebsmittel.

Abb. 7-11 zeigt eine Auswahl von Verfahren zur Ideal-Layoutplanung (*Zäpfel* 1989; ähnlich auch *Eidt* u.a. 1977). Die Verfahren werden umfassend in den Monografien von *Domschke/Drexl* (1984), *Wäscher* (1982), *Fandel/Reese* (1979), *Niedereichholz* (1979), *Francis/White* (1974), *Lüder* (1983) sowie *Bloech* (1970) dargestellt. In der Praxis werden primär die Näherungsverfahren eingesetzt, die sich in folgende Gruppen einteilen lassen (vgl. *Müller-Merbach* 1970; *Zäpfel* 1989, S. 181 f.):

- **Konstruktionsverfahren** (Eröffnungsverfahren)
  Hier erfolgt ein sukzessiver Aufbau des Layouts, so dass bei jedem Verfahrensschritt eine Organisationseinheit ausgewählt und angeordnet wird. Sobald alle Organisationseinheiten angeordnet sind, brechen die Konstruktionsverfahren ab. Ein wesentliches Unterscheidungsmerkmal der Verfahren liegt in der Reihenfolge, in der Organisationseinheiten in das Layout eingesetzt werden.
- **Verbesserungsverfahren**
  Ausgehend von einer gegebenen Ausgangslösung des Planungsproblems werden bei den Verbesserungsverfahren Organisationseinheiten so lange vertauscht, bis keine weitere Verbesserung des gewählten Zielkriteriums herbeigeführt werden kann.
- **Kombination** aus Konstruktions- und Verbesserungsverfahren
  Hier wird beispielsweise die Ausgangslösung mit Hilfe des Konstruktionsverfahrens ermittelt und anschließend durch ein Verbesserungsverfahren optimiert.

Bei der Anordnung von einzelnen Einheiten müssen die **Standortpräferenzen** beachtet werden, die sich aus ihren funktionalen Eigenschaften ergeben. So sind für Materialbereitstellungsläger Standorte am Beginn des Materialflusses besonders günstig (vgl. *Müller* 1981, S. 261), während Werkzeugläger zur Erzielung kurzer Wege möglichst nah bei den Maschinen und Anlagen angeordnet werden sollten (vgl. *Schumann* 1985, S. 149). Für Verwaltungsräume werden dagegen Standorte bevorzugt, von denen aus die Produktion gut zu übersehen ist (vgl. *Bremer* 1979, S. 91). Die Zentralanlagen der Ver- und Entsorgung sollten im Randbereich des Layouts untergebracht werden, da sie dort den Hauptmaterialfluss nicht behindern (vgl. *Aggteleky* 1981, S. 604). Gleiches gilt für die Anordnung der Sozialflächen.

Bei der **Integration von Reserveflächen** ist zu berücksichtigen, dass spätere Erweiterungen oder Umstellungen ohne größeren Änderungsaufwand im Layout möglich sein sollten. Dies ist dann gewährleistet, wenn:

- die Reserveflächen senkrecht zum Materialfluss angeordnet werden,
- die Anordnung erweiterungsverdächtiger Bereiche an Außenwänden in Erweiterungsrichtung erfolgt,
- bauliche und anlagetechnische Fixpunkte (Aufzüge, Anlagen mit aufwändigen Fundamenten) in Gebäudekernzonen gelegt werden, damit diese bei einer Erweiterung unverändert bleiben können.

Bei der Erstellung des Layouts ist zu beachten, dass eine sukzessive Anordnung der Betriebsmittel nicht möglich ist, da auf Grund gewünschter Nachbarschaften und der Transportbeziehungen Standortkonkurrenzen zwischen den Betriebsmitteln entstehen können, die sich nur in einem iterativen Anordnungsprozess auflösen lassen (vgl. *Hanke* 1975, S. 104). Als Planungshilfe sollte daher ein **Dreiecks- oder Vierecksraster** als Untergrund für die Anordnung benutzt werden. Dieses hat den Vorteil, dass bei auftretenden Standortkonkurrenzen anhand der Rasterkanten der Transportaufwand für alternative Standorte von Betriebsmitteln berechnet werden kann (vgl. *Schnabel* 1976, S. 58).

Die für die Erstellung von Ideallayouts notwendigen Angaben über die Anzahl der Transportvorgänge und der Betriebsmittelflächen sind in der Transportmatrix und im Raumprogramm enthalten. Sie lassen sich am günstigsten im Maßstab 1 : 50 darstellen (vgl. *Frey* 1975, S. 524).

Bei einer Erstellung von Gebäudelayouts müssen anschließend noch die Funktionsbereiche in Fließrichtung angeordnet werden.

Zuerst kann ohne Berücksichtigung der Grundflächen versucht werden, eine möglichst rückfluss- und kreuzungsfreie Anordnung der Funktionsbereiche zu finden, die auch als „ideales Funktionsschema" bezeichnet wird (vgl. *Podolsky* 1977, S. 23). Abbildung 7-12 zeigt das ideale Funktionsschema eines Maschinenbaubetriebs. Dieses Ideallayout ist aber noch sehr abstrakt und beinhaltet noch keinerlei Informationen

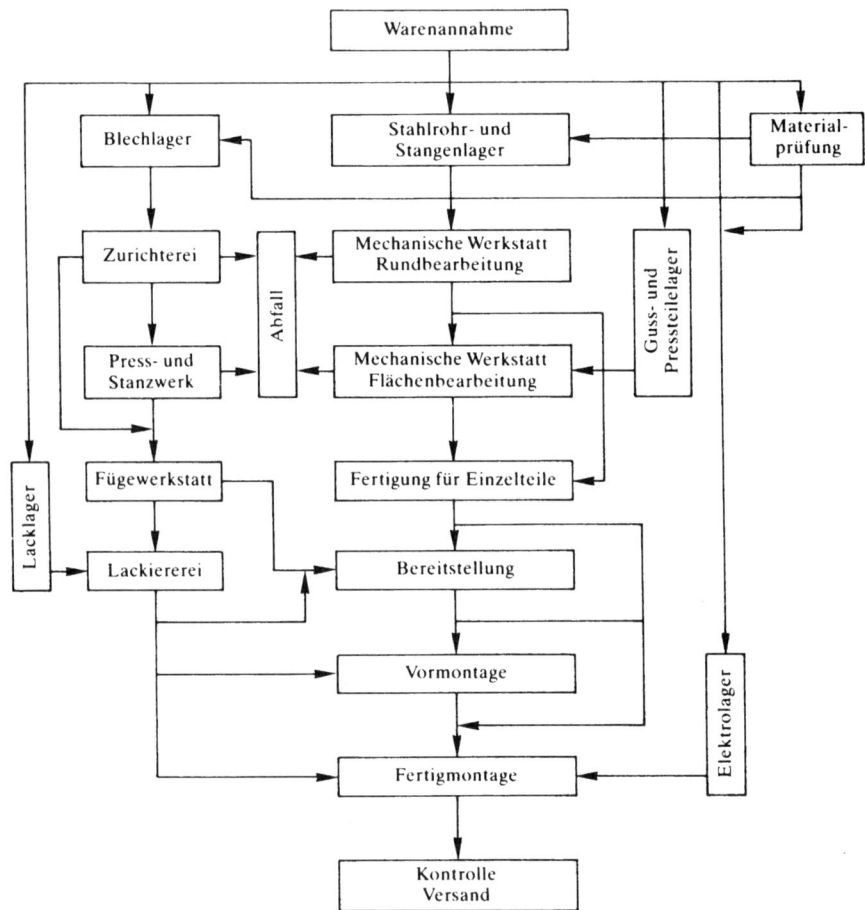

Abb. 7-12: Ideales Funktionsschema (Beispiel) (vgl. Frey 1975)

über die räumlichen Proportionen. Im zweiten Schritt werden daher die Flächen der Funktionsbereiche in das Funktionsschema eingefügt. Das Problem dabei ist, die Flächen so zu übertragen, dass die ermittelte ideale Struktur erhalten bleibt (vgl. *Wiendahl/Enghardt* 1986, S. 743). Zur Anordnung kann man sich der Hilfe von Schablonen bedienen (vgl. *Eversheim/Witte* 1977, S. 510). Abbildung 7-13 zeigt die flächenmäßige Erweiterung des idealen Funktionsschemas.

In der **Realplanung** muss der Idealplan in eine wirtschaftlich günstige Lösung, die alle Restriktionen erfüllt, überführt werden. Da bei jedem Planungsfall unterschiedliche Einflüsse eine Rolle spielen, lässt sich auch bei der Reallayoutplanung kein allgemeingültiger Lösungsalgorithmus entwickeln, so dass ein Reallayout wiederum nur durch schrittweises Probieren erstellt werden kann (vgl. *Eidt* u. a. 1977, S. 337).

Die **Gebäudestruktur** ist lediglich bei Neu- und Erweiterungsplanungen zu bestimmen, da umfangreichere Baumaßnahmen in bestehenden Gebäuden für eine Umstellung von Betriebsmitteln erfahrungsgemäß unwirtschaftlich sind (vgl. *Sauter* 1977, S. 52).

Im Rahmen der Gebäudestrukturplanung sollten unter Materialgesichtspunkten folgende **Ziele** beachtet werden:

- große ebenerdige Hallen, die einen gesamthaften Überblick ohne Zwischenwände erlauben,
- kurze, ebene Wege, die von Fördermitteln problemlos befahrbar sind,
- Möglichkeit für spätere Erweiterungen sowie
- Realisierung einheitlicher Standards für Gebäude und Technik.

Nachdem die Gebäudeform grob festgelegt ist, können Boden- und Deckentragfähigkeit, Raumhöhe, Stützenabstände, Beleuchtung und Klimatisierung an die Ansprüche des Ideallayouts angepasst werden. Die Auslegung dieser Merkmale sollte eine universelle Verwendung des Gebäudes zulassen, da die Lebensdauer von Gebäuden im Allgemeinen mehrere Produkt- und Maschinengenerationen umfasst. So erhöht eine großzügige Auslegung der **Boden- und Deckentragfähigkeit** die Flexibilität bei einer Umstellung von Betriebsmitteln oder einer Änderung der Produktion.

Dies gilt ebenso für die **Raumhöhe.** Diese wird bestimmt, indem die maximale Höhe der flurbezogenen Einrichtungen zu der Höhe von Krananlagen, Hängebahnen oder Installationseinrichtungen über Flur hinzugerechnet wird (vgl. *Rockstroh* 1982, S. 134 f.).

Bei der Festlegung der **Stützenabstände** ist zwischen einer flexibleren größeren und einer kostengünstigeren kleineren Stützeneinteilung abzuwägen (vgl. *Sauter* 1977, S. 30). Ferner hängt die Wahl der Stützenabstände von baustatischen Gesichtspunkten sowie von der verwendeten Fertigungs- und Materialflusstechnik ab (vgl. *VDI-Richtlinie* 2385, S. 3).

Bei der Planung der **Fensterflächen** sollte das Tageslicht von links auf die Einzelarbeitsplätze und längs der Hauptmaterialflussrichtung einfallen, um Schatten oder Blendungen zu vermeiden. Sind Sheddächer vorgesehen, so sind diese nach Norden auszurichten, um eine gleichmäßige Ausleuchtung und günstige Klimaverhältnisse zu erzielen (vgl. *Rockstroh* 1982, S. 142).

Für die Umstellungsplanung stellen diese Faktoren dagegen Restriktionen dar. So können extreme Ansprüche, wie z. B. an Raumhöhen, Überkranung oder Fundamentierung die Standorte bestimmter Funktionsbereiche von vornherein zwingend festle-

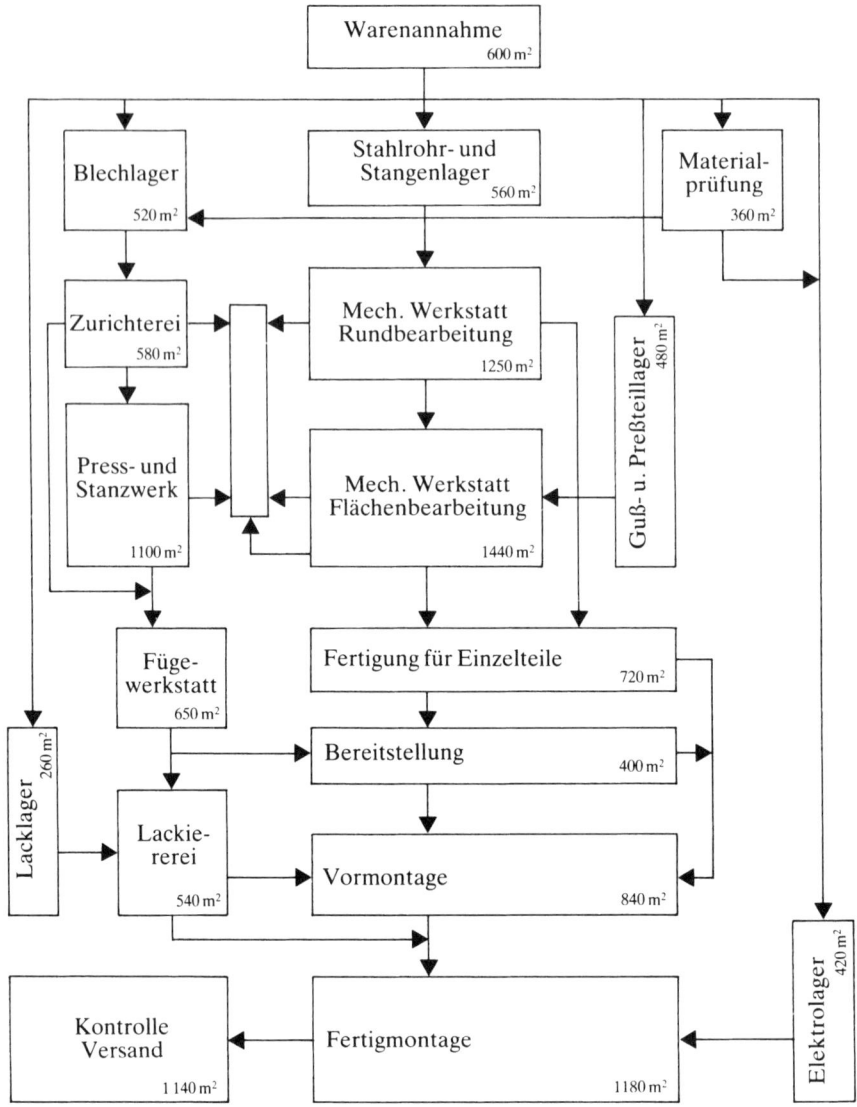

Abb. 7-13: Flächenmaßstäbliches ideales Funktionsschema (Beispiel)
(Kettner u. a. 1984, S. 102)

gen (vgl. *Wiendahl/Enghardt* 1985, S. 743). Bei der Erstellung des Groblayouts sollte
man zunächst versuchen, das Ideallayout unverändert in den Standortraum zu übertragen. Ist dies nicht möglich, muss das Ideallayout schrittweise an die Gegebenheiten
der Gebäudestruktur angepasst werden, wobei die ideale Zuordnung der Funktionsbereiche zueinander möglichst erhalten bleiben sollte (vgl. *Dolezalek/Warnecke* 1981,
S. 171 f.). Lässt sich eine eindeutige Anordnung nicht festlegen, kann eine entsprechende Anzahl von Varianten erstellt werden, um einen Eindruck von der Bedeutung
einzelner Einflussfaktoren zu erhalten.

7.1.3.4 Feinplanung

Sind die Funktionsflächen innerhalb eines Standortraums definiert, können die endgültige Betriebsmittelanordnung innerhalb der Funktionsbereiche geplant und die Schnittstellen für den Fertigungsfluss festgelegt werden. Dabei entsteht bisweilen das Problem, dass die im Groblayout entwickelte Gebäudestruktur ungünstig gewählt und die vorgesehenen Flächen für einzelne Funktionsbereiche zu knapp bemessen wurden. Unter Umständen kann dies eine Wiederholung der Groblayoutplanung erforderlich machen.

Um eine größere Übersichtlichkeit zu gewährleisten, werden als Detaillayoutpläne erstellt:

- Betriebsmittellayouts,
- Ver- und Entsorgungslayouts,
- Gebäudelayouts (vgl. *Kettner* u. a. 1984, S. 244).

Aufgabe des **Betriebsmittellayouts** ist die Darstellung der zukünftigen Betriebsmittelaufstellung in den einzelnen Funktionsbereichen (vgl. *Frey* 1975, S. 505). Zu ihrer Erstellung sollte für jedes Betriebsmittel geprüft werden, ob der ideale Standort im Ideallayout mit seinen Anforderungen an den in der Groblayoutplanung bestimmten Standortraum in Übereinstimmung zu bringen ist (vgl. *Rockstroh* 1982, S. 177). In diesem Zusammenhang spielen vor allem die zentralisierenden und dezentralisierenden Bedingungen eine entscheidende Rolle. So ist für jedes Betriebsmittel, das spezielle Ansprüche an bauliche oder technische Einrichtungen, wie Fundamente, Absauganlagen o. ä. stellt, zu überprüfen, ob eine gemeinsame Aufstellung mit Betriebsmitteln gleicher Anforderungen günstiger ist als eine partikuläre Lösung. Dabei ist zwischen den Kosteneinsparungen, die sich aus einer weniger aufwändigen Bauausführung oder einer gemeinsamen Nutzung von Aggregaten ergeben, und den Mehrkosten, die durch einen verschlechterten Materialfluss entstehen, abzuwägen (vgl. *Baur* 1972, S. 56).

Änderungen im Ideallayout sind auch dann vorzunehmen, wenn fertigungstechnische Erfordernisse oder gesetzliche Bestimmungen zum Schutz der Arbeitskräfte den Standort eines Betriebsmittels verbieten. Ferner üben organisatorische Überlegungen einen Einfluss auf die Anordnung der Betriebsmittel aus. Es kann z. B. sinnvoll sein, bei einer unübersichtlichen Raumform auf die materialflussgerechte Anordnung zu verzichten und gleichartige Maschinen zu einer Leitungseinheit (Einsteller-, Meisterbereich) zusammenzufassen (vgl. *Sauter* 1977, S. 63 f.). Nach erfolgter Betriebsmittelanordnung können anschließend Verkehrswege, Türen und Tore eingeplant und entsprechend den Vorschriften dimensioniert werden.

Existiert ein einheitlicher Fertigungsablauf mit wenigen, aber dafür intensiven Transportbeziehungen, so bietet sich eine tendenziell linienförmige Anordnung an, da hierdurch der Einsatz stationärer Transportmittel erleichtert wird und zu einem übersichtlichen Layout führt (vgl. *Schmigalla* 1968, S. 29). Bei einem uneinheitlichen Fertigungsablauf sollte dagegen eine gestreute Anordnung bevorzugt werden, um kurze Transportentfernungen und eine bessere Raumnutzung zu erhalten (vgl. *Eversheim/Witte* 1977, S. 509).

Unter Zuhilfenahme der im Raumprogramm enthaltenen Ansprüche der Betriebsmittel an die Infrastruktur kann ein **Ver- und Entsorgungslayout** entworfen werden (vgl.

Aggteleky 1981, S. 580). Der Vorteil der getrennten Darstellung der Leitungsnetze ist eine Vereinfachung der Planung bei der Zusammenfassung und Verlegung der Infrastruktureinrichtungen im Gebäude (vgl. *Frey* 1975, S. 505).

Bei Neu- und Erweiterungsplanungen wird zusätzlich ein **Gebäudelayout** erstellt, das als Grundlage für die Bauplanung und als Eingabedokument für die behördlichen Baugenehmigungsverfahren dient.

Den Abschluss des Fabrikplanungsprozesses bildet die Bewertung der Feinlayoutvarianten. Für die Beurteilung eines Layouts anhand quantifizierbarer Zielgrößen lassen sich die in Abschnitt 7.1.1 angegebenen Transport-, Standortwechsel-, Raum- und Zwischenlagerungskosten heranziehen.

Die nicht quantifizierbaren Bewertungskriterien sind in ihrer Bedeutung zu gewichten und mit Punkten zu bewerten. Durch die Multiplikation dieser beiden Werte und anschließende Addition dieser Zwischenergebnisse erhält man einen Gesamtpunktwert. Durch die abschließende Gegenüberstellung der Gesamtkosten und des Gesamtpunktwertes erhält man für jede Layoutvariante ein Kosten-Punkt-Verhältnis, anhand dessen durch individuelle Gewichtung eine Alternative ausgewählt werden kann (vgl. *Loos* 1976, S. 55).

7.2 Planung und Steuerung der Produktion

Die Planungs- und Dispositionsaktivitäten in der logistischen Kette erfolgen in den meisten Unternehmen im Rahmen von IT-gestützten Produktionsplanungs- und -steuerungssystemen (PPS-Systemen). Es folgt zunächst eine Behandlung der Funktionen der Produktionsplanung und -steuerung. Daran schließt sich eine Behandlung und Beurteilung der verfügbaren PPS-Konzepte an. Hierbei zeigt sich, dass die einzelnen Konzepte die PPS-Funktionen jeweils nur teilweise abzudecken vermögen und deshalb ein auf den Einzelfall abgestimmter Methodenmix zur optimalen Erfüllung der PPS-Funktionen erforderlich ist. Abschließend wird auf die Frage eingegangen, welche Rolle PPS-Systeme bei der Einführung von CIM(Computer Integrated Manufacturing)-Systemen spielen.

7.2.1 Funktionen der Produktionsplanung und -steuerung (PPS)

7.2.1.1 Einzelfunktionen und Ziele der PPS im Überblick

Im Rahmen der Produktionsplanung und -steuerung sind folgende Funktionen abzudecken (vgl. Abb. 7-14):

- **Produktionsplanung** mit
  - Produktionsprogrammplanung (Festlegung der zu produzierenden Enderzeugnisse nach Art, Menge und Termin),
  - Mengenplanung (Festlegung der zu fertigenden Teile und Baugruppen sowie der zu beschaffenden Materialien),

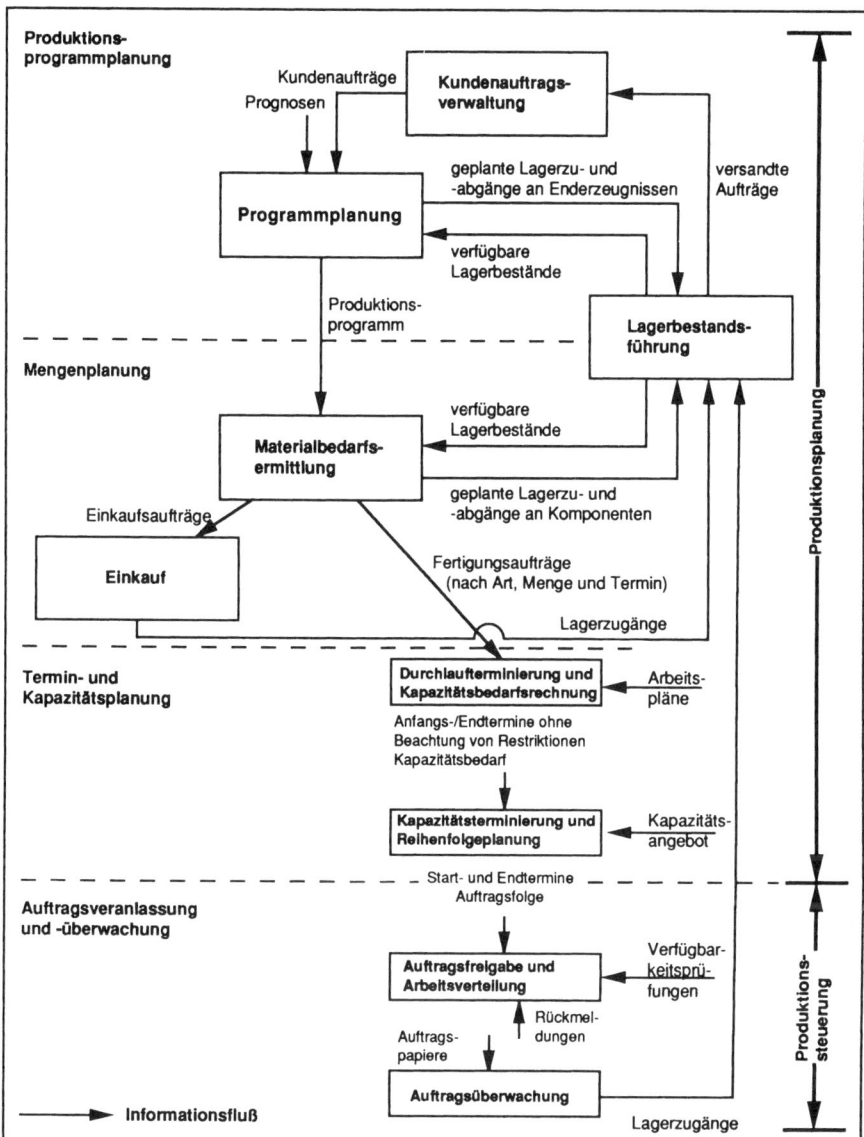

Abb. 7-14: Funktionen der Produktionsplanung und -steuerung
(vgl. Zäpfel/Missbauer 1988, S. 75)

– Termin- und Kapazitätsplanung (Bestimmung der Start- und Endtermine für die Arbeitsvorgänge)
- **Produktionssteuerung** mit
  – Auftragsveranlassung (Freigabe von Aufträgen zur Fertigung auf Grund ihrer geplanten Fertigstellungstermine nach einer Verfügbarkeitsprüfung der benötigten Materialien, Baugruppen und Werkzeuge),
  – Auftragsüberwachung.

Als übergreifende Grundfunktion ist die **Datenverwaltung** allen PPS-Teilgebieten zugeordnet.

Als **Ziele,** die mit dem Einsatz von PPS-Systemen verfolgt werden, sind insbesondere zu nennen (vgl. *Brankamp* 1977, *Ellinger/Wildemann* 1978, *Hammer* u. a. 1979):

- hohe Termintreue,
- hohe und gleichmäßige Kapazitätsauslastung,
- kurze Durchlaufzeit,
- niedrige Lagerbestände,
- niedrige Werkstattbestände,
- hohe Lieferbereitschaft,
- hohe Auskunftsbereitschaft,
- hohe Flexibilität,
- geringe Beschaffungskosten,
- hohe Materialverfügbarkeit,
- Erhöhung der Planungssicherheit.

7.2.1.2 Produktionsprogrammplanung

Ausgangspunkt für jede Planung des Produktionsablaufes und somit Grundlage für alle weiteren Planungsschritte bildet die Produktionsprogrammplanung, die in enger Abstimmung mit dem Vertrieb zu erfolgen hat. Hierbei gilt es, mögliche Konflikte zwischen den Wünschen des Vertriebs (z. B. kurze Lieferzeiten bei hoher Liefertreue) und den Zielen der Produktion (z. B. hohe, stetige Kapazitätsauslastung) so zu lösen, dass ein unternehmensbezogenes Gesamtoptimum entsteht. Von der Planungsqualität des Produktionsprogrammes wird in hohem Maße die Effizienz des gesamten PPS-Systems sowie insbesondere auch der logistische Aufwand in der Produktionssteuerung beeinflusst.

Im Rahmen der Produktionsprogrammplanung werden die **zu erstellenden Erzeugnisse nach Art, Menge und Termin** festgelegt. Hierbei handelt es sich um den **Primärbedarf,** der den voraussichtlichen Bedarf des Marktes an Enderzeugnissen und Ersatzteilen beinhaltet. Der im Produktionsprogramm zu bestimmende Primärbedarf kann sich aus bereits erteilten und prognostizierten Aufträgen zusammensetzen. Erteilte Aufträge können sowohl Kundenaufträge als auch interne Entwicklungsaufträge (bei neuen Produktentwicklungen) umfassen (vgl. *Hackstein* 1984, S. 89). Die Prognose künftiger Auftragseingänge basiert auf folgenden Elementen, die miteinander verknüpft und gegeneinander abgewogen werden sollten (vgl. *Müller* 1986, S. 94 f.):

- Einschätzungen des Vertriebes über das in den einzelnen Absatzregionen erwartete Verhalten bekannter und potenzieller Kunden sowie die Wahrscheinlichkeit der Auftragserteilung. Hierbei sind insbesondere vorliegende Kundenanfragen zu berücksichtigen.
- Analysen von Marktreaktionen auf Vertriebsmaßnahmen (z. B. Werbung, Preisveränderungen) in ausgewählten Testmärkten. Hieraus lassen sich Veränderungen des zu erwartenden Auftragseingangs durch gezielte Marketinganstrengungen prognostizieren.
- Extrapolation der Vergangenheit durch mathematische Prognoseverfahren. Die in der Praxis angewandten Prognoseverfahren gehen in der Regel von der Annahme

aus, dass sich die zu planende Zukunft wie die Vergangenheit verhält. Derartige **Prognoseverfahren** sind beispielsweise die einfache, gleitende und gewogene gleitende Mittelwertbildung, die exponentielle Glättung 1. und 2. Ordnung sowie Regressionen. Diese Prognoseverfahren werden im Einzelnen in Abschnitt 7.2.1.3.1.2 vorgestellt. Der **Prognosezeitraum** und damit auch die Planungsgenauigkeit hängen im Wesentlichen vom Verhältnis der Durchlaufzeit zur geforderten Lieferzeit ab. Ist die Durchlaufzeit kürzer als die geforderte Lieferzeit, kann direkt nach Kundenwunsch gefertigt werden; ist sie länger, ist eine Prognose erforderlich.

Entscheidend für Planungsaufwand und -qualität ist auch die **Auswahl geeigneter Planpositionen.** Durch die Zusammenfassung von Endprodukten, Varianten, Leistungsmerkmalen oder Sachnummern ist eine Struktur zu schaffen, die

- vom Umfang der Positionen überschaubar bleibt,
- vom Vertrieb bezüglich des Marktverhaltens eingeschätzt werden kann und
- bereits in der Mittel- und Langfristplanung für die Disposition aufgelöst werden kann (vgl. *Müller* 1986, S. 94).

Die unzureichende Qualität von Marktprognosen ist oftmals darauf zurückzuführen, dass versucht wird, für einzelne Endproduktvarianten die voraussichtliche Absatzmenge anzugeben. In der Folge weichen die Zahlen für den tatsächlichen Bedarf auf den unteren Dispositionsebenen von den prognostizierten Werten ab. Demgegenüber werden die Planwerte für das **gesamte** Absatzprogramm (über alle Varianten) häufig erfüllt. Es hat sich deshalb bewährt, in einem ersten Schritt das Absatzvolumen für eine überschaubare Anzahl von Produktgruppen zu planen und erst in einem zweiten Schritt die Prognosen auf der Ebene einzelner Sachnummern vorzunehmen (vgl. *Schulte* 1989c, S. 65).

Bei einem Kosmetikhersteller ging man zur Verbesserung der Planungsqualität dazu über, das Produktangebot für bevorstehende Verkaufskampagnen jeweils einer begrenzten Zahl von Kundenberaterinnen vorab an die Hand zu geben. Die in diesen repräsentativen Absatzgebieten erzielten Umsätze werden anschließend auf den Gesamtmarkt extrapoliert. Allein durch diese Maßnahme ließ sich erreichen, dass die Plan-Ist-Abweichung nur mehr +/– zehn Prozent beträgt.

Um ein **optimales Produktionsprogramm** zu erarbeiten, sind auf der Basis der Vertriebsprognosen Alternativrechnungen durchzuführen und so Planentscheidungen zu simulieren. Hierbei geht es zum einen um die grundlegende Frage der Machbarkeit aus Produktions- und Beschaffungssicht und zum anderen um den Ergebnisbeitrag (z.B. erreichbare Deckungsbeiträge) unterschiedlicher Produktionsprogramme. Im Verlauf des Optimierungsprozesses sind im Sinne einer **revolvierenden Planung** zwischen Vertrieb und Produktion mehrere Planungsrunden zu durchlaufen. Dies wird an folgendem Beispiel deutlich (vgl. Abb. 7-15), bei dem der Planungshorizont zwei Jahre beträgt (vgl. hierzu *Müller* 1986, S. 95f.).

Ausgangspunkt der Planung sind die Wünsche des Vertriebs, der von der Produktion über acht Quartale jeweils bestimmte Liefermengen fordert. Um die hieraus resultierende Kapazitätsbelastung beurteilen zu können, wird die Gesamtmenge zunächst stochastisch auf die Ebene der verkaufsfähigen Geräte aufgelöst (1). Mit einem weiteren Programmmodul wird ermittelt, welcher Kapazitäts- und Beschaffungsbedarf sich auf Grund des Gerätebedarfs ergibt (2). Es sei nun unterstellt, dass die Produktion zeitliche

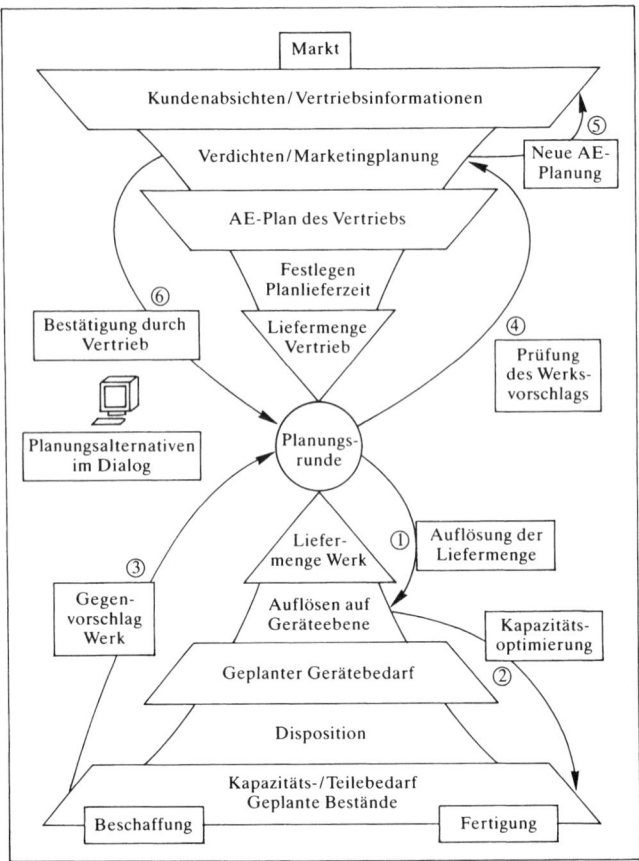

Abb. 7-15: Revolvierende Planung des Produktionsprogramms (vgl. Müller 1986, S. 104)

Verschiebungen des Produktionsprogrammes für erforderlich hält, um ihre Effizienz zu erhöhen. Sie teilt deshalb dem Vertrieb einen neuen Vorschlag mit (3). Der Vertrieb hat nun zu prüfen, ob und wo er diese Änderungen ohne Umsatzeinbußen durchsetzen kann (4). Um dies gezielt prüfen zu können, löst er seine Planung auf die Kundenebene auf (5). Falls dies nicht möglich ist, müssen weitere Abstimmungen zwischen Vertrieb und Produktion stattfinden, ansonsten bestätigt der Vertrieb den Vorschlag der Produktion (6). Dieser Abstimmungsprozess findet quartalsweise revolvierend statt, um eine hohe Aktualität der Planung sicherzustellen. Bei kurzfristig auftretenden Bedarfsänderungen muss der Planungszyklus häufiger angestoßen werden.

Auf der Basis der zwischen Produktion und Vertrieb verabschiedeten Planmengen erfolgen dann die im Folgenden dargestellten Aktivitäten der Produktionsplanung und -steuerung. Hierbei ist zu beachten, dass zur Minimierung des Absatzrisikos und der Kapitalbindung die **tatsächliche Disposition so spät wie möglich** erfolgen sollte, d.h. wenn möglich nur **auf Grund echter Auftragseingänge** und nicht auf Grund von Planzahlen. Die Endmontage sollte beispielsweise erst dann angestoßen werden, wenn ein echter Kundenauftrag vorliegt. Natürlich wird es dennoch stets Produkte geben, bei denen die erforderliche Lieferzeit niedriger ist als die Durchlaufzeit und deshalb eine Bevorratung erfolgen muss (vgl. *Müller* 1986, S. 92). Es ist deshalb in der Praxis meist so, dass bis zu einer definierten Ebene der Fertigung auf Vorrat produziert bzw. beschafft wird, während oberhalb der Bevorratungsebene kundenauftragsbezogen beschafft und gefertigt wird (vgl. Abb. 7-16).

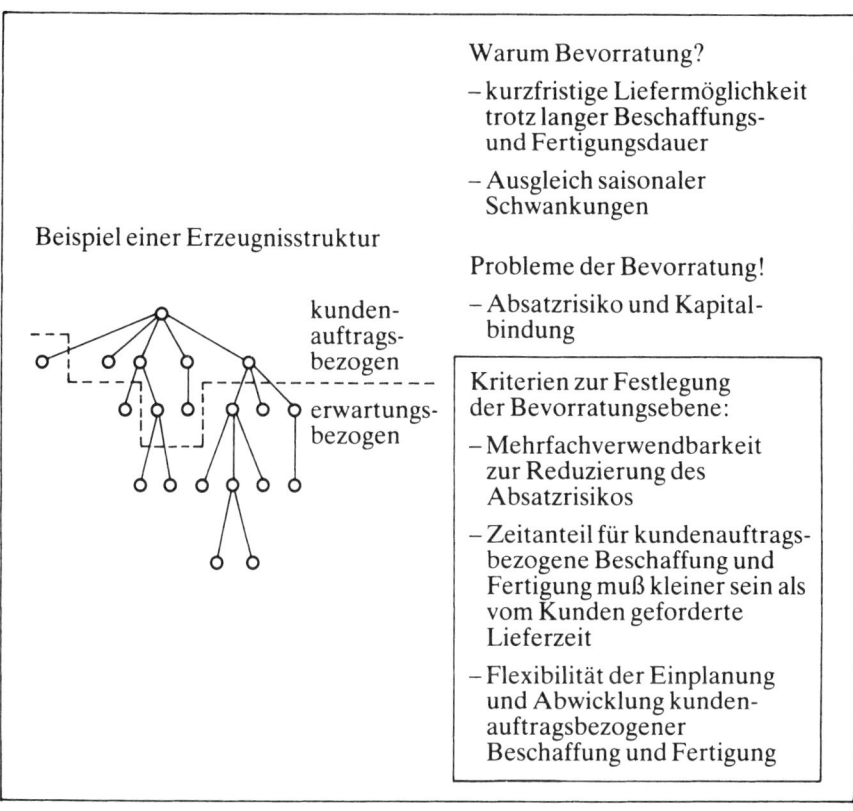

Abb. 7-16: Festlegung der Bevorratungsebene (Zimmermann 1979, S. 83)

Zusammenfassend sind zur Sicherstellung einer effektiven und effizienten Produktionsprogrammplanung folgende vier Stellschrauben sorgfältig festzulegen (vgl. Abb. 7-17):

– Datenmanagement und -segmentierung
– Prognosemethode
– Prognoseteam
– Aggregationsgrad.

7.2.1.3 Mengenplanung

Die Mengenplanung umfasst zum einen die Ermittlung des Brutto- und Netto-Materialbedarfs sowie zum anderen die Beschaffungsmengenplanung.

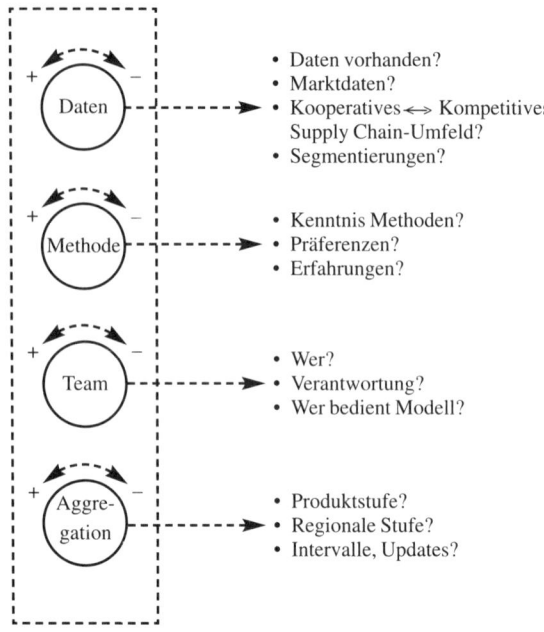

Abb. 7-17: Stellschrauben des Prognostizierens (Boutellier/Schneckenburger 2000, S. 75)

7.2.1.3.1 Ermittlung des Brutto-Materialbedarfs

Im Rahmen der Bedarfsermittlung wird festgestellt, welche Materialarten in welchen Mengen während des Planungszeitraums im Unternehmen benötigt werden. Es lassen sich mehrere Bedarfsarten unterscheiden. Während als **Primärbedarf** der voraussichtliche Bedarf an Enderzeugnissen und Ersatzteilen bezeichnet wird, stellen alle Rohstoffe, Einzelteile und Baugruppen, die zur Erzeugung des Primärbedarfs benötigt werden, den **Sekundärbedarf** dar. Der **Tertiärbedarf** beinhaltet den Bedarf an Hilfs- und Betriebsstoffen. Je nachdem, ob Lagerbestände bei der Bedarfsermittlung berücksichtigt werden oder nicht, spricht man von **Bruttobedarf** (= periodenbezogener Primär-, Sekundär- oder Tertiärbedarf) bzw. von **Nettobedarf** (= Bruttobedarf abzüglich verfügbarem Lagerbestand). Abb. 7-18 enthält die genannten Materialbedarfsarten noch einmal im Überblick.

Grundaufgabe der Brutto-Bedarfsermittlung ist es, aus dem Primärbedarf den Sekundär- und Tertiärbedarf abzuleiten. Für die Bedarfsermittlung kommen drei unterschiedliche Ansätze zur Anwendung: die programmorientierte, die stochastische und die subjektive Bedarfsermittlung (vgl. *Hartmann* 1983, S. 170) (vgl. Abb. 7-19).

7.2.1.3.1.1 Programmgebundene Verfahren

Bei der programmorientierten Bedarfsermittlung handelt es sich um die **exakte Bestimmung des Materialbedarfs nach Menge und Termin.** Sie dient in erster Linie der Ermittlung des Sekundärbedarfs bei bekanntem Primärbedarf. Es kommen zwei

Verfahren zur Anwendung, nämlich die analytische und die synthetische Bedarfsermittlung. Grundlage der **analytischen Bedarfsermittlung** sind vorliegende Kundenaufträge und/oder ein geplantes Absatz- bzw. Produktionsprogramm sowie Stücklisten. Bei der **synthetischen Bedarfsermittlung** kommen anstelle der Stücklisten Teileverwendungsnachweise zum Einsatz.

7.2.1.3.1.1.1 Analytische Bedarfsermittlung auf der Basis von Stücklisten

Die Stückliste ist ein Verzeichnis aller Rohstoffe, Teile und Baugruppen, die für die Fertigung einer Einheit eines Erzeugnisses erforderlich sind. In Abhängigkeit vom **Aufbau** unterscheidet man

– Mengenübersichtsstücklisten,
– Strukturstücklisten und
– Sonderformen.

Die **Darstellung** von Stücklisten erfolgt **tabellarisch** (in der Praxis am gebräuchlichsten), **grafisch** in Form eines Strukturbaumes oder in **Matrizenform.** Ergänzend sei darauf verwiesen, dass die Produktzusammensetzung in Betrieben der chemischen Industrie durch **Rezepte** angegeben wird.

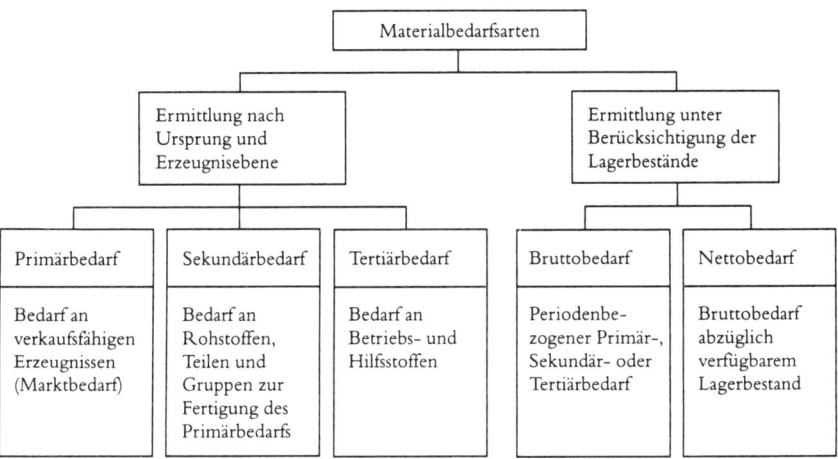

Abb. 7-18: Materialbedarfsarten

Die **Mengenübersichtsstückliste** ist die einfachste Form der Stücklistendarstellung. Sie enthält alle Materialien, die ins Erzeugnis eingehen, wobei die Mengenangaben über alle Fertigungsstufen aggregiert werden (vgl. Abb. 7-20). Nachteil der Mengenübersichtsstückliste ist die **fehlende Struktur,** d.h. es ist nicht ersichtlich, wie die einzelnen Erzeugniskomponenten in das Enderzeugnis eingehen. Sie eignet sich deswegen vor allem bei einstufiger Fertigung.

Strukturstücklisten enthalten hingegen die für ein Erzeugnis benötigten Materialien in strukturierter Anordnung und verdeutlichen somit die Zusammensetzung des Er-

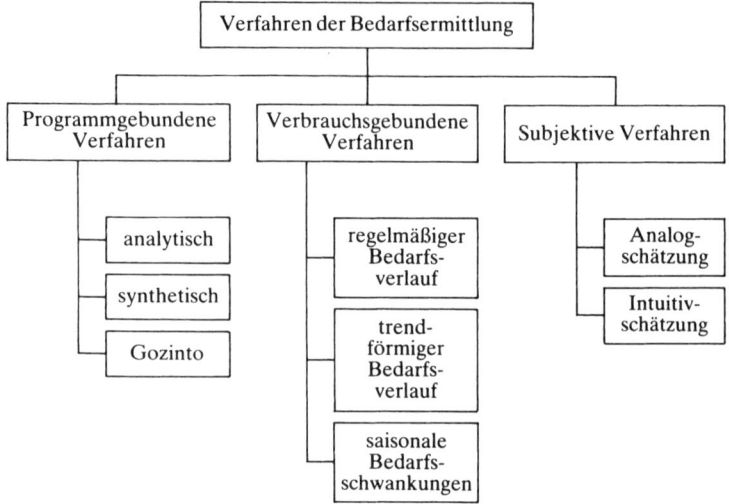

Abb. 7-19: Verfahren der Bedarfsermittlung

zeugnisses. Strukturstücklisten können als Fertigungsstufen-, Dispositionsstufen- und Baukastenstücklisten aufgebaut sein. Die **Fertigungsstufenstückliste** zeigt die Zusammensetzung eines Erzeugnisses aus allen seinen Rohstoffen, Teilen und Baugruppen über sämtliche Fertigungsstufen (vgl. Abb. 7-21). Der Aufbau der Stückliste entspricht dem fertigungstechnischen Ablauf des betrachteten Erzeugnisses. Falls ein Teil auf mehreren Fertigungsstufen vorkommt, geht bei vielstufiger Fertigung die Übersichtlichkeit schnell verloren. Auch ist der Änderungsdienst bei Mehrfachverwendungsteilen aufwändig.

Ein weiterer Nachteil der Stücklistenauflösung nach Fertigungsstufen liegt in der mehrfachen Bedarfsermittlung für dieselbe Materialart auf unterschiedlichen Fertigungsstufen. Durch eine Auflösung nach Dispositionsstufen kann dies vermieden werden. Bei der **Dispositionsstufenstückliste** wird jedes Teil auf der Stufe und nur dort aufgeführt, wo es erstmalig auftritt (vgl. Abb. 7-22). Diese Stufe wird als Dispositionsstufe bezeichnet. Ein Vorteil der Darstellung der Erzeugnisstruktur nach Dispositionsstufen liegt in der Möglichkeit, im Rahmen der Netto-Bedarfsermittlung den Bedarf auf einer Stufe zwecks Losgrößenbildung zusammenzufassen. Dadurch, dass ein Teil der benötigten Materialien vor dem eigentlichen Bedarfszeitpunkt produziert wird, erhöhen sich allerdings die Kapitalbindungskosten.

X	
Bezeichnung	Menge
A	2
B	5
a	25
b	15
c	9

Abb. 7-20: Mengenübersichtsstückliste

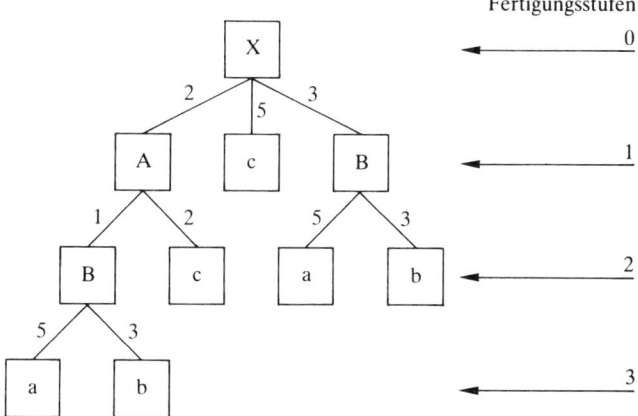

Abb. 7-21: Fertigungsstufenstückliste

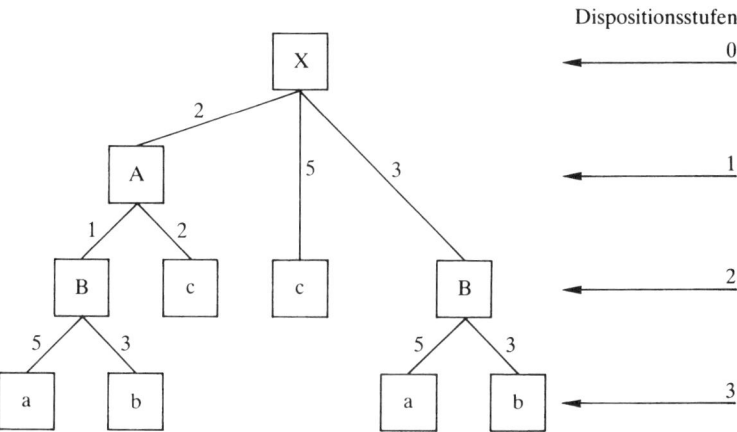

Abb. 7-22: Stückliste nach Dispositionsstufen

Die **Baukastenstückliste** ist eine **einstufige Stückliste,** d.h. sie enthält nur die Rohstoffe, Teile und Baugruppen, die direkt in eine übergeordnete Baugruppe eingehen. Bei mehrstufiger Fertigungsstruktur zerfällt ein Erzeugnisaufbau also in mehrere einstufige Stücklisten. Der gesamte Erzeugnisaufbau lässt sich nur erkennen, wenn alle Baukastenstücklisten eines Erzeugnisses zusammengefügt werden (Abb. 7-23). Vorteilhaft ist, dass es bei Mehrfachverwendung einer Baugruppe nur eine Stückliste im Stücklistenbestand gibt, mit der Konsequenz einer wesentlichen Verringerung des Speicherplatzbedarfs und des Änderungsaufwands (vgl. *Grochla* 1978, S. 45).

Sonderformen stellen die **Variantenstücklisten** dar. Man unterscheidet zwischen

- **Mussvarianten,** bei denen das betreffende Teil zwar vorhanden sein muss, aber veränderbar ist (z.B. Motor bei einem Auto).
- **Kannvarianten,** bei denen auf das betreffende Teil verzichtet werden kann, ohne dass die Funktionsfähigkeit leidet (z.B. Schiebedach).

– **Dispositionsvarianten** beinhalten Teile oder Baugruppen mit gleicher Funktion, die aber auf Grund unterschiedlicher Bezugsquellen, Preise etc. für das Unternehmen von unterschiedlicher Art sind. Es handelt sich um Mussvarianten.

Um zu vermeiden, dass bereits bei einer einzigen Positionsänderung eine getrennte Stückliste erforderlich wird, und um den Speicher- und Änderungsaufwand niedrig zu halten, werden Variantenstücklisten eingesetzt. Zur Anwendung gelangen

– **Gleichteilestücklisten** mit Planvarianten und

– **Plus-Minus-Stücklisten,** die neben dem kompletten Grundtyp in der Variantenstückliste Zusatz- und Entfallteile gegenüber dem Grundtyp enthalten.

Bei Zugrundelegung der Mengenübersichtsstückliste (vgl. Abb. 7-20) wird der Bruttobedarf der Baugruppen und Einzelteile in den einzelnen Perioden ermittelt, indem die Mengenangaben der Mengenübersichtsstückliste mit den Periodenwerten des Primärbedarfs multipliziert werden (vgl. *Grochla* 1978, S. 49). Bei einem Periodenbedarf für das Endprodukt X in Höhe von 10 Einheiten ergibt sich der in Abb. 7-24 ermittelte Sekundärbedarf.

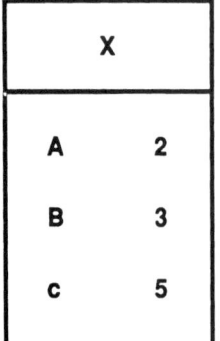 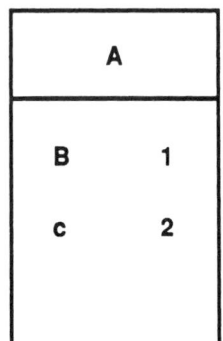 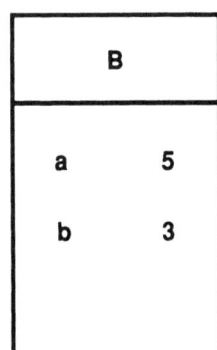

Abb. 7-23: Baukastenstückliste

Mengenübersichts-stückliste		x Primärbedarf	= Sekundär-bedarf aus X
A	2	x 10	20
B	5	x 10	50
a	25	x 10	250
b	15	x 10	150
c	9	x 10	90

Abb. 7-24: Ermittlung des Sekundärbedarfs auf der Basis einer Mengenübersichtsstückliste

Die Mengenübersichtsstückliste als das einfachste Modell für den Zusammenhang zwischen den Produktionsdaten und dem Materialbedarf berücksichtigt nicht die **Zeitkomponente** (vgl. *Franken* 1984, S. 128). Der Bedarf für die einzelnen Materialien entsteht jedoch in der Regel vor der Periode, in der das Endprodukt fertigzustellen ist.

Es müssen deshalb neben den Mengen auch die Termine, zu denen das Material zur Verfügung stehen muss, festgelegt werden. Hierbei gelten folgende Zusammenhänge (vgl. *Trux* 1972, S. 21 f.):

1. Der Sekundärbedarf für das Material einer Fertigungsstufe ist jeweils um die Durchlaufzeit der nachfolgenden Fertigungsstufen zeitlich gegenüber dem Primärbedarf vorgeschoben. Diese zeitliche Verschiebung wird als **Vorlaufzeit des Sekundärbedarfs** bezeichnet, d. h. ein untergeordnetes Teil muss um die Vorlaufzeit früher gefertigt bzw. bestellt werden als die übergeordnete Baugruppe.
2. Zur Deckung des Sekundärbedarfs zum Bedarfstermin ist die Beschaffungszeit des Materials zu berücksichtigen, weshalb die Disposition um diesen Zeitraum früher erfolgen muss. Diese zeitliche Verschiebung wird auch **Vorlaufzeit der Disposition** genannt.
3. Weitere Zeitkomponenten sind der Zeitbedarf, den die Bedarfsermittlung selbst benötigt und der Zeitzyklus, mit dem die Ermittlung erfolgt.

Sobald eine **Vorlaufverschiebung** bei den einzelnen Baugruppen und Einzelteilen gegenüber den höheren Fertigungsstufen vorzunehmen ist, muss die Auflösung des Bruttobedarfs nach Fertigungs- oder Dispositionsstufen erfolgen. In den folgenden Beispielen wird jeweils unterstellt, dass für die Fertigung auf einer Stufe genau eine Planperiode benötigt wird.

Bei der **analytischen Bedarfsermittlung nach Fertigungsstufen** wird das Erzeugnis beginnend von der höchsten Fertigungsstufe (0) schrittweise in seine Baugruppen und Einzelteile zerlegt. „Den Bruttobedarf eines auf Fertigungsstufe n+1 auftretenden Teiles erhält man durch Multiplikation des Bruttobedarfs der auf Fertigungsstufe n vorkommenden übergeordneten Baugruppe, in welche dieses Teil direkt eingeht, mit der entsprechenden Mengenangabe in der Stückliste" (*Grochla* 1978, S. 49). Bei dem in Abb. 7-25 gezeigten Beispiel wird die Fertigungsstufenliste in Abb. 7-21 und für das Erzeugnis X folgender Periodenbedarf zugrundegelegt:

Periode 7 : 10 Einheiten; Periode 8 : 10 Einheiten;
Periode 9 : 20 Einheiten; Periode 10 : 50 Einheiten.

Abb. 7-25 enthält die Periodenbedarfe der einzelnen Fertigungsstufen. Den gesamten Bruttobedarf der einzelnen Materialien erhält man durch Addition aller für ein Teil bzw. eine Baugruppe ausgewiesenen Bedarfswerte.

Bei der Ermittlung des Sekundärbedarfs mithilfe der Stückliste nach **Dispositionsstufen** wird auf der jeweiligen Dispositionsstufe der Gesamtbedarf ermittelt. Hierzu wird die Auflösung einer Baugruppe „solange zurückgestellt, bis im Wege der stufenweisen Auflösung die zugeordnete Dispositionsstufe erreicht ist. Der bis zu dieser Dispositionsstufe ermittelte Bedarf an der Baugruppe wird periodengerecht addiert" (*Grochla* 1978, S. 49). Abb. 7-26 verdeutlicht diese Vorgehensweise an einem Rechenbeispiel, wobei wiederum von einer Vorlaufzeit von einer Periode je Fertigungsstufe ausgegangen wird. Ebenso wird von demselben Periodenbedarf für das Enderzeugnis X ausgegangen.

Bislang wurde unterstellt, dass der Bruttobedarf für Baugruppen, Teile und Materialien nur durch übergeordnete Einheiten verursacht wird. Häufig ist jedoch zusätzlich noch ein **Ersatzteilbedarf** für Teile bzw. Baugruppen zu berücksichtigen. Falls **Ausschuss** anfällt, ist dieser zur vollständigen Ermittlung des Bedarfs ebenfalls in Ansatz zu bringen, beispielsweise als Prozentsatz des Sekundärbedarfs.

7.2.1.3.1.1.2 Synthetische Bedarfsermittlung auf der Basis von Teileverwendungs-nachweisen

Das zweite Verfahren im Rahmen der deterministischen Bedarfsermittlung ist die synthetische Bedarfsermittlung. Bei diesem Verfahren wird nicht vom Endprodukt ausgegangen, sondern von den Einzelteilen, indem deren Verwendung in den einzelnen Baugruppen bzw. Erzeugnissen festgestellt und so deren Bedarf ermittelt wird (vgl. *Oeldorf/Olfert* 1985, S. 120). Hilfsmittel sind hierbei so genannte **Teileverwendungsnachweise,** die das Gegenstück zu Stücklisten darstellen. In Analogie zu den Stücklisten lassen sich Mengenübersichtsnachweise und Strukturverwendungsnachweise unterscheiden.

Die synthetische Bedarfsermittlung auf der Basis von Teileverwendungsnachweisen führt zu exakt denselben Ergebnissen wie die analytischen Verfahren der Stücklistenauflösung. Die beiden Verfahren unterscheiden sich voneinander nur in der Reihenfolge der Berechnungen der einzelnen Bedarfswerte.

Tritt ein Fehlbestand eines bestimmten Teils auf, so kann mit Hilfe dieses Verfahrens sehr schnell geprüft werden, welche Baugruppe bzw. Enderzeugnisse von dem Fehlbestand in welchem Umfang betroffen sind.

Fertigungsstufe	Bezeichnung	Perioden-Nr.									
		1	2	3	4	5	6	7	8	9	10
0	X							10	10	20	50
1	A				20	20	40	100			
	B				30	30	60	150			
	c					50	50	100	250		
2	B				20	20	40	100			
	a					150	150	300	750		
	b					90	90	180	450		
	c					40	40	80	200		
3	a				100	100	200	500			
	b				60	60	120	300			

Abb. 7-25: Bruttobedarfsermittlung nach Fertigungsstufen

Dispositionsstufe	Bezeichnung	Perioden-Nr.									
		1	2	3	4	5	6	7	8	9	10
0	X							10	10	20	50
1	A						20	20	40	100	
2	B					20	20	40	100		
						30	30	60	150 ?		
						50	50	100	250		
	c					40	40	80	200		
						50	50	100	250 ?		
						90	90	180	450		
3	a				100	100	200	500			
					150	150	300	750			
					250	250	500	1250			
	b				60	60	120	300			
					90	90	180	450			
					150	150	300	750			

Abb. 7-26: Bruttobedarfsermittlung nach Dispositionsstufen

7.2.1.3.1.1.3 Bedarfsermittlung nach dem Gozinto-Verfahren

Die zwischen dem Endprodukt und den eingesetzten Verbrauchsfaktoren bestehenden Beziehungen lassen sich durch einen **Gozinto-Graphen** darstellen (vgl. Abb. 7-27). Die **Knoten** bezeichnen Rohstoffe, Einzelteile, Baugruppen sowie das Erzeugnis selbst. Die die Knoten verbindenden **Pfeile** sind mit Mengenangaben versehen, die angeben, wie häufig untergeordnete Materialien bzw. Baugruppen in übergeordneten enthalten sind (vgl. *Müller-Merbach* 1975, Sp. 1713f.). Aus dem Gozinto-Graphen lassen sich sämtliche Stücklisten und Teileverwendungsnachweise ableiten.

Ausgehend von den geplanten Mengen an Endprodukten wird der Bedarf an Vorprodukten durch Multiplikation entlang der in die entsprechenden Knoten eingehenden Pfeile ermittelt. Diese Vorgehensweise deckt sich mit der Stücklistenauflösung. Die Bedarfsbeziehungen zwischen den einzelnen Rohstoffen, Teilen, Baugruppen und Fertigerzeugnissen lassen sich auch durch ein System linearer Gleichungen darstellen. Insbesondere bei komplizierteren Erzeugnisstrukturen ist es vorteilhaft, das lineare Gleichungssystem mit Hilfe der Matrizenrechnung zu lösen (vgl. hierzu *Kopsidis* 1989, S. 57ff.).

7.2.1.3.1.2 Verbrauchsgebundene Verfahren

Die oben vorgestellten Verfahren der bedarfsgesteuerten Bedarfsermittlung setzen voraus, dass konkrete Aufträge oder Produktionsprogramme vorliegen, auf deren Basis Materialbedarfe exakt nach Menge und Termin ermittelt werden. Liegen diese Voraussetzungen nicht vor, muss verbrauchsgesteuert disponiert werden.

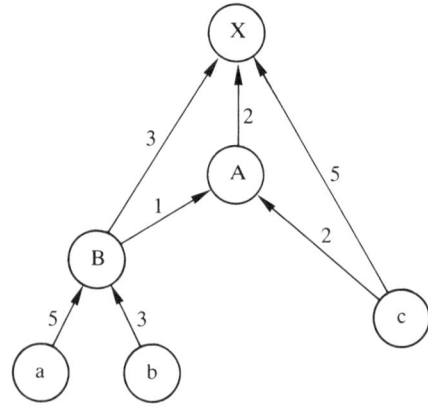

Abb. 7-27: Gozinto-Graph

Abb. 7-28 verdeutlicht die Notwendigkeit zur verbrauchsgesteuerten Disposition. Erhält ein Unternehmen einen Kundenauftrag mit einer definierten Lieferzeit, so ist die geforderte Lieferzeit in der Regel kürzer als die Zeit, die für die Beschaffung einiger benötigter Materialien benötigt wird. Das Unternehmen muss deshalb zu einem Zeitpunkt, zu dem der konkrete Kundenauftrag noch nicht vorliegt, überlegen, welche Materialien in der Zukunft benötigt werden. Es müssen Artikel bevorratet werden, um der geforderten Lieferzeit gerecht zu werden.

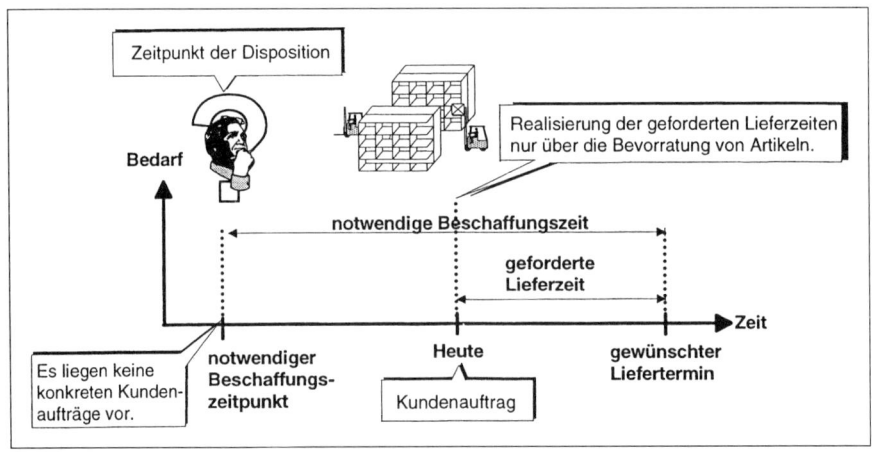

Abb. 7-28: Verbrauchsgesteuerte Bedarfsermittlung (Kalinowski u. a. 1999, S. 2)

7.2.1.3.1.2.1 Anwendungsbereiche und Nachfragemodelle

Für die große Zahl der Hilfs- und Betriebsstoffe sowie geringwertige Materialien erweist sich die Bedarfsplanung nach den deterministischen Methoden in der Regel als zu aufwändig. Die stochastische Bedarfsermittlung wird bei **geringwertigen Gütern,** wie Hilfsstoffen, Betriebsstoffen und Verschleißwerkzeugen (Tertiärbedarf), bei denen es sich erfahrungsgemäß um C-Güter handelt, herangezogen. Weiterhin wird diese Methode angewandt, wenn **programmorientierte Methoden nicht anwendbar** (z. B. bei Ersatzteilbedarf, ungeplanten Entnahmen, hohem Ausschuss bei der Einführung neuer Produkte bzw. Produktionstechniken) **bzw. nicht wirtschaftlich** sind (vgl. *Kupsch/Lindner* 1983, S. 315). Es erweist sich in diesen Fällen als sinnvoller, an die Stelle des Fertigungsprogramms als Bestimmungsfaktor für den Materialverbrauch den **bisherigen Verbrauch** treten zu lassen. Einen ersten Überblick über die Vorgehensweise bei der stochastischen Bedarfsermittlung gibt Abb. 7-29.

Allgemein stellt sich das Problem der verbrauchsgebundenen Bedarfsplanung wie folgt dar: Gegeben ist eine Zeitreihe $x_t : t = 1, 2 \dots, n$ (n : heute) von vergangenen Verbrauchswerten einer Materialart. x_t kann sein:

- der Durchschnittsverbrauch einer Teilperiode t eines vergangenen Beobachtungszeitraums,
- der Gesamtverbrauch einer Teilperiode t eines vergangenen Beobachtungszeitraums,
- der Durchschnittsverbrauch eines vergangenen Beobachtungszeitraums t oder
- der Gesamtverbrauch eines vergangenen Beobachtungszeitraums t.

Die x_t sollten sich immer auf gleichlange Bezugszeiträume beziehen, da sonst keine Vergleichbarkeit gegeben ist.

Gesucht sind Prognosewerte $\bar{x}_n$, $n = 1, \dots, s$ für den Verbrauch der Materialart in den kommenden s Zeiträumen bis zum Prognosehorizont. „Zur Analyse als Voraussetzung für den Einsatz verschiedener Verfahren werden die Zeitreihen häufig in verschiedene Komponenten zerlegt, die gesondert zu behandeln sind:

$$x_t = f(m_t, tr_t, s_t, z_t)$$

wobei:

m_t:	langfristig konstanter Grundbedarf
tr_t:	Trend, langfristige Entwicklung (in Form einer relativ glatten Funktion, z. B. einer linearen Funktion)
s_t:	Saisonschwankungen: Schwingungen mit relativ kurzer Schwingungsdauer (Zykluslänge $\leq$ 1 Jahr). Bei komplizierteren Verläufen können sich Schwankungen verschiedener Zykluslänge, z. B. Saison- und Konjunkturschwankungen, überlagern.
z_t:	Zufallskomponente mit relativ geringer Streubreite" (*Franken* 1984, S. 110).

Die **stochastischen** bzw. **verbrauchsgebundenen** Verfahren zur Bedarfsermittlung (besser: Bedarfsprognose) unterstellen einen Zusammenhang zwischen dem Verbrauch in der Vergangenheit und dem Bedarf in zukünftigen Perioden. Grundlage der stochastischen Verfahren sind **effektive Verbrauchsdaten aus der Vergangenheit**. Ausgehend von diesen Werten wird mit Hilfe mathematisch-statistischer Verfahren auf den künftigen Bedarf geschlossen. Zur Minimierung der Abweichungen zwischen errechnetem und tatsächlichem Verbrauch muss der Materialverbrauch der Vergangenheit hinreichend genau ermittelt werden, da selbst kleine Abweichungen größere Ungenauigkeiten bei der späteren Vorhersage bewirken können. Die wichtigsten Informationen liefern Aufzeichnungen über den vergangenen Materialverbrauch (vgl. *Glaser* 1979, Sp. 1202f.). Im Einzelnen handelt es sich hierbei um die Materialrechnung und die Verbrauchsstatistik.

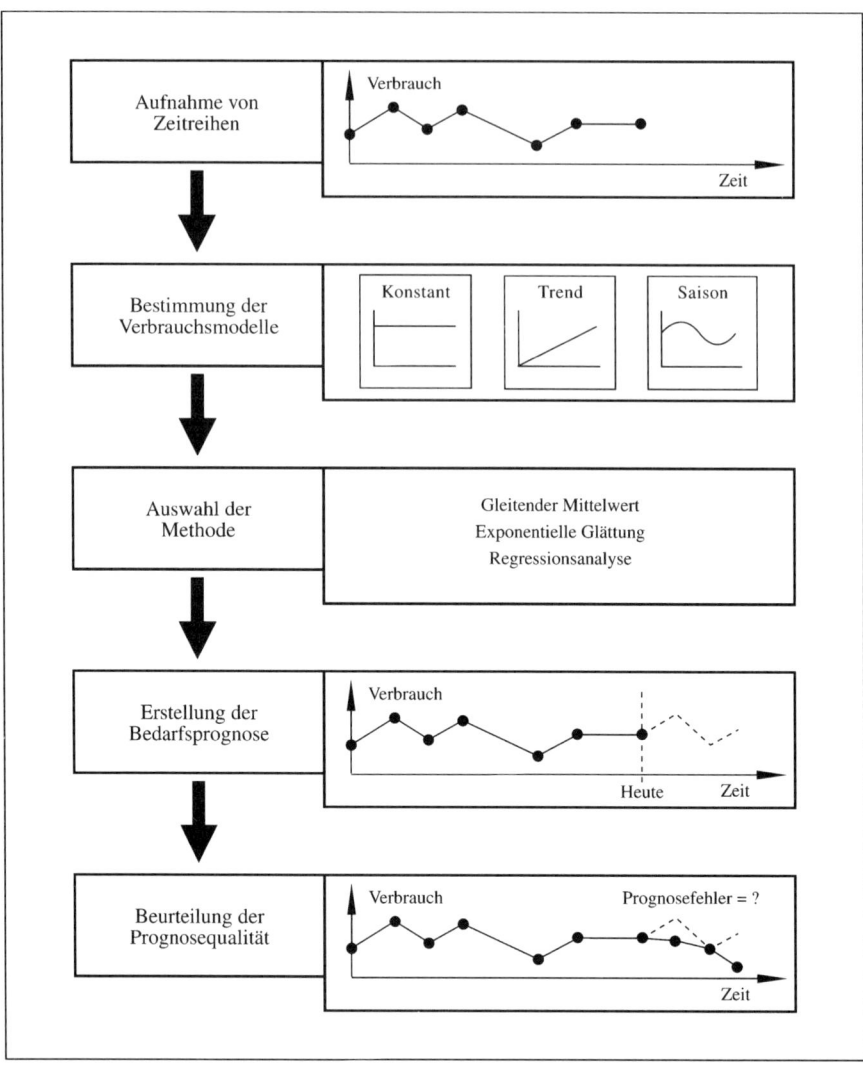

Abb. 7-29: Vorgehensweise bei der stochastischen Bedarfsermittlung
(Friemuth u. a. 1996)

Aufgabe der **Materialrechnung** ist es, sämtliche Lagerbewegungen und -bestände genau und lückenlos über einen größeren Zeitraum periodengerecht zu erfassen. Damit Bedarfsvorhersagen mit ausreichender Genauigkeit getroffen werden können, sind neben periodenbezogenen Bedarfsanforderungen ungeplante Abgänge, wie z.B. Verderb, Schwund und Diebstahl, Qualitätsminderungen, nachträgliche Materialausgaben und Materialrückgaben periodengerecht zu verbuchen (vgl. *Hartmann* 1983, S. 195).

In der **Verbrauchsstatistik** erfolgt die Ordnung der Mengenangaben aus der Materialrechnung nach ihrem zeitlichen Ablauf (vgl. *Krycha* 1986, S. 74). Diese über einen bestimmten Zeitraum betrachteten Werte dienen der Beurteilung der Verbrauchsent-

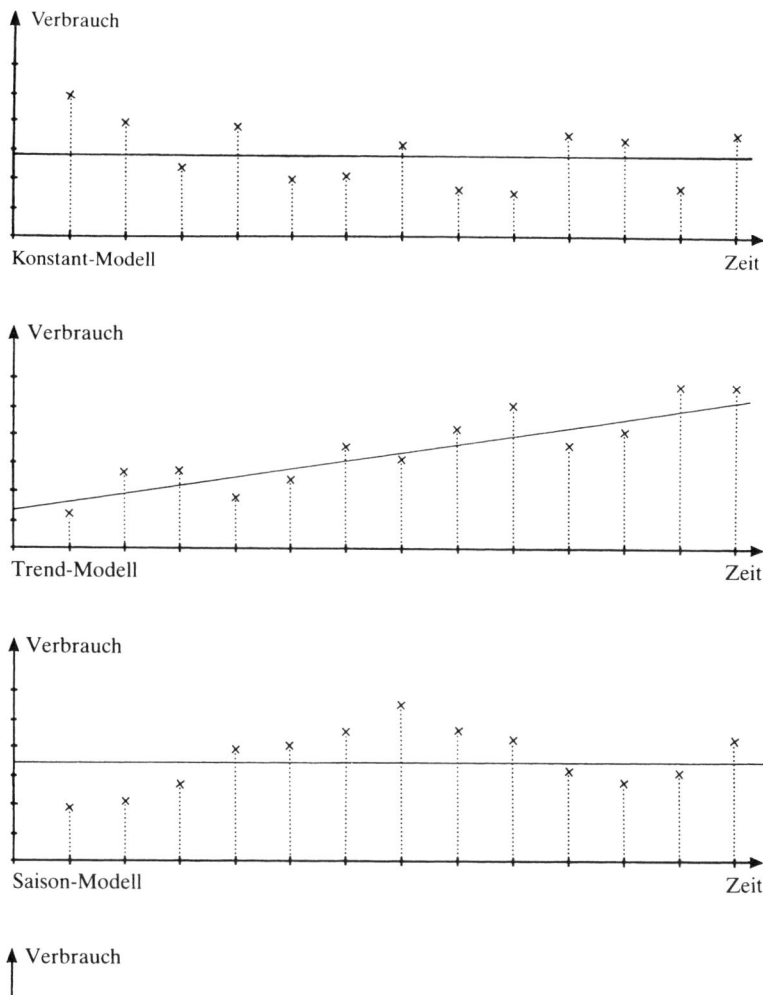

Abb. 7-30: Nachfragemodelle

wicklung und geben Aufschluss über Abweichungen und Unregelmäßigkeiten. Den in Abhängigkeit von der Zeit dargestellten Verbrauchsverlauf nennt man Zeitreihe. Da abhängig vom Verlauf der Zeitreihen verschiedene Verfahren zweckmäßig sind, muss der Verfahrenswahl eine Analyse des Bedarfsverlaufs vorausgehen.

Es lassen sich drei **charakteristische Bedarfsverläufe** feststellen (vgl. *Glaser* 1979, Sp. 1203 ff.) (vgl. Abb. 7-30):

- konstanter Bedarfsverlauf

  $x_t = m_t + z_t$
- trendförmiger Bedarfsverlauf

  $x_t = m_t + tr_t + z_t$
- saisonal schwankender Bedarfsverlauf
  - ohne Trend

    $x_t = m_t + s_t + z_t$
  - mit Trend

    $x_t = m_t + s_t + tr_t + z_t$

Ein **konstanter Materialbedarf** (K-Modell) liegt dann vor, wenn der Bedarf nur in geringem Maße um eine stabile Höhe schwankt. Der Bedarf ist demnach über einen längeren Zeitraum gleich bleibend. Gelegentliche Bedarfsabweichungen sind zufällig, d.h. sie unterliegen keiner Regelmäßigkeit.

Ein **trendförmiger Materialbedarf** (T-Modell) liegt vor, wenn über einen längeren Zeitraum hinweg der Verbrauch stetig steigt oder fällt, wobei zufällige Schwankungen zu vernachlässigen sind. Der Trend kann positiv linear, positiv nicht linear, negativ linear oder negativ nicht linear sein.

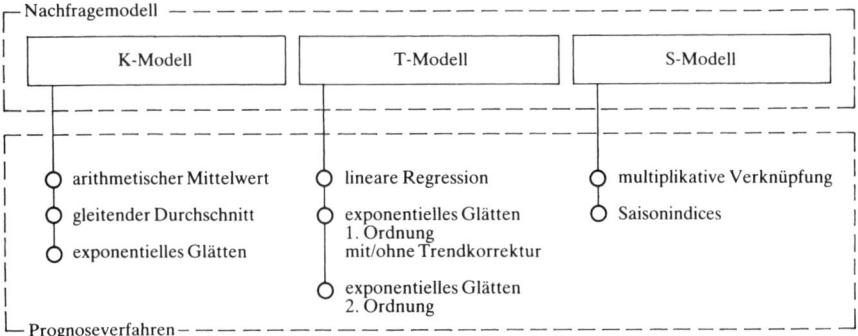

*Abb. 7-31: Den einzelnen Nachfragemodellen zugeordnete Prognoseverfahren
(vgl. Hackstein/Stich 1987, S. 83)*

Von **saisonal schwankendem Bedarf** (S-Modell) spricht man bei periodisch wiederkehrenden Bedarfsschwankungen, die z.B. durch Jahreszeiten, Feiertage, Schulbeginn usw. bedingt sein können. Hierbei treten Unterschiede zum Durchschnittsbedarf auf, die deutlich größer als zufällige Bedarfsschwankungen sind und sich durch eindeutige Ursachen erklären lassen.

Zur Bedarfsprognose werden vor allem die in Abb. 7-31 zusammengestellten Verfahren herangezogen, wobei in Abhängigkeit von der Form des Nachfragemodells jeweils bestimmte Vorhersagemethoden anwendbar bzw. vorteilhaft sind.

7.2.1.3.1.2.2 Prognoseverfahren bei konstantem Bedarfsverlauf

Als Prognoseverfahren bei gleich bleibendem Bedarfsverlauf bieten sich die Berechnung arithmetischer Mittelwerte, die Bildung gleitender Mittelwerte oder die exponentielle Glättung erster Ordnung an.

Das **arithmetische Mittel** wird gebildet indem die Summe der Verbrauchswerte der Zahlenreihe durch die Anzahl der Verbrauchswerte dividiert wird:

$$x_{n+1} = \bar{x}_n = \frac{\sum_{i=1}^{n} x_i}{n}$$

wobei x_i den in der i-ten Periode angefallenen Bedarf einer bestimmten Materialart kennzeichnet. Der Wert $\bar{x}_n$ stellt dann die Bedarfsprognose für die (n+1)-te Periode dar. Problematisch an dieser Vorgehensweise ist die **Gleichgewichtung** sämtlicher Vergangenheitsdaten, so dass eine gezielte Anpassung an jüngste Bedarfsentwicklungen nicht möglich ist. Damit kurzfristige Zufallsschwankungen weitgehend ausgeschaltet bleiben, sollte die Anzahl der zugrundeliegenden Nachfragewerte genügend groß sein.

Bei der Methode der **gleitenden Mittelwertbildung** wird – im Gegensatz zur vorherigen – die Periodenanzahl und somit die Zahl der berücksichtigten Verbrauchswerte konstant gehalten. Der Prognosewert basiert somit jeweils nur auf den Bedarfswerten der letzten m Perioden, da die am weitesten in der Vergangenheit liegenden Verbrauchswerte abgeschnitten werden. Die Formel lautet:

$$x_{n+1} = \bar{x}_n = \frac{1}{m} \cdot \sum_{i=1}^{m} x_{n-m+1}$$

Darüber hinaus ist es möglich, durch eine Gewichtung die Daten der jüngeren Vergangenheit stärker zu berücksichtigen (gewogener gleitender Mittelwert).

Die **exponentielle Glättung erster Ordnung** ermöglicht die gezielte **Anpassung an aktuelle Bedarfsentwicklungen.** Der Prognosewert für die Periode n+1 ergibt sich aus der Formel:

$$x_{n+1} = \bar{x}_n = \bar{x}_{n-1} + \alpha \, (x_n - \bar{x}_{n-1}), \text{ wobei}$$

$\bar{x}_n$ = neuer Verbrauchsmittelwert

x_n = Verbrauch in der n-ten Periode

$\bar{x}_{n-1}$ = alter Verbrauchsmittelwert

α = Anpassungskonstante (Glättungskoeffizient) mit zulässigen Werten zwischen 0 und 1.

Durch rekursives Einsetzen für $\bar{x}_{n-1}$, $\bar{x}_{n-2}$ usw. wird deutlich, dass $\bar{x}_n$ ein gewichtetes arithmetisches Mittel darstellt, wobei die Gewichtung der Bedarfswerte ausgehend von der Periode n in Richtung früherer Perioden exponentiell abnimmt (vgl. *Grochla* 1978, S. 65).

Das Ergebnis der Bedarfsvorhersage wird entscheidend von der **Anpassungskonstante** a beeinflusst, da diese die Gewichtung des jüngsten Verbrauchswertes festlegt. Je größer α wird, umso mehr nähert sich der Mittelwert $\bar{x}_n$ dem Verbrauch der letzten Perioden an. Bei $\alpha = 0$ erfolgt keine Anpassung an Verbrauchsänderungen (alter Verbrauchsmittelwert = neuer Verbrauchsmittelwert). Wird hingegen $\alpha = 1$ festgelegt, wird eine völlige Anpassung an den jüngsten Bedarf bewirkt.

Die exponentielle Glättung 1. Ordnung ist **rechentechnisch einfach** zu handhaben und weist in EDV-Anlagen einen sehr **geringen Speicherplatzbedarf** auf, da lediglich drei Werte pro Artikel zu speichern sind (vgl. *Glaser* 1978, S. 4).

7.2.1.3.1.2.3 Prognoseverfahren bei trendförmigem Bedarfsverlauf

In den Fällen, in denen die Verbrauchswerte einen trendförmigen Verlauf aufweisen, sind die bislang dargestellten Verfahren zur Bedarfsvorhersage ungeeignet, da die berechneten Mittelwerte hinter der effektiven Bedarfsentwicklung hinterherhinken. Bei linear steigenden Bedarfsverläufen werden insbesondere die exponentielle Glättung 1. Ordnung mit Trendkorrektur, die exponentielle Glättung 2. Ordnung sowie die einfache lineare Regression herangezogen.

Unterstellt man einen im Zeitablauf linear ansteigenden Bedarf und kommt das Verfahren der exponentiellen Glättung 1. Ordnung zur Anwendung, so ist der errechnete Mittelwert $\bar{x}_n$ um einen bestimmten Betrag kleiner als der jüngste Verbrauchswert x_n. Diese Differenz hängt von der Steigung der Geraden ab, um die die Verbrauchswerte schwanken. Bei einer Steigung der Bedarfsgeraden in Höhe von b ergibt sich dieser Betrag als

$$\frac{1-\alpha}{\alpha} \cdot b.$$

Es gilt somit

$$x_n = \bar{x}_n + \frac{1-\alpha}{\alpha} \cdot b \text{ (Verbrauchswert für die Periode n).}$$

Als Prognose für die (n+1)-te Periode ergibt sich

$$x_{n+1} = x_n + b.$$

In der Regel liegen die Bedarfswerte nicht alle genau auf einer Geraden, so dass die Steigungsmaße von Periode zu Periode variieren. Zur Bestimmung des Trendwertes b2n muss deshalb ebenfalls die exponentielle Glättung 1. Ordnung herangezogen werden, so dass sich der Trendwert c_n ergibt.

Der für die Periode n gültige Wert auf der Trendgeraden x_{Tn} beträgt

$$x_{Tn} = \bar{x}_n + \frac{1-\alpha}{\alpha} \cdot c_n$$

Die Bedarfsprognose für die Folgeperiode erhält man aus

$$x_{n+1} = x_{Tn} + c_n.$$

Bei der **exponentiellen Glättung 2. Ordnung** wird außer dem Mittelwert erster Ordnung (im Folgenden als $\bar{x}_n^{(1)}$ bezeichnet) ein Mittelwert 2. Ordnung $\bar{x}_n^{(2)}$ als Mittelwert der Mittelwerte erster Ordnung gebildet. Letzterer ist bei konstantem Anstieg b der Bedarfsgeraden um

$$\frac{1-\alpha}{\alpha} \cdot b_n.$$

niedriger als der Mittelwert 1. Ordnung. Exponentielle Glättung 1. Ordnung mit Trendkorrektur und exponentielle Glättung 2. Ordnung führen somit zu identischen Ergebnissen (vgl. *Grochla* 1978, S. 67).

Mit Hilfe **exponentieller Glättungsverfahren höheren Grades** lassen sich auch nichtlineare Bedarfsentwicklungen erfassen (z. B. exponentielle Glättung 3. Ordnung für die Prognose einer parabolischen Trendentwicklung). Mit zunehmendem Grad erhöht sich jedoch die Gefahr, dass Zufallsschwankungen als systematische Schwankungen interpretiert werden (vgl. *Glaser* 1978, S. 7).

Ausgangspunkt der **einfachen linearen Regression** stellt die Gleichung der Trendgeraden

$$x_n = a + b \cdot i$$

dar. Ziel ist es, den Schnittpunkt der Geraden mit der Ordinatenachse (Trendkonstante a) und ihre Steigung (Trendkoeffizient b) zu bestimmen. Nach der Methode der kleinsten Quadrate werden diese Parameter so ermittelt, dass die Summe der quadrierten Abweichungen der tatsächlichen Verbrauchswerte in den n Perioden von den dem Trendverlauf entsprechenden Werten minimiert wird.

7.2.1.3.1.2.4 Prognoseverfahren bei saisonalen Bedarfsschwankungen

Bei saisonal schwankenden Verbrauchswerten lassen sich die besprochenen Verfahren analog anwenden, sofern die Verbrauchswerte so gewählt werden, dass sie sich saisonal entsprechen (vgl. hierzu *Grochla* 1978, S. 168 f.). Die Periodizität der Schwankungen ist also mit zu berücksichtigen. Soll beispielsweise für den Monat Juni 1991 der Bedarf prognostiziert werden ($x_{\text{Juni } 91}$), so ergibt sich bei einer Periodizität von einem Jahr und bei Anwendung der Methode der exponentiellen Glättung 1. Ordnung folgender Ausdruck:

$x_{\text{Juni } 91} = \bar{x}_{\text{Juni } 91} = \bar{x}_{\text{Juni } 90} + \alpha \, (x_{\text{Juni } 90} - \bar{x}_{\text{Juni } 90})$, wobei

$\bar{x}_{\text{Juni90, 91}}$ = Prognosewerte für Juni 1990 bzw. Juni 1991

x_{Juni90} = tatsächlicher Verbrauch Juni 1990

α = Glättungskonstante

7.2.1.3.1.2.5 Auswahl des geeigneten Bedarfsvorhersageverfahrens

Zusammenfassend zeigt Abb. 7-32 noch einmal die einzelnen Methoden und deren Zuordnung zu den Nachfragemodellen.

Für die Auswahl der geeigneten Methode zur Bedarfsprognose sind folgende Kriterien heranzuziehen (vgl. *Zeigermann* 1970, S. 58):

- Nachfragetyp (konstant, linearer Trend, nicht linearer Trend, saisonal, unregelmäßig),
- Differenz zwischen Prognose- und Ist-Werten (Fehlerminimum),
- Reaktion auf echte Bedarfsänderungen, aber Unempfindlichkeit gegenüber Zufallsschwankungen,
- EDV-Anforderungen bezüglich Speicherplatz und Laufzeit,
- Einfachheit und Verständlichkeit.

In Abb. 7-33 werden die Verfahren zur Bedarfsvorhersage anhand dieser Kriterien beurteilt.

7.2.1.3.1.3 Subjektive Verfahren

Subjektive Schätzungen müssen dann zur Bedarfsermittlung vorgenommen werden, wenn **keine Vergangenheitswerte** vorliegen, auf die sich eine Vorhersage stützen kann. Vergangenheitswerte fehlen beispielsweise bei einer Produktneuentwicklung, da in diesem Fall Voraussagen über den Erfolg des Produkts und somit den entsprechenden Bedarf fehlen. Für die subjektive Bedarfsermittlung gibt es im wesentlichen zwei Formen, die Analogschätzung und die Intuitivschätzung (vgl. *Hartmann* 1983, S. 222).

Methode \ Nachfrageverlauf	konstant	linearer Trend	progressiver Trend	saisonal	saisonal mit Trend	sporadisch
Einfacher Mittelwert	●					
Gleitender Mittelwert	●	◐				◐
Gewogener gleitender Mittelwert	●					
Einfache Regression 1. Ordnung	○	●				
Multiple Regression	○	○	●	●	●	
Exponentielle Glättung 1. Ordnung	●					
Exponentielle Glättung 2. Ordnung	○	●				
Exponentielle Glättung 3. Ordnung	○	○	●			
Exponentielle Glättung bei saisonaler Nachfrage	○	○	○	●	●	

Legende: ● geeignet ○ geeignet, aber nicht sinnvoll ◐ bedingt geeignet

Abb. 7-32: Eignung von stochastischen Methoden bei verschiedenen Bedarfsverläufen (Wilhelm 1983, S. 88)

In der **Analogschätzung** wird versucht, Vorhersageergebnisse vergleichbarer Materialien oder Erzeugnisse auf das betreffende Material oder Erzeugnis, dessen Bedarf es abzuschätzen gilt, zu übertragen. Ist diese Form nicht möglich, so bleibt nur noch die **Intuitivschätzung,** d.h. Schätzungen über den mutmaßlichen Bedarf können nur noch durch die Befragung sachverständiger Personen erfolgen. Sobald erste Befragungen hinsichtlich der Bedarfswerte vorliegen, können eventuell nach Korrektur der ersten Werte stochastische Verfahren Anwendung finden und dadurch Vorhersagewerte anhand der Extrapolation gewonnen werden. Die Gefahr einer Fehleinschätzung ist bei diesem „Verfahren" offensichtlich groß. Die Anwendung kann unter Umständen dann als wirtschaftlich sinnvoll betrachtet werden, wenn Vorhersagen für Materialien und Erzeugnisse von geringem Wert mit niedrigen Lagerhaltungskosten zu treffen sind.

Methode / Eignungskriterien	Geringer Speicherbedarf für Daten (bei EDV-Anwend.)	Geringer Speicherbedarf für Programm (bei EDV-Anwend.)	Gewichtung der Daten nach Aktualität möglich	Änderung der Gewichtung leicht möglich	Geringer Rechenaufwand	Transparenz des Rechenformalismus	Einfache Fehlerabschätzung
Einfacher Mittelwert		●				●	●
Gleitender Mittelwert		●			●	●	●
Gewogener gleitender Mittelwert			●				●
Einfache Regression							
Multiple Regression							
Exponentielle Glättung 1. Ordnung	●	●	●	●	●	●	●
Exponentielle Glättung 2. Ordnung	●	●	●	●	●		●
Exponentielle Glättung 3. und höherer Ordnung			●	●			●
Exponentielle Glättung bei saisonaler Nachfrage	●	●	●	●	●		●

Abb. 7-33: Beurteilung stochastischer Bedarfsermittlungsverfahren
(Wilhelm 1983, S. 89)

7.2.1.3.1.4 Zyklische versus ereignisgesteuerte Disposition

Zur dispositiven Ermittlung des Brutto-Materialbedarfs lassen sich zwei grundsätzliche Vorgehensweisen unterscheiden:

– Neuaufwurfsprinzip (= zyklische Disposition),
– Nettoänderungsprinzip (= ereignisgesteuerte Disposition).

Beim **Neuaufwurfsprinzip** wird jede Sachnummer neu disponiert, d.h. der gesamte Primärbedarf wird im Rahmen der Bedarfsauflösung neu durchgerechnet. Demgegenüber werden beim **Nettoänderungsprinzip** nur diejenigen Sachnummern neu disponiert, bei denen sich dispositiv relevante Daten geändert haben (z. B. Bedarfs-, Lager-, Auftrags- oder Grunddaten). Dementsprechend reduziert sich der Rechenaufwand beträchtlich (vgl. Abb. 7-34). Hierdurch eröffnet sich die Möglichkeit, **täglich** einen Nettoänderungslauf durchzuführen und somit die Vorteile kurzer Dispositionszyklen zu nutzen. Bei umfangreichen Änderungen der Planungsvorgaben (z.B. auf Grund eines neuen Produktionsprogramms) ist in der Regel das Neuaufwurfsprinzip anzuwenden.

7.2.1.3.2 Ermittlung des Netto-Materialbedarfs

Aufgabe der **Bestandsrechnung** ist es, aus dem Bruttobedarf unter Berücksichtigung sämtlicher Bestände den **Nettobedarf** zu **ermitteln** (vgl. *Mertens* 1979, Sp. 251). Hierzu sind der Fertigerzeugnis-, der Werkstatt-, der Lager-, der Reservierungs- und der Sicherheitsbestand vom Bruttobedarf zu subtrahieren.

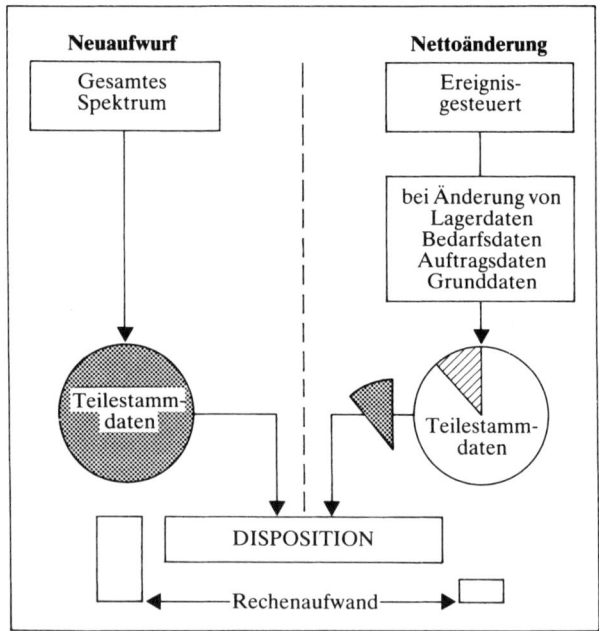

Abb. 7-34: Zyklische versus ereignisorientierte Disposition (Siemens 1984)

Unter **Werkstattbestand** ist die Menge zu verstehen, die das Lager zur Weiterverarbeitung bereits verlassen hat und sich in der Werkstatt befindet. Der **Reservierungsbestand** umfasst die Bestandsmengen, die für Aufträge (Kundenauftrag oder Fertigungsauftrag eines übergeordneten Teils) vorgemerkt und daher nicht mehr frei verfügbar sind. Ebenfalls abzuziehen ist der **Bestellbestand** einer Periode, also der in dieser Periode erwartete Zugang einer Lieferung. Die Aufgabe des **Sicherheitsbestandes** besteht darin, Verbrauchs- und Lieferterminabweichungen, Abweichungen der Liefermenge sowie Fehler bzw. Ungenauigkeiten bei der Lagerverwaltung aufzufangen und somit die Leistungsbereitschaft des Unternehmens zu gewährleisten (vgl. *Hartmann* 1983, S. 283 ff.).

In der Bestandsrechnung ist es vor allem bedeutsam, auf aktuelle Informationen zurückgreifen zu können, weshalb in der Lagerverwaltung sämtliche Materialbewegungen und Lager- bzw. Bestandsstatistiken ständig auf neuestem Stand zu halten sind. Zur Erfassung der Lagerbewegungen sind sämtliche Abgänge, die aus der Verringerung von Werkstattbeständen im Rahmen der Auftragserfüllung resultieren, sowie die Zugänge, die sich aus Materiallieferungen und Fertigstellungsmeldungen ergeben, zu erfassen und auszuwerten.

Zur Durchführung einer Nettobedarfsrechnung auf der Basis der analytischen Methode eignen sich nur die angeführten Formen der Auflösung nach Fertigungs- und Dispositionsstufen. Bei der Auflösung nach Fertigungsstufen besteht die Gefahr, dass die Vorräte von Teilen oder Baugruppen, die in mehreren Fertigungsstufen auftreten, mehrfach verrechnet oder von den in den höchsten Fertigungsstufen anfallenden Bruttobedarfswerten subtrahiert werden. Letzteres führt dazu, dass zur Befriedigung des in niedrigeren Fertigungsstufen zeitlich früher auftretenden Bedarfs Beschaffungsvorgänge ausgelöst werden, obwohl Lagerbestände hierzu existieren. Da sich diese Probleme bei einer analytischen **Auflösung nach Dispositionsstufen** nicht ergeben und ein geringerer Rechenaufwand erforderlich ist als bei der Auflösung nach Fertigungsstufen, ist dieses Verfahren **vorzuziehen** (vgl. *Grochla* 1978, S. 52).

7.2.1.3.3 Bestellrechnung

Aufbauend auf den Ergebnissen der Bedarfsplanung ist es nunmehr das Ziel, den im Planungszeitraum bestehenden Bedarf an Materialien auf kostengünstigste Weise zu decken. Für die beim Lieferanten zu beschaffenden Teile ist eine Bestellrechnung durchzuführen, bei der **Bestellmenge und -zeitpunkt** unter Berücksichtigung der Kosten festzulegen sind (vgl. *Reichwald/Mrosek* 1983, S. 398).

Aufgabe der Bestellrechnung ist es zunächst, die wirtschaftliche Bestellmenge zu ermitteln, d.h. die Menge, bei der die **Summe aus Bestell- und Lagerhaltungskosten** ihr **Minimum** erreicht. Das Minimum ist hierbei zwischen dem Extrem der Deckung des gesamten Jahresbedarfs durch eine einzige Bestellung und der Bestellung jeweils einer einzelnen Mengeneinheit zu suchen. Während im erstgenannten Fall nur geringe Bestellkosten, jedoch sehr hohe Lagerhaltungskosten entstehen, sind im zweiten Fall die Lagerhaltungskosten minimal, jedoch die Bestellkosten sehr hoch.

Die Überlegungen zur Ermittlung der wirtschaftlichen Bestellmenge gelten gleichermaßen für zugekaufte und selbst gefertigte Teile. Im ersten Fall spricht man von der **optimalen Bestellmenge,** im zweiten von der **wirtschaftlichen Losgröße.**

Die bekannteste und am meisten angewandte Formel zur Ermittlung der optimalen Bestellmenge wurde von **Andler** entwickelt. Die Formel lautet wie folgt:

$$\frac{\text{Optimale Bestellmenge}}{(\text{Stück})} = \sqrt{\frac{200 \times \text{Jahresbedarf} \times \text{Bestellkosten}}{\text{Einstandspreis} \times \text{Lagerhaltungskostensatz}}}$$

Unter Jahresbedarf ist der jährliche Bedarf an fremdbezogenem Material zu verstehen. Der Einstandspreis ergibt sich als Summe aus Nettoeinkaufspreis, Verpackungskosten, Frachten, Versicherungskosten, Zöllen usw.

Die optimale Bestellmenge ist durch die **Gleichheit von Bestell- und Lagerhaltungskosten** gekennzeichnet. Ferner kann nachgewiesen werden, dass im Optimum sowohl die jährlichen Gesamtkosten als auch die Gesamtkosten pro Stück minimal sind (vgl. *Arnolds* u. a. 1978, S. 74).

Setzt man statt der Bestellkosten die Rüstkosten und statt des Einstandspreises die Herstellkosten ohne Rüstkosten ein, so ergibt sich in analoger Weise die wirtschaftliche Losgröße für die Eigenfertigung. Hierbei setzen sich die Rüstkosten aus den Lohnkosten für den Einrichter und den Maschinenbediener, den Kosten für die Belegung des Arbeitsplatzes während des Rüstens sowie den Kosten für Probeteile zusammen.

Die Andler'sche Losgrößenformel ist an einige Voraussetzungen geknüpft, die die **Anwendungsgrenzen** des Modells offen legen (vgl. *Wiendahl* 1983, S. 296):

– Der Stückpreis ist unabhängig von der Beschaffungsmenge.
– Der Bedarf ist bekannt und konstant.
– Fehlmengen (die beschaffte Menge deckt den Bedarf nicht) sind nicht zugelassen.
– Die zeitliche Verteilung der Lagerabgänge ist stetig.
– Mindestbestellungen sind nicht vorgesehen.
– Die Bestellung eines Materials kann unabhängig von anderen Materialien erfolgen.
– Die Kosten für die Lagerung und Bestellung lassen sich hinreichend genau ermitteln.
– Außerdem wird im Falle der Eigenfertigung der Einfluss der Losgröße auf die Durchlaufzeit nicht betrachtet.

Bei der grafischen Darstellung der Optimierungsrechnung wird auf der horizontalen Achse die Bestellmenge (in Stück, Tonnen, Kilogramm, Liter etc.) abgetragen. Auf der vertikalen Achse erfolgt die Messung der Jahreskosten oder der Stückkosten. Aus der Addition der Ordinaten der Bestell- und Lagerhaltungskostenkurve erhält man die Gesamtkostenkurve, die ihr Minimum im Schnittpunkt der beiden Kostenkurven aufweist (vgl. Abb. 7-35).

Aufgrund der oben genannten Restriktionen hat das Andler-Modell zwischenzeitlich eine Reihe von Erweiterungen erfahren, bei denen beispielsweise veränderte Einstandspreise oder schwankende Bedarfsmengen berücksichtigt werden. So setzt das gleitende Beschaffungsmengenverfahren keinen konstanten Bedarf voraus, sondern lässt schwankende Periodenbedarfswerte zu. Generell ist aber bei der Anwendung der Modelle zu beachten, dass Abweichungen von der optimalen Bestellmenge nur relativ geringe Kostenänderungen bewirken, da die Gesamtkostenkurven im Bereich des Minimums einen relativ flachen Verlauf aufweisen.

Neben den Bestellmengen sind auch die **Bestelltermine** festzulegen. Im Falle der programmgesteuerten Bedarfsermittlung ergeben sich die Termine aus den Bedarfstermi-

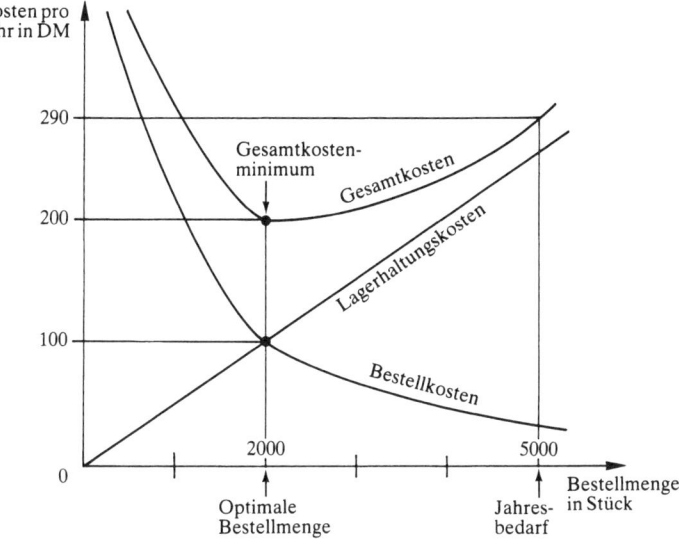

Abb. 7-35: Kostenverläufe bei der Andler'schen Losgröße

nen unter Berücksichtigung der jeweiligen Vorlauf- und Durchlaufzeiten (vgl. *Wiendahl* 1983, S. 301). Bei den verbrauchsgesteuert ermittelten Materialien stellt sich das Problem, dass es sich sowohl bei der Wiederbeschaffungszeit, d.h. der Zeit zwischen der Bestellauslösung und der Verfügbarkeit der Materialien, als auch bei den während dieser Zeit benötigten Mengen nicht um feste Größen handelt.

Lagerhaltungsstrategien stellen Entscheidungsregeln dar, die angeben, wann und in welcher Höhe Bestellungen zur Auffüllung eines Lagers erteilt werden müssen (vgl. *Oeldorf/Olfert* 1985, S. 150). Die vier Grundmodelle der Lagerhaltung sind in Abb. 7-36 enthalten (vgl. *Wissebach* 1977, S. 156).

Dabei bedeuten (vgl. *Naddor* 1971, S. 20f.):

t = Bestellzyklus, also die Zeit, die von einer Bestellung bis zur nächsten vergeht, oder
Kontrollzyklus, d.h. die Zeit, die von einer Überprüfung des Lagerbestands bis zur nächsten reicht.

q = Bestellmenge

s = Bestellpunkt (Bestellgrenze, Meldebestand)

S = Sollbestand (Höchstbestand, Lagerrichtbestand), also das Lagerniveau, bis zu dem das Lager wieder aufgefüllt werden soll.

Die Strategien der (s,q)- und der (s,S)-Politiken sind mengenmäßig orientiert. Meldebestand oder Bestellpunkt s sind für den Bestellzeitpunkt verantwortlich. Sie werden deshalb **Meldebestands- oder Bestellpunktverfahren** genannt.

Demgegenüber sind die (t,q)- und (t,S)-Strategien zeitlich orientiert. Die Frage nach dem Bestellzeitpunkt wird durch die Entscheidungsvariable des Bestellzyklus beantwortet. Diese Strategien werden allgemein als **Bestellrhythmusverfahren** bezeichnet.

Die **(s,q)-Politik** ist ein Bestellpunktverfahren. Bei Erreichen oder Unterschreiten des Bestellbestandes ist eine neue Menge q zu beschaffen. Unter dem Gesichtspunkt der Wirtschaftlichkeit bietet sich eine Bestellmenge in Höhe der wirtschaftlichen Bestellmenge an. Der Lagerbestand wird nach jeder Lagerentnahme hinsichtlich des Bestellpunktes überprüft. Aufgrund der festgelegten Bestellmenge bei veränderlichen Lagerabgangsraten sind die Bestellzyklen variabel (vgl. *Trux* 1972, S. 230 f.).

Menge \ Zeit	fix	variabel
fix	(t, q)-Politik	(s, q)-Politik
variabel	(t, S)-Politik	(s, S)-Politik

Abb. 7-36: Grundmodelle der Lagerhaltungsstrategien

Die **(s,S)-Politik** stellt ebenfalls ein Bestellpunktverfahren dar. Nach Erreichen bzw. Unterschreiten des Bestellpunktes ist eine Beschaffung auszulösen, die den Lagerbestand auf den Sollbestand auffüllt. Die Kontrolle des Bestands erfolgt nach jeder Lagerentnahme und demnach in unregelmäßigen Abständen. Die Beschaffungsmengen variieren in ihrer Höhe, je nachdem wie weit der Bestellpunkt unterschritten wird (vgl. *Krycha* 1986, S. 165).

Bei der **(t,q)-Politik** handelt es sich um ein Bestellrhythmusverfahren. Hierbei wird in einem bestimmten Bestellrhythmus t die Beschaffung einer festen Menge q vorgenommen. Die Bestellzyklen sind demnach konstant. Die feste Bestellmenge q führt bei ungleichmäßigem Lagerabgang zu einem stark schwankenden Lagerniveau S, weshalb bei dieser Politik die Gefahr einer Unterdeckung offensichtlich ist (vgl. *Krycha* 1986, S. 165).

Die **(t,S)-Politik** ist ebenfalls ein Bestellrhythmusverfahren. In einem festen Bestellrhythmus wird eine Menge beschafft, die den Lagerbestand auf ein konstantes Niveau S auffüllt. Die Zeitpunkte, zu denen die Bestellungen der variablen Mengen abgegeben werden, weisen einen konstanten Abstand voneinander auf.

Darüberhinaus existieren noch **Kombinationen verschiedener Lagerhaltungsstrategien.** Die **(t,s,q)-Politik** stellt eine Kombination aus einem Bestellrhythmus- und einem Bestellpunktverfahren dar und wird auch als Kontrollrhythmusverfahren bezeichnet. Bei diesem Verfahren wird der Lagerbestand in einem festen Kontrollrhythmus überprüft. Falls der Bestellpunkt s erreicht oder unterschritten ist, wird die konstante Menge q beschafft. Obwohl die Überprüfung in konstanten Zeitintervallen erfolgt, kann die Beschaffung durchaus in unregelmäßigen Abständen erfolgen, je nachdem, ob das Erreichen oder Unterschreiten des Bestellpunktes es erfordert. Bei der (t,s,q)-Politik ist wegen der zusätzlichen Berücksichtigung des Bestellpunktes der durchschnittliche Lagerbestand niedriger als bei der (t,q)-Strategie. Außerdem ist die Gefahr von Fehlmengen auf Grund des Meldebestandes geringer.

Bei der **(t,s,S)-Politik** handelt es sich um eine Kombination aus einem Bestellrhythmus- und einem Bestellpunktverfahren und kann ebenso als Kontrollrhythmusverfahren aufgefasst werden. Ergibt die in festen Zeitintervallen stattfindende Kontrolle des Lagerbestandes ein Erreichen bzw. Überschreiten des Bestellpunktes, so sind variable Mengen zur Auffüllung des Lagerbestandes auf den Sollbestand S zu beschaffen. Analog zu der vorhergehenden Politik kann auch hier eine unregelmäßige Beschaffung stattfinden. Diese Politik weist zwar im Durchschnitt einen geringeren Lagerbestand auf als bei der (t,s)-Strategie, jedoch besteht bei unregelmäßigen Abgängen die Gefahr von Fehlmengen, so dass unter Umständen hohe Sicherheitsbestände einzuplanen sind.

Vergleicht man die einzelnen Strategien miteinander, so ist festzustellen, dass bei den t-Strategien der Überprüfungsaufwand zwar geringer ist, die Zins- und Lagerhaltungskosten in der Regel aber höher zu veranschlagen sind, da auf Grund des festen Kontrollzyklusses die Gefahr von Fehlmengen besteht, woraus die Notwendigkeit hoher Sicherheitsbestände resultiert (vgl. *Naddor* 1971, S. 304). Bei Einsatz von EDV spielt der Überprüfungsaufwand nur eine untergeordnete Rolle, so dass das Ziel der Zins- und Lagerhaltungskostenminimierung am ehesten durch die reinen s-Strategien erreicht wird. Außerdem sind die Parameter, die die Lagerhaltungspolitik bestimmen, nicht konstant zu halten, sondern variabel an die Bedarfsprognosen anzupassen.

7.2.1.4 Termin- und Kapazitätsplanung

In der Termin- und Kapazitätsplanung wird der zeitliche Ablauf der Aufträge unter Berücksichtigung der zur Verfügung stehenden Kapazitäten geplant und koordiniert (vgl. *Brankamp* 1973, S. 15). Dieser Funktionsbereich umfasst die Phasen Durchlaufterminierung, Kapazitätsbedarfsrechnung, Kapazitätsabstimmung und Reihenfolgeplanung.

7.2.1.4.1 Durchlaufterminierung und Kapazitätsbedarfsrechnung

Zunächst werden im Rahmen der Durchlaufterminierung für jeden Arbeitsgang eines aktuellen Auftragsbestandes die **Anfangs- und Endtermine ohne** explizite **Einbeziehung von Kapazitätsrestriktionen** so berechnet, dass eine Einhaltung der Fertigstellungstermine der Aufträge möglich erscheint (vgl. *Heß-Kinzer* 1979, Sp. 1989). Hierzu sind zum einen die in der Bedarfsermittlung ermittelten Mengen und Termine erforderlich und zum anderen Informationen über die strukturellen Verknüpfungen der Arbeitsgänge, die in den Arbeitsplänen enthalten sind. Aus den **Arbeitsplänen** geht hervor, wo (Angabe der Kostenstellen), wie (technologische Folge der Arbeitsvorgänge), womit (Beschreibung der Maschinen, Vorrichtungen und Werkzeuge), in welcher Zeit (Angabe der Rüst- und Stückzeiten) und bei welcher Lohngruppe das betreffende Teil produziert werden soll (*Zäpfel* 1982, S. 82), wobei für die Durchlaufterminierung

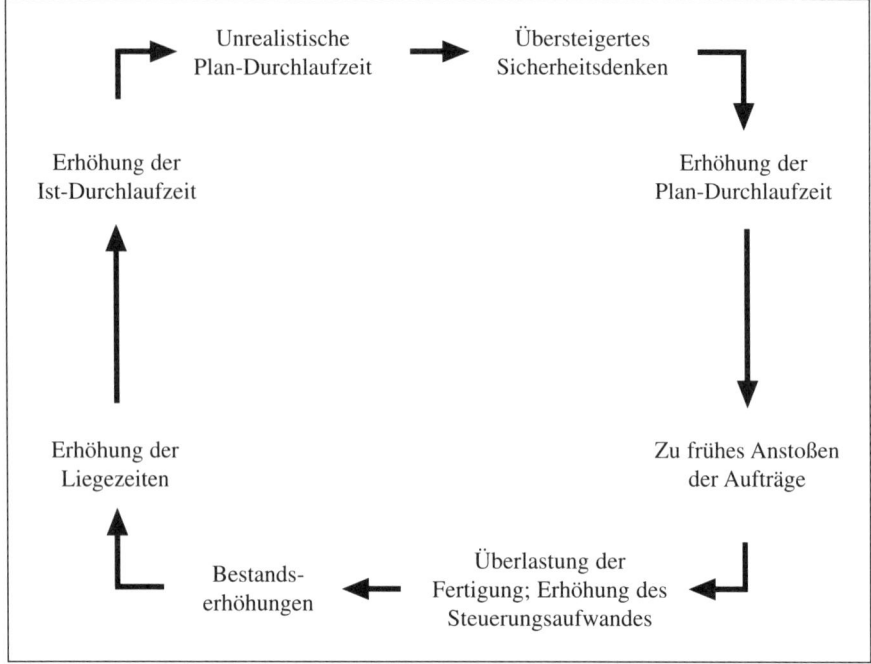

Abb. 7-37: Das Plan-Durchlaufzeiten-Dilemma

hauptsächlich die Zeiten von Bedeutung sind. Unrealistische Plan-Durchlaufzeiten ziehen eine Reihe von Problemen nach sich, wie Abb. 7-37 verdeutlicht.

Als Methoden kommen bei der Durchlaufterminierung die Rückwärtsterminierung oder die Vorwärtsterminierung zur Anwendung. Die Methode der **Rückwärtsterminierung** plant die einzelnen Arbeitsgänge ausgehend vom Endtermin des letzten Arbeitsgangs ein. Damit der letzte Arbeitsgang zum geforderten Endtermin beendet ist, muss er um seine Durchlaufzeit früher beginnen. Dieser Zeitpunkt wird als spätest möglicher Anfangstermin bezeichnet. In derselben Art und Weise werden die spätest möglichen Anfangstermine sämtlicher vorhergehender Arbeitsgänge sukzessiv ermittelt. Ergebnis der Rückwärtsterminierung ist der Termin, zu dem der Auftrag für eine termingerechte Lieferung spätestens gestartet werden muss.

Die Methode der **Vorwärtsterminierung** berechnet ausgehend vom Termin „heute" die frühest möglichen Anfangstermine sämtlicher Arbeitsgänge und somit auch den des Auftrags (vgl. *Reichwald/Mrosek* 1983, S. 428). Dies erfolgt durch eine Addition der jeweiligen Durchlaufzeiten auf die entsprechenden Anfangstermine der einzelnen Arbeitsgänge. Die Differenz zwischen frühestem und spätestem Anfang einzelner Arbeitsgänge bzw. des Auftrags ergibt die jeweilige Pufferzeit, innerhalb derer sich die einzelnen Arbeitsgänge bzw. der Auftrag ohne Auswirkung auf den Endtermin des Auftrags verschieben lassen (vgl. *Steinbuch/Olfert* 1978, S. 412). Pufferzeiten bewirken somit einerseits eine höhere Sicherheit gegenüber Störungen, andererseits steigt aber die Kapitalbindung durch Bestände in der Fertigung.

Als **Ergebnis der Durchlaufterminierung** können für den ersten Arbeitsgang eines Arbeitsplanes folgende Fälle auftreten (vgl. *Hackstein* 1984, S. 177):

1. Der späteste Starttermin des ersten Arbeitsganges fällt auf einen Termin in der Zukunft.

2. Der späteste Starttermin des ersten Arbeitsganges liegt genau im Planungszeitpunkt. In diesem Fall sind frühester und spätester Starttermin identisch.

3. Der späteste Starttermin fällt auf einen Zeitpunkt in der Vergangenheit. Hier sind in einer Vorwärtsterminierung beginnend beim Planungszeitpunkt neue Starttermine zu ermitteln. Um die sich hierbei ergebende Verschiebung des Fertigstellungstermins zu verhindern, können als Gegenmaßnahmen ergriffen werden: eine Reduzierung der Liegezeiten, eine Splittung der Lose sowie eine überlappte Fertigung.

Die **Reduzierung der Übergangszeiten** zielt auf eine Verkürzung der eingeplanten Pufferzeiten ab. Die zum Ausgleich von Störungen eingeplanten Pufferzeiten verlängern die Übergangszeiten und somit die gesamte Durchlaufzeit. Die Reduzierung der Übergangszeiten hat jedoch nur dann Erfolg im Sinne einer Verkürzung der Durchlaufzeit, wenn Übergangszeiten verkürzt werden, die auf dem kritischen Pfad liegen. Die Summe der Vorgangsdauern entlang des kritischen Pfades bestimmt die Zeit, die zur Durchführung eines Auftrages mindestens erforderlich ist. Der kritische Pfad zeichnet sich deshalb dadurch aus, dass jede Verzögerung eines Vorgangs den Endtermin des gesamten Auftrages, falls keine Maßnahmen ergriffen werden, um den gleichen Zeitraum verschiebt. Eine Verkürzung der Durchlaufzeiten kann somit nur durch eine Verkürzung der kritischen Vorgangsdauern erreicht werden. Eine Reduzierung der Übergangszeit kann auch durch eine Verringerung der geplanten Liege- und Transportzeiten herbeigeführt werden. Einzelne Aufträge werden dabei mit einer Priorität versehen, d. h. sie werden an einzelnen Arbeitsplätzen bevorzugt abgearbeitet, so dass sich die gesamte Durchlaufzeit verkürzen lässt. Die auf Grund der höheren Priorität vorgezogene Bearbeitung bestimmter Aufträge verzögert natürlich die Bearbeitung der anderen in der Warteschlange stehenden Aufträge. Diese Auswirkungen werden in diesem Planungsstadium allerdings noch nicht berücksichtigt (vgl. *Oellers* 1980, S. 171 f.).

Eine weitere Methode zur Durchlaufzeitverkürzung stellt die sogenannte **Splittung** dar, die es in zwei Formen gibt (vgl. *Müller* 1980, S. 335). Die **Auftragssplittung** beinhaltet die mengenmäßige Aufteilung eines Fertigungsauftrags ab einem bestimmten Arbeitsgang oder von Beginn an in mindestens zwei Teilmengen, die getrennt voneinander durch die Fertigung laufen. Bei der **Arbeitsvorgangssplittung** wird das in einem Arbeitsvorgang zu fertigende Los in Teillose aufgespalten, die auf mehreren gleichartigen Bearbeitungsstellen zeitlich parallel oder zumindest teilweise parallel gefertigt werden (vgl. Abb. 7-38).

Eine dritte Methode zur Verkürzung der Durchlaufzeit stellt die **Überlappung** dar. Hierbei wird nicht gewartet bis das gesamte Fertigungslos an einem bestimmten Arbeitsplatz vollständig abgearbeitet ist, sondern es werden bereits vorher Teilmengen des Loses an die nächste Bearbeitungsstelle weitergegeben (vgl. Abb. 7-39). Eine Durchlaufzeitverkürzung wird somit durch eine teilweise gleichzeitige Bearbeitung von jeweils zwei aufeinander folgenden Arbeitsvorgängen erreicht. Problematisch hierbei ist die exakte Transportkoordination, da einerseits das Teillos rechtzeitig an der folgenden Bearbeitungsstelle bereitzustellen ist, andererseits aber nicht zu früh abgeholt werden kann, da ansonsten noch zu wenig in der vorangegangenen Bearbeitungsstelle gefertigt wurde (vgl. *Steinbuch/Olfert* 1978, S. 418). Umfasst die Überlappung mehrere Bearbeitungsstellen, so nimmt der Koordinationsaufwand noch erheblich zu.

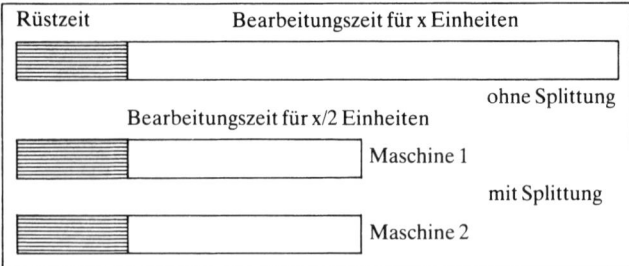

Abb. 7-38: Prinzip der Splittung (Wildemann 1982 b, S. 5)

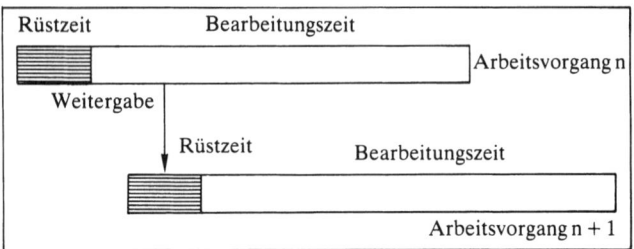

Abb. 7-39: Prinzip der Überlappung (Wildemann 1982 b, S. 5)

Falls keine dieser Maßnahmen durchgeführt werden kann oder die erzielbare Zeitreduzierung nicht ausreichend ist, muss um diesen Betrag eine **Verschiebung des Losfertigstellungstermins** erfolgen.

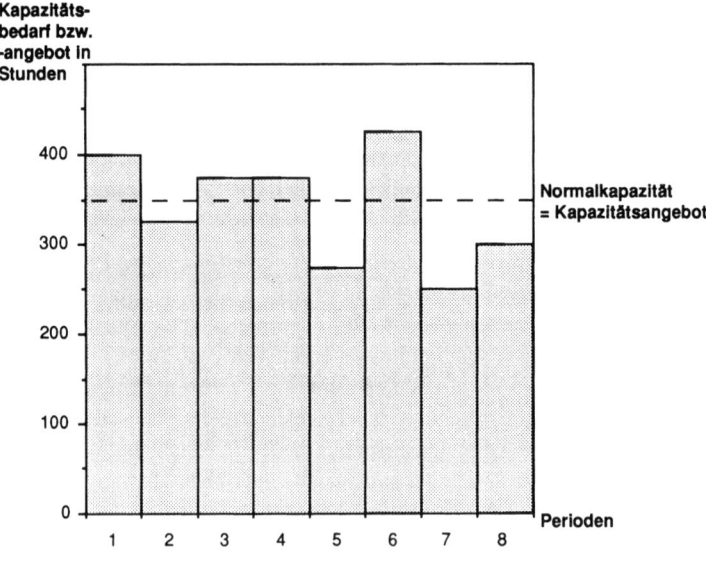

Abb. 7-40: Belastungsdiagramm

Auf der Grundlage der von der Durchlaufterminierung errechneten Starttermine ermittelt die **Kapazitätsbedarfsrechnung** den Kapazitätsbedarf, der in den zukünftigen Perioden auf jede einzelne Kapazitätseinheit trifft. Hierzu werden die Kapazitätsbedarfe der einzelnen Arbeitsvorgänge, die in einer bestimmten Periode die jeweilige Kapazitätseinheit belegen, zur Gesamtbelastung aufsummiert, wobei sich die Kapazitätsbedarfe der Arbeitsgänge ebenfalls aus den Arbeitsplänen ergeben. Die Kapazitätsbedarfe werden dann für jede Kapazitätseinheit über mehrere Perioden ermittelt und können anschaulich in einem Belastungsgebirge dargestellt werden (vgl. Abb. 7-40). Der Vergleich mit der Normalkapazität ergibt dann die Unter- und Überlastungen in den einzelnen Perioden (vgl. *Wiendahl* 1983, S. 211 ff.).

7.2.1.4.2 Kapazitätsterminierung

Im Rahmen der Kapazitätsterminierung werden die **Anfangs- und Endtermine** der Arbeitsgänge festgelegt und zwar **unter Berücksichtigung des begrenzten Kapazitätsangebots** der Betriebsmittel. Stimmen der in der Kapazitätsbedarfsrechnung ermittelte Kapazitätsbedarf und das zur Verfügung stehende Kapazitätsangebot nicht überein, so sind Maßnamen zur Abstimmung von verfügbarer und nachgefragter Kapazität zu ergreifen, die in Abb. 7-41 im Überblick dargestellt sind. Grundsätzlich stehen folgende **Möglichkeiten des Kapazitätsabgleichs** zur Verfügung:

– Anpassung der Belegungsprofile an die Kapazitäten,
– Anpassung von Kapazitäten an die Belegungsprofile,
– Kombination beider Maßnahmen.

7.2.1.4.3 Reihenfolgeplanung

An die Kapazitätsterminierung schließt sich die Reihenfolgeplanung an, bei der die **Auftragsfolge an den jeweiligen Maschinen festgelegt** wird (vgl. *Berg* 1979, Sp. 1425). Die gewählte Reihenfolge soll einen reibungslosen und möglichst termingetreuen Produktionsablauf gewährleisten.

Die optimale Reihenfolge hängt wesentlich von den verfolgten Zielen ab. Diese **Ziele** können beispielsweise umfassen eine Minimierung der Durchlaufzeiten, maximale Auslastung der Kapazitäten oder Minimierung der Terminüberschreitung. Der Zielkonflikt zwischen Durchlaufzeitminimierung und maximaler Kapazitätsauslastung hat seinen Niederschlag im **Dilemma der Ablaufplanung** gefunden (vgl. hierzu *Gutenberg* 1979, S. 216).

Da bislang kein allgemeingültiges, exaktes Modell für die Lösung der Reihenfolgeplanung erstellt werden konnte, sind Heuristiken anzuwenden, die näherungsweise eine Lösung finden. Von den Näherungsverfahren haben besonders die Prioritätsregeln Bedeutung erlangt. Mit **Prioritätsregeln** werden nach bestimmten Reihenfolgekriterien Prioritätsziffern vergeben, nach denen dann die vor einer Maschine in der Warteschlange stehenden Aufträge abgearbeitet werden. Die wichtigsten Prioritätsregeln sind (vgl. *Berg* 1979, Sp. 1427 f.):

1. **FCFS-Regel**: Bei der „First-Come-First-Served"-Regel wird dem zuerst ankommenden Auftrag die höchste Priorität zugeordnet. Die Aufträge werden entsprechend der Reihenfolge ihres Eintreffens an der jeweiligen Maschine bearbeitet.

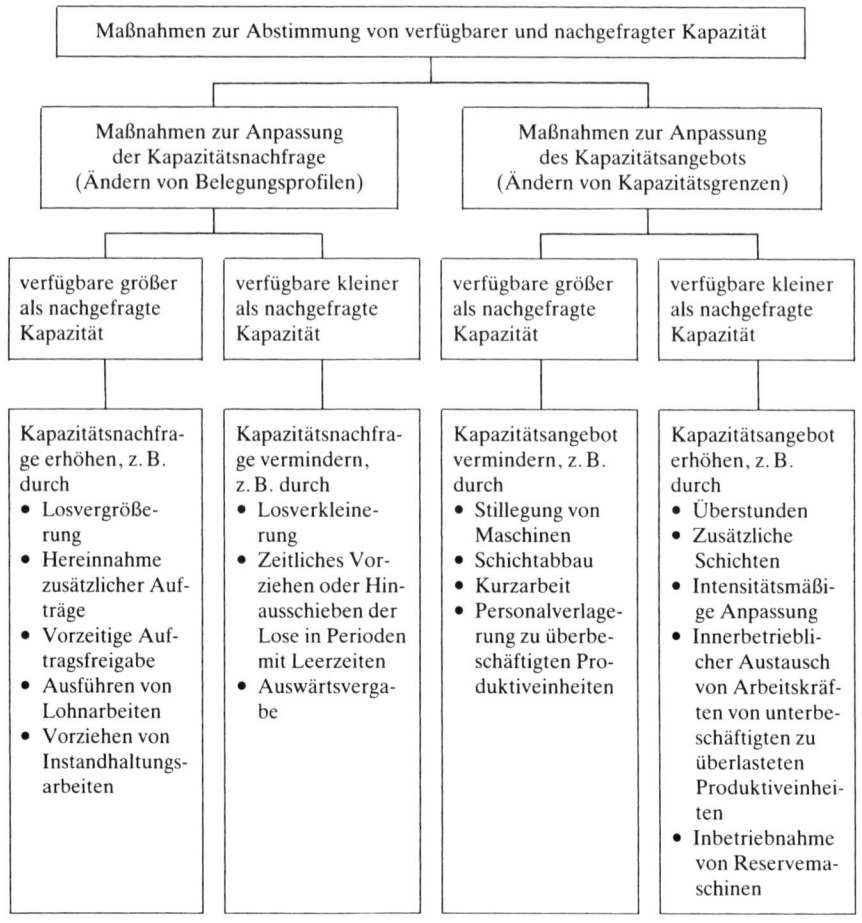

Abb. 7-41: Maßnahmen zur Abstimmung von verfügbarer und nachgefragter Kapazität
(Zäpfel 1982, S. 233)

2. **GRB-Regel**: Bei der „Größten Restbearbeitungszeit"-Regel ordnet man dem Auftrag die höchste Prioritätszahl zu, der zum Zeitpunkt der Belegung die längste noch verbleibende Bearbeitungszeit auf allen benötigten Maschinen aufweist.

3. **KRB-Regel**: Die „Kürzeste Restbearbeitungszeit"-Regel weist dem Auftrag die höchste Prioritätsziffer zu, dessen noch verbleibende Bearbeitungszeit auf allen benötigten Maschinen zum Zeitpunkt der Belegung die kürzeste ist.

4. **MAA-Regel**: Diese Prioritätsregel verleiht dem Auftrag in der Warteschlange die höchste Prioritätszahl zu, der die meisten noch auszuführenden Arbeitsgänge umfasst.

5. **WAA-Regel**: Diese Prioritätsregel weist dem Auftrag in der Warteschlange die höchste Prioritätsziffer zu, der die wenigsten noch auszuführenden Arbeitsgänge beinhaltet.

6. **LOZ-Regel**: Bei der „Längsten Operationszeit"-Regel erhält der Auftrag die höchste Priorität, der auf der betrachteten Maschine die längste Bearbeitungszeit hat.

7. **KOZ-Regel**: Die „Kürzeste Operationszeit"-Regel weist dem Auftrag mit der kürzesten Operationszeit die höchste Priorität zu.
8. **GGB-Regel**: Der Auftrag in der Warteschlange, der die größte Gesamtbearbeitungszeit auf allen Maschinen aufweist, bekommt die höchste Prioritätszahl.
9. **KGB-Regel**: Der Auftrag mit der kürzesten Gesamtbearbeitungszeit auf allen Maschinen erhält die höchste Prioritätszahl.
10. **FFT-Regel**: Dem Auftrag mit dem frühesten Fertigstellungstermin wird die höchste Prioritätszahl zugewiesen.
11. **SZ-Regel**: Der Auftrag in der Warteschlange erhält die höchste Priorität, bei dem die Differenz zwischen dem Liefertermin und der verbleibenden Bearbeitungszeit, also sein Schlupf, am geringsten ist.
12. **Wert-Regel**: Die höchste Prioritätszahl erhält der Auftrag, der entweder den höchsten Produktendwert aufweist oder dessen Produktwert vor Ausführung des jeweiligen Arbeitsganges der höchste ist (dynamische Wertregel).

Einfache Prioritätsregeln sind meist auf eine relativ einseitige Verfolgung bestimmter Ziele der Reihenfolgeplanung ausgerichtet. Aus diesem Grunde wird vielfach eine **Kombination elementarer Arbeitsgangprioritätsregeln** vorgenommen. Die einfachste Form der Verknüpfung stellt die Addition zweier elementarer Prioritätszahlen dar. Da jedoch die Wertebereiche unterschiedlicher Prioritätsregeln in der Regel verschieden sind, ist eine Gewichtung der beiden Komponenten erforderlich. Diese erfolgt durch Multiplikation mit einer Konstanten oder durch einen Exponentialfaktor.

Prioritätsregel / Optimierungsziele	Kürzeste Operationszeit-Regel	Fertigungsrestzeit-Regel	Dynamische Wert-Regel	Schlupfzeit-Regel
Maximale Kapazitätsauslastung	sehr gut	gut	mäßig	gut
Minimale Durchlaufzeit	sehr gut	gut	mäßig	mäßig
Minimale Zwischenlagerkosten	gut	mäßig	sehr gut	mäßig
Minimale Terminabweichungen	schlecht	mäßig	mäßig	sehr gut

Abb. 7-42: Wirksamkeit von Prioritätsregeln (Hoss 1965)

Eine andere Form der Verknüpfung stellt die Multiplikation von Prioritätszahlen dar. Eine Gewichtung kann in diesem Fall nur durch unterschiedliche Exponenten vorgenommen werden.

In Simulationen konnte nachgewiesen werden, dass die unerwünschten Effekte einzelner Regeln bei der additiven und multiplikativen Verknüpfung teilweise noch verstärkt werden (vgl. *Gräßler* 1968). Als Form der Kombination eignet sich daher in der Regel nur die alternative Verknüpfung, bei der jeweils die günstigere Regel hinsichtlich des verfolgten Ziels zur Wirkung kommt. Als besonders empfehlenswert hinsichtlich einzelner Optimierungsziele haben sich die Kürzeste-Operationszeit-Regel, die Dynamische-Wert-Regel und die Schlupfzeit-Regel erwiesen (vgl. *Hoss* 1965) (vgl. Abb. 7-42).

7.2.1.5 Auftragsveranlassung

Nachdem die Aufträge innerhalb der Funktionsgruppe Termin- und Kapazitätsplanung mit Start- und Endterminen versehen worden sind, sind sämtliche Funktionen des Teilbereiches Produktionsplanung abgearbeitet. Es sind nun Aufgaben der Planung und Realisierung im **Kurzfristbereich** zu lösen, die dem Teilbereich der **Produktionssteuerung** zuzuordnen sind.

7.2.1.5.1 Auftragsfreigabe

Ist die Fertigung eines Auftrags laut vorher festgelegtem Starttermin zu beginnen, so ist nunmehr zu prüfen, ob eine Auftragsfreigabe erfolgen kann. Ein Auftrag kann freigegeben werden, wenn die **Verfügbarkeit** der zur Auftragserfüllung **erforderlichen Materialien, Betriebsmittel, Vorrichtungen** und **Werkzeuge** bestätigt wird. Ziel der Verfügbarkeitsprüfung ist es, die Belastung der Fertigung mit den nicht ausführbaren Aufträgen zu vermeiden (vgl. *Mertens* 1979, Sp. 256f.).

Ursachen für fehlendes Material können beispielsweise in einem Lieferverzug, in Fehlplanungen oder anderweitigen Verwendungen liegen. Zur Feststellung der Verfügbarkeit sind Daten über die körperlich vorhandenen Lagerbestände sowie die bereits eingegangenen, jedoch noch nicht eingelagerten Bestellungen zu erfassen. Diese Daten stammen aus der Bestandsdatei oder, je nach momentanem Aufenthaltsort der Materialien, von der Warenannahme, der Wareneingangskontrolle oder dem innerbetrieblichen Transport. Weiterhin sind Daten über die Materialreservierungen anderer Aufträge sowie deren Priorität abzufragen. Schließlich erfolgt die Ermittlung der Verfügbarkeit anhand des Vergleichs von tatsächlichem Bestand und Auftragsbedarf. Ab welchem Umfang einer Materialfehlmenge ein Auftrag nicht freigegeben wird, bleibt im Einzelfall zu entscheiden. Mit zu berücksichtigen ist außerdem die Priorität eines Auftrags auf Grund etwaigen Verzugs oder seiner Wichtigkeit hinsichtlich des Kunden, weshalb entsprechende Daten auszuwerten sind.

Die Auftragsfreigabe kann aber nicht nur bei einer Materialfehlmenge abgelehnt werden, sondern auch dann, wenn die benötigten Vorrichtungen oder Werkzeuge nicht bereitstehen. Ursache hierfür können Störungen an den Maschinen bzw. ein Werkzeugbruch sein. Ebenso sind die betroffenen Maschinen auf ihr Kapazitätsangebot hin zu kontrollieren, da sich wegen kurzfristig entstandener Störungen in der Fertigung Kapazitätsüberlastungen und daraus resultierend Terminverschiebungen ergeben haben können, die möglicherweise neue Überlegungen einer (weiteren) Priorisierung des Auftrags vor dessen Freigabe erfordern. Außerdem soll die Prüfung nochmals Gelegenheit geben, kurzfristige Termin- und/oder Mengenänderungen des Auftrags seitens des Kunden zu berücksichtigen.

7.2.1.5.2 Arbeitsverteilung

Die Arbeitsverteilung ordnet die Fertigungsaufträge mit den zugehörigen Unterlagen den einzelnen Arbeitsplätzen zu. Hierzu sind im Einzelnen folgende **Maßnahmen** zu ergreifen (vgl. *Bendeich/Dauser* 1977, S. 163):

- Terminieren der einzelnen Arbeitsvorgänge innerhalb des vorgegebenen zeitlichen Rahmens
- Anstoß zur Materialbereitstellung und Veranlassung des Materialtransports
- Zuordnung jedes einzelnen Arbeitsganges zum geeigneten Arbeitsplatz
- Ausgabe der Arbeitsanweisungen
- Reaktion auf Abweichungen vom geplanten Fertigungsablauf
- Aktualisierung der kurz- und mittelfristigen Planungsdaten, falls ein Soll-Ist-Vergleich Abweichungen vom geplanten Fertigungsablauf anzeigt.

Als **Ziele** werden hierbei insbesondere die Einhaltung zugesagter Liefer- bzw. geplanter Fertigstellungstermine, hohe Kapazitätsauslastung und hohe Kapitalumschlagshäufigkeit verfolgt.

Man unterscheidet zwei **Organisationsformen** der **Arbeitsverteilung**:

- zentrale Arbeitsverteilung,
- dezentrale Arbeitsverteilung.

Abb. 7-43 stellt die wesentlichen Merkmale beider Organisationsformen gegenüber. Während sich die Zentralisierung an einer Stelle sehr stark an den Prinzipien des Funktionsmeisters im tayloristischen System orientiert, weist die Dezentralisierung an Stellen mit Ausführungsfunktion große Ähnlichkeit mit der Selbststeuerung durch einzelne Arbeitsgruppen auf.

		Klassifizierungsmerkmal		
		Dispositionskompetenz	Informationsfluß	Materialfluß
Alternative	zentral	Zentralisierung an einer Stelle	Auftragsweise Abholung der Arbeitsanweisung	Auftragsweise Zuführung des Materials gemeinsam mit der Arbeitsanweisung
		Hierarchisch gegliederte Zentralisierung	Abholung von Arbeitsanweisungen für mehrere Aufträge	Auftragsweise Zuführung des Materials getrennt von der Arbeitsanweisung
	dezentral	Dezentralisierung zu Stellen mit Führungsfunktion	Auftragsweise Zuführung der Arbeitsanweisung zum Arbeitsplatz	Zuführung des Materials für mehrere Aufträge zusammen mit den Arbeitsanweisungen
		Dezentralisierung zu Stellen mit Ausführungsfunktion	Zuführung von Arbeitsanweisungen für mehrere Aufträge zum Arbeitsplatz	Zuführung des Materials für mehrere Aufträge getrennt von den Arbeitsanweisungen

Abb. 7-43: Organisationsformen der Arbeitsverteilung (Bendeich/Dauser 1977, S. 164)

7.2.1.5.2.1 Zentrale Arbeitsverteilung

Bei einer zentralen Arbeitsverteilung mittels **Leitstand** übernimmt dieser die Steuerung der Aufträge zu und zwischen den Arbeitsplätzen. Die für die termingerechte Fertigung erforderlichen Informationen werden aus der zentralen Auftragsplanung an den Leitstand übermittelt. Letzterer hat den Überblick über sämtliche Produktionsabteilungen, so dass die integrative Abwicklung eines Auftrages sichergestellt werden kann (vgl. Abb. 7-44). Der Meister ist von terminlichen Entscheidungsaufgaben entbunden, so dass er sich auf seine Führungsaufgaben konzentrieren kann (vgl. *Wildemann* 1982, S. 11).

Als wesentliches Sachmittel des konventionellen Leitstandes steht eine **Plantafel** zur Verfügung, auf der sich für jeden Arbeitsplatz eine entsprechende Schiene befindet. Zur Steuerung und Überwachung des Fertigungsablaufes werden Plankarten in den Funktionsspalten (z. B. in Vorbereitung, Transport, Materialbereitstellung, in Arbeit) bewegt. Wesentliche Voraussetzung für den effizienten Einsatz des Leitstandsystems sind aktuelle Rückmeldungen aus der Fertigung.

Beim konventionellen Leitstand muss das Bedienungspersonal (Disponenten) **hohe Informationsmengen** sowohl aus der Planungsebene (Vorgabewerte, Ecktermine etc.) als auch aus der Fertigungsebene (Rückmeldungen, Störungen etc.) verarbeiten, die zudem auf Grund der terminlichen Anforderungen sehr zeitkritisch sind. **Routinetätigkeiten,** wie z. B. die Aktualisierung von Plantafeln, Such- und Sortieraktivitäten, binden hierbei einen relativ großen Teil der Arbeitszeit. Da die einzige Verbindung zwischen der Planungs- und der Ausführungsebene durch den Disponenten hergestellt wird, kann dies in Störsituationen leicht zu Engpässen führen (vgl. *Mussbach-Winter* 1983, S. 119).

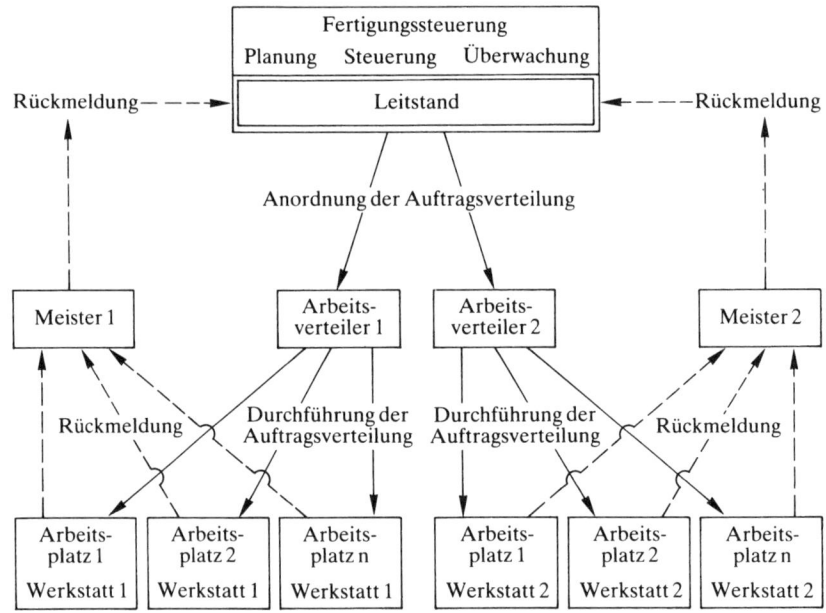

Abb. 7-44: Zentrale Arbeitsverteilung durch einen Leitstand (Streitferdt 1979, Sp. 214)

Zur Entlastung des Leitstandspersonals von Routinetätigkeiten werden in zunehmendem Maße **EDV-gestützte Leitstandsysteme** eingesetzt, die in Abhängigkeit der betriebsspezifischen Anforderungen in **unterschiedlichen Ausbaustufen** realisiert werden können. Eine erste Ausbaustufe stellt beispielsweise der Ersatz der manuellen Datenverwaltung (Karteien, Listen, Tabellen) durch EDV dar. Um eine sehr weit entwickelte Ausbaustufe handelt es sich bei einem prozessrechnergesteuerten Leitstandsystem mit integriertem Farbmonitor, das gegenüber dem konventionellen Leitstandsystem folgende Vorteile aufweist:

– Automatische Aktualisierung der Daten
– Kurzfristige Verfügbarkeit aller Fertigungsdaten
– Rechnergestützte Überwachung des Arbeitsfortschritts
– Permanenter Soll-Ist-Vergleich
– Hohe Transparenz des Produktionsprozesses durch graphische Darstellungen
– Interaktive Planungsalgorithmen
– Rechnerunterstütztes Erstellen von Fertigungsunterlagen
– Entlasten des Disponenten von Routinetätigkeiten.

7.2.1.5.2.2 Dezentrale Arbeitsverteilung

Trotz der Fortschritte in der Informationsverarbeitung und der Erprobung unterschiedlicher Organisationsformen im Rahmen der Werkstattsteuerung weisen die **zentralen Systeme** häufig folgende **Nachteile** auf (vgl. *Wildemann* 1982b, S. 13):

– fehlende Übereinstimmung von Plan und Realität,
– mit der Zentralisierung gehen hohe Datenmengen und geringe Datentransparenz einher,
– die Handlungsalternativen und deren Konsequenzen sind kaum überschaubar,
– geringe Motivation der Mitarbeiter auf Grund fremdbestimmter Arbeitszuteilung,
– hohe Belastung des Führungspersonals in der Werkstatt mit zeitintensiven Koordinationsaufgaben.

Angesichts dieser Probleme ist zu prüfen, inwieweit die **Dezentralisierung der Werkstattsteuerung** zielführend im Sinne einer Vermeidung dieser Nachteile ist. Die Dezentralisierung von Steuerungsfunktionen geht mit der Rückverlagerung bestimmter Planungs- und Entscheidungskompetenzen, wie z.B. der lokalen Auftragsreihenfolgeplanung, innerhalb festgelegter Handlungsspielräume in den ausführenden Bereich einher.

Bei **Meistersystemen** werden sämtliche Aufträge einer Werkstatt vom jeweiligen Meister verwaltet und gesteuert (vgl. Abb. 7-45). Dieser erhält hierzu von einer vorgelagerten Organisationseinheit die in der Grobplanung ermittelten Daten, nämlich Maschinengruppe und Ecktermine, für die zu erledigenden Aufträge. Der Meister kann hierauf Material, Werkzeuge und Vorrichtungen abrufen. In welcher Reihenfolge der in der Werkstatt vorhandene Auftragsbestand abgearbeitet wird, obliegt dabei dem Ermessen des Meisters. Er hat allerdings die Einhaltung der Ecktermine sicherzustellen (vgl. *Wildemann* 1982, S. 14).

Dezentrale weisen gegenüber zentralen Arbeitsverteilungssystemen geringere Anforderungen an das Informations- und Koordinationssystem auf. Solange der Verantwortungsbereich des Meisters nicht zu groß ist, kann er diesen überschauen und ist somit permanent über die Verfügbarkeit von Mitarbeitern und Betriebsmitteln sowie den Arbeitsfortschritt der Aufträge informiert. Es ist sicherzustellen, dass die Meister an die übergeordnete Instanz der Fertigungssteuerung diejenigen Informationen weiterleiten, die diese zur bereichsübergreifenden Koordination der Auftragsabwicklung benötigt (vgl. *Streitferdt* 1979, Sp. 218).

Die **Vorteile** der dezentralen Arbeitsverteilung durch Meister liegen in der Möglichkeit (vgl. *Wildemann* 1982 b, S. 14 f.):

- Aufträge kurzfristig umzudisponieren,
- Mitarbeiter optimal einzusetzen (z. B. bei vorübergehenden persönlichen Unpässlichkeiten),
- auftretende Qualitätsabweichungen direkt zu beheben und sofort Gegenmaßnahmen auszulösen,
- problematische und zeitkritische Werkstücke oder Abläufe frühzeitig zu erkennen,
- Mitarbeiter in geeigneter Weise zu motivieren und
- zeit- und intensitätsmäßige Anpassungen durchzusetzen.

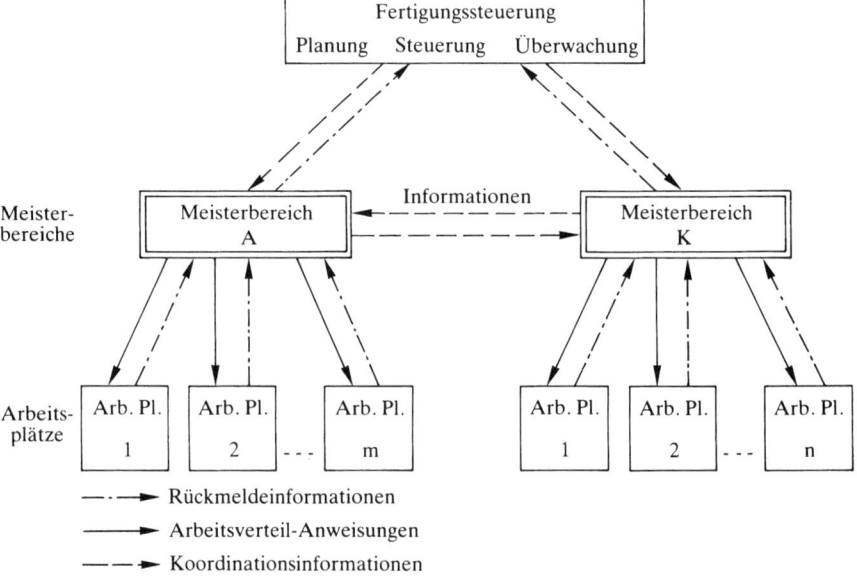

Abb. 7-45: Dezentrale Arbeitsverteilung durch Meister (vgl. Streitferdt 1979, Sp. 214)

Da der Meister sowohl für Fragen der Materialbeschaffung und Terminkontrolle als auch die Führung von Mitarbeitern und deren fachliche Unterstützung zuständig ist, besteht die **Gefahr** einer individuellen und willkürlichen Prioritätensetzung. Die Arbeitsverteilung kann zwischen den betroffenen Mitarbeitern zu Konflikten führen (vgl. *Wildemann* 1982 b, S. 14).

Um die genannten Nachteile zu vermeiden und die bereichsübergreifende Koordination der Aufträge sicherzustellen, werden gelegentlich **Terminjäger** eingesetzt. Diese üben meistens eine reine Stabsfunktion aus und verfügen damit über keine Weisungsbefugnis.

Kleinrechnersysteme, die an die zentrale Produktionssteuerung angeschlossen sind, können den Meister „vor Ort" bei seiner Arbeit unterstützen. Hierzu werden die benötigten Daten, z.B. Ecktermine und Maschinengruppen, in den Werkstattrechner überspielt. Gleichzeitig wird die unmittelbare Rückmeldung aktueller Betriebsdaten an die zentrale Fertigungssteuerung oder den Leitrechner ermöglicht.

7.2.1.6 Auftragsüberwachung

Nachdem durch die Arbeitsverteilung die Durchführung der Produktion angestoßen wurde, ist die Einhaltung der vorgegebenen Plandaten in der Fertigung durch die Auftragsüberwachung sicherzustellen (vgl. *Zäpfel* 1982, S. 245). Eine Umsetzung der Plandaten ist nicht immer problemlos möglich, da vielfältige **Störungen** auf den Ablauf einwirken können. Über- bzw. unterschreiten die von Störungen verursachten Planabweichungen definierte **Toleranzgrenzen,** so sind von der Fertigungssteuerung geeignete Maßnahmen zur Stabilisierung des Produktionsprozesses zu ergreifen. Dieser Ablauf entspricht dem kybernetischen Regelkreismodell. Die Fertigungssteuerung (Regler) verteilt die freigegebenen Aufträge bzw. Arbeitsvorgänge gemäß den Vorgaben aus der Planung (Führungsgrößen) an die entsprechenden Bearbeitungsstellen (Regelstrecken). Werden im Rahmen der Auftragsfortschrittskontrolle Soll-Ist-Abweichungen festgestellt, die außerhalb der Toleranzgrenzen liegen, muss in den Regelkreis eingegriffen werden. Hierbei sind durch Veränderungen der Stellgrößen die Regelgrößen auf einen bestimmten Sollwert zu bringen bzw. innerhalb einer vorgegebenen Bandbreite zu halten.

Damit aber überhaupt ein Vergleich der Soll- und Istdaten vorgenommen werden kann, ist die **aktuelle Rückmeldung** von Daten, die den Istzustand ausreichend exakt beschreiben, unabdingbare Voraussetzung. Diese Daten beziehen sich auf das Personal, die Betriebsmittel, die Fertigungsaufträge und das Material. Beispiele für rückzumeldende Istdaten sind:

– Auftragsbezogene Daten:
  Anfangs- und Endtermine von Arbeitsgängen, produzierte Mengen, Ausschuss, Terminüberschreitungen, Pufferzeiten, Bearbeitungsstatus.
– Personalbezogene Daten:
  geleistete Arbeitsstunden, Anwesenheitszeit, Krankheit.
– Maschinenbezogene Daten:
  Ausbringung, Auslastungsgrad, Rüst-, Lauf-, Leer- sowie Stillstandszeiten der Betriebsmittel.
– Materialbezogene Daten:
  Bestand und Verbrauch von Materialien, Qualitätsfehler, Verbrauchsabweichungen, Verfügbarkeit.

Erfolgt die **Rückmeldung der Daten** durch die **manuelle Verarbeitung von Datenträgern,** so stellt sich der Ablauf in der Regel wie folgt dar:

– In der Fertigung werden Belege manuell mit den anfallenden Bewegungsdaten ausgefüllt.
– Anschließend werden die ausgefüllten Datenbelege an die zentrale Datenerfassung weitergeleitet. Dort werden die handschriftlichen Eintragungen in maschinenlesbare Form umgesetzt.

– Die eingegebenen Daten werden dann (bei batch-Betrieb) in periodischen Abständen von der zentralen Datenverarbeitungsanlage verarbeitet.

Diese herkömmliche Art der Datenerfassung weist eine Reihe von **Nachteilen** auf. Zum einen fällt der **Zeitverzug** zwischen Anfall und Verarbeitung der Daten auf. Die Weitergabe der Belege erfolgt frühestens dann, wenn der zugrundeliegende Vorgang abgeschlossen ist. Bei der Datenerfassung existieren am Monatsende vielfach periodische Arbeitsspitzen. Hieraus folgt, dass die gespeicherten Daten lediglich eine Scheinaktualität aufweisen. Je inaktueller aber die gespeicherten Daten sind, desto globaler muss die darauf aufbauende EDV-gestützte Fertigungssteuerung sein und desto mehr neigen die Anwender dazu, unabhängig vom System zu arbeiten.

Ein zweiter Nachteil ist im großen **personellen Aufwand** für die Erfassung und Verarbeitung der Daten zu sehen. Vielfach werden zusätzlich an verschiedenen Fertigungsstellen manuelle Karteien geführt (z.B. zur Auftragsfortschreibung und Errechnung des Leistungsgrades).

Schließlich bestehen mannigfache **Fehlermöglichkeiten.** Beim manuellen Ausfüllen der Belege kann maschinell keine formale oder logische Prüfung vorgenommen werden. Fehler werden erst in den periodischen Läufen der Stapelprogramme ersichtlich, wobei Korrekturen erst in der darauf folgenden Periode möglich sind.

Zur Beseitigung dieser Nachteile haben in großem Umfang **EDV-gestützte** Systeme zur **Betriebsdatenerfassung** Anwendung gefunden. „Die Aufgabe der Betriebsdatenerfassung (BDE) besteht darin, die im Rahmen des betrieblichen Arbeitsprozesses anfallenden technischen und organisatorischen Daten in möglichst maschinell verarbeitbarer Form am Ort ihrer Entstehung (z.B. Arbeitsplatz, Maschine, Werkstor) zu erfassen und an den Ort ihrer Verarbeitung (z.B. Leitstand, EDV-Abteilung, Lohnbüro) zu bringen" (*Hackstein* 1984, S. 232).

Abb. 7-46 fasst die Datenarten in Bezug zu den Objekten der Betriebsdatenerfassung zusammen. Hierbei wird zwischen Stammdaten, zu erfassenden Bewegungsdaten und aufbereiteten Daten differenziert.

Die mit einem BDE-System verfolgten **Ziele** sind:

– Reduzierung des Erfassungs- und Verarbeitungsaufwandes,
– Erhöhung der Datenaktualität,
– Verbesserung der Datenqualität und damit
– Vermeidung von Korrekturläufen bei nachfolgender Verarbeitung.

Als **Geräte,** die dezentral installiert und direkt an die zentrale Datenverarbeitungsanlage angeschlossen werden, gelangen zum Einsatz:

– Datensichtstationen,
– Werkstatt-Terminals,
– Drucker (zur gezielten Erstellung maschineller Belege),
– Ausweisleser,
– elektronische Waagen.

Als alternative Eingabeformen leiten sich hieraus ab: Ausweis-, Lochkarten-, Magnetstreifen-, OCR-Code-, Strichcodeleser oder Tastaturen mit Anzeigefeld oder Bildschirm.

Daten-art / Daten-objekt	Stammdaten	Zu erfassende Bewegungsdaten	Aufbereitete Daten
Personal	– Personalnummer – Name – Kostenstelle – Beschäftigungsver-hältnisse – Lohngruppe – Lohnart – Arbeitszeit/Schicht-zugehörigkeit – Ein-/Mehrmaschi-nenbediener	– Kommt-Geht Meldungen – Anfang u. Ende von Fehlzeiten – Daten zur Prämien-entlohnung	– Personalübersicht – Anwesenheits-/Ab-wesenheitsübersicht – Tätigkeitsübersich-ten – Stundenlisten (mit Aufschlüsselung ver-schiedener Zeitkon-ten) – Fehlzeitanalyse – Zeitgradauswertun-gen
Maschinen	– Maschinennummer – Bezeichnung der Maschine – Kostenstelle – Kapazitätsangebot	– Belegung der Ma-schine – Anfang und Ende von Maschinenstö-rungen	– Maschinenübersich-ten – Maschinenbele-gungsübersichten
Fertigungs-aufträge	– Auftragsnummer – Bezeichnung des Auftrages – Sachnummer des zu fertigenden Teiles – Stückzahl – Anzahl und Num-mern der geplanten Arbeitsvorgänge – Beschreibung der geplanten Arbeits-vorgänge	– Anfang, Unterbre-chung und Ende von Arbeitsvorgängen – Gutstückzahl – zusätzliche Quali-tätsdaten – Freigabe und Fertig--meldungen von Fer-tigungsaufträgen – Anfang und Ende von Gemeinko-stenaufträgen	– Fertigungsauftrags-übersichten – Auftragsfortschritts-übersichten
Lager	– Sachnummer der Lagerposition – Lagerort – evtl. Fachnummer – Mindestlagerbe-stand	– Lagerzu- und abgänge – Reservierungen	– Lagerbestandsüber-sichten – Lagerbewegungs-übersichten

Abb. 7-46: Zusammenhang zwischen Datenarten und -objekten in BDE-Systemen (Hackstein 1984, S. 234)

Für die **Gestaltung von BDE-Systemen** existieren eine Reihe alternativer Möglich-keiten bei (vgl. *Hackstein* 1984, S. 235 ff.):

– der Art der Datenübertragung zwischen den Betriebsdatenerfassungsstationen und der BDE-Zentrale. Off-line-BDE-Systeme sehen keine direkte Verbindung zwi-schen den Erfassungsstationen und der Zentrale vor. Die Daten werden an der Er-fassungsstation auf einen transportablen Datenträger (z.B. Diskette) gespeichert, der dann regelmäßig zur Eingabe in die Zentrale gelangt. Demgegenüber werden

bei einer on-line-Kopplung die an den Erfassungsstationen festgehaltenen Daten unmittelbar an die Zentrale weitergeleitet.
– der Art der Datenverarbeitung (Batch versus real-time).
– den Aufstellungsorten der Erfassungsstationen.

7.2.1.7 Datenverwaltung als übergreifende Grundfunktion

Voraussetzung für das Handeln in betrieblichen Funktionsbereichen ist eine Informationsbasis in Form von Datenbanken. Im Rahmen der Produktionsplanung und -steuerung hat die Datenverwaltung die Aufgabe der Sammlung, Speicherung und Aktualisierung von Daten, die zur Wahrnehmung von Planungs-, Realisations- und Kontrollaktivitäten im Rahmen der Produktionsprogrammplanung, Mengenplanung, Termin- und Kapazitätsplanung sowie der Auftragssteuerung erforderlich sind (vgl. *Ellinger/Wildemann* 1978, S. 57).

Diese Daten können in auftragsneutrale und auftragsabhängige unterteilt werden. **Auftragsneutrale Daten** weisen über einen längeren Zeitraum Gültigkeit auf und werden deshalb auch als **Stammdaten** bezeichnet. **Auftragsabhängige Daten** sind mit der Durchführung von Fertigungs- oder Bestellaufträgen verbunden. Sie werden auch als **Bewegungsdaten** bezeichnet. Stammdaten sind durch den laufenden Änderungsdienst zu pflegen, während Bewegungsdaten zwangsläufig auf Grund der laufenden Aktivitäten aktualisiert werden.

Zu den in der PPS benötigten auftragsunabhängigen Stammdaten gehören im Wesentlichen

– Stücklisten,
– Teilestammdaten,
– Arbeitsplandaten,
– Maschinenstammdaten (Maschinennummer, Maschinenbezeichnung, Kostenstelle, Kapazitätsangebot),
– Werkzeugstammdaten,
– Personalstammdaten (Name, Personalnummer, Kostenstelle, Lohngruppe, Lohnart, Arbeitszeit, Ein-/Mehrmaschinenbediener).

Als relevante Bewegungsdaten sind zu nennen:

– Fertigungsaufträge (interne Auftragsnummer, Sachnummer des zu fertigenden Teils, herzustellende Menge, Fertigstellungstermin, Anzahl und Nummern der Arbeitspläne, Durchlaufzeit usw.). Datenbasis für die Erstellung interner Fertigungsaufträge sind die Kundenaufträge, die gegebenenfalls zu Losen zusammengefasst werden und mit den Lagerbeständen abgestimmt werden sowie die Stücklisten und Arbeitspläne.
– Bestellaufträge
– Lagerbestände (Sachnummer der Lagerposition, Lagerort, eventuell Fachnummer)
– Reservierungen bzw. Vormerkungen.

Um die eindeutige und rasche Identifikation von Erzeugnissen, Kapazitäten etc. in einem Datenbestand zu gewährleisten, empfiehlt sich der Aufbau von **Schlüssel- bzw. Nummerungssystemen.** Hierbei kann es sich um eine Folge von Ziffern, eine Folge von Buchstaben und Ziffern oder eine Folge von Buchstaben handeln. Um ein wirksames und langlebiges Nummernsystem sicherzustellen, sind bei der **Festlegung der Struktur** folgende Fragen zu stellen und zu beantworten (vgl. *Wiendahl* 1979, Sp. 1372):

– Welche Merkmale sollen mit einem Schlüssel abgebildet werden? Hierzu sind die Ziele, Benutzer, Datenträger und Verarbeitungsvorgänge des Schlüsselsystems zu analysieren.
– Wieviel Positionen sollen für jedes Merkmal vorgesehen werden? So können mit den Ziffern 0 bis 9 genau 10 Positionen je Stelle verschlüsselt werden, mit den Buchstaben A-Z 26. Falls dies nicht ausreicht, sind für ein Merkmal mehrere Stellen zu reservieren.
– Sollen die Merkmale verknüpft werden? Sind die Merkmale in einem Nummerungssystem voneinander abhängig, spricht man von einer Verknüpfung zweier Merkmale. Das entsprechende System heißt Verbundnummern-System. Bei voneinander unabhängigen Merkmalen liegt ein Parallelnummern-System vor.

7.2.1.8 Implementierungsstrategien

Die Implementierung eines PPS-Systems vollzieht sich häufig in folgenden Schritten (vgl. *Scheer* 1982, S. 18):

1. Aufbau der Stücklisten
2. Durchführung einer Bestandsrechnung und Bedarfsauflösung mit anschließender Erstellung von Fertigungs- und Bestellaufträgen
3. Stammdatenaufbau für Arbeitspläne und Kapazitäten
4. Realisierung von Kapazitätsterminierungen
5. Einführung einer Werkstattsteuerung
6. Aufbau eines Rückmeldesystems.

Dieser Implementierungsablauf wird in der Regel dann durchbrochen, wenn für Teilfunktionen bereits Insellösungen vorliegen. In diesem Fall ist das PPS-System in eine bestehende EDV-Landschaft einzugliedern.

Der **Zeitaufwand** für die Implementierung eines PPS-Systems ist sehr unterschiedlich. Bei größeren Unternehmen erfordert der Aufbau der Datenbanken über die Stücklisten und Arbeitspläne mehrere Monate bis zu mehreren Jahren. Sind bereits manuelle Stücklisten und Arbeitspläne vorhanden, so müssen diese unter Beachtung der Formate lediglich auf EDV-Träger übertragen werden. Erfolgt hingegen die Einführung des PPS-Systems auf der „grünen Wiese", muss also zunächst einmal eine Systematisierung der sporadisch manuell geführten Stücklisten vorgenommen werden, so stellt sich bereits die Schaffung dieser Datengrundlage außerordentlich aufwändig dar.

Voraussetzungen für eine **erfolgreiche EDV-Strategie** im Produktionsbereich sind (vgl. *Scheer* 1982, S. 27):

– Einheitliches Planungskonzept
– Sorgfältige Softwareauswahl
– Gesamtkonzept für die Datenbasis
– Hardware-Kompatibilität
– Adäquate organisatorische Eingliederung.

7.2.2 Systeme zur Planung und Steuerung der Produktion

Die beschriebenen Funktionen der Produktionsplanung und -steuerung werden in unterschiedlichem Ausmaß durch alternative PPS-Konzepte abgedeckt. Diese Konzepte werden – nach einer kurzen Analyse der prinzipiellen Gestaltungsmöglichkeiten – zunächst vorgestellt und hinsichtlich ihrer Ziele und Voraussetzungen untersucht. Daran anschließend wird analysiert, wie weit die einzelnen Systeme die genannten PPS-Funktionen abzudecken vermögen.

7.2.2.1 Gestaltungsmöglichkeiten von PPS-Systemen

In Abhängigkeit vom **Zentralisationsgrad der zu treffenden Entscheidungen** lassen sich

– zentral organisierte PPS-Systeme,
– bereichsweise zentral organisierte PPS-Systeme und
– dezentral organisierte PPS-Systeme

unterscheiden (vgl. *Zäpfel/Missbauer* 1987, S. 883 ff.).

Bei einem **rein zentralen PPS-System** als idealtypische Möglichkeit „werden alle die Produktionsdurchführung betreffenden Entscheidungen, also die Festlegung der Fertigungsaufträge nach Art und Menge (Lose) sowie der genauen Bearbeitungstermine der einzelnen Arbeitsvorgänge der Aufträge auf allen Produktionsstellen, zentral getroffen. Der Fertigung verbleiben demnach keine Planungsaufgaben mehr, sondern nur noch die Ausführung" (*Zäpfel/Missbauer* 1987, S. 884) (vgl. Abb. 7-47). Das vollständige Funktionieren einer rein zentralen Produktionsplanung und -steuerung ist an zwei **Voraussetzungen** gebunden. Zum einen muss die zentrale Stelle permanent aktuelle Rückmeldungen über die Systemzustände in der Produktion erhalten, da von ihr laufend Vorgaben zu erarbeiten und durchzusetzen sind. Die Rückmeldung muss also möglichst on-line erfolgen. Zum zweiten muss die zentrale Planungsstelle über ein exaktes Prozessmodell verfügen, das den realen Fertigungsablauf detailliert abbildet und die zu treffenden Entscheidungen für jeden Zeitpunkt bestimmen und vorgeben kann

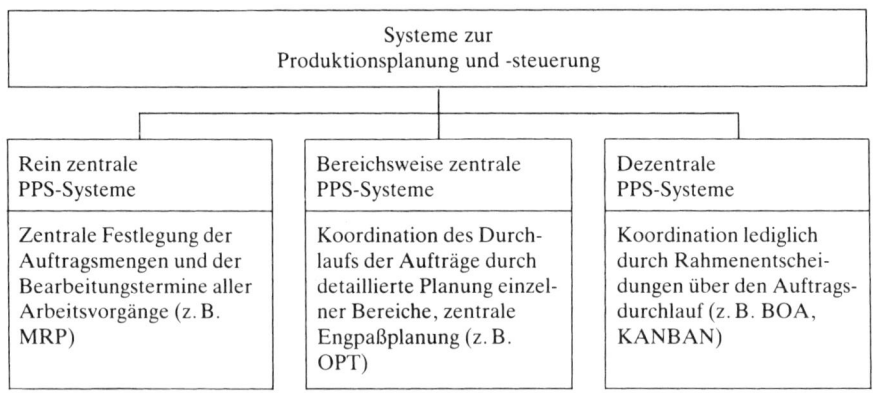

Systeme zur Produktionsplanung und -steuerung		
Rein zentrale PPS-Systeme	Bereichsweise zentrale PPS-Systeme	Dezentrale PPS-Systeme
Zentrale Festlegung der Auftragsmengen und der Bearbeitungstermine aller Arbeitsvorgänge (z. B. MRP)	Koordination des Durchlaufs der Aufträge durch detaillierte Planung einzelner Bereiche, zentrale Engpaßplanung (z. B. OPT)	Koordination lediglich durch Rahmenentscheidungen über den Auftragsdurchlauf (z. B. BOA, KANBAN)

Abb. 7-47: Systematik der PPS-Systeme (vgl. Zäpfel/Missbauer 1987, S. 897)

(vgl. *Zäpfel/Missbauer* 1987, S. 884). Hierzu wurden in der Theorie Simultanmodelle der integrierten Programm-, Losgrößen- und Ablaufplanung entwickelt (vgl. z. B. *Adam* 1963, *Pressmar* 1977). Diese sind jedoch in der Praxis auf Grund der regelmäßig anfallenden großen Datenmengen und der Störungen im Produktionsablauf (z. B. Maschinenausfälle, Auftragsstornierungen) nicht mehr sinnvoll beherrschbar. Da diese Einschränkungen auch bei sukzessiven Planungsansätzen gültig sind, haben sich solche Konzepte in der Praxis kaum durchgesetzt. Dort dominieren jene PPS-Systeme, „bei denen die kurzfristigen, detaillierten Planungsaufgaben (also die Maschinenbelegungsplanung) aus der zentralen Produktionsplanung und -steuerung ausgegliedert und auf eine dem Fertigungsprozess nahe Entscheidungsebene (Meister- bzw. Werkstattdisposition) verlagert werden" (*Zäpfel/Missbauer* 1987, S. 884).

Bei den **bereichsweise zentralen PPS-Systemen** wird der Fertigungsablauf für jene Produktionseinheiten zentral geplant, die durch eine zeitliche Konkurrenzsituation der Aufträge gekennzeichnet sind und die somit als Engpässe den Auftragsdurchlauf entscheidend beeinflussen (vgl. Abb. 7-47). Diese zentrale Engpassplanung wird mit dem in Abschnitt 7.2.2.6 behandelten OPT-System verwirklicht.

In **dezentralen PPS-Systemen** erfolgt die detaillierte Ablaufplanung für alle Produktionsstellen dezentral (vgl. Abb. 7-47). Der Produktionsprozess wird „unmittelbar nur durch die hierarchisch untergeordnete Entscheidungsebene gesteuert, während die übergeordnete Ebene (zentrale Planungsstelle) lediglich aggregierte Entscheidungen trifft und damit die Rahmenbedingungen für die Ablaufplanung fixiert. Damit handelt es sich um ein hierarchisches Planungssystem. Die zentrale Planungsstelle hat bei diesen Systemen also die Aufgabe, die aggregierten Entscheidungen hinsichtlich des Auftragsdurchlaufs so zu treffen, dass für die dezentralen Dispositionsstellen optimale Rahmenbedingungen zur Erreichung der Ziele der Produktion (…) gewährleistet werden" (*Zäpfel/Missbauer* 1987, S. 885 f.).

7.2.2.2 Material-Requirement-Planning (MRP)- und MRP II-Systeme

Am verbreitetsten zur Durchführung der Produktionsplanung und -steuerung sind die sog. MRP(Material Requirement Planning)-Systeme. Das **MRPI** (Material-Requirement Planning) ist ein System zur Einrichtung einer genauen Kontrolle über die Planung der Produktion und des Absatzes. In den achtziger Jahren wurde das MRP-System in den USA zu **MRP II** (Manufacturing Resource Planning) weiterentwickelt. Als wesentliche MRP II-Erweiterungen gegenüber dem MRP-Konzept sind zu nennen:

- Es wird ein Ressourcenabgleich bezüglich Personal, Material, Maschinen und Finanzmitteln auf unterschiedlichen Planungsebenen durchgeführt.
- Die strategische Ebene der langfristigen Planung wird in den PPS-Prozess integriert (vgl. Abb. 7-48). Es sollen sämtliche Aktivitäten, die mit dem Leistungserstellungsprozess verbunden sind, ganzheitlich betrachtet werden. In diesem Sinne handelt es sich bei MRP II nicht nur um ein Informationssystem, sondern um eine Managementphilosophie. Es erfolgt zunächst eine Planung auf monetärer Basis, die anschließend auf Mengenbasis durchgeführt wird.
- MRP II weist eine streng hierarchische und sequentielle Planungslogik mit Rückkopplungsschleifen auf, wobei nachgelagerte Planungsebenen erst dann zum Einsatz gelangen, wenn verbindliche Entscheidungen der vorgelagerten Planungsebenen vorliegen.

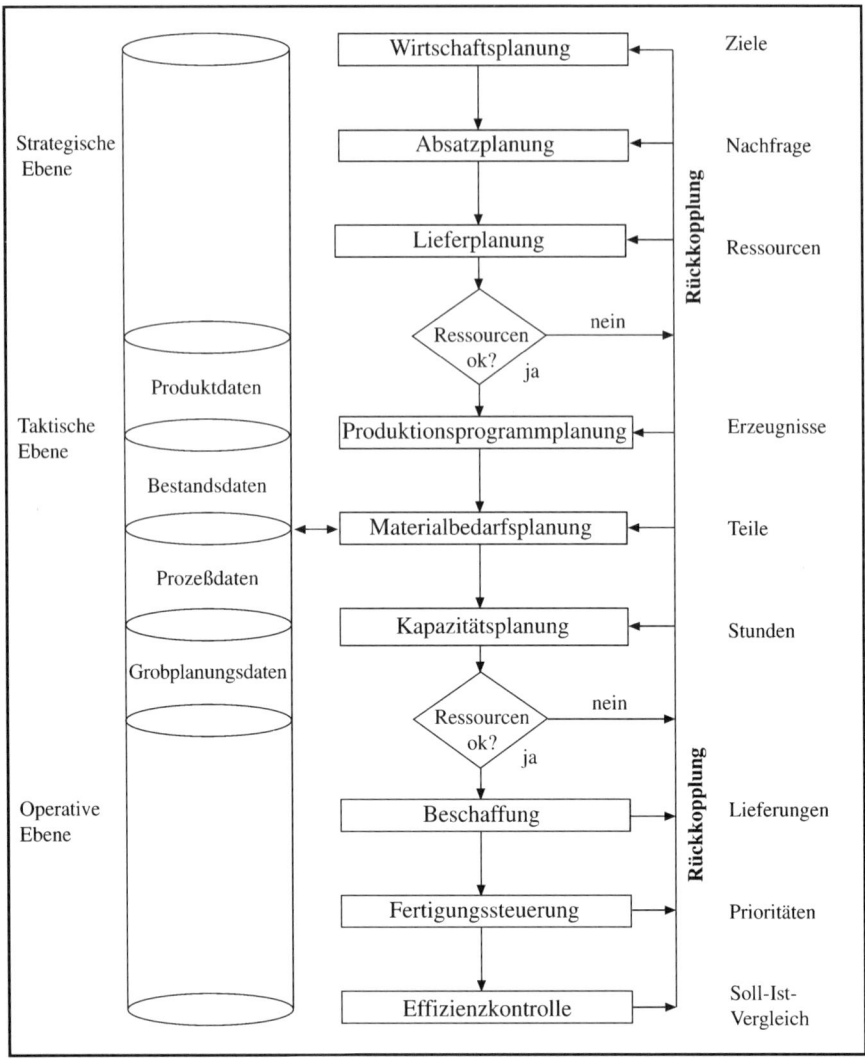

Abb. 7-48: MRP II-Konzeption (vgl. Pacher-Theinburg 1986, S. 112)

Gemessen an der Zahl der eingesetzten Systeme, konnte sich MRP II nicht auf breiter Basis durchsetzen. In der Praxis lässt sich eher ein gegenteiliger Trend feststellen, nämlich die dezentrale Durchführung der Feinsteuerung und damit die Abkehr von umfassenden PPS-Systemen.

7.2.2.3 Belastungsorientierte Auftragsfreigabe (BOA)

Über den gesamten Ablauf gesehen ist der Produktionsprozess eines Unternehmens nicht – wie im MRP-System unterstellt – deterministisch sondern stochastisch. Dies wird im Konzept der Belastungsorientierten Auftragsfreigabe (BOA) berücksichtigt. Die Entwicklung geht auf Untersuchungen am Institut für Fabrikanlagen der Universität Hannover zurück, in denen festgestellt wurde, dass Reduzierungen der Werkstattbestände überproportionale Rückgänge der Durchlaufzeit zur Folge haben können. Als **zentrale Steuerungsgröße** wird der **Bestand am Arbeitsplatz** verwendet. Als Modell zur vollständigen Beschreibung des Produktionsprozesses wird ein **Trichtermodell** herangezogen, das die Grundlage für die Entwicklung eines Durchlaufdiagramms bildet (vgl. Abb. 7-49).

Der Trichter (Abb. 7-49, linke Seite) spiegelt hierbei ein Arbeitssystem wider, das ein einzelner Arbeitsplatz, eine Arbeitsplatzgruppe, eine Kostenstelle, ein Betriebsbereich oder ein ganzer Betrieb sein kann. Die Aufträge, die am Arbeitssystem eintreffen, stellen einen Bestand an wartenden Aufträgen dar. Der Trichterauslass symbolisiert die verfügbare Kapazität und der Trichterinhalt den jeweiligen Bestand an wartenden Aufträgen. Die Abläufe am Trichter lassen sich in ein Durchlaufdiagramm übertragen (Abb. 7-49, rechte Seite). Im Durchlaufdiagramm wird das Zusammenwirken der Kenngrößen Belastung, Leistung, Bestand und Durchlaufzeiten des betrachteten Arbeitssystems veranschaulicht. Um die Zugangskurve zu erstellen, wird zunächst der Bestand an Arbeit festgestellt, der zu Beginn des Bezugszeitraums im Arbeitssystem vorhanden ist (Anfangsbestand). Von diesem Punkt beginnend, wird die zugehende Arbeit gemäß ihrem Arbeitsinhalt in Stunden und dem Zeitpunkt des Zugangs aufgetragen. Auf diese Weise erhält man den **Zugangsverlauf.** Analog werden zur Darstellung des **Abgangsverlaufes** die fertiggestellten Aufträge mit ihrem Arbeitsinhalt zu ihren Abmeldezeitpunkten aufgetragen, wobei man am Koordinatenursprung beginnt. Beide Kurven zusammen veranschaulichen den Durchlauf der Aufträge durch das betrachtete Arbeitssystem. Der sich am Ende des Bezugszeitraums ergebende Endbestand entspricht dem Anfangsbestand des folgenden Bezugszeitraumes, so dass das Durchlaufdiagramm als Ausschnitt aus der kontinuierlichen Beschreibung eines Arbeitssystems anzusehen ist (vgl. *Wiendahl* 1987, S. 100).

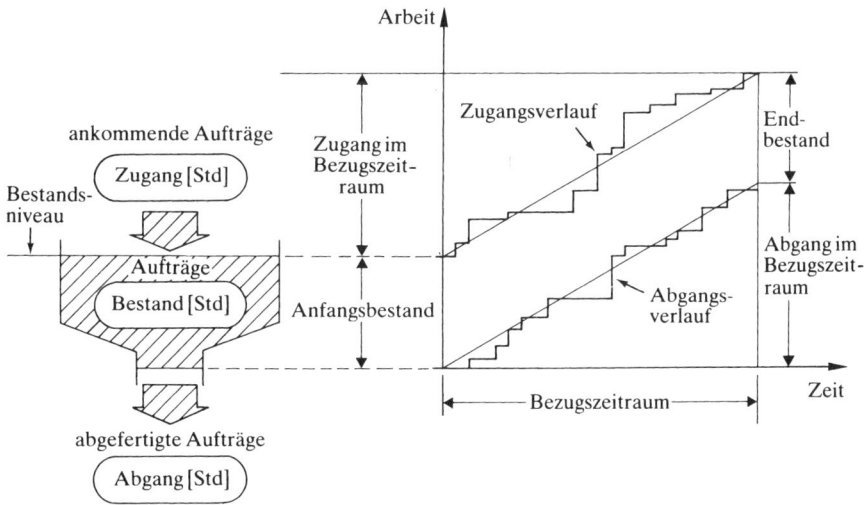

Abb. 7-49: Tichtermodell und Druchlaufdiagramm eines Arbeitssystems
(Wiendahl 1987, S. 101)

„Der mittlere Bestand in einer Periode ergibt sich aus der Summe der Einzelbestände an jedem Tag der Periode P, dividiert durch die Anzahl der Tage, die in der Periode P enthalten sind." (*Wiendahl* 1987, S. 108). Hierbei ist zu berücksichtigen, dass sämtliche Zu- und Abgänge, die während eines Tages erfolgen, auf das Ende dieses Tages zu beziehen sind. Dies heißt, dass Bestandsveränderungen jeweils erst am folgenden Tag wirksam werden.

Die **mittlere Durchlaufzeit** im Arbeitssystem umfasst die Zeitspanne, in der der Bestand auf Grund der vorhandenen Leistung im Mittel genau einmal umgeschlagen wird:

$$\text{Mittlere Durchlaufzeit (Tage)} = \frac{\text{mittlerer Bestand (Stunden)}}{\text{mittlere Leistung (Stunden/Tag)}}$$

Der Vorteil, die mittlere Durchlaufzeit als mittleres Bestands-Leistungs-Verhältnis zu definieren, liegt darin, dass sie unabhängig von der Abarbeitungsreihenfolge ist (vgl. *Kettner/Bechte* 1981, S. 460 f.). Diese Beziehung stellt die Grundlage dafür dar, den Arbeitsplatzbestand als Steuerungsgröße heranzuziehen. Eine effektive Fertigungssteuerung ist nämlich dadurch gekennzeichnet, dass an den einzelnen Arbeitsplätzen gleichmäßige, annähernd parallele und eng aufeinander folgende Belastungs- und Leistungsverläufe vorliegen. Der Bestand soll hierbei so niedrig wie möglich und so hoch wie nötig bemessen werden. Der Bestand dient als Puffer für den bearbeitungs- und übergangsbedingten Zeitbedarf der Fertigung. Hierdurch soll gleichzeitig eine hohe Kapazitätsauslastung und ein rascher Auftragsdurchlauf gewährleistet werden.

Belastung, Leistung, Bestand und Durchlaufzeit in den Arbeitssystemen werden mit Hilfe einer **Belastungsschranke** gesteuert (vgl. Abb. 7-50). „Bei einer festen Planperiode, einer angestrebten Plan-Durchlaufzeit und einer verplanbaren Kapazität bzw. Plan-Leistung ergeben sich auch ein Plan-Bestand und eine Plan-Belastung. Dabei wird die Plan-Belastung durch eine Belastungsschranke gekennzeichnet, welche

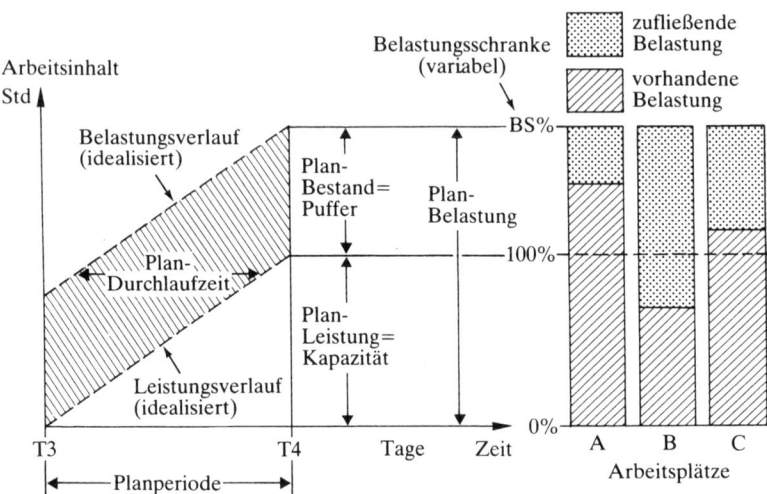

Abb. 7-50: Planung von Belastung, Leistung, Bestand und Durchlaufzeit mit Hilfe der Belastungsschranke (Kettner/Bechte 1981, S. 462)

zweckmäßigerweise als ein prozentuales Vielfaches der Kapazität der Planperiode definiert wird. Die Belastungsschranke dient als variabler Steuerungsparameter, womit über das Bestands-Leistungs-Verhältnis die mittlere Durchlaufzeit an allen Arbeitsplätzen beeinflusst werden kann." (*Kettner/Bechte* 1981, S. 463). Um einen gleichmäßigen und planvollen Fertigungsablauf sicherzustellen, sollte die Durchlaufzeit an allen Arbeitsplätzen im Mittel gleich groß sein. Bei einer Planperiode von einer Woche und Belastungsschranken von 200%, 250% bzw. 300% betragen dann die geplanten Durchlaufzeiten 1 Woche, 1,5 Wochen bzw. 2 Wochen je Arbeitsvorgang.

Die Belastungsorientierte Auftragsfreigabe läuft in zwei Schritten ab (vgl. Abb. 7-51). Im **ersten Schritt** werden mittels einer **Durchlaufterminierung** um eine Terminschranke die dringlichen Aufträge ermittelt. Die Terminschranke legt dabei den zukünftigen Zeitraum einer konkreten Einplanung fest. Mit Hilfe der Durchlauftermi-

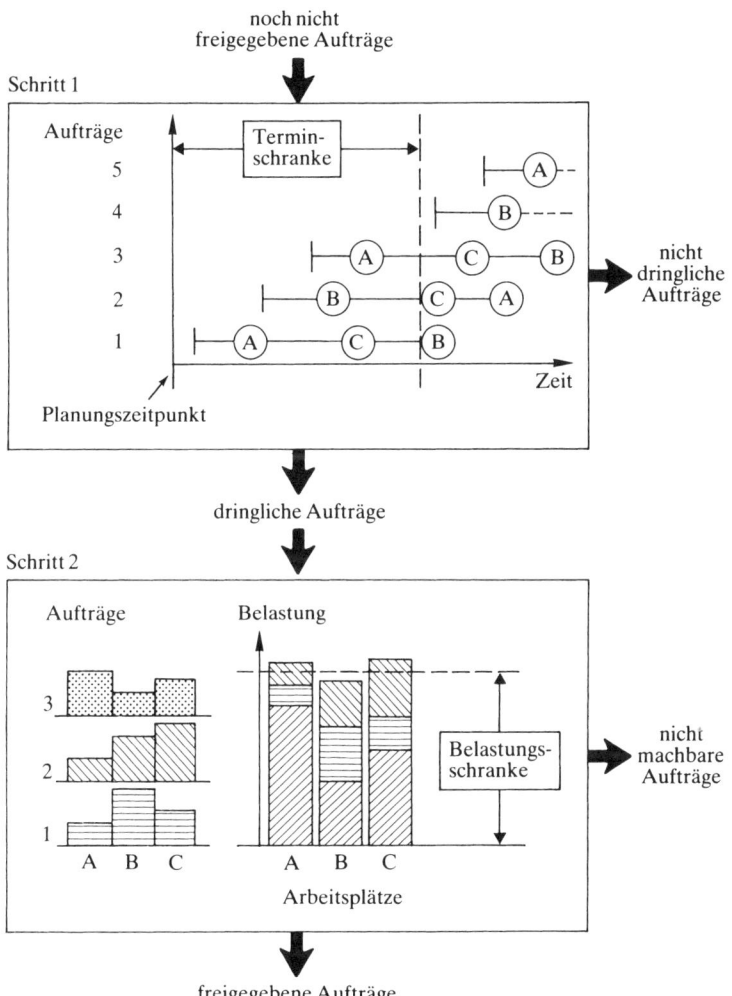

Abb. 7-51: Schritte der Belastungsorientierten Auftragsfreigabe (Kettner/Bechte 1981, S. 463)

nierung werden auf Grund des Endtermins und der aktuellen Durchlaufzeiten Starttermine ermittelt, die als Maß für die Dringlichkeit herangezogen werden. Um zu
vermeiden, dass Aufträge zu früh freigegeben werden, werden im **zweiten Schritt** nur
die Aufträge herangezogen, die innerhalb der Terminschranke liegen. Der zweite
Schritt beinhaltet die **Überprüfung der Freigabe** mittels Belastung der beteiligten

Merkmal	Merkmalsausprägung			
Erzeugnisspektrum	Erzeugnisse nach Kunden- spezifikation ●	Typisierte Er- zeugnisse mit kundenspezifi- schen Varian- ten ●	Standarder- zeugnisse mit Varianten ●	Standarder- zeugnisse ohne Varianten ●
Erzeugnisstruktur	Einteilige Erzeugnisse	Mehrteilige Erzeugnisse mit einfacher Struktur ●	Mehrteilige Erzeugnisse mit komplexer Struktur ●	
Auftragsauslö- sungsart	Produktion auf Bestellung mit Einzelaufträgen ●	Produktion auf Bestellung mit Rahmenaufträ- gen ●	Produktion auf Lager ●	
Dispositionsart	Disposition kundenauf- tragsorientiert ●	Disposition überwiegend kundenauf- tragsorientiert ●	Disposition überwiegend programm- orientiert ●	Disposition programm- orientiert ●
Beschaffungsart	Fremdbezug unbedeutend ●	Fremdbezug in größerem Um- fang ●	Weitgehender Fremdbezug ●	
Fertigungsart	Einmalferti- gung ●	Einzel- und Kleinserienfer- tigung ●	Serienfertigung ●	Massenferti- gung
Fertigungsablaufart	Baustellenferti- gung	Werkstattferti- gung ●	Gruppen/Li- nienfertigung	Fließfertigung
Fertigungsstruktur	Fertigung mit geringer Tiefe ●	Fertigung mit mittlerer Tiefe ●	Fertigung mit großer Tiefe ●	

Abb. 7-52: Belastungsorientierte Auftragsfreigabe: Eignungshinweise
(Mertens/Heigl 1984, S. 18)

Arbeitsplätze und Belastungsschranke. Die Freigabe eines Auftrages erfolgt nur dann, wenn für jeden der beteiligten Arbeitsplätze die Belastung durch die bereits freigegebenen Aufträge unter der vorgegebenen Belastungsschranke liegt. Durch die Freigabe wird die Belastung der beteiligten Arbeitsplätze um die Belastungsanteile des freigegebenen Auftrags erhöht. Des Weiteren wird eine indirekte Belastung berücksichtigt, die Aufträge beinhaltet, die bereits in der Werkstatt sind, aber den betroffenen Arbeitsplatz noch nicht durchlaufen haben. Die indirekte Belastung wird dadurch ermittelt, dass die jeweiligen Arbeitsinhalte mit den Diskontierungsfaktoren, die die Wahrscheinlichkeit des Eintreffens der Aufträge am jeweiligen Arbeitsplatz widerspiegeln, abgewertet werden (vgl. *Kettner/Bechte* 1981, S. 463 f.).

Voraussetzungen für die Anwendung der Belastungsorientierten Auftragsfreigabe sind:

– bekannte Ablieferungstermine für die Aufträge,
– Verfügbarkeit des benötigten Materials,
– Kenntnis der verplanbaren Kapazitäten der anstehenden Planperiode,
– Kenntnis über vorhandene Belastungen durch freigegebene und angearbeitete Aufträge.

Abb. 7-52 zeigt auf, bei welchen Merkmalsausprägungen des Industriebetriebes der Einsatz der Belastungsorientierten Auftragsfreigabe besonders geeignet ist. Punkte kennzeichnen die Merkmalsausprägungen, bei denen das Konzept vorwiegend geeignet ist.

7.2.2.4 KANBAN-System

Während das System der Belastungsorientierten Auftragssteuerung auf die Verbesserung des Betriebsgeschehens durch eine Optimierung des zentralen Steuerungssystems abzielt, bei der der Produktionsablauf unverändert bleibt, hebt das von der Firma Toyota entwickelte japanische KANBAN-System insbesondere auf eine **effiziente Ablaufgestaltung in der Produktion** ab (vgl. hierzu und im Folgenden *Wildemann* 1984, S. 33 ff.). KANBAN ist ein japanischer Begriff und steht für „Karte" bzw. „Schild". Zu den wichtigsten Elementen des KANBAN-Systems gehören (vgl. *Hall* 1983; *Monden* 1983):

– **selbststeuernde Regelkreise** zwischen erzeugenden und verbrauchenden Stellen,
– Hol-Prinzip für die jeweils nachfolgenden Verbrauchsstufen anstelle des üblichen Bring-Prinzips,
– **flexibler Personal- und Betriebsmitteleinsatz,**
– **Übertragung der kurzfristigen Steuerungsfunktionen** an die ausführenden Mitarbeiter,
– Einsatz der **KANBAN-Karte** als Informationsträger.

Der **Ablauf** des KANBAN-Systems stellt sich wie folgt dar: Sobald bei der verbrauchenden Stelle ein vorher definierter Mindestbestand erreicht bzw. unterschritten wird, meldet sie ihren Bedarf dadurch, dass sie der Quelle die entsprechende KANBAN-Karte übergibt. Die erzeugende Stelle muss nunmehr sicherstellen, dass das angeforderte Material in der vorgesehenen Zeit und in der vorgeschriebenen Menge bereit- bzw. hergestellt wird. Sobald sich die verlangte Teilezahl im Behälter befindet, wird dieser zusammen mit der Karte an die Senke geschickt. Sobald bei der verbrauchenden Stelle der Mindestbestand erneut erreicht bzw. unterschritten wird, beginnt ein neuer Zyklus von Erzeugung, Transport und Verbrauch (vgl. Abb. 7-53). Im Vergleich zur traditionellen Werkstattsteuerung, bei der Aufträge mit Termin und Menge deterministisch vorgegeben werden, erfolgt also bei der Steuerung nach KANBAN-Prinzipien die Auslösung von Werkstattaufträgen nach **aktuellem Bedarf** und **aktuellen Beständen.** Als zentrale PPS-Funktionen verbleiben auch beim Einsatz des KANBAN-Systems die langfristige Produktionsprogrammplanung und die mittelfristig orientierte Material- und Kapazitätsplanung.

Als **generelle organisatorische Regeln** sind im KANBAN-System zu beachten (vgl. *Wildemann* 1984, S. 35):

– Der **Verbraucher** darf weder vorzeitig noch mehr Material anfordern als benötigt.
– Der **Erzeuger** darf nicht mehr Teile als benötigt vor Eingang der Bestellung herstellen, nicht mehr als angefordert erzeugen und keine fehlerhaften Erzeugnisse abliefern.
– Der **Steuerer** soll die einzelnen Produktionsbereiche gleichmäßig auslasten und in die Regelkreise eine adäquate – möglichst geringe – Anzahl von KANBAN-Karten einschleusen.

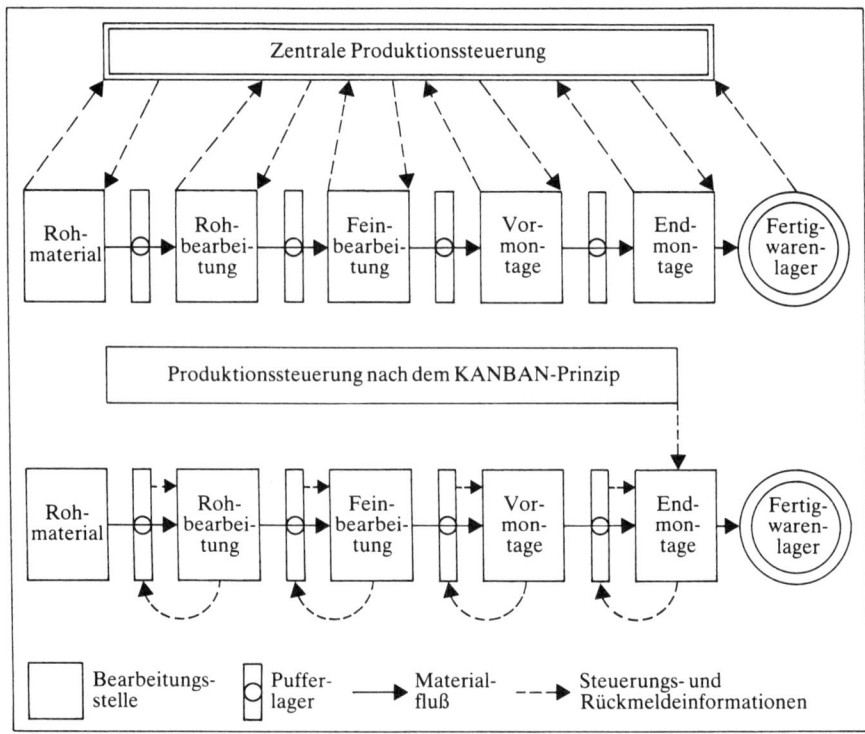

Abb. 7-53: Gegenüberstellung des Informations- und Materialflusses bei einer zentralen Produktionssteuerung und einer Produktionssteuerung nach KANBAN-Prinzipien (Wildemann 1984, S. 34)

KANBAN-Karten werden **teilespezifisch** zwischen jeweils einer bereitstellenden Einheit (Quelle) und einer verbrauchenden Einheit (Senke) eingesetzt, also z.B. zwischen

- zwei Stufen einer Fertigung,
- Fertigung und Montage oder
- Zulieferer und Montage.

Als **notwendige Informationen** sind auf einem KANBAN zu vermerken die produzierende Einheit, die Identnummer des Teils, die verbrauchende Einheit, die Menge bzw. Losgröße sowie der Ablieferungszeitpunkt.

Die KANBAN-Steuerung muss nicht notwendigerweise Belege verwenden; es können auch **andere Signale,** wie z.B. optische oder akustische, benutzt werden. Auch kann auf den Ausdruck der KANBAN-Karten dadurch verzichtet werden, dass der Auftrag auf elektronischem Wege in eine Warteschlange (elektronischer Briefkasten) in den Bildschirm der Quelle übermittelt wird. Hierbei wird die Bestandsentnahme in ein Terminal der Senke eingegeben und bei Unterschreitung des Mindestbestandes der nächste KANBAN-Auftrag zur Füllung der Lücke erzeugt. Schließlich können die Informationen an Behälter gekoppelt werden (Zwei- oder Drei-Behälter-System).

Für die Anwendbarkeit des KANBAN-Systems müssen eine Reihe von **Voraussetzungen** erfüllt sein (vgl. *Wildemann* 1984, S. 38 ff.):

- **Harmonisierung des Produktionsprogramms**
  Durch die Standardisierung von Teilen, Bildung von Teilefamilien und eine veränderte Absatzpolitik soll ein stetiger Teileverbrauch herbeigeführt werden. Hierdurch kann der **Anteil** repetitiver Tätigkeiten in der Produktion erhöht werden. Ziel ist es, kleinere Losgrößen als den Tagesbedarf zu fertigen. Bei Mengenvariationen wird die Auflagefrequenz geändert, nicht die Losgröße.

- **Materialflussorientierte Werkstattorganisation**
  Eine ablauforientierte Betriebsmittelgestaltung und -anordnung dient insbesondere der Unterstützung des Prinzips selbststeuernder Regelkreise. Es wird ein dem Fließprinzip angenähertes Layout angestrebt, bei dem die einzelnen Kapazitätsquerschnitte harmonisiert sind. Durch die Kapazitätsharmonisierung soll der Arbeitsrhythmus im gesamten Produktionsbereich angeglichen werden, so dass sich die Funktion der Pufferläger weitgehend auf den Ausgleich von Störungen beschränken lässt. Die bislang bedeutendste Lagerfunktion, nämlich einen Ausgleich unterschiedlicher Arbeitsgeschwindigkeiten und Arbeitstakte vorzunehmen, verliert fast völlig an Bedeutung.

- **Hohe Verfügbarkeit und geringe Umrüstzeiten der Betriebseinrichtungen**
  Um trotz geringer Umlaufbestände eine hohe Flexibilität der Produktion bei qualitativen und quantitativen Bedarfsänderungen gewährleisten zu können und die Konsequenzen größerer Störungen begrenzen zu können, müssen die Betriebsmittel eine hohe Verfügbarkeit aufweisen und sehr universell sein. Die wirtschaftliche Herstellung von Tageslosen erfordert minimale Rüstzeiten an den Betriebsmitteln, die sich beispielsweise herbeiführen lassen durch
  - die Anwendung einer Baukastensystematik,
  - die Bildung von Teilefamilien,

– die strikte Trennung der Rüstvorgänge in solche, bei denen ein Stillstand der Maschine zwingend ist und solche, die bei laufender Maschine durchgeführt werden können,
– die Ermittlung der rüstoptimalen Reihenfolge,
– die rechtzeitige Bereitstellung von Werkzeugen und Vorrichtungen.

Merkmal	Merkmalsausprägung			
Erzeugnisspektrum	Erzeugnisse nach Kundenspezifikation	Typisierte Erzeugnisse mit kundenspezifischen Varianten	Standarderzeugnisse mit Varianten •	Standarderzeugnisse ohne Varianten •
Erzeugnisstruktur	Einteilige Erzeugnisse •	Mehrteilige Erzeugnisse mit einfacher Struktur •	Mehrteilige Erzeugnisse mit komplexer Struktur •	✕
Auftragsauslösungsart	Produktion auf Bestellung mit Einzelaufträgen •	Produktion auf Bestellung mit Rahmenaufträgen •	Produktion auf Lager •	✕
Dispositionsart	Disposition kundenauftragsorientiert •	Disposition überwiegend kundenauftragsorientiert •	Disposition überwiegend programmorientiert •	Disposition programmorientiert •
Beschaffungsart	Fremdbezug unbedeutend •	Fremdbezug in größerem Umfang •	Weitgehender Fremdbezug •	✕
Fertigungsart	Einmalfertigung	Einzel- und Kleinserienfertigung	Serienfertigung •	Massenfertigung •
Fertigungsablaufart	Baustellenfertigung	Werkstattfertigung •	Gruppen/Linienfertigung •	Fließfertigung
Fertigungsstruktur	Fertigung mit geringer Tiefe •	Fertigung mit mittlerer Tiefe •	Fertigung mit großer Tiefe	✕

Abb. 7-54: KANBAN: Eignungshinweise (Mertens/Heigl 1984, S. 11)

- **Niedrige Ausschussraten**
  Aufgrund der geringen Pufferbestände ist die ausschließliche Weitergabe von Gut-Teilen in den KANBAN-Kreisläufen entscheidend für die Funktionsfähigkeit des Systems. Zur Sicherstellung niedriger Ausschussraten sind deshalb als Qualitätssicherungsstrategien in Betracht zu ziehen (vgl. *Wildemann* 1982 a, S. 1043 ff.):
  - Automatisierte Qualitätskontrolle
    Automatische Einrichtungen, die in den Produktionsprozess integriert sind, übernehmen die Kontrollfunktionen. Hierdurch wird eine gleich bleibende Wiederholqualität sichergestellt. Die automatische Qualitätsüberwachung versucht im Wesentlichen, die Überprüfung bzw. Messung der Qualität von subjektiven Fehlereinflüssen unabhängiger zu machen. Aufgrund der hohen Anforderungen an die Mess- und Prüftechnik ergibt sich hierbei oft ein hoher Investitionsaufwand.
  - Selbstkontrolle
    Bei diesem Ansatz werden alle Mitarbeiter in den Qualitätssicherungsprozess miteinbezogen. Jeder Mitarbeiter bzw. jede Arbeitsgruppe überprüft durch Selbstkontrolle die eigenen Arbeiten bzw. Aufgaben. Aufgrund der Eigenverantwortlichkeit und der damit direkt zurechenbaren Verantwortung werden die Mitarbeiter versuchen, die Weitergabe von fehlerhaften Teilen zu vermeiden.
  - Prozesskontrolle
    Die Prozesskontrolle bezieht sich im Gegensatz zur automatisierten Qualitätskontrolle, die sich auf das Ergebnis des Prozesses konzentriert, auf den Prozess selbst. Ziel ist es, mit Hilfe der statistischen Prozessregelung (SPC = Statistical Process Control) Störungen im Fertigungsprozess aufzudecken.
- **Hohe Motivation und Qualifikation der Mitarbeiter.**

Abb. 7-54 zeigt, bei welchen Merkmalsausprägungen des Industriebetriebes der Einsatz des KANBAN-Systems besonders geeignet ist.

Zur Sicherstellung eines integrierten Logistik-Systems ist das Zusammenspiel der PPS-Funktionen aufeinander abzustimmen. Hierzu dienen u. a. gemeinsame Datenbasen der Planungs- und Durchführungsebene (vgl. Abb. 7-55).

7.2.2.5 Fortschrittszahlen-System (FZ)

Ein weiteres System zur Planung und Steuerung der Produktion stellt das Fortschrittszahlen-System dar, das in seiner ursprünglichen Form aus der Automobilindustrie stammt. Das wesentliche Charakteristikum dieses Systems besteht darin, dass **alle Bedarfe und Mengenleistungen** eines Jahres **als Summen** (kumuliert) dargestellt werden (vgl. *Heinemeyer* 1984, S. 849). Alle Fortschrittszahlen stellen somit **Mengen-Zeit-Relationen** dar, wobei der sich aus der Planung ergebende Soll-Zustand dem jeweils erreichten Ist-Zustand gegenübergestellt wird.

Die Bedarfsmengen werden in einem Koordinatensystem über der Zeitachse summiert. Ist zu einem bestimmten Stichtag der Istwert größer als der Sollwert, so liegt ein **Vorlauf** oder eine Überdeckung vor. Ist der Istwert kleiner als der Sollwert, so erkennt man den **Zeitverzug.** Der horizontale Abstand zwischen Soll- und Ist-Vorlauf informiert über die **Reichweite.**

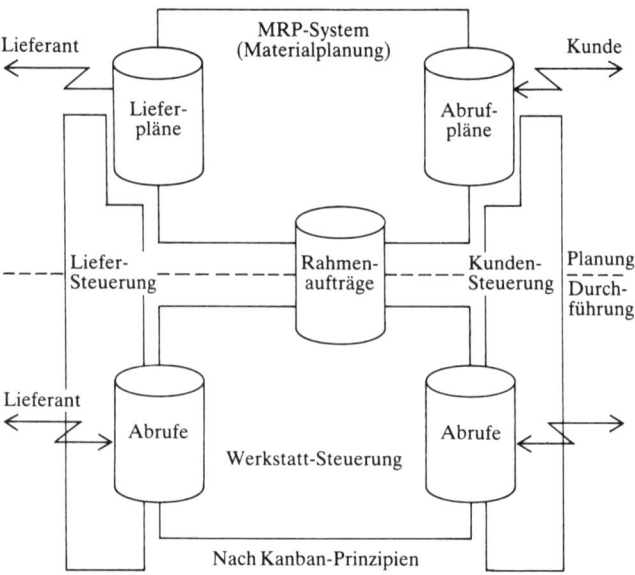

Abb. 7-55: Verknüpfung der PPS-Funktionen bei Werkstattsteuerung nach KANBAN-Prinzipien
(Parge 1987, S. 229)

Als **Beispiel** für die Verwendung von Fortschrittszahlen wird in Abb. 7-56 die Entwicklung eines Auftrags anhand seiner Soll- und Ist-Fortschrittszahl gezeigt.

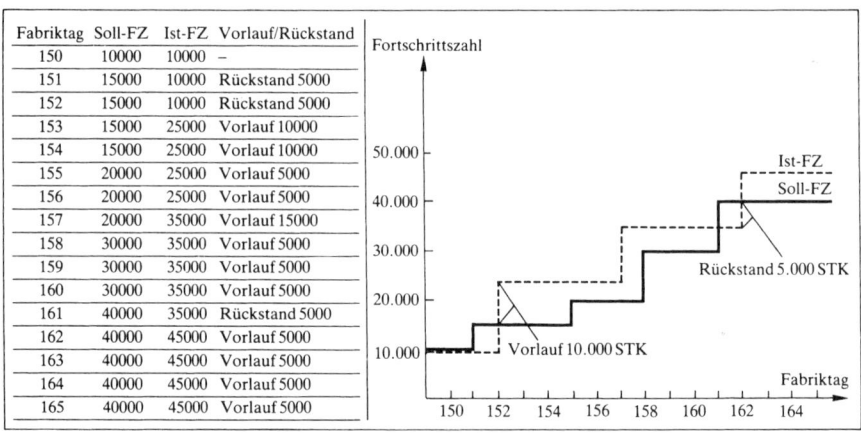

Fabriktag	Soll-FZ	Ist-FZ	Vorlauf/Rückstand
150	10000	10000	–
151	15000	10000	Rückstand 5000
152	15000	10000	Rückstand 5000
153	15000	25000	Vorlauf 10000
154	15000	25000	Vorlauf 10000
155	20000	25000	Vorlauf 5000
156	20000	25000	Vorlauf 5000
157	20000	35000	Vorlauf 15000
158	30000	35000	Vorlauf 5000
159	30000	35000	Vorlauf 5000
160	30000	35000	Vorlauf 5000
161	40000	35000	Rückstand 5000
162	40000	45000	Vorlauf 5000
163	40000	45000	Vorlauf 5000
164	40000	45000	Vorlauf 5000
165	40000	45000	Vorlauf 5000

Abb. 7-56: Fortschrittszahlen-System: Beispiel

Grundsätzlich kann das Fortschrittszahlen-System den ganzen Betrieb durchziehen, wobei dieser dann in Kontrollblöcke aufgeteilt und mit bereichsspezifischen Fortschrittszahlen gesteuert wird (vgl. *Baku/Meyer* 1982, S. 477). Derartige Kontrollblöcke können sich auf den gesamten Materialfluss oder lediglich einzelne Maschinengruppen beziehen. Entscheidend für die Abgrenzung sind notwendige, wirtschaftlich und organisatorisch realisierbare Detaillierungsgrade. Unter anderem können folgende **Arten von Fortschrittszahlen** geführt werden (vgl. *ACTIS* 1985, S. 9):

- Eingangs-Fortschrittszahl für Fertigteile (kumulierte Anzahl der produzierten Fertigteile),
- Ausgangs-Fortschrittszahl für Fertigteile (kumulierte Anzahl der ausgelieferten Fertigteile),
- Kunden-Fortschrittszahl (Abruf-Fortschrittszahl) (kumulierte Anzahl der innerhalb eines Rahmenauftrags abgerufenen Produkte),
- Liefer-Fortschrittszahl (kumulierte Anzahl von Produkten, die bezogen auf einen Abruf geliefert wurden),
- Eingangs-Fortschrittszahl für Zubehör und Rohmaterial (kumulierte Anzahl der vom Zulieferanten gelieferten oder in Eigenfertigung hergestellten Teile),
- Ausgangs-Fortschrittszahl für Zubehör und Rohmaterial (kumulierte Anzahl der an die Produktion gegangenen Teile),
- Bedarfs-Fortschrittszahl (kumulierter Bedarf an Fertigteilen, Zubehör und Rohmaterial),
- Geplante Eingangs-Fortschrittszahl (geplanter Eingang an Teilen und Rohmaterial),
- Montage-Fortschrittszahl (kumulierter Wert der fertiggemeldeten Gut-Teile an Fertigware),
- Arbeitsgang-Fortschrittszahl (kumulierte Anzahl der vom Arbeitsgang fertiggemeldeten Gutteile, wobei nur bestimmte Arbeitsgänge, sogenannte Meilensteinarbeitsgänge, als rückmeldepflichtig definiert werden, um den Rückmeldeaufwand in Grenzen zu halten).

Ein wesentlicher **Vorteil** des Fortschrittszahlen-Konzeptes liegt darin, dass eine Informationsbasis geschaffen wird, die sowohl bezüglich der **Menge** einen **eindeutigen Aussagewert** besitzt, als auch die **jederzeitige Feststellung der Abweichung** des Ist-Zustandes von einer Soll-Vorgabe ermöglicht. Dadurch, dass alle an der Leistungserstellung beteiligten Bereiche bzw. Abteilungen über die gleiche Datenbasis verfügen, wird die **Koordination** der Leistungserstellung wesentlich **erleichtert** (vgl. *Gottwald* 1982).

Zu den **Voraussetzungen,** die bei Anwendung des Fortschrittszahlen-Systems vorliegen sollten, gehören (vgl. *Mertens/Heigl* 1984, S. 26):

- ein hoher Wiederholgrad der Fertigung, also in der Regel Serien- oder Massenfertigung,
- enge Lieferbeziehungen, in der Regel in Form von Rahmenverträgen,
- ein gewisses Maß an überbetrieblicher Normung von Informationsflüssen,
- Bereitschaft, Dispositionserleichterungen und Rationalisierung im Partnerbetrieb zu fördern.

Abb. 7-57 verdeutlicht, bei welchen Merkmalsausprägungen des Unternehmens die Fortschrittszahlen-Methode besonders Erfolg versprechend ist.

Ein Vergleich des KANBAN-Prinzips mit dem FZ-System lässt erkennen, dass zwischen beiden gewisse Ähnlichkeiten bestehen. In beiden erfolgt eine kontinuierliche Weitergabe des Teilebedarfs von Stufe zu Stufe und zwar beim KANBAN-System in gekoppelten Regelkreisen zwischen den Fertigungsbereichen und beim FZ-System in einer hierarchisch gestaffelten Regelkreisstruktur für die jeweiligen Kontrollblöcke.

Eine mögliche **Verknüpfung zwischen KANBAN- und FZ-System** kann durch folgende Kombination erfolgen: Im Rahmen des FZ-Systems wird der Teile- und Kapazitätsbedarf geplant. Durch die Fortschrittszahl erhält jeder Kontrollblock eine genaue und verlässliche Information über die Bedarfssituation. Hierdurch lassen sich mögliche Engpässe frühzeitig identifizieren. Der tägliche Ist-Ablauf wird nach KANBAN-Prinzipien geregelt (vgl. *Gottwald* 1982).

Merkmal	Merkmalsausprägung			
Erzeugnisspektrum	Erzeugnisse nach Kundenspezifikation ●	Typisierte Erzeugnisse mit kundenspezifischen Varianten ●	Standarderzeugnisse mit Varianten ●	Standarderzeugnisse ohne Varianten ●
Erzeugnisstruktur	Einteilige Erzeugnisse ●	Mehrteilige Erzeugnisse mit einfacher Struktur ●	Mehrteilige Erzeugnisse mit komplexer Struktur	✕
Auftragsauslösungsart	Produktion auf Bestellung mit Einzelaufträgen	Produktion auf Bestellung mit Rahmenaufträgen ●	Produktion auf Lager	✕
Dispositionsart	Disposition kundenauftragsorientiert ●	Disposition überwiegend kundenauftragsorientiert ●	Disposition überwiegend programmorientiert ●	Disposition programmorientiert ●
Beschaffungsart	Fremdbezug unbedeutend	Fremdbezug in größerem Umfang ●	Weitgehender Fremdbezug ●	✕
Fertigungsart	Einmalfertigung	Einzel- und Kleinserienfertigung	Serienfertigung ●	Massenfertigung ●
Fertigungsablaufart	Baustellenfertigung	Werkstattfertigung	Gruppen/Linienfertigung ●	Fließfertigung ●
Fertigungsstruktur	Fertigung mit geringer Tiefe ●	Fertigung mit mittlerer Tiefe ●	Fertigung mit großer Tiefe ●	✕

Abb. 7-57: Fortschrittszahlen-System: Eignungshinweise (vgl. Mertens/Heigl 1984, S. 27)

7.2.2.6 Engpasssteuerung

Das von Goldratt entwickelte und seit 1980 in den USA eingesetzte System zur Engpasssteuerung wurde unter dem Namen OPT-(Optimized Production Technology)-System bekannt. Während die Datenbasis des OPT-Systems derjenigen von MRP-Systemen entspricht, bestehen wesentliche Unterschiede in der Planungssystematik.

Ausgangspunkt dieses Engpasssteuerungssystems stellt die Überlegung dar, dass auftretende Engpässe einen wesentlichen Einfluss auf die Höhe des Materialdurchsatzes innerhalb der Produktion haben. Durch die Identifikation und **optimale Belegung bzw. Auslastung von Engpasskapazitäten** kann deshalb eine Verbesserung der durchschnittlichen Auslastung aller Produktionsmittel, eine Reduzierung der Auftrags- und Materialdurchlaufzeiten sowie eine Senkung des Umlaufbestandes herbeigeführt werden. Die dem OPT-System zugrundeliegenden Prinzipien lassen sich in **10 Regeln** zusammenfassen (vgl. *Fox* 1982b):

1. Den Fertigungsfluss, nicht die Kapazität abgleichen.
2. Der Nutzungsgrad einer Leistungseinheit, die keinen Engpass darstellt, wird nicht von ihrer eigenen Leistungsfähigkeit, sondern durch irgendeine andere Begrenzung im Umsystem bestimmt.
3. Bereitstellung und Nutzung einer Kapazität sind nicht gleichbedeutend.
4. Eine Stunde an Kapazität oder Durchlaufzeit an einem Engpass zu verlieren, bedeutet den Verlust einer Stunde für das ganze System.
5. Eine Stunde an einem Nicht-Engpass zu gewinnen, ist bedeutungslos.
6. Engpässe bestimmen sowohl den Durchlauf als auch die Bestände.
7. Das Transportlos soll nicht mit dem Produktionslos identisch sein und darf das in vielen Fällen auch nicht.
8. Die Produktionslosgröße sollte variabel und nicht fixiert sein.
9. Wenn Pläne aufgestellt werden, sind alle Voraussetzungen gleichzeitig zu überprüfen. Durchlaufzeiten sind das Ergebnis eines Planes und können nicht im Voraus festgelegt werden.
10. Die Summe der Einzeloptima ist nicht gleich dem Gesamtoptimum.

Die **Auftragseinplanung** erfolgt im OPT-System in mehreren Schritten (vgl. *Fox* 1983b). Zunächst wird das gesamte **Produktions- und Materialflusssystem in einem** an Produktionsabläufen sowie qualitativen und quantitativen Kapazitätsquerschnitten der einzelnen Leistungseinheiten orientierten **Netzwerk abgebildet**. Als Grundlage hierfür dienen die allgemeinen Systemdaten, wie z.B. Arbeitspläne mit betriebsmittelbezogener Bearbeitungs- und Rüstzeit, Betriebsmittel- und Personalkapazität, Stücklisten. Daran anschließend werden die Engpasskapazitäten identifiziert. Hierzu wird eine **Vorwärtsterminierung** durchgeführt, d.h. neue Aufträge werden in Richtung auf einen geplanten Endtermin hin eingelastet. Als Ergebnis dieser Vorwärtsterminierung erhält man ein Belastungsprofil der Kapazitätseinheiten sowie eine Reihung der Kapazitätseinheiten nach abnehmender Belastung. Anhand dieser Reihung können die auftretenden **Engpässe identifiziert** werden und deren Bedeutung für den Leistungserstellungsprozess abgeschätzt werden. Aufbauend auf diesem Ergebnis wird im nächsten Planungsschritt das gesamte **Produktionsnetzwerk in einen kritischen und einen unkritischen Bereich aufgeteilt** (vgl. Abb. 7-58).

Die weitere Planung kann sich deshalb auf den Teil des Produktions- und Materialfluss-systems beschränken, der auf Grund der enthaltenen Engpässe als kritisch anzusehen ist. Für diesen Teil des Systems erfolgt nun die **Optimierung der Engpässe** unter Berück-sichtigung variabler Kapazitäten, Losgrößen und Auftragsreihenfolgen. Um vor den Engpässen eine sichere Planerfüllung gewährleisten zu können, werden vor diesen Puf-ferläger dimensioniert und platziert (vgl. *Fox* 1983 b). Daran schließt sich eine **Rück-wärtsterminierung** der Aufträge an, um die Auswirkungen der im vorangegangenen Planungsschritt erhaltenen Kapazitätsverteilungen, Produktions- und Transportlosgrö-ßen sowie Auftragsreihenfolgen auf die Kapazitätsbelastung der übrigen Leistungsein-heiten zu ermitteln. Falls bei diesem Planungslauf wiederum Engpässe identifiziert wer-den, erfolgt eine erneute Überprüfung der Systemparameter und Randbedingungen. Die-ser Algorithmus wird solange wiederholt, bis kein neuer Engpass mehr erkennbar ist.

Aufgrund seiner Planungsfunktionen und -abläufe eignet sich das OPT-System nicht nur zur Planung der Leistungserstellung im Produktionsbereich, sondern auch zur Neuplanung von Produktionseinrichtungen, Erweiterungs- und Ersatzinvestitionen sowie zur Analyse der Konsequenzen von Veränderungen des Lieferservice auf das Produktionssystem.

Das OPT-System wird als Softwareprodukt mit einem rechtlich geschützten Algo-rithmus angeboten, der bislang jedoch nicht ausdrücklich erläutert wird. „So lassen sich nur folgende vorläufige Feststellungen treffen:

– Die Betonung der Engpasskapazitäten ist sinnvoll: allerdings ändern sich diese im Laufe der Zeit dauernd, was jedes Mal eine neue Netzwerkberechnung erfordert.

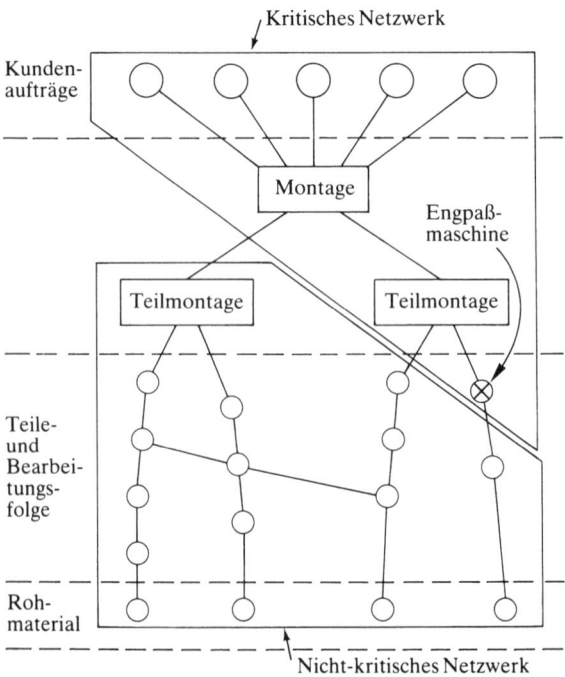

Abb. 7-58: Aufteilung des Produktionsnetzwerkes (vgl. Fox 1983)

– Die Unterscheidung zwischen Bearbeitungslos und Transportlos ermöglicht prinzipiell einen schnelleren Auftragsdurchlauf und niedrigere Bestände, weil dadurch bei großen Bearbeitungslosen die Gefahr von Stillständen an Folgearbeitsmaschinen verringert wird. Dem steht jedoch der erhöhte Steuerungsaufwand für das Verfolgen und Zusammenführen der Teillose gegenüber.
– Die wesentlichen Steuerungsziele Bestand, Durchlaufzeit, Auslastung und Terminabweichung werden – zumindest für den Benutzer – nicht fortlaufend dargestellt und überwacht.
– Dem Benutzer stehen keine einfachen Steuerparameter zur Verfügung, mit denen er bei Bedarf einem bestimmten Ziel vorrangiges Gewicht verleihen kann.
– Das System erzeugt einen für den Benutzer nicht nachvollziehbaren „optimalen" Produktionsplan. Es ist zu bezweifeln, dass es wirklich nur einen einzigen kostenminimalen Plan geben soll. Verschiedene Kombinationen von Auslastung und Bestand könnten nämlich durchaus dieselben minimalen Gesamtfertigungskosten ergeben" (*Wiendahl* 1987, S. 334).

7.2.2.7 Abdeckung der Produktionsplanungs- und -steuerungsfunktionen durch die einzelnen Systeme

Ausgangspunkt für die Auswahl der (des) geeignetsten PPS-Konzepte(s) ist die Tatsache, dass die vorgestellten Konzepte die Funktionsgruppen Produktionsprogrammplanung, Mengenplanung, Termin- und Kapazitätsplanung sowie Auftragsveranlassung und -überwachung in sehr unterschiedlichem Umfang abdecken (vgl. zum folgenden *Wildemann* 1988a, S. 83 f.) (vgl. Abb. 7-59).

PPS-Funktion \ PPS-Konzept	MRP	BOA	KANBAN	FZ	Engpaß-steuerung
Produktions-programmplanung	●				
Mengenplanung	●			◒	
Termin- und Kapazitätsplanung	●	◒		◒	◒
Auftragsveranlassung und -überwachung	◒	●	●	●	◒

Abb. 7-59: Abdeckung der PPS-Funktionen durch die PPS-Konzepte
(vgl. Wildemann 1988a, S. 76)

MRP-Systeme beinhalten in der Regel alle Funktionen der Produktionsplanung. Gewisse Defizite weist die Fertigungssteuerung auf, die häufig mit hohen Beständen und langen Durchlaufzeiten einhergeht. Die **Belastungsorientierte Auftragsfreigabe** deckt lediglich die Terminplanung und die Auftragsfreigabe ab, wobei letztere zum

Teil Steuerungsfunktionen umfasst. Beim **KANBAN-System** handelt es sich ausschließlich um ein Steuerungssystem. Aufgrund der physischen Teileflusskontrolle sowie der generellen Regelungen erfüllt es auch Funktionen der Betriebsdatenerfassung. Das **Fortschrittszahlen-System** deckt die Mengenplanung und Auftragsfreigabe ab. Eine Terminplanung wird nur insoweit wahrgenommen, als durch die Soll-Fortschrittszahlen Ecktermine für die betriebliche Leistungserstellung vorgegeben werden. Die Aufträge werden jedoch den Kapazitätseinheiten zeitlich nicht zugeordnet. Die Kapazitätsterminierung wird ebenso wie die Fertigungssteuerung dezentral von den Meistern wahrgenommen. Die **Engpasssteuerung** nimmt eine exakte Kapazitätsterminierung für den Engpass sowie von diesem ausgehend eine Rückwärtsterminierung für Aufträge in den vorgelagerten und eine Vorwärtsterminierung für Aufträge in den nachgelagerten Bereichen vor. Damit geht die Auftragsfreigabe einher. Eine laufende Fertigungssteuerung erfolgt nur für den Engpass.

Zusammenfassend zeigt sich, dass nur MRP-Systeme alle PPS-Teilfunktionen vollständig abdecken. Voraussetzung für den Einsatz der übrigen PPS-Konzepte ist deshalb zusätzlich stets ein MRP-System. Bei der **Auswahl** des geeigneten **PPS-Konzeptes** sind als Kriterien heranzuziehen:

– Organisationsprinzip der Fertigung,
– Produktstruktur,
– Produktionsstückzahlen je Periode,
– Stetigkeit des Absatzverlaufs,
– Anzahl der Varianten und
– Konstanz des Produktmix.

Abb. 7-60 zeigt im Überblick die Einsatzschwerpunkte der Verfahren der Fertigungssteuerung (ergänzend zu den hier behandelten Verfahren enthält die Übersicht auch den Bereich der technischen Prozesssteuerung). Vielfach führt eine **Kombination der Konzepte** zu höheren Zielerreichungsgraden, wobei dem übergeordneten MRP-System dann zusätzlich die Aufgabe zufällt, die **Koordination** der nach unterschiedlichen Prinzipien gesteuerten Bereiche sicherzustellen.

7.2.3 PPS-Systeme im Rahmen von CIM-Konzepten

7.2.3.1 Datenbeziehungen zwischen PPS und CAD/CAM

Neben den behandelten Systemen zur Produktionsplanung und -steuerung, die primär betriebswirtschaftlich ausgerichtet sind (vgl. linker Schenkel des Y in Abb. 7-61), werden im Produktionsbereich technisch orientierte Funktionen (vgl. rechter Schenkel des Y in Abb. 7-61) wahrgenommen. Aufgrund vielfältiger **Daten- und Aktivitätsverknüpfungen** zwischen diesen beiden Planungs- und Informationssystemen liegt es nahe, die Informationsverarbeitung der betriebswirtschaftlichen und technischen Aufgaben eines Indus-triebetriebes in einem CIM-(Computer Integrated Manufacturing)-System mit gemeinsamem Grunddatenbestand zu integrieren (vgl. *Scheer* 1987, S. 3).

Bei den **technisch orientierten Funktionen** handelt es sich um den computergestützten Entwurf von Produkten (Computer Aided Engineering = CAE), die computerge-

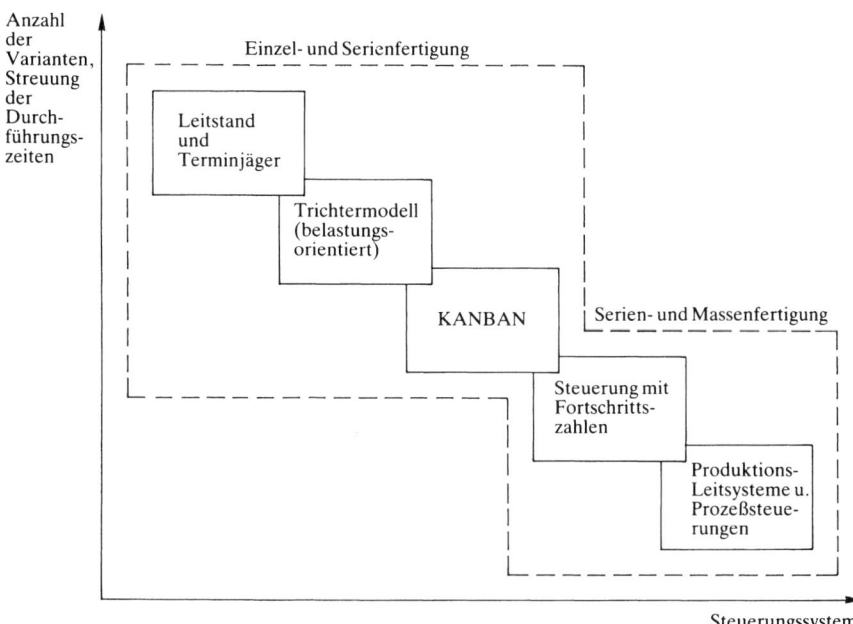

Abb. 7-60: Einsatzbereiche der Verfahren der Fertigungssteuerung (vgl. Wiendahl 1987, S. 321)

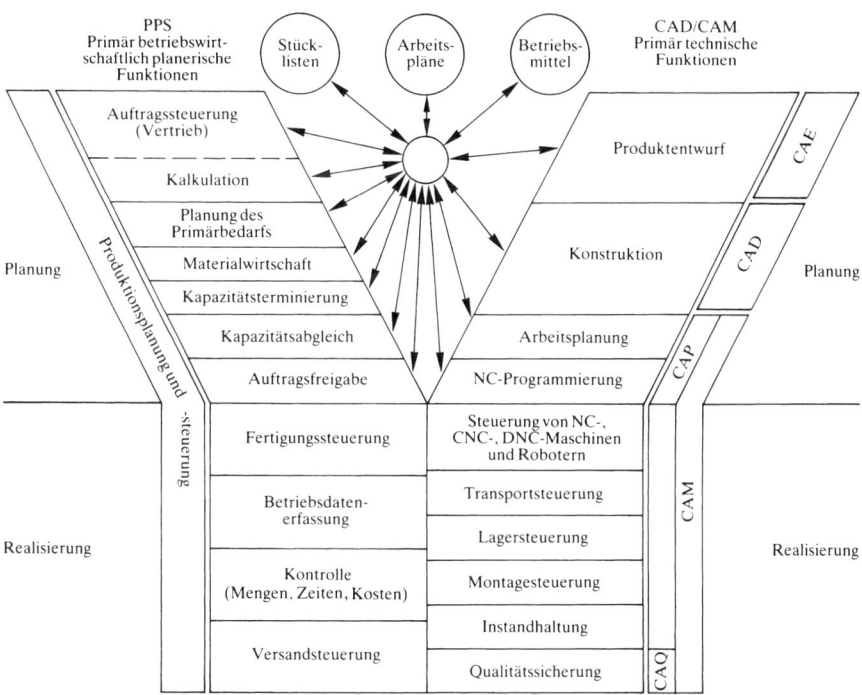

Abb. 7-61: Informationssysteme im Produktionsbereich (Scheer 1987, S. 3)

stützte Konstruktion (Computer Aided Design = CAD), die computergestützte Arbeitsplanung einschließlich der Erstellung von Programmen für NC-Maschinen (Computer Aided Planning = CAP), die computerunterstützte Steuerung und Überwachung der Fertigung (Computer Aided Manufacturing = CAM) sowie die computerunterstützte Qualitätssicherung (Computer Aided Quality Ensurance = CAO).

Die Datenanforderungen von PPS-Systemen an von CAD/CAM-Systemen erstellte und verwaltete Daten sowie umgekehrt beziehen sich auf gemeinsam verwendete Grunddaten, kundenauftragsbezogene Daten und fertigungsauftragsbezogene Daten (vgl. hierzu *Scheer* 1984, S. 11 ff.).

Beispiele für den **Datenfluss von CAD/CAM zu PPS** sind

- bei den Grunddaten
    - die im Rahmen des CAD-Systems erstellte Konstruktions-Stückliste, die bereits wesentliche Informationen zur Definition der Baukastenstückliste enthält,
    - die im Rahmen des CAD-Systems entwickelten Arbeitspläne, deren Grunddaten ebenfalls in den Arbeitsplandateien des PPS-Systems benötigt werden,
    - die Plandaten des Instandhaltungssystems über erforderliche vorbeugende Instandhaltungsaktivitäten, die in der Kapazitätsterminierung und Fertigungssteuerung des PPS-Systems zu berücksichtigen sind.

- bei den kundenauftragsbezogenen Daten
    - kundenspezifische Konstruktions- bzw. Arbeitsplandaten zur Planung des Materialbedarfs und zur Kapazitätsterminierung,
    - die Versandsteuerung, die zur rechtzeitigen Bereitstellung von Transportmitteln für besonders transportempfindliche Güter rechtzeitig die entsprechenden technischen Spezifikationen benötigt (im Fall der Kundenauftragsfertigung).

- bei den fertigungsauftragsbezogenen Daten
    - die Verfügbarkeit der erforderlichen NC-Programme im Rahmen der Auftragsfreigabe,
    - Fertigungsunterlagen (z.B. Zeichnungen einschließlich der Geometriedaten) für die Fertigungssteuerung,
    - Informationen von den automatisierten Fertigungs-, Transport- und Lagereinrichtungen für die Auftragsüberwachung im Rahmen der Betriebsdatenerfassung.

Beispiele für den **Datenfluss von PPS zu CAD/CAM** sind:

- bei den Grunddaten
    - Betriebsmittel- und Werkzeugspezifikationen, um durch die Berücksichtigung vorhandener Anlagen eine fertigungsgerechte Konstruktion sicherzustellen,
    - Kapazitätsinformationen über die Betriebsmittel, um z.B. bei der Konstruktion eilbedürftiger Aufträge den Einsatz von Engpassaggregaten zu vermeiden,
    - Durchlaufzeiten für zeitkritische Teile und Beschaffungszeiten für fremdbezogene Teile zur Berücksichtigung von Kundenwunschterminen im Konstruktionsprozess.

- bei den kundenauftragsbezogenen Daten
    - Produktions- und Materialkosten aus den Kalkulationsprogrammen des PPS-Bereichs zum Treffen optimaler Entscheidungen über Fertigungsverfahren, Eigenfertigung oder Fremdbezug im Rahmen kundenwunschorientierter Konstruktionen.

- bei den fertigungsauftragsbezogenen Daten
  - Reservierungen von Ressourcen für die Bereitstellung von NC-Programmen,
  - Steuerungsimpulse aus der Fertigungssteuerung in die Abläufe des CAM-Systems, z.B. Vorgabe von Planmengen und -terminen für die Teilefertigung und Montage, Angabe der Transportaufträge, Definition der einzulagernden oder auszufassenden Mengen,
  - Regelungsimpulse an Aggregate und Steuerungssysteme, die für im Rahmen der Betriebsdatenerfassung ermittelte Soll-Ist-Abweichungen verantwortlich sind.

7.2.3.2 Integrationsmöglichkeiten

Empirische Erhebungen (vgl. z.B. *Köhl* u.a. 1987; *Nuber* u. a. 1987) ergaben, dass von den CIM-Komponenten der **EDV-Einsatz** bei den **PPS-Systernen die größte Verbreitung** aufweist, weshalb diese als Kristallisationskern bei der Entwicklung von CIM-Systemen zugrundegelegt werden können (vgl. *Wildemann* 1988a, S. 29). Abb. 7-62 enthält unterschiedliche **Schritte zur Integration von CIM-Komponenten.** Hierbei wird unterstellt, dass der CAD/CAM-Bereich für sich bereits weitgehend integriert ist.

In der ersten Stufe wird nur eine **organisatorische Integration** zwischen EDV-technisch unverbundenen Systemen von PPS und CAD/CAM vorgenommen. Hierbei werden an einem Arbeitsplatz in der Konstruktion, Arbeitsvorbereitung oder Logistik jeweils zwei Bildschirme aufgestellt, die einen Zugriff auf die unterschiedlichen EDV-Systeme ermöglichen. Bei dieser als Notlösung zu beurteilenden Verbindung können Daten zwischen den Systemen ausschließlich manuell übertragen werden, weshalb zwischen den verschiedenen Datenbasen auch keine Datenkonsistenz sichergestellt werden kann (vgl. hierzu und zum Folgenden *Scheer* 1986a, S. 8 sowie *Scheer* 1987, S. 95 ff.).

Bei der **zweiten Stufe** werden die **unverbundenen Grundsysteme** über EDV-Werkzeuge, sogenannte **Tools,** miteinander verknüpft. Die Ursprungssysteme aus PPS und CAD/CAM werden hierbei nicht verändert. Trotz der nunmehr über beide Systeme hinweg bestehenden Auswertungsmöglichkeiten, besteht weiterhin der Nachteil der fehlenden Unterstützung der Datenintegrität. Als Tools stehen zur Verfügung:

- **Mikrocomputer,** die auf Grund ihrer Konzeption als offene Systeme an unterschiedliche Hardwaresysteme angeschlossen werden können. Durch einen Dateitransfer aus den jeweiligen PPS- bzw. CAD/CAM-Systemen in die Datenbasis des Personal Computers stehen auf diesem die zusammengeführten Daten für integrierte Auswertungen zur Verfügung.
- **Datenbank-Abfragesprachen** (Query), die bei relational-orientierten Datenbanken einen hohen Benutzerkomfort aufweisen und somit für den Anwender leicht erlernbar sind. Durch den Einsatz einer Query kann sich der Benutzer die für sein Aufgabengebiet benötigten Informationen unabhängig von der DV-Abteilung beschaffen.
- **Lokale Netzwerke** (Local Area Networks = LAN), die die Kommunikation computergesteuerter Systeme ermöglichen. Hierbei sind herstellerspezifische Netzkonzepte sowie standardisierte Netzwerke zu unterscheiden. Letztere erlauben die Kommunikation auch heterogener Hardware-Einheiten, wie beispielsweise das offene Kommunikationssystem MAP (Manufacturing Automation Protocol).

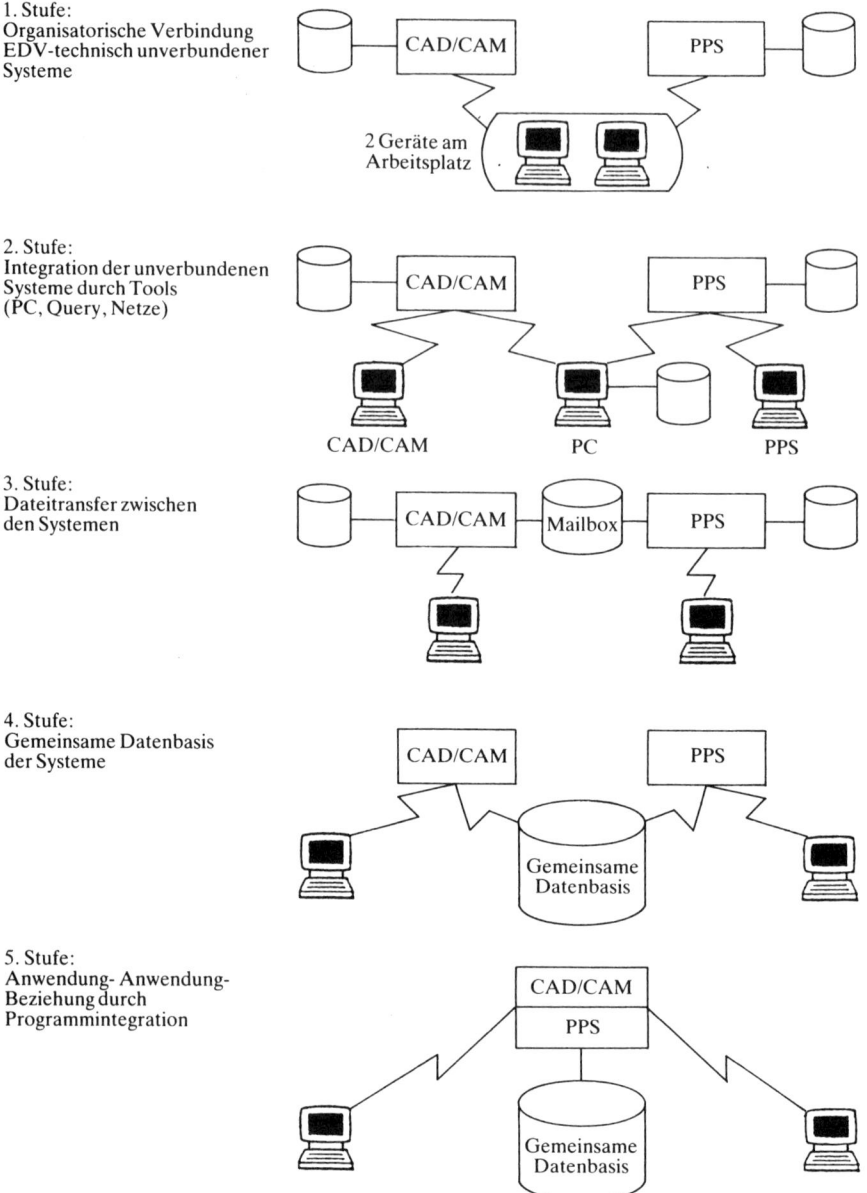

1. Stufe:
Organisatorische Verbindung
EDV-technisch unverbundener
Systeme

2. Stufe:
Integration der unverbundenen
Systeme durch Tools
(PC, Query, Netze)

3. Stufe:
Dateitransfer zwischen
den Systemen

4. Stufe:
Gemeinsame Datenbasis
der Systeme

5. Stufe:
Anwendung- Anwendung-
Beziehung durch
Programmintegration

Abb. 7-62: Integrationsgrade und -möglichkeiten von CIM-Komponenten (Scheer 1986a, S. 9)

Im Rahmen der **dritten Stufe** werden Daten mittels **Dateitransfer** an das jeweils andere System übertragen. Zu diesem Zweck müssen die auszutauschenden Daten vom sendenden System in der Art und dem Format zur Verfügung gestellt werden, wie sie vom empfangenden System verarbeitet werden können. Derartige Verbindungen sind jeweils auf die miteinander zu verknüpfenden Systeme auszurichten. Sie können nur dann in allgemeiner Form bereitgestellt werden, wenn ein Standardformat zwischen den Übertragungsvorgang geschaltet wird, für das dann Pre- und Postprozessoren zu erstellen sind. Diese Verbindung wird in der Praxis insbesondere für die automatische Übertragung von Stücklisten, die in einem CAD-System generiert werden, an das PPS-System eingesetzt. Da Stücklistenänderungen in der Regel nicht zwangsläufig an das PPS-System weitergegeben werden können, ist durch weitere organisatorische Maßnahmen sicherzustellen, dass die Aktualisierung bei allen relevanten Stellen erfolgt.

Eine wesentlich stärkere Integration der Systeme wird in der **vierten Stufe** durch den Zugriff auf eine **gemeinsame Datenbasis** herbeigeführt. Beispielsweise werden Stücklisten und CAD-Daten bzw. Arbeitspläne und NC-Daten in einer Datenbank geführt. Ein wesentlicher Vorteil liegt in der hohen Datenintegrität, da Änderungen in einem Anwendungsgebiet dem anderen Bereich unmittelbar zur Verfügung stehen. Voraussetzungen für diese Integrationsstufe sind ein identischer Datenaufbau für beide Gebiete sowie der Einsatz eines einheitlichen Datenbanksystems.

Bei der **Anwendung-zu-Anwendung-Beziehung durch Programmintegration (fünfte Stufe)** können Transaktionen des einen Systems Transaktionen des anderen Systems aufrufen und umgekehrt. Dies setzt voraus, dass auch die Betriebs- und Datenbanksysteme der einzelnen Anwendungsbereiche untereinander kommunizieren können.

7.2.3.3 Funktions- und Rechnerhierarchie

Im Rahmen eines CIM-Konzeptes sind unter Organisationsgesichtspunkten die Verteilung der CIM-Funktionen innerhalb der Unternehmenshierarchie festzulegen sowie daraus abgeleitet auch die Rechnerhierarchien zu definieren. Bei der Festlegung der **Funktionshierarchie** geht es um die Zuordnung der grundsätzlichen Aufgaben zu einzelnen Hierarchiestufen. Hierbei ist zu gewährleisten, dass durchgängige Ablaufketten entstehen. So muss sichergestellt werden, dass selbstständig operierende Organisationseinheiten, wie einzelne Werke oder Fertigungsinseln, mit Aufträgen versorgt werden und umgekehrt die übergeordneten Versorgungs- und Dispositionssysteme Rückmeldungen über Fertigungsergebnisse oder Störungen erhalten (vgl. *Scheer* 1987, S. 75).

Neben der Funktionsaufteilung ist auch eine Zuordnung der Aufgaben auf verschiedene **Rechnertypen** innerhalb der Hierarchie vorzunehmen. Dies erfolgt unter Zugrundelegung typischer Hardwareeigenschaften, wie Realtime-Fähigkeit, Fähigkeit zur Verwaltung großer Datenbanken etc. Als selbstverständlich wird von einer Vernetzung aller Rechner ausgegangen. Der Entwicklung einer organisationsadäquaten Rechnerhierarchie kommt unter Integrationsaspekten hohe Bedeutung zu. Hiermit ist einer bisweilen zu beobachtenden unkoordinierten Funktionsaufteilung zwischen verschiedenen Ebenen eines Rechnernetzes und damit einhergehenden unterschiedlichen EDV-Umgebungen (Betriebs- und Datenbanksystemen, Programmiersprachen etc.) entgegenzuwirken. Ersteres kommt beispielsweise darin zum Ausdruck, dass ein und dieselbe Funktion, z.B. der back-up eines BDE-Systems, in einem Werk eines Konzerns auf einem dedizierten Betriebsrechner erfolgt, in einem anderen Werk hingegen auf dem Host-Universalrechner (vgl. *Scheer* 1986b, S. 14).

Als **Hierarchiestufen** eines Industriekonzerns lassen sich beispielsweise definieren
(vgl. *Scheer* 1987, S. 77 ff.) (vgl. Abb. 7-63):

- Die **Konzernebene** mit primär administrativen Funktionen, weshalb hier ein Universalrechner mit der Fähigkeit, große Datenbanken zu verwalten, zum Einsatz gelangt.

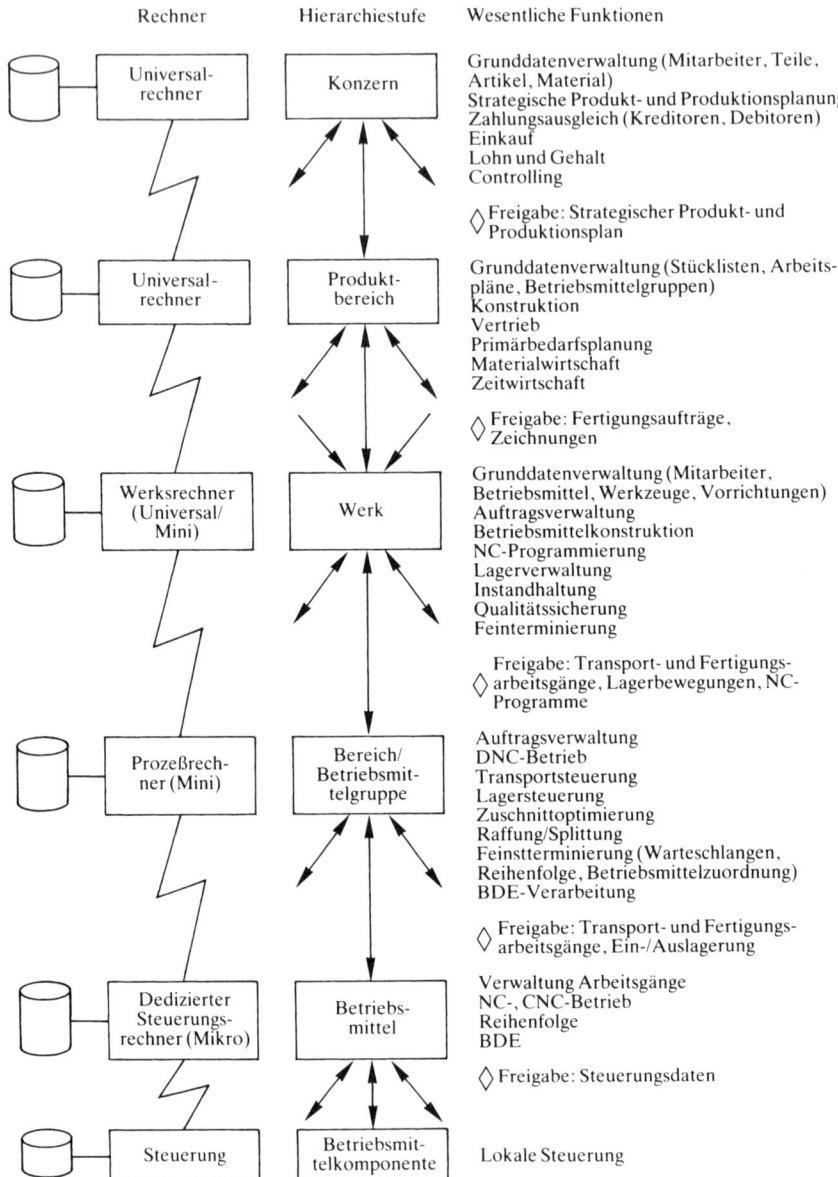

Rechner	Hierarchiestufe	Wesentliche Funktionen
Universal-rechner	Konzern	Grunddatenverwaltung (Mitarbeiter, Teile, Artikel, Material) Strategische Produkt- und Produktionsplanung Zahlungsausgleich (Kreditoren, Debitoren) Einkauf Lohn und Gehalt Controlling ◇ Freigabe: Strategischer Produkt- und Produktionsplan
Universal-rechner	Produkt-bereich	Grunddatenverwaltung (Stücklisten, Arbeitspläne, Betriebsmittelgruppen) Konstruktion Vertrieb Primärbedarfsplanung Materialwirtschaft Zeitwirtschaft ◇ Freigabe: Fertigungsaufträge, Zeichnungen
Werksrechner (Universal/Mini)	Werk	Grunddatenverwaltung (Mitarbeiter, Betriebsmittel, Werkzeuge, Vorrichtungen) Auftragsverwaltung Betriebsmittelkonstruktion NC-Programmierung Lagerverwaltung Instandhaltung Qualitätssicherung Feinterminierung ◇ Freigabe: Transport- und Fertigungsarbeitsgänge, Lagerbewegungen, NC-Programme
Prozeßrechner (Mini)	Bereich/Betriebsmittelgruppe	Auftragsverwaltung DNC-Betrieb Transportsteuerung Lagersteuerung Zuschnittoptimierung Raffung/Splittung Feinstterminierung (Warteschlangen, Reihenfolge, Betriebsmittelzuordnung) BDE-Verarbeitung ◇ Freigabe: Transport- und Fertigungsarbeitsgänge, Ein-/Auslagerung
Dedizierter Steuerungs-rechner (Mikro)	Betriebs-mittel	Verwaltung Arbeitsgänge NC-, CNC-Betrieb Reihenfolge BDE ◇ Freigabe: Steuerungsdaten
Steuerung	Betriebsmittelkomponente	Lokale Steuerung

Abb. 7-63: Funktions- und Rechnerhierarchie eines Industriekonzerns (Scheer 1987, S. 78)

– Die **Produktbereichsebene** ist u. a. für die Verwaltung der Stücklisten, Arbeitspläne und Betriebsmittel zuständig. Für die Wahrnehmung der PPS-Funktionen eignet sich wiederum ein Universalrechner, wobei für CAD-Funktionen zusätzlich mit dem Universalrechner verbundene dedizierte Rechner oder Workstations herangezogen werden können.

– Auf der **Werksebene** erfolgt u. a. die Feinterminierung der aus der Produktbereichsebene übernommenen Aufträge und die Zuordnung auf die einzelnen betrieblichen Teilbereiche. Herangezogen werden zum Teil Universalrechner, aber auch Prozessrechner, wenn eine enge zeitliche Kopplung an darunterliegende Betriebsprozesse vorliegt.

– Auf der **Fertigungsbereichs- bzw. Betriebsmittelgruppenebene** werden wahrgenommen der DNC-Betrieb, die Steuerung von bereichsbezogenen Transport- und Lagersystemen, die Feinterminierung von Arbeitsgängen, die Festlegung der Reihenfolge, die Betriebsmittelzuordnung sowie BDE-Funktionen. Die Nähe zur Fertigungsebene macht Rechner mit hoher Verfügbarkeit und zum Teil Realtime-Fähigkeit sowie der Möglichkeit, unterschiedliche periphere Geräte (Prozessrechner) anzuschließen, erforderlich.

– Die **Betriebsmittelebene** beinhaltet die Verwaltung der auszuführenden Arbeitsgänge, den NC- und DNC-Betrieb sowie gegebenenfalls die direkte Übernahme von Betriebsdaten aus den Steuerungen. Für die Wahrnehmung der Steuerungsfunktionen werden dedizierte Steuerungen und zunehmend auch Mikrocomputer zu deren Versorgung eingesetzt.

– Auf der **Betriebsmittelkomponentenebene** gelangen dedizierte Steuerungen zum Einsatz, die beispielsweise auf dem Wagen eines Fahrerlosen Transportsystems permanente Kollisionsprüfungen durchführen.

Bei der vorgestellten Funktionszuordnung auf Unternehmens- und Rechnerhierarchie kann es sich lediglich um ein Beispiel handeln, das aber so gewählt wurde, dass es einen möglichst weiten Anwendungsbereich umfasst. Charakteristisch für den hierarchischen Aufbau ist, dass jede Einheit einer Ebene mehrere Einheiten der direkt darunter liegenden Ebene koordiniert (Baumstruktur). Alle Pfeile in Abb. 7-63 repräsentieren ein- und ausgehende Informationen.

7.2.4 PPS-System-Generationen: Historische Entwicklung und Ausblick

Unter einer Generation von PPS-Systemen werden im folgenden Systeme zusammengefasst, die sich sowohl in betriebswirtschaftlicher Sicht als auch in DV-technischer Sicht von den bis dahin verfügbaren Systemen in qualitativer Hinsicht deutlich abheben. Aufgrund der allmählichen Entwicklung einer neuen PPS-Generation ist eine exakte zeitliche und inhaltliche Trennung zwischen den einzelnen Generationen nicht möglich. Am Markt angebotene PPS-Systeme können unterschiedlichen Generationen angehören.

PPS-Systeme lassen sich insbesondere differenzieren anhand ihrer **softwaretechnischen Ausprägung** (hierzu gehören beispielsweise das Konzept der Datenorganisation, die Gestaltung der Benutzeroberfläche, die Dialogstrukturen, die (Un)Abhängigkeit von Betriebssystemen und Hardwareplattformen) sowie der jeweils integrierten

Methoden und Verfahren zur PPS (vgl. *Maucher* 1998, S. 73). Einen Überblick über die Entwicklung der PPS-Systeme in den vergangenen vier Jahrzehnten gibt Abb. 7-64.

7.2.4.1 PPS-Systeme der ersten Generation

PPS-Systeme der ersten Generation deckten lediglich einen Teilbereich der Produktionsplanung ab. Durch den Einsatz von Stücklistenprozessoren ließen sich im Bereich der Materialwirtschaft erhebliche Rationalisierungsreserven erschließen. Die Funktionsschwerpunkte der PPS-Systeme der ersten Generation lagen in der **Auflösung von Stücklisten** (auf Basis des Primärbedarfs) und der **Ermittlung des Nettobedarfs.**

Erste Anbieter von Stücklistenprozessoren waren Hardware-Hersteller, wobei der von IBM angebotene Bill of Material Processor (BoMP) der bekannteste war. Da die Speicherungsverfahren fester Bestandteil der Stücklistenprozessoren waren, konnten die gespeicherten Daten nicht von anderen Programmen genutzt werden.

Seit den sechziger Jahren wurden neben Stücklistenprozessoren Softwareprodukte zur **Kapazitätswirtschaft** angeboten (z. B. ab 1965 von IBM ein System zur Kapazitätsterminierung). Veränderte Rahmenbedingungen in der Fertigung wurden wegen der kaum vorhandenen EDV-Unterstützung im Rückmeldewesen nicht berücksichtigt, weshalb die Planungsbasis schnell an Aktualität verlor. PPS-Systeme der ersten Generation waren deshalb sehr unflexibel und wurden den Anforderungen des Produktionsbereichs kaum gerecht. Der Einsatz der Systeme beschränkte sich vielfach auf einige kritische Produktbereiche.

7.2.4.2 PPS-Systeme der zweiten Generation

PPS-Systeme der zweiten Generation unterstützen umfassender als diejenigen der ersten Generation Funktionen des MRP-Konzeptes. So enthalten die entsprechenden Software-Produkte neben der **Stücklistenauflösung** auch die **Arbeitsplanverwaltung**, **Auftragsverwaltung** und **Terminplanung**. PPS-Systeme der zweiten Generation unterstützen die Verfolgung von Mengen- und Kapazitätszielen, wenngleich sie noch durch einen relativ starren und zentralen Planungsansatz gekennzeichnet sind.

Obwohl einzelne Hardware-Hersteller bereits in den sechziger Jahren versuchten, integrierte PPS-Systeme anzubieten, wurden bei den Anbietern in der Regel erst in den siebziger Jahren die hierfür erforderlichen Hardware-Voraussetzungen geschaffen. Dies wurde durch den Rückgang der Hardware-Anschaffungskosten für viele Unternehmen erst zu diesem Zeitpunkt wirtschaftlich vertretbar. Bei der Softwareentwicklung und -wartung war eher ein Trend zu steigenden Kosten zu beobachten, weshalb in diesem Bereich nach Kostensenkungsmöglichkeiten gesucht wurde. Einen bedeutenden Beitrag leistete die **Modularisierung** als Prinzip der Systemarchitekturgestaltung, die sich hierzu entwickelte und die Verbreitung von Standard-SoftwareSystemen förderte. Bei Modulen handelt es sich um funktionale Einheiten, die sich durch eine weitgehende Kontextunabhängigkeit und definierte Schnittstellen für externe Bezüge auszeichnen. Durch die Kontextunabhängigkeit können Module weitgehend unabhängig von anderen Modulen entwickelt, geprüft und gewartet werden.

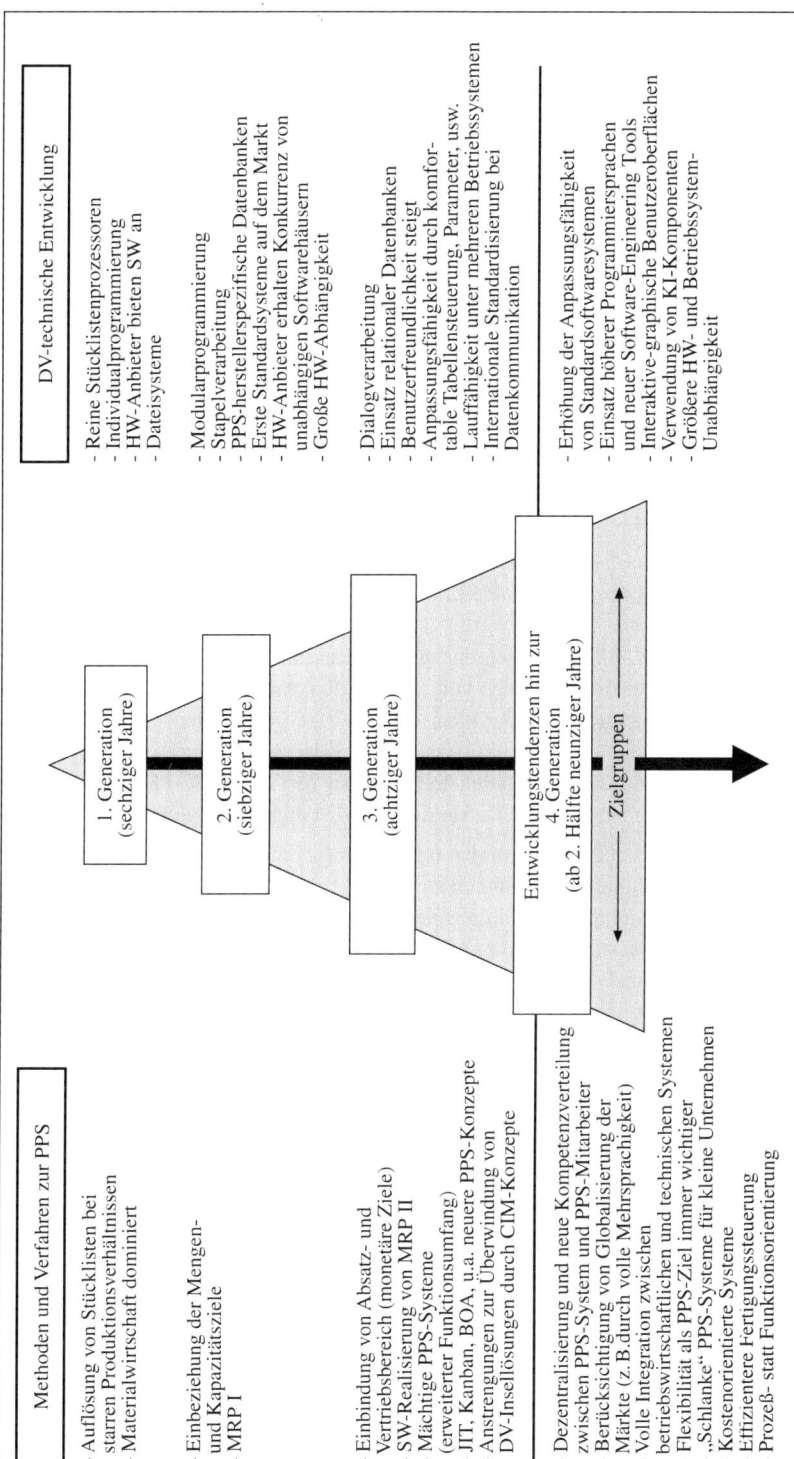

Abb. 7-64: Generationenfolge von PPS-Systemen (vgl. Maucher/Kirli 1998, S. 78)

Als gängige Form der Datenverarbeitung dominierte bei PPS-Systemen bis Mitte der siebziger Jahre die Stapelverarbeitung. Ende der siebziger Jahre wurden die **ersten dialogorientierten PPS-Systeme** angeboten. Auf die Stapelverarbeitung wird für die Durchführung bestimmter PPS-Funktionen, wie etwa die Simulation komplexer Daten, aber auch in den heute angebotenen, in aller Regel dialogfähigen Systemen nicht verzichtet.

In den PPS-Systemen der zweiten Generation findet zunehmend die **Integration von Datenbanken** statt. Vielen Systemen liegen herstellerspezifische Datenbanken mit möglichst günstigen Verarbeitungszeiten zugrunde. Dieser Leistungssteigerung steht als Nachteil die Inkompatibilität der in PPS-Systemen verarbeiteten Daten für andere Funktionsbereiche gegenüber. Außerdem erschweren proprietäre Datenbanken den Wechsel auf ein anderes PPS-System. Parallel beginnt aber im Bereich der Datenbankenentwicklung der Prozess der herstellerübergreifenden **Standardisierung.**

Ab Beginn der siebziger Jahre treten verstärkt Softwarehäuser am Markt auf, die von Hardware-Herstellern unabhängig sind, so dass die Anwender zwischen einem großen Angebot an Anwendungsprogrammen wählen können.

7.2.4.3 *PPS-Systeme der dritten Generation*

Die Entwicklung von PPS-Systemen der dritten Generation wurde neben neuen technischen Möglichkeiten insbesondere von veränderten Anforderungen der Anwender beeinflusst. Durch kürzere Produktzyklen und die Zunahme kundenspezifischer Varianten verloren Produkt- und Produktionsstrukturen der Anwendungsunternehmen an Stabilität. Die in den achtziger Jahren teilweise zu beobachtende PPS-Euphorie erreichte im Zusammenhang mit der Diskussion zu CIM ihren Höhepunkt.

Gleichzeitig mussten aber auch immer mehr Unternehmen in den achtziger Jahren feststellen, dass ihre hohen Erwartungen an PPS-Systeme nicht erfüllt wurden. Die mit hohem Aufwand erstellten Produktionspläne wurden schon bei kleinen Störungen nicht mehr eingehalten. Immer mehr Praktiker empfanden, dass PPS-Systeme die Produktionsrealität nur unzureichend abzubilden vermögen. Dies führte zu einer gewissen Ernüchterung hinsichtlich der Leistungsfähigkeit von PPS-Systemen.

PPS-Systeme der dritten Generation umfassten vielfach die **Funktionen von MRP II.** Seitens der PPS-Anwender wurde zunehmend angestrebt, die Abhängigkeit von Software- oder Hardware-Produkten eines bestimmten Herstellers abzubauen. So ging mit der Entscheidung über die Anschaffung eines Großrechners eine mittelfristige Abhängigkeit vom Hardware-Hersteller einher, da mit einem Wechsel der Hardware-Plattform erhebliche Investitionen in neue Hardware- und Software-Komponenten verbunden waren. Anwendungsprogramme und zum Teil auch die Grunddaten konnten vielfach nicht von der alten auf eine neue Hardware-Basis übernommen werden. Dies machte die Neuentwicklung von Individualprogrammen oder die Anschaffung neuer Standard-Software-Anwendungen erforderlich. Dieser Leidensdruck der Anwender führte zu einer Forcierung der Standardisierungsbemühungen.

In PPS-Systemen der dritten Generation sind meist **relationale Standard-Datenbanken** integriert, die zu einer beträchtlichen Leistungssteigerung führten. Durch die Realisierung der Datenbankfunktionen in einem eigenen System

- wird funktional eine höhere Flexibilität gewährleistet
- lassen sich bei der Bewältigung unterschiedlicher Aufgaben mit sehr großen Datenmengen noch akzeptable Antwortzeiten im Dialogbetrieb realisieren
- kann die Integration des PPS-Systems mit anderen betrieblichen Informationssystemen (z. B. CAD, CAM, Vertrieb) erfolgen.

Die höheren Flexibilitätsanforderungen der Anwender an die Feinsteuerung führten zur Verbreitung von PPS-Ansätzen wie Kanban oder Belastungsorientierte Auftragsfreigabe. Die Entwicklung und der Einsatz elektronischer Leitstände zielte auf die Entlastung der PPS-Systeme und die Rückverlagerung von Dispositionskompetenz in den Fertigungsbereich ab. In einen **elektronischen Leitstand** werden einzelne Aufträge mit Eckterminen aus dem PPS-System eingelastet. Die arbeitsgangbezogene Planung und Steuerung findet im elektronischen Leitstand statt. Treten in einem Fertigungsbereich Störungen auf, wirken sich diese primär auf die vom Leitstand aufgestellten Pläne aus. Eine Rückkopplung zum vorgelagerten PPS-System erfolgt erst dann, wenn vorgegebene Ecktermine nicht eingehalten werden können.

7.2.4.4 Entwicklungstendenzen für PPS-Systeme der vierten Generation

In die sich Ende der neunziger Jahre herausgebildeten PPS-Systeme der vierten Generation fließen sowohl die Erkenntnisse über die Defizite der Vorläufergeneration als auch neue DV-technische Möglichkeiten ein. Es zeichnen sich zwei Richtungen ab (vgl. *Maucher* 1998, S. 91):

- **Dezentralisierung** der Einsatzmöglichkeit für einzelne PPS-Funktionen
- Verstärkte **Integration** möglichst aller betrieblichen Bereiche.

Der Trend zur Dezentralisierung zeichnet sich bereits in der dritten Generation der PPS-Systeme ab und führt zur Neuverteilung der Kompetenzen zwischen Mitarbeitern aus den einzelnen PPS-Bereichen. Die mit der Dezentralisierung einhergehende Anwendung unterschiedlicher Planungs- und Steuerungsverfahren in verschiedenen dezentralen Organisationseinheiten führt beispielsweise dazu, dass in bestimmten Produktbereichen eines Unternehmens kleine PPS-Systempakete eingesetzt werden und in anderen Produktbereichen desselben Unternehmens elektronische Leitstände. Hierbei kann ein zentrales, unternehmensweit eingesetztes PPS-System die Koordination zwischen den einzelnen Bereichen übernehmen. Der Einsatz dezentraler PPS-Systeme wird begünstigt durch (vgl. *Maucher* 1998, S. 92 f.):

- Fortschritt bei der Hardware-Entwicklung (leistungsfähige Workstation-Rechner zu relativ günstigen Anschaffungskosten)
- die zunehmende Vernetzung von Unternehmen
- die Definition normierter Schnittstellen
- Standard-Datenbanken zur generellen Grunddatenverwaltung.

Der skizzierte Dezentralisierungtrend stellt einen Erfolg versprechenden Ansatz zur Komplexitätsreduktion traditioneller PPS-Systeme dar.

Die Einführung von Standard-Software wirft regelmäßig die Frage nach der Anpassbarkeit an unternehmensspezifische Besonderheiten auf. In PPS-Systemen der dritten Generation ist die unternehmensspezifische Anpassung (Customizing) über Tabellen

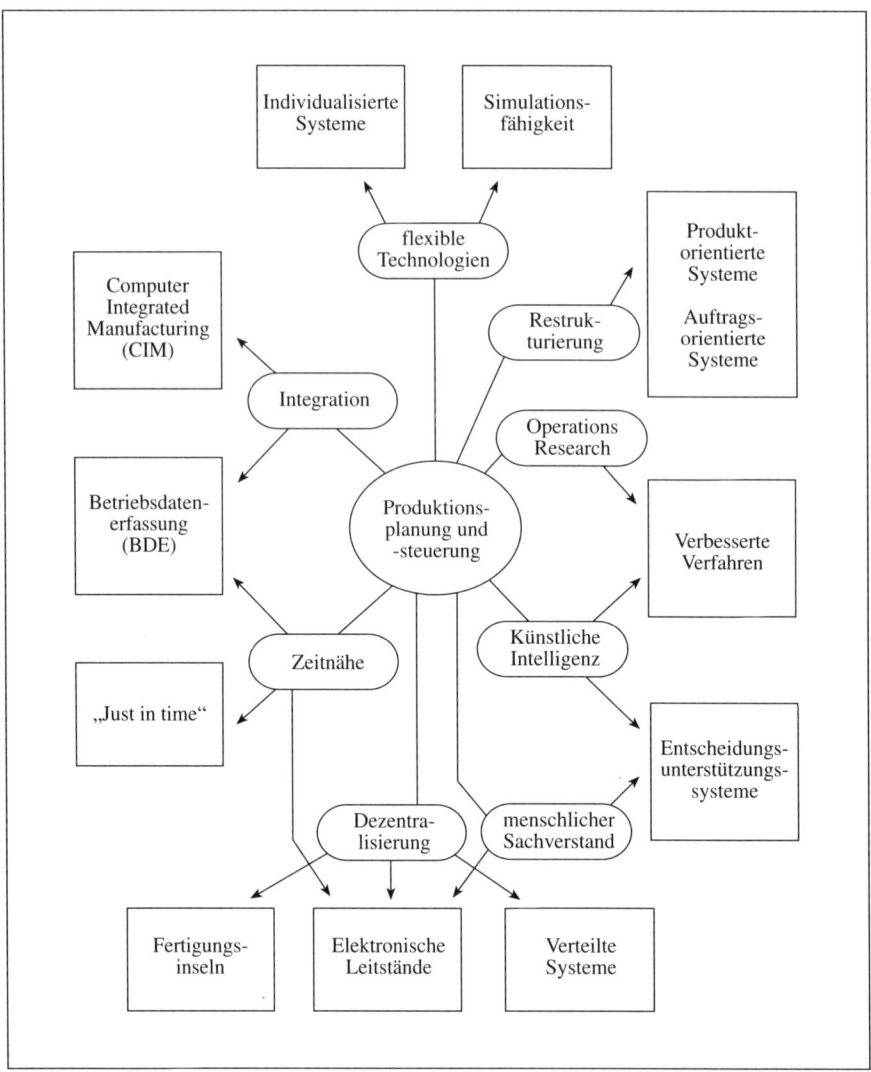

Abb. 7-65: Entwicklungstendenzen im PPS-Bereich (Kurbel 1993, S. 326)

und Parameter möglich. In der Praxis erfolgt jedoch meist eine Anpassung der Ablauforganisation an die im PPS-System vorgegebenen Standardabläufe. Inwieweit PPS-Systeme der vierten Generation einen Kompromiss zwischen „Festhalten am Standard" und „Abbilden von Produktionscharakteristika" ermöglichen werden und in welchem Umfang die Potentiale objektorientierter Programme ausgeschöpft werden, ist derzeit schwer abschätzbar. Die Verfahren der Parameter- und Tabelleneinstellung werden aber sicher weiterhin existieren.

Die bislang in PPS-Systemen kaum verbreiteten wissensbasierten Lösungsansätze könnten – zumindest für abgrenzbare Teilaufgaben – künftig an Bedeutung gewinnen. Abb. 7-65 fasst die Entwicklungstendenzen im PPS-Bereich zusammen.

7.3 Interne Materialbereitstellung in Produktion und Montage

Während die **externe** Materialbereitstellung den Material- und Informationsfluss vom Lieferanten zum Unternehmen betrifft und der Beschaffungslogistik zuzuordnen ist (siehe Abschnitt 6.4) betrifft die **interne** Materialbereitstellung den innerbetrieblichen Material- und Informationsfluss zu und zwischen den Produktions-/Montagestellen. Die im Rahmen der Produktionslogistik durchzuführende interne Materialbereitstellung umfasst entweder den Transport von Materialien direkt aus dem Wareneingang bzw. anderen vorgelagerten Bereichen zum Produktions- bzw. Montagesystem oder die Auslagerung aus unterschiedlichen (Zwischen-)Lagern und die Anlieferung an das jeweilige System. Sie beinhaltet zudem alle weiteren Materialflusswege innerhalb eines betrachteten Produktions- bzw. Montagesystems.

Die Materialbereitstellungsaufgabe gliedert sich in die drei Bereiche Planen, Steuern und Durchführen (vgl. *Bullinger/Lung* 1994, S. 7f.). Die **planerischen** Aufgaben beinhalten die Festlegung geeigneter Bereitstellungsprinzipien, die organisatorische Gestaltung von Transport-, Umschlags- und Lagerungsaktivitäten sowie die technische Auslegung des Bereitstell- und Informationsflusssystems. Die **Steuerung** der Materialbereitstellung umfasst alle Überwachungs- und Sicherungsaufgaben beginnend bei der Auslösung des Bereitstellungsauftrags bis zur Rückmeldung des abgeschlossenen Bereitstellvorgangs. Zur **Durchführung** der Materialbereitstellung gehören alle physischen Vorgänge wie Lagern, Kommissionieren, Transportieren und Handling am Arbeitsplatz.

Die **Organisationsprinzipien** der Materialbereitstellung lassen sich nach folgenden Kriterien differenzieren (vgl. hierzu *Bullinger/Lung* 1994, S. 15ff.) (vgl. Abb. 7-66):

– **Art der Bereitstellung:** Das Prinzip der bedarfsgesteuerten Materialbereitstellung besteht darin, dass eine zentrale Produktionssteuerung auf der Basis des Produktionsprogramms festlegt, welche Stückzahlen einer bestimmten Materialart zu welchem Termin für die einzelnen Stellen zur Verfügung gestellt werden müssen.
– **Form der Bereitstellung:** Die Bereitstellung kann in Form von zusammengefassten Aufträgen, Gesamtaufträgen, Teilaufträgen, Einzelprodukten oder Einzelteilen/Baugruppen durchgeführt werden.
– **Bereitstellmenge:** Im Unterschied zur stückzahlgenauen Bereitstellmenge wird bei der gebindeorientierten Bereitstellmenge auf den Inhalt von Verpackungseinheiten (z.B. Beutel mit einer standardisierten Anzahl an Kleinteilen) oder Transporteinheiten (z.B. Bereitstellung eines vollen Transportbehälters) abgestellt.
– **Bereitstellquelle:** Die Bereitstellquelle ist der Ort, von dem aus die Bereitstellung erfolgt.
– **Bereitstellort:** Am Bereitstellort werden die Materialien für den Produktions- bzw. Montagevorgang vom Produktions- bzw. Montagemitarbeiter selbst geholt. Die Bereitstellung kann in Behältern am Arbeitsplatz, in Arbeitsplatznähe für den Fall, dass nicht alle Materialien am Arbeitsplatz untergebracht werden können oder im Arbeitssystem bei Materialien, die von mehreren Arbeitsplätzen benötigt werden und eine relativ geringe Umschlaghäufigkeit aufweisen, erfolgen.

- **Auslösung der Bereitstellung:** Je nach Organisationseinheit, die für den Vorgang der „Bestellung" von Bereitstellteilen zuständig ist, liegt eine zentrale oder dezentrale Auslösung vor.
- **Durchführung der Bereitstellung:** Die unmittelbare Durchführung der Materialbereitstellung kann nach dem Bringprinzip (durch Arbeitssystemversorger oder vorgelagerte Bereiche) oder Holprinzip (durch Fertigungs- bzw. Montagemitarbeiter) erfolgen.

Mit der Festlegung der **Materialbereitstellungsstrategie** wird die Grundsatzentscheidung für die Optimierung der Materialbereitstellung getroffen (vgl. Abb. 7-67) (vgl. zum folgenden *Bullinger/Lung* 1994, S. 19 ff.).

Bei der **Gesamtauftragskommissionierung** erfolgt eine bedarfsgesteuerte, auftragsorientierte Materialbereitstellung, wobei das Produktionsprogramm mit definierten Aufträgen für einen festgelegten Zeitraum als Basis dient. Aus den Fertigungsaufträgen werden über Stücklistenauflösung die auszulagernden Teile ermittelt, kommissioniert und auftragsbezogen bereitgestellt (vgl. Abb. 7-68). Die Gesamtauftragssteuerung wird insbesondere bei hoher Typen- und Variantenvielfalt, kleinen bis mittleren Losgrößen sowie bei bereitstellkritischen Teilen angewandt. Zu den Vorteilen dieser Bereitstellungsstrategie gehören die geringe Verwechslungsgefahr, das alleinige Vorhandensein der auftragszugehörigen Teile am Arbeitsplatz und das Nicht-Vorhandensein von Restmengen am Arbeitsplatz nach Auftragsfertigstellung. Als Nachteile sind der hohe Dispositions- und Steuerungsaufwand, der hohe Kommissionieraufwand, der hohe Handlingsaufwand, der hohe Transportaufwand, die in der Regel umfangreiche Lagerhaltung und die Gleichbehandlung aller Teile zu nennen. Im Unterschied zur Gesamtauftragskommissionierung erfolgt bei der **Einzelkommissionierung** die Bereitstellung für die **Losgröße 1** (vgl. Abb. 7-68). Dies kann vor allem bei großvolumigen, variantenreichen und empfindlichen Materialien sinnvoll sein. Die Vor- und Nachteile entsprechen denjenigen bei der Gesamtauftragskommissionierung, wobei sie aber in ihrer Bedeutung noch höher zu gewichten sind.

Eine **Teilauftragskommissionierung** findet bei quantitativ sehr umfangreichen Aufträgen statt, bei denen eine Aufsplittung der Teilekommissionierung und -bereitstellung erforderlich ist. Hierbei wird zunächst eine Teilmenge von Materialien bereitgestellt. Bei entsprechendem Freiwerden von Kapazitäten wird die nächste Teilmenge bereitgestellt. Durch die Teilauftragskommissionierung werden unnötige Materialanhäufungen am Arbeitsplatz vermieden. Auch bei hohen Losgrößen bleibt der Bereitstellungsablauf überschaubar.

Bei der **Zielsteuerung (JIT)** erfolgt eine punkt- und termingenaue (z.B. stundengenaue) Materialbereitstellung in festgelegter Reihenfolge. Leitbild der Zielsteuerung ist die Synchronisation aller Stufen der Wertschöpfungskette von der Produktionsendstufe des Lieferanten bis zur Montagelinie des Kunden. Geeignet ist die Zielsteuerung als Materialbereitstellungsprinzip primär bei stabilem Produktionsprogramm, kurzen Wiederbeschaffungszeiten sowie großvolumigen, hochwertigen und empfindlichen Teilen. Vorteile sind eine geringe Kapitalbindung, der (weitgehende) Verzicht auf Lagerhaltung, keine Verwechslungsgefahr, niedrige Materialdurchlaufzeiten und ein hoher Lieferbereitschaftsgrad. Voraussetzung ist die Gewährleistung einer 100%igen Qualität. Der Steuerungs- und Transportaufwand ist hoch, ebenso wie das Risiko bei Störungen.

Die Materialbereitstellung nach **Kanban**-Prinzipien erfolgt verbrauchsgesteuert nach dem Holprinzip. Zur Funktionsweise und den Einsatzvoraussetzungen sei auf Abschnitt 7.2.2.4 verwiesen (vgl. auch Abb. 7-69). Wesentliche Vorteile dieses Materialbereitstellungsprinzips sind ein minimaler Steuerungsaufwand, keine Fehlteile, keine ungewollten Lagerbestände und eine Optimierung des Flächenbedarfs in der Produktion bzw. Montage.

Die verbrauchsorientierten Materialbereitstellungsstrategien Mehr-Behälter-System und Handlager sind in Abb. 7-69 dargestellt.

Kriterien	Ausprägungen				
Art der Bereitstellung	nach Bedarf		nach Verbrauch		
Form der Bereitstellung	zusammengefaßte Aufträge	Gesamtauftrag (Losgröße>1)	Teilauftrag	Einzelprodukt (Losgröße=1)	Einzelteile/Baugruppen
Bereitstellmenge	gebindeorientiert		stückzahlgenau		
Bereitstellquelle	Arbeitsplatznähe	Arbeitssystem (Zwischenlager)	Arbeitssystem neutrales Lager	sonstige vorgelagerte Bereiche: Lieferant/WE | Vormontage | Fertigung	
Bereitstellort	am Arbeitsplatz	in Arbeitsplatznähe	im Arbeitssystem		
Auslösung der Bereitstellung	Bring-Prinzip: übergeordnetes zentrales System | dezentral vorgelagerter Bereich (Lager | WE | Fert. | Vormontage) | dezentral, Arbeitssystembetreuer			Hol-Prinzip: dezentral, Montage (Vorarbeiter | Springer | Mitarbeiter)	
Durchführung der Bereitstellung	Bring-Prinzip: Arbeitssystemversorger | vorgelagerte Bereiche (Lager | Transportwesen)			Hol-Prinzip: Fertigung/Montage (Vorarbeiter | Springer | Mitarbeiter)	

Abb. 7-66: Morphologie der Materialbereitstellungsprinzipien (Bullinger/Lung 1994, S. 17)

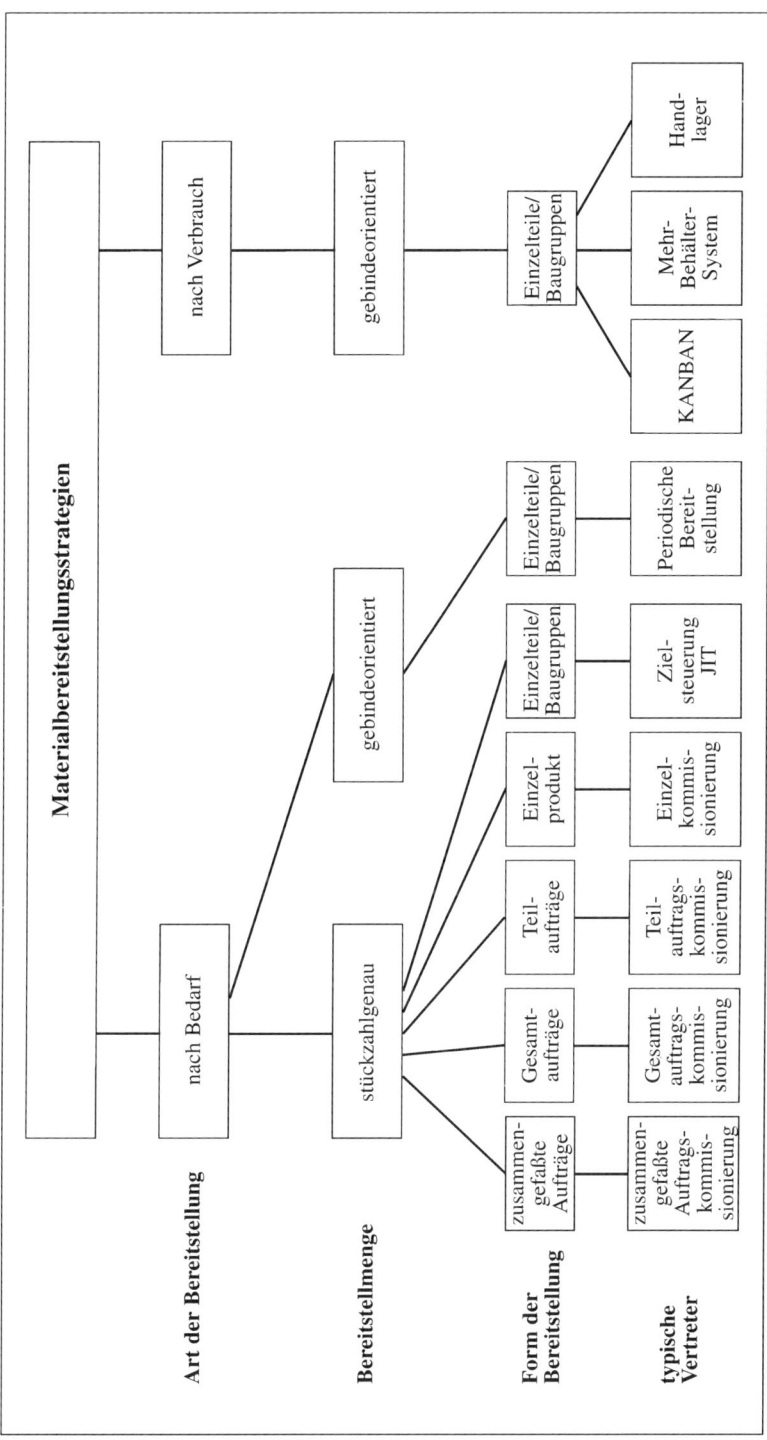

Abb. 7-67: Materialbereitstellungsstrategien (Bullinger/Lung 1994, S. 20)

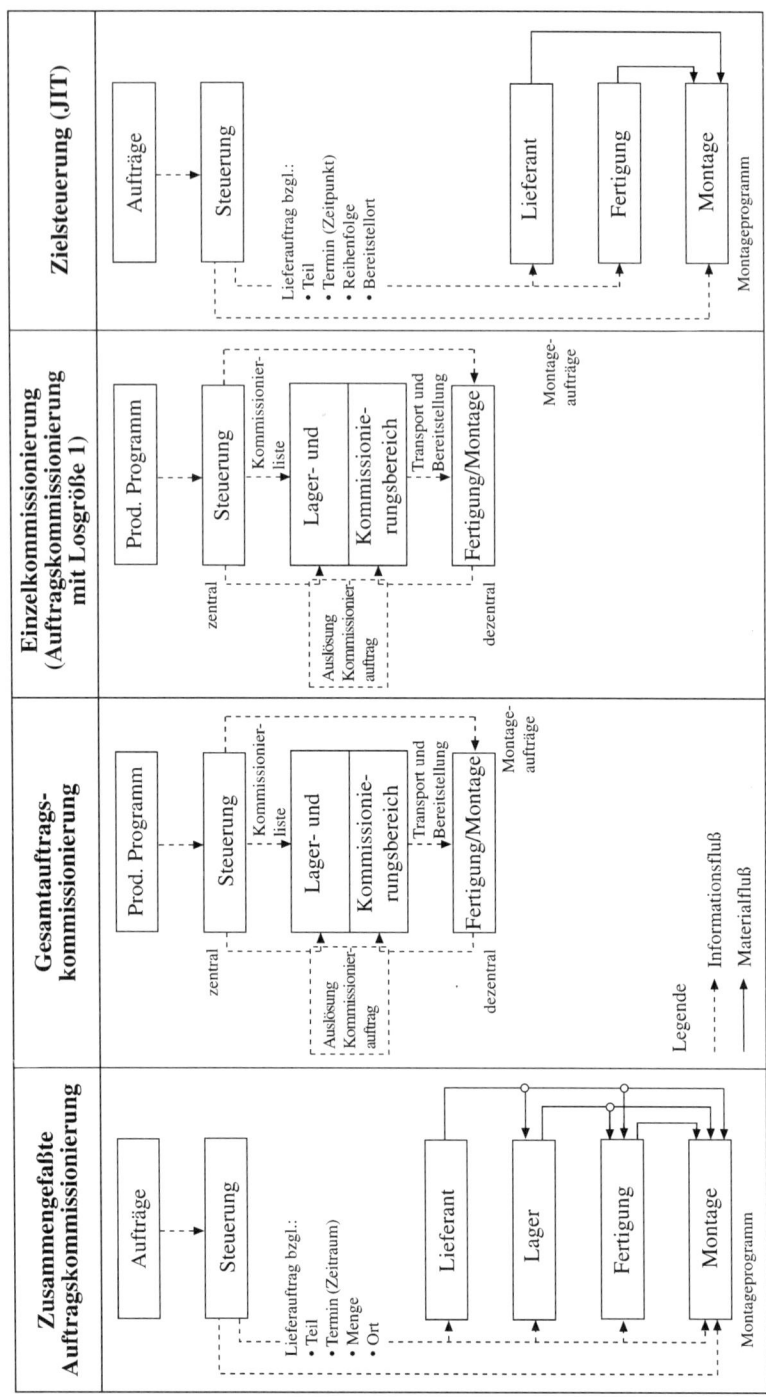

Abb. 7-68: Informations- und Materialflüsse bei den bedarfsorientierten
Materialbereitstellungsstrategien (vgl. Bullinger/Lung 1994)

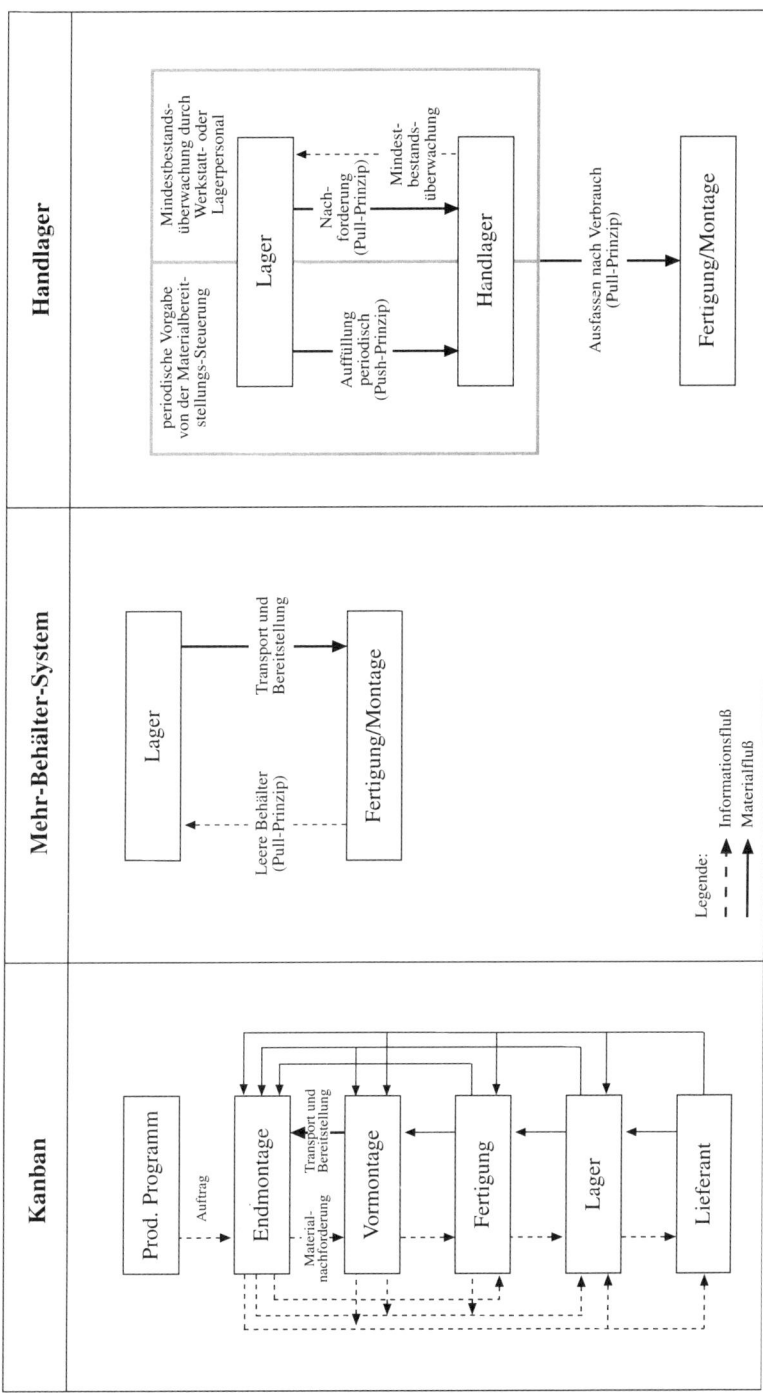

Abb. 7-69: Informations- und Materialflüsse bei den verbrauchsorientierten
Materialbereitstellungsstrategien (vgl. Bullinger/Lung 1994)

8 Distributionslogistik

Die Distributionslogistik stellt das Bindeglied zwischen der Produktion und der Absatzseite des Unternehmens dar. Sie umfasst alle Lager- und Transportvorgänge von Waren zum Abnehmer sowie die damit verbundenen Informations-, Steuerungs- und Kontrolltätigkeiten (vgl. *Pfohl* 1972, S. 26). Ziel ist es, die richtige Ware zum richtigen Zeitpunkt am richtigen Ort in der richtigen Menge und Qualität bereitzustellen und dabei einen optimalen Zustand zwischen einem bestimmten Lieferservice, den das Unternehmen erbringen will oder der vom Kunden gefordert wird, und den anfallenden Kosten zu finden. Es geht also darum, die gewählten Absatzwege optimal zu bedienen (vgl. *Traumann* 1976, S. 32).

Zunehmend setzen Unternehmen die **Warenverteilung** neben anderen absatzpolitischen Instrumenten als **Wettbewerbsinstrument** ein (vgl. *Klee* 1971, S. 15), um gegenüber der Konkurrenz Vorteile durch einen verbesserten Lieferservice zu erlangen. Hierzu ist es notwendig, den Anforderungen der Abnehmer Rechnung zu tragen, die vielfach in der Übernahme zusätzlicher Leistungen wie Lagerhaltung oder Vorsortimentierung liegen (vgl. *Poth* 1973, S. 22). Die Kunden suchen verstärkt, ihre eigenen Bestände zu senken, indem sie möglichst bedarfssynchron in kürzeren Abständen kleinere Mengen bestellen; dies zwingt das liefernde Unternehmen, Lieferstrategien zu entwickeln, die eine hohe Lieferbereitschaft gewährleisten, ohne zu einer Kostenexplosion zu führen.

Die wichtigsten **Problemstellungen** der Distributionslogistik betreffen

– die Standortwahl der Distributionsläger,
– die Lagerhaltung,
– Auftragsabwicklung,
– Kommissionierung und Verpackung,
– Warenausgang und Ladungssicherung sowie
– Transport.

Während die Kommissionierung und der Transport bereits in den vorangegangenen Kapiteln behandelt wurden, soll im Folgenden auf die verbleibenden Themen eingegangen werden. Aspekte der Lagerhaltung werden speziell unter distributionslogistischen Gesichtspunkten betrachtet.

8.1 Einflussfaktoren auf die Distributionslogistik

Die Einflüsse auf die Distributionslogistik sind geprägt durch die Markt- und Kundenanforderungen einerseits sowie die Rahmenbedingungen und Möglichkeiten zur Leistungserbringung andererseits (vgl. Abb. 8-1).

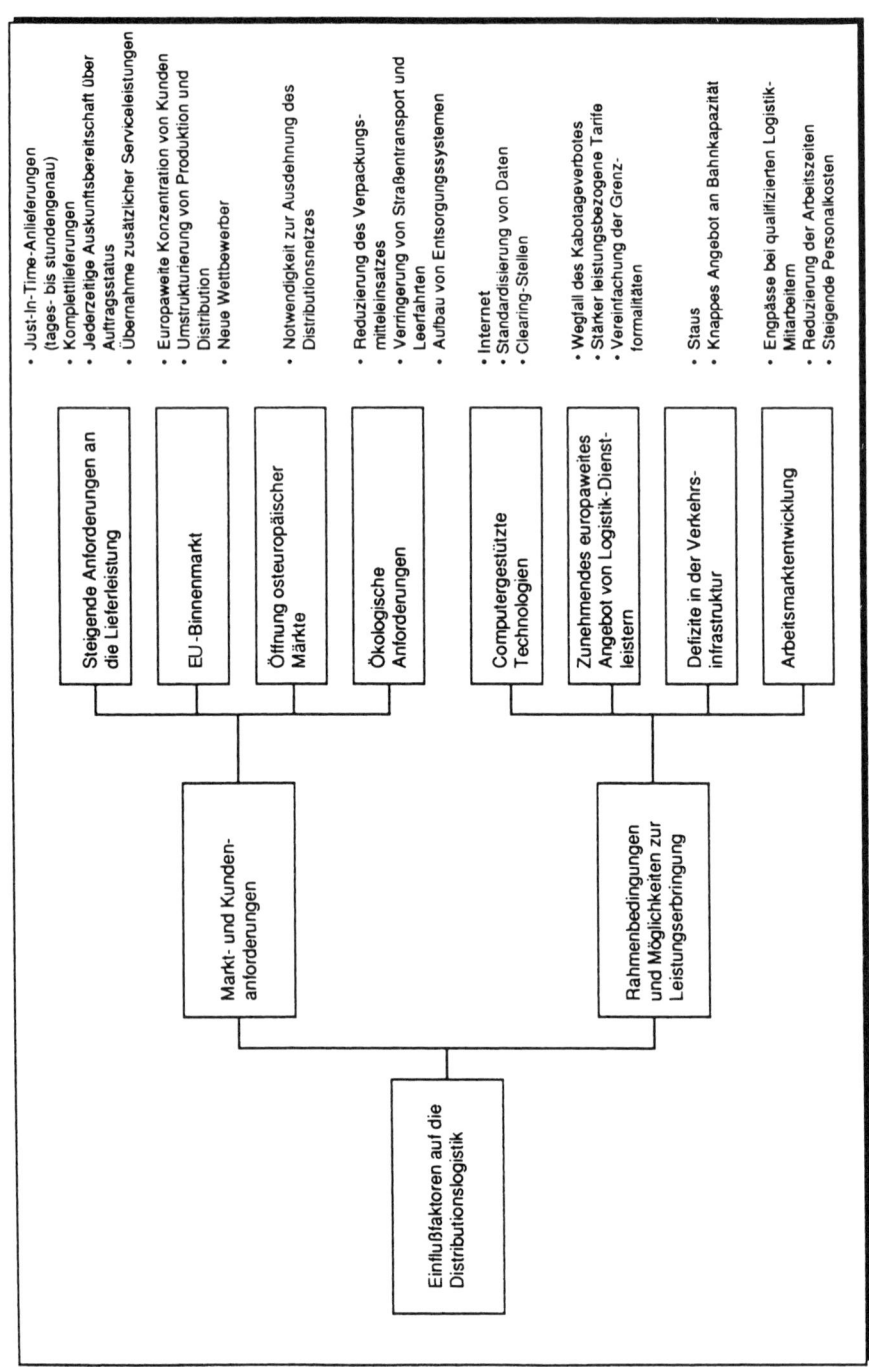

Abb. 8-1: Einflussfaktoren auf die Distributionslogistik

Seitens der Kunden steigen die Anforderungen an die Lieferleistung und damit an die Ausstattung und Qualität des Distributionssystems. So eröffnet die zunehmende Verbreitung rechnergestützter Warenwirtschaftssysteme im Handel diesem die Möglichkeit, ganz gezieltes Bestandsmanagement zu betreiben. Auch bei vielen industriellen Abnehmern hat das Ziel, Bestände abzubauen, zur verstärkten Forderung nach **Just-in-Time (JIT-)Lieferungen** geführt, d.h. bedarfssynchronen Anlieferungen und zwar tages- bis stundengenau. Die hieraus resultierende höhere Lieferfrequenz und Intensivierung des Informationsflusses erfordert regelmäßig eine Überprüfung der Distributionsstruktur, da ansonsten die Anforderungen nicht oder nur bei steigenden Logistikkosten erfüllt werden können. Darüber hinaus sinkt tendenziell die Bereitschaft der Abnehmer, Teillieferungen oder Lieferverzögerungen hinzunehmen. **Komplettlieferungen** sind deshalb seitens der Hersteller durch ein die Termintreue sicherstellendes Planungs- und Steuerungssystem für dessen Beschaffungs- und Produktionslogistik zu gewährleisten. Die Konsequenzen von Fehlmengen verdeutlicht Abb. 8-2. Selbstverständlicher Bestandteil der Logistikleistung ist in diesem Zusammenhang natürlich die jederzeitige **Auskunftsbereitschaft** über den Auftragsstatus, die auch den Spediteur einzubeziehen hat.

Die verstärkte Messung und Kontrolle der direkten Produktrentabilität im Handel zwingt die Hersteller zur Entwicklung und Umsetzung hochrentabler Vermarktungskonzepte, zum Beispiel über die Verpackungsgestaltung, kostenoptimale Warenträger und Versandeinheiten.

Zur eigenen Entlastung **verlagern** viele Kunden bestimmte **Leistungen** auf ihre Lieferanten, beispielsweise die Preisauszeichnung der Produkte. Auch dies verlangt eine entsprechende organisatorische Gestaltung, um möglichst niedrige Logistikkosten sicherzustellen. Erschwerend für die Gestaltung des distributionslogistischen Systems kommt schließlich hinzu, dass die einzelnen Kunden vielfach sehr heterogene Anforderungen aufweisen. So gibt es Handelsunternehmen, die die Feinverteilung der Waren in die einzelnen Filialen selbst vornehmen (über sog. Güterverteilzentren), während andere die Direktbelieferung der Filialen durch den Hersteller verlangen. Unterschiede existieren auch bei den Lieferzeitanforderungen, wobei beispielsweise ein 24-Stunden-Lieferservice durch eine geeignete Lagerstandort- und Verkehrsträgerfestlegung zu unterstützen ist.

Die Integration des Europäischen Binnenmarktes macht in einer Reihe von Unternehmen die Überarbeitung der Produkt-Markt-Strategien erforderlich, die in eine Ausdehnung der regionalen Absatzmärkte, in die Etablierung neuer Standorte für Vertriebs- oder Produktionsgesellschaften etc. münden können. Durch die **europaweite Konzentration des Handels** und die zunehmende Auslandsmarktbearbeitung durch ehemals rein nationale Kunden wird für viele Hersteller die europaweite Distribution zur Überlebensfrage. Nicht zuletzt erzwingen neue Wettbewerber oder aber die eigenen Abnehmer eine Europastrategie.

Auch die **Öffnung osteuropäischer Märkte** und deren verstärkte Belieferung erfordert die Notwendigkeit zur Ausdehnung des Distributionsnetzes.

Die deutlich gestiegene Umweltbelastung und Umweltsensibilität der Bevölkerung werden künftig zu weiteren Änderungen des Rechtsrahmens führen, die die Gestaltung logistischer Systeme wesentlich beeinflussen werden. Als für die Distributionslogistik wesentliche Forderungen sind zu nennen:

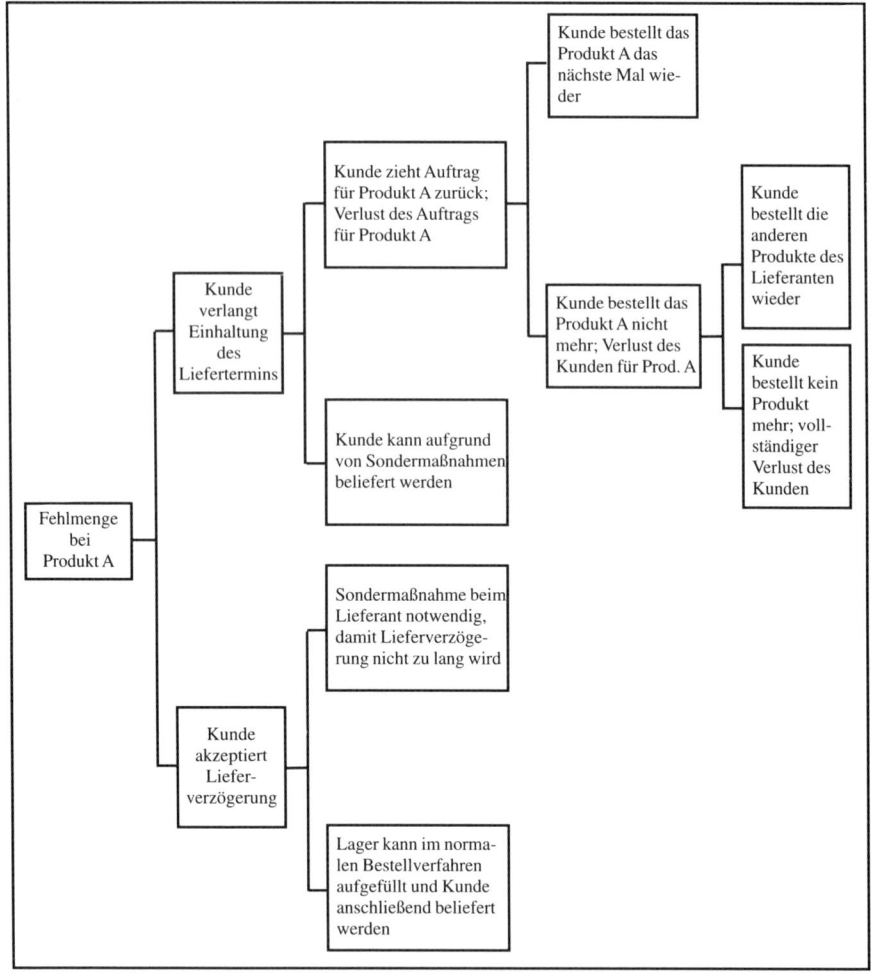

Abb. 8-2: Folgen des Auftretens von Fehlmengen

- **Verringerung des Einsatzes von Verpackungsmitteln** und völlige **Vermeidung** umweltschädlicher Verpackungsmaterialien
- **Reduzierung des Transportaufkommens** durch weniger Leerfahrten und Verringerung des Transports auf der Straße
- **Aufbau von Entsorgungssystemen** der Industrie bzw. des Handels zur Rücknahme von Paletten und Verpackungsmaterial. Dies erfordert eine Erweiterung bestehender logistischer Distributionssysteme um Systeme der Entsorgungslogistik.

Neben einer (unter Umständen kostenintensiven) Anpassung an ökologische Anforderungen auf Grund gesetzlicher Auflagen bietet eine ökologieorientierte Gestaltung der Distribution darüber hinaus Möglichkeiten zur Differenzierung im Wettbewerb und damit der Erschließung von Erfolgspotenzialen. Dies macht sich beispielsweise ein Hersteller von technischen Gebrauchsgütern zunutze, der in seiner Werbung herausstellt, dass er seine Produkte primär per Bahn transportiert.

Auf die Rahmenbedingungen und Möglichkeiten der Leistungserbringung wurde bereits in den vorangegangenen Kapiteln ausführlich eingegangen.

8.2 Standortdeterminierung

Ein wichtiger Fragenkomplex innerhalb der Distribution eines Unternehmens umfasst die Standortbestimmung der Fertigwarenläger. Je nach Branche und der sie charakterisierenden Produkt- und Marktmerkmale ergeben sich unterschiedliche Anforderungen an die Distributionsstruktur. Die **Distributionsstruktur eines Warenverteilungssystems** lässt sich im Wesentlichen durch folgende Elemente beschreiben (vgl. *Blank* 1980, S. 31):

– Zahl der Läger
– Zahl der unterschiedlichen Lagerstufen,
– Standorte der Läger sowie
– räumliche Zuordnung der Läger zu Absatzgebieten.

Zwischen diesen Merkmalen bestehen enge Verbindungen, weshalb eine jeweils vollständig isolierte Betrachtung nicht möglich ist (vgl. Abb. 8-3).

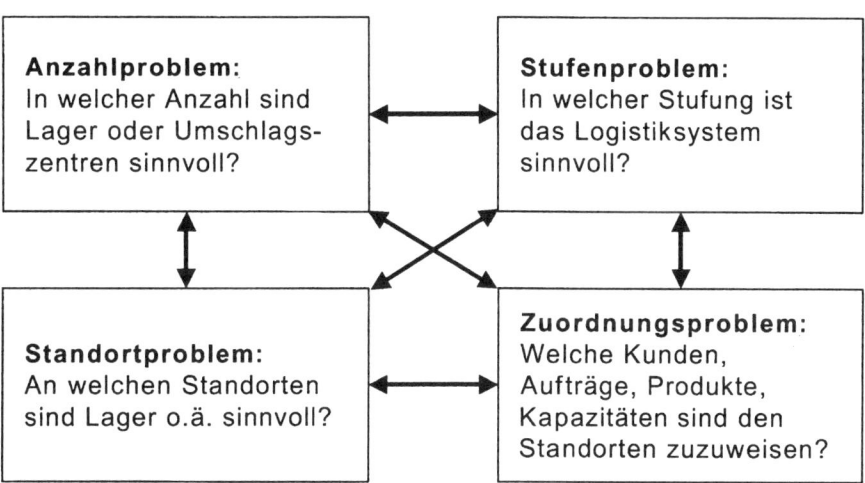

Abb. 8-3: Planung der Distributionsstruktur (Pawellek 1996, S. 6)

8.2.1 Anzahl der Lagerstufen

Die **vertikale Warenverteilungsstruktur** gibt an, wieviele unterschiedliche Lagerstufen in einem Distributionssystem vorhanden sind. Es lassen sich dabei vier verschiedene **Lagerarten** unterscheiden (vgl. *Kunz* 1976, S. 43 ff.; *Konen* 1985, S. 44 f.):

– **Werksläger:** Werksläger, auch Fertigwarenläger genannt, sind räumlich bei einer Produktionsstätte angesiedelt, deren jeweiligen Fertigwarenausstoß sie meist zum kurzfristigen Mengenausgleich aufnehmen. Sie enthalten nur das am Ort produzierte Warensortiment, gegebenenfalls ergänzt um die zugekaufte Handelsware.

– **Zentralläger:** Zentralläger stellen die den Werslägern nachgeordnete Lagerstufe dar. Ihre Anzahl ist meist sehr begrenzt, doch enthalten sie jeweils die gesamte Sortimentsbreite des Unternehmens. Ihre Funktion besteht darin, bei Existenz nachgeordneter Lagerstufen für ein Nachfüllen der Bestände zu sorgen. Bei einer zentralisierten Distributionsstruktur werden in Zentrallägern die Waren in den jeweils vom Kunden bestellten Mengen und Sorten zur Auslieferung bereitgestellt.

– **Regionalläger:** Aufgabe von Regionallägern ist es, innerhalb einer bestimmten Absatzregion, die aus mehreren Verkaufsgebieten besteht, einen Puffer zu Produktion und Absatzmarkt zu schaffen und durch eine Bestandshaltung vor- und nachgelagerte Lagerstufen zu entlasten. In Regionallägern werden nur Teile des Sortimentes gehalten.

– **Auslieferungsläger:** Auf der untersten Stufe der Lagerhierarchie stehen die Auslieferungsläger, die dezentral im gesamten Verkaufsgebiet angeordnet sind. Ihre Aufgabe besteht in einer Vereinzelung der Mengen zu den von den Abnehmern georderten Einheiten und deren Bereitstellung zur Kundenbelieferung. Auslieferungslä-

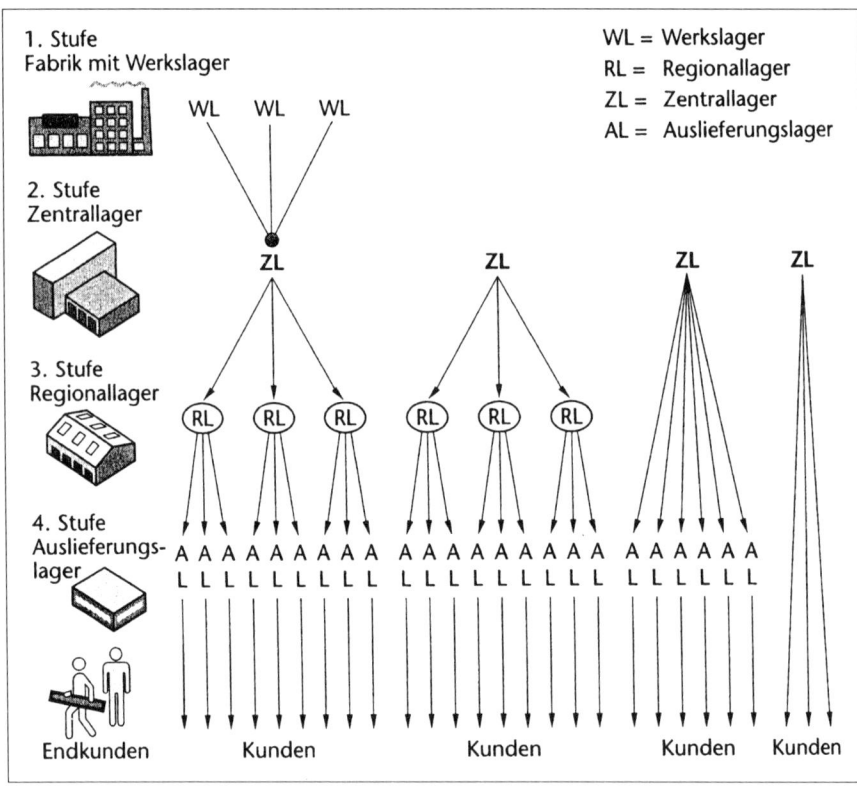

Abb. 8-4: Alternative Lagerstrukturen in der Distribution

ger sind einem bestimmten Verkaufsbezirk und den darin ansässigen Kunden direkt zugeordnet. Sie enthalten nicht zwingend das gesamte Sortiment, sondern in der Regel – regional unterschiedlich – die jeweils absatzstarken Produkte. Die gleiche Funktion wie Auslieferungsläger nehmen Transshipmentpunkte wahr. Sie haben allerdings keine Bestände und werden für die tägliche Belieferung genutzt.

Die Ausprägungen alternativer Lagerstrukturen werden in Abb. 8-4 dargestellt, wobei das Modell des vierstufigen Lagersystems in der Praxis nur sehr selten vorkommt. Die Gegenüberstellung in Abb. 8-5 verdeutlicht die Bandbreite unterschiedlicher Anforderungen an die Distributionsstruktur in Abhängigkeit von der Kundenanzahl und -struktur sowie der Liefermengenstruktur.

Produktart	– Produktionsgüter	– Konsumgüter
Kundenzahl	– wenige Kunden (Industrie) bis einige 100	– sehr viele Kunden (Groß- und Einzelhandel), in Deutschland bis 100 000
Liefermengen	– große Mengen pro Lieferung, volle Lkw-Züge, Waggons	– sehr kleine Lieferungen, unter 100 kg in vielen Branchen
Versandart (Tendenz)	– Direktversand	– Versand über Distributionsnetz

Abb. 8-5: Merkmale der Distribution von Produktions- und Konsumgütern

Die Bestimmung der vertikalen Distributionsstruktur ist eine Entscheidung längerfristiger Natur (vgl. *Eisele* 1976, S. 19), die Einfluss hat auf sich daran anschließende taktische und operative Überlegungen sowie die Aufgabenverteilung zwischen den einzelnen Lagerstufen und die zwischen ihnen bestehenden Relationen (vgl. *Konen* 1985, S. 43). Im Folgenden wird angenommen, dass ein Unternehmen sich im Rahmen seiner Lieferservicepolitik eine bestimmte Soll-Lieferzeit als Ziel gesetzt hat. Es lassen sich davon ausgehend unter Kostengesichtspunkten Strategien zur Strukturierung der Warenverteilung ableiten. In die Kostenüberlegungen sind einzubeziehen

– die Anzahl und Größe der Läger,
– die Umschlagskosten,
– die Transportkosten für Mengenbewegungen zwischen den Lägern,
– die Auslieferungskosten zum Kunden und
– die Höhe der Bestände.

Die Einrichtung jeder **Lagerstufe** verursacht zusätzliche Kosten, da jedes Lager weitere Kapitalbindungs- und Fixkosten mit sich bringt. Mit abnehmender Zahl der Läger wird die Schwankungsbreite der Nachfrage im Verhältnis zur durchschnittlichen Nachfrage geringer bei einer gleichzeitig stärkeren Aggregation der Kunden, wodurch sich die Sicherheitsbestände verringern lassen, ohne ein Absinken der Lieferbereitschaft zu bewirken (vgl. *Eisele* 1976, S. 14). Die Bestimmung eines Kostenoptimums hängt stark davon ab, wie hoch sich die **Auslieferungskosten** bei unterschiedlichen Lagerstrukturen bemessen: Ist die Zahl der Kunden eines Unternehmens begrenzt und werden jeweils große Mengen bestellt, so ist tendenziell eine zentralisierte Lagerhaltung kostengünstiger. Sind dagegen häufige, kleine Aufträge eines breitgestreuten Abnehmerkreises die Regel, so kann die Zwischenschaltung einer weiteren Stufe von dezentralen Auslieferungslägern sinnvoll sein (vgl. *Winkler* 1977, S. 64), da ansonsten die hohe Transportfrequenz der Auslieferungen bei relativ geringem Transportvolumen und großen Distanzen zu einem starken Kostenanstieg führen würde und – je nach Kundenanforderungen – die Transportdauer zu lang wäre.

Gleiches gilt für den Fall, dass ein Abnehmer seine Lagerhaltung auf den Lieferanten abwälzt und bedarfsgenau in relativ kurzen Abständen kleinere Mengen bestellt (vgl. *Geitz* 1986, S. 28). Beispiele hierzu lassen sich bei den Automobilherstellern finden (vgl. Abschnitt 6.4.3), die die Strategie einer JIT-Beschaffung mit einer stundengenauen Anlieferung verfolgen. Diese zwingt ihre Lieferanten teilweise dazu, Auslieferungsläger in unmittelbarer Nähe des Abnehmers zu unterhalten, es sei denn, Produktionsstätte und Werkslager befinden sich dort.

Die **Höhe der Bestandskosten** steigt mit wachsender Zahl der Läger bzw. Lagerstufen. Je größer das Produktprogramm eines Unternehmens ist, desto höher bemessen sich die darin liegenden Kosteneinsparungspotentiale. Deswegen werden in Regional- und Auslieferungslägern üblicherweise nur Teile des Produktsortimentes gelagert, vor allem Waren mit starker oder regelmäßiger Nachfrage.

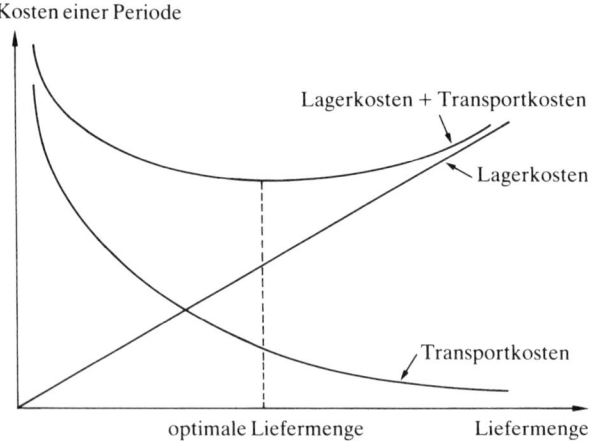

Abb. 8-6: Die Beziehung zwischen der Liefermenge und den Lager- und Transportkosten
(Eisele 1976, S. 16)

Zwischen den Bereichen **Lagerhaltung und Transport** besteht eine **direkte Substitutionsbeziehung,** d.h. eine Bestandssenkung im Lager und eine Verringerung der Zahl der Läger müssen durch einen schnelleren Transport ausgeglichen werden, um den ursprünglichen Lieferservicegrad aufrechtzuerhalten. Eine JIT-gemäße Bestandssenkung ist jedoch nur dann ökonomisch sinnvoll, wenn die eingesparten Lager- und Kapitalbindungskosten die zusätzlich anfallenden Transportkosten übersteigen (vgl. *Maresch* 1987, S. 41), wobei letztere – besonders bei Vorliegen eines eigenen Fuhrparks – wesentlich von der Liefermenge beeinflusst werden (vgl. Abb. 8-6). Der heutige Trend zur Zentrallagerhaltung scheint die Wirtschaftlichkeit einer derartigen Substitution zu bestätigen. Eine ähnliche Beziehung besteht zwischen Lagerhaltung und Transport auf der einen und der Bereitstellung von Informationen auf der anderen

Seite. Umfassende, frühzeitige Informationen eröffnen einen größeren Handlungsspielraum für sämtliche Lager- und Auslieferungsvorgänge, die Möglichkeit einer
späteren Produktfertigstellung und -auslieferung (vgl. *Ihde* 1978, S. 86) und die Möglichkeit kurzfristiger Dispositionen. Dies kann nur durch einen engen EDV-mäßigen
Rechnerverbund zwischen Hersteller, Kunde und Spediteur erzielt werden.

In vielen Unternehmen zeichnet sich ein Trend zur zentralisierten Lagerhaltung ab.
Die Gründe hierfür liegen in möglichen **Betriebsgrößenvorteilen** bei Personaleinsatz,
Organisation und Betriebstechnik, da große Läger den Einsatz aufwändiger Kommis-
sionier- und Lagertechniken rechtfertigen. Eine höhere Automatisierung und Standardisierung der Abläufe im Zentrallager ermöglicht eine schnellere Auftragsbearbeitung,
doch kann hieraus unter Umständen auch eine größere Inflexibilität erwachsen mit negativen Auswirkungen auf die Lieferbereitschaft des Unternehmens (vgl. *Salzer* 1986,
S. 25). Jedoch überwiegen nach Ansicht der Praxis die Vorteile einer höheren Automatisierung und Systemintegration sowie einer besseren Auslastung der vorhandenen
Lagerkapazitäten (vgl. *Winkler* 1984, S. 22). Darüber hinaus gewährleistet eine zentralisierte Lagerhaltung eine größere Übersichtlichkeit und mehr alternative Dispositi-
onsmöglichkeiten in Bezug auf die vorhandenen Bestände, so dass – besonders im Fall
von Frischprodukten – einem Verderb der Waren vorgebeugt werden kann. Hinzu
kommt, dass die Unternehmen die Transportleistungen eines in den letzten Jahren
stark gewachsenen und sehr innovativen Verkehrsmarktes in Anspruch nehmen können,

Zentralisationsgrad Einflußfaktor	Trend zu zentraler Lösung		Trend zu dezentraler Lösung
Sortiment	Breites Sortiment	↔	Schmales Sortiment
Lieferzeit	Ausreichende Lieferzeiten	↔	Schnellste Belieferung Stundengenaue Anlieferung
Wert der Produkte	Teure Produkte	↔	Billige Produkte
Konzentration der Produktionsstätten	Eine „Quelle"	↔	Viele „Quellen"
Kundenstruktur	Wenige Großkunden bzw. homogene Kundenstruktur	↔	Viele kleine Kunden bzw. inhomogene Kundenstruktur
Spezifische Lageranforderungen (z.B. Temperatur)	ja	↔	nein
Nationale Eigenheiten (Produkt-Auszeichnung, nationale Vorschriften)	Wenig nationale Eigenheiten	↔	Viele nationale Eigenheiten

Abb. 8-7: Kriterien für die Errichtung zentraler bzw. dezentraler Lager

der durch eine hohe Transportgeschwindigkeit und -zuverlässigkeit gekennzeichnet ist, aber auch nennenswerte Kosteneinsparungspotentiale für die Hersteller bietet. Mit abnehmender Zahl der Lagerstufen sinkt die Zahl der Ein- und Auslagerungen der Güter, was nicht nur Zeit-, sondern auch Kosteneinsparungen für den Verlader bedeutet. Abb. 8-7 fasst die wesentlichen Kriterien für die Errichtung zentraler bzw. dezentraler Lager zusammen.

Die endgültige Entscheidung über die vertikale Lagerstruktur hängt davon ab, welche Anforderungen die Kunden des Unternehmens an die Bereitstellungsdauer stellen und welche Distributionskosten sich dabei unter Gegenüberstellung aller Lager- und Transportkosten ergeben.

Unter europäischen Gesichtspunkten zeichnen sich auf der Basis der bisherigen Erfahrungen folgende Lagerstrukturen als optimale Alternative ab (vgl. Abb. 8-8):

– ein zentrales Europa-Lager, von dem aus alle europäischen Kunden beliefert werden,
– Lagerung der Fertigprodukte in „nationalen" Lägern in den Hauptabsatzregionen oder
– Direktbelieferung der Kunden ab Produktionsstandort.

8.2.2 Horizontale Distributionsstruktur

Ein zweites wesentliches Strukturmerkmal des Lagersystems liegt in der horizontalen Distributionsstruktur: Sie umfasst die **Zahl der Läger auf jeder Stufe** und ihre **Standortbestimmung.** In diesem Zusammenhang soll darüber hinaus auch die **Zuordnung von Lägern zu ihren Absatzgebieten** diskutiert werden, da diese Frage bei der Festlegung von Lagerstandorten miteinzubeziehen ist. Diese, in der englischsprachigen Literatur auch als „warehouse-location problem" (*Baumol/Wolfe* 1958, S. 181) bezeichneten Fragen, werden von folgenden **Einflussfaktoren** mitbestimmt:

– Abnehmerkreis,
– Bestellmengen und Bestellverhalten der Kunden,
– Produktionsstandorte sowie
– Lager-, Vorratshaltungs- und Transportkosten zwischen Produktionsstätten und Lägern sowie für die Warenauslieferung.

Voraussetzung für eine optimale Bestimmung der Distributionsstruktur ist, alle distributionswirtschaftlichen Alternativen mit ihren jeweiligen Kosten- und Erlöswirkungen genau zu kennen (vgl. *Bloech/Ihde* 1972, S. 109). Hierin liegen teilweise erhebliche Schwierigkeiten durch die **Vielzahl der Variablen,** ihre zum Teil vorhandene **Unsicherheit** und die **Unbeeinflussbarkeit** der **unternehmensexternen Faktoren.** Erschwerend wirkt sich des Weiteren die **Interdependenz** zwischen einzelnen Kriterien aus. So ist die Standortwahl der jeweiligen Läger davon abhängig, wie viele auf jeder Stufe errichtet werden sollen; die Lageranzahl wiederum beeinflusst ihre Größe und ihr Einzugsgebiet (vgl. *Winkler* 1977, S. 85). Ein weiterer wichtiger Zusammenhang liegt in der Zahl und Größe der einzelnen Läger und der Höhe der Bestände für eine bestimmte Lieferbereitschaft: In Warenverteilungssystemen mit einer hohen Lagerdichte müssen zahlenmäßig mehr Bestände bevorratet werden als in solchen mit einer

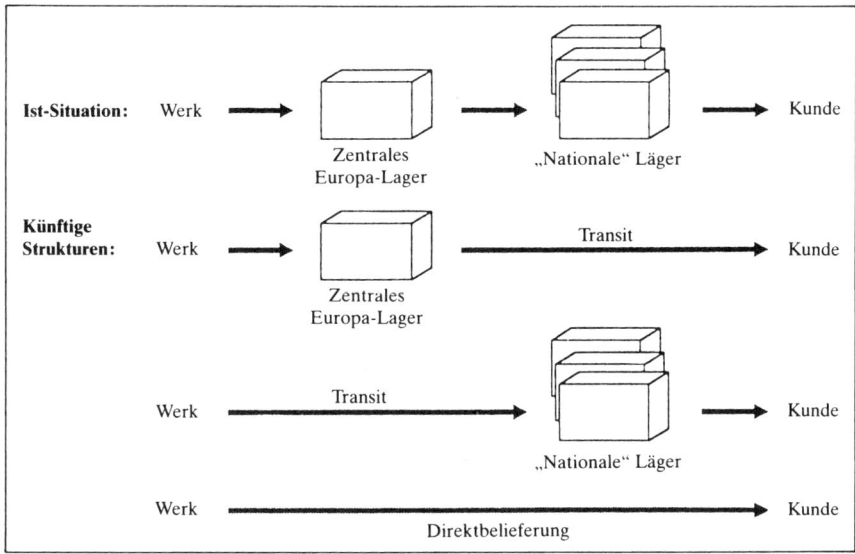

Abb. 8-8: Lagerstrukturen im europäischen Binnenmarkt

geringeren, da erstere Nachfrageschwankungen besser ausgleichen können. Größere Läger brauchen im Vergleich zur verfügbaren Lagerfläche auch weniger Raum für Bedienungsvorgänge als kleinere, so dass die Gesamtkapazitäten besser nutzbar sind (vgl. *Kunz* 1977, S. 20). Diese und einige andere Effekte, wie ein besserer und flexiblerer Personaleinsatz sowie eine verhältnismäßig geringere Fixkostenbelastung durch eine höhere Anlagenauslastung führen dazu, dass die gesamten fixen und variablen Lagerkosten mit der Anzahl der Lager progressiv ansteigen.

Die **Transportkostenentwicklung,** die in weiten Teilen diametral zu den Lagerhaltungskosten verläuft, muss etwas differenzierter gesehen werden: Durch eine Ausweitung der Zahl der Auslieferungsläger werden die Transportkosten einerseits gesenkt, da eine größere räumliche Nähe zu den Abnehmern erreicht wird, durch die die kostenintensiven Auslieferungsfahrten wesentlich günstiger gestaltet werden können (vgl. *Tempelmeier* 1983, S. 35). Die Transportkosten zur Lagerbelieferung dagegen steigen zunächst nur langsam an; sie fallen jedoch dann stark ins Gewicht, wenn – durch die verminderte Größe und den geringeren Warenumschlag der Auslieferungsläger bedingt – die Transportkapazitäten nicht mehr voll ausgeschöpft werden können (vgl. *Kunz* 1977, S. 24). Dieses Problem kommt besonders bei Einsatz eines eigenen Fuhrparkes zum Tragen. Generell lässt sich zu dieser Fragestellung festhalten, dass die Schaffung eines neuen Lagers sich dann als vorteilhaft erweist, wenn die Transportkosteneinsparungen größer sind als die Kosten des zusätzlichen Lagers (vgl. *Pfohl* 1972, S. 117) (vgl. Abb. 8-9).

Der Stufe der **Auslieferungsläger** wird bei Erörterung der horizontalen Distributionsstruktur die meiste Aufmerksamkeit geschenkt, da sie zahlenmäßig am stärksten vertreten sind und sich relativ weit ausdehnen bzw. zusammenfassen lassen. **Werksläger** dagegen werden im Allgemeinen bei jeder Produktionsstätte errichtet; um bestimmte Werke jedoch von Lageraufgaben zu entlasten, können Werksläger auch zusammen-

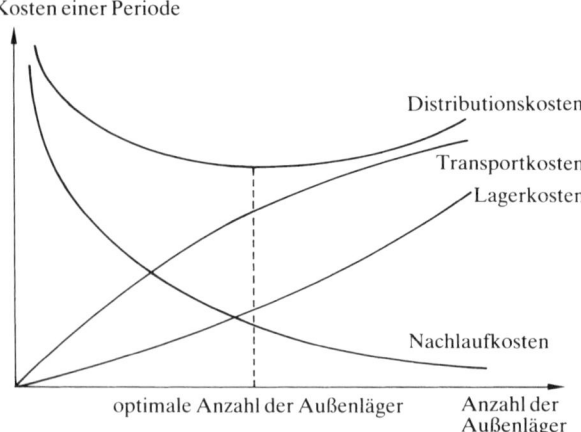

Nachlaufkosten: Bei Lieferung vom Außenlager zum Kunden
Transportkosten: Beförderungskosten vom Werk zum Außenlager

Abb. 8-9: Die Abhängigkeit zwischen der Anzahl der Außenläger und den Distributionskostenarten (Eisele 1976, S. 15)

gefasst werden (vgl. *Kunz* 1977, S. 13). **Zentralläger** sind zahlenmäßig eng begrenzt, um ihrer Aufgabe als Zentralsammelstelle des gesamten Sortiments gerecht zu werden. Ihr Standort muss sich nicht unbedingt in der Mitte des gesamten Absatzgebietes befinden, da die Nachfrage sich nie gleichmäßig über den ganzen Bereich verteilt und auch andere Faktoren, wie die Möglichkeiten zur Verkehrsanbindung, von großer Bedeutung sind. Die anteilige Fixkostenbelastung pro Mengeneinheit wird umso kleiner, je höher der Warendurchsatz eines Lagers ist (vgl. *Krippendorff* 1963, S. 831). Da gerade Zentralläger über einen sehr hohen Automatisierungsgrad verfügen und oft modernste Lagertechniken zur Anwendung kommen, hängt der Aufbau mehrerer Zentralläger entscheidend mit von der Umschlagshäufigkeit der Waren ab. So kann es wirtschaftlich sein, für einen Großkunden eines Unternehmens ein weiteres Zentrallager zu errichten, weil durch diese Lösung Zwischentransporte zwischen Zentral- und Auslieferungslager sowie eine hohe Bestandshaltung bei letzterem vermieden werden können.

Um die Zahl der Läger und ihre Standorte möglichst vorteilhaft zu bestimmen, sind ebenfalls die Lagerhaltungsstrategie, die Bezug nimmt auf Art, Menge und Wiederauffüllungszeitpunkte der Bestände, sowie die Lieferstrategie, die Handlungsvorschriften für die Kunden- und Lagerbelieferung gibt (vgl. *Middelmann* 1978, S. 34 ff.), zu berücksichtigen. So wird mit dem Just-In-Time-Ansatz die Strategie verfolgt, Bestände möglichst stark zu senken und häufig wiederaufzufüllen sowie die Geschwindigkeit und Flexibilität der Warenverteilung zu steigern, so dass die Lieferbereitschaft eines Unternehmens erhöht wird.

Eindeutige Lösungen für die Ermittlung einer horizontalen Distributionsstruktur lassen sich nur durch fallspezifische Modelle finden. In der Literatur existiert hierzu eine Vielzahl von Algorithmen, heuristischen Verfahren oder Simulationsmodellen (vgl. *Müller-Merbach* 1973). Die Vielzahl der Einflussfaktoren und ihre unterschiedliche Gewichtung macht eine Modelldarstellung anhand von umfassenden mathematischen Verfahren erforderlich.

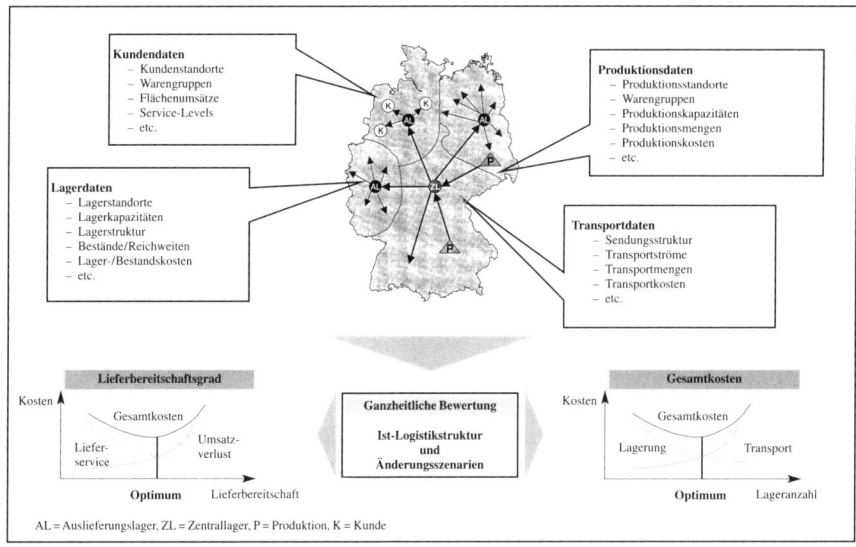

Abb. 8-10: Benötigte Daten zur Modellierung der Distributionsstruktur

Abb. 8-10 zeigt zusammenfassend, welche Kunden-, Lager-, Produktions- und Transportdaten zu erheben und in Optimierungsmodellen zu verarbeiten sind, um zu – bezogen auf die Zielfunktion(en)- optimalen Distributionsstrukturentscheidungen zu gelangen. Hierbei sind neben der Ist-Situation im Planungszeitpunkt auch künftige Änderungsszenarien zu berücksichtigen.

8.3 Lagerhaltung

Eng verbunden mit der Warenverteilungsstruktur ist der Bereich der Lagerhaltung. Dieser umfasst sowohl Fragen der Bestandshöhe und Bestellzyklen als auch der Lagerausstattung, des Layouts und der Bestandsführung.

8.3.1 Überblick

Da eine 100%ige Lieferbereitschaft nie erreichbar ist und gerade bei einem hohen Bestandsniveau die Fixkosten überproportional zur Lieferbereitschaft je zusätzlicher Bestandseinheit ansteigen (vgl. *Specht* 1988, S. 103), empfiehlt sich eine **selektive Lagerhaltung.** Dafür spricht auch, dass sich die Nachfrage nie gleichmäßig auf alle Produkte verteilt, sondern dass 80% der Bestellmenge sich in der Regel auf 20% der Waren beziehen. Aufbauend auf der Klassifizierung der Produkte mit Hilfe einer ABC-Analyse lassen sich **Bestandsstrategien** entwickeln. So bietet sich eine dezentrale Lagerung umsatzstarker A-Artikel an, verbunden mit kurzen Bestellzyklen zur

Fertigung, um die Kapitalbindung niedrig zu halten, während andere, absatzschwache Artikel nur zentral gelagert werden. Durch diese Vorgehensweise lässt sich der Lagerhaltungsaufwand ohne eine wesentliche Beeinträchtigung des Lieferservice senken (vgl. *Pfohl* 1972, S. 112). Eine **Ungleichbehandlung der Produkte** ist auch für die Umsetzung einer Just-In-Time Distribution erforderlich, da nicht alle Artikel dafür in Frage kommen. JIT-distributionsgeeignet sind Produkte mit hohem Wert, einem hohen Bedarf, hohem Transportvolumen und stetiger Nachfrage seitens der Kunden.

Eine Bestandssenkung bedeutet ceteris paribus, dass die Umschlagshäufigkeit der Produkte erhöht wird; dies wiederum erfordert kürzere Bestellzyklen an die Produktion und eine Verringerung der Durchlaufzeiten im Lager. Wichtige Ansätze hierfür liegen in der Vereinfachung und Flexibilisierung der Lagervorgänge, der Eliminierung von Risiken und einer JIT-gerechten Produkt- und Produktprogrammgestaltung. Mögliche Risiken entstehen durch Schnittstellen- und Koordinationsprobleme zwischen einzelnen Aufgabenbereichen im Lager, aber auch durch Unsicherheiten der vor- und nachgeordneten Bereiche Produktion, Kommissionierung und Transport. Da die Kundennachfrage eine stochastische Größe ist, die stets bestimmten Schwankungen unterworfen ist, müssen durch verbesserte Prognosen und kürzere Dispositionszyklen genauere Bedarfswerte mit möglichst geringem Änderungsrisiko ermittelt werden.

Niedrige Bestände und kurze Bestellzyklen erfordern eine **hohe Zuverlässigkeit** der vor- und nachgeordneten Stellen. Dadurch werden vielfach Investitionen in diesen Bereichen zur Erlangung einer hohen Zuverlässigkeit der Einrichtungen und Abläufe notwendig, unterstützt durch eine enge EDV-technische Verbindung innerhalb des Unternehmens und zu den Abnehmern. Hinzu sollte ein gutes Kooperationsverhältnis mit letzteren kommen (vgl. *Eidenmüller* 1981, S. 19f.), wobei der Kunde Bedarfsprognosen abgibt und Einblick in seine Produktions- und Absatzpläne gewährt. Der gegenseitige Datenaustausch per EDV ermöglicht eine größere Transparenz der Bestandssituation und frühzeitige Kenntnisse über Bedarfe. Diese Kooperationsbeziehung kann in eine gemeinsame Bestandshaltung münden, um Doppellagerungen zu vermeiden und Handlings- und Transportkosten zu minimieren (vgl. analog das Speditionslagermodell in Abschnitt 5.4.3.3).

Ein weiterer Einflussbereich ist die **Gestaltung der Produkte** und des Produktprogramms: JIT-Distribution bedeutet häufiges Kommissionieren und eine hohe Umschlagshäufigkeit der Produkte. Deshalb ist eine möglichst transport- und handlingsfreundliche Gestaltung der Waren sinnvoll. Außerdem sollte der Vertrieb darauf hinwirken, die Zahl der Varianten zu beschränken, da in der Praxis oft ein erheblicher Teil von ihnen am Umsatz nur wenig oder praktisch gar nicht beteiligt ist (vgl. *Eidenmüller* 1981, S. 21). Eine weitere Überlegung kann es sein, die Waren zunächst nur bis zu einem möglichst hohen Grundausstattungsgrad zu fertigen und einzulagern. Unter der Voraussetzung einer ausreichend flexiblen Fertigung werden die Produkte dann bei Eingang der Aufträge variantenspezifisch fertiggestellt. Unter diesem Aspekt kann die Produktentwicklung dahingehend arbeiten, den Fertigstellungsgrad der Grundmodelle einer Produktserie möglichst weit hinauszuschieben unter gleichzeitiger Beachtung des Wertzuwachses der Waren. Die **variantenspezifische Produktfertigstellung** kann in bestimmten Fällen auch **im Fertigwarenlager** erfolgen, so dass eine Rückführung der Waren in die Fertigung überflüssig wird, oder aber sie wird von den belieferten Händlern übernommen.

Ein Unternehmen der Elektroindustrie, das Funkrufgeräte fertigt, ging dazu über, die Chips, die die Frequenzen festlegen, an den Handel mitzuliefern. Dieser baut sie dann dem konkreten Kundenwunsch entsprechend ein. Früher wurde mit dem Einbau aller Chips bereits in einem sehr frühen Stadium des Fertigungsprozesses die Kundenspezifikation festgelegt. Nun konnten die Bestände an Fertiggeräten um 70 Prozent reduziert werden (vgl. *Schulte* 1989 c, S. 65).

Um die Bestandshaltung effizient gestalten zu können, sind bestimmte Rahmenbedingungen in Bezug auf **Lageraufbau und -layout** zu schaffen. Für eine JIT-Distribution bietet sich hier besonders das Durchlaufregal- bzw. Fließlager an (vgl. Abschnitt 5.1.2.5). Sie gewähren einen hohen Volumennutzungsgrad, beanspruchen weniger Raum für Kommissionier- und Förderzeuge und beschleunigen die oft relativ zeitaufwändigen Greifvorgänge (vgl. *Lahde* 1967, S. 445). Durchlaufregale sind jedoch nur dann wirtschaftlich, wenn ein hoher Produktumschlag vorliegt (vgl. *Willerding* 1979, S. 49), was bei JIT-distributionsgeeigneten Waren der Fall ist.

Die **Lagerplatzzuweisung** der Fertigprodukte ist anhand der Bestellhäufigkeit der Güter, der Häufigkeit ihres Verkaufs zusammen mit bestimmten anderen Artikeln, z.B. bei komplementären Produkten, und dem Volumen von Verkaufseinheiten festzulegen. Ist die Umschlagshäufigkeit eines Artikels hoch, so empfiehlt sich eine Einlagerung nahe des Versandplatzes; Waren, die häufig gemeinsam bestellt werden, sollten räumlich zusammenliegende Lagerplätze haben (vgl. *Pfohl* 1972, S. 130). Erfolgt die Kommissionierung manuell, so erweist sich eine Lagerhaltung nach Produktfamilien als sinnvoll, um den Lagermitarbeitern eine bessere Übersichtlichkeit zu gewähren (vgl. *Ackerman/LaLonde* 1980, S. 96).

In vielen Lägern werden auch bestimmte **Servicefunktionen für die Abnehmer** übernommen wie eine Preisauszeichnung der Waren, eine besondere Verpackung oder zusätzliche Kontrollen bezüglich Produktmengen und -qualität (vgl. *Gruhn* 1984, S. 243). Diese lassen den Aufgabenbereich des Lagers komplexer werden und erfordern die Bildung einzelner **Lagerzonen.** Innerhalb dieser segmentähnlichen Arbeitsfelder ist jedoch darauf zu achten, dass das eingesetzte Personal sämtliche anfallenden Aufgaben verrichten kann, wodurch sich eine Arbeitsbereicherung herbeiführen lässt. Durch Erhöhung der Verantwortlichkeit und des Problembewusstseins der Mitarbeiter – in Verbindung mit der Eigenständigkeit der Bereiche – lässt sich die Funktionssicherheit des gesamten Lagersystems verbessern (vgl. *Baumgarten* u. a. 1978, S. 74). Weitere Gründe für die Einteilung eines Lagers in Zonen können in der Heterogenität der Artikelstruktur oder ihrer unterschiedlich hohen Umschlagshäufigkeit liegen, die die parallele Anwendung mehrerer Lager- und Kommissioniertechniken bedingen.

8.3.2 Distribution Requirements Planning

Distribution Requirements Planning (DRP) ist ein Konzept, das Unternehmen mit kundenanonymer Produktion (Lagerfertigung) und mehrstufigen Distributionssystemen bei der **koordinierten Planung von Fertigerzeugnisbeständen** unterstützt (vgl. *Wolf* 1997, S. 170). DRP wurde 1975 zum ersten Mal von Whybark vorgestellt und später insbesondere von Martin (1983) zu einer umfassenden Planungsphilosophie weiterentwickelt, die er Distribution Resource Planning (DRP II) nannte.

Beim DRP-Ansatz wird die MRP-Logik auf die Bestandsdisposition von Fertigprodukten in mehrstufigen Distributionssystemen übertragen. Hierdurch sollen die Schwächen abgebaut werden, die bei der Anwendung von Bestellregeln zur Bestimmung der Bestellmengen und -termine für Lagerergänzungsaufträge auftreten. Als Defizite sind zu nennen (vgl. *Wolf* 1997, S. 170):

- Die Bestellmengenbildung der jeweils untergeordneten Läger führt dazu, dass die Bedarfe der übergeordneten Läger zunehmend klumpig, unregelmäßig und schlechter prognostizierbar werden. Überhöhte Sicherheitsbestände, auch bei relativ stabiler Marktnachfrage, können die Folge sein. Gleichzeitig können geringe Nachfrageänderungen zu fehlender Lieferbereitschaft führen.

- Die Bestellparameter der Bestellregeln werden auf der Basis prognostizierter Bedarfe und nicht auf der Basis tatsächlicher Bedarfe festgelegt. Wird letzterer falsch antizipiert, kommt es zu überhöhten Beständen oder Fehlmengen.

- Schließlich führt die autonome Anwendung von Bestellregeln für auf mehreren Lagerstufen vorgehaltene Produkte dazu, dass die durch die Abhängigkeit der Bedarfe vorhandene Kopplung der einzelnen Lagerstufen nicht berücksichtigt wird.

Die Ursache der genannten Probleme liegt letztlich in der verbrauchsorientierten Planung der Bedarfe und Lagerergänzungen. Im Unterschied hierzu basiert das DRP-Konzept auf einer **programmorientierten** bzw. deterministischen **Planungsmethode**. Analog zu MRP wird in unabhängige und abhängige Bedarfe differenziert. Nur die Läger, die unmittelbar an den Markt bzw. die Kunden ausliefern (z.B. die Auslieferungsläger) weisen einen **unabhängigen Bedarf** auf, der von diesen bzw. vom Vertrieb für die Planungsperioden geschätzt wird. Bei allen übergeordneten Lagerstufen liegt **abhängiger Bedarf** vor, da er aus den Bedarfen der jeweils untergeordneten Läger hergeleitet werden kann. Um das DRP-Konzept anwenden zu können ist es erforderlich, die Struktur der Güterflüsse im Distributionssystem vollständig abzubilden, also beginnend bei der zentralen Versorgungsquelle (Werk- oder Zentrallager) über alle einzelnen bestandsführenden Punkte der nachgeordneten Lagerstufen. Diese Funktion nehmen sog. Bills of Distribution wahr (vergleichbar den Fertigungsstücklisten bei MRP).

Die **Bills of Distribution** (Distributionsstücklisten) stellen für jedes Produkt dar, von welchem Lager Ergänzungen für andere Läger vorgenommen werden. Hierdurch wird die gegenseitige Verknüpfung der Läger entlang der produktspezifischen Belieferungs- bzw. Bezugsbeziehungen angezeigt. Wie in Abb. 8-11 dargestellt, wird die Fertigungsstückliste so erweitert, dass die unterste Lagerstufe, auf der ein Fertigerzeugnis bevorratet wird, als Nullebene der Bill of Distribution definiert wird (vgl. *Wolf* 1997, S. 101). Berücksichtigen lassen sich in der Bill of Distribution unter anderem auch die selektive Lagerhaltung von Fertigerzeugnissen, die selektive Belieferung von Lägern und die (Wareneingangs-)Läger von (wesentlichen) Kunden.

Ausgangspunkt des **Planungsprozesses** sind die Nachfrageprognosen der Auslieferungsläger. Weitere benötigte Input-Daten – neben den Bills of Distribution – sind die artikelspezifischen Lagerbestände der einzelnen Läger, Angaben über die Höhe der Soll-Sicherheitsbestände, die verfolgte Lagerhaltungspolitik (welche Menge wird wann bestellt?) sowie die Lieferzeiten zwischen Bestellauslösung und Eintreffen der Ware. Mit Hilfe der synthetischen Bedarfsermittlung wird sukzessive über alle Lagerstufen der Nettobedarf ermittelt, der Grundlage für die Produktionsprogrammplanung

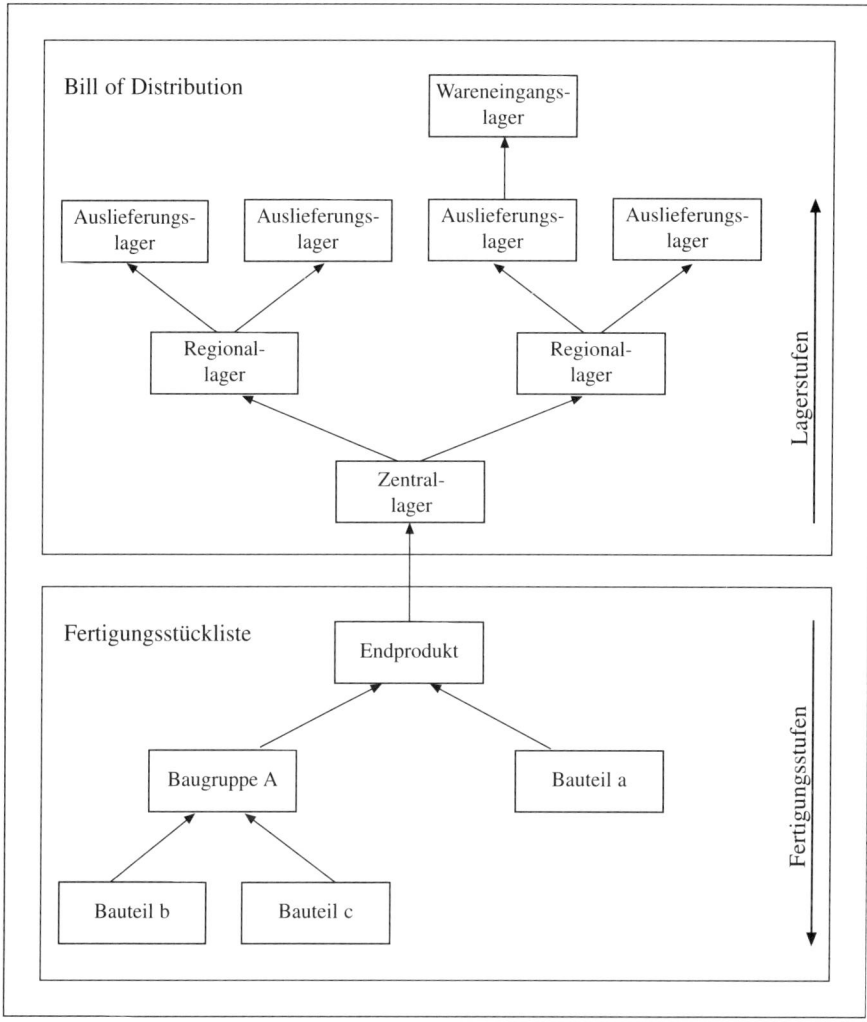

Abb. 8-11: Erweiterung der Fertigungsstückliste um die Bill of Distribution
(Wolf 1997, S. 102)

ist. Die einzelnen im Rahmen der DRP zu durchlaufenden Schritte entsprechen denen bei MRP, d.h. zur Ermittlung der Bestellmengen und spätestmöglichen Freigabezeitpunkte der Lagerergänzungsaufträge werden eine Brutto- und Nettobedarfsrechnung sowie Bestellmengenbildung und Vorlaufverschiebung durchgeführt. Anstelle der Berechnung optimaler Bestellmengen ist es sinnvoller, lade- bzw. lagereinheitenorientierte Größen zu ermitteln (vgl. *Wolf* 1997, S. 171).

Auch bei DRP-Anwendung können die Bedarfe durch Bestellmengenbildung zunehmend klumpig werden. Überraschungseffekte auf den übergeordneten Lagerstufen durch hohe, unregelmäßige Bedarfe werden jedoch durch die Kenntnis der längerfristigen Lagerergänzungs- und Bestellpläne untergeordneter Läger (Vorkopplung) vermieden. Sicherheitsbestände und Lagerergänzungen der übergeordneten Lagerstufen können mit wesentlich größerer Genauigkeit festgelegt werden, wodurch ein Aufschaukeln der Bestände vermieden wird. Unzulässige oder unplausible Pläne können mit den untergeordneten Lägern abgestimmt werden (Rückkopplung). Durch das Prinzip der Bedarfsabhängigkeit wird das Problem vieler isolierter Bedarfsprognosen für jedes Fertigerzeugnis in jedem Lager auf das Problem einer erzeugnisspezifischen Prognose auf Auslieferungslagerebene reduziert (vgl. *Wolf* 1997, S. 171).

Zentrales Charakteristikum des DRP-Konzeptes ist aber die Unterstützung einer koordinierten Planung von Produktion und Distribution, die durch die direkte Übernahme der Nettobedarfe des Zentrallagers in den Produktionsprogrammplan realisiert wird (vgl. *Wolf* 1997, S. 172). Durch Verknüpfung des MRP II-Systems mit dem DRP-System erhält man ein umfassendes Planungs- und Steuerungssystem der Logistikkette, das auch als **LRP-System (Logistical Resource Planning-System)** bezeichnet wird.

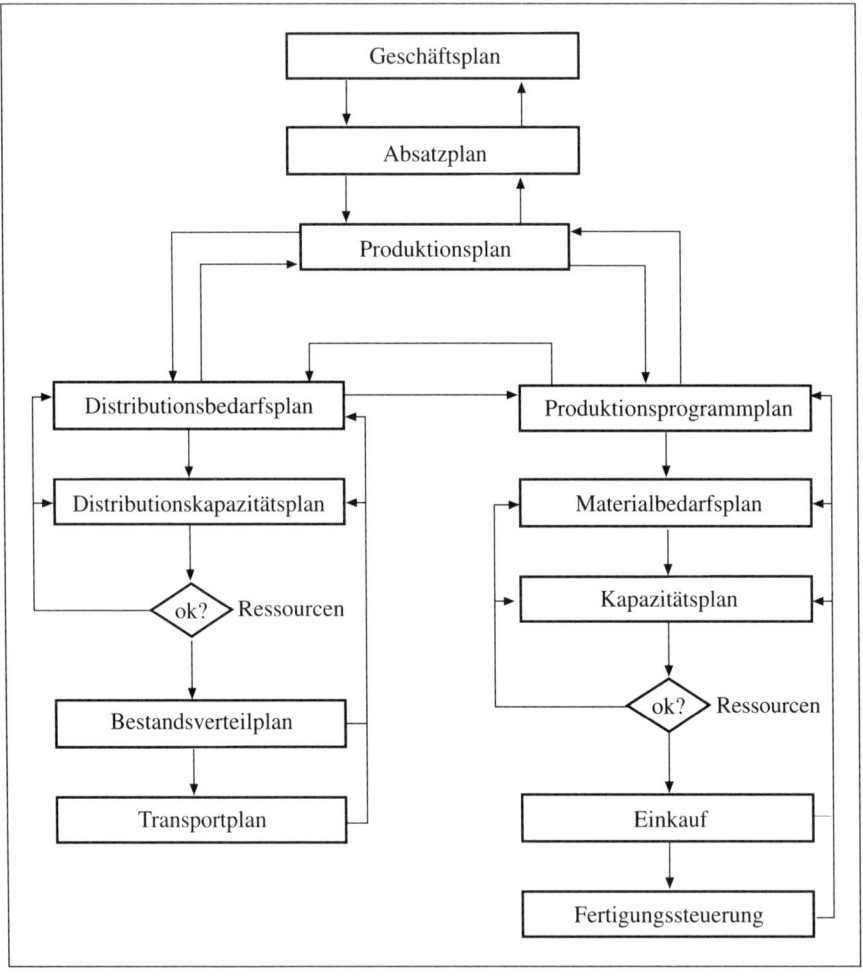

Abb. 8-12: Integriertes Distributions- und Produktionsplanungssystem durch Kopplung von DRP II und MRP II (Wolf 1997, S. 174)

Mit dem DRP-Konzept wird angestrebt, die Bestandsplanungen der Distributionsläger miteinander abzustimmen. Eine Optimallösung wird mit diesem heuristischen Ansatz also nicht gefunden. Ziel ist es vielmehr, die Grundlage für fundierte und zielwirksame Entscheidungen zu schaffen, indem die relevanten Daten und Zusammenhänge mit Hilfe einer relativ leicht nachvollziehbaren Planungslogik transparent gemacht werden. Interdependenzen im Distributionssystem, die beispielsweise erfordern, die Bestellmengen zwischen verschiedenen Lagerstufen oder die Bestands- und Transportplanung abzustimmen, werden weitgehend vernachlässigt (vgl. *Wolf* 1997, S. 173). Durch die Berücksichtigung zusätzlicher Teilplanungen und Planungsinstrumente im Rahmen des DRP II-Konzeptes werden diese Schwächen teilweise beseitigt.

Mit der Einführung von DRP-Systemen konnten vielfach Bestandsreduzierungen, Transportkostensenkungen sowie Steigerungen der Lieferfähigkeit und Lagerumschlaghäufigkeit erzielt werden. Um eine erfolgreiche Implementierung sicherzustellen, ist eine gründliche Planung des Einführungsprozesses sowie die Schaffung zentraler Voraussetzungen erforderlich, wie Auswahl der Hard- und Software, Aufbau von Stammdaten, Anpassung der Ablauforganisation und Schulung der Mitarbeiter. DRP-Systeme werden umso häufiger eingesetzt, je komplexer und je größer Distributionssysteme sind. Hierbei kommt die Komplexität in der regionalen Ausdehnung und den Belieferungs- und Bezugsbeziehungen zum Ausdruck, die Größe des Distributionssystems wird ausgedrückt in der Höhe des Transportaufkommens sowie der Anzahl der Produktionsstätten und Lagerorte.

Die Bezeichnung **Distribution Resource Planning (DRP II)** lehnt sich an die Unterscheidung zwischen Material Requirements Planning (MRP) und Manufacturing Resource Planning (MRP II) an, wobei auch auf deren Planungslogiken Bezug genommen wird. DRP II setzt auf DRP auf und ergänzt diese durch den Einbezug weiterer Teilplanungen und -instrumente.

Ziel ist die integrierte und mit anderen Funktionsbereichen (Produktion, Finanzen, Vertrieb etc.) abgestimmte Planung aller Ressourcen der Distributionslogistik. Es werden also über die Bestände hinaus weitere Ressourcen wie Transportmittel, Lagerkapazitäten, Personal und finanzielle Mittel betrachtet (vgl. *Wolf* 1997, S. 173). Hierbei sollen alle mit der Distribution zusammenhängenden Aktivitäten von der strategischen Planungsebene bis zur operativen Steuerungsebene erfasst werden. Angesichts der hohen Komplexität der Distributionsplanungsaufgabe ist eine Simultanplanung im Rahmen eines Totalmodells unmöglich, so dass auch DRP II ein heuristischer Planungsansatz zugrundeliegt. Im Ergebnis soll der Abgleich der Pläne mit den verfügbaren Ressourcen sicherstellen, dass realisierbare Pläne verabschiedet werden. Durch die Einarbeitung von Planänderungen, Störungen oder Plan-Ist-Abweichungen auf Basis des Net-Change-Prinzips (= Nettoänderungsprinzip, vgl. Abschnitt 7.2.1.3.1.4) kann die Planung gegebenenfalls aktualisiert werden (vgl. *Wolf* 1997, S. 174).

Vergleicht man den Entwicklungsstand von DRP II mit demjenigen von MRP II, so ist derjenige von DRP II als deutlich niedriger einzustufen. Abb. 8-12 verdeutlicht zusammenfassend ein integriertes Distributions- und Produktionsplanungssystem.

8.4 Auftragsabwicklung

Die Auftragsabwicklung umfasst die Übermittlung, Bearbeitung und Kontrolle der Kundenaufträge vom Zeitpunkt der Auftragsaufgabe des Kunden bis zum Eingang der Ware (mit Sendungsdokumenten) und Rechnung beim Kunden. Der Kundenauftrag als Informationsquelle enthält in der Regel die in Abb. 8-13 dargestellten Daten.

Zur Steuerung des gesamten Güterstromes in der Warenverteilung und der Koordination aller Einzelvorgänge ist der Einsatz eines Auftragsabwicklungssystems unabdingbar. Dieses ermöglicht die Interaktion von Menschen, Einrichtungen und Abläufen innerhalb bestimmter Strukturen durch die Bereitstellung geeigneter Informationen (vgl. *Langley* 1985, S. 45). Die Auftragsabwicklung eines Distributionssystems ist den operativen Vorgängen des Produktstromes somit übergeordnet. Dabei dient die Bildung unterschiedlicher Teilsysteme, welche bestimmte Aufgaben, wie die Stammdatenerfassung, die Warenbewirtschaftung der Läger, die Warenbuchhaltung etc. ausführen (vgl. *Grässle* 1981, S. 40), der Beschleunigung und Rationalisierung der Informationsflussgestaltung. Der Stellenwert eines solchen Systems ist sehr hoch, da nur durch Verfügbarkeit frühzeitiger, umfassender Informationen sich langfristig eine schnelle und flexible Distribution verwirklichen lässt. Hierzu soll im Folgenden ein Anforderungsprofil an Informationstechnik und -flussgestaltung unter besonderer Beachtung der entstehenden zusätzlichen Kosten und Nutzen vorgestellt werden.

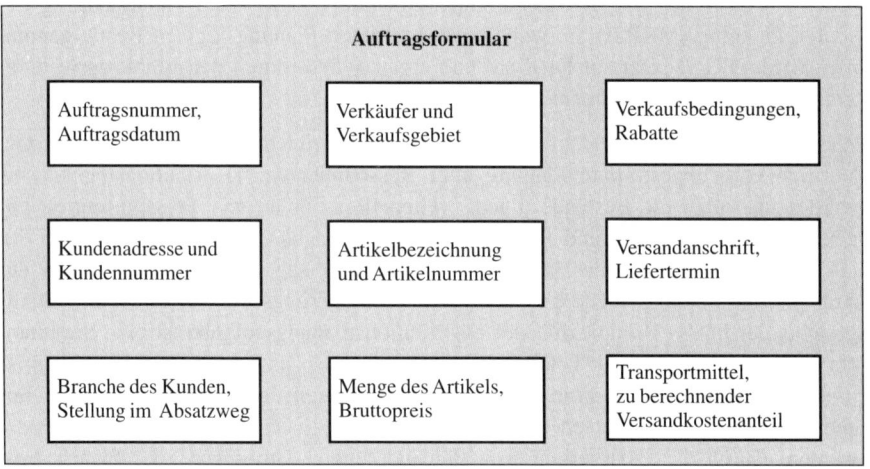

Abb. 8-13: Der Auftrag als Informationsquelle (vgl. Delfmann 2002, II A 1 S. 4)

8.4.1 Wahl des Auftragsabwicklungssystems

Der Einsatz von Informationstechnologien bei der Auftragsabwicklung hat sich in den meisten Unternehmen durchgesetzt (vgl. *Peters* 1986, S. 53). Die damit verbundene

Teil- bzw. Vollautomatisierung findet dabei auf mehreren **Ebenen** statt (vgl. *Jünemann* 1987, S. 6):

- auf der untersten, operativen Ebene, auf welcher prozessnahe Systeme zur Erfassung und Ausgabe von Daten eingesetzt werden,
- der zweiten Ebene, auf welcher logistische Teilsysteme durch die Zusammenfassung von Einzelelementen gebildet werden,
- der dritten Ebene, auf welcher die jeweiligen Subsysteme in einem Netzwerk miteinander verbunden und für die Systemüberwachung, -disposition und die ständige Planung eingesetzt werden,
- der obersten Ebene, die als Logistik-Informations- und Steuerungsleitzentrale längerfristige Kapazitäts- und Einsatzplanungen vornimmt.

Die Planung und Gestaltung dieser Ebenen hat dabei unter Berücksichtigung mehrerer Kriterien zu erfolgen, die für das Funktionieren des Systems und die Motivation der Mitarbeiter entscheidend sind. So ist zunächst die Frage, welche Informationen den einzelnen Stellen zur Verfügung zu stellen sind, insofern zweischneidig, als ein Defizit an Meldungen die Auftragsabwicklung behindert, ein zu großes Datenvolumen wiederum zu Verwirrung und Unübersichtlichkeit führt. Deshalb ist die **selektive Bereitstellung von Informationen** (vgl. *Cole* 1985, S. 102), die jeweils genau auf die Bedürfnisse der einzelnen Stellen zugeschnitten sind, und in einer ihnen verständlichen Form übermittelt werden, wichtig. Dabei sollten eine hohe Aktualität der Daten, die Vermeidung von Doppelinformationen sowie eine generelle Bringpflicht der Daten gewährleistet sein. Die einzelnen **Schnittstellen** sollten möglichst **klar definiert** sein (vgl. *Hensel* 1986, S. D3.4f.), um funktionsfähige Verbindungen zwischen den oft sehr verschiedenartigen Hard- und Softwaresystemen im Unternehmen selbst und in Kooperation mit Spediteuren und Kunden zu schaffen.

Außerdem gilt es, den Aufbau eines Systems dahingehend zu planen, dass **Erweiterungsmöglichkeiten** existieren, um eine ausreichende Flexibilität für künftige technologische Entwicklungen bzw. Anforderungen des Marktes zu erhalten.

Der Einsatz moderner Kommunikationstechniken bedingt hohe Investitionen für ein Unternehmen und erfordert vielfach strukturelle Organisationsveränderungen (vgl. *Remmlinger* 1986, S. A4.1). Deshalb muss bei einer derartigen Entscheidung eine genaue Analyse der Anforderungen des Marktes und der Wirtschaftlichkeit erfolgen. Wegen des hohen Bedarfs an schneller Informationsbereitstellung wird eine beleglose Datenübertragung und eine Abkoppelung des Daten- vom Warenfluss angestrebt. Darüber hinaus sind Insellösungen zu vermeiden und eine Gesamtintegration des Systems zu verfolgen. Den notwendigen Investitionen stehen weitreichende Kosteneinsparungspotentiale gegenüber: Sie liegen unter anderem in einer verbesserten und rationelleren Buchhaltung und Kosten- und Leistungsrechnung, der Optimierung von Touren- und Lagerhaltungsplanungen und einer genaueren Abstimmung der Zeitpläne der Kooperationspartner (vgl. *Haley/Krishnan* 1985, S. 28) sowie in der Übernahme vieler Routinearbeiten durch den Computer. Darüber hinaus kann durch informationstechnische Verbindungen zwischen Verlader und Abnehmer eine höhere Abhängigkeit der Kunden erzeugt werden, da ein Wechsel zu anderen Lieferanten eine Umstellung des Informationssystems bedeuten kann.

Eventuelle Rückgriffsmöglichkeiten auf vorhandene Datenbanken (z.B. im PPS-System) des Unternehmens oder seiner Kooperationspartner erleichtern und beschleunigen die Arbeitsabläufe. Da die erforderliche Hard- und Software meistens schrittweise in die Unternehmen eingeführt wird, erweist sich ein modularer Aufbau der einzelnen Subsysteme als praktikabel, um ihre Funktionsfähigkeit unabhängig voneinander sicherzustellen (vgl. *Grässle* 1981, S. 40). Das folgende Schema verdeutlicht, in Anlehnung an die Auftragsabwicklung der *Globus AG*, die funktionellen Beziehungen zwischen den verschiedenen Abwicklungsaufgaben, den Funktionen in Zentrale, Zentral- und Auslieferungslägern sowie den zur Verfügung stehenden Datenbanken (vgl. Abb. 8-14).

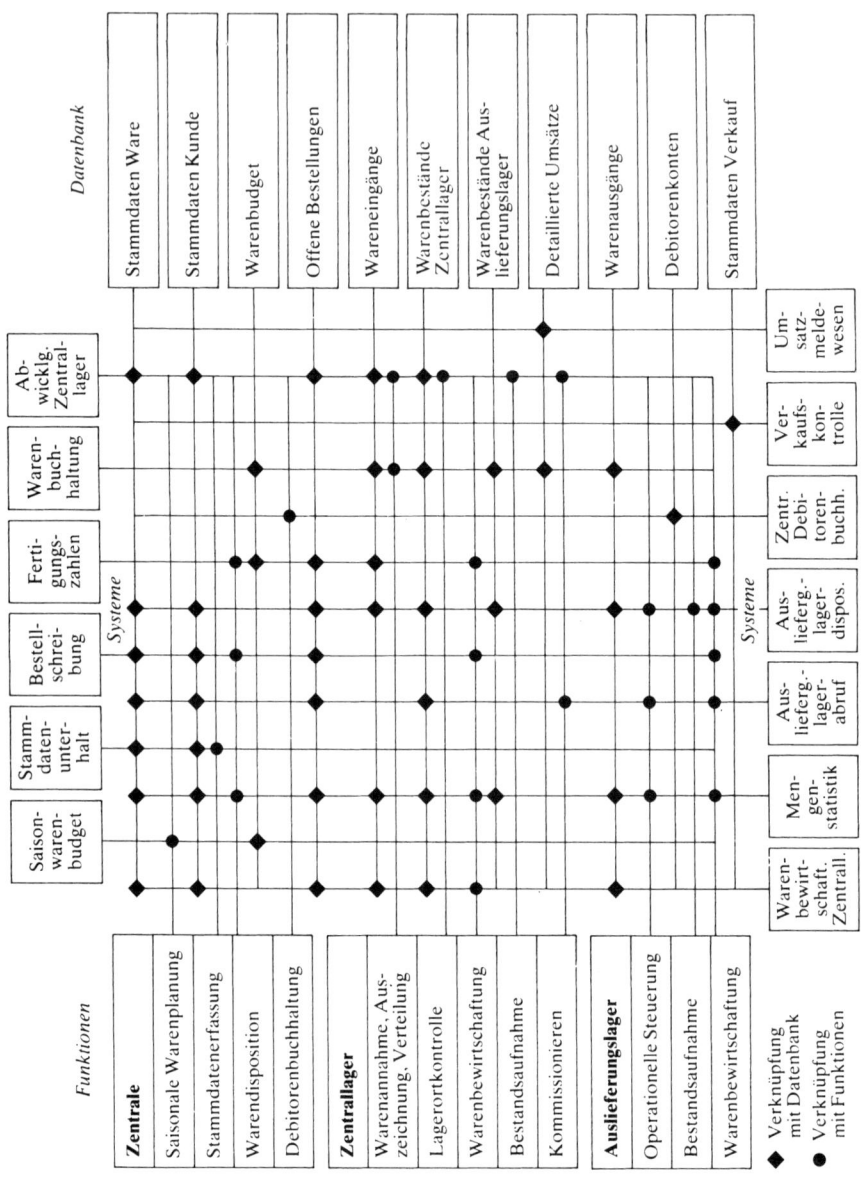

Abb. 8-14: Zusammenspiel von Subsystemen, Funktionen und Datenbanken in der Auftragsabwicklung (vgl. Grässle 1981, S. 41)

8.4.2 Unternehmensübergreifende Informationsflussgestaltung

Der Aufbau unternehmensübergreifender Systemverbindungen zwischen **Verlader, Spediteur und Abnehmer** ist ein wesentlicher Bestandteil für die Verwirklichung einer JIT-Distribution. Er bringt jedoch auch eine Einschränkung der Autonomie der Beteiligten dahingehend mit sich, dass Arbeitsabläufe und Datenbestände offengelegt und die Kontrollspanne des Partners erweitert werden (vgl. *Feierabend* 1980, S. 119). Deshalb bestehen bei vielen Unternehmen Vorbehalte gegen eine derartige Zusammenarbeit. Ein hohes gegenseitiges Interesse an einer Lieferbeziehung kann jedoch Unternehmen dazu bewegen, unternehmensübergreifende Schnittstellen mit EDV-Unterstützung aufzubauen. Voraussetzungen dazu (vgl. *Feierabend* 1980, S. 99 ff.) sind, dass z. B. ein hoher Mengenaustausch stattfindet und die Produkte einen wesentlichen Anteil am Absatz- bzw. Beschaffungsvolumen der Kooperationspartner ausmachen. Ebenso sind ein hoher Wert der Waren und eine relativ starke Marktstellung beider Seiten günstige Ausgangskriterien für eine engere Systemverbindung, da dadurch die Machtverhältnisse innerhalb der Kooperationsbeziehung nicht einseitig verteilt sind. Wird unter diesen Bedingungen ein IT-Systemverbund geschlossen, so können innerhalb der bilateralen Beziehung Kosteneinsparungen durch den Abbau des hohen Belegaufkommens (vgl. *Melcher* 1985, S. 520) oder datentechnische Vereinfachungen erzielt werden. Darüber hinaus rechtfertigen die kürzeren Lieferzeiten und aktuellere, kundenorientierte Informationen (vgl. *Hachenberg/Preuschof* 1986, S. 139) die genannten Einschränkungen, indem sie zu einem Ausbau der Wettbewerbsstellung führen können.

Von Seiten der eingesetzten Spediteure besteht vielfach ein Interesse an der Einrichtung DV-technischer Verbindungen, da sie nur dadurch einen Großteil ihrer Leistungsfähigkeit gegenüber der Konkurrenz unter Beweis stellen können. Das Volumen des Datenaustausches zwischen ihnen und den Verladern hängt von den dem Dienstleistungsunternehmen übertragenen Aufgaben ab. So obliegt der Spedition *Rhenus* neben dem Transport auch die Zentrallagerhaltung für den Tiernahrungshersteller *Quaker Latz* (vgl. *o. V.* 1988 b, S. 39) (vgl. Abb. 8-15). Der permanente Informationsaustausch zwischen den Unternehmen bezieht sich deshalb nicht nur auf Transportdaten, sondern umfasst ebenfalls Lagerbestands- und Produktionsangaben. Nur unter ständiger Kenntnis der aktuellen Bestandszahlen kann Quaker Latz die kurz- und mittelfristigen Produktionsplanungen durchführen, und ebenso benötigt Rhenus für die Lagerhaltung Auskünfte über die in der Produktion befindlichen Mengen. Durch Übermittlung der täglichen Bedarfe, der Kundenadressen und der jeweiligen Dringlichkeit bzw. eventueller fixer Liefertermine kann Rhenus frühzeitig Laderäume disponieren und mögliche Warenbündelungen vornehmen. Die Rückmeldungen von Rhenus gestatten eine permanente externe Transportüberwachung sowie verbesserte Tourenplanungen und Servicegestaltungen. Für eine JIT-Distribution ist jedoch auch eine Systemverbindung zu den Kunden herzustellen, damit diese unter anderem den Warenannahmeort bestimmen und eine frühzeitige Eingangskontrolle durch einen Soll-Ist-Vergleich der Bestellungen vornehmen können. Darüber hinaus lassen sich Wareneingangstermine verschiedener Lieferanten besser koordinieren und für die in der Regel manuelle Warenkontrolle mehr Zeit einplanen (vgl. *Fiege* 1986, S. 47 f.).

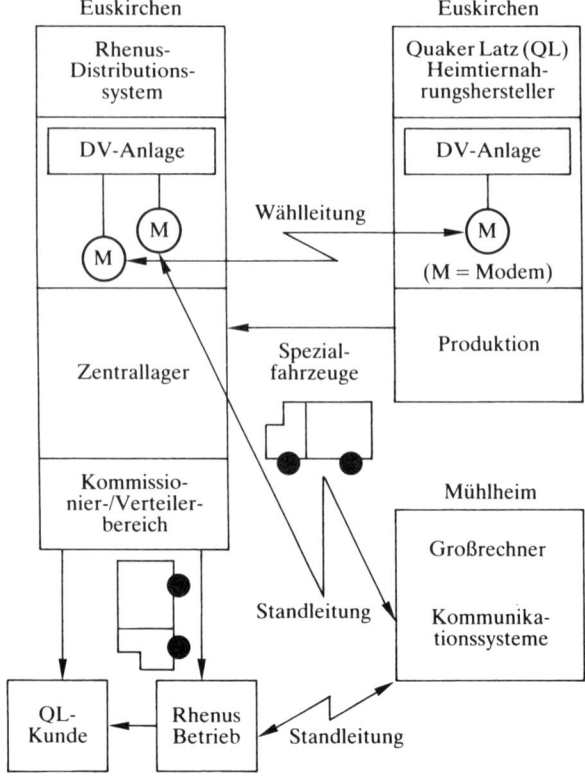

Abb. 8-15: Integrierte IT-gesteuerte Auftragsabwicklung zwischen
Quaker Latz und Rhenus AG (o. V. 1988 b, S. 39)

8.4.3 Fallstudie: Auftragsabwicklung bei Avon Cosmetics

Die Auftragsabwicklung der Firma *Avon Cosmetics* besitzt einen hohen Entwick-
lungsgrad und soll deshalb im Folgenden als Beispiel näher erläutert werden (vgl.
Bauer 1986, S. 146 ff.) (zum zeitlichen Ablauf vgl. Abb. 8-16).

Ausgangspunkt der Informationsverarbeitung sind die von den Kundenberaterinnen
eingegangenen Bestellungen, welche nach manueller Sortierung und Prüfung on-line
erfasst und mit automatisch erstellten Rechnungen, Zahlkarten, Kommissionierlisten
und Versandnachweisen versehen werden. Diese Unterlagen werden ins Lager weitergeleitet, wo anhand der Einsammellisten die Bestellungen kommissioniert und in
durch den Computer ausgewählte Kartons gelegt werden. Ein computergekoppelter
Markierungsleser identifiziert Gewicht, Anzahl der Kartons sowie die Kontonummer
der Beraterin und vergleicht diese Angaben mit den gespeicherten Daten. Ebenfalls
vollautomatisch werden daran anschließend die Kartons addressiert und mit Angaben über den zuständigen Spediteur, einem wegeoptimierten Auslieffercode sowie einem Strichcode über die Sortierung beim Verladen, den Verkaufsbezirk und die Anzahl der Pakete versehen. Ein weiteres Computersystem erstellt – nach Durchlauf

Just-In-Time-Auftragsabwicklung

Ablaufplan: Einsendung der Bestellung bis zur Auslieferung des Auftrages an die Beraterin

Beispiel: Tag 1, Tag 6, Tag 12

Campagne:

Tag:	Do 1	Fr 2	Mo 3	Di 4	Mi 5	Do 6	Fr 7	Mo 8	Di 9	Mi 10	Do 11	Fr 12	Mo 13	Di 14	Mi 15
Einsendungen der Bestellung durch die Beraterin	×	×	×			×	×	×				×	×	×	
50%		×					×						×		
Auslieferung 40%			×					×						×	
10%				×					×						×
Datenerfassung		×	×	×			×	×	×				×	×	×
Rechnungserstellung		×	×	×			×	×	×				×	×	×
Auftragszusammenführung		×	×	×			×	×	×				×	×	×
Kommissionierung			×	×				×	×					×	×
Verpackung			×	×				×	×					×	×
Verladung				×					×						×
Ankunft bei Auslandsspediteur				×	×				×	×					×
Zustellung des Auftrags an Beraterin					×	×				×	×				

Abb. 8-16: Zeitlicher Ablauf der Auftragsabwicklung der Firma Avon Cosmetics (Bauer 1986, S. 155)

sämtlicher Aufträge eines Versandtages – die notwendigen Verlade- und Speditions-papiere, die eine tourenoptimierte Auslieferliste und Angaben über alle Adressen und Pakete enthalten. Der Transport der Sendungen zu maximal 12 Auslieferstationen läuft über Nacht ab. Dort werden die Pakete anhand der Tourenliste sortiert und innerhalb von 48 Stunden den Kundenberaterinnen zugestellt.

Ein derart leistungsstarkes, aber auch kapitalintensives Auftragsabwicklungssystem ist nicht für jedes Unternehmen sinnvoll. Es eröffnet jedoch Möglichkeiten, auch einen weiten Kundenkreis mit einem breiten Produktspektrum bedarfsgenau zu beliefern, indem durch den Rechnerverbund und die vollautomatische Erstellung von Formularen, Kommissionier- und Verladelisten etc. wichtige Zeiteinsparungspotentiale ausgeschöpft und Fehlerquellen vermieden werden können. In jedem Fall sollte ein vorhandenes Informationssystem so genutzt werden, dass seine technischen Möglichkeiten voll ausgeschöpft werden, da ansonsten einem Teil der entstandenen Kosten kein zusätzlicher Nutzen gegenübersteht.

8.4.4 Fallstudie: Kundentermin-Management bei Bayer

Kunden erwarten zuverlässige Aussagen zum Liefertermin und die exakte Einhaltung dieser Zusagen. Nicht eingehaltene Lieferzusagen können zu Produktionsausfällen, hohen Folgekosten und im schlimmsten Fall zum Verlust von Geschäftsbeziehungen führen. Bei *Bayer* wurde deshalb ein **Kunden-Terminmanagement** eingeführt (vgl. Abb. 8-17). Ausgehend vom Kundenwunschtermin wird unter Berücksichtigung von

Transport-, Dispositions- und Bereitstellzeiten zurückgerechnet, zu welchem Zeitpunkt die Ware vom Produktionsbetrieb für den Versand bereitgestellt werden muss.
In einer Vorwärtsrechnung wird anschließend eine Kann-Terminleiste ermittelt. Aus
dem Abgleich von Wunsch- und Kann-Eintreff-Termin resultiert entweder eine unmittelbare Zusage des Wunsch-Eintreff-Termins oder für den Fall der späteren als gewünschten Liefermöglichkeit eine Rücksprache mit dem Kunden. Die tatsächlich realisierten Ist-Termine werden den Wunsch- und Kann-Terminen gegenübergestellt.
Dieses Lieferservice-Controlling kann auf vielen Detailstufen durchgeführt werden.
Die IT-Systeme liefern die Terminsituation für jeden Auftrag. Da Tracking und
Tracing (vgl. Abschnitt 4.3.7.2) eine immer größere Rolle spielen, werden diese Informationen auch im Internet bereitgestellt. Zugelassene Kunden haben die Möglichkeit sich jederzeit online über den Status ihres Auftrags zu informieren. Hierzu müssen sie sich über die Bayer Web-Site in das BayerOne e-commerce System einwählen
(vgl. *Großeschallau* 2002, S. 103 f.).

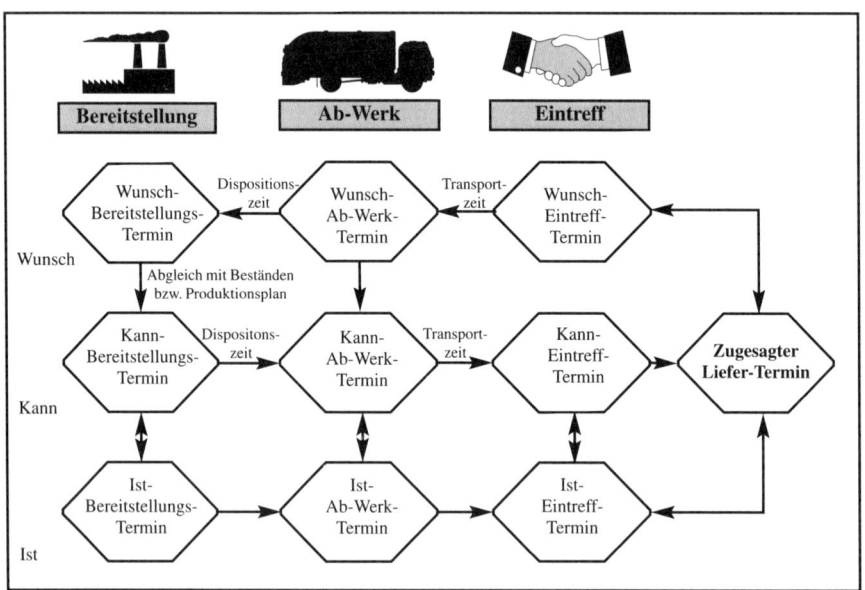

Abb. 8-17: Kunden-Terminmanagement bei Bayer (Großeschallau 2002, S. 103)

8.5 Verpackung

Die Verpackung von Waren hat mehrere Aufgaben zu erfüllen: Neben der **Schutzfunktion** gegen Schmutz und Beschädigung übt sie eine **Lager- und Transportfunk-
tion** aus, d.h. durch die Verpackung werden die Artikel für Lagerung und Transport
aufbereitet (vgl. *Müller/Koch* 1986, S. 42). Darüber hinaus liegt auch eine **Informationsfunktion** der Packstücke anhand von Etiketten oder anderen Merkmalen vor (vgl.
Abb. 8-18).

Schutzfunktion	Lagerfunktion	Transport-funktion	Manipulations-funktion	Informations-funktion
– Schutz vor quantitativen Veränderungen – Schutz vor qualitativen Veränderungen – Schutz vor Beschädigungen – Schutz der Umwelt und des Personals	– Raumsparendes Lagern – Stapelbarkeit – Verkaufsmengengerechte Lagereinheit	– Bildung von Transporteinheiten – Optimale Auslastung von Transport(hilfs-)mitteln – Sicherung von Ladeeinheiten und Ladungen	– Handhabungsgerechte Gewichts- und Geometriefestlegung, Manipulation von Ladeeinheiten – Einsatz von Manipulationshilfen – Automatisierte Handhabung	– Identifikationshilfen – Vorsichtsmaßnahmen – Warenpräsentation – Gebrauchsanweisung

Abb. 8-18: Funktionen der Verpackung (Jansen 1989, S. 79)

Grundsätzlich lassen sich die individuelle Verpackung eines jeden Artikels im Anschluss an seine Herstellung und die Verpackung der in einem Auftrag bestellten Waren am Versandplatz unterscheiden. Beide sind von Bedeutung für die Distributionslogistik.

Durch Einsatz von CAD-Techniken ist die **Planung logistikgerechter Verpackungen** der einzelnen Produkte verbessert und standardisiert worden (vgl. *Jansen/Thater* 1987, S. 88). Der Einsatz von **Standardkartons,** ebenso wie der von Normbehältern, führt zur Vereinfachung und Beschleunigung der Abläufe: Er sollte möglichst weit vorn in der logistischen Kette beginnen, d.h. beim Produktionsunternehmen (vgl. *Müller/Koch* 1986, S. 43), um Umpackvorgänge zu vermeiden und eine bessere Raumauslastung zu erzielen. Da Handelsunternehmen oft spezielle Anforderungen an die Art der Verpackung stellen, sind genaue Absprachen zwischen Lieferant und Abnehmer wichtig. Beliefert ein Produktionsunternehmen mehrere Kunden, die unterschiedliche Verpackungsvorgaben haben, so kann es einfacher und kostengünstiger sein, die Verpackungen durch die Abnehmer bereitstellen zu lassen, da diese Kostendegressionseffekte durch Ankauf größerer Kartonmengen erzielen können.

Eine weitere Erleichterung der logistischen Abläufe liegt in der **Etikettierung der Verpackungen** an einer festgelegten Stelle mit einheitlichen Angaben über die Artikelnummer und andere Informationen wie die Kleidergröße bei Herstellern von Konfektionswaren etc. (vgl. *Müller/Koch* 1986, S. 42f.). Werden diese Etiketten mit dem Abnehmer abgestimmt, so sind die auf ihnen vorhandenen Kenngrößen nicht vom Kunden durch dessen eigenen Code zu ersetzen. Hierbei sind besonders große Erfolge durch die Verwendung von **EAN**-Strichcodes zu verzeichnen, die mittlerweile in 35 Ländern zur Kennzeichnung von Waren eingesetzt werden und heute bereits der Auszeichnung von über 90% der angebotenen Lebensmittel in der Bundesrepublik dienen (vgl. *Haas* 1988, S. 14).

Nach Zusammenstellung eines Auftrags werden die Produkte in vielen Fällen nochmals gemeinsam verpackt, z.B. wenn sie per Post weiterverschickt werden sollen. Auch hierbei ist eine **Reduzierung der Anzahl der Verpackungsgrößen** anzustreben. Unbestrit-

ten ist zwar, dass sehr heterogene Volumina von Bestellungen unterschiedliche Verpackungen erfordern, doch lässt sich ihre Zahl in vielen Unternehmen einschränken. So hat
ein Hersteller von Kosmetika die Zahl der zur Versendung bereitgestellten Kartons von
über zwanzig auf zwei senken können. Dadurch ist nicht nur eine wesentliche Verringerung der für die Bereitstellung der Kartons benötigten Fläche erzielbar, sondern es werden auch die einzelnen Verpackungsvorgänge, wie das Zudecken und Verschweißen mit
Folie sowie das Aufkleben der Adressetiketten erleichtert bzw. automatisierbar.

Die Durchführung der Verpackung im Unternehmen kann entweder **zentral oder dezentral** unmittelbar im Anschluss an den letzten Arbeitsgang erfolgen. Durch eine Dezentralisierung lassen sich unnötige Beschädigungen vermeiden. Grenzen der Integration der
Verpackung in die Fertigung bzw. Montage können sich dann ergeben, wenn die mit der
Verpackung einhergehende Staubentwicklung zu Qualitätsproblemen in diesen Bereichen führt. Bei der Bemessung des Personalbedarfs ist zu berücksichtigen, dass bei zentraler Organisation schwankende Kapazitätsanforderungen eher ausgeglichen werden
können als bei ausschließlicher Zuständigkeit für eine einzelne Produktgruppe.

8.6 Warenausgang und Ladungssicherung

Die täglich wiederkehrenden Aktivitäten im Warenausgang enthält Abb. 8-19. Bei der
Gestaltung des Warenausgangs sind im Wesentlichen die Merkmale zu berücksichtigen, die auch der Gestaltung des Wareneingangs zugrundegelegt wurden (vgl. Abschnitt 6.6.2). Zusätzlich sind Anforderungen an die Ladungssicherung zu beachten.

Das für die Auswahl **anforderungsgerechter Ladungssicherungen** zu erstellende
Soll-Profil hat die innerhalb der Transportkette auftretenden statischen und dynami-
schen (Stoß, Schwingungen) Maximalbelastungen sowie die Empfindlichkeit des
Transportgutes gegenüber Umgebungseinflüssen (z. B. Temperatur, Feuchtigkeit, UV-
Einwirkungen) zu berücksichtigen. Im Rahmen eines Soll-Ist-Vergleiches sind ferner
die Eigenschaften

– des Packstückes (Abmessung, Gewicht, Kontur),
– der Verpackung (Werkstoff, Festigkeitseigenschaften, Kontur),
– des Ladungsträgers (Werkstoff, konstruktive Ausführung, Abmessung),
– der Ladeeinheit (Packschemata, Höhe, Gewicht, Kontur, Zwischenlagen),
– der verwendeten Transport-, Umschlag- und Lagermittel

zu berücksichtigen (vgl. *Jansen/Lempik* 1985, S. 30). Die wichtigsten Möglichkeiten
zur Ladungssicherung werden in Abb. 8-20 angeführt.

8.7 Neue Konzepte der Distributionslogistik von Handelsunternehmen

Während Just-in-time-Prinzipien in produzierenden Unternehmen (mit der Automobilindustrie als Vorreiter) seit Mitte der achtziger Jahre zunehmend zur Umsetzung
gelangten, steht die Implementierung dieses Gedankengutes im Handelsbereich erst

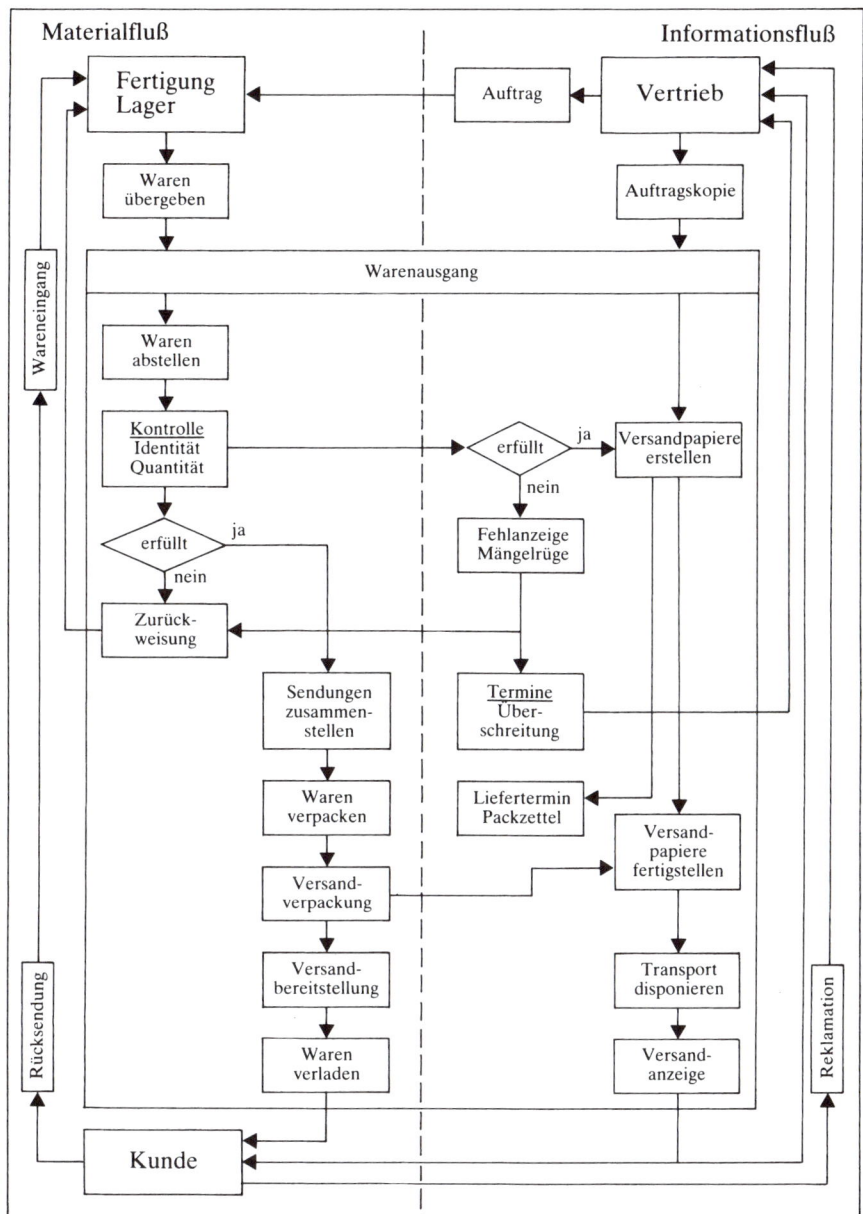

Abb. 8-19: Material- und Informationsfluss im Warenausgang (ZVEI 1982, S. 83)

am Anfang. Hierbei ist zu beachten, dass es eine Reihe „natürlicher" Zielkonflikte zwischen den produzierenden Unternehmen und dem Handel gibt (vgl. Abb. 8-21). Gefördert wird der Einsatz nachfragesynchroner Belieferungssysteme im Handel durch die Verbreitung und Verwendung neuer Informations- und Kommunikationstechniken (z.B. Electronic Data Interchange, Scannertechniken, computergestützte Warenwirtschaftssysteme; siehe 3. Kapitel) (vgl. *Kotzab* 1997, S. 2).

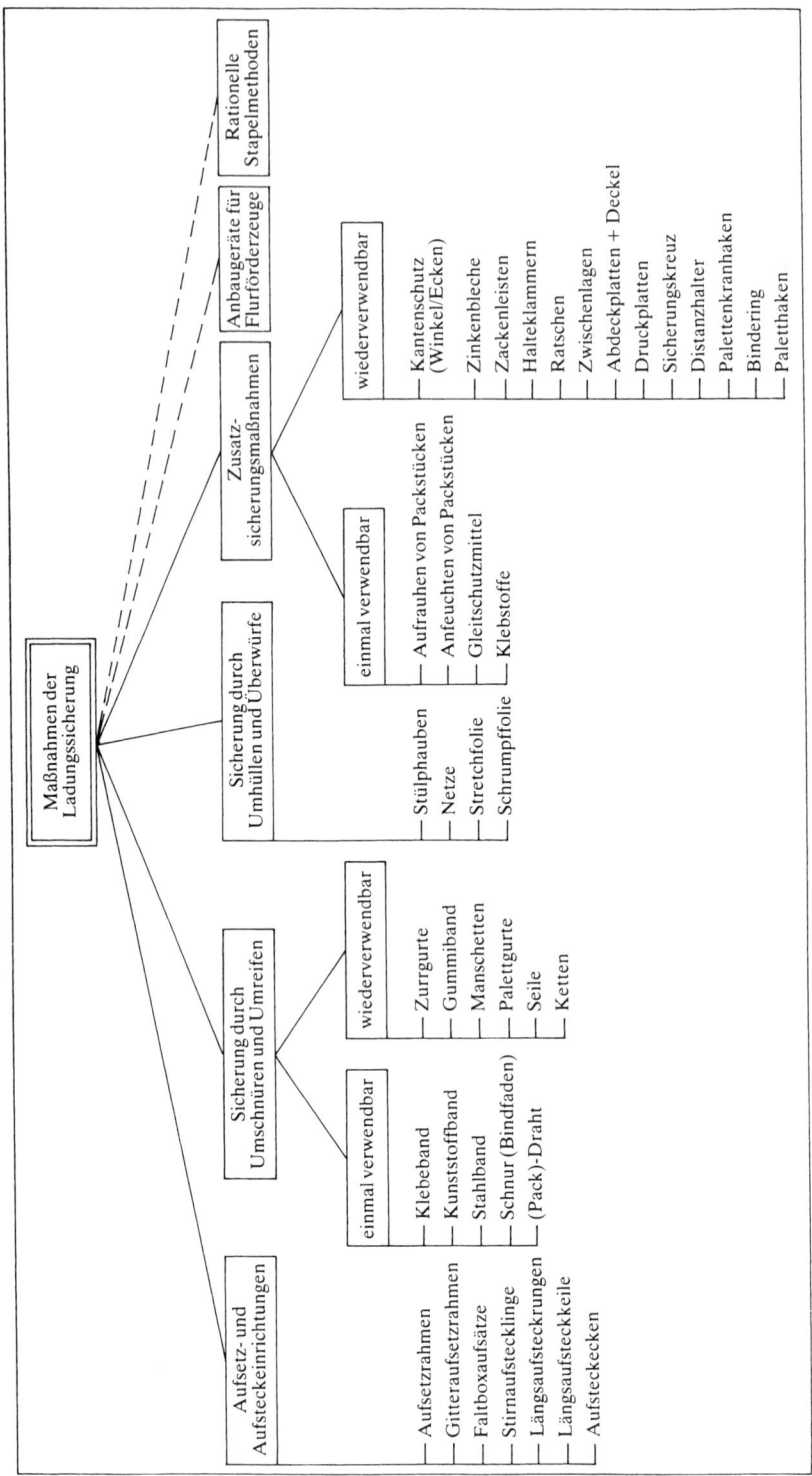

Abb. 8-20: Maßnahmen der Ladungssicherung (Jansen/Lempik 1985, S. 30)

Zielbereiche	Herstellerziele	Handelsziele
Angebots-politik	– Aufbau von Produkt- bzw. Markenimage – Hohe Produktinnovation – Forcierung der Herstellermarke – Eher hochpreisige Politik – Abbau überhöhter Spannen	– Aufbau von Sortiments- und Laden-image – Möglichst Produktkonstanz – Eher niedrigpreisige Politik – Durchsetzung zusätzlicher Konditionen
Distributions-politik	– Große Bestellmengen – Hohe (optimale) Distributions-dichte – Günstige Platzierung der eige-nen Ware – Hohe Lieferbereitschaft – Möglichst viel Beratung und Service	– Schnelle Auslieferung auch kleiner Bestellmengen – Selektive Distribution (bzw. Alleinvertretungsansprüche) – Optimale Platzierung der Produktlinie – Niedrige Lagerhaltung – Möglichst wenig Beratung und Service
Kommunika-tionspolitik	– Produktwerbung – Aufbau von Markenpräferenzen – Bevorzugte Markenplatzierung – Herstellerorientierte Verkaufs-förderung – Erhöhung der Markentreue	– Firmenwerbung – Aufbau von Präferenzen für den Laden – Sortimentsgerechte Platzierung – Handelsorientierte Verkaufsförderung – Erhöhung der Ladentreue

Abb. 8-21: Zielkonflikte zwischen Hersteller und Handel (Becker 1992, S. 523)

Da die neuen Konzepte der Distributionslogistik von Handelsunternehmen zu verän-derten Anforderungen an die vorgelagerten Wirtschaftsstufen, sprich insbesondere die Hersteller führen, ist es notwendig diese Ansätze hier vorzustellen. Hierbei handelt es sich um Quick Response, Continuous Replenishment, Efficient Consumer Response und Cross Docking. Abb. 8-22 stellt in einem ersten Überblick dar, an welchen Stufen im Logistikkanal die einzelnen Konzepte ansetzen.

8.7.1 Quick-Response

Die Bezeichnung Quick-Response geht auf die amerikanische Unternehmensberatung Salmon Associates zurück, die Mitte der achtziger Jahre für einen Verbund von Han-dels- und Herstellerunternehmen der US-amerikanischen Textilwirtschaft ein Strate-giekonzept entwarf. Zu Beginn dieser Arbeit stellte man fest, dass die durchschnittli-che Durchlaufzeit durch den gesamten Logistikkanal der Textilbranche (angefangen von der Fasererzeugung über die Stofferzeugung bis hin zur Bekleidungsindustrie, dem Bekleidungshandel und dem Konsumenten) 66 Wochen betrug. Hiervon entfielen 11 Wochen auf Produktionsaktivitäten, 40 Wochen auf Lagerhaltung und Transport sowie 15 Wochen auf den Point of Sale. Eine der Hauptursachen für diese lange Durchlaufzeit war die mangelnde Koordination zwischen den einzelnen Stufen der Logistikkette (vgl. *Salmon* 1993, S. 17). Um die aus der Saisonalität der Bekleidungs-nachfrage und schwierigen Prognostizierbarkeit des Kundenverhaltens resultierenden Unsicherheiten aufzufangen, wurden in allen Stufen der Logistikkette Sicherheitsbe-stände vorgehalten.

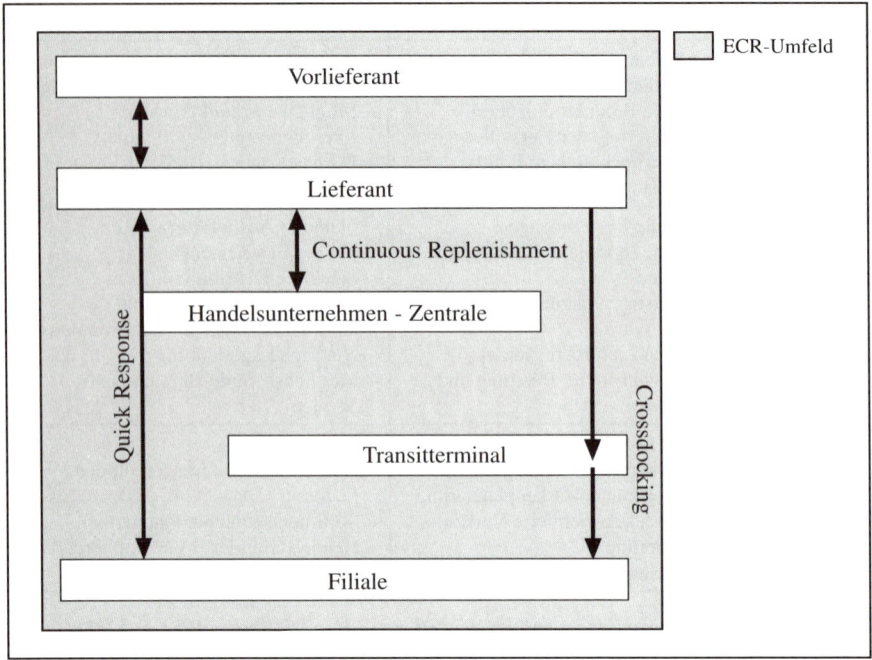

*Abb. 8-22: Ansatzpunkte der neuen Konzepte der Distributionslogistik des Handels
im Logistikkanal (vgl. Kotzab 1997, S. 225)*

Das von Salmon im Jahre 1986 entwickelte Strategiekonzept zielte auf die Erlangung strategischer Wettbewerbsvorteile durch die Erhöhung der Reaktionsgeschwindigkeit ab. Diese konnte durch den Aufbau unternehmensübergreifender Datenaustauschsysteme erreicht werden und dadurch die Lieferzeiten deutlich gesenkt werden. Wenngleich der Ursprung von Quick-Response-Systemen in der Textilwirtschaft liegt, wurde es in der Folgezeit auch auf andere Branchen übertragen.

In der Literatur wird teilweise die Meinung vertreten, dass es sich bei Quick-Response-Systemen um eine für den Handel typische Ausprägung von Just-in-time-Belieferungssystemen handelt (vgl. *Stern* u. a. 1993, S. 176). Andere Autoren sehen Quick-Response-Systeme als konsequente Weiterentwicklung des Just-in-time-Konzeptes an, die durch den Einsatz neuer Informations- und Kommunikationstechniken möglich wurde (vgl. *Christopher* 1992, S. 166).

Quick-Response lässt sich definieren als ein partnerschaftliches und nachfragesynchrones Belieferungssystem aller in einem Logistikkanal beteiligten Unternehmen, das auf einem permanenten Informationsaustausch basiert (vgl. *Kotzab* 1997, S. 129). Die mit Quick-Response-Systemen verfolgten Ziele sind (vgl. *Fischer/Stiefler* 1993, S. 207):

– Minimierung der Reaktionszeit auf Kundennachfrage, indem die tatsächliche, aktuelle Marktnachfrage so nah wie möglich beim Endverbraucher erfasst wird und Wiederbeschaffungszeiten über alle Stufen des Logistikkanals reduziert werden
– Geringe Lagerbestände zur Sicherstellung der Verfügbarkeit.

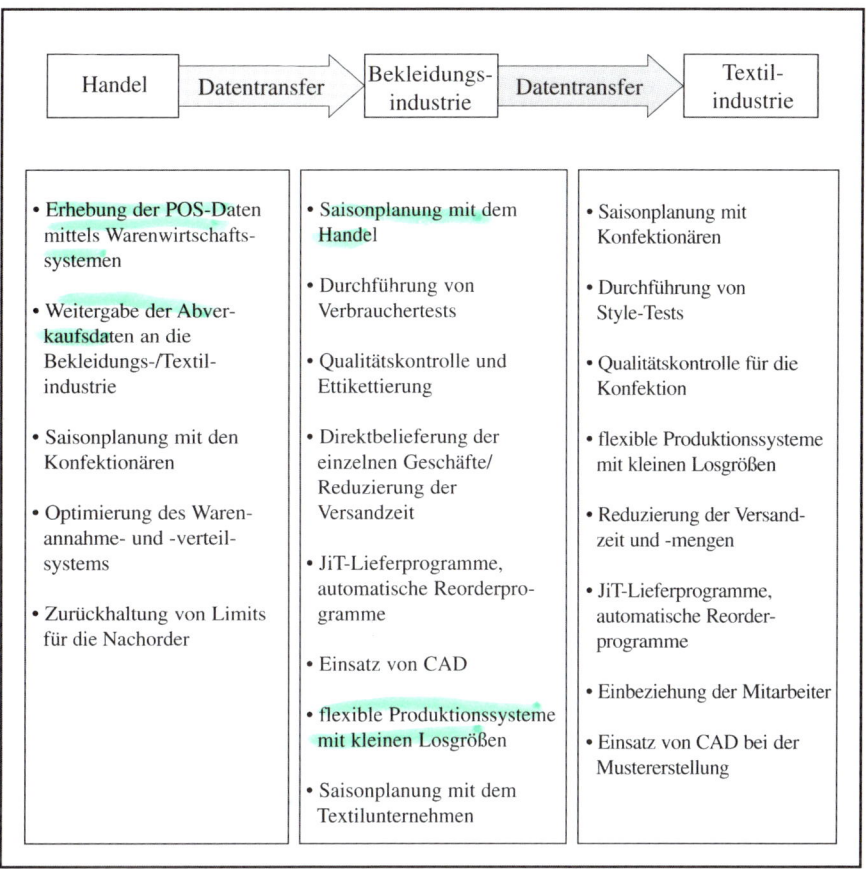

Abb. 8-23: Bausteine eines Quick-Response-Systems (Zentes 1989, S. 39)

Die **Bausteine** eines Quick-Response-Systems sind am Beispiel der Textilindustrie in Abb. 8-23 dargestellt.

Die **Funktionsweise** eines Quick-Response-Systems ist in Abb. 8-24 dargestellt. Ausgangspunkt ist eine artikelgenaue Erfassung der Abverkäufe am Point of Sale. Scannerkassen ermöglichen ein automatisches Erfassen von Strichcodes und die artikelbezogene Abverkaufsinformation kann sofort an das zentrale Computersystem des Handelsunternehmens weitergeleitet werden. Dort werden die Abverkäufe aller Filialen gesammelt (Pfeil 1 in Abb. 8-24).

Die aggregierten, aktuellen Abverkaufsdaten werden im zweiten Schritt vom Handelsunternehmen automatisch an die Herstellerunternehmen weitergeleitet (Pfeil 2 in Abb. 8-24). Die Häufigkeit der Informationsübermittlung hängt ab von der getroffenen Vereinbarung, zumeist erfolgt sie wöchentlich. Zur Datenübertragung empfiehlt sich die Nutzung von EDI-Systemen, die große Datenmengen von Computer zu Computer übertragen können.

Auf der Basis der aktuellen Verkaufsdaten und mit dem Handelsunternehmen vereinbarter Regeln zur Ermittlung von Liefer- bzw. Nachfüllmengen erstellen die Hersteller

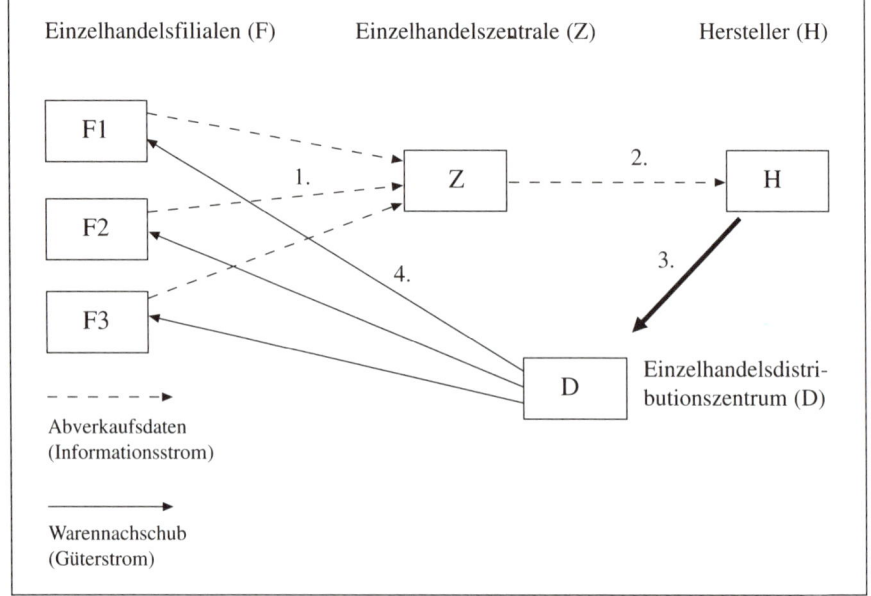

Abb. 8-24: Idealtypischer Ablauf eines Quick-Response-Systems

ihre kurzfristigen Produktionspläne. Dieses Vorgehen stellt eine nachfragegerechte Belegung der Produktionskapazitäten sicher.

Nach der Herstellung der Erzeugnisse erfolgt deren Auslieferung, in der Regel filialbezogen über ein zwischengeschaltetes Distributionszentrum (Pfeile 3 und 4 in Abb. 8-24).

Hochentwickelte Quick-Response-Systeme verfügen bereits über computergestützte Bestellsysteme (sog. Computer Assisted Ordering – CAO) zur Gewährleistung eines automatischen Warennachschubs. Sinkt der Warenbestand auf bzw. unter ein vorab festgelegtes Niveau wird automatisch ein Bestellvorgang ausgelöst (vgl. *LaLonde/ Masters* 1994, S. 39 f.).

Zu den wesentlichen **Voraussetzungen** für eine erfolgreiche Implementierung von Quick-Response-Systemen gehören (vgl. *Hensche* 1991, S. 283):

– die EDV-mäßige Vernetzung der beteiligten Stufen der Logistikkette mit standardisierten Übertragungsnormen (EDI und unternehmensübergreifende Nutzung von Barcodesystemen)

– Überwindung emotionaler und organisatorischer Barrieren bei den Mitarbeitern der beteiligten Unternehmen: Erforderlich ist die Bereitschaft zu innerbetrieblichen Veränderungen und zu Veränderungen in der unternehmensübergreifenden Zusammenarbeit. Dazu gehören erhöhte Kommunikationsbereitschaft (Offenlegung zuvor oft geheim gehaltener Daten), Verlagerung von Entscheidungskompetenzen, Vertrauen zwischen den beteiligten Partnern und ein Wechsel in der Beschaffungsphilosophie (häufig Übergang von wenigen Großbestellungen auf zahlreiche Bestellungen mit kleineren Mengen).

Die veröffentlichten Ergebnisse von Pilotprojekten zur Einführung von Quick-Response-Systemen weisen beeindruckende Ergebnisse auf: So führte ein Pilotprojekt von

J.C. Penney mit zwei Anzugherstellern zu einem Umsatzwachstum von 50%, einer Erhöhung des Lagerumschlags um 90% und einer Verminderung des Lagerbestandes um 20% bei den einbezogenen Produkten. *Wal-Mart* führte ein Pilotprojekt gemeinsam mit zwei Hosenherstellern in 900 Geschäften durch und erzielte ein Umsatzwachstum von 31% und eine Erhöhung des Lagerumschlags um 30% (vgl. *Hensche* 1991, S. 301). Hierbei stellt sich allerdings jeweils die Frage nach der Ausgangssituation. Eine (qualitative) Übersicht zu den **Nutzenpotenzialen** und **Grenzen** von Quick-Response-Systemen enthält Abb. 8-25.

Nutzen	Risiken/Grenzen
• Umsatzerhöhung durch Verringerung von Ausverkaufsituationen • Schnellere Abwicklung durch Informationsverbund aller beteiligten Parteien • Kostenreduktion vorwiegend durch Reduktion der Lagerbestände im gesamten Logistikkanal • Höhere Flexibilität durch schnellere Reaktionsfähigkeit	• Bei stark zergliederten Branchen schwer zu implementieren • Hohe Investitionskosten erfordern die Erreichung hoher Logistikservicegrade • Schwierige Messung des Erfolges von QR auf Grund nicht vorhandener Messmethoden • Frage nach der Anwendbarkeit auf alle Sortimentsteile

Abb. 8-25: Nutzenpotentiale und Grenzen von Quick-Response-Systemen
(vgl. Kotzab 1997, S. 136)

8.7.2 Continuous Replenishment

Dem Konzept des Continuous Replenishment liegt als Grundgedanke die Gewährleistung eines **automatisierten Warennachschubs zwischen einem Hersteller- und einem Handelsunternehmen** zugrunde. Der Hersteller trägt die Verantwortung für den automatisierten Warennachschub. Dieser setzt zum einen einen kontinuierlichen Datenaustausch und -abgleich zwischen den Partnern voraus (vgl. *Kotzab* 1997, S. 142). Das Handelsunternehmen muss die aktuellen Verkaufszahlen zur Verfügung stellen, die es mittels Scannerkassen am Point of Sale gewinnt. Zum anderen müssen vor der Übertragung der Verantwortung für das Bestellwesen auf den Lieferanten Vereinbarungen getroffen werden über die Höhe der durchschnittlichen Zentrallagerbestände, das zu realisierende Serviceniveau bzw. die Vermeidung von Ausverkaufsituationen (vgl. *Buzzell/Ortmeyer* 1995, S. 68).

Einige Autoren setzen Quick-Response-Systeme und Continuous Replenishment-Systeme gleich (vgl. *Kempcke* 1995; *Martin* 1993). Die beiden Konzepte unterscheiden sich jedoch in zwei Punkten (vgl. *Kotzab* 1997, S. 142):

– Während Quick-Response auf die Synchronisation der Abläufe **aller** in der Logistikkette beteiligten Parteien durch informatorischen Verbund abzielt, geht es bei Continuous Replenishment um den Abgleich der Angebots- und Nachfragerhythmen **zweier** Unternehmen.

– Im Rahmen von Continuous Replenishment wird dem Herstellerunternehmen die Lagerbestandsführung übertragen, die automatisiert erfolgt. Quick-Response beinhaltet ebenfalls einen automatisierten Warennachschub, der aber aus der Sicht des Handelsunternehmens auf die unmittelbar vorgelagerte Stufe übertragen wird.

Als mögliche **Nutzeffekte** des Continuous Replenishment sind zu nennen: Umsatzsteigerungen, Verringerung der Anzahl langsam drehender Artikel, Verringerung der Lagerbestände durch Integration bzw. Verzicht auf (vermeidbare) Sicherheitsbestände, Reduzierung administrativer Kosten und Verbesserung der Zusammenarbeit zwischen den beteiligten Parteien.

Vor dem Start von Continuous Replenishment-Projekten sind u.a. folgende Überlegungen anzustellen (vgl. *Andraski* 1994):

– Welche Abteilungen sind in das Projekt zu integrieren?
– Welche Sortimentsbestandteile sind geeignet?
– Welche Preis- und Verkaufsförderungsstrategien wurden bislang verfolgt?
– Anhand welcher Kriterien soll die CRP-Leistung gemessen werden?
– Wie soll der CRP-Gewinn aufgeteilt werden?

Folgendes **Fallbeispiel** einer Continuous Replenishment-Realisierung zwischen der **Konsumgenossenschaft Dortmund-Kassel eG** und **Henkel Düsseldorf** soll die Effekte dieses Konzeptes verdeutlichen (vgl. zum Folgenden *Kempcke* 1995). Anfang der Neunzigerjahre war die *Konsumgenossenschaft Dortmund-Kassel eG* (KGD) mit einem jährlichen Einkaufsvolumen von über 10 Mio Euro der größte Einzelkunde des Produktionsstandortes Düsseldorf der Fa. *Henkel Waschmittel GmbH,* Düsseldorf *(Henkel).* Die nachgefragten 80 Produkte stellten einen kleinen Teil des Gesamtsortiments von *Henkel* dar und zeichneten sich u.a. durch ihre Saisonunabhängigkeit aus.

Die Logistikverantwortlichen beider Unternehmen führten Ende 1992 erste Gespräche über eine mögliche engere Zusammenarbeit. Die von der KGD nachgefragten Artikel wiesen einen durchschnittlichen Lagerbestand von 500000,– Euro auf bei einer durchschnittlichen Lagerdauer von 16 Tagen. Die Ursache für diesen hohen Lagerbestand lag im Bestellverhalten der Disponenten, das vom Spannendenken geprägt war. Letzteres berücksichtigt zwar Preisvorteile, nicht aber die daraus resultierenden hohen Bestände und Losgrößen. Bei Henkel führte das Bestellverhalten von der KGD zu hohen Produktionslosen und zur Notwendigkeit, Speditions-Zwischenlager anzumieten.

Vor dem Hintergrund der Ausgangssituation wurden als Ziele die Senkung des Zentrallagerbestandes von 500000,– Euro auf durchschnittlich 275000,– Euro und die absolute Vermeidung von Ausverkaufsituationen vereinbart. Um diese Ziele zu erreichen sollte die *KGD Henkel* nahezu täglich alle Lagerabgangs- und -bestandsdaten vom KGD-Zentralrechner zur Verfügung stellen. Den Ablauf des neuen Systems stellt Abb. 8-26 dar.

Das im März 1993 begonnene Projekt zeigte bereits Mitte 1994 erste Erfolge:

– Der Lagerbestand bei KGD konnte um 50% gesenkt werden.
– Der bei der KGD anfallende Verwaltungsaufwand konnte deutlich vermindert werden. Nachdem in der ersten Phase die Bestellungen per Telefax getätigt wurden, erfolgte in einem nächsten Schritt die Umstellung auf EDIFACT-Abwicklung.
– Henkel konnte die Speditionszwischenläger auflösen.
– Die Produktion bei *Henkel* konnte gleichmäßig ausgelastet werden und unterlag nicht mehr ungewollten Spitzen.

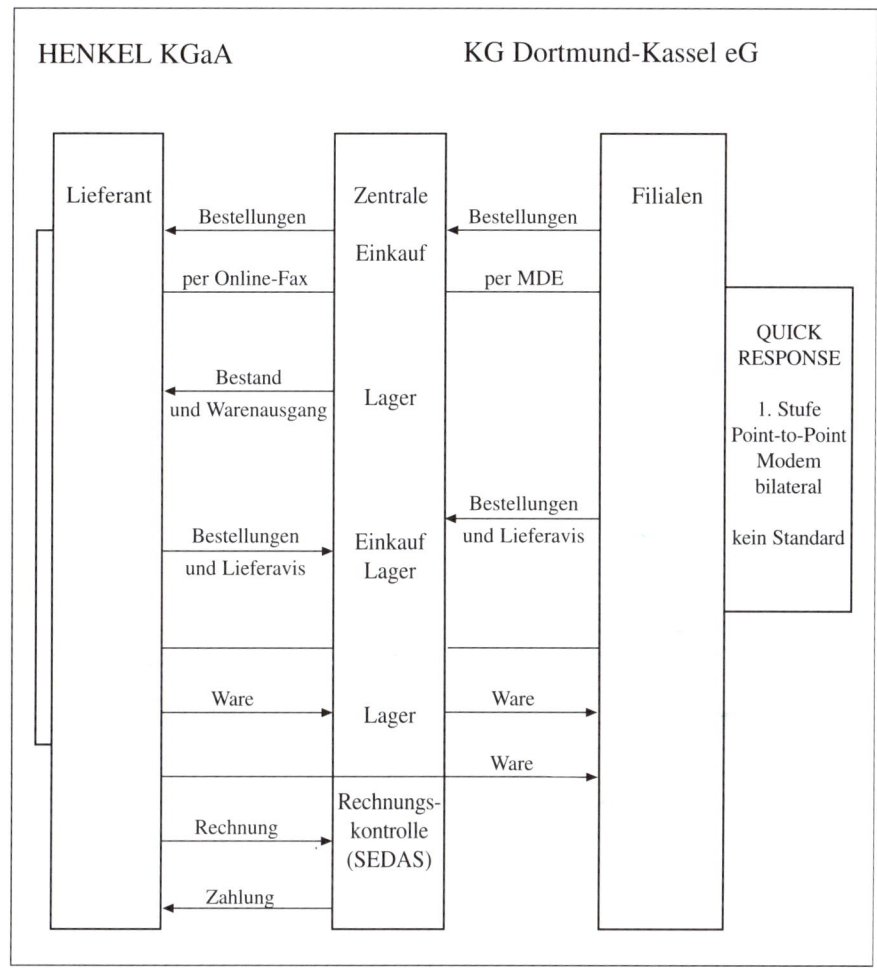

*Abb. 8-26: Continuous Replenishment-Ablauf zwischen KGD und Henkel
(vgl. Kempcke 1995, S. 41)*

8.7.3 Efficient Consumer Response (ECR)

Bei ECR handelt es sich um eine Weiterführung des Quick-Response-Konzeptes in der Konsumgüterindustrie in den USA (vgl. *Kotzab* 1997, S. 171). Aufgrund der Produktivitätsrückgänge und Marktanteilsverluste, denen sich zahlreiche Konsumgüterhersteller Anfang der neunziger Jahre ausgesetzt sahen, schlossen sich im Jahre 1992 die Vertreter von 14 Firmen in einer Efficient Consumer Response Working Group zusammen und beauftragten die Beratungsgesellschaft Salmon Associates mit einer ähnlichen Untersuchung, wie sie bereits für die Textilindustrie durchgeführt wurde (siehe Abschnitt 8.7.1): Es sollten in der gesamten Wertschöpfungskette der Konsumgüterindustrie (Hersteller, Handel und Verbraucher) die Kosten- und Serviceverbesserungspotenziale identifiziert werden, die durch Veränderungen der Geschäftspraktiken erzielt werden können (vgl. *Salmon* 1993, S. IV). Während sich die **Quick-Response-Analyse** ausschließlich auf den **Warenfluss** bezog, wurden in dem **ECR-Projekt** drei weitere wesentliche Bereiche mit Ergebnisverbesserungspotentialen aufgezeigt: Effiziente **Sortimentsgestaltung** auf Filialebene, effiziente **Absatzförderung** und effiziente **Produktneueinführung** (vgl. Abb. 8-27). Inhaltliche Grundlagen für das ECR-Konzept liefern das Category Management (Warengruppenmanagement) und das Supply Chain Management (Interorganisatorisches Management der Logistikkette).

Im Jahre 1994 stellte die Coca-Cola Retailing Research Group, Europe eine europäische Studie mit dem Titel „Supplier Retailer Collaboration in Supply Chain Management" vor. Die hierin enthaltenen güterstrom-, informationsstrom- und marketingfördernden Teilaktivitäten ergänzen die Salmon-Studie lediglich hinsichtlich der Optimierung des Schriftwechsels und der Einbeziehung von Relaunch-Aktivitäten.

ECR-Instrumente	Zweck
Efficient Store Assortement (effiziente Sortimentsgestaltung auf Filialebene)	Optimierung der Warenbestands- und Flächenproduktivität an der Schnittstelle zum Endverbraucher (POS)
Efficient Replenishment (effizienter Warennachschub)	Automatisierter permanenter Warennachschub entsprechend dem QR- bzw. CRP-Konzept
Efficient Promotion (effiziente Absatzförderung)	Harmonisierung der Verkaufsförderungsaktivitäten zwischen Handelsunternehmen und Hersteller
Efficient Product Introduction (effiziente Produktneueinführung)	Maximierung der Effizienz bei der Entwicklung neuer Produkte und deren Einführung in den Markt

Abb. 8-27: Die vier ECR-Instrumente (vgl. Salmon 1993, S. 29; Tietz 1995, S. 179)

ECR lässt sich definieren als „strategisches Konzept der interorganisatorischen Zusammenarbeit zwischen Herstellern, Groß- und Einzelhändlern im Distributionskanal. Durch eine integrierte Steuerung der gesamten Versorgungskette wird das Ziel verfolgt, die Reaktionsfähigkeit auf Veränderungen des Marktes, d.h. auf Kundenwünsche, zu erhöhen und gleichzeitig die Sortimente, die Warenbeschaffung und Bestandsführung, die Werbemaßnahmen sowie die Produktneueinführungen unternehmensübergreifend zu optimieren, so dass die Kosten im gesamten Distributionssystem gesenkt werden" (*Pfohl* 1997, S. 23).

Der Nachlieferung liegt eine nachfrageorientierte Wiederauffüllung anhand aktueller oder prognostizierter Nachfragezahlen zugrunde. Liefermengen und -termine werden seitens der Hersteller festgelegt. Die Hersteller übernehmen die bedarfsorientierte Versorgung der Regional- und Zentrallager sowie Verkaufsstellen.

Das ECR-Grundkonzept basiert auf einer artikelgenauen Erfassung der Abverkäufe sowie einem durchgängigen und schnellen Informationsfluss zwischen dem Handel und dem Hersteller. Um die niedrigen Bestellmengen mit hohen Bestell- und Belieferungsrhythmen effizient abwickeln zu können, müssen für den Warenfluss geeignete Transport- und Umschlageinrichtungen zur Verfügung stehen (vgl. *Pfohl* 1997, S. 24). Ebenso muss die Informations- und Kommunikationsstruktur dem Wachstum des Transaktionsvolumens und des Speicherbedarfs gewachsen sein. Durch regelmäßigen Abgleich der Datenbanken aller beteiligten Partner ist die Konsistenz der Stammdaten zu gewährleisten. Zur Sicherstellung effizienter Werbemaßnahmen, Sortimentsgestaltung und Produktneueinführung sind die Vertriebsdaten systematisch zu erfassen und auszuwerten.

In der oben genannten Studie der *Coca-Cola Retailing Research Group* wurde ermittelt, dass die Logistikkosten für Industrie und Handel von ca. 10% auf 7,5% des Einzelhandelsumsatzes gesenkt werden können. Derzeit muss festgestellt werden, dass die ECR-Entwicklung in Deutschland noch nicht so weit vorangeschritten ist wie in den USA und Großbritannien.

8.7.4 Warenverteilzentrum und Cross Docking

Im Rahmen der Gestaltung der Distributionskonzepte von Handelsunternehmen spielt die Reduktion der Anzahl der Läger und der Umschlagpunkte seit Mitte der achtziger Jahre eine große Rolle. Dies hat zur Realisierung zahlreicher Zentrallager geführt. Eine Weiterentwicklung der Zentrallagerkonzepte stellen **Warenverteilzentren** (bzw. **Transit-Terminals**) dar, bei denen durch Anwendung von Just-in-time-Prinzipien eine möglichst bestandslose und kaufsynchrone Versorgung der Verkaufsstätten erreicht werden soll (vgl. *Liebmann* 1991, S. 19f.). Die Mengen- und Zeitausgleichsfunktion eines Lagers soll mithilfe eines Warenverteilzentrums weitestgehend zurückgedrängt werden, angestrebt wird vielmehr eine reine Verteilfunktion.

Vergleicht man das Konzept des Zentrallagers bzw. Warenverteilzentrums mit einer Direktbelieferung aller Filialen eines Handelsunternehmens, so zeigt sich, dass die Anzahl der Verbindungen zwischen Liefer- und Empfangspunkten durch erstere drastisch reduziert wird. Benötigt man beispielsweise bei direkter Belieferung von 100 Empfangspunkten durch 100 Lieferpunkte 10000 Verbindungen, sind bei der indirekten Verknüpfung über das Warenverteilzentrum nur noch 200 Verbindungen erforderlich, nämlich 100 zwischen den Lieferpunkten und dem Umschlaglager und 100 zwischen dem Umschlaglager und den Empfangspunkten (vgl. Abb. 8-28).

Für den Lieferanten ergibt sich der Vorteil des großen zusammengefassten Transportvolumens an einen Empfänger. Für die Filialen ergibt sich der Vorteil der einmaligen Anlieferung, was vor allem bei beengten Entlademöglichkeiten zu Handlingvorteilen führt. Für den Frachtführer ergibt sich der Vorteil optimaler Verkehrsmittelauslastung in der Verteilung.

Auch in Unternehmen, die in der Vergangenheit ihre Feinverteilung über Auslieferungsläger durchführten, kann mit Hilfe des Warenverteilzentrums (fast) ohne Warenbestände in der Fläche ein 24-Stunden-Service realisiert werden. Bei hohem täglichen Auftragsvolumen und der dadurch möglichen Liefermengenbündelung bleibt der Transportkostenvorteil, den das Auslieferungslager normalerweise gegenüber der Direktbelieferung aufweist, erhalten.

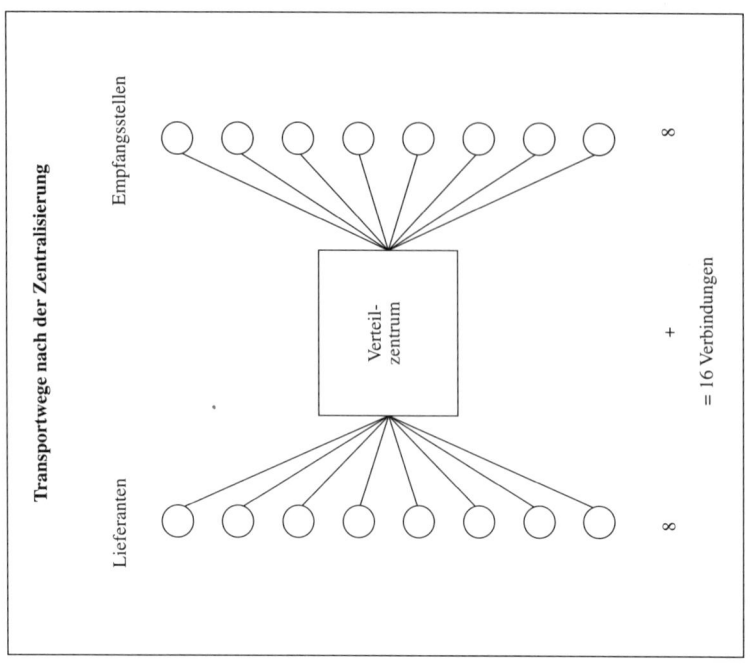

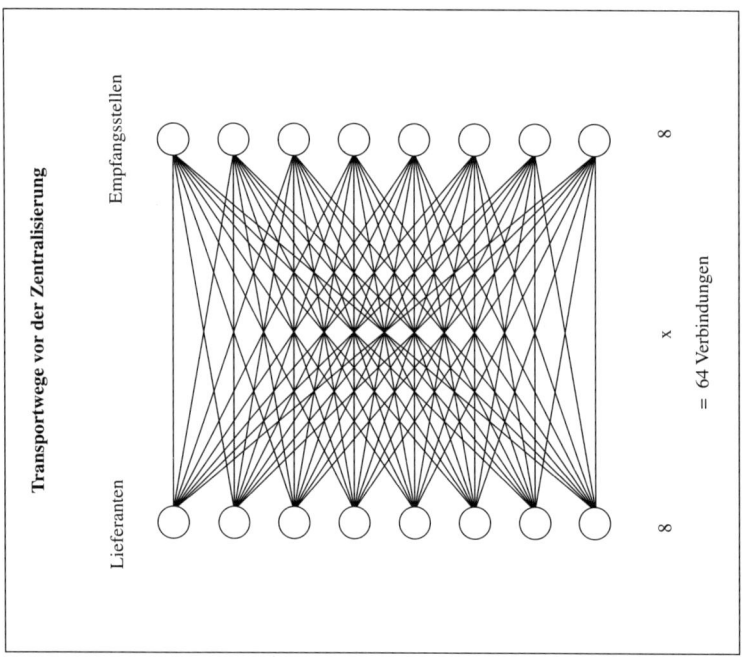

Abb. 8-28: Transportwege vor und nach der Zentralisierung

Demgegenüber steht allerdings das in der Regel hohe Investitionsvolumen, das mit der Errichtung von Transit-Terminals einhergeht und einen hohen Fixkostenblock darstellt. Transit-Terminals erfordern deshalb einen hohen Warendurchsatz bzw. eine bestimmte Betriebsgröße, um wirtschaftlich betrieben werden zu können.

Damit die Durchlaufzeit der Warenströme in einem Warenverteilzentrum möglichst kurz gehalten werden kann, müssen das technische Teilsystem (Kommissioniertechnik; Transporttechnik; Umschlageinrichtungen; Verpackungstechnik), das Informations- und Kommunikationssystem (interne und externe Vernetzung mit Lieferanten, Verkaufsstätten, Dienstleistern etc.; beleglose Kommissionierung; leistungsfähige Hard- und Software; normierte, beleglose Informationsübertragung auf der Basis standardisierter Daten) sowie das organisatorische und personelle System (geschlossenes Warenwirtschaftssystem; Vernetzung der Transit-Terminals; Mitarbeiter mit höherer Qualifikation) anforderungsgerecht ausgestaltet sein (vgl. *Liebmann* 1991, S. 26). Als Konzept zur effizienten Abwicklung von Umschlagvorgängen in Warenverteilzentren gewinnt Cross Docking zunehmend an Bedeutung.

Unter **Cross Docking** versteht man alle Aktivitäten in einem Auflösungspunkt eines mehrstufigen Logistiksystems, die erforderlich sind, um eingehende Ware für den sofortigen Versand bedarfsgerecht aufzulösen und bereitzustellen (vgl. *Kotzab* 1997, S. 161). Der aus der US-amerikanischen Logistikpraxis stammende Begriff des Cross Docking bezeichnet den Vorgang, dass die Lastkraftwagen auf der einen Seite eines Lagerhauses andocken und dort der Wareneingang erfolgt, während an der gegenüber liegenden Seite Lastkraftwagen mit den Lieferungen für die einzelnen Geschäfte beladen werden.

Die grundsätzliche **Funktionsweise** stellt sich bezüglich des Materialflusses wie folgt dar (vgl. Abb. 8-29): An einem Konzentrations- bzw. Auflösepunkt gehen (zumeist volle) Wagenladungen von den Lieferanten ein. Der Wareneingang übernimmt die Ware palettenweise. Soweit erforderlich werden innerhalb des Transit-Terminals die Paletten zu bedarfsgerechten Filialsendungen transformiert. Die eingegangenen Paletten werden unverändert oder nach der Transformation schnellstmöglich zum Weiterversand am Warenausgang bereitgestellt.

Es lassen sich drei verschiedene Formen des Cross Docking unterscheiden (vgl. *ECR Europe* 1997, S. 36) (vgl. Abb. 8-30):

– Cross Docking auf Basis von reinen Produktpaletten: Hier erfolgt entweder die Anlieferung von artikelreinen Paletten durch den Hersteller, die als Vollpaletten an die Filialen weitergeleitet werden (Variante A) oder es werden die tagesgenau angelieferten artikelreinen Paletten auf Filialebene kommissioniert (Variante B). Variante A eignet sich insbesondere für großvolumige, schnelldrehende Artikel und Display-Paletten.
– Cross Docking auf Basis von Kollis: Hier kommt die vom Hersteller angelieferte Ware zunächst in eine Kommissionierzone in der Nähe der Warenausgänge. Die Ware wird filialbezogen kommissioniert und innerhalb von 24 Stunden weitergeleitet.
– Cross Docking auf Basis vorkommissionierter Einheiten für eine Filiale: Hier erfolgt die filialgerechte Kommissionierung bereits beim Hersteller. Voraussetzung hierfür ist, dass der Hersteller die Bestellmengen auf Filialebene kennt.

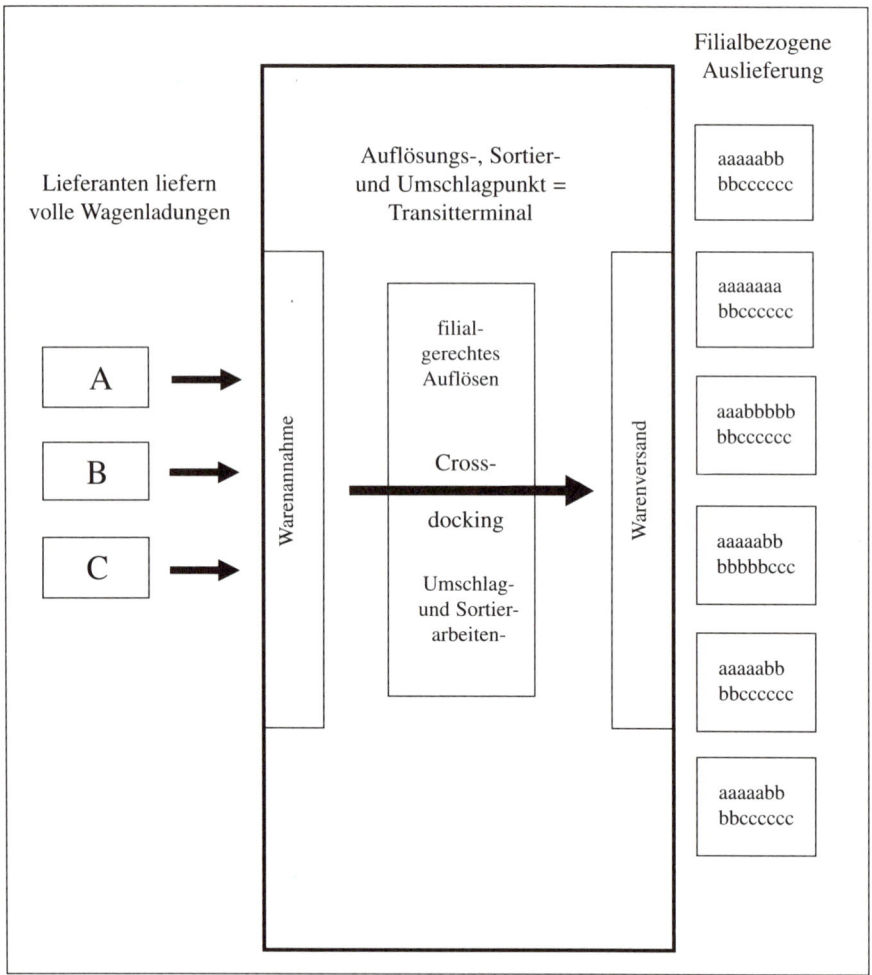

Abb. 8-29: Kernidee des Cross Docking (Kotzab 1997, S. 159)

Die genannten Grundaktivitäten des Cross Docking erfordern eine enge **informatori-sche Verknüpfung** zwischen dem Lieferanten und dem Abnehmer. Im Idealfall werden CRP-gestützte Bestellsysteme eingesetzt, die bei Erreichen eines Bestellpunktes automatisch Bestellungen auslösen und elektronisch an den Hersteller übermitteln. Hierbei sind die Anforderungen sowohl der Hersteller als auch der Filialen zu berücksichtigen. Anschließend bestätigt der Hersteller die Bestellung, sei es modifiziert oder unmodifiziert. Die Auslieferung der Ware wird vom Hersteller vorab angekündigt. Im Transit-Terminal kann nunmehr die Disposition der benötigten Kapazitäten durchgeführt werden.

Die realisierten Cross Docking Varianten unterscheiden sich insbesondere hinsichtlich folgender Kriterien (vgl. *Kotzab* 1997, S. 167):

– Art der Anlieferung durch den Hersteller: Wie hoch ist der logistische Vorbereitungsgrad seitens des Herstellers, z.B. in Form einer vorkommissionierten Anlieferung oder Voretikettierung der Ware?

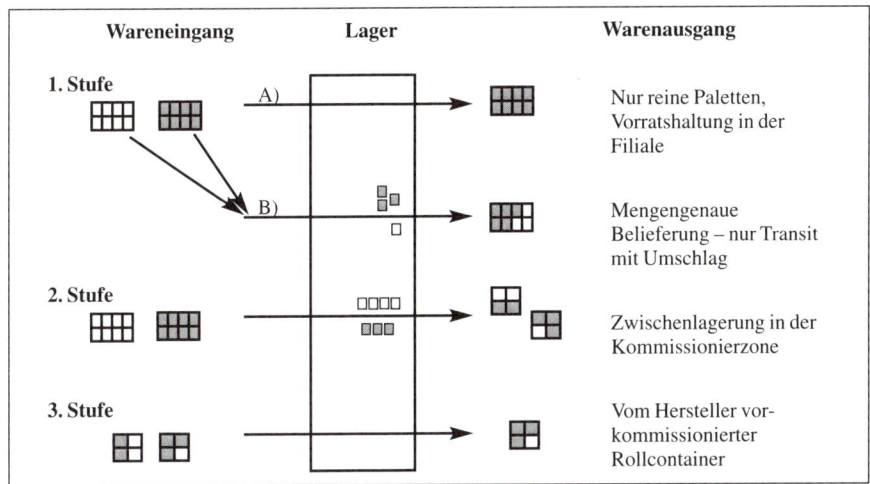

Abb. 8-30: Formen des Cross Docking (Mau 2002, S. 61)

– Art der informatorischen Integration im Logistikkanal: Erfolgt eine elektronische Vorankündigung des Eintreffens der Lieferung an das Transit-Terminal?
– Ausstattung des Transit-Terminals: Wie hoch ist der Automatisierungsgrad bei den Kommissionier-, Sortier- und Umschlaganlagen?

Die technischen und organisatorischen **Anforderungen** zur Realisierung des Cross Docking Konzeptes beziehen sich auf die Ware, den Informationsverbund zwischen den Partnern und auf das Transit-Terminal. Waren bzw. Ladehilfsmittel sollten über strichcodierte Auszeichnungen verfügen, um eine weitgehend automatisierte Datenerfassung durchführen zu können. Verpackungen und Ladehilfsmittel müssen standardisiert sein. Je höher der Automatisierungsgrad des Transit-Terminals ist, desto höher sind diesbezüglich die Anforderungen an die Lieferanten. Zwischen Lieferant und Abnehmer sollte eine EDI-Verbindung bestehen bzw. aufgebaut werden. Eine auf das Ein- und Ausgangsvolumen abgestimmte, hinreichend hohe Anzahl von Wareneingangs- und Warenausgangsdocks muss sicherstellen, dass bei der Anlieferung und dem Weitertransport keine großen Wartezeiten entstehen. Stetige Fördermittel unterstützen einen reibungslosen Transport innerhalb des Transit-Terminals.

Wenngleich Cross Docking wirtschaftsstufenunabhängig ist, weist es bislang die größte Verbreitung bei filialisierten Handelsunternehmen auf.

Cross Docking zielt auf die Anwendung des Fluss- bzw. Just-in-time-Prinzips im Distributionsbereich ab. Die wesentlichen Nutzeffekte liegen in einer Beschleunigung der Lieferzeit, der Vermeidung von Lagerbeständen, der Reduzierung von Kosten und Umsatzsteigerungen.

8.7.5 Vendor Managed Inventory und Collaborative Planning

Zwei weitere Kooperationskonzepte, die bei unternehmensübergreifenden Planungsprozessen zum Einsatz gelangen, seien nachfolgend vorgestellt.

Bei **VMI** (Vendor Managed Inventory)-Kooperationen übernimmt der Hersteller die Disposition des Warenbestandes im Lager des Handels und erhält hierfür zusätzliche Informationen über Abverkäufe und Lagerbestände. Da durch bessere Planungsinformationen doppelte Sicherheitsbestände vermieden werden können, lassen sich die Bestandskosten reduzieren und die Servicelevel erhöhen. Auf Seiten des Handels entfällt der Dispositionsaufwand. Die Frachtkosten können reduziert werden und die Hersteller erhalten größeren Spielraum in der Produktionsplanung, da sie die Dispositionsentscheidungen mit ihrer internen Planung abstimmen können (vgl. *Thonemann* u.a. 2003, S. 37).

Der Ursprung von CFPR liegt in einem Pilotprojekt des Handelskonzerns WalMart, der 1995 mit Warner-Lambert für ein neues Produkt neue Wege der Zusammenarbeit im Rahmen der Erstellung von Verkaufsprognosen suchte. Im Rahmen von **CFPR** (Collaborative Planning, Forecasting und Replenishment) werden Absatzprognosen zwischen Industrie und Handel ausgetauscht, permanent aktualisiert und miteinander abgestimmt. Der Zeitraum für die gemeinsame Planung erstreckt sich in der Regel über einen Zeitraum von drei Monaten. Planungsfehler können somit noch frühzeitig identifiziert und korrigiert werden. Im Unterschied zu VMI arbeitet CFPR nicht mit vergangenheitsbezogenen Daten, vielmehr werden aktuelle Bedarfs- und Bestellprognosen erstellt und regelmäßig aktualisiert. Aus diesen Prognosen werden dann die Bestellungen abgeleitet (vgl. *Thonemann* 2003, S. 38).

CFPR und VMI beschränken sich bislang in Deutschland noch auf wenige Pilotprojekte, so dass noch kein branchenweiter Effekt sichtbar ist. Es ist aber davon auszugehen, dass bei einigen großen Konsumgüterherstellern und Handelsunternehmen diese Kooperationsansätze an Bedeutung gewinnen werden.

8.8 Distributionslogistik in der Nachkaufphase

8.8.1 Bedeutung

In vielen Märkten, insbesondere denen für Investitions- und Gebrauchsgüter ist mit der Übergabe der Güter und deren Bezahlung die Geschäftsbeziehung zwischen Anbieter und Kunde noch nicht abgeschlossen. Mit der sich anschließenden Nachkaufphase wird der nachhaltige Markterfolg determiniert. Gerade durch Anbieterleistungen in der Nachkaufphase kann eine starke Kundenbindung aufgebaut und der Wechsel des Kunden zu anderen Lieferanten nachhaltig vermieden werden (vgl. *Ihde* 1991, S. 250).

Beim Aufbau derartiger Lieferanten-Kunden-Beziehungen kommen der Ersatzteilversorgung und der Instandhaltung (mit ihren Elementen Wartung, Inspektion und Instandsetzung) hohe Bedeutung zu. Im Rahmen der Instandsetzung werden beschädigte, verschlissene oder fehlende Teile ersetzt. Hierdurch wird der ursprüngliche Funktionsumfang des technischen Systems erhalten bzw. wiederhergestellt. Neben den konstruktiven Merkmalen der Primärprodukte ist die Verfügbarkeit der Ersatzteile der entscheidende Einflussfaktor auf die Länge der Ausfallzeiten. Mangelnde Lieferfähigkeit oder zu lange Lieferzeiten von Ersatzteilen können zu Betriebsunterbrechungen und -stilllegungen, Fehlmengenkosten, Lieferverzögerungen und Konventionalstrafen beim Kunden führen. Teile- und Bezugsalternativen stehen bei Ersatzteilbedarfen vielfach nicht zur Verfügung. Diese spezifischen Rahmenbedingungen verdeutlichen den besonderen Einfluss der Ersatzteillogistik auf die Wiederholkaufentscheidung (vgl. *Ihde* u. a. 1988, S. 35).

8.8.2 Besonderheiten der Ersatzteillogistik

Ersatzteile sind nach DIN 24420 „Teile (z.B. auch Einzelteile genannt), Gruppen (z.B. auch Baugruppen oder Teilegruppen genannt) oder vollständige Erzeugnisse, die dazu bestimmt sind, beschädigte, verschlissene oder fehlende Teile, Gruppen oder Erzeugnisse zu ersetzen".

Im Folgenden sollen vier Problemkreise im Hinblick auf ihre spezifischen Ausprägungen im Rahmen der Ersatzteillogistik behandelt werden:
– Lagerhaltung (Bedarfsprognosen)
– Auftragsabwicklung
– Verpackung
– Transport.

Die **Lagerhaltung** in der Ersatzteillogistik erfolgt typischerweise als selektive Lagerhaltung (vgl. *Biedermann* 1987). ABC-Analysen bezüglich der Gängigkeit von Ersatzteilen ergeben fast immer ausgeprägte Konzentrationskurven. Mit einem sehr niedrigen Anteil der Ersatzteile wird der größte Anteil des Ersatzteilumsatzes realisiert. Eine dezentrale Bevorratung bietet sich für die gängigsten Ersatzteile an, wohingegen für die übrigen Teile in der Regel eine zentrale Bevorratung erfolgt. Ein weiteres wichtiges Differenzierungskriterium ist die Funktionsnotwendigkeit eines Ersatzteils für ein Betriebsmittel bzw. sonstiges Primärprodukt.

Die in Abschnitt 7.2.1.3 vorgestellten Lagermodelle unterstellen vielfach kontinuierliche Lagerabgänge und optimieren die Lagerzugänge durch Verknüpfung von Bestellzyklus oder -punkt und wirtschaftlicher Losgröße. Diese Prognoseverfahren sind nicht ersatzteilspezifisch und deshalb für die Bedarfsvorhersage von Ersatzteilen kaum geeignet. Ersatzteilspezifische zuverlässigkeitstheoretisch ausgerichtete Modelle legen hingegen explizit das den Ersatzteilbedarf verursachende Ausfallverhalten der Betriebsmittel und die daraus abgeleitete Instandhaltungsstrategie sowie weitere Einflussfaktoren wie Anlagenstruktur, Instandsetzbarkeit, Höhe der Ausfallkosten bei fehlenden Ersatzteilen etc. zugrunde (vgl. *Strube* 1988, S. 116). Abb. 8-31 stellt die Einflussgrößen der Bedarfsprognosen aus der Sicht des Herstellers im Überblick dar.

Die Überdisposition von nicht anderweitig verwertbaren Ersatzteilen führt zu Abwertungsbedarf, die Unterdisposition zu teuren Sonderfertigungen (vgl. *Dreger* 1981, S. 4).

Bei hohen Folgekosten infolge fehlender Ersatzteile ist es wichtig, im Rahmen der **Auftragsabwicklung** für eine zeitverzugslose Bedarfsmeldung zu sorgen. Hochentwickelte Betriebsmittel verfügen über integrierte Diagnoseeinheiten, die per Telefon oder im On-line-Betrieb mit einem Diagnosezentrum verbunden sind. Die Früherkennung von Fehlern ermöglicht eine frühzeitige Auslösung der entsprechenden Ersatzteilaufträge. Die Einplanung von Ersatzteil-Aufträgen umfasst die Prüfung der Ersatzteilverfügbarkeit über alle Stufen und gegebenenfalls die Auflösung weiterer Aufträge, wie beispielsweise eines internen Auftrags an die Ersatzteilfertigung.

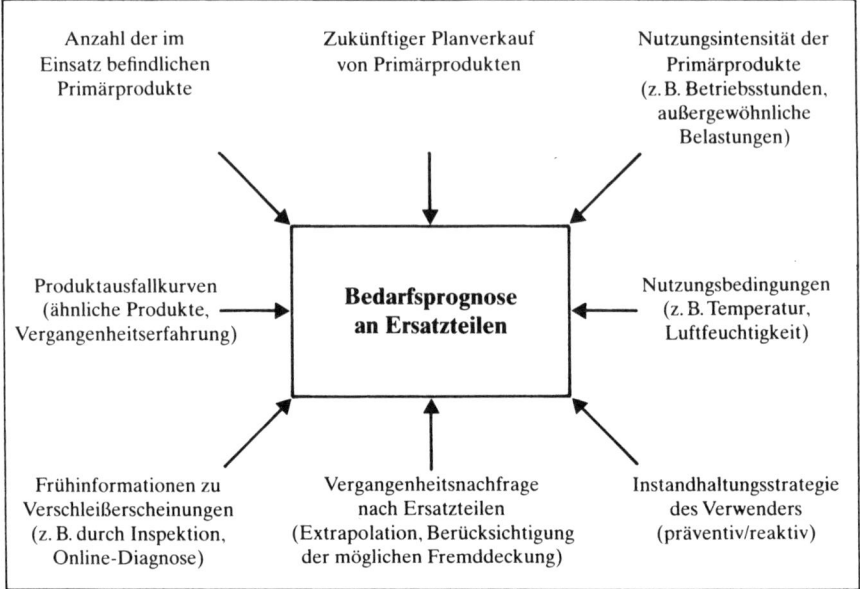

Abb. 8-31: Einflussgrößen der Bedarfsprognose von Ersatzteilen (Pfohl 1991, S. 1038)

Infolge der teilweise sehr langen Lagerzeiten von Ersatzteilen muss die **Verpackung** über entsprechende Zeiträume gegen mechanische und chemisch-physikalische Einflüsse schützen sowie Wartungs- und Kontrollmaßnahmen ermöglichen. Hohe Bedeutung kommt der Informationsfunktion der Ersatzteilverpackung zu, da bei einer großen Ersatzteilvielfalt und unterschiedlichen Änderungsständen eine exakte Kennzeichnung zur Identifikation für eine schnelle Auftragsabwicklung unabdingbar ist (vgl. *Pfohl* 1991, S. 1039).

Eine exakte Tourenplanung im Rahmen des technischen Kundendienstes ermöglicht Kosteneinsparungen (vgl. *Fischer* 1984, S. 6). Nicht exakt im Voraus planbare Eilbestellungen führen dazu, dass schnelle **Transportdienste** (Express-, Kurierdienste) die Ersatzteillogistik wesentlich prägen.

8.8.3 Fallstudie: Zeppelin-Ersatzteillogistik

Am Beispiel der führenden Händlerorganisation im deutschen Baumaschinenmarkt, der *Zeppelin Metallwerke GmbH* in Garching bei München, werden im folgenden Struktur und Ablauf eines weit entwickelten Ersatzteilversorgungssystems dargestellt. Auf der Basis eines international vernetzten Informationssystems für die gesamte Logistik-kette werden bei Zeppelin nahezu 99% aller angeforderten Ersatzteile innerhalb von 24 Stunden an die Kunden ausgeliefert (vgl. hierzu und zum Folgenden *Nerb* 1990).

Das Vertriebsprogramm des Unternehmens umfasst eine breite Palette an Baumaschi-nen verschiedener Hersteller, wobei der Schwerpunkt bei den Produkten der Marke Caterpillar liegt. Die Abnehmer der Baumaschinen stammen größtenteils aus dem Erd- und Straßenbau sowie der Industrie der Steine und Erden. Das Zeppelin-eigene Niederlassungsnetz deckt die gesamte Bundesrepublik ab. Im after-sales-Bereich er-fordert die optimale Unterstützung des Kunden bei seiner Aufgabenerfüllung in erster Linie, die Einsatzbereitschaft der Baumaschinen sicherzustellen. Der Ausfall von Ma-schinen verursacht hohe Kosten und Zeitverlust. Reparaturen und Wartungsarbeiten werden von entsprechend geschulten Monteuren in den Werkstätten der Niederlassung oder am Einsatzort (z. B. auf der Baustelle) durchgeführt.

Kernstück des Zeppelin-Service ist die Ersatzteilversorgung. Ersatzteillager für Cater-pillar-Teile gibt es auf folgenden Ebenen (vgl. Abb. 8-32):

– Zunächst verfügt jede **Niederlassung** über ein eigenes Ersatzteillager, wobei die Be-stände auf die im Niederlassungsbereich vorhandenen Maschinen abgestimmt sind.
– Das **Zentralersatzteillager** in Köln bildet den Schwerpunkt für die gesamte Er-satzteilversorgung. Dieses Lager ist auch der Hauptumschlagplatz zwischen den Lieferanten und den Zeppelin-Niederlassungen.
– Aus dem **Caterpillar Zentrallager für Europa** in Brüssel werden gegebenenfalls in Deutschland nicht verfügbare Teile beschafft und die Zeppelin-Lager regelmäßig wieder aufgefüllt.

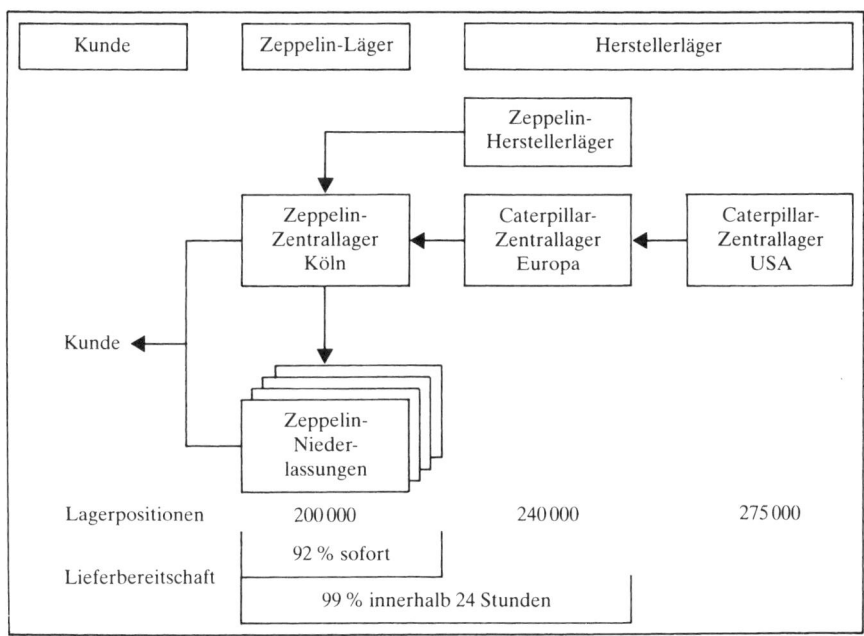

Abb. 8-32: Zeppelin-Ersatzteillogistik (Nerb 1990)

– Vom **amerikanischen Caterpillar Zentrallager** in Chicago werden Kundenrückstände dann per Flugzeug beschafft, wenn diese im Caterpillar Zentrallager in Brüssel nicht vorrätig sind.

Tägliche Transporte finden sowohl zwischen den Zentrallagern von Caterpillar und Zeppelin als auch zwischen dem Zeppelin-Zentrallager in Köln und allen Niederlassungen (Nachtsprung) statt. Zur Sicherstellung einer möglichst kurzen Lieferzeit werden viele Teile, die in den Niederlassungen nicht verfügbar sind, vielfach noch am Tag der Kundenbestellung von Köln aus direkt an den Kunden geliefert. In besonders eiligen Fällen werden auch Taxi oder Flugzeug als Transportmittel eingesetzt.

Die Bevorratung von Caterpillar-Ersatzteilen in den Niederlassungen und im Zentrallager wird größtenteils über den Computer gesteuert. Für jede bewegte Position erfolgt täglich eine Bedarfsprognose und anschließend gegebenenfalls eine Bestellung. Lagerbestellungen von Zeppelin an Caterpillar und die Übermittlung der Lieferschein- und Rechnungsdaten in umgekehrter Richtung erfolgen per Datenfernverarbeitung.

Die Kundenanforderungen bedingen, dass die der Ersatzteilversorgung und Schadenbehebung zugrundeliegenden Informationen sofort, jederzeit, überall und unternehmensübergreifend verfügbar sein müssen:

– Sofort (realtime), weil der Ausfall einer Maschine enorme Kosten nach sich ziehen kann.
– Jederzeit, weil Ersatzteilbestellungen rund um die Uhr an 365 Tagen im Jahr erfolgen können.

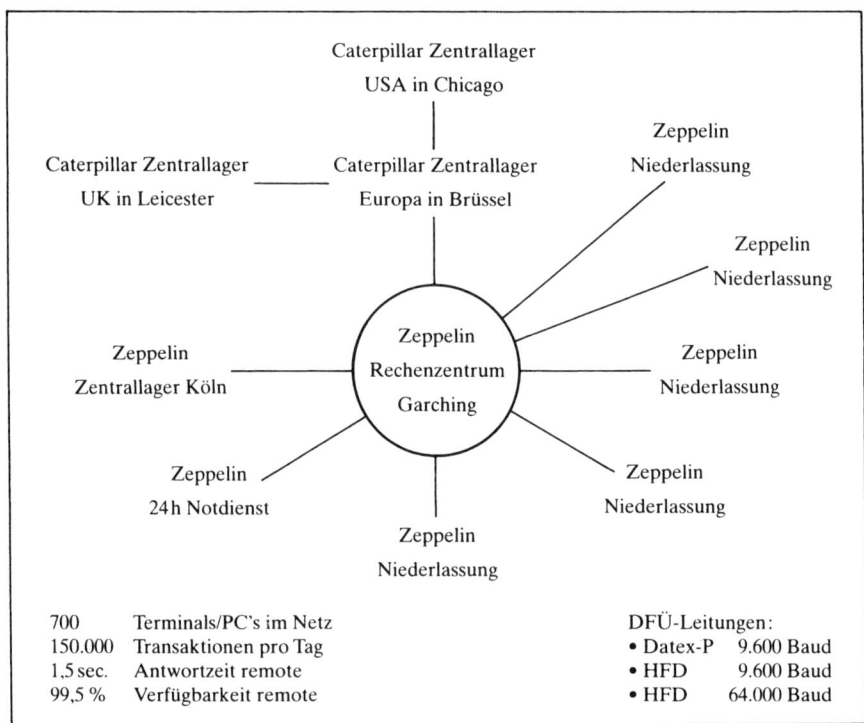

Abb. 8-33: Zeppelin/Caterpillar-Informationssysteme (Nerb 1990)

– Überall, weil die Baumaschinenkunden mobil sind (z. B. ein Münchner Bauunternehmen ist auf einer Baustelle in Norddeutschland tätig).
– Unternehmensübergreifend, weil auch die Logistikkette unternehmensübergreifend ist.

Entsprechend diesen Anforderungen wurden die Informationssysteme (vgl. Abb. 8-33) von Zeppelin und Caterpillar wie folgt realisiert:

– Alle Informationen stehen on-line zur Verfügung.
– Jede Niederlassung ist rund um die Uhr mit dem EDV-Netz verbunden, wobei nachts und am Wochenende nur Abfragen möglich sind.
– Nachts und am Wochenende können Notdienst-Mitarbeiter das Netz mit mobilen Terminals (laptops) anwählen.
– Jede Information kann an jedem Bildschirm abgerufen werden, sofern der Mitarbeiter die Zugriffsberechtigung besitzt.
– Integriertes Netz zwischen Hersteller und Handelsorganisation.
– Die Verfügbarkeit ist sehr hoch (99,5% für den Endanwender).
– Sehr kurze Antwortzeiten am Bildschirm (ca. 1–2 Sekunden remote).

Anhand des typischen Ablaufs einer Geräteinstandsetzung lässt sich die Arbeitsweise des Zeppelin-Service und die Nutzung der Informationssysteme am besten veranschaulichen (vgl. Abb. 8-34).

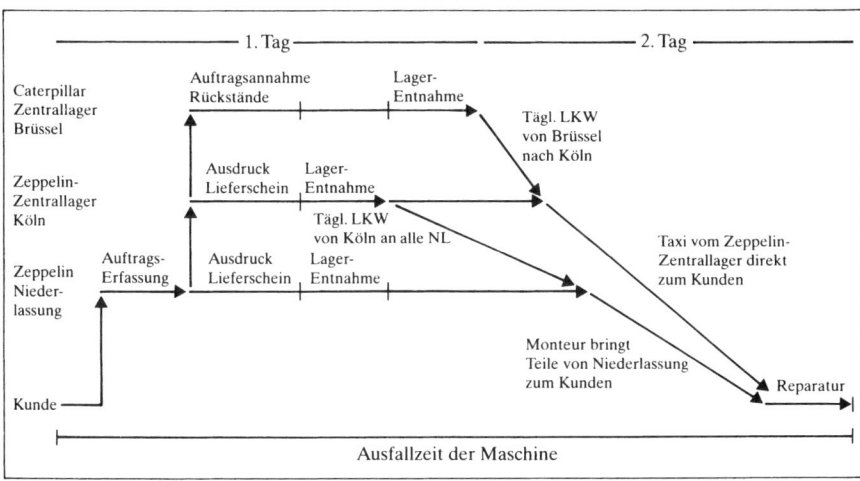

Abb. 8-34: Ablauf der Zeppelin/Caterpillar-Ersatzteilabwicklung (Nerb 1990)

9 Entsorgungslogistik

Entsorgung als Oberbegriff umfasst alle planenden und ausführenden Tätigkeiten der umweltgerechten Verwendung, Verwertung und geordneten Beseitigung von Reststoffen (vgl. *Werner/Stark* 1989, S. 49). Als Teilprozesse des gesamten Entsorgungsprozesses fallen logistische Prozesse, Aufbereitungs- und Entsorgungsprozesse i.e.S. an (vgl. Abb. 9–1) (vgl. hierzu *Dutz/Femerling* 1994, S. 223). Während die beiden letztgenannten nicht zu den entsorgungslogistischen Aktivitäten selbst gehören, stellen sie wichtige Rahmenbedingungen für die Ausgestaltung des entsorgungslogistischen Systems dar.

9.1 Rahmenbedingungen

Bis zum Ende der Achtzigerjahre stand primär die Gestaltung des sachzielbezogenen Güterflusses im Unternehmen, der die Beschaffung der Einsatzstoffe bis zu deren Transformation zu Zwischen- und Endprodukten und ihre marktmäßige Verwertung umfasst, im Mittelpunkt des betriebswirtschaftlichen Interesses (vgl. *Matschke/Lemser* 1992, S. 86). Den Entsorgungsprozessen kam eine eher untergeordnete Bedeutung zu, da an diese vielfach keine besonderen Anforderungen gestellt wurden. Bezog sich die Zuständigkeit und Verantwortung von Unternehmen schon immer auf die im Rahmen der Faktorkombination anfallenden Produktionsrückstände, so ist seit Anfang der Neunzigerjahre eine Ausweitung auch bis in vor- und nachgelagerte Wertschöpfungsstufen hinein festzustellen. Hierin schlägt sich die konsequente Anwendung des **Verursacherprinzips** nieder, das den Produzenten zur Entsorgung der von ihnen verkauften Produkte eine Rücknahmeverpflichtung auferlegt. Somit tritt neben den Güterversorgungsfluss (logistische Kette vom Lieferanten über den Hersteller zum Kunden) ein vom Unternehmen zu gestaltender Güterstrom, der Prozess- und Produktrückstände umfasst.

Das Gesetz zur Förderung der Kreislaufwirtschaft und Sicherung der umweltverträglichen Beseitigung von Abfällen (Kreislaufwirtschafts- und Abfallgesetz; KrW-/AbfG) hat das Abfallgesetz von 1986 abgelöst. § 22 KrW-/AbfG erweitert die Produktverantwortung der Unternehmen dahingehend, dass für den Hersteller bzw. Verteiler nach Produktgebrauch eine Entsorgungs- bzw. Verwertungspflicht besteht. Einen Überblick über gesetzliche Regelungen im Bereich der Entsorgungslogistik gibt Abb. 9-2.

Ökologische Probleme, die in einer Ressourcenverknappung und einer Verschlechterung der Ressourcenqualität zum Ausdruck kommen, haben dazu geführt, dass Unternehmen in zunehmendem Maße mit der gesellschaftlichen Dimension der ökologischen Belastungen konfrontiert werden. Sowohl die originären Umweltprobleme als

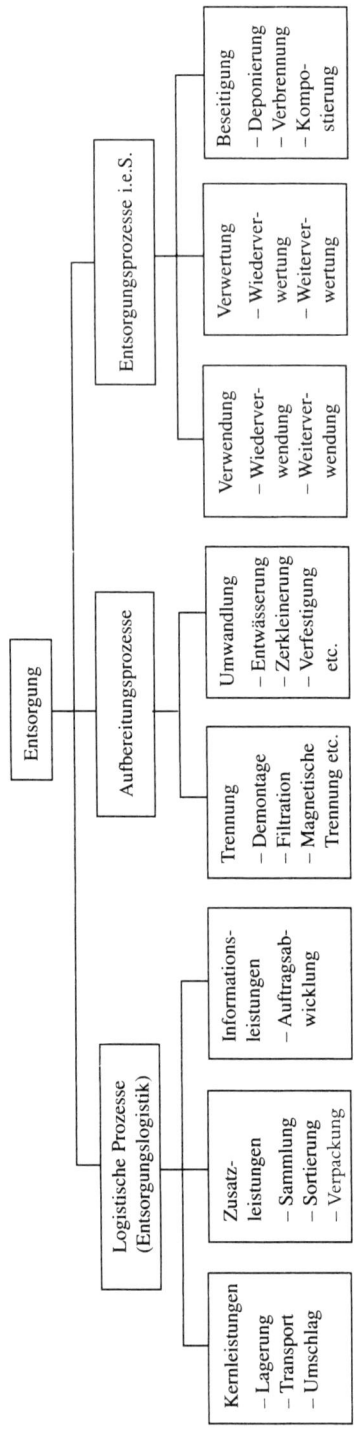

Abb. 9-1: Prozessarten in der Entsorgung

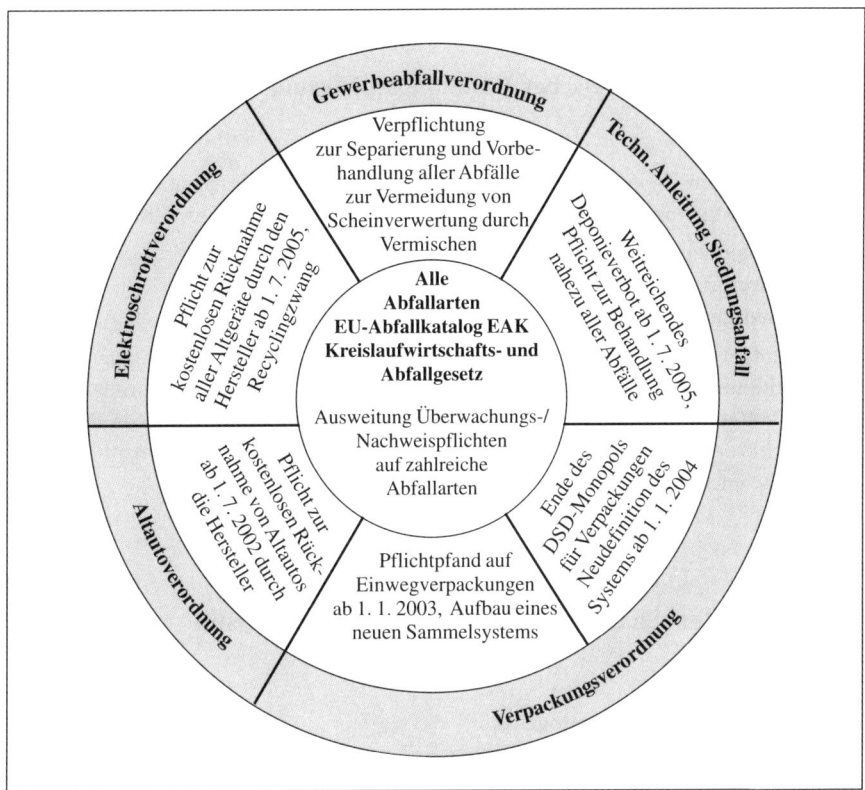

Abb. 9-2: Gesetzliche Regelungen zur Entsorgungslogistik (Baumgarten u. a. 2003, S. 209)

auch die gesellschaftlichen Umweltschutzanforderungen verändern das Wettbewerbsumfeld. Beispielsweise kann eine Verschärfung bestehender Umweltschutzgesetze bei denjenigen Anbietern zur Aufhebung von Wettbewerbsvorteilen führen, die bisher Kostenvorteile auf Grund des Verzichts auf kostenintensive Entsorgungsprozesse realisieren konnten.

Im Wesentlichen haben folgende Einflussfaktoren bewirkt, dass der Entsorgungsbereich zunehmend Gegenstand ökonomischer Betrachtungen wird (vgl. Abb. 9–3):

– Wertewandel in der Gesellschaft und innerhalb des Managements der Unternehmen zugunsten ökologieorientierter Ziele und Maßnahmen
– Einführung zahlreicher Vorschriften und Gesetze als Rahmenbedingungen für die Entsorgung
– Wunsch der Kunden nach umweltfreundlichen Produkten und Dienstleistungen.

Diese Einflussfaktoren üben auf das Unternehmen entweder eine Ökologie-Push- oder eine Ökologie-Pull-Wirkung aus (vgl. *Meffert/Kirchgeorg* 1992, S. 102). Während mit sämtlichen Ökologie-Push-Faktoren ein Druck auf die Unternehmung einhergeht, den Ökologiegedanken in die Entscheidungsprozesse zu integrieren (Internalisierungsdruck), umfassen die Ökologie-Pull-Faktoren einen Sog aus der Unternehmenswelt nach umweltgerechteren Lösungen (Nachfragesog). Hierbei bestehen zwischen beiden Einflussbereichen Interdependenzen.

9.2 Entsorgungsstrategischer Handlungsspielraum

Die ökologischen Ziele der Entsorgung werden durch den Grundsatz „**Vermeidung vor Verwertung vor Entsorgung**" bestimmt. So werden in § 2 Abs. 1 KrW
– die Vermeidung,
– die Verwertung und
– die Beseitigung von Abfällen

explizit aufgeführt. § 3 KrW/AbfG unterscheidet Abfälle zur Verwertung und Abfälle zur Beseitigung. §§ 4 und 5 KrW-/AbfG legen als grundsätzliche Prioritätenreihenfolge fest: Vermeiden vor Verwerten von Rückständen und Verwerten von Rückständen vor Entsorgung von Abfällen. Aus diesem Grundsatz ergibt sich der in Abb. 9–4 dargestellte entsorgungsstrategische Handlungsspielraum.

9.3 Ziele, Aufgaben und Objekte der Entsorgungslogistik

9.3.1 Ziele der Entsorgungslogistik

In Analogie zu den in Abschnitt 1.3 dargestellten Zielen der Logistik beinhalten die **ökonomischen Ziele** der Entsorgungslogistik
– die Gewährleistung einer attraktiven Entsorgungslogistikleistung im Sinne von benötigter Entsorgungszeit, Termintreue und Flexibilität
– die Minimierung der gesamten Kosten der Entsorgungslogistik.
Ökologische Ziele beinhalten auf der
– Inputseite die Reduzierung des Einsatzes natürlicher Ressourcen und
– Outputseite die zielkongruente Gestaltung der Emissions- und Immissionswirkungen der Objekte und Prozesse der Entsorgungslogistik unter Berücksichtigung der gesetzlichen Restriktionen (vgl. *Isermann/Houtman* 1994, S. 235).

9.3.2 Aufgaben im Überblick

Die **Aufgabenbereiche** der Entsorgungslogistik lehnen sich an die traditionellen Aufgaben der Beschaffungs-, Produktions- und Distributionslogistik an und umfassen als Kernleistungen Transport-, Umschlag- und Lagerungsprozesse sowie den den Materialfluss überlagernden Informationsfluss in Form der Auftragsabwicklung. Als eigenständiger Aufgabenbereich der Entsorgungslogistik kommen das Sammeln und Sortieren sowie Behälterwahl und das Verpacken hinzu.

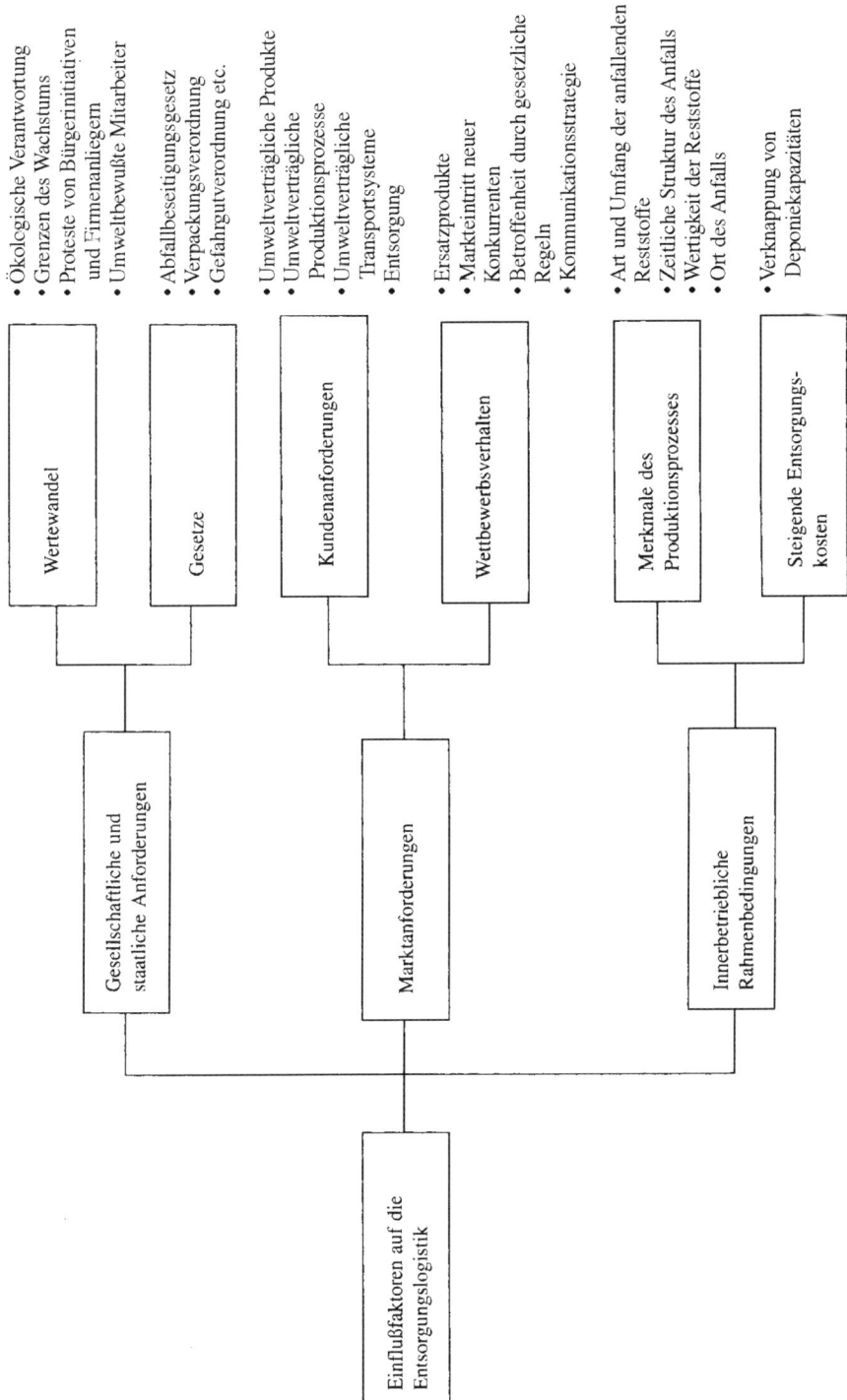

Abb. 9-3: Einflussfaktoren auf die Entsorgungslogistik

Entsorgungs-strategie	Inhalt	Beispiel
Vermeidung	Auf die Entstehung von Abfällen wird von vornherein verzichtet	Wegfall von Transport- und Umverpackungen
Reduzierung – quantitativ – qualitativ	Einsatz von ressourcenschonenden Alternativen	Einsatz schadstoffärmerer LKWs Schadstoffentfrachtung
Verwendung – Wiederverwendung – Weiterverwendung	Beibehaltung der Gestalt des Wertstoffes + erneuter Einsatz des gebrauchten Produkts für den gleichen Verwendungszweck + Einsatz des gebrauchten Produkts für einen anderen als den ursprünglichen Verwendungszweck	Einführung von Mehrwegverpackungen Einsatz einer Glasverpackung in einem neuen Anwendungsbereich
Verwertung – Wiederverwertung – Weiterverwertung	Auflösung der Gestalt des Wertstoffes + erneuter Einsatz des weitgehend gleichwertigen Wertstoffes in einem Produktionsprozess + Einsatz in einem neuen Anwendungsbereich	Altglas- und Altpapierrecycling Herstellung von Parkbänken aus Kunststoffverpackungen
Beseitigung (Entsorgung i. e. S.)	Endgültige Abfallentledigung aus betriebswirtschaftlicher (nicht volkswirtschaftlicher) Sicht	Deponierung Verbrennung Kompostierung

Abb. 9-4: Entsorgungsstrategischer Handlungsspielraum

Von den anderen logistischen Subsystemen unterscheidet sich die Entsorgungslogistik durch (vgl. *Pfohl/Stölzle* 1992, S. 579 f.)

– die Art der Objekte (Reststoffe, die als Nebenprodukte bei Produktions-, Konsum- und Transferprozessen anfallen versus Versorgungsgüter)
– die Flussrichtung der Objekte (zumindest im Fall der innerbetrieblichen Entsorgungslogistik liegt eine zur Versorgungslogistik entgegengesetzte Flussrichtung vor)
– die Zielorientierung (neben die primär ökonomische Zielorientierung tritt bei der Entsorgungslogistik die Orientierung an ökologischen Zielen).

9.3.3 Objekte der Entsorgungslogistik

Grundsätzlich gehören zum Objektbereich der betrieblichen Entsorgungslogistik alle Rückstände, für die dem Unternehmen eine Entsorgungsverantwortung obliegt. Die Objekte der Entsorgungslogistik lassen sich klassifizieren nach

- der Art des ökonomischen Basisprozesses
- ihrer Verwertbarkeit
- ihrer Gefährlichkeit
- ihrem ökonomischen Wert.

Ergebnisse von Produktions-, Konsum- und Logistikprozessen sind (Ziel-)Produkte bzw. (Ziel-)Leistungen und Rückstände. Letztere sind Stoffe, die im jeweiligen Prozess zwangsläufig anfallen, jedoch kein Sachziel darstellen (vgl. *Strebel* 1994, S. 754). Zu den **Produktionsrückständen** gehören beispielsweise nicht mehr verwendbare Roh-, Hilfs- und Betriebsstoffe, ausgediente Potentialfaktoren, unerwünschte Kuppelprodukte, Ausschuss und alle mit der Leistungserstellung verbundenen Luft-, Wasser- und Bodenemissionen. Beim Güterverzehr fallen **Konsumrückstände** in Form von nicht mehr gebrauchsfähigen (ausgedienten) Produkten und Produktrückständen in der Verwendungsphase an. Bei Logistikprozessen fallen im Rahmen der Raum- und Zeitbrückung **Transferrückstände** wie Transport- und Umverpackungen oder Retouren (beschädigte Güter) an.

In Abhängigkeit davon, ob die Rückstände wieder eingesetzt werden, handelt es sich um Wertstoffe oder Abfälle. Falls der Entscheidungsträger darauf verzichtet, Rückstände wieder einzusetzen, stellen diese für ihn zu beseitigenden **Abfall** dar. **Wertstoffe** liegen dann vor, wenn Rückstände zumindest teilweise in Produktions-, Konsum- bzw. Transferprozessen erneut eingesetzt werden.

Nach der **Gefährlichkeit** und den damit einhergehenden abfallrechtlichen Vorschriften lassen sich Sonderabfälle und Hausmüll bzw. hausmüllähnliche Abfälle unterscheiden. Sonderabfälle sind ihrerseits danach zu differenzieren, ob sie überwachungsbedürftig (§ 2 Abs. 2 AbfG), nachweispflichtig (§ 11 Abs. 2 AbfG) oder wegen ihrer Art bzw. Menge nicht mit dem Hausmüll zu entsorgen (§ 3 Abs. 3 AbfG) sind.

Unter **ökonomischen Aspekten** gibt es einerseits Rückstände, für die infolge ihres Wertes eine Zahlungsbereitschaft durch Dritte besteht und andererseits Abfälle, die einen Wert von Null oder kleiner aufweisen. Bezieht man die Kosten für logistische Prozesse und Aufbereitungstätigkeiten in die Wirtschaftlichkeitsüberlegungen mit ein, so hängt die Entscheidung für Verwertung oder Beseitigung auch davon ab, ob die Verwertungskosten abzüglich eines Verwertungserlöses höher oder niedriger als die Beseitigungskosten sind (vgl. *Dutz/Femerling* 1994, S. 224).

9.4 Aufgaben der innerbetrieblichen Entsorgungslogistik

9.4.1 Kernleistungen: Lager-, Transport- und Umschlagprozesse

9.4.1.1 Lagerprozesse

Die Motive für die Lagerhaltung von Rückständen unterscheiden sich insofern von jenen für die Lagerung von Zwischen- und Endprodukten, als es nicht primär um den Ausgleich unterschiedlicher Produktionskapazitäten oder Schwankungen bzw. Unsicherheiten in der Nachfrage geht (vgl. *Brodersen* 1987, S. 37). Lagerprozesse in der Entsorgungslogistik dienen insbesondere der Schaffung wirtschaftlicher Transporteinheiten beim Sammeln oder Umladen von Rückständen sowie der Bereitstellung von Rückständen für Verwertungsanlagen in solchen Mengen, dass bei kontinuierlicher Kapazitätsauslastung eine fortlaufende Aufbereitung bzw. Behandlung möglich ist (vgl. *Pfohl/Stölzle* 1992, S. 581).

Das Ziel der Aufrechterhaltung eines Lieferbereitschaftsgrades spielt im Rahmen der Entsorgungslogistik nur dann eine Rolle, wenn Lieferzusagen in mengen- und wertmäßiger sowie zeitlicher Hinsicht gegenüber Abnehmern bestehen. Dies dürfte jedoch die Ausnahme sein, so dass es bei der Lagerhaltung im Bereich der Entsorgungslogistik primär darum geht, ausreichende Lagerkapazitäten zur Verfügung zu stellen, die den produktions-, distributions- und konsumbedingten Rückstandsanfall in einem definierten Zeitintervall aufnehmen können (vgl. *Stölzle* 1993, S. 225). Hierbei wird – bei Einhaltung aller erforderlichen Sicherheitsstandards – eine Minimierung der lagerungsbedingten Kosten verfolgt.

Für die Bedarfsermittlung des benötigten **Lagerraums** stehen drei Methoden zur Verfügung (vgl. Abschnitt 7.2.1.3.1). Die analytische Ermittlung des Rückstandsanfalls nach Art und Menge im Rahmen der **deterministischen** Bedarfsermittlung setzt die genaue Kenntnis über die Relationen zwischen Produktionsprogramm und Rückstandsanfall voraus. Diese Zusammenhänge lassen sich mithilfe von erweiterten Stücklisten oder Rezepturen abbilden. Da dies zwar für den produktionsbedingten Rückstandsanfall, nicht aber für den distributions- und konsuminduzierten Rückstandsanfall praktikabel ist, beschränkt sich der Anwendungsbereich der deterministischen Methoden auf einen Teil der Lagerbedarfsermittlung für Rückstände. Grundlage für die **stochastische** bzw. verbrauchsgebundene Bedarfsermittlung ist der Rückstandsanfall vergangener Perioden. Mithilfe von Prognoseverfahren wird der Lagerbedarf der Planperiode(n) errechnet. Diese Vorgehensweise eignet sich für alle Arten von rückstandserzeugenden Prozessen und ist durch einen geringeren Rechenaufwand als die deterministischen Methoden gekennzeichnet. Wesentlich für die Genauigkeit und damit die Qualität des Prognoseergebnisses ist, ob die Rahmenbedingungen der Vergangenheit auch für die Zukunft repräsentativ sind.

Liegen die Voraussetzungen der deterministischen und stochastischen Bedarfsermittlung nicht vor, werden Methoden der **subjektiven Schätzung** angewendet. Darüber hinaus werden diese Verfahren auch dann eingesetzt, wenn aus Sicht der Entscheidungsträger der Bedarfsermittlung lediglich eine untergeordnete Bedeutung zukommt und demzufolge auch größere Ungenauigkeiten hingenommen werden können.

Bei der Gestaltung von Rückstandslägern steht die Gewährleistung eines möglichst hohen Sicherheitsstandards im Vordergrund. Als generelle **Sicherheitsvorkehrungen** sind bei der Lagerplanung zu beachten:

– Zusammenlagerungsverbote, die die Clusterbildung unterschiedlicher Rückstände, das Getrennthalten von festen, pastösen und flüssigen Rückständen sowie die Möglichkeit zur Bestandsdokumentation umfassen
– Mengenschwellenüberwachung, die der Begrenzung der eingelagerten Rückstandsmengen auf Volumina im unkritischen Bereich dient

– Brandschutzanforderungen durch Brandschutzmauern, automatische Feuerlöschein-
richtungen, Messsysteme, undurchlässigen Boden, Auffangwannen und -rinnen, regelmäßige Leckagekontrollen etc.
– Mögliche Strukturveränderungen bei den einzulagernden Rückständen.

Im Rahmen der Lagerorganisation ist über die **Lagerplatzzuordnung** zu entscheiden,
wobei als Alternativen getrennte Lagerzonen (für jede Rückstandsart gibt es eine separate Lagerzone) oder gemeinsame Lagerzonen (eine Lagerfläche wird durch mehrere
Rückstandsarten gemeinsam genutzt) in Frage kommen (vgl. *Teller* 1982, S. 32 f.). In
jedem Fall sind die einzelnen Rückstandsarten – beispielsweise in Behältern – so zu
lagern, dass sie untereinander nicht vermischt werden können.

Die Vorteile **getrennter Lagerzonen** liegen in einer einfachen Bestandskontrolle, einer schnellen Zugriffsmöglichkeit sowie der Verhinderung eines versehentlichen Zu-
sammenführens unterschiedlicher Rückstandsarten. Den Sicherheitsanforderungen
wird somit tendenziell stärker Rechnung getragen, als bei **gemeinsamen Lagerzonen.**
Letztere zeichnen sich dadurch aus, dass eine bessere Nutzung des Lagerraums möglich ist und folglich die Lagerraumkapazität kleiner bemessen werden kann (vgl.
Stölzle 1993, S. 228 f.).

Bei der **Lagerbauform** kann zwischen den Varianten Freilager, überdachte Lager und
geschlossene Lager gewählt werden. Freilager sind ausschließlich für witterungs-
unempfindliche Rückstände geeignet. Demgegenüber sind die gelagerten Rückstände
in überdachten Lägern keinen Witterungseinflüssen ausgesetzt. Da die einzelnen Lagerzonen nicht durch Zwischenwände räumlich voneinander getrennt sind, kann eine
isolierte Lagerung der einzelnen Rückstandsarten nicht sichergestellt werden. Durch
das völlige Getrennthalten der Rückstandsarten weisen die geschlossenen Lagerbau-
formen (z. B. Bunker-, Silo- und Tankläger für Reststoffe mit Schüttguteigenschaften
und flüssige Reststoffe) die höchste Sicherheit auf (vgl. *Stölzle* 1993, S. 229).

9.4.1.2 Transportprozesse

Die Anforderungen an die Transportaufgabe in der Entsorgungslogistik leiten sich aus
der Art der Rückstände ab. Wertstoffe als sekundäre Einsatzstoffe sind ähnlich zu behandeln wie primäre Rohstoffe, beispielsweise in Bezug auf das Ziel, die Durchlaufzeiten zu minimieren. Demgegenüber sind Abfallstoffe in der Regel als zeitunkritisch
und geringwertig, also transportkostenempfindlich anzusehen. Die Transportzeit weist
im Unterschied zu den anderen logistischen Subsystemen eine geringe Bedeutung auf.
Andererseits können von den Stoffen umweltschädigende Wirkungen ausgehen, so
dass besondere Sicherheitsvorkehrungen erforderlich werden (z. B. Sicherheitsbehälter, Kennzeichnungspflicht für die Verkehrsträger und die beförderten Güter) (vgl.
Becker/Rosemann 1993, S. 149).

Der **außerbetriebliche Transport** kann als Phasen den Sammel-, Nah- und Ferntransport umfassen. Im Rahmen des **Sammeltransportes** werden die für die Sammlung der
Rückstände erforderlichen Beförderungsvorgänge durchgeführt. Der **Nahtransport**
dient dem Direkttransport vom Zwischenlager zu einer Umladestation, einer Aufbe-
reitungs- oder einer Behandlungsanlage. Der konsolidierte Transport der Rückstände
zum Ort ihres Wiedereinsatzes oder ihrer Beseitigung ist Gegenstand des **Ferntrans-**

portes. Während bei Sammel- und Nahtransporten meist infolge fehlender Gleis- und Wasserstraßenanschlüsse der Verkehrsträger Straße dominiert, eignen sich für den Ferntransport die Eisenbahn oder das Binnenschiff.

Der **innerbetriebliche Transport** umfasst (vgl. *Pfohl/Stölzle* 1992, S. 583):

- den mit der Sammlung verbundenen Transport von den Abfallstellen bis zum Zwischenlager
- die Bewegungsprozesse innerhalb eines Lagers
- den Transport vom Zwischenlager zu einer innerbetrieblichen Aufbereitungs- oder Behandlungsanlage bzw. zur Sammelstelle für die Übergabe an den außerbetrieblichen Transport.

Im Rahmen der Gestaltung des Systems für den innerbetrieblichen Rückstandstransport sind insbesondere die einzusetzenden Transportmittel und die Transportorganisation festzulegen. Neben den ökonomischen Kriterien Transportkosten und -leistung (vgl. Abschnitt 4.2.1) ist zur Beurteilung von Systemen für den Transport von Rückständen die Sicherheit in Bezug auf störfallbedingte Umweltbelastungen als transportobjektspezifischer Zielmaßstab zugrundezulegen (vgl. *Brauer/Krieger* 1982, S. 93).

Auf die generelle Beurteilung der Fördermittelalternativen „Stetigförderer" und „Unstetigförderer" wurde bereits in Abschnitt 4.2 eingegangen. Unter dem Aspekt der Unfallsicherheit weisen Stetigförderer insoweit einen Vorteil auf, als die einzelnen Fördereinheiten infolge der ortsfesten Einrichtungen nicht kollidieren können. Andererseits sind die in räumlicher Hinsicht flexiblen Unstetigförderer in der Lage, bestimmte Gefährdungsbereiche zu umfahren (vgl. *Stölzle* 1993, S. 234).

Die **Organisation** innerbetrieblicher Reststofftransporte umfasst die Entsorgung mehrerer Anfallstellen an unterschiedlichen Standorten mit differierenden Reststoffmengen durch einen bestimmten Bestand an Fördermitteln. Zu beachtende Restriktionen sind hierbei

- Vollständige Entsorgung aller Anfallstellen
- Beachtung der maximalen gewichts- und volumenmäßigen Kapazität der Fördermittel
- Einhaltung etwaiger maximaler Gesamteinsatzzeiten der Fördermittel
- Aufsuchen der Anfallstellen nur innerhalb vorgegebener Zeitintervalle
- Berücksichtigung zeitlicher Beschränkungen (z. B. auf Grund der Betriebszeit von Aufbereitungs- oder Behandlungsanlagen) bei der Abgabe der Rückstände nach deren Beförderung (vgl. *Stölzle* 1993, S. 235).

Die Komplexität des Tourenplanungsproblems erhöht sich, wenn als zusätzliche Restriktion vorgegeben wird, dass für den Rückstandtransport dieselben Fördermittel einzusetzen sind, die auch den versorgungsorientierten innerbetrieblichen Transport durchführen.

Bei der Transportorganisation kommen bezüglich der Anzahl der von einem Fördermittel bei einer Tour bedienten Reststoffquellen der Direktverkehr und der Stern- oder Ringverkehr in Betracht. Während beim **Direktverkehr** die Fördermittel direkt zwischen jeder Anfallstelle und der korrespondierenden Abladestelle verkehren, werden beim **Stern- oder Ringverkehr** auf einer Tour verschiedene Anfallstellen verbunden. Aus ökonomischer Sicht hängt die Wahl zwischen beiden Alternativen von der räumlichen Struktur der Anfallstellen, den jeweils zu entsorgenden Reststoffmengen und den

Kapazitäten der Fördermittel ab. Unter Umweltschutzgesichtspunkten bietet sich bei Rückständen mit Gefahrgutcharakter der Direktverkehr an, da bei dieser Variante nur wenige (im Grenzfall lediglich eine) Reststoffarten befördert werden. Es verringert sich das Vermischungsrisiko sowie das hieraus resultierende Umweltbelastungsrisiko.

Für den Transport von Rückständen mit niedriger Umweltgefährdung ist im Hinblick auf die ökologischen Ziele tendenziell der Stern- oder Ringverkehr ausreichend (vgl. *Stölzle* 1993, S. 235).

9.4.1.3 Umschlagprozesse

Bei einem Wechsel des Transportmittels oder einer erforderlichen Zwischenlagerung des Transportgutes finden Umschlagprozesse statt. Sowohl aus Kosten- als auch aus ökologischen Gründen sollte die Anzahl der entsorgungslogistischen Umschlagprozesse möglichst gering gehalten werden. Jeder Umschlagprozess erhöht die Gefahr, dass Rückstände freigesetzt und unkontrolliert an die Umwelt abgegeben werden (vgl. *Pfohl/Stölzle* 1991, S. 191). Der Schnittstellencharakter des Umschlags lässt sich durch eine Kategorisierung nach Maßgabe des Umschlagortes verdeutlichen (vgl. *Teller* 1982, S. 16f.):

- eine extern-extern-Schnittstelle betrifft zwei außerbetriebliche Prozesse (z. B. Übergang der Sammel- und Nahtransporte mit Spezialfahrzeugen auf großvolumige Ferntransporte)
- eine extern-intern-Schnittstelle dient als Bindeglied zwischen außer- und innerbetrieblichen Logistikprozessen (z. B. Reststoffe werden in einem anderen Unternehmen aufbereitet und wieder eingesetzt)
- eine intern-intern-Schnittstelle betrifft den Übergang zwischen zwei innerbetrieblichen entsorgungslogistischen Prozessen.

Stellt der Umschlagpunkt die Schnittstelle zweier logistischer Kontrollspannen dar, ist es insbesondere bei schädigenden Stoffen bedeutsam, dass neben den Gütern auch die sie begleitenden bzw. die ihnen vorauseilenden Informationen ausgetauscht werden.

In Analogie zu den Fördermitteln lassen sich nach der Kontinuität des **Umschlagmitteleinsatzes** stetige und unstetige Umschlagmittel unterscheiden (vgl. *Teller* 1982, S. 18). **Stetige Umschlagmittel** sind beispielsweise Band- und Kreisförderer oder Rutschen und Rollenbahnen. Zu den **unstetigen Umschlagmitteln** gehören Gabelstapler, Drehkräne, Hebebühnen und Hängebahnen.

Bei der **Umschlagorganisation** kommen als Gestaltungsalternativen das Umleer- und das Wechselverfahren in Frage. Bei **Umleerverfahren** werden die Rückstände aus einem Behälter heraus umgefüllt. Während bei der direkten Umleerung die Umfüllung unmittelbar in einen anderen Behälter erfolgt, werden bei einer indirekten Umleerung die Rückstände zunächst zwischengelagert, um erst zu einem späteren Zeitpunkt wieder in Behälter gefüllt zu werden. Damit weist das direkte Umleerverfahren den Vorteil des geringeren technischen Aufwandes auf. Das indirekte Umleerverfahren ermöglicht eine zusätzliche Zeitüberbrückung (vgl. *Hirschberger/Reher* 1991, S. 12).

Das **Wechselverfahren** ist durch ein Umsetzen der Behälter gekennzeichnet. Es werden also nicht die Rückstände an sich, sondern die Behälter umgeschlagen. Da die

Rückstände den Behälter nicht verlassen können, sofern geschlossene und gesicherte Behälter eingesetzt werden, können selbst Störungen im Umschlagbetrieb in der Regel nicht zu Umweltbelastungen führen. Nachteile des Wechselverfahrens sind die relativ hohen Investitionen in die Behälter und Umschlagtechnik, der Steuerungs- und Verwaltungsaufwand, der mit dem prozeßübergreifenden Behältereinsatz einhergeht, sowie die fehlende Möglichkeit, die Rückstände außerhalb der Behälter zwischenzulagern (vgl. *Stölzle* 1993, S. 238).

9.4.2 Zusatzleistungen: Sammlung und Sortierung, Verpackung

9.4.2.1 Sammlung und Sortierung

Rückstände fallen an den Quellen ihrer Entstehung meist in gemischter Form an. Es bedarf deshalb in der Regel einer Sortierung der Rückstandsgemische, um die Anforderungen der Senken nach möglichst homogenen Rückstandsströmen zu erfüllen. Durch die Sortierung wird die angestrebte höhere Sortenreinheit der Rückstände herbeigeführt (vgl. *Pfohl/Stölzle* 1992, S. 586). Die Sammlung von Rückständen erstreckt sich von der Füllung des Sammelbehälters bis zur Beladung des Sammelfahrzeugs (vgl. *Bilitewski* u.a. 1990, S. 39). Da die Teilaufgaben der Sortierung und Sammlung von Rückständen vielfach kombiniert werden, ist es sinnvoll, sie im Folgenden zu einem Aufgabenbereich zusammenzufassen.

Zwischen Sammeln und Sortieren bestehen folgende Interdependenzen. Durch das Sammeln sollen Degressionseffekte infolge hoher Transport-, Umschlag- und Lagermengen erreicht werden. Eine frühe stoffliche Sortierung führt zu kleinen, sortenreinen Transportmengen. Je früher die stoffliche Sortierung erfolgt, desto logistikkostenintensiver ist der nachfolgende Sammelaufwand.

Zentrale Informationsgrundlage für Gestaltungsentscheidungen im Bereich „Sammeln und Sortieren" ist zunächst die genaue Kenntnis der Anfallstruktur der Rückstände, d.h. der stofflichen Zusammensetzung sowie der Anfallmengen, -orte und -zeiten (vgl. *Pfohl/Stölzle* 1991, S. 203). Kriterium für die Beurteilung alternativer Systeme zur Sammlung und Sortierung ist aus ökologischer Sicht der Grad der Sortenreinheit, der die zu realisierende Wiedereinsatzquote bestimmt. Die Wiedereinsatzquote gibt den Anteil der wiedereinzusetzenden Rückstände aus der Gesamtmenge der angefallenen Rückstände in einer Periode an. Aus ökonomischer Sicht gilt es, die systemspezifischen Kosten sowie die möglichen Erlöse aus der Vermarktung der Wertstoffe abzuschätzen.

Als Modelle für die **Organisation** von **Sammlung** und **Sortierung** kommen in Betracht:

– Gemischte Sammlung ohne nachträgliche Sortierung
– Gemischte Sammlung mit nachträglicher Sortierung
– Getrennte Sammlung.

Die jeweiligen Charakteristika und eine Grobbeurteilung dieser drei Gestaltungsalternativen enthält Abb. 9–5 (vgl. hierzu *Stölzle* 1993, S. 241 ff. und die dort angegebene Literatur).

Die Festlegung des **Sammelprinzips** hat die Frage zu klären, in welcher zeitlichen Relation zum Anfall der Rückstände deren Sammlung erfolgt (vgl. zum Folgenden *Stölzle* 1993, S. 243). Die Organisation von Sammelzyklen kann entweder dergestalt erfolgen, dass der Anfall eines Rückstands sofort einen Sammelzyklus auslöst (synchrone Sammlung) oder dergestalt, dass die Sammlung unabhängig vom Zeitpunkt der Rückstandsentstehung angestoßen wird (nicht-synchrone Sammlung). Bei letzterer Alternative kann die Sammlung regelmäßig (z. B. jeden fünften Arbeitstag) oder unregelmäßig (z. B. auf Abruf bei Vorliegen eines definierten Behälterfüllgrades) erfolgen (vgl. Abb. 9–6):

Organisations-prinzip / Merkmal	Gemischte Sammlung ohne nachträgliche Sortierung	Gemischte Sammlung mit nachträglicher Sortierung	Getrennte Sammlung
Ablauforganisation	• Bereitstellung der verschiedenen Rückstandsarten in gemischter Form an den Anfallstellen • Einsammlung	• Bereitstellung der verschiedenen Rückstandsarten in gemischter Form an den Anfallstellen • Einsammlung • Separierung der verschiedenen Rückstandsarten	• Getrennte Sammlung der Rückstandsarten an den Anfallstellen • Zuführung der Rückstände zu ihrer spezifischen Verwendung, Verwertung bzw. Bereitstellung
Sortenreinheit	• nicht gegeben	• gegeben	• am größten
Ökologische Zielerreichung	• Kaum möglich, die in den Rückstandsgemischen enthaltenen Wertstoffe wiedereinzusetzen	• Deutlich höhere Wiedereinsatzquote als bei Verzicht auf nachträgliche Sortierung • Umweltrelevante Unfallrisiken während nachträglicher Sortierung	• Hohe Wiedereinsatzquote, da umfassender Wiedereinsatz der Rückstände möglich
Ökonomische Beurteilung	• Geringer Aufwand für die Behälterbereitstellung und die Durchführung des Sammelvorgangs • Hohe Beseitigungskosten, da diese für das gesamte Gemisch von der Rückstandsart mit dem höchsten Gefährdungspotential abhängen	• Geringer Aufwand für die Behälterbereitstellung und Sammlung • Zusätzliche Lager-, Transport- und Umschlagprozesse durch nachträgliche Sortierung • Beseitigungskosten abhängig von der Sortenreinheit • Eventuell Erlöse aus der Vermarktung der Wertstoffe	• Hohe Behälterkosten durch Vielzahl von Behältern • Hoher Platzbedarf an Sammelstellen • Zahlreiche Transportprozesse mit kleinen Mengen (spezifische Sammelfahrt für jede Rückstandsart) • Relativ niedrigste Beseitigungskosten • Eventuell Erlöse aus der Vermarktung der Wertstoffe

Abb. 9-5: Beurteilung der Organisationsalternativen für Sammlung und Sortierung

Bei Durchführung synchroner Sammlungen findet eine Zwischenlagerung an den Anfallstellen kaum statt. Vor dem Hintergrund der in aller Regel niedrigen Werte der Rückstände liegen die Gründe für eine synchrone Sammlung vor allem im Nichtvorhandensein ausreichender Lagerkapazitäten an den Anfallstellen, umgehenden Wiedereinsatz der Rückstände und starken Gefährdungspotenzial der Rückstände, das durch einen schnellen Abtransport vermindert werden soll. Sind an den Anfallstellen genügend Lagerkapazitäten für die Lagerung der zwischen zwei aufeinander folgenden Sammelzyklen anfallenden Rückstandsmengen vorhanden, so empfiehlt sich eine regelmäßige Sammlung. Die unregelmäßige Einsammlung kommt in Betracht, wenn die Einsatzvoraussetzungen der beiden vorgenannten Prinzipien nicht vorliegen. Neben erschöpften Bevorratungskapazitäten an den Anfallstellen kann auch das Vorliegen eines Rückstandsbedarfs zu Zwecken des Wiedereinsatzes einen Sammelprozess auslösen.

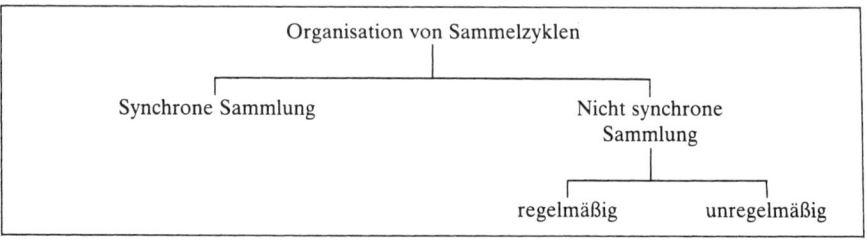

Abb. 9-6: Sammelprinzipien

9.4.2.2 Verpackung

Packgüter im Rahmen der Entsorgungslogistik stellen die Rückstände dar. Über den reinen Verpackungsprozess hinaus ist Ziel der Verpackung immer auch die Bildung von Ladeeinheiten (vgl. *Jünemann* 1989, S. 122). Durch die Änderung der logistischen Eigenschaften der Rückstände erleichtert die Verpackung die Durchführung der übrigen Aufgaben in der Entsorgungslogistik.

Im Rahmen der Entsorgungslogistik sind die Verpackungsfunktionen aus zwei verschiedenen Sichtweisen abzuleiten (vgl. *Pfohl/Stölzle* 1992, S. 587). Einerseits können Verpackungen Rückstände darstellen, so dass sie zum Objektbereich der Entsorgungslogistik gehören. Andererseits nehmen Verpackungen Rückstände auf. Bezüglich der Verpackungsfunktionen kann auf Abschnitt 8.5 verwiesen werden. Besondere Bedeutung weist im Rahmen der Entsorgungslogistik die Schutzfunktion auf.

Die Anforderungen an die Verpackungsgestaltung ergeben sich insbesondere aus den Merkmalen der Rückstände (Gewicht, Maße, Form, Art, umweltrelevante Eigenschaften) und der Ausprägung der übrigen entsorgungslogistischen Aufgabenfelder. So können sich beispielsweise transportspezifische Anforderungen aus den jeweils eingesetzten Sammelfahrzeugen und lagerspezifische Anforderungen aus den erforderlichen Sicherheitsvorkehrungen an den verfügbaren Behälterstandplätzen ergeben.

Bei den **Behälterformen** ist in Abhängigkeit von den Funktionsanforderungen zu wählen zwischen tragenden, umschließenden und abschließenden Behältern (vgl. Abschnitt 4.1). Tragende Behälter, die ohne andere logistische Einheiten zum Einsatz gelangen, sind für Rückstände dann geeignet, wenn diese ausreichend stabil sind und ein entsprechendes Gewicht aufweisen. Ansonsten besteht die Gefahr, dass die Rückstände bei schnellen oder abrupten Handhabungsvorgängen von der Palette rutschen. In der Regel werden Paletten jedoch in Kombination mit anderen Behältern eingesetzt, so dass die logistischen Funktionen von den Paletten, die Schutzfunktion jedoch primär von den anderen Behältern übernommen wird. Die Seitenwände umschließender Behälter ermöglichen deren Beladung mit forminstabilen Rückständen. Verglichen mit nur tragenden Behältern stellt sich die Handhabbarkeit infolge der größeren Behälterhöhe etwas schwieriger dar. Die Schutzfunktion kann durch die Seitenwände besser wahrgenommen werden, solange es sich nicht um flüssige Rückstände oder solche mit einem hohen Umweltgefährdungspotenzial handelt. Bei abschließenden Behältern (gekennzeichnet durch Seitenwände und eine feste Höhenbegrenzung) ist die Wahrnehmung der Schutzfunktion tendenziell am besten möglich. So gewährleisten beispielsweise Sicherheitsbehälter, dass keine Rückstände in die Umwelt entweichen können.

9.4.3 Informationsleistungen: Auftragsabwicklung

Die Auftragsabwicklung muss mit dem durch sie bewirkten Informationsfluss als Bindeglied die Koordination der einzelnen logistischen Prozesse sicherstellen (vgl. *Kirsch* u.a. 1973, S. 352). Hierzu dient die Übermittlung, Aufbereitung und Umsetzung von Aufträgen. Im Rahmen der Auftragsabwicklung im Entsorgungsbereich ist besonderes Augenmerk auf den umweltschutzrelevanten Informationsfluss zu richten, da – im Unterschied zur Auftragsabwicklung in der Versorgungslogistik – zahlreiche rechtliche Vorschriften zu beachten sind.

Der Informationsfluss beginnt beispielsweise mit einem internen Auftrag, der ausgelöst wird, wenn ein in der Produktion befindlicher Sammelbehälter einen bestimmten Befüllungsgrad erreicht hat und von den zuständigen Mitarbeitern die Behälterleerung bzw. der Behälterwechsel veranlasst wird. Auch eine Produktionsumstellung, die zum Anfall anderer Reststoffe führt, kann einen Auftrag zur Auswechslung von Behältern und Bereitstellung von Transport-, Umschlag- und Lagerungskapazitäten auslösen (vgl. *Pfohl/Stölzle* 1991, S. 192). Zur Abwicklung dieser internen Aufträge werden vielfach interne Begleitscheine herangezogen, die über

– die Anfallstelle,
– die Reststoffart und -menge,
– erforderliche Überwachungstätigkeiten,
– den vorgesehenen Entsorgungsweg,
– die Behälterkennzeichnung sowie
– die an der Auftragsabwicklung beteiligten Mitarbeiter informieren (vgl. *Krell* 1985, S. 2 f.).

Bei der Bearbeitung der internen und externen (z.B. an Spediteure, Frachtführer, Entsorgungsdienstleister) Aufträge sind zwei allgemeine Grundsätze zu beachten (vgl. *Krulis-Randa* 1977, S. 265). Zum einen sollte ein Auftrag möglichst schnell durchgeführt werden, um die Risiken aus einer auftragsbearbeitungsbedingten Lagerung von Rückständen zu minimieren und keine Überbeanspruchung der Lagerkapazitäten an

den Anfallstellen herbeizuführen. Zum zweiten ist tendenziell eine automatische Auftragsabwicklung gegenüber einer manuellen zu präferieren. Aus diesem Grund empfiehlt sich eine weitgehende Standardisierung der Aufträge.

Je nachdem, ob die entsorgungslogistisch relevanten Informationen vor allem zwischen den Mitarbeitern übermittelt werden oder der Informationsaustausch primär mit
externen Adressaten stattfindet, liegt ein intraorganisatorischer oder ein interorgani-
satorischer Schwerpunkt vor (vgl. *Stölzle* 1993, S. 251).

9.4.4 Zusammenfassung

Die in den vorangegangenen Abschnitten dargestellten entsorgungslogistischen Aufgabenbereiche sind mit ihren jeweiligen Gestaltungsalternativen in Abb. 9–7 zusammenfassend dargestellt. Während bislang die innerbetrieblichen Prozesse der Entsorgungslogistik im Vordergrund standen, sollen im Folgenden ausgewählte Aspekte der
externen Entsorgungslogistik vorgestellt werden.

9.5 Aufgaben der externen Entsorgungslogistik

Die bislang weitestgehende Vorschrift zum Aufbau eines unternehmensexternen entsorgungslogistischen Systems stellt die Verordnung über die Vermeidung von Verpa-
ckungsabfällen (VerpackVO) vom 12. Juni 1991 dar. Durch diese werden Hersteller
und Handel verpflichtet, sämtliche gebrauchten Verpackungen außerhalb der bestehenden öffentlichen Entsorgung zu erfassen und zu verwerten. Bei den Rücknahme-
und Pfandpflichten wird zwischen

– Transportverpackungen,
– Umverpackungen,
– Verkaufsverpackungen und
– Getränkeverpackungen

unterschieden (siehe hierzu Abb. 9–8).

Zur Erfüllung der Rücknahmepflicht bei **Verkaufsverpackungen** haben sich Industrie, Handel und Entsorgungswirtschaft auf den Aufbau des Dualen Systems Deutschland GmbH (DSD GmbH) geeinigt. Private Entsorgungsunternehmen übernehmen das
Sammeln, Sortieren, Lagern und Transportieren der verwertbaren Verpackungen. Von
der Industrie soll anschließend die Wiederverwertung der Materialien erfolgen. Die
Aufbau- und laufenden Betriebskosten des Systems werden von den Industrieunternehmen getragen. Als Marketing- und Finanzierungsinstrument für alle in das Duale
System einbezogenen Verpackungen dient der „Grüne Punkt". An diesem hat die DSD
GmbH die Nutzungsrechte. Die Verwendung des Grünen Punktes auf Verpackungen
wird nur gegen Zahlung eines vom Verpackungsvolumen, der Verpackungsart und der
verkauften Stückzahl abhängigen Entgeltes genehmigt. Aufgabenverteilung und
Funktionsweise im Dualen System zeigt Abb. 9–9.

Entsorgungslogistische Aufgabenbereiche		Entscheidungstatbestände	Gestaltungsalternativen
Kern-leistungen	Lagerung	Bedarfsermittlung für den benötigten Lagerraum	– deterministisch – stochastisch
		Lagerplatzzuordnung	– getrennte Lagerzonen – gemeinsame Lagerzonen
		Lagerbauform	– frei – überdacht – geschlossen
	Transport	Fördermitteleinsatz	– stetige Fördermittel – unstetige Fördermittel
		Transportorganisation	– Direktverkehr – Stern- oder Ringverkehr
	Umschlag	Umschlagmitteleinsatz	– stetige Umschlagmittel – unstetige Umschlagmittel
		Umschlagorganisation	– Umleerverfahren – Wechselverfahren
Zusatz-leistungen	Sammlung und Trennung	Organisation der Sammlung und Trennung	– getrennte Sammlung – gemischte Sammlung mit nachträglicher Trennung – gemischte Sammlung ohne nachträgliche Trennung
		Sammelprinzip	– synchron – regelmäßig – unregelmäßig
	Verpackung	Form der Behälter in Abhängigkeit ihrer Funktion	– tragend – umschließend – abschließend
Informations-leistungen	Auftragsab-wicklung	Schwerpunkt der Unternehmenszugehörigkeit der am Austausch der einschlägigen Informationen Beteiligten	– intraorganisatorischer Schwerpunkt – interorganisatorischer Schwerpunkt

Abb. 9-7: Gestaltungsalternativen der entsorgungslogistischen Aufgabenbereiche
(Stölzle 1993, S. 252)

Hinsichtlich der **Transportverpackungen** erfolgt in immer stärkerem Maße eine Umstellung auf Mehrwegsysteme. Im Bereich der **Umverpackungen** ist zu erwarten, dass auf diese zusätzliche Verpackungsform weitgehend verzichtet wird.

Verpackungsart / Anforderungen	Transport-verpackungen	Umverpackungen	Verkaufs-verpackungen
Begriff	Dienen zum Transport und Schutz der Waren auf dem Weg vom Hersteller/Lieferanten zum Handel	Dienen als zusätzliche Verpackung zur Verkaufsverpackung der Selbstbedienung oder Diebstahlsicherung oder Werbung	Dienen dem Endverbraucher zum Transport der Waren oder zur Aufbewahrung bis zum Verbrauch
Beispiele	Paletten, Versandverpackungen, Transportsicherungen	Schachtel um Dose, Blister um Schachtel	Schachtel, Beutel, Flasche, Dose
Pflichten für Handel und Industrie	• Rückgabe an Lieferant oder • für Wiederverwendung oder stoffliche Verwertung sorgen	• Entfernen vor Verkauf oder Aufstellen von Sammelbehälter (mit Hinweisschild) • für Wiederverwendung oder stoffliche Verwertung sorgen	• Rücknahme von Endverbraucher und Rückgabe an Lieferant oder • für Wiederverwendung oder stoffliche Verwertung sorgen
Pflichten für Lieferant (Vorstufen)	• Rücknahme von Handel und • für Wiederverwendung oder stoffliche Verwertung sorgen	keine	• Rücknahme von Handel und • für Wiederverwendung oder stoffliche Verwertung sorgen
Inkrafttreten der Pflichten	1. 12. 1991	1. 4. 1992	1. 1. 1993
Möglichkeiten der Entsorgung für Handel und Industrie	Durch Rückgabe an Lieferant; durch private Entsorgungsunternehmen; durch Entsorgungssystem für Transportverpackungen	Durch private Entsorgungsunternehmen; eventuell durch Entsorgungssystem für Transportverpackungen	Durch den Endverbraucher über das Duale System der DSD GmbH

Abb. 9-8: Verpackungsverordnung im Überblick

9.6 Entwicklung eines entsorgungslogistischen Konzeptes

Zur erstmaligen Implementierung eines Systems der Entsorgungslogistik bietet es sich an, die in Abb. 9–10 dargestellten Schritte zu durchlaufen. Auch die Integration neu hinzukommender Aufgaben in ein bestehendes Entsorgungssystem kann anhand dieser Vorgehensweise erfolgen, wobei bereits abgedeckte Stufen ausgelassen werden.

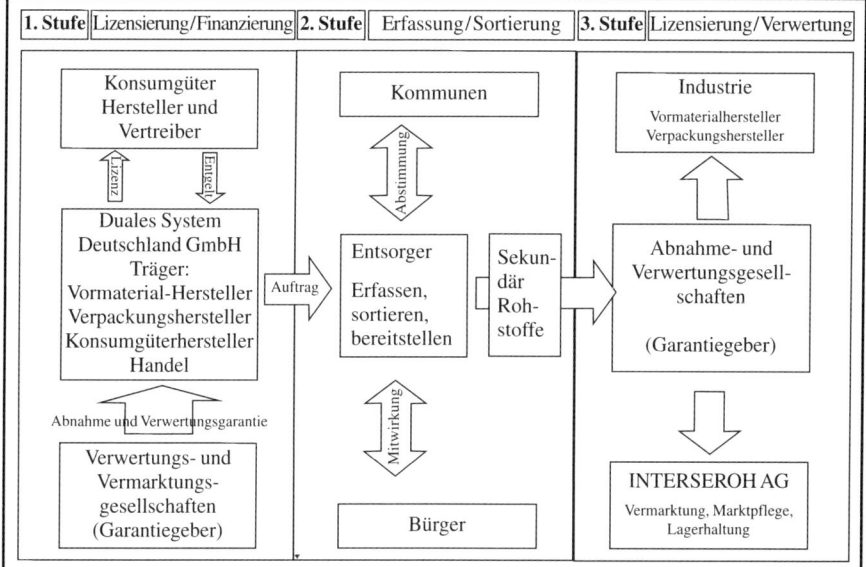

Abb. 9-9: Aufbau und Funktionsweise des Dualen Systems

1. Analyse, Erfassung und Dokumentation der Rückstände nach ihren entsorgungsrelevanten chemisch-physikalischen Eigenschaften.
2. Ermittlung der Abfallstruktur der Rückstände, d.h. des räumlichen, zeitlichen, mengenmäßigen und qualitativen Anfalls an den Rückstandsquellen.
3. Erarbeiten von Anweisungen zur Behandlung der Rückstände in entsorgungslogistischen Prozessen.
4. Festlegung der Rückstandssenken (Orte der Ablagerung, Zwischenlagerung, Umwandlung, Verwertung) in Abstimmung mit den Entsorgungspartnern und unter Berücksichtigung abfallwirtschaftlicher Zielvorgaben.
5. Bestimmung der Rückstandsflüsse von den Quellen zu den Senken nach den Kriterien Stärke, Zeit und Häufigkeit.
6. Gestaltung einer Grundstruktur des entsorgungslogistischen Systems.
7. Gestaltung der elementaren entsorgungslogistischen Leistungsprozesse
8. Gestaltung der Verknüpfungen der elementaren entsorgungslogistischen Leistungsprozesse zu entsorgungslogistischen Ketten.
9. Ableitung des Bedarfs an entsorgungslogistischen Informationsleistungen.
10. Entscheidung über Eigenerstellung und Fremdvergabe entsorgungslogistischer (Teil-) Leistungen.
11. Integration der elementaren Prozesse zu einem entsorgungslogistischen System.
12. Integration des entsorgungslogistischen Systems in das betriebliche Ver- und Entsorgungssystem.

Abb. 9-10: Entwicklung eines entsorgungslogistischen Konzeptes
(Isermann/Houtmann 1994, S. 239)

10 Supply Chain Management

Zur Wahrnehmung der SCM-Aufgaben werden die unterschiedlichsten Konzepte eingesetzt. Die Einordnung der am häufigsten genannten Konzepte und ihre Abgrenzung nimmt Abb. 10-1 vor. Als Einordnungsdimensionen werden Informationstechnik, Partnerschaften, branchenspezifische Konzepte und funktionale Teilkonzepte herangezogen. Bei zahlreichen der in der Abbildung aufgeführten Begriffe, wie z.B. CPFR, QR oder ECR handelt es sich um Umsetzungskonzepte zur Erfüllung spezieller SCM-Teilaufgaben. Je größer der Abstand eines Begriffes vom Bildmittelpunkt (SCM) dargestellt ist, desto schwächer ist der Zusammenhang in historischer, funktionaler oder inhaltlicher Hinsicht. Es wird deutlich, dass zahlreiche der aufgeführten Begriffe in den vorangegangenen Kapiteln als Elemente der Logistikkonzeption vorgestellt wurden.

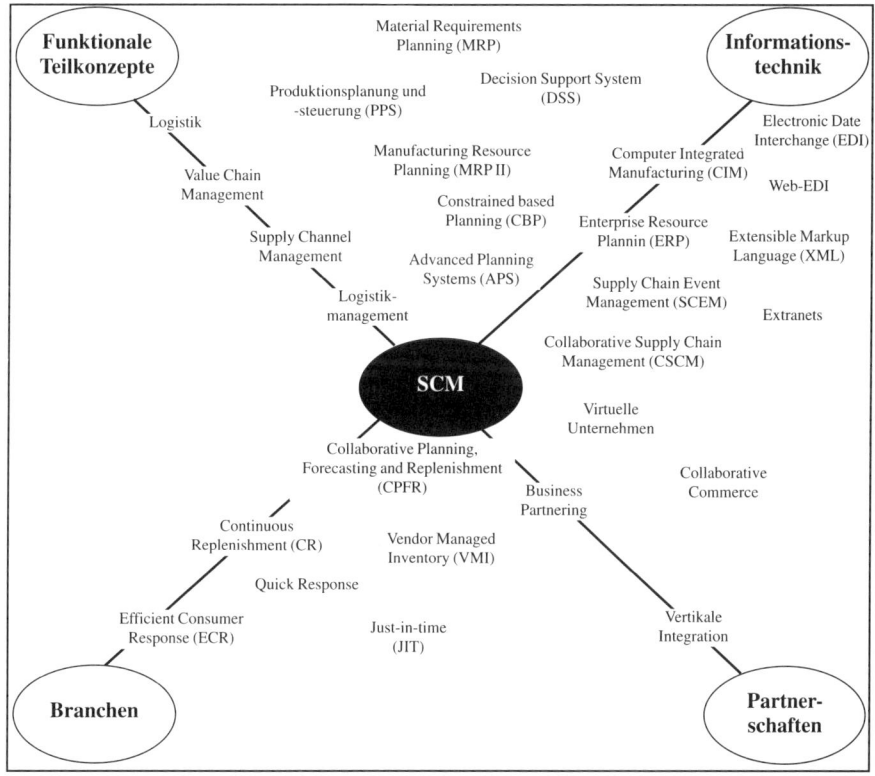

Abb. 10-1: Einordnung des SCM-Konzeptes im Logistikumfeld
(vgl. Busch/Dangelmaier 2002, S. 8)

Es sollen deshalb in diesem Kapitel lediglich noch drei Themenbereiche näher beleuchtet werden, die für ein vertieftes Verständnis von SCM zusätzlich zu den bisherigen Ausführungen notwendig sind:

- Kooperationen und Partnerschaften in logistischen Netzwerken zur Integration aller an der Wertschöpfungskette Beteiligten in die übergreifenden Aufgaben.
- Ganzheitliche, prozessorientierte Gestaltung der Kernprozesse und die hierauf aufbauende Steuerung aller Informations- und Materialflüsse: Hierbei kann beispielsweise das Supply Chain Operations Reference-Modell (SCOR) den über Unternehmensgrenzen hinweg zusammen arbeitenden Unternehmen eine Basis für die Verständigung über Prozesse liefern.
- Unternehmensübergreifende Planungs- und Steuerungssoftware (SCM-Software).

10.1 Kooperationen und Partnerschaften in logistischen Netzwerken

Zentrale Voraussetzung für ein effektives und effizientes Logistiknetzwerk ist die Kooperation zwischen allen beteiligten Partnern. Hierzu muss vor allem ein gemeinsames Grundverständnis über die Beziehungen und Abhängigkeiten im Netzwerk herrschen. Die charakteristischen Merkmale, mit denen sich Wertschöpfungspartnerschaften beschreiben lassen, können in drei Gruppen eingeteilt werden, nämlich Merkmale in Bezug auf (vgl. *Schönsleben/Hieber* 2002, S. 49):

Merkmalsbezug: Zusammenarbeit in logistischen Netzwerken					
Merkmal	→	**Ausprägungen**			
Ausrichtung auf Netzwerkstrategie und -interessen	→	gemeinsame Netzwerkstrategie		gemeinsame Netzwerkinteressen		auseinandergehende Netzwerkinteressen
Orientierung der Geschäftsbeziehungen	→	kooperationsorientiert		opportunistisch		wettbewerbsorientiert
Gegenseitige Abhängigkeit im Netzwerk	→	groß ‚sole sourcing'	‚single sourcing'		‚multiple sourcing'	klein, in hohem Grad einsetzbar
Gegenseitiges Vertrauen und Offenheit	→	hoch				niedrig
Geschäftskultur der Netzwerkpartner	→	homogen/ ähnlich		in Größe, Struktur, Verkaufsvolumen vergleichbar		heterogen/ hochgradig verschieden
Machtverhältnisse zwischen den Partnern	→	einseitig/ hierarchisch				ausgeglichen/ heterarchisch

Abb. 10-2: Zusammenarbeit in Logistiknetzwerken: Merkmale und mögliche Ausprägungen
(vgl. Schönsleben/Hieber 2002, S. 50)

– die **Zusammenarbeit** in logistischen Netzwerken: Hier werden Art und Grad der Partnerschaft zwischen den Unternehmen im Netzwerk auf einer hohen Ebene sowie die grundsätzliche Verpflichtung auf eine gemeinsame Netzwerkstrategie beschrieben (vgl. Abb. 10-2)

– die **Koordination** in logistischen Netzwerken: Hier wird die Art des täglichen Betriebs aufgrund gemeinsamer unternehmensübergreifender Prozesse und Methoden beschrieben (vgl. Abb. 10-3)

– die **Zusammensetzung** von logistischen Netzwerken: Hier wird die Modellierung der bestehenden Geschäftsbeziehungen zwischen den Einheiten im Netzwerk sowie ihre Aufstellung (z.B. Beziehungen entlang der Zeitachse, juristische Beziehungen) beschrieben (vgl. Abb. 10-4).

Merkmalsbezug: Koordination in logistischen Netzwerken					
Merkmal	→ **Ausprägungen**				
Intensität des Informations-austausches	beschränkt rein auf die Auftragsab-wicklung	Austausch von Be-darfsvor-hersagen	gemeinsame Auftrags-verfolgung	Austausch von Kapa-zitäts- und Lagerbe-ständen	nach Bedarf der Planungs- und Steuerungs-prozesse
Verknüpfung/ Verzahnung der Logistik-prozesse	keine, reine Auftrags-erfüllung	integrale Abwicklung (z.B. Kon-signations-lager)	‚vendor managed inventory‘	gemein-same Auf-tragspla-nung im Netzwerk	integrale Planung und Abwicklung im Netzwerk
Autonomie der Planungs-entscheide	herterar-chisch, lokal unabh., autonom		lokal, gemäß zentralen Richtlinien		hierarchisch, geführt durch zentrale Stelle
Verbrauchs-schwankung (Ausführung)	gering/ stabiler Verbrauch	variabel im Verlauf der Zeit	variabel in der Menge		große Variabilität über Zeit und in Menge
Formali-sierungsgrad (Rahmen-verträge)	keine – regu-läre Beschaf-fungsaufträge	Rahmen-aufträge für Kapazi-täten			Rahmenaufträge für Güter
Grad der Kom-munikation zwischen den versch. Stufen und Kanälen	einzelner Kontakt für die Geschäfts-transaktion	regelmäßige Netzwerk-Treffen (z.B. Liefe-rantentage)	zentrale Ko-ordinations-stelle (z.B. ‚supply chain manager‘)		Vielzahl von Kontakten zwischen versch. Stufen und Kanälen
Einsatz von Informations-systemen (IT)	IT-Einsatz rein zur Un-terstützung der internen Geschäfts-prozesse		IT-Einsatz zur Unterstützung der Auftrags-abwicklung im Netzwerk (z.B. EDI)		IT-Einsatz zur Unterstützung der integralen Planung und Ab-wicklung (z.B. SCM-Software)

Abb. 10-3: Koordination in Logistiknetzwerken: Merkmale und mögliche Ausprägungen
(vgl. Schönsleben/Hieber 2002, S. 51)

Merkmalsbezug: Zusammensetzung von logistischen Netzwerken						
Merkmal	→	**Ausprägungen**				
Mehrstufiges Netzwerk (Tiefe des Netzwerkes)	→	2 Wertschöpfungsstufen		3–5 Wertschöpfungsstufen		> 5 Wertschöpfungsstufen
Mehrkanal-Netzwerk (Breite des Netzwerks)	→	1–2 Logistikkanäle		3–5 Logistikkanäle		> 5 Logistikkanäle
Verknüpfung der Netzwerkpartner	→	einfache Beziehungen, Segmentierung				komplexe Beziehungen, Verzweigungen
Geografische Ausbreitung des Netzwerks	→	lokal	regional		national	global
Zeithorizont der Geschäftsbeziehungen	→	langfristig, > 3 Jahre		mittelfristig, 1–3 Jahre		kurzfristig, weniger als ein Jahr
Ökonomische und rechtliche Geschäftsbeteiligungen (finanz. Unabhängigkeit)	→	Konzern		Allianzen, ,joint ventures'		unabhängige Geschäftspartner

Abb. 10-4: Zusammensetzung von Logistiknetzwerken: Merkmale und mögliche Ausprägungen (vgl. Schönsleben/Hieber 2002, S. 52)

Mit den in Abb. 10-2 bis 10-4 enthaltenen Hilfsmitteln lässt sich in Gesprächen und/ oder Workshops bereits ein sehr fundiertes Wissen und Verständnis über die Vernetzung der beteiligten Partner erarbeiten. Insbesondere in den Merkmalsgruppen der Zusammenarbeit und Koordination verbirgt sich teilweise ein hohes Konfliktpotenzial (vgl. *Schönsleben/Hieber* 2002, S. 52).

Durch die vollständige Diskussion und Erarbeitung der drei Merkmalsgruppen ist eine strukturierte Bestandsaufnahme möglich, die insbesondere am Anfang einer partnerschaftlichen SCM-Initiative hilfreich sein kann. Mit Hilfe dieser groben Netzwerkanalyse lassen sich ein erstes logistisches Gesamtverständnis und eine gemeinsame Wissensbasis zwischen allen Partnern herbeiführen.

Partnerschaften in Logistiknetzwerken werden nur dann langfristig stabil sein, wenn alle Beteiligten eine Win-Win-Situation empfinden. Dieses Leitprinzip hat in dem Modell **ALP (Advanced Logistic Partnership)** seinen Niederschlag gefunden, das in Abb. 10-5 in Form eines konzeptionellen Rahmens mit neun Feldern gezeigt wird. Dargestellt ist der grobe Ablauf für Aufbau und Betrieb des Supply Chain Management in einem Unternehmensnetzwerk (vgl. *Schönsleben* 2002, *Frigo-Mosca* 1998).

Das ALP-Modell unterscheidet drei **Führungsebenen** auf denen Interaktionen zwischen Lieferanten und Kunden in einem Logistiknetzwerk stattfinden:

– Oberste Führungsebene: Strategiefestlegung, Vertrauensbildung, Grundsätze der partnerschaftlichen Ziele und Rechtsverhältnisse, Partnerbeurteilung.
– Mittlere Führungsebene: Gestaltung von Prozessen und Verträgen zur unternehmensübergreifenden Zusammenarbeit und Ermittlung des zu erwartenden Nutzens.
– Operationelle Führungsebene: Ableitung konkreter logistischer Zielvorgaben sowie Planung und Durchführung der gemeinsamen Auftragsabwicklung.

Bezüglich des zeitlichen Verlaufs unterscheidet das ALP-Modell drei **Phasen** in der Beziehung zwischen Lieferanten und Kunden:

– Absichtsphase: Wahl der potenziellen Partner, Kosten-Nutzen-Abschätzung
– Definitionsphase: Konzept- und Lösungssuche, Leitlinien für die Partnerschaft und Entscheidung
– Ausführungsphase: unternehmensübergreifendes Auftragsmanagement, Betrieb und kontinuierliche Verbesserung.

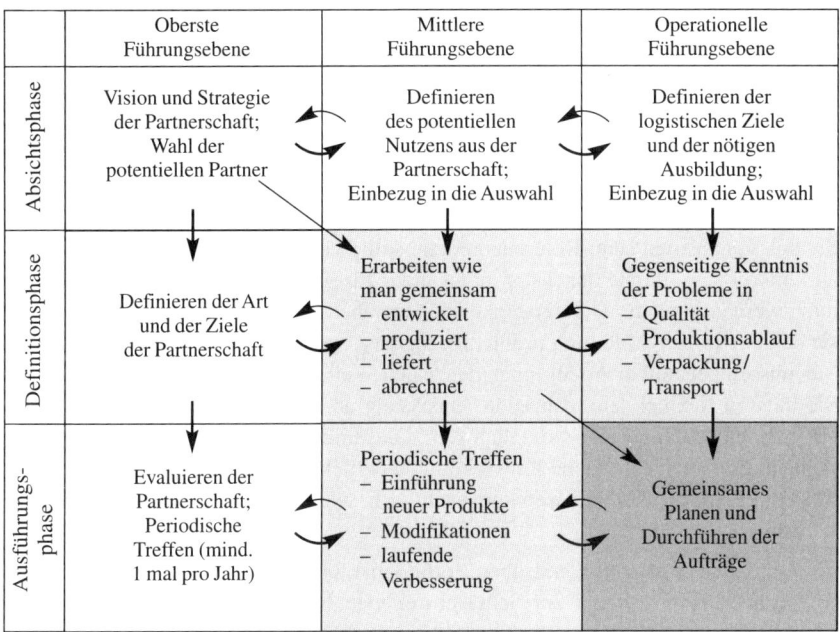

Abb. 10-5: Das ALP-Modell für den Aufbau und Betrieb von Partnerschaften in einem Logistiknetzwerk (Schönsleben 2002)

Die oberste Führungsebene macht Vorgaben für die mittlere und diese ihrerseits für die operationelle Führungsebene (vgl. *Schönsleben/Hieber* 2002, S. 54). Die Zusammenarbeit auf allen Ebenen stellt einen wesentlichen Erfolgsfaktor für ein erfolgreiches Logistiknetzwerk dar, so dass der frühzeitige Einbezug sämtlicher beteiligter Personen wichtig ist. Nur auf diese Weise kann innerhalb eines Unternehmens jener Konsens und Teamgeist entstehen, der für die unternehmensübergreifende Zusammenarbeit nötig ist. Damit beeinflussen die mittlere und operationelle Führungsebene auch die oberste (siehe hierzu die schmaleren Pfeile in Abb. 10-5).

Bei der Gestaltung von Supply Chain Management-Systemen wird das Hauptaugenmerk oft auf die vier dunkler unterlegten Felder gelegt: Das Optimum in der gesamten Supply Chain soll dadurch erzielt werden, dass die eigene Planung und Ausführung mit derjenigen der Lieferanten und der Kunden koordiniert wird. Wenn man über SCM-Software zur gemeinsamen Abwicklung der Aufträge im Logistiknetzwerk spricht (siehe Abschnitt 10.3), ist „lediglich" das untere rechte, am dunkelsten unterlegte Feld in Abb. 10-5 angesprochen. Die Aufgaben aller übrigen acht Felder sind auf die Aktivitäten im neunten Feld ausgerichtet (vgl. *Schönsleben/Hieber* 2002, S. 54 f.).

10.2 Supply Chain Operations Reference-Modell

10.2.1 Referenzmodelle

Bevor im Folgenden das Supply Chain Operations Reference-Modell vorgestellt wird, soll zunächst kurz auf das Wesen von Referenzmodellen eingegangen werden. **Referenzmodelle** sollen allgemeingültig sein und werden als Ausgangspunkt herangezogen, um spezielle anwendungsbezogene Modelle zu entwickeln (vgl. *Hars* 1994, S. 15). Sie haben empfehlenden Charakter und sind deshalb als normative Ansätze zu betrachten (vgl. *Becker/Schütte* 1996, S. 25). Vor diesem Hintergrund sind an Referenzmodelle eine Reihe von **Anforderungen** zu stellen (vgl. *Corsten/Gössinger* 2001, S. 125):

- Sie müssen abstrakt sein: Referenzmodelle sollten in ihrem Detaillierungsgrad nicht zu konkret sein, da sie ansonsten nicht mehr für vielfältige Problemstellungen genutzt werden können. Andererseits dürfen sie aber auch nicht zu allgemein sein, da sie dann kaum zur Ableitung problembezogener, spezieller Modelle geeignet sind.
- Sie müssen gegenüber Änderungen der realen Welt robust sein.
- Sie müssen flexibel sein, d.h. eine Anpassung an die spezifischen Anforderungen einer Problemstellung muss möglich sein. Dies umfasst auch die Erweiterungsmöglichkeit, um unterschiedliche Entwicklungen berücksichtigen zu können.
- Strukturen und Abläufe müssen konsistent, d.h. widerspruchsfrei abgebildet werden können.

Referenzmodelle verfügen somit über Vorbildcharakter. Sie eignen sich als Analyse- und Optimierungsinstrument zur Schwachstellenanalyse und Optimierung vorliegender Modelle. Sie übernehmen die Funktion eines Vergleichsmaßstabes. Die Nutzung von Referenzmodellen kann mit folgenden **Vorteilen** einhergehen (vgl. *Corsten/Gössinger* 2001, S. 125):

- Mit Referenzmodellen lässt sich die Erstellung von Modellen vereinfachen und beschleunigen, da sie die Identifikation von Prozessen und Strukturen erleichtern und somit die Transparenz erhöhen.
- Aufgrund der Bereitstellung einer einheitlichen terminologischen Basis fungieren sie als Kommunikations- und Orientierungshilfe.
- Sie können als Standardisierungswerkzeug dienen, indem sie Anforderungen festlegen, die dann als Standard für ein bestimmtes Gebiet herangezogen werden.

Im Jahre 1996 erfolgte die Gründung des *Supply Chain-Council (SCC)* (vgl. http://www.supply.chain.org/) durch die Beratungsunternehmen *Advanced Manufac-*

turing Research (AMR) und *Pittiglio Rabin Todd &, McGrath (PRTM)* sowie weitere 69 freiwillige Mitgliedsunternehmen. Beim SCC handelt es sich um eine unabhängige gemeinnützige Vereinigung, die über rund 1000 Unternehmen (Stand Januar 2004) als Mitglieder verfügt. Die Mitglieder stammen aus den verschiedensten Branchen, wie Automobilbau, Chemie, Computer, Elektrotechnik, Lebensmittel, Logistik etc., wobei es sich um die führenden Unternehmen einer Branche handelt. Ziel dieser Vereinigung war der Entwurf eines branchenunabhängigen Standard-Prozess-Referenzmodells zum Informationsaustausch zwischen Unternehmen einer Supply Chain.

Mit dem sog. Supply Chain Operations Reference-Modell (SCOR-Modell) wird ein einheitliches, vergleichbares und bewertbares Prozessmodell für Logistik vorgestellt, das in ein Kennzahlensystem eingebettet ist. Im Rahmen des SCOR-Modells werden Supply Chain Prozesse definiert und Best-Practice-Analysen durchgeführt. Es dient dazu, die Lieferkette zu beschreiben und zu visualisieren. Somit trägt es zu höherer Transparenz bei. Hierzu dienen als Hilfsmittel

– ein Rahmenwerk,
– eine Standardterminologie und
– Kennzahlen für ein Benchmarking.

Das SCOR-Modell ist somit ein Ansatz, um unternehmensübergreifende Prozessketten zu standardisieren. Hierdurch lassen sich

– ein gemeinsames Verständnis der Abläufe erreichen
– die Leistung von Supply Chains bewerten und vergleichen,
– integrierte Supply Chains über die Beteiligten der Logistikkette hinweg gestalten,
– die Einsatzgebiete und Funktionalitäten von Software in der Supply Chain identifizieren sowie
– ein Erfahrungsaustausch zwischen den Teilnehmern initiieren und unterstützen.

10.2.2 Die vier Ebenen des SCOR-Modells

Das SCOR-Modell weist einen hierarchischen Aufbau auf und wird über **vier Ebenen** spezifiziert. Es geht von einer integrierten Supply Chain aus, die die Kundeninteraktionen (vom Auftrags- bis zum Zahlungseingang), sämtliche Materialbewegungen und

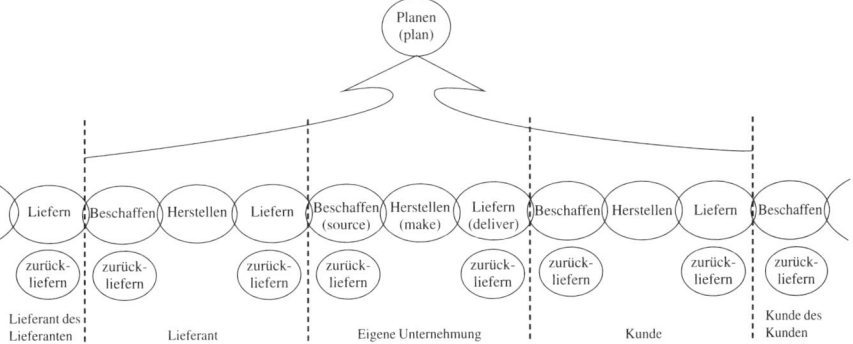

Abb. 10-6: SCOR-Kernprozesse

-transformationen sowie alle Marktinteraktionen (vom Rohstofflieferanten bis zur Produktauslieferung an den Endkunden) umfasst. Auf der höchstaggregierten Ebene werden als **Kernprozesse** unterschieden (vgl. Abb. 10-6):

– planen (plan),
– beschaffen (source),
– produzieren (make),
– liefern (deliver) und
– zurückliefern (return).

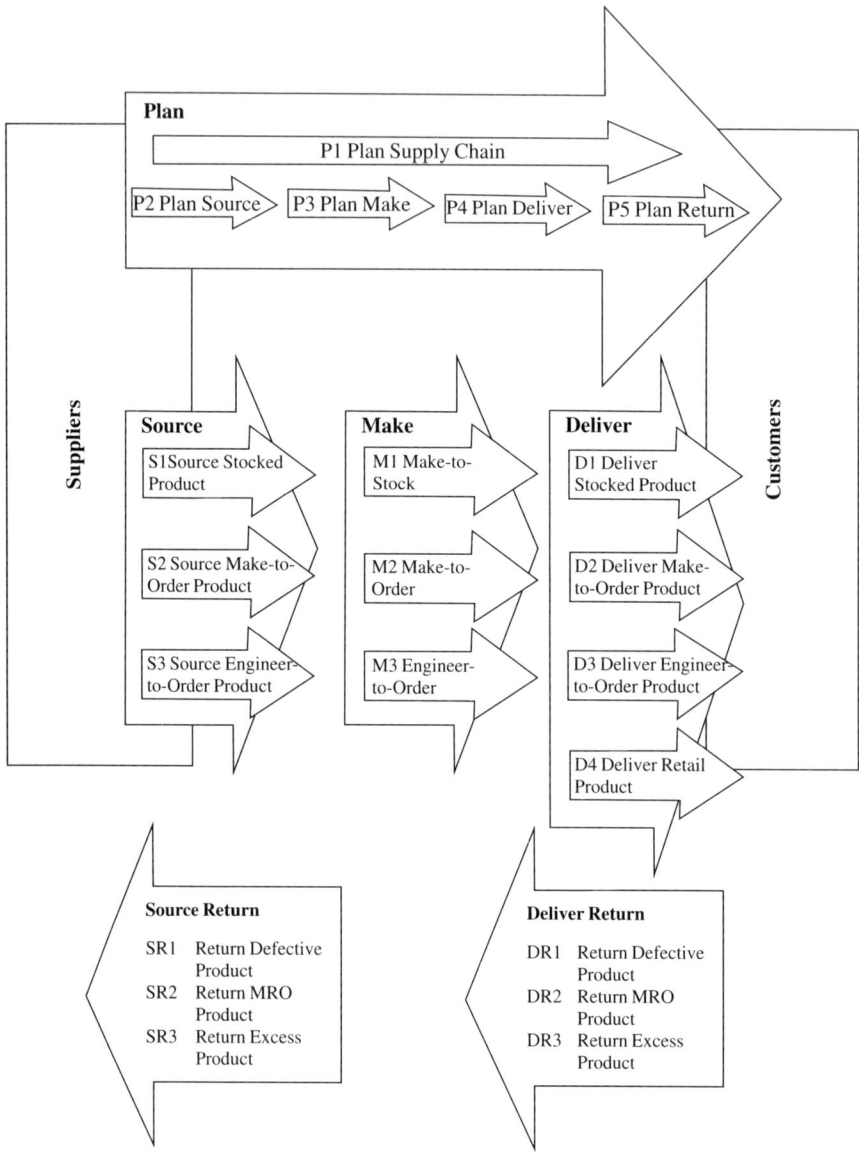

Abb. 10-7: Die Prozesskategorien im SCOR-Modell (www.supply-chain.org)

Die Kernprozesse werden wie folgt konkretisiert:

- Planen: Hierzu gehören alle vorbereitenden Aktivitäten zu den Ausführungsprozessen, wie Ressourcenzuweisung, Aggregation der Beschaffungs-, Produktions- und Distributionsanforderungen, Kapazitätsplanung und Auftragsverteilung. Außerdem gehören hierzu die sog. Infrastrukturplanungen, wie beispielsweise die Langfristplanung der Ressourcen, Kapazitäten und Produkte sowie Make-or-buy-Entscheidungen.
- Beschaffen: Die Beschaffungsprozesse umfassen den Erwerb, den Erhalt, die Prüfung und die Bereitstellung eingehenden Materials sowie die entsprechenden Infrastrukturmaßnahmen (Lieferantenauswahl, Liefervertragsgestaltung etc.).
- Produzieren: Prozesse, die die Güter in ihren Endzustand überführen, um die vorhergesagte oder wirkliche Nachfrage zu befriedigen.
- Liefern: Prozesse, die Fertigwaren oder Leistungen liefern, um die vorhergesagte oder wirkliche Nachfrage zu befriedigen; beinhaltet typischerweise das Auftragsmanagement, das Transportmanagement und das Lagermanagement.

Die vier Kernprozesse werden auf der nächsten Ebene in 21 **Prozesskategorien** differenziert (vgl. Abb. 10-7). Basis für die Differenzierung auf der zweiten Ebene ist die Art der Prozesse:

- Lagerfertigung (make-to-stock)
- Kundenauftragsfertigung (make-to-order)
- Kundenauftragsspezifische Konstruktion (engineer-to-order)
- Serien- oder Einzelfertigung.

Daneben werden für jedes Prozessmodul Beschreibungs- und Messgrößen sowie Best Practices empfohlen.

Die dritte Ebene des SCOR-Modells beinhaltet sog. **Prozesselemente,** die im Sinne einer Standardreferenz branchenspezifisch konfiguriert sind. Mit den Prozesselementen werden die wesentlichen Teilprozesse der in Ebene 2 definierten Prozesskategorien sowie deren Input und Output beschrieben. So wird beispielsweise die Prozesskategorie „S 1 Zugekauftes Material beschaffen" in fünf Prozesselemente aufgeteilt: Materiallieferung terminieren, Material annehmen, Material prüfen, Material transferieren und Zahlung an Lieferanten freigeben. Generell können damit die folgenden Aufgaben verbunden sein (vgl. *Zäpfel* 2000, S. 12): Definition

- der Prozesselemente,
- von Informationsinput und -output der Prozesselemente,
- von Benchmarks, falls anwendbar,
- von Best Practices, falls anwendbar,
- der Systemfähigkeiten, die benötigt werden, um Best Practices zu unterstützen und
- der Softwareanbieter für die jeweilige Funktionalität.

Abb. 10-8 verdeutlicht dies am Beispiel des Prozesselements „Materiallieferung terminieren".

Die vierte Ebene bezieht sich auf die die **Implementierung** und zerlegt die Prozesselemente in Aktivitäten. Allerdings werden für diese Stufe keine Modellierungselemente angeboten. Dies wird damit begründet, dass in vielen Fällen eine derart differenzierte Abbildung nicht nötig ist und Modellierungsverfahren zum Einsatz auf dieser Ebene existieren (vgl. *Hellingrath* 1999, S. 78). Wegen der geringen Überzeugungskraft dieser Begründung zählen manche Autoren folgerichtig die Ebene 4 nicht mehr zum Betrachtungsgegenstand des SCOR-Modells (vgl. *Scheer/Borowski* 1999, S. 10).

Prozesselement: Materiallieferungen terminieren		Prozessnummer: S1.1
Definition des Prozesselementes: Terminierung und Überwachung der Ausführung der einzelnen Materiallieferungen im Rahmen eines bestehenden Vertrages oder Lieferauftrages. Die Auftragsfreigaben werden durch einen detaillierten Beschaffungsplan oder andere Pull-Signale bestimmt.		
Leistungsmerkmale	**Kennzahlen**	
Flexibilität und Elastizität	Prozentualer Anteil der EDI-Transaktionen, gesamte Beschaffungszeit.	
Kosten	Prozentualer Anteil der Kosten des Materialmanagement an den Materialkosten.	
Zuverlässigkeit	Prozentualer Anteil defekter Teile, Anzahl defekter Teile pro Millionen Teile.	
Kapitalbindung	Materialversorgungsdauer.	
Best Practices	**Erforderliche Softwarefunktionalität**	**Softwareanbieter**
Nutzung von EDI-Transaktionen, um Beschaffungszeit und -kosten zu reduzieren	EDI-Schnittstellen für 830-, 850-, 856- und 862-Transaktionen.	Alle größeren ERP-Anbieter: SAP, Oracle, JD Edwards, Baan, OAD, SSA etc.
Vereinbarungen über ein Vendor Managed Inventory ermöglichen es den Lieferanten, die Lagerbestände zu überwachen und wieder aufzufüllen.	Unterstützung von lieferantengesteuerten Lagerbeständen und Terminierungs-Schnittstellen zum externen System des Lieferanten.	Oracle, Manugistics, Logility, SAP.
Mechanische Pull-Signale (Kanban) werden genutzt, um den Lieferanten den Materialbedarf mitzuteilen.	Unterstützung elektronischer Kanbans.	Einzelne ERP-Anbieter: SAP, Oracle, Baan, JD Edwards, QAD, SSA.
Konsignationsverträge werden genutzt, um die Kapitalbindung und die Zykluszeit zu reduzieren und gleichzeitig die Verfügbarkeit kritischer Teile zu erhöhen.	Konsignationsbestandsführung	Typischerweise Programmierung durch Kunden.
Erweiterte Sendungsanweisungen ermöglichen eine enge Synchronisation von Beschaffungs- und Produktionsprozess.	Unterstützung von Rahmenaufträgen und Terminierungs-Schnittstellen zum externen System des Lieferanten.	Alle größeren ERP-Anbieter: SAP, Oracle, JD Edwards, Baan, QAD, SSA etc.

Abb. 10-8: Prozesselement „Materiallieferung terminieren"
(vgl. Supply-Chain Council 2000, S. 12)

Abb. 10-9 stellt die vier beschriebenen Ebenen des SCOR-Modells noch einmal im Zusammenhang dar.

Ebene	Beschreibung	Schema	Ausmaß	Anwendung	Klassen
1	Prozeß	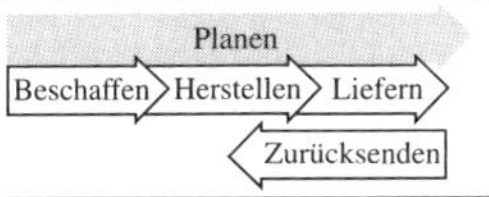 Planen / Beschaffen > Herstellen > Liefern / Zurücksenden	Gesamte Supply Chain	Festlegung des Umfangs	• Planung • Ausführung
2	Prozeß-kategorie	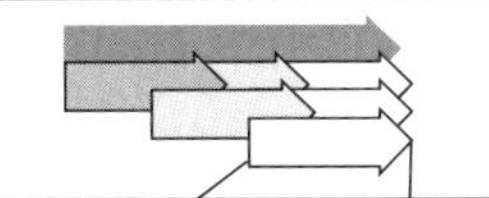	Gesamte Supply Chain	Konfiguration	• Planung • Ausführung • Infrastruktur
3	Prozeß-elemente	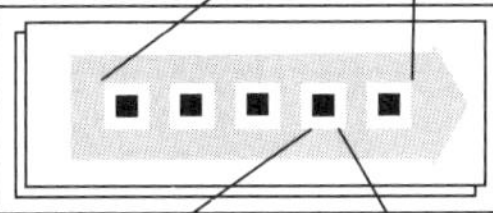	Ein Diagramm pro Prozeß-kategorie	Prozeßdesign	• Planung • Ausführung • Infrastruktur
4	Implemen-tierung	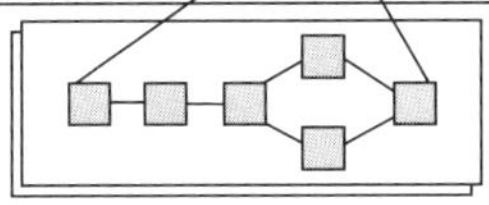	Ein Diagramm pro Prozeß-kategorie	Detailliertes Prozeßdesign	• Planung • Ausführung • Infrastruktur

Abb. 10-9: Beschreibungsebenen des SCOR-Modells im Zusammenhang (vgl. Zäpfel 2000, S. 10)

10.2.3 Das Prozesskettenmodell

Das SCOR-Referenzmodell leistet trotz seines Beitrages zur Beschreibung und Standardisierung von Supply Chain-Operationen und -Kennzahlen keine Unterstützung für eine detaillierte Modellierung der Supply Chain-Prozesse. In Ergänzung zum SCOR-Modell kann für diese Aufgabe die Prozesskettenmethodik herangezogen werden. Das **Prozesskettenmodell** umfasst eine Modellierungssprache für logistische Prozesse und ihre relevanten Gestaltungsparameter. Das Prozesskettenmodell kann zur Analyse, Visualisierung, Gestaltung und Dokumentation von Informations- und Materialflussprozessen eingesetzt werden. „Hierfür werden abgrenzbare Teilprozesse definiert und die logische Reihenfolge der Durchläufe von Aufträgen (Informationseinheiten) und operativen Basisgrößen (Material, Transporteinheiten) durch das Unternehmen dokumentiert" (*Kuhn* 1995, S. 37) (vgl. Abb. 10-10). Die Aufnahme der Prozessketten erfolgt artikel- bzw. teiledifferenziert. Ein Plan bezieht sich immer nur auf eine bestimmte Teilegruppe, die einen oder mehrere Kunden mit einem weitgehend übereinstimmenden Bedarf aufweist. Ausgehend vom Kunden werden Zielkosten, -zeiten, -servicegrade und -qualitäten festgelegt. Für jedes Prozesskettenelement sind folgende Kennzahlen zu definieren (vgl. *Kuhn* 1995, S. 38):

– mittlerer Bestand,
– mittlere Durchlaufzeit,
– Termintreue (mit Streuung),
– Kapazitätsauslastung sowie
– Prozesskosten pro Basiseinheit.

Für die einheitliche Bewertung der Prozesskette und seiner Teilprozesse können die „Wiendahl'schen Betriebskennlinien" (vgl. Abschnitt 7.2.2.3) herangezogen werden, die die Zusammenhänge zwischen Bestand, Durchlaufzeiten, Kapazitätsauslastungs-

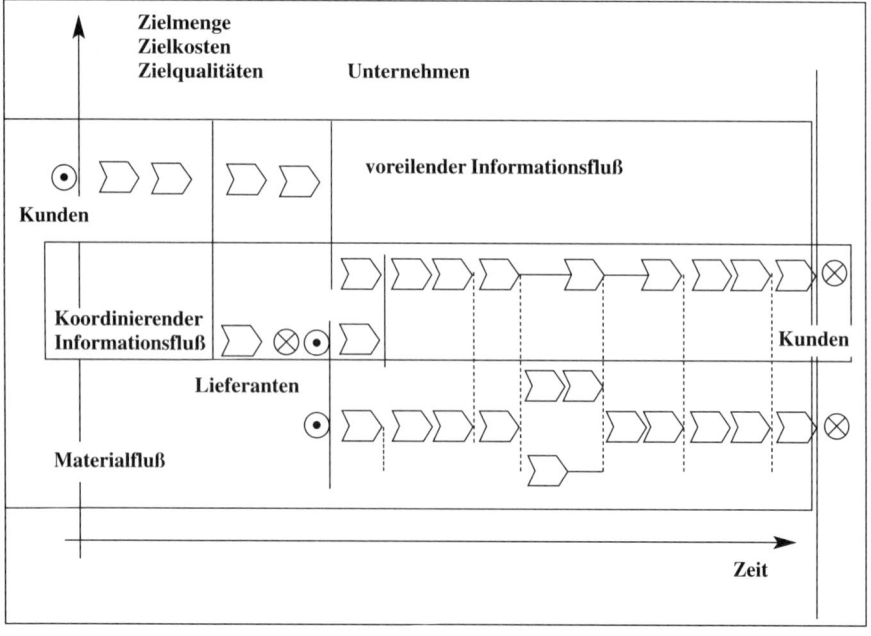

Abb. 10-10: Logistikmodell in Form von zeitgerichteten Prozessketten (Kuhn 1995, S. 16)

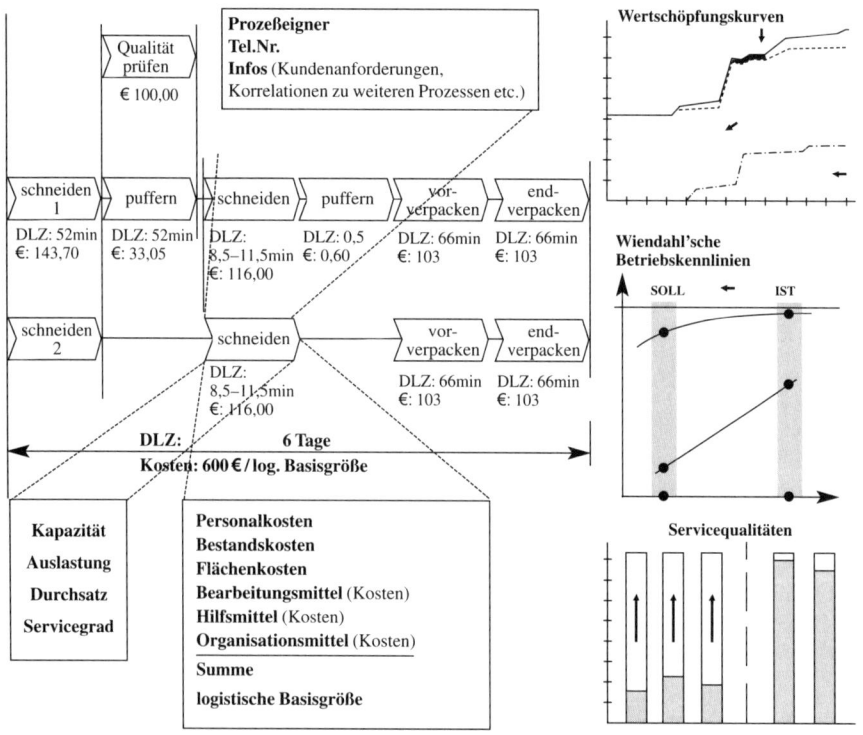

Abb. 10-11: Bewertung von Prozessketten (vgl. Kuhn 1995, S. 17)

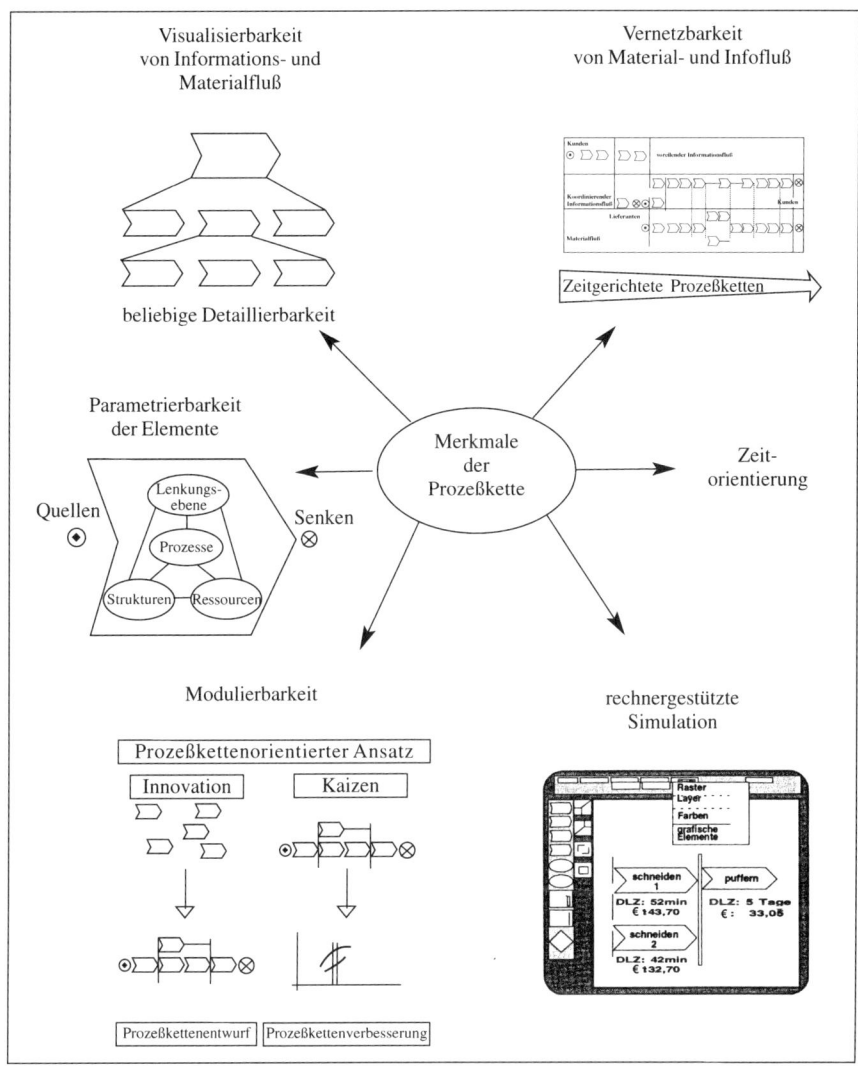

Abb. 10-12: Merkmale der Prozesskette (Kuhn 1995, o. S.)

graden und der Termintreue aufzeigen. Mit Hilfe dieser Ziele und der Prozesskosten werden Maßnahmen bewertet (vgl. Abb. 10–11).

Die umfassende und ganzheitliche Analyse aller Geschäftsprozesse anhand von Prozessketten orientiert sich horizontal am Auftragsfluss und gewährleistet die Einbeziehung von unternehmensübergreifenden Fragestellungen. Durch die Modulation, d. h. systemlastbezogene Veränderung von Prozessketten, lassen sich für zahlreiche logistische Aufgabenstellungen fundierte Entscheidungsgrundlagen schaffen (vgl. *Kuhn* 1995, S. 38). Auf der Basis vollständig aufgestellter Prozessketten lassen sich

– Strukturdefizite analysieren
– Wertschöpfungs-, Prüf- und Logistikkosten getrennt betrachten

– Verantwortungsbereiche definieren
– Make-or-buy-Entscheidungen ableiten
– Beschaffungs-, Produktions- und Distributionsstrategien formulieren
– Arbeitszeitmodelle diskutieren
– Aufbauorganisationen ausrichten (vgl. *Kuhn* 1995, S. 38).

Abb. 10-12 fasst die Merkmale der Prozesskette zusammen.

10.2.4 Das SCM-Aufgabenmodell

An diesen beiden Defiziten setzt das SCM-Aufgabenmodell an, das von den beiden Fraunhofer-Instituten IML und IPA sowie dem Betriebswirtschaftlichen Institut der ETH Zürich entwickelt wurde. Es zerlegt die Elemente des SCOR-Modells und beschreibt diese detailliert bezüglich der möglichen Software-Funktionalität. Hierdurch soll die Grundlage für die Analyse und Auswahl der SCM-Software geschaffen werden (vgl. *Hellingrath* u.a. 2002, S. 195). Das SCM-Aufgabenmodell gliedert sich in die drei Hauptaufgabenbereiche (vgl. Abb. 10-13):

– Gestaltung (Strategic Network Design),
– Planung (Supply Chain Planning) und
– Ausführung (Supply Chain Execution).

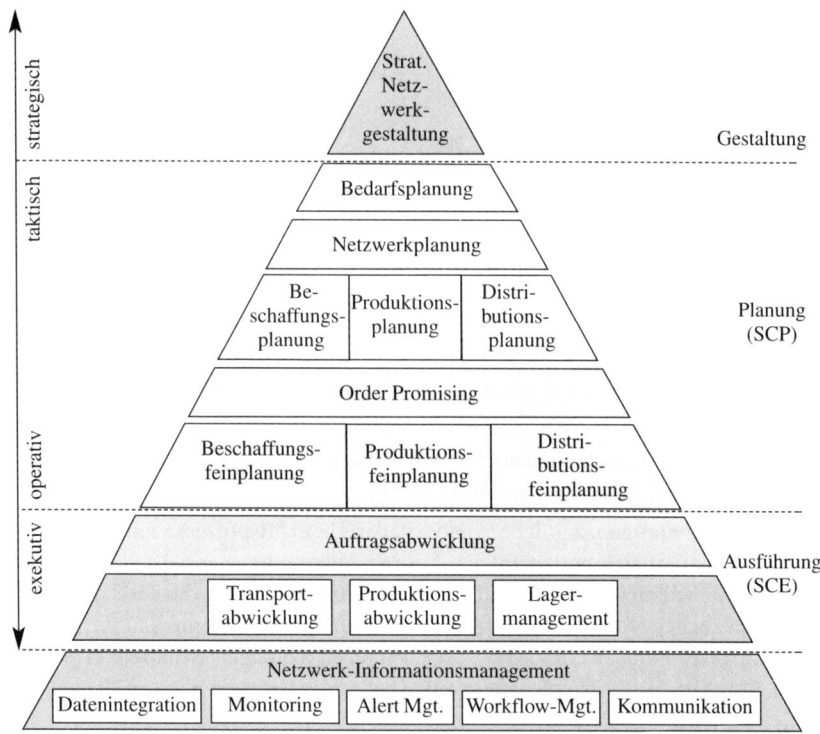

Abb. 10-13: Das SCM-Aufgabenmodell (Hellingrath u.a. 2002, S. 195)

10.3 Supply Chain Management Software

10.3.1 Anforderungen an die SCM-Software

Zu den Grundbausteinen eines erfolgreichen Supply Chain Management gehört die Nutzung moderner IT-Systeme mit den beiden Basisfunktionen der Koordination (Planung und Steuerung der Prozesse der Wertschöpfungskette) und Kommunikation (Informationsaustausch zwischen den Partnern der Wertschöpfungskette).

Dementsprechend muss SCM-Software sowohl die Prozesse innerhalb eines Unternehmens als auch die Abläufe zwischen den Partnern in der Wertschöpfungskette unterstützen.

Abb. 10-14 zeigt die Marktdurchdringung verschiedener Konzepte zur Unterstützung betrieblicher Planungs- und Steuerungsaufgaben innerhalb der letzten fünf Jahrzehnte. Die Weiterentwicklung der Anwendungssysteme ging mit einer Weiterentwicklung der IT-Systemarchitektur von Mainframes hin zu verteilten Systemen einher. Hinsichtlich des Funktionsumfanges stellen ERP-Systeme Erweiterungen der klassischen PPS-Systeme dar, die auf dem MRPII-Konzept aufbauen. Neben den Produktionsprozessen unterstützen ERP-Systeme auch die Prozesse anderer Unternehmensbereiche, wie z.B. die Finanz- und Anlagenbuchhaltung, die Kosten- und Leistungsrechnung, das Finanzwesen, die Personalwirtschaft, das Qualitätsmanagement und den Vertrieb.

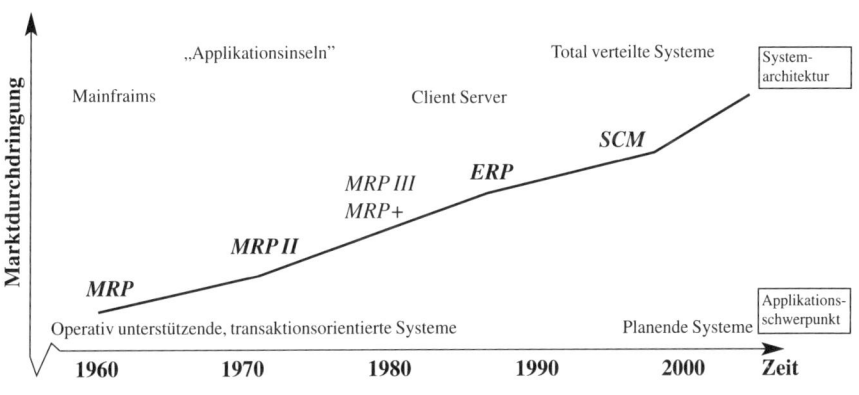

Abb. 10-14: Marktdurchdringung betrieblicher Unterstützungssysteme
(Steinaecker/Kühner 2001, S. 48)

Für eine Unterstützung der unternehmensübergreifenden Planung und Steuerung einer Supply Chain sind PPS-Systeme nur bedingt geeignet, da

- sie fokussiert auf **ein Unternehmen** ausgerichtet sind,
- **sequenziell planen** und somit Änderungen nur in eine Richtung Beachtung finden,
- sie **primär** auf **Planungsdaten** zurückgreifen die den Aktualitätsanforderungen eines Supply Chain Management nicht genügen sowie
- **begrenzte Simulations- und Optimierungsmöglichkeiten** aufweisen.

10.3.2 SCM-Funktionalitäten

10.3.2.1 Strategische Netzwerkgestaltung

Im Rahmen der strategischen Netzwerkgestaltung erfolgt die kosteneffektive **Auslegung und Gestaltung des gesamten Logistiknetzwerkes.** Hierbei erfolgt eine Ausrichtung an den SCM-Strategien eines Unternehmens(verbundes) sowie den daraus abgeleiteten Zielsetzungen des Supply Netzes (vgl. hierzu und zum Folgenden *Hellingrath* u. a. 2002, S. 196).

Eine zentrale Problemstellung im Rahmen der strategischen Netzwerkgestaltung ist die **Beurteilung von Investitionsvorhaben** wie der Aufbau neuer Produktionskapazitäten oder Distributionszentren. Mit Hilfe entsprechender IT-gestützter Planungswerkzeuge kann eine kostenmäßige Beurteilung der Auswirkungen von Veränderungen im Logistiknetzwerk, beispielsweise in Abhängigkeit von der Anzahl und den Standorten der Werke, Lager, Distributionszentren oder Lieferanten, vorgenommen werden. Nachdem die verschiedenen Elemente eines Logistiknetzwerkes bezüglich Größe, Anzahl und Standort festgelegt worden sind, sollten zusätzlich verschiedene „what-if"-Planungsszenarien analysiert und bewertet werden, um die Flexibilität und Sensitivität der ermittelten Basislösungen aufzuzeigen.

Softwareprogramme zur strategischen Netzwerkgestaltung liefern ebenfalls Hilfestellung bei der **Zuordnung von Produkten zu verschiedenen Lieferkettenalternativen,** beispielsweise bei folgenden Fragestellungen:

– Welches Produkt soll hergestellt werden?
– In welchem Werk soll ein Produkt hergestellt werden?
– Durch welchen Lieferanten soll die Materialbeschaffung erfolgen?
– Welche Distributionskanäle sollen genutzt werden?

Der zugrunde liegende Planungshorizont kann von mehreren Monaten bis hin zu mehreren Jahren reichen.

10.3.2.2 Planungsfunktionen (Supply Chain Planning)

Im Rahmen der Planungsfunktionen werden die zur Aufgabenerfüllung erforderlichen Kapazitätszuordnungen entlang der Wertschöpfungskette festgelegt. Der Bereich Planung umfasst hierbei

– die Bedarfs-, die Netzwerk-, die Produktions-, die Beschaffungs- und die Distributionsplanung,
– das Order Promising sowie
– die Beschaffungs-, Produktions- und Distributionsfeinplanung.

Die im Folgenden genannten Funktionen unterscheiden sich bezüglich der jeweils betrachteten Zeithorizonte, des (nicht) vorhandenen Bezugs zu Kundenaufträgen und des Umfangs der einbezogenen Teile der Supply Chain (vgl. zum Folgenden *Hellingrath* u. a. 2002, S. 196 ff.).

Bei der **Bedarfsplanung** geht es darum, den vorhandenen kurzfristigen Bedarf transparent zu machen und den mittel- bis langfristigen Bedarf zu prognostizieren. Die

Ermittlung des kurzfristigen Bedarfs erfolgt über die Auswertung der in den ERP-Systemen vorliegenden Bestellungen über die verschiedenen Stufen der Wertschöpfungskette. Der Fokus der Bedarfsplanung liegt allerdings auf der Prognose des mittel- und langfristigen Bedarfs. Neben statistischen Prognoseverfahren auf Basis der Vergangenheitsdaten für verschiedene Betrachtungsebenen und -zeiträume (z. B. für monetäre Einheiten im Mehrjahresbereich oder auf Produkttypebene für den Mehrmonatsbereich) sind auch Prognose- und Simulationsinstrumente für die Bedarfsprognose bei der Einführung neuer Produkte oder der Durchführung von Werbe- bzw. Preismaßnahmen verfügbar.

Die vollständige Trennung der Planungsprozesse für normale Absätze und Aktionsbedarfe kann die Planungsqualität wesentlich verbessern: Während die Aktionsbedarfe genau geplant und ausgesteuert werden („Make-to-Order"), wird das „normale" Geschäft mit weniger Aufwand auf Basis vergangenheitsorientierter Prognosen gesteuert („Make-to-History") (vgl. Abb. 10-15).

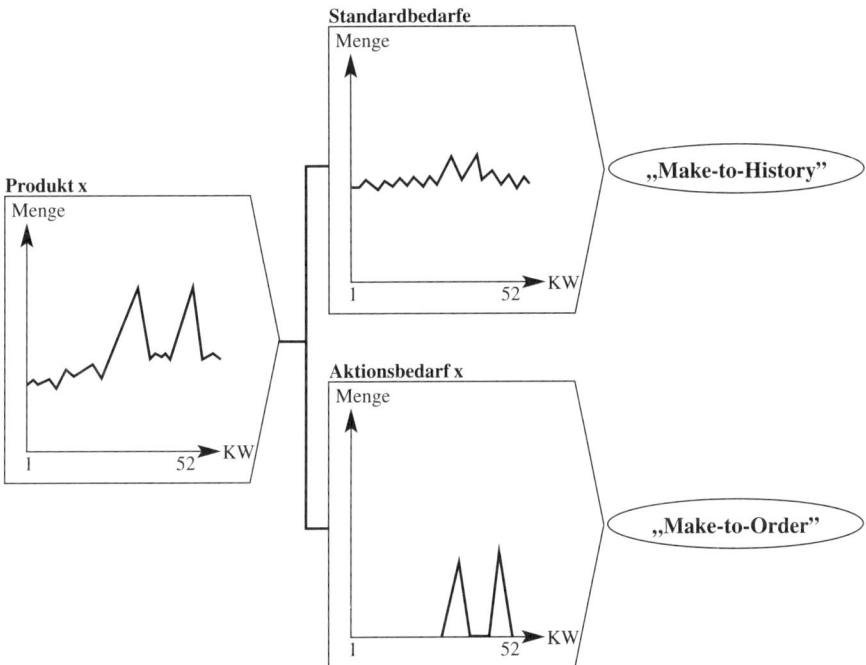

Abb. 10-15: Segmentierung nach Bedarfsmustern (vgl. Thonemann u. a. 2003, S. 103)

Gegenstand der **Netzwerkplanung** (auch als Verbundplanung oder Netzwerkmasterplanung bezeichnet) ist die Koordination der einzelnen Partner in der Wertschöpfungskette bzw. dem Wertschöpfungsnetz. Diese kann sowohl unternehmensintern als auch unternehmensübergreifend verstanden werden.

Die Netzwerkplanung liegt meist in der Verantwortung des „stärksten" Partners (gemessen an der Höhe des Wertschöpfungsanteils und der größten Nähe zum Endkunden) des Produktions- oder Logistiknetzes. Im Rahmen der Netzwerkplanung werden zum einen die Bedarfe und zum anderen die Material- und Kapazitätsressourcen abgestimmt. Ziel der übergreifenden Planung ist, ein Gesamtoptimum für alle Partner des Netzwerkes zu ermitteln. Der Planungshorizont erstreckt sich über mehrere Monate bis Jahre. Grundlagen der Netzwerkplanung sind neben der Netzwerkstruktur die im Rahmen der Geschäftsjahresplanung festgelegten Absatzpläne und Produktionsprogramme.

Wird die Netzwerkplanung innerhalb eines Produktionsverbundes durchgeführt, handelt es sich um eine werks- oder standortübergreifende Planung. Es erfolgt dann eine Zuordnung von Produkten zu einem Standort. Die für die einzelnen Werke geltenden Produktionsprogramme werden unter Zugrundelegung folgender Zielkriterien ermittelt: Kapazitätsauslastung, Nähe zum Absatzmarkt, Produktionsquoten und Materialverfügbarkeit.

Die Ergebnisse der Netzwerkplanung liefern den Input für die detaillierteren Planungsaufgaben in der Beschaffung, Produktion und Distribution.

Im Rahmen der **Produktionsplanung** gilt es, für jede einzelne Produktionsstätte der Supply Chain einen optimierten Produktionsplan zu erstellen. Die zugrunde liegende Zielfunktion umfasst die Maximierung der Lieferbereitschaft und Termintreue bei gleichzeitiger Optimierung der Auslastung und Minimierung der Bestandskosten. Der Planungshorizont liegt im Monats- bis Wochenbereich, wobei als Zeitscheiben Wochen oder Tage betrachtet werden können.

Ausgehend von dem in der Netzwerkplanung ermittelten werksübergreifenden Produktionsprogramm wird mit Hilfe einer integrierten Mengen-, Termin- und Kapazitätsplanung ein grober Produktionsplan (Master Production Schedule) für das einzelne Werk aufgestellt. Die Ergebnisse der Produktionsplanung umfassen Mengenbedarfe, die an die Beschaffung weitergeleitet werden, Kapazitätsbedarfe sowie ein Produktionsplan, in dem Kapazitäten (maximal auf der Ebene von Maschinengruppen) und benötigtes Material den Fertigungsaufträgen einer Planungsperiode zugeordnet werden.

Gegenstand der **Beschaffungsplanung** ist die Planung der Teileversorgung bzw. der Bestände einer mehrstufigen Lagerstruktur. Sie baut auf den Ergebnissen der Bedarfs-, Netzwerk- und Produktionsplanung auf. Ziel der Beschaffungsplanung ist die ausreichende und termingerechte Verfügbarkeit der benötigten Teile und Materialien am richtigen Ort, wobei die Bestände möglichst niedrig zu halten sind. Betrachtet wird hier ein Zeitraum der zwischen Wochen und Tagen liegt. Der Beschaffungsplan dient als Grundlage für die Beschaffungsfeinplanung.

Im Rahmen der **Distributionsplanung** wird die optimierte Planung der Lagerbestände und der Verteilung der Produkte hin zum Kunden vorgenommen. Ähnlich wie bei der Bedarfsplanung werden Grund- und Sicherheitsbestände bzw. Reichweiten geplant. Basis für die Distributionsplanung sind insbesondere die Prognosen der Bedarfsplanung und die in der Netzwerkplanung festgelegten Vorgaben. Der Distributionsplan dient als Grundlage für den Distributionsfeinplan.

Aufgabe des **Order Promising** ist es, zu prüfen, ob die Kundenanfragen oder -aufträge erfüllbar sind. Je nach Anforderung gibt es verschiedene Möglichkeiten: Ermittlung des schnellstmöglichen Liefertermins oder Bestätigung von Wunschliefertermin, Wunschliefermenge und geforderter Produktkonfiguration oder Vorschlag von alternativen und lieferbaren Produktvarianten, falls die Kundenanfrage nicht realisierbar ist. Das Order Promising steht im oben beschriebenen SCM-Aufgabenmodell zwischen den kundenauftragsanonym ablaufenden Planungsaufgaben und den Planungsaufgaben, die einen Bezug zu den Kundenaufträgen haben. Ausprägungsformen des Order Promising sind

- Available-to-Promise (ATP): Prüfung der Verfügbarkeit des gewünschten Produkts im Lagerbestand oder im Produktionsplan
- Capable-to-Promise (CTP): Prüfung der zur Produktion des gewünschten Produktes benötigten Kapazitäten und Materialien
- Configure-to-Promise (CoTP): Konfiguration des gewünschten Produktes entsprechend den Kundenwünschen und Prüfung der Kapazitäten und Materialien zur Zusicherung eines Liefertermins.

Gegenstand der **Beschaffungsfeinplanung** ist die Planung der Anliefermengen im Kurzfristbereich (tages- und stundenbezogen). Bei der Beschaffungsfeinplanung wird ausgehend vom Bruttosekundärbedarf unter Berücksichtigung der Lager- und Transitbestände der Nettosekundärbedarf ermittelt. Anschließend werden – in Anlehnung an die aus der Beschaffungsplanung vorgegebenen Minimal-/Maximalbestände – die optimalen Anliefermengen im betrachteten Planungszeitraum berechnet. Bei der Optimierung dieser Anlieferungen gilt es, alle internen und externen Kapazitäten und Restriktionen (wie z. B. Wareneingangskapazität, Anlieferrhythmen, Wiederbeschaffungszeiten) zu berücksichtigen.

Die primär im kurzfristigen Bereich angesiedelte **Produktionsfeinplanung** ermittelt detailliertere Pläne für einzelne Produktionsbereiche. Aufgabe der Produktionsfeinplanung ist es, konkrete Fertigungs- und/oder Montageaufträge festzulegen, zu terminieren und freizugeben. In diesen Planungsschritt fließen insbesondere die aktuellen Verfügbarkeiten von Personal- und Maschinenkapazitäten sowie Material ein. Kurzfristige Änderungen und Störungen erfordern bisweilen flexible Anpassungen von Produktionsaufträgen in Abstimmung mit der Beschaffungs- und Distributionsseite.

Im Rahmen der **Distributionsfeinplanung** erfolgt die Festlegung der Transportmittel, der Touren und der Beladung zur termingerechten Belieferung. Es werden die Planungsvorgaben der Distributionsplanung für einen kurzfristigen Zeithorizont verfeinert. Als Zielgrößen stehen geringe Lieferzeit, hohe Liefertreue und niedrige Kosten im Vordergrund. Nach Durchführung des Vergleichs verschiedener Transportalternativen erfolgt die auftragsbezogene Festlegung der Transportmittel, mit denen die Auslieferung erfolgen soll. Zu berücksichtigen sind hierbei zeitliche Restriktionen, verfügbare Kapazitäten, gesetzliche Vorschriften sowie Abhol- und Anlieferzeiten.

10.3.2.3 Ausführungsfunktionen (Supply Chain Execution)

Unter den Ausführungsfunktionen (Supply Chain Execution) werden die Aufgaben zusammengefasst, die die Auftragsabwicklung und Kontrolle der Supply Chain zum Gegenstand haben bzw. der operativen Prozessabwicklung dienen. Die Ausführungssysteme dienen der Umsetzung der vorgenannten Beschaffungs-, Produktions- und

Distributionsfeinpläne. Einige Ausführungsfunktionalitäten werden von ERP- bzw.
PPS-Systemen abgedeckt, für einen Teil der Bereiche, wie z.B. Transport- und Be-
standsabwicklung werden innovative Software-Lösungen angeboten. „Folgende Aus-
führungsaufgaben können unterschieden werden:

- **Auftragsabwicklung:** Die Auftragsabwicklung beinhaltet die Aufgaben zur Steuerung und Überwachung von Kundenaufträgen und allen anderen Produktions-,
  Beschaffungs- und Distributionsaufgaben, die einen Kundenbezug aufweisen. Das
  Order Management bildet eine Schnittstelle zwischen dem Produktionsunternehmen und den unterschiedlichen Vertriebskanälen und Vertriebspartnern oder
  Kunden. Damit verfügt es über alle relevanten Informationen zu den kundenauftragsbezogenen Prozessen. Ziel ist die Sicherstellung einer hohen Kundenzufrie-
  denheit. Die Aufgabe des Order Managements ist eng verbunden mit der Ver-
  fügbarkeits- und Machbarkeitsprüfung im Order Promising, das aber mit seiner
  Lieferterminbestimmung nur einen Teil eines umfassenden Order Management
  beinhaltet.
- **Transportabwicklung:** Diese Funktion umfasst alle Aufgaben, die die Abwicklung, Erfassung und Verwaltung der Transportvorgänge sowohl auf der Beschaffungsseite als auch auf der Distributionsseite betreffen. Zu diesen Aufgaben zählen
  u. a. die Erstellung von Transportdokumenten, Berechnung von Transportkosten,
  Erstellung von Lieferscheinen und Lieferavis sowie die Festlegung von Abholzeit-
  fenstern. Ferner werden hier die kundenspezifischen Wünsche bezüglich Reihenfolge der Verladung der Produkte im Transporter und deren Ausladung berücksichtigt. Die Erfassung der Transportstati in dieser Phase ermöglicht ein Tracking &
  Tracing der Sendungen.
- **Produktionsabwicklung:** Die Produktionsabwicklung umfasst die Erfassung und
  Verwaltung von aktuellen Produktionsaufträgen, Produktionsdaten und -informa-
  tionen. Ausgehend von den Produktionsfeinplänen werden hier die Informationen
  über Maschinen, Materialien bzw. Teile, Betriebsmitteln und Werkzeuge gesammelt und bereitgestellt. Diese Aufgabe wird traditionell von ERP- bzw. PPS-Systemen bzw. auf einer detaillierten Ebene von Fertigungsleitständen oder Manufacturing Execution Systemen (MES) abgewickelt.
- **Lagermanagement:** Diese Funktion beinhaltet die Erfassung bzw. Buchung und
  Verwaltung aller Bestands- und Materialbewegungen. Hierbei werden auf der Beschaffungsseite die Roh-, Hilfs- und Betriebsstoffe, Teile und Baugruppen und auf
  der Distributionsseite die Fertigprodukte Lagerplätzen und -orten zugeordnet und
  verwaltet. Das Lagermanagement wird üblicherweise von Lagerverwaltungssystemen übernommen. Die genaue und systematische Erfassung der Bestandsdaten über
  eine Supply Chain mit den Lagerverwaltungssystemen ermöglicht die exakte Visualisierung bzw. das Monitoring der Bestände in der ganzen Kette" (*Hellingrath* u. a.
  2002, S. 201).

10.3.2.4 Netzwerk-Informationsmanagement

Das Netzwerk-Informationsmanagement nimmt Aufgaben zur Informationsverteilung
und -verwaltung wahr (vgl. *Hellingrath* u. a. 2002, S. 202). Für ein durchgängiges
SCM-Konzept müssen Stamm- und Bewegungsdaten aus den jeweiligen lokalen

datenhaltenden Transaktionssystemen (z. B. ERP-System, Warenwirtschaftssystem) extrahiert werden. Diese werden – gegebenenfalls nach einer Aggregation – den SCM-Planungsmodulen zur Verfügung gestellt. Anders als bei den Transaktionssystemen werden aus Gründen der Verarbeitungsgeschwindigkeit die Input-Daten für die SCM-Planungssoftware im Hauptspeicher oder über eine separate Datenbank vorgehalten.

SCM-Software setzt auf den Daten und deren Qualität aus den jeweiligen Transaktionssystemen auf und kann diese nicht ersetzen. Umgekehrt müssen die sich in den SCM-Modulen ergebenden Planungsdaten durch das Netzwerk-Informationsmanagement wieder in die einzelnen operativen Systeme zurückgespielt werden bzw. zwischen den verschiedenen Planungsmodulen ausgetauscht werden. Hierbei fallen folgende Teilaufgaben an (vgl. *Hellingrath* u. a. 2002, S. 202 f.):

- **Datenintegration und -austausch:** Steuerung der Datenbereitstellung aus den unterschiedlichen Transaktionssystemen. Hierbei stellt die in der Unternehmenspraxis anzutreffende heterogene IT-Landschaft regelmäßig eine große Hürde für die Datenintegration dar.
- **Kommunikation:** Datenaustausch zwischen Unternehmen zur überbetrieblichen Zusammenarbeit, wobei die Sicherheit der Datenübertragung (bezüglich Vollständigkeit, Unverfälschtheit, Vertraulichkeit und Authentizität des Senders und Empfängers) von hoher Relevanz ist.
- **Monitoring:** Visualisierung des Netzwerkstatus (z. B. Bestände, Kapazitäten, Transport- und Auftragsstati) über mehrere Stufen im Netzwerk.
- **Alert Management:** Erweiterung des Monitoring um die Aufgaben der Aktivitätenüberwachung im Logistiknetzwerk, der Meldung von Planabweichungen und der Einleitung erforderlicher Korrekturmaßnahmen. Grundlage ist ein ereignisgesteuerter Informationsbus, der den jeweiligen Alert-Modulen die relevanten Echtzeitdaten meldet. Die im System hinterlegten Zielgrößen und definierten Ausnahmesituationen machen die schnelle Identifikation von kritischen Planabweichungen möglich.
- **Workflow-Management:** Unterstützung des Entscheidungsprozesses, ob und welche Aktivitäten im Falle eines Alerts zu ergreifen sind. Beispielsweise lassen sich bei unternehmensübergreifender Zusammenarbeit die zuständigen Ansprechpartner für vorab definierte Ausnahmesituationen festlegen, deren schnelle Benachrichtigung im Bedarfsfall anstoßen sowie den Beginn und der Abschluss der Störungsbehebung begleiten.

10.3.3 SCM-Software-Systeme

Der SCM-Softwaremarkt ist durch eine große Heterogenität und damit einhergehender Intransparenz gekennzeichnet. Darüber hinaus unterliegt er einem sehr raschen Wandel, der unter anderem durch Firmenübernahmen und zahlreiche strategische Partnerschaften zwischen verschiedenen Anbietern gefördert wird. Weitere Ursachen liegen in der hohen Funktionsvielfalt der SCM-Systeme und der Entwicklungshistorie der am Markt vertretenen Anbieter. Vor diesem Hintergrund kann der Anbietermarkt grob in drei verschiedene Kategorien eingeteilt werden (vgl. *Philippson* u. a. 1999) (vgl. Abb. 10-16):

- **Strategische Planungssysteme,** bei denen der Einsatzschwerpunkt in der Modellierung und Konfiguration von werksübergreifenden logistischen Netzwerken liegt. Daneben werden auch Funktionen der Produktionsplanung auf Werksebene unterstützt. Zur Plandurchsetzung werden zusätzliche operative Systeme benötigt. SCM-Systeme diesen Typs werden insbesondere von Großunternehmen mit Mehr-Werks-Strukturen eingesetzt.
- **Optimierungstools,** die eine Unterstützung einzelner spezialisierter Funktionsbereiche, z. B. für die Prognoserechnung oder die Maschinenbelegungsplanung, anbieten. Der Einsatzschwerpunkt derartiger Systeme liegt meist auf der funktionalen Ergänzung bestehender PPS/ERP-Systeme und wird bereits in Unternehmen sämtlicher Größen eingesetzt. Dieser Typ von SCM-Software wird als Optimierungstool oder APS-System beschrieben. Zur Ausführungsplanung und -steuerung werden in der Regel zusätzliche operative Systeme benötigt.
- **Erweiterte ERP-Systeme,** bei denen PPS/ERP-Anbieter SCM-Planungsfunktionen bzw. -module in ihre Systeme integrieren, um eine durchgängige Lösung anbieten zu können.

	Source	Make	Deliver	Sell	
Supply Chain Konfiguration	Strategische Lieferkettenmodellierung				Strategische Planungs-systeme
	Strategische Lieferkettenoptimierung				
Supply Chain Planung (inkl. APS)	Lieferanten-Management	Übergreifende Planung	Bestands- und Lager-management	Kunden auftrags-management	Optimier-ungstools
	Beschaffungs-Programm-Planung	Master-Planung	Distributions-Planung	Absatzplanung/ Bedarfsplanung	
		Fertigungs-Feinplanung		Kundenauf-tragssimulation (ATP, CTP)	
Supply Chain Ausführung (ERP)	Beschaffungs-abwicklung	Fertigungs-abwicklung	Lager- und Versand-abwicklung	Vertriebs-abwicklung	Erweiterte ERP-Systeme

Abb. 10-16: Kategorien von SCM-Systemen (Wienecke u. a. 2001, S. 8)

SCM-Systeme gehen über die Anwendungen klassischer PPS-Systeme hinaus. SCM-Systeme unterstützen die Planung, Gestaltung und Steuerung unternehmensübergreifender Wertschöpfungsketten. Der Vergleich der Planungsfunktionen von PPS-Systemen und SCM-Systemen einerseits (vgl. Abb. 10-17) sowie der Planungsphilosophie von ERP-Systemen und SCM-Systemen andererseits (vgl. Abb. 10-18) verdeutlicht die wesentlichen Unterschiede.

	PPS-System	**SCM-System**
Zeitvorgaben	Für jeden Produktionsschritt vorab starr vorgegeben	Hängen von Materialfluss und Maschinenauslastung ab und werden dynamisch ermittelt
Auftragsreihenfolge	Richtet sich im Wesentlichen nach dem Liefertermin	Berücksichtigt Liefertermin und Verfügbarkeit von Ressourcen (Maschinen, Personal, Material)
Aktualität der Planungsgrundlage	Durch Transaktionsorientierung und Batchläufe werden neu einzuplanende Aufträge in der Regel auf einer veralteten Situation eingeplant.	Durch speicherresidente Supply Reality Control-Modelle ist jederzeit die aktuelle Situation Grundlage der Planung.
Restriktionsbeachtung	Bei der Stücklistenauflösung werden in der Regel keine Kapazitätsengpässe beachtet ("Terminieren gegen unendliche Kapazitäten")	Es können je nach Modellart beliebige Restriktionen beachtet werden (Maschinen, Personal, Material, Information, Gewinn/ Kosten, etc.)
Optimierung	Eine Optimierung findet (wenn überhaupt) auf der Leitstandsebene statt. Dann sind aber bereits viele wichtige und suboptimale Ergebnisse festgelegt worden.	Es kann auf unterschiedlichen Ebenen (strategisch, taktisch, operativ) nach unterschiedlichen Zielen optimiert werden.

Abb. 10-17: Gegenüberstellung der Planungsfunktion in PPS- und SCM-Systemen (vgl. Wildemann u. a. 2003, Kap. 4.5)

	ERP	**SCM**
Geschäftszweck	Koordinierte, integrierte Produktion	Befriedigung von Kundenbedürfnissen
Ziel	Kostenreduzierung	Kostenreduzierung und Leistungssteigerung, Zuverlässigkeit
Koordinationsumfang	Produktionsstandorte, Lager	Gesamte Versorgungskette (Zulieferer, Hersteller, Distributor, Kunde)
Planungsfokus	Hergestellte Güter	Freie Kapazität
Nachfragebefriedigung	reaktiv	antizipativ
Planungsziel	Bedarfsabschätzungen	durchführbare, optimale Planung
Planungsobjekte	Materialbedarf	Materialbedarf, Personal, Transportkapazität, Nachfrage, Absatz
Planungseinsatz	seriell	simultan, seriell

Abb. 10-18: Gegenüberstellung der Planungsphilosophien von ERP- und SCM-Systemen

Der Einsatz von SCM-Softwaresystemen steckt – verglichen mit ERP-Systemen – noch in den Anfängen. Die zentralen Grenzen der Implementierung liegen in folgenden Punkten:

– Offenlegung sensibler Informationen in der Supply Chain
– Zielkonflikte der beteiligten Unternehmen
– Fehlende Akzeptanz der notwendigen IT-Unterstützung aufgrund angezweifelter Kosten-Nutzen-Verhältnisse
– Fehlende Kenntnis über umfassende Planungspotenziale
– Kostenintensität der SCM-Systeme
– Unterschiedliche Systemleistungen der beteiligten Unternehmen
– Begrenzte Kompatibilität der Systeme
– Durch ein hochdynamisches Umfeld sind Systemlösungen relativ schnell antiquiert
– Häufiger Wechsel der involvierten Unternehmen.

11 Aufbauorganisation der Logistik

11.1 Begriff der Aufbauorganisation

Organisation umfasst sowohl die **Tätigkeit** des Organisierens, Strukturierens und Regelns als auch das **Ergebnis** dieser Tätigkeit. Organisationsaktivitäten sind an der Unternehmens- bzw. Logistikstrategie und Effizienzkriterien auszurichten (vgl. Abb. 11-1) und beziehen sich auf die Integration und Differenzierung von Aufgaben, Aufgabenträgern und Arbeitsvorgängen. Das **Ergebnis** der Organisationstätigkeit ist die Gesamtheit der dauerhaften, generellen Regeln und eine integrative und differenzierte Struktur, wobei unter Struktur die Menge der im Zeitablauf invarianten Beziehungen zwischen bestimmten Größen des Systems Unternehmen verstanden wird (vgl. *Hoffmann* 1976, S. 13). Es wird deutlich, dass nur Wiederholungsvorgänge, Dauerregelungen und Dauerzustände organisierbar sind. Für laufende Dispositionen und Einzelmaßnahmen in konkreten Fällen schafft die Organisation durch grundsätzliche und generelle Entscheidungen den notwendigen Rahmen.

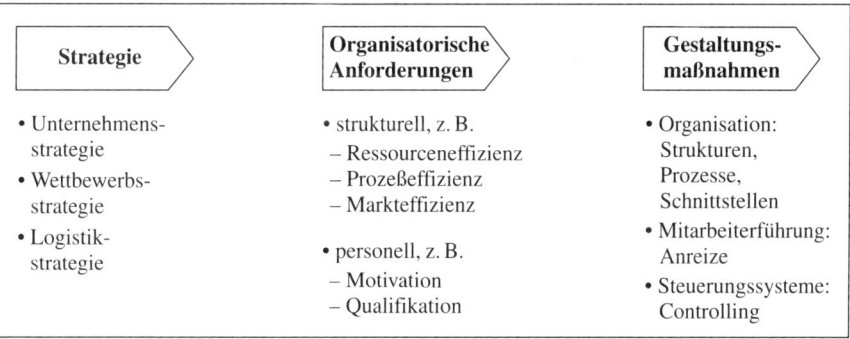

Abb. 11-1: Von der Strategie zur Struktur
(Utikal 2002, S. 68)

Die **Aufbauorganisation** ist auf die Bildung von funktionsfähigen Teileinheiten innerhalb einer integrativen Aufbaustruktur ausgerichtet. Nach einer Aufgabenanalyse folgt in der Aufgabensynthese die Zusammenfassung der analytisch gebildeten Teilaufgaben zu Stellen und deren Zuweisung auf Aufgabenträger (vgl. *Kosiol* 1980, Sp. 180).

11.2 Konsequenzen der Zersplitterung logistischer Aufgaben

Die beiden Grundprinzipien jeder formalen Organisationsstruktur sind die Spezialisierung (Arbeitsteilung) sowie die Koordination. Da zur Erfüllung der Gesamtaufgabe eines Unternehmens in der Regel viele Personen erforderlich sind, ist durch die **Arbeitsteilung** festzulegen, welche Teilaufgaben den einzelnen Organisationsmitgliedern übertragen werden. Hierdurch sollen die speziellen Fähigkeiten und Erfahrungen der einzelnen Mitarbeiter genutzt und in der Folge Produktivitätssteigerungen realisiert werden. Außerdem soll externen Differenzierungen der Umwelt entsprochen werden. Auch die logistische Gesamtaufgabe ist nach unterschiedlichen Tätigkeitsarten, wie z. B. Auftragsabwicklung, Lagerverwaltung, Transportdisposition, aufzuteilen. Die Teilaufgaben werden anschließend zu Stellen zusammengefasst **(Koordination).** Eine Stelle beinhaltet die Summe jener Teilaufgaben, die der Kapazität eines gedachten Aufgabenträgers entspricht (vgl. *Kieser/Kubicek* 1977, S. 52; *Grochla* 1972, S. 45). Aufgrund der Zusammenfassung spezialisierter Stellen ergeben sich Gruppen und Abteilungen bis hin zu Bereichen.

Aktivität \ Verantwortlicher Bereich	Vertrieb	Produktion	Einkauf	Material-wirtschaft
Planung Kundenbedarf	•			
Produktionsprogramm-planung		•		
Materialdisposition				•
Materialbeschaffung			•	
Materialverwaltung				•
Fertigungssteuerung		•		
Transport	•	•	•	
Fertigwarenlagerung	•			
Versand	•			

Abb. 11-2: Funktionsverteilung vor Realisierung der Logistik

Betrachtet man die Organisationsform von Unternehmen bezüglich der Wahrnehmung logistischer Aufgaben, so lässt sich auch heute noch in einigen Fällen feststellen, dass diese auf zahlreiche Organisationseinheiten verstreut sind (vgl. Abb. 11-2).

Konsequenz einer derartigen organisatorischen Aufsplitterung ist, dass es keinen Gesamtverantwortlichen für alle Aufgaben der Logistik gibt. Dies kann dazu führen, dass

- die den einzelnen Ressorts übertragenen logistischen Aufgaben lediglich als Nebentätigkeit angesehen werden, denen man geringe Beachtung schenkt und
- sich die Koordination der logistischen Entscheidungen schwieriger gestaltet.

Falls das Koordinationsproblem keiner Lösung zugeführt wird, werden logistische Teilprobleme ohne Berücksichtigung des logistischen Gesamtzusammenhangs gelöst. Konflikte entstehen vor allem wegen der unterschiedlichen Ressortinteressen bzw. -ziele (vgl. Abschnitt 1.3.4). Die verschiedenen Ressorts konkurrieren einerseits um die knappen Ressourcen, andererseits weisen sie funktionale Spezialisierungen auf, die ihren Aufgabenschwerpunkten und ihrer Qualifikation entsprechen. Die verschiedenen Spezialisten entwickeln daher vielfach unterschiedliche Lösungsansätze zur Erfüllung bestimmter Aufgaben.

11.3 Koordination logistischer Aufgaben

Die zur Bewältigung des Koordinationsproblems vorhandenen **Koordinationsinstrumente** können in strukturelle und nicht strukturelle unterteilt werden (vgl. *Kieser/ Kubicek* 1977, S. 82 ff.). Während die strukturellen Koordinationsinstrumente auf organisatorischen Regeln basieren, handelt es sich bei den **nicht strukturellen** um spezielle Maßnahmen, Organisationsmitglieder auf das Organisationsziel auszurichten. Letztere zielen darauf ab, durch Beeinflussung der Vorstellungen von Organisationsmitgliedern eine Identifizierung mit den Organisationszielen herbeizuführen. Bedeutsam sind in diesem Zusammenhang vor allem Fort- und Weiterbildungsveranstaltungen, mit denen das Wissen der Logistikmitarbeiter um die logistischen Zusammenhänge erhöht werden soll. Ferner können die Organisationsmitglieder auch dahingehend motiviert werden, dass die erkannten Zusammenhänge bei ihren Entscheidungen auch tatsächlich berücksichtigt werden.

Bei den **strukturellen Koordinationsinstrumenten** sind zu unterscheiden (vgl. Abb. 11-3):

- Koordination durch Ziele/Zielsysteme,
- Koordination durch persönliche Weisung (Hierarchie),
- Koordination durch Selbstabstimmung,
- Koordination durch Standardisierung,
- Koordination durch Pläne.

Die Koordination durch persönliche Weisung basiert auf einer personenbezogenen **Hierarchie.** Die Koordination erfolgt dadurch, dass der zuständige Leiter eines Führungsbereichs, z.B. des Lagerwesens oder der Auftrags- und Versandabwicklung Weisungen erteilt, die bestehenden Interdependenzen zu berücksichtigen.

Koordination durch **Selbstabstimmung** wird insbesondere dann notwendig, wenn es sich um übergreifende Interdependenzen handelt. Die Selbstabstimmung kann als fallweise Interaktion nach eigenem Ermessen, themenspezifische Interaktion sowie institutionalisierte Interaktion erfolgen. Während die fallweise Interaktion der eigenen Initiative der Organisationsmitglieder überlassen bleibt, wird bei der themenspezifischen Interaktion festgelegt, in welchen Situationen sich eine Stelle mit welchen anderen Stellen abstimmen muss. Bei der institutionalisierten Interaktion werden Gremien in Form von Komitees, Ausschüssen, Arbeitskreisen, Konferenzen etc., in denen die Abstimmung über logistikinterdependente Problemstellungen erfolgt, eingerichtet.

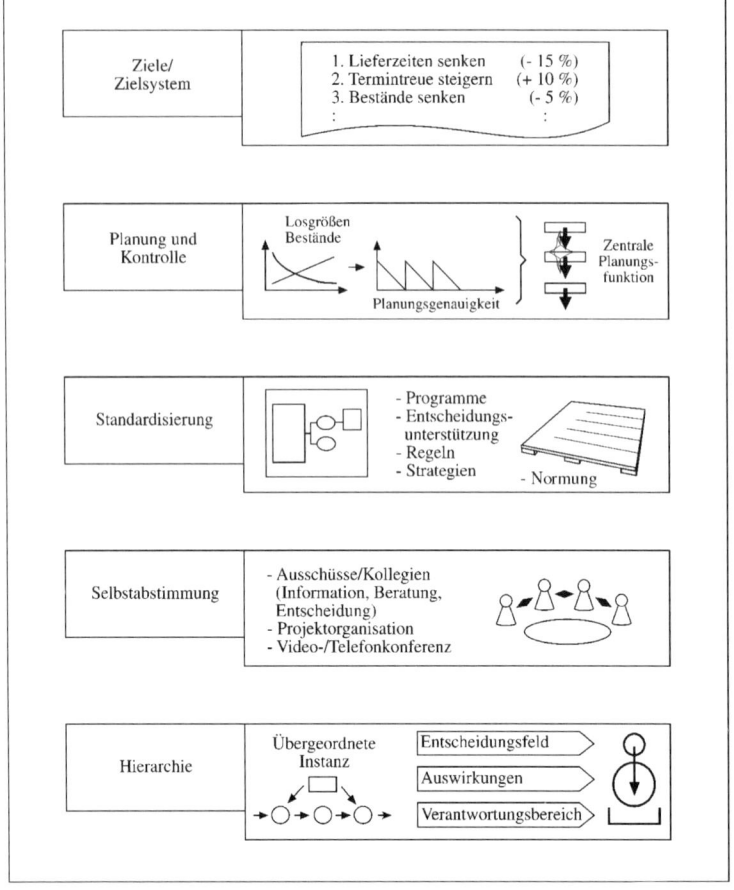

Abb. 11-3: Koordinationsinstrumente in der Logistik (vgl. Friemuth u. a., 1996, S. 288)

Da sich viele logistische Aktivitäten permanent wiederholen, lassen sie sich **standardisieren.** Hierfür können schriftliche Verfahrensrichtlinien, Handbücher oder EDV-Programme erstellt werden, in denen festgelegt wird, wie logistische Aufgaben durchzuführen sind. Insbesondere durch die Möglichkeiten der EDV, die eine schnelle und sichere Koordination ermöglicht, hat die Koordination durch Programme einen neuen Stellenwert gewonnen.

Pläne stellen Instrumente dar, um Ziele, Maßnahmen und Ressourcen aufeinander abzustimmen. Sie sind das Ergebnis institutionalisierter Entscheidungsprozesse und enthalten Vorgaben für eine festgelegte Planperiode. Im Gegensatz zu den Programmen stellen sie keine generellen Vorgaben dar.

Es ist zu vermuten, dass der Koordinationsbedarf im Rahmen der Aufgabenerfüllung logistischer Prozesse dann reduziert wird, wenn die mit Logistikaufgaben betrauten Mitarbeiter in dafür spezialisierten Organisationseinheiten zusammengefasst werden. Hierfür existieren mehrere organisatorische Gestaltungsalternativen, die im Folgenden untersucht werden.

11.4 Gestaltungsalternativen der Logistikorganisation

Zur Beantwortung der Frage, wie die logistischen Einzelfunktionen in die Aufbauorganisation des Unternehmens integriert werden können, sind fünf Teilprobleme zu untersuchen (vgl. Abb. 11-4):

- Welche logistischen Teilfunktionen soll die Logistikkonzeption beinhalten?
- Welche Kompetenzen sollen den Logistikeinheiten übertragen werden?
- Wie soll die Anordnung der Logistik in der Unternehmensstruktur erfolgen?
- Wie hoch soll der Zentralisations- bzw. Dezentralisationsgrad der Logistik sein?
- Wie soll die interne Arbeitsteilung der Logistik gestaltet werden?

Bevor im Folgenden eine Darstellung und Bewertung der Gestaltungsmöglichkeiten vorgenommen wird, sollen zunächst die Kriterien erarbeitet werden, anhand derer eine Bewertung der Organisationsalternativen vorgenommen werden kann.

Funktions-umfang der Logistik	Kompetenz der Logistik-einheiten	Einbindung der Logistik in die Unternehmensstruktur	Zentralisa-tionsgrad	Innenstruktur der Logistik
• Beschaffungs-logistik	• Linienstelle	• Außenstruktur der Unternehmens-logistik in einer	• Zentrale Logistik	• Funktionale Organisation der Logistik
• Produktions-logistik	• Stabstelle	- funktionalen Organisation	• Dezentrale Logistik	• Objektorientierte Organisation der Logistik
• Distributions-logistik	• Stab-Linien-Organisation	- objektorientierten Organisation	• Zentrale Logistik mit dezentralen	
• Entsorgungs-logistik	• Zentralbereich	- Matrix-Orga-nisation	Abteilungen	• Matrix-Organisation der Logistik
	• Ausschuß	• Hierarchische Einordnung		
		- Geschäftsführung		
		- Bereich		
		- Hauptabteilung		
		- Abteilung		

Abb. 11-4: Gestaltungsalternativen der Logistikorganisation

11.4.1 Kriterien zur Bestimmung der adäquaten Logistikorganisation

Als wesentliche Kriterien, die für die Auswahl der geeigneten Organisationsform der Logistik zu betrachten sind, sind die Logistikkosten, der Lieferservice, die Produktstruktur, die Fertigungsstruktur, die physische Struktur sowie die geographische Ausdehnung des logistischen Systems heranzuziehen.

Die **Logistikkosten,** verstanden als bewerteter Leistungsverzehr auf Grund der Erfüllung logistischer Aufgaben im Unternehmen, sind ein Indikator für die Bedeutung der Logistik im Unternehmen. Geeignete Kennzahlen zur Messung der Logistikkosten sind insbesondere der absolute Betrag an Logistikkosten pro Jahr, der Anteil der Logistikkosten an den Gesamtkosten, der Anteil der Logistikkosten am Jahresumsatz, sowie die Höhe der durch Entscheidungen beeinflussbaren Logistikkosten.

In der Höhe des **Lieferservice** kommt zum Ausdruck, welche Anforderungen seitens des Marktes an die Qualität der Logistikleistungen gestellt werden. Zur Messung des Lieferservice sind die in Abschnitt 1.3.1 diskutierten Komponenten, wie Lieferzeit, Lieferbereitschaft und Lieferzuverlässigkeit heranzuziehen.

Die Anforderungen an die Unternehmenslogistik werden sehr stark durch die **Produktstruktur** beeinflusst, mit der die Anzahl und Art der hergestellten Fertigerzeugnisse erfasst wird. Mit zunehmender Heterogenität des Produktionsprogramms steigt der Aufwand für viele logistische Einzelfunktionen, wobei das Ausmaß der Steigerung von der Art der Fertigerzeugnisse abhängt. Entscheidende Dimensionen der Produktstruktur aus logistischer Sicht bilden ferner die Anzahl der Arbeitsgänge und damit verbundene Kostenstellenwechsel, das Wert-Gewichts-Verhältnis sowie die Produkteigenschaften. Von der Komplexität der Produktstruktur hängt insbesondere der Aufwand in der Produktionsplanung und -steuerung ab.

Bei dem Kriterium der **Fertigungsstruktur** ist insbesondere zu beachten, welcher Organisationstyp der Fertigung und ob eine auftragsgebundene oder marktbezogene Produktion vorliegt. Während bei der Werkstattfertigung eine Vielzahl von Entscheidungen zu treffen sind, die sich beispielsweise auf die Planung der Maschinenbelegung, die Losgrößen und die Transporte zwischen den Maschinen beziehen, stellen sich diese Probleme bei einer reinen Fließfertigung in wesentlich geringerem Maße. Schließlich steigen die Anforderungen an die Logistik mit zunehmender Anzahl an Produktionsstätten, wenn zwischen diesen ein Produktionsverbund besteht. Dies gilt insbesondere dann, wenn grenzüberschreitende Logistikaktivitäten erforderlich werden.

Ein entscheidendes Kriterium zur Beurteilung der Komplexität des logistischen Systems im Unternehmen ist dessen **Lieferantenstruktur.** Jene nimmt mit der Anzahl und der größeren räumlichen Verteilung der Lieferanten zu. Analog gilt dies für die **Kundenstruktur.**

11.4.2 Funktionsumfang

Der Funktionsumfang der Logistikkonzeption hängt davon ab, wie viele logistische Einzelfunktionen unter einheitlicher Leitung zu einem Ressort zusammengefasst werden. Entsprechend der in Abschnitt 1.1 dargestellten Entwicklungsstufen hin zu einer ganzheitlichen Logistikfunktion lassen sich folgende Gestaltungsmöglichkeiten des Funktionsumfangs darstellen:

– Materialwirtschaft,
– Distribution,
– Material- und Fertigwarenwirtschaft,
– Logistik.

Nur im letztgenannten Fall sind alle genannten Logistikaufgaben in einem Ressort zusammengefasst, während bei den übrigen Ansätzen logistische Einzelfunktionen, sofern sie explizit wahrgenommen werden, bei den traditionellen Ressorts verbleiben. Letztlich hängt die Entscheidung über den Funktionsumfang insbesondere von den Kriterien Logistikkosten, Lieferservice, Fertigungs-, Beschaffungs- und Distributionsstruktur ab.

11.4.3 Kompetenz der Logistikeinheit

Bei den möglichen Organisationsformen für die Logistik lassen sich unterscheiden:
- Linienorganisation,
- Stabsorganisation,
- Stab-Linien-Organisation,
- Zentralbereich,
- Ausschüsse (Kollegien).

Stabsstellen sind organisatorische Einheiten, die anderen Abteilungen und/oder der Unternehmensleitung Rat erteilen und Dienstleistungen zur Verfügung stellen. Sie verfügen über kein generelles Weisungsrecht. Als Vorteile dieser Organisationsform sind zu nennen:
- die Einschaltung von Spezialisten für sachliche Fragen,
- die Verbesserung der Entscheidungsqualität,
- die Klarheit der Führungsverantwortung der Linienorganisation.

Demgegenüber können folgende Nachteile auftreten:
- Demotivation der Stäbe durch fehlende Entscheidungsbefugnisse,
- zu starke Abhängigkeit der Stabsstellen von den übergeordneten Instanzen,
- Bürokratisierung,
- fehlende Kongruenz von Aufgabe, Kompetenz und Verantwortung.

Werden logistische Funktionen in einer Stabsabteilung zusammengefasst, können abteilungsübergreifende Systemlösungen erarbeitet und der übergeordneten Linienstelle unterbreitet werden. Die Durchsetzungsmöglichkeiten des Logistikstabes werden dann am größten sein, wenn dieser unmittelbar unterhalb der Unternehmensleitung angesiedelt ist.

Die **Stab-Linien-Organisation** ist eine Kombination der Linien- mit der Stabs-Organisation. Hiebei übernimmt eine Linienstelle Logistik die Steuerungs- und Kontrollaufgaben, während ein dieser Stelle zugeordneter Stab die Planungsaktivitäten übernimmt. Eine derartige Organisationsform weist den Vorteil auf, dass alle Planungs-, Gestaltungs-, Steuerungs- und Kontrollaufgaben in einem Ressort zusammengefasst sind und hierdurch der direkte Erfahrungsaustausch zwischen Stab und Linie gefördert wird. Durch die einheitliche Verantwortung für Linien- und Stabsaufgaben in einer Person ist zu erwarten, dass neue logistische Lösungen effizient entwickelt und verwirklicht werden können. Um jedoch unnötige Reibungsverluste zu vermeiden, ist ein gutes Verhältnis zwischen Stab und Linie erforderlich.

Eine Weiterentwicklung der Stabsorganisation bilden die **Zentralbereiche.** Zentralbereiche dienen üblicherweise der Wahrnehmung unternehmensbereichsübergreifender

Aufgaben, wie z. B. Harmonisierung von Gesamtunternehmensbelangen, Beratung, Entlastung der Unternehmensführung, Serviceleistungen. Um selbstständig Aufgaben für das Gesamtunternehmen wahrnehmen zu können, sind Zentralbereiche in der Regel mit funktionalen Nebenweisungsrechten oder durchgängigen Kompetenzen ausgestattet. Beispiele für Zentralbereiche sind Forschung und Entwicklung, Personalwesen, Finanzwesen und Recht. Durch die Zusammenfassung von Logistikaufgaben in einem Zentralbereich lassen sich folgende Vorteile realisieren (vgl. *Endlicher* 1981, S. 226 und 234):

- Doppelarbeiten lassen sich vermeiden.
- Erreichung einer besseren Auslastung der in allen Werken vorhandenen technischen Logistikeinrichtungen.
- Effizienter Einsatz der vorhandenen Personalkapazitäten und Durchführung von Anpassungsmaßnahmen bei Engpasssituationen.
- Möglichkeit, grundlegende logistische Aufgaben, wie z. B. die Durchsetzung von transportgerechten Verpackungen, die Einführung von Ladehilfsmitteln und die Diskussion von Transportalternativen, einfacher zu realisieren.
- Da der Leiter des Zentralbereichs Logistik in der Regel den Sparten-, Werks- und übrigen Zentralbereichsleitern hierarchisch gleichgestellt ist, verfügt er über das erforderliche Einflußpotenzial.

In einer mehrdimensionalen Organisation „kann der Verantwortungsbereich des Zentralbereiches Logistik wie folgt geregelt sein:

- Der Zentralbereich Logistik umfasst alle Stabsaufgaben und hat eine Fachbereichskompetenz gegenüber den anderen Logistikaktivitäten im Unternehmen.
- Im Zentralbereich Logistik sind alle zentralisationswürdigen Logistikaufgaben zusammengefasst. Es besteht aber keine Fachbereichskompetenz zu den nicht zentralisationswürdigen Logistikaufgaben in den Sparten.
- Dem Zentralbereich Logistik sind alle zentralisationswürdigen Logistikaufgaben zugeordnet. Darüber hinaus hat er auch eine Fachbereichskompetenz zu den nicht zentralisationswürdigen Logistikaufgaben in den Sparten" (*Endlicher* 1981, S. 235).

Ausschüsse sind dadurch gekennzeichnet, dass ihre Mitglieder eine eigene Stelle innehaben und für die Mitarbeit im Ausschuss nur zeitlich begrenzt zur Verfügung stehen. Zur Erfüllung der logistischen Linienaufgaben stellen Ausschüsse deshalb keine geeignete Organisationsform dar. Es kann jedoch sinnvoll sein, Ausschüsse für befristete Aufgaben (wie z. B. die Verabschiedung eines Werkslayouts oder Grundsatzfragen mit hohem Koordinationsbedarf) einzusetzen.

Organisationsform	Logistische Kriterien	
	Logistikkosten	Produktstruktur
Stabs- und/oder Linienorganisation	mittlerer bis großer Anteil an den Gesamtkosten	weitgehend homogen
Zentralbereich	mittlerer bis großer Anteil an den Gesamtkosten	heterogen
Ausschuss	geringer Anteil an den Gesamtkosten	homogen

Abb. 11-5: Bestimmung der Organisationsform
(vgl. Felsner 1981, S. 14)

Dominierendes Kriterium für die Auswahl der geeigneten Organisationsform der Logistikkonzeption stellt die bereits vorhandene Organisationsstruktur des Unternehmens dar. Die Auswahl der geeigneten Organisationsform in Abhängigkeit von den Ausprägungen der Logistikkriterien stellt Abb. 11-5 dar.

11.4.4 Einordnung der Logistik in die Unternehmensstruktur

11.4.4.1 Formen der Unternehmensstruktur

Als grundsätzliche Alternativen zur Gestaltung der Unternehmensstruktur lassen sich die Gliederung nach Funktionen und die Gliederung nach Objekten unterscheiden (vgl. Abb. 11-6). Von einer **funktionalen Aufbauorganisation** spricht man, wenn die zweite Hierarchieebene unterhalb der Unternehmensleitung nach gleichartigen Funktionen wie Absatz, Beschaffung, Produktion zentralisiert ist. Die primären Vorteile der Zusammenfassung gleichartiger Tätigkeiten sind die Nutzung von Spezialisierungs- und Größenvorteilen und die Möglichkeit einer weitgehenden Standardisierung betrieblicher Prozesse. Problematisch ist die funktionale Organisation bei sich rasch ändernden Umweltbedingungen (z. B. häufige Änderungen des Produktes, Zunahme der Produktvielfalt, Erschließung von Auslandsmärkten), da es dann zu einem erhöhten Informationsaustausch zwischen den einzelnen Subsystemen kommen muss, was zu Schnittstellenproblemen, hohem Koordinationsaufwand, Informationsverzerrungen und Schwierigkeiten wegen Ressortegoismen führen kann.

	Funktionale Organisation	**Sparten-Organisation**	**Matrix-Organisation**
Kennzeichen	• Spezialisierung der Leitung • Übereinstimmung von Fachkompetenz und Entscheidungskompetenz	• Segmentierung nach Produkten bzw. Produktgruppen, Kunden oder Absatzregionen	• Spezialisierung der Leitung nach zwei Dimensionen • Gleichberechtigung der verschiedenen Kompetenzen
Vorteile	• Potentiell große Koordinationsfähigkeit für „Ein-Produkt"-Firmen	• Größere Marktnähe	• Mehrdimensionale Koordinationsfähigkeit
Nachteile	• Kompetenzkonflikte • Konkurrenzverhältnisse zwischen den Fachbereichen verhindern Gesamtergebnisorientierung	• Gleichzeitige Ressourcennutzung durch verschiedene Sparten oft nicht gewährleistet	• Großer Bedarf an Leitungskräften • Großer Kommunikationsbedarf • Keine Einheit der Leitung

Abb. 11-6: Formen der Unternehmensstruktur

Unter **objektbezogener Organisation** ist die Gliederung eines Unternehmens in Organisationseinheiten, die nach Produkten, Produktgruppen, Märkten oder Regionen voneinander abgegrenzt sind, zu verstehen. Überlagert werden diese in der Regel von Zentralbereichen wie Finanzen, Personalwesen oder Controlling, die die Organisationseinheiten in Funktionen unterstützen, die diese weniger effizient erfüllen können, allgemeine Unternehmensaufgaben übernehmen sowie Koordinations- und Kontrollfunktionen gegenüber den Einheiten wahrnehmen. Vorteile für eine objektbezogene Organisation ergeben sich bei einem stark diversifizierten Produktprogramm in einem niedrigen Koordinationsaufwand, einer Entlastung der Unternehmensleitung, die sich auf längerfristige Aufgaben konzentrieren kann, da Tagesgeschäfte dezentralisiert werden können sowie einer höheren Flexibilität bei Produkteinführungen, da die Konzentration auf ein Produkt oder eine Produktgruppe eine stärkere Ausrichtung auf bestimmte Marktsegmente ermöglicht und Autorität weitgehend dezentralisiert wird. Aufgrund der einfacheren Zuordnungsmöglichkeit von Gemeinkosten lässt sich ferner die Erfolgsrechnung für Produkte genauer gestalten. Als Nachteile lassen sich der Verlust von Größen- und Spezialisierungsvorteilen sowie von möglichen Synergieeffekten und die Gefahr der Gewinnmaximierung der Einheiten auf Kosten des Gesamtergebnisses anführen. Treten Leistungsverflechtungen zwischen den einzelnen Unternehmensbereichen auf, stellt sich das Problem der Verrechnungspreise.

Die **Matrixorganisation** ist durch Zweidimensionalität gekennzeichnet, um gleichzeitig nach zwei unterschiedlichen Kriterien (z. B. Funktionen, Produkte, Regionen) zentralisieren zu können. Eine konfliktfreie Abgrenzung der Kompetenzen bei zwei gleichberechtigten Dimensionen ist in der Praxis nur schwer möglich. Durch die – in der reinen Matrixorganisation – vorgesehene Unterstellung eines Mitarbeiters unter zwei Vorgesetzte entsteht vielfach das Problem konfliktärer Zielvorgaben.

11.4.4.2 *Grundmodelle zur Einbindung der Logistik in die Gesamtorganisation*

Ausgehend von der dominierenden Organisationsform der Makrostruktur von Produktionsunternehmen lassen sich folgende Konzepte der **Außenstruktur der Unternehmenslogistik** unterscheiden (vgl. Abb. 11-7) (vgl. *Hadamitzky* 1995, S. 75):

– Eingliederung der Logistik in eine funktionale Organisationsstruktur: Liegt eine funktionale Gesamtorganisation vor, lassen sich logistische Prozesse einbinden durch die Bildung funktionaler Teillogistiken wie Beschaffungs-, Produktions-, Distributions- und Entsorgungslogistik (Modell 1), die funktionsübergreifende Koordination durch einen Funktionsbereich (Modell 2) sowie die Schaffung eines selbstständigen Zentralbereichs, der zur Steuerung sämtlicher logistischen Prozesse gleichberechtigt neben den Funktionen Einkauf, Produktion und Absatz angesiedelt ist (Modell 3).
– Eingliederung der Logistik in eine objektorientierte Organisation: Alternativen zur Integration der Logistik in eine objektbezogene Organisation sind die dezentrale Logistikorganisation, bei der jede Sparte bzw. Division über einen eigenständigen Logistikbereich verfügt (Modell 4), die federführende Koordination sämtlicher logistischen Aktivitäten durch eine Division (Modell 5) oder die Konzentration in einem Zentralbereich (Modell 6).

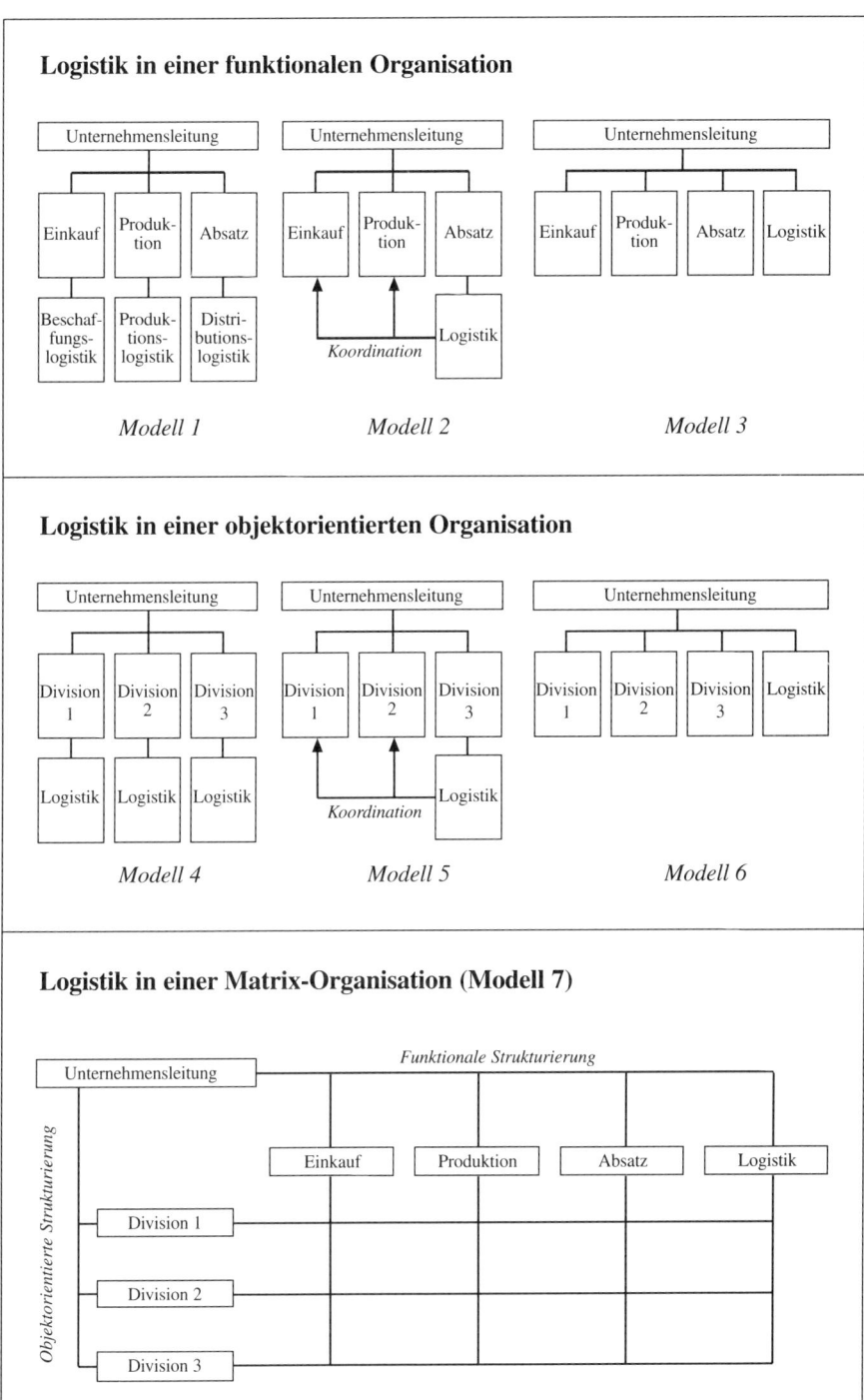

Abb. 11-7: Grundmodelle zur Eingliederung der Logistik in die Gesamtorganisation (vgl. Hadamitzky 1995, S. 74)

– Eingliederung der Logistik in eine Matrixorganisation: Innerhalb der Matrixorganisation erfolgt die Institutionalisierung der Logistik als eigenständiger Funktionsbereich (Modell 7). Diese zentrale Organisationseinheit trägt die Verantwortung für alle logistischen Aktivitäten der jeweiligen Objektbereiche (Produktgruppen, Regionen oder Kundensegmente).

11.4.4.3 Hierarchische Einordnung

Um sicherzustellen, dass die für die Durchführung der Logistikaufgaben verantwortlichen Mitarbeiter auch mit den nötigen Kompetenzen ausgestattet sind, ist eine geeignete hierarchische Einordnung der Logistik in die bestehende Organisation unabdingbar. Gleichzeitig kommt in dieser Einordnung zum Ausdruck, welchen Stellenwert die Unternehmensleitung dem logistischen Aufgabenbereich beimisst. Die Einordnung in die Organisationsstruktur kann auf der

– Geschäftsführungsebene,
– Bereichsebene,
– Hauptabteilungsebene oder
– Abteilungsebene

erfolgen.

Eine Einordnung der Logistik auf **Geschäftsführungsebene** findet sich zwischenzeitlich bei fast allen Automobilunternehmen, da bei diesen der Anteil der Logistikkosten an den Gesamtkosten sehr hoch ist und die Abwicklung der Waren- und Informationsflüsse insgesamt sehr komplex ist.

Auch bei einer Anordnung in der **Bereichs- und Hauptabteilungsebene** werden in der Regel die Voraussetzungen geschaffen, um einen effizienten und koordinierten Ablauf der logistischen Prozesse sicherzustellen. Bei einer Anordnung auf Bereichsebene tritt die Logistik gleichberechtigt neben die Funktionen Produktion, Marketing, Verwaltung etc. Bei einer Ansiedlung auf Hauptabteilungsebene muss die Logistik einem anderen Bereich zugeordnet werden. In diesem Fall besteht zumindest die Gefahr der zu starken Ausrichtung auf die Interessen des jeweiligen Bereiches.

Die geeignete hierarchische Einordnung der Logistikorganisation kann sich an den in Abb. 11-8 dargestellten Verknüpfungen orientieren.

Hierarchische Einordnung	Logistische Kriterien		
	Logistikkosten	Physische Struktur	Lieferservice
Bereichsebene	sehr hoher Anteil an den Gesamtkosten	insgesamt komplex	sehr bedeutend
Hauptabteilungsebene	mittlerer bis hoher Anteil an den Gesamtkosten	teilweise komplex	bedeutend
Abteilungsebene	geringer Anteil an den Gesamtkosten	einfach	weniger bedeutend

Abb. 11-8: Hierarchische Einordnung der Logistikkonzeption (vgl. Felsner 1981, S. 15)

11.4.5 Zentralisationsgrad

Über die bereits angesprochenen Entscheidungsvariablen hinaus muss in den Fällen, in denen entweder in mehreren Werken produziert wird und/oder das Unternehmen divisional organisiert ist, der Zentralisationsgrad der Logistikkonzeption festgelegt werden. Erfolgt die Erstellung der Produkte des Unternehmens in räumlich getrennten Werken, ist eine Dezentralisierung von Logistikaufgaben erforderlich. In Abhängigkeit vom Ausmaß der Dezentralisierung liegt ein niedriger bzw. hoher Zentralisationsgrad vor. Es empfiehlt sich, die marktbezogenen logistischen Einzelfunktionen, die sich unmittelbar im Lieferservice des Unternehmens niederschlagen, wie Standortplanung, Systementwicklung, Auftragsbearbeitung, Programmplanung, Distributionsstruktur sowie Lager- und Bestandswesen der Fertigerzeugnisse der werksübergreifenden Zentrallogistik zu übertragen. Demgegenüber sollten die operativen produkt- bzw. produktionsbezogenen Logistikfunktionen, bei denen es auf rasches Agieren und kurze Entscheidungswege ankommt, dezentralen Logistikeinheiten übertragen werden (vgl. Abb. 11-9).

Zentralisations-grad	Produktstruktur	Logistische Kriterien		Logistik-dimension
		Physische Struktur Produktion	Physische Struktur Distribution	
Zentrale Logistik	weitgehend homogen	eine Produktions-stätte	kleine Mindest-tonnage je Produktgruppe Kunden beziehen weitgehend das Sortiment	national international (nur Inlands-produktion)
Dezentrale Logistik	sehr heterogen	mehrere Produktions-stätten	Mindesttonnage pro Produkt-gruppe differenzierte Kundenstruktur	multinational (international) (national)
Zentrale Logistik mit dezentralen Abteilungen	homogen bis heterogen	mehrere Produktions-stätten	Mindesttonnage je Produkt-gruppe Kunden beziehen Teile des Sortiments	national international (auch Auslands-produktion)

Abb. 11-9: Zentralisationsgrad der Logistikkonzeption (vgl. Felsner 1983, S. 107)

11.4.6 Innenstruktur der Logistik

Die Innenstruktur der Logistik regelt die Arbeitsteilung innerhalb des logistischen Organisationssystems. Folgende Grundmodelle für die **Innenorganisation der Logistik** stehen zur Verfügung (vgl. Abb. 11-10) (vgl. *Hadamitzky* 1995, S. 76ff.):

– Funktionale Organisation der Logistik: Erfolgt die Arbeitsteilung zwischen den einzelnen logistischen Organisationseinheiten nach dem Verrichtungsprinzip, indem

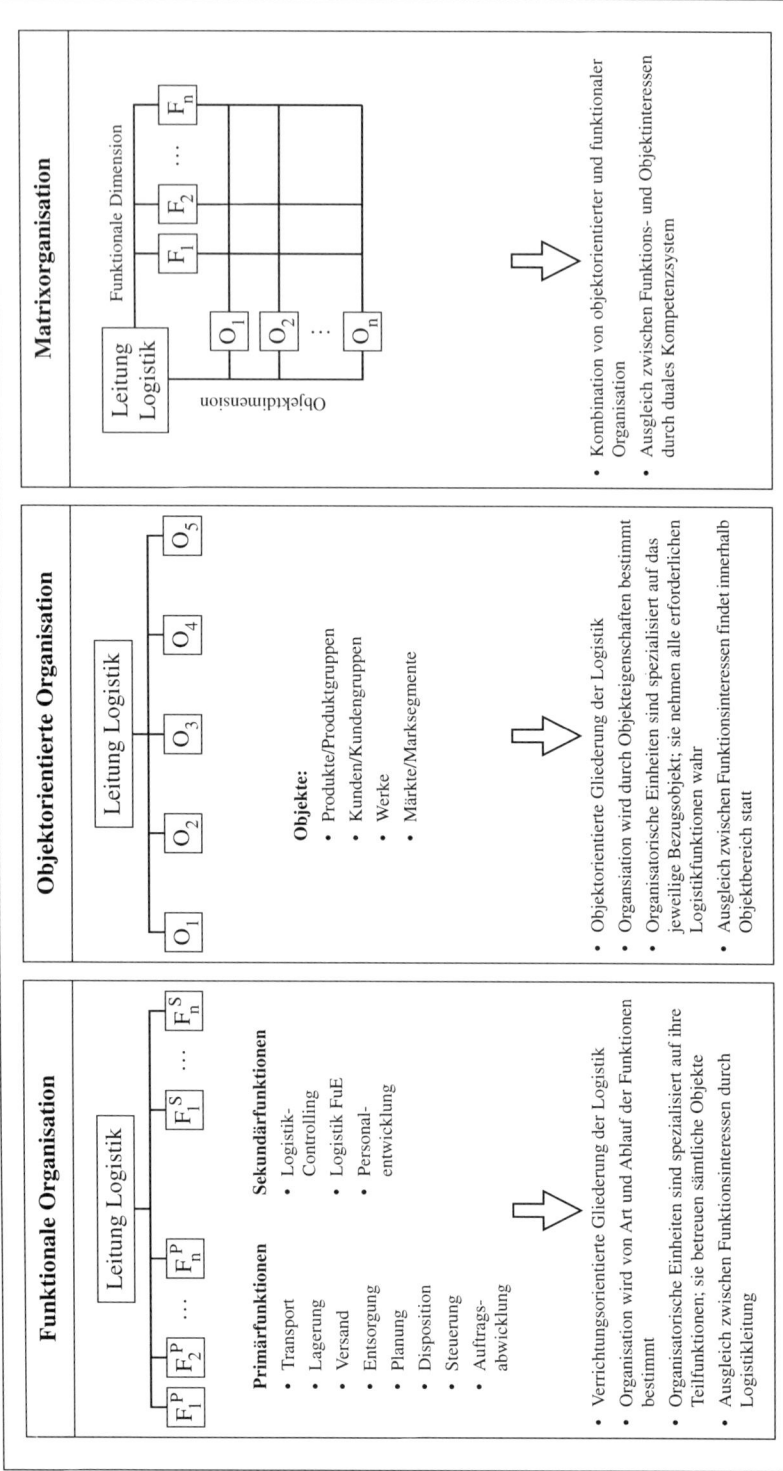

Abb. 11-10: Grundmodelle für die Innenorganisation der Logistik (Hadamitzky 1995, S. 77)

gleichartige bzw. ähnliche Aufgabeninhalte zusammengefasst werden, so liegt eine funktionale Struktur der Logistik vor. Die von der Logistik wahrgenommenen Aktivitäten stellen die Grundlage für die Bildung von Subsystemen dar. Mit einer organisatorischen Trennung von Primäraktivitäten des Material- und Informationsflusses sowie Sekundäraktivitäten der logistischen Managementprozesse kann eine stärkere qualitative Differenzierung zwischen repetitiven und innovativen Subeinheiten vorgenommen werden. Die funktionale Strukturierung zielt auf verrichtungsgebundene Spezialisierungsvorteile innerhalb der jeweiligen organisatorischen Teileinheit ab. Der Koordinationsbedarf ist wegen funktionsimmanenter Optimierungsbestrebungen hoch. Die Koordination kann weitgehend mit Hilfe der Standardisierung erfolgen, wobei die Logistikleitung Interessenkonflikte zwischen den funktionalen Teileinheiten lösen muss. Kritisch ist anzumerken, dass die funktionale Organisationsstruktur nur bedingt die Kundenorientierung und Flussoptimierung unterstützt. Die Kundenausrichtung lässt sich nur indirekt über die Leitungsinstanz realisieren. Die zahlreichen Schnittstellen zwischen den verschiedenen Funktionseinheiten können sich flusshemmend auf die Auftragsbearbeitung und die Informationsdurchlaufzeit von Planungs- und Steuerungsprozessen auswirken.

– Objektorientierte Organisation der Logistik: Bei diesem Strukturansatz werden sämtliche logistischen Prozesse für die jeweiligen Bezugsobjekte in quasi autonomen Organisationseinheiten zusammengefasst. Bezugsobjekte können hierbei neben Produkt- und Erzeugnisgruppen kunden- und (regionale) Marktsegmente oder Produktions- bzw. Werkseinheiten sein. Durch die vollständige Bearbeitung der jeweiligen Objektträger entstehen eindeutige Verantwortlichkeiten. Bei geringen Leistungsverflechtungen zwischen den Subeinheiten werden Schnittstellen und flussverzögernde Abstimmungsprozesse vermieden. Mögliche Nachteile des höheren Autonomiegrades sind die unzureichende Nutzung von Verbundeffekten und Nicht-Vollauslastung von personellen und technischen Ressourcen bei vorhandenen Mehrfachfunktionen.

– Matrixorganisation der Logistik: Bei der Matrixstruktur werden die beiden Gestaltungsdimensionen Objekt und Funktion zu einem mehrdimensionalen Organisationsmodell verknüpft. Durch die Überlagerung zweier Kompetenzsysteme werden Konfliktpotentiale bewusst institutionalisiert, um eine ganzheitliche Lösung von Sachproblemen sicherzustellen. Ziel ist es, mit der Matrixorganisation die Vorteile quasi autonomer Subeinheiten mit denen der funktionalen Konzentration zentraler Ressourcen zu kombinieren. Dies geht jedoch mit einem hohen Maß an organisatorischer Instabilität und Komplexität einher. Der Konfliktausgleich zwischen den beiden Marktdimensionen setzt deshalb eine entsprechende Konfliktlösungsfähigkeit bei den Mitarbeitern sowie Führungskräften voraus. Außerdem muss der Aufgabenkomplex der Unternehmenslogistik in mehrere voneinander abgrenzbare Objektbereiche zerlegbar sein.

Neben den Grundmodellen finden sich in der Praxis zahlreiche **Mischformen** der Innenstruktur logistischer Organisationseinheiten (vgl. Abb. 11-11).

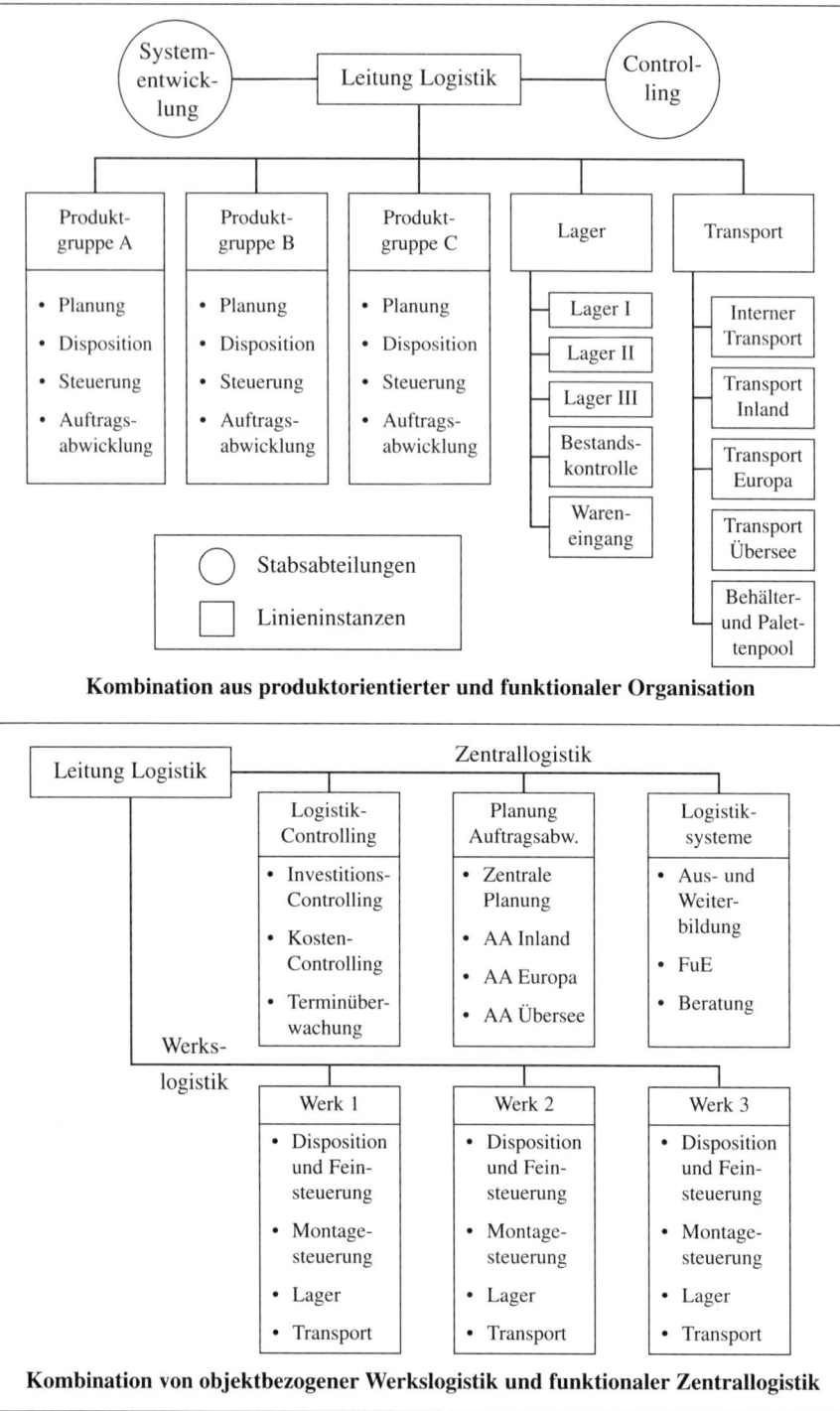

Abb. 11-11: Mischformen der Innenstruktur logistischer Organisationseinheiten (Hadamitzky 1995, S. 158)

11.5 Beispiele von Logistikorganisationen

11.5.1 Organisation der Logistik bei deutschen Automobilunternehmen

Die im Folgenden betrachteten Automobilunternehmen Audi, BMW und Daimler Benz verfügen jeweils über mehrere Produktionsstätten und eine Zentrale, die insbesondere Koordinationsaufgaben wahrnimmt. Somit erscheint es sinnvoll, dass Logistikaufgaben sowohl zentral als auch dezentral (Logistikzentrale und Werkslogistiken) wahrgenommen werden, wobei der Zentralisationsgrad festzulegen ist.

Bevor jedoch auf die Gestaltung der Aufbauorganisation eingegangen wird, soll zunächst verdeutlicht werden, was in den drei Unternehmen unter **logistischen Aufgaben** verstanden wird. Hierzu wurde von *Pfohl* u.a. (1986) eine schriftliche und mündliche Erhebung bei Audi, BMW und Daimler-Benz durchgeführt. In der in Abb. 11-12 enthaltenen Übersicht wurden die von den Unternehmen als logistisch eingestuften Funktionen teilweise zu Aufgabenbündeln zusammengefasst und der Beschaffungslogistik, der Produktionslogistik sowie dem Unternehmensbereich Logistik zugeordnet. Letzterer beinhaltet Aufgaben, die sich nicht nur auf die Beschaffungs- oder Produktionslogistik erstrecken. Darüber hinaus sind auch diejenigen Aufgaben angeführt, die zwar in der Literatur der Logistik zugerechnet werden, von den Unternehmen aber nicht als solche charakterisiert werden.

Die in Abb. 11-12 mit „×" gekennzeichneten logistischen Aufgaben werden nicht in jedem Fall ausschließlich von der Logistik wahrgenommen. Auch ist die Logistik in diesen Fällen nicht immer federführend.

Wie Abb. 11-12 zeigt, werden bei Audi einige der in der Literatur genannten Logistikaufgaben nicht als solche eingestuft. Dies ist im Wesentlichen auf das Fehlen einer eigenen Vertriebsorganisation und die Zugehörigkeit zum VW-Konzern zurückzuführen. Auch die verpackungsbezogenen Aufgaben (Nr. 25, 26) werden nicht zur Logistik gezählt.

Verglichen mit Audi ist die Anzahl logistischer Aufgaben bei BMW und *Daimler Benz* größer. Bei den beiden letztgenannten werden die distributionsbezogenen Aufgaben zwar auch als nicht-logistisch bezeichnet, jedoch von diesen selbst ausgeführt. Im Unterschied zu Audi und BMW wird bei *Daimler Benz* die strategische Aufgabe der Mitentscheidung über Eigenfertigung oder Fremdbezug federführend der Logistik zugewiesen. Ferner wird bei *Daimler Benz* eine Lieferantenbewertung auch aus logistischer Sicht vorgenommen.

Im Folgenden soll nun gezeigt werden, wie die genannten logistischen Aufgaben in den drei Unternehmen aufbauorganisatorisch verankert sind.

Bei **Audi** sind dem Produktionsvorstand die Werksleitungen in Ingolstadt und Neckarsulm unterstellt. Jeder Werksleitung ist ein logistisches „Werksressort" – eine Stufe zwischen Bereich und Hauptabteilung – zugeordnet. Die Gliederung dieses Werksressorts im Werk Ingolstadt ist Abb. 11-13 zu entnehmen.

Nr. Aufgabe	Audi	BMW	Daimler Benz
Beschaffungslogistik			
1 Bestandsmanagement Einsatzgüter	×	×	×
2 Lieferantenbewertung	–	–	×
3 Planung, Steuerung, Durchführung und Kontrolle der Einsatzgüterbeschaffung bis zur Bereitstellung	×	×	×
4 Produktionsmittelbereitstellung	×	×a	×b
5 Beschaffungslagerplanung	×	×c	×
Produktionslogistik			
6 Make or buy-Entscheidungen (Eigenfertigung oder Fremdbezug)	–	–	×
7 Produktionsprogrammplanung	×	×	×
8 Fertigungslosgrößenplanung	×	×	×
9 Bedarfsermittlung	×	×	×
10 Bestandsmanagement Halbfabrikate	×	×	×
11 Alle operativen Lageraufgaben bezüglich Halbfabrikaten	×	×	×
12 Innerbetrieblicher Transport	×	×	×
13 Materialflußplanung und -steuerung	×	×	×
14 Planung, Steuerung, Durchführung und Kontrolle des Zwischenwerksverkehrs	×	×	×
15 Produktionslagerplanung	×	×c	×
16 Werksplanung	–	×	×
17 Koordination zw. Absatzplanung, Produktionsplanung und Bevorratung	×	×	×
Distributionslogistik			
18 Auftragsabwicklung	–	–	–
19 Bestandsmanagement Fertigwaren	–	–	–
20 Alle operativen Lageraufgaben bezüglich Fertigwaren	–	–	–
21 Lieferservicefestlegung	–	–	–
22 Planung, Steuerung, Durchführung und Kontrolle der Ausgangstransporte von Fertigwaren	–	–	–
23 Distributionsstrukturplanung	–	–	–
Unternehmensbereich Logistik			
24 Entsorgung	×	×	×
25 Verpackungsgestaltung und -abstimmung mit Lieferanten und Logistikunternehmen	–	×	×
26 Verpackungsgerechte Produktgestaltung	–	–	–
27 Fuhrparkplanung	–	×	–
28 (Weiter-)Entwicklung logistischer Methoden, Modelle und Verfahren	×	×	×
29 Logistikorganisations- und -personalplanung	×	×	×
30 Erfassung logistischer Kosten und Leistungen	×	×	×
31 Bildung und Analyse logistischer Kennzahlen	×	×	×
32 Budgetierung	×	×	×
33 Beratung anderer Unternehmen auf logistischem Gebiet	–	×	×

a) nur logistische Produktionsmittel
b) und -bereitstellungsplanung
c) incl. Kauf/Miete-Entscheidung und ggf. Abstimmung mit Fremdbetreiber

Abb. 11-12: Funktionale Logistiksysteme deutscher PKW-Hersteller (Pfohl u. a. 1986, S. 7)

Die drei Säulen lassen sich von links nach rechts mit „Logistik-Zentrale", „dispositive Logistik" und „operative Logistik" beschreiben. In Neckarsulm enthält die Werkslogistik lediglich die mittlere und rechte Säule, die das Tagesgeschäft umfassen. Die Hauptabteilung Logistik Koordination („Logistik-Zentrale"), auf die der Produktionsvorstand fachlich direkt zugreifen kann, ist für alle darüber hinausgehenden, vor allem werksübergreifenden Aufgaben zuständig.

Bei Audi weist die Logistik einen mittleren Zentralisationsgrad auf, da zum einen nur Steuerungs- und Durchführungsaufgaben dezentralisiert sind, zum anderen aber der Zentrale die dispositive und operative Logistik nicht ausschließlich zugeordnet sind. Das Organigramm weist eine einzige Stabsstelle, nämlich das Logistik-Controlling auf.

Die **BMW AG** hat 1976 als erstes deutsches Automobilunternehmen ein Logistikressort geschaffen, in dem die verschiedenen logistischen Funktionen, die bis dahin auf verschiedene Ressorts verteilt waren, zusammengefasst wurden. Das Vorstandsressort „Logistik und Einkauf" gliedert sich in die Bereiche

– Einkauf Produktionsmaterial, Ersatzteile und Entwicklung
– Einkauf Gemeinkostenmaterial, Investitionen, Betriebsmittel
– Logistikzentrale und Auslandsfertigung (vgl. Abb. 11-14)

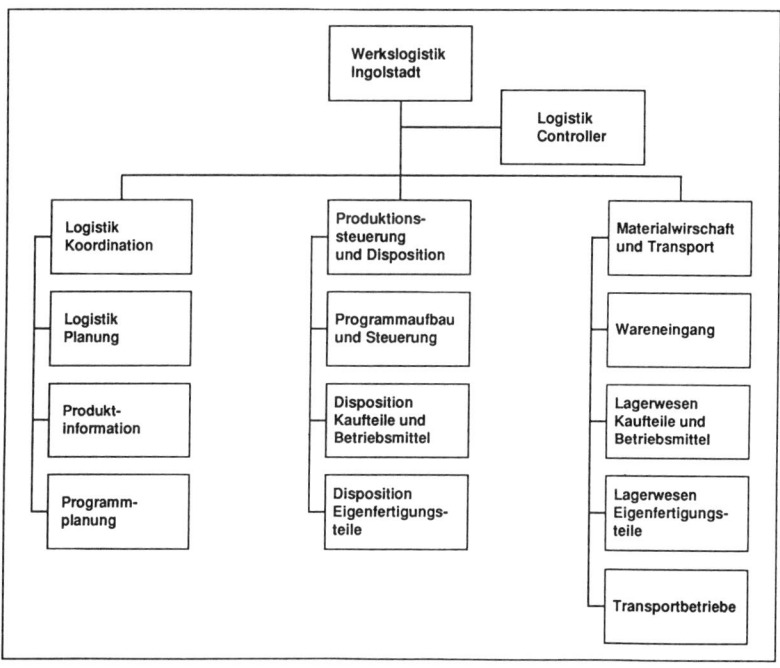

Abb. 11-13: Organisation der Audi-Logistik Ingolstadt (vgl. Pfohl 1986)

Die im Vergleich zu *Audi* höhere hierarchische Eingliederung der Logistikzentrale korrespondiert mit den umfangreichen logistischen Aufgaben bei BMW. Während im logistischen Zentralbereich die ganzheitliche Planung und Koordination der logisti-

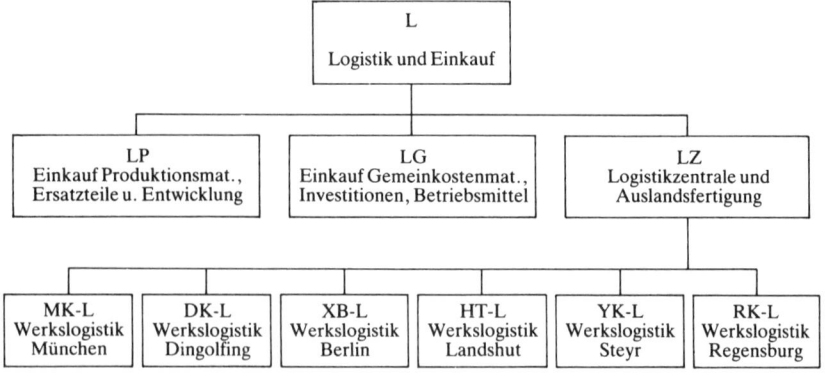

Abb. 11-14: Organisation des Ressorts „Logistik und Einkauf" bei BMW (Schäfer 1986, S. 9)

schen Aufgaben der gesamten BMW AG erfolgt, obliegen Steuerung und Durchführung den Werkslogistiken in den Werken München, Dingolfing, Berlin, Landshut,
Steyr und Regensburg (vgl. hierzu und zu folgendem *Pretzsch* 1987, S. 30ff.). Die
Werkslogistik untersteht disziplinarisch direkt der jeweiligen Werksleitung. Die Logistikzentrale verfügt über eine fachliche Weisungsbefugnis gegenüber der Werkslogistik, die sich unter anderem auf

– fachliche Anweisungen bezüglich der Abläufe und Planvorgaben,
– deren Koordination und Kontrolle sowie
– die Erstellung von Systemen und die Erarbeitung von Methoden erstreckt.

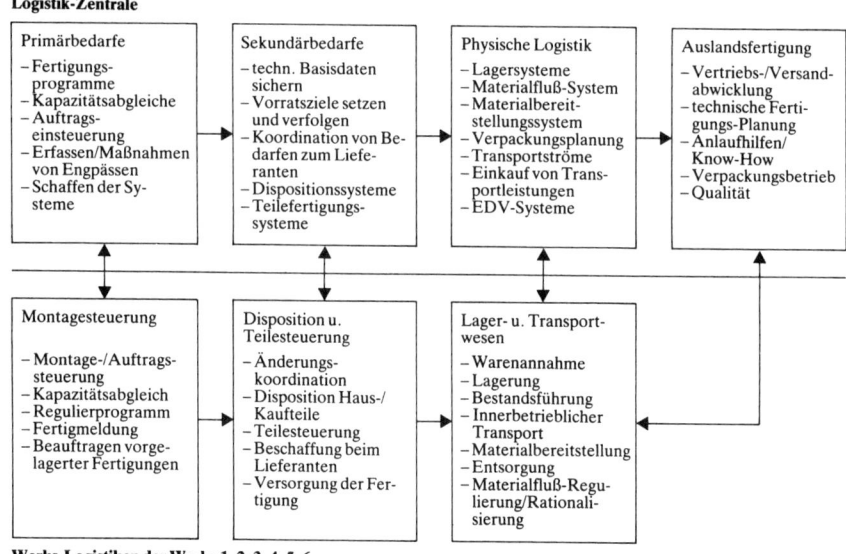

Abb. 11-15: Aufgabenteilung zwischen Logistikzentrale und Werkslogistiken bei BMW
(Pretzsch 1987, S. 31)

Die Aufgabenteilung zwischen Logistikzentrale und Werkslogistiken zeigt Abb. 11-15. Gegenüber *Audi* ist ein höherer Zentralisationsgrad der Logistikfunktionen festzustellen.

Betrachtet man den zeitlichen Horizont, so erstreckt sich die Zuständigkeit der Logistikzentrale auf den mittel- und langfristigen Bereich, die der Werkslogistik auf den Kurzfristbereich.

Zentrallogistik und Werkslogistik weisen größtenteils eine deckungsgleiche Organisation auf, die sich durch die Kriterien „Planung" und „Durchführung" unterscheiden.

„Die **Aufgaben der Zentrale** sind unterteilt in:

- die Programmdisposition und Fahrzeugauftragssteuerung, die die Produktionsprogramme koordinierend erstellt und die Fahrzeugaufträge in die Werke übergibt,
- die Materialplanung inkl. aller DV-Systeme, welche die Voraussetzungen schaffen, dass alle Teile in der richtigen Menge, zum richtigen Zeitpunkt, am richtigen Ort so wirtschaftlich wie möglich für die Produktion bereitgestellt werden können,
- die physische Logistik, die den gesamten inner- und überbetrieblichen Materialfluss und die dazugehörende Lager- und Transporttechnik plant.

Diesen Zentralstellen ist jeweils eine dem Aufgabengebiet direkt entsprechende Stelle in den **Werken** zugeordnet:

- die Montagesteuerung, die die Montagereihenfolge der Fahrzeuge unter Berücksichtigung der gegebenen Kapazitäten sowohl in der eigenen Fertigung als auch bei den Lieferanten festlegt und davon ausgehend die Aufträge in die Produktion einsteuert,
- die Materialdisposition und -steuerung, die das fremdgefertigte Material bei den Lieferanten abruft und die eigene Teilefertigung steuert,
- das Lager- und Transportwesen, das für den gesamten Materialfluss vom Wareneingang bis zur Bereitstellung des Materials an den Montagebändern und die Entsorgung verantwortlich ist.

Die Zentralstelle und die zugehörige Stelle in den einzelnen Werken bilden jeweils zusammen einen Fachkreis." (*Pretzsch* 1987, S. 32).

Fachkreise dienen der wechselseitigen Abstimmung zwischen den zentralen Planungsvorgaben und der praktischen Umsetzung vor Ort. Hierdurch können Zielabweichungen zeitverzugslos korrigiert oder kurzfristige Änderungen flexibel berücksichtigt werden. Auf die der Logistikzentrale angegliederte Auslandsfertigung soll an dieser Stelle nicht weiter eingegangen werden.

Als **Effekte** der Schaffung einer ganzheitlichen Logistikorganisation sind zu nennen:

- Abbau von Doppelarbeiten,
- höhere Transparenz und Beeinflussbarkeit der logistischen Kosten,
- Abbau von Beständen,
- die optimale Nutzung der zentral und dezentral vorhandenen Informationen.

Im Gegensatz zu *Audi* weist das Organigramm von BMW keinen Logistik-Controller auf.

Im Vergleich zu Audi und BMW war die Logistik bei **Daimler Benz** 1986 noch nicht selbstständig institutionalisiert. Das Unternehmen befand sich zu diesem Zeitpunkt erst im Anfangsstadium der Realisierung einer Logistikkonzeption. Die Logistik ist organisatorisch einerseits im Zentralbereich Materialwirtschaft und andererseits in den

Hauptabteilungen Materialwirtschaft der Werke verankert, wobei letztere den jeweiligen kaufmännischen Werksleitern disziplinarisch unterstellt sind. Kernaufgabe der dezentralen Logistikeinheiten bilden Materialverwaltung und -disposition. Der Zentralisationsgrad entspricht daher in etwa dem von BMW. Auch *Daimler* verfügt über keine dezentralen Logistikstäbe.

Zusammenfassend lässt sich festhalten, dass BMW über das umfangreichste und am weitesten entwickelte institutionelle Logistiksystem verfügt (vgl. *Pfohl* u. a. 1986, S. 12). In allen drei Fällen ist die Distribution nicht Bestandteil der Logistikorganisation.

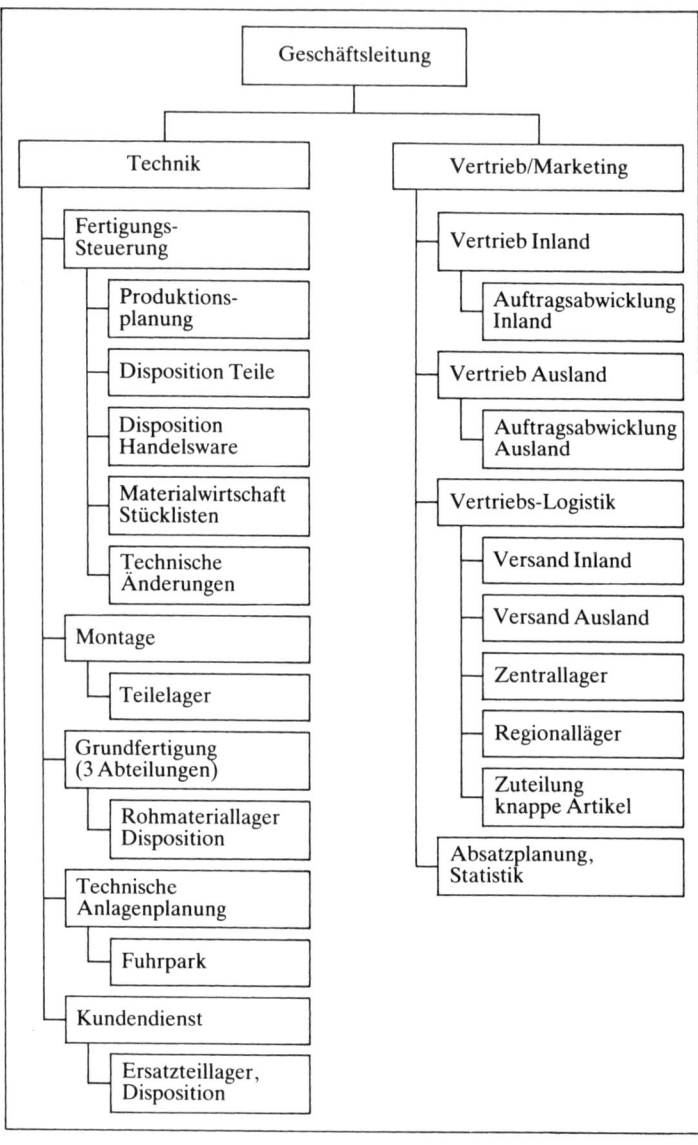

Abb. 11-16: Logistische Zuständigkeiten bei Krups 1982 (Krups 1986, S. 207)

11.5.2 Organisation der Logistik bei Robert Krups

Krups, ein Unternehmen der Haushaltskleingeräte-Industrie setzte 1986 mit ca. 3000 Mitarbeitern 250 Mio. Euro um. Eine Analyse der Verteilung logistischer Aufgaben im Unternehmen ergab im Jahre 1982 die in Abb. 11-16 enthaltene Situation. In dem Organigramm sind nur die logistisch relevanten Aufgaben enthalten. Es zeigte sich, dass die logistischen Teilfunktionen zum einen in verschiedenen Ressorts (insbesondere Technik und Vertrieb/Marketing), und zum anderen in einer Vielzahl von Abteilungen innerhalb der einzelnen Ressorts angesiedelt waren.

In einem umfassenden Reorganisationsprozess wurden die logistischen Aufgaben inzwischen zusammengefasst und unter eine **einheitliche Verantwortung** gestellt (vgl. Abb. 11-17). Hierbei wurden folgende **Ziele** verfolgt (vgl. *Krups* 1986, S. 208):

- Klare Verantwortungsabgrenzung mit der Möglichkeit zur eindeutigen Zuordnung von Kosten und Leistungen,
- Zusammenfassung ähnlicher Funktionen
  - zur Konzentration von Know-How und
  - zum Ausgleich von Personalausfall bzw. Arbeitsspitzen,
- Minimierung von Schnittstellen im Tagesgeschäft,
- Sicherstellung eines hohen Eigeninteresses jeder Abteilung an der Erfüllung der ihr zugeordneten Aufgaben und Vermeidung von „Nebenaufgaben".

Der Bereich Logistik ist in der zweiten Hierarchieebene angeordnet, d.h. er ist der Geschäftsleitung direkt unterstellt. In der Logistik sind etwa 150 Mitarbeiter beschäftigt.

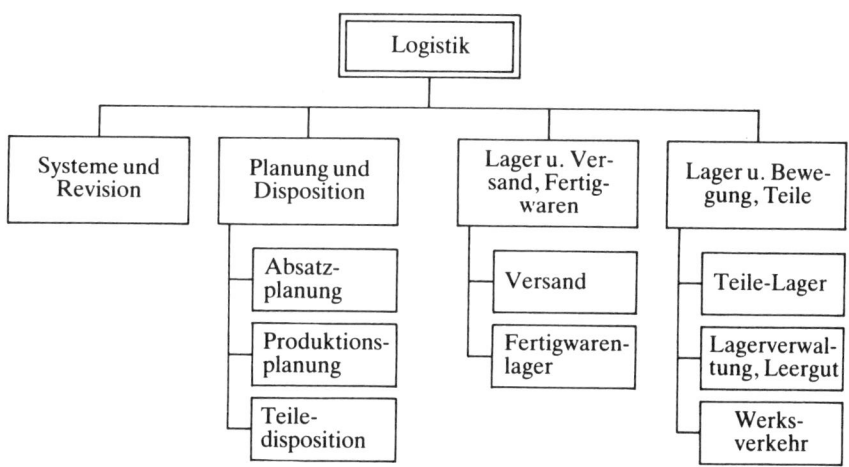

Abb. 11-17: Logistikorganisation bei Krups 1987 (Krups 1986, S. 211)

11.5.3 Organisation der Logistik bei Boehringer Mannheim GmbH

Die *Boehringer Mannheim GmbH (BM)*, ein Unternehmen der pharmazeutischen Industrie beschäftigte 1987 ca. 8200 Mitarbeiter bei einem Umsatz von 800 Mio. Euro. Mit logistischen Aufgaben sind 550 Mitarbeiter befasst. Zwischen 1982 und 1987 erfolgte eine **umfassende Neukonzeption der Logistik** mit den vier Schwerpunkten (vgl. *Stephan* 1988):

- LOGIS, einem **LOG**istischen Informations- und Steuerungssystem,
- Schaffung einer Logistikstruktur mit zentralisierten Logistikfunktionen,
- Mitarbeiterschulung und -training,
- Projektbegleitende Maßnahmen.

Die neue Logistikkonzeption machte auch Änderungen der Strukturorganisation erforderlich, um klare Kompetenzabgrenzungen sicherzustellen (vgl. hierzu *Semmelroggen* 1988, S. 94). Im Rahmen der Reorganisation des Unternehmens wurden die bislang selbstständigen, funktional gegliederten Bereiche Forschung und Entwicklung, zentrales Marketing und Produktion den beiden neugeschaffenen Produktressorts Diagnostika und Therapeutika zugeordnet. **Jedes der beiden Produktressorts** verfügt nunmehr auch über eine **Stabstelle Logistik** mit den Funktionen

- Logistik-Strategie,
- Bedarfsplanung (Marktbedarf) und
- Versorgungsplanung (Bestandsplanung und Produktion).

Hauptaufgabe dieser Planungsinstanzen ist es, die Lieferfähigkeit sicherzustellen.

Demgegenüber wurden die Logistikaufgaben der Auftragsabwicklung und das Physical Handling, die für alle Produkte in gleicher Weise ausgeführt werden, einem neugeschaffenen **Zentralbereich Logistik** übertragen (vgl. Abb. 11-18). Dieser trägt die

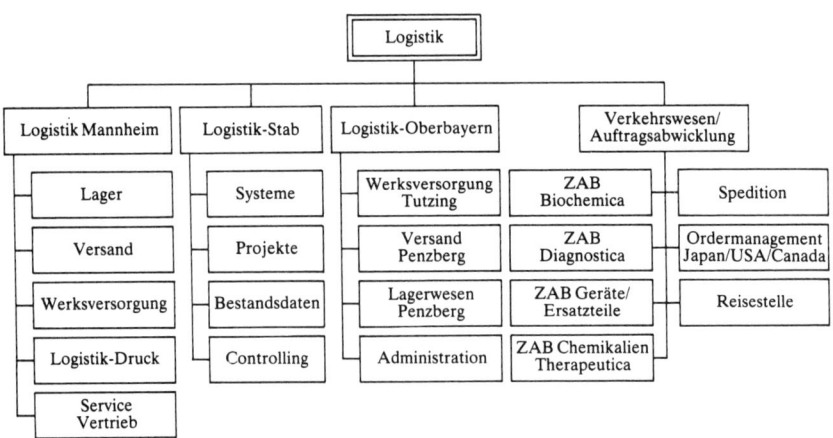

Abb. 11-18: Zentralbereich Logistik bei der Boehringer Mannheim GmbH

Verantwortung für die optimale Durchführung der operativen Logistik. Im Einzelnen beinhalten diese Service-Funktionen

- Wareneingang,
- Transport,
- Lagerung,
- Werksversorgung,
- Kundenauftragsabwicklung,
- Versand und Spedition.

Ferner ist in diesem Bereich auch eine als Logistik-Stab bezeichnete Planungsabteilung angesiedelt, die für die bereichsübergreifende Entwicklung, Koordination und Implementierung von logistischen Systemen und neuen Projekten zuständig ist.

11.6 Reorganisationsprozess

Da von einer Reorganisation der Logistik verschiedene betriebliche Bereiche berührt werden, treten im Rahmen des Reorganisationsprozesses in der Regel Schwierigkeiten und Widerstände auf. Es ist deshalb darauf zu achten, dass geplante organisatorische Änderungen nicht überstürzt durchgeführt werden, vielmehr empfiehlt sich eine schrittweise Umsetzung (vgl. Abb. 11-19). Im **ersten Schritt** sind die Mitglieder des Projektteams sowie die Randbedingungen (z.B. Terminplan und Budget) festzulegen. Bei der Benennung der Projektverantwortlichen wird in der Praxis in der Regel einer der folgenden drei Wege beschritten (vgl. *LaLonde* 1979, S. 21 f.):

- **Bilden einer Projektgruppe** („Task Force"): Die Projektgruppe setzt sich aus Mitarbeitern der Funktionsbereiche zusammen, die von einer Reorganisation der Logistik tangiert sind. Ihre Aufgabe ist es, Logistikziele zu definieren und Verbesserungsvorschläge zur Wahrnehmung logistischer Aufgaben zu erarbeiten. Die Vorteile einer derartigen Projektgruppe bestehen in einer frühzeitigen Information der betroffenen Bereiche sowie in einer Partizipation am Entscheidungsfindungsprozess, die die Akzeptanz bei einer späteren Realisierung erhöhen kann. Andererseits dauert es oft sehr lange, bis eine Projektgruppe ein Ergebnis erzielt, da die Mitglieder häufig völlig unterschiedliche Ausbildung und Denkweise aufweisen und ihre bereichsspezifischen Interessen vertreten.
- Heranziehen eines **externen Unternehmensberaters:** Hierdurch eröffnet sich dem Unternehmen die Möglichkeit, relativ schnell über ein bislang nicht vorhandenes Expertenwissen zu verfügen. Außerdem bietet sich auf Grund der Neutralität des Unternehmensberaters die Chance, dass dieser eventuell bestehende Spannungen zwischen den unterschiedlichen Bereichen abbauen kann. Als Nachteil ist insbesondere die oft fehlende Verantwortungsübernahme zu nennen.
- **Aufbau einer Stabsstelle bzw. -abteilung:** Das Ziel, eine Stabsstelle bzw. -abteilung bestehend aus Logistikfachleuten zu bilden, kann darin bestehen, den Verantwortungsbereich langsam auszudehnen und somit einen Ausgangspunkt für einen zukünftigen zentralen Logistikbereich zu schaffen.

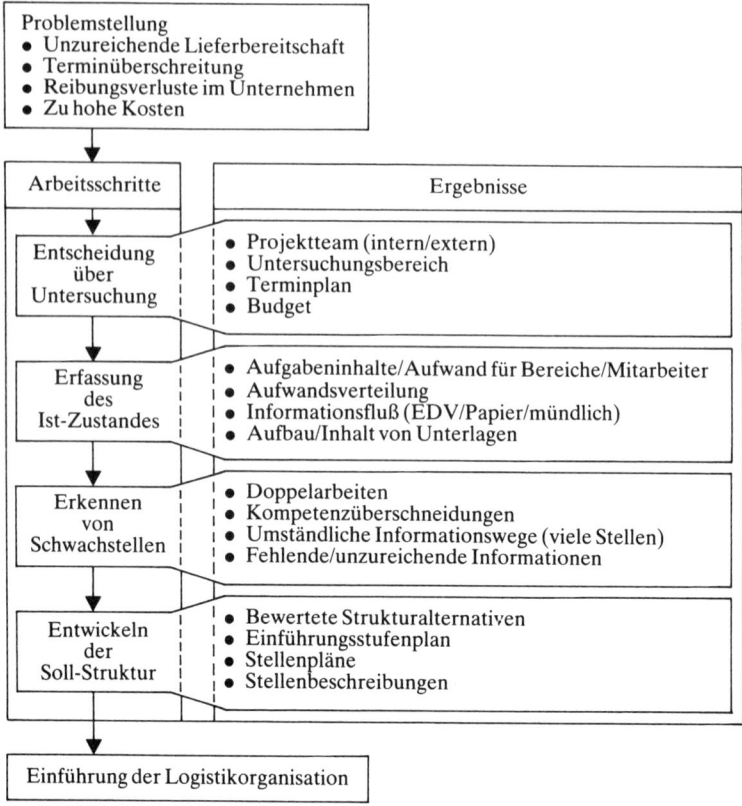

Abb. 11-19: Vorgehensweise zur Reorganisation der Logistik (vgl. Schwamborn 1986, S. 119)

Im Anschluss an die Projektvorbereitung ist im **zweiten Schritt** der Ist-Zustand zu analysieren. Trotz des hiermit verbundenen hohen Aufwandes ist eine möglichst objektive Bewertung des Ist-Zustandes zur Ableitung neuer Konzepte und einer Bewertung der durch eine Reorganisation erzielbaren Nutzeffekte zwingend erforderlich.

An die Erfassung des Ist-Zustandes schließt sich in der **dritten Projektphase** die Aufdeckung der Schwachstellen an. Hier ist auch zu entscheiden, ob eine Änderung der bestehenden Organisation erfolgen soll. Falls hierdurch erhebliche Verbesserungen erwartet werden, sind im **vierten Projektschritt** alternative Organisationskonzepte zu entwickeln und bewerten. Nach der Auswahl der bestgeeigneten Lösungen sind die erforderlichen Voraussetzungen für eine Umstrukturierung zu schaffen.

12 Personelle Aspekte der Logistik

Eine der Logistik angepasste Personalpolitik ist Voraussetzung für exzellente Logistikleistungen. Nur wenn logistisches Denken und Wissen bei den Mitarbeitern und Führungskräften in hohem Maße vorhanden sind, lassen sich Logistikkonzeptionen auf Dauer erfolgreich umsetzen. Basis für die Leistungsfähigkeit der Mitarbeiter sind eine fundierte Aus- und Weiterbildung. Zur Sicherstellung der Leistungsbereitschaft sind unter anderem eine leistungsgerechte Entlohnung, attraktive Arbeitsinhalte sowie Aufstiegsmöglichkeiten erforderlich.

12.1 Logistikgerechte Berufsausbildung

Die Logistikausbildung soll zur Ausübung eines qualifizierten Berufs in diesem Bereich dienen und kann in der Lehrlingsausbildung, einem Anlernverhältnis oder der Erstausbildung im Rahmen eines Studiums bestehen. Zu den Ausbildungsberufen, die primär auf Aufgaben in der Logistik vorbereiten, gehören der **Schifffahrtskaufmann, Speditionskaufmann, Luftverkehrskaufmann** sowie der **Handelsfachpacker.** Weitere Ausbildungsberufe, wie der Industriekaufmann erfassen logistische Aufgaben nur am Rande.

Da bislang eigenständige berufliche Ausbildungsabschlüsse zum Logistiker nicht existieren, ist zunächst zu untersuchen, welche Berufsfelder in der Logistik vorhanden sind. Im Anschluss ist die Frage zu beantworten, welche Ausbildungsabschlüsse bei der Besetzung von Logistikstellen in der Praxis bevorzugt werden. In der logistischen Kette lassen sich – bei Einbeziehung der Managementaufgaben – neun **Berufsfelder** unterscheiden (vgl. *Dubbert/Pfohl* 1988, S. 183):

- Logistikleiter in Industrie und Handel,
- Leiter von Logistikunternehmen/-betrieben,
- Verkauf logistischer Dienstleistungen,
- Material-/Warenadministration und -disposition,
- Produktionsplanung und -steuerung,
- Lagerhaus/Lagerhaltung,
- Distribution/Spedition,
- Logistiksysteme,
- Logistikcontrolling.

Welche **Ausbildungsabschlüsse** werden nun in den einzelnen Berufsfeldern präferiert? Eine empirische Untersuchung brachte hierbei folgende Ergebnisse (vgl. *Dubbert/Pfohl* 1988, S. 184). Beim Logistikleiter, im Verkauf logistischer Dienstleistungen, bei der Material-/Warenadministration und -disposition, der Distribution/Spedition sowie im

Logistikcontrolling wird vielfach eine betriebswirtschaftlich orientierte Ausbildung gewünscht. Logistikunternehmen fordern vor allem die Ausbildung zum Speditionskaufmann. Die Berufsfelder Produktionsplanung und -steuerung sowie teilweise Lagerhaus/Lagerhaltung und Logistiksysteme weisen eine technische bzw. ingenieurwissenschaftliche Orientierung auf. Eine spezifische Informatikausbildung wird teilweise für die Berufsfelder Logistiksysteme (Hardware) und die Logistikberatung gefordert. Einen zusammenfassenden Überblick über die Soll-Ausbildung für die einzelnen logistischen Berufsfelder gibt Abb. 12-1.

Logistische Berufsfelder / Ausbildung	1	2	3	4	5	6	7	8 a)	8 b)	8 c)	9
Diplom-Kaufmann	◐	◐	●	—	◐	—	◐	●	●	○	◐
Diplom-Betriebswirt FH	○	●	●	◐	●	◐	◐	◐	●	◐	—
Diplom-Betriebswirt m. Zusatzqualifikation[1]	—	—	○	—	—	●[5]	◐[5]	◐	—	—	—
Diplom-Wirtschafts-Ingenieur	●	—	—	●	○	○	○	●	—	○	—
Diplom-Informatiker	○	—	—	◐	—	—	—	◐	●	—	—
Diplom-Ingenieur[2]	○	—	—	●	—	◐	—	—	—	●	—
Spezifische Berufsfachschule/-akademie	—	◐	—	—	—	—	○	○	—	○	—
Speditionskaufmann	—	◐	◐	—	—	●[5]	●[5]	—	—	—	—
Sonstige kaufmännische Ausbildung[3]	—	—	○	—	—	○	●	—	○	—	—
Sonstige technische Ausbildung[4]	—	—	—	○	—	—	—	—	—	◐	—

Legende: Berufsfelder (Spalten 1–8)
1 Logistikleiter Industrie und Handel
2 Leiter Logistikunternehmen/-betrieb
3 Verkauf logistischer Dienstleistungen
4 Produktionsplanung/Fertigsteuerung
5 Material-/Warenadministration/-disposition
6 Lagerhaus/Lagerhaltung
7 Distribution/Spedition
8 Logistiksysteme   a) Beratung/Konzeptionen
                     b) Software
                     c) Hardware
9 Logistikcontrolling

Bemerkungen:
[1] Speditionskaufmann/Berufsfachschule
[2] je nach Aufgabe Studienschwerpunkte Verfahrens-, Produktionstechnik, Maschinenbau
[3] z. B. DV-Organisator, Groß- und Außenhandelskaufmann
[4] z. B. Techniker-Ausbildung
[5] speziell von Logistikunternehmen gefordert

Gewichtung:
— keine Bedeutung   ◐ hohe Bedeutung
○ geringe Bedeutung   ● sehr hohe Bedeutung

Abb. 12-1: Soll-Ausbildung für logistische Berufsfelder (Dubbert/Pfohl 1988, S. 183)

Eine stärkere Differenzierung bezüglich der **Hierarchieebene** nimmt *Wunderow* (1982) bei der Verknüpfung zwischen logistischen Aufgaben und präferierten Ausbildungsabschlüssen vor. Hierdurch erfolgt auch eine stärkere Berücksichtigung der Sachbearbeiterebene. Die in Abb. 12-2 angeführten Beispiele beziehen sich insbesondere auf die Anforderungen in der Automobilindustrie.

Hierarchie-ebene / Logistische Aufgabe	Sachbearbeiter	Gruppenleiter/ qualifizierter Spezialist	Führungskraft/ hochqualifizierter Spezialist
Programmplaner	Industriekaufmann + techn. Lehre	Wirtschaftsingenieur (FH)	Wirtschaftsingenieur (TH, Univ.)
Montagesteuerer	angelernte Hilfskraft	Fachkraft	Wirtschaftsingenieur
Materialplaner	Industriekaufmann	Betriebswirt	Dipl.-Kaufmann Wirtschaftsingenieur
Disponent	Industriekaufmann	Betriebswirt	Betriebswirt
Lager-Transport-Verkehrsplaner	Techniker	Materialfluss-Ingenieur (FH)	Materialfluss-Ingenieur (TH, Univ.)
Lagerbewirtschaftung, Transport	Hilfskraft	Fachkraft	Materialfluss-Ingenieur

Abb. 12-2: Qualifikationsanforderungen an logistische Aufgabenträger (Wunderow 1982, S. 9)

Aufgrund des heterogenen und vielschichtigen Aufgabenspektrums der Logistik und der sich hieraus ergebenden Anforderungen an eine Logistikausbildung ist *Pretzsch* (1986, S. W6.5) der Meinung, dass diese nicht in einem einzelnen **Studiengang** abgedeckt werden können. Er schlägt deshalb vor, zum einen betriebswirtschaftliche und zum anderen technische Ausbildungsinhalte herauszukristallisieren, die zu zwei unterschiedlichen Anforderungsprofilen für die Ausbildung des Logistikers führen. Dies deckt sich auch mit dem Aufbau der Hochschulen in der Bundesrepublik. Während in der **betriebswirtschaftlichen** Ausbildung beschaffungsmarktorientierte Funktionen sowie Planungs-, Steuerungs- und Durchführungsaufgaben im kaufmännisch-administrativen Bereich im Vordergrund stehen, beinhaltet die **technische Logistikausbildung** das Gebiet der physischen Logistik (vgl. Abb. 12-3).

12.2 Weiterbildung in der Logistik

12.2.1 Ziele und Arten der Weiterbildung

Gegenstand der Weiterbildung ist eine Vertiefung und Erweiterung von Kenntnissen, Fähigkeiten und Verhaltensweisen der Mitarbeiter, so dass im Unternehmen ein breites Qualifikationspotential entsteht. Mit der Weiterbildung werden sowohl Unternehmens- als auch Individualziele der Mitarbeiter verfolgt (vgl. *Berthel* 1979, S. 154). Als **unternehmensorientierte Zielsetzungen** lassen sich im Einzelnen anführen (vgl. *Kästner* 1986, S. 13 f.):

– Erhöhung der Qualifikation der Mitarbeiter zur Optimierung ihres Leistungsbeitrags,
– Bereitstellung qualifizierter Nachwuchskräfte,

Grundsätzliche Fähigkeiten
- Denkvermögen: flexibles, kreatives, konstruktives, analytisches
- Teamfähigkeit
- Mitarbeiterführung und Mitarbeitermotivation

Basiswissen
- Planung, Organisation und Kontrolle
- Informatik

Anforderungsprofil:

Betriebswirtschaftliche Logistik an Wirtschaftswissenschaftlichen Hochschulen
- Grundlagen der technischen Logistik
- Beschaffungsmarketing
  - Beschaffungsmarktforschung
  - Beschaffungspolitisches Instrumentarium
  - Modelle des Anbieter- und Beschafferverhaltens
  - Methoden der Beschaffung
- Logistische Basisdaten
  - Technische Information
  - Arbeitspläne
  - Materialplanungsstücklisten
  - Nummernsysteme
- Auftragsabwicklungssysteme
- Materialplanung und Materialsteuerung
  - Bedarfsplanungssysteme
  - Bestandsplanungssysteme
  - Beschaffungs- und Bestellabwicklungssysteme
- Produktionsplanungs- und -steuerungssysteme
  - Fertigungs- und Montagesteuerung
  - Integrierte Steuerungssysteme (MRP I, MRP II, KANBAN, OPT, JIT)
  - Technische Steuerungssysteme (BDE, Prozess-DV)
- Lager, Transport und Verkehr
  - Lagerplanung
  - Verkehrs- und Transportplanung
- Entsorgung (kfm.)

Anforderungsprofil:

Technische Logistik an Technischen Hochschulen
- Grundlagen der betriebswirtschaftlichen Logistik
- Strukturplanung
  - Layoutplanung
  - Gebäudestrukturplanung
- Lager- und Einrichtungsplanung
  - Lagersysteme
  - Fördersysteme
  - Transportsysteme
  - Kommissioniersysteme
- Materialfluss- und Materialbereitstellungsplanung
- Warenverteilsysteme
- Transportmittelplanung
- Verkehrswirtschaft
- Technische Datenverarbeitung
  - Rechner- und Kommunikationssysteme
  - Geometrisch/Physikalische Datenverarbeitung (CAD, CAE, CAQ, CAM, CIM)
  - Steuerungs- und Regelungstechnik
  - BDE
- OR-Techniken
  - Simulationen
  - Material- und Werteflussanalysen
- Entsorgung (technisch)

Abb. 12-3: Anforderungsprofil an die Logistikausbildung (Pretzsch 1986, S. W6.6)

- Sicherstellung eines breit angelegten Qualifikationspotentials im Unternehmen, um zukünftige Anforderungen bewältigen zu können und einen flexiblen und breiten Personaleinsatz der Mitarbeiter zu ermöglichen,
- Bindung qualifizierter Mitarbeiter an das Unternehmen,
- akquisitorische Wirkung der Weiterbildungsaktivitäten auf dem Arbeitsmarkt sowie
- Aufdeckung von Unzulänglichkeiten in der Stellenbesetzung und von Fehlbesetzungen.

Die **Mitarbeiter** erwarten sich von Weiterbildungsmaßnahmen insbesondere verbesserte Einkommenschancen, höhere Sicherheit, beruflichen und sozialen Aufstieg sowie die Chance zur Selbstentfaltung.

Grundsätzlich können Weiterbildungsveranstaltungen innerbetrieblich oder außerbetrieblich durchgeführt werden. Bei den letztgenannten ist zu unterscheiden zwischen Weiterbildungsangeboten mit Erwerb einer Berufsbezeichnung, wie z.B. die Weiterbildung zum „Fachkaufmann Einkauf/Materialwirtschaft" und zum „Verkehrsfachwirt Güterverkehr-Spedition-Lagerei", sowie solchen mit Erwerb einer Teilnahmebescheinigung, die von fast allen Seminarveranstaltern ausgestellt wird.

12.2.2 Beispiele innerbetrieblicher Weiterbildung

Es werden im Folgenden die Schulungs- und Trainingsprogramme dreier Unternehmen vorgestellt, wobei die einzelnen Konzepte sich durch unterschiedliche Aspekte auszeichnen. Während bei Boehringer die breite Diffusion logistischen Gedankengutes im Rahmen der Neukonzeption der Logistik im Vordergrund stand, besticht das Beispiel von Bosch durch den geschlossenen integrierten Aufbau der Logistikseminare. Bei Rohde & Schwarz ist die Eigenentwicklung eines Planspiels von besonderem Interesse.

12.2.2.1 Boehringer Mannheim GmbH

Das neue Informations- und Steuerungssystem (vgl. Abschnitt 11.5.3) beeinflusste die Arbeitsinhalte von 150 Mitarbeitern unmittelbar. Darüber hinaus sind ca. 500 Mitarbeiter von der neuen Logistik-Konzeption mittelbar berührt (vgl. hierzu und zum folgenden *Stephan* 1988). Die Themen der einzelnen Schulungsmaßnahmen mit ihren jeweiligen Zielsetzungen, Zeitdauern, Teilnehmerzahlen und Durchführenden enthält Abb. 12-4.

Kernpunkt der Schulungsmaßnahmen stellte das zweitägige „LOGIS-Seminar" dar, das gemeinsam vom LOGIS-Projektteam (Seminarinhalte) und der Personalförderung (Methodik) vorbereitet wurde:

- Inhalte
  - Grundlagen der Logistik
  - Philosophie und Kennzahlen der BM-Logistik
  - Teilsysteme und Schnittstellen von LOGIS
  - Die BM-Logistik-Organisation
- Methodik
  - Vorträge
  - Bildschirmdemonstrationen
  - Diskussionen
- Zeitplan
  begleitend zur Realisierung von 1986–1988
- Adressaten
  - alle Mitarbeiter mit logistischen Aufgaben
  - Mitarbeiter, die mit logistischen Aufgaben Kopplungsstellen aufweisen
  - Führungskräfte

Themen- bereich Merkmale	Allgemeine Kenntnisse über Logistik und die neue BM-Logistik- Konzeption	LOGIS-Seminar zur Vermittlung des Grundwis- sens LOGIS	Anwender- training	Externe Schu- lungsmaßnahmen

Zielsetzung	Information
	und Motivation
	für alle Mitar-
	beiterkreise
		Tangierte Mitar-
		beiter aller hier-
		archischen Stu-
		fen mit der neuen
		LOGIS-Konzep-
		tion
		– detailliert ver-
		  traut machen
		– die Wirkungs-
		  weise darstel-
		  len
		– die Rolle der
		  Beteiligten in-
		  nerhalb der
		  Logistik her-
		  ausarbeiten
			Bestmögliche
			Ausbildung der
			Mitarbeiter, die
			mit dem neuen
			LOGIS-System-
			arbeiten wer-
			den, in ihrer
			Aufgabe; insbe-
			sondere Beherr-
			schen der neuen
			Planungsmetho-
			den im Rahmen
			der integrierten
			Systeme
				Förderung des
				Besuchs externer
				Fortbildungsver-
				anstaltungen.
				
				Nutzung von In-
				formationsaus-
				tausch mit ande-
				ren Unternehmen

Zeitdauer	2-4 Stunden	2 Tage	bis zu mehreren Wochen pro Mitarbeiter	–
Teilneh- merzahl	nahezu 1000	ca. 350 (bei 25 Seminaren)	ca. 150	–
Durchfüh- rung	LOGIS- Projektteam	LOGIS- Projektteam	Planung und Realisierung durch die Linienvorge- setzten	Planung durch die Linienvorge- setzten

Abb. 12-4: Das Schulungs- und Trainingsprogramm für LOGIS (vgl. Stephan 1988, S. 780)

- Referenten
  - Projektmitarbeiter
  - Linienvorgesetzte aus der Logistik
- Kosten
  - ausgabenwirksame Kosten: Euro 45 000,–
  - Zeitaufwand für Seminarvorbereitung und -durchführung: 2 Mannjahre.

„Die **Erfahrungen** des Schulungs- und Trainingsprogramms lassen sich in 10 Thesen zusammenfassen:

- These 1
  Die Effizienz der eingesetzten DV-gestützten Systeme, Arbeitsabläufe und Verfahren kann nur so gut sein wie die Mitarbeiter, die mit Hilfe dieser Systeme arbeiten. Erfolg oder Misserfolg der Logistik-Konzeption ist wesentlich, wenn nicht sogar primär, von der Mitarbeit und dem Mittragen durch die betroffenen Mitarbeiter abhängig. Mitarbeiterausbildung und -training müssen daher zumindest gleichrangig mit der Erarbeitung der DV-Systeme erfolgen.

– These 2
Training und Schulung für die Logistik-Mitarbeiter muss neben dem arbeitsplatz-spezifischen Fachwissen einen Überblick über alle Aktivitäten in der gesamten logistischen Kette geben (Integration). Ganzheitliches Denken und Verstehen bereichsübergreifender Zusammenhänge ist wichtig. Hier hat den Kopplungsstellen innerhalb der logistischen Kette besondere Beachtung zu gelten.

– These 3
Wegen des Querschnittscharakters der Logistik muss der Schulungsinhalt nicht nur das logistische Wissen umfassen, sondern auch die Verknüpfung von den betrieblichen Grundfunktionen Beschaffung, Produktion, Qualitätskontrolle und Vertrieb berücksichtigen.

– These 4
Der Teilnehmerkreis darf nicht auf die unmittelbar berührten Logistik-Funktionen beschränkt sein, ebenso sind die anderen Unternehmensfunktionen einzubeziehen. Logistik ist eine Querschnittsfunktion mit vielen Kopplungsstellen.

– These 5
Es ist wichtig, nicht nur die unmittelbar betroffenen Mitarbeiter in das Schulungsprogramm einzubeziehen, sondern auch deren Vorgesetzte.

– These 6
Eigene Referenten aus dem Kreis der Logistiker fördern firmen- und arbeitsplatzgerechte Schulungsinhalte und praktisches Wissen; diese neigen jedoch auch zu einer „beschönigenden" Darstellung.

– These 7
Unabdingbar ist die Einschaltung von Methodikberatern für die Gestaltung Logistik-interner Schulungs- und Trainingsprogramme.

– These 8
Bei den immer knappen Projektressourcen ist die Benennung eines für Schulung und Training Verantwortlichen für die Konzentration auf diese Aufgabe (…) erforderlich.

– These 9
Außerhaus-Seminare sind vorzuziehen, weil damit die Konzentration der Teilnehmer auf die Seminarinhalte gelenkt wird und Störungen aus dem betrieblichen Alltag minimiert werden.

– These 10
Logistik-Training und Schulung darf nicht auf die Realisierungsdauer eines Projekts begrenzt bleiben; sie ist Daueraufgabe für die nächsten Jahre, da sich die Logistik in einer dynamischen Entwicklung befindet und sich innovative Veränderungen fortsetzen werden." (*Stephan* 1988, S. 783 f.).

12.2.2.2 Robert Bosch GmbH

Aufbauend auf eine 1985 durchgeführte Bosch-interne Bildungsbedarfsanalyse erfolgte eine Neukonzeption der **Seminarreihe Logistik,** die nunmehr **vier Ebenen mit insgesamt 12 Einzelseminaren** umfasst (vgl. Abb. 12-5) (hierzu und zu folgendem vgl. *Weisenburger* 1988).

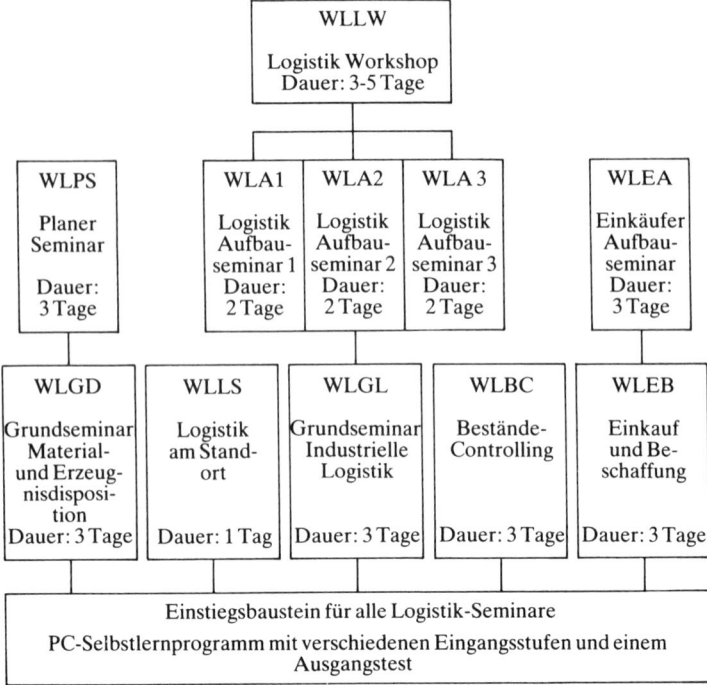

Abb. 12-5: Struktur der Logistik-Seminare bei der Robert Bosch GmbH
(Weisenburger 1988, S. 799)

Die **Ziele** der Logistik-Seminare sind im Einzelnen:

I. Ebene: Einstiegsbaustein für alle Logistik-Seminare

„Dieser Baustein soll in Form eines PC-Selbstlernprogramms, trainerunabhängig im Diskettenversand oder in Selbstlernzentren eingesetzt werden. Je nach Vorkenntnissen werden verschiedene Eingangsstufen konzipiert. Den Abschluss des Lernprogramms bildet ein Ausgangstest. Die Testergebnisse dienen zum einen zur Sicherung eines konstanten Eingangsniveaus aller Teilnehmer und zum anderen als Möglichkeit zum Direkteinstieg in die Aufbauseminare.

Ziele: Der Teilnehmer

– erhält einen Überblick über die Logistik in der Theorie und bei der *Robert Bosch GmbH,*
– kann die logistischen Grundideen und Gedanken bei der Robert *Bosch GmbH* nach-vollziehen" (*Weisenburger* 1988, S. 800).

II. Ebene: Grundseminare

• WLGD – Grundseminar Material- und Erzeugnisdisposition
    – Kennenlernen der Grundlagen, Methoden und Möglichkeiten der Disposition
    – Nachvollziehen der Auswirkungen von lang- und kurzfristigen Entscheidun-gen

- WLLS – Logistik am Standort
  - Information über die Logistiksysteme und -strukturen am Standort
- WLGL – Grundseminar Industrielle Logistik
  - Überblick über die Möglichkeiten moderner Logistiksysteme und deren Auswirkungen
  - Kennenlernen von Maßnahmen zur Kostensenkung
- WLBC – Bestände-Controlling
  - Überblick über die Planung, Steuerung und Kontrolle von Beständen im Unternehmen
  - Kennenlernen der Funktionen von Beständen und ihren Einflussfaktoren
  - Erarbeiten von Methoden und Mitteln zur Kostensenkung
- WLEB – Einkauf und Beschaffung
  - Information über die Einkaufsinstrumente und die Beschaffungsabwicklung bei der *Robert Bosch GmbH*
  - Vorbereiten, herbeiführen und realisieren von Einkaufsentscheidungen
  - Abschätzen können der Auswirkungen von Einkaufs- und Beschaffungsentscheidungen.

III. Ebene: Aufbauseminare

- WLPS – Planer-Seminar
  - Vertiefung der Kenntnisse über die Erzeugnisdisposition bei Bosch
  - Problematik von Planungsentscheidungen
  - Entwickeln von Verständnis für das Spannungsfeld des Planers (Beschaffungs- und Absatzmarkt, Unternehmensführung)
- WLA1/WLA2/WLA3 – Logistik-Aufbauseminare
  - Erweiterung der Kenntnisse aus dem Seminar Industrielle Logistik (WLGL)
  - Kennenlernen der Gestaltung logistischer Abläufe
  - Umsetzung dieser Kenntnisse an konkreten Fällen
    WLA1 – Fallstudien zur Beschaffungslogistik
    WLA2 – Fallstudien zur Produktionslogistik
    WLA3 – Fallstudien zur Distributionslogistik
- WLEA – Einkäufer-Aufbauseminar
  - Aktualisierung und Vertiefung der Kenntnisse über Methoden des strategischen Einkaufs
  - Fähigkeit zum problemgerechten Einsatz der Methoden.

IV. Ebene: WLLW – Logistik-Workshop

- Teilnehmer eines Bereiches entwickeln Lösungen für logistische Probleme bzw. ein Logistikkonzept für ihren Bereich.

Bezüglich der weiteren Entwicklung des Weiterbildungsangebots in der Logistik werden bei Bosch zwei Richtungen verfolgt. Zum einen werden die bereichsspezifischen Seminare/Workshops ausgebaut, um auf spezifische Problemstellungen noch konkreter eingehen zu können. Zum zweiten ist die Erweiterung des bereichsübergreifenden Seminarangebots geplant, um zwischen den Standorten den Erfahrungsaustausch zu fördern.

12.2.2.3 Rohde & Schwarz GmbH

Die *Rohde & Schwarz GmbH,* ein Unternehmen der elektronischen Industrie, stellt hochpräzise Mess- und Nachrichtengeräte her. Mitte der Achtzigerjahre wurde mit FLUSS („Flussorientierte Unternehmens-Steuerungs-Strategie") ein firmenweites Projekt zur Einführung der Just-In-Time Methode gestartet. Für die Gestaltung des Schulungsprogramms galt es drei Fragen zu beantworten (vgl. *Wonisch* 1987, S. 154 ff.):

– Was wird geschult (Schulungsinhalte)?
– Wer wird geschult (Zielgruppe)?
– Wie wird geschult (Lehrmethode)?

Hauptanliegen des Schulungsprogramms war, die Grundlagen für die Just-In-Time-Produktion zu vermitteln. Hierbei galt es, die Hauptunterschiede zwischen dem bestehenden und dem angestrebten Produktionssystem zu verdeutlichen.

Aufgrund der erheblichen Änderungen, die mit Just-In-Time verbunden sind, sah man bei *Rohde & Schwarz* eine umfassende **Top-down-Schulung,** bei der keine Hierarchieebene ausgelassen wird, als zwingend erforderlich an. Inhalte, Dauer und Methoden der Schulung richteten sich jeweils nach der Zielgruppe: Top-Management, Produktions- und Logistik-Management, JIT-Mitarbeiter in Produktion und Logistik, Betriebsrat, Zulieferer.

Zur Sicherstellung einer optimalen Umsetzung des Just-In-Time-Gedankengutes kamen unterschiedliche **Lehrmethoden** zum Einsatz:

– Vorträge mit Diskussionen
   Obwohl bei passiven Lehrmethoden wie Hören nur eine durchschnittliche Haftwirkung von 20% zu erreichen ist, wurde der Vortrag als Mittel zur theoretischen Stoffvermittlung als unverzichtbar angesehen.
– Schriftliches Lehrmaterial
   Hören und Lesen erhöhen die Haftwirkung auf etwa 40%. Unterlagen haben zudem den Vorteil, dass der Mitarbeiter bei Bedarf jederzeit auf sie zurückgreifen kann, wobei auf eine firmenindividuelle Gestaltung zu achten ist.
– Planspiel
   Zum Erlernen der Just-In-Time-Prinzipien und zur anschaulichen Gegenüberstellung von Hol- und Bringprinzip wurde bei *Rohde & Schwarz* ein Trainingsspiel mit Legosteinen entwickelt. Bei diesem simuliert eine Gruppe von fünf Spielern die Produktion von Pharaonen, wobei die einzelnen Spielelemente die Produktionsrealität sehr gut widerspiegeln.
– Training on the Job
   Die höchste Haftwirkung (mit fast 100%) wird durch aktive Mitarbeit in Pilotprojekten erzielt. Deshalb ist dies die effektivste Form, um neue Verfahren und neues Verhalten zu trainieren.
– Videofilm
   Schließlich empfiehlt es sich, in der eigenen Firma Videofilme über die Situation vor und nach der Durchführung von Pilotprojekten zu drehen. Hiermit kann den Teilnehmern von Folgeprojekten auf anschauliche und einprägsame Weise der Effekt neuer Prinzipien deutlich gemacht werden.

12.3 Entgeltdifferenzierung in logistischen Bereichen

Die Entlohnung ist für die logistischen Bereiche nicht nur deshalb relevant, weil sie eine bedeutende Kostengröße darstellt. Sie stellt darüber hinaus auch eine wesentliche Motivationskomponente dar, die über die Arbeitszufriedenheit die Leistung der Mitarbeiter beeinflusst. Im Folgenden soll deshalb eine Vorgehensweise vorgestellt werden, wie ein durchgängiges System zur differenzierten Entlohnung logistischer Mitarbeiter entwickelt und eingeführt werden kann (vgl. Abb. 12-6).

12.3.1 Vorbereitung

Im ersten Schritt sind die **Ziele und Anforderungen,** die mit dem neuen Entgeltsystem erreicht werden sollen, zu definieren sowie die Ausgangssituation und Rahmenbedingungen zu erfassen. Eine Zusammenstellung typischer Ziele enthält Abb. 12-7, wobei im konkreten Fall nicht mehr als zehn verfolgt werden sollten und diese möglichst konkret und messbar festgehalten werden sollten.

Sinnvollerweise wird bereits in diesem frühen Projektstadium der Betriebsrat informiert und eingebunden. Nach § 87 des Betriebsverfassungsgesetzes (BetrVerfG) unterliegen Fragen der Entgeltfindung der Mitbestimmungspflicht, sofern es sich nicht um freiwillige Leistungen des Arbeitgebers handelt. Die frühzeitige Beteiligung des Betriebsrates hilft zum einen, divergierende Interessen frühzeitig zu erkennen und zu berücksichtigen und führt zum anderen in der Regel zur erforderlichen Unterstützung des Betriebsrates und einer größeren Resonanz in der Belegschaft bei der anschließenden Analysephase.

Im **Projektrahmen und Untersuchungsbereich** wird abgesteckt, ob zunächst für einen logistischen Teilbereich eine Pilotentwicklung durchgeführt werden soll oder, ob alle logistischen Bereiche untersucht werden. Ferner werden die **Projektmitarbeiter** benannt, deren Aufgaben, Kompetenzen und Verantwortung ebenso festgelegt werden wie die Ablauforganisation und der Zeitplan des Projektes.

Bereits in der Vorbereitungsphase beschafft sich die Projektgruppe **Informationen über Entgeltsysteme und -methoden.** Zur Verfügung stehende Informationsquellen sind Literatur, Vortragsveranstaltungen (Seminare, Workshops, Fachtagungen), andere Unternehmen, Verbände und Vereinigungen sowie externe Berater.

Sämtliche Ergebnisse und Übereinkünfte werden protokolliert, um die Nachvollziehbarkeit und Kontrolle der Projektentwicklung sicherzustellen sowie gegenüber Mitarbeitern und Belegschaft ständig auskunftsfähig zu sein. Ergebnis der ersten Projektstufe ist ein **Lastenheft** und gegebenenfalls eine Rahmenbetriebsvereinbarung, in der Ziele, Anforderungen und Projektrahmen fixiert sind.

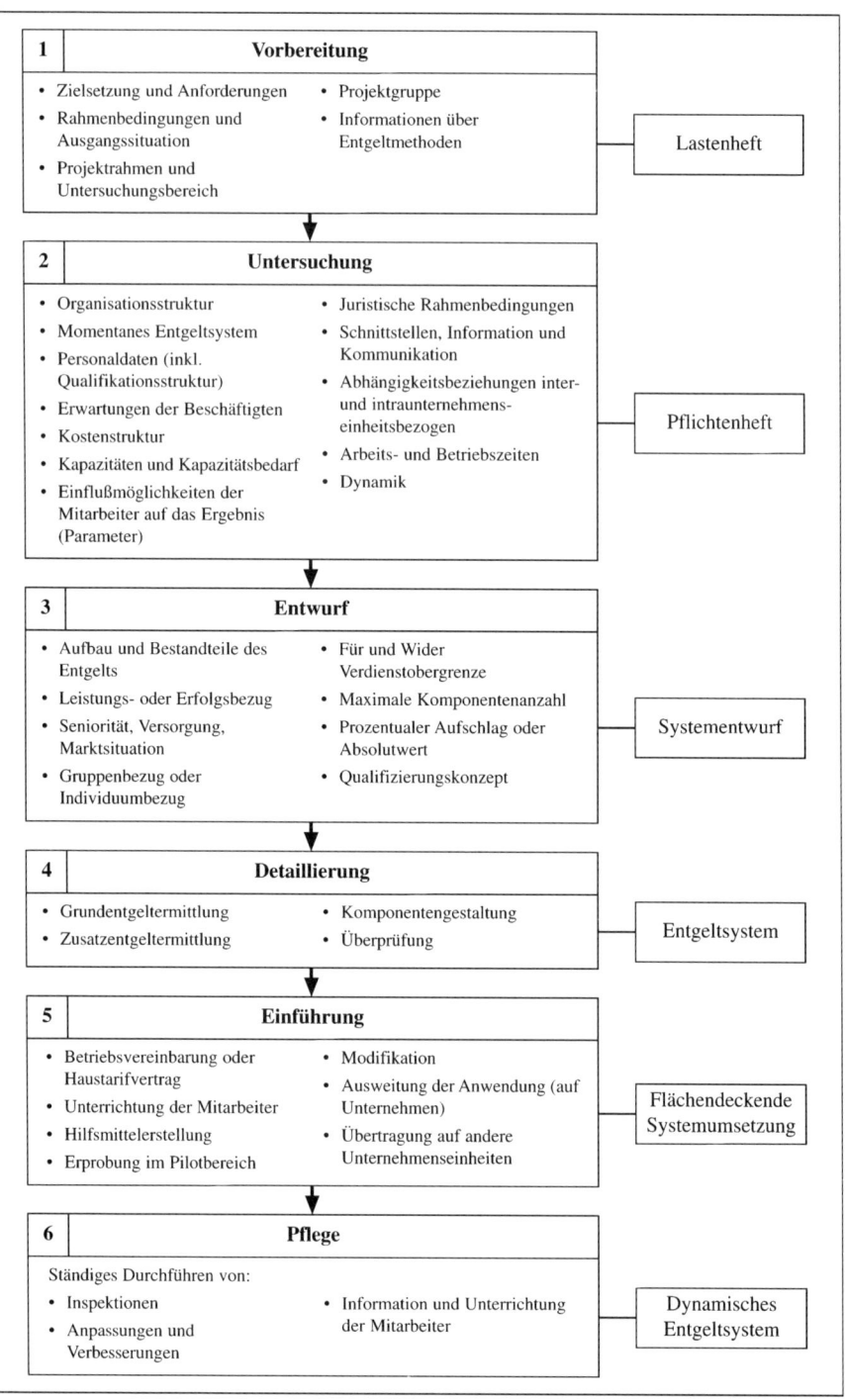

Abb. 12-6: Vorgehensweise zur Entwicklung und Einführung eines durchgängigen Entgeltsystems (vgl. Wagner 1995)

Ziele				
technische	personelle	organisatorische	wirtschaftliche	allgemeine
• Vorhandene Betriebsmittel besser nutzen • Moderne und effektive Technik einsetzen • Verbesserung der Betriebsmittel • Vorbeugende Instandhaltung fördern • Materialeinsparung fördern	• Qualifikation nutzen und erweitern • Ganzheitliche Arbeitsaufgaben entgelten • Gesundheit und Arbeitszufriedenheit fördern • Erfahrung der Mitarbeiter besser nutzen • Wünsche der Mitarbeiter beachten • Abrundung der Sozialleistungen • Kostendenken fördern • Einkommen verbessern • Beteiligung am Erfolg • Leistung fördern	• Informations- und Materialfluss verbessern • Neue Arbeitsorganisationsformen unterstützen • Unternehmensinternen Wettbewerb unterstützen • Zusammengehörigkeitsgefühl fördern • Schnittstellenproblematik entschärfen • Einsicht in betriebliche Situation fördern • Transparenz der Abläufe erhöhen • Zieleinhaltung fördern • Rückmeldung verbessern	• Durchlauf- bzw. Lieferzeit senken (24 h-Lieferservice) • Produktivität und Effektivität erhöhen • Anpassung an wirtschaftliche Lage des Unternehmens gewährleisten • Aufwand bei der Entgeltfindung vermindern • Verbesserung der betrieblichen Finanzsituation • Flexibilität steigern • Qualität verbessern • Termintreue steigern (Just-in-Time realisieren) • Fluktuation und Fehlzeiten senken • Kosten senken	• Transparenz des Entgeltsystems gewährleisten • Kundenzufriedenheit beachten • Anpassbarkeit/Dynamik des Systems gewährleisten • Übertragbarkeit des Systems gewährleisten • Marktanforderungen beachten • Unternehmerisches Denken fördern • Ganzheitliches Denken fördern (umfassenden Leistungsbegriff verwenden) • Geringer Einführungsaufwand

Abb. 12-7: Zielkategorien und Beispiele für Zielsetzungen bei der Einführung neuer Entgeltsysteme in den logistischen Bereichen (vgl. Wagner 1995, S. 161)

12.3.2 Untersuchung

In der zweiten Projektphase wird von der Projektgruppe der Ist-Zustand im festgelegten Untersuchungsbereich analysiert. Hierbei sollen die für die spätere Gestaltung des Entgeltsystems benötigten Daten ermittelt werden und eine erste Abschätzung der durch das Entgeltsystem zu realisierenden Potentiale vorgenommen werden (vgl. zum Folgenden *Wagner* 1995, S. 46 ff.).

Die Analyse der vorhandenen **Arbeitsorganisation** liefert häufig bereits einige grundlegende Anforderungen an das Entgeltsystem. So soll das Entgeltsystem einerseits dazu beitragen, den Zusammenhalt selbstständig agierender Organisationseinheiten zu begünstigen und andererseits den Wettbewerb der Einheiten untereinander begünstigen. Es sind deshalb das interne Beziehungsgeflecht von Arbeitsgruppen sowie die Schnittstellen zwischen den Funktionsbereichen und Unternehmenseinheiten zu analysieren.

Die Stärken und Schwächen des **momentanen Entgeltsystems** können durch eine Befragung von Mitarbeitern, Führungskräften und Betriebsrat erfasst werden. Hierdurch werden insbesondere die persönlichen Einschätzungen transparent. In der Praxis häufig verbreitete Schwächen von logistischen Entgeltsystemen sind (vgl. *Wagner* 1995, S. 164):

- Geringe Transparenz und Akzeptanz
- Hoher Aufwand für Systempflege und Basis- bzw. Vorgabenermittlung
- Hoher Aufwand bei der Abrechnungserstellung
- Eingeschränktes Leistungsverhältnis (ausschließlich Menge und Qualität)
- Überwiegend Zeitlohn
- Verdienstobergrenzen zu niedrig
- Mangelhafte Anwendung (z. B. subjektiv einseitige Beurteilungen)
- Beschränkung auf einen Teil der Mitarbeiter (in der Regel gewerbliche Mitarbeiter)
- Orientierung an Teiloptima anstatt am Gesamtoptimum
- wenig Anreizwirkung, da beeinflussbarer Anteil zu klein im Verhältnis zum Gesamtentgelt
- Konträr zur Form der Arbeitsorganisation.

Im Rahmen der Analyse der **Qualifikationsstruktur** geht es sowohl um die bei den Mitarbeitern vorhandene Qualifikation als auch um die Anforderungen an die Mitarbeiter im Untersuchungsbereich. Aus der Differenz lässt sich das bislang ungenutzte Potential und der Qualifizierungsbedarf ableiten. Die individuellen Qualifikationsprofile lassen sich mit Hilfe von Radardiagrammen darstellen (vgl. Abb. 12-8). Insbesondere aus dem künftigen Qualifizierungsbedarf lassen sich Parameter ableiten, die Eingang in das zu entwickelnde Entgeltsystem finden sollen.

Die Untersuchung der **Kostenstruktur** dient dem Erkennen von Ansatzpunkten für die Erreichung einer hohen Kostensenkung. Zunächst sind die Anteile einzelner Kostenarten an den Gesamtkosten aufzuschlüsseln. Dann ist zu identifizieren, welche Parametereinstellungen zu welchen Kostensenkungen führen können und welche Auswirkungen auf Umsatz, Qualität oder Lieferservice sich ergeben. In diesem Zusammenhang lässt sich auch feststellen, welcher Spielraum für monetäre Anreize zur Realisierung der Kostensenkung besteht.

Um Aussagen zu Auslastungs- oder Nutzungspotentialen treffen zu können, sind die vorhandenen **Kapazitäten, die Kapazitätsbedarfe, die Arbeits- und die Betriebszeiten** zu erfassen. Wesentlich sind die Anforderungen der jeweiligen (internen oder externen Kunden), da deren Nachfrage die benötigte Kapazität bzw. die maximale Auslastung bestimmt. Die vom Kunden nachgefragte Leistung bzw. dem Kunden versprochene Leistung muss mit der erbrachten Leistung übereinstimmen, z. B. indem Lieferungen mengen-, orts- und termingerecht ausgeliefert werden. Abschließend ist festzulegen, ob die Nutzung bzw. Auslastung sinnvolle Parameter für monetäre Anreize sind.

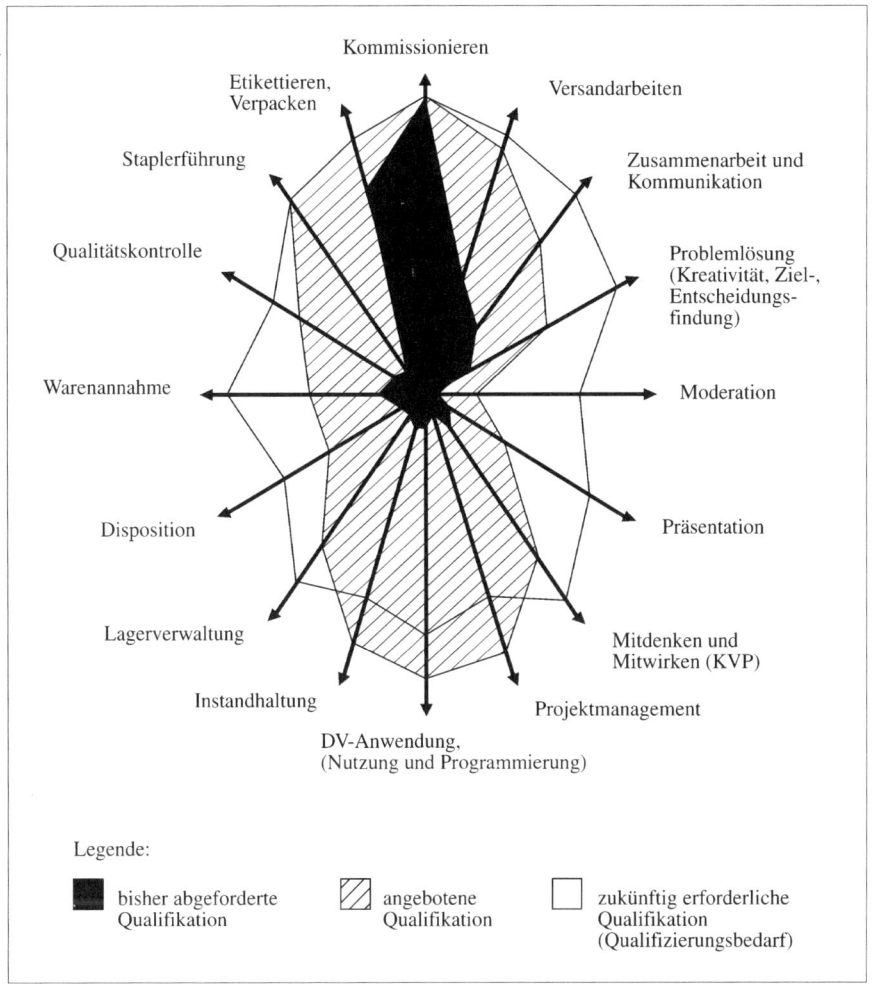

Kommissionieren

Versandarbeiten

Etikettieren, Verpacken

Zusammenarbeit und Kommunikation

Staplerführung

Problemlösung (Kreativität, Ziel-, Entscheidungs- findung)

Qualitätskontrolle

Warenannahme

Moderation

Disposition

Präsentation

Lagerverwaltung

Mitdenken und Mitwirken (KVP)

Instandhaltung

Projektmanagement

DV-Anwendung, (Nutzung und Programmierung)

Legende:

bisher abgeforderte Qualifikation

angebotene Qualifikation

zukünftig erforderliche Qualifikation (Qualifizierungsbedarf)

Abb. 12-8: Abgeforderte Qualifikation, Potenzial und Qualifizierungsbedarf (Wagner 1995, S. 51)

Inwieweit ein möglichst direkter Zusammenhang zwischen der Leistung des Mit-arbeiters und seinem Entgelt dargestellt werden kann, hängt von seinen **Einfluss-möglichkeiten auf den Prozess und das Ergebnis** ab. Es ist festzustellen, welche Parameter wie, wann und wo zu verändern sind, um ein verbessertes Gesamtergeb-nis herbeizuführen. Beispiele für Parameter im Logistikbereich sind: ausgelieferte Ladeeinheiten, ausgelieferte Menge, Durchlaufzeit, eingelagerte Ladeeinheiten, Ein-lagerungsmenge, Fehlmenge, kommissionierte Menge, Termineinhaltung, Zeitauf-wand. Im Hinblick auf die Entwicklung eines effektiven und durchgängigen Entgelt-systems sind zum einen die Parameter zu identifizieren, deren Veränderung das Ge-samtergebnis besonders stark beeinflusst. Zum anderen sind die **Schnittstellen** und **Abhängigkeitsbeziehungen** in der gesamten Prozesskette zu beachten, damit das

Entgeltsystem auf das Gesamtsystem ausgerichtet wird. „Dabei sind u. a. folgende Fragen zu klären:

- Welche Parameter sind relevant?
- Gibt es mehrere Möglichkeiten, einen Parameter zu bestimmen (z. B. Fehlerzahl durch Prüfung oder aus Rückläuferquote ermitteln)?
- Wo und wie lassen sich die Parameter quantifizieren?
- Gibt es mehrere Möglichkeiten, einen Parameter zu quantifizieren (z. B. messen, schätzen, berechnen)?
- Welche Einflüsse von außen (andere Unternehmenseinheiten, Umwelt) sind zu berücksichtigen?
- Welche Parametereinstellung führt zur Verbesserung des Gesamtergebnisses?
- Welcher Einfluss wird durch Parametereinstellungen in vor-, parallel- oder nachgelagerten Bereichen ausgeübt?
- Führt die gewählte optimale Parametereinstellung in einem Funktionsbereich zu negativen Einflüssen oder Einschränkungen in anderen Funktionsbereichen, die der Erreichung des Gesamtoptimums entgegenstehen?
- Welche Funktionsbereiche sind bei der Parametereinstellung als Einheit zu behandeln (z. B. bereichsübergreifende Datenerfassung und Steuerung)?" (*Wagner* 1995, S. 55)

Juristische Rahmenbedingungen sind danach zu unterscheiden, ob es sich um unveränderbare Restriktionen (z. B. Gesetze) oder veränderbare Umstände (z. B. Betriebsvereinbarungen) handelt.

Um ein Entgeltsystem zu entwickeln, das über einen absehbaren Zeitraum Bestand haben wird, ist neben dem aktuellen Status auch die **Dynamik** von Strukturen und Systemen zu beachten, d. h. geplante oder zu erwartende Veränderungen sind in die Überlegungen einzubeziehen.

Die Analysen der zweiten Phase münden gemeinsam mit der Konkretisierung der Ziele und Anforderungen in ein **Pflichtenheft**.

12.3.3 Entwurf

In der dritten Projektphase wird die Grobkonzeption des Entgeltsystems erstellt (vgl. zum Folgenden *Wagner* 1995, S. 57 ff.). Zunächst gilt es, den generellen und durchgängigen **Entgeltaufbau** zu entwerfen. Entsprechend den in Abb. 12-9 dargestellten Entgeltsäulen kann sich das Entgelt aus einem Grundentgelt, dem garantierten Einkommen und einem variablen Zusatzentgelt zusammensetzen, das von der Erfüllung definierter Kriterien abhängt und in seiner Höhe beschränkt oder unbeschränkt ist.

Bezüglich des Zusatzentgeltes ist festzulegen, ob es schwerpunktmäßig auf der **Leistung** oder dem **Erfolg** basieren soll, oder ob eine besondere Situation vorliegt. Die Vor- und Nachteile einer Leistungsorientierung bzw. Erfolgsabhängigkeit des Zusatzentgeltes enthält Abb. 12-10. Daneben existieren Mischformen, bei denen sich das Zusatzentgelt aus leistungs- und erfolgsabhängigen Komponenten zusammensetzt. Da vom Markt nur der Erfolg honoriert wird, ist eine Orientierung des Zusatzentgeltes am betriebswirtschaftlichen Ergebnis anzustreben. Zur Sicherstellung von Motivation

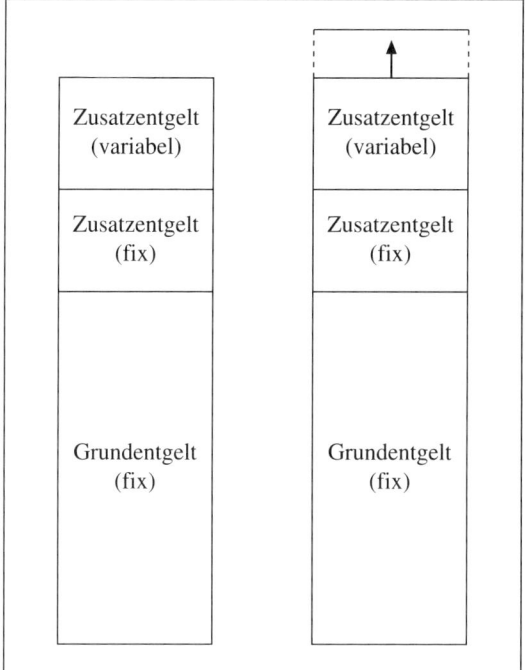

Abb. 12-9: Entgeltsäulen mit und ohne Verdienstobergrenze

und Akzeptanz des Zusatzentgeltes muss der individuelle Erfolgsanteil nachvollziehbar dargestellt werden.

Eine **besondere Situation** kann in einer weiteren Zusatzentgeltkomponente zum Ausdruck gebracht werden, falls diese nicht bereits durch andere Komponenten bzw. die erreichbare Einkommenshöhe abgedeckt ist. Ist beispielsweise eine hohe Fluktuation in einzelnen Funktionen auf ein höheres Entgeltniveau bei den Wettbewerben zurückzuführen, kann versucht werden, dieser Entwicklung über eine nach der Betriebszugehörigkeit gestaffelte Zulage entgegenzusteuern oder in der Entgeltfindung unternehmensspezifische Erfahrungen zu berücksichtigen.

In der Praxis hat es sich als zweckmäßig erwiesen, **maximal** fünf Zusatzentgeltkomponenten zu bilden, von denen drei kurzfristig beeinflusst werden können. Eine geringere Anzahl an Entgeltkomponenten birgt die Gefahr in sich, dass nicht alle Ziele ausreichend berücksichtigt werden. Mehr als fünf Komponenten führen in der Regel dazu, dass das mit einer Komponente erzielbare Zusatzentgelt eine zu geringe Anreizwirkung ausübt oder dass eine zu starke Nivellierung des Gewichts der Komponenten stattfindet. Zudem besteht die Gefahr, dass hierdurch das Zusatzentgelt unverhältnismäßig hoch wird, so dass die Wirtschaftlichkeit nur noch bedingt gegeben ist.

Darüber hinaus ist abzuwägen,

– ob das Zusatzentgelt als **prozentualer Aufschlag** auf das Grundentgelt (relativer Wert) oder als **absoluter Wert** berechnet werden soll,
– ob eine **Verdienstobergrenze** festgeschrieben werden soll und
– welche Entgeltanteile auf die **Gruppe** oder das **Individuum** bezogen werden sollen.

Tendenziell lässt sich festhalten, dass zur Förderung der Zusammenarbeit der Mitarbeiter eine Gruppenentgeltung anzustreben ist. Eine Verdienstobergrenze ist sinnvoll bei begrenztem Finanzvolumen oder wenn das Zusatzentgelt nicht am Unternehmenserfolg ausgerichtet ist. Zur Erzielung einer gleich hohen Anreizwirkung bei allen Mitarbeitern wird das Zusatzentgelt häufig als prozentualer Aufschlag vereinbart. Das nunmehr grob entworfene Entgeltsystem kann anhand des folgenden Fragenkataloges, der sich auf ein Warenverteilzentrum bezieht, abschließend auf seine Qualität geprüft werden:

„• Ist die Zusammensetzung des Entgelts für die Mitarbeiter transparent?
- Geht die Steigerung des Entgelts (stets) mit der Verbesserung der Wettbewerbssituation einher?
- Fördert das Entgelt den Aufbau und die Erhaltung einer hohen Flexibilität und der dazu erforderlichen Qualifikation der Mitarbeiter?
- Spiegeln sich Quantität und Qualität der erbrachten Distributionsleistung im Entgelt wieder?
- Wird die Erreichung weiterer wesentlicher Ziele (s. Lastenheft) durch das Entgeltsystem gefördert?
- Ist das Grundentgelt grundsätzlich über eine Periode konstant?
- Ist der variable Anteil am Gesamtentgelt hoch genug (gemäß eigener Untersuchungen etwa 30%), um einen effektiven Anreiz zu bieten?
- Ist die Besitzstandswahrung berücksichtigt?
- Wird bei allen Entgeltkomponenten, z.B. auf Grund eines begrenzten Finanzierungsvolumens, eine Obergrenze vorgegeben?
- Ist der Spielraum für die Höhe des zusätzlichen Entgelts (z.B. Verhältnis von Arbeitskostenerhöhung zur Verringerung anderer Kostenanteile) beachtet?
- Ist eine wirtschaftliche Entgeltfindung zu erreichen?
- Ist bei unterstellter permanenter Verbesserung ein geringer Aufwand für die Pflege des Systems einschließlich der Datenbasen zu erwarten?" (*Wagner* 1995, S. 61).

12.3.4 Detaillierung

Im Rahmen der Detaillierungsphase gilt es, den Systementwurf auszugestalten (vgl. hierzu *Wagner* 1995, S. 63ff.). Zunächst erfolgt die Detailgestaltung des fixen Entgeltanteils.

12.3.4.1 Grundentgeltermittlung

Alternative Grundlagen für die Ermittlung des Grundentgelts sind das Anforderungs- oder das Qualifikationsprinzip. Während beim **Anforderungsprinzip** die Anforderungen, die ein einzelner Mitarbeiter aus dem Spektrum heterogener Gesamtanforderungen zu erfüllen hat, die Basis für die Festlegung des Grundentgelts darstellen, wird beim **Qualifikationsprinzip** auf die eingebrachte Qualifikation Bezug genommen, wobei es auf Ausmaß und Häufigkeit ihrer Abforderung bei der Ausführung unterschiedlicher Tätigkeiten nicht ankommt. Bei neuen Formen der Arbeitsorganisation (z.B. regelmäßiger Arbeitswechsel) und ständig wechselnden Anforderungen weist das Qualifikationsprinzip wesentliche Vorteile gegenüber dem Anforderungsprinzip auf:

– Höher qualifizierte Mitarbeiter sind eher bereit, ein breites Spektrum an Aufgaben zu übernehmen und nicht nur solche, die auf Grund der höheren Anforderungen mit einem höheren Grundentgelt einhergehen.
– Es werden monetäre Anreize zur Qualifikationserweiterung geschaffen, die im Hinblick auf die Einsatzflexibilität der Mitarbeiter erforderlich sind.
– Niedriger Arbeitsaufwand zur Ermittlung des Grundentgelts, da nicht ständig wechselnde oder neue Aufgaben zu bewerten sind.
– Kontinuierliche Verbesserungsprozesse werden nicht aus Sorge vor Grundentgeltsenkungen gebremst, was bei dem Anforderungsprinzip dann der Fall sein kann, wenn Verbesserungen zu einer Herabsetzung des Anforderungsniveaus führen.

Grundlage für die Ermittlung des Zusatzentgelts	Beurteilung	
	Vorteile	Nachteile
Leistungsorientierung	• Durch Anstrengung läßt sich höheres Entgelt erzielen • Schaffung zielgerichteter Anreize • Möglichkeit zur Anerkennung der Bemühungen	• Höherer Aufwand bei der Entgeltfindung und Systempflege • Hohe Leistungen sind auch dann zu entgelten, wenn mit diesen kein Markterfolg verbunden ist oder diese Leistungen nicht erforderlich sind • Aufgrund der Beschränkung der Anzahl der Entgeltkomponenten werden einige Leistungen nicht oder nur unzureichend berücksichtigt
Erfolgsorientierung	• Umfassende Berücksichtigung aller Faktoren, die das betriebswirtschaftliche Ergebnis beeinflussen • Unterstützung des unternehmerischen Denkens und der Ausrichtung auf Zielkosten • Kein Erfordernis von Ausfallzahlungen	• Auch Faktoren, die nicht vom Mitarbeiter beeinflußt werden können, wirken auf den Erfolg ein

Abb. 12-10: Leistungs- versus Erfolgsorientierung bei der Ermittlung des Zusatzentgeltes

12.3.4.2 Zusatzentgeltermittlung

Im Anschluss an die Grundentgeltermittlung sind für jeden Funktionsbereich geeignete Zusatzentgeltkomponenten festzulegen, wobei folgende Einzelschritte zu bearbeiten sind:

- Ableitung von Zusatzentgeltkomponenten aus den Kombinationen ermittelter **Parameter**
- Festlegung eines Rahmens für die **Gewichtung** dieser Komponenten, um einen effektiven Anreiz durch das Zusatzentgelt sicherzustellen. Als sinnvolle Grenzwerte haben sich erwiesen, dass
  - –der anzustrebende Gesamtanteil bezogen auf das Grundentgelt mindestens 30%,
  - –die Untergrenze für den Anteil einer Komponente bezogen auf das Grundentgelt 5% und
  - –das maximale Gewicht der größten Komponente bezogen auf das Gewicht der kleinsten Komponente 4 : 1 betragen sollten.
- Ableitung der geeigneten **Entgeltmethode** (z. B. Prämienentgelt).

12.3.4.3 Komponentengestaltung

Die Zusatzentgeltkomponenten werden nun im Einzelnen gestaltet. Hierzu erfolgen zunächst eine **Überprüfung** bezüglich

- der Quantifizierbarkeit der Komponenten und ihrer Ausrichtung auf die Zielsetzung,
- der Zielkonformität der Anreize, die durch diese Komponenten geschaffen werden,
- der Nebenwirkungen in anderen Funktionsbereichen sowie
- der Nachvollziehbarkeit der Entgeltfindung für die Mitarbeiter.

Bei der **Feingestaltung** der Komponenten sind folgende vier Aspekte zu berücksichtigen:

- Ausrichtung der Kennzahlen auf das Gesamtoptimum sowie Grenz- oder Zielwerte
- Bildung von Kennzahlen durch Verknüpfung unterschiedlicher Parameter
- Auswahl einer geeigneten Datenerfassungs- und -verarbeitungsmethode
- Festlegung des funktionalen Zusammenhangs von Kennzahlenwerten und Entgelt. Beispiele für die Gestaltung derartiger Entgeltlinien enthält Abb. 12-11.

Durch einen modularen Aufbau, der die Austauschbarkeit einzelner Entgeltkomponenten ermöglicht, ist anzustreben, dass bei sich verändernden Rahmenbedingungen und Anforderungen Anpassungen des Entgeltsystems mit vertretbarem Aufwand durchführbar sind.

12.3.4.4 Überprüfung

Zum Abschluss der Detaillierungsphase wird das Entgeltsystem einer eingehenden Überprüfung unterzogen. Auf der Grundlage des Pflichtenheftes ist zu kontrollieren, ob alle **Ziele erreicht,** alle **Anforderungen erfüllt** und die **Rahmenbedingungen eingehalten** worden sind (vgl. *Wagner* 1995, S. 90 f.). Ist dies nicht der Fall und auch durch Modifikationen nicht herbeiführbar, erfolgt ein Zurückgehen zu Phase 2 oder 3.

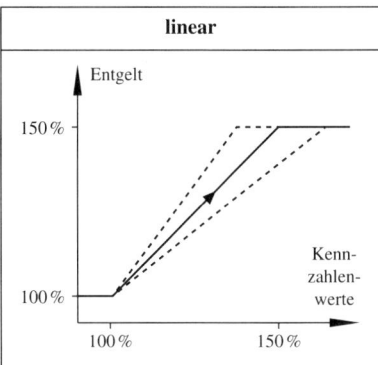

linear

Die Entgeltlinie verläuft linear. Unterschieden wird ein proportionaler, über- und unterproportionaler Verlauf der Entgeltlinie.

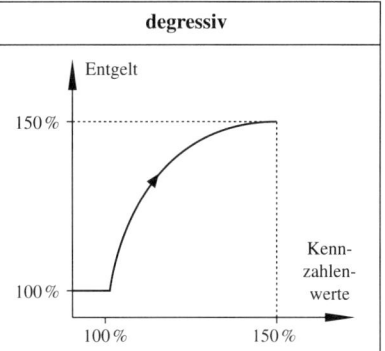

degressiv

Eine Verbesserung der Kennzahlenwerte führt zunächst zu hohen, danach zu geringer werdenden Zusatzentgeltsteigerungen.

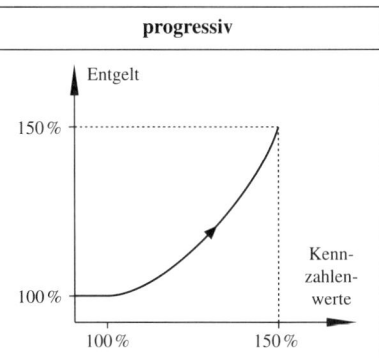

progressiv

Eine Verbesserung der Kennzahlenwerte führt zunächst zu geringen, danach zu immer höheren Zusatzentgeltsteigerungen.

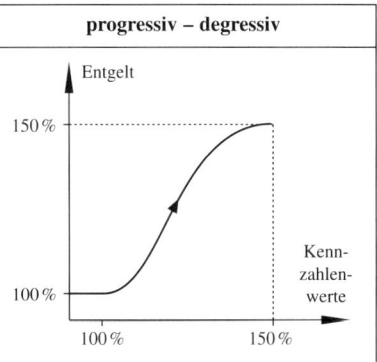

progressiv – degressiv

Eine Verbesserung der Kennzahlenwerte führt zunächst zu immer höheren und dann zu geringer werdenden Zusatzentgeltsteigerungen.

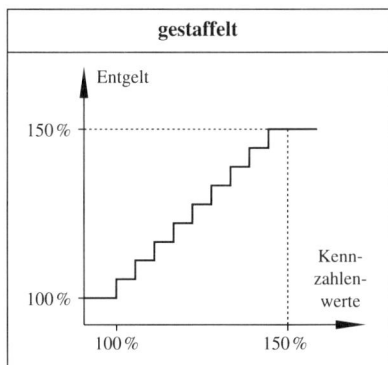

gestaffelt

Verbesserungen der Kennzahlenwerte führen in Stufen oder in Sprüngen (nicht stetige Funktion) zu Zusatzentgeltsteigerungen.

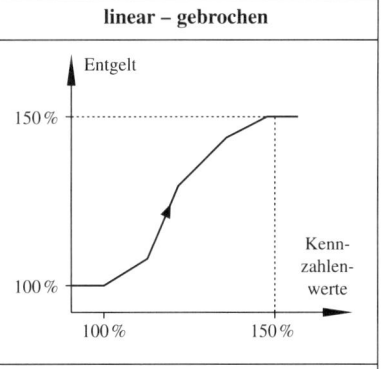

linear – gebrochen

Annäherung an progressiv – degressiven Verlauf mit linear verlaufenden Abschnitten der Entgeltlinie.

Abb. 12-11: Verläufe von Entgeltlinien (vgl. Lang 1990, S. 274)

Mit Hilfe von **Simulationsläufen** des Entgeltsystems bzw. **Schattenrechnungen** lässt sich das Verhalten des Systems sowohl im Normalfall als auch in Extremsituationen testen. Hierfür werden Ist-Daten sowie zu Testzwecken vorgegeben Werte (u. a. auch Worst-case- und Best-case-Szenarios) herangezogen. Um den Einfluss der Gewichtungsfaktoren abschließend zu beurteilen, können diese variiert werden. Es ist darauf zu achten, dass die wechselseitigen Abhängigkeiten im Untersuchungsbereich abgebildet sind.

Im **Wirtschaftlichkeitsnachweis** sind die Aufwendungen für die Entwicklung, laufende Nutzung und Pflege des Entgeltsystems den Nutzeneffekten gegenüberzustellen. Nachfolgende Aspekte sind zu berücksichtigen:

1. Einmaliger Aufwand: Entwicklung des Entgeltsystems (inkl. Datenermittlung, Präsentationen, Vereinbarungen, externer Berater); Information der Mitarbeiter; Hilfsmittelerstellung.

2. Laufender Aufwand: Erhöhung der Entgelte; Ermittlung des Zusatzentgelts; Erstellung der Abrechnungen; Rückmeldungen und allgemeine Informationen an die Mitarbeiter; Datenerfassung und Ermittlung der Kennzahlenwerte; Qualifizierungsmaßnahmen; Abwicklung von Reklamationen; Modifikationen, Anpassungen und Pflege des Systems.

3. Nutzen: Kosteneinsparung bzw. Verbesserung des Ergebnisses; Verbesserung der Wettbewerbsposition.

Bei der Einführung eines neuen Entgeltsystems gilt die Faustregel, dass der Nutzen nach Abzug des laufenden Aufwandes eine Amortisation des Einmalaufwandes in maximal zwei Jahren ermöglichen sollte. Fällt der Wirtschaftlichkeitsnachweis positiv aus, ist die Konzeption des Entgeltsystems abgeschlossen und das System kann nunmehr umgesetzt werden.

12.3.5 Einführung

Nach der Zustimmung des Betriebsrates bzw. der Tarifpartner wird eine **Betriebsvereinbarung** bzw. ein **Haustarifvertrag** über das neue Entgeltsystem geschlossen, in der bzw. dem alle wesentlichen Einzelheiten geregelt sind (vgl. *Wagner* 1995, S. 92 ff.). Hierzu gehören der Entgeltaufbau, einschließlich der Komponenten und ihrer Gewichtung, der Geltungsbereich, die Methoden und Verfahren zur Ermittlung des Entgelts sowie der zugrundeliegenden Daten, Übergangsregelungen (Besitzstandswahrung), Möglichkeiten zur Anpassung der Komponenten, Kündigungsmodalitäten etc.

Die **Unterrichtung** der Mitarbeiter über Inhalt und Anwendung des neuen Entgeltsystems erfolgt am besten unter Heranziehung von Richtbeispielen, mit denen die individuelle Zusammensetzung und Höhe des Entgelts konkret und anschaulich erläutert wird.

In der Regel wird das neue Entgeltsystem zunächst in einem geeigneten **Pilotbereich erprobt** und nach einem positiven Testergebnis bzw. eventuell noch erforderlichen **Modifikationen** auf weitere Unternehmenseinheiten bzw. das gesamte Unternehmen übertragen.

12.3.6 Pflege

Nach der Einführung des Entgeltsystems ist regelmäßig zu prüfen, ob dieses noch in Übereinstimmung mit den Unternehmenszielen steht und die Gegebenheiten vor Ort noch adäquat abgedeckt werden. Falls erforderlich werden Systemelemente modifiziert. In diese Veränderungen fließen auch Verbesserungsvorschläge und Wünsche der Mitarbeiter ein, die unter anderem durch Befragung gewonnen werden. Die fortlaufende Information und Unterrichtung der Mitarbeiter ist zum einen wegen der dynamischen Entwicklung der Rahmenbedingungen sinnvoll und kann zum anderen als Quelle für permanente Verbesserungen und damit für eine evolutionäre Entwicklung des Systems genutzt werden.

12.4 Betriebs- und Arbeitszeitgestaltung

12.4.1 Notwendigkeit und Ziele flexibler Betriebs- und Arbeitszeiten

Die Flexibilitätsanforderungen des Marktes, die sich beispielsweise in kurzzyklischen Absatzschwankungen und Eilaufträgen niederschlagen, lassen sich mit starren Arbeits- und Betriebszeiten nur schwer oder mit hohen Zusatzkosten erfüllen. Auch die mit einer hohen Kapitalbindung im Anlagevermögen (logistische Betriebsmittel, wie z. B. Lagertechniken) und Umlaufvermögen einhergehenden Kosten verstärken bei vielen Unternehmen die Notwendigkeit einer Verlängerung der Kapazitätsnutzung. Eine wirksame Steuerungsgröße in dem Regelkreis **Kunde-Kapital-Wettbewerbsfähigkeit** stellt die Arbeitszeit- und Betriebszeitflexibilisierung dar.

Diejenige Zeit, in der der Mitarbeiter dem Unternehmen zur Erledigung betrieblicher Aufgaben zur Verfügung steht, wird als Arbeitszeit bezeichnet. Von **flexiblen Arbeitszeiten** kann man dann sprechen, wenn die Arbeitszeiten der Mitarbeiter durch entsprechende Gestaltungsmaßnahmen mit sich verändernden Betriebszeiten jeweils in Einklang gebracht werden (vgl. *Schleef/Stübig* 1992, S. 100).

Die **Bandbreite der Betriebszeit** reicht dabei vom Einschicht-Betrieb an fünf Tagen mit 37,5 Stunden pro Woche, der in Deutschland häufigsten tarifvertraglichen Arbeitszeitvereinbarung, bis hin zu circa 144 Stunden pro Woche bei einem kontinuierlichen Dreischicht-Betrieb an sechs Tagen.

Die Gestaltung der Betriebs- und Arbeitszeiten umfasst nicht nur kurzfristiges Reagieren auf aktuelle Situationsveränderungen, sondern muss in die **langfristige** Absatz-, Kapazitäts- und Investitionsplanung eingebunden sein. Letztere bildet die Basis für die Festlegung der erforderlichen Kapazitätsnutzung und der daraus abgeleiteten Betriebszeiten. Darüber hinaus ist es oft auf Grund nicht planbarer Entwicklungen notwendig, **kurzfristig** eine Betriebszeitanpassung durchzuführen. Hierbei gilt, dass der Flexibilisierungsbedarf im Unternehmen umso größer ist, je kurzfristiger der Handlungsbedarf im Wettbewerb ist (vgl. *Schleef/Stübig* 1992, S. 101). Um bei kurzfristig notwendigen Betriebszeitänderungen schnell agieren zu können, muss die innerbetriebliche Abstimmung unbürokratisch durchgeführt werden können. Gleichwohl ist sicherzustellen, dass zur Vorbereitung des Arbeitsumfeldes und der betroffenen Mitarbeiter eine hinreichend lange Reaktionszeit zur Verfügung steht. Ferner ist bei allen Maßnahmen die rechtzeitige und umfassende Einbeziehung der Arbeitnehmervertretung zu berücksichtigen.

Zu den zentralen **Zielen,** die mit einer Flexibilisierung der Betriebs- und Arbeitszeiten in der Logistik verfolgt werden, gehören:

- Anpassung der Personalkapazität an kurzfristige (plötzliche) Nachfragespitzen oder saisonale Absatzschwankungen
- Erhöhung des Nutzungsgrades der Logistikkapazitäten und damit verbunden eine Produktivitätssteigerung
- Reduzierung der Durchlaufzeiten und damit eine optimale Marktversorgung bei geringer Lagerhaltung
- Höhere Motivation der Mitarbeiter.

12.4.2 Phasenkonzept zur Einführung flexibler Betriebs- und Arbeitszeiten

Die Festlegung und Einführung flexibler Betriebs- und Arbeitszeiten umfasst einen mehrstufigen Planungs- und Entscheidungsprozess mit vier Phasen (vgl. Abb. 12-12).

12.4.2.1 Bedarfsanalyse

Gegenstand der Phase 1 ist (vgl. *Ackermann/Hofmann* 1988, S. 17)
- die Regelung organisatorischer Fragen,
- die Abgrenzung der organisatorischen Einheit, für die die Arbeitszeitgestaltung überprüft werden soll sowie
- die systematische Analyse des Bedarfs an Arbeitszeitgestaltung.

Die Klärung **organisatorischer Fragen** umfasst die Festlegung der an dem Projekt beteiligten Stellen bzw. Organisationseinheiten der Projektorganisation, der Art und des Umfangs der Beteiligung von Mitarbeitern an der Planung sowie der Notwendigkeit, externe Arbeitszeitexperten hinzuzuziehen.

Da – insbesondere bei großen Unternehmen – eine einheitliche Betrachtung des gesamten Unternehmens für Zwecke der Betriebs- und Arbeitszeitgestaltung selten sinnvoll ist, gilt es, den (die) Bereich(e) festzulegen, für den (die) eine spezifische Regelung gesucht werden soll. Als zu untersuchende **organisatorische Einheiten** bieten sich beispielsweise Werke, Funktionsbereiche oder Abteilungen an. Im Verlauf der weiteren Analyse ist dabei jedoch stets die Einbindung der abgegrenzten organisatorischen Einheit in den Gesamtzusammenhang des Unternehmens zu beachten.

Arbeitszeitgestaltungsbedarf kann sich auf Grund vielfältiger, in jedem Unternehmen individuell zu prüfender Gründe ergeben. Als Beispiele seien genannt:

- Die Betriebszeiten des Fertigungsbereichs, der im Dreischichtbetrieb arbeitet und des Logistikbereichs sind nicht identisch. Hierdurch kommt es wiederholt zu Engpässen.

– Es besteht nur begrenzte Möglichkeit, die Schwankungen im Arbeitsanfall mit eigenen Mitarbeitern aufzufangen, vielmehr müssen hierfür regelmäßig Leihkräfte beschäftigt werden.
– Wartungs- und Instandhaltungstätigkeiten im automatisierten Lager werden zu Tätigkeitsunterbrechungen der Lagermitarbeiter führen, falls keine organisatorische Änderung vorgenommen wird.
– Bei Beibehaltung der bisherigen Betriebszeit (Einschicht-Betrieb) ist eine räumliche Erweiterung des Versandes erforderlich.
– Eilaufträge von Kunden können nicht im gewünschten Umfang kommissioniert und ausgeliefert werden.
– Fluktuations- und/oder Fehlzeitenquote werden im Logistikbereich bei unveränderten organisatorischen Rahmenbedingungen als zu hoch eingestuft.
– Mitarbeiter äußern verstärkt den Wunsch nach flexibleren Arbeitszeiten, da sich die gegenwärtige starre Arbeitszeitregelung nicht mit ihren persönlichen Vorstellungen deckt.
– Bei unveränderten Arbeitszeitregelungen wird der Personalaufwand künftig durch Mehrarbeitszuschläge zunehmen, obwohl der Umsatz rückläufig ist. Der Umfang der Überstunden ist zu hoch.
– Die bisherige Arbeitszeitregelung deckt sich nicht mit dem ansonsten fortschrittlichen Image des Unternehmens. Teilweise führt dies zu Problemen bei der Personalbeschaffung.
– Arbeitsbeginn und -ende bedeuten für viele Mitarbeiter infolge von Verkehrsstaus lange Wegezeiten.

Je mehr Gründe für einen Arbeitszeitgestaltungsbedarf vorliegen, umso dringender sind Flexibilisierungsmaßnahmen. Abb. 12-13 zeigt anhand von fünf Modellunternehmen den unterschiedlichen Flexibilitätsbedarf. In dem sog. Flexibilitätsbedarfsprofil sind als die beiden wesentlichen Bestimmungsfaktoren für den Flexibilitätsbedarf das **Ausmaß der Auslastungsschwankungen** und deren **Vorhersehbarkeit** zugrundegelegt. Einerseits ist der Flexibilitätsbedarf umso höher, je stärker die Auslastungsschwankungen sind, denen die Personalkapazität unterworfen ist. Andererseits ist davon auszugehen, dass bei guter Vorhersehbarkeit der Auslastungsschwankungen die kapazitativen und kostenmäßigen Wirkungen von Arbeitszeitflexibilisierungen günstiger sind als bei schlechter Planbarkeit.

Diese Zusammenhänge stellen sich in den fünf Modellbetrieben (Abb. 12-13) wie folgt dar (vgl. *Günther* 1990, S. 310f.):

– Der Landmaschinenhersteller sieht sich auf Grund der Erntesaison in seinen Hauptabsatzgebieten jedes Jahr vor die Situation gestellt, dass 70–80% seines Jahresabsatzes in den Monaten März bis Juli anfällt.
– Der Automobilhersteller, der mit einem typischen saisonalen Kaufverhalten seiner Kunden rechnen kann, muss aber auf Grund verschiedener Markteinflüsse mit Unregelmäßigkeiten im Bestelleingang rechnen.
– Bei einem Unternehmen der Konsumgüterindustrie, das durch Rahmenverträge mit Großabnehmern zwar 70% seiner Kapazität auslastet, ist die zeitliche Staffelung der Ablieferungsmengen variabel.
– Bei einem Motorenhersteller, der seine Hauptkunden im Rahmen eines Just-in-time-Abrufsystems beliefert, treten kurzfristige Änderungen der Auftragsgrößen und -termine auf.

– Der Investitionsgüterhersteller, der durch seine Auftrags- und Terminpolitik eine gleichmäßige Kapazitätsauslastung erreichen kann, muss jedoch auch mit kurzfristigen Terminänderungen und eiligen Reparaturaufträgen rechnen.

12.4.2.2 Alternativensuche

Die in der zweiten Phase durchzuführende Alternativensuche umfasst

– die Erfassung aller wesentlichen Parameter von Arbeitszeitmodellen,
– die systematische Analyse der Ursachen des Arbeitszeitgestaltungsbedarfs sowie
– die Vorauswahl eines oder mehrerer Arbeitszeitmodelle.

Phase	Teilphasen
I. Bedarfs- analyse	– Projektorganisation – Abgrenzung der Untersuchungseinheit – Prüfung des Bedarfs an Arbeitszeitgestaltung
II. Alternativen- suche	– Entscheidungsparameter und Arbeitszeitmodelle – Ursachenanalyse des Arbeitszeitgestaltungsbedarfs – Vorauswahl von Arbeitszeitmodellen
III. Bewertung und Auswahl	– Wirtschaftlichkeitsbewertung – Verhandlungen mit dem Betriebsrat – Entscheidungen über Arbeitszeitmodelle
IV. Einführung und Umsetzung	– Information und Schulung der Vorgesetzten und Mitarbeiter – Piloteinführung – Diffusion im Unternehmen

Abb. 12-12: Planungs- und Entscheidungsprozess zur Betriebs- und Arbeitszeitgestaltung

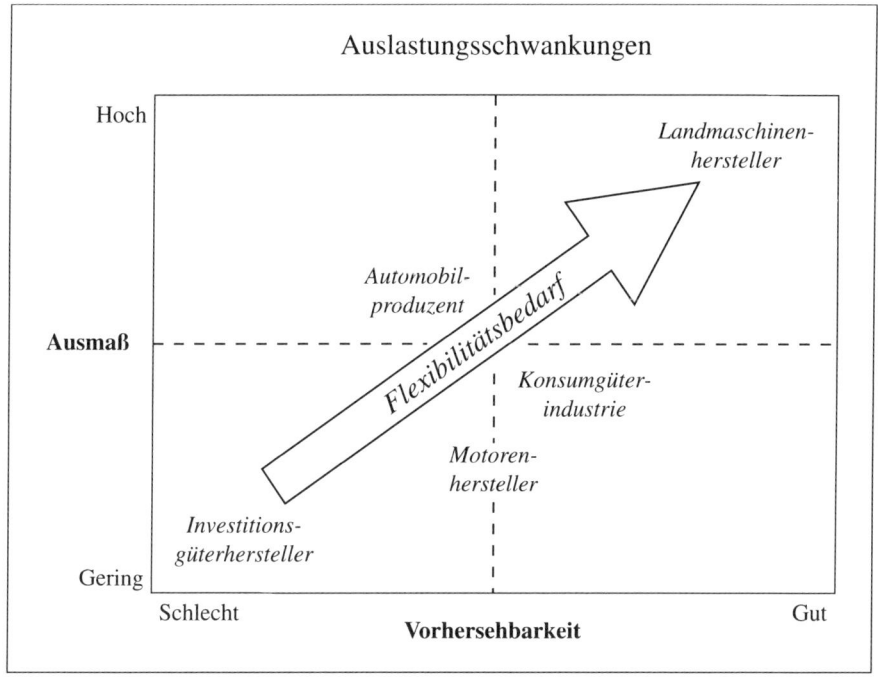

Abb. 12-13: Flexibilitätsbedarfsprofil (Günther 1990, S. 311)

Die Auswahl eines geeigneten Arbeitszeitmodells setzt die Kenntnis der zur Verfügung stehenden Möglichkeiten voraus. Hierzu sollen zunächst die wesentlichen **Parameter von Arbeitszeitmodellen** vorgestellt werden, die in jedem konkreten Einzelfall zu definieren sind (vgl. Abb. 12-14). Durch die kreative, anforderungsspezifische Verknüpfung der Parameter lassen sich beliebig viele Varianten von Arbeitszeitmodellen bilden. Es sind allerdings gesetzliche und tarifvertragliche Restriktionen zu beachten und die Zustimmung der Arbeitnehmervertreter einzuholen.

Unter der **Dauer der Arbeitszeit** wird die Festlegung der regelmäßigen wöchentlichen Arbeitszeit verstanden. Diese kann im Umfang der tariflichen Normalarbeitszeit entsprechen, diese beliebig unterschreiten oder aber – im Rahmen der gesetzlichen Begrenzungen – überschreiten.

Als **Bezugszeitraum der Arbeitszeitvereinbarung** mit den Arbeitnehmern kann der Tag, die Woche, der Monat, das Jahr oder eine andere unterjährige Periode zugrundegelegt werden. Es wird festgelegt, innerhalb welcher Periode die arbeitsvertraglich vereinbarte Arbeitszeit erbracht werden soll. Beispielsweise kann eine vereinbarte Wochenarbeitszeit von 28 Stunden auch dadurch erbracht werden, dass innerhalb von vier Kalenderwochen nur drei Wochen gearbeitet werden, in diesen dann aber 37,3 Stunden.

In Zusammenhang mit dem Bezugszeitraum steht auch die **Regelmäßigkeit der Arbeitszeitverteilung.** Varianten sind eine gleichmäßige Verteilung, eine ungleichmäßige Verteilung innerhalb der Woche, eine ungleichmäßige Verteilung über den Wochenzeitraum hinaus oder auch in Form des sog. Freischichtmodells. Um die Auslastung be-

trieblicher Anlagen zu optimieren können bei nichtentkoppelten Betriebs- und Arbeitszeiten Differenzen zwischen der effektiv geleisteten Arbeitszeit der Mitarbeiter und deren individueller regelmäßiger wöchentlicher Arbeitszeit auftreten. Diese Differenz
kann in Form von freien Tagen (Freischichten) oder freien Stunden abgebaut werden.

Differenzieren lässt sich der **Umfang der** in einzelne Arbeitszeitregeln **einbezogenen
Mitarbeiter.** Regelungen können sich auf die Gesamtbelegschaft, Teilbereiche des
Unternehmens oder einzelne Arbeitnehmer beziehen.

Beginn und **Ende der Arbeitszeit** können entweder völlig frei oder innerhalb vorgegebener Zeitspannen (sog. Gleitzeitspanne) gewählt werden. In der Regel ist eine
Kernarbeitszeit, während der der Arbeitnehmer am Arbeitsplatz anwesend sein muss,

Parameter von Arbeitszeit- modellen	Ausprägungen			
Dauer der Arbeitszeit für den Mitarbeiter	Tarifliche Normal- arbeitszeit	Überschreitung der Normal- arbeitszeit	Unterschreitung der Normal- arbeitszeit	
Bezugs- zeitraum	Tag	Woche	Monat	unter- jährig · Jahr
Regelmäßigkeit der Arbeits- zeitverteilung	gleich- mäßig	ungleich- mäßig	Frei- schicht	
Umfang der einbezogenen Mitarbeiter	Gesamt- belegschaft	Teil- bereich	Einzelne Mitarbeiter	
Beginn und Ende der Arbeitszeit	fixiert	frei wählbar	Gleitzeit- spanne	
Lage der Arbeitszeit	morgens	nachmittags	abends	nachts
Arbeitszeit- rahmen (Wochentage + Betriebszeit)	Mo – Fr	Samstag	Sonntag	0 – 24 Uhr
Entscheidungs- rhythmus	dauerhafte Festlegung	zu bestimmten Terminen	laufende Abstimmung	abhängig von externen Bedingungen

Abb. 12-14: Entscheidungsparameter bei der Gestaltung der Arbeitszeit

verbindlich. Innerhalb der Gleitzeitspanne können dann aber Beginn und Ende der Arbeitszeit selbst festgelegt werden. Um einen reibungslosen Arbeitsablauf sicherzustellen sind wechselseitige Abstimmungen der Mitarbeiter, insbesondere bei Mehrschicht-Betrieb und verketteten Arbeitsplätzen, erforderlich.

Die **Lage der Arbeitszeit** regelt, in welchem Abschnitt des Tages der Arbeitsbeginn liegt, d.h. morgens, nachmittags, abends oder nachts. Im Falle von Telearbeitsplätzen (die Arbeit wird zu Hause erledigt) ist die Lage der Arbeitszeit sogar völlig frei wählbar.

Die in das Arbeitszeitmodell **einbezogenen Wochentage** (Montag bis Sonntag) geben an, welche Tage zu den Regelarbeitstagen gehören und welche Tage in (definierten) Ausnahmefällen als Arbeitstage herangezogen können. Gemeinsam mit den täglichen **Betriebszeiten** bilden die Arbeitstage den **Arbeitszeitrahmen,** der dem Unternehmen zur Verfügung steht.

Mit dem **Entscheidungsrhythmus** wird definiert, ob und wann die Arbeitszeit überprüft und gegebenenfalls angepasst wird. Mögliche Ausprägungen dieses Parameters sind die einmalige, dauerhafte Festlegung der Arbeitszeit, die Überprüfung und eventuelle Neufestlegung zu bestimmten Terminen (z.B. Überarbeitung von Schichtplänen), die laufende Abstimmung und die an externe Bedingungen geknüpfte Anpassung der Arbeitszeit. Entsprechend den Flexibilitätserfordernissen des Betriebes einerseits und einer sinnvollen Mindestvorlaufzeit für die Mitarbeiter andererseits, soll mit dem Entscheidungsrhythmus ein Prozess – sowie in Verbindung mit den anderen Parametern – ein Handlungsspielraum festgeschrieben werden, der eine schnelle, unbürokratische Änderung ermöglicht.

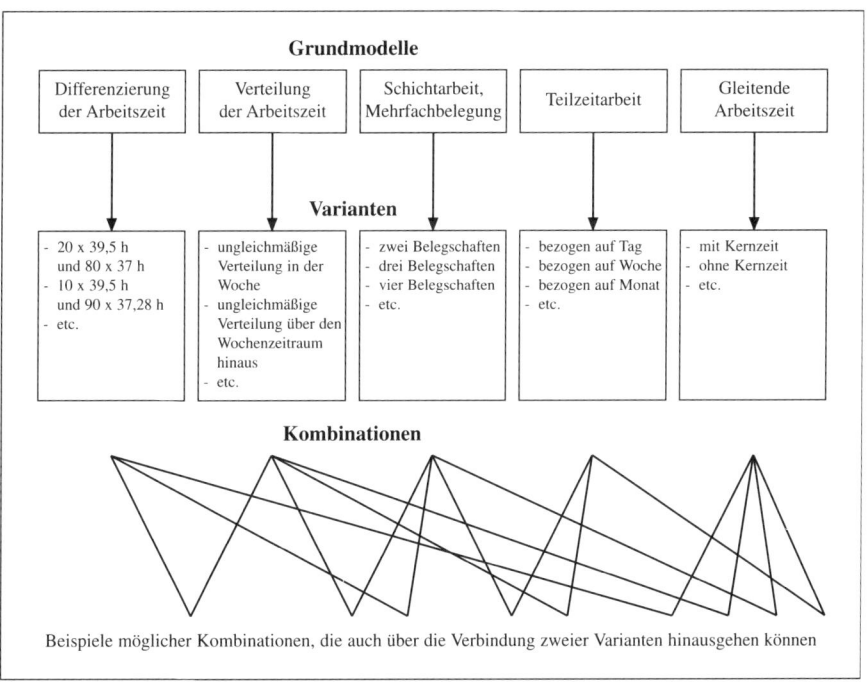

Abb. 12-15: Modelle der betrieblichen Arbeitszeitgestaltung (Ackermann/Hofmann 1988, S. 96)

Durch Kombination der vorgestellten Parameter lassen sich im nächsten Schritt (tariflich und arbeitsrechtlich zulässige) Grundmodelle für die Betriebs- und Arbeitszeitgestaltung aufstellen (siehe Beispiel in Abb. 12-15). Durch Variation der verschiedenen Stellgrößen lassen sich bei jedem Grundmodell eine Reihe von Varianten bilden, die zusätzlich miteinander kombiniert werden können.

Aus dem Spektrum verfügbarer Arbeitszeitregelungen müssen nun die Parameter derart ausgewählt und kombiniert werden, dass sie den festgestellten Arbeitszeitgestaltungsbedarf abdecken (Vorauswahl). Hierzu ist es erforderlich, die **Ursachen des Arbeitszeitgestaltungsbedarfs** und deren Ursachen zu kennen (vgl. *Ackermann/Hofmann* 1988, S. 101). Die in der Praxis auftretenden Hauptursachen sind mit möglichen Ausprägungen für jedes Ursachenmerkmal in Abb. 12-16 aufgelistet.

Merkmal	Ausprägung						Indikator
Ansprechzeiten intern/extern	ständige Ansprechbarkeit		feste Ansprechzeiten		nicht vorhanden		Ansprech-zeitpunkte
Schwankungen im Arbeitsanfall	im Tag	in der Woche	im Monat	im Jahr	diskon-tinuier-lich	nicht vor-handen	Schwankun-gen bei Arbeits-einheiten
Vorhersehbarkeit von Schwankungen im Arbeitsanfall	vorhersehbar		nicht vorhersehbar		nicht vorhanden		Plan-/Ist-Arbeits-einheiten
Kapitalintensität des Bereichs	hoch		mittel		niedrig		Kapital-intensität
Kapitalbindung von Produkten	hoch		mittel		niedrig		anteilige Material-kosten
Lagerhaltung	zu hoch		zu niedrig		in Ordnung bzw. nicht vorhanden		Soll-/Ist-Lager-bestände
Mitarbeiter-interessen	Freizeit-blöcke		Abstimmung Arbeitszeit – Freizeit		Berücksichtigung der familiären Situation		Äußerungen von Mit-arbeitern
Kundennähe	jederzeitige Reaktion auf Kundenwünsche		durch-schnittliche Reaktion		nicht vorhanden		Kunden-wünsche, Kunden-verhalten
Personal-ausstattung	Personal-mangel		bedarfsgerechte Personal-ausstattung		Personal-überhang		Plan-/Ist-Stellen-besetzung

Abb. 12-16: Schema zur Ermittlung des Ursachenprofils (Ackermann/Hofmann 1988, S. 102)

Für die betrachtete organisatorische Einheit, zum Beispiel Wareneingang oder Versand, sind die zutreffenden Ausprägungen bei jeder Ursache festzulegen. Zur Berücksichtigung unternehmensspezifischer Ursachen ist der folgende Ursachenkatalog gegebenenfalls zu modifizieren:

Ansprechzeiten (intern/extern): Zeit, in der ein Mitarbeiter oder dessen Vertreter intern (von Kollegen) oder extern (von Kunden, Lieferanten usw.) zu erreichen ist. Beispiel: Der Wareneingang muss zu den üblichen Anlieferungszeiten der Transportunternehmen geöffnet sein.

Schwankungen im Arbeitsanfall, d. h. das Volumen auszuführender Aufgaben variiert innerhalb eines bestimmten Zeitraumes, z. B. Tag, Woche oder Monat. Beispiel: Im Jahresverlauf treten saisonale Schwankungen der Auslieferungen auf, wie beispielsweise bei einem Hersteller von Oster- und/oder Weihnachtsartikeln. **Vorhersehbarkeit von Schwankungen im Arbeitsanfall** liegt dann vor, wenn der Verlauf des Arbeitsanfalls geplant werden kann. Beispiel: Ein Hersteller von Erntemaschinen weist seinen Absatzschwerpunkt stets in den Monaten März bis Juli auf. Die **Kapitalintensität des Bereiches** drückt aus, ob durch die Höhe des gebundenen Kapitals hohe Kapitalkosten in Relation zu den Gesamtkosten anfallen. Beispiel: Die in der Regel hochautomatisierten Distributionszentren von Pharmagroßhändlern erfordern hohe Investitionen und führen damit zu hohen Kapitalkosten.

Die **Kapitalbindung durch Bestände** ist ein Indikator für die Kapitalkosten, die infolge der durchschnittlich gebundenen Roh-, Hilfs- und Betriebsstoffe sowie Zwischen- und Endprodukte anfallen. Beispiel: Lange Durchlaufzeiten in einer im Einschicht-Betrieb geführten Fertigungsstätte führen zu hohen Bestandsreichweiten, deren Reduzierung ein erhebliches Kostensenkungspotential darstellt.

Mitarbeiterinteressen können unterschiedliche Ausprägungen aufweisen, wie Interesse an Freizeitblöcken und Berücksichtigung der familiären Situation. Beispiel: Die Lager- und Kommissioniermitarbeiter sind stark daran interessiert, ihre Arbeitszeit und Freizeitbedürfnisse besser aufeinander abzustimmen.

Die **Kundennähe** gibt an, welche Reaktionsnotwendigkeiten auf Kundenwünsche bestehen. Beispiel: Da Maschinenausfälle bei den Kunden, die 24 Stunden am Tag produzieren, bei diesen zu hohen Folgekosten führen, ist eine „Rund-um-die-Uhr-Besetzung" in der Ersatzteildistribution sinnvoll.

Die **Personalausstattung** gibt an, inwieweit der Personalbestand dem Personalbedarf in quantitativer und qualitativer Hinsicht entspricht. Beispiel: Im Lagerbereich können ständig Planstellen nicht mit qualifizierten Mitarbeitern besetzt werden.

Verbindet man die einzelnen, jeweils zutreffenden Ursachenausprägungen in Abb. 12-16 durch Linien miteinander, erhält man ein spezifisches **Ursachenprofil** für die Untersuchungseinheit.

Es muss nun für jedes erfasste Ursachenmerkmal untersucht werden, welche der möglichen Arbeitszeitregelungen die ermittelte Ausprägung dieses Ursachenmerkmals abdeckt oder berücksichtigt (vgl. hierzu *Ackermann/Hofmann* 1988, S. 105 ff.). Ist diese Zuordnung für alle Ursachen erfolgt, kann nunmehr die **Vorauswahl** von Arbeitszeitregelungen vorgenommen werden, indem

– ermittelt wird, wieviele Ursachen jede Arbeitszeitregelung berücksichtigt und

– überprüft wird, welche Arbeitszeitregelungen die wichtigsten Ursachen berücksichtigen.

12.4.2.3 Bewertung und Auswahl

Nach Durchführung der Bedarfsanalyse und Alternativensuche ist nunmehr eine detaillierte Prüfung der auf Grund der Vorauswahl in die engere Wahl genommenen Arbeitszeitregelungen vorzunehmen. Ziel ist es, die bestmögliche Lösung aufzufinden. Die Bewertungs- und Auswahlphase beinhaltet

– die Wirtschaftlichkeitsbewertung,
– Verhandlungen mit dem Betriebsrat und
– die Entscheidung über das (die) Arbeitszeitmodell(e).

Die in der Vorauswahl in Phase 2 ermittelten geeigneten Arbeitszeitmodelle sind nunmehr hinsichtlich ihrer Wirschaftlichkeit sowie des sonstigen Nutzens zu bewerten. Hierbei ist zwischen direkten und indirekten Wirkungen zu unterscheiden (vgl. *Wildemann* 1992, S. 124). Treten ökonomische, personelle und organisatorische Effekte nur in dem Bereich auf, in dem das Arbeitszeitmodell eingesetzt wird, handelt es sich um **direkte Wirkungen.** Die wesentlichen direkten ökonomischen Wirkungen umfassen Veränderungen der Betriebsmittelnutzungszeit, des Kapitaleinsatzes bzw. der damit verbundenen Kapitalkosten, der Flexibilität, der Durchlaufzeiten, der Bestände und der Kapitalkosten. Zu den Wirkungen personeller Art gehören die Beeinflussung der Mitarbeitermotivation und der Arbeitsplatzattraktivität. Darüber hinaus können flexible Arbeitszeitmodelle in ihrem Einsatzbereich mit arbeits- und ablauforganisatorischen Veränderungen einhergehen. Die Veränderung des Arbeitszeitsystems in einem Teilbereich des Unternehmens hat stets Auswirkungen auf andere Subsysteme und führt damit zu **indirekten Wirkungen.** So erfordert beispielsweise eine Ausdehnung der Arbeitszeit im automatisierten Hochregallager u. U. auch eine Ausdehnung der Betriebszeit in der Instandhaltung. Sofern mit einem Arbeitszeitmodell die Notwendigkeit der gegenseitigen Vertretung bzw. Besetzung verschiedener Arbeitsplätze oder die Übernahme dispositiver Tätigkeiten einhergeht, kann dies durch einen Wandel von Arbeitsinhalten zu arbeitsorganisatorischen Veränderungen führen, die über den Einsatzbereich des Arbeitszeitmodells hinausgehen. Es kann notwendig werden, Qualifikation und Einsatzflexibilität bei der Entgeltfindung stärker zu berücksichtigen (vgl. *Wildemann* 1992, S. 126). Flexible Betriebs- und Arbeitszeitmodelle führen in der Regel zu höherer Komplexität der Zeiterfassung und der Lohnabrechnung, so dass sich neue Anforderungen an die Personalverwaltung ergeben. Elektronische Zeiterfassung und Abrechnung sind teilweise Voraussetzung dafür, dass die Kostenvorteile aus der Arbeitszeitgestaltung nicht durch einen wesentlich höheren Abrechnungsaufwand deutlich reduziert werden.

Die Kosten- und Nutzenwirkungen sind detailliert zu bewerten. Um deren Quantifizierung zu erleichtern gibt Abb. 12-17 eine Übersicht über zu berücksichtigende Mengen- und Wertansätze. Effekte, die nicht quantifiziert werden können, sind abzuschätzen bzw. im Rahmen einer Nutzwertanalyse zu erfassen.

Quantifizierung der Kostenwirkungen		
Wirkung	*Mengenansatz*	*Wertansatz*
Kosten der Informationsbeschaffung Kosten für Gewinnung und Verarbeitung entscheidungsrelevanter Informationen: – ext. Arbeitszeitberatung – interne Planungsteams – Mitarbeiterbefragung – Unterlagen – Seminare	– Manntage – Anzahl der betroffenen Planer/MA	– Honorare pro Tag – PK pro Tag – Preis für Unterlage – Seminare je betroffenem MA
Schulungs- und Informationskosten Kosten für Schulung von MA und Vorgesetzten: – interne Seminare – externe Seminare – Mitarbeitergespräche – Unterlagen	– Manntage – Anzahl der betroffenen MA	– PK pro Tag (siehe unten) – Preis für Seminar/Unterlagen je MA
Kosten der organisatorischen Änderung	Anzahl der zusätzlichen Arbeitsplätze	– Kosten für Zeiterfassung je Arbeitsplatz – Kosten je zusätzlich einzurichtendem Arbeitsplatz – Kosten für Änderung der Arbeitsplatz- und Ablauforganisation je Arbeitsplatz
Personalbeschaffungskosten	Anzahl der neu einzustellenden MA	– Kosten für Personalwerbung je (neuer) MA – Kosten der Personalauswahl je (neuer) MA – Einarbeitungskosten je MA
Kapital- und Betriebsmittelkosten	Δ Zahl Betriebsmittel/Maschinen	– kalkulatorische Abschreibungen für Maschinen, maschinelle Anlagen, Transportmittel, Einrichtungsgegenstände ... je BM – kalkulatorische Zinsen auf das Anlagevermögen (Maschinen, ...) je BM – Instandhaltungskosten je BM
Personaleinsatzkosten	Δ Zahl der MA	– Entgelt je MA – gesetzliche oder tariflich bedingte PNK je MA – freiwillige PNK je MA
Personalentwicklungskosten	Δ Zahl der MA	– Ausbildung je MA – Weiterbildung je MA
Personalverwaltungskosten	Δ Zahl der MA	– Auswertung der Zeitwerterfassung je MA – Entgeltabrechnung je MA
Personalbereitschaftskosten	Δ Stunden Betriebsbereitschaft	Betriebsbereitschaftskosten je Std. Betriebsbereitschaft (Strom, Heizung, Wasser ...)

Quantifizierung der Kostenwirkungen		
Wirkung	*Mengenansatz*	*Wertansatz*
Kalkulatorische Zinsen auf das Umlaufvermögen	Δ Bestände RHB, Halbfabrikate, Fertigfabrikate	– Einstandspreise – Herstellkosten – Zinsen
Quantifizierung von Nutzenwirkungen		
Flexibilität – Verbesserung der Marktposition	Δ Absatzmenge Δ Absatzpreis	Ergebnisverbesserung: – Deckungsbeitrag für Δ Absatzmenge – Δ Kundenpreis × Absatzmenge
– Bestandsreduktion – Reduktion von PK	(siehe Kostenwirkungen) (siehe Kostenwirk.)	(siehe Kostenwirkungen) (siehe Kostenwirkungen)
Lieferzeit – Verbesserung der Marktposition (siehe oben)		
Termintreue – Verbesserung der Marktposition (siehe oben) – Vermeidung von Konventionalstrafen	Δ Terminüberschreitung	Konventionalstrafen × Δ Terminüberschreitungen
Qualität – Verbesserung der Marktposition (siehe oben) – Ausschuss-/Nacharbeitskosten	Δ Stück Ausschuss Δ Nacharbeitsstunden	HK × Δ Stückausschuss (Ø-Lohn + NK × Δ Nacharbeitsstunden)
Motivation der MA – Absentismus – Arbeitsproduktivität – Qualitätssteigerung (s. o.)	Δ Fehlzeiten (Std., Manntage …) Δ Output (bei gleicher Arbeitszeit)	(Ø-Lohn + NK) Δ Fehlzeiten Δ Output × Deckungsbeitrag
BM = Betriebsmittel, MA = Mitarbeiter, P(N)K = Personal(neben)kosten, Std. = Stunde		

Abb. 12-17: Kosten- und Nutzenwirkungen von Arbeitszeitmodellen
(Wildemann 1992, S. 134 f.)

Nach der Auswahl des Arbeitszeitmodells findet eine abschließende Verhandlung mit dem Betriebsrat statt. Unter Berücksichtigung der vom Betriebsrat eingebrachten Vorschläge erfolgt die Entscheidung über das(die) einzuführende(n) Modell(e) der Arbeitszeitgestaltung.

12.4.2.4 Einführung und Umsetzung

Die Einführungs- und Umsetzungsphase umfasst die Teilphasen

– Information und Schulung der Vorgesetzten und Mitarbeiter,
– Piloteinführung und gegebenenfalls
– Diffusion im Unternehmen.

Spätestens im Anschluss an die Entscheidung über das einzuführende Arbeitszeitmodell erfolgt die **Information** und **Schulung** der Vorgesetzten und Mitarbeiter. Die Arbeitszeitgestaltung greift tief in die Lebensgewohnheiten und sozialen Beziehungen der Mitarbeiter ein. Neben einer schriftlichen Bekanntmachung sind deshalb intensive Einzel- oder Gruppengespräche erforderlich, um die Funktionsweise sowie die Vor- und Nachteile des Arbeitszeitmodells zu erläutern (vgl. *Wildemann* 1992, S. 151). Im Rahmen von Schulungen sind Vorgesetzte und Mitarbeiter auf veränderte Koordinationserfordernisse vorzubereiten. Im Rahmen der Gespräche und Fortbildungsmaßnahmen können auch Akzeptanzprobleme durch sachlich überzeugende Aufklärung überwunden werden (vgl. *Wildemann* 1992, S. 152).

Die **pilotweise Einführung** flexibler Betriebs- und Arbeitszeiten in einer kleinen Einheit des Unternehmens ermöglicht, Erfahrungen zu sammeln und das Arbeitszeitmodell vor einer **breiteren Anwendung** zu modifizieren, falls es den betrieblichen Anforderungen oder Mitarbeiterbedürfnissen nicht so entspricht, wie es bei der Planung und Entscheidung unterstellt wurde. Als Kriterien für die Auswahl des Pilotbereichs lassen sich insbesondere „hohe Akzeptanz der Mitarbeiter" und „hohes Rationalisierungspotential" heranziehen.

12.4.3 Typische Fehler bei der Einführung flexibler Betriebs- und Arbeitszeiten

Abschließend sei noch auf **typische Fehler** hingewiesen, die Unternehmen bei der Einführung flexibler Arbeits- und Betriebszeiten gemacht haben (vgl. *Wildemann* 1992, S. 144 ff.):

- Die Arbeitszeitflexibilisierung wird als **isolierte Einzelmaßnahme** betrachtet: Werden die personellen und organisatorischen Schnittstellen der Arbeitszeitgestaltung zu anderen Teilsystemen gar nicht oder zu wenig beachtet, können Kompatibilitätsprobleme auftreten, die die Realisierung der angestrebten Ziele in Frage stellen. Wichtige Schnittstellen sind das Personalsystem (mit seinen Elementen Entlohnung, Personalführung, Personalentwicklung), die Arbeitsorganisation innerhalb des relevanten Bereiches sowie die Schnittstellen zu vor- und nachgelagerten Bereichen. Um hier Fehler zu vermeiden, empfiehlt es sich, ein Projektteam zu installieren, das interdisziplinär zusammengesetzt ist.
- Bei der Auswahl des flexiblen Arbeitszeitmodells handelt es sich um eine **ad-hoc-Entscheidung ohne fundierte Bewertung:** Hierdurch besteht die Gefahr, nicht das (langfristig) optimale Modell auszuwählen. Außerdem können durch die fehlende Transparenz der Entscheidung und der Wirkungen des Arbeitszeitmodells Akzeptanzprobleme bei Vorgesetzten, Mitarbeitern und dem Betriebsrat entstehen.
- Die **Information** der betroffenen Vorgesetzten über die Arbeitszeitgestaltung ist **unzureichend.** Für die Vorgesetzten ergeben sich veränderte Anforderungen an das Führungsverhalten, denen durch intensive Schulung und Vorbereitung Rechnung zu tragen ist. Beispielsweise sind die Arbeitszeiten so zu koordinieren, dass sowohl den Wünschen der Mitarbeiter als auch den betrieblichen Zielen Rechnung getragen wird.
- Eine **unzureichende Beteiligung des Betriebsrates** ist häufig die Ursache für dessen Widerstände. Eine frühzeitige und intensive Einbeziehung des Betriebs-

rates ist aber aus zwei Gründen wichtig. Zum einen führt eine über die gesetzliche Mindestanforderung hinausgehende Beteiligung an der Planung und Einführung zu höherer Akzeptanz des Betriebsrates. Zum anderen ist der Betriebsrat so in der Lage, sein Wissen über die Arbeitszeitpräferenzen der Mitarbeiter einzubringen.

12.4.4 Fallstudie: Bremer Lagerhaus-Gesellschaft

Ein Fallbeispiel soll im Folgenden aufzeigen, wie ein im Logistikdienstleistungsbereich tätiges Unternehmen seine Betriebs- und Arbeitszeiten flexibilisiert hat.

Bei der **Bremer Lagerhaus-Gesellschaft** gibt es seitens der Kunden hohe Anforderungen an die Flexibilität und zwar im Hinblick auf die tägliche Flexibilität bezüglich des zeitlichen Wareneingangs und -ausgangs, die wöchentliche Flexibilität der Liefermengen und die monatlichen Absatzschwankungen bei gleichzeitig hohen Anforderungen an die Qualität der Arbeit. Dem standen vor Projektbeginn starre tägliche Arbeitszeiten, feste Schichtpläne, die Kopplung von Arbeitszeit und Entlohnung und eine hierarchische Führungsorganisation gegenüber. Im Ergebnis waren die Produktionskosten infolge ineffektiven Arbeitseinsatzes zu hoch (vgl. *Brandt* 1997, S. 3).

Zur Erreichung der Ziele schnelle Reaktion auf Kundenerfordernisse, Vermeidung von Mehrarbeit und mehr Individualität für die Mitarbeiter wurde

– die feste tägliche Schichtzeit von 7,5 Stunden durch variable Beginnzeiten mit Verkürzungs- und Verlängerungsmöglichkeiten um jeweils 2 Stunden ersetzt,
– der feste wöchentliche Schichtplan durch einen grundsätzlichen Mindestanspruch auf Anerkennung von 22,5 Stunden pro Woche ersetzt und
– ein Arbeitszeitkonto mit einem Ausgleichszeitraum über drei Monate (mit Option auf sechs Monate) eingeführt, mit der Möglichkeit, 22,5 Plusstunden und 45 Minusstunden auf den nächsten Zeitraum zu übertragen (vgl. *Brandt* 1997, S. 7).

Der wöchentliche Arbeitszeitrahmen liegt zwischen Montag 06.00 Uhr und Samstag 14.30 Uhr. Bei tagesbezogenen unvorhersehbaren Veränderungen sollte das Arbeitsteam die erforderliche Arbeitszeitgestaltung selbst regeln, wobei die persönlichen Belange der Mitarbeiter soweit wie möglich berücksichtigt werden. Ist auf Grund kurzfristiger Arbeitsaufträge eine Änderung des Arbeitszeitrhythmus erforderlich, liegt die Ankündigungsfrist am Ende der Arbeitszeit des Vortages. Für planbar längerfristige Veränderungen beträgt die Ankündigungsfrist mindestens eine Woche.

Innerhalb von vier Wochen ist an zwei Samstagen Pflichtarbeit möglich. Als Mehrarbeit wird bewertet eine Überschreitung der täglichen Höchstarbeit von 9,5 Stunden und einer wöchentlichen Arbeitszeit von 47,5 Stunden, alle Stunden an Samstagen, die über 7,5 Stunden hinausgehen sowie alle Stunden, die über 22,5 Stunden nach drei Monaten erarbeitet wurden (vgl. *Brandt* 1997, S. 11 f.).

Parallel zur Einführung flexibler Arbeitszeiten wurde Teamarbeit eingeführt, das Entlohnungssystem umgestellt und die Führungsaufgaben neu definiert.

12.5 Mitarbeiterbezogene Erfolgsfaktoren des Logistik-Managements

Die mitarbeiterbezogenen Erfolgsfaktoren des Logistikmanagements umfassen die Führungskultur, die Gehaltspolitik sowie die Personal- und Organisationsentwicklung (vgl. Abb. 12-18).

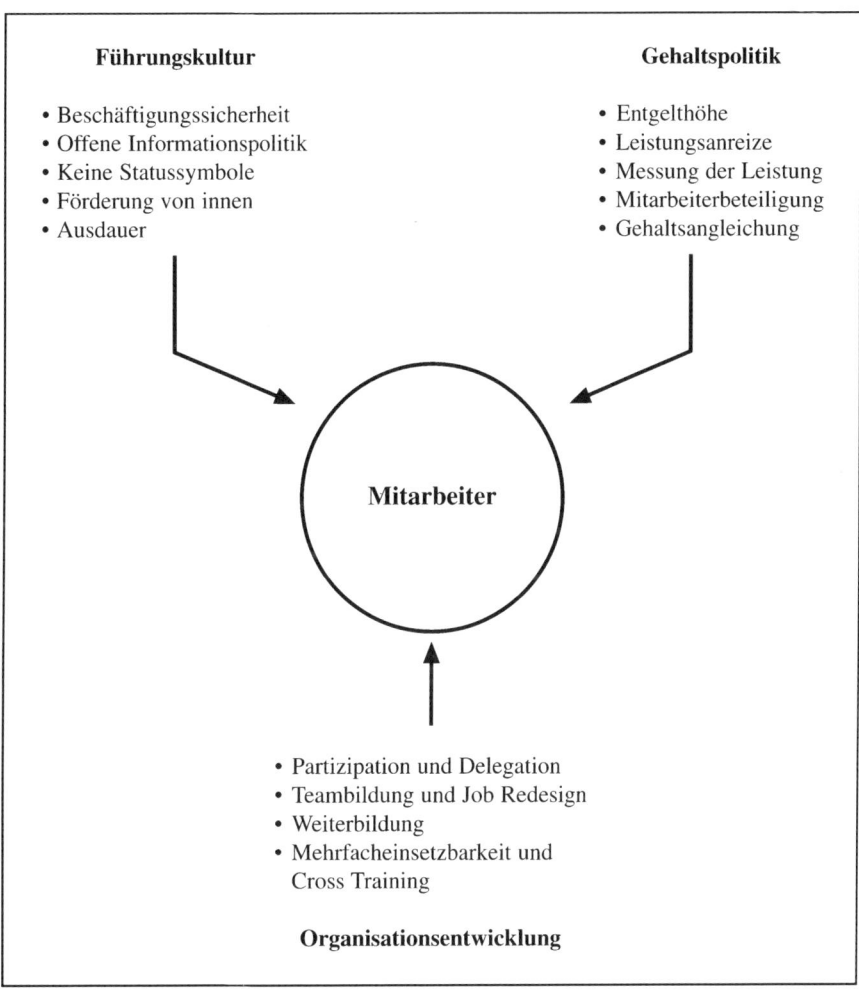

Führungskultur

* Beschäftigungssicherheit
* Offene Informationspolitik
* Keine Statussymbole
* Förderung von innen
* Ausdauer

Gehaltspolitik

* Entgelthöhe
* Leistungsanreize
* Messung der Leistung
* Mitarbeiterbeteiligung
* Gehaltsangleichung

Mitarbeiter

* Partizipation und Delegation
* Teambildung und Job Redesign
* Weiterbildung
* Mehrfacheinsetzbarkeit und Cross Training

Organisationsentwicklung

Abb. 12-18: Mitarbeiterbezogene Erfolgsfaktoren des Logistik-Managements (Wegner 1996, S. 215)

Ausdruck einer positiven **Führungskultur** sind eine offene Informationspolitik gegenüber den Mitarbeitern, der Verzicht auf Statussymbole, eine systemimmanente

Förderung der Mitarbeiter, Ausdauer bei der Personalentwicklung sowie Beschäftigungssicherheit.

Um beurteilen zu können, welche Faktoren für den Unternehmenserfolg bedeutsam sind und welchen Beitrag er dazu leisten kann, muss dem Logistikmitarbeiter mit einer **offenen Informationspolitik** das erforderliche Wissen an die Hand gegeben werden. Hierzu gehört die Vermittlung von Kenntnissen über die verfolgten Ziele, Ergebnissituation und Produktivität ebenso wie über die Wettbewerbssituation und wesentliche Entscheidungsgrundlagen. Sind für den Mitarbeiter die grundlegenden Zusammenhänge der Unternehmensführung transparent, können Existenzängste vermieden bzw. abgebaut werden, die vielfach aus der Wahrnehmung unkommentierter Veränderungen resultieren. Eine offene Informationspolitik schafft Vertrauen bei den Mitarbeitern, die dadurch selbst beurteilen können, ob sie fair behandelt werden.

Mit dem **Verzicht auf Statussymbole** wird signalisiert, dass es in der Wertigkeit der Mitarbeiter keine Unterschiede gibt. Der Verzicht auf die Kantine für die Unternehmensleitung und die für Führungskräfte reservierten Parkplätze trägt dazu bei, Barrieren zwischen den Hierarchieebenen abzubauen und fördert die Ausrichtung der gesamten Belegschaft auf das gleiche Unternehmensziel.

Die **systemimmanente Förderung** der Mitarbeiter zielt darauf ab, talentierten Mitarbeitern ständig die Chance zu geben, ihre Leistung unter Beweis zu stellen und zu kommunizieren. Als Promotor seines Mitarbeiters weist der Vorgesetzte Kollegen und Führungskräfte aus anderen Unternehmenseinheiten auf die geleisteten Zielbeiträge hin. Die so erhaltene Anerkennung von Kollegen aller Hierarchieebenen festigt die Position des Mitarbeiters im Unternehmen und verschafft ihm Kontakte für künftige Aufgabenstellungen.

Im Unterschied zu kurzfristig beschaffbaren Investitionsgütern erfordert die **Mitarbeiterentwicklung** zur Erlangung von Wettbewerbsvorteilen **Ausdauer.** Eine langfristig orientierte und gelebte Personalpolitik verschafft dem Unternehmen nach einiger Zeit eine Ressource, die nachhaltig zum Erfolg beiträgt und von Wettbewerbern nicht kurzfristig adaptiert werden kann. Diese Aspekte gilt es bei Maßnahmen zu bedenken, die auf kurzfristige Kostensenkungsmaßnahmen wie Personalabbau oder Reduzierung des Weiterbildungsbudgets abzielen.

Beschäftigungssicherheit meint nicht Beschäftigungsgarantie. Sie bringt vielmehr zum Ausdruck, dass sich die Unternehmensleitung verpflichtet fühlt, den Mitarbeitern ein ausreichendes Arbeitsvolumen zur Verfügung zu stellen. Beschäftigungssicherheit schützt hierbei nur diejenigen Mitarbeiter, deren Leistungsbereitschaft und -fähigkeit den Anforderungen entspricht und die sich permanent weiterentwickeln.

Der zweite mitarbeiterbezogene Erfolgsfaktor für das Logistikmanagement ist die **Gehaltspolitik** mit den Elementen Entgelthöhe, Leistungsanreiz und -messung, Mitarbeiterbeteiligung und relativer Entlohnungsgerechtigkeit. Die **Entgelthöhe** beeinflusst sehr stark die Attraktivität eines Unternehmens als Arbeitgeber. Mit einer überdurchschnittlichen Bezahlung lässt sich in der Regel das Interesse überdurchschnittlicher Bewerber wecken. Ebenso lässt sich hierdurch die Abwerbung guter Mitarbeiter begrenzen.

Auch wenn Geld nur kurzfristig Motivator und Leistungsanreiz ist, sollten herausragende Erfolge durch Prämien oder Sonderzahlungen anerkannt werden. In diesem Zusammenhang soll soweit wie möglich versucht werden, objektive Kriterien zu definieren, nach denen die Leistungen bewertet werden. Die Einführung eines offenen und nachvollziehbaren Entgeltsystems wird ausführlich in Abschnitt 12.3 dargestellt.

Die **Organisationsentwicklung** stellt den dritten mitarbeiterbezogenen Erfolgsfaktor des Logistik-Managements dar. Sie umfasst Partizipation und Delegation, Teambildung und Job Redesign, Weiterbildung sowie Mehrfacheinsetzbarkeit und Cross Training (vgl. *Wegner* 1996, S. 217).

Sicherlich können nicht in jedem Unternehmen alle genannten Ausprägungen der Organisationsentwicklung gleichzeitig implementiert werden. Zur Leistungssteigerung der Mitarbeiter sollten jedoch einige dieser Elemente miteinander kombiniert werden. So lässt sich beispielsweise mit Cross Training schneller erreichen, dass Mitarbeiter für mehrere Prozessbereiche einsetzbar werden. Ein Delegieren von Verantwortung auf den Mitarbeiter vor Ort versetzt diesen in die Lage einer ganzheitlichen Aufgabenbearbeitung. Das erleichtert eine Leistungsmessung als Basis für eine leistungsorientierte Entlohnung (vgl. *Wegner* 1996, S. 217).

12.6 Anforderungen an Führungskräfte

Betrachtet man über die formalen Anforderungen an Logistiker hinaus, welche Mindestanforderungen an Führungskräfte in der Logistik gestellt werden, so ergibt sich das in Abb. 12-19 dargestellte Profil. „Zu den Managementaufgaben in der Logistik gehören beispielsweise:

- die Koordination der betrieblichen Abläufe,
- die Budget- und Investitionsplanung,
- die Wirtschaftlichkeits-, Produktivitäts-, Rentabilitäts- und/oder Ergebniskontrolle,
- die Führung beziehungsweise Motivation, Beratung, Unterweisung, Aus- und Weiterbildung von Mitarbeitern,
- die Festlegung von Zielvorgaben zu strategisch angelegten Projekten beziehungsweise zu operativen Aufgaben,
- die konzeptionelle Aufbereitung zu Problemlösungen und
- Berichterstattungen" (*Dubbert/Pfohl* 1988, S. 183).

Arten der Berufserfahrung / Berufsfelder	Allgemeine Berufserfahrung	Spezielle Berufserfahrung	Personalführungserfahrung
Logistikleiter Industrie und Handel	5–10 Jahre	– Projektleitung – Informationssysteme – diverse Logistikfunktionen	3–5 Jahre
Leiter Logistikunternehmen/-betrieb	5–10 Jahre	– Verkehrswirtschaft – Industrie/Handel	ja
Verkauf logistischer Dienstleistungen	5–10 Jahre	– Verkauf – Spedition	3–5 Jahre
Produktionsplanung/ Fertigungssteuerung	ca. 5 Jahre	– Projekte – Hardware und Software – Fertigung/Produktion/ Materialwirtschaft	ja
Material-/Warenadministration/-disposition	3–5 Jahre	– Projekte – Software – DV-Anwendung	ca. 3 Jahre
Lagerhaus/ Lagerhaltung	ca. 4 Jahre	– DV-Anwendung	ja, mit gewerblichem Personal
Distribution/Spedition	2–5/5–10 Jahre	– diverse Logistikfunktionen – DV-Anwendung – Verkehrswirtschaft	ja
Logistiksysteme	ca. 6 Jahre	– Projektleitungserfahrung – Hardware/Software	1–5 Jahre
Logistikcontrolling	ja	– Projektleitungserfahrung – Fachcontrolling	im Rahmen der Projektleitung

Abb. 12-19: Anforderungen an Führungskräfte in der Logistik (Dubbert/Pfohl 1988, S. 186)

13 Logistik-Controlling

13.1 Aufgaben, Ziele und Ablauf des Logistik-Controlling

13.1.1 Aufgaben und Ziele

In den vorangegangenen Kapiteln sind anhand der wichtigsten Entscheidungsparameter die Fragestellungen der Logistik untersucht worden. Hierzu sollen nunmehr die geeigneten Controllinginhalte, -instrumente und -prozesse vorgestellt werden.

Die hohe Komplexität von Logistiksystemen und die gewachsenen Leistungsanforderungen an diese verstärken die Notwendigkeit nach gezielter **Planung, Steuerung, Kontrolle und Koordination** der Teilbereiche der Logistik (vgl. *Reichmann* 1987, S. 15). Diese Aufgaben werden vom Logistik-Controlling wahrgenommen, welches

- eine permanente Wirtschaftlichkeitskontrolle durch Soll-Ist-Vergleiche von Kosten und Leistungen sowie
- die Beschaffung, Verdichtung und Bereitstellung entscheidungsbezogener Informationen

---

1. Gestaltung des Logistik-Informationsmanagements
   - Entwicklung eines Logistik-Informationssystems
   - Analyse und Interpretation vorhandener Informationen im Hinblick auf logistische Ziele
   - Koordination von Informationsbedarf und -verwendung in der Logistik (Vermeidung von Zahlenfriedhöfen)
   - Informationsvermittlung an funktionale Stellen des Logistikbereichs und übrige Stellen im Unternehmen sowie externe Einrichtungen

2. Mitwirkung bei der Logistikplanung
   - Gewährleistung eines einheitlichen, formalisierten Systems der Logistikplanung
   - Aufbereitung von Analyseergebnissen für die Fixierung logistikpolitischer Ziele
   - Erarbeitung logistikpolitischer Ziele
   - Koordination des Zielbildungsprozesses im Bereich der betrieblichen Logistik
   - Überprüfung von Planungsprämissen und Plänen im Hinblick auf die Übereinstimmung mit den jeweiligen Zielen
   - Ermittlung des optimalen Logistikplanes
   - Weiterentwicklung von Logistikplanungsmethoden, insbesondere auf dem Gebiet der computergestützten Planung

3. Durchführung der Logistikkontrolle
   - Ermittlung von Ist-Größen
   - Feststellung von Zielerreichungsgraden durch unternehmensinterne Vergleiche wie Soll-Ist-Vergleich, Abteilungsvergleich und Zeitreihenvergleich
   - Analyse von Abweichungsursachen
   - Erarbeitung von Vorschlägen für Korrekturmaßnahmen
   - Durchführung unternehmensexterner Vergleiche

Abb. 13-1: Aufgaben des Logistik-Controllers

zum Ziel hat (vgl. *Reichmann* 1985, S. 291 f.). Durch den Aufbau einer umfassenden Kosten- und Leistungsrechnung und eines Logistik-Kennzahlen-Systems wird eine möglichst aktuelle Aufbereitung des logistischen Geschehens angestrebt. Darüber hinaus sind Ursache-Wirkungs-Beziehungen zwischen Kosten und Leistungen aufzuzeigen. Dies setzt eine genaue Definition der Leistungsbezugsgrößen und der zugrunde liegenden Input-/Outputrelationen voraus. Der jeweilige Schwerpunkt des Controllings wird von der Branche, der verfolgten Politik des Unternehmens und den daraus abgeleiteten Erfolgsfaktoren maßgeblich beeinflusst (vgl. *Brändle* 1983, S. 6 f.). Mit den unternehmenspolitischen Entscheidungen sind Vorgaben in Bezug auf Kapazitäten, Serviceleistungen, Fixkosten und Budgets verbunden (vgl. *Konen* 1985, S. 233 f.), die vom Logistik-Controlling optimiert werden sollen.

Die **Aufgaben des Logistik-Controllers** beziehen sich auf die Gestaltung des Logistik-Informationsmanagements, die Mitwirkung bei der Logistikplanung sowie die Durchführung der Logistikkontrolle (vgl. Abb. 13-1).

13.1.2 Ablauf des Logistik-Controlling

Der Ablauf des Logistik-Controlling vollzieht sich grundsätzlich in **sechs Controlling-Schritten** (vgl. hierzu *Kiesel* 1987, S. 346 ff.). Für jeden dieser Schritte sind geeignete Instrumente bereitzustellen. Abb. 13-2 enthält einen Überblick über die im Folgenden vorgestellten sechs Controlling-Schritte.

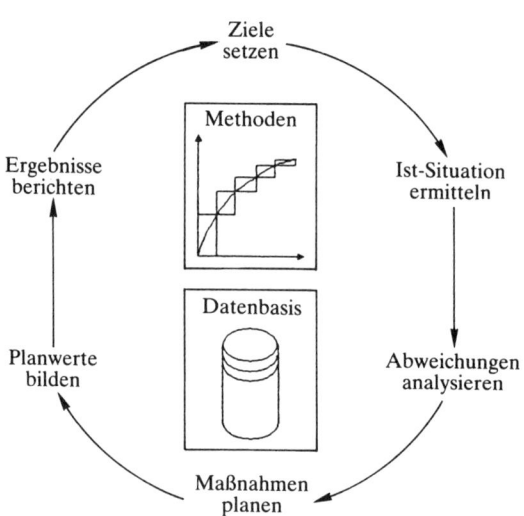

Abb. 13-2: Ablauf des Logistik-Controlling (vgl. Kiesel 1987, S. 346)

1. Schritt: Ziele setzen

Damit Ziele als Controlling-Instrument ihre Wirkung entfalten können, müssen diese operational, realistisch und quantifizierbar sein. Zur vollständigen Beschreibung von Zielen ist die Angabe von

- Zielinhalt (Zielgröße und Zielrichtung),
- Zielausmaß (Zielpunkt und Toleranzbreite) sowie
- Zeitbezug (Zeitpunkt bzw. Zeitraum)

erforderlich.

2. Schritt: Ermittlung der Ist-Situation

Um die Ist-Situation der einzelnen Elemente des Logistiksystems nachvollziehbar erfassen zu können, muss

- eine Festlegung der Messbereiche,
- eine Festlegung der relevanten Mess- und Kenngrößen sowie
- eine Festlegung der Messpunkte und -verfahren

erfolgen.

3. Schritt: Abweichungsanalyse

Abweichungen zwischen Plan- und Ist-Werten werden nur dann analysiert, wenn die vorgegebenen Toleranzbreiten überschritten werden. Hierbei sind die eigentlichen Ursachen für die Abweichungen aufzudecken. Ergebnis dieser Analyse sollten maßnahmen- und entscheidungsgerechte Informationen sein.

4. Schritt: Planung von Maßnahmen

Maßnahmenplanung erfolgt auf der Basis folgender Leitsätze:

- Keine Maßnahme ohne Ziel, kein Ziel ohne Maßnahme.
- Maßnahmen haben an den Ursachen anzusetzen.
- Es sind Maßnahmenschwerpunkte festzulegen.
- Zur Durchführung der Maßnahmen werden Verantwortliche benannt und Termine festgelegt.
- Maßnahmen sind bezüglich ihrer zu erwartenden Kosten zu bewerten.

5. Schritt: Bildung neuer Planwerte

Erst wenn die Maßnahmen zur Verbesserung der Ist-Situation greifen, sind die Planwerte zu verändern. Grundlage für die Festlegung der neuen Planwerte bilden hierbei die Wirkungen der durchgeführten Maßnahmen. Mithilfe von Zielvereinbarungen gilt es, diese neuen Planwerte abzusichern.

6. Schritt: Berichterstattung über die Ergebnisse

Abschließend erfolgt eine entscheidungsträgerorientierte Darstellung und Aufbereitung der Ergebnisse. Hierbei sind festzulegen:

- Zeitpunkt und Zeitraum,
- Detaillierungsgrad,
- Darstellungsform.

Der Bericht beinhaltet eine Dokumentation des Erreichungsgrades der vom Entscheidungsträger gesetzten Ziele und stellt zugleich die Grundlage für eine gegebenenfalls erforderliche Zieländerung dar. Hiermit schließt sich der Controlling-Regelkreis, der bei Bedarf erneut angestoßen wird (Dynamisierung des Controlling).

13.2 Logistikkosten- und -leistungsrechnung

13.2.1 Notwendigkeit von Logistikkosten- und -leistungsinformationen

Damit die durch die Logistik erschließbaren Rationalisierungspotentiale voll erschlossen werden können, müssen die mit ihr verbundenen Kosten und Leistungen transparent gemacht werden. Hier weisen allerdings die meisten Unternehmen erhebliche Defizite auf. „Im Einzelnen moniert man u. a.

– eine (zu) starke **Ausrichtung der Kostenrechnung auf Fertigungsvorgänge**, somit auf die Informationsbedürfnisse der Produktion,
– die **Erfassung** lediglich einzelner **Ausschnitte** des gesamten Spektrums **anfallender Logistikkosten**,
– eine generell **unzureichende Erfassung von Logistikleistungen**,
– eine **mangelnde Abgrenzung von Logistikkosten und -leistungen**,
– eine mangelnde Verknüpfung von an unterschiedlichen Stellen im Unternehmen anfallenden Logistikkosten **(keine Berücksichtigung von trade-offs)**,
– eine **zu geringe Differenzierung logistischer Kostenarten**,
– eine **zu pauschale Weiterverrechnung von Logistikkosten** und schließlich
– einen **mangelnden Bezug der Logistikkosten auf Produkte, Absatzgebiete und Kunden**" (*Weber* 1987, S. D.4.1).

Die Notwendigkeit einer Logistikkosten- und -leistungsrechnung leitet sich aus den Aufgaben ab, die von ihr erfüllt werden sollen. Im Einzelnen sollen mit ihrer Hilfe folgende Fragen beantwortet werden:

- **Kostenstellenkontrolle**
  - Welche und wie viel Logistikkosten- und -leistungen fallen wo an?
  - Sind etwaige Plan-Ist-Differenzen auf Beschäftigungs-, Verfahrens- oder Verbrauchsabweichungen zurückzuführen?

- **Kalkulation von Logistikleistungen**
  - Wie teuer ist eine Logistikleistung?
  - Wie teuer ist das Bündel an Logistikleistungen, das für ein Produkt erforderlich ist?

- **Verfahrensauswahl**
  - Welches von mehreren alternativ zur Verfügung stehenden Transportmitteln ist für eine gegebene Transportaufgabe am wirtschaftlichsten?
  - Ist es günstiger, die Zwischenlagerung demnächst benötigter Materialien im automatischen Hochregallager (HRL) oder im konventionellen Schmalganglager (SGL) vorzunehmen?
  - Soll man die Auslieferung der Produkte mit dem werkseigenen Fuhrpark durchführen oder auf einen Spediteur zurückgreifen?

- **Investitionsentscheidungen**
  - Lohnt sich die Investition in ein neues Hochregallager?
  - Lohnt sich die Investition in ein Fahrerloses Transportsystem?
  - Welches ist der unter wirtschaftlichen Gesichtspunkten optimale Automationsgrad für die Handlingsfunktionen?

Die wichtigsten Aufgaben einer Logistikkosten- und -leistungsrechnung sind in Abb. 13-3 zusammengefasst.

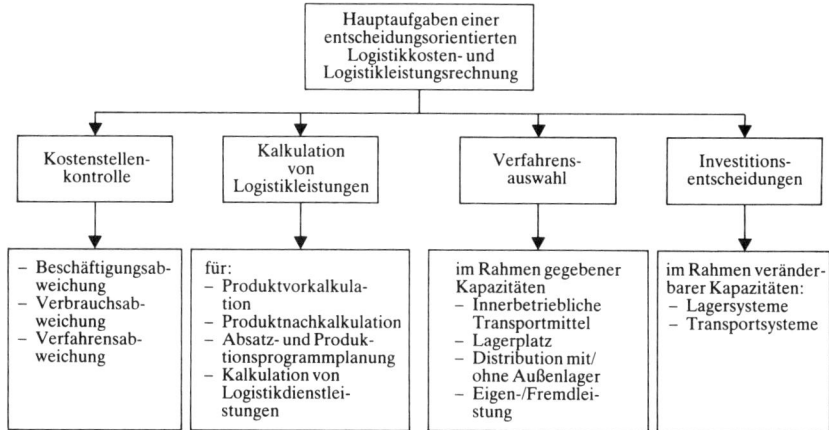

Abb. 13-3: Hauptaufgaben der Logistikkosten- und -leistungsrechnung (Reichmann o. J., S. 121)

13.2.2 Aufbau einer Logistikkosten- und -leistungsrechnung

Das Informationsproblem des logistischen Bereichs wurde in den Achtzigerjahren von wissenschaftlicher Seite aufgegriffen und hat zu mehreren Ansätzen logistikorientierter Kosten- und Leistungsrechnungen geführt (vgl. hierzu auch *Pfohl/Hoffmann* 1984, S. 54 ff.). Abb. 13-4 zeigt drei Ansätze anhand der formulierten Rechnungsziele sowie der vorgeschlagenen Rechnungsschritte und Systemelemente. Das von *Reichmann* (1985, S. 298 ff.) entwickelte System wird im Folgenden ausführlicher dargestellt.

1. Schritt: Definition und Erfassung von Logistikleistungen, Kostenbestimmungsfaktoren und Logistikkosten

Der erste Schritt beim Aufbau einer Logistikkosten- und -leistungsrechnung besteht in der systematischen Abgrenzung und Erfassung der in der betrieblichen Logistik entstehenden Kosten und Leistungen. Logistikleistungen können beispielsweise in der Sicherstellung der Verfügbarkeit von Ressourcen oder in vollzogenen Transport- und Lagerungsvorgängen bestehen. Nahezu alle logistischen Leistungen können mit unterschiedlichen Verfahren erbracht werden (z. B. eine Transportleistung mit eigenem oder fremdem LKW oder mit der Bundesbahn), die ihrerseits mit verschiedenen Verfahren und damit Kostenbestimmungsfaktoren sowie Kosten einhergehen können. Zur Quantifizierung logistischer Leistungen müssen diesen geeignete Maßgrößen, wie

Werte, Mengen, Zeiten, Entfernungen, Gewichte, Volumina und Güteklassen sowie die entsprechenden Kosten zugeordnet werden.

Nach der Definition der **Logistikleistungsarten** sind die **Verfahren** anzugeben, mit denen jene bei Berücksichtigung der für jede Kostenstelle relevanten Planbezugsgrößen am kostengünstigsten erbracht werden können. Mit der Auswahl der eingesetzten

Vertreter / Merkmale	Berg (1980)	Reichmann (1985)	Weber (1986)
Gegenstand	Verrechnungssystem logistischer Kosten und Leistungen	Ergänzung vorhandener Kostenrechnungssysteme durch eine Logistikkosten- und -leistungsrechnung	Aufbau einer entscheidungsorientierten logistischen Kosten- und Leistungsrechnung
Angesprochene Rechnungsziele	1. Informationsbasis für Entscheidungen zur Planung, Steuerung und Kontrolle logistischer Prozesse 2. Nichtablösung traditioneller Kosten- u. Leistungsrechnungssysteme, sondern Entwicklung eines ergänzenden Instrumentariums 3. Ansatzpunkt für Schwachstellenanalyse 4. Grundlage für Reorganisationen 5. Sollkostenermittlung für steuernde Aktivitäten einzelner Entscheidungsträger	1. Kostenstellenkontrolle 2. Kalkulation von Logistikleistungen 3. Verfahrensauswahl 4. Unterstützung von Investitionsentscheidungen	1. Erfassung aller Logistikkosten, differenziert nach den einzelnen logistischen Aktivitätsbereichen 2. Kalkulation von Logistikleistungen 3. Zuordnung von Logistikkosten zu Produkten und anderen distributionsorientierten Bezugsobjekten
Rechnungsschritte und Elemente	1. Erfassung und Strukturierung der Kosten- und Leistungsarten zur Erstellung logistischer Leistungen – Kosten der Funktionsbereitschaft (z. B. Lager, Förder- und Transportmittel) – Kosten der Funktionserfüllung 2. Ablaufphasenorientierte Strukturierung der Logistikkosten 3. Messung der Leistung von logistischen Teilprozessen – Festlegung von Leistungsarten – Festlegung des Leistungsmaßstabes 4. Kosten-Leistungs-Analyse (Gegenüberstellung von Istkosten und -leistungen) 5. Umrechnung der Kostenansätze für die Leistungserbringung einzelner logistischer Teilprozesse in Kosten der Funktionsbereitstellung und -erfüllung	1. Definition und Erfassung von Logistikleistungen. Kostenbestimmungsfaktoren und Logistikkosten 2. Einbau von Logistikkostenstellen in den Betriebsabrechnungsbogen – Mindestgliederung: Warenannahme, Eingangslager, Innerbetrieblicher Transport, Fertigfabrikatlager, Versand und Distribution – Unterteilung in beschäftigungsabhängige und -unabhängige Kosten 3. Erfassung der Logistikkosten und -leistungen in der Kostenträgerrechnung – einfachste Form: Gemeinkostenzuschlagsätze – Plan- und Grenzplankostenrechnung: Integration von Kostenplänen für jede Logistikkostenstelle in die Kalkulationsschemata	1. Differenzierte Erfassung von Logistikkosten in der Kostenartenrechnung – Kosten von Fremdlogistikleistungen – Kosten logistischer Produktionsfaktoren 2. Ermittlung von Abhängigkeitsbeziehungen zwischen Logistikkosten und -leistungen 3. Erfassung und Verrechnung von Logistikkosten in der Kostenstellenrechnung 4. Erfassung und Verrechnung von Logistikkosten in der Kostenträgerrechnung – Aufbau produktbezogener Bezugsgrößenhierarchien – Implementierung logistischer Leistungspläne

Abb. 13-4: Ansätze für eine logistische Kosten- und Leistungsrechnung

Logistikverfahren ergeben sich auch die zu beachtenden **Logistikkostenarten.** Die Bewertung der **Planverbrauchsmengen** mit den **Planpreisen** führt schließlich zu den **Logistikplankosten.** Abb. 13-5 verdeutlicht diesen Ablauf anhand exemplarisch ausgewählter Logistikverfahren.

2. Schritt: Einbau von Logistikkostenstellen in den Betriebsabrechnungsbogen

Aufbauend auf der Analyse der Logistikkosten und -leistungen sind nunmehr spezielle **Logistikkostenstellen** bzw. **-plätze** einzurichten und in den Betriebsabrechnungsbogen zu integrieren. Mögliche Logistikkostenstellen sind beispielsweise Warenannahme, Eingangslager, innerbetrieblicher Transport, Fertigfabrikatelager, Verpackung und Versand sowie Distribution (vgl. Abb. 13-6 als Beispiel für eine kombinierte Voll- und Teilkostenrechnung). Diese Kostenstellen lassen sich gemäß den Gliederungsvorschriften des Gemeinschaftskontenrahmens der Industrie (GKR) in der Kontenklasse 5 einbauen.

Spezielle Logistikkostenstellen bzw. -plätze weisen insbesondere **zwei Vorteile** auf (vgl. *Weber* 1987, S. D4.4):

– Es wird transparent gemacht, wo, vom Wareneingang bis zur Auslieferung der Erzeugnisse, Logistikleistungen erbracht und damit Logistikkosten verursacht werden. Hiermit werden u. a. für die Produktkalkulation wichtige Informationen gewonnen.
– Durch die Ermittlung und Verrechnung der Kosten einzelner Logistikleistungen werden bislang in den Fertigungsgemeinkosten ‚untergehende‘ Kostenblöcke sichtbar gemacht. Durch den gesonderten Ausweis werden vielfach Schwachstellen offengelegt, die ansonsten nur infolge aufwändiger Sonderuntersuchungen aufgespürt werden. Ferner kann mit Hilfe der gewonnenen Informationen die Wirtschaftlichkeit der Logistik erhöht werden, z. B. durch eine bislang auf Grund fehlender Basisdaten unmögliche Verfahrenswahl. Schließlich kann der Ausweis von Logistikkosten zu einer Erhöhung des Kostenbewusstseins der die Logistikleistungen empfangenden Kostenstellen führen.

3. Schritt: Erfassung der Logistikkosten und -leistungen in der Kostenträgerrechnung

Durch die Verrechnung der Logistikkosten und -leistungen in der Kostenträgerrechnung werden den Kostenträgern (z. B. Produkte, Produktgruppen) die anteilig verursachten Logistikkosten zugeordnet. Dies ist für die Angebots- und Nachkalkulation erforderlich. Darüber hinaus ist der gesonderte Ausweis der Logistikkosten und -leistungen für entscheidungsorientierte Sonderrechnungen, wie z. B. Make-or-buy-Entscheidungen, Auswahl alternativer Distributionsstrukturen oder Festlegung bereitzustellender Lagerkapazitäten notwendig.

Logistikbereich	Logistikleistungsarten	Logistikverfahren*	Logistikplanbezugsgrößen*	Logistikkostenarten*	Maßeinheiten	Planpreise	Planverbrauchsmengen (pro Periode)	Plankosten (pro Periode) g	v	f
Warenannahme	Angelieferte Güter in qualitativ einwandfreiem Zustand für innerbetriebliche Lagerung/Verarbeitung bereitstellen	– Paletten entladen mit Gabelstapler – Manuelle Warenerfassung – Stichprobenweise/lückenlose Kontrolle	– Zahl der Ø zu entladenden Paletten pro Periode – Zahl der Ø zu erfassenden Artikel pro Palette – Zahl der Ø zu kontrollierenden Artikel pro Palette	– Lohnkosten – Treibstoffkosten – Abschreibungen – Zinskosten – Reparatur- und Wartungskosten – Lohnkosten – Lohnkosten	Monat Liter Jahr Jahr Monat Monat	€ Lohn/Monat € /Liter AW/n Zinssatz € /Monteurstunde € Lohn/Monat € Lohn/Monat	...	...	...	...
Eingangslager	Zeitüberbrückung bereitzustellender Güterarten	– Lagerung von Paletten im Schmalganglager	– Zahl der Ø zu lagernden Paletten pro Periode	– Zinskosten (auf Bestände) – Zinskosten (auf das in Lagereinrichtungen gebundene Kapital) – Abschreibungen (auf Lagereinrichtungen) – Versicherungskosten – Energiekosten	Jahr Jahr Jahr Monat Monat	Zinssatz Zinssatz AW/n € Prämie/Werteinheit € /kWh	...	...	...	...
Innerbetrieblicher Transport und Handling	Bestimmte Güter in definierten Mengen von einem Ort zu einem anderen Ort transportieren und bereitstellen (positionieren)	– Transport mit Gabelstapler – Manuelle Warenbereitstellung	– Zahl der Ø zu transportierenden Paletten pro Periode – Zahl der Ø bereitzustellenden Paletten pro Periode	– Lohnkosten – Treibstoffkosten – Abschreibungen – Zinskosten – Reparatur- und Wartungskosten – Lohnkosten	Monat Liter Jahr Jahr Jahr Monat	€ Lohn/Monat € /Liter AW/n Zinssatz € /Monteurstunde € Lohn/Monat	...	...	...	...

			Kostenarten							
Fertigfabrikatelager	Zeitüberbrückung bereitzustellender Güterarten	- Lagerung von Paletten im Schmalgangslager	- Zahl der Ø zu lagernden Paletten pro Periode	- Zinskosten (auf Bestände)	Jahr	Zinssatz	⋮	⋮	⋮	⋮
				- Zinskosten (auf das in Lagereinrichtungen gebundene Kapital)	Jahr	Zinssatz				
				- Abschreibungen (auf Lagereinrichtungen)	Jahr	AW/n				
				- Versicherungskosten	Monat	€ Prämie/Werteinheit				
				- Energiekosten	kWh	€ /kWh				
Kommissionierung	Auftragsentsprechende Bereitstellung bestimmter Fertigerzeugnisse in definierten Mengen zu bestimmten Zeitpunkten	- Manuelle Zusammenstellung der Fertigerzeugnisse	- Zahl der Ø zusammenzustellenden Fertigerzeugnisse	- Lohnkosten	Monat	€ Lohn/ Monat				
		- Manuelle Verpackung und versandfertige Bereitstellung	- Zahl der Ø zu verpackenden und versandfertig bereitzustellenden Fertigerzeugnisse	- Lohnkosten	Monat	€ Lohn/ Monat				
				- Verpackungsmaterialkosten	kg	€ /kg				
Distribution	Durch Raum- und Zeitüberbrückung bei dem Empfänger bereitzustellende Fertigerzeugnisse	- Transport mit Lkw	- Zahl der Ø zu transportierenden Paletten über Ø km	- Lohnkosten	Monat	€ Lohn/ Monat				
				- Treibstoffkosten	Liter	€ /Liter				
				- Abschreibungen	Monat	AW/n				
				- Zinskosten	Jahr	Zinssatz				
				- Kfz-Versicherung und Kfz-Steuer	Monat bzw Jahr	€ Prämie/Werteinheit				
				- Reparatur- und Wartungskosten	Jahr	€ /Monteurstunde				
		- Lagerung von Paletten im Außenlager (SGL)	- Zahl der Ø zu lagernden Paletten pro Periode	- Zinskosten (auf Bestände)	Jahr	Zinssatz				
				- Zinskosten (auf das in Lagereinrichtungen gebundene Kapital)	Jahr	Zinssatz				
				- Abschreibungen (auf Lagereinrichtungen)	Jahr	AW/n				
				- Versicherungskosten	Monat	€ Prämie/Werteinheit				
				- Energiekosten	kWh	€ /kWh				

* Nur exemplarisch erfaßt

Abb. 13-5: Ermittlung von Logistikplankosten (vgl. Reichmann 1985, S. 296f.)

Betriebsabrechnungsbogen mit integrierter Logistikkostenrechnung

Kostenbereiche/Kostenstellen

Kostenarten (Kto Klasse)	Summe (v f g)	51 Hilfsbereich 511 Heizung (v f g)	51 Hilfsbereich 512 Reparatur (v f g)	52 Einkauf (v f g)	53 Logistik 531 Warenannahme (v f g)	53 Logistik 532 Eingangslager (v f g)	53 Logistik 534 Innerbetriebl Transp (v f g)	53 Logistik 535 Fertigfabrikatelager (v f g)	53 Logistik 536 Verpackung und Versand (v f g)	53 Logistik 538 Distribution (v f g)	54 Fertigung 541 Pressen (v f g)	54 Fertigung 545 Scheren (v f g)	54 Fertigung 547 Lackieren (v f g)	55 Verwaltung (v f g)	56 Vertrieb 561 Inland (v f g)	56 Vertrieb 565 Ausland (v f g)
431 Löhne																
davon abbaufähig																
nach 3 Monaten																
nach 6 Monaten																
420 Betriebsstoffe																
439 Gehälter																
davon abbaufähig																
nach 3 Monaten																
nach 6 Monaten																
440 Personalnebenkosten																
davon abbaufähig																
nach 3 Monaten																
nach 6 Monaten																
460 Steuern, Gebühren																
470 Miete																
davon abbaufähig																
nach 3 Monaten																
nach 6 Monaten																
480 Kalk. Abschreibungen																
481 Kalk. Zinsen																
Summe																
Umlage Hilfsbereich																
Summe Hauptkostenstellen																

Abb. 13-6: Betriebsabrechnungsbogen mit integrierter Logistikkostenrechnung (Reichmann 1985, S. 299)

13.2.3 Realisierungsalternativen einer Logistikkostenrechnung

Nicht immer ist der Aufbau einer differenzierten logistischen Kosten- und Leistungsrechnung möglich oder sinnvoll, zum Beispiel, weil die hierfür kritische Unternehmensgröße unterschritten wird. In diesen Fällen ist die Eignung einer der folgenden, aufeinander aufbauenden **Realisierungsalternativen** zu überprüfen (vgl. *Weber* 1986, S. 382 ff.):

- **Verfeinerung** der in ihrem Aufbau unverändert bleibenden **vorhandenen Kostenrechnung um die Logistikkosten**
  Mögliche Ergänzungen beziehen sich vor allem auf die Kostenarten (z. B. stärkere Differenzierung logistischer Fremdleistungskosten) und die Kostenstellenrechnung (z. B. Erfassung interner logistischer Leistungen). Diese Lösung bietet sich an für Unternehmen,
  – die über eine vollkostenorientierte Kostenrechnung verfügen,
  – die logistische Basisinformationen aus den bereits existierenden Datenerfassungssystemen nicht unmittelbar gewinnen können und für eine Logistikkostenrechnung keine oder nur geringe Zusatzkosten investieren wollen und
  – bei denen die Logistik nur eine geringe erfolgswirtschaftliche Bedeutung aufweist.
- Logistikkosten als auf logistische Fragestellungen ausgerichtete **Sonderrechnung**
  Bei diesem Konzept wird ein Teil der benötigten Logistikinformationen standardmäßig der vorgenannten Realisierungsvariante entnommen. Weitere benötigte Daten werden hingegen einzelfallbezogen erhoben. Diese Vorgehensweise lässt sich in jedem Kostenrechnungssystem realisieren. Der Informationsbedarf aus anderen Datenerfassungssystemen hält sich in Grenzen. Wegen der fallweisen Datenerhebung ist diese Variante für die informatorische Unterstützung zentralisierter logistischer Linieninstanzen relativ schlecht geeignet.
- Logistikkostenrechnung als **permanente** zusätzliche, für spezifische Informationsbedarfe der Logistik erfolgende **Zuordnung der Kosten zu logistischen Bezugsgrößen**
  Mit dieser Lösung kann ein Maximum an Informationen bereitgestellt werden, so dass sie dazu beitragen kann, bestehende Rationalisierungspotentiale aufzuzeigen und auszuschöpfen. Als Voraussetzungen müssen u. a. erfüllt sein:
  – Vorhandensein anspruchsvoller, datenbankorientierter EDV-Programme für die Kostenrechnung sowie einer leistungsfähigen Hardware, damit auf der Basis einer unverdichteten Datenerfassung mehrdimensionale Bezugsgrößenhierarchien gebildet und ausgewertet werden können.
  – Ständige Erfassung einer Vielzahl von Basisinformationen. Der hierfür erforderliche Aufwand ist nur dann ökonomisch vertretbar, wenn der größte Teil der Daten aus vorhandenen DV-Systemen in unveränderter oder modifizierter Form übernommen werden kann.

Bei der **Auswahl und Bewertung** der alternativen Konzepte sollten folgende Kriterien Berücksichtigung finden (vgl. *Brändle* 1983, S. 8):

- Zeitpunkt der Realisierbarkeit;
- Wirtschaftlichkeit der Datenerfassung und -verarbeitung;

– Aktualität der laufenden Berichte: Schnell verfügbare Kurzinformationen sind in der Regel wertvoller als ausführliche, nicht mehr aktuelle Berichte. So gilt beispielsweise in einem Unternehmen der Automobilindustrie bezüglich der Aktualität die in Abb. 13-7 dargestellte Richtschnur.
– Entscheidungs- und Steuerungsrelevanz
  Im Vordergrund sollte stehen, beeinflussbare Größen aufzuzeigen, relevante Abweichungen zu ermitteln und Plan-Ist-Vergleiche vorzunehmen.

Berichts- periode	Spätest zulässiger Berichtstermin
Tag Woche Monat	Folgetag 3 Tage danach eine Woche danach

Abb. 13-7: Anforderungen an die Aktualität von Berichten (vgl. Schulz 1986, S. 89)

13.2.4 Prozesskostenrechnung in der Logistik

13.2.4.1 Gründe für die Entwicklung der Prozesskostenrechnung

Die Entwicklung der Prozesskostenrechnung wurde zum einen durch starke Verschiebungen in der Kostenstruktur und zum anderen durch den Bedarf an Kosteninformationen zur Vermeidung strategischer Fehlsteuerungen ausgelöst (vgl. Abb. 13-8).

Der Anteil der Gemeinkosten an den Gesamtkosten hat in praktisch allen Unternehmen in den letzten Jahrzehnten stetig zugenommen, während der Anteil der Lohneinzelkosten stark zurückgegangen ist. Diese Entwicklung beruht vor allem auf dem gestiegenen Umfang an vorbereitenden, planenden, steuernden und überwachenden Tätigkeiten in Forschung und Entwicklung, Beschaffung und Logistik, Qualitätssicherung und Vertrieb. Der Rückgang der Fertigungslöhne ist primär auf die technologischen Weiterentwicklungen und die damit verbundene Rationalisierung zurückzuführen. So geht beispielsweise mit jeder Automatisierung eine Verlagerung von produktiven zu administrativen Tätigkeiten einher. Es gilt, den Systembetrieb zu planen, steuern und überwachen. Ferner ist eine Verschiebung der Tätigkeiten in Richtung Vorlaufkosten festzustellen, da bei kürzer werdenden Produktlebenszyklen und zunehmender Komplexität der Produktionssysteme die Produktentwicklung, die Planung der Produktionstechniken, der logistischen Systeme etc. lange vor Produktionsbeginn einen erheblichen Ressourceneinsatz erfordern (vgl. *Laßmann* 1984, S. 959ff.). Infolge zunehmender Automatisierung ist auch ein abnehmender Anteil beschäftigungsabhängiger Kosten bzw. ein zunehmender Anteil der Fixkosten an den Gesamtkosten festzustellen.

Demgegenüber stehen die traditionellen Kostenrechnungsverfahren, die für die eigentliche Produktion entwickelt wurden. Bei dem heute noch häufig eingesetzten Verfahren der Zuschlagskalkulation werden Gemeinkosten pauschal als Zuschlag auf die Fertigungs- oder Materialeinzelkosten verrechnet. Auf ein Produkt mit vielen Fertigungsstunden werden viele Gemeinkosten zugerechnet und umgekehrt. Analog erhal-

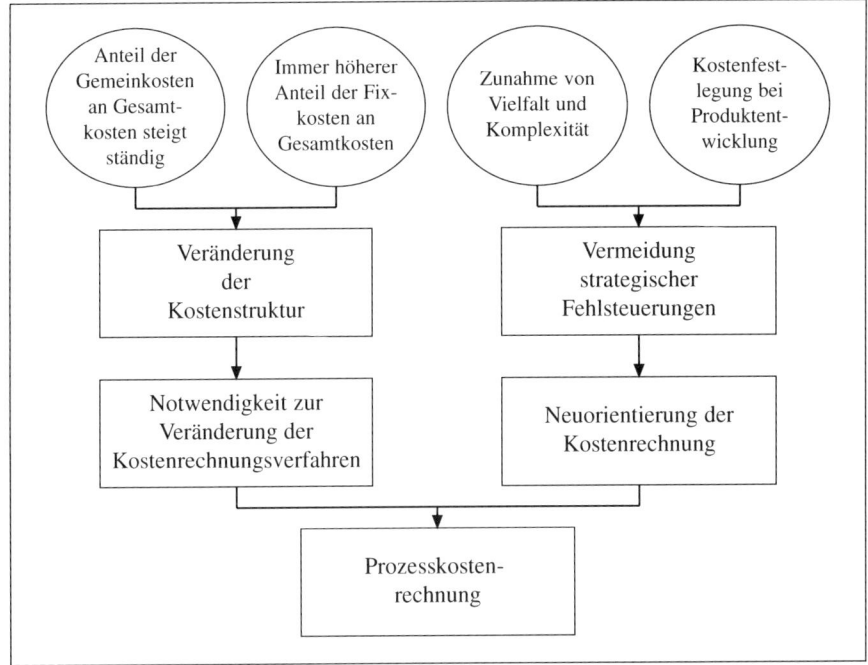

Abb. 13-8: Gründe für die Entwicklung der Prozesskostenrechnung

ten Teile oder Produkte mit hohem Materialeinsatzwert viele Materialgemeinkosten zugerechnet und umgekehrt. Dieses Vorgehen führt teilweise zu Zuschlagssätzen von mehreren 100%. Eine verursachungsgerechte Kalkulation wird nicht mehr erreicht. So sind beispielsweise die Kosten für die Disposition des Materials nicht vom Wert des Materials abhängig. Auch die Kosten des innerbetrieblichen Transports hängen nicht vom Wert der Fertigungskosten ab, wie dies bei der Verrechnung dieser Kosten als Zuschlag auf die Fertigungseinzelkosten unterstellt wird. So werden die Fertigungsgemeinkosten im Einzelnen durch folgende Aktivitäten verursacht (vgl. Abb. 13-9):

– Anzahl der zu bearbeitenden Fertigungsaufträge
– Anzahl der Arbeitsgänge in der Fertigung
– Anzahl der Ein- und Auslagerungsvorgänge
– Art und Zahl der Transportvorgänge
– Anzahl und Art der Kontrollvorgänge in der Qualitätssicherung.

Die Materialgemeinkosten werden unter anderem durch folgende Aktivitäten verursacht (vgl. Abb. 13-9):

– Anzahl der Dispositionsvorgänge
– Anzahl der Bestellungen im Einkauf
– Anzahl der Wareneingänge und Transportvorgänge
– Anzahl und Art der Prüfungen im Wareneingang
– Anzahl der Rechnungsprüfungen, Buchungen, Zahlungen
– Anzahl der Ein- und Auslagerungsvorgänge.

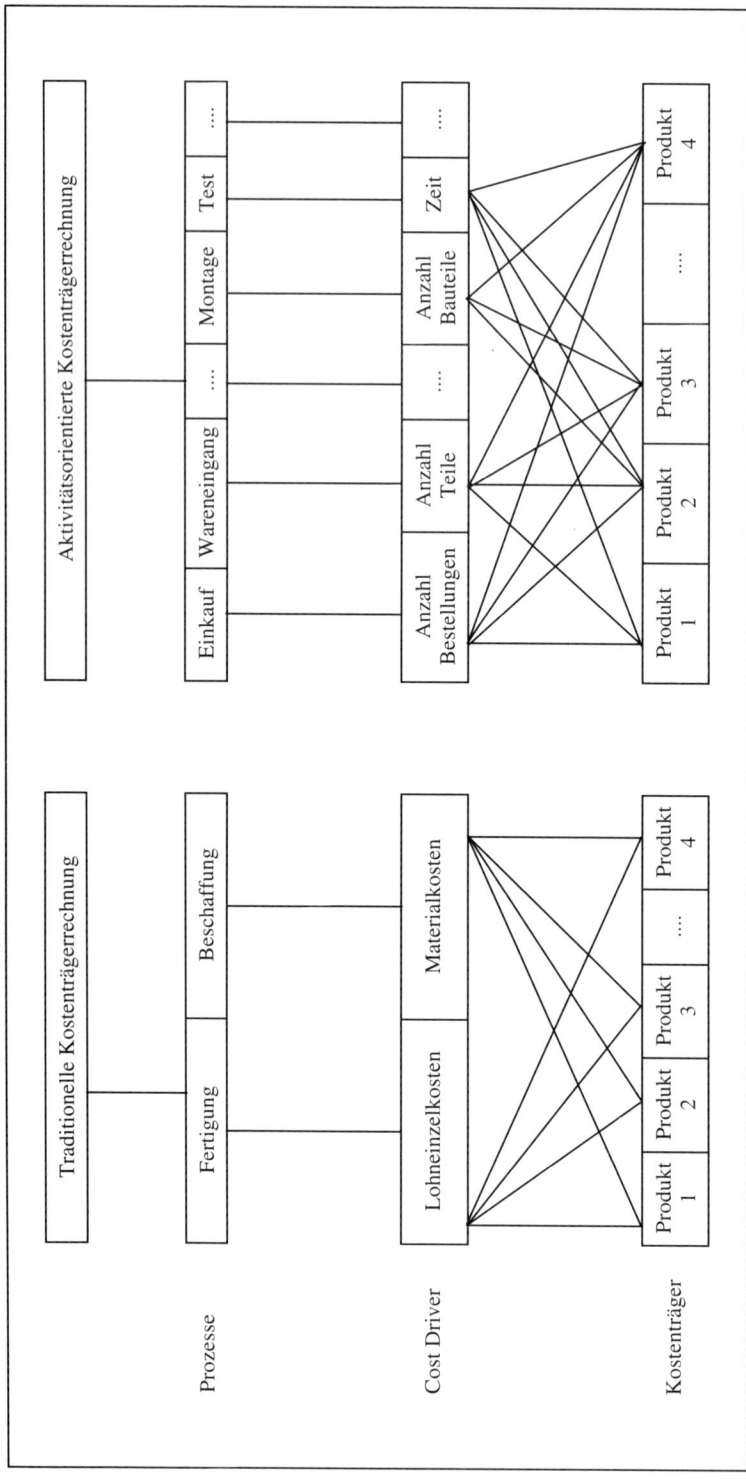

Abb. 13-9: Traditionelle versus aktivitätsorientierte Kostenträgerrechnung

Am Beispiel Volumen- versus Sonderprodukt zeigt sich, wie ungenaue Kosteninformationen, die nicht die spezifische Leistungsinanspruchnahme berücksichtigen, zu strategischen Fehlentscheidungen führen können:

- Komplexe Sonderprodukte mit niedriger Auftragslosgröße verursachen stets einen höheren Planungs-, Steuerungs- und Koordinationsaufwand als einfachere Großserienprodukte.
- Bei Verteilung der Gemeinkosten unabhängig von der tatsächlich in Anspruch genommenen Leistung werden Volumenprodukte zu teuer und Sonderprodukte zu billig kalkuliert.
- Hierdurch werden Sonderprodukte gefördert, sei es durch die gezielte Nachfrage der Kunden nach diesen günstigen Produkten oder sei es durch die aktive Nutzung der Möglichkeit (vermeintlich) günstiger Kundenlösungen seitens des Vertriebs.
- Die Anzahl der Varianten erhöht sich weiter, wodurch zusätzliche Aktivitäten anfallen, die ihrerseits zu höheren Gemeinkosten führen. Die Konsequenz ist, dass Volumenprodukte mit zunehmender Variantenvielfalt nochmals teurer werden und die Absatzchancen sinken.

Für die zielorientierte Steuerung von Unternehmen sind Instrumente und Informationen zur Erkennung und Gestaltung der die Kosten verursachenden Faktoren unabdingbar. In diesem Zusammenhang ist der Bedarf an der Unterstützung bei der Strategiefindung bzw. bei der Umsetzung der Strategien in operative Planungen durch die Kostenrechnung gestiegen. In diesem Sinne soll strategisches Kostenmanagement bei der Suche nach Wettbewerbsvorteilen helfen. Das strategische Kostenmanagement, das die Gestaltung neuer Entscheidungfelder unterstützt, geht somit über das operative Kostenmanagement hinaus, das Informationen für Entscheidungen im Rahmen bestehender Entscheidungsfelder liefert (z.B. Kapazitätsanpassungen) (vgl. *Horváth* 1991, S. 1 f.).

Mit der Prozesskostenrechnung werden insbesondere die folgenden **Ziele** verfolgt (vgl. *Franz* 1996, S. 631) (vgl. Abb. 13-10):

- **Übertragung des** im Fertigungsbereich bereits seit langem etablierten **Bezugsgrößendenkens auf die indirekten Bereiche,** um Gemeinkosten fundierter durchleuchten und verrechnen zu können. Voraussetzung hierfür ist, dass Maße für die in den Kostenstellen erbrachten Leistungen definiert werden können.
- **Darstellung der Kosten von Vorgängen bzw. Prozessen.** Letztere stellen Verknüpfungen sachlich zusammenhängender Tätigkeiten dar, die häufig in verschiedenen Kostenstellen erbracht werden. Die Kenntnis der kostenstellenübergreifenden Hauptkosteneinflussgrößen liefert vielfach wertvolle Anregungen für Rationalisierungsmaßnahmen mit teilweise strategischer Bedeutung. Die Transparenz der Prozesskosten ist daneben ein sinnvoller Ansatzpunkt für den Vergleich mit anderen Unternehmen (Benchmarking).
- **Verbesserung der Aussagefähigkeit der Kalkulation** gegenüber der primär auf wertmäßigen Bezugsgrößen basierenden traditionellen Kalkulationstechnik. Da die Kalkulationsverbesserung auf die weitgehend fixen Gemeinkosten abzielt, kann nicht das Verursachungsprinzip, wohl aber das Beanspruchungsprinzip angewandt werden.

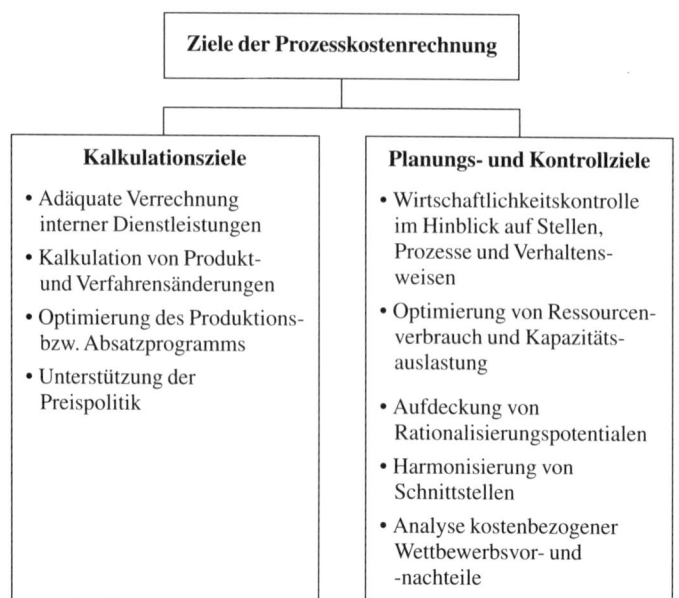

Abb. 13-10: Ziele der Prozesskostenrechnung (vgl. Reckenfelderbäumer 1998, S. 28)

13.2.4.2 Aufbau der Prozesskostenrechnung

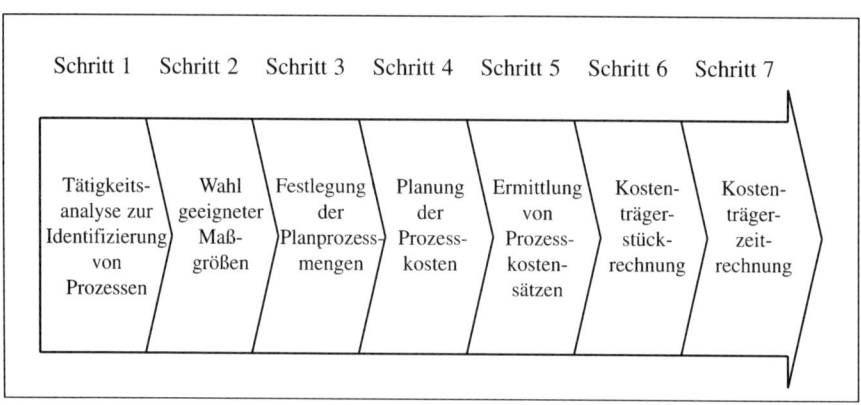

Abb. 13-11: Aufbau der Prozesskostenrechnung

Der Aufbau der Prozesskostenrechnung vollzieht sich in folgenden Schritten (vgl. *Horváth/Mayer* 1989, S. 216 ff.) (vgl. Abb. 13-11):

Schritt 1: Tätigkeitsanalyse zur Identifizierung von Prozessen

Zunächst sind die Bereiche abzugrenzen, die Gegenstand einer Prozesskostenrechnung sein sollen. Die Prozesskostenrechnung eignet sich vor allem für repetitive Tätigkeiten mit einem vergleichsweise geringen Entscheidungsspielraum (vgl. Abb. 13-12). Für diese sind die Tätigkeiten quantifizierbar und die Aufgaben gut strukturierbar.

Mit Hilfe von Interviews und/oder schriftlicher Erhebung (Fragebogen) werden die in den einzelnen Bereichen durchgeführten Aktivitäten bei den jeweiligen Kostenstellenleitern erhoben. Alternativ kann auch auf vorhandene Unterlagen oder aktuell durchgeführte Analysen zurückgegriffen werden. Ein Vorgang auf einer Kostenstelle, durch den Produktionsfaktoren verzehrt werden, wird als Aktivität (auch: Transaktion, Teilprozess, Tätigkeit) bezeichnet, beispielsweise Annahme oder Ausgabe von Material. In der Regel werden mehrere Teilprozesse in einer Kostenstelle durchgeführt. Pro Kostenstelle nur einen Teilprozess zu definieren ist wenig sinnvoll. In diesem Fall muss entweder eine sehr feine Kostenstellenaufteilung vorliegen oder aber die Aktivitäten der Kostenstelle werden nur unvollständig wiedergegeben. Die ermittelten Aktivitäten lassen sich in Form einer Prozessliste zusammenfassen, wie sie exemplarisch in der ersten Spalte von Abb. 13-13 enthalten ist.

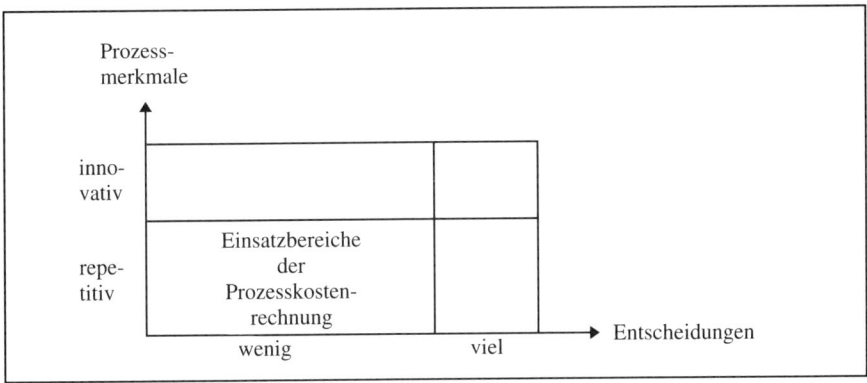

Abb. 13-12: Einsatzbereiche der Prozesskostenrechnung (vgl. Striening 1988, S. 62)

(1)		(2)	(3)	(4)	(5a)	(5b)	(5c)
Prozesse		Maßgrößen	Plan-prozess-mengen	Plankosten €	Prozess-kostensatz (lmi) €	Umlage-satz (lmn) €	Gesamt-prozess-kostensatz €
Angebote einholen	lmi	Anzahl der Angebote	1200	300 000,–	250,–	21,27	271,27
Bestellungen aufgeben	lmi	Anzahl der Bestel-lungen	3500	70 000,–	20,–	1,70	21,70
Prozesse		Maßgrößen	Plan-prozess-mengen	Plankosten	Prozess-kostensatz (lmi)	Umlage-satz (lmn)	Gesamt-prozess-kostensatz
Rekla-mationen bearbeiten	lmi	Anzahl der Reklama-tionen	100	100 000,–	1000,–	85,10	1085,10
Abteilung leiten	lmn	–	–	40 000,–	–	–	–

Abb. 13-13: Prozesskostenrechnung (vgl. Horvath/Mayer 1989)

Um relevante Informationen für den Strategiefindungs- und -umsetzungsprozess zu liefern, ist es vielfach erforderlich und sinnvoll, die Vielzahl von Einflussfaktoren auf die Gemeinkostenentwicklung auf wenige wichtige zu reduzieren. Dies erfolgt bei der Prozesskostenrechnung über die Verdichtung der Teilprozesse in den Kostenstellen zu abteilungsübergreifenden Hauptprozessen (z.B. „Aufträge abwickeln") (vgl. Abb. 13-14). In der Unternehmenspraxis zeigt sich, dass mit 7–10 Hauptprozessen ca. 80% des Gemeinkostenvolumens beeinflusst werden (vgl. *Mayer* 1991, S. 85f.).

Schritt 2: Wahl geeigneter Maßgrößen

Die Maßgrößen zur Quantifizierung des Output eines Prozesses sind im zweiten Schritt festzulegen. Die Prozesse sind daraufhin zu analysieren, ob sie sich mengenvariabel verhalten, d.h. abhängig sind von dem in der Kostenstelle zu erbringenden Leistungsvolumen (sog. leistungsmengeninduzierte Prozesse). Prozesse, die unabhängig vom Leistungsvolumen anfallen (z.B. Führungsaufgaben) werden als leistungsmengenneutrale Prozesse bezeichnet (vgl. *Horváth/Mayer* 1989, S. 216). Für die leistungsmengeninduzierten Prozesse sind Maßgrößen zu finden, die eine mengenmäßige Quantifizierung der Prozesse erlauben. Für leistungsmengenneutrale Prozesse sind keine Maßgrößen erforderlich. Diese Bezugsgrößen (auch Kostentreiber bzw. cost driver genannt) sollten folgende Anforderungen erfüllen (vgl. *Cooper* 1989, S. 42):

– einfache Ableitbarkeit aus den verfügbaren Informationsquellen
– Proportionalität zur Ressourcenbeanspruchung
– Durchschaubarkeit und Verständlichkeit.

Die Bestimmung geeigneter Kostentreiber hängt von den unternehmensspezifischen Gegebenheiten ab. Die Auswahl ist Voraussetzung für eine wirksame Wirtschaftlichkeitskontrolle, eine verursachungsgerechte Kalkulation und eine verbesserte Gemeinkostenplanung (vgl. *Coenenberg/Fischer* 1991, S. 28). Beispiele für Maßgrößen enthält Spalte 2 in Abb. 13-13.

Schritt 3: Festlegung der Plan-Prozessmengen

Für alle leistungsmengeninduzierten Prozesse sind die in einer Periode zu realisierenden Einheiten der Bezugsgröße zu planen (vgl. Spalte 3 in Abb. 13-13). Hierin spiegelt sich die Höhe des Prozessniveaus, die Prozessmenge, wieder.

Schritt 4: Bestimmung der Prozesskosten

Auf Basis der Plan-Prozessmengen müssen nunmehr die hierfür benötigten Personal- und Sachmittel (Input) ermittelt werden, die das Kostenvolumen der einzelnen Prozesse bestimmen. Während es in der Einführungsphase der Prozesskostenrechnung ausreichend sein kann, auf die Ist- oder Normalkosten zurückzugreifen, ist im Hinblick auf Kostenvorgaben und -kontrollen eine analytische Kostenplanung anzustreben (vgl. Spalte 4 in Abb. 13-13).

Schritt 5: Ermittlung von Prozesskostensätzen

Die Kosten, die mit der Ausführung bzw. Inanspruchnahme eines Prozesses verbunden sind, werden mit Hilfe des sog. Prozesskostensatzes angegeben. Man erhält den Prozesskostensatz, indem man die jeweiligen Prozesskosten (siehe Schritt 4) durch die zugehörigen Plan-Prozessmengen (siehe Schritt 3) dividiert:

$$\text{Prozesskostensatz} = \frac{\text{Prozesskosten}}{\text{Prozessmenge}} \text{(Euro je Maßeinheit)}$$

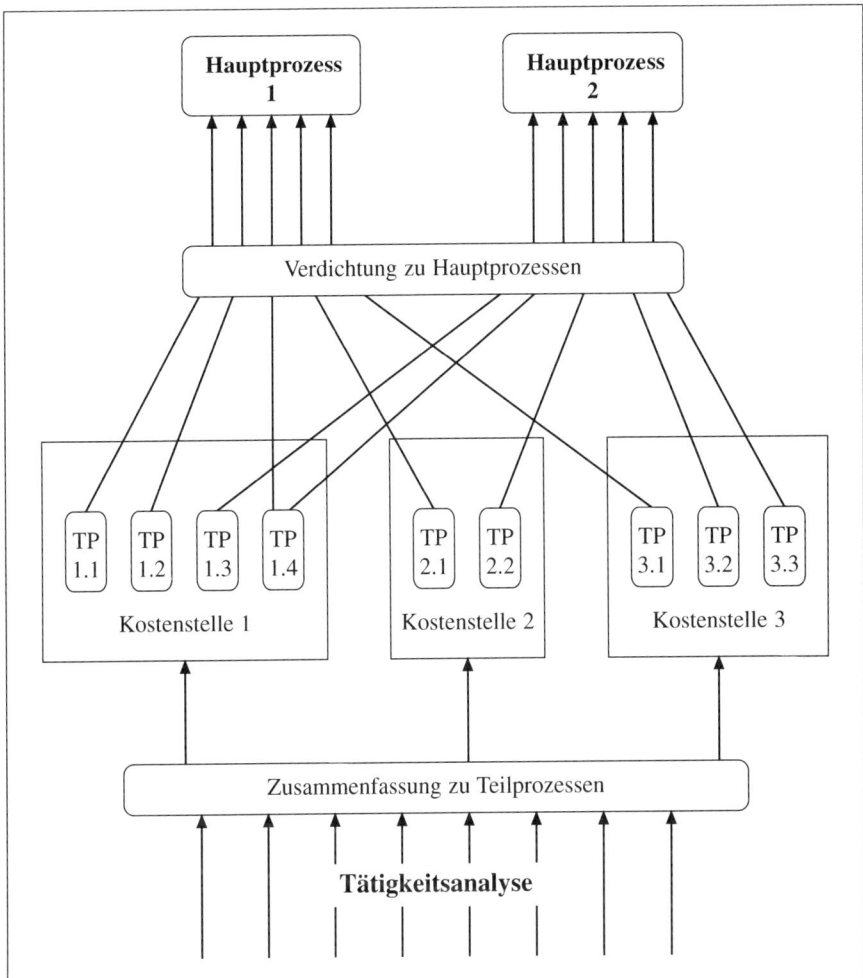

Abb. 13-14: Prinzip der Hauptprozessverdichtung (Mayer 1991, S. 86)

Erfolgt die interne Verrechnung der Gemeinkosten über die in Anspruch genommenen Prozesse (vgl. Spalte 5 a in Abb. 13-13), werden die durch die leistungsmengenneutralen Prozesse verursachten Kosten nicht berücksichtigt. In Abhängigkeit vom Rechnungszweck kann es aber auch sinnvoll sein, die Kosten der leistungsmengenneutralen Prozesse ebenfalls weiterzuverrechnen. Die Umlage der leistungsmengenneutralen Prozesskosten kann proportional zur Höhe der leistungsmengeninduzierten Prozesskostensätze vorgenommen werden:

$$\text{Umlagesatz} = \frac{\text{Leistungsmengenneutrale Prozesskosten}}{\text{Plankosten der leistungsmengeninduzierten Prozesse}} \times \text{Prozesskostensatz}$$

Für jeden leistungsmengeninduzierten Prozess einer Kostenstelle lässt sich somit ein Prozesskostensatz (Spalte 5 a in Abb. 13-13), ein Umlagesatz (Spalte 5 b in Abb. 13-13) und ein Gesamtprozesskostensatz (vgl. Spalte 5c in Abb. 13-13) ermitteln (vgl. *Horvath/Mayer* 1989, S. 217).

Die in den bisherigen Schritten 1–5 ermittelten Prozesskostensätze können nun im Rahmen der Kostenträgerstückrechnung (Kalkulation) und Kostenträgerzeitrechnung verwendet werden (vgl. Abb. 13-15).

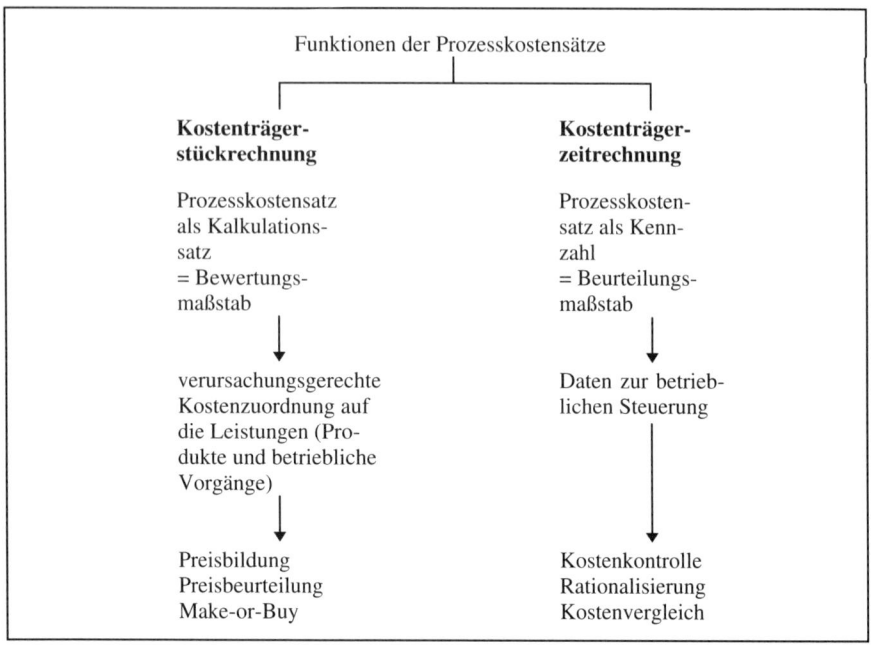

Abb. 13-15: Funktionen der Prozesskostensätze (Coenenberg/Fischer 1991, S. 29)

Schritt 6: Kostenträgerstückrechnung (Prozesskostenkalkulation)

Die Verrechnung der Gemeinkosten auf die Produkte erfolgt entsprechend der Anzahl der in Anspruch genommenen Prozesse. Das heißt am Beispiel der Ein- und Auslagerungspositionen, dass ein Produkt, für dessen Herstellung mehr Materialien zu lagern sind, auch mit entsprechend mehr Gemeinkosten belastet wird. Die Prozesskostenkalkulation bringt damit die Beanspruchung der betrieblichen Ressourcen durch die Produkterstellung zum Ausdruck. Dies ermöglicht eine verursachungsgerechtere Kostenzuordnung auf die Produkte als die Zuschlagskalkulation, bei der die Gemeinkosten prozentual verteilt werden.

Die Prozesskostenkalkulation liefert damit fundierte Kosteninformationen für die Preisbildung und -beurteilung sowie andere Entscheidungen, wie beispielsweise über Eigenfertigung oder Fremdbezug.

Ein Beispiel soll die erläuterten Zusammenhänge verdeutlichen. Unterstellt man, dass der Prozess „Abwicklung einer Materialbestellung" Kosten in Höhe von 150,– Euro verursacht, so fällt dieser Betrag sowohl bei einer Bestellmenge von 1 Stück als auch bei einer Bestellmenge von 300 oder 1000 Stück an, wie dies in der Prozesskostenkalkulation abgebildet wird. Demgegenüber werden bei der traditionellen Zuschlagskalkulation die Gemeinkosten jeder Bestellung auf Basis eines pauschalen Zuschlagssatzes (beispielsweise 25%) auf den Bestellwert ermittelt. Dies führt dazu, dass Bestellungen, denen ein niedriges Bestellvolumen zugrunde liegt, zu niedrig belastet werden und umgekehrt. Abb. 13-16 veranschaulicht diese Aussage. Lediglich für den Fall, dass die bestellte Menge bei 150 Stück liegt, entsprechen die nach traditioneller Methode ermittelten Materialgemeinkosten den tatsächlichen.

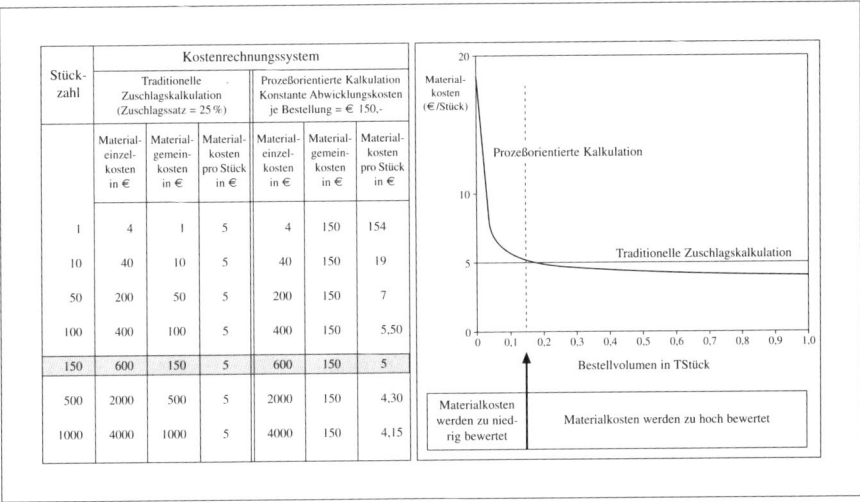

Abb. 13-16: Zuschlagskalkulation versus Prozesskostenkalkulation (Schulte 1991, S. 21)

Schritt 7: Kostenträgerzeitrechnung

Die Verwendung von Prozesskostensätzen im Rahmen der Kostenträgerzeitrechnung liefert verbesserte betriebliche Steuerungsinformationen. Über die Prozesskostensätze lässt sich eine Produktivitätsmessung vornehmen, wodurch das Funktionscontrolling in den verschiedenen Wertschöpfungsstufen wirkungsvoll unterstützt wird (vgl. *Coenenberg/Fischer* 1991, S. 29):

$$\text{Prozesskostensatz} = \frac{\text{Prozesskosten}}{\text{Prozessmenge}} = \frac{\text{Input}}{\text{Output}} = \frac{1}{\text{Produktivität}}$$

Es lassen sich einerseits Ansatzpunkte zur kostenstellenübergreifenden Optimierung der Prozessstruktur identifizieren. Andererseits liefern Zeitreihen von Produktivitätskennzahlen oft Hinweise auf Rationalisierungspotentiale bzw. informieren über die bereits realisierten Verbesserungen bei der Abwicklung von Aktivitäten. Daneben lässt sich mit dem Zeitvergleich auch kontrollieren, wie schnell produktivitätserhöhende Maßnahmen umgesetzt werden (vgl. Abb. 13-17).
Die Leistungsstandards („Standards of Performance") müssen eindeutig definiert, einfach erfassbar und wirtschaftlich kontrollierbar sein. Im Einzelnen sind von der laufenden (in der Regel monatlichen) Kontrolle der repetitiven Gemeinkostenfunktionen folgende Vorteile zu erwarten (vgl. *Wäscher* 1992, S. 178):

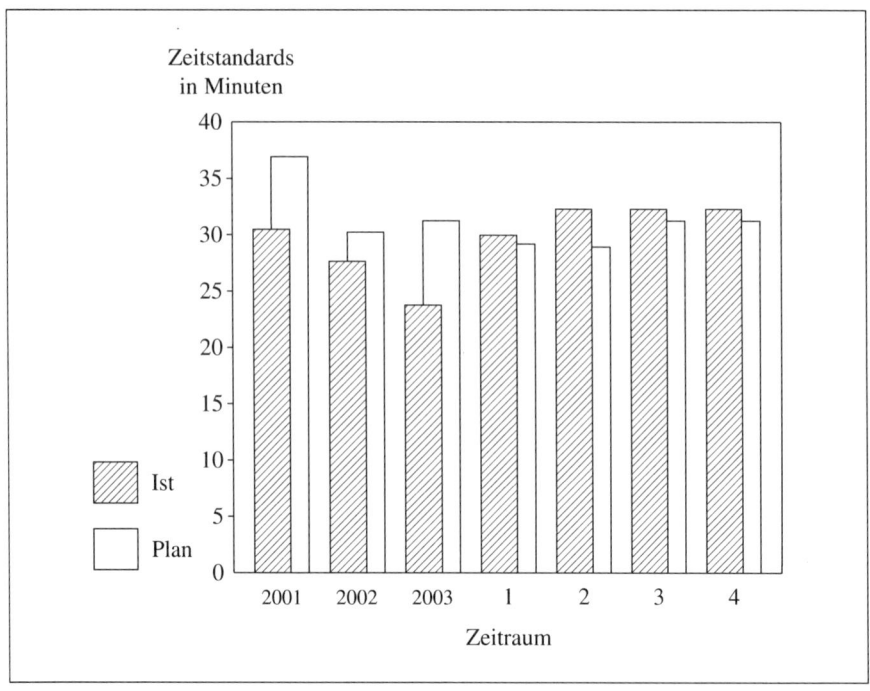

Abb. 13-17: Entwicklung des Zeitstandards je Bestellung

- Systematische Auslastung der Gemeinkostenstellen hinsichtlich der repetitiven Tätigkeiten
- Häufig erstmalige Definition der Kapazität eines Gemeinkostenbereichs hinsichtlich seiner repetitiven Tätigkeiten, wodurch sich Personalplanungen etc. versachlichen lassen
- Frühzeitige Information über Verschiebungen der Arbeitsbelastung durch Veränderung der Mengengerüste
- Erkennen von Trends durch Mehr-Perioden-Vergleiche
- Präzise Darstellung der Notwendigkeit einer Personalanpassung in einzelnen Kostenstellen.

Aufgabe eines aktiven Gemeinkosten-Managements ist es in diesem Zusammenhang auch, Erfahrungskurveneffekte zu realisieren. Strukturelle Veränderungen (z.B. Reduzierung der Fertigungstiefe mit der Folge verringerter Ein- und Auslagerungsvorgänge) sowie Technologiesprünge, wie sie z.B. durch den Einsatz neuer Kommunikationstechniken ausgelöst werden können, sollten sich – messbar – in Produktivitätsverbesserungen des Gemeinkostenbereiches niederschlagen.

13.2.4.3 Beurteilung der Prozesskostenrechnung

Zusammenfassend lässt sich die Prozesskostenrechnung wie folgt beurteilen:

- Erstens bietet sie **strategische Informationsvorteile im Hinblick auf den Allokations-, den Komplexitäts- und den Degressionseffekt** (vgl. *Coenenberg/Fischer*

1991, S. 31 ff.). Der Allokationseffekt bezieht sich darauf, dass die Gemeinkosten von Produkten nicht mehr wertmäßig zugeschlüsselt, sondern nach deren Inanspruchnahme betrieblicher Ressourcen verrechnet werden. Der Komplexitätseffekt resultiert daraus, dass die Kosteneinflussgrößen Komplexität und Variantenzahl einzelner Produkte bei der Kalkulation genauer abgebildet werden. Der Degressionseffekt bringt zum Ausdruck, dass die Prozesskostenrechnung bei der Kalkulation die Auflagen- bzw. Losgröße mit einbezieht.

– Zweitens **unterstützt** die Prozesskostenrechnung eine **strategieorientierte Gestaltung der Wertschöpfung,** da sie beispielsweise montagefreundliche Produkte fördert, zur Identifikation nichtwertschöpfender Aktivitäten beiträgt und aufzeigt, welche Prozesse welche Kosten verursachen (vgl. *Berens* 1997, S. 859).

– Drittens ist auf das methodische Problem der **Schlüsselung von fixen Gemeinkosten** hinzuweisen. Die tatsächliche Veränderbarkeit von Kosten wird vernachlässigt, da fixe Prozesskosten nur mittelfristig variabel sind. Trotz dieses typischen Mangels einer Vollkostenrechnung stellt die Prozesskostenrechnung aber ein sinnvolles Instrument zur Entscheidungsunterstützung dar.

Als eines der wichtigsten Instrumente eines prozessorientierten Logistikcontrolling liefert die Prozesskostenrechnung die Grundlage für (*vgl. Horváth* 1996, S. 44)

– die Identifikation der Logistikprozesse,
– die Planung und Kontrolle der Logistikkosten sowie
– die (strategische) Kalkulation von Logistikkosten.

13.2.4.4 Fallbeispiel: Prozesskostenrechnung in einem Versandzentrum

Anhand der Einführung einer prozessorientierten Logistikkostenrechnung in dem Versandzentrum eines Handelsunternehmens soll nachfolgend gezeigt werden, wie man über prozessorientierte Verrechnungssätze zu aussagefähigen Kosten- und Erfolgsinformationen über logistische Prozesse gelangt (vgl. zum Folgenden *Warnick* 1996). Um aus dem gesamten, an einem Standort gebündelten Katalogsortiment möglichst alle Positionen eines Kundenauftrages mit einer Postsendung beliefern zu können, umfasst die gesamte Prozesskette bis zur Paketübergabe an die Post „folgende Teilprozesse:

(1) Warenvereinnahmung mit Einlagerung in das Hauptlager,
(2) Bestandsvorhaltung im Hauptlager (für alternative Vertriebswege),
(3) Nachschub vom Hauptlager in das Versand-Kommissionierlager („Verteilerlager") bzw. Auslagerung für sonstige Vertriebswege (z.B. Stationäre Einheiten oder Auslandstöchter),
(4) Räumlich verdichtete Bereitstellung der Ware im Kommissionierlager,
(5) Entnahme von Einzelartikeln für den Versand,
(6) Sortierung der Artikel auf einzelne Kundensendungen,
(7) Packen der Kundensendungen,
(8) Sortierung der Sendungen nach Zustellgebieten,
(9) Rückführung von Kundenretouren in den Versandablauf" (*Warnick* 1996, S. 24) (vgl. Abb. 13-18).

Aufgrund der sehr heterogenen Produkteigenschaften werden die einzelnen Teilprozesse bzw. -ressourcen sehr unterschiedlich beansprucht. So wird die Beanspruchung der Handlingprozesse des Hauptlagers (oben Nr. 1 und 3) sehr stark vom **Artikelvolumen** beeinflusst. Während großvolumige Artikel wie Staubsauger eine Hauptlager-

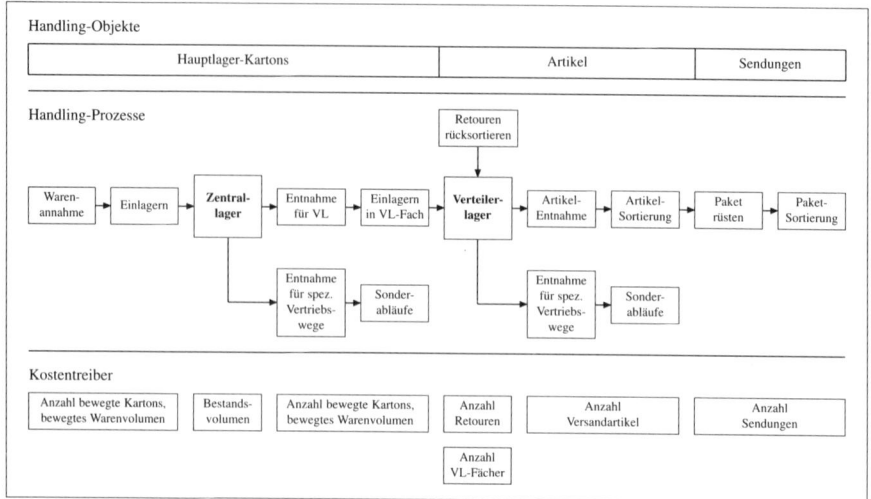

Abb. 13-18: Analyse des Prozessablaufs und Identifikation der Hauptkostentreiber
der Quelle-Logistik (Warnick 1996, S. 23)

Handlingseinheit bilden, kann letztere bei kleinvolumigen Artikeln bis zu 50 Warenstücke umfassen. Je nach **Lieferherkunft** der Ware wird die Ressource Lagerraum (Prozess Nr. 3) unterschiedlich beansprucht: Artikel von Lieferanten aus dem Umkreis weisen in der Regel geringeren Flächenbedarf auf als Artikel aus Fernost. Bezüglich der **Retourenquoten** weisen beispielsweise Standardartikel des Elektrobereichs deutlich niedrigere Werte auf als modische Textiloberbekleidung und beanspruchen somit obigen Prozess 9 weniger.

Vor diesem Hintergrund entschied man sich **Standard-Prozesskostensätze** einzuführen, die die sortimentsspezifischen Ressourcenbeanspruchungen exakt planen, erfassen und abrechnen, ohne dabei den wirtschaftlichen Rahmen zu sprengen. Der **Ablauf** der Prozesskostenrechnung stellt sich hierbei wie folgt dar (vgl. *Warnick* 1996, S. 26):

– Ermittlung der wesentlichen **Kostentreiber** einzelner Abwicklungsprozesse, die die Kostenhöhe der Leistungscenter maßgeblich beeinflussen. Als wichtigste Kostentreiber wurden die Anzahl Warenstücke, die Anzahl Postsendungen, das Durchsatzvolumen in m³, das Bestandsvolumen in m³, die Anzahl Lagerfächer im Distributionslager und die Anzahl rücksortierter Retouren identifiziert (vgl. Abb. 13-20).

– Zuordnung der Kosten einzelner Kostenstellen zu Cost-Pools unterschiedlicher Prozesse (vgl. Abb. 13-19), deren Kostenhöhe von gemessenen Kostentreibermengen determiniert wird und Ermittlung von **Kostensätzen** in Euro/Kostentreibereinheit.

– Zurechnung von Standardkosten an die Elemente der Ergebnisrechnung (wie Sortimentsgruppen, Vertriebswege und Kataloge) auf der Basis einer **monatlichen Erfassung** der durch einzelne Kostenträger verursachten **Kostentreibermengen** und deren Multiplikation mit den Standard-Verrechnungspreisen. Als Datenbasis für die Erfassung der Kostentreibermengen nach Kostenträgern dienen primär die warenwirtschaftlichen Systeme in Verbindung mit den Artikelstammdaten. Zusätzlich werden noch logistikspezifische Mengenrelationen über stichprobengestützte Standard-Prozentanteile ermittelt.

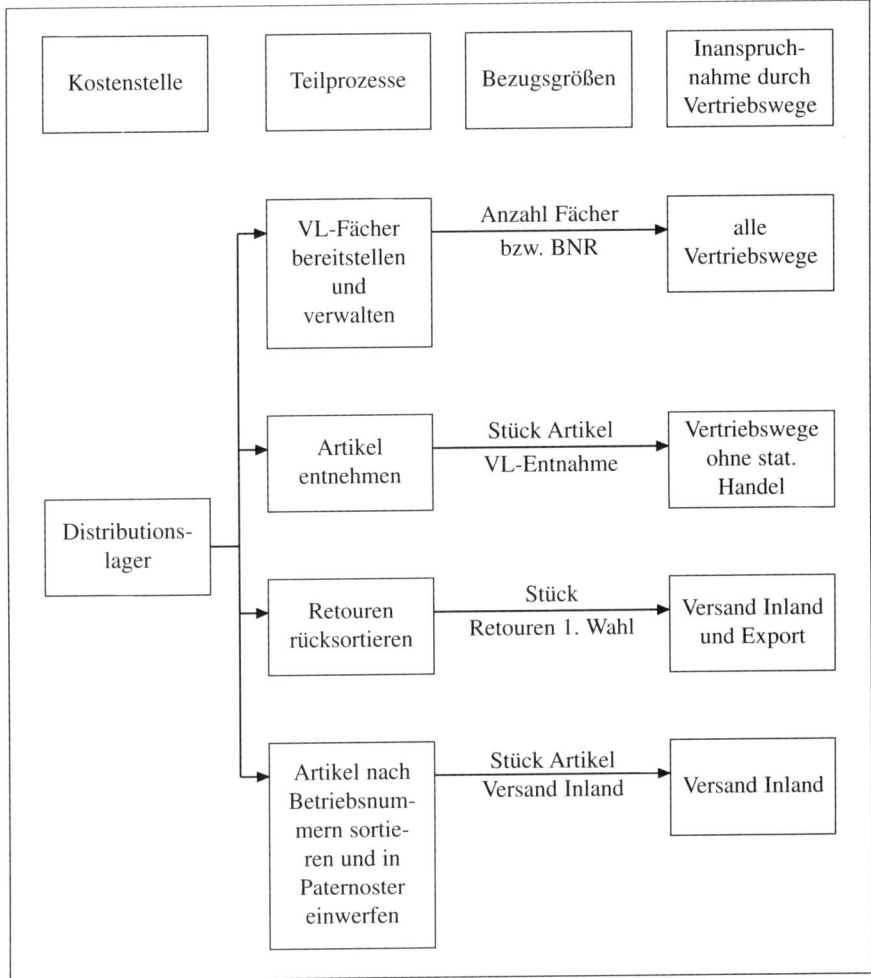

Abb. 13-19: Zuordnung von Kosten der Kostenstellen zu Prozessen (Warnick 1996, S. 28)

Mit dem gewählten Vorgehen wurde erreicht, dass **tatsächlich beanspruchte Leistungsmengen** diverser Leistungsarten auf Basis definierter Verrechnungspreise auf die Kostenträger verrechnet werden. Veränderungen in der Beanspruchung logistischer Leistungen wirken sich sofort aus. Dadurch, dass die Kostenbelastungen durch Leistungsmengen nachweisbar sind, ist eine hohe Transparenz gegeben. Die Verlässlichkeit ist hoch, da längerfristig gültige, standardisierte Verrechnungspreise herangezogen werden.

Die Profit-Center-Manager, d.h. die Sortiments- und Vertriebsverantwortlichen können „ihre" Logistikkosten über die Kostentreiber gezielt beeinflussen (vgl. Abb. 13-20). Prozessmengenveränderungen führen automatisch zu Veränderungen der proportionalen Kosten. Dies gilt auch für die Kosten, die vom Logistikbereich nur durch Abbau sprungvariabler Kostenpotentiale reduziert werden können. Eine Reduzierung der Kostentreibermengen übt damit automatisch Druck auf die Logistikverantwortlichen aus, **überflüssige Ressourcen abzubauen,** um Unterdeckungen (Differenz zwischen angefallenen und verrechneten Kosten) zu vermeiden (vgl. *Warnick* 1996, S. 30).

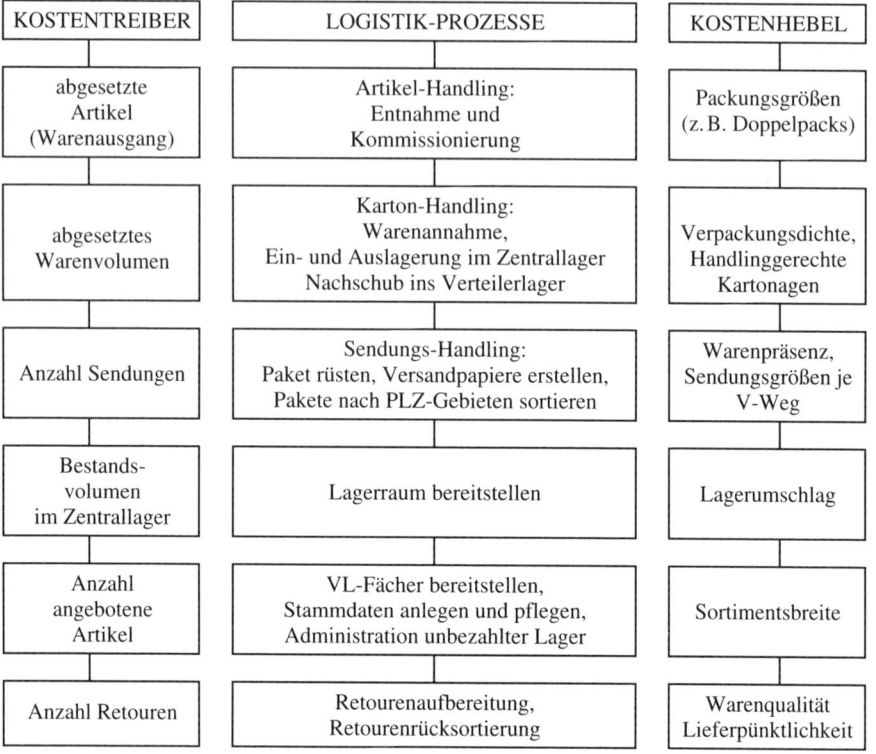

KOSTENTREIBER	LOGISTIK-PROZESSE	KOSTENHEBEL
abgesetzte Artikel (Warenausgang)	Artikel-Handling: Entnahme und Kommissionierung	Packungsgrößen (z. B. Doppelpacks)
abgesetztes Warenvolumen	Karton-Handling: Warenannahme, Ein- und Auslagerung im Zentrallager Nachschub ins Verteilerlager	Verpackungsdichte, Handlinggerechte Kartonagen
Anzahl Sendungen	Sendungs-Handling: Paket rüsten, Versandpapiere erstellen, Pakete nach PLZ-Gebieten sortieren	Warenpräsenz, Sendungsgrößen je V-Weg
Bestandsvolumen im Zentrallager	Lagerraum bereitstellen	Lagerumschlag
Anzahl angebotene Artikel	VL-Fächer bereitstellen, Stammdaten anlegen und pflegen, Administration unbezahlter Lager	Sortimentsbreite
Anzahl Retouren	Retourenaufbereitung, Retourenrücksortierung	Warenqualität Lieferpünktlichkeit

Abb. 13-20: Steuerung der Kostentreiber durch Sortiments- und Vertriebsverantwortliche (vgl. Warnick 1996, S. 29)

Die Prozesskostenrechnung wird auch herangezogen, um im Rahmen des **Budgetierungsprozesses** Leistungsanforderungen und Kapazitätsbereitstellung aufeinander abzustimmen. So werden bereits im Rahmen der spartenorientierten Top-Down-Planungen grobe Zielbudgets für die Logistik-Leistungs-Center auf der Ebene von Prozessbereichen gebildet. Hierzu werden die geplanten Prozessmengen mit kostenstellenübergreifenden Prozesskostensätzen multipliziert. In der Bottom-Up-Budgetierung einzelner Kostenstellen erfolgt dann eine Feinabstimmung (vgl. *Warnick* 1996, S. 30).

13.3 Die Anwendung von Kennzahlen im Rahmen des Logistik-Controlling

13.3.1 Das Logistik-Kennzahlen-System (LKS)

13.3.1.1 Struktur und Übersicht

Eine sinnvolle Analyse und Interpretation von Kennzahlenwerten kann nur vor dem Hintergrund der Strukturen des betrachteten Bereichs erfolgen. Als Einstieg in die Kennzahlenanalyse sind daher **Struktur- und Rahmen-Kennzahlen** zu erstellen, die sich beziehen auf

– den zu erfüllenden Aufgabenumfang (Leistungsvolumen und -struktur),
– die Anzahl und Kapazität der Aufgabenträger (insbesondere Mitarbeiter und Sachmittelkapazität),
– die im Betrachtungszeitraum angefallenen Kosten.

Auf der Basis des so verfügbaren Zahlenmaterials können Kennzahlen zur Steuerung der Logistik gebildet werden und zwar

– **Produktivitätskennzahlen,** die die Produktivität der Mitarbeiter und der technischen Betriebseinrichtungen messen sollen,
– **Wirtschaftlichkeitskennzahlen,** bei denen genau definierte Logistikkosten zu bestimmten Leistungseinheiten ins Verhältnis gesetzt werden sowie
– **Qualitätskennzahlen,** die jeweils der Beurteilung des Grades der Zielerreichung dienen.

Die im Folgenden vorgestellten Logistik-Kennzahlen sind entsprechend diesen vier Kennzahlentypen strukturiert. Abb. 13-21 zeigt zunächst alle Kennzahlen im Überblick.

Hierbei werden mit einem Kennzahlensystem für die Logistik als Ziele verfolgt (vgl. *Grochla* u. a. 1983, S. 63):

– optimale Lösung logistischer Zielkonflikte,
– eindeutige Vorgabe von Zielen für die Logistik und ihre einzelnen Verantwortungsbereiche.
– frühzeitige Erkennung von Abweichungen, Chancen und Risiken,
– systematische Suche nach Schwachstellen und ihren Ursachen,
– Erschließung von Rationalisierungspotentialen,
– klare Ergebnismessung der Logistik und ihrer einzelnen Teilbereiche,
– leistungsorientierte Beurteilung der Mitarbeiter in der Logistik,
– kontinuierliche Hilfestellung bei der Erfüllung logistischer Routineaufgaben.

13.3.1.2 Kennzahlen zur Beschaffungslogistik

a) Struktur- und Rahmenkennzahlen

Aufgabenumfang und -struktur
- Anzahl der Einkaufsteile untergliedert nach
  - der Art der Materialien (z. B. Roh-, Hilfs- und Betriebsstoffe)
  - der Wichtigkeit für das Unternehmen (A-, B- und C-Materialien)
- Materialeinkaufsvolumen
  = Liefer- bzw. Bestellmenge × Einstandspreis [€/Periode], gegliedert nach
  - Verantwortungsbereichen
  - Materialart
  Die Kennzahl gibt den wertmäßigen Umfang der Beschaffungsaktivitäten an (vgl. *Grochla* u. a. 1983, S. 149)
- Bestellpositionen pro Monat
- Anzahl der Lieferanten untergliedert nach
  - Inland/Ausland
  - Stammlieferanten/übrige
  - Hersteller/Großhändler/Einzelhändler
  - dem Anteil am Einkaufsvolumen (A-, B- und C-Lieferanten)
  - der räumlichen Entfernung
  - mit/ohne Anschluss am elektronischen Datenaustausch
- Rahmenvertragsquote

$$= \frac{\text{Materialeinkaufsvolumen über Rahmenverträge} \times 100}{\text{Gesamtes Materialeinkaufsvolumen}} \ [\%]$$

Die Kennzahl spiegelt das Ausmaß langfristiger Bindung und der Versorgungssicherung wider. Ansatzpunkte für Erhöhungen der Rahmenvertragsquote liegen in verstärkter Lieferantenpflege, Konzentration des Sortiments und besserer Beschaffungsplanung.
- Bestellstruktur

$$= \frac{\text{Wert der Bestellungen im Bestellwert bis 50 €} \times 100}{\text{Gesamtwert der Bestellungen}} \ [\%]$$

Die Bestellstruktur stellt die prozentuale Verteilung der Bestellungen nach Wertgruppen dar. Ein zu hoher Anteil von Kleinbestellungen an den Gesamtbestellungen kann zurückzuführen sein auf unzureichende Bestellmengenplanung, zu viele Not- und Eilbestellungen, ineffiziente Bestellabwicklung etc.
- Lieferpositionen pro Lieferschein
- Anzahl der eintreffenden Warenlieferungen pro Periode untergliedert nach Transportart
  - per LKW
  - per Bahn
  - per Schiff
  - per Flugzeug

- Gewicht der eingehenden Warenlieferungen untergliedert nach Transportart
- Anzahl und Gewicht der Auslieferungen
  - zum Bedarfsträger
  - zum Lager
  - zur Qualitätskontrolle
- Anteil der Barcode-Lieferscheine

$$= \frac{\text{Anzahl Barcode-Lieferscheine} \times 100}{\text{Gesamtwert Lieferscheine}} \, [\%]$$

Diese Kennzahl liefert Hinweise auf den Verwaltungsaufwand bei der Erfassung und Bearbeitung von Lieferscheinen.

Aufgabenträger

- Anzahl der mit der Bestellabwicklung beschäftigten Mitarbeiter
- Anzahl der Mitarbeiter in der Warenannahme, untergliedert nach Funktionen (Disposition der Warenannahme, Mengen- und Beschaffenheitsprüfung, Entladung)
- Sachmittelkapazität nach Art und Funktionen (z.B. Gabelstapler, Verladekräne, Annahmeplätze)

Kosten

- Beschaffungskosten
- Gesamtkosten der Warenannahme, untergliedert nach
  - Kosten (z.B. Personal- und Sachkosten)
  - Funktionen.

b) Produktivitätskennzahlen

- Anzahl abgewickelter Sendungen pro Personalstunde

$$= \frac{\text{Anzahl eingehender Sendungen}}{\text{Anzahl Mitarbeiterstunden}} \, [\text{Sendungen/Stunde}]$$

Die Kennzahl gibt Auskunft über die Produktivität der Mitarbeiter in der Warenannahme. Je nach Unterschiedlichkeit im Abwicklungsaufwand der eingehenden Sendungen sind jedoch bei einem Produktivitätsvergleich im Zeitablauf oder zwischen Mitarbeitern Korrekturen vorzunehmen. Eine zu niedrige Produktivität kann u.a. an der mangelnden Unterstützung durch geeignete Hilfsmittel oder an einer unzureichenden Ablauforganisation liegen.

- Warenannahmezeit pro eingehender Sendung

$$= \frac{\text{Warenannahmezeit insgesamt}}{\text{Anzahl eingehender Sendungen pro Monat}} \, [\%]$$

Diese Kennzahl stellt in etwa den reziproken Wert der vorgenannten Kennzahl dar.

- Auslastungsgrad der Entladeeinrichtungen

$$= \frac{\text{Nutzungszeit} \times 100}{\text{maximal mögliche Nutzzeit}} \, [\%]$$

Bei der Beurteilung des Auslastungsgrades der Entladeeinrichtungen ist der Anfall von Kapazitätsspitzen zu berücksichtigen. Diese Kennzahl sollte deshalb nicht nur

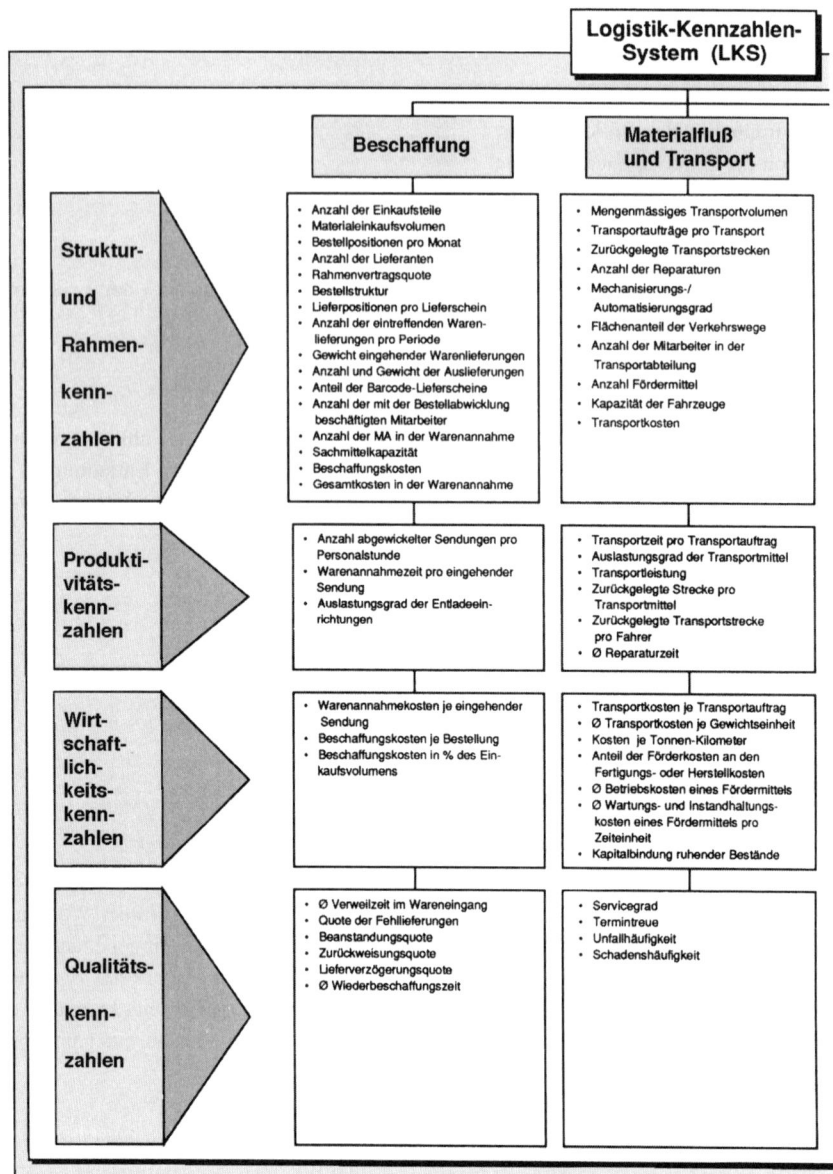

Abb. 13-21: Das Logistik-Kennzahlen-System (LKS)

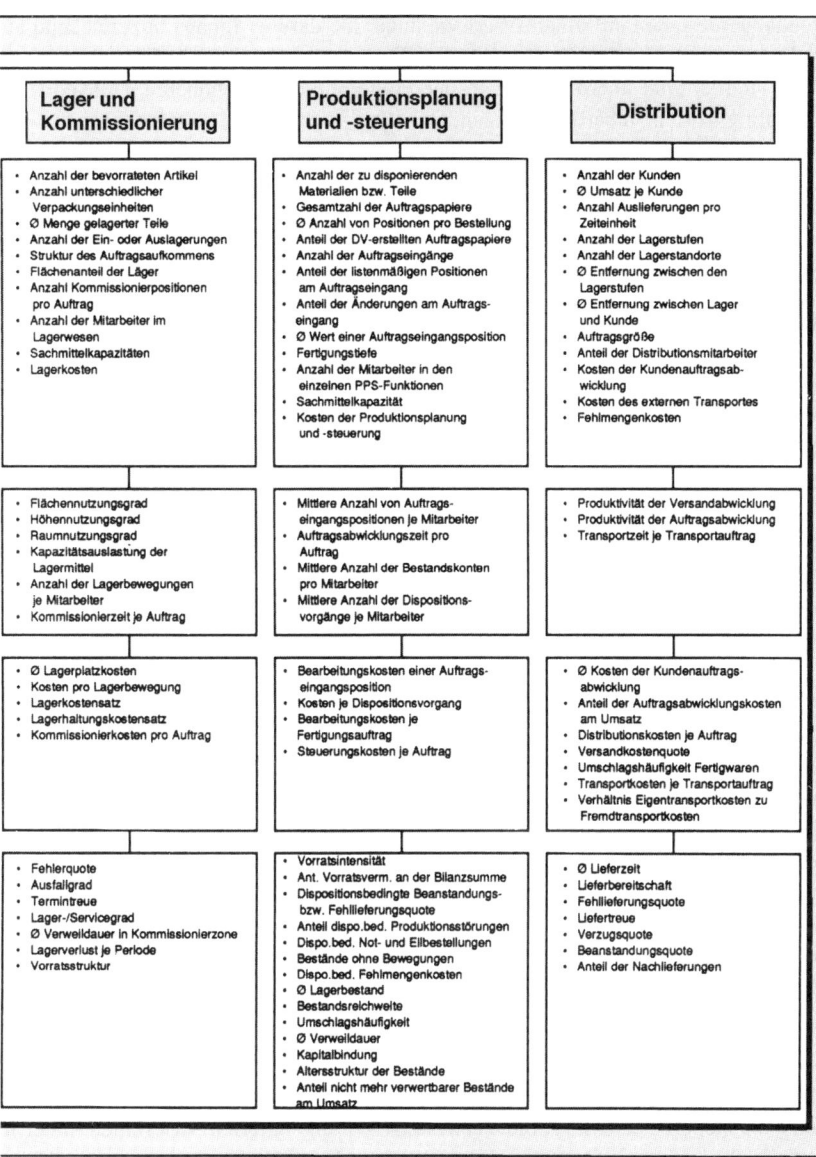

Lager und Kommissionierung

- Anzahl der bevorrateten Artikel
- Anzahl unterschiedlicher Verpackungseinheiten
- Ø Menge gelagerter Teile
- Anzahl der Ein- oder Auslagerungen
- Struktur des Auftragsaufkommens
- Flächenanteil der Läger
- Anzahl Kommissionierpositionen pro Auftrag
- Anzahl der Mitarbeiter im Lagerwesen
- Sachmittelkapazitäten
- Lagerkosten

- Flächennutzungsgrad
- Höhennutzungsgrad
- Raumnutzungsgrad
- Kapazitätsauslastung der Lagermittel
- Anzahl der Lagerbewegungen je Mitarbeiter
- Kommissionierzeit je Auftrag

- Ø Lagerplatzkosten
- Kosten pro Lagerbewegung
- Lagerkostensatz
- Lagerhaltungskostensatz
- Kommissionierkosten pro Auftrag

- Fehlerquote
- Ausfallgrad
- Termintreue
- Lager-/Servicegrad
- Ø Verweildauer in Kommissionierzone
- Lagerverlust je Periode
- Vorratsstruktur

Produktionsplanung und -steuerung

- Anzahl der zu disponierenden Materialien bzw. Teile
- Gesamtzahl der Auftragspapiere
- Ø Anzahl von Positionen pro Bestellung
- Anteil der DV-erstellten Auftragspapiere
- Anzahl der Auftragseingänge
- Anteil der listenmäßigen Positionen am Auftragseingang
- Anteil der Änderungen am Auftragseingang
- Ø Wert einer Auftragseingangsposition
- Fertigungstiefe
- Anzahl der Mitarbeiter in den einzelnen PPS-Funktionen
- Sachmittelkapazität
- Kosten der Produktionsplanung und -steuerung

- Mittlere Anzahl von Auftrags- eingangspositionen je Mitarbeiter
- Auftragsabwicklungszeit pro Auftrag
- Mittlere Anzahl der Bestandskonten pro Mitarbeiter
- Mittlere Anzahl der Dispositions- vorgänge je Mitarbeiter

- Bearbeitungskosten einer Auftrags- eingangsposition
- Kosten je Dispositionsvorgang
- Bearbeitungskosten je Fertigungsauftrag
- Steuerungskosten je Auftrag

- Vorratsintensität
- Ant. Vorratsverm. an der Bilanzsumme
- Dispositionsbedingte Beanstandungs- bzw. Fehllieferungsquote
- Anteil dispo.bed. Produktionsstörungen
- Dispo.bed. Not- und Eilbestellungen
- Bestände ohne Bewegungen
- Dispo.bed. Fehlmengenkosten
- Ø Lagerbestand
- Bestandsreichweite
- Umschlagshäufigkeit
- Ø Verweildauer
- Kapitalbindung
- Altersstruktur der Bestände
- Anteil nicht mehr verwertbarer Bestände am Umsatz

Distribution

- Anzahl der Kunden
- Ø Umsatz je Kunde
- Anzahl Auslieferungen pro Zeiteinheit
- Anzahl der Lagerstufen
- Anzahl der Lagerstandorte
- Ø Entfernung zwischen den Lagerstufen
- Ø Entfernung zwischen Lager und Kunde
- Auftragsgröße
- Anteil der Distributionsmitarbeiter
- Kosten der Kundenauftragsab- wicklung
- Kosten des externen Transportes
- Fehlmengenkosten

- Produktivität der Versandabwicklung
- Produktivität der Auftragsabwicklung
- Transportzeit je Transportauftrag

- Ø Kosten der Kundenauftrags- abwicklung
- Anteil der Auftragsabwicklungskosten am Umsatz
- Distributionskosten je Auftrag
- Versandkostenquote
- Umschlagshäufigkeit Fertigwaren
- Transportkosten je Transportauftrag
- Verhältnis Eigentransportkosten zu Fremdtransportkosten

- Ø Lieferzeit
- Lieferbereitschaft
- Fehllieferungsquote
- Liefertreue
- Verzugsquote
- Beanstandungsquote
- Anteil der Nachlieferungen

als Durchschnittsgröße, sondern auch bezogen auf einzelne Arbeitstage ermittelt werden. Existieren mehrere identische Entladeeinrichtungen an verschiedenen Warenannahmestellen auf einem Werksgelände, die darüber hinaus unzureichend ausgelastet sind, so ist der Abbau einzelner Entladeeinrichtungen in Erwägung zu ziehen. Hierbei sind allerdings die in der Folge anfallenden höheren Transport- und Handlingskosten zu berücksichtigen.

c) Wirtschaftlichkeitskennzahlen

- Warenannahmekosten je eingehender Sendung

$$= \frac{\text{Warenannahmekosten insgesamt}}{\text{Anzahl eingehender Sendungen pro Monat}} \; [\text{€/Sendung}]$$

- Beschaffungskosten je Bestellung

$$= \frac{\text{Gesamte Beschaffungskosten}}{\text{Anzahl Bestellungen}} \; [\text{€/Bestellung}]$$

Die Kennzahl spiegelt den mit der Durchführung und Abwicklung einer Bestellung durchschnittlich verbundenen Aufwand wider. Die Durchschnittsbetrachtung vermittelt jedoch nur ein unzureichendes Bild. So fällt für Kleinbestellungen vielfach ein im Verhältnis zum Wert der Bestellung überproportional hoher Beschaffungsaufwand an. Gerade Klein- und Kleinstbestellungen gilt es daher unter Kostengesichtspunkten besonders im Auge zu behalten.

- Beschaffungskosten in Prozent des Einkaufsvolumens

$$= \frac{\text{Beschaffungskosten} \times 100}{\text{Einkaufsvolumen gesamt}} \; [\%]$$

Die absoluten Beschaffungskosten variieren sehr stark von Unternehmen zu Unternehmen. Auf die Kosten der Beschaffungsabteilung nehmen eine Vielzahl von Faktoren Einfluss. So steigt beispielsweise mit sinkender Fertigungstiefe die Zahl der zu beschaffenden Materialien. Bei Einzelfertigung ist die Beschaffung problematischer als bei Serienfertigung. Ferner ist die Höhe der Kosten davon abhängig, welche Funktionen zum Beschaffungsbereich gehören (z.B. auch Warenannahme oder Rechnungsprüfung) und welche Objekte zu beschaffen sind (z.B. auch Werbemittel oder Anlagegüter).

d) Qualitätskennzahlen

- Durchschnittliche Verweilzeit im Wareneingang
  Insbesondere bei dringend benötigten Teilen ist eine kurze Verweilzeit im Wareneingang sicherzustellen. Da die Verweilzeit der angelieferten Materialien in der Regel als Plangröße ein Bestandteil der gesamten Durchlaufzeit ist, ist auf die Einhaltung der Planwerte größter Wert zu legen. Bei sehr unregelmäßigem Belastungsverlauf im Wareneingang, u.U. verknüpft mit problematischen Belastungsspitzen, lässt sich durch die Vorgabe von exakten Ablieferungsterminen bei den Lieferanten bzw. Spediteuren eine gewisse Beruhigung erzielen.

- Quote der Fehllieferungen

$$= \frac{\text{Zahl der mengenmäßigen Fehllieferungen} \times 100}{\text{Gesamtzahl der Lieferungen}} \; [\%]$$

- Beanstandungsquote

$$= \frac{\text{Anzahl der beanstandeten Lieferungen} \times 100}{\text{Gesamtzahl der Lieferungen}} \, [\%] \text{ oder}$$

$$= \frac{\text{Wert der beanstandeten Lieferungen} \times 100}{\text{Gesamtwert der Lieferungen}} \, [\%]$$

Die Quoten können für das gesamte Einkaufsvolumen einer Periode oder pro Liefe-rant, Materialgruppe und einzelne Beschaffungsobjekte berechnet werden. Hohe Beanstandungsquoten erfordern eine detaillierte Analyse der sie verursachenden Lieferanten und die Einleitung entsprechender Maßnahmen.

- Zurückweisungsquote

$$= \frac{\text{Anzahl der zurückgewiesenen Lieferungen} \times 100}{\text{Gesamtzahl der Lieferungen}} \, [\%]$$

Diese Kennzahl kann weiter differenziert werden nach Falschlieferungen, Schlecht-lieferungen, zu späten Lieferungen und Lieferungen mit Fehlmengen.

- Lieferverzögerungsquote

$$= \frac{\text{Zahl der verspäteten Lieferungen} \times 100}{\text{Zahl der Lieferungen}} \, [\%]$$

Hier empfiehlt sich eine Differenzierung nach Verzögerungszeiträumen (z. B. bis zu 3 Tage, zwischen 3 und 7 Tagen, mehr als 8 Tage).

- Durchschnittliche Wiederbeschaffungszeit
  = Ø Zeit für Bestellauslösung und Bestellabwicklung

  + Ø Lieferzeit

  + Ø Prüf- und Einlagerungs- bzw. Bereitstellungszeit.

Die Kennzahl gibt die für die Bereitstellung nicht vorhandener Materialien erfor-derliche Zeitspanne an. Veränderungen der Wiederbeschaffungszeit haben Einfluss auf die Lieferbereitschaft und die Höhe der Lagerbestände (über Sicherheits- und Bestellpunktbestände). Mögliche Ursachen für lange Wiederbeschaffungszeiten können sein: lange Lieferzeiten, schlecht organisierter Materialfluss, ineffiziente Bestellabwicklung, unzureichende Prüfverfahren (vgl. *Grochla* u. a. 1983, S. 199).

13.3.1.3 Kennzahlen zu Materialfluss und Transport

a) Struktur- und Rahmenkennzahlen

Aufgabenumfang und -struktur

- Mengenmäßiges Transportvolumen (m³, t)
- Transportaufträge pro Transport
- Zurückgelegte Transportstrecken
- Anzahl der Reparaturen
- Mechanisierungs-/Automatisierungsgrad

$$= \frac{\text{Anzahl der mechanischen/automatischen Transporte} \times 100}{\text{Anzahl aller Transporte}} \, [\%]$$

- Flächenanteil der Verkehrswege

$$= \frac{\text{Fläche der Verkehrswege} \times 100}{\text{Produktionsfläche bzw. Gesamtfläche}} \ [\%]$$

Aufgabenträger

- Anzahl der Mitarbeiter in der Transportabteilung, gegliedert nach Funktionen (Einsatzdisposition, Transport, Wartung und Pflege)
- Anzahl Fördermittel, gegliedert nach
  - Horizontaltransport
  - Vertikaltransport
- Kapazität der Fahrzeuge

Kosten

- Transportkosten, gegliedert nach
  - Kostenarten (Personal- und Sachkosten)
  - den einzelnen Abteilungen

b) Produktivitätskennzahlen

- Transportzeit pro Transportauftrag

$$= \frac{\text{Transportzeit gesamt}}{\text{Anzahl Transportaufträge}} \ [\text{Std./Auftrag}]$$

- Auslastungsgrad der Transportmittel

$$= \frac{\text{Tatsächliche Einzelstunden} \times 100}{\text{Mögliche Einsatzstunden der Transportmittel}} \ [\%]$$

$$= \frac{\text{Tatsächliche Tonnenauslastung} \times 100}{\text{Mögliche Tonnenauslastung}} \ [\%]$$

Die Kennzahl gibt die Kapazitätsauslastung im Transportwesen an. Geringe Auslastungsgrade der Transportmittel lassen sich u. U. zurückführen auf: Überkapazitäten, unzureichende Einsatzplanung, ungeeignete Transportmittel.

- Transportleistung

$$= \frac{\text{Transporteinheiten}}{\text{Zeiteinheit}} \ \left[\frac{\text{Paletten}}{\text{Stunde}}\right]$$

- Zurückgelegte Strecke pro Transportmittel

$$= \frac{\text{Gefahrene Kilometer}}{\text{Anzahl Transportmittel}} \ [\text{km/Transportmittel}]$$

Die zurückgelegte Strecke hängt wesentlich von den erforderlichen Abwicklungszeiten zur Be- und Entladung ab.

- Zurückgelegte Transportstrecke pro Fahrer

$$= \frac{\text{Anzahl gefahrener Kilometer}}{\text{Anzahl Fahrer}} \ [\text{km/Fahrer}]$$

Um möglichst genaue Aussagen zu erhalten sind anstatt der Anzahl Fahrer die effektiven Mitarbeiterstunden zugrundezulegen. Negative Abweichungen vom Mittelwert sind u. U. auf große Entfernungen zwischen den anzufahrenden Stellen zurückzuführen.

- Durchschnittliche Reparaturzeit

$$= \frac{\text{Anzahl Reparaturstunden}}{\text{Anzahl Reparaturen}} \; [\text{Std./Reparatur}]$$

Bei der Beurteilung der durchschnittlichen Reparaturzeit, z. B. im Vergleich zwischen Mitarbeitern, ist insbesondere abzustellen auf den unterschiedlichen Schwierigkeitsgrad der einzelnen Reparaturen.

c) Wirtschaftlichkeitskennzahlen

- Transportkosten je Transportauftrag

$$= \frac{\text{Gesamttransportkosten}}{\text{Anzahl Transportaufträge}} \; [\text{€/Auftrag}]$$

- Durchschnittliche Transportkosten je Gewichtseinheit

$$= \frac{\text{Transportkosten gesamt}}{\text{Gewicht aller Transporte}} \; [\text{€/Tonne}]$$

- Kosten je Tonnenkilometer
- Anteil der Förderkosten an den Fertigungs- oder Herstellkosten

$$= \frac{\text{Förderkosten} \times 100}{\text{Fertigungskosten eines Artikels}} \; [\%] \text{ oder}$$

$$= \frac{\text{Förderkosten} \times 100}{\text{Herstellungskosten eines Artikels}} \; [\%]$$

- Durchschnittliche Betriebskosten eines Fördermittels

$$= \frac{\text{Betriebskosten Fördermittel gesamt}}{\text{Anzahl Fördermittel}} \; [\text{€/Fördermittel}]$$

Diese Kennzahl sollte für die einzelnen Fördermittel-Typen getrennt erfasst werden.
- Durchschnittliche Wartungs- und Instandhaltungskosten eines Fördermittels/Zeiteinheit
- Kapitalbindung ruhender Bestände

d) Qualitätskennzahlen

- Servicegrad

$$= \frac{\text{Anzahl ausgeführter Einsätze} \times 100}{\text{Anzahl angeforderter Einsätze}} \; [\%]$$

- Termintreue

$$= \frac{\text{Anzahl Transporte mit Termineinhaltung} \times 100}{\text{Anzahl Transporte insgesamt}} \; [\%]$$

- Unfallhäufigkeit

$$= \frac{\text{Anzahl Unfälle} \times 100}{\text{Gefahrene Tonnenkilometer}} \, [\%]$$

- Schadenshäufigkeit

$$= \frac{\text{Anzahl Fördergutschäden}}{\text{Gefahrene Tonnenkilometer}} \, [\%]$$

Eine hohe Schadenshäufigkeit sollte zu einer Überprüfung der eingesetzten Förderhilfsmittel und Transportmittel sowie der Qualifikation der Transportmitarbeiter führen.

13.3.1.4 Kennzahlen zu Lager und Kommissionierung

a) Struktur- und Rahmenkennzahlen

Aufgabenumfang und -struktur

- Anzahl der bevorrateten Artikel, gegliedert nach
  - Lagerstandorten
  - Lagertypen
- Anzahl unterschiedlicher Verpackungseinheiten
- Durchschnittliche Menge gelagerter Teile
  - pro Materialart
  - pro Lagertyp
  - pro Lagerstandort
- Anzahl der Ein- oder Auslagerungen
  - Lagerstandorte
  - Lagertypen
- Struktur des Auftragsaufkommens
  - Auftragsarten (z. B. Normalauftrag, Eilauftrag)
  - Auftragsgrößen als Untergröße jeder Auftragsart (in firmenspezifischen Wert- oder volumenmäßigen Auftragsgrenzen; hieraus ergeben sich Groß-, Klein- und Kleinstaufträge)
  - Auftragsstruktur (Positionen je Auftrag, Anzahl Zugriffe je Position)
  Die Beurteilung der Leistungskennzahlen der Kommissionierung hängt in hohem Maße von der Struktur des Auftragsaufkommens ab.
- Flächenanteil der Läger

$$= \frac{\text{Lagerfläche} \times 100}{\text{Fertigungsfläche bzw. Gesamtfläche}} \, [\%]$$

- Anzahl Kommissionierpositionen pro Auftrag

$$= \frac{\text{Gesamtzahl der Kommissionierpositionen}}{\text{Anzahl Aufträge}} \, \text{Positionen/Auftrag]}$$

Zur Beurteilung des Aufgabenvolumens im Kommissionierbereich ist es nicht hinreichend, die Anzahl der Kommissionieraufträge zu betrachten, vielmehr muss analysiert werden, wieviele Kommissionierpositionen jeder Auftrag enthält.

Aufgabenträger

- Anzahl der Mitarbeiter im Lagerwesen, gegliedert nach
  - Funktionen (Lagerverwaltung, Ein- bzw. Auslagerung, Wartung und Pflege)
  - Lagerstandorten
- Sachmittelkapazitäten
  - Lagerkapazitäten (m², m³, t)
  - Lagermittel (z. B. Gabelstabler, Förderbänder, Paletten)
  - Automatisierungsgrad.

Kosten

- Lagerkosten
  = Kosten des Lagerraumes und der Einrichtungen
    + Handlingskosten
    + Verwaltungskosten
    + Lagerbestandskosten

wobei

Kosten des Lagerraumes
= Abschreibungen für Gebäude-, Regal-, Heizungs- und Lüftungs-, Beleuchtungs- und Brandschutzeinrichtungen
    + Verzinsung des eingesetzten Kapitals
    + Instandhaltungskosten
    + Energiekosten
    + Steuern und Versicherungen

Handlingskosten
= Abschreibungen, Verzinsung, Instandhaltung etc. der Fördermittel, Behälter, Paletten
    + Personalkosten der Lagermitarbeiter

Verwaltungskosten
= Personalkosten der Lagerverwaltung und -disposition
    + anteilige EDV-Systemkosten

Lagerbestandskosten
= Verzinsung des gebundenen Kapitals
    + Versicherung
    + Steuern
    + Kosten für Verderb, Schwund etc.

b) Produktivitätskennzahlen

- Flächennutzungsgrad

$$= \frac{\text{Belegte Regalfläche} \times 100}{\text{Gesamtlagerfläche}} \ [\%]$$

Diese Kennzahl gibt die flächenmäßige Ausnutzung des Lagers an. Da der Nutzungsgrad entscheidend von den gelagerten Gütern abhängt (z. B. sperrige Güter versus Kleinmaterial), sind allgemeingültige Angaben über die absolute Höhe problematisch. Dennoch kann der Wert der Kennzahl Anregungen für Überlegungen zu einer besseren flächenmäßigen Lagernutzung oder aber Hinweise auf eine unzureichende Lagerfläche liefern.

- Höhennutzungsgrad

$$= \frac{\text{Genutzte Lagerungshöhe} \times 100}{\text{Nutzbare Lagerungshöhe}} \ [\%]$$

Je nach Ergebnis der Analyse ist zu überlegen, ob der Lagerraum der Höhe nach besser genutzt werden kann.

- Raumnutzungsgrad

$$= \frac{\text{Lagergutvolumen} \times 100}{\text{Lagerraumvolumen}} \ [\%]$$

- Kapazitätsauslastung der Lagermittel

$$= \frac{\text{Durchschnittlich in Anspruch genommene Kapazität} \times 100}{\text{Vorhandene Kapazität}} \ [\%]$$

Niedrige Auslastungsgrade der Lagermittel erfordern eine Überprüfung der Ablauforganisation und der insgesamt vorhandenen Kapazitäten an Lagermitteln. Hierbei ist insbesondere zu achten auf Belastungsspitzen im Lager.

- Anzahl der Lagerbewegungen je Mitarbeiter

$$= \frac{\text{Anzahl der Lagerbewegungen gesamt}}{\text{Anzahl der Lager-Mitarbeiter}} \ [\text{Anzahl/Mitarbeiter}]$$

- Kommissionierzeit je Auftrag
  Diese Kennzahl ist ein Indikator für die Geschwindigkeit, mit der Aufträge kommissioniert werden.

c) Wirtschaftlichkeitskennzahlen

- Durchschnittliche Lagerplatzkosten

$$= \frac{\text{Gesamtkosten der Lagereinrichtungen}}{\text{Anzahl der Lagerplätze}} \ [\text{€/Lagerplatz}]$$

- Kosten pro Lagerbewegung

$$= \frac{\text{Lagerpersonal- und -sachkosten}}{\text{Anzahl Lagerzu- und -abgänge}} \ [\text{€/Lagerbewegung}]$$

Diese Kennzahl kann bei entsprechender Differenzierung wertvolle Hinweise darauf liefern, welche Auftragsart und -größe überproportional hohe Kosten verursacht.

- Lagerkostensatz

$$= \frac{\text{Lagerkosten} \times 100}{\text{Durchschnittlicher Lagerbestand}} \ [\%]$$

Der Lagerkostensatz ist definiert als die Kosten der Lagerung in Prozent des durchschnittlichen Lagerbestandes. Die in dieser Formel enthaltenen Lagerkosten beinhalten nicht die Verzinsung des im Lager gebundenen Kapitals. Als Kontroll- und Steuerungsmittel ist diese Kennzahl nur wenig brauchbar, da der Wert bei gleich bleibenden Lagerkosten je nach Höhe des durchschnittlichen Lagerbestandes schwankt.

- Lagerhaltungskostensatz
  = Lagerkostensatz + Zinssatz für das im Lager gebundene Kapital [%]
  Der Lagerhaltungskostensatz wird bei der Berechnung der optimalen Bestellmenge herangezogen.
- Kommissionierkosten pro Auftrag

$$= \frac{\text{Kommissionierkosten gesamt}}{\text{Anzahl der Kommissionieraufträge}} \; [\text{€/Auftrag}]$$

d) Qualitätskennzahlen

- Fehlerquote

$$= \frac{\text{Kommissionierfehler} \times 100}{\text{Anzahl Kommissionierungen gesamt}} \; [\%]$$

Die aufgetretenen Kommissionierfehler können anhand der Retouren auf Grund falscher Kommissionierung gemessen werden. Bei einer hohen Fehlerquote empfiehlt sich die Überprüfung der Qualität der Kommissionieraufträge, der Arbeitsbelastung und des Termindrucks der Mitarbeiter, der Qualifikation des Personals sowie generell der Ablauforganisation.

- Ausfallgrad
- Termintreue

$$= \frac{\text{Anzahl termingerecht ausgelieferter Aufträge} \times 100}{\text{Anzahl aller ausgelieferten Aufträge}} \; [\%]$$

Die Kennzahl lässt sich weiter differenzieren in zu früh und zu spät bereitgestellte Aufträge.

- Lager-Servicegrad

$$= \frac{\text{Ab Lager erfüllte Anforderungen} \times 100}{\text{Eingegangene Anforderungen}} \; [\%]$$

- Durchschnittliche Verweildauer in der Kommissionierzone
- Lagerverlust je Periode (Jahr/Monat) [€]
  Bei hohen Lagerverlusten, deren Ursache in Diebstählen vermutet wird, ist die Gestaltung der vorhandenen Ablauforganisation zu überprüfen.
- Vorratsstruktur
  – Langsamdreher
  – Schnelldreher.

13.3.1.5 PPS-Kennzahlen

a) Struktur- und Rahmenkennzahlen

Aufgabenumfang und -struktur

- Anzahl der zu disponierenden Materialien bzw. Teile, gegebenenfalls untergliedert nach

- der Wichtigkeit für das Unternehmen (A-, B-, C-Teile),
- der Prognosesicherheit (X-, Y-, Z-Teile)
- der Art der Bedarfsermittlung (verbrauchs-, programmgesteuert)
- der Durchführung der Disposition (automatische oder manuelle Disposition)
- dem Grad der Standardisierung (Normteile oder Sonderanfertigungen)
- der Art der innerbetrieblichen Bereitstellung (ständig bevorratete oder nicht gelagerte Materialien).

• Gesamtzahl der Auftragspapiere
• Durchschnittliche Anzahl von Positionen pro Bestellung

$$= \frac{\text{Anzahl der Auftragseingangs-Positionen}}{\text{Anzahl der Bestellungen}} \text{ [Positionen/Bestellung]}$$

Die Kennzahl dient zur Beurteilung der Vergleichbarkeit bei Quervergleichen der Auftragsabwicklung.

• Anteil der DV-erstellten Auftragspapiere an der Gesamtzahl der Auftragspapiere

$$= \frac{\text{Zahl der mit DV erstellten Auftragspapiere pro Periode} \times 100}{\text{Gesamtzahl der Auftragspapiere pro Periode}} \text{ [\%]}$$

Diese Kennzahl spiegelt den Grad der DV-Durchdringung in der Auftragsabwicklung wider. Für Produktivitäts- und Wirtschaftlichkeitsanalysen ist es bedeutsam, Art und Umfang der Verfahrensunterstützung zu berücksichtigen.

• Anzahl der Auftragseingänge
• Anteil der listenmäßigen Positionen am Auftragseingang

$$= \frac{\text{Listenmäßige Positionen} \times 100}{\text{Anzahl der bearbeiteten Auftragseingangs-Positionen}} \text{ [\%]}$$

Diese Kennzahl liefert Hinweise auf den Aufwand der Auftragsbearbeitung, da listenmäßig geführte Positionen einfacher abzuwickeln sind als nicht listenmäßige.

• Anteil der Änderungen am Auftragseingang (Bestellqualität)

$$= \frac{\text{Anzahl der geänderten Auftragseingangs-Positionen} \times 100}{\text{Gesamtzahl der Auftragseingangs-Positionen}} \text{ [\%]}$$

Mengen-, Terminänderungen, inhaltliche Änderungen sowie Annullierungen von Aufträgen bedeuten Mehrarbeit, so dass ein hoher Änderungsanteil die Produktivität und Wirtschaftlichkeit der Auftragsabwicklung stets negativ beeinflusst. Ferner können sich negative Konsequenzen für den Servicegrad ergeben.

• Durchschnittlicher Wert einer Auftragseingangs-Position

$$= \frac{\text{Wertmäßiger Auftragseingang}}{\text{Anzahl der Auftragseingangs-Positionen}} \text{ [€/Stück]}$$

Bei Quervergleichen liefert diese Kennzahl einen groben Anhaltspunkt für die Vergleichbarkeit des zugrundeliegenden Geschäfts. Bei Multiplikation mit der Kennzahl „Durchschnittliche Anzahl der Positionen je Bestellung" ergibt sich die Kennzahl „Durchschnittlicher wertmäßiger Auftragseingang pro Bestellung".

- Fertigungstiefe

$$= \frac{\text{Wertschöpfung} \times 100}{\text{Umsatz}} \; [\%]$$

Die Fertigungstiefe gibt an, wie hoch der Anteil der Eigenfertigung am Umsatz ist. Sie stellt somit einen Indikator für die Komplexität des Fertigungsablaufs und damit der Produktionsplanung und -steuerung dar.

Aufgabenträger

- Anzahl der Mitarbeiter in den einzelnen PPS-Funktionen, z. B.
  - Bedarfsplanung
  - Bestellplanung
  - Kapazitätsplanung
  - Fertigungssteuerung
- Sachmittelkapazität nach Art und Funktion (z. B. zurechenbare Rechnerkapazität einer EDV-Anlage)

Kosten

- Kosten der Produktionsplanung und -steuerung, unterteilt nach
  - Personalkosten
  - Sachkosten (insbesondere EDV-Kosten)

b) Produktivitätskennzahlen

- Mittlere Anzahl von Auftragseingangspositionen je Mitarbeiter

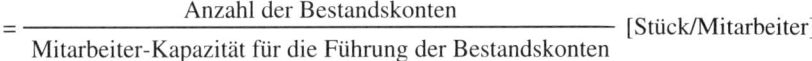

$$= \frac{\text{Anzahl der bearbeiteten Auftragseingangs-Positionen}}{\text{Mitarbeiter-Kapazität in der Auftragsabwicklung}} \left[\frac{\text{Stück/Jahr}}{\text{Mitarbeiter}} \right]$$

Niedrige Werte der Kennzahl lassen auf vorhandene Rationalisierungspotentiale schließen. Zur Ableitung von Konsequenzen sollten zusätzlich die Kennzahlen „Anteil der DV-erstellten Auftragspapiere an der Gesamtzahl der Auftragspapiere" sowie „durchschnittliche Bearbeitungskosten einer Auftragsposition" herangezogen werden. Durch eine weitere Aufgliederung der Mitarbeiter-Kapazität in die Funktionen Auftragsbearbeitung, Disposition und Fertigungssteuerung lässt sich die Aussagekraft der Kennzahl erhöhen.

- Auftragsabwicklungszeit pro Auftrag [Minuten]
- Mittlere Anzahl der Bestandskonten pro Mitarbeiter in der Disposition

$$= \frac{\text{Anzahl der Bestandskonten}}{\text{Mitarbeiter-Kapazität für die Führung der Bestandskonten}} \; [\text{Stück/Mitarbeiter}]$$

Diese Kennzahl gibt Hinweise auf die Grundlast in der Disposition, die sich aus der weitgehend auftragsunabhängigen Bestandskontenführung ergibt. Sie kann für die Planung der Mitarbeiterkapazität im Bereich der Disposition unterstützend herangezogen werden.

- Mittlere Anzahl der Dispositionsvorgänge je Mitarbeiter in der Disposition

$$= \frac{\text{Anzahl der Dispositionsvorgänge}}{\text{Mitarbeiter-Kapazität für die Disposition}} \; [\text{Stück/Mitarbeiter}]$$

Bei der Beurteilung der Kennzahl sind insbesondere zu berücksichtigen die Art des Dispositionsverfahrens, die Wertigkeit und Prognosesicherheit des Dispositionsobjekts sowie der Grad der DV-Unterstützung bei der Disposition.

c) Wirtschaftlichkeitskennzahlen

- Bearbeitungskosten einer Auftragseingangs-Position

$$= \frac{\text{Gesamtkosten der Auftragsabwicklung}}{\text{Anzahl der bearbeiteten Auftragseingangs-Positionen}} \left[\frac{\text{€}}{\text{Position}} \right]$$

Diese Kennzahl wird insbesondere zur Analyse der Wirtschaftlichkeit der Auftragsabwicklung bei Zeitvergleichen herangezogen. Steigende Werte erfordern gezielte Maßnahmen zur Verbesserung der Wirtschaftlichkeit.

- Kosten je Dispositionsvorgang

$$= \frac{\text{Gesamtkosten der Disposition}}{\text{Anzahl der Dispositionen}} \left[\frac{\text{€}}{\text{Dispositionsvorgang}} \right]$$

Hohe Kosten je Dispositionsvorgang können auf Ineffizienzen in der Abwicklung, unzureichende DV-Unterstützung sowie Schnittstellenprobleme mit anderen Funktionen (z. B. Vertrieb, Einkauf) zurückzuführen sein.

- Bearbeitungskosten je Fertigungsauftrag

$$= \frac{\text{Gesamt-Bearbeitungskosten}}{\text{Anzahl Fertigungsaufträge}} \; [\text{€/Fertigungsauftrag}]$$

Auch bei dieser Kostenkennzahl signalisieren hohe Werte die Notwendigkeit von Rationalisierungsmaßnahmen. Zur Ableitung der Ursachen eventueller Kostensteigerungen sind die Anteile der einzelnen Kostenarten an den Gesamtkosten zu betrachten. Die Höhe dieser Kosten wird stark beeinflusst durch die Struktur- und Ablauforganisation, die DV-Durchdringung sowie Fertigungsstruktur und -programm.

- Steuerungskosten je Auftrag

$$= \frac{\text{Gesamtkosten der Fertigungssteuerung}}{\text{Anzahl der zu steuernden Aufträge}} \; [\text{€/Auftrag}]$$

d) Qualitätskennzahlen

- Vorratsintensität

$$= \frac{\text{Vorratsvermögen} \times 100}{\text{Umsatz}} \; [\%]$$

Eine Verbesserung der Aussagefähigkeit wird bei dieser Kennzahl durch die Aufteilung der Vorräte in Fertigwaren sowie in Roh-, Hilfs- und Betriebsstoffe erzielt.

- Anteil des Vorratsvermögens an der Bilanzsumme

$$= \frac{\text{Vorratsvermögen} \times 100}{\text{Bilanzsume}} \; [\%]$$

- Dispositionsbedingte Beanstandungs- bzw. Fehllieferungsquote

$$= \frac{\text{Dispositionsbedingte Beanstandungen bzw. Fehllieferungen} \times 100}{\text{Gesamtzahl der Beanstandungen bzw. Fehllieferungen}} \; [\%]$$

- Anteil dispositionsbedingter Produktionsstörungen

$$= \frac{\text{Dispositionsbedingte Produktionsstörungen} \times 100}{\text{Gesamtzahl der Produktionsstörungen}} \; [\%]$$

- Dispositionsbedingte Not- und Eilbestellungen
- Bestände ohne Bewegung („Bodensatz")
  Zeigt sich, dass einzelne Lagerpositionen über einen längeren Zeitraum nicht benötigt werden, so spricht man vom „Bodensatz", der auf Grund von Fehlsteuerungen, nicht erkannter Änderungen von Einflussgrößen oder infolge von Störungen entstehen kann. Bei steigender Tendenz sind die Dispositionsparameter zu überprüfen (vgl. *Nührich* 1984, S. 110).
- Dispositionsbedingte Fehlmengenkosten
  = Stillstandskosten + Stillsetzungkosten + Wiederanlaufkosten [€]
  Fehlmengenkosten entstehen, wenn „Gütermengen zur Befriedigung eines Bedarfs in der Fertigung oder im Vertrieb nicht zum jeweiligen Bedarfszeitpunkt in ausreichender Menge zur Verfügung stehen" (*Reichmann* 1985, S. 304).
- Durchschnittlicher Lagerbestand (für Gesamtbestand oder einzelne, besonders wichtige Lagergüter)

$$= \frac{\text{Jahresanfangsbestand} + \text{Jahresendbestand}}{2} \; [\text{€}] \; \text{oder}$$

$$= \frac{\text{Anfangsbestand} + 4 \text{ Quartalsendbestände}}{5} \; [\text{€}] \; \text{oder}$$

$$= \frac{\frac{1}{2} \text{ Anfangsbestand} + 11 \text{ Monatsbestände} + \frac{1}{2} \text{ Endbestand}}{12} \; [\text{€}]$$

Die Kennzahl gibt die Höhe des durchschnittlich im Lager gebundenen Kapitals an und spiegelt damit die Lagerhaltungs- und Kapitalbindungskosten wider. Zu hohe Lagerbestände können auf zu hohe Sicherheitsbestände, ungenaue Bedarfsvorhersagen, mangelnde Transparenz der Läger etc. zurückzuführen sein (vgl. *Grochla* u. a. 1983, S. 189). Zusammen mit der Kennzahl „Servicegrad" liefert die Kennzahl Hinweise auf eine Optimierung der Bestandshöhe.

- Bestandsreichweite

$$= \frac{\text{Lagerbestand}}{\text{Bedarf pro Zeiteinheit}} \; [\text{Zeiteinheiten}]$$

Enthält das Lager zum Betrachtungszeitpunkt 1000 Mengeneinheiten eines Teils und ist der Bedarf pro Tag 10, so ergibt sich eine Reichweite von 100 Tagen. Bei der Festlegung einer angemessenen Reichweite ist zwischen der Versorgungssicherheit einerseits und den Kapitalbindungskosten andererseits abzuwägen. Um die

Reichweite des Lagerbestandes als Basis für Dispositionsentscheidungen heranziehen zu können, sind dem effektiven Materialbestand die offenen Bestellungen hinzuzurechnen. Für detaillierte Vorgaben bzw. Analysen ist die Kennzahl nach Materialen bzw. Teilen zu gliedern.

- Umschlagshäufigkeit

$$= \frac{\text{Verbrauch in der Periode}}{\text{Durchschnittlicher Lagerbestand}} \; [\times \text{ Mal}]$$

Die Kennzahl gibt an, wie oft sich die Lagerbestände in einer Verbrauchsperiode ,umschlagen'. Eine Umschlagshäufigkeit von drei bedeutet beispielsweise, dass der durchschnittliche Lagerbestand in der Periode dreimal umgeschlagen (bzw. umgesetzt) wurde. Die Umschlagshäufigkeit beeinflusst die Lagerhaltungs- und Kapitalbindungskosten sowie die Qualität und Nutzungsmöglichkeit des Materials (Alterung, Verderb). Mögliche Ursachen für negative Abweichungen liegen in zu hohen Sicherheitsbeständen, ungenauen Bedarfsvorhersagen, mangelnder Transparenz der Läger, zu hohen Losgrößen etc. (vgl. *Grochla* u. a. 1983, S. 187).

- Durchschnittliche Verweildauer

$$= \frac{\text{Zugrundegelegte Periode}}{\text{Umschlagshäufigkeit}} \; [\text{Zeiteinheiten}]$$

Wird eine Periode von 30 Tagen betrachtet und beträgt die Umschlagshäufigkeit 3, so beläuft sich die durchschnittliche Verweildauer des Materials auf 10 Tage.

- Kapitalbindungskosten

= Bestandswert × Lagerzeit × Zinssatz [€]

- Altersstruktur der Bestände

$$= \frac{\text{Wertmäßiger Bestand pro Zeitklasse} \times 100}{\text{Wertmäßiger Lagerbestand}} \; [\%]$$

Die Festlegung der betrachteten Zeitklasse (z. B. $0-\frac{1}{2}$ Jahr, $>\frac{1}{2}-1$ Jahr, >1 Jahr) ist vom jeweiligen Einzelfall abhängig. Mit steigendem Alter erhöht sich die Wahrscheinlichkeit von Bestandsabwertungen. Ferner deutet eine ungünstige Altersstruktur auf eine niedrigere Umschlagshäufigkeit und damit auf eine hohe Kapitalbindung hin. Sind zugleich eine ungünstige Altersstruktur und eine hohe Umschlagshäufigkeit zu beobachten, ist zu vermuten, dass in der Vergangenheit Überbestände aufgebaut wurden. Hingegen kann eine günstige Altersstruktur bei geringer Umschlagshäufigkeit zu Überbeständen in der Zukunft führen.

- Anteil nicht mehr verwertbarer Bestände am Umsatz

$$= \frac{\text{Wert nicht mehr verwertbarer Bestände pro Periode} \times 100}{\text{Umsatz pro Periode}} \; [\%]$$

Nicht mehr verwertbare Bestände werden verursacht durch Planungsfehler oder nicht vorhersehbare technische Innovationen. Zu hohe Werte der Kennzahl sollten zu einer sorgfältigen Analyse eventueller Schwachstellen führen.

13.3.1.6 Kennzahlen zur Distributionslogistik

a) Struktur- und Rahmenkennzahlen

Aufgabenumfang und -struktur
- Anzahl der Kunden (aktive/passive)
- Durchschnittlicher Umsatz je Kunde

$$= \frac{\text{Gesamtumsatz}}{\text{Anzahl Kunden}} \left[\frac{\text{€}}{\text{Kunde}} \right]$$

- Anzahl Auslieferungen pro Zeiteinheit
- Anzahl der Lagerstufen
  - Werkslager
  - Zentrallager
  - Regionallager
  - Auslieferungslager
- Anzahl der Lagerstandorte
- Durchschnittliche Entfernung zwischen den Lagerstufen [km]
- Durchschnittliche Entfernung zwischen Auslieferungslager und Kunde [km]
- Durchschnittliche Auftragsgröße

$$= \frac{\text{Anzahl Artikel}}{\text{Anzahl Aufträge}} \text{ [Artikel/Auftrag]}$$

Aufgabenträger
- Anzahl der Distributionsmitarbeiter

Kosten
- Kosten der Kundenauftragsabwicklung
  Bei den Kostenarten sind insbesondere Personalkosten, DV-Kosten, Sach- und Dienstleistungskosten, Kapitalkosten und Raumkosten anzusetzen.
- Kosten des externen Transports, differenziert nach den Verkehrsträgern
  - LKW
  - Bahn
  - Schiff
  - Flugzeug
  sowie differenziert nach
  - Eigentransporten
  - Fremdtransporten
- Fehlmengenkosten, die sich im Distributionsbereich zusammensetzen aus (vgl. *Weber* 1987, S. 16)
  - Mehrkosten auf Grund zusätzlicher Absatzprozesse
  - Mehrkosten infolge von Eilfrachten
  - niedrigeren Nettoerlösen auf Grund der Terminüberschreitung
  - verlorenen Deckungsbeiträgen auf Grund ganz oder teilweise entgehenden Geschäftes

b) Produktivitätskennzahlen

- Produktivität der Versandabwicklung

$$= \frac{\text{Sendungsanzahl}}{\text{Arbeitstag}} \text{ [Sendungen/Tag]}$$

- Produktivität der Auftragsabwicklung

$$= \frac{\text{Anzahl bearbeiteter Auftrage}}{\text{Anzahl Mitarbeiter}} \text{ [Aufträge/Mitarbeiter] bzw.}$$

$$= \frac{\text{Anzahl der bearbeiteten Auftragspositionen}}{\text{Anzahl Mitarbeiter}} \text{ [Auftragspositionen/Mitarbeiter]}$$

- Transportzeit je Transportauftrag.

c) Wirtschaftlichkeitskennzahlen

- Durchschnittliche Kosten der Kundenauftragsabwicklung

$$= \frac{\text{Gesamtkosten der Auftragsabwicklung}}{\text{Anzahl bearbeiteter Aufträge}} \text{ [€/Auftrag]}$$

Bei zu hohen Abwicklungskosten je Auftrag sind die möglichen Ursachen zu suchen in der Effizienz der Abwicklung, dem Grad der DV-Unterstützung, der Struktur der Aufträge, der Qualifikation der Mitarbeiter sowie der Gestaltung der Schnittstellen zu den übrigen Funktionsbereichen im Unternehmen.

- Anteil der Auftragsabwicklungskosten am Umsatz

$$= \frac{\text{Kosten der Auftragsabwicklung pro Jahr}}{\text{Umsatz pro Jahr}} \times 100 \text{ [\%]}$$

Die Kennzahl dient einer ersten groben Orientierung über die Wirtschaftlichkeit der Auftragsabwicklung im Zeitvergleich.

- Distributionskosten je Auftrag

$$= \frac{\text{Gesamtkosten der Distribution}}{\text{Anzahl der Aufträge}} \text{ [€/Auftrag]}$$

- Versandkostenquote

$$= \frac{\text{Versandkosten gesamt}}{\text{Anzahl der Sendungen}} \text{ [€/Sendung]}$$

- Umschlagshäufigkeit Fertigwaren

$$= \frac{\text{Umsatz der Periode}}{\text{Durchschnittlicher Lagerbestand an Fertigware}} \text{ [× Mal]}$$

Die Kennzahl gibt an, wie oft sich das Fertigwarenlager in einer Periode umschlägt. Die Umschlagshäufigkeit beeinflusst die Lagerhaltungs- und Kapitalbindungskosten und hat Einfluss auf die Qualität der Produkte (Veralterung, Verderb).

- Transportkosten je Transportauftrag

$$= \frac{\text{Summe Transportkosten}}{\text{Anzahl durchgeführter Transportaufträge}} \quad [\text{€/Transportauftrag}]$$

- Verhältnis Eigentransportkosten zu Fremdtransportkosten

$$= \frac{\text{Eigentransportkosten/Distributionseinheit}}{\text{Fremdtransportkosten/Distributionseinheit}} \; .$$

d) Qualitätskennzahlen

- Durchschnittliche Lieferzeit
  = Zeit vom Auftragseingang bis zur Auslieferung [Tage]
  Die Kennzahl zeigt die bis zur Auslieferung erforderliche Zeitspanne. Sie setzt sich zusammen aus der Auftragsabwicklungszeit, der Bereitstellungszeit im Versandlager sowie gegebenenfalls der Fertigungszeit, falls die Produkte nicht am Lager vorrätig sind.
- Lieferbereitschaft

$$= \frac{\text{Anzahl sofort bedienter Anforderungen}}{\text{Anzahl der Anforderungen}} \times 100 \, [\%] \text{ bzw.}$$

$$= \frac{\text{Summe der sofort bedienten Mengen}}{\text{Summe der insgesamt angeforderten Mengen}} \times 100 \, [\%]$$

- Fehllieferungsquote

$$= \frac{\text{Anzahl der Fehllieferungen}}{\text{Gesamtzahl der Lieferungen}} \times 100 \, [\%]$$

- Liefertreue

$$= \frac{\text{Zum angegebenen Termin gelieferte Positionen}}{\text{Gesamtzahl der Lieferpositionen}} \times 100 \, [\%]$$

Die Liefertreue gibt Hinweise auf die Zuverlässigkeit interner Abläufe und damit auf die Güte der Organisation.
- Verzugsquote

$$= \frac{\text{Anzahl der Lieferungen mit Terminabweichungen}}{\text{Gesamtzahl der Lieferungen}} \times 100 \, [\%]$$

Mögliche Ursachen niedriger Termintreue können in mangelhafter Terminüberwachung, ineffizienter Auftragsabwicklung oder unzuverlässigen Verkehrsträgern liegen.
- Beanstandungsquote

$$= \frac{\text{Anzahl der beanstandeten Lieferungen}}{\text{Gesamtzahl der Lieferungen}} \times 100 \, [\%]$$

Die Kennzahl spiegelt das Ausmaß an Qualitäts- und Mengentreue der Distribution wider.

• Anteil der Nachlieferungen

$$= \frac{\text{Anzahl Nachlieferungen}}{\text{Gesamtzahl der Lieferungen}} \times 100 \, [\%]$$

Ursachen für Nachlieferungen können zum Beispiel in knappen LKW-Kapazitäten, falscher Verteilung der verfügbaren Bestände, fehlender Verfügbarkeit sowie Verlade-fehlern liegen.

13.3.2 Entwicklung eines individuellen Kennzahlensystems

Um eine effiziente Arbeit mit den Logistik-Kennzahlen zu gewährleisten, müssen die-se den individuellen Bedürfnissen des einzelnen Unternehmens entsprechen. Faktoren wie die Qualifikationsstruktur der Mitarbeiter, die Größe des Unternehmens, Materi-alintensität des Unternehmens usw. gehen mit sehr unterschiedlichen Anforderungen an das Logistik-Kennzahlensystem einher. Die Entwicklung eines **„maßgeschnei-derten" Kennzahlensystems** kann dabei sowohl eine Reduzierung der Anzahl der hier vorgeschlagenen Einzelkennzahlen als auch die Hinzufügung weiterer Kennzah-len zum Gegenstand haben. Gestaltungsspielräume bestehen ferner bezüglich der Gliederung der einzelnen Kennzahlen sowie bei der Festlegung der Erhebungszeit-punkte bzw. -räume (vgl. *Grochla* u. a. 1983, S. 74).

Die Entwicklung eines unternehmensindividuellen Kennzahlensystems ist durch die in Abb. 13-22 dargestellten Stufen gekennzeichnet. Welche Fragen bei der Auswahl der zum Einsatz gelangenden Kennzahlen zu beantworten sind, enthält die in Abb. 13-23 wiedergegebene Checkliste.

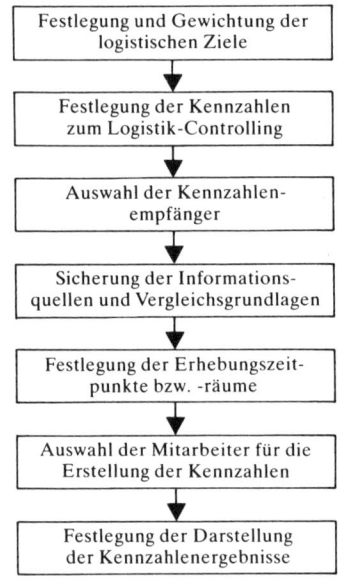

Abb. 13-22: Entwicklung eines individuellen Kennzahlensystems (vgl. Grochla u. a. 1983, S. 78)

- **Verfügbarkeit**
  - Sind die für die Kennzahl benötigten aktuellen Daten intern verfügbar?
  - Sind die benötigten Vergangenheitsdaten zwecks Zeitvergleich intern verfügbar?
  - Ist die Verfügbarkeit unmittelbar gegeben oder erst über zusätzliche Berechnungen möglich?
  - Sind die benötigten Plandaten zwecks Soll-Ist-Vergleich intern verfügbar?
  - Sind Vergleichsdaten aus anderen Unternehmen bzw. von Verbänden zwecks Betriebsvergleich verfügbar?

- **Aufwand/Nutzen**
  - Welcher zeitliche Aufwand ist mit der Kennzahlenermittlung verbunden?
  - Welche Kosten sind mit der Ermittlung unmittelbar verbunden?
  - Welche Kosten sind mit der Schaffung der Voraussetzungen zur Ermittlung der Kennzahl verbunden?
  - Welche Probleme oder Rationalisierungsreserven werden in dem durch die Kennzahl abgebildeten Bereich vermutet?
  - Wie viele Kennzahlen bestehen bereits für die Abbildung des entsprechenden Bereichs?
  - Welche Widerstände werden bei den Betroffenen hinsichtlich der Kennzahlenanwendung vermutet?

- **Eignung**
  - Wie gut bildet die Kennzahl den betreffenden Bereich bzw. die Situation ab?
  - Welche Bedeutung kommt dem durch die Kennzahl abgebildeten Bereich oder Ziel zu?
  - Welche Fehlerquellen existieren bei der Kennzahlenermittlung?
  - In welchem Maße lässt die Kennzahl eine eindeutige Interpretation zu?
  - Existieren bereits Erfahrungen der Mitarbeiter des Unternehmens hinsichtlich der Kennzahl?
  - Existiert die Kennzahl in vergleichbaren Unternehmen?

- **Zweck**
  - Soll die Kennzahl zur Steuerung und/oder zur Analyse dienen?
  - Soll die Kennzahl für die Unternehmensleitung und/oder für die einzelnen Aufgabenbereiche bereitgestellt werden?
  - Welchem Analysezweck soll die Kennzahl dienen (Strukturanalyse, Beobachtung von Entwicklungen, Schwachstellen-/Wirtschaftlichkeitsanalyse, Erfolgsmessung/Leistungsbeurteilung)?
  - Soll die Kennzahl für Soll-Ist-Vergleiche, Zeitvergleiche und/oder Betriebsvergleiche verwendet werden?
  - Soll die Kennzahl weiter gegliedert werden (z. B. nach Verantwortungsbereichen, Mitarbeitern)?
  - Soll die Kennzahl regelmäßig/periodisch oder fallweise/periodisch ermittelt werden?
  - Wie oft (monatlich, quartalsweise, halbjährlich, jährlich) soll die Kennzahl ermittelt werden?

- **Organisation**
  - Welche Mitarbeiter sollen die Kennzahl ermitteln?
  - Aus welchen Informationsquellen sollen die Kennzahlen ermittelt werden?
  - Wer soll die Kennzahlenergebnisse auswerten?
  - Wem sollen die Ergebnisse weitergeleitet werden?
  - Wie sollen die Ergebnisse dokumentiert werden?
  - Wer ist für die Einhaltung der Kennzahlenwerte verantwortlich?

Abb. 13-23: Checkliste zur Gestaltung eines individuellen Kennzahlensystems
(vgl. Grochla u. a. 1983, S. 80)

13.3.3 Graphische Darstellung der Kennzahlen

Die Ermittlung von Kennzahlen mündet in ein mehr oder weniger umfangreiches Zahlenwerk. Um die Ergebnisse für die jeweilige Zielgruppe transparenter zu machen und damit die Lesbarkeit von Auswertungen zu erhöhen, empfiehlt sich die Umsetzung der Tabellen, Statistiken oder Computerausdrucke (Listen) in graphische Darstellungen. Diese sollen sich auf wesentliche Ergebnisse konzentrieren. Abweichungen sollen für den Adressaten sofort ersichtlich sein.

Die Vielfalt der angebotenen Darstellungsmöglichkeiten lässt sich im Kern auf **fünf Schaubildformen** reduzieren (vgl. hierzu und zum Folgenden *Zelazny* 1986, S. 9ff.) (vgl. Abb. 13-24):

– Kreisdiagramm,
– Balkendiagramm,
– Säulendiagramm,
– Kurvendiagramm sowie
– Punktediagramm.

Um die **Auswahl** einer geeigneten Darstellungsform sicherzustellen, sind die folgenden drei Fragen zu beantworten:

– Welche Aussage soll getroffen werden?
– Welche Art von Vergleich wird angestellt?
– Welche Darstellungsform eignet sich am besten für den zugrundeliegenden Vergleichstyp?

13.3.3.1 Grundtypen von Vergleichen

Im Rahmen der Beantwortung der zweiten Frage kommen fünf Grundtypen von Vergleichen in Frage, nämlich ein Strukturvergleich, ein Rangfolgevergleich, ein Zeitreihenvergleich, ein Häufigkeitsvergleich oder ein Korrelationsvergleich.

a) Strukturvergleich

Der Strukturvergleich zielt darauf ab, den Anteil einzelner Elemente an einer Gesamtheit zum Ausdruck zu bringen. Zum Beispiel:

– Bei der Hälfte der Bestände handelt es sich um Roh-, Hilfs- und Betriebsstoffe.
– Von den gesamten Logistikkosten des Unternehmens entfallen 28% auf Transportkosten.

b) Rangfolgevergleich

Beim Rangfolgevergleich werden die Untersuchungsobjekte bewertend gegenübergestellt. Es wird danach gefragt, ob sie kleiner, gleich oder größer sind als andere. Zum Beispiel:

– Bei der Umschlagshäufigkeit der Fertigwarenbestände liegt das Unternehmen innerhalb der Branche an fünfter Stelle.
– Die Fertigungssteuerungskosten von Werk A liegen über denen von Werk B.

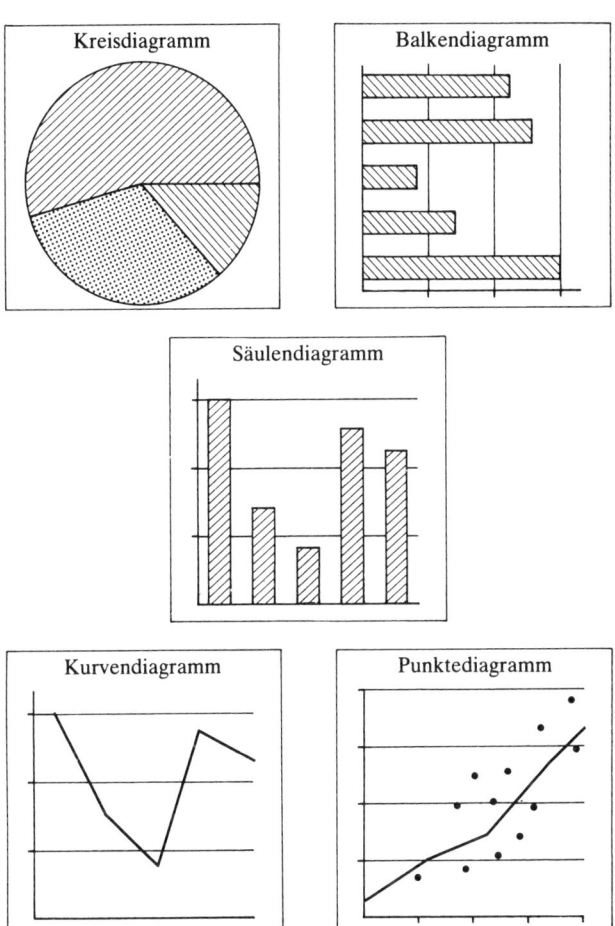

Abb. 13-24: Grundsätzliche Darstellungsformen (Zelazny 1986, S. 9)

c) Zeitreihenvergleich

Der Zeitreihenvergleich gibt die Veränderung der betrachteten Werte über die Zeit an (Anstieg, Rückgang oder Stagnation), wobei als Raster in der Regel Tages-, Wochen-, Monats-, Quartals- oder Jahreszeiträume zugrundegelegt werden. Zum Beispiel:

– Der Lieferbereitschaftsgrad ist seit drei Jahren kontinuierlich gestiegen.
– Die Kosten pro Lagerbewegung sind in den letzten beiden Quartalen stark gesunken.

d) Häufigkeitsvergleich

Beim Häufigkeitsvergleich interessiert, wie oft ein bestimmtes Objekt in verschiedenen, aufeinander folgenden Größenklassen enthalten ist. Zum Beispiel:

– Die meisten Überstunden in der Warenannahme fallen am Monatsende an.
– 22% der Lagerpositionen wurden im vergangenen Jahr nicht bewegt.

e) Korrelationsvergleich

Mit Hilfe des Korrelationsvergleiches wird untersucht, ob zwischen zwei Variablen ein Zusammenhang besteht oder nicht. Zum Beispiel:

- Mit zunehmendem Automationsgrad sinken die Bereitstellzeiten im Lager.
- Es lässt sich kein Zusammenhang zwischen den einzelnen Werksstandorten und der Höhe der Transportkosten ermitteln.

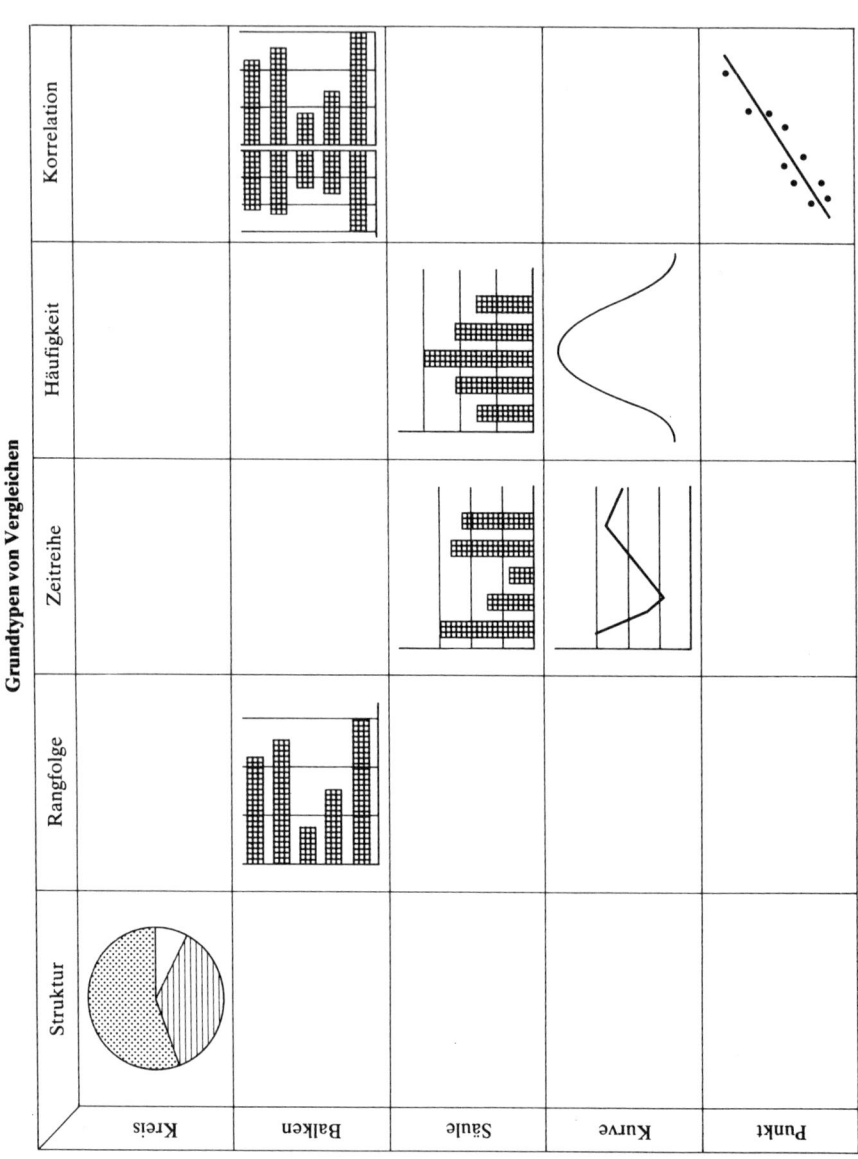

Abb. 13-25: Verknüpfung zwischen Vergleichstypen und Darstellungsformen
(Zelazny 1986, S. 27)

13.3.3.2 Verknüpfung zwischen Vergleichstypen und Darstellungsformen

Im nächsten Schritt ist nun jedem der fünf Vergleichstypen eine bestimmte Darstellungsform zuzuordnen. Die in Abb. 13-25 vorgenommene Verknüpfung zwischen den Darstellungsformen und den Vergleichstypen soll die Auswahl der jeweils geeignetsten Darstellungsform erleichtern. Hierbei handelt es sich ausdrücklich nur um eine Orientierungshilfe. Entsprechend dieser Matrix kann bei Zeitreihen, Häufigkeitsverteilungen und Korrelationen jeweils zwischen zwei Darstellungsformen gewählt werden. Die Entscheidung hierüber hängt vom Umfang der darzustellenden Daten ab. Sind wenige (bis zu sechs oder sieben) Werte zu erfassen, empfiehlt es sich, bei Zeitreihen und Häufigkeitsverteilungen das Säulendiagramm heranzuziehen, ansonsten ist das Kurvendiagramm vorzuziehen. Bei Korrelationen eignet sich bei wenigen Daten das Balkendiagramm am besten, bei mehr Daten das Punktediagramm.

13.3.3.3 Beispiele

Zur Verdeutlichung wird im Folgenden für den Bereich des Logistik-Controlling für jeden Vergleichstyp jeweils ein Beispiel vorgestellt.

a) Struktur-Vergleich

Um den Anteil einzelner Bestandsarten am Gesamtbestand aufzuzeigen, bietet sich die Darstellung im Kreisdiagramm an (vgl. Abb. 13-26).

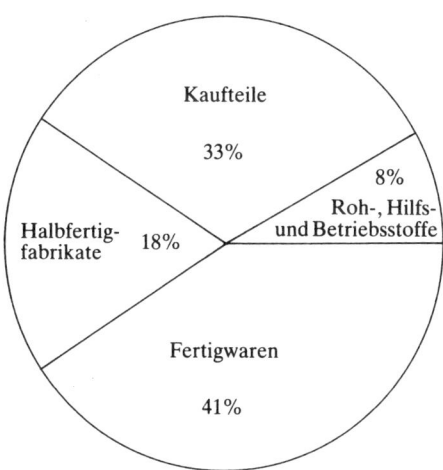

Abb. 13-26: Bestandsstruktur

b) Rangfolge-Vergleich

Rangfolgen mit beschränktem Datenvolumen werden am besten durch Balkendiagramme wiedergegeben. Auf der vertikalen Achse befinden sich die Objektbezeichnungen. Die Balken, die beispielsweise die Umschlagshäufigkeit der einzelnen Wettbewerber angeben, können in alphabetischer Reihenfolge der Firmennamen oder nach Höhe der Umschlagshäufigkeit angeordnet werden (vgl. Abb. 13-27).

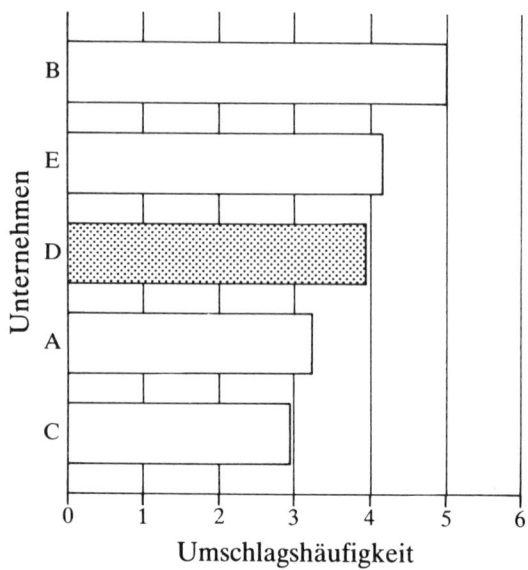

Abb. 13-27: Umschlagshäufigkeit im Vergleich zum Wettbewerb

c) Zeitreihen-Vergleich

Die Entwicklung von Positionen im Zeitvergleich lässt sich am besten durch Säulen- oder Kurvendiagramme darstellen. Abb. 13-28 enthält als Beispiel die Entwicklung der Logistikkosten in einem Unternehmen des Maschinenbaus, wobei die einzelnen Säulen als zusätzliche Information den prozentualen Anteil der Logistikkosten am Umsatz enthalten.

d) Häufigkeits-Vergleich

Häufigkeitssäulen oder -kurven enthalten auf der Vertikalen die Anzahl der Objekte oder Prozentsätze. Auf der Horizontalen werden die Gruppen abgetragen. Um die Struktur der Verteilung deutlich zu machen, kommt es entscheidend darauf an, eine geeignete Stufengröße zu wählen. Werden zu wenige oder zu viele Unterteilungen vorgenommen, lässt sich vielfach keine deutliche Struktur erkennen. Abb. 13-29 zeigt beispielhaft die Häufigkeit der Besetzung einzelner Lohngruppen bei den Logistikmit- arbeitern.

e) Korrelations-Vergleich

Korrelationsvergleiche lassen sich am günstigsten durch Punktediagramme oder Dop- pel-Balkendiagramme darstellen. Nachteilig am Punktediagramm ist, dass diese Schaubildform immer etwas unübersichtlich wirkt. Es empfiehlt sich daher bei bis zu etwa 15 Wertepaaren auf das Doppel-Balkendiagramm zurückzugreifen. Bei diesem wird üblicherweise auf der linken Seite in aufsteigender oder absteigender Reihen-

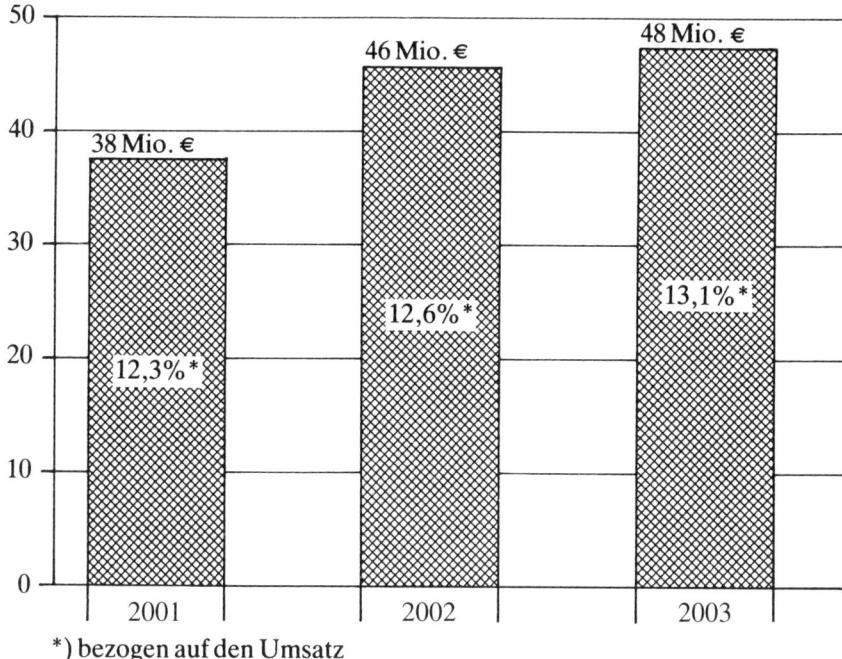

*) bezogen auf den Umsatz

Abb. 13-28: Entwicklung der Logistikkosten

folge die unabhängige Variable angeordnet. Das in Abb. 13-30 gezeigte Doppel-Balkendiagramm bestätigt den vermuteten Zusammenhang zwischen den aufgetretenen Fehlteilen und den Terminabweichungen.

13.3.4 Grenzen der Anwendung von Kennzahlen

Obwohl sich Kennzahlen als wichtige Planungs- und Entscheidungsgrundlage erweisen können, ist zu berücksichtigen, dass sie mit einer Reihe von Problemen behaftet sein können, die ihre Anwendung einschränken oder sogar unmöglich machen. Dem eindeutigen Vorteil des Controlling mit Kennzahlen, nämlich die Möglichkeit zur Verdichtung großer, schwer überschaubarer Datenmengen zu wenigen aussagekräftigen Größen steht die Schwierigkeit gegenüber, aus der Menge der zur Verfügung stehenden Informationen das Optimum herauszuholen. Dies kann zu folgenden **Problemen** führen (vgl. *Merkle* 1982, S. 329 f.):

a) Erzeugung einer Kennzahleninflation

Es werden **zu viele Kennzahlen** gebildet, deren Aussagewert im Verhältnis zum Erstellungsaufwand letztlich zu gering ist bzw. schon von anderen Kennzahlen abgedeckt wird. Besonders für die Unterstützung von Führungsentscheidungen ist deshalb die Zahl der Kennziffern zu beschränken.

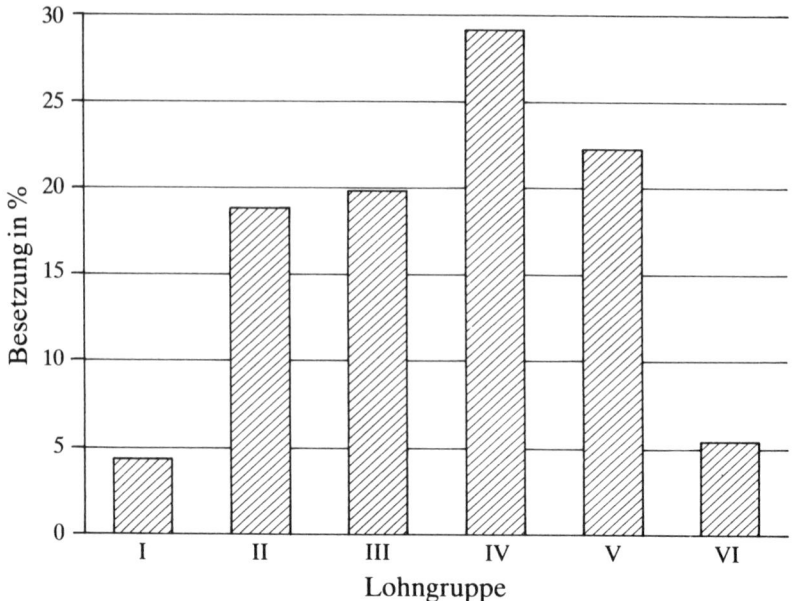

Abb. 13-29: Besetzung der Lohngruppen in Prozent bei Logistikmitarbeitern

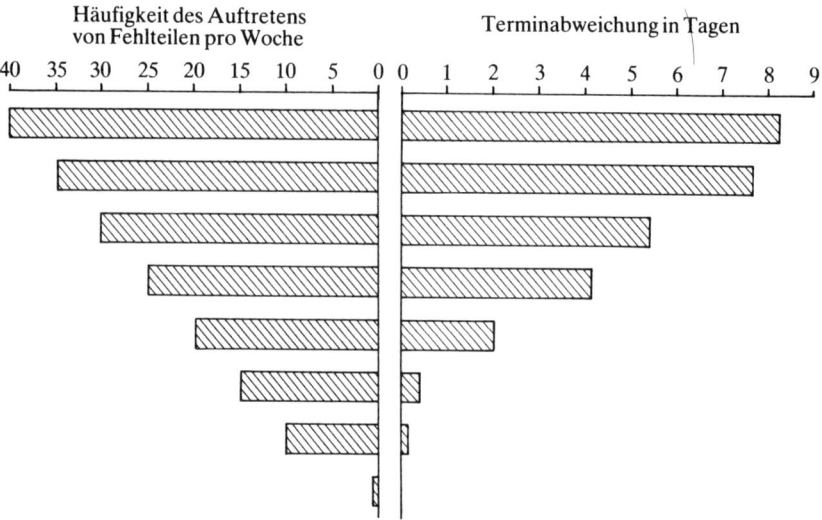

Abb. 13-30: Zusammenhang zwischen Fehlteilsituation und Terminabweichungen

b) Fehler bei der Kennzahlenaufstellung

Die zur Bildung der Kennzahlen herangezogenen **Basisdaten** sind genau zu spezifizieren und exakt abzugrenzen. Um die Vergleichbarkeit von Kennwerten im Zeitverlauf
zu gewährleisten, empfiehlt es sich, deren Aufstellung zu standardisieren. Falsches
Zahlenmaterial kann ansonsten zu Fehlentscheidungen führen.

c) Mangelnde Konsistenz von Kennzahlen

Die Verwendung mehrerer Kennzahlen in einem Kennzahlensystem darf keinen **Widerspruch** auslösen. Es sollten nur solche Größen zueinander in Beziehung gesetzt werden, zwischen denen ein Zusammenhang besteht. Fehlende Konsistenz kann ansonsten zu gravierenden Entscheidungsfehlern führen.

d) Probleme der Kennzahlenkontrolle (Beeinflussbarkeit)

Es sollten insbesondere solche Kennzahlen herangezogen werden, deren Werte **bei Abweichungen beeinflusst** werden können. Man unterscheidet in diesem Zusammenhang zwischen direkt und indirekt kontrollierbaren Kennzahlen. Im erstgenannten Fall kann ein Soll-Wert durch die Wahl einer oder mehrerer Aktionsvariablen beeinflusst werden, während dies bei indirekt kontrollierbaren Kennzahlen nicht der Fall ist.

13.4 Balanced Scorecard

13.4.1 Konzept und Beurteilung der Balanced Scorecard

Die Defizite bei der Umsetzung von Strategien in konkrete Aktionen (Strategieimplementierung) einerseits sowie eine einseitige Finanz- und Vergangenheitsorientierung traditioneller Kennzahlensysteme andererseits waren die wesentlichen Ursachen für die Entwicklung der Balanced Scorecard. Diese wurde Anfang der neunziger Jahre in einem Forschungsprojekt unter der Leitung von *Robert S. Kaplan* und *David P. Norton* erarbeitet.

Kaplan und *Norton* bezeichnen ihr Kennzahlensystem als ausgewogen („balanced"), weil die Unternehmensleistung aus vier verschiedenen Perspektiven geplant und gesteuert wird (vgl. *Kaplan/Norton* 1992):

Finanzielle Perspektive: Die finanzwirtschaftlichen Kennzahlen informieren darüber, ob die Implementierung der Strategie zur Ergebnisverbesserung führt. Typische Kennzahlen der finanziellen Perspektive sind die erzielte Gesamtkapitalrendite und die Entwicklung des Unternehmenswertes. Den finanziellen Kennzahlen kommt dabei eine Doppelrolle zu (vgl. *Weber/Schäffer* 1998, S. 3): Zum einen geben sie die von einer Strategie erwartete finanzielle Leistung an. Zum anderen stellen sie die Endziele für die übrigen Perspektiven der Balanced Scorecard dar. Grundsätzlich sollen die Kennzahlen der Kunden-, internen Prozess- sowie Lern- und Wachstumsperspektive über Ursache-Wirkungs-Beziehungen mit den finanziellen Zielen verknüpft sein.

Kundenperspektive: Aufgabe der Kundenperspektive ist es, die strategischen Ziele des Unternehmens bezüglich der bearbeiteten Kunden- und Marktsegmente darzustellen. Für die identifizierten Kunden- und Marktsegmente sind Kennzahlen, Zielvorgaben und Maßnahmen zu erarbeiten.

Interne Prozessperspektive: Im Rahmen der internen Prozessperspektive werden diejenigen Prozesse abgebildet, die wesentlichen Einfluss auf die Erreichung der finanziellen und kundenbezogenen Ziele haben. Es gilt die Frage zu beantworten, was unternehmensintern getan werden muss, um die Kundenerwartungen zu erfüllen und
gleichzeitig den finanziellen Erfolg des Unternehmens sicherzustellen. Typische
Kennzahlen sind Durchlaufzeiten, Qualität oder Produktivität.

Lern- und Wachstumsperspektive: Die vierte und letzte Perspektive der Balanced
Scorecard umfasst Ziele und Kennzahlen zur Förderung einer lernenden und sich ent-
wickelnden Organisation. Die Lern- und Wachstumsperspektive beschreibt die Infrastruktur, die erforderlich ist, um die drei vorgenannten Perspektiven zu erreichen, aber
auch die Notwendigkeit von Investitionen in die Zukunft.

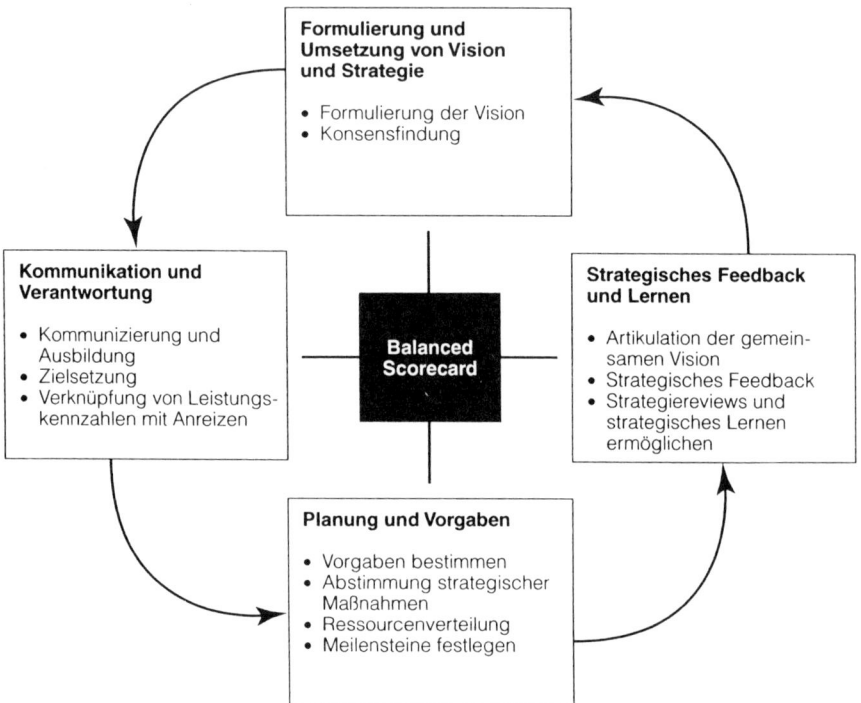

Abb. 13-31: Die Balanced Scorecard als strategischer Handlungsrahmen
(Kaplan/Norton 1997, S. 10)

Als wesentliche Vorteile der Balanced Scorecard sind zu nennen (vgl. *Kaplan/Norton*
1997, S. 10ff.) (vgl. Abb. 13-31):

• Die Entwicklung einer Balanced Scorecard trägt zur Klärung und zum Konsens be-
züglich der strategischen Ziele bei.
• Die Balanced Scorecard soll die einheitliche Zielausrichtung der Mitarbeiter im
Unternehmen unterstützen. Dies erfolgt mit Hilfe folgender drei Mechanismen:
Kommunikations- und Weiterbildungsprogramme, Verknüpfung der Balanced

Scorecard mit Zielen für Teams und einzelne Handlungsträger sowie die Verknüpfung mit Anreizsystemen.

- Der Ausrichtung der personellen, finanziellen und materiellen Ressourcen auf die
  Unternehmensstrategie dienen vier Elemente: das Formulieren von ehrgeizigen Zielen, das Identifizieren und Fokussieren strategischer Initiativen, das Identifizieren
  kritischer unternehmensweiter Initiativen sowie deren Verknüpfung mit der jährlichen Ressourcenallokation und Budgetierung.

- Mit der Balanced Scorecard soll die Rückkopplung zwischen Strategieformulierung
  und -implementierung sichergestellt werden und damit der strategische Lernprozess
  gefördert werden.

Das Konzept der Balanced Scorecard kann auf verschiedenen Ebenen der Strategieentwicklung und -umsetzung eingesetzt werden, nämlich auf der Ebene der Unternehmensstrategie, der Geschäftsbereichsstrategie, der Funktionalstrategie (z.B. Logistikstrategie) und der Subfunktionsstrategie (vgl. Abb. 13-32).

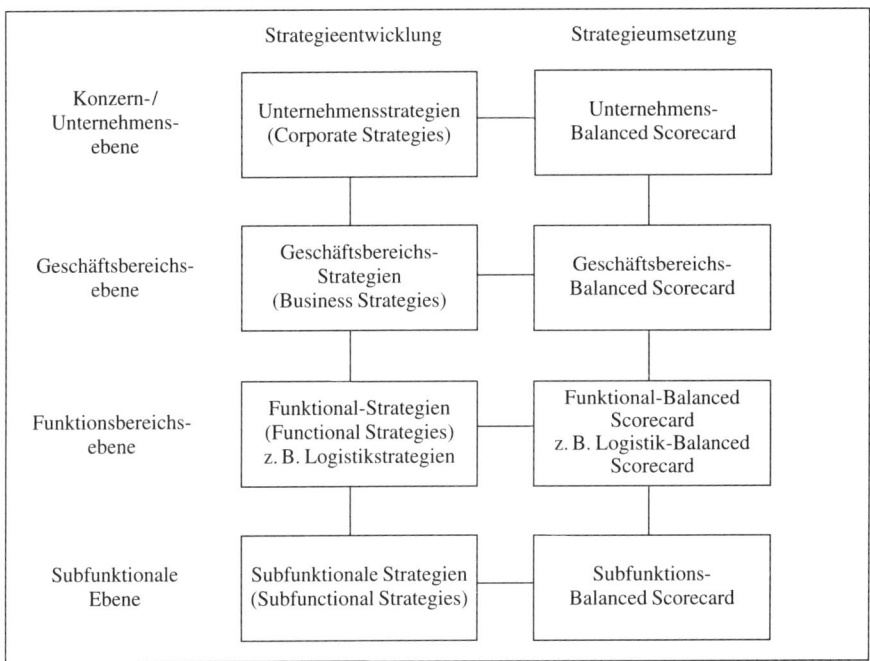

Abb. 13-32: Einsatz der Balanced Scorecard in den einzelnen Management-Ebenen

Um ihren vollen Nutzen zu entfalten muss die Balanced Scorecard im Sinne eines Re-
gelkreises umgesetzt werden (vgl. Abb. 13–33).

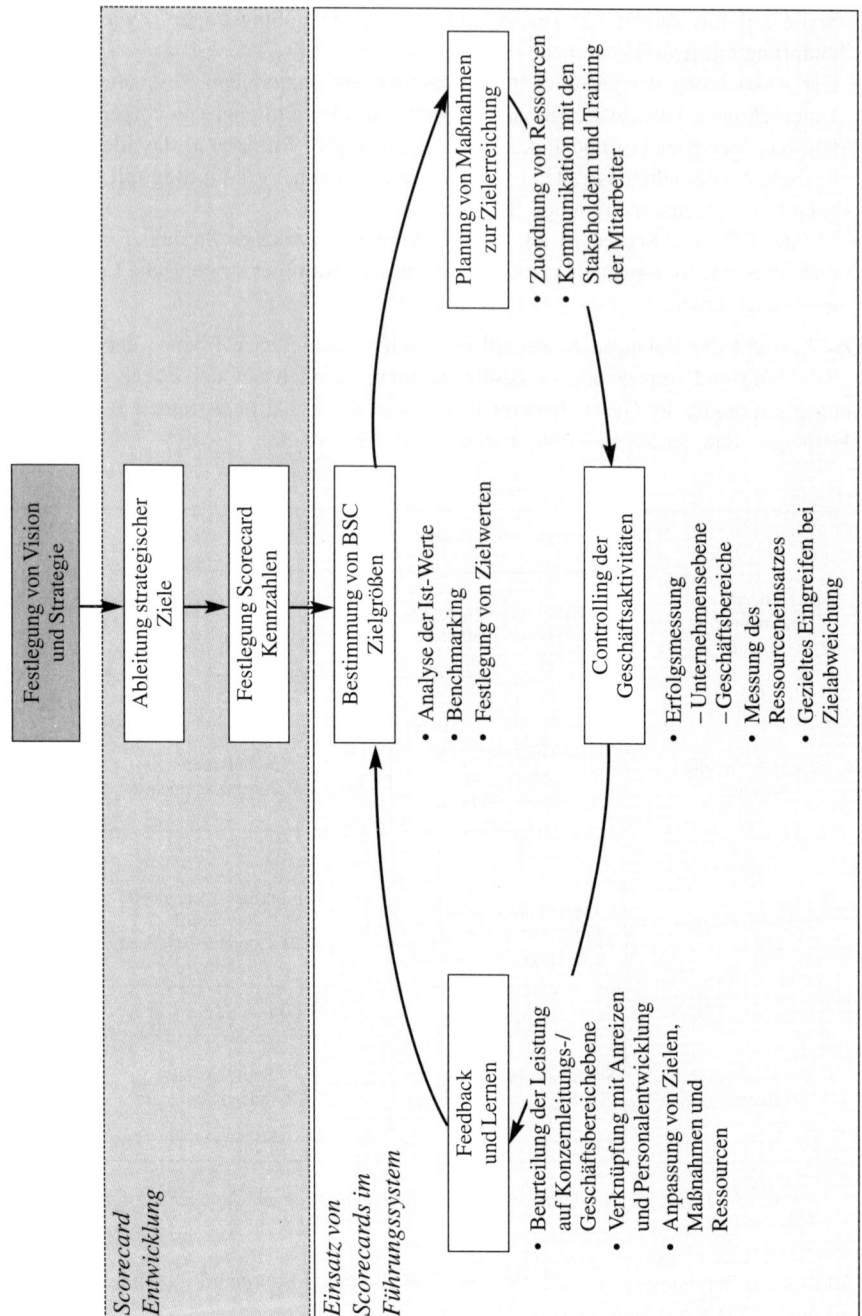

Abb. 13–33: Entwicklung und Umsetzung der Balanced Scorecard

13.4.2 Ableitung von Logistik-Kennzahlen auf Basis der Balanced Scorecard

Bildet man die genannten Perspektiven der Balanced Scorecard auf die Logistik ab, so lassen sich mit Hilfe von Teilzielen der Logistikstrategie innerhalb der einzelnen Perspektiven unmittelbar logistische Kennzahlen ableiten. Ein mögliches Ergebnis der Kennzahlenableitung zeigt Abbildung 13-34, wobei die aufgeführten Kennzahlen jedoch nur beispielhaften Charakter haben können. Konkrete unternehmensspezifische Kennzahlen für die Logistik bedingen demgegenüber die Entwicklung von Kennzahlen aus der jeweiligen Unternehmens- bzw. Logistikstrategie.

Perspektive der Balanced Scorecard	Strategische Teilzeile	Kennzahlen
Finanzperspektive	Kostenreduktion	• Abfüllkosten pro ME • Administrative Auftragsbearbeitungskosten pro Auftrag • Versandkosten pro Mengeneinheit • Allgemeine Vertriebskosten pro ME • Logistikkosten zu Umsatz
	Reduktion des im Umlaufvermögen gebundenen Kapitals	• Höhe des bewerteten Umlaufvermögens pro Produkt zum Monatsende • Bestandsreichweite • Umschlagshäufigkeit
Kundenperspektive	Erhöhung der Kundenzufriedenheit	• Zufriedenheitsindex • Beanstandungsquote
	Marktanteil in einem bestimmten Marktsegment erhöhen	• Marktanteil im Marktsegment
	Erhöhung der Kundenrentabilität	• Logistikkosten pro Einzelkunde
	Erhöhung der Lieferflexibilität	• Dauer des Fixierungshorizonts für Kundenaufträge
Prozessperspektive	Reduktion von Abweichungen gegenüber der vereinbarten Lieferfähigkeit	• Lieferfähigkeit • Prozentsatz nicht bedarfsgerecht vorhandener Produkte • Anzahl der Beanstandungen
	Erhöhung Lieferzuverlässigkeit	• Lieferzuverlässigkeit
	Senkung Durchlaufzeit	• Durchschnittliche Dauer der Auftragsabwicklung • Durchschnittliche Bearbeitungszeit von Reklamationen

Perspektive der Balanced Scorecard	Strategische Teilzeile	Kennzahlen
	Erhöhung der Kostentransparenz	• Anteil von Logistikprozessen mit ausgewiesenen Kostenparametern gegenüber der Gesamtzahl der Logistikprozesse im Unternehmen
	Erhöhung Leistungstransparenz	• Anteil von Logistikprozessen mit regelmäßiger Leistungserfassung gegenüber der Gesamtzahl der Logistikprozesse im Unternehmen
	Auskunftsfähigkeit gegenüber Kunden erhöhen	• Anteil der Auskunftsfähigkeit beim ersten Kundenkontakt
Innovations- und Lernperspektive	Innovative Leistungen für Kunden entwickeln	• Anteil logistischer Leistungen, die jünger als zwei Jahre sind
	Prozessdenken der Mitarbeiter fördern	• Anteil von Mitarbeitern, die Tätigkeiten in mehreren funktionalen Aufgabenbereichen der Logistik durchgeführt haben
	Mitarbeiterzufriedenheit erhöhen	• Zufriedenheitsindex • Krankenstand • Fluktuationsrate

Abb. 13-34: Ableitung von Logistik-Kennzahlen auf Basis der Balanced Scorecard (Engelke/Rausch 2002, S. 191)

13.5 Die Wertzuwachskurve als Controlling-Instrument

13.5.1 Entstehung und Begriffsdefinition

Die Unternehmen stehen vor der Aufgabenstellung, hohe Lieferbereitschaft bei hoher Flexibilität und niedrigen Stückkosten unter möglichst geringer Mittelbindung optimal zu verbinden (vgl. *Förderkreis* 1988a, S. 131 und 1988b, S. 354). Als Controlling-Instrument hierzu ist die Wertzuwachskurve entwickelt worden. Sie bildet in ihrer Grundform den unmittelbaren **Zusammenhang zwischen den Herstellkosten und der Durchlaufzeit eines Produktes** ab, d.h. die jeweilige „Wertstufe" eines Produktes bzw. seine Kostenentwicklung zu den unterschiedlichen (zeitlichen) Stadien seines Durchlaufes durch die Fertigung (vgl. Abb. 13-35).

In der Wertzuwachskurve können zudem die Herstellkosten differenziert nach Logistik-, Material- und Personalkosten ausgewiesen werden. Das Instrument kann somit durch die Gegenüberstellung von Herstellkosten und Durchlaufzeiten sowie unter Hinzunahme der Bestände Kostensenkungspotentiale aufzeigen, d.h. mögliche Reduzierungen eines oder mehrerer der drei Faktoren (vgl. *Wildemann* 1988, S. 284), ohne hierbei die Ziele einer gleich bleibend hohen Lieferbereitschaft und Flexibilität zu gefährden (vgl. *Fischer* 1993, S. 370).

Der klassische Einsatzbereich des Instrumentes der Wertzuwachskurve ist die Fertigung; eine Übertragung auf andere Bereiche des Unternehmens zur Betrachtung des Zusammenspiels von Zeit- und Kostenwirkung der jeweiligen Wertschöpfungs- oder Verwaltungs-/Arbeitsprozesse ist jedoch ebenso möglich.

13.5.2 Anwendung der Wertzuwachskurve

Im Folgenden wird der Einsatz des Instrumentes der Wertzuwachskurve in der Fertigung, um logistische Abläufe zu messen, näher dargestellt (vgl. zum Folgenden *Förderkreis* 1988a, S. 152–161).

13.5.2.1 Eingangsdaten

Ausgangspunkt für die Entwicklung eines Wertzuwachsprofiles sind die in der Regel bereits vorhandenen **Struktur-Stücklisten** aus dem Bereich der Produktionsplanung und -steuerung. Um die Wertzuwachskurve eines Produktes, eines Auftrages oder Fertigungsloses abzubilden, müssen alle hierbei erforderlichen Teiledispositionen vollständig bekannt sein. Dies betrifft sowohl Eigenfertigungs- wie Fremdbezugsteile; bei der letztendlichen „Optimierung" der logistischen Fertigungsabläufe können hierbei auch Aussagen über Verstärkung/Verringerung von Eigen- oder Fremdfertigung getroffen werden.

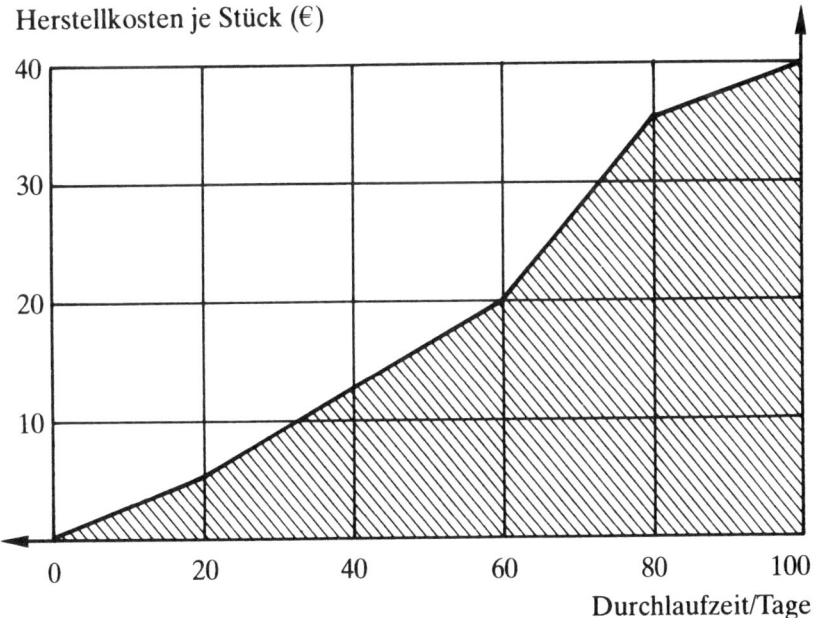

Abb. 13-35: Die Wertzuwachskurve

Weitere vorab zu sammelnde Eingangsdaten sind die **Vorlaufzeiten** zur Bereitstellung von Material und Personalkapazitäten. Unter dem Produktionsvorlauf versteht man die unter Vorgabe eines fest bestimmten Fertigstellungstermines zu berücksichtigenden Mindestzeitvorläufe zur Bereitstellung von Material- oder Personalressourcen. Nachdem die Vorlaufzeiten ermittelt worden sind, können alle in ein Produkt einfließenden Materialien/Teile nach dem Zeitpunkt ihrer Bereitstellung im Fertigungsprozess angeordnet und erfasst werden. Dies bedeutet, dass für jedes Teil/Material eine eigene Durchlaufzeit durch die Fertigung ermittelt werden kann.

Zu den Eingangsdaten zählen letztlich auch die **Wertansätze,** mit denen die Bestandteile der Stücklisten bewertet werden. Hierbei gibt es eine sehr große Bandbreite, die vom Ansatz der nur direkt zuzuordnenden proportionalen Einzelkosten (= Summe aller Einzelmaterial- und Einzellohnkosten) bis hin zum Ansatz der Vollkosten, d. h. zusätzliche Zurechnung aller Gemeinkosten des Herstellungsbereiches, reicht. Je nach Wahl des Wertansatzes verändert sich dementsprechend der Verlauf der Wertzuwachskurve und daraus resultierend ebenfalls die zu ziehenden Rückschlüsse. Diese Abhängigkeit der Modellergebnisse von den Annahmen der Bewertung ist den Entscheidungsträgern zu vergegenwärtigen. Zur besseren Transparenz des Kostenverlaufes sollte in jedem Fall ein getrennter Ausweis von fixen und variablen Kosten in der Wertzuwachskurve erfolgen. Dies ist allein deshalb unerlässlich, weil aus der Wertzuwachskurve Überlegungen zur (kostensenkenden) Veränderung der Prozesse durch logistische Maßnahmen generiert werden sollen, die sich jedoch ausschließlich auf die variablen Kosten beziehen können. Die Fixkosten bleiben hiervon unberührt.

13.5.2.2 Berechnung der Wertzuwächse

Im zweiten Schritt werden die vorgenannten Daten und ihre Wertansätze dergestalt aufbereitet, dass alle Wertzuwächse innerhalb des Fertigungsprozesses eines Produktes nach ihrem zeitlichen Anfall während der Durchlaufzeit durch Saldierung des vorangegangenen niedrigeren Wertes mit dem darauf folgenden höheren Wert auf der nächsten Stufe ermittelt werden (vgl. *Slomka* 1990, S. 230).

13.5.2.3 Graphische Darstellung

Die graphische Darstellung der Wertzuwachsentwicklung in einem Koordinatensystem schließt sich als nächster Schritt daran an. Hierbei wird auf der Abszisse die Durchlaufzeit abgebildet, auf der Ordinate befindet sich die Kenngröße „Wertzuwachsentwicklung", ggf. untergliedert in Material- und Herstellkosten.

13.5.2.4 Analyse der Ergebnisse und Entwicklung von Maßnahmen

Als letzte und wichtigste Aufgabe ist eine Analyse der ermittelten Ergebnisse durchzuführen und die Überlegung anzustellen, wie durch logistische Maßnahmen der Verlauf der Wertzuwachskurve optimiert werden kann. Eine sogenannte **Kompression** der Kurve mit dem Ziel der Kostensenkung durch Verringerung der Kapitalbindung ist durch jeweilige Veränderung von einer der drei folgenden Größen durchführbar (vgl. zum Folgenden *Fischer* 1993, S. 368 ff.):

a) Verkürzung der Durchlaufzeit

Die Durchlaufzeit in der Fertigung kann durch mehrere Faktoren beeinflusst werden. Hierzu zählen vor allem

- die Gestaltung von Produkten, d.h. eine Verringerung der Teilevielfalt, stärkerer Einsatz von Normteilen und eine Reduzierung der Varianten. Die Variantenbestimmungspunkte sollten möglichst spät im Fertigungsprozess angesiedelt sein
- die Gestaltung des Fertigungsprozesses, z.B. Übergang von einer verrichtungsorientierten zu einer Fließfertigung, Einrichtung von Fertigungssegmenten oder Qualitätszirkeln, teilautonomen Arbeitsgruppen, Verringerung der Fertigungsstufen etc.
- die Verbesserung der Transportorganisation wie Verkürzung der Transportwege innerhalb der Fertigung, Einführung einer Just-in-time-Zulieferung von Teilen oder Baugruppen direkt in die Fertigung, Einsatz moderner, ggf. rechnergesteuerter Transportmittel
- die Synchronisation des Durchlaufs, d.h. Verringerung von Wartezeiten durch Anpassung des Kapazitätsangebots der Maschinen, vor allem bei Engpässen sowie optimale Gestaltung der Losgrößen.

b) Senkung der Herstellkosten

Bei der Senkung der Herstellkosten geht es insbesondere darum, arbeits- oder kapitalintensive Prozesse zu identifizieren und diese kostengünstiger zu gestalten. Ansatzpunkte hierzu können eine stärkere Automatisierung, die Verlagerung von Teilen der Fertigung nach außen (Fremdbezug statt Eigenerstellung) oder die Just-in-time Beschaffung sein, um sowohl Raumkosten für die Lagerhaltung als auch Personalkosten für Ein- und Auslagerung zu sparen (vgl. *Wäscher* 1987, S. 304).

c) Veränderung des Steigungsverlaufes der Wertzuwachskurve

Der Steigerungsverlauf der Wertzuwachskurve ist für deren Optimierung dahingehend zu verändern, dass die hohen Wertzuwächse möglichst am Ende der Kurve liegen. So sollten bspw. hochwertige Teile erst möglichst spät dem Produkt zugefügt werden und Veredelungsprozesse ebenfalls nach hinten verlagert werden. Vorgänge dagegen, die wenig kostenintensiv sind, sollten im Produktionsprozess nach vorne übertragen werden; ein Beispiel hierfür ist die Einrichtung von Prüfstufen nach den einzelnen Fertigungsstufen statt am Ende der Produktion (präventive Qualitätssicherung) (vgl. *Bühner* 1987, S. 228).

Abb. 13-36 zeigt die graphische Darstellung der drei Formen der Kompression der Wertzuwachskurve.

13.5.3 Erweiterungsmöglichkeiten der Wertzuwachskurve

In den vorangegangenen Abschnitten ist die Wertzuwachskurve in ihrer Grundform dargestellt worden. Es sollen nun Erweiterungsmöglichkeiten aufgezeigt werden, die herangezogen werden können, um Engpässe zu identifizieren und Variantenbestimmungspunkte (d.h. Zwischenlagerstellen, die sich direkt den Fertigungsstufen vorgelagert befinden, bei denen eine Variantenfestlegung stattfindet) festzulegen (vgl. hierzu und zum Folgenden *Schulte-Herbrüggen* 1991, S. 71 ff.).

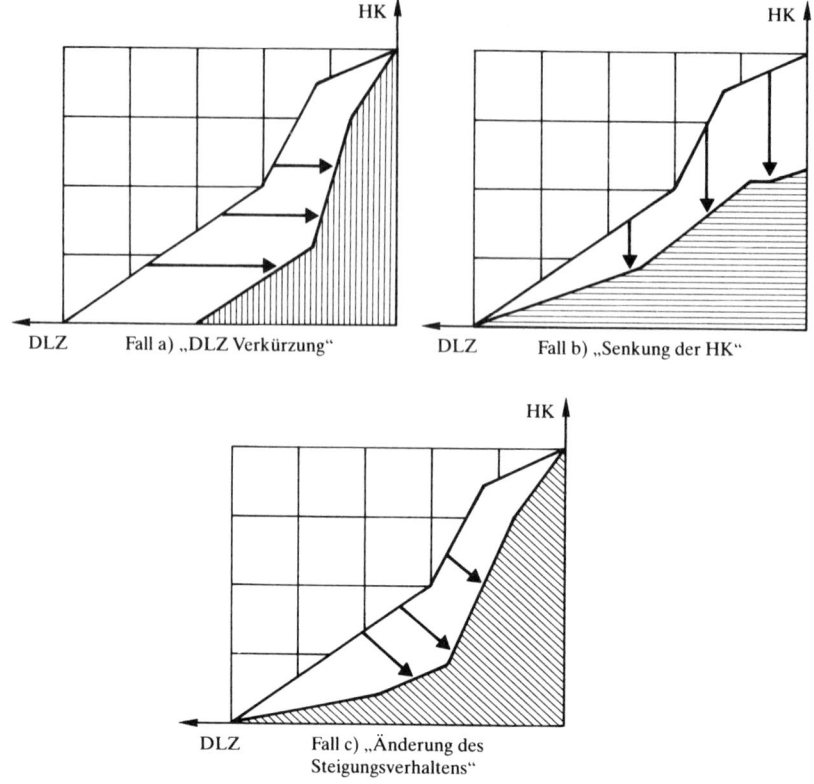

Abb. 13-36: Die logistische Kompression der Wertzuwachskurve
(Förderkreis 1988a, S. 164)

Zu diesem Zweck werden weitere fertigungsbezogene Daten gesammelt und graphisch in die bereits bestehende Wertzuwachskurve eingefügt (siehe Abb. 13-37). Hierdurch werden weitergehende Beziehungen zum Verlauf der Wertzuwachskurve aufgezeigt, bspw. die Zeitpunkte der Variantenbestimmung auf der Wertzuwachskurve oder die Volumenentwicklung eines Produktes (Schränke, Möbel, andere voluminöse Produkte) während seiner Durchlaufzeit durch die Fertigung. Vier Größen zur Erweiterung des Wertzuwachskurven-Modells werden im Folgenden kurz skizziert; diese bilden jedoch keine abschließende Aufzählung, sondern es können noch andere unternehmensspezifische Kriterien herangezogen werden, wie z.B. die begrenzte Haltbarkeit von Produkten (vgl. *Wildemann* 1988, S. 218).

a) Engpassfestlegung/Kapazitätsauslastung:

Die Kapazitätsauslastung der maschinellen und personellen Ressourcen während des Durchlaufs eines Produktes durch die Fertigung wird ermittelt, so dass Engpässe aufgedeckt werden. Nach Auswertung dieser Daten können Engpässe durch Einrichten von Bevorratungsebenen, Hinzunahme weiterer Kapazitäten oder anderen Maßnahmen beseitigt und die Kapazitäten optimal genutzt werden.

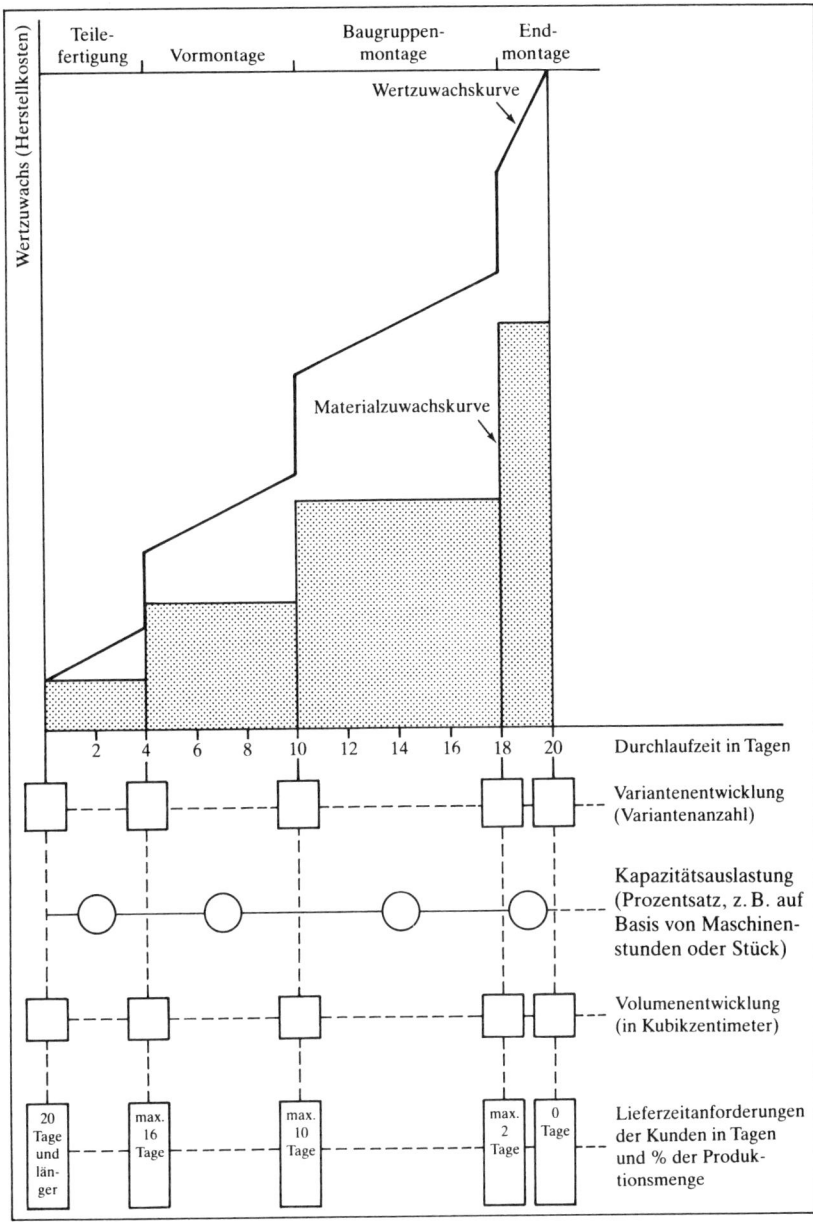

Abb. 13-37: Erweiterte Wertzuwachskurvenanalyse (Schulte-Herbrüggen 1991, S. 72)

b) Volumensentwicklung:

Besonders bei großvolumigen Produkten ist der Verlauf der Volumensentwicklung interessant. Er sollte dahingehend beeinflusst werden, dass große Volumenszuwächse möglichst am Ende der Wertzuwachskurve liegen, um den Raumbedarf und die Transportkosten innerhalb der Fertigung zu minimieren.

c) Variantenentwicklung:

Je früher innerhalb des Fertigungsprozesses eine Variantenfestlegung erfolgt, umso teurer wird die Produktion. Deshalb sollten variantenspezifische Fertigungsstufen möglichst weit hinten liegen; unmittelbar vor diesen Stufen sollten gegebenenfalls Bevorratungsebenen eingerichtet werden, um Engpässe oder einen Produktionsstillstand zu vermeiden.

d) Lieferzeitanforderungen der Kunden:

Diese stellen eine feste, unveränderbare Größe für den Produzenten dar. Anhand dieser Größe kann jedoch eine Kompression der Wertzuwachskurve durch Veränderung anderer Kriterien durchgeführt werden, bspw. Senkung der Herstellkosten oder Änderung des Verlaufes der Wertzuwachskurve bei Beibehaltung der Lieferzeit.

13.5.4 Kritische Würdigung der Wertzuwachskurve

Die Wertzuwachskurve ist ein geeignetes Instrument, um Bestands- und Kostensenkungspotentiale in der Fertigung aufzudecken. Ihre Vorteile liegen insbesondere in der anschaulichen Darstellung (Visualisierung) des Fertigungsprozesses (vgl. *Fischer* 1993, S. 370) und der damit einhergehenden Entwicklung von Kosten, Beständen, Varianten, Volumina etc. Die Wertzuwachskurve ist daneben sehr flexibel anwendbar und besitzt eine hohe Praktikabilität, d.h. vielfältige Maßnahmen können in ihrer Wirkung beurteilt werden (vgl. ebenda, S. 370).

Die Wertzuwachsanalyse ist jedoch als alleiniges Instrument nicht anwendbar, da sie sich stets nur auf ein Produkt oder einen Auftrag bezieht. Für eine Gesamtbetrachtung müssten unter Umständen sehr aufwändige Rechenverfahren durchgeführt werden. Wegen der Vielschichtigkeit/Mehrdimensionalität der Ergebnisse und der damit verbundenen Schwierigkeiten der Interpretation der Ergebnisse (vgl. *Slomka* 1990, S. 234) sollte die Wertzuwachskurve lediglich als ein Hilfsinstrument zur Optimierung des Leistungserstellungsprozesses gesehen werden, welches mit weiteren Verfahren zu kombinieren ist.

13.6 Benchmarking in der Logistik

13.6.1 Ursprung, Definition und Abgrenzung des Benchmarking

Der Ursprung des Benchmarking liegt im Logistikbereich. Anfang der Achtzigerjahre verglich der Kopiergerätehersteller *Xerox Corp.* seine Versand- und Lagerfunktionen mit denen des Sportartikelherstellers *L. L. Bean.* Hieraus ergaben sich für *Xerox* Anstöße zu gravierenden Verbesserungen im Logistikbereich, beispielsweise durch die Einführung von Barcode-Techniken.

Unter Benchmarking versteht man eine objektive, vergleichende Bewertung von organisatorischen Strukturen, Abläufen, Kosten und Technologien auf der Basis von Indikatoren, die sich aus der direkten Analyse von Daten und Informationen aus demselben Unternehmen, aus konkurrierenden oder aus branchenfremden Unternehmen ergeben (vgl. *Berens* 1997, S. 61). Ausgehend von den seit Jahrzehnten bekannten Kennzahlenvergleichen haben sich in den letzten Jahren das Funktions- und das Prozessbenchmarking herausgebildet (vgl. Abb. 13-38).

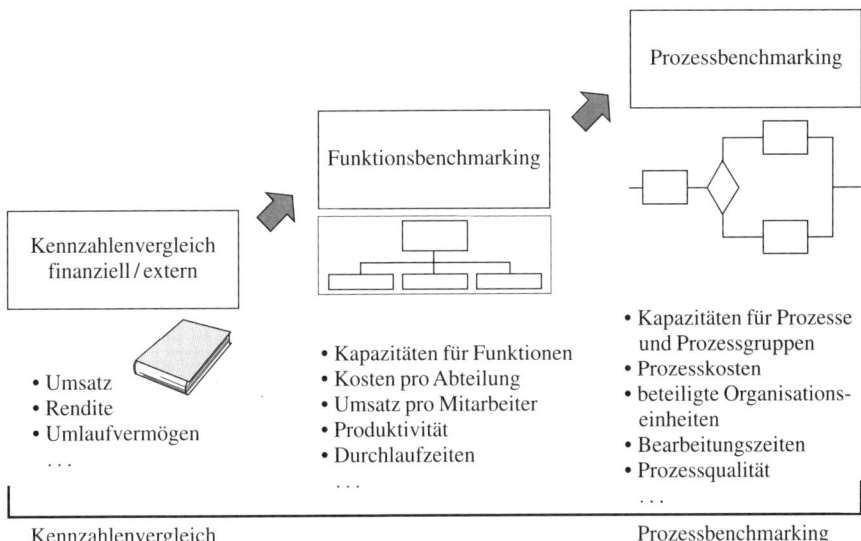

Abb. 13-38: Die Entwicklungsstufen des Benchmarking

Was unterscheidet Benchmarking von den seit langem bekannten Instrumenten der Marktforschung und Wettbewerbsanalyse (vgl. Abb. 13-39)? Während die letztgenannten primär nach dem „Was" fragen (Was will der Kunde? Was kann abgesetzt werden? Was produziert der Mitbewerber? Was kostet das Produkt des Mitbewerbers?) geht es beim Benchmarking auch um die Frage nach dem „Wie" (Wie produziert der Mitbewerber zu diesen Kosten? Wie laufen die Geschäftsprozesse im Einzelnen ab?). Die Sammlung, Analyse und Bewertung von Daten anhand der eigenen Erfahrungsstrukturen, wie sie in der Marktforschung und Wettbewerbsanalyse üblich sind, wird beim Benchmarking erweitert zu einem interaktiven Prozess, mit demjenigen, der bestimmte Dinge grundsätzlich anders tut als man selbst (vgl. *Sänger* 1996, S. 62).

Beim Benchmarking soll aus den Verfahren und Prozessen, die der Beste anwendet, gelernt werden, um anschließend die besten Praktiken in modifizierter, für das eigene Unternehmen geeigneter Form zu übertragen oder direkt zu kopieren. Die im Rahmen der Analyse erhobenen Bestwerte werden als **Benchmarks** bezeichnet, die Lücke zwischen der eigenen Ausgangssituation und dem Benchmark als **Gap** (vgl. Abb. 13-39).

Nach der vertieften Analyse und dem Prozessvergleich mit einem oder mehreren „besten Partnern" gilt es durch geeignete Maßnahmen die Lücke zu schließen (vgl.

Merkmal \ Verfahren	Marktforschung	Wettbewerbsanalyse	Benchmarking
Zweck	Analyse der – Industriemärkte – Kundenwünsche – Produktakzeptanz	Analyse der – Produkte – Strategien	Analyse – des Wie? – Wann?, Was? – der Konkurrenz – führender Firmen
Ausrichtung	Kundenbedürfnisse	Wettbewerbs- strategien	Geschäftsabläufe – Prozesse – Dienstleistungen – Verhaltens- strukturen – Die Kundenbe- dürfnisse befrie- strukturen
Anwendung	Produkte Dienstleistungen	Markt und Produkte	Produkte/Prozesse Geschäftsabläufe
Begrenzt auf	Wie Kunden- wünsche befriedigt werden	Marktaktivitäten	• Interner Vergleich • Zur Konkurrenz • Funktional unbegrenzt
Informationsquellen	Kunden Marktforschungs- institute	Industrie Analytiker	Spitzenreiter der Industrie

Abb. 13-39: Vergleich von Marktforschung, Wettbewerbsanalyse und Benchmarking
(Sänger 1996, S. 63)

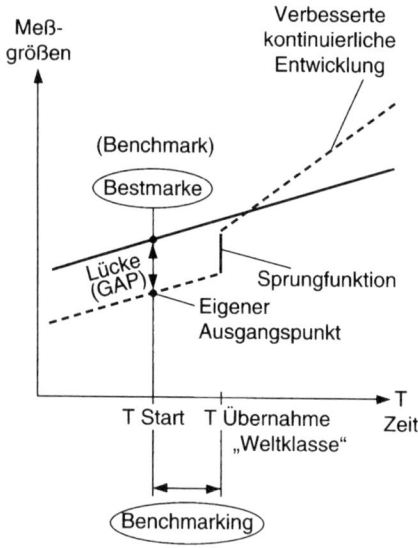

Abb. 13-40: Benchmarking: Sprungfunktion und kontinuierliche Entwicklung
(Sänger 1997, S. 64)

Sprungfunktion in Abb. 13-40). Die Übernahme bester Praktiken stellt oft auch ein Durchbrechen von Paradigmen dar. Auch hieran anschließend muss eine **kontinuierliche Verbesserung** der eigenen Prozesse und Verfahren erfolgen (vgl. *Sänger* 1996, S. 62 f.).

Benchmarkingstudien gehen bei Unternehmen in der Regel mit nachfolgenden **Nutzeffekten** einher (vgl. *Wertz/Sesterhenn* u. a. 2004, S. 15):

– Es findet eine Standortbestimmung der eigenen Leistungen im Vergleich zu anderen statt.
– Es lassen sich Rationalisierungspotenziale im Vergleich mit anderen Unternehmen gezielt aufdecken.
– Durch den Blick über den Tellerrand des eigenen Unternehmens lassen sich bessere Praktiken anderer Unternehmen kennen lernen. Hierdurch kann eine eventuell vorhandene Betriebsblindheit überwunden werden.
– Aufgrund des teamorientierten Ansatzes des Benchmarking und des Einbezugs vieler prozessbeteiligter Mitarbeiter in die Studie, kann die realistische Umsetzungswahrscheinlichkeit erhöht werden.
– Die im Rahmen eines Benchmarking eingesetzten Methoden und Instrumente können nachfolgend für das innerbetriebliche Controlling genutzt werden.

13.6.2 Merkmale des Benchmarking

Benchmarking ist durch folgende zentrale **Merkmale** gekennzeichnet (vgl. *Berens* 1997, S. 61):

– **Prozessorientierung:** Im Rahmen des Benchmarking sollen Betriebsprozesse identifiziert, definiert, mittels relevanter Messgrößen quantifiziert, verglichen und verbessert werden.
– **Kontinuität:** Benchmarking sollte nicht einmalig stattfinden, sondern einen kontinuierlichen Prozess der Selbsterneuerung und -verbesserung darstellen.
– **Partnerschaft:** Ohne eine Informationsbereitschaft und Offenheit aller beteiligten Parteien (sei es unternehmensintern oder -extern) ist der Nutzen des Benchmarking begrenzt, wenn nicht gar ganz in Frage gestellt. Die sich vergleichenden Einheiten sollten sich als Partner sehen, die im Rahmen ihrer Zusammenarbeit Informationen über gemeinsame Prozesse austauschen.
– **Maßgrößen:** Die Aussagefähigkeit der Ergebnisse und deren Akzeptanz hängt in hohem Maße von der Festlegung geeigneter Maßgrößen und deren einheitlicher Erfassung für sämtliche Schlüsselaktivitäten ab.
– **Ganzheitlichkeit:** Benchmarking lässt sich in allen Teilbereichen des Unternehmens anwenden. Betrachtungsgegenstand sollten nicht isolierte Einzelfunktionen sein, sondern die gesamte Ablaufkette zusammengehöriger Tätigkeiten.

13.6.3 Arten des Benchmarking

Benchmarking-Projekte lassen sich nach unterschiedlichen Kriterien differenzieren, wie zum Beispiel nach den untersuchten Objekten oder Zielgrößen. Meist erfolgt eine Unterscheidung nach dem gewählten Vergleichspartner, da dies für die Konzeption und den Erfolg des Projektes von entscheidender Bedeutung ist (vgl. *Camp* 1994, S. 302).

Internes Benchmarking beinhaltet unternehmensinterne Vergleiche zur Ermittlung der internen „best practice", z. B. von Sparten, Werken, Distributionslägern etc. Aufgrund des unmittelbaren Datenzugriffs stellt sich die Datensammlung in diesem Fall verhältnismäßig einfach dar und es können in relativ kurzer Zeit Ergebnisse erzielt werden. Außerdem erleichtert das interne Benchmarking den Einstieg in diese Methodik und den Lernprozess. Je stärker allerdings die in den Vergleich einbezogenen Einheiten in der Vergangenheit zentral geführt wurden und Abläufe, Methoden und Techniken aufeinander abgestimmt wurden, desto unergiebiger stellt sich das Benchmarking dar. In kleinen und mittleren Unternehmen fehlt unter Umständen von vornherein die Möglichkeit zum internen Benchmarking.

Beim **wettbewerbsorientierten Benchmarking** dient als Vergleichsunternehmen ein direkter Wettbewerber, der für seine hervorragenden Leistungen (Branchen- „Best practice") bekannt ist. Aufgrund der Zugehörigkeit zur selben Branche und der oft hohen Ähnlichkeit in der Wertschöpfungsstruktur, sind die erhobenen Daten vielfach gut vergleichbar. Die Motivation von Wettbewerbern, sich gegenseitig zu vergleichen, kann darin bestehen, dass ein Unternehmen kaum der Beste in der gesamten Prozesskette ist, sondern meist jeder der Beteiligten bessere Praktiken kennen lernt. Allerdings treten oft erhebliche Probleme beim Austausch von Informationen zwischen unmittelbaren Konkurrenten auf.

Branchenfremdes Benchmarking bezieht sich auf den Vergleich bestimmter Faktoren bzw. Prozesse, wie zum Beispiel der Lagerverwaltung oder der Auftragsabwicklung, von Unternehmen aus verschiedenen Industriezweigen. Die Bereitschaft potenzieller Vergleichspartner, ein Benchmarking durchzuführen, ist auf Grund der

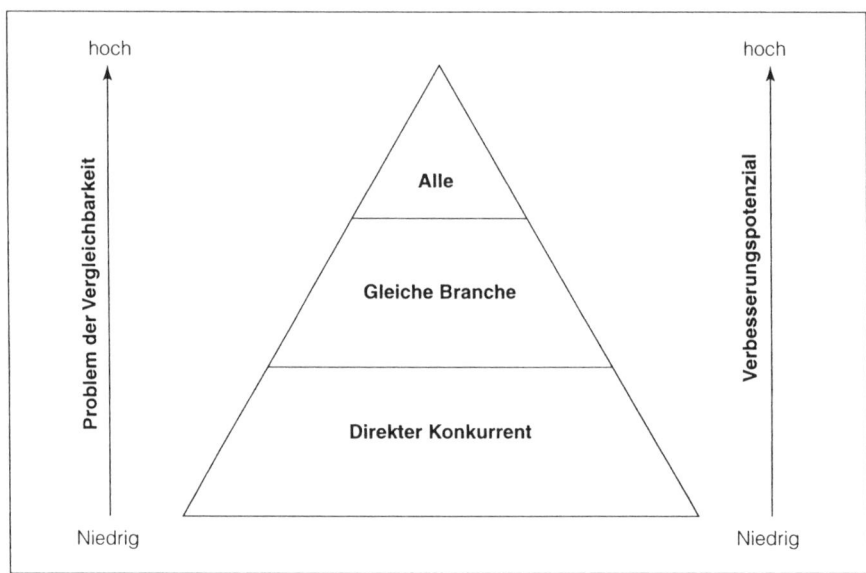

Abb. 13-41: Externes Benchmarking

nicht vorhandenen unmittelbaren Konkurrenzsituation in der Regel höher als beim wettbewerbsorientierten Benchmarking. Die zugrundeliegende Idee ist, Spitzenleistungen überall zu suchen, wo immer sie auch gefunden werden können. Deshalb verspricht das branchenfremde Benchmarking das größte Potenzial für Leistungssteigerungen. In Abb. 13-41 werden die Formen des externen Benchmarking anhand der Kriterien „Vergleichbarkeit" und „Verbesserungspotenzial" strukturiert.

Im Bereich der Logistik bietet sich hier der Vergleich von produzierenden Unternehmen mit solchen Unternehmen an, die im Management von Waren- und Informationsflüssen ihre Kernkompetenz sehen (z. B. Speditionen). In welchen Branchen regelmäßig hohe Kompetenzen bzw. Best Practice Leader für logistische Schlüsselprozesse vorzufinden sind, verdeutlicht Abb. 13-42.

13.6.4 Ablauf des Benchmarking

Jedes Benchmarking-Projekt durchläuft eine Reihe bestimmter Schritte, die sich folgenden fünf **Phasen** zuordnen lassen (vgl. *Leibfried/McNair* 1995, S. 72) (vgl. Abb. 13-43):

1. Identifikation des Kernproblems
2. Interne Ermittlung der Leistungs-Grundlinie und Informationssammlung
3. Externe Informationssammlung
4. Analyse der Informationen und Vergleich der Ergebnisse
5. Implementierung von Veränderungen bei den gegenwärtigen Verfahren.

Schlüsselprozesse / Branche	Volumen-handling	Varianten-beherrschung	Logistik-Qualität	Supply Network Mgmt.	Bestands-optimierung	Kommissio-nierung	Online Daten-handling	Saison-geschäft	Auditierung Lieferanten
Anlagenbau								••	••
Automobil	☆	☆	••	☆	☆	•	•	•	•••
Banken/Versicherungen							☆		
Bau	••		•					•••	
Bücher/Medien	•	•••	•••	•	•	•••	••		
Computer	••	••	•••	•••	••	•	••		•••
Elektronik	••	•	•	••	••	•	•		••
Luft-/Raumfahrt	•••	•••	••		•				☆
Pharma	•	•	☆	••	••	•••	••		••
Konsumgüter	•••		••	••	•••		•	•	••
Möbel	••	•••		•	•				••
Mode		•••	••		•			•••	•
Metall	••								
Papier/Karton	•••	••		•					•
Versandhandel	•	•••	•	••	•	☆		☆	••

• = Kompetenzgrad
☆ = Best Practice Leader

Abb. 13-42: Logistische Kompetenzen in Abhängigkeit von der Branche (Rinza 2001, S. 5)

13.7 Target Costing

Target Costing wurde im Jahre 1965 von *Toyota* entwickelt und wird seit den Siebzigerjahren in japanischen Unternehmen angewendet. Es handelt sich bei Target

Costing um einen Ansatz des Kostenmanagements, der Elemente bekannter Instrumente, wie z. B. der Wertanalyse, mit der Ausrichtung des gesamten Unternehmens auf die Marktanforderungen verknüpft.

Unter Target Costing versteht man „ein umfassendes **Bündel von Kostenplanungs-, Kostenkontroll- und Kostenmanagementinstrumenten,** die schon in den frühen Phasen der Produkt- und Prozessgestaltung zum Einsatz kommen, um die **Kostenstrukturen** frühzeitig im Hinblick auf die Marktanforderungen **gestalten** zu können. Daher verlangt der Target Costing-Prozess die **kostenorientierte Koordination** aller am Produktentstehungsprozess beteiligten Bereiche." (*Horváth* u. a. 1993, S. 4).

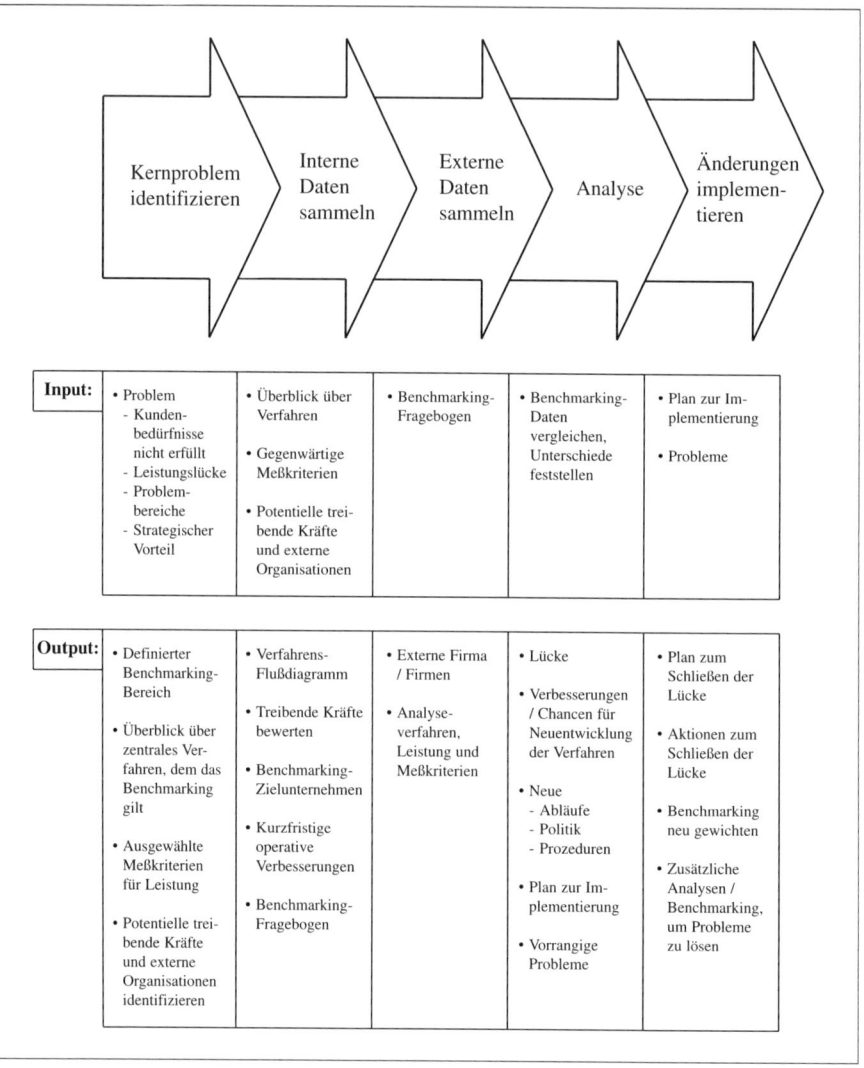

Abb. 13-43: Ein Rahmen für Benchmarking (Leibfried/McNair 1995, S. 56)

Die **Anwendungsbereiche** des Target Costing beziehen sich auf die Produktentwicklung, die Kostensenkung bei bestehenden Produkten, die Planung des Produktionsprozesses und die Effizienzsteigerung in indirekten Bereichen (vgl. *Horváth* u. a. 1993, S. 5). Der Einsatz von Target Costing in der Konzeptions- und Entwicklungsphase eines Produktes ist am wirkungsvollsten, da in diesen frühen Phasen die Gestaltungs- und Kostenbeeinflussungsspielräume am größten sind. Target Costing kann aber auch zur Rationalisierung bereits existierender Produkte genutzt werden. Die erzielbaren Effekte in diesem Anwendungsbereich sind jedoch in der Regel begrenzt, da eine grundlegende Konzeptionsänderung meist nicht mehr vorgenommen werden kann und somit die wesentlichen Kostenstrukturen determiniert sind. Target Costing kann auch einen Beitrag zur Kostensenkung und Leistungssteigerung im Produktionsprozess leisten, indem die Kundenanforderungen an die Flexibilität und Produktvielfalt in der Gestaltung effektiver Produktions-, Logistik- und Montagesysteme ihren Niederschlag finden. In den indirekten Bereichen kann Target Costing Anstöße liefern für die marktorientierte und effiziente Auslegung von Prozessen.

Beim Out of Company-Ansatz werden die Zielkosten aus Entwicklungs- und Produktionsgegebenheiten unter Berücksichtigung der vorhandenen Kapazitäten und Produktionstechniken sowie von Erfahrungskurveneffekten abgeleitet. Das Into and Out of Company-Verfahren ist ein Kompromiss zwischen dem Market into Company und dem Out of Company. Werden die Zielkosten aus den Kosten der Wettbewerber abgeleitet, spricht man vom Out of Competitor-Ansatz. Hierbei kann man jedoch maximal Zweitbester werden. Beim Out of Standard Cost-Konzept werden die Zielkosten aus den Istkosten bestehender Produkte unter Einbeziehung von Konstruktionsänderungen und Kostensenkungspotentialen im Produktionsprozess bestimmt.

Target Costing läuft bei der Entwicklung neuer Produkte in folgenden **Schritten** ab (vgl. Abb. 13-44):

– Generierung einer Produktidee auf der Basis einer Markt-/Wettbewerbsanalyse und unter Einbindung in die Unternehmensstrategie. Hierbei geht es insbesondere auch darum, die von den Kunden gewünschten Produktmerkmale (Leistungsprofil) und deren Gewichtungen zu definieren.
– Entwicklung eines quantitativen Marktmodells, das unter Einbeziehung des Käufer- und Wettbewerbsverhaltens zu einer Planung des realistischen Marktpreises führt.
– Ausgehend vom geplanten Marktpreis und unter einer vom Unternehmen geplanten Zielrendite werden die Zielkosten (target costs) entwickelt.
– Aufgabe der Konstruktion und technischen Planung ist es nunmehr, durch entsprechende Produkt- und Prozessgestaltung die aus den Zielkosten abgeleiteten Standardkosten für die Produktelemente, die Produktion und die übrigen Funktionen einzuhalten.

Die beschriebene Methode dient neben der Sicherstellung marktgerechter Kosten darüber hinaus auch als ein Instrument, die enge Zusammenarbeit zwischen Marketing, Entwicklung, Fertigung, Logistik, Controlling und den übrigen beteiligten Funktionen zu fördern. Unter Mitwirkung der verschiedenen Geschäftsbereiche wird in der Planungsphase ein innovativer Prozess in Gang gesetzt. Hierbei ist eine Zielerreichung meist nur dann möglich, wenn bisherige Strukturen und Techniken in Frage gestellt werden.

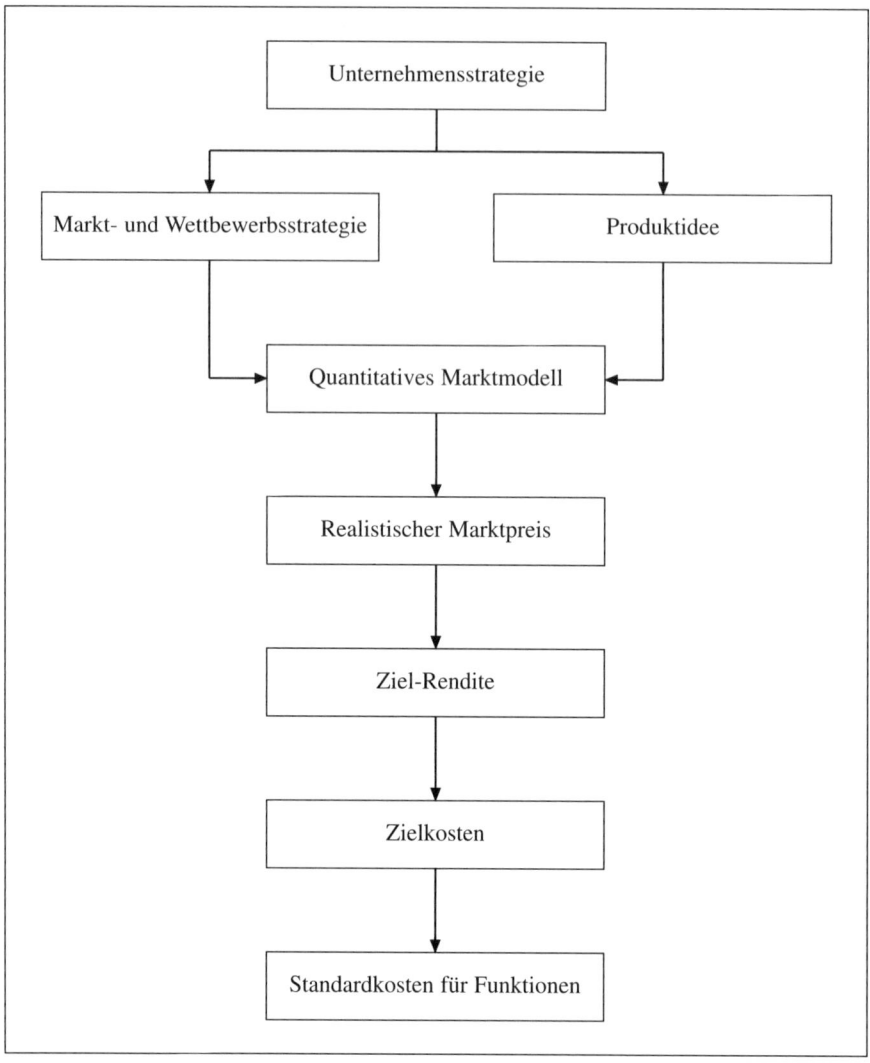

Abb. 13-44: Ablauf Target Costing

Da in der Entwicklungsphase eines Produktes ein Großteil der später anfallenden Kosten festgelegt wird, wird durch Target Costing ein stärkerer Markt- und Strategiebezug des Kostenmanagements sichergestellt. Neben einer Einbeziehung der zu erwartenden Logistikkosten in das Target Costing, bietet sich auch eine Übertragung des Target-Costing-Gedankens auf die Logistikprozesse an. Es gilt die Frage zu beantworten, inwieweit auch bei internen Abläufen eine konsequente Kundenorientierung sichergestellt werden kann. Einen zentralen Baustein hierzu liefert das Prozesskostenmanagement (vgl. *Horváth* 1996, S. 38 f.).

13.8 Risikomanagement in der Logistik

13.8.1 Risikobegriff und -bereiche

Logistikketten sind generell verwundbar gegenüber externen und internen Risiken. Das Logistikmanagement ist per se mit dem Managen solcher Risiken verbunden. Letztlich ist die Optimierung der Logistikkette die „Kunst" des Beherrschens der Risi-

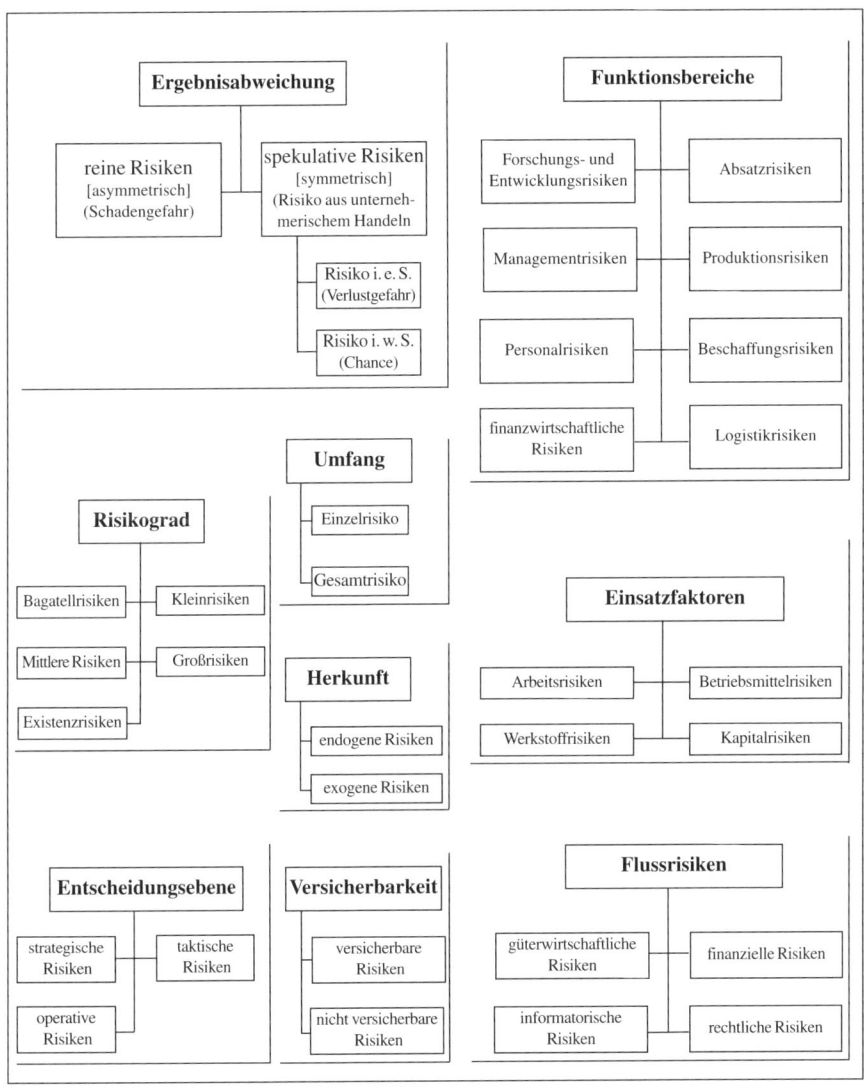

Abb. 13-45: Risikoarten (vgl. Pfohl 2002, S. 11)

ken durch stabile Prozesse, Einsatz von leistungsfähigen Informationstechniken und tragfähige Partnerschaften mit Lieferanten, Kunden und Logistikdienstleistern (vgl. *Großeschallau* 2002, S. 81). Risiken und Chancen in der Logistikkette müssen ebenso erkannt und gemanaged werden wie in anderen Unternehmensbereichen.

Risiken sind unerwartete Ereignisse und mögliche Entwicklungen, die sich negativ auf die Erreichung von gesetzten Zielen und Erwartungen auswirken. Die Einschätzung von Risiken erfolgt auf Basis von (vgl. *Windmöller* 2003):

– Informationen über die aktuelle und künftige Situation
– Erwartungen und Zielsetzungen des Beurteilers
– subjektiven Beurteilungsmaßstäben (Risikobereitschaft).

Aufgrund der Unsicherheit zukünftiger Entwicklungen ist jede unternehmerische Betätigung mit Chancen und Risiken verbunden. Es stellt deshalb nicht das Eingehen von Risiken ein Problem dar, sondern das unkontrollierte Vorhandensein und das Nichtbeherrschen von Risiken. Die erfolgreichsten Unternehmen sind diejenigen, die ihre Chancen am besten wahrnehmen und ihre Risiken am besten im Griff haben. Risiken lassen sich nach verschiedenen Kriterien systematisieren und jeweils in unterschiedliche Risikoarten untergliedern (vgl. Überblick in Abb. 13-45).

Am Beispiel eines pharmazeutisch-chemischen Unternehmens, der Bayer AG, zeigt Abb. 13-46 mögliche Risikobereiche und -felder in der Logistik. Solche Risiken können den Markt, die Materialversorgung des Unternehmens, die Umwelt sowie rechtliche Aspekte des Exportes betreffen und sich nachhaltig auf das Unternehmensergebnis auswirken.

Risikobereich	Risikofeld
Markt/Kunde	• Umsatz- und Ergebniseinbußen bei nicht termingerechter Belieferung der Kunden • Risiko, dass Kunde zukünftig keine Produkte mehr bezieht (Imageschaden) • Produktionsstörungen beim Kunden (Prozessansprüche)
Beschaffung/ Produktions- versorgung	• Risiko eines Produktionsstillstandes aufgrund nicht termingerechter Versorgung der Produktion mit Einsatzstoffen • Störungen im Massengut- und Flüssigkeitsumschlag
Umwelt	• Gefahr eines Unfalls/Schadens mit negativen Auswirkungen auf die Umwelt • Verstoß gegen die gesetzlichen Umweltvorschriften bzgl. Transport, Umschlag, Lagerung
Außenwirt- schaftsrecht	• Verletzungen der Bestimmungen des Außenwirtschaftsrechts können zum Verbot des Handels (Export) mit dem betreffenden Land bzw. zu Strafen führen (Imageverlust)

Abb. 13-46: Risikobereiche und Risikofelder in der Logistik (vgl. Großeschallau 2002, S. 82)

Nach dem seit Mai 1998 gültigen Gesetz zur Kontrolle und Transparenz im Unternehmensbereich (KonTraG) ist der Vorstand einer Aktiengesellschaft verpflichtet, geeignete Maßnahmen zu treffen, insbesondere ein Überwachungssystem einzurichten, damit den Fortbestand der Gesellschaft gefährdende Entwicklungen frühzeitig erkannt werden (§ 91 Abs. 2 AktG). Anlass für die Verabschiedung des KonTraG waren eine

Reihe spektakulärer Unternehmenskrisen und damit verbunden massive Kritik an den Aufsichtsräten und Wirtschaftsprüfern. Die Jahresabschlüsse der in die Krise geratenen Unternehmen waren zuvor von den Wirtschaftsprüfern uneingeschränkt testiert worden. Auch wenn die Vorschriften des KonTraG grundsätzlich nur für Aktiengesellschaften gelten, strahlen sie in der Praxis, abhängig von der Unternehmensgröße und -komplexität, auch auf den Pflichtenrahmen der Geschäftsführer von Gesellschaften mit beschränkter Haftung sowie anderer Rechtsformen aus.

Generelle **Ziele** für ein Risikomanagement sind:

- die Erfüllung der KonTraG-Vorschriften,
- die frühzeitige und systematische Erkennung und Vermeidung von risikobehafteten Entwicklungen,
- die Erhöhung der internen Transparenz und die Verbesserung des Risikobewusstseins bei allen Mitarbeitern sowie
- die Unterstützung der Unternehmensleitung bei der Erreichung der Unternehmensziele und bei der Vermeidung potenzieller Haftungsrisiken.

Zu den **häufigsten Mängeln** bei den in der Praxis anzutreffenden Risikomanagementsystemen gehören:

- unzureichende Systematik
- fehlende Dokumentation und Nachvollziehbarkeit
- keine ausreichende Kontrolle und Überwachung
- kein vorausschauender Einsatz der entsprechenden Instrumente
- Beschränkung auf einzelne Unternehmensbereiche
- keine klare Zuordnung von Verantwortlichkeiten
- Einbindung nur eines Teils der Mitarbeiter.

Nachfolgend werden die Phasen und Inhalte des Risikomanagementprozesses vorgestellt.

13.8.2 Der Risikomanagementprozess

Unter Risikomanagement wird ein nachvollziehbarer, alle Unternehmensaktivitäten umfassender Regelkreislauf verstanden, der ein einheitliches und permanentes Vorgehen umfasst. Die wesentlichen Elemente eines Risikomanagementprozesses (vgl. Abb. 13-47) umfassen:

- Risikostrategie
- Risikoidentifikation
- Risikobewertung
- Risikosteuerung
- Risikodarstellung.

Im Rahmen der **Risikostrategie** werden der grundsätzliche Umgang mit Risiken und die Verantwortung für das Risikomanagement festgelegt. Risikomanagement sollte stets zu den Aufgaben des operativen Managements gehören und nicht einem Risikomanager übertragen werden. Risikomanagement in einem Konzern erfordert unternehmensweite Grundsätze und Richtlinien, deren gleichartige Anwendung auf allen Konzernebenen sowie den Aufbau einer risikobewussten Unternehmenskultur.

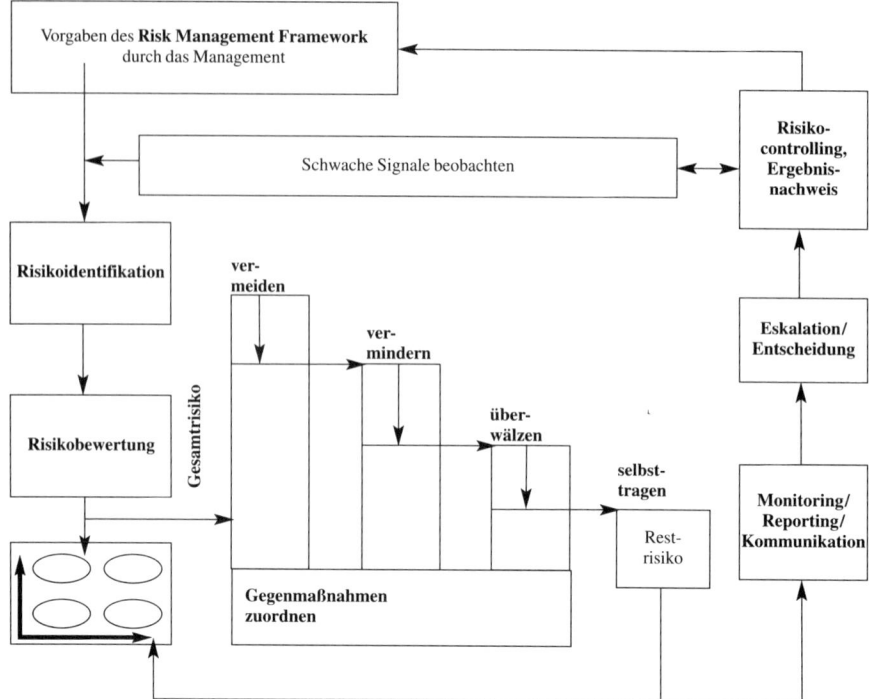

Abb. 13-47: Der Risikomanagementprozess (Windmöller 2003)

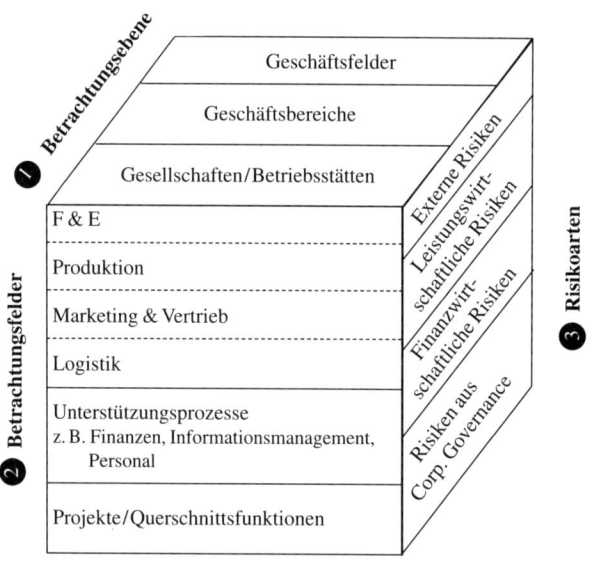

Abb. 13-48: Risikoidentifikation (vgl. Buderath 1999, S. 23)

Gegenstand der **Risikoidentifikation** ist die frühzeitige Erkennung von Entwicklungen, die den Fortbestand einer Gesellschaft gefährden könnten. Zu diesen Entwicklungen gehören insbesondere risikobehaftete Geschäfte, Unrichtigkeiten in der Rechnungslegung und Verstöße gegen gesetzliche Vorschriften, die sich auf die Vermögens-, Finanz- und Ertragslage wesentlich auswirken. Hierbei sind mindestens folgende drei Perspektiven zu analysieren (vgl. Abb. 13-48): Betrachtungsebene (z.B. Geschäftsfelder, Geschäftsbereiche und Gesellschaften); Betrachtungsfelder, d.h. alle Kern- und Unterstützungsprozesse sowie Projekte und Querschnittsprozesse; Risikoarten, wie leistungswirtschaftliche Risiken, finanzwirtschaftliche Risiken und externe Risiken.

Im Rahmen der **Risikobewertung** werden zunächst alle Risiken anhand ihrer potenziellen Schadenshöhe (z.B. Auswirkung auf den Brutto-Cash-Flow) und ihrer Eintrittswahrscheinlichkeit beurteilt sowie in einer sog. Risk Map dargestellt (vgl. Abb. 13–49). Nur wesentliche Risiken, d.h. solche, die einen in der Risikostrategie definierten Schwellwert überschreiten, werden an die nächste Berichtsstufe weitergeleitet.

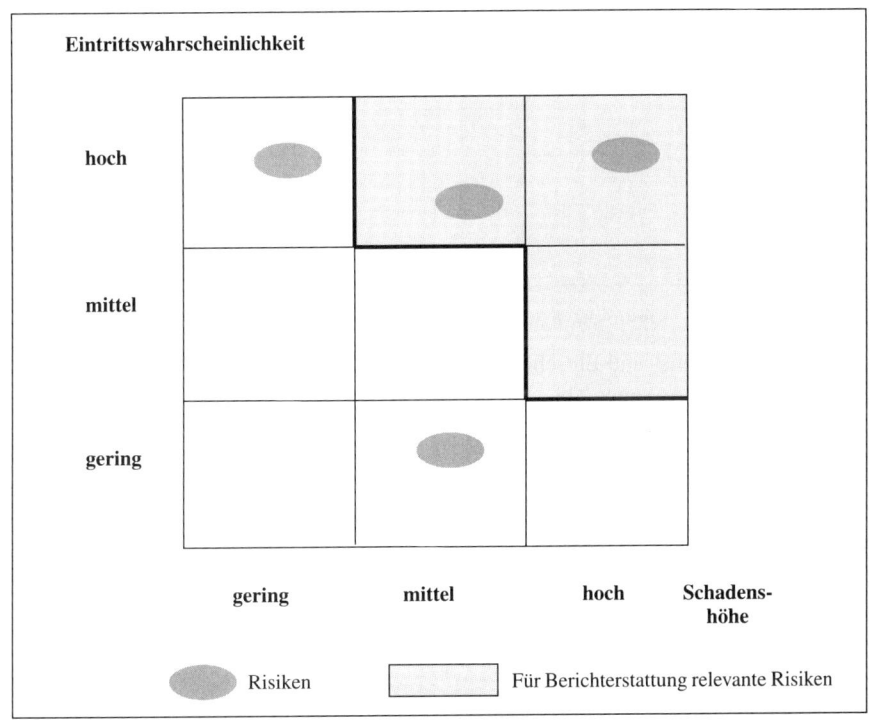

Abb. 13-49: Risk Map

Im Rahmen der **Risikosteuerung** ist zu entscheiden, wie mit den relevanten Risiken verfahren werden soll. Die Risikosteuerung ist darauf ausgerichtet, die Risikopositionen des Unternehmens aktiv zu beeinflussen. Es gilt, das risikopolitische Instrumentarium so einzusetzen, dass sowohl bei einzelfallbezogenen als auch bei unternehmensweiten Risiken ein ausgewogenes Verhältnis zwischen Ertrag (Chance) und Verlustgefahr (Risiko) erreicht wird. Das risikopolitische Instrumentarium umfasst Maßnahmen, die auf eine Verringerung der Eintrittswahrscheinlichkeit von Risikoursachen abzielen und/oder Maßnahmen, die der Verbesserung des Ergebnisses bei Eintritt von Risiken und dabei insbesondere der Verminderung, Begrenzung oder Kompensation von Schäden und Verlusten dienen. Auf der Grundlage eines (die Transparenz erhöhenden) Stufenmodells können Maßnahmen unterschieden werden, die Risiken

– vermeiden (z. B. Entscheidung gegen einen räumlich zu weit entfernten Lieferanten)
– vermindern (z. B. gemeinsamer Betrieb eines Lagers mit einem Logistikdienstleister)
– in Teilen überwälzen (z. B. Abschluss einer Transportversicherung)
– in voller Höhe eingegangen werden (Risikoakzeptanz) (vgl. Abb. 13-50).

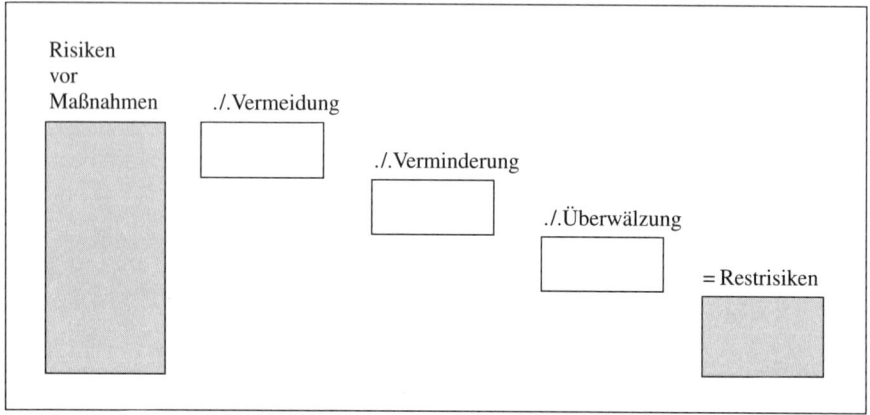

Abb. 13-50: Risikosteuerung (Buderath 1999, S. 25)

Wie ein Informations- und Entscheidungskreislauf im Rahmen der **Risikodarstellung** gestaltet werden kann, zeigt Abb. 13-51.

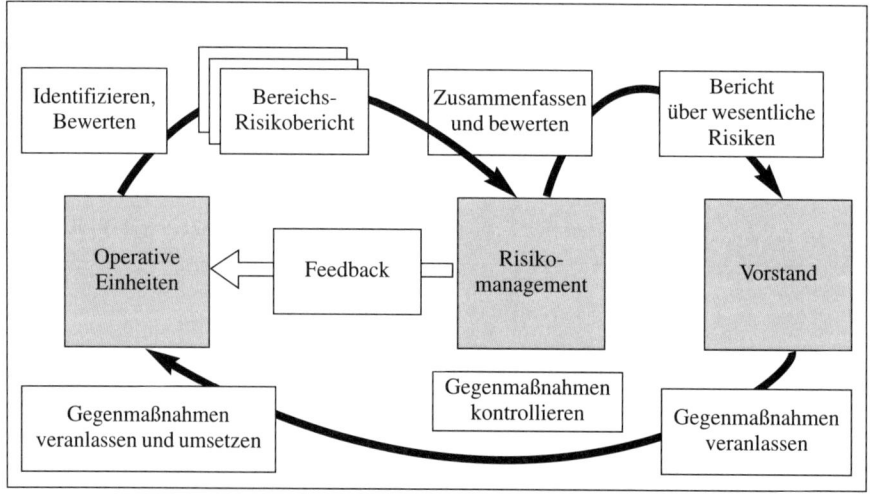

Abb. 13-51: Informations- und Entscheidungskreislauf (Windmöller 2003)

Durch die Risikodokumentation, in der alle Einzelschritte des Risikomanagements festzuhalten sind, werden folgende Aufgaben wahrgenommen (vgl. *Kromschröder/ Lück* 1998, S. 1576):

– Rechenschaftsfunktion: Die Unternehmensleitung kann bei Eintritt einer Unternehmenskrise ihr pflichtgemäßes Verhalten nachweisen.
– Sicherungsfunktion: Die Dokumentation ist zur Sicherstellung der Einhaltung der Maßnahmen des Risikomanagement-Systems im Zeitablauf notwendig.
– Prüfbarkeitsfunktion: Grundlage und Voraussetzung für die Prüfung des Risikomanagement-Systems durch den Aufsichtsrat, die interne Revision und den Abschlussprüfer ist die Dokumentation des Risikomanagement-Prozesses.

13.8.3 Nutzen des Risikomanagements

Der **Nutzen** des Risikomanagements besteht in der

– Vermeidung spektakulärer Kontrollschwächen
– Begrenzung finanzieller Verluste, wirtschaftlicher Schwächen und von Imageschäden
– Unterstützung bei der Erreichung der Unternehmensziele
– Förderung des Shareholder Value
– langfristigen Sicherung des Unternehmensbestandes.

In Abhängigkeit vom erreichten Entwicklungsstand im Unternehmen lassen sich unterschiedliche Nutzenniveaus realisieren, die von einer reinen Schadensvermeidung am unteren Ende der Nutzenskala bis zur Verbesserung des Shareholder Value durch aktive Nutzung von Chancen am oberen Ende der Nutzenskala reichen (vgl. Abb. 13-52).

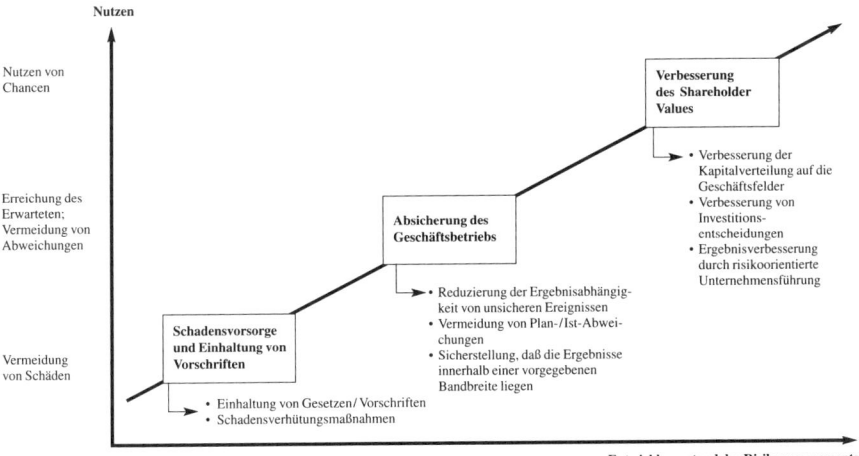

Abb. 13-52: Nutzen des Risikomanagements

Zusammenfassend lässt sich festhalten, dass ein wirksames Risikomanagement
- kontinuierlich und systematisch durchgeführt wird
- alle Unternehmensbereiche abdeckt
- in die Geschäftsprozesse integriert ist
- zur Aufgabe aller Mitarbeiter gehört
- gleichzeitig auf die Unternehmensziele und die wesentlichen Unternehmensrisiken ausgerichtet ist
- auf richtigen und rechtzeitigen internen sowie externen Informationen basiert
- Risiken zeitnah ermittelt
- der Risikokontrolle und Chancennutzung dient
- dynamisch auf sich ändernde Risikosituationen reagiert
- fortwährender Überwachung unterliegt
- Bestandteil der Unternehmensorganisation und -kultur ist.

14 Erfolgsfaktoren der Logistik

In einer Studie, die im Auftrag der National Association of Accountants und des Council of Logistics Management durchgeführt wurde, konnten zehn **Erfolgsfaktoren** von Unternehmen mit einer **exzellenten Logistik** identifiziert werden (vgl. *Busher/ Tyndall* 1987, auf die sich die folgenden Ausführungen stützen):

(1) Alle Aspekte der logistischen Aktivitäten sollten direkt mit der strategischen Unternehmensplanung verbunden sein.

(2) Alle Logistikfunktionen sollten ganzheitlich organisiert sein.

(3) Erfolgreiche Logistikabteilungen ziehen vollen Nutzen aus der Informations- und Kommunikationstechnik.

(4) Eine der Logistik angepasste Personalpolitik ist Voraussetzung für exzellente Logistikleistungen.

(5) Unternehmen sollten eine enge Partnerschaft mit den anderen Teilnehmern in der logistischen Kette pflegen.

(6) Unternehmen sollten aussagefähige Indikatoren als Maßstab der Logistikeffizienz heranziehen.

(7) Unternehmen, die den optimalen Servicegrad treffen, verbessern ihre Rentabilität.

(8) Aufmerksamkeit für Details kann auch große Ersparnisse bringen.

(9) Erfolgreiche Logistiksysteme konsolidieren Transportvolumen, Bestände etc. in der Absicht, operative und finanzielle Degressionseffekte zu erzielen.

(10) Unternehmen müssen ihre Logistikleistungen messen und in einem dynamischen, fortlaufenden Prozess auf die Ergebnisse reagieren.

14.1 Verknüpfung der Logistik mit der Unternehmensstrategie

Das wichtigste Prinzip, das es zur vollen Ausschöpfung des Gewinnsteigerungspotenzials durch die Logistik anzuwenden gilt, ist die unmittelbare Verknüpfung logistischer Aktivitäten mit der Unternehmensstrategie. Die Logistik wird hierbei eingesetzt, um die **Erzielung von Wettbewerbsvorteilen,** sei es im Rahmen einer Kostenführerschafts- oder Differenzierungsstrategie, zu unterstützen. Die zentrale Frage lautet: „Was tragen unsere logistischen Aktivitäten zu unserer Wettbewerbsfähigkeit in unseren Schlüsselmärkten bei?"

Unternehmen, in denen Logistik eine aktive Rolle spielt, verfahren oft nach dem in Abb. 14-1 dargestellten Schema. Demgegenüber gibt es eine Vielzahl von Unternehmen, die die Logistik als neutrales Element in ihrer Organisation ansehen oder sie sogar als notwendiges Übel betrachten.

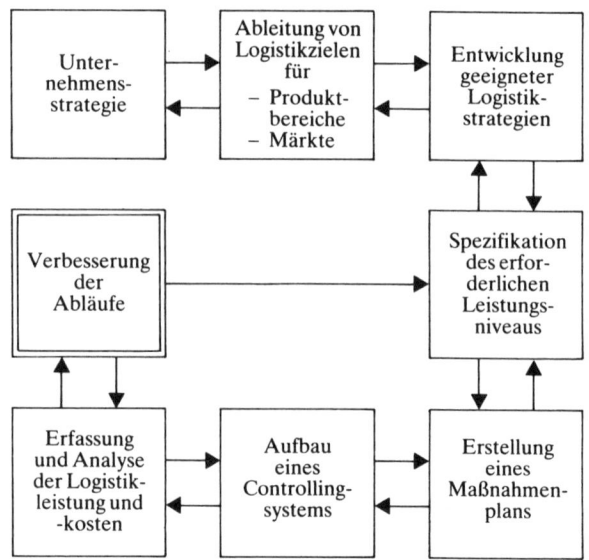

Abb. 14-1: Verknüpfung der Logistik mit der Unternehmensstrategie
(vgl. Busher/Tyndall 1987, S. 34)

In Branchen, in denen die Logistikaktivitäten einen großen Teil der Gesamtkosten verursachen, wie z.B. in der Automobilindustrie, stellen niedrige **Logistikkosten** einen wesentlichen Erfolgsfaktor dar. Dies gilt analog für Konsumgütermärkte mit hoher Wettbewerbsintensität, auf denen schon ein kleiner Kostenvorsprung entscheidend sein kann.

Im Rahmen der Bestrebungen hin zu einer stärkeren Kundenorientierung („close to the customer") wird von Unternehmen, die eine Differenzierungsstrategie verfolgen, der Schwerpunkt auf den **Logistikservice** gelegt und die Qualität der logistischen Leistung betont.

Eng verknüpft mit diesen beiden Strategien ist das Hervorbringen und Anbieten **logistischer Innovationen.** Anstatt sich darauf zu verlassen, traditionelle Logistikaktivitäten bestmöglich zu erbringen, bevorzugen einige Unternehmen, völlig neue logistische Konzepte zu entwickeln und so eine (vorübergehende) Monopolsituation aufzubauen.

14.2 Ganzheitliche Organisation

Dieses Prinzip besagt, dass alle logistischen Funktionen in **einer** Organisationseinheit zusammengefasst werden sollten (vgl. hierzu Kapitel 11). Dies ist zum einen die logische Folge des Prinzips der Einheitlichkeit von Aufgabe, Kompetenz und Verantwortung. Gerade die häufige Notwendigkeit, Zielkonflikte zwischen logistischen Zielen (z.B. höhere Transportaufwendungen zur Gewährleistung niedrigerer Bestände) zu lösen, spricht für diese Vorgehensweise. Hierdurch ist außerdem eine wesentliche Verkürzung der Entscheidungswege und damit der Informationsdurchlaufzeiten zu erreichen.

Es ist im Einzelnen auf Grund der im Kapitel 11 genannten Kriterien zu untersuchen, wie das optimale Verhältnis zwischen Zentralisierung und Dezentralisierung zu gestalten ist.

14.3 Umfassende Nutzung von Informationen und Informationssystemen

Erfolgreiche Logistikmanager nutzen **Informationen als strategische Ressource.** So kann beispielsweise der elektronische Datenaustausch mit Kunden Bestandteil einer Differenzierungsstrategie sein und Eintrittsbarrieren für die Wettbewerber aufbauen. Informationen können sowohl im Verhältnis zu den Kunden als auch zu den Lieferanten Bestände ersetzen. Auch kann der Einsatz von computergestützten Simulationssystemen zu Kosten- und/oder Serviceverbesserungen beitragen. Während sich der Einsatz der Informationstechnik in der Vergangenheit vielfach auf die reine Verarbeitung von Massendaten beschränken musste, haben sich mit der Weiterentwicklung der Informations- und Kommunikationstechnologien, wie insbesondere Internet die Anwendungsmöglichkeiten drastisch erweitert. Im Einsatz befinden sich bereits Systeme zur Entscheidungsunterstützung und vereinzelt auch Expertensysteme (vgl. Kapitel 3).

14.4 Betonung der Humanressourcen

In allen Unternehmen mit exzellenter Logistik herrscht eine **hohe Mitarbeiterorientierung.** Systematische Personalbeschaffung, Personalentwicklung und Arbeitsbereicherung sind gängige Praxis. Die Führung setzt in manchen Fällen besondere Anreize ein, um Spitzenleistungen innerhalb der Logistik zu fördern.

Es zeigt sich, dass erfahrene, gut ausgebildete Logistikmanager für die erfolgreiche Umsetzung der Logistikstrategien entscheidend sind. Hierbei treten auf Grund des knappen Arbeitsmarktangebots an erfahrenen Logistikern vielfach Engpässe auf.

Zunehmend interessieren sich Abnehmer auch für die Personalpolitik ihrer Lieferanten. Da der Abschluss langfristiger Verträge mit den Lieferanten eine immer stärkere Verbreitung findet, gewinnt das Personalmanagement des Lieferanten für den Abnehmer eine immer höhere Bedeutung. So veranstaltet beispielsweise ein Logistikleiter regelmäßig Seminare mit externen Personalexperten und den Führungskräften seines Spediteurs, um sicherzustellen, dass bei diesen genügend Know-how vorhanden ist, um auf Dauer eine sichere Abwicklung der Aufträge zu gewährleisten.

On-the-job training wird immer weniger als hinreichend für die erfolgreiche Aufgabenbewältigung im Logistikbereich angesehen. Mitarbeiter des Logistikbereiches sollten zunehmend an externen Weiterbildungsveranstaltungen teilnehmen, um beispielsweise neue Konzepte und Methoden kennenzulernen (vgl. hierzu die Beispiele in Kapitel 12).

Viele Unternehmen sehen Investitionen in die Mitarbeiter in einem neuen Licht. Die Jahrespläne einer Reihe von Unternehmen beinhalten nunmehr Programme zur Personalentwicklung für die Logistikmitarbeiter. In diesem Zusammenhang erkennen Unternehmen, dass eine Analyse und Steuerung der Arbeitsproduktivität Kostenersparnisse und Serviceverbesserungen hervorbringen kann. Die Vermeidung unnötiger oder doppelter Arbeiten spart nicht nur Zeit und Geld, sondern erhöht auch die Motivation der Mitarbeiter.

14.5 Bildung strategischer Allianzen

Unternehmen sollten **enge Verbindungen** mit den anderen Akteuren der logistischen Kette, wie z. B. **Lieferanten, Händlern und Kunden** eingehen. Bei vielen Unternehmen findet ein Wandel in ihrer Einstellung zu Verbindungen mit externen Partnern statt. Diese Beziehungen werden vielfach nicht mehr als kurzfristige Kostenreduzierungsprogramme betrachtet, sondern es werden mit Lieferanten, Kunden und Spediteuren strategische Allianzen aufgebaut, die teilweise sogar die frühzeitige Einbeziehung in die Planung neuer Vorhaben beinhalten. Dies gilt insbesondere bei der Einführung von Just-In-Time Prinzipien.

Diese Partnerschaften können nur bei offenem und rechtzeitigem Informationsaustausch der Beteiligten funktionieren. Als Beispiele hierfür wurden unter anderem das Speditionslagermodell sowie die Werksansiedlung in der Nähe des Abnehmers vorgestellt.

14.6 Fokussierung auf finanzielle Ergebnisse

Für die Beurteilung des Logistikbereichs werden in Unternehmen mit einer exzellenten Logistik **finanzielle Indikatoren** herangezogen. Es zeigt sich, dass die Funktionen Transport, Lagerhaltung und Kundendienst am effizientesten gesteuert werden können, wenn sie als cost- oder profit-center organisiert sind. Auf diese Weise wird das unternehmerische Engagement der Logistikmanager gefördert.

Ein gutes Beispiel hierfür liefert die Firma Xerox. Durch die Schaffung logistischer profit-center wurde erreicht, dass genau die Logistikleistungen erbracht werden, die von den anderen Organisationseinheiten im Unternehmen nachgefragt und vergütet werden.

Einige Unternehmen erfassen bereits – in Anlehnung an den return on assets (ROA) – die Rendite des eingesetzten Logistikvermögens. Als unmittelbarem Ausfluss dieser Messung gehen sie verstärkt auf den Fremdbezug logistischer Leistungen, z. B. des

Transports, über. Durch eine Senkung des logistischen Anlagevermögens wird eine Reduzierung des Fixkostenrisikos herbeigeführt.

14.7 Festlegung optimaler Serviceniveaus

Zur Optimierung des Ergebnisbeitrages der Logistik gilt es, die **Kundenbedürfnisse und -erwartungen bezüglich des Servicegrades** genau zu kennen. Unternehmen müssen das optimale Serviceniveau und die damit einhergehenden Kosten ermitteln (vgl. Abschnitt 1.3). Dies kann in Einzelfällen dergestalt zu Preisdifferenzierungen führen, dass für unterschiedliche Serviceniveaus Preise in Rechnung gestellt werden, die mit den für ihre Erbringung erforderlichen Kosten korrespondieren.

Wenngleich auch viele Unternehmen inzwischen Serviceparameter steuern und kontrollieren, fehlt jedoch vielfach eine detaillierte, auf spezifische Einzelmärkte abstellende Analyse der Serviceanforderungen.

14.8 Aufmerksamkeit für Details

Die besten Logistikorganisationen haben die Basisabläufe voll im Griff und arbeiten ständig an scheinbar kleinen Problemen. In ihrer Gesamtheit führen diese Lösungen zu exzellenten Leistungen.

Auch hier kommt es auf die Verknüpfung der Details mit der Geschäftsstrategie an, um an den „**richtigen Details**" zu arbeiten. So kann beispielsweise eine Logistikstrategie, die die falschen Maßnahmen zur Befriedigung der Kundenwünsche vorgibt, zu Absatzrückgängen führen, die bei vordergründiger Betrachtung als operative Probleme interpretiert werden.

Bei der Verbesserung der Abläufe sind **einfache Lösungen** oft am wirksamsten („komplexe Abläufe müssen nicht kompliziert sein"). Ein Schlüssel zur Vereinfachung der Abläufe liegt in der Erschließung des Wissens, der Erfahrung und der Kreativität der Mitarbeiter in der Linie.

14.9 Zusammenfassung von Logistikmengen

Unternehmen mit exzellenter Logistik fassen Transportmengen, Bestände etc. zusammen. Diese **Aggregationen** führen vielfach zu deutlichen Serviceverbesserungen und Kosteneinsparungen. Voraussetzung zur tatsächlichen Erzielung dieser Effekte ist jedoch eine fundierte Analyse der zur Verfügung stehenden Alternativen und trade-off-Beziehungen.

Die Zusammenfassung von Sendungen ist in diesem Zusammenhang eine der am häufigsten angewandten Methoden. Die am Markt verfügbare Software zur Optimierung der Tourenplanung unterstützt diesen Ansatz. Ein weiterer Ansatz zur Konsolidierung von Mengen liegt in der Reduzierung der Anzahl der Spediteure (vgl. hierzu das Gebietsspediteurkonzept). Auch der zu beobachtende Trend zur Zentralisierung der Warenlagerung erweist sich – trotz der hohen Investitionskosten – auf Grund der erzielbaren Bestandssenkungen und Transportkosteneinsparungen vielfach als wirtschaftlich.

14.10 Aktives Controlling

Eine einmal aufgebaute exzellente Logistik wird dies nur dann auf Dauer bleiben, wenn entsprechende Anstrengungen unternommen werden. Unternehmen müssen deshalb ihre **Logistikkosten und -leistungen permanent messen,** um **kritische Zielabweichungen** frühzeitig **identifizieren** und in Abhängigkeit von den Ergebnissen mit **Maßnahmen reagieren** zu können.

Durch die angesprochene Verknüpfung von Logistik und Unternehmensstrategie und durch die Koordination mit den übrigen Teilstrategien ist sicherzustellen, dass stets zielführende und den Kundenbedürfnissen entsprechende Leistungen erbracht werden.

Literaturverzeichnis

Aberle, G.: Transportwirtschaft. Einzelwirtschaftliche und gesamtwirtschaftliche Grundlagen, München, Wien 1996

Abts, D./Mülder, W.: Grundkurs Wirtschaftsinformatik, 4. Aufl., Braunschweig, Wiesbaden 2002

Ackermann, K. B./LaLonde, B. J.: Making warehousing more efficient, in: HBR, 58 (1980), S. 94–102

Ackermann, K.-F.: Das Balanced Scorecard-Konzept – Grundlagen und Bedeutung für die Unternehmenspraxis, in: *Ackermann, K.-F.* (Hrsg.): Balanced Scorecard für Personalmanagement und Personalführung, Wiesbaden 2000, S. 11–45

Ackermann, K. F./Hofmann, M.: Systematische Arbeitszeitgestaltung: Handbuch für ein Planungskonzept, Köln 1988

ACTIS: FORS Fortschrittszahlensystem für Automobilzulieferer, Leistungsbeschreibung, Stuttgart 1985

Adam, D.: Simultane Ablauf- und Programmplanung bei Sortenfertigung mit linearer Programmierung, in: ZfB, 33 (1963), S. 233–245

Adamowsky, S.: Materialfluß, in: *Grochla, E.* (Hrsg.): HWO, Stuttgart 1973, Sp. 968–974

Aggteleky, B.: Fabrikplanung, Band 1: Grundlagen, Zielplanung, Vorarbeiten, München, Wien 1981

Aggteleky, B.: Fabrikplanung, Band 2, München, Wien 1982

Aggteleky, B.: Fabrikplanung, Band 3: Werksentwicklung und Betriebsrationalisierung, München, Wien 1990

Alt, R./Cathomen, I.: Handbuch Interorganisationssysteme. Anwendungen für die Waren- und Finanzlogistik, Braunschweig, Wiesbaden 1995

Antoni, M./Riekhof, H.-C.: Strategieentwicklung mittels Portfolio-Analyse, in: *Riekhof, H.-C.* (Hrsg.): Strategieentwicklung, Konzepte und Erfahrungen, Stuttgart 1989, S. 171–189

Andraski, J.: Foundations for Successful Continuous Replenishment Programs, in: The International Journal of Logistics Management, 5 (1994) 1, S. 1–8

Apple, J. M.: Plant Layout and Material Handling, 3rd edition, New York u. a. 1977

Armour, G. C./Buffa, E. S.: A Heuristic Algorithm and Simulation Approach to Relative Location of Facilities, in: Management Science, 9 (1963) 1, S. 294–309

Armstrong, D. J.: Effizienz in der Lagerwirtschaft, in: Harvard manager, 8 (1986) 2, S. 88–97

Arnold, D.: Materialflußlehre, 2. Aufl., Braunschweig, Wiesbaden 1998

Arnold, D./Nowack, J.: Auswahlkriterien für Identifikationssysteme mit elektronischen Datenträgern, in: F+H Fördern und Heben 45 (1995) 10, S. 718 f.

Arnold, U.: Lagerverwaltung, in : *Lück, W.* (Hrsg.): Lexikon der Betriebswirtschaft, Landsberg 1983, S. 684

Arnold, U.: Sourcing-Konzepte, in: *Kern, W.* u. a. (Hrsg): HWProd, 2. Aufl., Stuttgart 1996, Sp. 1861–1874

Arnold, U.: Global Sourcing. Strategiedimensionen und Strukturanalyse, in: *Hahn, D./ Kaufmann, L.* (Hrsg.): Handbuch Industrielles Beschaffungsmanagement, Wiesbaden 1999, S. 211–229

Arnolds, M. u. a.: Materialwirtschaft und Einkauf. Praktische Einführung und Entscheidungshilfe, Wiesbaden 1978

AWF: Flexible Fertigungsorganisation am Beispiel von Fertigungsinseln, Eschhorn 1984

Baer, R.: Beleuchtungstechnik, Berlin 1990

Bahke, E.: Entwicklungen der Gütertransportsysteme und Unternehmenspolitik, in: RKW (Hrsg.): Handbuch Transport, Berlin 1988

Baku, K./Meyer, B. E.: Wirtschaftliche Fertigungsorganisation für Automobilzulieferer, in: ZwF, 77 (1982) 10, S. 476–480

Bauer, G.: Just-In-Time Auftragsabwicklung und Vertriebslogistik der Avon Cosmetics GmbH, in: *Wildemann, H.* (Hrsg.): Just-In-Time Produktion + Zulieferung, Erfahrungsberichte, Band I, München 1986, S. 145–167

Baumgarten, H.: Trends und Strategien in der Logistik 2000. Analysen – Potentiale – Perspektiven, Berlin 1996

Baumgarten, H.: Verankerung der Logistik in der strategischen Unternehmensführung, in: *Merkel, H./Bjelicic, B.* (Hrsg.): Logistik und Verkehrswirtschaft im Wandel, Festschrift für Gösta B. Ihde, München 2003, S. 21–36

Baumgarten, H. u. a.: Voraussetzungen automatischer Lager, Frankfurt, Darmstadt 1978

Baumgarten, H. u. a.: Die logistische Kette wird zum Kreis, in: *Hossner, R.* (Hrsg.): Jahrbuch der Logistik, Düsseldorf 2003, S. 209–213

Baumgarten, H./Thoms, J.: Trends und Strategien in der Logistik – Supply Chains im Wandel, Berlin 2002

Baumgarten, H./Walter, S.: Trends und Strategien in der Logistik 2000+, 2. Aufl., Berlin 2001

Baumgarten, H./Zibell R. M.: Logistik in den 90er Jahren, in: Logistik im Unternehmen, 2 (1988) 1, S. 24–26

Baumgarten, H./Zibell, R. M.: Logistik gewinnt weiter an Gewicht, in: Logistik im Unternehmen, 2 (1988) 4, S. 32–34

Baumol, W. J./Wolfe, P.: A Warehouse-Location Problem, in: OR, 6 (1985), S. 181–211

Baur, K.: Verfahren für die räumliche Zuordnung von Betriebsmitteln in der Fabrikplanung, in: Werkstattechnik, 61 (1971) 1 und 4, S. 23–28 und S. 233–239

Baur, K.: Betriebsmittelzuordnung in der Fabrikplanung, Mainz 1972

Bauz, A.: Sammelladungsverkehr, in: *Bloech, J./Ihde, G. B.* (Hrsg.): Vahlens Großes Logistiklexikon, München 1997, S. 914–915

Bazaraa, M. S.: Computerized Layout Design: A Branch and Bound Approach, in: AIEE-Transactions, (1975) 7, S. 432–438

Becker, J.: Marketing-Konzeption. Grundlagen des strategischen Marketing-Managements, 4. Aufl., München 1992

Becker, J./Rosmann, M.: Logistik und CIM. Die effiziente Material- und Informationsflußgestaltung im Industrieunternehmen, Berlin u. a. 1993

Becker, J./Schütte, R.: Handelsinformationssysteme, Landsberg a. L. 1996

Beckurts, K.-H.: Wirtschaftsfaktor Informationstechnik, in: Harvard manager, 8 (1986) 2, S. 26–33

Beeres, A.: Marketing und Vertrieb mit dem Internet. Ein Leitfaden für mittelständische Unternehmen, Berlin u. a. 1997

Bendeich, E./Dauser, R.: Organisationsformen der kurzfristigen Fertigungssteuerung, Teil 1, in: AV, 14 (1977) 6, S. 163–167

Berg, C. C.: Prioritätsregeln in der Reihenfolgeplanung, in: *Kern, W.* (Hrsg.): HWProd, Stuttgart 1979, Sp. 1425–1433

Berg, C. C.: Zur Kosten- und Leistungsrechnung logistischer Prozesse in industriellen Unternehmen, in: KRP, (1980) 6, S. 249–254

Berg, C. C./Maus, M.: Steuerung der Distribution mit Hilfe von Kennzahlen, in: Die Unternehmung, 34 (1980) 3, S. 189–198

Berr, U./Müller, H. E.-W.: Ein heuristisches Verfahren zur Raumverteilung in Fabrikhallen, in: Elektronische Rechenanlagen, (1968) 10, S. 200–204

Berthel, J.: Personal-Management. Grundzüge für Konzeption betrieblicher Personalarbeit, Stuttgart 1979

BGL (Hrsg.): Verkehrswirtschaftliche Zahlen 1999, Broschüre des Bundesverbandes Güterkraftverkehr, Logistik und Entsorgung (BGL) e. V., Frankfurt/Main 1999

Bicheno, J. R.: A Framework for JIT Implementation, in: *Voss, C. A.* (Hrsg.): Just-In-Time Manufacture, Berlin u. a. 1987, S. 191–204

Bichler, K./Schröter, N.: Praxisorientierte Logistik, Stuttgart u. a. 1995

Biedermann, H: Praxisorientierte Entscheidungsparameter zur logistischen Ersatzteilbewirtschaftung, in: *Bäck, H.* (Hrsg.): Erfolgspotential Logistikkette, 4. Logistik-Dialog, Köln 1987, S. 250–287

Bilitewski, B./Härdtle, G./Marek, K.: Abfallwirtschaft: Eine Einführung, Berlin 1990

Bindschedler, A. E./Moore, M.: Optimal Location of New Machines in Existing Plant Layouts, in: The Journal of Industrial Engineering, 12 (1961) Jan.-Febr., S. 41–48

Bjelicic, B.: Integrator, in: *Bloech, J./Ihde, G. B.* (Hrsg.): Vahlens Großes Logistiklexikon, München 1997, S. 395–396

Black, J. T.: Cellular Manufacturing Systems, in: *Voss, C. A.* (Hrsg.): Just-In-Time Manufacture, Berlin u. a. 1987, S. 27–49

Blank, U.: Entwicklung eines Verfahrens zur Segmentierung von Warenverteilungssystemen, Diss. Aachen 1980

Bleck, S./Gill, C./Kohl, P.: Das Internet. Eine Einführung, Sonderdruck des Forschungsinstituts für Rationalisierung an der RWTH Aachen, 2. Auflage 1999

Bleicher, K.: Das Konzept Integriertes Management, Frankfurt, New York 1991

Bloech, J.: Optimale Industriestandorte, Würzburg, Wien 1970

Bloech, J./Ihde, G. B.: Betriebliche Distributionsplanung, Würzburg, Wien 1972

Blom, F.: Punktbewertungsverfahren in der Beschaffungsmarktforschung, in: Beschaffung aktuell, (1982) 2, S. 68–71

Boston Consulting Group: Wofür IT? Informationstechnologie strategisch einsetzen, o. O. 1996

Boutellier, R./Schneckenburger, Th.: Prognosen. Praxiserprobte Konzepte aus der Logistik, München, Wien 2000

Bowersox, D. J. u. a.: Physical Distribution Management, 2. Aufl., New York 1968

Bowersox, D. J. u. a.: Logistical Management, 3. Aufl., New York, London 1986

Brändle, R.: Einführung: Aktivierung von Produktivitätsreserven durch Logistik-Controlling-Systeme, in: *Türks, M.* (Hrsg.): Logistik-Controlling, Bremen 1983, S. 3–9

Brändle, R./Wendt, P. D.: Kosten der betrieblichen Warenverteilung in: *Klee, J./Wendt, P. D.* (Hrsg.): Physical Distribution im modernen Management, München 1972

Brankamp, K.: Ein Terminplanungssystem für Unternehmen der Einzel- und Serienfertigung, 2. Aufl., Würzburg 1973

Brankamp, K.: Leitfaden zur Einführung einer Fertigungssteuerung, Essen 1977

Brankamp, K.: Kapazitätsbelegung, in: *Kern, W.* (Hrsg.): HWProd, Stuttgart 1979, Sp. 882–903

Brauchlin, E.: Schaffen auch Sie ein Unternehmungsleitbild, in: io Management Zeitschrift 53 (1984) 7–8, S. 313–317

Brauer, K. M./Krieger, W.: Betriebswirtschaftliche Logistik, Berlin 1982

Bremer, J.-G.: Die Layoutplanung in der Fabrikplanung, München 1979

Bretzke, W.-R.: Anforderungen an das Leistungsprofil der Spedition als integriertes Element umfassender Logistiksysteme, in: *Wildemann, H.* (Hrsg.): Just-In-Time Produktion in Deutschland, München 1985, S. 267–277

Bretzke, W.-R.: Logistik in der Verkehrswirtschaft – Produktionsentwicklung im Dienstleistungsbereich, in: *Pfohl, H.-Chr.* (Hrsg.): Reihe „Fachtagungen", Band II, Dortmund 1987, S. 52–73

Brock, W.: Steuerung von FTS. Stand der Technik und Neuentwicklungen, in: *Institut für Logistik* (Hrsg.): Materialfluß und Logistiksysteme – Entwicklungen und Perspektiven, Dortmunder Gespräche '85, Dortmund 1985, S. 22.1–22.13

Brodersen, H. A.: Reststoffverwertung in der Stahlindustrie – Ressourcenschonung und Energieeinsparung als Beitrag zum Umweltschutz, in: Beschaffung aktuell 1987, Nr. 11, S. 37–38

Brulz, K.: Wirtschaftliche Anwendung von Umlaufregalen, in: ZwF, 76 (1981) 2, S. 62–64

BSL/FIATA (Hrsg.): Spediteur-Adreßbuch, Hamburg 1999

Budde, R.: Lieferantenbeteiligung mit dem Computer, in: Management-Zeitschrift io, 52 (1983), S. 238–241

Budde, R.: Richtiges Lager-Layout senkt die Kapitalbindung, in: Management-Zeitschrift io, 56 (1987) 31, S. 515–520

Buderath, H.: Auswirkungen des KonTraG auf Planung und Controlling bei der Daimler-ChryslerAG (Risikomanagement), in: *Horvath, P.* (Hrsg.): Controlling & Finance, Stuttgart 1999

Bühner, R.: Betriebswirtschaftliche Organisationslehre, 3. Aufl., München 1987

Bühner, R./Akitürk, D.: Die Mitarbeiter mit einer Scorecard führen, in: Harvard Business manager 22(2000)4, S. 44–53

Bullinger, H.-J./Lung, M. M.: Planung der Materialbereitstellung in der Montage, Stuttgart 1994

Bundesminister für Verkehr (Hrsg.): Gütertransportsystem für den kombinierten Verkehr, Probleme, Alternativen, Chancen, Bonn 1981

Bundesminister für Verkehr (Hrsg.): Verkehr in Zahlen 1993, Berlin 1993

Busch, H. F.: Der optimale Lieferant, in: Beschaffung aktuell, (1976) 11, S. 40–42

Buser, P.: Die Kreismethode zur Bestimmung eines Layouts, in: Industrielle Organisation, 35 (1966) 1, S. 31–39

Busher, J. R./Tyndall, G. R.: Logistics Excellence, in: Management Accounting, August 1987, S. 32–39

Buzzell, R./Ortmeyer, G.: Absatzpartnerschaften beschleunigen die Warenflüsse, in: Harvard Business Manager, (1994) 4, S. 61–72

Capurro, R.: Was ist Information?, in: Handbuch der modernen Datenverarbeitung, 24 (1987) 133, S. 107–114

Chen, P. P.: The Entity-Relationship Model, in: ACM Transactions on Database-Systems, No. 1 (1976), S. 9–36

Christopher, M.: Logistics and supply chain management: strategies for reducing costs and improving services, London 1992

Coenenberg, A. G./Baum, H.-G.: Strategisches Controlling. Grundfragen der strategischen Planung und Kontrolle, Stuttgart 1987

Coenenberg, A. G./Fischer, T. M.: Prozeßkostenrechnung – Strategische Neuorientierung in der Kostenrechnung, in: DBW 51 (1991) 1, S. 21–38

Cole, R. E.: Target information for competitive performance, in: HBR, 63 (1985) 3, S. 100–109

Corsten, D./Gabriel, C. (Hrsg.): Supply Chain Management erfolgreich umsetzen: Grundlagen, Realisierung und Fallstudien, Berlin u. a. 2002

Corsten, H./Gössinger, R.: Einführung in das Supply Chain Management, München, Wien 2001

Coyle, J. J./Bardi, E. J.: The Management of Business Logistics, 2. Aufl., St. Paul., New York, Los Angeles, San Francisco 1980

Dachser GmbH&Co: Wir bleiben auf der Überholspur, Firmenprospekt, Kempten 1998

Dangelmaier, W.: Ansätze für praxisgerechte Layoutplanungssysteme, in: f+h, 32 (1982) 1, S. 24–27

Dangelmaier, W.: Planungsverfahren zum kostenoptimalen Auswählen von Förderhilfsmitteln, in: Maschinenmarkt, 89 (1983) 72, S. 1628–1631

Dangelmaier, W.: Interaktive Anordnungsplanung, in: wt, 76 (1986) 1, S. 25–28

Deepen, J.: Herausforderung im Supply Chain Management. 4PL und seine Alternativen, 1. WHU Logistiksymposium, Vortrag 23. Januar 2003, Vallendar 2003

Delfmann, W.: Logistik: Konzepte, Systeme, Modelle, Vorlesung an der Universität zu Köln, Wintersemester 2002/2003, Köln 2002

Delfmann, W./Waldmann, J.: Distribution 2000, in: *MTP* (Hrsg.): Marketing 2000, Wiesbaden 1987, S. 71–93

Deloitte Consulting: Von der Vision zur Wirklichkeit. E-Procurement: Status Quo und Trends der elektronischen Beschaffung in der deutschen Industrie, o. O., Studie 2002

Dienhart, U./Eggenstein, F.: Funktionsgerechte Transportflächengestaltung bei der Fabrikplanung, in: f+h, (1984) 1, S. 28–32

Ding, E.: Die Spedition als logistisches Bindeglied zur Zulieferungsindustrie im grenzüberschreitenden Beschaffungswesen, in: *Theuer, G.* (Hrsg.): Beschaffung – ein Schwerpunkt der Unternehmensführung, Landsberg/Lech 1986, S. 375–385

Dinges, M./Büttner, M.: Effiziente Logistik durch Integration von Dienstleistern, in: *Arthur D. Little* (Hrsg.): Management in vernetzten Unternehmen, Wiesbaden 1996, S. 179–201

Diruf, G.: Modell- und computergestützte Gestaltung physischer Distributionssysteme, in: ZfB-Ergänzungsheft 2/1984, S. 114–130

Dolezalek, C. M./Warnecke, H.-J.: Planung von Fabrikanlagen, Berlin, Heidelberg, New York 1981

Domschke, W./Drexel A.: Logistik: Standorte, München, Wien 1984

Dreger, W.: Sicherstellung der Logistik komplexer Systeme, in: ZwF 70 (1975) 4, S. 159–162

Dubbert, M./Pfohl, H. C.: Professionalisierung der Logistik, in: Personal, 1988 (5), S. 182–186

Dutz, E./Femerling, C.: Prozeßmanagement in der Entsorgung: Ansätze und Verfahren, in: DBW 54 (1994) 2, S. 221–245

Eckstein, W.: Citylogistik, in: *Bloech, J./Ihde, G. B.* (Hrsg.): Vahlens Großes Logistiklexikon, München 1997, S. 133–135

Eckstein, W.: Güterverkehrszentren, in: *Bloech, J./Ihde, G. B.* (Hrsg.): Vahlens Großes Logistiklexikon, München 1997, S. 352–355

ECR Europe: The Official European ECR Scorecard, Februar 1997

Ehmer, H.-J. u. a.: Fabrikplanung, in: *Kern, W.* (Hrsg.): HWProd, Stuttgart 1979, Sp. 487–497

Eicke, H. v./Femerling, C.: Modular sourcing. Ein Konzept zur Neugestaltung der Beschaffungslogistik, München 1991

Eidenmüller, B.: Maßnahmen zur Senkung von Beständen im Produktionsbereich, in: *Baumgarten, H. u. a.* (Hrsg.): RKW-Handbuch Logistik, Band II, Berlin 1981, Ziffer 6560, S. 1–31

Eidenmüller, B.: Betriebswirtschaftliche und personelle Auswirkungen des technologischen Wandels auf die Produktion – dargestellt an Beispielen aus der Nachrichtentechnik, in: ZfbF, 36 (1984) 6, S. 513–522

Eidenmüller, B.: So verändert die technische Neuerungswelle unsere Produktion, in: Management-Zeitschrift io, 55 (1986), S. 541–546 (a)

Eidenmüller, B.: Neue Planungs- und Steuerungskonzepte bei flexibler Serienfertigung, in: ZfbF, 38 (1986) 7/8, S. 618–634 (b)

Eidenmüller, B.: Die Produktion als Wettbewerbsfaktor. Herausforderungen an das Produktionsmanagement, Köln 1989

Eidt, A. u. a.: Praxisorientierte Layoutplanung von Fabrikanlagen – Untersuchung der rechnergestützten Optimierungsmethoden, in: ZwF, 72 (1977) 7, S. 322–338

Eierhoff, K.: Innovationen eines Dienstleisters – das Beispiel Bertelsmann Distribution, in: *Gottlieb Duttweiler-Institut* (Hrsg.): Logistik 2001 in Europa, Zürich 1988, S. 145–158

Eisele, P.: Simultionsmodelle zur Distributionskostenminimierung bei zentraler bzw. dezentraler Warenauslieferung, Zürich u. a. 1976

Eisenkopf, A.: City-Logistik, in: *Schulte, C.* (Hrsg.): Lexikon der Logistik, München, Wien 1999, S. 49–53

Eising, G./Jorichs, H.: Ein integriertes System, in: *Handelsblatt* (Hrsg.): Jahrbuch der Logistik 1987, Düsseldorf, Frankfurt 1987, S. 66–69

Ellinger, Th.: Industrielle Einzelfertigung und Vorbereitungsgrad, in: ZfhF N.F., 15 (1963), S. 481 ff.

Ellinger, Th./Wildemann, H.: Planung und Steuerung der Produktion aus betriebswirtschaftlich-technologischer Sicht, Wiesbaden 1978

Endlicher, A.: Organisation der Logistik. Untersucht und dargestellt am Beispiel eines Unternehmens der chemischen Industrie mit Divisionalstruktur, Diss., Essen 1981

Engelke, M./Rausch, A.: Supply Chain Management mit Hilfe von Key Performance Indikatoren, in: *Stölzle, W./Gareis, K.* (Hrsg.): Integrative Management- und Logistikkonzepte, Wiesbaden 2002, S. 183–204

Ernst, W.: Verfahren zur Fabrikplanung im Mensch-Rechner-Dialog am Bildschirm, Mainz 1978

Eversheim, W./Witte, K. W.: Dynamische Layoutplanung mit Hilfe der EDV, in: IA, 99 (1977) 29, S. 508–511

Eversheim, W. u. a.: Der Mensch in der automatisierten Fertigung – eine Planungsaufgabe, in: VDI-Z, 125 (1983) 20, S. 847–852

Eyholzer, K.: Wildwuchs der Standards, in: e-commerce magazin, 05/2003, S. 20–21

Fandel, G./Reese, J.: Industriebetriebslehre – Produktionsplanung, Kurseinheit 3: Innerbetriebliche Standortplanung, Kurs der Fernuniversität Hagen, 1979

Feider, J./Schoppen, W.: Prozeß der strategischen Planung. Vom Strategieprojekt zum strategischen Management, in: *Henzler, H. A.* (Hrsg.): Handbuch Strategische Führung, Wiesbaden 1988, S. 665–689

Feierabend, R.: Beitrag zur Abstimmung und Gestaltung unternehmungsübergreifender logistischer Schnittstellen, Diss. Bremen 1980

Feierabend, R.: Just-in-time und der Datenverbund zwischen Lieferanten und Kunden, Problemstellung – Lösungsansätze, in: *BVL* (Hrsg.): Logistik, Band I, Berlin 1985, S. 238–253

Feierabend, R.: Moderne Konzepte in der Logistik, in: ZfbF, 40 (1988) 6, S. 542–558

Felsner, J.: Kriterien zur Planung von Logistik-Konzeptionen in Industrieunternehmen, in: *Baumgarten, H. u. a.* (Hrsg.): RKW-Handbuch Logistik, Berlin 1981, 2. Lfg. VII/81, Nr. 1120, S. 1–21

Felsner, J.: Kriterien zur Planung und Realisierung von Logistik-Konzeptionen in Industrieunternehmen, Bremen 1983 (Nachdruck)

Fiege, H.: Hautnah verbunden. Integrierte Informationssysteme für die Gütertransportketten des Handels, in: ZfL, 7 (1986) 5, S. 46–48

Fieten, R.: Integrierte Materialwirtschaft – Definition, Aufgaben, Tätigkeiten, BME Schriftenreihe „Wissen und beraten", o.O. 1984

Fieten, R.: Erfolgsstrategien für Zulieferer. Von der Abhängigkeit zur Partnerschaft. Automobil- und Kommunikationsindustrie, Wiesbaden 1991

Fieten, R.: Integrierte Materialwirtschaft, in: *Corsten, H.* (Hrsg.): Handbuch Produktionsmanagement. Strategie – Führung – Technologie – Schnittstellen, Wiesbaden 1994, S. 173–188

Fischer, Th. M.: Die Wertzuwachskurve als Instrument der Produktkostenplanung, in: WiSt (1993) 7, S. 367–370

Fischer, W.: Planung von Transportsystemen für Stückgüter, in: f+h, 33 (1983) 5, S. 342–351

Fischer, W.: Auftragsabwicklung, in: *Wendling, H. R.* (Hrsg.): Kundendienstleiter-Handbuch, Landsberg 1984, Kennziffer II 2, S. 1–17

Fischer, T./Stiefler, H.: Ein integriertes Logistik-Konzept – Voraussetzungen für eine arbeitsteilige Produktion in Europa, in: *Schiemenz, B.* (Hrsg.): Interaktion. Modellierung, Kommunikation und Lenkung in komplexen Organisationen. Wissenschaftliche Tagung der Gesellschaft für Wirtschafts- und Sozialkybernetik aus Anlaß ihres 25jährigen Bestehens am 8. und 9. Oktober 1993 an der Universität in Koblenz, Berlin 1993, S. 205–223

Förderkreis Betriebswirtschaft an der Universität Stuttgart e. V. (Hrsg.): Wirtschaftliche Gestaltung der Fertigungslogistik, Stuttgart 1988 (a)

Förderkreis Betriebswirtschaft an der Universität Stuttgart e. V.: Budgetierung von Ergebniseffekten logistischer Maßnahmen in der Fertigung, in: DBW 48 (1988), S. 347–357 (b)

Fox, R. E.: OPT vs. MRP Thoughtware vs. Software, Part I, in: Sonderdruck, Inventories Production Magazine, 2 (1982) 5, September-October, o.S. (a)

Fox, R. E.: OPT – An Answer for America, Part IV, Leapfrogging the Japanese, in: Sonderdruck, Inventories Production Magazine, 3 (1982) 2, March-April, o.S. (b)

Francis, R. L./White, J. A.: Facility Layout and Location: An Analytical Approach, Englwood Cliffs 1974

Franken, R.: Materialwirtschaft, Stuttgart u. a. 1984

Frey, S. R.: Plant Layout, München, Wien 1975

Fricke, U.: Der Material- und Warenfluß im Beschaffungswesen als logistisches Teilsystem, in: *Baumgarten, H.* u. a. (Hrsg.): RKW-Handbuch Logistik, Berlin 1983, 7. Lfg. XII/83, Nr. 5050, S. 1–48

Friemuth, U. u. a.: Industrielle Logistik. Skriptum zur Vorlesung Industrielle Logistik an der RWTH Aachen, 3. Aufl., Aachen 1996

Frigo-Mosca, F.: Referenzmodelle für Supply Chain Management nach den Prinzipien der zwischenbetrieblichen Kooperation, BWI-Reihe Forschungsberichte für die Unternehmenspraxis, ETH Zürich 1998

Füller, H./Hix, R.: Streamlining in der Kommissionierzone, in: VDI-Nachrichten, Nr. 38, 23. September 1988, S. 28

Gamma, P.: Layout-Planung, in: Planung + Produktion, (1985) 5, S. 12–15

Gavett, J. W./Plyter, N. Y.: The Optimal Assignment of Facilities to Locations by Branch and Bound, in: Operations Research, (1966) 14, S. 210–232

Geihs, K.: Client/Server-Systeme: Grundlagen und Architekturen, Bonn 1995

Geitz, H.: Die Verfügbarkeit in Warenverteilssystemen, neuzeitliche Konzepte und Strategien zur Realisierung, in: *VDI* (Hrsg.): Zentralisierung der Warenlagerung?, Düsseldorf 1986, S. 27–46

Gill, L. E./Allerheiligen, R. P.: Co-operation in Channels of Distribution: Physical Distribution Leads the Way, in: JPD & MM, 11 (1981), S. 56–69

Glaser, H.: Grundlagen der Materialplanung und Lagerhaltung, Arbeitspapier, DBW-Depot 78–2–3, Stuttgart 1978

Glaser, H.: Materialbedarfsvorhersagen, in: *Kern, W.* (Hrsg.): HWProd, Stuttgart 1979, Sp. 1202–1210

Gottwald, M. K.: Produktionssteuerung mit Fortschrittszahlen in: *gfmt* (Hrsg.): Neue PPS-Lösungen, Tagungsbericht, München 1982, o. S.

Göpfert, I.: Visionäre Zukunftsbilder über die Logistik, in: *Hossner, R.* (Hrsg.): Jahrbuch der Logistik, Düsseldorf 1998, S. 180–184

Göpfert, I. (Hrsg.): Logistik der Zukunft – Logistics for Future, 2. Aufl., Wiesbaden 2000

Grabe, R.: Entwicklung einer Methodik zur materialflußgerechten Layoutplanung, Diplomarbeit, Passau 1988

Grässle, K. W.: Warenverteilung und Verkaufsabwicklung mit DV, in: IBM-Nachrichten, 31 (1981) 256, S. 39–43

Gräßler, D.: Der Einfluß von Auftragsdaten und Entscheidungsregeln auf die Ablaufplanung von Fertigungsstraßen, Diss. Aachen 1968

Grochla, E.: Materialwirtschaft, Organisation der, in: *Grochla, E.* (Hrsg.): HWO, 1. Aufl., Stuttgart 1969, Sp. 975–989

Grochla, E.: Unternehmensorganisation. Neue Ansätze und Konzeptionen, Reinbek bei Hamburg 1972

Grochla, E.: Materialwirtschaft, 2. Auflage, Wiesbaden 1973

Grochla, E.: Grundlagen der Materialwirtschaft. Das materialwirtschaftliche Optimum im Betrieb, 3. Aufl., Wiesbaden 1978

Grochla, E.: Materialwirtschaft, betriebliche, in: *Albers, W. u. a.* (Hrsg.): Handwörterbuch der Wirtschaftswissenschaft, Band 5, Stuttgart u. a. 1980, S. 198–218

Grochla, E./Schönbohm, P.: Beschaffung in der Unternehmung. Einführung in eine umfassende Beschaffungslehre, Stuttgart 1980

Grochla, E. u. a.: Erfolgsorientierte Materialwirtschaft durch Kennzahlen. Leitfaden zur Analyse und Steuerung der Materialwirtschaft, Baden-Baden 1983

Großeschallau, W.: Risiko- und Chancenmanagement in der Supply Chain am Beispiel eines pharmazeutisch-chemischen Unternehmens, in: *Pfohl, H.-Chr.* (Hrsg.): Risiko- und Chancenmanagement in der Supply Chain: proaktiv – ganzheitlich – nachhaltig, Berlin 2002, S. 79–105

Grün, O.: Industrielle Materialwirtschaft, in: *Schweitzer, M.* (Hrsg.): Industriebetriebslehre. Das Wirtschaften in Industrieunternehmungen, München 1990, S. 439–559

Gruhn, G.: Wieviel darf die „Servicefunktion„ des Lagers kosten?, in: Management-Zeitschrift io, 53 (1984) 5, S. 241–243

Grumann, P.: Prozeßrechnersteuerung eines Kommissionierlagers, in: Arbeitsvorbereitung, 22 (1985) 6, S. 209–211

Gudehus, T.: Grundlagen der Kommissioniertechnik, Essen 1973

Gudehus, T.: Logistik I. Grundlagen, Verfahren und Strategien, Berlin u. a. 2000

Gudehus, T./Kunder, R.: Optimierung von Ladeeinheiten, in: BFuP, 29 (1977) 1, S. 17–32

Günther, H.-O.: Personalkapazitätsplanung und Arbeitszeitflexibilisierung, in: *Adam, D. u. a.* (Hrsg.): Integration und Flexibilität: Eine Herausforderung für die allgemeine Betriebswirtschaftslehre, Wiesbaden 1990, S. 303-334

Günther, H.-O./Tempelmeier, H.: Produktion und Logistik, Berlin u. a. 1994

Gutenberg, E.: Grundlagen der Betriebswirtschaftslehre, Band I: Die Produktion, 23. Aufl., Berlin, Heidelberg, New York 1979

Haas, S.: Die meisten Lebensmittel haben nun einen „Zebrastreifen„, in: Frankfurter Allgemeine Zeitung, Nr. 111, 13. Mai 1988, S. 14

Hachenberg, M./Preuschof, W.: Informationsverbund zwischen Spedition und verladender Wirtschaft, in: *BVL* (Hrsg.): Logistik, Berlin 1986, S. 136–158

Hackstein, R.: Produktionsplanung und -steuerung (PPS). Ein Handbuch für die Betriebspraxis, Düsseldorf 1984

Hackstein, R./Stich, V.: Absatzorientierte Disposition der Endprodukte einer Serienfertigung, in: Logistik im Unternehmen, (1987) 3, S. 80–85

Hahn, C. K. u. a.: Just-In-Time Production and Purchasing, in: Jorunal of Purchasing and Materials Management, 19 (1983) 3, S. 2–10

Hahn, C. K. u. a.: Costs of Competition: Implications for Purchasing Strategy, in: Journal of Purchasing and Materials Management, Fall 1986, S. 2–7

Hahn, O.: Unbekannte Risiken. Viele Unternehmen halten keine Vorräte, in: Wirtschaftswoche Nr. 43, 1990, S. 88–93

Haley, G. T./Krishnan, R.: It's Time for CALM: Computer-Aided Logistics Management, in: JPD & MM, 15 (1985) 7, S. 19–32

Hall, R. W.: Zero Inventories, Homewood, Ill. 1983

Hall, R. W.: Attaining Manufacturing Excellence, Homewood, Ill. 1987

Hammann, P./Lohrberg, U.: Beschaffungsmarketing, Stuttgart 1986

Hammer, E.: Industriebetriebslehre, 2. Aufl., München 1977

Hammer, R. u. a.: Die optimale Lenkung der Produktion, München 1979

Hanke, K.: Möglichkeiten der Materialflußoptimierung bei der Projektierung industrieller Betriebe, Meisenheim 1975

Hansen, H. R.: Wirtschaftsinformatik I. Grundlagen betrieblicher Informationsverarbeitung, 7. Aufl., Stuttgart 1996

Hardeck, W./Nestler, H.: Aus der Praxis der Layoutplanung mit EDV, in: Werkstattechnik, 1977, S. 95–99 und S. 222–224

Harlander, N./Platz, G.: Beschaffungsmarketing und Materialwirtschaft, Grafenau 1978

Hars, A.: Referenzdatenmodelle. Grundlagen effizienter Datenmodellierung, Wiesbaden 1994

Harsch, W.: Zwischenbilanz. Gestaltung manueller Verpackungsarbeitsplätze, in: ZfL, 8 (1987) 4, S. 48–49

Hartmann, M.: Materialwirtschaft, 2. Aufl., Stuttgart 1983

Hartwig, W.: Die Logistikkonzeption von Osram, in: *Gottlieb Duttweiler-Institut* (Hrsg.): Integrierte Logistik, Zürich 1982, S. 1–42

Heinemeyer, W.: Fortschrittszahlen als Instrument zur Fertigungsplanung und -steuerung bei der Daimler-Benz AG, in: *BVL* (Hrsg.): Deutscher Logistik Kongreß '84, Band 2, Bremen 1984, S. 844–881

Heiner, H.: Distributions-Systeme beschleunigen den Lagerumschlag, in: Blick durch die Wirtschaft, Nr. 2, 5. Januar 1987, S. 3

Heiner, H. A.: Fördereinrichtungen, in: *Kern, W.* (Hrsg.): HWProd, Stuttgart 1979, Sp. 618–627

Heinz, K./Göttker, A.: Tragbare Datenerfassungsgeräte. Einsatzmöglichkeiten von tragbaren Datenerfassungsgeräten zur Ermittlung logistischer Daten, Berichte zur Gemeinschaftsforschung, Band 6, Deutsch Gesellschaft für Logistik e. V., Dortmund 1986

Heinz, K./Harsch, W.: Manueller Transport und Umschlag – Eine Untersuchung von Arbeitsmethoden, Berichte zur Gemeinschaftsforschung, Band 1 Deutsche Gesellschaft für Logistik (DGfL), Dortmund 1986

Heinz, K./Nusswald, M.: Logistikdaten effizient erfassen – praxisorientierte Auswahl von Methoden, Dortmund 1996

Heinz, K./Nusswald, M.: Praxisanforderungen an Identifikationssysteme – Teil 1, in: Fördertechnik, 65 (1996) 2, S. 29-32

Heiserich, O.-E.: Logistik: Eine praxisorientierte Einführung, Wiesbaden 1997

Hellingrath, B.: Standards für die Supply Chain, in: Logistik Heute, 21(1999)H.7/8, S. 77–85

Hellingrath, B. u. a.: Die Einführung von SCM-Softwaresystemen, in: *Busch, A./Dangelmaier, W.* (Hrsg.): Integriertes Supply Chain Management. Theorie und Praxis effektiver unternehmensübergreifender Geschäftsprozesse, Wiesbaden 2002, S. 187–211

Hensche, H.: Zeitwettbewerb in der Textilwirtschaft: Das Quick-Response System, in: *Zentes, J.* (Hrsg.): Moderne Distributionskonzepte der Konsumgüterwirtschaft, Stuttgart 1991, S. 275–308

Hensel, H. J.: Konzipierung logistischer Systeme, in: *DGfL* (Hrsg.): Logistik, Dortmunder Gespräche '86, Dortmund 1986, S. D 3.1–3.7

Henzler, H. A.: Vision und Führung, in: *Henzler, H. A.* (Hrsg.): Handbuch Strategische Führung, Wiesbaden 1988, S. 17–33

Heptner, K.: Einsatzbedingungen für automatische Kommissioniersysteme, in: *Hossner, R.* (Hrsg.): Jahrbuch der Logistik, Düsseldorf 2003, S. 233–236

Herron, D. P.: Managing Physical Distribution for Profit, in: HBR, 57 (1979) 3, S. 121–132

Heskett, J. L. u. a.: Business Logistics, 2. Aufl., New York 1973

Heskett, J. L.: Logistik – eine strategische Größe, in: Manager Magazin, 8 (1978) 3, S. 66–79

Hessenberger, M./Krcal, H.-Chr.: Innovative Logistik: Versorgungsstrategien, Standortkonzepte, Steuerungselemnte, Wiesbaden 1997

Heß-Kinzer, D.: Termingrobplanung, in: *Kern, W.* (Hrsg.): HWProd, Stuttgart 1979, Sp. 1979–1992

Hillier, F. S./Boling, R.: Finite Queues in Services with Exponential or Erlang Service Times – A Numerical Approach, in: Operations Research, 15 (1966), S. 286 ff.

Hillier, F. S./Connors, M. M.: Quadratic Assignment Problem and the Location of Indivisible Facilities, in: Management Science, 9 (1963) 1, S. 42–57

Hinterhuber, H. H.: Strategische Unternehmensführung, Band I: Strategisches Denken, 4. Auflage, Berlin, New York 1989

Hinze, W. Problemlösungsbeispiele zum Rationalisierungsschwerpunkt Materialfluß aus der amerikanischen Industrie, Vortragsunterlagen, 13. Arbeitstagung des FHG-Institutes IPA, Stuttgart 1981

Hirschberger, D./Reher, I.: Entsorgungslogistik als unternehmensübergreifendes Konzept, in: *Baumgarten, H.* u. a. (Hrsg.): RKW Handbuch Logistik, Kennzahl 5760, Berlin 1991

Hoffmann, F.: Organisationsgestaltung – Probleme, Konzeptmerkmale und Ergebnisse – Schriftenreihe der Zeitschrift für Betriebswirtschaft, Band 5, Wiesbaden 1976

Hoop, van der H.: the Transport Connection in Logistics, in: JPD & MM, 14 (1984) 3, S. 37–44

Horsley, R. C.: A Survey of UK Distribution Costs 1982, vervielfältigte Unterlagen zu einem Vortrag

Horváth, P.: Zur Zielsetzung und zum Inhalt des Buches, in: *IFUA Horváth & Partner GmbH* (Hrsg.): Prozeßkostenmanagement. Methodik, Implementierung, Erfahrungen, München 1991, S. 1–7

Horváth, P./Mayer, R.: Prozeßkostenrechnung. Der neue Weg zu mehr Kostentransparenz und wirkungsvolleren Unternehmensstrategien, in: Controlling (1989) 4, S. 214–219

Hoss, K.: Fertigungsablaufplanung mittels operationsanalytischer Methoden, Würzburg, Wien 1965

Hubmann, H.-E.: Lieferantenbewertung – ein Schlüssel zur effizienten Partnerschaft, in: BME (Hrsg.): 36. Symposium Einkauf und Logistik, Berlin 2001, S. 269–286

Ihde, G. B.: Distributions-Logistik, Stuttgart, New York 1978

Ihde, G. B.: Transport, Verkehr, Logistik. Gesamtwirtschaftliche Aspekte und einzelwirtschaftliche Handhabung, München 1984

Ihde, G. B.: Stand und Entwicklung der Logistik, in: DBW, 47 (1987) 6, S. 703–716

Ihde, G. B.: Unerwünschte Vorräte. Minimale Lagerhaltung erhöht die Produktivität und verringert außerdem die Belastung der Umwelt, in: Wirtschaftswoche Nr. 48, 1990, S. 113–116

Ihde, G. B.: Transport, Verkehr, Logistik: gesamtwirtschaftliche Aspekte und einzelwirtschaftliche Handhabung, 2. Aufl., München 1991

Ihde, G. B. u. a.: Ersatzteillogistik, Theoretische Grundlagen und praktische Handhabung, 2. Aufl., München 1988

Ihme, J.: Logistik im Fahrzeugbau, Wien 2000

Isermann, H./Houtman, J.: Entsorgungslogistik in Industrieunternehmen, in: *Isermann, H.* (Hrsg.): Logistik. Beschaffung, Produktion, Distribution, Landsberg 1994, S. 227–245

Isermann, H./Lieske, D.: Gestaltung der Logistiktiefe unter Berücksichtigung transaktionskostentheoretischer Gesichtspunkte, in: *Isermann, H.* (Hrsg.): Logistik. Gestaltung von Logistiksystemen, 2. Aufl. Landsberg 1998, S. 403–428

Jansen, R.: Alle Forderungen berücksichtigen: Kostenerfassung und Leistungsverrechnung in der Verpackungsplanung, in: Beschaffung aktuell, (1989), S. 78–81

Jansen, R./Lempik, M.: Transportschäden machen eine Lücke deutlich, in: Handelsblatt, Nr. 209 vom 30. 10. 1985, S. 30

Jansen, R./Thater, S.: Logistikgerechte Verpackung, in: Logistik im Unternehmen, 1 (1987), S. 88–90

Jeger, A.: Just-In-Time und die Folgen. Ökologische Auswirkungen der produktionssynchronen Beschaffung, in: Beschaffung aktuell (1993) 2, S. 35–39

Jodl, H.: Pufferlager, in: *Kern, W.* (Hrsg.): HWProd, Stuttgart 1979, Sp. 1722–1730

Jünemann, R.: Kostenanalyse des Materialflusses als Planungs- und Kontrollinstrument, in: VDI-Z, 125 (1983) 14, S. 585–593

Jünemann, R.: Den Faktor Information nutzen, in: *Handelsblatt* (Hrsg.): Jahrbuch der Logistik 1987, Düsseldorf, Frankfurt 1987, S. 6–7

Jünemann, R.: Materialfluß und Logistik. Systemtechnische Grundlagen mit Praxisbeispielen, Berlin u. a. 1989

Jünemann, R.: Logistiksysteme, in: *Eversheim, W./Schuh, G.* (Hrsg.): Hütte: Taschenbuch für Betriebsingenieure, Berlin u. a. 1996, S. 16-119

Kaleck, P.: Continous Replenishment, in: Dynamik im Handel, (1995) 11, S. 28–30

Kalinowski, B. u. a.: Anforderungsgerechte Bedarfsermittlung. Strategien, Methoden und Verfahren, in: *Dück, O.* (Hrsg.): Materialwirtschaft und Logistik in der Praxis, Mai 1999, S. 1–8

Kämpf, R./Kühnle, H.: Lagerverwaltung und -steuerung mit einem PC, in: AV, 23 (1986) 2, S. 45–47

Kaplan, R.S./Norton, D.P.: Balanced Scorecard. Strategien erfolgreich umsetzen, Stuttgart 1997

Kargl, H.: Grundlagen von Informations- und Kommunikationssystemen, München, Wien 1998

Kästner, U.: Planung und Kontrolle der Personalentwicklung. Dargestellt am Beispiel des Führungs-Förderungs-Programms der AUDI-AG, München 1986

Kaufmann, H.-J.: Ermittlung des innerbetrieblichen Transportflächenbedarfs mit Flächensegmenten. Diss., Hannover 1978

Kaufmann, L.: Elektronische Verhandlungen – Erste empirische Befunde zu Auktionen im Einkauf, in: *Weber, J./Deepen, J.* (Hrsg.): Erfolg durch Logistik, Bern u. a. 2003, S. 197–216

Kearney, A. T.: Logistik-Untersuchung in den USA, Vortrag von *Schulten, U.,* 3. Europäischer Materialflußkongreß, 1982

Keen, P. G. W.: Every Manager's Guide to Information Technology, 2. Aufl., Boston 1995

Kempcke, T.: Optimierung des Lagernachschubs – wichtiges Kooperationsfeld zwischen Lager und Industrie, in: Dynamik im Handel, (1995) 7, S. 40–42

Kempis, R.-D.: Strategische Logistikkonzepte. Einfachheit durch Differenzierung, in: *BVL* (Hrsg.): 10. Deutscher Logistik-Kongreß '93, Berichtsband, München 1993, S. 957–972

Kern, W.: Industrielle Produktionswirtschaft, 3. Aufl., Stuttgart 1980

Kettner, H.: Einige Probleme des Zusammenhangs zwischen Fertigungsfluß und Fabrikanlagen, in: wt, 55 (1965) 5, S. 209–214

Kettner, H.: Methodische Zuordnung von Fördermittel und Fertigungsart, in: *VDI* (Hrsg.): Wirtschaftlicher Einsatz von Förderzeugen, VDI-Bericht 126, Düsseldorf 1968

Kettner, H. u. a.: Leitfaden der systematischen Fabrikplanung, München, Wien 1984

Kettner, H./Bechte, W.: Neue Wege der Fertigungssteuerung durch belastungsorientierte Auftragsfreigabe, in: VDI-Z, 123 (1981) 11, S. 459–466

Kettner, H./Schmidt, J.: Fabrikplanung, in: *Kern, W.* (Hrsg.): HWProd, Stuttgart 1979, Sp. 529–547

KfK: Autonome Fertigungsinsel, Karlsruhe 1983

Kiehne, R.: Innerbetriebliche Standortplanung und Raumzuordnung, Wiesbaden 1968

Kiesel, J.: Produktions-Controlling. Führungsinstrument zur Erreichung der Unternehmensziele, in: *Scheer, A.-W.* (Hrsg.): Rechnungswesen und EDV. 8. Saarbrücker Arbeitstagung 1987, Heidelberg 1987, S. 341–368

Kieser, A./Kubicek, H.: Organisation, Berlin, New York 1977

Kinder, M.: Firmenübergreifender Datenaustausch, in: ZfL, 8 (1987) 11/12, S. 38–40

Kirsch, W. u. a.: Betriebswirtschaftliche Logistik. Systeme, Entscheidungen, Methoden, Wiesbaden 1973

Klee, J.: Betriebliche Warenverteilung – ein Management-Gebiet, in: *Klee, J./Wendt, P. D.* (Hrsg.): Physical Distribution im modernen Management, München 1971, S. 11–24

Klee, J./Wendt, P. D.: Vorwort, in: *Klee, J./Wendt, P. D.* (Hrsg.): Physical Distribution im modernen Management, München 1971, S. 7–8

Kleer, M.: Kooperationen im Logistikkanal, in: ZfL, 8 (1987) 1, S. 62–66

Klimke, W.: Basis-Strategien zur Ausrichtung der Logistik-Konzeption eines Unternehmens, in: *DGfL* (Hrsg.): 4. Internationaler Logistik Kongreß, Tagungsunterlage, Dortmund 1983, S. 215–218

Klöpper, H.-J.: Logistikorientiertes strategisches Management. Erfolgspotentiale im Wettbewerb, Köln 1991

Klos, G.: Produktionsmanagement und Logistik, in: *Wildemann, H.* (Hrsg.): Prolog '85, Tagungsband, München 1985, S. 202–271

Knepper, L.: Verstärkte materialflußtechnische Integration von Hochregallagern in Produktions- und Umschlaganlagen, in: *DGfL* (Hrsg.): 4. Internationaler Logistik Kongreß, Tagungsunterlage, Dortmund 1983, S. 219–224

Koether, R.: Technische Logistik, München, Wien 1993

Köhl, E. u. a.: Vorauswertung der CIM-Expertenbefragung des Forschungsinstituts für Rationalisierung an der RWTH Aachen, Aachen 1987

Konen, W.: Kennzahlen in der Distribution, Berlin, Heidelberg, New York, Tokyo 1985

Kopsidis, R. M.: Materialwirtschaft: Grundlagen, Methoden, Techniken, Politik, München, Wien 1989

Koschnitzky, K.-D.: Untersuchung zur Problematik integrierter Materialflußsysteme in der Einzel- und Kleinserienfertigung, Diss., Karlsruhe 1974

Kosiol, E.: Aufbauorganisation, in: *Grochla, E.* (Hrsg.): HWO, 2. Aufl., Stuttgart 1980, Sp. 179–187

Kotzab, H.: Neue Konzepte der Distributionslogistik von Handelsunternehmen, Wiesbaden 1997

KPMG: Electronic Procurement – Neue Beschaffungsstrategien durch Desktop Purchasing Systeme, München 1999

Kracke, R. u. a.: Güterverkehrs- und -verteilzentren, in: *Isermann, H.* (Hrsg.): Logistik: Beschaffung, Produktion, Distribution, Landsberg/Lech 1994, S. 361–373

Kraljic, P.: Versorgungsmanagement statt Einkauf, in: Harvard manager, (1985) 1, S. 6–14

Krallmann, H. u. a.: Durchgängiger Einsatz innovativer IuK-Technologien für die Organisation einer gesamtheitlichen Logistikkette, in: *Pfohl, H.-Chr.* (Hrsg.): Organisationsgestaltung in der Logistik: Kundenorientiert – Prozeßorientiert – Lernfähig, Berlin 1995, S. 71–108

Krell, P. G.: Werkseitige Überprüfung von Abfalltransporten in Großbetrieben, in: Handbuch Müll- und Abfallbeseitigung, MuA9, Loseblattsammlung, Kennzahl 2045, Lfg. 3/1985

Krieger, W.: Informationsmanagement in der Logistik. Grundlagen – Anwendungen – Wirtschaftlichkeit, Wiesbaden 1995

Krippendorff, H.: Das automatisierte Lager – Amerikanische Beispiele der Teil- und Vollautomatisierung, in: Fördern und Heben, 13 (1963) 12, S. 831–833

Krokowski, W.: Total Cost of Ownership (Toco), Ein unterstützendes Instrument zur Lieferantenauswahl im Bereich der Beschaffungslogistik, S. 14, in: RKW-HANDBUCH LOGISTIK Lfg. I/93, Artikel 5070.

Kromschröder, B./Lück, W.: Grundsätze risikoorientierter Unternehmensüberwachung, in: Der Betrieb, 51(1998)32, S. 1573–1576

Krulis-Randa, J. S.: Marketing-Logistik, Bern, Stuttgart 1977

Krups, F.: Realisierung der Logistikkonzeption in einem Unternehmen der Haushaltskleingeräte-Industrie, in: *BME* (Hrsg.): Erfolgreiches Materialmanagement. Einkauf und Logistik in der Praxis. Strategien im Wettbewerb, Tagungsunterlagen, München 1986, S. 197–216

Krycha, K.-T.: Materialwirtschaft, München 1986

Kuhn, A./Hellingrath, B.: Supply Chain Management: Optimierte Zusammenarbeit in der Wertschöpfungskette, Berlin u. a. 2002

Kuhn, A. u. a.: Prozeßketten in der Logistik: Entwicklungstrends und Umsetzungsstrategien, Dortmund 1995

Kummer, S.: Logistik im Mittelstand. Stand und Kontextfaktoren der Logistik in mittelständischen Unternehmen, Stuttgart 1992

Kummer, S./Lingnau, M.: Global Sourcing und Single Sourcing, in: WiSt (1992) 8, S. 419–422

Kummetsteiner, G.: Systemauswahl bei Pick & Pack-Kommissionierung, in: *Hossner, R.* (Hrsg.): Jahrbuch der Logistik, Düsseldorf 1997, S. 166–170

Kühnapfel, J. B./Sattler, C.: Corporate Networks, in: *Schulte, H.* u. a. (Hrsg.): Telekommunikation, Loseblattsammlung, Grundwerk 1988, Teil 18/2, September 1993

Kunz, D.: Entwicklung und Erprobung einer Methode zur Bestimmung wirtschaftlich strukturierter Warenverteilungssysteme, Diss. Bochum 1976

Kunz, D.: Untersuchungen über den Einfluß der Struktur von Warenverteilungsnetzen auf die Distributionskosten, Opladen 1977

Kupsch, P. U.: Lager, in: *Kern, W.* (Hrsg.): HWProd, Stuttgart 1979, Sp. 1029–1045

Kupsch, P. U./Lindner, T.: Materialwirtschaft, in: *Heinen, E.* (Hrsg.): Industriebetriebslehre, 7. Aufl., Wiesbaden 1983, S. 268–359

Kurbel, K.: Produktionsplanung und -steuerung. Methodische Grundlagen von PPS-Systemen und Erweiterungen, München, Wien 1993

Lacher, L.: Materialfluß und innerbetrieblicher Transport, in: Betriebsleiter-Handbuch, München 1965

Lässig, H.: Der kombinierte Ladungsverkehr im System Transportkette, in: *Baumgarten, H.* u. a. (Hrsg.): RKW-Handbuch Logistik, Band II, Berlin 1981, Ziffer 3220, S. 1–19

Lahde, H.: Neues Handbuch der Lagerorganisation und Lagertechnik, München 1967

LaLonde, B. J.: Strategies for Organizing Physical Distribution, in: Transportation and Distribution Management, 14 (1979) 1, S. 21 f

LaLonde, B./Masters, J.: Emerging Logistics Strategies. Blueprints for the next century, in: International Journal of Physical Distribution and Logistics Management, 24 (1994) 7, S. 35–47

LaLonde, B. J./Zinser, P. H.: Customer Service: Meaning and Measurement, Chicago, Ill.1976

Langley, C. J.: Information-Based Decision Making in Logistics Management, in: JPD & MM, 15 (1985) 7, S. 41–45

Laßmann, G.: Aktuelle Probleme der Kosten- und Erlösrechnung sowie des Jahresabschlusses bei weitgehend automatisierter Serienfertigung, in: ZfbF 36 (1984), S. 959–978

Lawler, E. L.: The Quadratic Assignment Problem, in: Management Science, 9 (1963), S. 586–599

Lawrenz, O. u. a.: Supply Chain Management, 2. Aufl., Braunschweig, Wiesbaden 2001

Lee, R. C./Moore, J. M.: CORELAP-COmputerized RElationship LAyout Planning, in: The Journal of Industrial Engineering, 18 (1967) 3, S. 195–200

Leibfried, K. H. J./McNair, C. J.: Benchmarking. Von der Konkurrenz lernen, die Konkurrenz überholen, München 1995

Lenk, B.: Barcode-Einsatz richtig planen, in: F+H Fördern und Heben 40 (1990) 11, S. 804–807

Lichtenberg, H. u. a.: Stufenarme Fertigungsprozesse im Maschinenbau, in: AV, 22 (1985) 2, S. 53–55

Liebmann, H.-P.: Struktur und Funktionsweise moderner Warenverteilzentren, in: *Zentes, J.* (Hrsg.): Moderne Distributionskonzepte in der Konsumgüterwirtschaft, Stuttgart 1991, S. 17–32

Lohrberg, W.: Grundprobleme der Beschaffungsmarktforschung, Bochum 1978

Loos, U.: Beitrag zur Analyse und Bewertung des innerbetrieblichen Materialflusses in der Einzel- und Kleinserienfertigung, Diss., Berlin 1976

Luczak, H. u. a. (Hrsg.): Logistik-Benchmarking, Praxisleitfaden mit LogiBEST, 2. Aufl., Berlin u. a. 2004

Lüder, K./Budäus, D.: Standortwahl – Verfahren zur Planung betrieblicher und innerbetrieblicher Standorte, in: *Jacob, H.* (Hrsg.): Industriebetriebslehre in programmierter Form, Band 1: Grundlagen, 2. Aufl., Wiesbaden 1983, S. 41–115

Männel, W./Weber, J.: Controlling Konzept. Konzept einer Kosten- und Leistungsrechnung für die Logistik. Struktur und Elemente eines aussagefähigen logistischen Informationssystems, in: ZfL 3 (1982), S. 83–90

Magee, J. F.: Physical Distribution Systems, New York u. a. 1967

Maresch, U.: Liefer- und Transportzeiten, in: ZfL, 8 (1987) 11/12, S. 41–43

Martin, A.: DRP-Distribution Resource Planning, Essex Junction, Vt. 1993

Martin, H.: Materialfluß- und Lagerplanung, Berlin 1979

Mathèe, R.: MABETRA – materialflußorientierte Betriebsmittelanordnung mit minimaler Transportleistung, in: Industrial Engineering, 4 (1974) 2, S. 99–109

Matschke, M. J./Lemser, B.: Entsorgung als betriebliche Grundfunktion, in: BFuP, 44 (1992), S. 85–101

Matthiass, J.: Logistische Planungen in der Warenverteilung am Beispiel eines Versandzentrums, in: Logistik im Unternehmen, 1 (1987) 7, S. 38–43

Mau, M.: Logistik, Köln 2002

Mau, M.: Supply Chain Management. Prozeßoptimierung entlang der Wertschöpfungskette, Weinheim 2003

Maucher, I./Kirli, M.: PPS-System-Generationen – Konzepte, Schwachstellen, Alternativen –, in: *Maucher, I.* (Hrsg.): Wandel der Leitbilder zur Entwicklung und Nutzung von PPS-Systemen, München, Mering 1998, S. 45–105

Mayer, R.: Prozeßkostenrechnung und Prozeßkostenmanagement: Konzept, Vorgehensweise und Einsatzmöglichkeiten, in: *IFUA Horváth & Partner GmbH* (Hrsg.): Prozeßkostenmanagement. Methodik, Implementierung, Erfahrungen, München 1991, S. 73–99

Meffert,H./Kirchgeorg, M.: Marktorientiertes Umweltmanagement. Grundlagen und Fallbeispiele, Stuttgart 1992

Meitner, H.: Effizienzvorteile durch wertorientierte IT Strategie, Vortrag gehalten auf CIO Matinee am 26. 9. 2003, München 2003

Melcher, P.: SEDAS-Datenaustausch, in: Der Markenartikel, 47 (1985) 10, S. 518–520

Mende, R.: Grenzen einer materialflußorientierten Layout-Planung, in: VDI-Z, 126 (1984) 9, S. 322–325

Merkel, H./Kromer, S.: Virtuelle Frachtbörsen – Top oder Flop?, in: *Hossner, R.* (Hrsg.): Jahrbuch der Logistik, Düsseldorf 2002, S. 82–87

Merkle, E.: Betriebswirtschaftliche Formeln und Kennzahlen und deren betriebswirtschaftliche Relevanz, in: WiSt, (1982) 7, S. 325–330

Mertens, P.: Automatisierte Produktionsdatenverarbeitung, in: *Kern, W.* (Hrsg.): HWProd, Stuttgart 1979, Sp. 248–267

Mertens, P./Heigl, M.: Neuere Entwicklungen der computergestützten Produktionsplanung. Eignung – Verbindungen – Entwicklungspfade, Arbeitsbericht, 2. Aufl., Erlangen 1984

Mertens, P. u. a.: Grundzüge der Wirtschaftsinformatik, 4. Aufl., Berlin u. a. 1996

Mertens, P./Schultz, J.: Expertensysteme in der Logistik, in: *Schulte, C.* (Hrsg.): Lexikon der Logistik, München, Wien 1999, S. 127–130

Meyer, H.: Material-Controlling: Wertmäßige Planung und Kontrolle von Beständen mit Hilfe der EDV, in: *Kilger, W./Scheer, A.* (Hrsg.): Rechnungswesen und EDV, Würzburg, Wien 1983, S. 440–507

Middelmann, H.: Entwicklung von Strategien zur Optimierung des Leistungs-Kostenverhältnisses in der Warenverteilung, Diss. Aachen 1978

Milzarek, N.: Das Internet in der Logistik – Chancen und Grenzen, in: *Dück, O.* (Hrsg.): Materialwirtschaft und Logistik in der Praxis, Augsburg 2001, S. 1–26

Minten, B.: Rechnerunterstützte Layoutplanung in einem Automobilwerk, in: FB/IE, 25 (1976) 3, S. 159–166

Mönig,H.: Fertigungsorganisation und Wirtschaftlichkeit einer Fertigungsinsel, in: ZfbF, 37 (1985) 1, S. 83–101

Monczka, P.M./Giunipero, L.C.: International Purchasing. Characteristics and Implementation, in: Journal of Purchasing and Materials Management, 20 (1984) 3, S. 2–9

Monden, Y.: Toyota Production System: Practical Approach to Production Management, Atlanta, Ga. 1983

Mueller, H. E.-W.: Die optimale Raumverteilung in Fabrikanlagen bei Umstellungs- und Erweiterungsplanungen, Diss. Braunschweig 1970

Müller, E.-W.: Einkaufsmarketing – eine Chance zur Steigerung des Unternehmenserfolgs, in: Siemens-Zeitschrift, 61 (1987) 1, S. 26–28

Müller, G.: Technologische Planung, 3. Aufl., Berlin 1981

Müller, H.J.: Splitting und Überlappung, in: FB/IE, 29 (1980), S. 335–341

Müller, J.: Revolvierendes Lieferplan- und Abstimmungssystem im CIM-Verbund, in: *Wildemann, H.* (Hrsg.): Planen und Steuern der Produktion. Bausteine für eine computerunterstützte Fertigung, Tagungsbericht, München 1986, S. 88–108

Müller, J./Koch, O.: Verpackung im Handel, in: ZfL, 7 (1986) 5, S. 42–45

Müller, Th.: Einsatzmöglichkeiten von Fahrerlosen Transportsystemen, Düsseldorf 1983

Müller-Merbach, H.: Optimale Reihenfolgen, Heidelberg 1970

Müller-Merbach, H.: Operations Research. Methoden und Modelle der Optimalplanung, 3. Aufl., Berlin, Frankfurt, München 1973

Müller-Merbach, H.: Gozinto-Graph, in: *Grochla, E./Wittmann, W.* (Hrsg.): HWB, Band 2, Stuttgart 1975, Sp. 1712–1717

Mussbach-Winter, U.: Technisch-organisatorische Informationssysteme – Zeitwirtschaft –, Vorlesungsunterlage, Institut für industrielle Fertigung und Fabrikbetrieb der Universität Stuttgart, Stuttgart 1983

Naddor, E.: Lagerhaltungssysteme, Frankfurt, Zürich 1971

Naudascher, U.: Das Lesegerät wird zum Informationssensor, in: Packung und Transport, 12 (1994) 1, S. 11–13

Nenninger, M./Gerst, M.H.: Wettbewerbsvorteile durch Electronic Procurement – Strategien, Konzeption und Realisierung, in: *Hermanns, A./Sauter, M.* (Hrsg.): Management-Handbuch Electronic Commerce. Grundlagen, Strategien, Praxisbeispiele, München 1999, S. 283–295

Nerb, F.: Wettbewerbsfaktor Informations-Management. Herausforderung für Marketing und Vertrieb, Vortragsunterlagen für VDI-Tagung, Köln 31. Mai / 1. Juni 1990

Nestler, H.: Methode zur Bestimmung der Raumgröße und Raumnutzung von Fertigungswerkstätten, Hannover 1969

Nestler, H.: Materialflußuntersuchungen in Fertigungsbetrieben, Düsseldorf 1974

Neuburger, R.: Electronic Data Interchange. Einsatzmöglichkeiten und ökonomische Auswirkungen, Wiesbaden 1994

Niedereichholz, C.: Innerbetriebliche Materialflußplanung, Darmstadt 1979

Nieschlag, R. u. a.: Marketing, 11. Aufl., Berlin 1980

Noback, J./Rudnig, M: Lager – Versand – nicht immer eine räumliche Einheit in: fördern und heben, 34 (1984) 6, S. 500–501

Notheis, D.: Moderne Kapitalmarktstrategien für Logistikunternehmen, in: *Merkel, H./ Bjelicic, B.* (Hrsg.): Logistik und Verkehrswirtschaft im Wandel, Festschrift für G. B. Ihde, München 2003, S. 507–521

Nuber, C. u. a.: EDV-Einsatz und computergestützte Integration in Fertigung und Verwaltung von Industriebetrieben, Untersuchungsbericht des Instituts für Sozialwissenschaftliche Forschung, München 1987

Nugent, C. E. u. a.: An Experimental Comparision of Techniques for the Assignment of Facilities to Locations, in: Operations Research, 16 (1968) 1, S. 150–173

Nührich, K. P.: Bestandscontrolling in der Praxis, in: ZfB-Ergänzungsheft (1984) 2. S. 100–113

Oehlmann, H.: Barcode – Ein Identsystem am Ende?, in: Zeitschrift für Logistik, 15 (1994) 6, S. 39-44

Oeldorf, G./Olfert, K.: Materialwirtschaft, 4. Aufl., Ludwigshafen 1985

Oelfke, W. u. a.: Güterverkehr – Spedition – Logistik. Speditionsbetriebslehre, 32. Aufl., Bad Homburg v. d. H. 1996

Oellers, B.: Methodenorientierte Beurteilung der Leistungsfähigkeit mehrfach verwendbarer Terminplanungsprogramme, Diss. Köln 1980

Ohmae, K.: The Mind of the Strategist, New York 1982

o. V.: Distribution im Objektiv einer Umfrage, in: Distribution, Sonderheft 1972

o. V.: Abschied von den Inseln, in: Wirtschaftswoche, 39 (1985) 22, S. 66–70

o. V.: Unter fremden Fittichen, in: ZfL, 7 (1986) 3, S. 38

o. V.: Vorsprung per Computer, in: Wirtschaftswoche, 41 (1987) 3, S. 28–32

o. V.: Start frei. Fuhrpark-Management-System „Mercedes-Benz-Assisent" jetzt auf dem Markt, in: ZfL, 9 (1988) 2, S. 28–32 (a)

o. V.: Zentrallager direkt beim Werk des Kunden, in: Handelsblatt, Nr. 176, 13. September 1988, S. 39 (b)

o. V.: Gütertransport, Brummi plus X, in: *Institut der deutschen Wirtschaft e. V.* (Hrsg.): Informationsdienst des IdW, 15 (1989) 48, S. 6–7

o. V.: Tourenplanungssysteme. Tabellen-Übersicht, in: Logistik heute 16 (1994) 7/8, S. 26–29

Pacher-Theinburg, F.: Anwendungen von MRP (Material Requirements Planing) in der Serienfertigung, in: Gesellschaft für Fertigungssteuerung und Materialwirtschaft e. V. (Hrsg.): Produktionsmanagement – neue Anforderungen, neue Herausforderungen. Jahrestagung 1986, Stuttgart, München 1986, S. 109–136

Pack, L.: Raumzuordnung und Raumform von Büro- und Fabrikgebäuden, Köln 1967

Paeßens, S./Stibbe, T.: Nutzenpotenziale und Realisierungsoptionen von eCommerce auf virtuellen Marktplätzen, Diplomarbeit TU Darmstadt 2000

Palmer, R. C.: The Bar Code Book, New Hampshire 1991

Panichi, M.: Wirtschaftlichkeitsanalyse produktionssynchroner Beschaffungen mit Hilfe eines prozeßorientierten Logistikkostenmodells, Lohmar/Köln 1996

Parbel, J.: Gebietsspediteur-Systeme in der Beschaffungs-Logistik, in: *Baumgarten, H.* u. a. (Hrsg.): RKW-Handbuch Logistik, 8. Lfg. XII/84, Nr. 8580, Berlin 1984, S. 1–13

Parge, W.: Entwicklungsschwerpunkte in PPS-Systemen aus der Sicht eines DV-Beratungs- und Softwareentwicklungshauses, in: ZwF, 82 (1987) 4, S. 227–229

Pawellek, G.: Zunehmende industrielle Umstrukturierung, in: Management-Zeitschrift io, 53 (1984), S. 382–385

Pawellek, G.: Simulationsgestützte Distributionsplanung, in: Zeitschrift für Logistik (1996)5/6, S. 6

Pawellek, G./Heilmann, K.: Organisationsschwachpunkt – das Lager?, in: ZfL, 6 (1985) 2, S. 55–57

Perraudin, M.: Logistiktrends und Innovation, in: *BVL* (Hrsg.): Logistik, Band II, Berlin 1987, S. 501–536

Petarus, M.: Personaleinsatz berechnen?, in: ZfL, 7 (1986), 10, S. 59–61

Peters, T.J./Waterman, R.H.: Auf der Suche nach Spitzenleistungen, 10. Aufl., Landsberg 1984

Pfeiffer, W./Metze, G.: Technologie-Portfolio zum Management strategischer Zukunftsgeschäfts-felder, Göttingen 1982

Pflaum, A./Heuberger, A.: Tagging – Alternative zum Barcode? in: *Hossner, R.* (Hrsg.).: Jahr-buch der Logistik, Düsseldorf 1997, S. 176–180

Pfohl, H.-C.: Marketing-Logistik, Mainz 1972

Pfohl, H.-C.: Zur Formulierung einer Lieferservicepolitik. Theoretische Aussagen zum Angebot von Sekundärleistungen als absatzpolitisches Instrument, in: ZfbF, 29 (1977) 5, S. 239–255

Pfohl, H.-C.: Logistik als Überlebenshilfe in den achtziger Jahren, in: ZfB, 53 (1983) 8, S. 719–734

Pfohl, H.-C.: Logistiksysteme, Berlin, Heidelberg, New York, Tokyo 1985

Pfohl, H.-C.: Mehr Kooperation mit Logistik-Dienstleistern, in: Handelsblatt, Nr. 136, 21. Juli 1987, S. 12

Pfohl, H.-C.: Ersatzteil-Logistik, in: ZfB 61 (1991) 9, S. 1027–1044

Pfohl, H.-C.: Logistikmanagement. Funktionen und Instrumente, Berlin u. a. 1994

Pfohl, H.-C.: Informationsfluß in der Logistikkette, in: *Pfohl, H.-C.* (Hrsg.).: Informationsfluß in der Logistikkette: EDI-Prozeßgestaltung-Vernetzung, Berlin 1997, S. 1-45

Pfohl, H.-Chr.: Risiken und Chancen. Strategische Analyse in der Supply Chain, in: *Pfohl, H.-Chr.* (Hrsg.): Risiko- und Chancenmanagement in der Supply Chain, Berlin 2002, S. 1–56

Pfohl, H.-C./Hoffmann, H.: Logistik-Controlling, in: ZfB-Ergänzungsheft, (1984) 2, S. 42–70

Pfohl, H.-C. u. a.: Realisierung der Logistik in der deutschen Automobilindustrie-Funktionen, Institutionen, Instrumente-, Arbeitspapiere zur Logistik, TH Darmstadt, 1986

Pfohl, H.-C./Stölzle, W.: Das Informationssystem der Entsorgungslogistik – Bericht aus einem Forschungsprojekt, in: *Wagner, G. R.* (Hrsg.) Ökonomische Risiken und Umweltschutz, Mün-chen 1991, S. 184–226

Pfohl, H.-C./Stölzle, W.: Entsorgungslogistik, in: *Steger, U.* (Hrsg.): Handbuch des Umweltma-nagements, München 1992, S. 571–591

Philippson, C. u. a.: Marktspiegel Supply Chain Management Software, Forschungsinstitut für Rationalisierung, Aachen 1999

Picot, A.: Der Wandel von Unternehmen und Märkten unter dem Einfluß der Informations- und Kommunikationstechnik – Wie muß das Management seine IT-Verantwortung organisieren?, Vortrag auf dem 7. IMT-Jahrestreffen, Berlin 1999

Picot, A./Anders, W.: Telekommunikationsnetze als Infrastruktur neuerer Entwicklungen der ge-schäftlichen Kommunikation, in: *Hermanns, A.* (Hrsg.): Neue Kommunikationstechniken, München 1986, S. 6–15

Picot, A./Reichwald, R./Wigand, R. T.: Die grenzenlose Unternehmung. Information, Organisa-tion und Management, 2. Aufl., Wiesbaden 1996

Pieper, R.: Auswahl und Bewertung von Kommissioniersystemen, – Entwicklung von Ent-schungshilfen, Berlin, Köln 1982

Podolsky, H. P.: Flächenkennzahlen für die Fabrikplanung, Berlin, Köln 1977

Pöhl, H.-H.: Durch strategische Logistik-Informationssysteme zu verbesserten Wettbewerbspo-sitionen, in: *Wirtschaftswoche/Diebold* (Hrsg.): Strategische Waffe Informationstechnik, In-ternationales Management – Symposium, Frankfurt 1987, S. 243–266

Pörsch, M.: Lagertypen im Nutzwertvergleich, in: Industrielle Organisation, Teil 1, 49 (1980) 3, S. 131–138

Porter, M.E.: Competitive Advantage, New York 1985

Porter, M.E.: Wettbewerbsstrategie, Frankfurt a. M. 1983

Porter, M.E.: Wettbewerbsvorteile (Competitive Advantage). Spitzenleistungen erreichen und behaupten, Frankfurt a. M., New York 1986

Porter, M. E./Millar, V. E.: Wettbewerbsvorteile durch Information, in: Harvard manager, 8 (1986) 1, S. 26–35

Poth, L. G.: Praxis der Marketing-Logistik, Heidelberg 1973

Pressmar, O. B.: Evolutorische und stationäre Modelle mit variablen Zeitintervallen zur simultanen Produktions- und Ablaufplanung, in: *Gessner, P.* u. a. (Hrsg.): Proceedings in Operations Research, Würzburg 1977, S. 462–475

Pretzsch, H.-U.: Anforderungsprofil an den Logistiker der 90er Jahre und an seine Ausbildung, in: *DGfL* (Hrsg.): 4. Dortmunder Gespräche '86, Tagungshandbuch, Dortmund 1986, S. W6.1–W6.6

Pretzsch, H.-U.: Die BMW-Logistik – Logistik als Querschnittsfunktion, in: Beschaffung aktuell (1987) 4, S. 30–34

Puhlmann, M.: Die organisatorische Gestaltung der integrierten, Materialwirtschaft in industriellen Mittelbetrieben, Bergisch Gladbach, Köln 1985

Ramakrishnan, C.: Information als wichtigste Ressource. Der CIO in der Unternehmensführung, Vortrag auf dem 7. IMT-Jahrestreffen, Berlin 1999

Rauch, M.: Papierloses Kommissionieren – Erfahrungen der technischen und betriebswirtschaftlichen Anwendung, in: *BVL* (Hrsg.): Deuscher Logistik-Kongreß '87, München 1987, S. 385–410

Reckenfelderbäumer, M.: Entwicklungsstand und Perspektiven der Prozesskostenrechnung, 2. Aufl., Wiesbaden 1998

REFA (Hrsg.): Methodenlehre der Planung und Steuerung, Teil 3, München 1985

Reichmann, Th.: Lagerhaltungspolitik, in: *Kern, W.* (Hrsg.): HWProd, Stuttgart 1979, Sp. 1060–1073

Reichmann, Th.: Logistikkennzahlen als Führungsgrößen, Seminarunterlagen, Dortmund o. J.

Reichmann, Th.: Controlling mit Kennzahlen, München 1985

Reichmann, Th.: Logistik-Verfahren nach dem besten Kosten-Leistungs-Verhältnis wählen, in: Handelsblatt, Nr. 141, 28. Juli 1987, S. 15

Reichwald, R./Mrosek, D.: Produktionswirtschaft, in: *Heinen, E.* (Hrsg.): Industriebetriebslehre, 7. Aufl., Wiesbaden 1983, S. 361–503

Remmlinger, H.-J.: Neue Kommunkationstechniken verändern Logistikstrukturen, in: *DGfL* (Hrsg.): Logistik, Dortmunder Gespräche '86, Dortmund 1986, S. A 4.1–4.8

Rinza, T.: Die Zukunft der Industrieparks – eine Trendstudie, in: *Dück, O.:* Materialwirtschaft und Logistik in der Praxis, Augsburg 1999, Abschnitt 2.7.2

Rockstroh, W.: Die technologische Betriebsprojektierung, Band 2: Projektierung und Fertigungswerkstätten, 2. Aufl., Berlin 1982

Roell, J. S.: Das Informations- und Entscheidungssystem der Logistik, Frankfurt, Bern, New York 1985

Rohweder, D.: Informationstechnologie und Auftragsabwicklung, Berlin 1996

Roth, G.: Hemmnisse abbauen und Prozeß verschlanken, in: Beschaffung aktuell, 2002, Heft 7, S. 27–29

Rühle von Lilienstern, H.: Möglichkeiten und Grenzen der Optimierung logistischer Systeme durch Kennzahlen, in: *Baumgarten, H.* u. a. (Hrsg.): RKW-Handbuch Logistik, Band I, Berlin 1981, Ziffer 1770, S. 1–19

Rupper, P.: Wahl des optimalen Lager- und Kommissioniersystems, in: *Rupper, P.* (Hrsg.): Unternehmenslogistik. Ein Handbuch für Einführung und Ausbau der Logistik im Unternehmen, Zürich 1987, S. 147–162

Sagner, M.: Belegloses Kommissionieren, in: *VDI* (Hrsg.): Steigerung der Wirtschaftlichkeit im konventionellen Lager, Düsseldorf 1985, S. 251–258

Salmon, Kurt Associates: Efficient Consumer Response. Enhancing Consumer Value in the Grocery Industry, Washington 1993

Salzer, J. J.: Pro und contra zur Zentralisierung der Warenverteilung, in: *VDI* (Hrsg.): Zentralisierung der Warenlagerung?, Düsseldorf 1986, S. 17–26

Sänger, E.: Benchmarking, in: *Schulte, C.* (Hrsg.): Lexikon des Controlling, München, Wien 1996, S. 62–65

Sauter, T. K.: Rechnergestützte Realplanung von Fabrikanlagen, Mainz 1977

Schäfer, H.: Erfolgreiches Materialmanagement. Logistik und Einkauf am Beispiel eines Automobilherstellers, in: *Bundesverband Materialwirtschaft, Einkauf und Logistik e. V.* (Hrsg.): Erfolgreiches Materialmanagement. Einkauf und Logistik in der Praxis. Strategien im Wettbewerb, Tagungsunterlagen, München 1986, S. 2–45

Scheer, A.-W.: DV-gestützte Planungs- und Informationssysteme im Produktionsbereich, Veröffentlichungen des Instituts für Wirtschaftsinformatik, Nr. 37, Saarbrücken 1982

Scheer, A.-W.: Schnittstellen zwischen betriebswirtschaftlicher und technischer Datenverarbeitung in der Fabrik der Zukunft, Veröffentlichungen des Instituts für Wirtschaftsinformatik, Nr. 44, Saarbrücken 1984

Scheer, A.-W.: Strategie und Entwicklung eines CIM-Konzeptes, Veröffentlichungen des Instituts für Wirtschaftsinformatik, Nr. 51, Saarbrücken 1986 (a)

Scheer, A.-W.: Organisatorische Entscheidungen bei der CIM-Implementierung, Veröffentlichungen des Instituts für Wirtschaftsinformatik, Nr. 51, Saarbrücken 1986 (b)

Scheer, A.-W.: Computer Integrated Manufacturing. CIM = Der computergesteuerte Industriebetrieb, Berlin u. a. 1987

Scheer, A.-W.: EDV-orientierte Betriebswirtschaftslehre, 4. Aufl., Berlin u. a. 1990

Scheer, A.-W./Borowsky, R.: Supply Chain Management: Die Antwort auf neue Logistikanforderungen, in: *Kopfer, H./Bierwirth, C.* (Hrsg.): Logistik Management. Intelligente I+K Technologien, Berlin u. a. S. 3–14

Scheid, W.: Folgebehälter – Verknüpfung. Ein neues Verfahren in der seriellen Kommissionierung, in: fördern und heben, 30 (1980) 12, S. 1078–1081

Schleef, A./Stübig, H.: Flexible Betriebs- und Arbeitszeitgestaltung in der Automobilindustrie am Beispiel der AUDI AG, in: *Wildemann, H.* (Hrsg.): Zeitmanagement: Strategien zur Steigerung der Wettbewerbsfähigkeit, Frankfurt 1992, S. 100–109

Schmidt, F.: Die Bestimmung des Produktionsmittel-Standortes in Industriebetrieben, Berlin 1965

Schmidt, J.: Systematische Zusammenhänge und raumqualitative Einflüsse bei der Planung von Fabrikanlagen, Diss. Hannover 1977

Schmidt, K.-J.: Strategische Informationssysteme in der Logistik, in: *Gottlieb Duttweiler Institut* (Hrsg.): Logistik 2001 in Europa, Zürich 1988, S. 127–144

Schmied, E.: Logistik-Angebote, in: ZfL, 4 (1983) 3, S. 81–83

Schmigalla, H.: Methoden zur optimalen Maschinenanordnung, Berlin 1969

Schmitt, A.: E-Commerce heute: Scharlatanerie oder Quantensprung? – Aktuelle Trends in der Logistik unter dem Einfluß von E-Commerce, in: *Weber, J./Deepen, J.* (Hrsg.): Erfolg durch Logistik. Erkenntnisse aktueller Forschung, Bern u. a. 2003, S. 167–196

Schnabel, B.: Ein praxisgerechtes Verfahren zur Betriebsmittelanordnung in einer Fertigungswerkstätte für ein neuentwickeltes Produkt, in: VDI-Z, 118 (1976) 2, S. 51–59

Schneider, H.: Materialwirtschaft, Organisation der, in: *Grochla, E.* (Hrsg.): HWO, 2. Aufl. Stuttgart 1980, Sp. 1280–1291

Schneider, U.: Kulturbewußtes Informationsmanagement, München, Wien 1990

Schonberger, R. J.: Plant Layout Becomes Product-Oriented With Cellular, Just-In-Time Production Concepts, in: IE, 15 (1983) 11, S. 66–71

Schonberger, R. J./Gilbert, J. P.: JIT Purchasing; A Challenge for U. S. Industries, in: California Management Review, 31 (1983) 1, S. 54–68

Schönsleben, P.: Integrales Logistikmanagement – Planung und Steuerung von umfassenden Geschäftsprozessen, 3. Aufl., Berlin 2002

Schönsleben, P./Hieber, R.: Gestaltung von effizienten Wertschöpfungspartnerschaften im Supply Chain Management, in: *Busch, A./Dangelmaier, W.* (Hrsg.): Integriertes Supply Chain Management, Wiesbaden 2002, S. 45–62

Schroers, J.: Wachstum und internationale Kundschaft: Warenverteilung im grenzüberschreitenden Verkehr durch Konzernspeditionen, in: *BVL* (Hrsg.): Logistik, Band I, Berlin 1987, S. 369–383

Schulte, C.: Das Modell der Fertigungssegmentierung aus personeller und organisatorischer Sicht, Bergisch Gladbach, Köln 1989 (a)

Schulte, C.: Wettbewerbsvorteile durch Informationstechnik. Unternehmensübergreifendes Logistiksystem für die Transportkette, in: WiSt, 18 (1989) 2, S. 85–86 (b)

Schulte, C.: Produzieren Sie zu viele Varianten? in: Harvard manager, 11 (1989) 2, S. 60–66 (c)

Schulte, C.: Personal-Controlling mit Kennzahlen, München 1989 (d)

Schulte, C.: Trends in der Beschaffungspolitik, in: WiSt, 20 (1991) 7, S. 361–365 (a)

Schulte, C.: Organisatorische Gestaltung der Logistik, in: ZfO, 60 (1991) 6, S. 402–408 (b)

Schulte, C.: Logistik-Controlling. Optimierung von Struktur, Produktivität, Wirtschaftlichkeit und Qualität in der Logistik, in: Controlling, 4 (1992) 5, S. 244–253

Schulte, C.: Konzepte der Materialbereitstellung, in: *Corsten, H.* (Hrsg.): Handbuch Produktionsmanagement, Wiesbaden 1994, S. 189–205

Schulte, C.: Personal-Controlling mit Kennzahlen, 2. Aufl., München 2002

Schulte, C./Schulte, K.: Entwicklungstendenzen in der Distributionslogistik, in: ZfbF 44 (1992) 11, S. 1023–1045

Schulte, K.: Entscheidungsparameter der Distributionslogistik unter besonderer Berücksichtigung des JIT-Ansatzes, Diplomarbeit, Passau 1989

Schulte Herbrüggen, H.: Modellanalyse von Materialflußsystemen für eine kundennahe Produktion, Bergisch Gladbach, Köln 1991

Schulten, U./Blümel, K.: Die Bedeutung der betriebswirtschaftlichen Logistik für die Unternehmensführung, in: ZfB – Ergänzungsheft (1984) 2, S. 1–16

Schulz, R.: Audi – Logistik – Berichtswesen, in: *DGfL* (Hrsg.): Informationssysteme der Logistik, Tagungshandbuch, Dortmund 1986, S. 79–89

Schulze, L.: Strukturen förder- und lagertechnischer Automatisierungssysteme, in: fördern und heben, 31 (1981) 12, S. 964–966

Schulze, L./Weber, U.: Die Einbindung konventioneller Flurförderzeuge in ein CIM-Konzept, in: Der Betriebsleiter (1987) 4, S. 12–18

Schumann, W.: Layoutplanung bei automatisierter Einzelproduktion, Wiesbaden 1985

Schwabel, B.: Ein praxisgerechtes Verfahren zur Betriebsmittelanordnung in einer Fertigungswerkstätte für ein neuentwickeltes Produkt, in: VDI-Z, 118 (1976) 2, S. 51–59

Schwarmborn, W.: Entwicklung einer Logistik-Organisation, in: *VDI* (Hrsg.): Logistik für mittelständische Unternehmen. Ein Kolloquium des Ausschusses Logistik der VDI-Gesellschaft Materialfluß und Fördertechnik, Düsseldorf 1986, S. 106–121

Schwarting, C.: Optimierung der ablauforganisatorischen Gestaltung von Kommissioniersystemen, München 1986

Seegers-Krückeberg, D.: Kurierdienst, in: *Bloech, J./Ihde, G. B.* (Hrsg.): Vahlens Großes Logistiklexikon, München 1997, 468–469

Seehof, J. M./Evans, W. O.: Automated Layout Design Program, in: Journal of Industrial Engineering, 18 (1967) 12, S. 690–695

Seidelmann, C./Schädel, W.: Umschlaggeräte im Terminal sowie Straßen- und Schienenfahrzeuge zum Transport für ISO-Container, Binnencontainer und Wechselbehälter im Kombinierten Verkehr, Frankfurt 1981

Seidenfus, H. St.: Die volkswirtschaftliche Bedeutung des kombinierten Verkehrs, in: Gesamtkonzeption des kombinierten Verkehrs, Schriftenreihe der deutschen Verkehrswissenschaftlichen Gesellschaft, Reihe D, Band 60/61, Köln 1964

Semmelroggen, H. G.: Aus Logistik-Erfahrungen lernen, Interview mit L. Gräbner und P. Stephan, Boehringer Mannheim GmbH, in: Logistik im Unternehmen, (1983) 3, S. 92–94

Shapiro, R. D./Heskett, J. L.: Logistics Strategy. Cases and Concepts, New York u. a. 1985

Siemens: DISPONENT. Disponieren – Neuaufwurf – Nettoänderung. Verfahren für den Disponenten, München 1984

Sieper, H. P. u. a.: Analyse von Kommisioniertätigkeiten in unterschiedlich automatisierten Produktions- und Distributionslagern, in: *Below, F. V. u. a.* (Hrsg.): Moderne Fabrikorganisation. Stand und Entwicklungstendenzen, Berlin u. a. 1985, S. 367–391

Simon, H.: Management strategischer Wettbewerbsvorteile, in: *Simon, H.* (Hrsg.): Wettbewerbsvorteile und Wettbewerbsfähigkeit, Stuttgart 1988, S. 1–17

Skiera, B.: Elektronic Commerce, Vorlesung an der Johann Wolfgang Goethe-Universität Frankfurt am Main, Kapitel 1, Einführung in das Internet, Wintersemester 2003/2004, S. 1–61

Skinner, W.: The Focused Factory, in: HBR, May-June 1974, S. 114–121

Slomka, M.: Methoden der Schwachstellen- und Ursachenanalyse in logistischen Systemen. Eine empirische Untersuchung, Bergisch Gladbach, Köln 1990

Smykay, E. W.: Physical Distribution Management, 3. Aufl. New York, London 1973

Specht, G.: Distributionsmanagement, Stuttgart 1988

Spohrer, H.: Risikofelder bei Verträgen für lagerlose Versorgung, in: Beschaffung aktuell, (1988) 2, S. 36–39

Spur, G.: Wirtschaftliche Nutzung von flexiblen Fertigungszellen am Beispiel der Drehbearbeitung, in: ZwF, 78 (1983) 4, S. 176–182

Stabenau, H.: Checkliste zur Bestimmung optimaler Distributionssysteme, in: *Baumgarten, H.* u. a. (Hrsg.): RKW-Handbuch Logistik, Band II, Berlin 1981, Ziffer 4150, S. 1–17

Stabenau, H.: Die Übernahme von Logistik-Servicefunktionen durch die Spedition, in: *Bäck, H.* (Hrsg.): Erfolgspotential Logistikkette, Köln 1987, S. 121–139

Städtler, M.: Stand und neuere Konzeptionen einer zwischenbetrieblichen Integration der EDV im Güterverkehr. Diss. Erlangen-Nürnberg, Nürnberg 1984

Stahlknecht, P.: Einführung in die Wirtschaftsinformatik, 7. Aufl. Berlin u. a. 1995

Stahlknecht, P.: IV-Techniken, in: *Schulte, C.* (Hrsg.): Lexikon der Logistik, München, Wien 1999, S. 174–178

Stahr, G.: Einheitliche Lieferklauseln durch Incoterms, in: WiSt (1982)8, S. 386–388

Stangl, U./Koppelmann, U.: Beschaffungsmarktforschung – ein prozessuales Konzept, in: ZfbF, 36 (1984), S. 347–370

Stark, H.: Beschaffungsführung, Stuttgart 1973

Steinaecker, J. v./Kühner, M.: Supply Chain Management – Revolution oder Modewort, in: *Lawrenz, O.* u. a. (Hrsg.): Supply Chain Management, Wiesbaden 2000, S. 33–63

Steinbuch, P. A./Olfert, K.: Fertigungswirtschaft, Ludwigshafen 1978

Stephan, P.: Schulung und Training bei der Realisierung von Logistik-Konzeptionen – ein Erfahrungsbericht –, in: *DGfL* (Hrsg.): LOG '88. Technologie, Management, Organisation, München 1988, S. 777–784

Stern, L. u. a.: Accomplishing Marketing Channel Change: Path and Pitfalls, in: European Management Journal, 11 (1993) 1, S. 1–8

Steward, W. M.: Physical Distribution. Key to Improved Volume and Profits, in: Journal of Marketing, 29 (1965), S. 67 ff.

Stieglitz, A.: Erfolgsfaktoren von eProcurement-Tools in der Beschaffung, in: *Merkel.H./ Bjelicic, B.* (Hrsg.): Logistik und Verkehrswirtschaft im Wandel, Festschrift für G.B. Ihde, München 2003, S. 261–272

Stölzle, W.: Umweltschutz und Entsorgungslogistik. Theoretische Grundlagen mit ersten empirischen Ergebnissen zur innerbetrieblichen Entsorgungslogistik, Berlin 1993

Stölzle, W./Karrer, M.: Supply Chain Event Management – Impulse zur ereignisorientierten Steuerung von Supply Chains, Vortrag 10. April 2003

Straube, F.: Kriterien zur Planung und Realisierung von Instandhaltungskonzepten im logistikorientierten Unternehmen, München 1988

Strebel, H.: Industrie und Umwelt, in: *Schweitzer, M.* (Hrsg.): Industriebetriebslehre, 2. Aufl., München 1994, S. 749–852

Streitferdt, L.: Auftragsverteilung, in: *Kern, W.* (Hrsg.): HWProd, Stuttgart 1979, Sp. 211–221

Striening, H.-D.: Prozeß-Management, Frankfurt a. M. u. a. 1988

Supply-Chain Council: Supply-Chain Council Operations Reference-model, Overview Version 6.0, www.supply-chain.org

Synder, R. E.: Physical Distribution Costs. A Two-Year-Analysis, in: Distribution Age, 62 (1963), S. 46–56

Tantow, W.: Optimierungsziele für Materialflußsysteme in: *VDI* (Hrsg.): 3. Deutscher Materialfluß-Kongreß: München, 3. u. 4. Dezember 1987, S. 75–108

Teller, K.-J.: Logistische Funktionen Transportieren, Umschlagen, Lagern, in: *Baumgarten, H.* u. a. (Hrsg.): RKW-Handbuch Logistik, Band 2, 4. Lfg., Berlin 1988, S. 1–35

Tempelmeier, H.: Quantitative Marketing-Logistik, Berlin u. a. 1983

The Boston Consulting Group: Vision und Strategie. Die 34. Kronberger Konfernenz, München 1988

Theisen, P.: Grundzüge einer Theorie der Beschaffungspolitik, Berlin 1970

Thonemann, U. u. a.: Supply Chain Champions. Was sie tun und wie Sie einer werden, Wiesbaden 2003

Timmermann, A.: Evolution des strategischen Managements, in: *Henzler, H.A.* (Hrsg.): Handbuch Strategische Führung, Wiesbaden 1988, S. 85–105

Tietz, B.: Efficient Consumer Response (ECR), in: WiSt, 23 (1995) 10, S. 529–530

Traumann, P.: Marketing-Logistik in der Praxis, Main 1976

Trux, W.R.: Einkauf und Lagerdisposition mit Datenverarbeitung, 2. Aufl., München 1972

Tübergen, F.: Wirtschaftliches Lagern und Kommissionieren, in: *Rupper, P./Scheuchzer, R.* (Hrsg.): Lagerlogistik, Zürich, o.J., S. 114–120

Türks, M.: Zentral oder dezentral?, in: Wirtschaftswoche, 39 (1985) 22, S. 83

Ulsamer, W.: Die Sitze für den Mercedes 190 werden genau in der Reihenfolge der Produktion ausgeliefert, in: Handelsblatt, Nr. 198, 15. 10. 1986, S. 23

Urban, C.: Ein Unternehmen im Aufbruch: Strategie, Organisation und Controlling bei Siemens, in: *Horváth, P.* (Hrsg.): Strategieunterstützung durch das Controlling: Revolution im Rechnungswesen?, Stuttgart 1990, S. 7–38

Utikal, H.: Von der Strategie zur Struktur, in: Frankfurter Allgemeine Zeitung, Nr. 148 vom 29. Juni 2002, S. 68

Vahrenkamp, R.: Logistikmanagement, 3. Aufl., München, Wien 1998

VCI e. V. (Hrsg.): Materialwirtschaft als betriebswirtschaftliche Aufgabe in der Chemischen Industrie, Teil 2, Matrialwirtschaft als betriebswirtschaftliche Planungs- und Steuerungsaufgabe, Frankfurt 1986

VDI-Richtinie 2385: Allgemeine Empfehlungen für materialflußgerechte Planung von Industriebauwerken, Düsseldorf, Oktober 1965

VDI-Richtlinie 3300: Materialflußuntersuchungen, Düsseldorf, November 1959

Verein Deutscher Ingenieure (VDI) (Hrsg.): VDI 2360 – Be- und Entladen von Lastkraftwagen und Eisenbahngüterwagen – Stückgüter, Düsseldorf 1974

Vettin, G.: Analyse der Konzeptionen Flexibler Fertigungssysteme, in: VDI-Z, 121 (1979) 1/2, S. 14–23

Vogt, G.: Lagerplanung, Landsberg 1986

Voigt, F.: Verkehr. Erster Band: Die Theorie der Verkehrswirtschaft, Berlin 1973

Volk, R.K.: Industrielle Logistik. Interdependenzen – Ziele – Entscheidungen, Diss., Freiburg 1980

Volkswagen AG (Hrsg.): VW Group Supply.com, in: http://www.vwgroupsupply.com vom 9. 3. 2004

Volpert, H.: Planerische Entscheidungskriterien, in: *Schulte, H.* u. a. (Hrsg.): Telekommunikation, Loseblattsammlung, Grundwerk 1988, Teil 16/3, Februar 1994

Voss, C.A.: Japanese JIT Manufacturing Management Practices in the UK, in: *Voss, C.A.* (Hrsg.): Just-In-Time Manufacture, Berlin u. a. 1987, S. 15–24

Wagner, U.: Entgeltdifferenzierung in logistischen Bereichen: Vorgehensweise zur Entwicklung eines durchgängigen Entgeltsystems, Wiesbaden 1995

Wannenwetsch, H. (Hrsg.): E-Logistik und E-Business, Stuttgart 2002

Wäscher, D.: Gemeinkosten-Management im Material- und Logistik-Bereich, in: ZfB 57 (1987), S. 297–315

Wäscher, D.: Management der gemeinkostentreibenden Faktoren am Beispiel eines Maschinenbau-Unternehmens, in: *Schulte, C.* (Hrsg.): Effektives Kostenmanagement. Methoden und Implementierung, Stuttgart 1992, S. 163–192

Wäscher, G.: Innerbetriebliche Standortplanung bei einfacher und mehrfacher Zielsetzung, Wiesbaden 1982

Warnecke, H.-J.: Zielkonflikte bei der Gestaltung marktgerechter Produktionsstrukturen, in: *Spur, G.* (Hrsg.): Produktionstechnisches Kolloquium, Berlin 1983, S. 35–43

Warnick, B.: Prozeßorientierte Logistikkostenrechnung in einem Handelsunternehmen, in: Controlling (1996) 1, S. 22–30

Weber D./Popp, M.: Abschied von der Sackgassen-Mentalität, in: Management Wissen, (1989) 11, S. 38–42

Weber, J.: Logistikkostenrechnung – Aufgaben, Abrenzung und Elemente einer Kosten- und Leistungsrechnung für die Logistik, in: *Baumgarten, H.* u. a. (Hrsg.): RKW-Handbuch Logistik, Band I, Berlin 1981, Ziffer 1610, S. 1–40

Weber, J.: Logistikkostenrechnung, Grundprobleme und Gestaltungsmöglichkeiten der Bereitstellung, Bereithaltung und Auswertung von Logistik-Kosteninformationen in Industrieunternehmen, Habilitationsschrift, Friedrich-Alexander-Universität Erlangen-Nürnberg 1986

Weber, J.: Fehlmengenkosten, in: KRP, (1987) 1, S. 13–18

Weber, J.: Logistikkostenrechnung – Konzept und Einbindung in die betriebliche Informationswirtschaft, in: *DGfL* (Hrsg.): 5. Dortmunder Gespräche, Tagungshandbuch, Dortmund 1987, S. D 4.1–D4.7

Weber, J.: Logistik-Controlling, Stuttgart 1990 (a)

Weber, J.: Logistik-Controlling, Teil 3, Ohne Leitbild nicht ernstzunehmen, in: Logistik Heute (1990) 4, S. 40–44 (b)

Weber, J./Kummer, S.: Aspekte des betriebswirtschaftlichen Managements der Logistik, in: DBW 50 (1990) 5, S. 775–787

Weber, J./Kummer, S.: Logistikmanagement. Führungsaufgaben zur Umsetzung des Flußprinzips im Unternehmen, Stuttgart 1994

Weber, J./Schäffer, U.: Balanced Scorecard & Controlling, 3. Aufl., Wiesbaden 2000

Weber, J. u. a.: E-Commerce in der Logistik: Quantensprung oder business as usual? Ergebnisse einer explorativen Marktuntersuchung: Aktuelle Trends in der Logistik unter dem Einfluß von E-Commerce, Bern u. a. 2002

Weber, J. u. a.: Steuerung der Supply Chain. Aber mit welchen Instrumenten?, Band 32 Advanced Controlling Vallendar 2003

Wecker, G.: Spediteure als Hilfstruppe der Logistik, in: Blick durch die Wirtschaft, Nr. 249, 27. Dezember 1982, S. 3

Wegner, U.: Einführung in das Logistik-Management. Prozesse-Strukturen-Anwendungen, Wiesbaden 1996

Weil, F./Bhatti, W.: Aktuelle Entwicklungen im E-Business, in: *Dück, O.* (Hrsg.): Materialwirtschaft und Logistik in der Praxis, Kissing 2002, Kap. 8.2.1, S. 1–30

Weil, F./Bhatti, W.: Chancen und Herausforderungen des Begriffs E-Business, in: *Dück, O.* (Hrsg.): Materialwirtschaft und Logistik in der Praxis, Augsburg, Mai 2002, S. 1–30

Weisenburger, J.: Weiterbildung in der Logistik bei der Robert Bosch GmbH, in: *DGfL* (Hrsg.): LOG '88, Technologie, Management, Organisation, München 1988, S. 795–805

Wenzel, R.: Distributionslogistik, in: *Koether, R.* (Hrsg.): Taschenbuch der Logistik, München, Wien 2004, S. 441–460

Werner, H.: Betriebswirtschaftliche Aspekte der Integration von Verkehrsdienstleistungen, in: ZfbF 44 (1992) 1, S. 67–77

Werner, H.: Elektronische Supply Chains (E-Supply-Chains), in: *Busch, A./Dangelmaier, W.* (Hrsg.): Integriertes Supply Chain Management, Wiesbaden 2002, S. 403–419

Werner, H.: Supply Chain Management, Wiesbaden 2000

Werner, W./Stark, H.: Abfallwirtschaft, in: Beschaffung aktuell (1989) 5, S. 46–54

Wert, B./Sesterhenn, J.: Benchmarking – Einführung in die Methode, in: *Luczak, H. u. a.* (Hrsg.): Logistik-Benchmarking. Praxisleitfaden mit LogiBEST, 2. Aufl., Berlin u. a. 2004, S. 5–15

Wessely, A.: Kommissionierung im Versandhandel, in: *VDI* (Hrsg.): Kommissionierung, Düsseldorf 1979, S. 69–73

Wetzel, E.: Klassifizierung und Bewertung der Einflußfaktoren auf Verladezone für Stückgutläger, Forschungsberichte zur Industriellen Logistik, Band 23, Deutsche Gesellschaft für Logistik (DGfL), Dortmund 1982

Wheelwright, St.C./Hayes, R.H.: Fertigung als Wettbewerbsfaktor, in: HarvardManager 4 (1985), S. 87–93

Whitehead, B./Eldars, M.Z.: The Planning of Singlestorey Layouts, in: Building Science, 1, (1965), S. 127–139

Wiendahl, H.-P.: Technische Struktur- und Investitionsplanung, Essen 1973

Wiendahl, H.-P.: Nummerungssysteme, in: *Kern, W.* (Hrsg.): HWProd, Stuttgart 1979, Sp. 1370–1378

Wiendahl, H.-P.: Betriebsorganisation für Ingenieure, München, Wien 1983

Wiendahl, H.-P.: Belastungsorientierte Fertigungssteuerung. Grundlagen, Verfahrensaufbau, Realisierung. München, Wien 1987

Wiendahl, H.-P./Enghardt, W.: Rechnerunterstützte Grobplanung von Fabrikanlagen unter Einzug praxisgerechter Randbedingungen, in: wt-Z. ind. Fertigung, 76 (1986) 12, S. 741–744

Wiendahl, H.-P./Voigts, A.: Betriebsstättenplanung, in: *RKW* (Hrsg.): PPS-Fachmann, Band 3, Planung, Baustein P12, Eschborn, 1987, S. 1–118

Wienecke, K. u. a.: Mythos integrierte Lieferkette. Trends und Entwicklungen auf dem Markt der PPS-/ERP- und SCM-Systeme, in: *FIR+IAW* (Hrsg.): Unternehmen der Zukunft 2/2001, S. 7–8

Wierdemann, W.: Der Einfluß des eProcurement auf die Einkaufsstrategie, in: *BME* (Hrsg.): 36. Symposium Einkauf und Logistik, Berlin 2001, S. 191–213

Wiesner, W.: Der Strichcode und seine Anwendungen, Landsberg/Lech 1990

Wildemann, H.: Strategien der Qualitätssicherung – Japanische Ansätze und ihre Übertragbarkeit auf deutsche Unternehmen, in: ZfB, 52 (1982) 11/12, S. 1043–1052 (a)

Wildemann, H.: Werkstattsteuerung: Manuelle und DV-gestützte Lösungen, RKW-Schriftenreihe „Produktionsplanung und Produktionssteuerung", Merkblatt 8, Eschborn 1982 (b)

Wildemann, H.: Flexible Werkstattsteuerung durch Integration von KANBAN-Prinzipien, München 1984

Wildemann, H.: Produktionssynchrone Steuerung von Zulieferungen, in: *Kreikebaum, H.* u. a. (Hrsg.): Industriebetriebslehre in Wissenschaft und Praxis, Berlin 1985, S. 179–195

Wildemann, H.: Just-In-Time-Lösungskonzepte in Deutschland, in: Harvard manager, 8 (1986) 1, S. 36–48

Wildemann, H.: Das Just-In-Time Konzept, Frankfurt 1988 (a)

Wildemann, H.: Die modulare Fabrik. Kundennahe Produktion durch Fertigungssegmentierung, München 1988 (b)

Wildemann, H.: Produktionssynchrone Beschaffung, Zürich, München 1988 (c)

Wildemann, H.: Betriebswirtschaftliche Bewertung flexibler Arbeits- und Betriebszeiten, in: *Wildemann, H.* (Hrsg.): Zeitmanagement: Strategien zur Steigerung der Wettbewerbsfähigkeit, Frankfurt 1992, S. 123–143

Wildemann, H.: Einführungsstrategien für flexible Arbeits- und Betriebszeiten, in: *Wildemann, H.* (Hrsg.): Zeitmanagement: Strategien zur Steigerung der Wettbewerbfähigkeit, Frankfurt 1992, S 144–157

Wildemann, H. u. a.: Supply Chain Management, Arbeitsunterlage zur Vorlesung an der TU München, Wintersemester 2003/2004

Wilhelm, K. G.: Technisch-organisatorische Informationssysteme – Materialwirtschaft –, Vorlesungsunterlage des Instituts für industrielle Fertigung und Fabrikbetrieb der Universität Stuttgart, 6. Aufl., Stuttgart 1983

Willerding, H.: Dynamische Bereitstellung für die Kommissionierung von Kleinteilen, in: *VDI* (Hrsg.): Kommissionierung, Düsseldorf 1979, S. 49–53

Winand, U./Welters, K.: Beschaffung und strategische Unternehmensführung – Ergebnisse einer Delphi-Studie, in: *Szyperski, N./Roth, P.* (Hrsg.): Beschaffung und Unternehmensführung, Stuttgart 1982, S. 5–100

Windmöller, R.: Risiko der Fehleinschätzung von Risiken, Vortragsunterlagen, Schmalenbach-Tagung in Köln, 8. Mai 2003

Winkler, H.: Warenverteilungsplanung, Wiesbaden 1977

Winkler, H.: In der Warenverteilung mit geeigneten Partnern kooperieren und dadurch die Kosten senken, in: Handelsblatt, Nr. 187, 2. Oktober 1984, S. 22

Wirtz, B.W./Eckert, U.: Electronic Procurement. Einflüsse und Implikationen auf die Organisation der Beschaffung, in: ZfO 70(2001)3, S. 151–158

Wissebach, B.: Beschaffung und Materialwirtschaft, Herne, Berlin 1977

Wittmann, W.: Unternehmung und unvollkommene Information. Unternehmerische Voraussicht – Ungewißheit und Planung, Köln, Opladen 1959

Wohlgemuth, A.C.: Human Resources Management aus unternehmenspolitischer Sicht, in: *Lattmann, C.* (Hrsg.): Personal-Management und Strategische Unternehmensführung, Heidelberg 1987, S. 85–103

Wolf, D.: Distribution Requirements Planning (DRP), in: *Bloech, J./Ihde, G. B.* (Hrsg.): Vahlens Großes Logistiklexikon, München 1997, 170–173

Wolf, D.: Distribution Resource Planning (DRP II), in: *Bloech, J./Ihde, G. B.* (Hrsg.): Vahlens Großes Logistiklexikon, München 1997, S. 173–175

Wolf, D.: Transportkette, in: *Bloech, J./Ihde, G. B.* (Hrsg.): Vahlens Großes Logistiklexikon, München 1997, S. 1089–1093

Wonisch, G.: Systematisches und unternehmensweites Schulungsprogramm zur Just-In-Time-Realisierung, in: *Wildemann, H.* (Hrsg.): JIT-Intensivseminar, Arbeitsunterlagen, Passau, März 1987, S. 145–170

Wunderlich, D./Kroesen, A.: Beitrag der Materialwirtschaft zur Sicherung der strategischen Marktposition des Unternehmens, Arbeitsbericht Nr. 32, Ruhr-Universität Bochum, Februar 1985

Wunderow, K.: Personalqualität und -professionalität als Voraussetzungen zur Realisierung aller Logistik-Konzeptionen, in: *Gottlieb Duttweiler Institut* (Hrsg.): Integrierte Logistik. Erfolgsschwerpunkte für morgen, Tagungsband, Zürich 1982

Wurch, R.: Beitrag zur systematischen Materialflußplanung für Kommissioniersysteme, Bremen 1982

Wuttke, K. W.: Auswirkungen produktionstechnischer Veränderungen auf die Unternehmensführung, dargestellt am Beispiel der Spinnvliesstoff-Industrie, in: *Kreikebaum, H.* u. a. (Hrsg.): Industriebetriebslehre in Wissenschaft und Praxis. Festschrift für Theodor Ellinger zum 65. Geburtstag, Berlin 1985, S. 197–225

Zadek, H.: Struktur des Logistik-Dienstleistungsmarktes, in: *Baumgarten, H.* u. a. (Hrsg.): Supply Chain Steuerung und Services. Logistik-Dienstleister managen globale Netzwerke – Best Practices, Berlin u. a. 2004, S. 15–28

Zäpfel, G.: Bestimmungsgründe und ausgewählte Systeme der Lieferanten-Bewertung, Teil I: Bestimmungsgründe bei der Wahl der Lieferanten, in: Fortschrittliche Betriebsführung, 22 (1973) 1, S. 27–33

Zäpfel, G.: Produktionswirtschaft. Operatives Produktions-Management, Berlin, New York 1982

Zäpfel, G.: Taktisches Produktions-Management, Berlin, New York 1989

Zäpfel, G.: Produktionslogistik. Konzeptionelle Grundlagen und theoretische Fundierung, in: ZfB 61 (1991) 2, S. 209–235

Zäpfel, G.: Supply Chain Management, in: Baumgarten, H. u. a. (Hrsg.): Logistik-Management. Strategien – Konzepte – Praxisbeispiele, Berlin, Heidelberg, New York 2000, 7/02/03/01, S. 1–31

Zäpfel, G./Missbauer, H.: Produktionsplanung und -steuerung für die Fertigungsindustrie – ein Systemvergleich, in: ZfB, 57 (1987) 9, S. 882–899

Zäpfel, G./Missbauer, H.: Traditionelle Systeme der Produktionsplanung und -steuerung in der Fertigungsindustrie, in: WiSt, (1988) 2, S. 73–77

Zeigermann, J. R.: EDV in der Materialwirtschaft, Stuttgart 1970

Zeilinger, P.: JUST-IN-TIME. Ein ganzheitliches Konzept zur Erhöhung der Flexibilität und Minimierung der Bestände, in: *Baumgarten, H.* u. a. (Hrsg.): RKW-Handbuch Logistik, Band II, 12. Lfg. IX/87, Berlin 1987, Ziffer 5310, S. 1–29

Zelazny, G.: Wie aus Zahlen Bilder werden: Wirtschaftsdaten überzeugend präsentiert, Wiesbaden 1986

Zentes, J.: Effizienzsteigerungspotentiale kooperativer Logistikketten in der Konsumgüterwirtschaft, in: *Isermann, H.* (Hrsg.): Logistik: Beschaffung, Produktion, Distribution, Landsberg/Lech, S. 349–360

Zentes, J.: Möglichkeiten des elektronischen Datenaustausches für Industrie und Handel. EDI-Electronic Data Interchange, in: Thexis, 6 (1989) 4, S. 37–40

Ziems. D.: Probleme und Methoden der Projektierung von Fördersystemen, 2. und 3. Lehrbrief, Berlin 1973

Ziegahn, K.-F.: Transportbeanspruchungen – die verkannten Größen in der Logistik, in: Logistik im Unternehmen (1987) 5, S. 96–99

Zimmermann, G.: Grundkonzeption einer integrierten, dialogisierten Produktionsplanung und -steuerung, Auftragsabwicklung und Beschaffung, in: *Scheer, A.-W.* (Hrsg.): Produktionsplanung und -steuerung im Dialog, Würzburg/Wien 1979, S. 83–96

Zollenkop, M.: Global Sourcing, in: *Bullinger, H.-J.* (Hrsg.): Neue Organisationsformen im Unternehmen, Ein Handbuch für das moderne Management, 2. Aufl., Berlin u. a. 2003, S. 587–597

Zorn, J.: Die optimale Layout-Planung für gemischte Fertigungen, Diss. München 1966

ZVEI (Hrsg.): ZVEI-Leitfaden Logistik, Frankfurt 1982

Sachverzeichnis